한국산업인력공단 새 출제기준 반영 최신판!!

더 퍼스트

위험물
기능장

필기시험문제

대한민국
국가대표
브랜드

국가자격
시험문제
전문출판

에듀크라운
국가자격시험문제 전문출판
www.educrown.co.kr

최고의 적중률!! 최고의 합격률!!
크라운출판사
국가자격시험문제 전문출판
http://www.crownbook.com

/저/자/약/력/

김재호
• 울산대학교 외래교수
• 삼육대학교 외래교수
• 호서대학교 외래교수
• 한국폴리텍 I 대학 겸임교수
• 경남정보대학 외래교수

▶ 위험물 크라운출판사 저자가 직강하는 전문학원
관인 대원 위험물 기술학원
서울 당산동 TEL. 02) 6013-3999

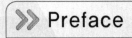
우리나라는 산업화의 진전으로 급속도로 발달하는 산업사회에 살고 있습니다. 이러한 경제성장과 함께 중화학공업도 급진적으로 발전하면서 여기에 사용되는 위험물의 종류도 다양해지고, 이에 따른 안전사고도 증가함으로써 많은 인명손실과 재산상의 피해가 늘고 있는 실정입니다. 그러므로 인명과 재산을 보호하기 위하여 안전에 대한 인식의 재무장이 무엇보다도 절실히 요구되는 시대라고 할 수 있습니다.

이러한 시대적 요청에 따라 위험물 취급자의 수요는 더욱 증가하리라 생각하여 위험물을 취급하고자 하는 관계자들에게 조금이나마 도움이 되길 바라는 마음으로 이 책을 출간하게 되었습니다. 그러나 복잡한 생활 속에서 시간적인 여유가 없을뿐더러 짧은 시간에 위험물취급에 대한 전반적인 지식을 습득하기에는 많은 어려움이 있을 것입니다. 이에 따라 그동안 강단에서의 오랜 강의 경험과 현장 실무경험을 토대로 틈틈이 준비하였던 자료를 가지고 책으로 펴내게 되었습니다.

본서의 특징은 다음과 같습니다.

1. 위험물기능장 자격증을 취득하기 위해 필요한 내용을 중심적으로 분석하여 놓은 것으로 다년간 위험물 분야에 종사한 현장경험과 최근 출제기준을 고려하여 집필하였습니다.

2. 중요한 기초이론 및 핵심이론으로 기본을 다지고 각 장마다 예상문제를 실어 적중률을 최대로 높였습니다.

3. 다년간의 위험물기능장 필기 기출문제 및 자세하고 정확한 해설로 자격증 시험에 충분한 대비가 가능하도록 하였습니다.

따라서 위험물기능장 수험생과 산업현장에서 실무에 종사하시는 산업역군들에게 조그마한 도움이 되었으면 저자로서는 다행이라고 생각하며, 미흡한 점을 수정·보완하여 판이 거듭될 때마다 완벽한 기술도서가 될 수 있도록 노력할 것을 약속하면서 끝으로 본서의 출간을 위해 온갖 정성을 기울여 주신 크라운출판사 임직원 여러분들에게 감사의 뜻을 표합니다.

저자 드림

직무 분야	화학	중직무 분야	위험물	자격 종목	위험물기능장	적용 기간	2021.1.1 ~ 2024.12.31

○ 직무내용 : 위험물을 저장・취급・제조하는 제조소 등의 설계・시공 및 현장 위험물관리자 등의 지도・
감독하며, 각 설비에 대한 점검, 응급조치 등의 위험물 안전관리에 대한 현장 중간관리 등의 업무를
수행하는 직무이다.

필기검정방법	객관식	문제수	60	시험시간	1시간

필기과목명	문제수	주요항목	세부항목	세세항목
화재이론, 위험물 의 제조소 등의 위 험물안전관리 및 공업경영에 관한 사항	60	1. 화재이론 및 유체역학	1. 일반화학	1. 물질의 상태 2. 물질의 성질과 화학 반응 3. 화학의 기초 법칙 4. 무기화합물의 특성 5. 유기화합물의 특성 6. 화학반응식을 이용한 계산
			2. 유체역학이해	1. 유체 기초이론 2. 배관 이송설비 3. 펌프 이송설비 4. 유체 계측
		2. 위험물의 성질 및 취급	1. 위험물의 연소 특성	1. 위험물의 연소이론 2. 위험물의 연소형태 3. 위험물의 연소과정 4. 위험물의 연소생성물 5. 위험물의 화재 및 폭발 에 관한 현상 6. 위험물의 인화점, 발화점, 가스분석 등의 측정법 7. 위험물의 열분해 계산
			2. 위험물의 유별 성질 및 취급	1. 제1류 위험물의 성질, 저장 및 취급 2. 제2류 위험물의 성질, 저장 및 취급 3. 제3류 위험물의 성질, 저장 및 취급 4. 제4류 위험물의 성질, 저장 및 취급

필기과목명	문제수	주요항목	세부항목	세세항목
				5. 제5류 위험물의 성질, 저장 및 취급
				6. 제6류 위험물의 성질, 저장 및 취급
			3. 소화원리 및 소화약제	1. 화재종류 및 소화이론
				2. 소화약제의 종류, 특성과 저장 관리
		3.시설기준	1. 제조소등의 위치구조설비기준	1. 제조소의 위치구조설비 기준
				2. 옥내저장소의 위치구조설비 기준
				3. 옥외탱크저장소의 위치구조설비 기준
				4. 옥내탱크저장소의 위치구조설비 기준
				5. 지하탱크저장소의 위치구조설비 기준
				6. 간이탱크저장소의 위치구조설비 기준
				7. 이동탱크저장소의 위치구조설비 기준
				8. 옥외저장소의 위치구조설비 기준
				9. 암반탱크저장소의 위치구조설비 기준
				10. 주유취급소의 위치구조설비 기준
				11. 판매취급소의 위치구조설비 기준
				12. 이송취급소의 위치구조설비 기준
				13. 일반취급소의 위치구조설비 기준

필기과목명	문제수	주요항목	세부항목	세세항목
			2. 제조소등의 소화설비, 경보·피난 설비기준	1. 제조소등의 소화난이도등급 및 그에 따른 소화설비 2. 위험물의 성질에 따른 소화설비의 적응성 3. 소요단위 및 능력단위 산정법 4. 옥내소화전설비의 설치기준 5. 옥외소화전설비의 설치기준 6. 스프링클러설비의 설치기준 7. 물분무소화설비의 설치기준 8. 포소화설비의 설치기준 9. 불활성가스소화설비의 설치기준 10. 할로겐화물소화설비의 설치기준 11. 분말소화설비의 설치기준 12. 수동식소화기의 설치기준 13. 경보설비의 설치 기준 14. 피난설비의 설치기준
		4. 안전관리	1. 사고대응	1. 소화설비의 작동원리 및 작동방법 2. 위험물 누출시 대응조치
			2. 예방규정	1. 안전관리자의 책무 2. 예방규정 관련 사항 3. 제조소등의 점검방법
			3. 제조소등의 저장취급 기준	1. 제조소의 저장취급 기준 2. 옥내저장소의 저장취급 기준 3. 옥외탱크저장소의 저장취급 기준 4. 옥내탱크저장소의 저장취급 기준

필기과목명	문제수	주요항목	세부항목	세세항목
				5. 지하탱크저장소의 저장취급 기준
				6. 간이탱크저장소의 저장취급 기준
				7. 이동탱크저장소의 저장취급 기준
				8. 옥외저장소의 저장취급 기준
				9. 암반탱크저장소의 저장취급 기준
				10. 주유취급소의 저장취급 기준
				11. 판매취급소의 저장취급 기준
				12. 이송취급소의 저장취급 기준
				13. 일반취급소의 저장취급기준
				14. 공통기준
				15. 유별 저장취급 기준
			4. 위험물의 운송 및 운반기준	1. 위험물의 운송기준 2. 위험물의 운반기준 3. 국제기준에 관한 사항
			5. 위험물사고예방	1. 위험물 화재 시 인체 및 환경에 미치는 영향 2. 위험물 취급 부주의에 대한 예방대책 3. 화재 예방 대책 4. 위험성평가 기법 5. 위험물 누출 시 안전 대책 6. 위험물 안전관리자의 업무 등의 실무사항 사항
		5. 위험물안전관리법 행정사항	1. 제조소등 설치 및 후속절차	1. 제조소등 허가 2. 제조소등 완공검사 3. 탱크안전성능검사 4. 제조소등 지위승계 5. 제조소등 용도폐지
			2. 행정처분	1. 제조소등 사용정지, 허가취소 2. 과징금처분

필기과목명	문제수	주요항목	세부항목	세세항목
			3. 정기점검 및 정기검사	1. 정기점검
				2. 정기검사
			4. 행정감독	1. 출입 · 검사
				2. 각종 행정명령
				3. 벌칙
		6. 공업 경영	1. 품질관리	1. 통계적 방법의 기초
				2. 샘플링 검사
				3. 관리도
			2. 생산관리	1. 생산계획
				2. 생산통계
			3. 작업관리	1. 작업방법연구
				2. 작업시간연구
			4. 기타 공업경영에 관한 사항	1. 기타 공업경영에 관한 사항

국가기술자격 상시 및 정기 시험에 응시하는 수험생들에게 편의를 제공하고자 2017년부터 시행되는 기능사필기시험이 CBT 방식으로 시행됨을 알려드립니다.

■ 합격 예정자 발표 : 시험 종료 후 개별 발표
■ CBT 방식 원서접수 방법
　원서접수 시 장소선택에서 ○○상설시험장(컴퓨터실) 또는 시험장(CBT) 선택
　※ 일반시험장(○○시험장)을 선택할 경우 기존 방식(지필식)으로 시행
■ CBT(Computer Based Test)란?
　일반 필기시험과 같이 시험자와 답안카드를 받고 문제에 맞는 답을 답안카드에 기재
　(싸인펜 등을 사용)하는 것이 아니라 컴퓨터 화면으로 시험문제를 인식하고 그에 따른 정답을 클릭하면 네트워크를 통하여 감독자 PC에 자동으로 수험자의 답안이 저장되는 방식
■ 관련문의 : 기술자격국 필기시험팀(02-2137-0503)
■ 자격검정 CBT 웹체험 프로그램
　한국산업인력공단 홈페이지(http://www.q-net.or.kr/)

02 CBT 필기 자격시험 체험하기

03 수험자 접속 대기

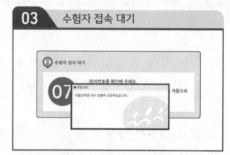

04 수험자 정보 확인

05 안내사항

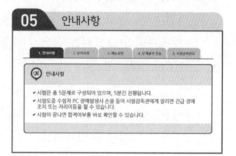

06 유의사항

07 메뉴 설명

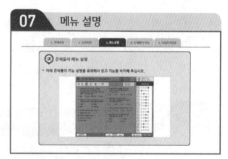

08 CBT 문제풀이 연습

09 시험 준비 완료

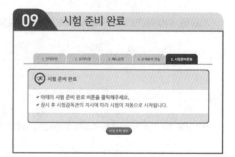

10 잠시 후 시험 시작

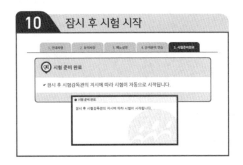

11 문제 풀어보기

12 답안 제출

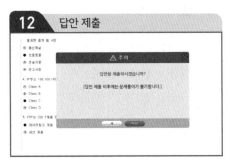

13 최종 확인

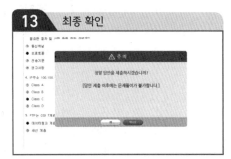

14 시험 완료

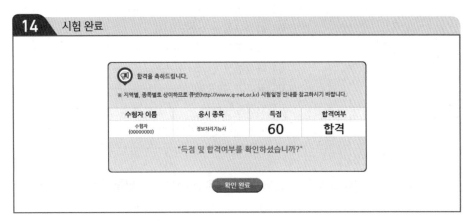

목차

PART 04   위험물의 연소특성

PART 05   위험물의 성질과 취급

부록	과년도 출제문제

위험물기능장필기

PART
01

일반화학

01 위험물 기초이론

01 온도와 압력

1 온도(Temperature)

온도란 물질의 뜨겁고 차가운 정도를 표시하는 척도로서 표준온도와 절대온도로 나눈다.

(1) 표준온도(Standard Temperature)

① 섭씨온도(℃) : 표준대기압 하에서 물의 끓는점을 100℃, 물의 어는점을 0℃로 하여 그 사이를 100등분하여 한 눈금을 1℃로 한 것

② 화씨온도(℉) : 표준대기압 하에서 물의 끓는점을 212℉, 물의 어느점을 32℉로 하여 그 사이를 180등분하여 한 눈금을 1℉로 한 것

③ 섭씨온도(℃)와 화씨온도(℉)의 관계

$$℃ = \frac{5}{9}(℉ - 32)$$

$$℉ = \frac{9}{5}(℃ + 32)$$

예제 1

100℉를 섭씨온도로 환산하면 약 몇 ℃인가?

풀이 $℃ = \frac{5}{9} \times (℉ - 32) = \frac{5}{9} \times (100 - 32) = 37.8℃$

답 37.8℃

예제 2

100℃를 화씨온도로 단위 환산하면 약 몇 °F인가?

> **풀이** $°F = \dfrac{9}{5} \times (℃ + 32) = \dfrac{9}{5} \times (100 + 32) = 212°F$

답 212°F

예제 3

섭씨온도로 측정할 때 상승된 온도가 5℃이었다. 이때 화씨온도로 측정하면 상승 온도는 몇 °F인가?

> **풀이** 0℃일 때 : 32°F   5℃일 때 : $\dfrac{9}{5} \times (5 + 32) = 41°F$
>
> $\therefore$ 41°F − 32°F = 9°F

답 9°F

(2) 절대온도(Absolute Temperature)

열역학적으로 물체가 도달할 수 있는 최저 온도를 기준으로 하여 물의 삼중점을 273.15k으로 정한 온도이다. 즉, −273℃를 절대영도라 하여 섭씨온도를 기준으로 한 켈빈(Kelvin)온도(K)와 화씨온도를 기준으로 하는 랭킨온도(°R)로 구분한다.

① 켈빈온도(K)

$$T(\text{K}) = ℃ + 273$$

예제

절대온도 0K는 섭씨온도로 약 몇 ℃인가?

> **풀이** 절대온도(K) = 섭씨온도(℃) + 273
>
> $x(℃) = 0\text{K} - 273 = -273$

답 −273℃

② 랭킨온도(°R)

$$°R = °F + 460$$
$$°R = K \times 1.8$$

예제 1

70℃는 랭킨온도로 몇 °R인가?

풀이 $°F = \dfrac{9}{5} \times ℃ + 32$

$°R = °F + 460 = (1.8 \times 70 + 32) + 460 = 618°R$

답 618°R

예제 2

절대온도 40K를 랭킨온도로 환산하면 몇 °R인가?

풀이 $°R = K \times 1.8$

$40 \times 1.8 = 72°R$

답 72°R

TIP 표준대기압 상태에서 물의 각 온도 비교표

구 분	표준온도		절대온도	
	섭씨온도(℃)	화씨온도(°F)	켈빈온도(K)	랭킨온도(°R)
끓는점(b.p)	100	212	373	672
어는점(f.p)	0	32	273	492
절대영도	−273	−460	0	0

2 압력(Pressure)

(1) 압력의 정의

단위 면적당 작용하는 힘의 크기를 말한다. 지구를 둘러싸고 있는 공기를 대기라 하며, 대기가 누르는 힘에 의한 압력을 대기압(Atmospheric Pressure)이라 한다.

(2) 표준대기압(단위 : atm)

① 토리첼리의 진공실험에서 얻어진 압력으로, 0℃에서 수은주 760mmHg로 표시되는 압력을 말한다. 따라서, 대기압은 단면적인 $1cm^2$인 액기둥에서 76cm(760mm)만큼 수은을 밀어 올릴 수 있는 힘을 갖고 있다.

$$P = \rho \times h$$

여기서, P : 대기압, ρ : 수은의 비중량($13.6g/cm^3$)
$\qquad$ h : 수은의 높이

$1atm = 760mmHg = 13.6g/cm^3 \times 76cm = 1033.2g/cm^2 = 1.0332kg/cm^2$

> **예제**
>
> 어떤 액의 비중을 측정하였더니 2.5이었다. 이 액의 액주 6m의 압력은 몇 kg/cm²인가?
>
> **풀이** $P = S \times H$
>
> 여기서, S(비중 : 2.5kg/L) $\qquad$ H : (높이 : 5m)
>
> $P = \dfrac{2.5}{1,000}kg/cm^3 \times 600cm = 1.5kg/cm^2$
>
> ※ $1L = 1,000cm^3$이다.
>
> **답** $1.5kg/cm^2$

② $1atm = 760mmHg = 1.0332kg/cm^2 = 10.332mH_2O(Aq) = 29.92inHg$
$\qquad = 14.7psi(lb/in^2) = 1.03325bar = 1033.25mmbar = 101,325N/m^2$
$\qquad = 101,325Pa$

(3) 절대압력과 게이지압력 및 진공압력

① 절대압력(Absolute Pressure) : 완전진공을 '0'으로 기준하여 측정한 압력
② 게이지압력(Gauge Pressure) : 대기압의 상태를 '0'으로 기준하여 측정한 압력으로 압력계가 표시하는 압력

③ 진공압력(Vaccum Pressure) : 대기압보다 낮은 상태의 압력

   ㉮ 진공도 $= (\dfrac{진공압}{대기압}) \times 100$

   ㉯ 진공압 = 대기압 − 절대압력

   ㉰ 게이지압력 = 절대압력 − 대기압

④ 압력 관계 : 절대압력(abs) = 대기압(atm) + 게이지압력(atg)

                             = 대기압(atm) − 진공압(atv)

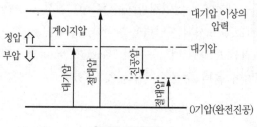

[압력 관계도]

예제

게이지압력 1,520mmHg는 절대압력으로 몇 기압인가?

풀이 1atm = 760mmHg이므로, 1,520mmHg는 2atm $\left(\dfrac{1,520\text{mmHg}}{760\text{mmHg}}\right)$ 이다.

∴ 절대압력 = 대기압 + 게이지압력 = 1atm + 2atm = 3atm

답 3atm

물질의 상태와 구조

01 물질과 에너지

1 혼합물의 분리방법

(1) 기체 혼합물의 분리법

① 액화분류법 : 액체의 비등점의 차를 이용하여 분리하는 방법

예 공기를 액화시켜 질소(b.p : −196℃), 아르곤(b.p : −186℃), 산소(b.p : −183℃) 등으로 분리하는 방법

액화되는 순서	산소 − 아르곤 − 질소
기화되는 순서	질소 − 아르곤 − 산소

② 흡수법 : 혼합기체를 흡수제로 통과시켜 성분을 분석하는 방법

예 오르자트, 게겔법 등

(2) 액화 혼합물의 분리법

① 여과법(거름법) : 고체와 액체의 혼합물을 걸러서 분리하는 방법

예 흙탕물 등과 같은 고체와 액체를 여과기를 통해 물과 흙으로 분리하는 것

② 분액깔대기법 : 액체의 비중차를 이용하여 분리하는 방법

예 물이나 니트로벤젠 등과 같이 섞이지 않고, 비중차에 의해 두 층으로 분리되는 것을 이용하는 방법

③ 증류법 : 액체의 비등점의 차를 이용하여 분리하는 방법

예 에틸알코올과 물과의 혼합물을 증류하면 비등점이 낮은 에틸알코올(b.p : 78℃)이 먼저 기화되는 것을 이용하여 분리하는 방법

물의 끓는점을 높이기 위한 방법	밀폐된 그릇에서 끓인다.
물의 끓는점을 낮출 수 있는 방법	외부 압력을 낮추어 준다.

(3) 고체혼합물의 분리법

① 재결정법 : 용해도의 차를 이용하여 분리·정제하는 방법

　　예 질산칼륨(KNO_3) + 소금

② 추출법 : 특정한 용매에 녹여서 추출하여 분리하는 방법

③ 승화법 : 승화성이 있는 고체가연물질을 가열하여 분리하는 방법

　　예 장뇌, 나프탈렌, 요오드, 드라이아이스(CO_2) 등

2 원소와 동소체

(1) 원소

물질을 구성하는 가장 기본적인 성분으로, 더 이상 나누어져 다른 물질로 만들 수 없다.

(2) 동소체

① 같은 원소로 되어 있으나 성질이 다른 단체

동소체의 구성 원소	동소체의 종류	연소생성물
산소(O)	산소(O_2), 오존(O_3)	–
탄소(C)	다이아몬드, 흑연, 숯, 금강석, 활성탄	이산화탄소(CO_2)
인(P_4)	황린(백린), 적린(붉은인)	오산화인(P_2O_5)
황(S_8)	사방황, 단사황, 고무상황(무정형황)	이산화황(SO_2)

② 동소체의 구별방법 : 연소생성물이 같은가를 확인하여 동소체임을 구별한다.

③ 원소의 종류보다 단체의 종류가 많은 것은 동소체가 있기 때문이다.

02　원자, 분자, 이온

1 원자, 분자, 이온

(1) 원자

물질을 구성하는 가장 작은 입자(Dalton이 제창)이다.

① 원자량 : 탄소 원자 $^{12}_{6}C$ 1개의 질량을 12로 정하고, 이와 비교한 다른 원자들의 질량비를 원자량이라 하며, 원소 질량의 표준이 된다.

② 그램원자(1g의 원자, 1mole의 원자) : 원자량에 g를 붙여 나타낸 값

　　예 탄소 1g, 원자는 12g

(2) 분자

순물질(단체, 화합물)의 성질을 띠고 있는 가장 작은 입자로서 1개 또는 그 이상의 원자가 모여 형성된 것으로서 원자 수에 따라 구분(Avogadro가 제창)된다.

① 분자의 종류

　⑦ 단원자 분자 : 1개의 원자로 구성된 분자

　　예 He, Me, Ar, Kr, Xe, Rn 등 주로 불활성 기체

　④ 이원자 분자 : 2개의 원자로 구성된 분자

　　예 H_2, O_2, CO, F_2, Cl_2, HCL 등

　④ 삼원자 분자 : 3개의 원자로 구성된 분자

　　예 H_2O, O_3, CO_2 등

　④ 고분자 : 다수의 원자로 구성된 분자

　　예 녹말, 수지 등

② 분자량 : 분자를 구성하는 각 원자의 원자량 합

　예 물(H_2O)의 분자량 $= 1 \times 2 + 16 = 18$

(3) 이온

중성인 원자가 전자를 잃거나(양이온), 얻어서(음이온) 전기를 띤 상태를 이온이라 하며 양이온, 음이온, 라디칼 이온으로 구분한다.

2 원자 및 분자에 관한 법칙

(1) 원자에 관한 법칙

① 질량불변(보존)의 법칙 : 화학 변화에서 그 변화의 전후에서 반응에 참여한 물질 질량의 총합은 일정불변이다. 즉, 화학반응에서 반응물질의 질량 총합과 생성된 물질의 총합은 같다(라부아지에가 발견).

　예 $C + O_2 \rightarrow CO_2$

　　$12g + 32g = 44g$

② 일정성분비(성비례)의 법칙 : 순수한 화합물에서 성분 원소의 중량비는 항상 일정하다. 즉, 한 가지 화합물을 구성하는 각 성분 원소의 질량비는 항상 일정하다(프루스트가 발견).

　예 $2H_2 + O_2 \rightarrow 2H_2O$

　　$4g : 32g$, 즉 물을 구성하는 수소(H_2)와 산소(O_2)의 질량비는 항상 $1 : 8$이다.

산소 16g과 수소 4g이 반응할 때 몇 g의 물을 얻을 수 있는가?

풀이 $2H_2 + O_2 \rightarrow 2H_2O$
     4g   32g   :   36g
     4g   16g   : x(g)
    $\therefore \; x = \dfrac{16 \times 36}{32} = 18g$

답 18g

③ 배수비례의 법칙 : 두 가지 원소가 두 가지 이상의 화합물을 만들 때, 한 원소의 일정 중량에 대하여 결합하는 다른 원소의 중량 간에는 항상 간단한 정수비가 성립된다(돌턴이 발견).

예 물(H_2O)과 과산화수소(H_2O_2) 간에는 수소(H)의 일정량 2와 화합하는 산소(O)의 질량 사이에 16 : 32, 즉 1 : 2의 정수비가 성립된다.

(2) 분자에 관한 법칙

① 기체반응의 법칙 : 화학반응을 하는 물질이 기체일 때 반응물질과 생성물질의 부피 사이에는 간단한 정수비가 성립된다(게이뤼삭이 발견).

예 $2H_2 + O_2 \rightarrow 2H_2O$ $N_2 + 3H_2 \rightarrow 2NH_3$
   2부피   1부피   2부피   1부피 3부피   2부피

즉, 수소 20mL와 산소 10mL를 반응시키면 수증기 20mL가 얻어진다. 따라서 이들 기체의 부피 사이에는 간단한 정수비 2 : 1 : 2가 성립된다.

② 아보가드로의 법칙 : 온도와 압력이 일정하면 모든 기체는 같은 부피 속에 같은 수의 분자가 들어 있다. 즉, 모든 기체 1mole이 차지하는 부피는 표준상태(0℃, 1기압)에서 22.4L이며, 그 속에는 6.02×10^{23}개의 분자가 들어 있다. 따라서 0℃, 1기압에서 22.4L의 기체질량은 그 기체 1mole(6.02×10^{23}개)의 질량이 되며, 이것을 측정하면 그 기체의 분자량도 구할 수 있다.

❸ 화학식과 화학 반응식

(1) 화학식

화학식에는 실험식, 분자식, 시성식, 구조식이 있다.

예 아세톤페놀 화학식 : $C_6H_5COCH_3$

① 실험식(조성식) : 물질의 조성을 원소기호로서 간단하게 표시한 식

  ㉮ 분자가 없는 물질인 경우(즉, 이온 화합물인 경우) 예 $NaCl$

  ㉯ 분자가 있는 물질인 경우

물 질	분자식	실험식	비 고
물	H_2O	H_2O	분자식과 실험식이 같다.
과산화수소	H_2O_2	HO	실험식을 정수배하면 분자식으로 된다.
벤 젠	C_6H_6	CH	−

> **TIP** **실험식을 구하는 방법**
>
> 화학식 $A_mB_nC_p$라고 하면,
> $$m : n : p = \frac{A의\ 질량(\%)}{A의\ 원자량} : \frac{B의\ 질량(\%)}{B의\ 원자량} : \frac{C의\ 질량(\%)}{C의\ 원자량}$$
> 즉, 화합물 성분 원소의 질량 또는 백분율을 알면 그 실험식을 알 수 있으며, 실험식을 정수배하면 분자식이 된다.

② 분자식 : 분자를 구성하는 원자의 종류와 그 수를 나타낸 식, 즉 조성식에 양수를 곱한 식

$$분자식 = 실험식 \times n$$

여기서, n : 양수

예 아세틸렌 : $(CH) \times 2 = C_2H_2$

③ 시성식 : 분자식 속에 원자단(라디칼) 등의 결합 상태를 나타낸 식으로서, 물질의 성질을 나타낸 것

④ 구조식 : 분자 내의 원자의 결합 상태를 원소기호와 결합선을 이용하여 표시한 식

물 질	NH_3(암모니아)	CH_3COOH(초산)	H_2SO_4(황산)	H_2O(물)
구조식	H | H — N — H	H O | || H — C — C — O — H | H	O O — H S H — O O	O H H

1 기체(Gas)

(1) 보일의 법칙(Boyle's Law)

일정한 온도에서 기체가 차지하는 부피는 압력에 반비례한다. 즉, 압력을 P, 부피를 V 라 하면 $PV = Const$(일정)하다.

$$P_1 V_1 = P_2 V_2 = Const(일정)$$

여기서, P : 압력, V : 부피

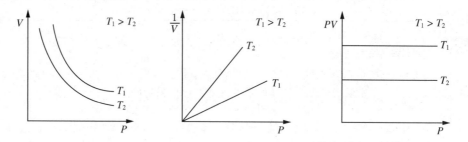

예제

30L 용기에 산소를 넣어 압력이 150기압으로 되었다. 이 용기의 산소를 온도변화 없이 동일한 조건에서 40L의 용기에 넣었다면 압력은 얼마로 되는가?

풀이 보일의 법칙

$$P_1 V_1 = P_2 V_2$$

$$P_2 = \frac{P_1 V_1}{V_2} = \frac{150\text{atm} \times 30\text{L}}{40\text{L}} = 112.5\text{atm}$$

답 112.5atm

---

(2) 샤를의 법칙(Charles's Law)

일정한 압력에서 기체 부피는 온도가 1℃ 상승할 때마다 0℃일 때 부피의 $\frac{1}{273}$만큼 증가한다. 즉, 일정한 압력 하에서 기체의 부피는 절대온도에 비례한다. 따라서 절대온도를 T, 부피를 V라 하면 $\frac{V}{T} = Const$(일정)하다.

$$\frac{V_1}{T_1} = \frac{V_2}{T_2} = Const(일정)$$

여기서, T : 절대온도, V : 부피

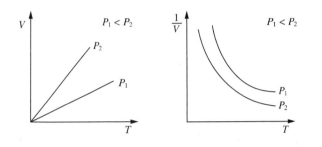
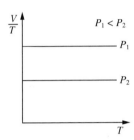

273℃에서 기체의 부피가 4L이다. 같은 압력에서 25℃일 때의 부피는 약 몇 L인가?

풀이 샤를의 법칙

$$\frac{V}{T} = \frac{V'}{T'} \qquad \frac{4}{273+273} = \frac{V'}{25+273}$$

$$\therefore \ V' = \frac{4 \times (25+273)}{273+273} = 2.2L$$

답 2.2L

(3) 보일-샤를의 법칙(Boyle-Charles's Law)

일정량의 기체가 차지하는 부피는 압력에 반비례하고 절대온도에 비례한다. 즉, 압력을 P, 부피를 V_1, 절대온도를 T라 하면

$$\frac{P_1 V_1}{T_1} = \frac{P_2 V_2}{T_2} = Const(일정)$$

여기서, P : 압력, V : 부피, T : 절대온도

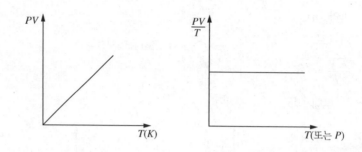

예제

27℃, 5기압의 산소 10L를 100℃, 2기압으로 하였을 때 부피는 몇 L가 되는가?

풀이 보일-샤를의 법칙에 적용한다.

$$\frac{PV}{T} = \frac{P'V'}{T'} \qquad \frac{5 \times 10}{27 + 273} = \frac{2 \times V'}{100 + 273}$$

$$V' = \frac{5 \times 10 \times (100 + 273)}{(27 + 273) \times 2}$$

$$\therefore \ V' = 31L$$

답 31L

(4) 이상기체의 상태방정식

① 이상기체 : 분자의 상호간 인력을 무시하고 분자 자체의 부피가 전체 부피에 비해 너무 적어서 무시될 때의 기체로서, 보일-샤를의 법칙을 완전히 따르는 기체

> **TIP** **실제기체가 이상기체에 가까울 조건**
>
> 1. 기체 분자 간의 인력을 무시할 수 있는 조건 : 온도가 높고, 압력이 낮을 경우
>
> $$\text{실제기체} \xrightarrow{\text{(고온, 저압)}} \text{이상기체}$$
>
> 2. 분자 자체의 부피를 무시할 수 있는 경우 : 분자량이 적고, 비점이 낮을 경우
> 예 H_2, He 등

② 이상기체 상태방정식

㉮ 보일-샤를의 법칙에 아보가드로의 법칙을 대입시킨 것으로, 표준상태(0℃, 1기압)에서 기체 1mole이 차지하는 부피는 22.4L이다.

$$\frac{PV}{T} = \frac{1atm \times 22.4L}{(273 + 0)K} = 0.082atm \cdot L/K \cdot mole = R(기체상수)$$

$$\therefore \ PV = RT$$

만약, $n(\text{mole})$의 기체라면 표준상태에서 기체 $n(\text{mole})$이 차지하는 부피는 $22.4\text{L} \times n$ 이므로

$$\frac{PV}{T} = \frac{1\text{atm} \times 22.4\text{L} \times n}{(273+0)\text{K}} = n \times 0.082 \text{atm} \cdot \text{L/K} \cdot \text{mole} = nR(\text{기체상수})$$

$$\therefore PV = nRT \left(n = \frac{\omega(\text{무게})}{M(\text{분자량})} \right)$$

예제

1기압 26℃에서 어떤 기체 10L의 질량이 40g이었다. 이 기체의 분자량은 약 얼마인가?

풀이
$$PV = nRT = \frac{\omega}{M}RT$$

$$M = \frac{\omega RT}{PV}$$

$$= \frac{40\text{g} \times 0.082 \text{atm} \cdot \text{L/mol} \cdot \text{K} \times 299\text{K}}{1\text{atm} \times 10\text{L}} = 98.072\text{g/mol} = 98\text{g/mol}$$

답 98g/mol

(5) 돌턴(Dalton)의 분압 법칙

① 혼합기체의 전압은 각 성분기체들의 분압의 합과 같다.

$$P = P_A + P_B + P_C$$

여기서, P : 전압, P_A, P_B, P_C : 성분기체 A, B, C의 각 분압

② 혼합기체에서 각 성분의 분압은 전압에 각 성분의 몰분율(부피분율)을 곱한 것과 같다.

$$\text{분압} = \text{전압} \times \frac{\text{성분기체의 몰수}}{\text{전체 몰수}} = \text{전압} \times \frac{\text{성분기체의 부피}}{\text{전체 부피}}$$

$$P_A = P \times \frac{n_A}{n_A + n_B + n_c} = P \times \frac{V_A}{V_A + V_B + V_C}$$

③ 기체 $A(P_1, V_1)$와 기체 $B(P_2, V_2)$를 혼합했을 대 전압을 구하는 식

$$\therefore PV = P_1 V_1 + P_2 V_2, \quad P = \frac{P_1 V_1 + P_2 V_2}{V}$$

④ 몰비(mole%) = 압력비(압력%) = 부피비(vol%) ≠ 무게비(중량%)

(6) 그레이엄(Graham)의 기체의 확산속도 법칙

일정한 온도에서 기체의 확산속도는 그 기체밀도(분자량)의 제곱근에 반비례한다. 즉, A기체의 확산속도를 u_1, 그 분자량을 M_1, 밀도를 d_1이라 하고, B기체의 확산속도를 u_2, 그 분자량을 M_2, 밀도를 d_2라고 하면,

$$\frac{u_1}{u_2} = \sqrt{\frac{M_2}{M_1}} = \sqrt{\frac{d_2}{d_1}}$$

예제

어떤 기체의 확산속도가 SO_2의 4배일 때 이 기체의 분자량을 추정하면 얼마인가?

풀이 그레이엄의 기체확산속도 법칙 : 일정한 온도에서 기체의 확산속도는 그 기체분자량의 제곱근에 반비례한다.

$$\frac{U_A}{U_B} = \sqrt{\frac{M_B}{M_A}}$$

여기서, U_A, U_B : 기체의 확산속도, M_A, M_B : 분자량

$$\frac{U_A}{U_{SO_2}} = \sqrt{\frac{M_{SO_2}}{M_A}} = \sqrt{\frac{64}{M_A}} = 4 \qquad \frac{64}{M_4} = 16$$

$$\therefore M_A = 4$$

답 4

---

04 용액과 용액의 농도

1 용액과 용해도

(1) 용액(Solution)의 성질

① 정의 : 두 종류의 순물질이 균일 상태에 섞여 있는 것으로써 용매(녹이는 물질)와 용질(녹는 물질)로 이루어진 것을 용액이라 한다.

　예 설탕물(용액) = 설탕(용질) + 물(용매)

② 용액의 분류

　㉮ 포화용액 : 일정한 온도, 압력 하에서 일정량의 용매에 용질이 최대한 녹아 있는 용액(용해속도 = 석출속도)

ⓒ 불포화용액 : 용질이 더 녹을 수 있는 상태의 용액(용해속도 > 석출속도)
ⓓ 과포화용액 : 용질이 한도 이상으로 녹아 있는 용액(용해속도 < 석출속도)

(2) 용해도(Solubility)와 용해도 곡선

① 용해도 : 일정한 온도에서 용매 100g에 녹을 수 있는 용질의 최대 g수

$$용해도 = \frac{용질의\ g수}{용매의\ g수} \times 100$$

② 용해도 곡선 : 온도변화에 따른 용해도의 변화를
나타낸 것

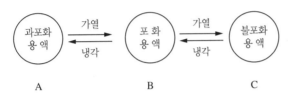

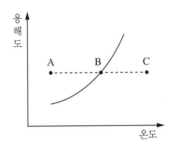

즉, 용해도 곡선에서 곡선의 점(B)은 모두 포화 상태, 온도를 올려 곡선보다 오른쪽
인 점(C)은 불포화 상태, 포화 상태(B)보다 온도를 내려 곡선보다 왼쪽인 점(A)은 과
포화 상태이다.

(3) 고체, 액체, 기체의 용해도

① 고체의 용해도 : 대부분이 온도 상승에 따라 용해도가 증가하며, 압력의 영향은 받지
않는다. 그러나 NaCl의 용해도는 온도에 영향을 거의 받지 않으며, $Ca(OH)_2$ 등은 발
열반응이므로 온도가 상승함에 따라 오히려 용해도는 감소하는 경향이 있다.
② 액체의 용해도 : 액체의 용해도는 용매와 용질의 극성 유무와 관계가 깊다. 즉, 극성
물질은 극성 용매에 잘 녹고, 비극성 물질은 비극성 용매에 잘 녹는다.
㉮ 극성 용매 : 물(H_2O), 아세톤(CH_3COCH_3) 등
예 극성 물질: HF, HCl, NH_3, H_2S 등
㉯ 비극성 용매 : 벤젠(C_6H_6), 사염화탄소(CCl_4) 등
예 비극성 물질 : CH_4, CO_2, BF_3, H_2, O_2, N_2 등
③ 기체의 용해도 : 기체의 용해도는 온도가 올라감에 따라 감소하고, 압력을 올리면 용
해도는 커진다.
예 찬물을 컵에 담아서 더운 방에 놓아두었을 때 유리와 물의 접촉면에 기포가 생기
는 이유

일정 온도에서 일정량의 용매에 용해하는 그 기체의 질량은 압력에 정비례한다. 그러나
보일의 법칙에 따라 기체의 부피는 압력에 반비례하므로 결국, 녹아 있는 기체의 부피는
압력에 관계없이 일정하다. 또한 헨리의 법칙은 용해도가 큰 기체에는 잘 적용되지 않는다.
1. 적용되는 기체(물에 대한 용해도가 작다) - 예 CH_4, CO_2, H_2, O_2, N_2 등
2. 적용되지 않는 기체(물에 대한 용해도가 크다) - 예 HF, HCl, NH_3, H_2S 등

2 용액의 농도

(1) 중량백분율(%농도)

용액 100g 속에 녹아 있는 용질의 g수를 나타낸 농도

$$\%\text{농도} = \frac{\text{용질의 양(g)}}{\text{용액의 양(g)}} \times 100$$

(2) 몰농도(M농도, mole 농도)

① 용액 1L 속에 녹아 있는 용질의 몰수(용질의 무게/용질의 분자량)를 나타낸 농도

$$M\text{농도} = \frac{\text{용질의 무게(W)}}{\text{용질의 분자량(M)}} \times \frac{1{,}000}{\text{용액의 부피(ml)}}$$

예제

35.0wt% HCl 용액이 있다. 이 용액의 밀도가 1.1427g/mL라면 이 용액의 HCl의 몰농도(mol/L)는 약 얼마인가?

풀이 $\%\text{농도} = \dfrac{\text{용질의 양(g)}}{\text{용액의 양(g)}} \times 100$ 이므로, 35.0%는 용액 100g중 HCl이 35g 들

어있다는 의미이다. 이 용액이 100g 있다고 가정하고 밀도로 나누면

$\dfrac{100}{1.1427} = 87.5\text{mL} = 0.088\text{L}$

HCl의 분자량은 36.5이므로, HCl 35g을 몰수로 환산하면 $\dfrac{35}{36.5} = 0.959$몰

$\therefore$ HCl의 몰 농도(mol/L) $= \dfrac{0.959}{0.088} = 10.9\text{mol/L}$

답 10.9mol/L

② 1,000×비중×%÷용질의 분자량

(3) 몰랄농도(m농도, molality 농도)

용매 1kg(1,000g)에 녹아 있는 용질의 몰수($\dfrac{\text{용질의 무게}}{\text{용질의 분자량}}$)를 나타낸 농도

$$m\text{농도} = \frac{\text{용질의 무게}(W)}{\text{용질의 분자량}(M)} \times \frac{1,000}{\text{용액의 무게}}$$

(4) 규정농도(N농도, 노르말농도)

① 용액 1L 속에 녹아 있는 용질의 g당량수를 나타낸 농도

$$N\text{농도} = \frac{\text{용질의 무게}(W)}{\text{용질의 g당량}} \times \frac{1,000}{\text{용액의 부피(mL)}}$$

② 1,000×비중×%÷용질의 g당량수

예제

비중이 1.84이고, 무게농도가 96wt%인 진한황산의 노르말농도는 약 몇 N인가?(단, 황의 원자량은 32이다)

풀이 $1,000 \times 1.84 \times \dfrac{96}{100} \div 49 = 36\,\text{N}$

🅐 36N

3 묽은 용액과 콜로이드용액의 성질

(1) 묽은 용액

① 묽은 용액의 비등점 상승과 빙점 강하 : 소금이나 설탕 등과 같은 비휘발성 물질을 녹인 용액의 증기압은 용매의 증기압보다 작다. 그 이유는 비휘발성 용질이 녹아 있어 증발이 어렵기 때문이다. 따라서 비휘발성 물질이 녹아 있는 용액의 비등점은 순수한 용매(순수한 물 등)일 때보다 높고, 빙점은 낮아진다.

② 비등점 상승도($\triangle T_b$)와 빙점 강하도($\triangle T_f$)

비등점 상승도($\triangle T_b$) = 용액의 비등점 − 순용매의 비등점
빙점 강하도($\triangle T_f$) = 순용매의 빙점 − 용액의 빙점

③ 라울(Raoult)의 법칙 : 묽은 용액에서의 비등점 상승도($\triangle T_b$)와 빙점 강하도($\triangle T_f$)는 그 물질의 몰랄농도(m)에 비례한다.

> 비등점 상승도($\triangle T_b$) = m(몰랄농도)$\times K_b$(분자상승, 몰오름)
>
> 빙점 강하도($\triangle T_f$) = m(몰랄농도)$\times K_f$(분자강하, 몰내림)

여기서, 몰랄농도(m농도, 중량 몰농도)란 용매 1,000g에 녹아 있는 용질의 몰수를 나타낸 농도

- 몰오름(K_b) : 1몰랄농도 용액의 비등점 상승도 예 용매가 물인 경우 K_b=0.52℃
- 몰내림(K_f) : 1몰랄농도 용액의 빙점 강하도 예 용매가 물인 경우 K_f = 1.86℃

④ 삼투압과 반트호프의 법칙(Van't Hoff Law)

㉮ 삼투압 : 반투막을 사이에 두고 용매와 용액을 접촉시킬 경우 양쪽의 농도가 같게 되려고 용매가 용액 쪽으로 침투하는 현상을 삼투라 하고, 이때 나타나는 압력을 삼투압이라 한다.

㉯ 반트호프의 법칙(Van't Hoff Law) : 비전해질인 묽은 용액의 삼투압(P)은 용매와 용질의 종류에 관계없이 용액의 몰농도와 절대온도에 비례한다. 따라서, 어떤 물질 n몰이 V[L] 중에 녹아 있을 때의 농도는 $\dfrac{n}{V}$[mol/L]이 되므로 관계식은 다음과 같다.

$$PV = nRT = \frac{W}{M}RT$$

여기서, P : 삼투압

일반적으로 반트호프에 의한 삼투압은 단백질, 녹말, 고무 등의 고분자 물질의 분자량 측정에 이용된다.

(2) 콜로이드용액

① 종류 : 우유, 비눗물, 안개

② 콜로이드용액

㉮ 진용액(용존물질)과 현탁액(부유물질)의 중간 크기(0.001~0.1μm : 10^{-7}~10^{-5}cm) 정도의 입지를 콜로이드입자라 한다.

㉯ 미립자가 액체 중에 분산된 것이다.

㉰ 콜로이드입자는 (+) 또는 (−)로 대전하고 있다.

㉱ 거름종이를 통과하지만, 반투막은 통과하지 못한다.

③ 콜로이드의 종류

  ⑦ 소수콜로이드 : 물과의 친화력이 작고, 소량의 전해질에 의해 응석이 일어나는 콜로이드

    예 주로 무기물질로서 먹물, $Fe(OH)_3$, $Al(OH)_3$ 등의 콜로이드)

  ⑭ 친수콜로이드 : 물과의 친화력이 크고, 다량의 전해질에 의해 염석이 일어나는 콜로이드

    예 주로 유기물질로서 녹말, 단백질, 비누, 한천, 젤라틴 등의 콜로이드

  ⑮ 보호콜로이드 : 불안정한 소수콜로이드에 친수콜로이드를 가하면 친수콜로이드가 소수콜로이드를 둘러싸서 안정하게 되며, 전해질을 가하여도 응석이 잘 일어나지 않도록 하는 콜로이드

    예 먹물 속의 아교, 잉크 속의 아라비아고무 등

④ 콜로이드용액의 성질

  ⑦ 틴들(Tyndall) 현상 : 콜로이드입자의 산란성에 의해 빛의 진로가 보이는 현상

    예 어두운 방에서 문틈으로 들어오는 햇빛의 진로가 밝게 보이는 것

  ⑭ 브라운(Brown) 운동 : 콜로이드입자가 용매분자의 불균일한 충돌을 받아서 불규칙한 운동을 하는 현상

  ⑮ 투석(다이알리시스, Dialysis) : 반투막을 이용해서 콜로이드입자를 전해질이나 작은 분자로부터 분리·정제하는 것

  ㉑ 흡착 : 콜로이드입자는 그 무게에 비하여 표면적이 대단히 크므로 흡착력이 강해 수질오염의 정제에 이용하는 방법

  ㉒ 전기영동 : 콜로이드용액에 (+), (−)의 전극을 넣고 직류전압을 걸어 주면 콜로이드입자가 어느 한쪽 극으로 이동하는 현상

  ㉓ 응석과 염석 : 콜로이드용액에 전해질을 넣어 주었을 때 침전하는 현상

01 원자구조

1 원자의 구성입자

(1) 원자의 구조

① 원자는 (+) 전기를 띤 원자핵과 그 주위에 구름처럼 퍼져 있는 (−) 전기를 띤 전자로 되어있다(원자의 크기는 10^{-8}cm 정도).

② 원자핵은 (+) 전기를 띤 양성자와 전기를 띠지 않는 중성자로 되어있다(크기는 10^{-12}cm 정도).

[원자의 구성 입자]

소립자		전 하	실제 질량	원자량 단위	기 호	발견자	비 고
원자핵	양성자 (Proton)	(+)	1.673×10^{-24}g	1(가정)	P 또는 ${}_1^1$H	러더퍼드 (Rutherford, 1919)	원자번 호를 정함
	중성자 (Neutron)	중 성	1.675×10^{-24}g	1	n 또는 ${}_0^1$n	채드윅 (Chadwick, 1932)	−
전자(Electron)		(−)	9.11×10^{-28}g	양성자의 $\dfrac{1}{1,840}$	e^-	톰슨 (Thomson, 1898)	양성자 수와 같음

(2) 원자번호와 질량수

① 원자번호 : 중성원자가 가지는

　원자번호 = 양성자수 = 전자수

② 질량수 : 원자핵의 무게로 양성자와 중성자의 무게를 각각 1로 했을 경우 상대적인
　질량 값

　질량수 = 양성자수+중성자수

　예 $^{39}_{19}K$[질량수 : 39, 양성자수(원자번호 = 전자수) : 19, 중성자수 : 20]

(3) 동위원소(동위체)

양성자수는 같으나 질량수가 다른 원소, 즉 중성자수가 다른 원소이다. 동위원소는 핵의
전자수가 같으므로 화학적 성질은 같고, 질량수가 달라 물리적 성질은 서로 다르다.

예 수소(H)의 동위원소

$^{1}_{1}H$(경수소), $^{2}_{1}D$(중수소), $^{3}_{1}T$(삼중수소)

❷ 전자껍질과 전자배열

(1) 전자껍질

원자핵을 중심으로 하여 에너지준위가 다른 몇 개의 전자층을 이루는데, 이 전자층을 전
자껍질이라 하며, 주전자껍질(K, L, M, N, … 껍질)과 부전자껍질(s, p, d, f 껍질)
로 나눈다.

[전자껍질의 종류]

전자껍질	K 껍질($n = 1$)	L 껍질($n = 2$)	M 껍질($n = 3$)	N 껍질($n = 4$)
최대 전자수 ($2n^2$)	2	8	18	32
부전자껍질	$1s^2$	$2s^2$, $2p^6$	$3s^2$, $3p^6$, $3d^{10}$	$4s^2$, $4p^6$, $4d^{10}$, $4f^{14}$

① 부전자껍질(s, p, d, f)에 수용할 수 있는 전자수는 s 2개, p 6개, d 10개, f 14개

② 주기율표의 족의 수 = 가전자수(화학적 성질을 결정)

　주기율표의 주기수 = 전자껍질의 수

(2) 전자의 에너지준위

전자껍질을 전자의 에너지 상태로 나타낼 때를 전자의 에너지준위라 한다.

① 주전자껍질은 핵에서 가까운 층으로부터 에너지준위(n : 주양자수) 1, 2, 3, 4, ⋯ 또는 K, L, M, N, ⋯ 층으로 나눈다.

② 각 층에 들어갈 수 있는 전자의 최대 수는 $2n^2$이다.

③ 전자의 에너지준위 크기는 $K<L<M<N$ ⋯ 순이다.

[전자 껍질의 예]

(3) 가전자(최외각전자)

전자껍질에 전자가 채워졌을 때 제일 바깥 전자껍질에 들어 있는 전자로서 최외각전자라고 하며, 그 원자의 화학적 성질을 결정한다.

(4) 궤도함수(오비탈, Orbital)

원자핵 주위에 분포되어 있는 전자의 확률적 분포 상태

오비탈의 이름	s-오비탈	p-오비탈	d-오비탈	f-오비탈
전자수	2	6	10	14
오비탈의 표시법	s^2	p^6	d^{10}	f^{14}
	↑↓	↑↓ ↑↓ ↑↓	↑↓ ↑↓ ↑↓ ↑↓ ↑↓	↑↓ ↑↓ ↑↓ ↑↓ ↑↓ ↑↓ ↑↓

(5) 오비탈의 전자배열

원자의 전자배열 순서(에너지준위의 순서)는 다음과 같다.

$1s < 2s < 2p < 3s < 3p < 4s < 3d < 4p < 5s$ ⋯ 순으로 전자가 채워진다.

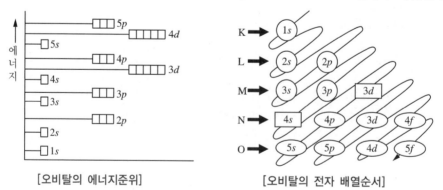

[오비탈의 에너지준위] [오비탈의 전자 배열순서]

(6) 전자배치의 원리

① 파울리(Pauli)의 배타 원리 : 한 원자에서 네 양자수가 똑같은 전자가 2개 이상 있을 수 없다. 즉, 한 오비탈에는 전자가 2개까지 만 배치된다.

② 훈트(Hunt)의 규칙 : 같은 에너지준위의 오비탈에는 먼저 전자가 각 오비탈에 1개씩 채워진 후 두 번째 전자가 채워진다. 그러므로 홑전자수가 많을수록 에너지가 안정한 전자 배치가 된다.

③ 쌓음의 원리 : 전자는 낮은 에너지준위의 오비탈부터 차례로 채워진다.

02 원소의 주기율

1 원소의 주기율

① 주기율 : 원소를 원자번호순으로 배열하면 성질이 비슷한 원소가 주기적으로 나타나는 성질

② 멘델레예프(Mendeleev)의 주기율표 : 원소를 원자량 순으로 배열한 주기율표

③ 모즐리(Moseley)의 주기율표 : 원소를 원자번호 순으로 배열한 주기율표(현재 사용)

2 주기표에 의한 원소의 주기성

(1) 금속성과 비금속성

① 금속성 : 최외각의 전자를 방출하여 양이온으로 되려는 성질(전자를 잃고자 하는 성질)

② 비금속성 : 최외각의 전자를 받아들여 음이온으로 되려는 성질(전자를 얻고자 하는 성질)

(2) 원자반지름과 이온반지름

① 원자반지름

㉮ 같은 주기에서는 Ⅰ족에서 Ⅶ족으로 갈수록 원자반지름이 작아진다.

㉯ 같은 족에서는 원자번호가 증가할수록 원자반지름이 커진다(전자껍질이 증가하기 때문이다).

② 이온반지름

㉮ 양이온은 원자로부터 전자를 잃어 이온반지름이 원자반지름보다 작아진다.

㉯ 음이온은 전자를 얻어서 전자가 서로 반발함으로써 이온반지름이 원자반지름보다 커진다.

(3) 이온화에너지

중성인 원자로부터 전자 1개를 떼어 양이온으로 만드는 데 필요로 하는 최소한의 에너지이다.

① 이온화에너지는 0족으로 갈수록 증가하고, 같은 족에서는 원자번호가 증가할수록 작아진다. 즉, 비금속성이 강할수록 이온화에너지는 증가한다.

② 이온화에너지가 가장 작은 것은 Ⅰ족 원소인 알칼리금속이다. 즉, 양이온이 되기 쉽다.

③ 이온화에너지가 가장 큰 것은 0족 원소인 불활성 원소이다. 즉, 이온이 되기 어렵다.

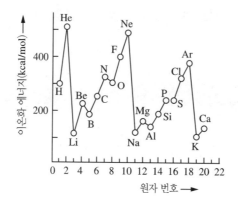

(4) 전기음성도[폴링(Pauling)이 발견]

중성인 원자가 전자 1개를 잡아당기는 상대적인 수치이다.

① 전기음성도는 비금속성이 강할수록 커진다.

증 가	F	>	O	>	N	>	Cl	>	Br	>	C	>	S	>	I	>	H	>	P	감 소
	4.10		3.50		3.07		2.83		2.74		2.50		2.44		2.21		2.10		2.06	

② 전기음성도가 클수록 음이온의 비금속성이 커지며, 산화성이 큰 산화제가 된다.

---

03 화학결합

1 화학결합의 종류

(1) 이온결합(Ionic Bond)

① 정의 : 양이온과 음이온 간의 정전인력(전기적 인력이 작용하여 쿨롱의 힘)에 의해 결합하는 화학결합이다. 주로 전기음성도의 차이가 심한(1.7 이상) 금속성이 강한 원소(1A, 2A족)와 비금속성이 강한 원소(6B, 7B족) 간의 결합을 말한다.

예 $NaCl$, KCl, BeF_2, MgO, CaO등

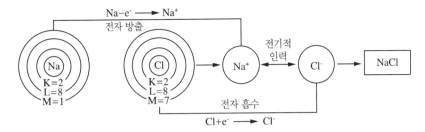

② 특성

㉮ 결합되는 물질은 분자가 존재하지 않는 이온성 결정으로 전기전도성 등이 없으나, 용융되거나 수용액 상태에서는 전기전도성이 있다.

㉯ 쿨롱의 힘에 의한 강한 결합이므로 융점이나 비등점이 높다.

㉰ 극성 용매(물, 암모니아 등)에 잘 녹는다.

(2) 공유결합(Covalent Bond)

① 정의 : 안정된 물질 형태인 비활성기체(0족원소)의 전자배열을 이루기 위해 두 원자가 서로 전자 1개 또는 그 이상을 제공하여 전자쌍을 서로 공유함으로써 이루어지는 결합이다. 주로 전기음성도가 같은 비금속 단체나 전기음성도의 차이가 심하지 않은(1.7 이하) 비금속과 비금속 간의 결합을 말한다.

② 종류

㉮ 극성 공유결합 : 전기음성도가 다른 두 원자(또는 원자단) 사이에 결합이 이루어질 때 형성되며, 전기음성도가 큰 쪽의 원자가 더 강하게 전자쌍을 잡아당기게 되어 분자가 전기적인 극성을 가지게 되는 공유결합이며, 주로 비대칭 구조로 이루어진 분자

예 HF, HCl, NH_3, CH_3COOH, CH_3COCH_3 등

㉯ 비극성 공유결합 : 전기음성도가 같거나 비슷한 원자들 사이의 결합으로 극성을 지니지 않아 전기적으로 중성인 결합이며, 단체(동종 이원자 분자) 및 대칭 구조로 이루어진 분자

예 Cl_2, O_2, F_2, CO_2, BF_3, CCl_4, C_2H_2, C_2H_4, C_2H_6, C_6H_6 등

③ 특성

㉮ 분자성 물질이므로 분자 간의 인력이 약하여 융점과 비등점이 낮다(다만, 그물구조를 이루고 있는 다이아몬드, 수정 등의 공유결합물질은 원자성 결정이므로 m.p와 b.p가 높다).

㉯ 모두 전기의 부도체이다.

㉰ 극성 용매(H_2O)에는 잘 녹지 않지만, 비극성 용매(C_6H_6, CCl_4, CS_2 등)에 잘 녹는다.

㉱ 반응속도가 느리다.

(3) 배위결합(배위공유결합, Coordinate Covalent Bond)

① 정의 : 공유할 전자쌍을 한쪽 원자에서만 일방적으로 제공하는 형식의 공유결합으로, 주로 착이온을 형성하는 물질이다(단, 배위결합을 하기 위해서는 반드시 비공유 전자쌍을 가진 원자나 원자단이 있어야 한다).

비공유 전자쌍

② 종류 : NH_4^+, H_3O^+, SO_4^{2-}, NO_3^-, $Cu(NH_3)_4^+$, $Ag(NH_3)_2^+$ 등

예 $N + 3H \xrightarrow{공유} NH_3$, $NH_3 + H^+ \xrightarrow{배위} [NH_4^+]$

(4) 금속결합(Metallic Bond)

① 정의 : 금속의 양이온들이 자유전자(Free Electron)와의 정전기적 인력에 의해 형성되는 결합이며, 모든 금속은 금속결합을 한다.

② 특성

㉮ 자유전자에 의해 열, 전기의 전도성이 크다.

㉯ 일반적으로 융점이나 비등점이 높다.

㉰ 금속광택이 있고 연성, 전성이 크나 자유전자에 의한 결합이므로 방향성이 없다.

(5) 수소결합(Hydrogen Bond)

① 정의 : 전기음성도가 매우 큰 F, O, N와 전기음성도가 작은 H 원자가 공유결합을 이룰 때 H 원자가 다른 분자 중의 F, O, N에 끌리면서 이루어지는 분자와 분자 사이의 결합이다.

예 HF, H_2O, NH_3, CH_3OH, CH_3COOH, 4℃의 물이 얼음의 밀도보다 큰 이유 등

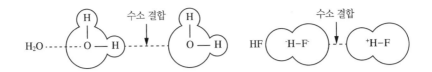

② 특성

㉮ 전기음성도의 차이가 클수록 극성이 커지며, 수소결합이 강해진다.

㉯ 분자 간의 인력이 커져서 같은 족의 다른 수소화합물보다 비등점이 높고, 증발열도 크다.

　　예 물(H_2O)의 비등점은 100℃, 산소(O) 원자 대신에 같은 족의 황(S) 원자를 바꾼 황화수소(H_2S)는 분자량이 큼에도 불구하고 비등점이 -61℃이다.

(6) 반데르발스 결합(Van Der Waals Bond)

① 정의 : 분자와 분자 사이에 약한 전기적 쌍극자에 의해 생기는 반데르발스 힘으로 액체나 고체를 이루는 분자 간의 결합이다.

　　예 요오드(I_2), 드라이아이스(CO_2), 나프탈렌, 장뇌 등의 승화성 물질

② 특성

㉮ 결합력이 약하여 가열하면 결합이 쉽게 끊어지는 승화성을 갖는다.

㉯ 분자 간의 결합력이 약해 일반적으로 융점이나 비등점이 낮다.

> **TIP** 결합력의 세기
> • 공유결합(그물 구조체) > 이온결합 > 금속결합 > 수소결합 > 반데르발스 결합
> • 공유결합 : 수소결합 : 반데르발스 결합 = 100 : 10 : 1

2 분자궤도함수와 분자구조

(1) 분자궤도함수

공유결합 물질에서 공유결합을 하는 물질들은 전자를 서로 공유함으로써 새로운 전자구름을 형성하게 되는데, 이 새로운 전자구름을 분자궤도함수라 한다.

(2) 분자궤도함수와 분자모형

분자궤도함수	s 결합	sp 결합	sp^2 결합	sp^3 결합	p^3 결합	p^2 결합	p 결합
분자모형	구 형	직선형	평면 정삼각형	정사면체형	피라미드형	굽은형 (V자형)	직선형
결합각	180°	180°	120°	109° 28′	90~93°	90~92°	180°
화합물	H_2	$BeCl_2$, BeF_2 BeH_2 C_2H_2	BF_3 BH_3 C_2H_4 NO_3^-	CH_4 CCl_4 SiH_4 NH_4^+	$PH_3(93.3°)$ $AsH_3(91.8°)$ $SbH_3(91.3°)$ NH_3	$H_2S(92.2°)$ $H_2Se(90.9°)$ $H_2Te(90°)$ H_2O	HF HCl HBr Hl

04 화학반응

1 화학반응과 에너지

(1) 총열량 불변의 법칙(Hess's Law)

화학반응에서 발생 또는 흡수되는 열량은 그
반응 최초의 상태와 최종의 상태만 결정되
면, 그 도중의 경로와는 무관하다. 즉, 반응
경로와는 관계없이 출입하는 총열량은 같다.
따라서 에너지보존법칙이라고도 한다.

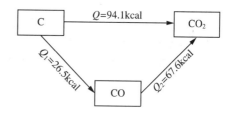

예 1. $C + O_2 \rightarrow CO_2 + 94.1kcal : Q$

2. $\begin{cases} C + \dfrac{1}{2}O_2 \rightarrow CO + 26.5kcal : Q_1 \\ CO + \dfrac{1}{2}O_2 \rightarrow CO_2 + 67.6kcal : Q_2 \end{cases}$

$\therefore Q = Q_1 + Q_2 = 26.5 + 67.6 = 94.1kcal$

2 반응속도

(1) 정의

반응속도란 단위 시간 동안 감소된 물질의 양(몰수) 또는 생성된 물질의 증가량(몰수)이다.

(2) 영향인자

반응속도는 물질 자체의 성질에 따라 좌우되기는 하나 이들은 농도, 온도, 압력, 촉매 등에 의해 크게 영향을 받는다.

① 농도 : 반응속도는 반응하는 각 물질의 농도의 곱에 비례한다. 즉, 농도가 증가함에 따라 단위 부피 속의 입자 수가 증가하므로 입자 간의 충돌 횟수가 증가하여 반응속도가 빨라진다.

② 온도 : 온도가 상승하면 반응 속도는 증가한다. 일반적으로 아레니우스의 화학반응 속도론에 의해서 온도가 $10℃$ 상승할 때마다 반응속도는 약 2배 증가한다(2^n 배).

③ 압력

④ 촉매 : 촉매란 자신은 소비되지 않고 반응속도만 변화시키는 물질이다.

   ㉮ 정촉매 : 활성화 에너지를 낮게 하여 반응속도를 빠르게 하는 물질

   ㉯ 부촉매 : 활성화 에너지를 높게 하여 반응속도를 느리게 하는 물질

---

05 화학평형

1 화학평형

(1) 정의

가역반응에서 정반응 속도와 역반응 속도가 같아져서 외관상 반응이 정지된 것처럼 보이는 상태, 즉 정반응 속도(V_1) = 역반응 속도 (V_2)

$$A + B \underset{V_2}{\overset{V_1}{\rightleftharpoons}} C + D$$

여기서, V_1 : 정반응 속도 V_2 : 역반응 속도

(2) 평형상수(K)

① 화학평형 상태에서 반응물질의 농도의 곱과 생성물질의 농도의 곱의 비는 일정하며, 이 일정한 값을 평형상수(K)라 한다.

② 평형상수(K) 값은 각 물질의 농도의 변화에는 관계없이 온도가 일정할 때는 일정한 값을 가진다. 즉, 평형상수는 반응의 종류와 온도에 의해서만 결정되는 상수이다.

[가역반응] $a\mathrm{A} + b\mathrm{B} \underset{V_2}{\overset{V_1}{\rightleftharpoons}} c\mathrm{C} + d\mathrm{D}$ (a, b, c, d는 계수)

$$V_1 = K_1[A]^a[B]^b, \quad V_2 = K_2[C]^c[D]^d, \quad V_1 = V_2$$

$$K_1[A]^a[B]^b = K_2[C]^c[D]^d$$

$$\therefore \frac{[C]^c[D]^d}{[A]^a[B]^b} = \frac{K_1}{K_2} = K(일정)(K : 평형상수)$$

06 산화와 환원

1 산화와 환원

(1) 산화

한 원소가 낮은 산화 상태로부터 전자를 잃어서 보다 높은 산화 상태로 되는 화학 변화

(2) 환원

한 원소가 높은 산화 상태로부터 전자를 얻어서 보다 낮은 산화 상태로 되는 화학 변화

구 분	산화(Oxidation)	환원(Reduction)
산소관계	산소와 결합하는 현상 ┌─ 산화 ─┐ $C + O_2 \rightarrow CO_2$	산소를 잃는 현상 ┌─ 환원 ─┐ $CuO + H_2 \rightarrow Cu + H_2O$
수소관계	수소를 잃는 현상 ┌─ 산화 ─┐ $2H_2S + O_2 \rightarrow 2S + 2H_2O$	수소와 결합하는 현상 ┌─ 환원 ─┐ $H_2S + S \rightarrow H_2S$
전자관계	전자를 잃는 현상 ┌─ 산화 ─┐ $Na \rightarrow Na^+ + e^-$	전자를 얻는 현상 ┌─ 환원 ─┐ $Ag^+ + e^- \rightarrow Ag$
산화수관계	산화수가 증가되는 현상 ┌─ 산화 ─┐ $Cu^{2+}O + H_2^0 \rightarrow Cu^0 + H_2^+O$ └─ 환원 ─┘	산화수가 감소되는 현상 ┌─ 환원 ─┐ $H_2S^{2-} + Cl_2^0 \rightarrow 2HCl^{1-} + S^0$ └─ 산화 ─┘

1. 단체의 산화수는 0이다.
2. 화합물에서 수소(H)의 산화수는 +1로 한다(단, 수소(H)보다 이온화 경향이 큰 금속과 화합되어 있을 때는 수소(H)의 산화수는 -1이다).
3. 화합물에서 산소(O)의 산화수는 -2로 한다(단, 과산화물인 경우 산소는 -1이다).
4. 이온의 산화수는 그 이온의 전하와 같다.
5. 화합물 중에 포함되어 있는 원자의 산화수 총합은 0이다.

> 예 $NH_3 \rightarrow N+(+1)\times3 = 0$ $\qquad\qquad\qquad \therefore N = -3$
> $H_2SO_4 \rightarrow (+1)\times2+S+(-2)\times4 = 0 \qquad \therefore S = +6$
> $KMnO_4 \rightarrow (+1)+Mn+(-2)\times4 = 0 \qquad \therefore Mn = +7$
> $MnO_2 \rightarrow Mn+(-2)\times2 = 0 \qquad\qquad\quad \therefore Mn = +4$
> $MnSO_4 \rightarrow (SO_4)$가 -2이므로 $\qquad\qquad \therefore Mn = +2$
> $K_2MnSO_4 \rightarrow (+1)\times2+Mn+(-2)\times4 = 0 \quad \therefore Mn = +6$

6. 화학결합이나 반응에서 산화와 환원을 나타내는 척도이다.

2 산화제와 환원제

(1) 산화제

다른 물질을 산화시키는 성질이 강한 물질이며, 산화수는 증가한다. 즉, 자신은 환원되기 쉬운 물질이다.

① 산소를 내기 쉬운 물질 : H_2O_2, $KClO_3$
② 수소와 결합하기 쉬운 물질 : O_2, Cl_2
③ 전자를 받기 쉬운 물질 : MnO_4^-, CrO_3^{7-}, 비금속 단체
④ 발생기산소[O]를 내기 쉬운 물질 : O_2, MnO_2, $KMnO_4$, HNO_3, $c-H_2SO_4$ 등

(2) 환원제

다른 물질을 환원시키는 성질이 강한 물질, 즉 자신은 산화되기 쉬운 물질이다.

① 수소를 내기 쉬운 물질 : H_2S
② 산소와 결합하기 쉬운 물질 : H_2, SO_2
③ 전자를 잃기 쉬운 물질 : H_2SO_3, 금속 단체
④ 발생기수소 [H]를 내기 쉬운 물질 : H_2, CO, H_2S, SO_2, $FeSO_4$, 황산제1철 등

SO_2(아황산가스), H_2O_2(과산화수소)등

1 금속의 이온화 경향

(1) 정의

금속원자는 최외각 전자를 잃어 양이온이 되려는 성질이 있다. 이 성질을 금속의 이온화 경향이라 한다.

(2) 금속의 이온화 경향의 크기와 성질

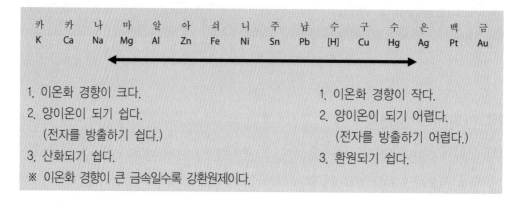

(3) 금속의 이온화 경향과 화학적 성질

① 공기 속 산소와의 반응

㉮ K, Ca, Na, Mg : 산화되기 쉽다.

㉯ Al, Zn, Fe, Ni, Sn, Pb, Cu : 습한 공기 속에서 산화된다.

㉰ Hg, Ag, Pt, Au : 산화되기 어렵다.

② 물과의 반응

㉮ K, Ca, Na : 찬물과 반응해도 심하게 수소를 발생시킨다.

㉯ Mg, Al, Zn, Fe : 고온의 수증기와 반응하여 수소를 발생시킨다.

③ 산과의 반응

㉮ 수소(H)보다 이온화 경향이 큰 금속은 보통 산과 반응하여 수소를 발생시킨다.

㉯ Cu, Hg, Ag : 보통의 산에는 녹지 않으나, 산화력이 있는 HNO_3, $c-H_2SO_4$ 등에는 녹는다.

㉰ Pt, Au : 왕수($3HCl + HNO_3$)에만 녹는다.

② 패러데이(Faraday) 법칙

(1) 패러데이 법칙

전극에서 유리되고 화학물질의 무게가 전지를 통하여 사용된 전류의 양에 정비례하고 또한 주어진 전류량에 의하여 생성된 물질의 무게는 그 물질의 당량에 비례한다.

① 제1법칙 : 같은 물질에 대하여 전기분해로 전극에서 석출 또는 용해되는 물질의 양은 통한 전기량에 비례한다.

② 제2법칙 : 전기분해에서 일정량의 전기량에 대하여 석출되는 물질의 양은 그 물질의 당량에 비례한다.

> **TIP**
> **1F(패러데이)**
> 물질 1g당량을 석출하는 데 필요한 전기량(96,500쿨롱, 전자(e^-) 1몰(6.02×10^{23}개)의 전기량)

[1F(96,500C)로 석출(또는 발생)되는 물질의 양]

전해액	전 극	(−)극	(+)극
물($NaOH$ 또는 H_2SO_4 용액)	Pt	H_2, 1g(11.2L)	O_2 8g(5.6L)
NaCl 수용액	Pt	NaOH 40g, H_2 1g(11.2L)	Cl_2 35.5g(11.2L)
$CuSO_4$	Pt	O_2 8g(5.6L)	Cu 31.7g

---

08 산과 염기 및 염

① 산(Acid)과 염기(Base)

(1) 산, 염기의 구분

① 산도 : 산 1분자 속에 포함되어 있는 H^+의 수

구 분	산	
	강 산	약 산
1가의 산	HCl, HNO_3	CH_3COOH
2가의 산	H_2SO_4	H_2CO_3, H_2S
3가의 산	H_3PO_4	H_3BO_3

② 염기도 : 염기의 1분자 속에 포함되어 있는 OH^-의 수

구 분	염기	
	강염기	약염기
1가의 염기	NaOH, KOH	NH_4OH
2가의 염기	$Ca(OH)_2$, $Ba(OH)_2$	$Mg(OH)_2$
3가의 염기	−	$Fe(OH)_3$, $Al(OH)_3$

(2) 산, 염기의 강약(강전해질과 약전해질)

① 강전해질 : 전리도가 커서 전류를 잘 통하는 물질

　예 강산(HCl, HNO_3, H_2SO_4), 강염기[NaOH, KOH, $Ca(OH)_2$, $Ba(OH)_2$ 등]

② 약전해질 : 전리도가 적어서 전류를 잘 통하지 못하는 물질

　예 약산(CH_3COOH, H_2CO_3 등), 약염기(NH_4OH 등)

TIP **전리평형상수(전리상수)**

1. 전리평형상수(K) : 약전해질(약산 또는 약염기)은 수용액 중에서 전리하여 전리평형 상태를 이룬다. 이때 K값을 전리상수라 하며, 일정 온도에서 항상 일정한 값을 갖는다. 즉, 온도에 의해서만 변화되는 값이다.

   $aA+bB \leftrightarrows cC+dD$의 반응이 평형 상태에서

   $$\frac{[C]^c[D]^d}{[A]^a[B]^b}=K(일정) \rightarrow \frac{생성물의 농도의 곱}{반응물의 농도의 곱}=평형상수(일정)$$

2. 전리도(α) : 전해질이 수용액에서 전리되어 이온으로 되는 비율로서 전리도가 클수록 강전해질이며, 일반적으로 전리도는 온도가 높을수록, 농도(c)가 묽을수록 커진다.

   $CH_3COOH \leftrightarrows CH_3COO^-+H^+$

   전리 전 농도 : c

   전리 후 농도 : $c-c\alpha$

   $\therefore$ 전리 상수(K) $= \frac{[CH_3COO^-][H^+]}{[CH_3COOH]} = \frac{c^2\alpha^2}{c(1-\alpha)} = \frac{c\alpha^2}{1-\alpha}$

   약산의 전리도는 매우 작은 $1-\alpha \fallingdotseq 1$이므로

   $\therefore \alpha = \sqrt{\frac{K}{C}}$

2 중화반응과 수소이온 지수

(1) 중화와 당량의 관계

① 중화반응 : 산과 염기가 반응하여 염과 물이 생기는 반응, 즉 산의 수소이온(H^+)과 염기의 수산화이온(OH^-)이 반응하여 중성인 물을 만드는 반응이다.

② 중화반응의 예

$HCl + NaOH \rightarrow NaCl(염) + H_2O(물)$

$H^+ + OH^- \rightarrow H_2O$

(2) 중화적정

① 산과 염기가 완전 중화하려면 산의 g당량수와 염기의 g당량수가 같아야 한다. 즉, 산의 g당량수 = 염기의 g당량수이다.

② g당량수

$$g당량수 = 규정농도(N) = \frac{g당량수}{용액\ 1L} \times 용액의\ 부피(V[L])$$

$\therefore$ g당량수 $= N \times V$

③ 중화공식 : N_1 농도의 산 V_1[mL]을 완전히 중화시키는 데 N_2 농도의 염기 V_2[mL]가 소비되었다면 다음 식이 성립된다.

즉, 산의 g당량수 = 염기의 g당량수

$$N_1 \times \frac{V_1}{1,000} = N_2 \times \frac{V_2}{1,000}$$

$\therefore N_1 V_1 = N_2 V_2$(중화적정 공식)

(3) 수소이온 지수(Power of Hydrogen, pH)

① 물의 이온적(K_w)

• 물의 전리와 수소이온 농도

$H_2O = H^+ + OH^-$

$[H^+] = [OH^-] = 10^{-7}mol/L(g이온/L)$

• 물의 이온적상수(K_w)

$H_2O = H^+ + OH^-$에서 전리상수를 구하면

$$K = \frac{[H^+][OH^-]}{[H_2O]}$$

$[H^+][OH^-] = K[H_2O] = K_w$(물의 이온적상수)

$\therefore K_w = [H^+][OH^-] = 10^{-7} \times 10^{-7} = 10^{-14}(mol/L)^2$

물의 이온적(K_w)은 용액의 농도에 관계없이 온도가 높아지면 커지고, 온도가 일정하면 항상 일정하다.

② 수소이온 지수(pH)

㉮ 수소이온 지수(pH) : 수소이온 농도의 역수를 상용대수(log)로 나타낸 값

$$pH = \log\frac{1}{[H^+]} = -\log[H^+] \qquad \therefore \ pH + pOH = 14$$

예제 1

0.2N HCl 500mL에 물을 가해 1L로 하였을 때 pH는 약 얼마인가?

풀이 $0.2N \ HCl = 0.2M \ HCl$ $0.2M \times 0.5L = 0.1mol$

$\dfrac{0.1mol}{1L} = 0.1M$ $pH = -\log[H^+] = -\log(0.1) = 1$

답 1

예제 2

0.4N HCl 500mL에 물을 가해 1L로 하였을 때 pH는 약 얼마인가?

풀이 $0.4N = \left| \dfrac{0.4eq}{L} \right| 0.5L \left| = 0.2eq \right.$

$\dfrac{0.2eq}{1L} = 0.2eq/L$ $pH = -\log H^+ = -\log 0.2 = 0.7$

답 0.7

㉯ 용액의 액성과 pH

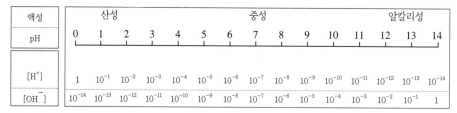

액성	산성						중성				알칼리성			
pH	0	1	2	3	4	5	6	7	8	9	10	11	12	13	14
$[H^+]$	1	10^{-1}	10^{-2}	10^{-3}	10^{-4}	10^{-5}	10^{-6}	10^{-7}	10^{-8}	10^{-9}	10^{-10}	10^{-11}	10^{-12}	10^{-13}	10^{-14}
$[OH^-]$	10^{-14}	10^{-13}	10^{-12}	10^{-11}	10^{-10}	10^{-9}	10^{-8}	10^{-7}	10^{-6}	10^{-5}	10^{-4}	10^{-3}	10^{-2}	10^{-1}	1

적중예상문제

01 다음 중 나머지 셋과 가장 다른 온도값을 표현한 것은?

① 100℃

② 273K

③ 32℉

③ 492°R

> **해설**

■ 각 온도의 비교표

구 분	표준온도		절대온도	
	섭씨온도(℃)	화씨온도(℉)	켈빈온도(K)	랭킨온도(°R)
끓는점(b.p)	100	212	373	672
어는점(f.p)	0	32	273	492
절대 영도	−273	−460	0	0

02 다음 중 1기압에 가장 가까운 값을 갖는 것은?

① 760cmHg

② 101.3Pa

③ 29.92psi

④ 1033.6cmH₂O

> **해설**

$1atm = 730mmHg = 101.3kPa = 14.7psi = 10.33mH_2O = 1033cmH_2O$

03 공기의 성분이 다음 표와 같을 때 공기의 평균 분자량을 구하면 얼마인가?

성 분	분자량	부피함량(%)
질 소	28	78
산 소	32	21
아르곤	40	1

① 28.84

② 28.96

③ 29.12

④ 29.44

> **해설**

공기의 평균 분자량 $= 28 \times 0.78 + 32 \times 0.21 + 40 \times 0.01 = 28.96$

04 용해도의 차이를 이용하여 고체혼합물을 분리하는 방법은?

① 분별증류　　　　　　　　　② 재결정
③ 흡착　　　　　　　　　　　④ 투석

> **해설**

재결정은 용해도의 차를 이용하여 고체혼합물을 분리·정제한다.

05 다음 동소체와 연소생성물의 연결이 잘못된 것은?

① 다이아몬드, 흑연 – 일산화탄소
② 사방황, 단사황 – 이산화황
③ 흰 인, 붉은 인 – 오산화인
④ 산소, 오존 – 없음

> **해설**

① 다이아몬드, 흑연 – 이산화탄소이다.

06 0℃, 2기압에서 질산 2mol은 몇 g인가?

① 31.5　　　　　　　　　　② 63
③ 126　　　　　　　　　　 ④ 252

> **해설**

질산(HNO_3) 1mol = 63g이므로, (H+N+3O = 1+14+3×16 = 63)
∴ 질산 2mol = 63×2 = 126g

07 다음 중 원자의 개념으로 설명되는 법칙이 아닌 것은?

① 아보가드로의 법칙　　　　② 일정성분비의 법칙
③ 질량보존의 법칙　　　　　④ 배수비례의 법칙

해설

(1) 원자의 개념으로 설명되는 법칙

　① 질량불변의 법칙(질량보존의 법칙) : 화학변화에서 그 변화의 전후 반응에 참여한 물질의 질량 총
　　합은 일정불변이다. 즉, 화학반응에서 반응물질의 질량 총합과 생성된 물질의 총합은 같다.

　② 일정성분비의 법칙(정비례의 법칙) : 순수한 화합물에서 성분원소의 중량비는 항상 일정하다. 즉,
　　한 가지 화합물을 구성하는 각 성분원소의 질량비는 항상 일정하다.

　③ 배수비례의 법칙 : 두 가지 원소가 두 가지 이상의 화합물을 만들 때, 한 원소의 일정 중량에 대하
　　여 결합하는 다른 원소의 중량 간에는 항상 간단한 정수비가 성립된다.

(2) 분자의 개념으로 설명되는 법칙

　① 기체반응의 법칙 : 화학반응을 하는 물질이 기체일 때 반응물질과 생성물질의 부피 사이에는 간단
　　한 정수비가 성립된다.

　② 아보가드로의 법칙 : 온도와 압력이 일정하면 모든 기체는 같은 부피 속에 같은 수의 분자가 들어있
　　다. 즉, 모든 기체 1mol이 차지하는 부피는 표준상태(0℃, 1기압)에서 22.4L이며, 그 속에는
　　6.02×10^{23}개의 분자가 들어있다.

08 산소 16g과 수소 4g이 반응할 때 몇 g의 물을 얻을 수 있는가?

① 9g
② 16g
③ 18g
④ 36g

해설

$2H_2 + O_2 \rightarrow 2H_2O$

4g　　32g　：　36g

4g　　16g　：　x[g]

$\therefore x = \dfrac{16 \times 36}{32} = 18g$

09 산소 64g 속에는 몇 개의 산소분자가 들어있는가?

① 3×10^{23}
② 6×10^{23}
③ 9×10^{23}
④ 12×10^{23}

해설

O_2 분자량이 32이며, 산소 64g은 2mol이다.

몰수 $= \dfrac{g}{분자량} = \dfrac{64}{32} = 2mol$이다.

즉, 1mol에는 6×10^{23}개의 산소분자가 들어 있으므로, 2mol에는 12×10^{23}개의 산소분자가 들어있다.

10 3.65kg의 염화수소 중에는 HCl 분자가 몇 개 있는가?

① 6.02×10^{23}

② 6.02×10^{24}

③ 6.02×10^{25}

④ 6.02×10^{26}

해설

HCl의 분자량은 36.5g이다.

1mol 속에는 6.02×10^{23}개의 분자가 존재한다.

HCl 3.65kg의 몰수는 $\dfrac{3.65 \times 10^3 \text{g}}{36.5 \text{g}} = 100 \text{mol}$이다.

$1 \text{mol} : 6.02 \times 10^{23} = 100 \text{mol} : x$

∴ $x = 6.02 \times 10^{23} \times 100 = 6.02 \times 10^{25}$개

11 어떤 액체연료의 질량조성이 C 75%, H 25%일 때 C : H의 몰 비는?

① 1 : 3

② 1 : 4

③ 4 : 1

④ 3 : 1

해설

$C : H = \dfrac{75}{12} : \dfrac{25}{1} = 1 : 4$

12 어떤 화합물을 분석한 결과 질량비가 탄소 54.55%, 수소 9.10%, 산소 36.35%이고, 이 화합물 1g은 표준상태에서 0.17L이라면 이 화합물의 분자식은?

① $C_2H_4O_2$

② $C_4H_8O_4$

③ $C_4H_8O_2$

④ $C_6H_{12}O_3$

해설

질량비가 C : 54.55%, H : 9.1%, O : 36.35%이므로, 몰수비로 바꾸어보면

$\dfrac{54.55}{12} : \dfrac{9.1}{1} : \dfrac{36.35}{16} = 4.546 : 9.1 : 2.27$이다.

간단한 정수비로 나타내면 2 : 4 : 1이고, 따라서 구조식은 $(C_2H_4O)_n$이다.

여기서, $PV = nRT = (g/fw)RT$이므로, $fw = \dfrac{1 \times 0.082 \times 273}{1 \times 0.17} = 131.7 \text{g}$이다.

따라서 $(C_2H_4O)_n$에서 $n = 3$이므로 $C_6H_{12}O_3$이다.

13 다음 중 프로필렌의 시성식은?

① $CH_2 = CH - CH_2 - CH_3$
② $CH_2 = CH - CH_3$
③ $CH - CH = CH - CH_3$
④ $CH_2 = C(CH_3)CH_3$

해설

■ 시성식
분자식 속에 원자단(라디칼) 등의 결합 상태를 나타낸 식으로, 물질의 성질을 나타낸 것이다.

14 64g의 메탄올이 완전 연소되면 몇 g의 물이 생성되는가?

① 36
② 64
③ 72
④ 144

해설

■ 메탄올(CH_3OH)
메탄올의 분자량은 32g이다.
$CH_3OH + 1.5O_2 \rightarrow 2H_2O + CO_2$ $2CH_3OH + 3O_2 \rightarrow 4H_2O + 2CO_2$
즉, 메탄올 64g은 2몰이므로 메탄올 2몰이 반응하면 물 4몰이 생성된다.
∴ 물 4몰은 $4 \times 18 = 72g$이다.

15 다음에서 설명하고 있는 법칙은?

> 온도가 일정할 때 기체의 부피는 절대압력에 반비례한다.

① 일정성분비의 법칙
② 보일의 법칙
③ 샤를의 법칙
④ 보일-샤를의 법칙

해설

① 일정성분비의 법칙(정비례의 법칙) : 순수한 화합물에서 성분원소의 중량비는 항상 일정하다. 즉, 한 가지 화합물을 구성하는 각 성분원소의 질량비는 항상 일정하다.
② 보일의 법칙 : 온도가 일정할 때 기체의 부피는 압력에 반비례한다.
   $P_1 V_1 = P_2 V_2$
③ 샤를의 법칙 : 압력이 일정할 때 기체의 부피는 절대온도에 비례한다.
   $\dfrac{V_1}{T_1} = \dfrac{V_2}{T_2}$
④ 보일-샤를의 법칙
   $\dfrac{P_1 V_1}{T_1} = \dfrac{P_2 V_2}{T_2}$ (여기서, P : 압력 V : 부피 T : 절대온도)

정답 13. ② 14. ③ 15. ②

16 30L 용기에 산소를 넣어 압력이 150기압으로 되었다. 이 용기의 산소를 온도 변화 없이 동일한 조건에서 40L의 용기에 넣었다면 압력은 얼마로 되는가?

① 85.7기압

② 102.5기압

③ 112.5기압

④ 200기압

해설

▪ **보일의 법칙**

$P_1 V_1 = P_2 V_2$

$P_2 = \dfrac{P_1 V_1}{V_2} = \dfrac{150\text{atm} \times 30\text{L}}{40\text{L}} = 112.5\text{atm}$

17 다음에서 설명하고 있는 법칙은?

압력이 일정할 때 일정량의 기체의 부피는 절대온도에 비례한다.

① 일정성분비의 법칙

② 보일의 법칙

③ 샤를의 법칙

④ 보일–샤를의 법칙

해설

15번 해설 참조

18 273℃에서 기체의 부피가 4L이다. 같은 압력에서 25℃일 때의 부피는 약 몇 L인가?

① 0.5

② 2.2

③ 3

④ 4

해설

▪ **샤를의 법칙**

$\dfrac{V}{T} = \dfrac{V'}{T'}$

$\dfrac{4}{273+273} = \dfrac{V'}{25+273}$

$\therefore V' = \dfrac{4 \times (25+273)}{(273+273)} = 2.2\text{L}$

19 27℃, 5기압의 산소 10L를 100℃, 2기압으로 하였을 때 부피는 몇 L가 되는가?

① 15

② 21

③ 31

④ 46

> **해설**

보일-샤를의 법칙에 적용한다.

$$\frac{PV}{T} = \frac{P'V'}{T'}$$

$$\frac{5 \times 10}{0+273} = \frac{2 \times V'}{100+273}$$

$$\therefore V' = \frac{5 \times 10 \times (100+273)}{(0+273) \times 2} = 31L$$

20 표준상태에서 산소기체의 부피가 가장 작은 것은?

① 1mol

② 16g

③ 22.4L

④ 6.02×10^{23}개 분자

> **해설**

$$PV = nRT$$

$$V = \frac{nRT}{P} \text{(다른 조건이 동일하므로 } V \propto n < \text{몰 수)}$$

① 1mol

② 16g → 0.5mol $\left(\dfrac{16}{32(\text{산소의 분자량})} = 0.5\right)$

21 70℃, 130mmHg에서 1L 부피에 해당하는 질량이 약 0.17g인 기체는?

① 수소

② 헬륨

③ 질소

④ 산소

> **해설**

$PV = nRT$에서

P : 130mmHg를 atm으로 환산하면 1atm = 760mmHg이므로, $760 : 1 = 130 : x$

즉, $x = 0.171$atm이고, V : 1L, T : 70+273=343K이다. $N = g/fw$(분자량)이므로, $0.17/fw$를 대입하면

$0.171 \times 1 = (0.17/fw) \times 0.082 \times 343$

$\therefore fw = (0.17/0.171) \times 0.082 \times 33 = 28.126$, 즉 분자량이 28인 질소가 정답이다.

정답 19. ③ 20. ② 21. ③

22 27℃, 2atm에서 20g의 CO_2 기체가 차지하는 부피는 약 몇 L인가?

① 5.59

② 2.80

③ 1.40

④ 0.50

해설 ▶

$$PV = nRT = \frac{w}{M}RT$$

$$V = \frac{wRT}{MP} = \frac{20\text{g} \times 0.082\text{atm} \cdot \text{L/mol} \cdot \text{K} \times (273+27)\text{K}}{44\text{g/mol} \times 2\text{atm}} = 5.59\text{L}$$

23 1기압 26℃에서 어떤 기체 10L의 질량이 40g이었다. 이 기체의 분자량은 약 얼마인가?

① 25

② 49

③ 98

④ 196

해설 ▶

$$PV = nRT = \frac{w}{M}RT$$

$$M = \frac{wRT}{PV} = \frac{40\text{g} \times 0.082\text{atm} \cdot \text{L/mol} \cdot \text{K} \times (273+26)\text{K}}{1\text{atm} \times 10\text{L}} = 98.072\text{g/mol} \fallingdotseq 98\text{g/mol}$$

24 1kg의 공기가 압축되어 부피가 0.1m^3, 압력이 40kgf/cm^2로 되었다. 이때 온도는 약 몇 ℃인가?(단, 공기의 분자량은 29이다)

① 1,026

② 1,096

③ 1,138

④ 1,186

해설 ▶

$$PV = GRT$$

$$T = \frac{PV}{GR} = \frac{40 \times 10^4 \times 0.1}{1 \times \left(\frac{848}{29}\right)} = 1,369\text{K}$$

$$\therefore 1,369\text{K} - 273\text{K} = 1,096℃$$

25 0℃, 1기압에서 어떤 기체의 밀도가 1.617g/L이다. 1기압에서 이 기체 1L가 1g이 되는 온도는 약 몇 ℃인가?

① 44　　　　　　　　　　　　　　② 68

③ 168　　　　　　　　　　　　　④ 441

해설

$$PV = nRT = \frac{w}{M}RT \qquad \gamma = \frac{w}{V} = \frac{P \times MV}{R \times T} = 1$$

$$1.617\text{g/L} = \frac{1\text{atm} \times MV}{0.082\text{atm} \cdot \text{L/mol} \cdot \text{K} \times 273\text{K}}$$

M(기체분자량) = 36.20g/mol

$$T = \frac{PVM}{wR} = \frac{1\text{atm} \cdot 1\text{L} \cdot 36.2\text{g/mol}}{1\text{g} \cdot 0.082\text{atm} \cdot \text{L/mol} \cdot \text{K}} = 441.46\text{K} \fallingdotseq 441\text{K} - 273\text{K} = 168℃$$

26 이상기체에서 정압비열을 C_p, 정적비열을 C_v, 이상기체상수를 R이라고 할 때 이들 관계를 옳게 나타낸 식은?

① $C_p + C_v = R$　　　　　　　　② $C_v - C_p = R$

③ $C_P - C_v = R$　　　　　　　　④ $C_p + C_v = -R$

해설

정압비열 C_p, 정적비열 C_v의 차는 R이다($C_p - C_v = R$).

27 어떤 기체의 확산속도가 SO_2의 4배일 때 이 기체의 분자량을 추정하면 얼마인가?

① 4　　　　　　　　　　　　　　② 16

③ 32　　　　　　　　　　　　　④ 64

해설

■ 그레이엄의 확산속도 법칙

일정한 온도에서 기체의 확산속도는 그 기체 분자량의 제곱근에 반비례한다.

$$\frac{U_A}{U_B} = \sqrt{\frac{M_B}{M_A}}$$

여기서, U_A, U_B : 기체의 확산속도　　　　M_A, M_B : 분자량

$$\frac{U_A}{U_{SO_2}} = \sqrt{\frac{M_{SO_2}}{M_A}} = \sqrt{\frac{64}{M_A}} = 4$$

$$\frac{64}{M_A} = 16 \qquad\qquad \therefore M_A = 4$$

정답　25. ③　26. ③　27. ①

28 정압비열을 C_p, 정적비열을 C_v, A를 열의 일당량, R을 가스정수라고 할 때 이들 관계식을 바르게 표시한 것은?

① $C_p + C_v = AR$

② $C_V - C_p = AR$

③ $C_p - C_v = AR$

④ $C_p = C_v - AR$

해설

$C_p > C_v$, $C_p - C_v = AR$이다.

정압비열(C_p)	압력을 일정하게 유지하고 기체단위 질량을 1℃ 높이는 데 필요한 열량이다.
정적비열(C_v)	체적을 일정하게 유지하고 기체단위 질량을 1℃ 높이는 데 필요한 열량이다.

29 헨리의 법칙에 대한 설명으로 옳은 것은?

① 물에 대한 용해도가 클수록 잘 적용된다.

② 비극성 물질은 극성 물질에 잘 녹는 것으로 설명된다.

③ NH_3, HCl, CO 등의 기체에 잘 적용된다.

④ 압력을 올리면 용해도는 올라가나 녹아 있는 기체의 부피는 일정하다.

해설

㉠ 물에 대한 용해도가 작을수록 잘 적용된다(CH_4, CO_2, H_2, O_2, N_2 등).

㉡ 극성 물질은 극성 용매에 잘 녹고, 비극성 물질은 비극성 용매에 잘 녹는다.

㉢ NH_3, HCl, CO 등의 기체에 잘 적용되지 않는다.

30 35.0wt% HCl 용액이 있다. 이 용액의 밀도가 1.1427g/mL라면 이 용액의 HCl의 몰농도(mol/L)는 약 얼마인가?

① 11

② 14

③ 18

④ 22

해설

%농도 $= \dfrac{\text{용질의 양}}{\text{용액의 양}} \times 100$이므로 35.0%는 용액 100g 중 HCl이 35g 들어있다는 의미이다. 이 용액이 100g 있다고 가정하고 밀도로 나누면, $\dfrac{100}{1.1427} = 87.5\text{mL} = 0.088\text{L}$이고, HCl의 분자량의 36.5이므로 HCl 35g을 몰수로 환산하면 $\dfrac{35}{36.5} = 0.959$몰이다.

∴ HCl의 몰농도(mol/L) $= \dfrac{0.959}{0.088} = 10.9\text{mol/L}$

정답 28. ③ 29. ① 30. ①

31 10wt%의 H_2SO_4 수용액으로 1M 용액 200mL를 만들려고 할 때 다음 중 가장 적합한 방법은? (단, S의 원자량은 32이다)

① 원용액 98g에 물을 가하여 200mL로 한다.
② 원용액 98g에 200mL의 물을 가한다.
③ 원용액 196g에 물을 가하여 200mL로 한다.
④ 원용액 196g에 200mL의 물을 가한다.

▶ 해설

$$1M \ H_2SO_4 = \frac{1mol \ H_2SO_4}{1L} = \frac{98g \ H_2SO_4}{1L}$$

$$\frac{98g}{1L} \times 0.2L = 19.6g \ H_2SO_4$$

$$10wt\% \ H_2SO_4 = \frac{0.1g \ H_2SO_4}{1g \ H_2O} \times 100$$

$$\frac{19.6}{0.1} = 196g \ 10wt\% \ H_2SO_4 \ 필요$$

32 비중이 1.84이고, 무게농도가 96wt%인 진한황산의 노르말농도는 약 몇 N인가?(단, 황의 원자량은 32이다)

① 1.8   ② 3.6
③ 18   ④ 38

▶ 해설

$$1,000 \times 1.84 \times \frac{96}{100} \div 49 = 36N$$

33 다음에서 설명하는 법칙에 해당하는 것은?

용매에 용질을 녹을 경우 증기압 강하의 크기는 용액 중에 녹아있는 용질의 몰분율에 비례한다.

① 증기압의 법칙   ② 라울의 법칙
③ 이상용액의 법칙   ④ 일정성분비의 법칙

① 증기압의 법칙 : 일정 온도의 밀폐된 용기 속에서 액체의 증발속도와 응축속도가 같은 동적평형 상태에서 액체의 증기가 나타내는 압력
③ 이상용액의 법칙 : 열을 흡수하거나 방출하지 않고 또 그 부피는 각 성분 부피의 합과 같은 용액
④ 일정성분비의 법칙 : 화합물에 있어서 그 구성 원소의 중량비는 항상 일정하다.

34 콜로이드용액의 성질에 대한 설명으로 옳지 않은 것은?

① 틴들현상은 콜로이드용액에 빛을 통과시켜 빛의 방향과 수직으로 보면 빛의 진로가 보이는 것이다
② 브라운운동은 콜로이드입자가 분산매의 분자와의 충돌 때문에 일어나는 계속적인 불규칙 운동이다.
③ 흡착은 콜로이드입자가 전기를 띠고 있으므로 전해질을 가하면 전해질과 반대의 전기를 띠는 입자가 모여 엉기는 현상이다.
④ 전기영동은 콜로이드용액 중에 존재하는 양이온이나 음이온을 선택적으로 흡착하는 성질이 있다.

해설

③ 엉김에 대한 설명이다.

35 원자의 구성입자 중 질량이 가장 가벼운 것은?

① 양성자(p) ② 중성자(n)
③ 중간자(m) ④ 전자(e)

해설

소립자		전 하	실제 질량	원자량 질량	기 호	발견자	비 고
원자핵	양성자	(+)	$1,673 \times 10^{-24}(g)$	1(가정)	P 또는 $_1H^1$	러더포드	원자번호를 정함
	중성자	중 성	$1,675 \times 10^{-24}(g)$	1	n 또는 $_0n^1$	채드윅	
전 자		(−)	$9.11 \times 10^{-28}(g)$	양성자의 $\frac{1}{1,840}$	e^-	톰 슨	양성자수와 같음

36 $1s^2 2s^2 2p^3$의 전자배열을 갖는 원자의 최외각 전자수는 몇 개인가?

① 2개   ② 3개

③ 4개   ④ 5개

> **해설**

$1s^2 2s^2 2p^3$에서 $2s^2 2p^3$가 최외각 전자수이다.

37 Pauli의 배타율에 대한 설명으로 옳은 것은?

① 한 개의 원자 중에는 4개의 양자수가 똑같은 전자 2개를 가질 수 없다.

② 한 개의 전자 중에는 4개의 중성자수가 똑같은 양자 2개를 가질 수 없다.

③ 양자수를 나열하면 각각의 주준위에 속하는 최소 전자수를 계산할 수 있다.

④ 자기양자수를 나열하면 각각의 주준위에 속하는 최대 전자수를 계산할 수 있다.

> **해설**

■ **파울리의 배타원리(Pauli Exclusion Principle)**
한 개의 전자 중에는 4개의 중성자수가 똑같은 양자 2개를 가질 수 없다.

38 원소주기율표 상의 같은 주기에서 원자번호가 증가함에 따라 일반적으로 증가하는 것이 아닌 것은?

① 원자가전자수   ② 비금속성

③ 원자반지름   ④ 이온화에너지

> **해설**

원자반지름은 같은 주기에서 원자번호가 증가함에 따라 감소한다.

39 다음 1차 이온화에너지의 작은 금속에 대한 설명으로 잘못된 것은?

① 전자를 잃기 쉽다.   ② 산화되기 쉽다.

③ 환원력이 작다.   ④ 양이온이 되기 쉽다.

> **해설**

③ 환원력이 크다.

정답 36. ④ 37. ② 38. ③ 39. ③

40 다음 금속원소 중 이온화에너지가 가장 큰 원소는?

① 리튬

② 나트륨

③ 칼륨

④ 루비듐

> **해설**

■ 이온화에너지

기체 상태의 원자로부터 전자 1개를 떼어내어 이온으로 만드는 데 필요한 에너지이다.

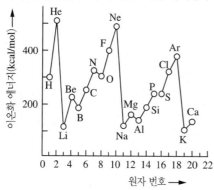

[이온화 에너지와 원자번호]

41 다음 중 1차 이온화에너지가 가장 큰 것은?

① Ne

② Na

③ K

④ Be

> **해설**

■ 이온화에너지

중성인 원자로부터 전자 1개를 떼어 양이온으로 만드는 데 필요한 최소한의 에너지이며, 이온화에너지가 가중 큰 것은 O족원소인 불활성원소이다. 즉, 이온이 되기 어렵다.

※ 40번 해설 그림 참조

42 다음 중 전기음성도가 가장 작은 것은?

① Br

② F

③ H

④ S

> **해설**

43번 해설 참조

43 다음 기체 중 화학적으로 활성이 가장 강한 것은?

① 질소   ② 불소

③ 아르곤   ④ 이산화탄소

> **해설**
>
> ■ 전기음성도
> $F > O > N > Cl > Br > C > S > I > H > P$
> ※ 전기음성도가 클수록 화학적으로 활성이 강하다.

44 극성 공유결합으로 이루어진 분자가 아닌 것은?

① HF   ② CH_3COOH

③ NH_3 ④ CH_4

> **해설**
>
> ㉠ 극성 공유결합 : HF, CH_3COOH, NH_3 등
> ㉡ 비극성 공유결합 : CH_4, CCl_4 등

45 H_2S에서 S의 비공유전자쌍은 몇 개인가?

① 1   ② 2

③ 3   ④ 4

> **해설**
>
> 비공유전자쌍

46 다음 결합 종류 중 결합력이 가장 작은 것은?

① 공유결합   ② 이온결합

③ 금속결합   ④ 수소결합

> **해설**
>
> ■ 결합력의 세기 순서
> 공유결합 > 이온결합 > 금속결합 > 수소결합 > 반데르발스결합

정답   43. ②   44. ④   45. ②   46. ④

47 다음 중 분자 간의 수소결합을 하지 않는 것은?

① HF

② NH_3

③ CH_3F

④ H_2O

㉠ CH_3F는 C-F로는 수소결합을 이룰 수 없다.

㉡ HF, NH_3, H_2O는 수소결합을 이루는 분자이다.

48 다음 물질 중 sp^2 혼성궤도함수와 가장 관계가 있는 것은?

① CH_4 ② BF_3

③ NH_3 ④ H_2O

① CH_4 : sp^3 결합   ② BF_3 : sp^2 결합

③ NH_3 : p^3 결합   ④ H_2O : p^2 결합

49 다음 중 분자의 입체모양이 정사면체를 이루는 것은?

① H_2O ② CH_4

③ SF_4 ④ NH_3

■ 원자가껍질 전자쌍 반발 이론(VSEPR)

SN(입체수) = 중심원자에 결합된 원자수 - 중심원자의 고립쌍수

① : 굽은형

② : 정사면체

③ : 피라미드형(뒤틀린 시소형)

④ : 피라미드형

50 화학반응에서 반응 전과 반응 후의 상태가 결정되면 반응경로와 관계없이 반응열의 총량은 일정하다는 법칙은?

① 헤스의 법칙
② 보일-샤를의 법칙
③ 헨리의 법칙
④ 르샤틀리에의 법칙

> **해설**
>
> 헤스의 법칙(Hess's Law, 총열량불변의 법칙)에 대한 설명이다.

51 25℃에서 다음과 같은 반응이 일어날 때 평형 상태에서 NO_2의 부분압력은 0.15atm이다. 혼합물 중 N_2O_4의 부분압력은 약 몇 atm인가?(단, 압력평형상수 K_P는 7.13이다)

$$2NO_2(g) \leftrightarrows N_2O_4(g)$$

① 0.08
② 0.16
③ 0.32
④ 0.64

> **해설**
>
> $$K = \frac{P_{N_2O_4}}{P_{NO_2}^2} = \frac{x}{0.15^2} = 7.13 \qquad x = P_{N_2O_4} = 0.16\,(\text{atm})$$

52 다음 중 Mn의 산화수가 +2인 것은?

① $KMnO_4$
② MnO_2
③ $MnSO_4$
④ K_2MnO_4

> **해설**
>
> ① $KMnO_4 = 1 + x + 4 \times (-2) = 0 \qquad \therefore x = +7$
> ② $MnO_2 = x + 2 \times (-2) = 0 \qquad \therefore x = +4$
> ③ $MnSO_4 = x + 6 + 4 \times (-2) = 0 \qquad \therefore x = +2$
> ④ $K_2MnO_4 = 2 \times (+1) + x + 4 \times (-2) = 0 \qquad \therefore x = +6$

정답 50. ① 51. ② 52. ③

53 다음 중 Cl의 산화수가 +3인 물질은?

① $HClO_4$ ② $HClO_3$

③ $HClO_2$ ④ $HClO$

> **해설**
>
> ① $1+x-8=0$ $\therefore \ x = +7$
> ② $1+x-6=0$ $\therefore \ x = +5$
> ③ $1+x-4=0$ $\therefore \ x = +3$
> ④ $1+x-2=0$ $\therefore \ x = +1$

54 다음 중 산화제가 아닌 것은?

① H_2SO_4 ② $KClO_3$

③ $KMnO_4$ ④ H_2SO_3

> **해설**
>
> ㉠ 산화제 : 다른 물질을 산화시키는 물질, 즉 자신은 환원되는 물질
>   예 H_2O_2, $KClO_3$, $KMnO_4$, HNO_3, MnO_2
> ㉡ 환원제 : 다른 물질을 환원시키는 물질, 즉 자신은 산화되는 물질
>   예 H_2S, H_2SO_3, $FeSO_4$, CO

55 다음 반응에서 과산화수소가 산화제로 작용한 것은?

> ㉠ $2HI + H_2O_2 \rightarrow I_2 + 2H_2O$
> ㉡ $MnO_2 + H_2O_2 + H_2SO_4 \rightarrow MnSO_4 + 2H_2O + O_2$
> ㉢ $PbS + 4H_2O_2 \rightarrow PbSO_4 + 4H_2O$

① ㉠, ㉡   ② ㉠, ㉢

③ ㉡, ㉢   ④ ㉠, ㉡, ㉢

> **해설**
>
> 과산화수소는 산화제로도 작용하지만, 환원제로도 작용한다.
> ㉠ 산화제
>   – $2HI + H_2O_2 \rightarrow I_2 + 2H_2O$
>   – $PbS + 4H_2O_2 \rightarrow PbSO_4 + 4H_2O$
> ㉡ 환원제 : $MnO_2 + H_2O_2 + H_2SO_4 \rightarrow MnSO_4 + 2H_2O + O_2$

56 다음 중 이온화 경향이 가장 큰 것은?

① Ca

② Mg

③ Ni

④ Cu

> 해설

■ **금속의 이온화 경향**

$K > Ca > Na > Mg > Al > Zn > Fe > Ni > Sn > Pb > H > Cu > Hg > Ag > Pt > Au$

57 1패러데이(F)의 전기량으로 석출되는 물질의 무게를 틀리게 연결한 것은?

① 수소 – 약 1g

② 산소 – 약 8g

③ 은 – 약 16g

④ 구리 – 약 32g

> 해설

$1F = 96,500C/mole^-$ (전기 1mol, 즉 1당량당 96,500C)

① 수소 → $\dfrac{1g}{1}$ = 1g당량 = 1F당 1g 석출

② 산소 → $\dfrac{16g}{2}$ = 8g당량 = 1F당 8g 석출

③ 은 → $\dfrac{107.87g}{1}$ = 107.87g당량 = 약 108g당량 = 1F당 108g 석출

④ 구리 → $\dfrac{63.54g}{2}$ = 31.77 = 약 32g당량 = 1F당 32g 석출

58 다음 보기 중 가장 강산은?

① $HClO_4$

② $HClO_3$

③ $HClO_2$

④ $HClO$

> 해설

강한 순으로 나타내면 $HClO_4 > HClO_3 > HClO_2 > HClO$이다.

59 다음 보기 중 가장 약산은?

① 염산 ② 황산
③ 인산 ④ 아세트산

> **해설**

㉠ 강산 : 염산, 질산, 황산, 인산
㉡ 약산 : 아세트산

60 아세트산과 아세트산나트륨의 혼합수용액에서 다음과 같은 전리가 이루어진다고 할 때 이 용액에 염산을 한 방울 떨어뜨리면 어떤 변화가 일어나는지를 가장 옳게 설명한 것은?

- $CH_3COOH \rightleftharpoons CH_3COO^- + H^+$
- $CH_3COONa \rightleftharpoons CH_3COO^- + Na^+$
---

① CH_3COO^-는 많아지고, CH_3COOH는 적어진다.
② CH_3COOH는 많아지고, CH_3COO^-는 적어진다.
③ H^+는 많아지고, CH_3COOH나 CH_3COO^-는 변화가 없다.
④ H^+는 적어지고, CH_3COOH나 CH_3COO^-는 변화가 없다.

> **해설**

■ **르샤틀리에의 원리**
평형에 있는 어떤 계에 변화를 주면 그 변화가 부분적으로 상쇄되는 쪽으로 반응하게 된다. 평형으로 되돌아가기 위해 HCl에 의해 H^+가 용액에 가해지면 H^+가 상쇄되는(감소하는) 쪽으로 반응한다.

61 0.2N HCl 500mL에 물을 가해 1L로 하였을 때 pH는 약 얼마인가?

① 1.0 ② 1.3
③ 2.0 ④ 2.3

> **해설**

0.2N HCl = 0.2M HCl
0.2M × 0.5L = 0.1mol
$$\frac{0.1mol}{1L} = 0.1M$$
$pH = -\log[H^+] = -\log(0.1) = 1$

62 0.4N HCl 500ml에 물을 가해 1L로 하였을 때 pH는 약 얼마인가?

① 0.7

② 1.2

③ 1.8

④ 2.1

해설

0.4N HCl = 0.4M HCl

$0.4M \times 0.5L = 0.2mol$

$\dfrac{0.2mol}{1L} = 0.2M$

$pH = -\log[H^+] = -\log(0.2) = 0.7$

63 0.2N HCl 500mL를 물을 가해 2L로 하였을 때 pH는 약 얼마인가?(단, log5 = 0.7)

① 1.3

② 2.3

③ 3.0

④ 4.3

해설

$HCl + H_2O \rightarrow Cl^- + H_3O^+$

HCl 0.2N는 0.2M과 같다. 그러므로 $\dfrac{x}{0.5L} = 0.2$

$\therefore x = 0.5 \times 0.2 = 0.1mol$이 존재

0.1mol HCl이 물과 반응하여 0.1mol H_3O^+를 생성시킨다. 또한 몰농도로 환산하면, $\dfrac{0.1mol}{2L} = 0.05M$

이다.

$\therefore pH = -\log[H^+] = -\log(0.05) = -(\log 5 \times 10^{-2}) = -(\log 5 - 2) = 2 - \log 5 = 1.3$

04 금속 및 비금속원소와 그 화합물

01 금속과 그 화합물

1 금속원소의 성질

(1) 일반적 성질

① 상온에서 고체이다(단, Hg은 액체 상태).

② 비중은 1보다 크다(단, K, Na, Li은 1보다 작다).

③ 금속은 주로 전자를 방출하여 양이온으로 되며, 주로 자유전자에 의한 금속결합을 하므로 전기전도성이 크다.

④ 전기전도성과 전성을 가지며, 일반적으로 융해점이 높다.

⑤ 염기성 산화물을 만들며, 산에 녹는 것이 많다(단, Au, Pt 등은 왕수에만 녹는다).

⑥ 수소와 반응하여 화합물을 만들기 어렵다.

⑦ 원자반지름은 크며, 이온화에너지는 작다.

(2) 물리적 성질

① 열 및 전기전도성이 크다(Ag > Cu > Au > Al ⋯).

② 전성(퍼짐성) 및 연성(뽑힘성)이 크다(Au > Ag > Cu ⋯).

③ 융점이 높다(W > Pt > Au ⋯).

④ 비중이 크다(중금속 > 비중 4 > 경금속).

⑤ 합금을 만든다.

2 알칼리금속(1A족)과 그 화합물

(1) 알칼리금속(1A족)의 특성

리튬(Li), 나트륨(Na), 칼륨(K), 루비듐(Rb), 세슘(Cs), 프랑슘(Fr)의 6개 원소로, 화학적으로 활성이 큰 금속이다.

① 은백색의 연하고 가벼운 금속으로 융점이 낮고, 특유의 불꽃반응을 한다.

원 소	Li	Na	K	Rb	Cs
불꽃반응색	빨 강	노 랑	보 라	연빨강	연파랑

② 최외각 전자(가전자)가 1개이므로 전자를 잃어 1가의 양이온이 되기 쉽다.

③ 물과 쉽게 반응하여 수소가 발생하며, 수용액은 강알칼리성이다.

④ 원자번호가 증가함에 따라 이온화에너지가 작기 때문에 반응성이 커지고 비점, 융점은 낮아진다.

⑤ 화합물은 모두 이온결합을 잘 하며, 물에 잘 녹는다.

(2) 알칼리금속의 화합물

① NaOH(수산화나트륨)

㉮ 성질 : 조해성이 있는 백색 고체로 수용액은 알칼리성이며, 공기 중의 CO_2를 흡수하여 Na_2CO_3(탄산나트륨)이 된다.

㉯ 제법 : (소금물의 전기분해법 : 격막법, 수은법)

$$2NaCl + 2H_2O \longrightarrow 2NaOH + \underset{(-극)}{H_2\uparrow} + \underset{(+극)}{Cl_2\uparrow}$$

예제

소금물을 전기분해하여 표준상태에서 염소가스 22.4L를 얻으려면 소금 몇 g이 이론적으로 필요한가?(단, 나트륨의 원자량은 23이고, 염소의 원자량은 35.5이다)

풀이

$$\underset{2\times(23+35.5g)}{2NaCl} + 2H_2O \xrightarrow{\text{전기분해}} 2NaOH + H_2 + \underset{22.4L}{Cl_2} \qquad \therefore 117g$$

답 117g

② Na_2CO_3(탄산나트륨, 소다회)

무수물은 백색 분말이며, 수화물은 풍해성이 있고 강산에 의해 CO_2를 발생한다.

③ 알칼리토금속(2A족)과 그 화합물

(1) 알칼리토금속(2A족)의 특성

베릴륨(Be), 마그네슘(Mg), 칼슘(Ca), 스트론튬(Sr), 바륨(Ba), 라듐(Ra)의 6개의 원소로서 반응성이 크며, 원자가전자가 2개로써 +2가의 양이온을 이루는 금속이다.

① 알칼리금속과 비슷한 성질을 갖는 은회백색의 금속으로 가볍고 연하다.

② Be, Mg은 찬물과 반응하지 않으나 Ca, Sr, Ba, Ra은 찬물에 녹아 수소를 발생한다.

③ Be과 Mg을 제외한 산화물, 수산화물은 물에 잘 녹으며, 황산염(Be, Mg은 제외)과 탄산염은 물에 잘 녹지 않는다.

④ Be, Mg을 제외한 금속은 불꽃반응을 하여 독특한 색을 나타낸다.

원 소	Ca	Sr	Ba	Ra
불꽃반응색	등 색	적 색	황록색	적 색

(2) 알칼리토금속의 화합물

① $MgCl_2 \cdot 6H_2O$(염화마그네슘, 간수) : 조해성의 결정으로 단백질을 응고시킨다.

> **TIP** 조해
>
> 결정이 공기 중에서 수분을 흡수하여 용해하는 현상
> 예 NaOH, KOH, $CaCl_2$, $MgCl_2$ 등

② CaO(산화칼슘, 생석회) : $CaCO_3$(석회석)을 열분해시켜 생성하며, 물과 반응하여 $Ca(OH)_2$(석회유)를 생성한다.

③ CaC_2(탄화칼슘, 카바이드) : 생석회(CaO와) 코그스(C)를 고온에서 반응시켜 생성하며, 물과 반응하여 아세틸렌을 생성한다.

예 $CaC_2 + 2H_2O \rightarrow Ca(OH)_2 + C_2H_2 \uparrow$

02 비금속과 그 화합물

1 비금속원소의 일반적 성질

① 상온에서 기체 또는 고체이다(단, Br_2은 액체 상태).

② 비중은 1보다 작다.

③ 주로 전지를 받아들여 음이온으로 되며, 주로 공유결합을 한다.

④ 전성·연성을 가지며, 일반적으로 융해점이 높다.

⑤ 산성 산화물을 만들며, 산과 반응하기 힘들다.

⑥ 수소와 반응하여 화합물을 만들기 쉽다.

⑦ 원자반지름은 작으며, 이온화에너지는 크다.

2 비활성기제(0족)

(1) 비활성기체(0족원소)

헬륨(He), 네온(Ne), 아르곤(Ar), 크립톤(Kr), 크세논(Xe), 라돈(Rn)의 6개 원소이며, 최외각 전자가 8개로 안정하며, 단원자 분자이다. 또한 대부분 화합물을 만들지 않는 원소이다.

① 일반적인 성질

㉠ 상온에서 무색 · 무미 · 무취의 단원자 분자의 기체이다.

㉡ 융점, 비등점이 낮아서 액화하기 어렵다.

㉢ 분자 간에 반데르발스 힘만이 존재하므로 비등점이 낮다.

㉣ 이온화에너지가 가장 크다.

㉤ 낮은 압력에서 방전시키면 독특한 빛깔을 낸다.

3 할로겐화족(7B족)원소

불소(F), 염소(Cl), 브롬(Br), 요오드(I), 아스타틴(At)의 5가지 원소를 말하며, 최외각 전자가 7개로서 전자 1개를 받아서 −1가의 음이온이 되는 원소이다.

4 산소족(6B족)원소

산소(O), 유황(S), 셀레늄(Se), 텔루륨(Te), 폴로늄(Po)의 5개 원소를 산소족 원소라 하며, 최외각 전자가 6개 있어 산화수가 −2로써 2개 잃는 2가의 음이온이 되는 원소이다.

5 질소족(5B족)원소

질소(N), 인(P), 비소(As), 안티몬(Sb), 비스무트(Bi)의 5개 원소로서, 최외각 전자가 5개 있어 산화수가 +5 또는 −3인 원소이다.

6 탄소족(4B족)원소

탄소(C), 규소(Si), 게르마늄(Ge), 주석(Sn), 납(Pb) 등의 원소를 탄소족원소라 하며, 탄소 (C), 규소(Si)는 비금속원소, 게르마늄(Ge)은 준금속원소, 주석(Sn), 납(Pb)은 양쪽성원소이다.

05 유기화합물

01 지방족탄화수소

1 지방족탄화수소의 특성

(1) 정의

탄소와 수소만으로 이루어진 화합물을 탄화수소라고 하며, 탄소가 사슬모양으로 결합된 화합물을 지방족탄화수소라 한다.

(2) 분류

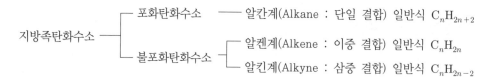

지방족탄화수소
- 포화탄화수소 ─── 알칸계(Alkane : 단일 결합) 일반식 C_nH_{2n+2}
- 불포화탄화수소
  - 알켄계(Alkene : 이중 결합) 일반식 C_nH_{2n}
  - 알킨계(Alkyne : 삼중 결합) 일반식 C_nH_{2n-2}

2 메탄계 탄화수소(Alkane족, 알칸족, C_nH_{2n+2}, 파라핀계)

(1) 일반적 성질과 명명법

① 일반적인 성질

㉮ 메탄계 또는 파라핀계 탄화수소이다.

㉯ 단일결합으로 반응성이 작아 안정된 화합물이다.

㉰ 할로겐원소와 치환반응을 한다.

㉱ 탄소수가 많을수록 비중, 융용점, 비등점이 높아진다(일반적으로 탄소수가 4개 이하는 기체, 탄소수가 5~16개는 액체, 탄소수가 17개 이상은 고체이다).

② 명명법(이름 끝에 -ane을 붙임)

CH_4	C_2H_6	C_3H_8	C_4H_{10}	C_5H_{12}	C_6H_{14}	C_7H_{16}	C_8H_{18}	C_9H_{20}	$C_{10}H_{22}$
methane	ethane	propane	butane	pentane	hexane	heptane	octane	nonane	decane
메 탄	에 탄	프로판	부 탄	펜 탄	헥 산	헵 탄	옥 탄	노 난	데 칸

(2) 메탄(CH₄, methane)

① 성질

㉮ 무색·무미·무취의 기체로서 연소 시 파란 불꽃을 내면서 탄다.

㉯ 공기 또는 산소와 혼합 시 점화하면 폭발한다(메탄의 연소범위 : 5~15%).

㉰ 연료로 사용되며, 열분해나 불완전연소로서 생성되는 카본블랙(Carbon Black)은 흑색 잉크의 원료로 사용된다.

㉱ 할로겐원소와 치환반응을 하여 염화수소와 치환체를 생성한다.

❸ 에틸렌계 탄화수소(Alkene족, 알켄족, C_nH_{2n}, 올레핀계)

(1) 일반적 성질과 명명법

① 일반적인 성질

㉮ 에틸렌계 또는 올레핀계 탄화수소이다.

㉯ 불포화 탄화수소로서 2중 결합을 하여 메탄계보다 반응성이 크다.

㉰ 부가나 부가 중합반응이 일어나기 쉽고, 치환반응은 일어나기 어렵다.

㉱ 탄소수가 많을수록 비중, 용융점, 비등점이 높아진다.

㉲ 구조이성질체와 기하이성질체(시스형과 트랜스형)를 갖는다.

② 명명법(이름 끝에 -ene를 붙임)

$$\overset{4}{C}H_3 - \overset{3}{C}H_2 - \overset{2}{C}H = \overset{1}{C}H_2 \qquad \overset{1}{C}H_3 - \overset{2}{C}H = \overset{3}{C}H - \overset{4}{C}H_3$$

1-butene   2-butene

$$\begin{array}{c} CH_3 \\ \overset{1}{H_3C} - \overset{2}{C} = \overset{3}{C}H_2 \end{array} \qquad \begin{array}{c} CH_3 \\ \overset{1}{H_3C} - \overset{2}{C} = \overset{3}{C}H - \overset{4}{C}H_3 \end{array}$$

2-methyl propene   2-methyl 2-butene

(2) 에틸렌(C₂H₄, Ethylene)

① 성질

㉮ 달콤한 냄새를 가진 무색의 기체로 공기 중에서 연소시키면 밝은 빛을 내면서 타며, 물에 녹지 않는 마취성 기체이다.

㉯ Pt(백금)이나 니켈(Ni) 촉매 하에서 수소를 첨가시키면 에탄(C_2H_6)이 생성된다(첨가 반응 또는 부가반응 : $C_2H_4 + H_2 \rightarrow C_2H_6$).

ⓒ 할로겐원소 또는 할로겐수소(HCl, HBr 등)와 부가반응을 한다.

$$H_2C = CH_2 + Br_2 \longrightarrow H - \underset{\underset{Br}{|}}{\overset{\overset{H}{|}}{C}} - \underset{\underset{Br}{|}}{\overset{\overset{H}{|}}{C}} - H$$: 불포화 결합의 검출법

(적갈색)

디브롬화에탄(무색)

ⓓ 묽은황산을 촉매로 하여 물(H_2O)을 부가시키면 에탄올(C_2H_5OH)이 생성된다.

$$H_2C = CH_2 + HOH \xrightarrow{H_2SO_4} H - \underset{\underset{H}{|}}{\overset{\overset{H}{|}}{C}} - \underset{\underset{H}{|}}{\overset{\overset{H}{|}}{C}} - OH$$

에탄올(C_2H_5OH)

ⓔ 에틸렌기체에 지글러(Ziegler) 촉매를 사용하여 1,000~2,000기압으로 부가중합시키면 폴리에틸렌이 된다.

예 $nCH_2 = CH_2 \rightarrow -CH_2 - CH_{2-n}$

에틸렌(단량체 : 모노머)　　폴리에틸렌(중합체 : 폴리머)

② 제법

에틸알코올(에탄올 : C_2H_5OH)에 c-H_2SO_4을 가하여 160~180℃로 가열하여 탈수시킨다.

$$H - \underset{\underset{\boxed{H}}{|}}{\overset{\overset{H}{|}}{C}} - \underset{\underset{\boxed{OH}}{|}}{\overset{\overset{H}{|}}{C}} - H \xrightarrow[160\sim180℃]{c-H_2SO_4} CH_2 = CH_2 + H_2O$$

❹ 아세틸렌계 탄화수소(Alkyne족, 알킨족, C_nH_{2n-2})

(1) 일반적 성질과 명명법

① 일반적인 성질 : 불포화탄화수소로서 3중 결합을 하여 반응성이 크며, 부가반응 및 중합반응이 쉽게 일어나고 치환반응도 한다.

② 명명법(이름 끝에 -yne을 붙임)

$$CH \equiv CH$$
etyne(에틴) 또는 아세틸렌

$$CH_3 - C \equiv CH$$
propyne(프로핀)

$$\overset{5}{C}H_3 - \overset{4}{C}H_2 - \overset{3}{C} \equiv \overset{2}{C} - \overset{1}{C}H_3$$
2-pentyne(펜틴)

$$\overset{1}{C}H_3 \equiv \overset{2}{C} - \overset{3}{C}H_2 - \overset{4}{C} \equiv \overset{5}{C} - \overset{6}{C}H_3$$
1, 4-hexadyne(헥사딘)

(2) 아세틸렌(C_2H_2, acetylene)

① 성질

㉮ 순수한 것은 무색, 무취의 기체이나 H_2S, PH_3 등 불순물을 갖는 것은 불쾌한 냄새를 가진다.

㉯ 공기 중에서 밝은 불꽃을 내면서 연소한다.

예 $2C_2H_2 + 5O_2 \rightarrow 4CO_2 + 2H_2O + 62.48kcal$

㉰ 금속의 용접 또는 절단에 이용한다.

㉱ 합성수지나 합성고무의 제조원료로 이용된다.

② 제법

㉮ 카바이드(CaC_2)에 물을 가하여 얻는다(주수식, 투입식, 접촉식).

예 $CaC_2 + 2H_2O \rightarrow Ca(OH)_2 + C_2H_2 \uparrow$

㉯ 공업적으로 천연가스나 석유분해가스 속에 포함된 탄화수소를 1,200~2,000℃로 열분해 하여 얻는다.

예 $C_2H_4 \rightarrow C_2H_2 + H_2$, $C_3H_8 \rightarrow C_2H_2 + CH_4 + H_2$

③ 반응성

㉮ 부가반응

㉠ 수소와 부가반응(에틸렌 또는 에탄 생성)

$$H-C \equiv C-H \xrightarrow{H_2} \underset{\text{에틸렌}(C_2H_4)}{C=C} \xrightarrow{H_2} \underset{\text{에탄}(C_2H_6)}{H-C-C-H}$$

㉡ 할로겐과 부가반응(디클로로에틸렌 생성)

$$H-C \equiv C-H \xrightarrow{Cl_2} \underset{\text{디클로로에틸렌}}{C=C} \xrightarrow{Cl_2} \underset{\text{테트라클로로에탄}}{H-C-C-H}$$

㉢ 할로겐 수소와 부가반응(염화비닐 생성)

$$H-C \equiv C-H + HCl \longrightarrow \underset{\text{염화비닐}}{CH_2 = CHCl}$$

※ $CH_2 = CH^-$: 비닐기

② 초산과 부가반응(초산비닐 생성)

$$H-C\equiv C-H + CH_3-\underset{\underset{O}{\|}}{C}-OH \longrightarrow \underset{H}{\overset{H}{C}}=\underset{O-\underset{\underset{O}{\|}}{C}-CH_3}{\overset{H}{C}}$$

초산

초산비닐

③ 물과 부가반응(아세트알데히드 생성)

$$H-C\equiv C-H + HOH \xrightarrow{\text{촉매}:HgSO_4(\text{황산수은})} [CH_2=CH-OH] \longrightarrow CH_3CHO$$

순간적으로 비닐 알코올   아세트알데히드

④ HCN(시안화수소)와 부가반응(아크릴로니트릴 생성)

$$H-C\equiv C-H + HCN \longrightarrow CH_2=CH-CN$$

아크릴로니트릴

㉴ 중합반응

③ 아세틸렌 2분자의 중합반응(촉매 : Cu_2Cl_2 – 비닐아세틸렌 생성)

$$H-C\equiv C-H + H-C\equiv C-H \xrightarrow[\text{중합}]{Cu_2Cl_2} CH_2=CH-C\equiv CH$$

비닐아세틸렌(합성고무의 원료)

© 아세틸렌 3분자의 중합반응(벤젠생성)

$$3H-C\equiv C-H \longrightarrow$$

: 벤젠(C_6H_6)

㉵ 치환반응

금속(Ag, Cu 등)과 반응하여 폭발성인 금속아세틸라이드(M_2C_2)를 생성

$$H-C\equiv C-H + Cu_2Cl_2 \longrightarrow Cu-C\equiv C-Cu + 2HCl$$

구리아세틸리드

$$H-C\equiv C-H + 2AgNO_3 \longrightarrow Ag-C\equiv C-Ag + 2HNO_3$$

은아세틸리드

5 석유(Petroleum)

(1) 옥탄가(Octane Number)

① 정의 : 옥탄가란 가솔린의 앤티노킹(Anti-knocking)성을 수치로 나타낸 값

TIP

앤티노킹(Anti-knocking)제
휘발유의 옥탄가를 향상시켜 줌으로써 노킹현상을 방지해 주는 역할을 한다.
예 사에틸납[T.E.L, $Pb(C_2H_5)_4$], 사메틸납[T.M.L, $Pb(CH_3)_4$]

② 계산식 : 이소옥탄(iso-C_8H_{18})을 옥탄가 100, n-헵탄(C_7H_{16})의 옥탄가를 0을 기준으로 나타낸 값

$$옥탄가 = \frac{iso-옥탄}{iso-옥탄 + n-헵탄} \times 100$$

TIP **옥탄가 70의 개념**
- iso-옥탄 : 70%, n-헵탄 : 30%의 휘발유를 의미한다.
- 일반적으로 포화탄화수소에서는 분자가 많은 탄화수소가 직쇄의 탄화수소보다 옥탄가가 높고 분자량이 적을수록 높다. 또 포화탄화수소보다는 불포화탄화수소가 높고, 나프탄계 탄화수소 보다는 방향족탄화수소가 옥탄가가 높다.

02 지방족탄화수소의 유도체

1 알코올류($C_nH_{2+1}OH$, R-OH)

(1) 알코올의 정의와 분류, 성질

① 정의 : 지방족(사슬 모양) 탄화수소의 수소원자 일부가 수산기(-OH)로 치환된 것
② 분류
  ㉮ OH기의 수에 의한 분류
    ㉠ 1가 알코올(OH수 1개) : CH_3OH, C_2H_5OH 등
    ㉡ 2가 알코올(OH수 2개) : $C_2H_4(OH)_2$ 등
    ㉢ 3가 알코올(OH수 3개) : $C_3H_5(OH)_3$ 등
  ㉯ OH기가 결합된 탄소수에 따른 분류
    ㉠ 1차(급) 알코올 : OH기가 결합된 탄소가 다른 탄소 1개와 연결된 알코올
      예 $CH_3CH_2OH \xrightarrow{산화} CH_3CHO \xrightarrow{산화} CH_3COOH$

      제1차(급) 알코올 $\xrightarrow{산화}$ 알데히드 $\xrightarrow{산화}$ 카르복시산

    ㉡ 2차(급) 알코올 : OH기가 결합된 탄소가 다른 탄소 2개와 연결된 알코올
      예 $2CH_3-\underset{\underset{OH}{|}}{CH}-CH_3 + O_2 \rightarrow 2CH_3-CO-CH_3 + 2H_2O$

$$제2차(급)\ 알코올 \underset{환원}{\overset{산화}{\rightleftarrows}} 케톤$$

ⓒ 3차(급) 알코올 : OH기가 결합된 탄소가 다른 탄소 3개와 연결된 알코올

　　예 $(CH_3)_3COH$: 트리메틸카르비놀

　　3차(급) 알코올은 산화가 안 됨

❷ 에테르류($R-O-R'$)

(1) 일반적인 성질

① 두 개의 알킬기($R : C_nH_{2n+1}$)가 산소원자 하나와 결합된 형태이다.

② 인화성 및 마취성이 있으며, 유기용제로 사용한다.

③ 비등점이 낮고, 휘발성이 크다.

④ 극성을 띠지 않아 물에 불용이다.

⑤ 알코올 두 분자에서 탈수축합반응을 하여 생성된다.

예 $R-OH+R'-OH \rightarrow R-O-R'+H_2O$

03　방향족탄화수소의 유도체

❶ 방향족탄화수소와 벤젠

(1) 방향족탄화수소

벤젠고리 또는 나프탈렌고리를 가진 탄화수소로, 석탄을 건류할 때 생기는 콜타르(Coaltar)를 분별·증류하여 얻는 화합물이며, 벤젠, 톨루엔, 크실렌이 대표적이다.

(2) 벤젠(Benzene, C_6H_6)

① 벤젠(C_6H_6)의 구조[케쿨레(kekule)의 벤젠구조]

㉮ 벤젠은 반응성이 작고 부가반응을 하지 않는 것으로, 사슬모양이 아닌 고리모양으로 되어있다.

④ 벤젠의 탄소(C)원자는 고리모양으로 되어 있으며, 하나 건너 2중 결합으로 되어 있기 때문에 탄소의 원자가 수소의 원자가를 모두 만족시키므로 안정한 화합물이다.

⑤ 원자 간의 거리가 1.39Å(단일 결합인 경우 1.56Å, 2중 결합인 경우 1.34Å)으로 단일결합도 아니고 2중 결합도 아닌 공명혼성체의 구조로 되어있다.

⑥ 벤젠의 육각형 구조의 고리모양을 벤젠핵 또는 벤젠고리라고 한다.

② 성질

㉮ 치환반응

  ㉠ 할로겐화(Halogenation) : 벤젠을 염화철 촉매 하에서 염소(Cl_2)와 반응하여 클로로벤젠(C_6H_5Cl)을 생성한다.

$$\langle\!\!\bigcirc\!\!\rangle\text{-H} + \text{Cl-Cl} \xrightarrow{\text{FeCl}_2} \langle\!\!\bigcirc\!\!\rangle\text{-Cl} + \text{HCl}$$
클로로벤젠

  ㉡ 니트로화(Nitration) : 벤젠을 진한황산 촉매 존재 하에 진한질산을 작용시키면 니트로벤젠($C_6H_5NO_2$)을 생성한다.

$$\langle\!\!\bigcirc\!\!\rangle\text{-H} + \text{HONO}_2 \xrightarrow{\text{H}_2\text{SO}_4} \langle\!\!\bigcirc\!\!\rangle\text{-NO}_2 + \text{H}_2\text{O}$$
니트로벤젠

  ㉢ 술폰화(Sulfonation) : 벤젠을 발연황산(진한황산)과 가열하면 벤젠술폰산($C_6H_5SO_3H$)을 생성한다.

$$\langle\!\!\bigcirc\!\!\rangle\text{-H} + \text{HOSO}_3\text{H} \xrightarrow[\text{가열}]{\text{SO}_3} \langle\!\!\bigcirc\!\!\rangle\text{-SO}_3\text{H} + \text{H}_2\text{O}$$
벤젠술폰산

  ㉣ 알킬화(Alkylation, 프리델-그라프츠 반응) : 벤젠을 무수염화알루미늄($AlCl_3$)을 촉매로 하여 할로겐화 알킬(RX)을 치환시키면 알킬기(R)가 치환되어 알킬벤젠(C_6H_5R)을 생성한다.

$$\langle\!\!\bigcirc\!\!\rangle\text{-}\boxed{\text{H} + \text{Cl}}\text{-R} \xrightarrow{\text{AlCl}_3} \langle\!\!\bigcirc\!\!\rangle\text{-R} + \text{HCl}$$
알킬벤젠

㉯ 부가반응(특수한 촉매와 특수한 조건에 의해서만 발생)

  ㉠ 수소(H_2) 부가반응 : 벤젠을 300℃ 고온에서 Ni 촉매 하에 수소(H_2)를 부가시키면 시클로헥산(C_6H_{12})이 생성한다.

예 $C_6H_6 + 3H_2 \xrightarrow[300℃]{\text{Ni}} C_6H_{12}(\text{cyclohexane})$

(시클로헥산)

ⓛ 염소(Cl_2) 부가반응 : 벤젠을 일광 존재 하에서 염소(Cl_2)로 작용시키면 B.H.C(Benzene Hexa Chloride)를 생성한다.

예 $C_6H_6 + 3Cl_2 \longrightarrow C_6H_6Cl_6$

2 방향족아민과 염료

(1) 아닐린(Aniline, $C_6H_5NH_2$)

① 제법 : 니트로벤젠의 증기에 수소를 혼합한 뒤 촉매를 사용하여 환원시킨다.

$$C_6H_5NO_2 + 3H_2 \xrightarrow{\text{Fe, Sn} + \text{HCl}} C_6H_5NH_2 + 2H_2O$$

② 성질

㉮ 무색의 기름모양 액체로, 물에는 불용이다.

㉯ 방향족 1차 아민으로 염기성이며, 산과 중화반응을 하여 염을 생성한다.

㉰ 합성염료의 제조 및 의약품 원료로 이용된다.

㉱ 아닐린의 검출법 : 아닐린에 표백분($CaOCl_2$)을 가하면 붉은 보라색으로 변색된다.

04 고분자화합물

1 탄수화물

(1) 탄수화물의 정의

C, H, O의 3가지 원소로 되어 있으며, 일반식이 $C_m(H_2O)_n$로 표시되는 탄소와 물의 화합물

(2) 탄수화물의 종류

① 단당류($C_6H_{12}O_6$) : 포도당, 과당 등

② 이당류($C_{12}H_{22}O_{11}$) : 설탕, 맥아당(엿당) 등

③ 다당류[$(C_6H_{10}O_5)_n$] : 녹말(전분), 셀룰로오스 등

> **TIP**
>
> $$\underset{\text{맥아당(엿당)}}{C_{12}H_{22}O_{11} + H_2O} \xrightarrow{\text{말타아제}} \underset{\text{포도당}}{2C_6H_{12}O_6}$$

2 아미노산과 단백질

(1) 아미노산(Amino Acid)

① 한 분자 속에 염기성을 나타내는 아미노기($-NH_2$)와 산성을 나타내는 카르복시기 ($-COOH$)를 모두 가진 양쪽성 물질로 수용액은 중성이며, 대표적인 물질은 글리신, 알라닌, 글루탐산 등이 있다.

② 아미노산은 3가지 이성질체가 있다(α, β, γ 아미노산).

③ 물에는 잘 녹으나 유기용매인 에테르, 벤젠 등에는 녹지 않는다.

④ 휘발성이 없고, 밀도나 융점이 비교적 높다.

(2) 단백질(Protein)

① 아미노산의 탈수축합반응에 의해 펩티드(Peptide) 결합($-CO-NH-$)으로 된 고분자 물질이다. 또한 펩티드결합을 갖는 물질을 폴리아미드(Poly Amide)라 한다.

② 물에는 잘 녹지 않으나 산·알칼리 촉매 및 효소 등에 의해 가수분해 되어 아미노산 이 된다.

③ 정색반응을 한다.

> **TIP** 단백질의 검출법
>
> 1. 뷰렛(Biuret)반응 : 단백질용액 + NaOH $\xrightarrow{1\% \text{CuSO}_4}$ 적자색
>
> 2. 크산토프로테인(Xanthoprotein)반응 : 단백질용액 $\xrightarrow[\text{가열}]{\text{HNO}_3}$ 노란색 $\xrightarrow{\text{NaOH}}$ 오렌지색
>
> 3. 밀론(Millon) 반응 : 단백질 용액 + 밀론시약[HNO_3 + $Hg(NO_3)_2$] $\xrightarrow{\text{가열}}$ 적색
>
> 4. 닌히드린(Ninhydrin) 반응 : 단백질 용액 + 1% 닌히드린 용액 → 끓인 후 냉각 → 보라색 또는 적자색

❸ 유지와 비누

(1) 유지(Fats & Oils)

① 정의 : 고급 지방산과 글세린의 에스테르 화합물

② 유지의 성질

㉮ 무색·무취·무미의 중성 물질이다.

㉯ 염기(NaOH, KOH)에 의해 비누화되면 고급 지방산의 알칼리염(비누)과 글리세린
이 된다.

$$(RCOO)_3C_3H_5 + 3NaC_3H_5 \xrightarrow{\text{비누화}} 3RCOONa + C_3H_5(C_3H_5)_3$$

유지   비누   글리세린

적중예상문제

01 주성분이 철, 크롬, 니켈로 구성되어 있는 강관으로, 내식성이 요구되는 화학공장 등에서 사용되는 것은?

① 주철관
② 탄소강 강관
③ 알루미늄관
④ 스테인리스 강관

해설

■ 스테인리스 강관
주성분이 철, 크롬, 니켈로 구성되어 있는 강관으로, 내식성이 요구되는 화학공장 등에 사용된다.

02 다음 중 알칼리금속에 대한 설명으로 옳은 것은?

① 알칼리금속의 산화물은 물과 반응하여 강산이 된다.
② 산소와 쉽게 반응하기 때문에 물속에 보관하는 것이 안전하다.
③ 소화에는 물을 이용한 냉각소화가 좋다.
④ 칼륨, 루비듐, 세슘 등은 알칼리금속에 속한다.

해설

① 알칼리금속의 산화물은 물과 격렬히 반응하여 염기성이 된다.
② 산소와 쉽게 반응하기 때문에 용기는 밀전·밀봉한다.
③ 소화는 건조사로 한다.

03 알칼리금속의 과산화물에 물을 뿌렸을 때 발생하는 기체는?

① 수소
② 산소
③ 메탄
④ 포스핀

해설

알칼리금속의 과산화물에 물을 뿌리면 물과 격렬히 반응하여 산소를 방출하고 발열한다.
$2M_2O_2 + 2H_2O \rightarrow 4MOH + O_2 + 발열$

정답 01. ④ 02. ④ 03.. ②

04 알칼리토금속의 일반적인 성질로 옳은 것은?

① 음이온 2가의 금속이다.
② 루비듐, 라돈 등이 해당된다.
③ 같은 주기의 알칼리금속보다 융점이 높다.
④ 비중이 1보다 작다.

해설

① 양이온 2가의 금속이다.
② Be, Mg, Ca, Sr, Ba, Ra이 해당된다.
④ 비중이 1보다 크다.

05 주기율표상 0족의 불활성물질이 아닌 것은?

① Ar
② Xe
③ Kr
④ Br

해설

㉠ 비활성기체(0족) : He, Ne, Ar, Kr, Xe, Rn
㉡ 할로겐족원소(7B족) : F, Cl, Br, I, At

06 다음 중 산소와의 화합반응이 일어나지 않는 것은?

① N
② S
③ He
④ P

해설

원소 주기율표상의 0족원소(He 등)는 다른 원소와 화합할 수 없으므로 산소와 화합반응이 일어나지 않는다.

07 주어진 탄소원자에 최대수의 수소가 결합되어 있는 것은?

① 포화탄화수소
② 불포화탄화수소
③ 방향족탄화수소
④ 지방족탄화수소

해설

■ **포화탄화수소**
주어진 탄소원자에 최대수의 수소가 결합되어 있는 것

정답 04. ③　05. ④　06. ③　07. ①

08 파라핀계 탄화수소의 일반적인 연소성에 대한 설명으로 옳은 것은?(단, 탄소수가 증가할수록)

① 연소범위의 하한이 커진다.   ② 연소속도가 늦어진다.
③ 발화온도가 높아진다.   ④ 발열량($kcal/m^3$)이 작아진다.

> **해설**
>
> ■ 탄소수가 증가할수록 파라핀계 탄화수소의 일반적인 연소성
> ① 연소범위의 하한이 낮아진다.
> ② 연소속도가 빨라진다.
> ③ 발화온도가 낮아진다.
> ④ 발열량($kcal/m^3$)이 높아진다.
> ⑤ 비등점이 높아진다.

09 에탄올과 진한황산을 섞고 170℃로 가열하여 얻어지는 기체 탄화수소(A)에 브롬을 작용시켜 20℃에서 액체 화합물(B)을 얻었다. 화합물 (A)와 (B)의 화학식은?

① (A) C_2H_2 (B) CH_3-CHBr_2
② (A) C_2H_4 (B) CH_2Br-CH_2Br
③ (A) $C_2H_5OC_2H_5$ (B) $C_2H_4BrOC_2H_4Br$
④ (A) C_2H_6 (B) $CHBr=CHBr$

> **해설**
>
> ㉠ 에틸렌(C_2H_4)의 제법 : 에탄올과 진한황산을 섞고 170℃로 가열하여 얻어지는 기체 탄화수소
>
> $$C_2H_5OH \xrightarrow[170℃]{C-H_2SO_4} C_2H_4+H_2O$$
>
> ㉡ CH_2Br-CH_2Br : 에틸렌(C_2H_4)에 브롬을 작용시켜 20℃에서 액체 화합물을 얻는다.
>
> $$C_2H_4+Br_2 \rightarrow CH_2Br-CH_2Br$$

10 아세틸렌 1몰이 완전 연소하는 데 필요한 이론 산소량은 몇 몰인가?

① 1   ② 2.5
③ 3.5   ④ 5

> **해설**
>
> ■ 아세틸렌 완전연소반응식
> $$C_2H_5+2.5O_2 \rightarrow 2CO_2+H_2O$$

정답 08. ④   09. ②   10. ②

11 다음 중 옥탄가에 대한 설명으로 옳은 것은?

① 노르말펜탄을 100, 옥탄을 0으로 한 것이다.
② 옥탄을 100, 펜탄을 0으로 한 것이다.
③ 이소옥탄을 100, 헥산을 0으로 한 것이다.
④ 이소옥탄을 100, 노르말헵탄을 0으로 한 것이다.

> **해설**
>
> ■ **옥탄가(Octane Value)**
> 가솔린의 노킹(실린더 내의 이상폭발)을 일으키기 어려운 정도, 즉 안티노크성을 수량으로 나타내는 지수
> 이다. 안티노크성이 가장 높은 이소옥탄을 100, 안티노크성이 가장 낮은 노르말헵탄을 0으로 한다.
> ※ 앤티노크성(Antiknock Quality) : 노킹이 일어나기 어려운 성질

12 다음 중 알코올의 산화반응에 대한 설명으로 옳은 것은?

① 1차 알코올은 쉽게 산화되지 않는다.
② 2차 알코올은 산화되어 케톤이 된다.
③ 3차 알코올은 산화되어 알데히드가 된다.
④ 산화반응에서 촉매는 니켈이다.

> **해설**
>
> ㉠ 제1급 알코올 $\xrightarrow{\text{산화}}$ 알데히드 $\xrightarrow{\text{산화}}$ 카르복시산
>
> ㉡ 제2급 알코올 $\xrightarrow{\text{산화}}$ 케톤

13 에탄올에 진한황산을 넣고 온도 130~140℃에서 반응시키면 축합반응에 의하여 생성되는 제4류 위험물은?

① 메틸알코올
② 아세트알데히드
③ 디에틸에테르
④ 디메틸에테르

> **해설**
>
> ■ **디에틸에테르($C_2H_5OC_2H_5$)의 제법**
> 에탄올에 진한황산을 넣고 130~140℃로 가열하면 에탄올 2분자 중에서 간단히 물이 빠지면서 축합반응
> 이 일어나 에테르가 얻어진다.
>
> $2C_2H_5OH \xrightarrow{C-H_2SO_4} C_2H_5OC_2H_5 + H_2O$

14 방향족 화합물의 구조를 포함하지 않는 위험물은?

① 아세토니트릴 　　　　　② 톨루엔
③ 크실렌 　　　　　　　　④ 벤젠

해설

① 아세토니트릴(CH_3CN) : 제4류 위험물, 제1석유류

② 톨루엔($C_6H_5CH_3$,) : 제4류 위험물, 제1석유류

③ 크실렌($C_6H_4(CH_3)_2$,)

(ortho-xylene)　(meta-xylene)　(para-xylene)

　 : 제4류 위험물(Ortho-Xylene : 제1석유류, Meta-Xylene, Para-Xylene : 제2석유류)

④ 벤젠(C_6H_6,) : 제4류 위험물, 제1석유류

15 다음 [보기]와 같은 공통점을 갖지 않는 것은?

> • 탄화수소이다.
> • 치환반응보다는 첨가반응을 잘 한다.
> • 석유화학공업 공정으로 얻을 수 있다.

① 에텐 　　　　　　　　② 프로필렌
③ 부텐 　　　　　　　　④ 벤젠

해설

■ 벤젠(C_6H_6)의 특성
㉠ 방향족화합물이다.
㉡ 불포화 결합을 이루고 있으나 안정하며 첨가반응보다 치환반응이 많다.
㉢ 석탄은 고온에서 건류하면 콜타르(Coal-tar)가 얻어지고, 콜타르를 다시 분류하면 여러 방향족화합물을 얻는데, 벤젠은 휘발성 성분이 강한 경유 속에 존재한다.

정답 14. ① 15. ④

16 다음과 같은 벤젠의 화학반응을 무엇이라 하는가?

$$C_6H_6 + H_2SO_4 \rightarrow C_6H_5 \cdot SO_3H + H_2O$$

① 니트로화   ② 술폰화

③ 요오드화   ④ 할로겐화

> **해설**

■ **술폰화(Sulfonation)**
벤젠을 발열황산(진한황산)과 가열하면 벤젠술폰산($C_6H_5SO_3H$)을 생성한다.

17 벤젠(C_6H_6)의 직접 반응하는 라디칼은?

① $-OH$ ② $-NH_2$

③ $-SO_3H$ ④ $-COOH$

> **해설**

■ **벤젠(C_6H_6, 제4류, 제1석유류, 비수용성)의 화학반응**
벤젠은 SO_3와 H_2SO_4 존재 하에서 술폰화 반응을 한다. SO_3H^+가 벤젠의 파이결합을 순간 끊고 벤젠과 결합하게 되고, 원래 벤젠에 있던 수소는 다시 떨어지면서 파이결합이 다시 생성되며 벤젠술폰산이 된다.

18 니트로벤젠과 수소가 반응하여 얻어지는 물질은?

① 페놀   ② 톨루엔

③ 아닐린   ④ 크실렌

> **해설**

$$C_6H_5NO_2 + 3H_2 \xrightarrow[\text{환원}]{Fe, \ Sn + HCl} C_6H_5NH_2(\text{아닐린}) + 2H_2O$$

19 다음 중 단당류가 아닌 것은?

① 맥아당   ② 포도당

③ 과당   ④ 갈락토오스

> **해설**

① 맥아당은 이당류이다.

20 단백질 검출반응과 관련이 있는 위험물은?

① HNO_3 ② $HClO_3$

③ $HClO_2$ ④ H_2O_2

해설

■ 크산토프로테인(Xanthoprotein)반응(단백질검출)

$$단백질용액 \xrightarrow[가열]{HNO_3} 노란색$$

21 유지의 비누화 값은 어떻게 정의되는가?

① 유지 1g을 비누화시키는 데 필요한 KOH의 mg 수
② 유지 10g을 비누화시키는 데 필요한 KOH의 mg 수
③ 유지 1g을 비누화시키는 데 필요한 KCl의 mg 수
④ 유지 10g을 비누화시키는 데 필요한 KCl의 mg 수

해설

■ 동·식물유류의 특수성

㉠ 비누화 값 : 유지 1g을 비누화하는 데 필요한 수산화칼륨(KOH)의 mg 수
㉡ 산 값 : 유지 1g 중에 포함되어 있는 유리지방산을 중화하는 데 필요한 수산화칼륨(KOH)의 mg 수
㉢ 아세틸 값 : 아세틸화한 유지 1g을 비누화할 때 생성되는 아세트산을 중화하는 데 필요한 수산화칼륨 (KOH)의 mg 수

위험물기능장필기

유체역학

01 유체의 일반적 성질

1 유체의 정의

액체와 기체로 유체를 구분하며, 흐를 수 있고 어떤 형태의 용기에도 맞도록 담겨질 수 있는 물질이다.

① 액체(비압축성 유체) : 유체에 압력을 가해도 밀도의 변화가 없다.

② 기체(압축성 유체) : 유체에 압력을 가하면 밀도의 변화가 있다.

③ 실제유체(Real Fluid) : 점성유체라 하며 유체가 흐를 때에는 유체의 점성 때문에 유체분자 간 또는 유체와 고체 경계면 사이에서 전단응력이 발생하게 된다.

④ 이상유체(Perfect Fluid) : 유체가 흐를 때 점성이 전혀 없어서 전단응력이 발생하지 않으며 압력을 가하여도 압축이 되지 않는 유체, 즉 비점성, 비압축성인 가상유체를 의미한다.

2 단위(Unit)와 차원(Dimension)

(1) 단위

물리량의 크기를 나타내는 기본적인 것

① 절대단위 : 질량(M), 길이(L), 시간(T)의 단위를 기본단위로 사용한다.

　㉮ CGS 단위계

　　㉠ 길이, 질량, 시간의 단위로 cm, g, sec를 사용하는 단위계

　　㉡ 1dyn : 질량 1g이 가속도 $1cm/sec^2$ 크기를 가질 때의 힘이다. 이는 1g의 질량이 1초 동안에 1cm/sec의 속도변화가 있음을 말하며, CGS계 절대단위이다.

$$1dyn = 1g \cdot cm/sec^2$$

④ MKS 단위계

   ⊙ 길이, 질량, 시간의 단위로 m, kg, sec를 사용하는 단위계

   ⓒ 1Newton : 질량 1kg이 가속도 1m/sec^2 크기를 가질 때의 힘이다. 이는 1kg의 질량이 1초 동안에 1m/sec의 속도변화가 있음을 말하며 MKS계 절대단위이다.

$$1\text{N} = 1\text{kg} \cdot \text{m/sec}^2, \ 1\text{N} = 10^5\text{dyn}$$

② 중력단위

   ㉮ 길이, 힘, 시간을 기본단위로 사용하는 단위계이다. m, kgf, sec를 기본단위로 사용한다. 보통 공학단위에서는 힘을 'kg'으로 표시한다.

   ㉯ $1\text{kgf} = 1\text{kg} \times 9.8\text{m/sec}^2 = 9.8\text{N}$

   ㉰ $1\text{gf} = 1\text{g} \times 980\text{cm/sec}^2 = 980\text{dyn}$

③ 국제단위(SI 단위) : 미터계의 단위를 m, kg, sec의 기본 단위로 사용한다. SI 단위계에서는 힘을 'Newton(N)'으로 정의한다.

[단위계에서 유도된 단위]

양	단위의 명칭	기 호	기본 단위와의 관계
힘(Force)	뉴톤(Newton)	N	$1\text{N} = 1\text{kg} \cdot \text{m/sec}^2$
압력, 응력	파스칼(Pascal)	Pa	$1\text{Pa} = 1\text{N/m}^2 = 1\text{kg} \cdot \text{m/sec}^2$
에너지, 일	줄(Joule)	J	$1\text{J} = 1\text{N} \cdot \text{m} = 1\text{kg} \cdot \text{m}^2/\text{sec}^2$
동력(Power)	와트(Watt)	W	$1\text{W} = 1\text{J/sec} = 1\text{kg} \cdot \text{m}^2/\text{sec}^3$

(2) 차원

물리적 현상은 길이(L, Length)·질량(M, Mass)·시간(T, Time)을 기본량으로 하여 나타낼 수 있다. 물리량을 기본량의 조합으로 표현할 수 있을 때 이를 차원이라 한다.

① MLT계

   ㉮ $[\text{속도}] = \dfrac{[\text{거리}]}{[\text{시간}]} = \dfrac{[\text{L}]}{[\text{T}]} = [\text{LT}^{-1}]$

   ㉯ $[\text{힘}] = [\text{질량}] \times [\text{가속도}] = [\text{M}] \times [\text{LT}^{-2}] = [\text{MLT}^{-2}]$

   ㉰ MLT계의 질량(M) 대신 힘(F)을 사용하는 공학 단위계이다.

② FLT계

   ㉮ $[\text{압력}] = \dfrac{[\text{힘}]}{[\text{면적}]} = [\text{FL}^{-2}]$

   ㉯ $[\text{질량}] = \dfrac{[\text{힘}]}{[\text{가속도}]} = \dfrac{[\text{F}]}{[\text{LT}^{-2}]} = [\text{FL}^{-1}\text{T}^{-2}]$

[대표적인 물리량의 단위와 차원]

양	공학 단위	SI 단위	MLT계	FLT계
길 이	mm	m	$[L]$	$[L]$
질 량	$kgf \cdot sec^2/m$	kg	$[M]$	$[M]$
시 간	sec	sec	$[T]$	$[T]$
면 적	m^2	m^2	$[L^2]$	$[L^2]$
체 적	m^3	m^3	$[L^3]$	$[L^3]$
속 도	m/sec	m/sec	$[LT^{-1}]$	$[LT^{-1}]$
가속도	m/sec^2	m/sec^2	$[LT^{-2}]$	$[LT^{-2}]$
각속도	rad/sec	rad/sec	$[T^{-1}]$	$[T^{-1}]$
비중량	kgf/m^3	$kg/m^2 \cdot sec^2$	$[ML^{-2}T^{-2}]$	$[FL^{-3}]$
밀 도	$kgf \cdot sec^2/m^4$	kg/m^3	$[ML^{-3}]$	$[FL^{-4}T^2]$
운동량	$kgf \cdot sec$	$kg \cdot m/sec$	$[MLT^{-1}]$	$[FT]$
토크	kgf	$N, kg \cdot m/sec^2$	$[MLT^{-2}]$	$[F]$
힘 · 무게	$kgf \cdot m$	$kg \cdot m/sec^2$	$[ML^2T^2]$	$[FL]$
압력(응력)	kgf/cm^2	$N/m^2(Pa), bar$	$[ML^{-1}T^2]$	$[FL^{-2}]$
에너지 · 일	$kgf \cdot m$	$J, N \cdot m, kg \cdot m^2/sec^2$	$[ML^2T^{-2}]$	$[FL]$
동 력	$kgf \cdot m/sec$	$W, kg \cdot m^2/sec^3$	$[ML^2T^{-3}]$	$[FLT^{-1}]$
점성계수	$kgf \cdot sec/m^2$	$N \cdot sec/m^2$	$[ML^{-1}T^{-1}]$	$[FL^{-2}T]$
동점성계수	m^2/sec	m^2/sec	$[L^2T^{-1}]$	$[L^2T^{-1}]$
온 도	℃, K	℃, K	$[T]$	$[T]$
공학기 기체상수	m/K	$kJ/kg \cdot K$	$[LT^{-1}]$	$[LT^{-1}]$

예제

압력의 차원을 질량(M), 길이(L), 시간(T)으로 표시하면?

풀이 $P = \dfrac{W}{A}(kgf/m^2) = FL^{-2} = [MLT^{-2}]L^{-2} = ML^{-1}T^{-2}$

답 $ML^{-1}T^{-2}$

(1) 유체의 점성(Viscosity)

저항유체가 유동할 때 흐름의 방향에 대하여 마찰전단응력을 유발시켜 주는 성질이다.

① 뉴턴의 점성법칙 : 평행한 두 평판 사이의 접촉면이 벽면으로부터 거리 y만큼 떨어져 있고, 두 평판 사이에 유체가 채워져 있는 경우를 생각한다. 실험에 의하여 평판에 가해진 힘 F는 평판이 유체와 접촉된 면적 A와 속도 u에 비례하고, 두 평판 사이의 거리 y에는 반비례한다.

즉, 마찰력 F는 접촉면적 A와 속도구배 $\dfrac{du}{dy}$에 비례한다.

$F \propto A \dfrac{du}{dy}$ 또는 $\dfrac{F}{A}$를 τ로 하고 비례상수를 μ라 하면, 이 식을 뉴턴의 점성법칙이라 한다.

$$\tau = \frac{F}{A} = \mu \frac{du}{dy}$$

여기서, τ : 전단응력, μ : 점성계수, $\dfrac{du}{dy}$: 속도구배, ν : 동점성계수($\dfrac{\mu}{p}$)

② 점도의 단위

㉮ 점성계수(Coefficient of Viscosity, μ) : 절대점도라고도 하며, 유체를 움직이지 않는 상태에서 측정한 값으로 μ의 단위로 poise를 사용하는데, poise란 g/cm · sec를 말한다.

㉠ 1poise = 1g/cm · sec(절대단위계) = 0.0102kgf · sec/m^2(공학단위계)

㉡ 1centi poise = $\dfrac{1}{100}$ poise

㉯ 동점성계수(Kinematic Viscosity, ν : $\nu = \mu/p$) : 동점도라고도 표현하는 이것은 점성계수를 밀도로 나눈 값이다. 단위는 cm^2/sec와 m^2/sec이며, 일반적으로 stokes를 사용하고 있는데, 1stokes의 크기는 1cm^2/sec이다.

03　유체정역학

(1) 압력(Pressure)

임의의 면에 대하여 수직한 방향으로 작용하는 유체에 의한 단위면적당 힘의 크기를 말한다. 미소면적 $\Delta A (\text{m}^2)$에 작용하는 유체에 의한 수직력을 $\Delta F(\text{kg})$이라고 할 때 한 점에 대한 압력 P는

$$P = \lim_{\Delta A \to 0} \frac{\Delta F}{\Delta A} = \frac{dF}{dA} \, (\text{kg/m}^2) \; (\text{SI 단위로는 N/m}^2, \; \text{Pa, bar})$$

힘 F가 면적 A에 대하여 균일하게 작용하게 되면

$$P = \frac{F}{A} \, (\text{kg/m}^2) \; (\text{SI 단위로는 N/m}^2, \; \text{Pa, bar})$$

(2) 압력의 분류

① 표준대기압(atm)

$1\text{atm} = 760\text{mmHg} = 1.0332\text{kg/cm}^2 = 10.332\text{mAq} = 1033.2\text{cmAq}$
$\qquad = 10,332\text{kg/m}^2[\text{mmAq}] = 14.7\text{psi}[\text{lb/in}^2] = 1.013\text{bar}$
$\qquad = 1013.25\text{mbar} = 101,325\text{Pa}[\text{N/m}^2]$

② 절대압력(Absolute Pressure, $\text{kg/cm}^2\text{abs}$) : 절대진공(완전진공)을 기준으로 하여 측정한 압력을 말한다.

㉮ 절대압력 = 게이지압력 + 대기압
㉯ 절대압력 = 대기압 − 진공압

③ 게이지압력(Gauge Pressure, $\text{kg/cm}^2 \cdot \text{g}$) : 대기압을 기준으로($0\text{kg/cm}^2 \cdot \text{g}$)하여 측정된 압력으로 압력계에서 지시된다.

게이지압력 = 절대압력 − 대기압

④ 진공압력(진공도) : 대기압보다 낮은 압력을 진공 또는 부압(Negative Pressure)이라고 하며, 진공의 정도가 얼마나 깊은가를 게이지압력 단위로 cmHg 진공[또는 (inHg 진공)]을 사용한다.

Chapter 02 배관 이송설비

01 유체의 관 마찰손실

(1) 달시-바이스바하(Darcy-Weisbach)식

수평관 속에 유체가 정상적으로 흐를 때 마찰손실(h)은 다음과 같다.

$$h = \frac{P_1 - P_2}{\gamma} = \lambda \frac{\iota}{d} \cdot \frac{v^2}{2g}$$

여기서, λ : 관마찰계수, d : 관의 내경, γ : 비중량
v : 유체의 유속, g : 중력가속도(9.8m/s^2)

(2) 레이놀즈수(Reynold's Number)

층류와 난류의 구분 척도의 무차원수(Dimensionless Number)로서 다음과 같다.

$$Re = \frac{PVp}{\mu} = \frac{DV}{\nu}$$

예제

> 안지름 5cm인 관 내를 흐르는 유동의 임계 레이놀즈수가 2,000이면 임계유속은 몇 cm/s인가?(단, 유체의 동점성계수 = 0.0131cm^2/s)
>
> **풀이** 레이놀즈수(Re) $= \dfrac{DVp}{\mu} = \dfrac{DV}{\nu}$
>
> 여기서, D : 관의 내경[m], V : 유속[m/s], ρ : 밀도[kg/m^3]
>
> μ : 점성계수(점도[kg/m·s]), ν : 동점성계수($\dfrac{\mu}{\rho}$[m^2/s])
>
> 문제의 조건에서 $Re = 2{,}000$, $D = 5\text{cm}$, $\nu = 0.0131\text{cm}^2/\text{s}$
>
> $\therefore\ V = \dfrac{Re \cdot \nu}{D} = \dfrac{2{,}000 \times 0.0131\text{cm}^2/\text{s}}{5\text{cm}} = 5.24\text{cm/s}$
>
> 답 5.24cm/s

① 층류 : $Re < 2,100$

② 천이구역 : $2,100 < Re < 4,000$

③ 난류 : $Re > 4,000$(단, Re : 2,100을 하임계 레이놀즈수, Re : 4,000을 상임계 레이놀즈수라 한다)

상임계속도(Upper Critical Velocity)	층류에서 난류로 천이할 때의 유속을 말한다.
하임계속도(Lower Critical Velocity)	난류 때의 속도를 줄이면 흐름은 다시 층류 상태로 되돌아가는 데 이때의 속도를 말한다.

④ 물리적 의미

$Re = \dfrac{관성력}{점성력}$ 는 유체유동 시 Re 가 작은 경우 점성력이 크게 영향을 미친다.

⑤ 관의 직경이 변할 때 레이놀즈수의 계산 : $Re_2 = Re_1 \times \dfrac{d_1}{d_2}$

(3) 유체흐름의 종류

① 층류 : 레이놀즈의 연구에 의해 물분자가 서로 전후·좌우·상하의 위치를 변하지 않고 층상(層狀)유동으로 정연하게 흐를 때를 층류라 한다. 층류에서는 층과 층이 미끄러지면서 뉴턴의 점성법칙이 성립되며 전당응력은,

$$\tau = \mu \frac{du}{dy}$$

② 난류 : 유속이 크게 되어 물 분자가 흐트러져 흐르는 것을 난류라 한다. 난류에서는 전단응력이 유체의 점성뿐만 아니라 난류의 불규칙한 혼합 흐름이 작용하고, 전단응력은

$$\tau = \eta \frac{du}{dy}$$

여기서, η는 와점성계수(Eddy Viscosity) 또는 기계점성계수(Mechanical Visocosity)라 하며, 난류의 정도와 유체의 밀도에 의하여 정해지는 계수이다. 그러나 실제 유체의 흐름은 층류와 난류가 혼합하여 흐르는 흐름이므로 $\tau = (\mu + \eta)\dfrac{du}{dy}$ 이다.

펌프 이송설비

01 펌프(Pump)

액체에 에너지를 주어 이것을 저압부에서 고압부로 송출하는 기계이다.

▮ 펌프의 종류 및 특성

(1) 터보형 펌프

① 원심펌프(Centrifugal Pump) : 시동하기 전에 프라이밍이 필요한 펌프로, 직렬연결 시 양정이 증가하며 유량이 일정하다.

㉮ 터빈펌프 : 케이싱이 안내판으로 되어 있어서 이 안내판이 속도에너지를 압력에 너지로 바꾼다. 임펠러가 고속으로 회전하면 원심력은 회전속도의 3제곱에 비례 하는 힘이 생긴다. 특징은 다음과 같다.

㉠ 고양정을 얻기 위하여 단수를 가감할 수 있다.

㉡ 고양정 저점도의 액체에 적당하다.

㉢ 대용량에 적합하다.

㉯ 벌류트펌프 : 날개 차의 회전에 의하여 운동에너지는 압력에너지로 변화한다. 안 내판이 없다. 특징은 다음과 같다.

㉠ 토출량이 크며, 낮은 점도의 액체에 적당하다.

㉡ 저양정시동 시 물이 필요하다(프라이밍이 필요하다).

② 사류펌프 : 임펠러에서 나온 물의 흐름이 축에 대하여 비스듬히 나오는 펌프로, 임펠 러에서의 물을 가이드 베인에 유도하여 그 회전방향 성분을 축방향 성분으로 바꾸어 토출하는 형식과 볼류트 케이싱에 유도하는 형식이 있다.

③ 축류펌프 : 비교적 저양정에 적합하며, 효율변화가 비교적 급한 펌프로 임펠러에서 나오는 물의 흐름이 축방향으로 나오는 펌프이다. 사류 펌프와 같이 임펠러에서의 물 을 가이드 베인에 유도하여 그 회전방향 성분을 축방향으로 고쳐 이것에 의한 수력 손실을 적게 하여 축방향으로 토출하는 방식이다.

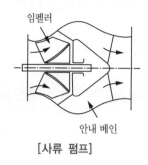

[사류 펌프]

[축류 펌프]

(2) 용적식 펌프

① 왕복식 펌프

㉮ 특징

장 점	단 점
㉠ 고압, 고점도의 소유량에 적당하다.	㉠ 밸브의 그랜드부가 고장 나기 쉽다.
㉡ 토출량이 일정하므로 정량토출할 수 있다.	㉡ 단속적이므로 맥동이 일어나기 쉽다.
㉢ 회전 수가 변화하여도 토출압력 변화는 적다.	㉢ 고압으로 액의 성질이 변하는 수가 있다.
㉣ 송수량의 가감이 가능하며, 흡입양정이 크다.	㉣ 진동이 있고, 설치면적이 넓다.

㉯ 종류 : 피스톤펌프, 플런저펌프, 다이어프램펌프

② 회전식 펌프

㉮ 특징

장 점	단 점
㉠ 왕복펌프와 같은 흡입, 토출밸브가 없고, 연속회전하므로 송출량의 맥동이 거의 없다.	㉠ 소음이 크다.
㉡ 점성이 있는 액체에 성능이 좋다.	㉡ 흡입양정이 작다.
㉢ 고압에 적당하다.	
㉣ 토출압력이 높아 고압유압펌프로 사용한다.	

④ 종류 : 기어펌프, 나사펌프, 베인펌프

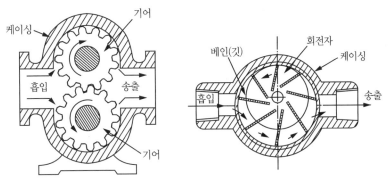

[기어 펌프 및 베인 펌프]

(3) 특수펌프

① 재생펌프 : 마찰펌프, 웨스크펌프라고도 부르고, 주변에 다수의 홈을 낸 원판임펠러에 의해 흡입·토출하는 작용을 한다.

② 제트펌프 : 고압의 물이나 증기 등을 노즐에서 분출시키고, 이것에 의해 주위의 액체와 기체를 흡인하여 슬로트부에서 이 두 유체를 혼합시키고 다시 디퓨저에서 감속·증압을 하여 토출하는 작용을 한다.

③ 기포펌프 : 압축기로 압축공기를 양수관 아래쪽의 구멍으로 분출시켜 수면 위로 올리는 방법이다.

④ 수격펌프 : 펌프나 압축기가 없어 유체의 위치에너지를 이용한 것으로 높은 위치의 물을 흘려보내다가 급격히 폐쇄시킬 때 고압이 발생하는 워터해머를 이용한 것으로 낙차의 50배까지 양수할 수 있다.

2 펌프의 성능계산

(1) 펌프의 전양정

$$H = H_a + h_d + h_s + h_o (\text{펌프의 설치위치, 흡·토출 배관이 결정된 경우})$$

여기서, H_a : 실양정($h_d + h_s$)

h_o : $\dfrac{\mathrm{V}\mathrm{d}_o^2}{2\mathrm{g}}$

h_d : 토출관계의 손실수두

h_s : 흡입관계의 손실수두

(2) 펌프의 동력

축동력이란, 원동기에 의하여 펌프를 운전하는 데 필요한 동력이다.

$$L = \frac{\gamma QH}{75 \times 60 \times \eta}(\mathrm{PS})$$

$$L = \frac{\gamma QH}{102 \times 60 \times \eta}(\mathrm{kW})$$

여기서, $\eta = \dfrac{수동력}{축동력}$ $\eta = 체적효율 \times 기계효율 \times 수력효율$

(3) 상사 법칙

유량, 양정, 축동력은 그 회전 속도가 변화한 경우에는 다음과 같이 비례식이 성립한다.

$$\frac{Q_1}{Q_2} = \frac{N_1}{N_2}$$

$$\frac{H_1}{H_2} = \left(\frac{N_1}{N_2}\right)^2$$

$$\frac{L_1}{L_2} = \left(\frac{N_1}{N_2}\right)^3$$

3 펌프에서 발생하는 주요 현상

(1) 캐비테이션(Cavitation)

① 정의 : 밀폐된 용기 속에서 물의 증기압이 낮아지면 비점도 낮아지므로 펌프 본체, 내부의 저압부에서 물의 일부가 기화하여 기포가 생성되고 펌프에 큰 기계적 손상을 주는 현상으로 주로 임펠러의 입구에서 발생한다.

② 발생원인

㉮ 펌프와 흡수면 사이의 수직거리가 부적당하게 너무 길 때

㉯ 펌프에 물이 과속으로 인하여 유량이 증가할 때

㉰ 관속을 유동하고 있는 물속의 어느 부분이 고온일수록 포화증기압에 비례해서 상승할 때

③ 발생방지법

㉮ 펌프의 회전수를 낮춘다.

㉯ 펌프의 위치는 흡수면에 가깝게 한다.

㉓ 흡입양정을 작게 한다.

㉑ 흡입관의 배관을 간단하게 한다.

㉕ 흡입관의 직경을 크게 한다.

㉗ 흡입관 내면의 마찰저항을 작게 한다.

㉘ 스트레이너의 통수면적이 큰 것을 사용한다.

㉙ 규정량 이상의 토출량을 내지 말아야 한다.

㉚ 유효 흡입양정을 계산하여 펌프형식, 회전수, 흡입조건을 결정한다.

(2) 맥동(Surging)현상

① 정의 : 펌프를 운전할 때 송출 압력과 송출 유량이 주기적으로 변동하여 펌프의 토출구 및 흡입구에서 압력계의 지침이 흔들리는 현상

② 발생원인

㉮ 펌프의 양정곡선이 산고곡선이고, 이 곡선의 산고상승부에서 운전하였을 때

㉯ 배관 중에 물탱크나 공기탱크가 있을 때

㉰ 유량조절밸브가 탱크 쪽에 있을 때

③ 발생방지법

㉮ 회전자나 안내 깃의 형상치수를 바꾸어 그 특성을 변화시킨다.

㉯ 방출밸브 등을 써서 펌프 속의 양수량을 서징할 때의 양수량 이상으로 증가시키거나 무단변속기 등을 써서 회전자의 회전수를 변화시킨다.

㉰ 관로에 있어서 불필요한 공기탱크나 잔류 공기를 제거하고, 관로의 단면적, 양액의 유속, 저항 등을 바꾼다.

(3) 수격 작용(Water Hammering)

① 정의 : 배관 속을 흐르는 액체의 속도를 급격히 변화시키면 물이 관 벽을 치는 현상이 일어나는 현상

② 발생방지법

㉮ 관 내의 유속을 느리게 한다.

㉯ 펌프의 플라이휠을 설치하여 펌프의 속도가 급변하는 것을 막는다.

㉰ 조압수조(Surge Tank)를 관선에 설치한다.

㉱ 밸브는 펌프 송출구 가까이에 설치하고, 밸브는 적당히 제어한다.

(4) 베이퍼록(Vapor-Rock)

① 정의 : 저비등점 액체 등을 이송할 때 펌프의 입구 쪽에서 발생하는 현상으로, 일종의 액체의 끓는 현상에 의한 동요라고 할 수 있다.

② 발생원인

    ㉮ 액 자체 또는 흡입 배관 외부의 온도가 상승할 때

    ㉯ 펌프 냉각기가 정상 작동하지 않거나 설치되지 않은 경우

    ㉰ 흡입관 지름이 적거나 펌프의 설치위치가 적당하지 않을 때

    ㉱ 흡입관로의 막힘, 스케일 부착 등에 의해 저항이 증대하였을 때

③ 발생방지법

    ㉮ 실린더라이너의 외부를 냉각한다.

    ㉯ 흡입관 지름을 크게 하거나 펌프의 설치위치를 낮춘다.

    ㉰ 흡입배관을 단열처리한다.

    ㉱ 흡입관로를 청소하거나 모터의 회전수를 줄인다.

02 관이음의 종류와 도시기호

(1) 관 이음

이음 종류	나사이음	용접이음	플랜지이음	유니언이음	턱걸이이음	납땜이음
도시 기호	—+—	—✕—	—╫—	—╫—	—⊂—	—○—

① 플렉시블이음 : 진동이 있는 곳에 가장 적합한 이음이다.

② 목적 : 열팽창에 의한 관의 파열을 막기 위함이다.

(2) 신축이음

① 이음종류

이음 종류	루프형	슬리브형	벨로스형	스위블형
도시 기호	⌂	⊏⊐	⋙	⤢

    ㉮ 루프형(Loop Type) : 배관의 팽창 또는 수축으로 인한 관, 기구의 파손을 방지하기 위해 관을 곡관으로 만들어 배관 도중에 설치하는 신축이음재이다.

    ㉯ 슬리브형(Sleeve Type)

    ㉰ 벨로스형(Bellows Type)

    ㉱ 스위블형(Swivel Type)

유체계측

01 압력의 측정

(1) 압력계

① 수은기압계 : 대기압을 측정하여 대기의 절대압력을 측정하는 액주계이다.

$$P_o = P\nu + \gamma h$$

여기서, P_o : 대기압, γ : 수은의 비중량, h : 수은높이

$P\nu$: 수은의 증기압($P\nu$는 아주 적어 무시할 정도이다)

② 피에조미터(Piezometer) : 한 유리관을 용기에 연결하여 세웠을 때 액주계의 액체가 측정하려는 용기 내의 액체와 같을 때 사용하는 것으로, 탱크나 관 속의 작은 유체압을 측정하는 액주계이다.

③ 마노미터(Manometer)

U자관 압력계 : U자형의 유리관에 액주(물, 수은 등)를 넣어 만든 압력계이다.

$$P_2 = P_1 + \gamma h$$

여기서, γ : 액 비중량(kg/m^3), h : 액주 높이차

(2) 유량계

① 벤투리관(Venturi Tube) : 압력에너지의 일부를 속도에너지로 변환시켜 유체의 유량을 측정

㉮ 속도 : $V_2 = \dfrac{1}{\sqrt{1-\left(\dfrac{D_2}{D_1}\right)^4}} \sqrt{2gR\left(\dfrac{\gamma_o}{\gamma}-1\right)}\,m/s$

㉯ 유량 : $Q = A_1 V_1 = A_2 V_2\,(m^3/s)$

소방수조에 물을 채워 직경 4cm의 파이프를 통해 8m/s의 유속으로 흘려 직경 1cm의 노즐을 통해 소화할 때 노즐 끝에서의 유속의 몇 m/s인가?

풀이 $Q = AV$ 이므로, $A_1 V_1 = A_2 V_2$ 에서

$$V_2 = V_1\left(\frac{A_1}{A_2}\right) = V_1\left(\frac{d_1}{d_2}\right)^2 = 8 \times \left(\frac{4}{1}\right)^2 = 128\text{m/s}$$

답 128m/s

② 피토관(Pitot Tube)

㉮ 관로에 피토관을 삽입하고 전압과 정압의 차인 동압을 측정하여 유속을 구한다.

$$U_1 = \sqrt{2g\left(\frac{\rho'}{\rho} - 1\right)H}$$

여기서, U : 유속(m/sec) g : 중력가속도(9.8m/sec²)

ρ' : U자관의 액밀도(kg/m³) ρ : 유체의 밀도(kg/m³)

H : U자관의 봉액높이(m)

㉯ 피토관은 유체 중의 어느 점에서의 유속, 즉 국부속도를 측정하는 데 이용한다.

③ 오리피스미터(Orifice Meter)

㉮ 유체가 흐르는 관의 중간에 구멍이 뚫린 격판(Orifice)을 삽입하고 그 전후의 압력차를 측정하여 평균 유속을 알아 유량을 산출해낸다. 오리피스미터는 설치하기는 쉬우나 정압손실이 크다.

㉯ 유속을 구하는 식은 다음과 같다.

$$U = \frac{C_0}{\sqrt{1-m^2}}\sqrt{2g\left(\frac{\rho'-\rho}{\rho}\right)H} = \frac{C_0}{\sqrt{1-m^2}}\sqrt{2g_c\triangle h}$$

여기서, g : 중력가속도(9.8m/sec²) H : U자관의 봉액높이(m)

ρ' : U자관 속의 액밀도(kg/m³) ρ : 유체의 밀도(kg/m³)

m : 개구비 $= \left(\frac{A_2}{A_1}\right) = \left(\frac{d}{D}\right)^2$

C_0 : 유출계수≒0.61($N_{Re} > 30,000$)

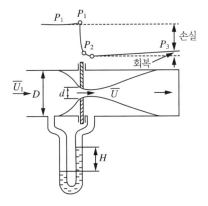

[오리피스미터]

④ 로터미터(Rota Meter) : 면적식 유량계로서 수직으로 놓인 경사가 완만한 원추모양
   의 유리관 A 안에 상하운동을 할 수 있는 부자 B가 있고 유체는 관의 하부에서 도입
   되며, 부자 B는 그 부력과 중력이 균형 잡히는 위치에 서게 되므로 그 위치의 눈금을
   읽어 유량을 알 수 있다.

02 유체의 운동방식

(1) 연속방정식(Continuity Equation)

유관을 통하여 정상 상태로 흐르고 임의의 두 단면을 잡아 그 속도, 단면적, 밀도를 각각
V_1, V_2, A_1, A_2, ρ_1, ρ_2라고 할 때 각 단면을 통과하는 단위 시간 당의 질량유동량은
같아야 한다.

$$\rho_1 A_1 V_1 = \rho_2 A_2 V_2$$
$$d(A\rho V) = 0, \quad \rho A V = \text{const}$$
$$\frac{dA}{A} + \frac{d\rho}{\rho} + \frac{dV}{V} = 0$$

[연속 방정식]

① 질량유량(Mass Flowrate) : $m = \rho_1 A_1 V_1 = \rho_2 A_2 V_2$

② 중량유량(Weight Flowrate) : $G = \gamma_1 A_1 V_1 = \gamma_2 A_2 V_2$

③ 체적유량(Volume Flowrate) : $Q = A_1 V_1 = A_2 V_2$

직경이 400mm인 관과 300mm인 관이 연결되어있다. 직경 400mm 관에서의 유속이 2m/s라면 300mm 관에서의 유속은 약 몇 m/s인가?

풀이 $Q = A_1 V_1 = A_2 V_2$

$$V_2 = V_1 \left(\frac{A_1}{A_2} \right) = V_1 \left(\frac{d_1}{d_2} \right)^2 = 2 \left(\frac{400}{300} \right)^2 = 3.56 \text{m/s}$$

답 3.56m/s

소방수조에 물을 채워 직경 4cm의 파이프를 통해 8m/s의 유속으로 흘려 직경 1cm의 노즐을 통해 소화할 때 노즐 끝에서의 유속의 몇 m/s인가?

풀이 유속을 구하면

$$U_1 A_1 = U_2 A_2, \quad U_2 = \frac{U_1 A_1}{A_2} = \frac{U_1 \times (D_1)^2}{(D_2)^2}$$

$$\therefore U_2 = \frac{U_1 \times (D_1)^2}{(D_2)^2} = \frac{8 \text{m/s} \times (4)^2}{(1)^2} = 128 \text{m/s}$$

답 128m/s

(2) 베르누이 방정식(Bernoulli Equation)

베르누이 방정식은 오일러 방정식을 적분함으로써 얻는다. 베르누이 방정식은 1차원 이상유체의 흐름에 적용되며, 압력수두·속도수두·위치수두의 합은 언제나 일정하고 그 값은 보존되며, 이 값을 H로 표시한다.

$$\frac{p}{\gamma} \times \frac{V^2}{2g} + Z = H(\text{일정})$$

여기서, $\frac{p}{\gamma}$: 압력수두(Pressure Head) $\frac{V^2}{2g}$: 속도수두(Velocity Head)

Z : 위치수두(Potential Head) H : 전수두(Total Head)

TIP 베르누이 방정식이 적용되는 조건

1. 베르누이 방정식이 적용되는 임의의 2점은 같은 유선상에 있다.
2. 정상 상태의 흐름이다.
3. 마찰이 없는 이상유체의 흐름이다.
4. 비압축성 유체의 흐름이다.
5. 외력은 중력만이 작용한다.

01 다음 중 이상유체에 대한 설명으로 옳은 것은?

① 압력을 가하면 부피가 감소하고 압력이 제거되면 부피가 다시 증가하는 가상유체를 의미한다.
② 뉴턴의 점성법칙에 따라 거동하는 가상유체를 의미한다.
③ 비점성·비압축성인 가상유체를 의미한다.
④ 유체를 관 내부로 이동시키면 유체와 관벽사이에서 전단응력이 발생하는 가상유체를 의미한다.

> **해설**
>
> 이상유체(Ideal Fluid)란 완전유체로서 비점성·비압축성인 가상유체를 의미한다.

02 압력의 차원을 질량을 M, 길이 L, 시간 T로 표시하면?

① ML^{-2}
② $ML^{-2}T^2$
③ $ML^{-1}T^{-2}$
④ $ML^{-2}T^{-2}$

> **해설**
>
> $P = \dfrac{W}{A}[\text{kgf/m}^2] = FL^{-2} = [MLT^{-2}]L^{-2} = ML^{-1}T^{-2}$

03 뉴턴의 점성법칙에서 전단응력을 표현할 때 사용되는 것은?

① 점성계수, 압력
② 점성계수, 속도구배
③ 압력, 속도구배
④ 압력, 마찰계수

> **해설**
>
> ■ **뉴턴의 점성법칙(Newton's Law of Viscosity)**
> 전단응력에 대한 유체의 저항을 나타낸다.
>
> $$\tau = \mu \frac{du}{dy}$$
>
> 여기서, τ : 전단응력 μ : 점성계수 $\dfrac{du}{dy}$: 속도구배(기울기)

정답 01. ③ 02. ③ 03. ②

04 유체의 점성계수에 대한 설명 중 틀린 것은?

① 동점성계수는 점성계수를 밀도로 나눈 값이다.
② 전단응력이 속도구배에 비례하는 유체를 뉴턴유체라 한다.
③ 동점성계수의 단위는 cm^2/s이며, 이를 Stokes라고 한다.
④ Pseudo 소성유체, Dilatant 유체는 뉴턴유체이다.

해설
Pseudo 소성유체(Plastic Fluid)와 Dilatant 유체는 비뉴턴유체(Non-Newtonianfluid)이다.

05 안지름 5cm인 관내를 흐르는 유동의 임계레이놀즈수가 2,000이면 임계유속은 몇 cm/s인가?(단, 유체의 동점성계수 = 0.0131cm²/s)

① 0.21
② 1.21
③ 5.24
④ 12.6

해설

$$레이놀즈수(Re) = \frac{DV\rho}{\mu} = \frac{DV}{\nu}$$

여기서, D : 관의 내경(m) V : 유속(m/s)
   ρ : 밀도(kg/m³) μ : 점성계수[점도(kg/m·s)]
   ν : 동점성계수[$\frac{\mu}{\rho}$(m²/s)]

문제의 조건에서 $Re = 2,000$, $D = 5cm$, $\nu = 0.0131cm^2/s$이므로,

$$V = \frac{Re \cdot \nu}{D} = \frac{2,000 \times 0.0131cm^2/s}{5cm} = 5.24cm/s$$

06 관 내 유체의 층류와 난류유동을 판별하는 기준인 레이놀즈수(Reynolds Number)의 물리적 의미를 가장 옳게 표현한 식은?

① $\dfrac{관성력}{표면장력}$
② $\dfrac{관성력}{압력}$
③ $\dfrac{관성력}{점성력}$
④ $\dfrac{관성력}{중력}$

해설

■ 레이놀즈수(Reynolds Number)
층류와 난류의 구분척도의 무차원수로서 점성력에 대한 관성력의 비이다.

07 펌프를 용적형 펌프(Positive Displacement Pump)와 터보펌프(Turbo Pump)로 구분할 때 터보 펌프에 해당되지 않는 것은 어느 것인가?

① 원심펌프(Centrifugal Pump)
② 기어펌프(Gear Pump)
③ 축류펌프(Axial Flow Pump)
④ 사류펌프(Diagonal Flow Pump)

해설

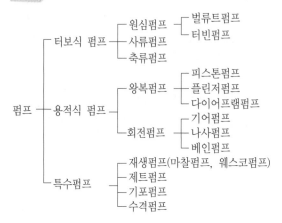

08 펌프의 공동현상을 방지하기 위한 방법으로 옳지 않은 것은?

① 펌프의 흡입관경을 크게 한다.
② 펌프의 회전수를 크게 한다.
③ 펌프의 위치를 낮게 한다.
④ 양흡입 펌프를 사용한다.

해설

■ **공동현상(Cavitaion)**
밀폐된 용기 속에서 물의 증기압이 낮아지면 비점도 낮아지므로 펌프 본체, 내부의 저압부에서 물의 일부가 기화하여 기포가 생성되고 펌프에 큰 기계적 손상을 주는 현상이다.

발생원인	방지대책
㉠ 펌프의 흡입측 수두가 클 경우(후두밸브와 펌프 사이의 배관이 긴 경우)	㉠ 펌프의 설치위치를 수원보다 낮게 한다.
㉡ 펌프의 마찰손실이 과대할 경우	㉡ 펌프의 흡입측 수두, 마찰손실, 임펠러속도를 적게 한다.
㉢ 펌프의 임펠러속도가 클 경우	
㉣ 펌프의 흡입관경이 작을 경우	㉢ 펌프의 흡입관경을 크게 한다.
㉤ 펌프의 설치위치가 수원보다 높을 경우	㉣ 양흡입 펌프를 사용한다(양쪽으로 빨아들인다).
㉥ 펌프의 흡입압력이 유체의 증기압보다 낮을 경우	㉤ 양흡입 펌프로 부족 시 펌프를 2대로 나눈다.
㉦ 배관 내의 유체가 고온일 경우	㉥ 펌프 흡입압력을 유체의 증기압보다 높게 한다.

09 토출량이 5m³/min이고 토출구의 유속이 2m/s인 펌프의 구경은 몇 mm인가?

① 100

② 230

③ 115

④ 120

해설

토출량$(Q) = AV = \dfrac{\pi}{4}D^2 \times V$

$D = \sqrt{\dfrac{4}{\pi} \times \dfrac{Q}{V}} = \sqrt{\dfrac{4}{\pi} \times \dfrac{5\mathrm{m}^3/60\mathrm{s}}{2\mathrm{m/s}}} = 0.23\mathrm{m} = 230\mathrm{mm}$

10 원형 관속에서 유속 3m/s로 1일 동안 20,000m³의 물을 흐르게 하는 데 필요한 관의 내경은 약 몇 mm인가?

① 414

② 313

③ 212

④ 194

해설

$Q = Av = \dfrac{d^2}{4}\pi v$　　$d = \sqrt{\dfrac{4Q}{\pi v}}$

$Q = 20,000\mathrm{m}^3/d \times \dfrac{10^9\mathrm{mm}^3}{1\mathrm{m}^3} \times \dfrac{1d}{86,400\mathrm{s}} = 23.15 \times 10^7\mathrm{mm}^3/\mathrm{s}$

$v = 3\mathrm{m/s} \times \dfrac{10^3\mathrm{mm}}{1\mathrm{m}}$

$d = \sqrt{\dfrac{4 \times 23.15 \times 10^7\mathrm{mm}^3/\mathrm{s}}{\pi \times 3 \times 10^3\mathrm{mm/s}}} = 313.45\mathrm{mm}$

∴ 약 313mm

11 배관의 팽창 또는 수축으로 인한 관, 기구의 파손을 방지하기 위해 관을 곡관으로 만들어 배관 도중에 설치하는 신축이음재는?

① 슬리브형

② 벨로스형

③ 루프형(Loop Type)

④ U형 스트레이너

해설

① 슬리브형(Sleeve Type) : 슬리브와 본체 사이에 패킹을 넣고 온수 또는 증기가 누설되는 것을 방지하며, 신축량이 크고 신축으로 인한 응력이 생기지 않는다.

② 벨로스형(Bellows Type) : 일명 패클리스(Packless) 신축이음쇠라고도 한다. 패킹 대신 벨로스로 관 내 유체의 누설을 방지하고 설치공간을 넓게 차지하지 않으며, 고압배관에는 부적당하다.

③ 루프형(Loop Type) : 배관의 팽창 또는 수축으로 인한 관, 기구의 파손을 방지하기 위하여 관을 곡관으로 만들어 배관 도중에 설치하는 신축이음재이다.

④ U형 스트레이너 : 배관에 설치하는 밸브, 트랩, 기기 등의 앞에 설치하여 관 속의 유체에 섞여 있는 불순물을 제거하여 기기의 성능을 보호하는 기구로써 여과기라고도 하며, 주철제의 본체 안에 원통형 여과망을 수직으로 넣어 유체가 망의 안쪽에서 바깥쪽으로 흐르고 구조상 유체가 내부에서 직각으로 흐르게 된다. 기름 배관에 많이 쓰인다.

12 흐름 단면적이 감소하면서 속도두가 증가하고 압력두가 감소하여 생기는 압력차를 측정하여 유량을 구하는 기구로서, 제작이 용이하고 비용이 저렴한 장점이 있으나 유체수송을 위한 소요동력이 증가하는 단점이 있는 것은?

① 로터미터
② 피토튜브
③ 벤투리미터
④ 오리피스미터

해설

① 로터미터(Rota Meter) : 면적식 유량계로 수직으로 놓인 경사가 완만한 원추 모양의 유리관 안에 상하운동을 할 수 있는 부자가 있고 유체는 관의 하부에서 도입되며, 부자는 그 부력과 중력이 균형 잡히는 위치에 서게 되므로 그 위치의 눈금을 읽고 이것을 유량으로 알 수 있다.

② 피토관(Pitot Tube) : 관로에 피토관을 삽입하고 전압과 정압의 차인 동압을 측정하여 유속을 구한다.

③ 벤투리미터(Venturi Meter) : 관의 지름을 변화시켜 전후의 압력차를 측정하여 속도를 구하는 것으로, 테이퍼형의 관을 사용하므로 오리피스보다 압력손실이 적다. 그러나 설비비가 비싸고 장소를 많이 차지하는 것이 결점이다.

13 유량을 측정하는 계측기구가 아닌 것은?

① 오리피스미터
② 마노미터
③ 로터미터
④ 벤투리미터

해설

마노미터(Manometer)는 압력을 측정하는 기기이다.

14 측정하는 유체의 압력에 의해 생기는 금속의 탄성변형을 기계식으로 확대 지시하여 압력을 측정하는 것은?

① 마노미터
② 시차액주계
③ 부르동관 압력계
④ 오리피스미터

해설

① 마노미터(Manometer) : 1차 압력계로서 U자관 압력계, 단관식 압력계, 경사관식 압력계가 있다.
② 시차액주계 : 관을 말하며, 관 내 유속 또는 유량을 결정하기 위해 설치되고 시차액주계가 목부분과 일반 단면부분에 설치되어 압력차이를 측정한다.
③ 부르동관 압력계 : 측정하는 유체의 압력에 의해 생기는 금속의 탄성변형을 기계식으로 확대 지시하여 압력을 측정하는 것이다.
④ 오리피스미터(Orifice Meter) : 유체가 흐르는 관의 중간에 구멍이 뚫린 격판(Orifice)을 삽입하고, 그 전후의 압력차를 측정하여 평균유속을 알아 유량을 산출하는 것이다.

15 직경이 400mm인 관과 300mm인 관이 연결되어있다. 직경 400mm 관에서의 유속이 2m/s라면 300mm 관에서의 유속은 약 몇 m/s인가?

① 6.56
② 5.56
③ 4.56
④ 3.56

해설

$$Q = A_1 V_1 = A_2 V_2$$
$$V_2 = V_1 \left(\frac{A_1}{A_2} \right) = V_1 \left(\frac{d_1}{d_2} \right)^2 = 2 \times \left(\frac{400}{300} \right)^2 = 3.56 \text{m/s}$$

16 소방수조에 물을 채워 직경 4cm의 파이프를 통해 8m/s의 유속으로 흘려 직경 1cm의 노즐을 통해 소화할 때 노즐 끝에서의 유속은 몇 m/s인가?

① 16
② 32
③ 64
④ 128

해설

$Q = AV$이므로, $A_1 V_1 = A_2 V_2$에서
$$V_2 = V_1 \left(\frac{A_1}{A_2} \right) = V_1 \left(\frac{d_1}{d_2} \right)^2 = 8 \times \left(\frac{4}{1} \right)^2 = 128 \text{m/s}$$

정답 14. ③ 15. ④ 16. ④

17 비중이 1.15인 소금물이 무한히 큰 탱크의 밑면에서 내경 3cm인 관을 통하여 유출된다. 유출구 끝이 탱크 수면으로부터 3.2m 하부에 있다면 유출속도는 얼마인가?(단, 배출 시의 마찰손실은 무시한다)

① 2.92m/s
② 5.92m/s
③ 7.92m/s
④ 12.92m/s

해설

$V = \sqrt{2gh} = \sqrt{2 \times 9.8 \times 3.2} = 7.92\text{m/s}$

여기서, V : 유속(m/s), g : 중력가속도(9.8m/s^2), h : 높이(m)

18 원형 직관 속을 흐르는 유체의 손실수두에 관한 사항으로 옳은 것은?

① 유속에 비례한다.
② 유속에 반비례한다.
③ 유속의 제곱에 비례한다.
④ 유속의 제곱에 반비례한다.

해설

■ **손실수두(Loss of Head)**

단위체적당 유체가 잃어버린 에너지를 수두로 나타낸 것이다. 손실수두는 마찰과 국부적으로 발생하는 와류에 의해 물이 가지고 있는 역학적 에너지의 일부가 열에너지로 변하기 때문에 발생한다.

$h_1 = f\dfrac{V^2}{2g}$

여기서, h_1 : 손실두수 f : 손실계수
         V : 속도 g : 중력가속도

즉, $h_1 \propto V^2$이므로 손실수두는 유속의 제곱에 비례한다.

19 가솔린 저장탱크로부터 위험물이 누설되어 직경 2m인 상태에서 풀(Pool) 화재가 발생되었다. 이때 위험물의 단위면적당 발생되는 에너지 방출속도는 몇 kW인가?(가솔린의 연소열은 43.7kJ/g이며, 질량유속은 55g/m²·s이다)

① 1,887
② 2,453
③ 3,775
④ 7,551

해설

■ **에너지방출속도(kW)**

가솔린의 연소열 × 질량유속 × 면적(A) $= 43.7\text{kJ/g} \times 55\text{g/m}^2 \cdot \sec \times \dfrac{\pi}{4} \times 2^2$

$= 7,551\text{kJ/sec[kW]}$

위험물의 연소특성

01 연소이론

(1) 연소의 정의

가연성 물질이 공기 중의 산소와 반응하여 열과 빛을 내는 산화반응을 말한다(즉, 산화반응과 발열반응이 동시에 일어나는 경우이며, 연소속도는 산화속도와 같은 의미이다).

(2) 연소의 종류

① 완전연소 : $C + O_2 \rightarrow CO_2 \uparrow + 94.2 kcal$

예제

메탄 2L를 완전연소하는 데 필요한 공기요구량은 약 몇 L인가?(단, 표준상태를 기준으로 하고 공기 중의 산소는 21v%이다)

풀이 $CH_4 + 2O_2 \rightarrow CO_2 + 2H_2O$

$$1L \quad 2L$$
$$2L \quad x\,L$$

$$x = \frac{2 \times 2}{1} = 4L$$

$$\therefore \ 4L \times \frac{100}{21} = 19.04L$$

🖐 19.04L

② 불완전연소 : $C + \frac{1}{2}O_2 \rightarrow CO \uparrow + 24.5 kcal$

③ 연소라고 볼 수 없는 경우

㉮ 철이 녹스는 경우 : $4Fe + 3O_2 \rightarrow 2FeO_3$(산화반응이지만, 발열반응이 아님)

㉯ 질소산화물이 생성되는 경우 : $N_2 + O_2 \rightarrow 2NO - 43.2 kcal$(산화반응이면서 흡열반응임)

④ 탄화수소(C_mH_n)의 연소 : 완전연소의 경우에는 탄산가스(CO_2)와 물(H_2O)이 생성되며, 불완전연소의 경우에는 일산화탄소(CO)와 수소(H_2)가 생성된다.

(3) 연소의 구비 조건

① 연소의 4요소
   ㉮ 가연물 : 연소가 일어나려면 발열반응을 일으키는 것
   ㉯ 조연(지연)물 : 가연물을 산화시키는 것
   ㉰ 점화원 : 가연물과 조연물을 활성화시키는 데 필요한 에너지
   ㉱ 순조로운 연쇄반응

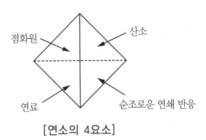

[연소의 4요소]

② 연소의 3요소
   ㉮ 가연물 : 산화작용을 일으킬 수 있는 모든 물질이다.
      ㉠ 가연물이 될 수 없는 경우
         ⓐ 원소주기율표상의 0족원소(비활성원소)로서 다른 원소와 화합할 수 없는 물질
            예 He(헬륨), Ne(네온), Ar(아르곤), Kr(크립톤), Xn(크세논), Rn(라돈) 등
         ⓑ 이미 산소와 화합하여 더 이상 화합할 수 없는 물질(산화반응이 완결된 안정된 산화물)
            예 CO_2(이산화탄소, $C+O_2 \rightarrow CO_2$), P_2O_5(오산화인), Al_2O_3(산화알루미늄), SO_3(삼산화황) 등
         ⓒ 산화반응은 일어나지만 발열반응물질이 아닌 화합물(질소 또는 질소산화물)
            예 N_2, NO, NO_2 등($N_2+O_2 \rightarrow 2NO\uparrow$)
      ㉡ 가연물이 되기 쉬운 조건
         ⓐ 산소와의 친화력이 클 것(화학적 활성이 강할 것)
         ⓑ 열전도율이 적을 것
         ⓒ 산소와의 접촉 면적이 클 것(표면적이 넓을 것)
         ⓓ 발열량(연소열)이 클 것
         ⓔ 활성화에너지가 적을 것(발열반응을 일으키는 물질)

ⓕ 건조도가 좋을 것(수분의 함유가 적을 것)
　㉴ 조연(지연)물 : 연소는 산화반응이므로 가연물이 산소와 결합되어야 한다. 즉, 다른 물질의 산화를 돕는 물질이다.
　　㉠ 공기

[공기의 조성]

조성비율 　　　성 분	질소(N_2)	산소(O_2)	아르곤(Ar)	이산화탄소(CO_2)
부피(vol%)	78.03	20.99	0.95	0.03
중량(wt%)	75.51	23.15	1.30	0.04

　　㉡ 산화제(제1류 위험물, 제6류 위험물 등)
　　㉢ 자기반응성 물질(제5류 위험물)
　㉵ 점화원(열에너지원, 열원, Heat Energy Sources) : 가연물을 연소시키는 데 필요한 에너지원으로, 연소반응에 필요한 활성화에너지를 부여하는 물질이다.
　　㉠ 화학적 에너지원
　　　ⓐ 연소열　　　　　　　ⓑ 자연발화
　　　ⓒ 분해열　　　　　　　ⓓ 융해열
　　㉡ 전기적 에너지원
　　　ⓐ 저항열　　　　　　　ⓑ 유도열
　　　ⓒ 유전열　　　　　　　ⓓ 정전기열(정전기 불꽃)
　　　ⓔ 낙뢰에 의한 열　　　ⓕ 아크열(전기 불꽃 에너지)
　　㉢ 기계적 에너지원
　　　ⓐ 마찰열　　　　　　　ⓑ 마찰 스파크열(충격열)
　　　ⓒ 단열압축열
　　㉣ 원자력 에너지원
　　　ⓐ 핵분열열　　　　　　ⓑ 핵융합열
　　㉤ 점화원이 되지 못하는 것
　　　ⓐ 기화열(증발잠열)　　ⓑ 온도
　　　ⓒ 압력　　　　　　　　ⓓ 중화열

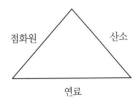

[연소의 3요소]

(4) 고온체의 색깔과 온도

① 발광에 따른 온도 측정

적열 상태	백열 상태
500℃ 부근	1,000℃ 이상

② 색깔과 온도

암적색	700℃	황적색	1,100℃
적 색	850℃	백적색	1,300℃
회적색	950℃	회백색	1,500℃

(5) 연소의 난이성

① 산화되기 쉬운 것일수록 연소하기 쉽다.

② 산화와의 접촉 면적이 클수록 연소하기 쉽다.

③ 발열량(연소열)이 큰 것일수록 연소하기 쉽다.

④ 열전도율이 작은 것일수록 연소하기 쉽다.

⑤ 건조제가 좋은 것일수록 연소하기 쉽다.

(6) 정상연소와 비정상연소

① 정상연소 : 연소로 인한 열의 발생속도와 확산속도(일산속도)가 평행을 유지하면서 정상적으로 연소하는 형태이다. 예 화재 등

② 비정상연소 : 연소로 인한 열의 발생속도가 확산속도를 능가하여 일어나는 연소 형태이다. 예 폭발, 폭굉 등

(7) 연소의 형태

① 기체의 연소(발염연소, 확산연소) : 가연성 기체와 공기의 혼합방법에 따라 확산 연소와 혼합연소로 구분되며 산소, 아세틸렌 등과 같은 가연성가스가 배관의 출구 등에서 공기 중으로 유출하면서 연소하는 것이다.

    ㉮ 확산연소(불균질연소) : 가연성 기체를 대기 중에 분출·확산시켜 연소하는 방식 (불꽃은 있으나 불티가 없는 연소)

    ㉯ 혼합연소(예혼합연소, 균질연소) : 먼저 가연성 기체를 공기와 혼합시켜 놓고 연소하는 방식

② 액체의 연소(증발연소) : 에테르, 가솔린, 석유, 알코올 등 가연성 액체의 연소는 액체 자체가 연소하는 것이 아니라 액체 표면에서 발생한 가연성 증기가 착화되어 화염을 발생시키고, 이 화염의 온도에 의해 액체의 표면이 더욱 가열되면서 액체의 증발을 촉진시켜 연소를 계속해 가는 형태의 연소이다.

TIP   **액체의 연소**

1. 액체의 연소방법 : 액체의 연소는 액의 증발 과정에 의해 액면연소·심화연소·분무연소·증발연소로 구분되며, 액체의 표면적과 깊은 관계가 있다. 즉, 액체의 표면적이 클수록 증발량이 많아지고 연소속도도 그만큼 빨라진다.
   - 액면연소 : 화염으로부터 연료표면적에 복사나 대류로 열이 전달되어 증발이 일어나고 발생된 증기가 공기와 접촉하여 유면의 상부에서 확산·연소를 하지만, 화염 시에 볼 수 있을 뿐 실용 예는 거의 없는 연소형태이다.
   - 심화연소 : 모세관 현상에 의해 심지라고 불리는 헝겊의 일부분으로부터 연료를 빨아올려서 다른 부분으로 전달하며, 거기서 연소열을 받아 증발된 증기가 확산·연소하는 형태이다.
   - 분무(액적)연소 : 일반적인 석유난로의 연소형태로, 점도가 높고 비휘발성인 액체를 안개상으로 분사하여 액체의 표면적을 넓혀 연소시키는 형태이다.
   - 증발연소 : 열면에서 연료를 증발시켜 예혼합연소나 부분예혼합연소를 시키는 형태이다.
2. 분해연소 : 점도가 높고 비휘발성인 가연성 액체의 연소로, 열분해에 의하여 발생된 분해가스의 연소형태이다(예 중유, 제4석유류 등).

---

③ 고체의 연소(표면연소, 분해연소, 증발연소, 내부연소)

    ㉮ 표면(직접)연소 : 열분해에 의해 가연성가스를 발생시키지 않고 그 자체가 연소하는 형태(연소반응이 고체표면에서 이루어지는 형태), 즉 가연성 고체가 열분해하여 증발하지 않고 고체의 표면에서 산소와 직접 반응하여 연소하는 형태이다.

        예 숯, 목탄, 코크스, 금속분(아연분) 등

④ 분해연소 : 가연성 고체에 충분한 열이 공급되면 가열분해에 의하여 발생된 가연성가스(CO, H_2, CH_4 등)가 공기와 혼합되어 연소하는 형태이다.

　　예 목재, 석탄, 종이, 플라스틱 등

④ 증발연소 : 고체가연물을 가열하면 열분해를 일으키지 않고 증발하여 그 증기가 연소하거나 열에 의한 상태변화를 일으켜 액체가 된 후 어떤 일정한 온도에서 발생된 가연성 증기가 연소하는 형태이다. 즉, 가연성 고체에 열을 가하면 융해되어 여기서 생긴 액체가 기화되고 이로 인한 연소가 이루어지는 형태이다.

　　예 유황, 나프탈렌, 장뇌 등과 같은 승화성 물질, 촛불(파라핀), 고급 알코올 등

④ 내부(자기)연소 : 가연성 고체물질이 자체 내에 산소를 함유하고 있거나 분자 내의 니트로기와 같이 쉽게 산소를 유리할 수 있는 기를 가지고 있어 외부에서 열을 가하면 분해되어 가연성 기체와 산소를 발생하게 되므로 공기 중의 산소를 필요로 하지 않고 그 자체의 산소에 의해 연소하는 형태이다.

　　예 질산에스테르류, 셀룰로이드류, 니트로 화합물, 히드라진과 유도체 등과 같은 제5류 위험물 등

(8) 연소에 관한 물성

① 인화점(Flash Point)

　㉮ 가연물을 가열하면 한쪽에서 점화원을 부여하여 발화점보다 낮은 온도에서 연소가 일어나는데 이를 인화라고 하며, 인화가 일어나는 최저의 온도를 인화점 또는 인화 온도라 한다.

　㉯ 주로 상온에서 액체 상태로 존재하는 인화성 물질의 연소하기 쉬운 상태 정도를 측정하는 데 사용된다.

　㉰ 액체가연물의 인화점은 비중과 점도가 낮을수록, 주위 온도와 압력이 높을수록 낮아진다.

　㉱ 인화온도가 낮을수록 낮은 온도에서 증기를 발생시켜 불꽃이나 불씨 등의 점화원을 잡아당겨 연소하기 쉬우므로 위험성이 증대된다.

TIP **인화점 50℃의 의미**
액체의 온도가 50℃ 이상이 되면 가연성 증기를 발생하여 점화원에 의해 인화한다.

② 연소점(Fire Point)

　㉮ 상온에서 액체 상태로 존재하는 액체가연물의 연소 상태를 5초 이상 유지시키기 위한 온도로, 일반적으로 인화점보다 약 10℃ 정도 높은 온도이다.

④ 액체가연물의 연소는 액체가연물의 표면으로부터 증발된 증기가 연소하는 것이므로 불꽃이나 불씨에 인화하였다 하더라도 계속적인 연소현상을 유지시키기 위해서는 어느 정도 지속적인 연소에 필요한 온도가 요구되므로 연소온도 이상이 되어야 한다.

③ 발화점(발화온도, 착화점, 착화온도)

㉮ 자기 스스로 연소를 시작하는 최저의 온도로, 외부의 점화원 없이 가연물을 공기 또는 산소 중에서 가열함으로써 발화하는 최저의 온도이다.

    예 프라이팬에 기름을 붓고 가열하면 시간이 흐른 후 기름에 불이 붙는다.

㉯ 대부분 상온에서 고체 상태로 존재하는 가연물을 연소시킬 때 많이 사용한다.

㉰ 발화점이 낮다는 것은 연소하기 쉽다는 것을 의미한다.

㉱ 발화점은 물질을 가열하는 용기의 표면상태·가열속도 등에 의하여 영향을 받으며, 압력에도 큰 영향을 받는다. 즉, 높은 압력 하에서 발화도가 저하하는 경향이 있다. 또한 발화점은 측정조건에 따라서 큰 차이가 있으므로 물질의 고유정수는 아니다.

㉲ 발화점이 달라지는 요인

    ㉠ 가연성가스와 공기와의 혼합비

    ㉡ 발화를 일으키는 공간의 형태와 크기

    ㉢ 가열속도와 가열시간

    ㉣ 용기벽의 재질과 촉매

    ㉤ 점화원의 종류와 에너지 투입방법

㉳ 발화점이 낮아지는 경우

    ㉠ 압력이 높을 때

    ㉡ 발열량이 클 때

    ㉢ 산소의 농도가 클 때

    ㉣ 산소와 친화력이 좋을 때

    ㉤ 증기압이 낮을 때

    ㉥ 습도가 낮을 때

    ㉦ 분자구조가 복잡할 때

    ㉧ 반응활성도가 클수록

④ 최소착화에너지(최소점화에너지, 정전기방전에너지, MIE; Minimum Ignition Energy)

㉮ 최소착화에너지란, 가연성혼합가스에 전기적 스파크(전기불꽃)로 점화 시 착화하기 위해 필요한 최소한의 에너지를 말한다.

④ 최소착화에너지는 혼합가스의 종류·농도·압력에 따라 다르며, 가장 낮은 최소점화에너지는 대개 이론 농도혼합기 부근에서 최소가 된다.

④ 최소착화에너지가 적을수록 폭발하기 쉽고 위험하다.

㈃ 정전기방전에너지(E)를 구하는 공식

$$E = \frac{1}{2} Q \cdot V = \frac{1}{2} C \cdot V^2$$

여기서, E : 정전기에너지(J) $\qquad$ Q : 전기량(C)
$\qquad$ V : 전압(V) $\qquad\qquad$ C : 정전용량(F)

⑤ 연소범위(연소한계, 폭발범위, 폭발한계, 가연범위, 가연한계)

㉮ 연소가 일어나는 데 필요한 공기 중 가연성가스의 농도(vol%)를 말한다. 보통 1atm의 상온(20℃)에서 측정한 측정치로 최고 농도를 상한(UEL), 최저 농도를 하한(LEL)이라 하며, 온도, 압력, 농도, 불활성가스 등에 의해 영향을 받는다.

㉯ 반응열(연소열)의 발생속도와 일산속도와의 관계 : 연소범위가 발생하는 원인은 혼합가스(가연성가스와 공기와의 혼합물)의 연소 시 발생하는 반응열(연소열)의 발열속도(발생속도)와 일산속도(방열속도)와 밀접한 관계가 있다. 즉, 발열속도(발생속도)가 방열속도(일산속도)보다 클 때의 혼합비율($C_1 \sim C_2$)에서만 연소가 일어난다.

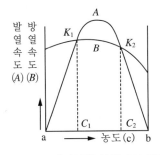 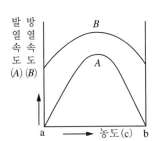

[가연성 혼합기의 발열속도와 방열속도의 변화 관계]

㉠ 연소하한(C_1, LEL) : 공기 등 지연성가스의 양이 많으나 가연성가스의 양이 적어 그 이하에서는 연소가 전파 또는 지속될 수 없는 한계치로서, 가스의 연소열이나 활성화 에너지의 영향을 받는다.

㉡ 연소상한(C_2, UEL) : 가연성가스의 양이 많으나 공기 등 지연성가스의 양이 적어 그 이상에서는 연소가 전파 또는 지속될 수 없는 한계치로서, 산화제의 영향을 받는다.

ⓒ 연소범위($C_1 \sim C_2$) : 혼합가스 농도가 C_1에서 C_2 사이에만 존재할 때 연소가 일어난다.

㉲ 연소범위에 영향을 주는 인자

　㉠ 온도의 영향 : 아레니우스의 화학반응 속도론에 의해 온도가 올라가면 기체분 자의 운동이 증가하여 반응성이 활발해져 연소하한은 낮아지고, 연소상한은 높아지는 경향에 의해 연소범위는 넓어진다.

　㉡ 압력의 영향 : 일반적으로 압력이 증가하여도 연소 하한은 변하지 않으나 연소 상한이 증가하여 연소범위는 넓어진다.

　㉢ 농도의 영향 : 산소농도가 증가할수록 연소상한이 증가하므로 연소범위는 넓어진다.

⑥ 위험도(H, Hazards) : 가연성혼합가스 연소범위의 제한치를 나타내는 것으로, 위험도가 클수록 위험하다.

$$H = \frac{U - L}{L}$$

여기서, H : 위험도

　　　　U : 연소범위의 상한치(UFL; Upper Flammability Limit)

　　　　L : 연소범위의 하한치(LFL; Lower Flammability Limit)

예제

아세트알데히드(CH_3CHO)의 위험도는?

풀이 아세트알데히드의 연소범위가 4.1~57%이므로 위험도(H)는 다음과 같다.

$$H = \frac{57 - 4.1}{4.1} = 12.9$$

답 12.9

02 발화이론

(1) 자연발화

① 정의 : 가연성 물질이 서서히 산화 또는 분해되면서 발생된 열에 의하여 비교적 적게 방산하는 상태에서 열이 축적됨으로써 물질 자체의 온도가 상승하여 발화점에 도달해 스스로 발화하는 현상을 말한다.

② 조건
  ㉮ 표면적이 넓을 것
  ㉯ 발열량이 많을 것
  ㉰ 열전도율이 적을 것
  ㉱ 발화되는 물질보다 주위 온도가 높을 것

③ 형태
  ㉮ 분해열에 의한 발화
    예 셀룰로이드류, 니트로셀룰로오스(질화면), 과산화수소, 염소산칼륨 등
  ㉯ 산화열에 의한 발화
    예 건성유, 원면, 석탄, 고무 분말, 액체 산소, 발연 질산 등
  ㉰ 중합열에 의한 발화
    예 시안화수소(HCN), 산화에틸렌(C_2H_4O), 염화비닐(CH_2CHCl), 부타디엔(C_4H_6) 등
  ㉱ 흡착열에 의한 발화
    예 활성탄, 목탄, 분말 등
  ㉲ 미생물에 의한 발화
    예 퇴비, 퇴적물 먼지 등

④ 영향을 주는 인자
  ㉮ 열의 축적
  ㉯ 열전도율
  ㉰ 퇴적방법
  ㉱ 공기의 유동 상태
  ㉲ 발열량
  ㉳ 수분(건조상태)
  ㉴ 촉매물질

⑤ 방지법

㉮ 통풍이 잘 되게 할 것

㉯ 저장실의 온도를 낮출 것

㉰ 습도가 높은 것을 피할 것

㉱ 열의 축적을 방지할 것(퇴적 및 수납 시)

㉲ 정촉매작용을 하는 물질을 피할 것

(2) 혼합발화

① 정의 : 두 가지 또는 그 이상의 물질이 서로 혼합·접촉하였을 때 발열·발화하는 현상을 말한다.

② 혼합발화의 위험성

㉮ 폭발성 화합물을 생성하는 경우

㉪ 아세틸렌(C_2H_2) 가스는 Ag, Cu, Hg, Mg의 금속과 반응하여 폭발성인 금속 아세틸라이드를 생성($C_2H_2 + 2Cu \longrightarrow Cu_2C_2 + H_2\uparrow$)

㉯ 시간이 경과하거나 바로 분해되어 발화 또는 폭발하는 경우

㉪ 아염소산염류 등과 유기산이 혼합할 경우 발화폭발(아염소산나트륨 + 유기산 → 자연발화)

㉰ 폭발성 혼합물을 생성하는 경우

㉪ 톨루엔($C_6H_5CH_3$)에 진한질산과 진한황산을 가하여 니트로화시키면 폭발성 혼합물인 트리니트로톨루엔(TNT)이 생성

㉱ 가연성가스를 생성하는 경우

㉪ 금속 나트륨이 알코올과 격렬히 반응하여 가연성인 수소가스가 발생

$2Na + 2C_2H_5OH \longrightarrow 2C_2H_5ONa + H_2\uparrow$

03 위험물의 연소생성물

1 연소생성물의 종류와 유해성

건축재료, 의류, 가구 등 유기가연물은 화재열을 받으면 열분해한 다음 공기 중의 산소와 반응하여 연소가 일어나며, 여러 가지 생성물을 발생시킨다. 이 열분해 연소과정은 매우 복잡하게 진행이 된다.

[연소물질과 생성가스]

연소물질	생성가스
탄화수소류 등	일산화탄소 및 탄산가스(CO 및 CO_2)
질소성분을 갖고 있는 비단, 모사, 피혁 등	시안화수소(HCN)
셀룰로이드, 폴리우레탄 등	질소산화물(NO_x)
합성수지, 레이온 등	아크릴로레인(CH_2CHCHO)
나무, 치오콜 등	수소의 할로겐화물
나무, 종이 등	아황산가스(SO_2)
방염수지, PVC, 불소수지류 등의 할로겐화물	HF, HCl, HBr, 포스겐 등
나무, 페놀수지, 나일론, 폴리에스테르수지 등	알데히드류($RCHO$)
나일론, 멜라민, 요소수지 등	암모니아(NH_3)
폴리스티렌(스티로폴) 등	벤젠(C_6H_6)

(1) 연기(Smoke)

실내가연물에 열분해를 일으켜서 방출시키는 열분해 생성물 및 미반응 분해물을 말하며, 일종의 불완전한 연소생성물로 산소공급이 불충분하게 되면 탄소분이 생성하여 검은색 연기로 된다. 인체에 미치는 영향은 다음과 같다.

① 시야를 감퇴하며, 피난행동 및 소화활동을 저해한다.

② 연기성분 중 유독물(일산화탄소, 포스겐 등)의 발생으로 생명이 위험하다.

③ 정신적으로 긴장 또는 패닉현상에 빠지게 되는 2차적 재해의 우려가 있다.

④ 최근 건물화재의 특징은 난연처리(방염처리)된 물질을 사용하여 연소 그 자체는 억제되고 있지만, 다량의 연기입자 및 유독가스를 발생하는 특징이 있다. 연기의 유동 및 확산은 벽 및 천장을 따라 진행하며, 일반적으로 수평방향으로는 0.5~1m/sec, 수직방향으로는 2~3m/sec 속도로 이동한다.

(2) 일산화탄소(CO)

무색·무취·무미의 환원성이 강한 가스로 상온에서 염소와 작용하여 유독성 가스인 포스겐($COCl_2$)을 생성하기도 하며, 인체 내의 헤모글로빈과 결합하여 산소의 운반기능을 약화시켜 질식케 한다.

[일산화탄소의 공기 중의 농도와 중독증상]

공기 중의 농도		경과시간(분)	중독증상
%	ppm		
0.02	200	120~180	가벼운 두통증상
0.04	400	60~120	통증·구토증세가 나타남
0.08	800	40	구토·현기증·경련이 일어나고, 24시간이면 실신
0.16	1,600	20	두통·현기증·구토 등이 일어나고, 2시간이면 사망
0.32	3,200	5~10	두통·현기증이 일어나고, 30분이면 사망
0.64	6,400	1~2	두통·현기증이 심하게 일어나고, 15~30분이면 사망
1.28	12,800	1~3	1~3분 내 사망

(3) 이산화탄소(CO_2)

무색·무미의 기체로 공기보다 무거우며, 가스 자체는 독성이 거의 없으나 다량 존재할 때 사람의 호흡속도를 증가시키고 혼합된 유해가스의 흡입을 증가시켜 위험을 가중시킨다.

(4) 황화수소(H_2S)

황을 포함하고 있는 유기화합물이 불완전연소하면 발생한다. 계란 썩는 냄새가 나며, 0.2% 이상 농도에서 후각이 마비되고 0.4~0.7%에서 1시간 이상 노출되면 현기증·장기 혼란의 증상과 호흡기의 통증이 일어난다. 0.7%를 넘어서면 독성이 강해져 신경계통에 영향을 미치고 호흡기가 무력해진다.

(5) 이산화황(SO_2)

아황산가스라고도 하며, 유황이 함유된 물질의 동물의 털·고무 등이 연소하는 화재 시에 발생된다. 무색의 자극성 냄새를 가진 유독성 기체로 눈 및 호흡기 등에 점막을 상하게 하고 질식사 할 우려가 있다. 이산화황은 양모·고무, 그리고 일부 목재류 등의 연소 시에도 생성되며, 특히 유황을 저장 또는 취급하는 공장에서의 화재 시 주의를 요한다.

(6) 암모니아(NH_3)

질소함유물(나일론, 나무, 실크, 플라스틱, 멜라닌수지)이 연소할 때 발생하는 연소생성물로 유독성이 있으며, 강한 자극성을 가진 무색의 기체이다. 냉동시설의 냉매로 많이 쓰이고 있으므로 냉동창고 화재 시 누출 가능성이 크므로 주의해야 한다(이때 우발적으로 터질 가능성이 있기 때문에 조심해야 한다).

(7) 시안화수소(HCN)

청산가스라고도 하며, 질소성분을 가지고 있는 합성수지, 동물의 털, 인조견 등의 섬유가 불완전 연소할 때 발생하는 맹독성 가스로 0.3%의 농도에서 즉시 사망할 수 있다.

(8) 포스겐($COCl_2$)

열가소성 수지인 폴리염화비닐(PVC), 수지류 등이 연소할 때 발생되며, 맹독성 가스로 허용농도는 0.1ppm(mg/m^3)이다. 일반적인 물질이 연소할 경우는 거의 생성되지 않지만, 일산화탄소와 염소가 반응하여 생성하기도 한다.

(9) 염화수소(HCl)

PVC와 같이 염소가 함유된 수지류가 탈 때 주로 생성된다. 독성의 허용농도는 5ppm(mg/m^3)이며, 향료·염료·의약·농약 등의 제조에 이용되고 있고 부식성이 강하여 쇠를 녹슬게 한다.

(10) 이산화질소(NO_2)

질산화셀룰로오스가 연소 또는 분해될 때 생성되며, 독성이 매우 커서 200~700ppm 정도의 농도에 잠시 노출되어도 인체에 치명적이다.

(11) 불화수소(HF)

합성수지인 불소수지가 연소할 때 발생되는 연소생성물로, 무색의 자극성 기체이며 유독성이 강하다. 허용농도는 3ppm(mg/m^3)이며 모래·유리를 부식시키는 성질이 있다.

TIP **체내 산소농도에 따른 인체영향**

1. 보통 공기 중 산소농도 20%가 15%로 떨어지면 근육이 말을 듣지 않는다.
2. 14~10%로 떨어지면 판단력을 상실하고 피로가 빨리 온다.
3. 10~6%이면 의식을 잃지만 신선한 공기 중에서 소생할 수 있다. 기진한 상태에서는 산소 요구량이 많아지므로 상기농도보다 높아도 증세가 나타날 수 있다.

(1) 정의

정상적인 연소반응이 급격히 진행되어 열과 빛을 발하는 것 이외에 폭음과 충격압력을 발생시켜 반응을 순간적으로 진행시키는 것을 말한다. 즉, 정상연소에 비해 연소속도와 화염전파속도가 빠른 비정상연소반응을 말한다.

① 폭발의 종류 : 폭발은 충격파의 전파속도에 따라 폭연과 폭굉으로 구분한다.

⑦ 폭연(Deflagration) : 충격파가 미반응 매질 속으로 음속보다 느리게 이동하는 현상

⑭ 폭굉(Detonation) : 충격파가 미반응 매질 속으로 음속보다 빠르게 이동하는 현상

② 화재(Fire)와 폭발(Explosion)의 차이점 : 에너지 방출속도의 차, 즉 화재는 에너지를 느리게 방출하고 폭발은 순간적으로 마이크로초(Micro Sec) 차원으로 아주 빠르게 진행되는 것을 말한다.

(2) 분진폭발

① 분진폭발 : 고체의 미립자가 공기 중에서 착화에너지를 얻어 폭발하는 현상이다.

⑦ 화재 측면에서는 최대 $1,000\mu$m 이하의 입자 크기를 갖는 분체의 정의를 받아들이는 것이 편리하며, 분진이란 200BS mesh체를 통과한 76μm 이하의 입자로서 한정되고 있다.

⑭ 분진은 기체 중에 부유하는 미세한 고체입자를 총칭하는 것으로, 입자상 물질을 파쇄·선별·퇴적·이적·기타 기계적 처리 또는 연소·합성·분해 시 발생된다.

⑭ 가연성 고체 분진이 공기 중에서 일정 농도 이상으로 부유하다 점화원을 만나면 폭발을 일으키며, 특성은 가스 폭발과 비슷하다.

⑭ 공기 중의 산소와 반응하여 폭발하는 성질을 가지고 있는 물질을 대상으로 가능하며, 분진은 가연성의 고체를 세분화한 것으로 상당히 입자가 적다.

② 분진폭발이 대형화 하는 조건

⑦ 산소의 농도가 증가하는 경우

⑭ 밀폐된 공간이 고온·고압인 경우

⑭ 분진이 인화성 액체나 고체의 증기와 혼합된 경우

⑭ 분진 자체가 폭발성 물질인 경우

③ 분진의 폭발성에 영향을 주는 인자

⑦ 분진의 화학적 성질과 조성

⑭ 입로

　　　　　㉓ 분진의 부유성

　　　　　㉔ 수분

　　④ 분진폭발의 예방대책

　　　　　㉮ 작업장의 청소와 정비

　　　　　㉯ 건물의 위치와 구조

　　　　　㉰ 공정 및 장치

　　　　　㉱ 금속분 제조 공장의 예방

　　　　　㉲ 폭발 벤트(폭발 방산공)

　　　　　㉳ 폭발억제설비의 이용

　　　　　㉴ 불활성 물질의 이용

　　　　　㉵ 발화원의 제거

　　⑤ 분진폭발물질 : 마그네슘 분말, 알루미늄 분말, 황, 실리콘, 금속분, 석탄, 플라스틱,
담배 가루, 커피 분말, 설탕, 옥수수, 감자, 밀가루, 나뭇가루 등

　　⑥ 분진폭발을 하지 않는 물질 : 시멘트 가루, 석회분, 염소산칼륨 가루, 모래, 염화아세
틸(제4류 위험물) 등

　　⑦ 분진 상태일 때 위험성이 증가하는 이유

　　　　　㉮ 유동성의 증가

　　　　　㉯ 비열의 감소

　　　　　㉰ 정전기 발생 위험성 증가

　　　　　㉱ 표면적의 증가

　　⑧ 분진의 폭발범위 : 하한치는 25~45mg/L, 상한치는 80mg/L

　　⑨ 분진운의 화염전파속도 : 100~300m/sec

　　⑩ 분진운의 착화에너지 : 10^{-3}~10^{-2}J

(3) BLEVE(Boiling Liquid Expanding Vapor Explosion), 액화가스 탱크의 폭발(비등액체 팽창증기폭발) − 비등상태의 액화가스가 기화하여 팽창하고 폭발하는 현상

주변의 제트화재(Jet Fire) 또는 풀화재(Pool Fire)의 화염이 LPG 저장탱크를 가열할 경
우에 탱크 속의 휘발성 물질의 온도가 상승하여서 높은 증기압이 발생되며, 이로 인하여
안전밸브를 작동시킨다. 그리고 급격한 압력의 상승은 열화되기 쉬운 탱크의 기상부와
같은 가장 약한 부분으로부터 찢어져 폭발하는 BLEVE의 사고가 일어난다. 탱크 안에
있는 물질은 가열되어 있으므로 액상 성분이 폭발적으로 증발하고, 이에 불이 붙어 그림
과 같은 화구(Fire Ball)를 이루며 상승한다.

탱크 내부의 외각에 화염이 접촉되어도 어느 정도 평형을 유지하다가 탱크에 구멍이 뚫리면 기상부는 바로 대기압에 가깝게 떨어지기 때문에 과열되어 있던 액체는 갑작스런 비등을 일으키며, 원래 체적의 약 200배 이상으로 팽창되면서 외부로 분출되어 급격히 기화하여서 대량의 증기운을 만든다. 이 팽창력은 탱크파편을 멀리까지 비산시킨다. 이 현상은 액체가 비등하고, 증기가 팽창하면서 폭발을 일으키는 현상을 말한다.

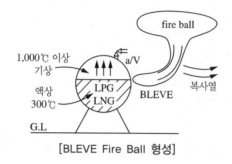

[BLEVE Fire Ball 형성]

① BLEVE에 영향을 주는 인자
  ㉮ 저장된 물질의 종류와 형태
  ㉯ 저장용기 재질
  ㉰ 주위의 온도와 압력 상태
  ㉱ 내용물의 인화성 및 독성여부
  ㉲ 내용물의 물리적 역학 상태
② BLEVE가 일어나기 위한 조건
  ㉮ 가연성가스 또는 액체가 밀폐계 내에 존재한다.
  ㉯ 화재 등의 원인으로 인하여 가연물의 비점 이상 가열되어야 한다.
  ㉰ 저장탱크의 기계적 강도 이상 압력이 형성되어야 한다.
  ㉱ 파열이나 균열 등에 의하여 내용물이 대기 중으로 방출되어야 한다.
③ BLEVE가 일어날 수 있는 곳
  ㉮ LPG 저장탱크
  ㉯ 액화가스 탱크로리
  ㉰ LNG 저장탱크

(4) 탱크의 화재 현상

① 보일오버(Boil Over) : 원추형 탱크의 지붕판이 폭발에 의해 날아가고 화재가 확대될 때 저장된 연소 중인 기름에서 발생할 수 있는 현상이다.

기름의 표면부에서 장시간 조용히 타다가 갑자기 탱크로부터 연소 중인 기름이 폭발적으로 분출되어 화재가 일시에 격화된다.

화재가 지속된 부유식 탱크나 지붕과 측판을 약하게 결합한 구조의 기름 탱크에서도 일어난다.

② 슬롭오버(Slope Over) : 원유처럼 비점이 넓은 중질유가 연소하는 경우에는 하나의 비점을 가진 유류의 연소와 달리 연소 시 액체의 증류가 발생한다.

연소 시 표면 가까이의 뜨거운 중질성분과 그 아래 차가운 경질성분이 바뀌는 약 1시간 후 거의 균등한 온도 분포를 이루게 되며, 이때 탱크 내에 존재하던 수분이나 소화를 위해 투입된 소화용수가 뜨거운 액 표면에 유입된다.

이때 유류 속의 수분과 투입된 소화용수가 급격히 증발하여 기름 거품이 되고, 더욱 팽창하여 기름 탱크 밖으로 내뿜어지는데, 이처럼 탱크 상부로부터 기름이 넘쳐흐르는 현상이 슬롭오버이다.

③ 프로스오버(Froth Over) : 보일오버 현상과 밀접한 관계를 가지고 있으며, 원유·중유 등 고점도의 기름 속에 수증기를 포함한 볼 형태의 물방울이 형성되는데, 이것은 고점도유로 싸여 있으며 이러한 액적이 생겨 탱크 밖으로 넘치는 현상이 프로스오버이다.

④ 파이어볼(Fire Ball) : 대량으로 증발된 가연성 액체가 갑자기 연소했을 때 커다란 구형의 불꽃을 발한다.

이 파이어볼의 생성 형태는 가연성 액화가스가 누출되어 지면 등으로부터 흡수된 열에 의해 급속히 기화한다.

결국 액화가스는 정상적으로 증발이 되어 확산되며, 개방공간에서 증기운(Vapor Cloud)을 형성하며, 여기에 착화해서 연소한 결과 파이어볼을 형성한다.

대형 탱크 화재의 경우 화재의 열에 의해 유중기를 순간적으로 다량 방출하여 예측하지 못한 상태에서 폭발과 동시에 파이어볼을 형성하는 때가 많다.

⑤ 블레비(BLEVE; Boiling Liquid Expanding Vapor Explosion) : 비등상태의 액화가스가 기화하여 폭발하는 현상으로, 파편이 중심에서 1,000m 이상까지 날아가며 화염 전파속도는 대략 250m/s 전후이다.

1. 플래시오버(Flash Over)
   ㉠ 화재가 구획된 방 안에서 발생하면 플래시오버가 발생한다. 그러면 수초 안에 온도가 약 5배로 높아지고 산소는 급격히 감소되며, 일산화탄소가 치사량으로 발생하고 이산화탄소는 급격히 증가한다. 이 가연성가스 농도가 증가하여 연소범위 내의 농도에 도달하면 착화하여 천장의 화염에 쌓이게 된다. 이후에는 천장 면으로부터의 복사열에 의하여 바닥 면 위의 가연물이 급격히 가열·착화하여 바닥 면 전체가 화염으로 덮이게 된다. 이를 순발연소라고 하며, 순발연소 영향인자는 다음과 같다.
      • 내장재의 재질(종류)과 두께
      • 화원 크기
      • 개구부 크기
   ㉡ 국소화재에서 실내의 가연물이 연소하는 대화재로의 전이
   ㉢ 연료지배형 화재에서 환기지배용 화재로 전이
   ㉣ 실내의 천장 쪽에 축적된 미연소 가연성 증기나 가스를 통한 화염의 급격한 전파
   ㉤ 내화 건축물의 실내 화재 온도 상황으로 보아 성장기에서 최성기로의 진입
2. 플래시백(Flash Back) 현상
   연소속도보다 가스분출속도가 작을 때
3. 백드래프트(Back Draft)
   산소가 부족하거나 훈소 상태에 있는 실내에 산소가 일시적으로 다량 공급될 때 연소가스가 순간적으로 발화하는 것

(5) 폭발의 영향 인자

① 온도 : 발화점이 낮을수록 폭발하기 쉽다.

[가연성 물질의 발화점]

물 질	발화점(℃)	물 질	발화점(℃)
메 탄	615~682	부 탄	430~510
프로판	460~520	가솔린	210~300
건조 목재	280~300	석 탄	330~450
목 탄	250~320	코크스	450~550

② 조성(폭발범위) : 폭발범위가 넓을수록 폭발의 위험이 크다. 그러나 아세틸렌, 산화에틸렌, 히드라진, 오존 등은 조성에 관계없이 조건이 형성되면 단독으로도 폭발할 수 있으며, 일반적으로 가연성가스의 폭발범위는 공기 중에서보다 산소 중에서 더 넓어진다.

[주요 가스의 공기 중 폭발범위(1atm, 상온기준)]

가 스	하한계	상한계	가 스	하한계	상한계
수 소	4.0	75.0	벤 젠	1.4	7.1
일산화탄소	12.5	74.0	톨루엔	1.4	6.7
시안화수소	6.0	41.0	메틸알코올	7.3	36.0
메 탄	5.0	15.0	에틸알코올	4.3	19.0
에 탄	3.0	12.4	아세트알데히드	4.1	57.0
프로판	2.1	9.5	에테르	1.9	48.0
부 탄	1.8	8.4	아세톤	3.0	13.0
에틸렌	2.7	36.0	산화에틸렌	3.0	80.0
프로필렌	2.4	11.0	산화프로필렌	2.0	22.0
아세틸렌	2.5	81.0	염화비닐	4.0	22.0
암모니아	15.0	28.0	이황화탄소	1.2	44.0
황화수소	4.3	45.4	–	–	–

㉮ 폭굉범위(폭굉한계) : 폭발범위 내에서도 특히 격렬한 폭굉을 생성하는 조성 범위

㉯ 르샤틀리에(Le Chatelier)의 혼합가스 폭발범위를 구하는 식

$$\frac{100}{L} = \frac{V_1}{L_1} + \frac{V_2}{L_2} + \frac{V_3}{L_3} + \cdots$$

여기서, L : 혼합가스의 폭발한계치, $L_1, L_2, L_3, \cdots$: 각 성분의 단독 폭발한계치 (vol%), $V_1, V_2, V_3, \cdots$: 각 성분의 체적(vol%)

예제

메탄 50%, 에탄 30%, 프로판 20%의 부피비로 혼합된 가스의 공기 중 폭발하한계 값은?(단, 메탄·에탄·프로판의 폭발하한계는 각각 5vol%, 3vol%, 2vol%이다)

풀이 $\dfrac{100}{L} = \dfrac{V_1}{L_1} + \dfrac{V_2}{L_2} + \dfrac{V_3}{L_3} = \dfrac{50}{5} + \dfrac{30}{3} + \dfrac{20}{2} = 30$

∴ $L = 3.3$vol%

🔘 3.3vol%

③ 압력 : 일반적으로 가스압력이 높아질수록 발화점은 낮아지고, 폭발범위는 넓어지는 경향이 있다. 따라서 가스압력이 높아질수록 폭발의 위험이 크다.

④ 용기의 크기와 형태 : 온도·조성·압력 등의 조건이 갖추어져 있어도 용기가 적으면 발화하지 않거나, 발화해도 화염이 전파되지 않고 도중에 꺼져버린다.
  ㉮ 소염(Quenching, 화염일주)현상 : 발화된 화염이 전파되지 않고 도중에 꺼져버리는 현상
  ㉯ 안전간극(MESG, 최대안전틈새, 화염일주한계, 소염거리) : 어떤 위험물질의 화염전파속도를 알아보기 위하여 표준용기(내용적 8L, 틈새 길이 25mm) 내에서 점화시켜 폭발시켰을 때 발생된 화염이 용기 밖으로 전파하여 폭발성 혼합가스에 점화되지 않는 최댓값으로서 내압방폭구조(d)에 있어서 대상 가스의 폭발 등급을 구분하는 데 사용되며, 또한 역화 방지기 설계의 중요한 기초 자료로 이용된다.

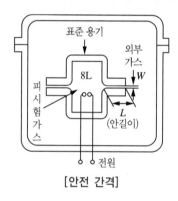

[안전 간격]

  ㉠ 안전 간극에 따른 폭발 등급 구분
    ⓐ 폭발 1등급(안전간극 : 0.6mm 초과)
      예 LPG, 일산화탄소, 아세톤, 벤젠, 에틸에테르, 암모니아 등
    ⓑ 폭발 2등급(안전간극 : 0.4mm 초과 0.6mm 이하)
      예 에틸렌, 석탄가스 등
    ⓒ 폭발 3등급(안전간극 : 0.4mm 이하)
      예 아세틸렌, 수소, 이황화탄소, 수성가스($CO + H_2$) 등
  ㉡ 결론 : 안전간극이 적은 물질일수록 폭발하기 쉽다.

(6) 연소파(Combustion Wave)와 폭굉파(Detonation Wave)

① 연소파 : 가연성가스와 공기를 혼합할 때 그 농도가 연소범위에 이르면 확산의 과정은 생략하고 전파속도가 매우 빠르게 되어 그 진행속도가 대체로 0.1~10m/sec 정도로 연소가 진행하게 되는데, 이 영역을 연소파라 한다.

② 폭굉파 : 가연성가스와 공기의 혼합가스가 밀폐계 내에서 연소하여 폭발하는 경우 그때 발생한 연소열로 인해 폭발적으로 연소속도가 증가하여 그 속도가 1,000~3,500m/sec에 도달하면서 급격한 폭발을 일으키는데, 이 영역을 폭굉파라 한다.

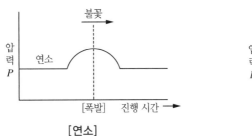

[연소]

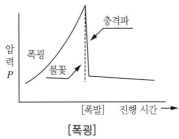

[폭굉]

(7) 폭굉유도거리(DID; Detonation Induction Distance)

관 중에 폭굉성 가스가 존재할 경우 최초의 완만한 연소가 격렬한 폭굉으로 발전할 때까지의 거리이다. 일반적으로 짧아지는 경우는 다음과 같다.
① 정상연소속도가 큰 혼합가스일수록
② 관 속에 방해물이 있거나 관 지름이 가늘수록
③ 압력이 높을수록
④ 점화원의 에너지가 강할수록

(8) 전기방폭구조의 종류

① 내압방폭구조(d) : 용기 내부에 폭발성가스의 폭발이 일어나는 경우에 용기가 폭발압력에 견디고, 또한 접합면 개구부를 통하여 외부의 폭발성 분위기에 착화되지 않도록 한 구조
② 유입방폭구조(o) : 전기 불꽃을 발생하는 부분을 기름 속에 잠기게 함으로써 기름 면 위 또는 용기 외부에 존재하는 폭발성 분위기에 착화할 우려가 없도록 한 구조
③ 압력방폭구조(p) : 점화원이 될 우려가 있는 부분을 용기 안에 넣고 신선한 공기나 불활성기체를 용기 안으로 넣어 폭발성가스가 침입하는 것을 방지하는 구조
④ 안전증방폭구조(e) : 전기기기의 과도한 온도상승, 아크 또는 스파크 발생의 위험을 방지하기 위해 추가적인 안전조치를 통한 안전도를 증가시킨 구조
⑤ 본질안전 방폭구조(ia, ib) : 정상설계 및 단선, 단락, 지락 등 이상 상태에서 전기 회로에 발생한 전기 불꽃이 규정된 시험조건에서 소정의 시험 가스에 점화하지 않고, 또한 고온에 의한 폭발성 분위기에 점화할 염려가 없게 한 구조

⑥ 특수방폭구조(s) : 모래를 삽입한 사입방폭구조와 밀폐방폭구조가 있으며, 폭발성가 스의 인화를 방지할 수 있는 특수한 구조로써 폭발성가스의 인화를 방지할 수 있는 것이 시험에 의하여 확인된 구조

(9) 위험 장소

가연성가스가 폭발할 위험이 있는 농도에 도달할 우려가 있는 장소를 말한다.

① 0종 장소 : 상용상태에서 가연성가스의 농도가 연속해서 폭발하는 한계 이상으로 되 는 장소

② 1종 장소 : 상용상태에서 또는 정비보수, 누출 등으로 인해 종종 가연성가스가 체류 하여 위험하게 될 우려가 있는 장소

③ 2종 장소

 ㉮ 밀폐된 용기 또는 설비 내에 밀봉된 가연성가스가 그 용기 또는 설비의 사고로 인 해 파손되거나 오조작의 경우에만 누출할 우려가 있는 장소

 ㉯ 확실한 기계적 환기조치에 의하여 가연성가스가 체류하지 않도록 되어 있으나 환 기장치에 이상이나 사고가 발생한 경우에는 가연성가스가 체류하여 위험하게 될 우려가 있는 장소

 ㉰ 1종 장소의 주변 또는 인접한 실내에서 위험한 농도의 가연성가스가 종종 침입할 우려가 있는 장소

01 메탄 2L를 완전연소하는 데 필요한 공기 요구량은 약 몇 L인가?(단, 표준상태를 기준으로 하고 공기 중의 산소는 21v%이다)

① 2.42
② 9.51
③ 15.32
④ 19.04

해설

$$CH_4 + 2O_2 \rightarrow CO_2 + 2H_2O$$
$$\begin{matrix} 1L \\ 2L \end{matrix} \diagdown \begin{matrix} 2L \\ x\,L \end{matrix}$$

$$x = \frac{2 \times 2}{1} = 4L \qquad \therefore\ 4L \times \frac{100}{21} = 19.04L$$

02 2몰의 메탄을 완전히 연소시키는 데 필요한 산소의 몰수는?

① 1몰
② 2몰
③ 3몰
④ 4몰

해설

$$2CH_4 + 4O_2 \rightarrow 2CO_2 + 4H_2O$$

03 에틸알코올 23g을 완전연소하기 위해 표준상태에서 필요한 공기량(L)은?

① 33.6
② 67.2
③ 106
④ 320

해설

$$C_2H_5OH + 2O_2 \rightarrow 2CO_2 + 3H_2O$$
$$\begin{matrix} 46g \\ 23g \end{matrix} \diagdown \begin{matrix} 2 \times 22.4L \\ x\,L \end{matrix}$$

$$x = \frac{23 \times 2 \times 22.4}{46} = \frac{1030.4}{46} = 22.4L \qquad \therefore\ 22.4 \times \frac{100}{21} = 106L$$

정답 01. ④ 02. ④ 03. ③

04 프로판가스 3L를 완전연소시키려면 공기가 약 몇 L가 필요한가?(단, 공기 중 산소는 20%이다)

① 15

② 25

③ 50

④ 75

> **해설**

$C_3H_8 + 5O_2 \rightarrow 3CO_2 + 4H_2O$

3L의 프로판을 완전 연소시키기 위해 산소 15L가 필요하다. 즉, 산소 15L는 공기로 환산을 하면 15×5 = 75L이다.

05 위험물연소의 특징으로 옳은 것은?

① 연소속도가 대단히 빠르다.

② 마찰, 충격은 위험물의 점화원이 되지 않는다.

③ 점화에너지를 많이 필요로 한다.

④ 폭발한계가 매우 좁다.

> **해설**

■ **연소(Combustion)**

발열·산화반응으로 발열반응에 의해 온도가 높아지고 점차 높아진 온도에 의해서 분자의 운동이 증가하여서 에너지가 증가되면 그에 따라 열복사선이 방출되는 현상이다.

06 다음 물질이 연소의 3요소 중 하나의 역할을 한다고 했을 때 그 역할이 나머지 셋과 다른 하나는?

① 삼산화크롬

② 적린

③ 황린

④ 이황화탄소

> **해설**

①은 지연물(조연물)이고, ②, ③, ④는 가연물이다.

07 다음 중 연소되기 어려운 물질은?

① 산소와 접촉 표면적이 넓은 물질

② 발열량이 큰 물질

③ 열전도율이 큰 물질

④ 건조한 물질

연소는 열전도율이 작을수록 잘 된다.

08 다음 중 지연성(조연성)가스는?

① 이산화탄소　　　　　　　　　② 아세트알데히드
③ 이산화질소　　　　　　　　　④ 산화프로필렌

해설

① 이산화탄소 : 불연성가스
② 아세트알데히드 : 인화성 액체
④ 산화프로필렌 : 인화성 액체

09 위험물 취급 시 정전기가 발생시킬 수 있는 일반적인 재해는?

① 감전사고
② 강한 화학반응
③ 가열로 인한 화재
④ 점화원으로 불꽃방전을 일으켜 화재

해설

점화원으로 불꽃방전을 일으켜 화재가 발생하였다면 정전기가 발생시킬 수 있는 일반적인 재해이다.

10 기체의 연소형태에 해당하는 것은?

① 표면연소　　　　　　　　　　② 증발연소
③ 분해연소　　　　　　　　　　④ 확산연소

해설

(1) 기체연소(발염연소, 확산연소) : 산소, 아세틸렌 등
(2) 액체연소(증발연소) : 에테르, 가솔린, 석유, 알코올 등
(3) 고체연소
　　㉠ 표면연소(직접연소) : 목탄, 코크스, 금속분 등
　　㉡ 분해연소 : 목재, 석탄, 종이, 플라스틱 등
　　㉢ 증발연소 : 황, 나프탈렌, 장뇌, 촛불 등
　　㉣ 내부(자기)연소 : 질산에스테르류, 셀룰로이드류, 니트로화합물, 히드라진유도체, 제5류 위험물 등

정답　08. ③　09. ④　10. ④

11 그림과 같은 예혼합화염 구조의 개략도에서 중간 생성물의 농도곡선은?

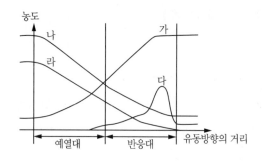

① 가   ② 나
③ 다   ④ 라

해설

■ **예혼합연소(Premixing Burning)**
연료의 공기를 미리 가연농도의 균일한 조성으로 혼합하여 버너로 분출시켜 연소하는 방법으로, 연소실 부하율을 높게 얻을 수 있으므로 연소실의 체적이나 길이가 작아도 되는 이점이 있다. 반면, 버너에서 상류의 혼합기로 역류를 일으킬 위험성이 크고 화염면(Flame Front)이 자력으로 전파되어가는 것이 특색이다. 예 분젠 버너, 산소용접기, 가솔린 엔진

12 제4류 위험물 중 점도가 높고 비휘발성인 제3석유류 또는 제4석유류의 주된 연소형태는?

① 증발연소   ② 표면연소
③ 분해연소   ④ 불꽃연소

해설

■ **분해연소**
중유(제3석유류), 윤활유(제4석유류)

13 연소에 관한 설명으로 틀린 것은?

① 위험도는 연소범위를 폭발상한계로 나눈 값으로 값이 클수록 위험하다.
② 인화점 미만에서는 점화원을 가해도 연소가 진행되지 않는다.
③ 발화점은 같은 물질이라도 조건에 따라 변동되며 절대적인 값이 아니다.
④ 연소점은 연소 상태가 일정 시간 이상 유지될 수 있는 온도이다.

해설

$$위험도(H) = \frac{연소범위}{폭발하한계} = \frac{폭발상한계 - 폭발하한계}{폭발하한계}$$

14 아세트알데히드의 위험도에 가장 가까운 값은 얼마인가?

① 약 7   ② 약 13

③ 약 23   ④ 약 30

> **해설**
>
> 위험도(H) $= \dfrac{U-L}{L}$ 이므로, 아세트알데히드는 폭발범위가 4.1~55%이다.
>
> 즉, $H = \dfrac{55 - 4.1}{4.1} = 12.4$이다($U$: 폭발상한계, L : 폭발하한계).

15 자연발화를 일으키기 쉬운 조건으로 옳지 않은 것은?

① 표면적이 넓을 것   ② 발열량이 클 것

③ 주위의 온도가 높을 것   ④ 열전도율이 클 것

> **해설**
>
> ④ 열전도율이 작을 것

16 다음 중 자연발화의 형태가 아닌 것은?

① 환원열에 의한 발열   ② 분해열에 의한 발열

③ 산화열에 의한 발열   ④ 흡착열에 의한 발열

> **해설**
>
> 자연발화의 형태로는 ②, ③, ④ 외에 미생물에 의한 발화, 중합열에 의한 발화가 있다.

17 산화열에 의한 발열로 인하여 자연발화가 가능한 물질은?

① 셀룰로이드   ② 건성유

③ 활성탄   ④ 퇴비

> **해설**
>
> ① 셀룰로이드 : 분해열
>
> ② 활성탄 : 흡착열
>
> ③ 퇴비 : 미생물에 의한 발화

정답   14. ②   15. ④   16. ①   17. ②

18 다음 중 자연발화의 인자가 아닌 것은?

① 발열량   ② 수분
③ 열의 축적   ④ 증발잠열

> **해설**
>
> ■ **자연발화에 영향을 주는 인자**
> 열의 축적, 열전도율, 퇴적방법, 공기의 유동 상태, 발열량, 수분(건조 상태), 촉매물질 등

19 위험물의 자연발화를 방지하기 위한 방법으로 틀린 것은?

① 통풍이 잘 되게 한다.
② 습도를 높게 한다.
③ 저장실의 온도를 낮춘다.
④ 열이 축적되지 않도록 한다.

> **해설**
>
> ② 습도가 높은 것을 피한다.

20 다음 물질이 서로 혼합하고 있어도 폭발 또는 발화의 위험성이 없는 것은?

① 금속칼륨과 경유
② 질산나트륨과 유황
③ 과망간산칼륨과 적린
④ 이황화탄소와 과산화나트륨

> **해설**
>
> 금속칼륨과 경유는 서로 혼합하고 있어도 폭발 또는 발화의 위험이 없다.

21 다음 중 서로 혼합하였을 경유 위험성이 가장 낮은 것은?

① 알루미늄분과 황화인   ② 과산화나트륨과 마그네슘분
③ 염소산나트륨과 황   ④ 니트로셀룰로오스와 에탄올

> **해설**
>
> 니트로셀룰로오스와 물(20%), 에탄올(30%)은 혼합하였을 경우 위험성이 감소한다.

22 다음의 ( ) 안에 알맞은 용어는?

화학섬유제품의 작업복에서는 작업 중 섬유의 마찰에 의한 (㉠)가(이) 대전되기 쉽고, 이 불꽃 (㉡)에 의한 화학류 발화성 약품 등의 폭발, 발화의 위험성이 있다.

① ㉠ 고속회전기, ㉡ 굴절
② ㉠ 압축기, ㉡ 간섭
③ ㉠ 정전기, ㉡ 방전
④ ㉠ 자기장, ㉡ 회절

해설

화학섬유제품의 작업복은 정전기 및 불꽃의 방전에 의한 폭발, 발화의 위험성이 있다.

23 정전기와 관련해서 유체 또는 고체에 의해 한 표면에서 다른 표면으로 전자가 전달될 때 발생하는 전기의 흐름을 무엇이라고 하는가?

① 유도전류
② 전도전류
③ 유동전류
④ 변위전류

해설

① 유도전류 : 전자기유도법칙에 따른 유도기전력에 의해 회로에 흐르는 전류
② 전도전류 : 전자나 이온과 같은 하전입자들이 전계에 의해서 쿨롱력을 받음으로써 가속되어 음전하는 전계의 반대방향, 양전하는 전계방향으로 유동하는 현상으로, 전도전류는 주로 도체나 반도체에서 형성된다.
③ 유동전류 : 유체 또는 고체에 의해 한 표면에서 다른 표면으로 전자가 전달될 때 발생하는 전기의 흐름
④ 변위전류 : 원자의 변위에 의해서 생기는 전류

24 기체방전의 한 형태로 불꽃이 일어나기 전에 국부적인 절연이 파괴되어 방전하는 미약한 방전현상을 무엇이라 하는가?

① 코로나방전
② 스트리머방전
③ 불꽃방전
④ 아크방전

■ 방전(Spark)의 종류

㉠ 코로나방전 : 기체방전의 한 형태로, 불꽃이 일어나기 전에 국부적인 절연이 파괴되어 방전하는 미약한 방전현상이다.

㉡ 스트리머방전 : 대전이 큰 부도체와 비교적 곡률반경이 큰 선단을 가진 도체와의 사이에서 발생하는 수지상의 발광과 펄스상의 파괴음을 수반하는 방전이다.

㉢ 불꽃방전 : 도체가 대전되었을 때에 접지된 도체와의 사이에서 발생하는 강한 발광과 파괴음을 수반하는 방전이다.

㉣ 연면방전 : 대전이 큰 엷은 층상의 부도체를 박리할 때 또는 엷은 층상의 대전된 부도체의 뒷면에 밀접한 접지체가 있을 때 표면에 연한 복수의 수지상의 발광을 수반하여 발생하는 방전이다.

㉤ 뇌상방전 : 공기 중의 뇌상으로 부유하는 대전입자와 규모가 커졌을 때에 대전운에서 번개형의 방광을 수반하여 발생하는 방전이다.

25 공기액화 분리장치의 폭발원인이 아닌 것은?

① 질소화합물(NO, NO₂)의 혼입
② 공기 중의 질소의 과다 혼입
③ 액체공기 중의 오존의 혼입
④ 공기흡입구로부터 아세틸렌의 혼입

② 압축기용 윤활유 분해에 따른 탄화수소 생성

26 연소생성물이며, 혈액 속에서 헤모글로빈(Hamoglobin)과 결합하여 산소부족을 야기하는 것은?

① HCl
② CO
③ NH₃
④ HCl

■ 일산화탄소(CO)

화재 시 인명피해를 주는 유독가스로, 흡입된 CO의 화학적 작용에 의해 헤모글로빈(Hb)에 의한 혈액의 산소운반작용을 저해하여 사람을 의식불명, 질식, 사망하게 한다. 화재 시 CO의 농도는 보통 3~5% 전후이다.

CO의 농도	인체에 미치는 영향
0.2%	1시간 호흡 시 생명에 위험
0.4%	1시간 내 사망
1%	2~3분 내 실신

25. ② 26. ②

27 PVC 제품 등의 연소 시 발생하는 부식성이 강한 가스로, 다음 중 노출기준(ppm)이 가장 낮은 것은?

① 암모니아
② 일산화탄소
③ 염화수소
④ 황화수소

> **해설**
>
> ■ **노출기준(ppm, 1ppm=100만 분의 1)**
> ㉠ 암모니아 : 25ppm
> ㉡ 일산화탄소 : 50ppm
> ㉢ 염화수소 : 5ppm
> ㉣ 황화수소 : 10ppm

28 메탄 50%, 에탄 30%, 프로판 20%의 부피비로 혼합된 가스의 공기 중 폭발하한계 값은?(단, 메탄·에탄·프로판의 폭발하한계는 각각 5vol%, 3vol%, 2vol%이다)

① 1.1vol%
② 3.3vol%
③ 5.5vol%
④ 7.7vol%

> **해설**
>
> $$\frac{100}{L} = \frac{V_1}{L_1} + \frac{V_2}{L_2} + \frac{V_3}{L_3} = \frac{50}{5} + \frac{30}{3} + \frac{20}{2} = 30$$
> $$\therefore \ L = 3.3\text{vol\%}$$

29 전기기기의 과도한 온도상승, 아크 또는 스파크 발생의 위험을 방지하기 위해 추가적인 안전조치를 통한 안전도를 증가시킨 방폭구조는?

① 안전증방폭구조
② 특수방폭구조
③ 유입방폭구조
④ 본질안전방폭구조

> **해설**
>
> ■ **전기방폭구조의 종류**
> ㉠ 내압방폭구조 : 용기 내부에 폭발성가스의 폭발이 일어나는 경우에 용기가 폭발압력에 견디고, 또한 접합면 개구부를 통하여 외부의 폭발성 분위기에 착화되지 않도록 한 구조
> ㉡ 유입방폭구조 : 전기 불꽃을 발생하는 부분을 기름 속에 잠기게 함으로써 기름 면 위 또는 용기 외부에 존재하는 폭발성 분위기에 착화할 우려가 없도록 한 구조
> ㉢ 압력방폭구조 : 점화원이 될 우려가 있는 부분을 용기 안에 넣고 신선한 공기나 불활성 기체를 용기 안으로 폭발성가스가 침입하는 것을 방지하는 구조

ⓔ 안전증방폭구조 : 전기기기의 과도한 온도 상승, 아크 또는 스파크 발생의 위험을 방지하기 위해 추가
적인 안전조치를 통한 안전도를 증가시킨 구조

ⓜ 본질안전방폭구조 : 정상설계 및 단선, 단락, 지락 등 이상 상태에서 전기회로에 발생한 전기불꽃이
규정된 시험조건에서 소정의 시험가스에 점화하지 않고 또한 고온에 의해 폭발성 분위기에 점화할 염
려가 없게 한 구조

ⓗ 특수방폭구조 : 모래를 삽입한 사입방폭구조와 밀폐방폭구조가 있으며, 폭발성가스의 인화를 방지할
수 있는 특수한 구조로서 폭발성가스의 인화를 방지할 수 있는 것이 시험에 의하여 확인된 구조

30 상용의 상태에서 위험분위기가 존재할 우려가 있는 장소로서 주기적 또는 간헐적으로 위험분위기가 존재하는 곳은?

① 0종 장소
② 1종 장소
③ 2종 장소
④ 3종 장소

해설

■ 위험장소의 등급 분류

㉠ 0종 장소 : 상용의 상태에서 가연성가스의 농도가 연속해서 폭발하는 한계 이상인 장소

㉡ 1종 장소 : 상용 상태에서 가연성가스가 체류하여 위험하게 될 우려가 있는 장소, 정비보수 또는 누출
등으로 인해 종종 가연성가스가 체류하여 위험하게 될 우려가 있는 장소

㉢ 2종 장소
• 밀폐된 용기 또는 설비 내에 밀봉된 가연성가스가 그 용기 또는 설비의 사고로 인해 파손되거나 오조
작의 경우에만 누출할 위험이 있는 장소
• 확실한 기계적 환기조치에 의하여 가연성가스가 체류하여 위험하게 될 우려가 있는 장소
• 1종 장소의 주변 또는 인접한 실내에서 위험한 농도의 가연성가스가 종종 침입할 우려가 있는 장소

Chapter 02 위험물의 화재 및 소화방법

01 화재이론

(1) 화재(Fire)의 정의

인명 및 재산상에 피해를 주기 때문에 소화할 필요성이 있는 연소현상, 즉 가연성 물질이 사람의 의도에 반하여 연소함으로써 손실을 발생시키는 것을 말한다.

① 실화 또는 방화 등으로 사람의 의도에 반하여 발생 혹은 확대되는 연소현상

② 사회 공익을 해치거나 인명 및 경제적인 손실을 가져오기 쉬우므로 이를 방지하기 위하여 소화할 필요성이 있는 연소현상

③ 소화시설 또는 이와 같은 정도의 효과가 있는 것을 사용할 필요가 있는 연소현상

(2) 화재의 종류

화재의 크기, 대상물의 종류, 원인, 발생시기, 가연물질의 종류 등 각각의 주관적인 판단에 따라 구분할 수 있다. 일반적인 분류로서 연소의 3요소 중 하나인 가연물질의 종류에 따라 A, B, C, D급 화재로 분류한다.

[화재의 구분]

화재별 급수	가연물질의 종류
A급 화재	종이, 목재, 섬유류 등
B급 화재	유류(가연성 액체 포함)
C급 화재	전 기
D급 화재	금 속

① A급 화재(일반화재, 백색) : 다량의 물 또는 수용액으로 화재를 소화할 때 냉각 효과가 가장 큰 소화 역할을 할 수 있는 것으로, 연소 후 재를 남기는 화재
예 종이, 목재, 섬유류 등 화재

② B급 화재(유류화재, 황색) : 유류와 같이 연소 후 아무 것도 남기지 않는 화재
예 위험물안전관리법상 제4류 위험물과 특수 가연물의 화재 등

③ C급 화재(전기화재, 청색) : 전기에 의한 발열체가 발화원이 되는 화재

 예 전기 합선, 과전류, 지락, 누전, 정전기 불꽃, 전기 불꽃 등에 의한 화재

④ D급 화재(금속화재) : 가연성 금속류의 화재

 예 위험물안전관리법상 제2류 위험물 중 금속분과 제3류 위험물

(3) 열의 이동원리

① 전도 : 물질의 이동 없이 열이 물체의 고온부에서 저온부로 이동하는 것

② 대류 : 유체의 실질적인 흐름에 의해 열이 전달되는 것

 예 해풍과 육풍이 일어나는 원리

③ 복사 : 물체의 온도 때문에 에너지를 파장의 형태로 계속적으로 방사하는 에너지

 예 그늘이 시원한 이유, 더러운 눈이 빨리 녹는 현상, 보온병 내부를 거울 벽으로 만드는 것

예제

물체의 표면온도가 200℃에서 500℃로 상승하면 열복사량은 약 몇 배 증가하는가?

풀이 슈테판-볼츠만의 법칙(Stefan-Boltzman's Law)

$$\frac{Q_2}{Q_1} = \frac{(273+t_2)^4}{(273+t_1)^4}, \quad \frac{Q_2}{Q_1} = \frac{(273+500)^4}{(273+200)^4} = 7.1\text{배}$$

답 7.1배

---

02   소화이론

1 소화의 원리 및 방법

(1) 소화방법

① 물리적 소화방법

 ㉮ 화재를 물 등의 소화약제로 냉각시키는 방법

 ㉯ 혼합기의 조성변화에 의한 방법

 ㉰ 유전화재를 강풍으로 불어 소화하는 방법

 ㉱ 기타의 작용에 의한 소화방법

② 화학적 소화방법 : 첨가 물질의 연소억제작용에 의한 방법

(2) 소화원리

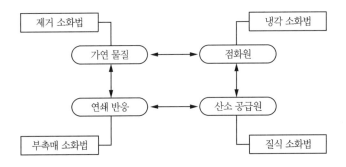

(3) 소화방법의 종류

① 제거소화 : 연소의 3요소나 4요소를 구성하는 가연물을 연소구역에서 제거함으로써 화재의 확산을 저지하는 소화방법, 즉 화재로부터 연소물(가연물)을 제거하는 방법으로 가장 확실한 방법이 될 수도 있고, 가장 원시적인 소화방법이다.

㉮ 액체연료탱크에서 화재가 발생한 경우 다른 빈 연료탱크로 펌프 등을 이용하여 연료를 이송하는 방법

㉯ 배관이나 부품 등이 파손되어 발생한 가스화재의 경우 가스가 분출하지 않도록 가스 공급밸브를 차단하는 방법

㉰ 산림화재 시 불이 진행하는 방향을 앞질러 벌목하여 진화하는 방법

㉱ 인화성 액체 저장탱크에 있어서 저장온도가 인화점보다 낮거나 빈 탱크로 이송할 수 없는 경우 차가운 아랫부분의 액체를 뜨거운 윗부분의 액체와 교체될 수 있도록 교반함으로써 증기의 발생을 억제시키는 방법

㉲ 목재 물질의 표면을 방염성이 있는 메타인산 등으로 코팅하는 방법

② 질식소화 : 가연물이 연소할 때 공기 중의 산소농도를 떨어뜨려 연소에 필요한 산소의 양을 16% 이하로 낮춤으로써 연소를 중단시키는 소화방법(산소농도는 10~15% 이하)이다.

㉮ 무거운 불연성 기체로 가연물을 덮는 방법 예 CO_2, 할로겐화합물 등

㉯ 불연성 거품(Foam)으로 연소물을 덮는 방법 예 화학포, 기계포 등

㉰ 고체로 가연물을 덮는 방법 예 건조사, 가마니, 분말 등

㉱ 연소실을 완전 밀폐하고, 소화하는 방법 예 CO_2, 할로겐화합물 등의 고정포소화설비 등

③ 냉각소화 : 연소 3요소나 4요소를 구성하고 있는 활성화에너지(점화원)를 물 등을 사용하여 냉각시킴으로써 가연물을 발화점 이하의 온도로 낮추어 연소의 진행을 막는 소화방법이다.

㉮ 액체를 이용하는 방법 예 물이나 그 밖의 액체의 증발잠열을 이용하여 소화하는 방법

㉯ 고체를 이용하는 방법 예 튀김냄비 등의 기름에 인화되었을 때 싱싱한 야채 등을 넣어 기름의 온도를 내림으로써 냉각하는 방법

④ 희석소화법 : 가연성가스의 산소농도, 가연물의 조성을 연소한계점 이하로 소화하는 방법이다.

㉮ 공기 중의 산소농도를 CO_2 가스로 희석하는 방법

㉯ 수용성의 가연성액체를 물로 묽게 희석하는 방법(다량의 물을 방사하여 가연물질의 농도를 연소농도 이하가 되도록 하여 소화시키는 것)

⑤ 부촉매소화(억제소화, 화학소화) : 불꽃연소의 4요소 중 하나인 가연물의 순조로운 연쇄 반응이 진행되지 않도록 연소반응의 억제제인 부촉매 소화약제(할로겐계 소화약제)를 이용하여 소화하는 방법이다.

TIP **할로겐화합물의 부촉매효과의 크기**
I(옥소, 요오드) > Br(브롬, 취소) > Cl(염소) > F(불소)

---

2 소화기

(1) 소화기의 정의

소화약제인 물이나 가스, 분말 및 그 밖의 소화약제를 일정한 용기에 압력과 함께 저장하였다가 화재 시에 방출시켜 소화하는 초기 소화용구를 말한다.

(2) 소화기의 분류

① 작동방식에 따른 분류

㉮ 수동식 소화기 : 사람이 직접 조작하여 용기 내의 소화약제를 방출하는 소화기(간이 소화 용구도 포함)

㉯ 자동식 소화기 : 화재발생 또는 가연성가스의 누출을 자동으로 감지 또는 경보하고 소화약제를 방출하여 소화할 수 있는 소화기

② 가압(방출)방식에 따른 분류

㉮ 가압식 소화기 : 소화약제의 방출원이 되는 압축가스를 별도의 전용용기(압력봄베)에 저장하였다가 사용할 때 압력용기에 부착되어 있는 봉판을 파괴시켜 봄베의 가스압력으로 소화약제를 방출하는 방식의 소화기

㉯ 축압식 소화기 : 소화약제와 함께 방출원이 되는 압축가스(질소·이산화탄소 등)를 본체에 봉입하는 방식으로, 별도의 전용 압력용기가 필요 없는 소화기

③ 소화약제의 종류에 따른 분류

㉮ 포말(포)소화기

㉠ 화학포소화기

㉡ 기계포소화기

㉯ 분말소화기(Dry Chemical Extinguisher)

㉠ 중탄산나트륨분말소화기

㉡ 중탄산칼륨분말소화기

㉢ 인산암모늄분말소화기

㉰ 탄산가스(CO_2)소화기

㉱ 할로겐화물소화기

㉲ 강화액소화기

㉳ 간이소화용구

④ 소화약제의 저장량에 따른 구분

㉮ 대형소화기 : 소화기 용기 본체에 충전하는 규정된 소화약제량이 규정된 양 이상인 소화기

㉯ 소형소화기 : 소화기 용기 본체에 충전하는 규정된 소화약제량이 규정된 양 미만인 소화기

(3) 소화기의 성상

① 포말소화기(포소화기)

㉮ 화학포소화기

㉠ 정의 : A제(중조, 중탄산나트륨, $NaHCO_3$)와 B제[황산알루미늄, $Al_2(SO_4)_3$]의 화학반응에 의해 생성된 포(CO_2)에 의해 소화하는 소화기

㉡ 화학반응식

$$6NaHCO_3 + Al_2(SO_4)_3 + 18H_2O \longrightarrow 3Na_2SO_4 + 2Al(OH)_3 + 6CO_2 \uparrow + 18H_2O$$
$$\text{(질식)} \quad \text{(냉각)}$$

   ⓐ A제(외통제) : 중조(NaHCO₃)

   ⓑ B제(내통제) : 황산알루미늄[Al₂(SO₄)₃]

   ⓒ 기포안정제 : 가수분해단백질, 젤라틴, 카세인, 사포닌, 계면활성제 등

  ⓒ 용도 : A, B급 화재

  ⓒ 종류 : 보통전도식, 내통밀폐식, 내통밀봉식

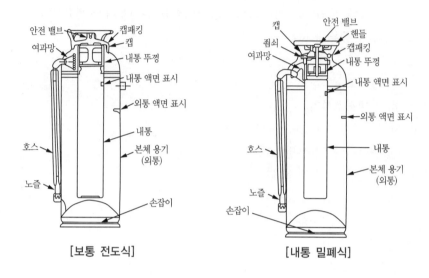

       [보통 전도식]   [내통 밀폐식]

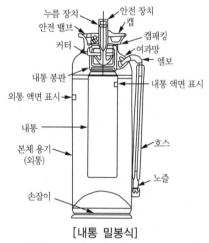

            [내통 밀봉식]

 ㉯ 기계포(Air Foam)소화기

  ㉠ 정의 : 소화원액과 물을 일정량 혼합한 후 발포장치에 의해 거품을 내어 방출
하는 소화기

   ⓐ 소화원액 : 가수분해단백질, 계면활성제, 일정량의 물

   ⓑ 포핵(거품 속의 가스) : 공기

ⓛ 발포배율(팽창비) $= \dfrac{\text{내용적 (용량)}}{\text{전체 중량} - \text{빈 시료 용기의 중량}}$

> **예제**
>
> 내용적 2,000mL인 비커에 포를 가득 채웠더니 중량이 850g이었고, 비커용기의 중량은 450g이었다. 이때 비커 속에 들어 있는 포의 팽창비는?(단, 포수용액의 밀도는 1.15이다)
>
> **풀이** 팽창비 $= \dfrac{\text{내용적 (중량)}}{(\text{전체 중량} - \text{빈 시료 용기의 중량})} = \dfrac{(2{,}000 \times 1.15)}{(850 - 450)} = 5.75$
>
> 📖 5.75

ⓒ 포소화약제의 종류

  ⓐ 저팽창 포소화약제 : 팽창비 20 이하 예 단백 포, 불화 단백 포, 수성막 포 소화약제

  ⓑ 고팽창 포소화약제 : 팽창비 80 이상, 1,000 미만 예 합성계면활성제 포소화약제

  ⓒ 특수 포소화약제 : 알코올 같은 수용성 화재에 사용하는 소화약제 예 내알코올형 소화약제

 ⓓ 용도 : 일반 가연물의 화재, 유류화재 등

> **TIP** **기계포(공기포)소화약제의 종류**
>
> 1. 단백포소화약제(Protein Foam)
>   ㉠ 동·식물성 단백질을 가수분해한 것을 주원료로 하는 소화약제이다.
>   ㉡ 조정 공정 : 단백포소화약제의 제조공정 등 마지막 단계로서, 소화용 이외의 이·화학적 성능을 향상시키기 위해서 방부제, 부동제 등을 첨가한다.
>   • 방부제 : 트리클로로페놀, 펜타클로로페놀 등
>   • 부동제 : 에틸렌글리콜[$C_2H_4(OH)_2$], 프로필렌글라이콜[$C_3H_6(OH)_2$] 등
> 2. 불화단백포소화약제(Fluoroprotein Foam)
>   단백포소화약제의 소화성능을 향상시키기 위하여 불소계통의 계면활성제를 소량 첨가한 약제이다.
> 3. 수성막포소화약제(Aqueous Film Forming Foam)
>   ㉠ 일명 Light Water라고 하며, 분말소화약제와 함께 사용하여도 소포현상이 일어나지 않고 트윈 에이전트 시스템에 사용되어 소화효과를 높일 수 있는 포소화약제
>   ㉡ 수용성 알코올 화재 시 사용하면 소화효과가 떨어지는 이유는 알코올은 소포성을 갖기 때문이다.

4. 합성계면활성제 포소화약제(Synthetic Surface Active Foam)
   고급 알코올 황산에스테르염을 주성분으로 한 냄새가 없는 황색의 액체로써, 밀폐 또는 준밀폐 구조물의 화재 시 고팽창포로 사용하여 화재를 진압할 수 있는 포
5. 알코올형(내알코올) 포소화약제(Alcohol Resistant Foam)
   단백질의 가수분해물이나 합성계면활성제 중에 지방산 금속염이나 타 계통의 합성계면활성제 또는 고분자 및 생성물 등을 첨가한 약제로, 수용성 용제의 소화에 사용한다.

  ⓓ 포(Foam)의 성질로서 구비하여야 할 조건
    ㉠ 화재면과 부착성이 있을 것
    ㉡ 열에 대한 센막을 가지며, 유동성이 있을 것
    ㉢ 바람 등에 견디고 응집성과 안정성이 있을 것
② 분말소화기
  ㉮ 정의 : 소화약제로 고체의 미세한 분말을 이용하는 소화기로서, 분말은 자체압이 없기 때문에 가압원(N_2, CO_2 가스 등)이 필요하며, 소화분말의 방습표면처리제로 금속비누(스테아린산 아연, 스테아린산 알루미늄 등)를 사용한다.
  ㉯ 종류
    ㉠ 1종 분말(Dry Chemicals) – 탄산수소나트륨($NaHCO_3$)
    ㉡ 특수 가공한 중조의 분말을 넣어서 방사용으로 축압한 질소, 탄산가스 등의 불연성가스를 봉입한 봄베를 개봉하여 약제를 방사한다. 흰색 분말이며, B·C급 화재에 좋다. 특히 요리용 기름의 화재(식당·주방화재) 시 비누화 반응을 일으켜 질식효과와 재발화 방지효과를 나타낸다.

      ⓐ 270℃에서 반응 : $2NaHCO_3 \xrightarrow{\triangle} Na_2CO_3 + CO_2 + H_2O - 19.9kcal$(흡열반응)

      (질식) (냉각)

      ⓑ 850℃에서 반응 : $2NaHCO_3 \rightarrow Na_2O + 2CO_2 + H_2O - Q(kcal)$

    ㉡ 2종분말 – 탄산수소칼륨($KHCO_3$) : 1종 분말보다 2배의 소화효과가 있다. 보라색(담회색) 분말이며, B·C급 화재에 좋다.
      ⓐ 190℃에서 반응

      $2KHCO_3 \xrightarrow{\triangle} K_2CO_3 + CO_2 + H_2O$

      질식 냉각

      ⓑ 590℃에서 반응

      $2KHCO_3 \xrightarrow{\triangle} K_2O + 2CO_2 + H_2O - Q(kcal)$

ⓒ 3종 분말-인산암모늄($NH_4H_2PO_4$) : 광범위하게 사용하며, 담홍색(핑크색) 분말로 A·B·C급 화재에 좋다.

ⓐ 166℃에서 반응 : $NH_4H_2PO \longrightarrow H_3PO_4 + NH_3$

ⓑ 360℃에서 반응 : $NH_4H_2PO_4 \xrightarrow{\triangle} \underline{HPO_3} + \underline{NH_3 + H_2O}$
$\phantom{NH_4H_2PO_4 \xrightarrow{\triangle} }$ (질식)(냉각)

인산암모늄은 190℃에서 오르소인산, 215℃에서 피로인산, 300℃ 이상에서 메탄인산으로 열분해 된다.

ⓐ 190℃ : $NH_4H_2PO_4 \longrightarrow H_3PO_4 + NH_3$

ⓑ 215℃ : $2H_3PO_4 \longrightarrow H_4P_2O_7 + H_2O$

ⓒ 300℃ 이상 : $H_4P_2O_7 \longrightarrow 2HPO_3 + H_2O$

인산에는 올토인산(H_3PO_4), 피로인산($H_4P_2O_7$), 메타인산(HPO_3)이 있으며, 이들은 모두 인(P)을 완전 연소시켰을 때 발생되는 연소생성물인 오산화인(P_2O_5)으로부터 얻는다. 인산암모늄을 소화 작용과 연관하여 정리하면 다음과 같다.

$$NH_4H_2PO_4 \longrightarrow H_3PO_4 + \underline{NH_3} - Q(kcal)$$
(냉각·질식 소화 작용)

$$2H_3PO_4 \longrightarrow H_4P_2O_7 + \underline{H_2O} - Q(kcal)$$
(냉각·질식 소화 작용)

$$H_4P_2O_7 \longrightarrow 2HPO_3 + H_2O - Q(kcal)$$

$$\underline{2HPO_3} \longrightarrow P_2O_3 + H_2O - Q(kcal)$$
(유리(glass) 모양으로 융착)

예제

NH₄H₂PO₄ 57.5kg이 완전 열분해 하여 메타인산, 암모니아와 수증기로 되었을 때 메타인산은 몇 kg이 생성되는가?(단, P의 원자량은 31이다)

풀이 $NH_4H_2PO_4 \xrightarrow{\Delta} HPO_3 + NH_3 + H_2O$

115kg $\diagdown$ 80kg
57.5kg $\diagup$ $x\,(kg)$

$$x = \frac{57.5 \times 80}{115} = 40kg$$

답 40kg

ⓐ 축압식 : 용기의 재질은 철재로서 본체 내부를 내식가공처리한 것을 사용한다. 축압식은 우선, 용기에 분말소화약제를 채우고 소화약제 압력원방출으로는 질소가스가 충전되어 있으며, 압력지시계가 부착되어있다. 주로 ABC 분말소화기에 사용된다.

ⓑ 가스 가압식(봄베식) : 용기의 재질은 축압식과 같으나 소화약제 압력 출원으로는 용기 본체 내부 또는 외부에 설치된 봄베에 충전되어 있는 탄산가스(CO_2)를 이용하는 소화기로, 주로 BC 분말소화기, ABC 분말소화기에 사용된다.

ⓔ 4종 분말

탄산수소칼륨($KHCO_3$)＋요소[$(NH_2)_2CO$] : 2종 분말 약제를 개량한 것으로 회색 분말이며, B급과 C급 화재에 좋다.

$$2KHCO_3 + (NH_2)_2CO \xrightarrow{\Delta} K_2CO_3 + 2NH_3 + 2CO_2$$

(질식)

㉯ 분말소화약제의 특성

㉠ 넉다운(Knock-down)효과 : 분말소화약제 방사 개시 후 10~20초 이내에 소화되는 것을 넉다운효과라고 한다. 일반적으로 소화약제 방사 후 30초 이내에 넉다운이 되지 않으면 소화불가능으로 판단하며, 이는 불꽃의 규모에 대한 소화약제 방출률이 부족할 때 일어나는 현상이다.

㉡ 비누화(검화)현상 : 가열 상태의 유지에 제1종 분말약제가 반응하여 금속비누를 만들고, 이 비누가 거품을 생성하여 질식효과를 갖는 것을 비누화(검화)현상이라고 한다. 식용유나 지방질유 등의 화재에는 제1종 분말약제가 효과적이다.

㉢ CDC 분말소화약제 : 분말의 신속한 화재진압효과와 포의 재연방지효과를 동시에 얻기 위하여 두 소화약제(ABC 분말소화약제＋수성막포소화약제)를 혼합하여 포가 파괴되지 않는 분말소화약제를 CDC 분말소화약제라고 한다.

③ 탄산가스(CO_2)소화기

㉮ 정의 : 불연성인 CO_2 가스의 질식과 냉각효과를 이용한 소화기로, CO_2는 자체압을 가져 방출원이 별도로 필요하지 않으며, 방사구로는 가스상으로 방사된다. 불연성 기체로서 비교적 액화가 용이하며, 안전하게 저장할 수 있고 전기절연성이 좋다.

예제

표준상태에서 2kg의 이산화탄소가 모두 기체 상태의 소화약제로 방사될 경우 부피는 약 몇 L인가?

풀이 CO_2의 분자량 : 44g

$$44g : 22.4L = 2,000g : x$$

$$\therefore x = \frac{2,000 \times 22.4}{44} = 1,018L$$

답 1,018L

⑭ 질식소화의 한계산소농도

㉠ 이산화탄소로 가연물을 질식소화하기 위해서는 각 가연물에 대한 한계산소농도(vol%), 즉 공기 중 산소의 농도를 한계산소농도 이하로 하여야 한다. 그러므로 가연물질에 공급되는 공기 중 산소농도에 이산화탄소 소화약제를 방출하여 한계산소농도 이하가 되게 치환하여야 하며, 이러한 과정에 의해서 화재가 소화가 된다. 이와 같은 형태의 소화작용을 산소희석 소화작용 또는 질식소화작용이라고 한다.

㉡ 가연물질의 한계산소농도

가연물질의 종류		한계산소농도
고체가연물질	종이, 섬유류	10vol% 이하
액체가연물질	가솔린, 아세톤	15vol% 이하
기체가연물질	수 소	8vol% 이하

ⓓ 종류 : 소형소화기(레버식), 대형소화기(핸들식)

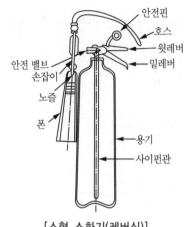

[소형 소화기(레버식)]

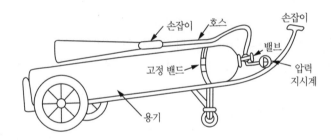

[대형 소화기(핸들힉)]]

ⓡ 소화약제의 특성
　㉠ 소화약제로 사용하는 이유는 산소와 반응하지 않기 때문이다.
　㉡ 상온·상압에서 무색무취, 부식성이 없는 불연성 기체로, 비중이 1.53으로 침투성이 뛰어나 심부화재에 적합하다.
　㉢ 냉각 또는 압축에 의해 쉽게 액화될 수 있고, 냉각과 팽창을 반복함으로써 고체 상태인 드라이아이스(-78℃)로 변화가 가능하여 냉각효과가 크다.
　㉣ 자체 압력원을 보유하므로 다른 압력원이 필요하지 않다.
　㉤ 체적팽창은 CO_2 1kg이 15℃에서 대기 중으로 534L를 방출시키므로 과량 존재 시 질식효과가 크다.
　㉥ 전기절연성이 없어 고가의 전기시설의 화재에 적합하다.

ⓢ 이산화탄소는 자체 독성은 미약하나 소화에 소요되는 농도 하에서 호흡을 계속하면 위험하고, 방출 시 보안대책이 필요하다(허용농도는 5,000ppm).

ⓞ 탄산가스의 함량은 99.5% 이상으로 냄새가 없어야 하며, 수분의 중량은 0.05% 이하여야 한다. 만약 수분이 0.05% 이상이면 줄-톰슨 효과에 의하여 수분이 결빙되어 노즐의 구멍을 폐쇄시킨다.

ⓩ 줄-톰슨 효과는 기체 또는 액체가 가는 관을 통과할 때 온도가 급강하하여 고체로 되는 현상이다.

ⓜ 소화약제 저장용기의 충전비

고압식	1.5~1.9L/kg
저압식	1.1~1.4L/kg

ⓑ 소화농도

㉠ 화재발생 시 CO_2 소화약제를 방출하여 소화하는 경우 CO_2의 질식소화 작용에 의해 소화된다. CO_2 소화약제를 방출할 때에는 CO_2로 공기 중의 산소를 치환시켜 한계산소농도(vol%) 이하가 되게 함으로써 산소의 양이 부족하여 소화가 된다.

㉡ CO_2의 소화농도(vol%) $= \dfrac{21 - 한계산소농도(vol\%)}{21} \times 100$

ⓢ 장·단점

장 점	단 점
• 소화 후 증거보존이 용이하다. • 전기절연성이 우수하여 전기 화재에 효과적이다.	• 방사거리가 짧다. • 고압이므로 취급에 주의하여야 한다. • 금속분 화재 시 연소 확대의 우려가 있다. 　例 $2Mg + CO_2 \rightarrow 2MgO + C$

ⓐ 용도 : B, C급 화재

④ 할로겐화물 소화기(증발성 액체소화기)

㉮ 정의 : 소화약제로 증발성이 강하고 공기보다 무거운 불연성인 할로겐화합물을 이용하여 부촉매효과, 질식효과 및 냉각효과를 내는 소화기이다.

㉯ 소화약제의 조건

㉠ 비점이 낮을 것

㉡ 기화되기 쉽고, 증발잠열이 클 것

㉢ 공기보다 무겁고(증기비중이 클 것), 불연성일 것

ⓔ 기화 후 잔유물을 남기지 않을 것

ⓜ 전기절연성이 우수할 것

ⓗ 인화성이 없을 것

㉲ 위험물 종류에 대한 소화약제의 계수

위험물의 종류	할로겐화물	
	할론 1301	할론 1211
이황화탄소	4.2	1.0
아세톤	1.0	1.0
아닐린	1.1	1.1
에탄올	1.0	1.2
휘발유	1.0	1.0
경 유	1.0	1.0
중 유	1.0	1.0
윤활유	1.0	1.0
등 유	1.0	1.0
톨루엔	1.0	1.0
피리딘	1.1	1.1
벤 젠	1.0	1.0
초산(아세트산)	1.1	1.1
초산에틸	1.0	1.0
초산메틸	1.0	1.0
산화프로필렌	2.0	1.8
메탄올	2.2	2.4
메틸에틸케톤	1.1	1.1

㉳ 할론소화약제의 종류 및 상온에서의 상태

Halon 명칭	상온에서의 상태
Halon 1301	기 체
Halon 1211	기 체
Halon 2402	액 체
Halon 1011	액 체
Halon 1040	액 체

㉕ 오존파괴지수(ODP; Ozone Depletion Potential)
　㉠ 정의 : 삼염화일불화메탄(CFCl₃)인 CFC-11이 오존층의 오존을 파괴하는 능력을 1로 기준하였을 때 다른 할로겐화합물질이 오존층의 오존을 파괴하는 능력을 비교하는 지수이다.

$$ODP = \frac{어떠한\ 물질\ 1kg에\ 의해\ 파괴되는\ 오존량}{CFC-11\ 물질\ 1kg에\ 의해\ 파괴되는\ 오존량}$$

　㉡ 오존파괴지수가 높은 순 : Halon 1301 > Halon 2402 > Halon 1211
　㉢ Halon 1301 : 포화탄화수소인 메탄에 불소 3분자와 취소 1분자를 치환시켜 제조된 물질(CF₃Br)로, 비점은 -57.75℃이다. 모든 할론소화약제 중 소화성능은 가장 우수하지만, 오존층을 구성하는 오존(O₃)과의 반응성이 강하여 오존파괴지수가 가장 높다.

㉖ 할론 1310(CF₃Br)의 증기비중 $= \dfrac{12 + (19 \times 3) + 80}{29} = \dfrac{149}{29} ≒ 5.14$

㉗ 할론번호순서
　㉠ 첫째 : 탄소(C)　　　　㉡ 둘째 : 불소(F)
　㉢ 셋째 : 염소(Cl)　　　　㉣ 넷째 : 취소(Br)
　㉤ 다섯째 : 옥소(I)

㉘ 종류
　㉠ 사염화탄소(CCl₄) : CTC 소화기(사염화탄소를 압축압력으로 방사)

밀폐된 장소에서 CCl₄를 사용해서는 안 되는 이유	설치 금지 장소 (할론 1301은 제외)
• $2CCl_4 + O_2 \rightarrow 2COCl_2 + 2Cl_2$(건조된 공기 중) • $CCl_4 + H_2O \rightarrow COCl_2 + 2HCl$(습한 공기 중) • $CCl_4 + CO_2 \rightarrow 2COCl_2$(탄산가스 중) • $3CCl_4 + Fe_2O_3 \rightarrow 3COCl_2 + 2FeCl_3$(철이 존재 시)	• 지하층 • 무창층 • 거실이나 사무실로서 바닥면적이 20m² 미만인 곳

　㉡ 일염화일취화메탄(CH₂ClBr, $H-\overset{\overset{\textstyle Cl}{\vert}}{\underset{\underset{\textstyle H}{\vert}}{C}}-H$, Halon 1011) : CB 소화기

　　ⓐ 무색투명하고 특이한 냄새가 나는 불연성 액체이다.
　　ⓑ CCl₄에 비해 약 3배의 소화능력이 있다.
　　ⓒ 금속에 대하여 부식성이 있다.

ⓓ 주의사항 : 방사 후에는 밸브를 꼭 잠가 내압이나 소화제의 누출을 방지하며, 액은 분무상으로 하고 연소면에 직사로 하여 한쪽부터 순차적으로 소화한다.

ⓒ 일취화일염화이불화메탄(CF_2ClBr) : BCF 소화기

ⓔ 일취화삼불화메탄(CF_3Br, Halon 1301) : BT 소화기

　ⓐ 저장용기에 액체상으로 충전한다.

　ⓑ 비점이 낮아서 기화가 용이하다.

　ⓒ 공기보다 무겁다.

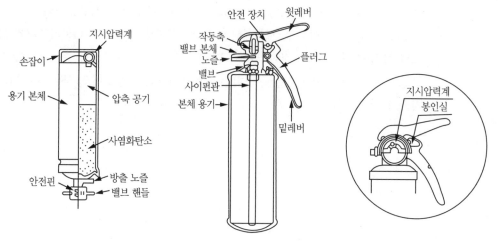

[사염화탄소 소화기(밸브식)]　　　　**[일염화일취화메탄 소화기(레버식)]**

ⓜ 이취화사불화에탄($C_2F_4Br_2$) : FB 소화기

　ⓐ 사염화탄소, 일염화일취화메탄에 비해 우수하다.

　ⓑ 독성과 부식성이 비교적 적으며, 내절연성도 좋다.

㉙ 주의사항

　㉠ 수시로 중량을 재어서 소화제가 30% 이상 감소된 경우 재충전한다.

　㉡ 기동장치는 헛되게 방사되지 않도록 한다.

　㉢ 열원에 가깝게 하거나 직사광선을 피한다.

　㉣ 사용 시 사정이 짧아 화점에 접근해 사용한다.

　㉤ 옥외에서 바람이 있을 경우에는 바람 위에서 사용한다.

㉚ 용도 : A, B, C급 화재

⑤ 강화액소화기

㉮ 정의 : 물의 소화효력을 향상시키기 위해서 물에 알칼리금속염류(K_2CO_3)를 첨가시킨 고농도의 수용액이다. 동결되지 않게 하여 재연을 방지하고 -20℃ 이하의 겨

울철이나 한랭지에서 사용가능하도록 개발된 소화기로 질소가스에 의해 강화액을 방출한다.

ⓘ 소화약재(탄산칼륨)의 특성

　　㉠ 비중 : 1.3~1.4

　　㉡ 응고점 : −30~−17℃

　　㉢ 강알칼리성 : pH 11~12

　　㉣ 독성과 부식성이 없다.

ⓘ 종류

축압식	• 가장 많이 사용하는 방식으로 본체는 철재이고, 내면은 합성수지의 내식라이닝으로 되어있다. • 강화액소화약제를 정량충전시킨 소화기로 압력지시계가 부착되어있다. • 방출방식이 봉상 또는 부상형태이다.
가스 가압식	• 용기 속에 가압용 가스용기가 부착되어 있거나 외부에 별도의 압력 봄베가 있어 이 가스의 압력에 의해 소화약제(물+K_2CO_3)가 방사되어 소화하는 방식이다. • 축압식과는 달리 압력지시계가 없으며, 안전밸브와 액면표시가 되어 있다. [예] $K_2CO_3 + 2H_2O \rightarrow 2KOH + CO_2 \uparrow + H_2O$
반응식 (파병식, 화학 반응식)	알칼리금속염의 수용액에 황산을 반응시켜 생성되는 가스(CO_2)의 압력으로 소화약제를 방사하는 방식이다. [예] $K_2CO_3 + H_2SO_4 \rightarrow K_2SO_4 + H_2O + CO_2 \uparrow$

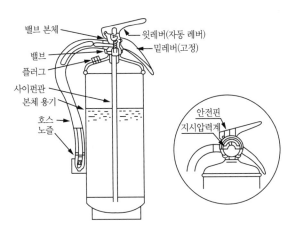

[축압식 강화액 소화기]

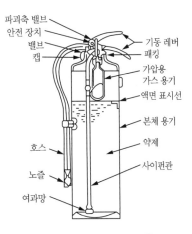

[가스 가압식 강화액 소화기]

㉑ 용도

봉상일 경우	A급 화재
무상일 경우	B급 화재

⑥ 산·알칼리 소화기

㉮ 정의 : 황산과 중조수의 화합액에 탄산가스를 내포한 소화액을 방사한다.

㉯ 주성분 : 산(H_2SO_4), 알칼리($NaHCO_3$)

㉰ 반응식 : $2NaHCO_3 + H_2SO_4 \rightarrow Na_2SO_4 + 2CO_2 + 2H_2O$

㉱ 주의사항

㉠ 이중식은 물만을 1년에 1회 교환한다.

㉡ 황산병과 중조수를 사용한다.

㉢ 약제를 교환할 경우에는 용기내부를 완전히 물로 씻는다.

㉣ 겨울철에도 약액이 얼지 않도록 한다.

㉤ 조작해도 노즐의 끝에서 방사되지 않을 경우에는 안전밸브를 연다.

㉲ 용도

봉상일 경우	A급 화재
무상일 경우	A, C급 화재

⑦ 물소화기

㉮ 정의 : 물을 펌프 또는 가스로 방출한다.

㉯ 소화제로 사용하는 이유

㉠ 기화열(증발잠열)이 크다(539cal/g).

㉡ 구입이 용이하다.

㉢ 취급상 안전하고, 숙련을 요하지 않는다.

㉣ 가격이 저렴하다.

㉤ 분무 시 적외선 등을 흡수하여 외부로부터의 열을 차단하는 효과가 있다.

㉥ 펌프, 호스 등을 이용하여 이송이 비교적 용이하다.

㉰ 물의 특성 및 소화효과

㉠ CO_2보다 기화잠열이 크다.

㉡ 극성분자이다.

㉢ CO_2보다 비열이 크다.

[물과 CO₂의 비열]

물질명	비열(cal/g · ℃)
물	1.00
CO_2	0.20

ⓡ 주된 소화효과가 냉각소화이다.

ⓜ 유화효과도 기대할 수 있다.

ⓗ 기화팽창률이 커서 질식효과가 있다.

예제

물분무 소화에 사용된 20℃의 물 2g이 완전히 기화되어 100℃의 수증기가 되었다면 흡수된 열량과 수증기 발생량은 각각 얼마인가?

풀이 ① $H_2O[L] \rightarrow H_2O[g]$ 과정에서 물 20℃ → 100℃ → 수증기로 되는 과정을 포함하므로 흡수된 열량은 두 과정의 합으로 계산하여야 한다.

$Q = mc\Delta t +$ 기화되는 데 필요한 열량

$= 2g \times 1cal/g℃ \times (100-20) + (539cal/g \times 2g) = 1,238cal$

② $2g \ H_2O \times \dfrac{22.4SLH_2O}{18g \, H_2O} \times \dfrac{373L}{273SL} \times \dfrac{10^3 mL}{1L} = 3,400mL$

🔑 약 1,238cal, 약 3,400mL

ⓡ 물의 소화효과를 높이기 위한 무상주수

㉠ 무상주수 : 물을 방사하는 부분이 특수 제작되어 물을 구름 또는 안개 모양으로 방사하는 방법이다. 고압으로 방사되기 때문에 물 입자가 서로 이격되어 있고 입자의 직경이 0.01~1.0mm로 적어, 대기에 방사되면서 안개 모양을 갖는다.

㉡ 무상주수의 효과

ⓐ 질식소화작용 : 안개 모양의 물 입자는 공기 중의 산소공급을 차단하기 때문에 질식소화작용을 한다.

ⓑ 유화소화작용 : 비점이 비교적 높은 제4류 제3석유류인 중질유 및 고비중을 가지는 윤활유, 아스팔트유 등의 화재 시 유류표면에 엷은 유화층을 형성하여 산소공급을 차단하는 에멀전 효과를 낸다.

ⓜ 용도 : A급 화재

⑧ 청정소화약제(Clean Agent)

㉮ 정의 : 전기적으로 비전도성이며, 휘발성이 있거나 증발 후 잔여물을 남기지 않는 소화약제이다.

㉯ 청정소화약제의 구비조건

   ㉠ 소화성능이 기존의 할론소화약제와 유사하여야 한다.

   ㉡ 독성이 낮아야 하며, 설계농도는 최대허용농도(NOAEL) 이하이어야 한다.

   ㉢ 환경 영향성 ODP, GWP, ALT가 낮아야 한다.

   ㉣ 소화 후 잔존물이 없어야 하며 전기적으로 비전도성이며, 냉각효과가 커야 한다.

   ㉤ 저장 시 분해되지 않고 금속용기를 부식시키지 않아야 한다.

   ㉥ 기존의 할론소화약제보다 설치비용이 크게 높지 않아야 한다.

TIP **환경평가 기준**

1. NOAEL(No Observed Adverse Effect Level)
   농도를 증가시킬 때 아무런 악영향도 감지 할 수 없는 최대 허용 농도
2. LOAEL(Lowest Observed Adverse Effect Level)
   농도를 감소시킬 때 악영향을 감지할 수 있는 최소 허용 농도
3. ODP(Ozone Depletion Potential) : 오존 파괴 지수
   • (물질 1kg에 의해 파괴되는 오존량)÷(CFC-11 1kg에 의해 파괴되는 오존량)
   • 할론 1301 : 14.1, NAFS-Ⅲ : 0.044
4. GWP(gloval Warming Potential) : 지구온난화지수
   (물질 1kg이 영향을 주는 지구온난화 정도)÷(CFC-11 1kg이 영향을 주는 지구온난화 정도)
5. ALT(Atmospheric Life Time)
   대기권 잔존수명물질이 방사된 후 대기권 내에서 분해되지 않고 체류하는 잔류기간

㉰ 할로겐화합물 청정소화약제 : 불소, 염소, 브롬, 요오드 중 하나 이상의 원소를 포함하고 있는 유기화합물을 기본성분으로 하는 소화약제

   ㉠ HFC(Hydro Fluoro Carbon) : 불화탄화수소

   ㉡ HBFC(Hydro Bromo Fluoro Carbon) : 브롬불화탄화수소

   ㉢ HCFC(Hydro Chloro Fluoro Carbon) : 염화불화탄화수소

   ㉣ FC, PFC(Perfluoro Carbon) : 불화탄소, 과불화탄소

   ㉤ FIC(Fluoro Iodo Carbon) : 불화요오드화탄소

㉱ 불활성가스 청정소화약제
   헬륨, 네온, 아르곤, 질소가스 중 하나 이상의 원소를 기본성분으로 하는 소화약제

소화약제	상품명	화학식
퍼플루오르부탄(FC-3-1-10)	PFC-410	C_4F_{10}
하이드로클로로플루오르카본 혼화제 (HCFC BLEND A)	NAFS-Ⅲ	• HCFC-22($CHClF_2$) : 82% • HCFC-123($CHCl_2CF_3$) : 4.75% • HCFC-124($CHClFCF_3$) : 9.5% • $C_{10}H_{16}$: 3.75%
클로로테트라플루오르에탄(HCFC-124)	FE-24	$CHClFCF_3$
펜타플루오르에탄(HFC-125)	FE-25	CHF_2CF_3
헵타플루오르프로판(HFC-227ea)	FM-200	CF_3CHFCF_3
트리플루오르메탄(HFC-23)	FE-13	CHF_3
헥사플루오르프로판(HFC-236fa)	FE-36	$CF_3CH_2CF_3$
트리플로오르이오다이드(FIC-1311)	Tiodide	CF_3I
도데카플루오르-2-메틸펜탄-3-원 (FK-5-1-12)	-	$CF_3CF_2C(O)CF(CF_3)_2$
불연성·불활성기체 혼합가스(IG-01)	Argon	Ar
불연성·불활성기체 혼합가스(IG-100)	Nitrogen	N_2
불연성·불활성기체 혼합가스(IG-541)	Inergen	N_2 52%, Ar 40%, CO_2 8%
불연성·불활성기체 혼합가스(IG-55)	Argonite	N_2 50%, Ar 50%

⑨ 간이 소화제

건조사 (마른 모래)	• 모래는 반드시 건조되어 있을 것 • 가연물이 함유되어 있지 않을 것 • 모래는 반절된 드럼통 또는 벽돌담 안에 저장하며, 양동이·삽 등의 부속 기구를 항상 비치할 것
팽창질석, 팽창진주암	• 질석을 고온처리(약 1,000~1,400℃)해서 10~15배 팽창시킨 것으로 비중이 아주 적음 • 발화점이 특히 낮은 알킬알루미늄(자연발화의 위험)의 화재에 적합
중조톱밥	• 중조($NaHCO_3$)에 마른 톱밥을 혼합한 것 • 인화성 액체의 소화에 적합
수증기	질식소화에는 큰 성과가 없으나 소화하는 데 보조 역할을 함
소화탄	• $NaHCO_3$, Na_3PO_4, CCl_4 등의 수용액을 유리 용기에 넣은 것 • 화재 현장에 던지면 유리가 깨지면서 소화액이 유출 분해되어서 불연성 이산화탄소가 발생함

(4) 소화기의 유지관리

① 각 소화기의 공통사항

㉮ 소화기의 설치 위치는 바닥으로부터 1.5m 이하의 높이에 설치할 것

㉯ 통행이나 피난 등에 지장이 없고 사용할 때에는 쉽게 반출할 수 있는 위치에 있을 것

㉰ 각 소화약제가 동결, 변질 또는 분출할 염려가 없는 곳에 비치할 것

㉱ 소화기가 설치된 주위의 잘 보이는 곳에 '소화기'라는 표시를 할 것

② 소화기의 사용방법

㉮ 적응화재에만 사용할 것

㉯ 성능에 따라 방출 거리 내에서 사용할 것

㉰ 소화 시에는 바람을 등지고 풍상에서 풍하의 방향으로 소화할 것

㉱ 소화작업은 양 옆으로 비로 쓸 듯이 골고루 사용할 것

③ 소화기 관리상 주의사항

㉮ 겨울철에는 소화약제가 동결되지 않도록 보온에 유의할 것

㉯ 전도되지 않도록 안전한 장소에 설치할 것

㉰ 사용 후에도 반드시 내·외부를 깨끗하게 세척하고, 재충전 시에는 허가받은 제조업자에게서 규정된 검정 약품을 재충전할 것

㉱ 온기가 적고 건조하며, 서늘한 곳에 둘 것

㉲ 소화기 상부 레버 부분에는 어떠한 물품도 올려놓지 말 것

㉳ 비상시를 대비하여 분기별로 소화약제의 변질 상태 및 작동 이상 유무를 확인할 것

㉴ 소화기의 뚜껑은 완전히 잠그고 반드시 완전 봉인토록 할 것

④ 소화기의 점검

㉮ 외관검사 : 월 1회 이상

㉯ 기능검사 : 분기 1회 이상

㉰ 정밀검사 : 반기 1회 이상

⑤ 소화기 외부 표시사항

㉮ 소화기의 명칭

㉯ 적응화재 표시

㉰ 사용방법

㉱ 용기 합격 및 중량 표시

㉲ 취급상 주의사항

㉳ 능력단위

㉴ 제조연월일

③ 피뢰 설치

(1) 설치 대상

지정수량 10배 이상의 위험물을 취급하는 제조소(단, 제6류 위험물의 제조소 제외)

(2) 설치 기준

① 돌침의 보호각은 45° 이하로 한다.
② 돌침부의 취부 위치는 피보호물의 보호 및 부분의 전체가 보호 범위 내에 들어오도록
한다.

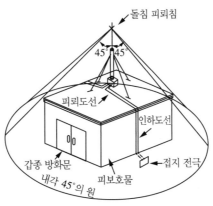

적중예상문제

01 다음 중 금속화재에 해당하는 것은?

① A급 화재   ② B급 화재

③ C급 화재   ④ D급 화재

> **해설**
>
> A급 화재(일반화재), B급 화재(유류화재), C급 화재(전기화재), D급 화재(금속화재)

02 물체의 표면온도가 200℃에서 500℃로 상승하면 열복사량은 약 몇 배 증가하는가?

① 3.3   ② 7.1

③ 18.5   ④ 39.2

> **해설**
>
> ■ **슈테판-볼츠만의 법칙(Stefan-Boltzmann's Law)**
>
> 흑체복사의 에너지는 흑체 표면의 절대온도의 4승에 비례한다.
>
> $$\frac{Q_2}{Q_1} = \frac{(273+t_2)^4}{(273+t_1)^4}, \quad \frac{Q_2}{Q_1} = \frac{(273+500)^4}{(273+200)^4} = 7.1 \text{배}$$

03 위험물 화재위험에 대한 설명으로 옳지 않은 것은?

① 연소범위의 상한값이 높을수록 위험하다.
② 착화점이 높을수록 위험하다.
③ 폭발범위가 넓을수록 위험하다.
④ 연소속도가 빠를수록 위험하다.

> **해설**
>
> ② 착화점이 낮을수록 위험하다.

정답 01. ④   02. ②   03. ②

04 시료를 가스화시켜 분리관 속에 운반기체(Carrier Gas)와 같이 주입하고 분리관(칼럼) 내에서 체류하는 시간의 차이에 따라 정성, 정량하는 기기분석은?

① FT-IR   ② GC

③ UV-vis   ④ XRD

해설

① FT-IR(Frustrated Total Internal Reflection) : 광학계에 분산형의 분광기 대신 두 개의 광속간섭계를 이용하여 얻어지는 간섭줄무늬를 무리에 변환하여 적외선 흡수 스펙트럼을 얻는 방법으로, 고속 무리에 변환이 마이크로컴퓨터에 의해 용이하게 처리할 수 있게 됨으로써 가능하게 된 기술이다.

② GC(Gas Chromatography) : 시료를 가스화 시켜 분리관 속에 운반기체(Carrier Gas)와 같이 주입하고, 분리관(칼럼) 내에서 체류하는 시간의 차이에 따라 정성·정량하는 기기분석이다.

③ UV-vis(Ultraviolet-Visible Spectroscopy) : 자외선-가시광선 분광광도계라 하며, 분자마다 빛을 최대로 흡수하는 파장이 다르다는 것이 기본 개념이다. 넓은 범위의 파장의 빛을 투과시키면서 흡광도를 측정하여 흡광도가 특히 높은 파장을 찾아 물질의 정성적인 분석을 한다.

④ XRD(X-Ray Diffraction) : X선 회절은 물질의 내부 미세구조를 밝히는 데 매우 유용한 수단이다.

05 위험물의 화재위험성이 증가하는 경우가 아닌 것은?

① 비점이 높을수록   ② 연소범위가 넓을수록

③ 착화점이 낮을수록   ④ 인화점이 낮을수록

해설

① 비점(끓는점)은 낮을수록 화재위험성이 증가한다.

06 화학적 소화방법에 해당하는 것은?

① 냉각소화   ② 부촉매소화

③ 제거소화   ④ 질식소화

해설

화학소화(부촉매효과·억제소화) : 연소의연쇄반응을 차단하여 소화하는 방법으로, 할로겐원소의 억제효과를 이용한다.

07 소화작용에 대한 설명으로 옳지 않은 것은?

① 연소에 필요한 산소의 공급원을 차단하는 것은 제거작용이다.
② 온도를 떨어뜨려 연소반응을 정지시키는 것은 냉각작용이다.
③ 가스화재 시 주밸브를 닫아서 소화하는 것은 제거작용이다.
④ 물에 의해 온도를 낮추는 것은 냉각 작용이다.

> **해설**

① 연소에 필요한 산소의 공급원을 차단하는 것은 질식작용이다.

08 질식소화작업은 공기 중의 산소농도를 얼마 이하로 낮추어야 하는가?

① 5~10%
② 10~15%
③ 16~18%
④ 16~20%

> **해설**

질식소화작업은 가연물질이 연소하고 있는 경우 공급되는 공기 중의 산소의 양을 15%(용량) 이하로 하면 산소결핍에 의하여 자연적으로 연소 상태가 정지된다.

09 위험물제조소 등에 전기설비가 설치된 경우 당해 장소의 면적이 $500m^2$라면 몇 개 이상의 소형 수동식 소화기를 설치하여야 하는가?

① 1
② 2
③ 5
④ 10

> **해설**

위험물제조소 등에 전기설비가 설치된 경우 당해 장소의 면적이 $500m^2$라면 5개 이상의 소형 수동식 소화기를 설치한다.

10 각 소화기의 내압시험방법으로 옳지 않은 것은?

① 물소화기 – 수압시험
② 포말소화기 – 수압시험
③ 산·알칼리소화기 – 수압시험
④ 증발성액체 – 수압시험

> **해설**

■ **소화기의 정밀검사**
㉠ 수압시험(분말소화기, 강화액소화기, 포소화기, 물소화기, 산·알칼리소화기)
㉡ 기밀시험[분말소화기, 강화액소화기, 할로겐화합물(증발성 액체)소화기]

정답 07. ① 08. ② 09. ③ 10. ④

3-60 | **Part 03_위험물의 연소특성**

11 화학포소화약제의 반응식은?

① $6NaHCO_3 + Al_2(SO_4)_3 \cdot 18H_2O \rightarrow 2Al(OH)_3 + 3Na_2SO_4 + 6CO_2 + 18H_2O$

② $2NaHCO_3 \rightarrow Na_2CO_3 + CO_2 + H_2O$

③ $NH_4H_2PO_4 \rightarrow HPO_3 + NH_3 + H_2O$

④ $2NaHCO_3 + H_2SO_4 \rightarrow Na_2SO_4 + CO_2 + H_2O$

해설

화학 포소화약제는 황산알루미늄[$Al_2(SO_4)_3 \cdot 18H_2O$]과 탄산수소나트륨($NaHCO_3$)으로 구성되어 있으며, 황산알루미늄의 수용액과 탄산수소나트륨의 수용액을 혼합하는 경우 화학반응을 일으켜 이때 발생되는 화학포(Chemical Foam)로 화재를 소화한다.

12 화학포를 만들 때 쓰이는 기포안정제가 아닌 것은?

① 사포닝

② 가수분해 단백질

③ 계면활성제

④ 염분

해설

①, ②, ③ 외에 젤라틴, 카세인 등이 기포안정제로 사용된다.

13 내용적 2,000mL의 비커에 포를 가득 채웠더니 중량이 850g이었고, 비커용기의 중량은 450g이었다. 이때 비커 속에 들어 있는 포의 팽창비는?(단, 포 수용액의 밀도는 1.15이다)

① 약 5배

② 약 6배

③ 약 7배

④ 약 8배

해설

$$팽창비 = \frac{내용적(중량)}{(전체\ 중량 - 빈\ 시료용기의\ 중량)} = \frac{(2,000 \times 1.15)}{(850 - 450)} = 5.75$$

14 포소화약제의 하나인 수성막포의 특성에 대한 설명으로 옳지 않은 것은?

① 불소계 계면활성포의 일종이며, 라이트워터라고 한다.

② 소화원리는 질식작용과 냉각작용이다.

③ 타 포소화약제보다 내열성, 내포화성이 높아 기름화재에 적합하다.

④ 단백포보다 독성이 없으나 장기보존성이 떨어진다.

해설

④ 안정성이 좋아 장기보관이 가능하다.

15 분말소화약제와 함께 사용하여도 소포현상이 일어나지 않고 트윈에이전트 시스템에 사용되어 소화효과를 높일 수 있는 포소화약제는?

① 단백포소화약제
② 불화단백포소화약제
③ 수성막포소화약제
④ 내알코올형포소화약제

해설

■ **수성막포소화약제**

주성분이 불소계 계면활성제이기 때문에 불소계 계면활성제포(Fluro Chemical Foam)라고도 하나 미국에서 최초로 개발한 AFFF(Aqueous Film Forming Foam)를 직역한 것이기도 하다. 미국의 해군기술연구소인 '튜브'는 불소계 계면활성제를 소화약제에 응용해서 분말소화약제와 함께 방출하는 것으로 제트연료가 지상에 흘러 화재가 발생하였을 때 빠른 시간 내에 화재를 소화하며, 유류 표면에 재인화(착화)를 방지하는 트윈에이전트 시스템(Twin Agent System)을 개발한 것이다.

16 불소계 계면활성제를 주성분으로 하여 물과 혼합하여 사용하는 소화약제로, 유류화재발생 시 분말소화약제와 함께 사용이 가능한 포소화약제는?

① 단백포소화약제
② 불화단백포소화약제
③ 합성 계면활성제포소화약제
④ 수성막포소화약제

해설

■ **수성막포소화약제**

㉠ 유류화재 진압용으로 가장 좋다.
㉡ 다른 약제(분말소화약제)와 겸용 가능하다.
㉢ AFFF(Aqueous Film Forming Foam) 또는 Light Water라고도 한다.

17 포(Foam)소화약제의 일반적인 성질이 아닌 것은?

① 균질인 것
② 변질방지를 위한 유효한 조치를 할 것
③ 현저한 독성이 있거나 손상을 주지 않을 것
④ 포는 목재 등 고체 표면에 쉽게 퍼짐성이 좋을 것

해설

■ **포소화약제의 구비조건**

㉠ 유동성이 있어야 한다.
㉡ 안정성이 있어야 한다.
㉢ 독성이 적어야 한다.
㉣ 화재면에 부착하는 성질이 커야 한다.
㉤ 바람에 견디는 힘이 커야 한다.

정답 15. ③ 16. ④ 17. ④

18 다음 중 제1종 분말소화약제의 주성분은?

① $NaHCO_3$　　　　　　　　　② $NaHCO_2$

③ $KHCO_3$　　　　　　　　　　④ $KHCO_2$

해설

■ **분말소화약제의 종류**

㉠ 제1종 분말소화약제 : $NaHCO_3$

㉡ 제2종 분말소화약제 : $KHCO_3$

㉢ 제3종 분말소화약제 : $NH_4H_2PO_4$

㉣ 제4종 분말소화약제 : $KHCO_3+(NH_2)_2CO$

19 분말소화약제 중 탄산수소나트륨의 표시 색상은?

① 백색　　　　　　　　　　② 보라색

③ 담홍색　　　　　　　　　④ 회백색

해설

■ **분말소화약제**

종 류	주성분	적용화재	착 색
제1종	중탄산나트륨($NaHCO_3$)	B・C급	백 색
제2종	중탄산칼륨($KHCO_3$)	B・C급	보라색(담회색)
제3종	제1인산암모늄($NH_4H_2PO_4$)	A・B・C급	담홍색(핑크색)
제4종	중탄산칼륨+요소[$KHCO_3+(NH_2)_2CO$]	B・C급	회백색

20 분말소화약제의 1kg당 저장용기의 내용적이 옳지 않게 짝지어진 것은?

① 제1종 분말 - 0.80L　　　　② 제2종 분말 - 1.00L

③ 제3종 분말 - 1.00L　　　　④ 제4종 분말 - 1.20L

해설

종 류	주성분	착 색	적용화재	충전비	저장량	순도(함량)
제1종	탄산수소나트륨($NaHCO_3$)	백 색	BC급	0.8	50kg	90% 이상
제2종	탄산수소칼륨($KHCO_3$)	보라색(담회색)	BC급	1.0	30kg	92% 이상
제3종	인산암모늄($NH_4H_2PO_4$)	담홍색(핑크색)	ABC급	1.0	30kg	75% 이상
제4종	탄산수소칼륨+요소($KHCO_3+(NH_2)_2CO$)	회백색	BC급	1.25	20kg	-

21 제2종 분말소화약제가 열분해할 때 생성되는 물질로 4℃ 부근에서 최대밀도를 가지며, 분자 내 104.5℃의 결합각을 갖는 것은?

① CO_2

② H_2O

③ H_3PO_4

④ K_2CO_3

해설

H_2O

$2KHCO_3 \xrightarrow{\Delta} K_2CO_3 + CO_2 + H_2O$

4℃ 부근에서 최대밀도를 가지며, 분자 내 104.5°의 결합각을 갖는다.

22 $NH_4H_2PO_4$ 57.5kg이 완전 열분해하여 메타인산, 암모니아와 수증기로 되었을 때 메타인산은 몇 kg이 생성되는가?(단, P의 원자량은 31이다)

① 36

② 40

③ 80

④ 115

해설

$NH_4H_2PO_4 \xrightarrow{\Delta} HPO_3 + NH_3 + H_2O$

115kg ⟍⟋ 80kg

57.5kg ⟍⟋ x (kg)

$x = \dfrac{57.5 \times 80}{115} = 40\text{kg}$

23 이산화탄소의 가스밀도(g/L)는 27℃, 2기압에서 약 얼마인가?

① 1.11

② 2.02

③ 2.76

④ 3.57

해설

$CO_2 = 44$이므로

$d = \dfrac{PM}{RT}[\text{g/L}] = \dfrac{2 \times 44}{0.082 \times (273 + 27)} = \dfrac{88}{24.6} = 3.57\text{g/L}$

24 표준상태에서 2kg의 이산화탄소가 모두 기체상태의 소화약제로 방사될 경우 부피는 약 몇 L인가?

① 10.18

② 22.4

③ 224

④ 1,018

해설

CO_2의 분자량은 44g이므로

$44g : 22.4L = 2,000g : x$

$\therefore \ x = \dfrac{2,000 \times 22.4}{44} = 1,018L$

25 다음 중 이산화탄소소화약제의 성상으로 틀린 것은?

① 증기비중 : 1.53

② 기체밀도(0℃, 101.3kPa) : 1.96g/L

③ 임계온도 : 31℃

④ 임계압력 : 167.8atm

해설

④ 임계압력 : 72.9atm

26 이산화탄소의 물성에 대한 설명으로 옳은 것은?

① 증기의 비중은 약 0.9이다.

② 임계온도는 약 -20℃이다.

③ 0℃, 1기압에서의 기체밀도는 약 0.92g/L이다.

④ 삼중점에 해당하는 온도는 약 -56℃이다.

해설

① 증기의 비중은 1.52이다.

$\left(\dfrac{44g}{29g} \right) = 1.52$

② 임계온도는 31℃이다.

③ 0℃, 101.3kPa에서의 기체밀도는 약 1.9768g/L이다.

27 이산화탄소소화약제에 대한 설명 중 틀린 것은?

① 임계온도가 0℃ 이하이다.
② 전기절연성이 우수하다.
③ 공기보다 약 1.5배 무겁다.
④ 산소화 반응하지 않는다.

> **해설**

① 임계온도가 31℃이다.

28 이산화탄소소화약제에 대한 설명 중 틀린 것은?

① 소화 후 소화약제에 의한 오손이 없다.
② 전기절연성이 우수하여 전기화재에 효과적이다.
③ 밀폐된 지역에서 다량 사용 시 질식의 우려가 있다.
④ 한랭지에서 동결의 우려가 있으므로 주의해야 한다.

> **해설**

④ 물소화약제의 단점으로, 이 단점을 극복하기 위한 소화약제가 강화액 소화약제(물+탄산칼슘)이며, −25℃에서도 동결하지 않는다.

29 줄 톰슨(Joule Thomson) 효과와 가장 관계있는 소화기는?

① 할론 1301소화기
② 이산화탄소소화기
③ HCFC−124소화기
④ 할론 1211소화기

> **해설**

■ **줄 톰슨(Joule Thomson) 효과**
단열을 한 관의 도중에 작은 구멍을 내고 이 관에 압력이 있는 기체 또는 액체를 흐르게 하여 작은 구멍을 통할 때 유체의 압력이 하강함과 동시에 온도가 급강하(약 −78℃)가 되어 고체로 되는 현상이다. 이산화탄소 소화기는 가스방출 시 줄 톰슨 효과에 의해 기화열의 흡수로 인하여 소화를 한다.

정답 27. ① 28. ④ 29. ②

30 다음 중 오존파괴지수를 나타내는 것은?

① CFC   ② ODP
③ GWP   ④ HCFC

해설

① CFC(Chloro Fluoro Carbon) : 염화불화탄소라 하며, 냉매·발포제·분사제·세정제 등으로 산업계에 폭넓게 사용되는 가스이다. 일명 프레온가스라고 불리며, 화학명이 클로로플로르카본인 CFC는 인체에 독성이 없고 불연성을 가진 이상적인 화합물이어서 한때 꿈의 물질이라고까지 불렸다. 그러나 CFC는 태양의 자외선에 의해 염소원소로 분해되어 오존층을 뚫는 주범으로 밝혀져 몬트리올 의정서에서 사용을 규제하고 있다.
② ODP(Ozone Depletion Potential) : 오존파괴지수라 하며, 3염화1불화메탄(CFCl₃)인 CFC-Ⅱ이 오존층의 오존을 파괴하는 능력을 1로 기준하였을 때 다른 할로겐화합물질이 오존층의 오존을 파괴하는 능력을 비교한 지수이다.
③ GWP(Global Warming Potential) : 지구온난화지수이며 계산식은 다음과 같다.
  (물질 1kg이 영향을 주는 지구온난화 정도)÷(CFC-Ⅱ 1kg이 영향을 주는 지구온난화 정도)
④ HCFC(Hydro Chloro Fluro Carbon) : 수소염화불화탄소라 하며 오존층 파괴물질인 프레온가스, 즉 CFC의 대체 물질의 하나이다. HCFC는 CFC와 HFC의 중간물질로 주로 가정용 에어컨냉매로 사용 중이다. HCFC는 탄소에 수소가 결합되어 있어 대류권에서 분해되기 쉬우나 CFC의 10% 정도의 염소 성분을 가지고 있어 약간의 오존층 파괴효과를 나타내고 있다. 따라서 장기적인 CFC의 대체물이 될 수는 없으며, 몬트리올 의정서의 코펜하겐 수정안에서는 2030년까지 HCFC를 모두 폐기시키도록 규정하고 있다.

31 소화약제가 환경에 미치는 영향을 표시하는 지수가 아닌 것은?

① ODP   ② GWP
③ ALT   ④ LOAEL

해설

① 오존파괴지수(ODP; Ozone Depletion Potential) : 오존을 파괴시키는 물질의 능력을 나타내는 척도로 대기 내 수명·안정성·반응, 그리고 염소와 브롬과 같이 오존을 공격할 수 있는 원소의 양과 반응성 등에 그 근거를 두고 있다. 모든 오존파괴지수는 CFC-11을 1로 기준을 삼는다.
② 지구온난화지수(GWP; relative value of Global Warming Potential based on CFC-11) : 어떤 물질의 지구온난화에 기여하는 능력을 상대적으로 나타내는 지표로, 기준 물질 CFC-11의 GWP를 1로 하여 같은 무게의 어떤 물질을 지구온난화에 기여하는 양의 비로 나타낸 것을 말한다.
③ 대기권잔존수명(ALT; Atmospheric Life Time) : 대기권에서 분해되지 않고 존재하는 기간이다.
④ LOAEL(Lowest Observable Adverse Effect Level) : 신체에 악영향을 감지할 수 있는 최소농도, 즉 심장에 독성을 미칠 수 있는 최소농도이다.

32 다음 중 위험물안전관리법령에 의거하여 할로겐화물소화약제를 구성하는 원소가 아닌 것은?

① Ar

② Br

③ F

④ Cl

> **해설**

할로겐화물 소화약제를 구성하는 원소 : F, Cl, Br, I

33 Halon 1011의 화학식을 옳게 나타낸 것은?

① CH_2FBr

② CH_2ClBr

③ $CBrCl$

④ $CFCl$

> **해설**

■ **Halon 번호**
- 첫째 – 탄소의 수
- 둘째 – 불소의 수
- 셋째 – 염소의 수
- 넷째 – 브롬의 수

34 Halon 1211에 해당하는 할로겐화합물 소화약제는?

① CH_2ClBr

② CF_2ClBr

③ CCl_2FBr

④ CBr_2FCl

> **해설**

33번 해설 참조

35 다음 중 소화약제인 Halon 1301의 분자식은?

① CF_2Br_2

② CF_3Br

③ $CFBr_3$

④ CBr_3Cl

> **해설**

33번 해설 참조

정답 32. ① 33. ② 34. ② 35. ②

36 Halon 1301소화약제의 특성에 관한 설명으로 옳지 않은 것은?

① 상온, 상압에서 기체로 존재한다.
② 비전도성이다.
③ 공기보다 가볍다.
④ 고압용기 내에 액체로 보존한다.

해설

CF_3Br로, 공기보다 무겁다.

37 Halon 1211과 Halon 1301소화약제에 대한 설명 중 틀린 것은?

① 모두 부촉매효과가 있다.
② 증기는 모두 공기보다 무겁다.
③ 증기비중과 액체비중 모두 Halon 1211이 더 크다.
④ 소화기의 유효방사거리는 Halon 1301이 더 길다.

해설

④ 소화기의 유효방사거리는 Halon 1301이 더 짧다.

38 할로겐소화약제인 $C_2F_4Br_2$에 대한 설명으로 옳은 것은?

① 할론번호가 2420이며, 상온·상압에서 기체이다.
② 할론번호가 2402이며, 상온·상압에서 기체이다.
③ 할론번호가 2420이며, 상온·상압에서 액체이다.
④ 할론번호가 2402이며, 상온·상압에서 액체이다.

해설

■ Halon 2402소화약제
포화탄화수소인 에탄(C_2H_6)에 불소 4분자, 취소 2분자를 치환시켜 제조된 물질($CF_2Br·CF_2Br$), 비점이 47.5℃이므로 상온에서 액체상태로 존재한다.

39 탄산칼륨을 첨가한 것으로 물의 빙점을 낮추어 한랭지 또는 겨울철에 사용이 가능한 소화기는?

① 산·알칼리소화기
② 할로겐화물소화기
③ 분말소화기
④ 강화액소화기

해설

강화액(Loaded Stream)소화기의 설명이다.

40 강화액소화기에 대한 설명 중 틀린 것은?

① 한랭지에서도 사용이 가능하다.
② 액성은 알칼리성이다.
③ 유류화재에 가장 효과적이다.
④ 소화력을 높이기 위해 금속염류를 첨가한 것이다.

해설

■ 강화액소화기

일반 가연물화재에 가장 효과적이다. 특히 강화액소화약제를 일반 가연물화재에 방사하면 액체입자가 가연물질의 내부 속으로 신속하게 침투하여 일반 가연물과 결합해 화염을 발생하지 않도록 하는 방염제의 역할과 침투제의 기능을 모두 발휘함으로써 재착화의 위험성도 없게 해준다.

41 다음 중 강화액 소화기의 방출방식으로 가장 많이 쓰이는 것은?

① 가스가압식
② 반응식(파병식)
③ 축압식
④ 전도식

해설

■ 강화액소화기의 방출방식
㉠ 축압식
㉡ 가스가압식
㉢ 반응식(파병식)

42 산·알칼리소화기의 화학 반응식으로 옳은 것은?

① $2NaHCO_3 + H_2SO_4 \rightarrow Na_2SO_4 + 2CO_2 + 2H_2O$

② $6NaHCO_3 + Al_2(SO_4)_3 + 18H_2O \rightarrow 3Na_2SO_4 \rightarrow 2Al(OH)_3 + 6CO_2 + 18H_2O$

③ $2NaHCO_3 \rightarrow Na_2CO_3 + CO_2 + H_2O$

④ $2KHCO_3 \rightarrow K_2CO_3 + CO_2 + H_2O$

> **해설**
>
> ■ **산·알칼리소화약제**
> 산성소화약제로는 진한황산이 사용되고, 알칼리성 소화약제로는 탄산수소나트륨이 사용된다. 내통에 충전되는 황산수용액은 진한황산 70%와 물 30%의 비율로 혼합되어 있으며, 외통에 충전되는 탄산수소나트륨 수용액은 물 93%와 탄산수소나트륨 7%의 비율로 혼합되어있다.

43 유류나 전기화재에 가장 부적당한 소화기는?

① 산·알칼리소화기   ② 이산화탄소소화기

③ 할로겐화물소화기   ④ 분말소화기

> **해설**
>
> ① 산·알칼리소화기 : A, C급
> ② 이산화탄소소화기 : B, C급
> ③ 할로겐화물소화기 : B, C급
> ④ 분말소화기 : A, B, C급

44 물분무소화에 사용된 20℃의 물 2g이 완전히 기화되어 100℃의 수증기가 되었다면 흡수된 열량과 수증기 발생량은?

① 약 550cal, 약 2,400mL   ② 약 1,240cal, 약 3,400mL

③ 약 2,480cal, 약 6,800mL   ④ 약 3,720cal, 약 10,200mL

> **해설**
>
> • $H_2O[L] \rightarrow H_2O[g]$ 과정에서 물 20℃ → 100℃ → 수증기로 되는 과정을 포함하므로 흡수된 열량은 두 과정의 합으로 계산하여야 한다.
> $Q = mc\Delta t +$ 기화되는 데 필요한 열량
> $= 2g \times 1cal/g℃ \times (100-20) + (539cal/g \times 2g)$
> $= 1,238cal$
> • $2gH_2O \times \dfrac{22.4SLH_2O}{18gH_2O} \times \dfrac{373L}{273SL} \times \dfrac{10^3mL}{1L} = 3,400mL$

정답   42. ①   43. ①   44. ②

45 청정소화약제의 종류가 아닌 것은?

① FC-3-1-10
② HCFC Blend A
③ IG-541
④ CTC-124

해설

■ 청정소화약제의 종류

할로겐화합물 청정소화약제	불활성가스 청정소화약제
HCFC Blend A	
HFC-23	
HFC-125	
HFC-227ea	IG-01
HCFC-124	IG-55
FC-3-1-10	IG-100
FK-5-1-12	IG-541
HFC-236fa	
FIC-13I1	

46 청정소화약제 중 HFC 계열이 아닌 것은?

① 트리플루오르메탄
② 퍼플루오르부탄
③ 펜타플루오르에탄
④ 헵타플루오르프로판

해설

■ 청정소화약제

할로겐화합물(할론 1301, 할론 2402, 할론 1211 제외) 및 불활성 기체로, 전기적으로 비전도성이며 휘발성이 있거나 증발 후 잔여물을 남기지 않는 소화약제이다.

(1) 할로겐화합물 청정소화약제 : 불소, 염소, 브롬 또는 요오드 중 하나 이상의 원소를 포함하고 있는 유기화합물을 기본성분으로 하는 소화약제이다.

① HFC(Hydro Fluoro Carbon) : 불화탄화수소
② HBFC(Hydro Bromo FLuoro Carbon) : 브롬불화탄화수소
③ HCFC(Hydro Chloro Fluoro Carbon) : 염화불화탄화수소
④ FC, PFC(Perfluoro Carbon) : 불화탄소, 과불화탄소
⑤ FIC(Fluoroiodo Carbon) : 불화요오드화탄소

정답 45. ④ 46. ②

(2) 불활성가스 청정소화약제 : 헬륨, 네온, 아르곤 또는 질소 가스 중 하나 이상의 원소를 기본으로 하는 소화약제이다.

소화약제	상품명	화학식
퍼플루오르부탄(FC-3-1-10)	PFC-410	C_4F_{10}
하이드로클로로플루오르카본 혼화제(HCFC Blend A)	NAFS-III	HCFC-22($CHClF_2$) : 82% HCFC-124($CHClFCF_3$) : 9.5% HCFC-123($CHCl_2CF_3$) : 4.75% $C_{10}H_{16}$: 3.75%
클로로테트라플루오르에탄(HCFC-124)	FE-24	$CHClFCF_3$
펜타플루오르에탄(HFC-125)	FE-25	CHF_2CF_3
헵타플루오르프로판(HFC-227ea)	FM-200	CF_3CHFCF_3
트리플루오르메탄(HFC-23)	FE-13	CHF_3
헥사플루오르프로판(HFC-236fa)	FE-36	$CF_3CH_2CF_3$
트리플루오르이오다이드(FIC-1311)	Tiodide	CF_3I
도데카플루오르-2-메틸펜탄-3-원(FK-5-1-12)	-	$CF_3CF_2C(O)CF(CF3)_2$
불연성·불활성기체 혼합가스(IG-01)	Argon	Ar
불연성·불활성기체 혼합가스(IG-100)	Nitrogen	N_2
불연성·불활성기체 혼합가스(IG-541)	Inergen	N_2 : 52%, Ar : 40%, CO_2 : 8%
불연성·불활성기체 혼합가스(IG-55)	Argonite	N_2 : 50%, Ar : 50%

47 다음 소화약제 중 비할로겐 계열로서 화학적 소화보다는 물리적 소화에 의해 화재를 진압하는 소화약제는?

① HFC-227ea(FM-200)
② IG-541(Inergen)
③ HCFC Blend A(NAF S-III)
④ HFC-23(FE-13)

해설

① HFC-227ea[CH_3(HCFCF_3)] : 미국의 Great Lakes Chemical사가 'FM-200'이라는 상품명으로 개발하여 판매하고 있는 Halon 대체물질로, 오존파괴지수(ODP)가 0이며 비점이 영하 16.4℃로 전역방출방식의 소화설비용 소화약제에 적합하다.

② IG-541 : 미국의 Ansul사가 'Ingergen'이라는 상품명으로 제조하여 판매하고 있는 것으로 질소(N_2) 52%, 아르곤(Ar) 40% 및 이산화탄소(CO_2) 8%의 조성으로 혼합된 대체 소화약제이다. 특히 n-헵탄(C_7H_{16}) 불꽃에 대한 소화농도는 29.1%로, 오존파괴지수(ODP)가 0이며 LOAEL이 52%로 낮아 사람이 있는 장소에서의 소화설비용 대체소화약제이다.

③ HCFC Blend A(NAF S-III) : 캐나다의 North American Fire Guardian사가 개발하여 이탈리아의 Safety Hitech사에서 'NAF-S-III'라는 상품명으로 제조·판매되고 있으며, Halon 대체 물질로서 오존파괴지수(ODP)가 0.044로 대기 중에서의 수명이 7년 정도 된다. 또한 비점은 -38.3℃이며, 밀도는 1.20g/mL이다.

정답 47. ②

④ HFC-23(FE-13)(CHF₃) : 미국의 듀폰(Du Pont)사가 'FE/3'이라는 상품명으로 개발하여 판매하고 있는 것으로 전역방출방식의 소화설비용 대체소화약제로, 개발 초기에는 냉매·화학 중간 원료·충전제 등으로 사용되어 왔다. 또한 HFC-23 물질은 4시간 동안 실험용 쥐의 50%가 사망하는 농도인 LC_{50}은 65% 이상이며, NOAEL도 50%이어서 독성은 낮은 편이다.

48 50%의 N₂와 50%의 Ar으로 구성된 소화약제는?

① HFC-125
② IG-541
③ HFC-23
④ IG-55

해설

① HFC-125 → CHF_2CF_3
② IG-541 → N_2 : 52%, Ar : 40%. CO_2 : 8%
③ HFC-23 → CHF_3
④ IG-55 → N_2 : 50%, Ar : 50%

49 소화기의 외부에 표시해야 하는 사항이 아닌 것은?

① 유효기간과 폐기날짜
② 적응화재표시
③ 소화능력단위
④ 취급상의 주의사항

해설

■ **소화기 외부 표시사항**
㉠ 소화기의 명칭, ㉡ 적응화재표시, ㉢ 사용방법, ㉣ 용기합격 및 중량표시, ㉤ 취급상 주의사항,
㉥ 능력단위, ㉦ 제조 연월일

50 피뢰설비 설치기준에서 피뢰침 1개 설치 시 돌침의 보호각은?

① 30℃
② 45℃
③ 60℃
④ 75℃

해설

피뢰침의 보호각은 45° 이하로 하여야 한다.

Chapter 03 소방시설

소화설비, 경보설비, 피난설비, 소화용수설비 및 소화 활동에 필요한 설비로 구분한다.

01 소방시설의 종류

1 소화설비

물 또는 기타 소화약제를 사용하여 소화하는 기계·기구 또는 설비

(1) 소화기구

① 소화기 : 방호 대상물의 각 부분으로부터 수동식소화기까지의 보행거리
  ㉠ 소형수동식소화기 : 20m 이하
  ㉡ 대형수동식소화기 : 30m 이하
② 간이소화용구 : 에어로졸식 소화용구, 투척용 소화용구 및 소화약제 외의 것을 이용한 간이소화용구
③ 자동확산소화기

(2) 자동소화장치

① 주거용 주방자동소화장치
② 상업용 주방자동소화장치
③ 캐비닛형 자동소화장치
④ 가스자동소화장치
⑤ 분말자동소화장치
⑥ 고체에어로졸자동소화장치

(3) 옥내소화전설비(호스릴옥내소화전설비를 포함)

① 개요 : 방호 대상물의 내부에서 발생한 화재를 조기에 진화하기 위하여 설치한 수동식 고정 설비로, 주요 구성 요소는 수원·가압송수장치·기동장치·배관 및 밸브류·호스·노즐·소화전함 등으로 되어있다.

② 기동방식의 종류

㉮ 자동기동방식(개폐 방식) : 소화전 내의 개폐밸브를 개방하면 압력의 변화를 감지하여 가압송수장치를 자동으로 기동하는 방식

㉯ 수동기동방식 : 소화전함의 내부 또는 그 직근에 설치되어 있는 기동스위치를 작동시킴으로써 가압송수장치를 기동하는 방식

㉰ 설치기준

㉠ 수원의 양(Q) : 옥내소화전설비의 설치 개수(N : 설치 개수가 5개 이상인 경우는 5개의 옥내소화전)에 $7.8m^3$을 곱한 양 이상

$$Q[m^3] = N \times 7.8m^3$$

여기서, Q : 수원의 양 N : 옥내소화전설비 설치 개수

즉, $7.8m^3$란 법정 방수량 260L/min으로 30min 이상 기동할 수 있는 양이다.

예제

제조소 등의 건축물에서 옥내소화전이 가장 많이 설치된 층의 소화전의 수가 3개일 경우 확보해야 할 수원의 양은 몇 m^3 이상이어야 하는가?

풀이 수원의 양

$$Q[m^3] = N \times 7.8m^3$$

[N : 옥내소화전설비의 설치 개수(설치 개수가 5개 이상인 경우는 5개)]

$\therefore \ Q = 3 \times 7.8m^3 = 23.4m^3$

🖩 $23.4m^3$

㉡ 소화전의 노즐 선단의 성능기준 : 방수압 350kPa 이상, 방수량 260L/min 이상

㉢ 가압송수장치의 설치기준

ⓐ 펌프는 전용으로 할 것

ⓑ 펌프의 토출측에는 압력계를, 흡입측에는 연성계 또는 진공계를 설치할 것

ⓒ 정격부하 운전 시 펌프의 성능을 시험하기 위하여 펌프의 토출측에 설치된 개폐밸브 이전에서 분기한 성능시험배관을 설치할 것
  • 배관의 구경은 정격토출압력의 65% 이하에서 정격토출량의 150% 이상을 토출할 수 있는 크기 이상으로 할 것
  • 펌프정격토출량의 150% 이상을 측정할 수 있는 유량측정장치를 설치할 것
ⓓ 체절운전 시 수온의 상승을 방지하기 위하여 체크밸브와 펌프 사이에서 분기한 구경 20mm 이상의 순환배관을 설치할 것
ⓔ 기동장치는 기동용 수압 개폐장치(압력체임버의 용적은 100L 이상)를 사용할 것
ⓕ 수원의 수위가 펌프보다 낮은 위치에 있는 가압송수장치의 경우에는 몰올림장치를 설치할 것
ⓖ 기동용 수압개폐장치를 사용하는 경우에는 충압펌프(Jockey Pump)를 설치할 것
ⓗ 펌프를 이용한 가압송수장치

$$전양정(H) = h_1 + h_2 + h_3 + 35m$$

여기서, h_1 : 소바용 호스의 마찰 손실수두, h_2 : 배관의 마찰 손실수두
      h_3 : 낙차

> **예제**
>
> 「위험물안전관리법령」상 압력수조를 이용한 옥내소화전설비의 가압송수장치에서 압력수조의 최소 압력(MPa)은?(단, 소방용 호스의 마찰손실수두압은 3MPa, 배관의 마찰손실수두압은 1MPa, 낙차의 환산 수두압은 1.35MPa이다)
>
> **풀이** $P = P_1 + P_2 + P_3 + 0.35Mpa$
> $= 3 + 1 + 1.35 + 0.35 = 5.70Mpa$
>
> 답 5.70MPa

ⓡ 시동표시등 : 옥내소화전함의 내부에 시동표시등을 설치 시 색상은 적색이다.
ⓜ 송수구의 설치기준
  ⓐ 지면으로부터 높이 0.5~1.0m 이하의 위치에 설치할 것
  ⓑ 구경은 65mm의 쌍구형 또는 단구형으로 할 것

ⓑ 옥내소화전함의 두께와 재질 기준 : 두께 1.5mm 이상의 강판 또는 두께 4.0mm 이상의 합성수지제(단, 소화전함 문짝의 면적은 0.5m² 이상)

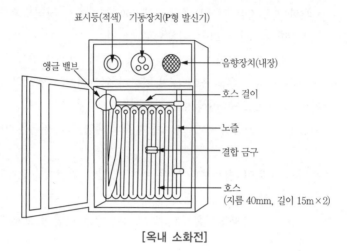

[옥내 소화전]

ⓢ 방수구의 설치기준

ⓐ 옥내소화전은 제조소 등의 건축물의 층마다 당해 층의 각 부분에서 하나의 호스 접속부까지의 수평거리가 25m 이하가 되도록 설치. 이 경우 옥내소화 전은 각 층의 출입구 부근에 1개 이상 설치할 것

ⓑ 바닥으로부터의 높이가 1.5m 이하가 되도록 할 것

ⓒ 호스의 구경은 40mm 이상의 것으로 할 것

ⓞ 옥내소화전설비의 비상전원은 45분 이상 작동할 수 있어야 한다.

ⓡ 배관의 설치기준

ㄱ 배관용 탄소강관(KS D 3507)을 사용할 수 있다.

ㄴ 주배관의 입상관 구경을 최소 50mm 이상으로 한다.

ㄷ 펌프를 이용한 가압송수장치의 흡수관은 펌프마다 전용으로 설치한다.

ㄹ 원칙적으로 급수 배관은 생활용수 배관과 같이 사용할 수 없으며, 전용 배관으로만 사용한다.

(4) 옥외소화전설비

① 개요 : 건축물의 1·2층만을 방사능력 범위로 하고, 지하층 및 3층 이상의 층에 대하여 다른 소화설비를 설치해야 하는 소화설비로서, 옥외설비 및 기타 장치에서 발생하는 화재의 진압 또는 인접 건축물로의 연소 확대를 방지할 목적으로 방호대상물의 옥외에 설치하는 수동식 고정소화설비를 말하며, 주요 구성 요소로는 수원(물탱크), 가압송수장치, 배관, 호스, 소화전함으로 구성되어있다.

② 종류

㉮ 방수구의 설치위치에 따른 구분

　㉠ 지상식(Stand식) : 방수구를 지상으로 노출시킨 것으로, 개폐밸브가 지상에 있는 것

　㉡ 지하식 : 옥외소화전의 개폐밸브가 지하에 설치되어 있는 것으로, 지상에서 개폐기구를 이용하여 개방할 수 있도록 한 것

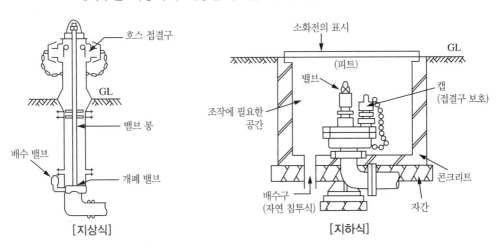

[지상식]　　　　[지하식]

㉯ 호스 접결구(방수구)의 형식에 따른 분류

　㉠ 쌍구형　　　　　　　㉡ 단구형

③ 설치 기준

㉮ 수원의 양(Q) : 옥외소화전설비의 설치 개수(설치 개수가 4개 이상인 경우는 4개의 옥외소화전)에 13.5m³를 곱한 양 이상

$$Q[\text{m}^3] = N \times 13.5\text{m}^3$$

여기서, Q : 수원의 양

　　　　N : 옥외소화전설비 설치 개수

즉, 13.5m³란 법정 방수량 450L/min으로 30min 이상을 기동할 수 있는 양

위험물제조소 등에 옥외소화전을 6개 설치할 경우 수원의 수량은 몇 m³ 이상이어야 하는가?

풀이 $Q[\text{m}^3] = N \times 13.5 = 4 \times 13.5 = 54\text{m}^3$

Q : 수원의 양, N : 옥외소화전설비 설치 개수

(설치 개수가 4개 이상인 경우는 4개의 옥외소화전)

답 54m^3

④ 소화전 노즐 선단의 성능기준 : 방수압 350kPa 이상, 방수량 450L/min 이상
⑤ 방수구의 설치기준
　　㉠ 당해 소방 대상물의 각 부분으로부터 하나의 옥외소화전 방수구(호스접결구)까지의 수평 거리가 40m 이하가 되도록 할 것
　　㉡ 호스의 구경은 65mm 이상의 것으로 할 것
⑥ 옥외소화전함의 설치 기준
　　㉠ 옥외소화전으로부터 보행 거리 5m 이하의 장소에 설치할 것
　　㉡ 옥외소화전함의 호스 길이는 20m의 것 2개, 구경 19mm의 노즐 1개를 수납할 것
⑦ 개폐밸브 및 호스접속구의 설치기준 : 지반면으로부터 1.5m 이하의 높이에 설치할 것

(5) 스프링클러설비

1) 스프링클러설비

① 개요 : 소방 대상물의 규모에 따라 방호 대상물의 천장, 벽 등에 스프링클러헤드를 설치하고 화재발생 시 헤드에 의해 화재 감지는 물론 가압송수장치가 기동됨과 동시에 화재경보를 발하고, 이때 배관 내에 가압된 물이 헤드로부터 방사되어 소화하는 설비를 말한다. 주요 구성요소는 스프링클러헤드, 배관, 자동경보장치(유수검지장치), 가압송수장치, 급수장치, 수원 및 기타 주변 기기 등의 부속장치로 되어있다.
② 종류 : 스프링클러설비의 종류로는 폐쇄형과 개방형이 있으며, 폐쇄형에는 습식·건식·준비작동식이 있고 개방형에는 일제 살수식이 있다.

㉮ 습식 스프링클러설비(Wet Pipe Sprinkler System) : 송수펌프에서 폐쇄형 헤드까지 배관 내에 항상 물이 가압되어있다가 화재발생 시 폐쇄형 헤드가 열에 의하여 개방되어 소화하는 형태이다.

㉯ 건식 스프링클러설비(Dry Pipe Sprinkler System) : 송수펌프에서 건식밸브 1차측까지 배관 내에 항상 물이 가압되어 있고, 2차측으로부터 폐쇄형 헤드까지는 압축공기 또는 질소가스로 압축되어있다가 화재발생 시 폐쇄형 헤드의 개방으로 소화하는 형태이다.

㉰ 준비작동식 스프링클러설비(Preaction Sprinkler System) : 송수펌프에서 준비작동식 1차측 배관 내에 항상 물이 가압되어 있고, 준비작동밸브 2차측부터 폐쇄형 헤드까지는 대기압 상태로 있다가 화재발생 시 감지기에 의하여 준비작동밸브를 개방하여 헤드까지 물을 송수시켜 놓고 열에 의하여 헤드가 개방되면 소화하는 형태이다.

㉱ 일제살수식 스프링클러설비(Deluge Sprinkler System) : 송수펌프에서 델류즈밸브 1차측 배관까지 항상 물이 가압되어 있고, 델류즈밸브 2차측부터 개방형 헤드까지는 대기압 상태로 있다가 화재감지기에 의해 델류즈밸브가 개방되어 소화하는 형태이다.

③ 스프링클러 헤드의 종류
㉮ 개방 유무(구조형식)에 따른 분류
㉠ 개방형(Opened Type) : 감열부가 없고 방수구가 항상 개방되어 있으며, 설치 시 별도의 감지기를 설치하여야 하는 헤드이다.
ⓐ 방호 대상물의 바닥면적이 150m² 이상인 경우에 개방형 스프링클러 방사 구역

[헤드를 이용한 스프링클러설비]

구 분	기 준
수평거리	1.7m 이하
방사구역(개방형)	150m^2 이상
방수량	80L/min 이상
방사압력	100kPa 이상

　　　ⓑ 스프링클러설비에 설치하는 수동식 개방밸브를 개방·조작하는 데 필요한
　　　　힘을 15kg 이하가 되도록 설치한다.
　　ⓛ 폐쇄형(Closed Type) : 감열부가 있으며, 화재발생 시 열에 의하여 분해·개방되는
　　　형태의 헤드이다. 즉, 정상상태에서 방수구를 막고 있는 감열체가 일정 온도에서
　　　자동적으로 파괴·용해 또는 이탈됨으로써 방수구가 개방되는 것이다.

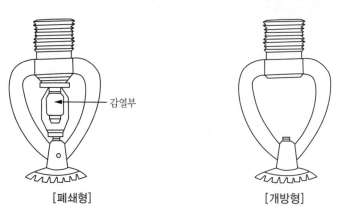

[폐쇄형]　　　　　　　　　[개방형]

　　ⓠ 설치방향에 따른 분류
　　　㉠ 상향형(Upright Type) : 배관 상부에 설치하고 천장이 콘크리트, 트러스 등
　　　　반자가 없는 곳에 설치하며, 방수구를 천장 쪽을 향하게 하여 설치하므로 하방
　　　　을 살수할 목적으로 설치하는 헤드이다.
　　　㉡ 하향형(Pendant Type) : 배관 하부에 설치하고 천장반자가 있는 곳에 설치하
　　　　며, 방수구를 바닥쪽으로 향하게 하여 설치하므로 상방을 살수할 목적으로 설
　　　　치하는 헤드이다.
　　　㉢ 상하겸용형(Conventional Type) : 현재 거의 사용하지 않는 구형 형태의 헤드
　　　　이다.
　　　㉣ 측벽형(Side Wall Type) : 옥내의 벽 상부에 설치하며, 폭이 9m 이하인 실내
　　　　에 설치하는 헤드이다.

④ 스프링클러헤드의 설치 방법
  ㉮ 개방형 스프링클러헤드는 방호대상물의 모든 표면이 헤드의 유효 사정 내에 있도록 설치한다.
    ㉠ 스프링클러헤드의 반사판으로부터 하방으로 0.45m, 수평방향으로 0.3m의 공간을 보유할 것
    ㉡ 스프링클러헤드는 헤드의 축심이 당해 헤드의 부착면에 대하여 직각이 되도록 설치할 것
  ㉯ 폐쇄형 스프링클러헤드는 방호대상물의 모든 표면이 헤드의 유효 사정 내에 있도록 설치한다.
    ㉠ 스프링클러헤드의 반사판과 당해 헤드의 부착면과의 거리는 0.3m 이하일 것
    ㉡ 스프링클러헤드는 당해 헤드의 부착면으로부터 0.4m 이상 돌출한 보 등에 의하여 구획된 부분마다 설치할 것, 다만, 당해 보 등의 상호간의 거리(보 등의 중심선을 기산점으로 한다)가 1.8m 이하인 경우에는 그러하지 아니하다.
    ㉢ 흡배기덕트 등의 긴 변의 길이가 1.2m를 초과하는 것이 있는 경우에는 당해 덕트 등의 아랫면에도 스프링클러헤드를 설치할 것
    ㉣ 스프링클러헤드의 부착위치
      ⓐ 가연성 물질을 수납하는 부분에 스프링클러헤드를 설치하는 경우에는 당해 헤드의 반사판으로부터 하방으로 0.9m, 수평방향으로 0.4m의 공간을 보유할 것
      ⓑ 개구부에 설치하는 스프링클러헤드는 당해 개구부의 상단으로부터 높이 0.5m 이내의 벽면에 설치할 것
    ㉤ 건식 또는 준비작동식의 유수검지장치의 2차측에 설치하는 스프링클러헤드는 상향식 스프링클러헤드로 할 것(다만, 동결할 우려가 없는 장소에 설치하는 경우에는 그러하지 아니하다)
    ㉥ 스프링클러헤드 부착장소의 평상시 최고주위온도와 표시온도

부착장소의 최고주위온도(℃)	표시온도(℃)
28 미만	58 미만
28 이상 39 미만	58 이상 79 미만
39 이상 64 미만	79 이상 121 미만
64 이상 106 미만	121 이상 162 미만
106 이상	162 이상

⑤ 스프링클러설비의 장·단점

장 점	단 점
• 특히 초기진화에 절대적인 효과가 있다. • 약제가 물이기 때문에 값이 저렴하고, 복구가 쉽다. • 오동작, 오보가 없다(감지부가 기계적). • 조작이 간편하고 안전하다. • 야간이라도 자동으로 화재감지경보, 소화할 수 있다.	• 초기 시설비가 많이 든다. • 시공이 다른 설비와 비교했을 때 복잡하다. • 물로 인한 피해가 크다

⑥ 스프링클러설비의 설치기준

㉮ 수원의 양(Q)

㉠ 폐쇄형 스프링클러헤드를 사용하는 경우

$$Q[\text{m}^3] = N(\text{헤드의 설치 개수 : 최대 30개}) \times 2.4\text{m}^3$$

여기서, Q : 수원의 양 N : 스프링클러헤드의 설치개수

2.4m³ : 법정 방수량 80L/min으로 30min 이상을 기동할 수 있는 양

㉡ 개방형 스프링클러헤드를 사용하는 경우

ⓐ 헤드 수가 30개 미만인 경우

$$Q[\text{m}^3] = N(\text{헤드의 설치 개수}) \times 2.4\text{m}^3$$

여기서, Q : 수원의 양 N : 스프링클러헤드의 설치개수

ⓑ 헤드 수가 30개 초과하는 경우

$$Q[\text{m}^3] = K\sqrt{P}[\text{L/min}] \times 30\text{min} \times N$$

여기서, Q : 수원의 양 K : 상수

         P : 방수압력 N : 스프링클러헤드의 설치개수

㉯ 수동식 개방밸브를 개방조작하는 데 필요한 힘 : 개방형 스프링클러헤드를 사용하는 경우(15kg 이하)

㉰ 가압송수장치의 송수량 기준 : 방수압 100kPa 이상, 방수량 80L/min 이상

⑦ 제어밸브의 설치위치

㉮ 방사구역마다 제어밸브를 설치한다.

㉯ 바닥으로부터 0.8m 이상 1.5m 이하에 설치한다.

2) 간이스프링클러설비(캐비닛형 간이스프링클러설비 포함)

3) 화재조기진압용 스프링클러설비

(6) 물분무등소화설비

1) 물분무소화설비

① 개요 : 화재발생 시 분무 노즐에서 물을 미립자로 방사하여 소화하고, 화재의 억제 및 연소를 방지하는 소화설비이다. 즉, 미세한 물의 냉각작용·질식작용·유화작용·희석작용을 이용한 소화설비이다.

② 종류

㉮ 가반식 : 소화전의 소화펌프 또는 소화용 배관의 호스에 분무노즐을 연결하거나 스프링클러 등에 연결하여 자유자재로 사용할 수 있는 방식

㉯ 고정식 : 가압송수장치, 제어밸브, 배관, 헤드 등이 모두 연결되어 고정 설비되어 있는 방식으로 수동식과 자동식, 두 가지 방식으로 구분한다.

③ 설치기준

㉮ 위험물제조소 등

구 분	기 준
방사 구역	150m^2 이상
방사 압력	350kPa 이상
수원의 수량	• $Q[\text{L}] \geq$ 방호대상물 표면적(m^2)×20L/min·m^2×30min (건축물의 경우 바닥 면적) • $Q[\text{L}] \geq 2\pi r \times 37\text{L/min}\cdot\text{m}\times 20\text{min}$(탱크 높이 15m마다) (탱크 원주 둘레)
비상 전원	45분 이상 작동할 것

㉯ 옥외저장탱크에 설치하는 물분무설비 기준

㉠ 탱크표면에 방사하는 물의 양 : 원주둘레(m)×37L/m·min 이상

㉡ 수원의 양 : 방사하는 물의 양을 20분 이상 방사할 수 있는 수량

예제

방사구역의 표면적이 100m²인 곳에 물분무소화설비를 설치하고자 한다. 수원의 수량은 몇 L 이상이어야 하는가?(단, 분무헤드가 가장 많이 설치된 방사구역의 모든 분무헤드를 동시에 사용할 경우이다)

풀이 수원의 수량

$$Q[\text{m}^3] = 100\text{m}^2 \times 20\text{L/m}^2 \cdot 분 \times 30분 = 60,000\text{L}$$

답 60,000L

④ 제어밸브 : 바닥으로부터 0.8m 이상 1.5m 이하

2) 미분무소화설비

3) 포소화설비

① 개요 : 포소화약제를 사용하여 포수용액을 만들고, 이것을 화학적 또는 기계적으로 발포시켜 연소부분을 피복·질식효과에 의해 소화 목적을 달성하는 소화설비이다. 이동식 포소화설비는 4개(호스접속구가 4개 미만인 경우에는 그 개수)의 노즐을 동시에 사용할 경우에 각 노즐 선단의 방사압력은 0.35MPa 이상이고, 방사량은 옥내에 설치한 것을 200L/min 이상, 옥외에 설치한 것은 400L/min 이상으로 30분간 방사할 수 있는 양이다.

② 설치기준

㉠ 위험물제조소 등에 적용되는 방출방식 및 수원

방출방식	수원
이동식 포소화설비 방식 (옥외)	12,000L(400L/min×30min)×보조포소화전(최대 4개)+ 배관용량
이동식 포소화설비 방식 (옥내)	6,000L(200L/min×30min)×보조포소화전(최대 4개)+배관용량

④ 고정포방출구의 포수용액량 및 방출률

포방출구의 종류 / 제4류 위험물		인화점이 21℃ 미만	인화점이 21℃ 이상 70℃ 미만	인화점이 70℃ 이상
Ⅰ형	포수용액량(L/m^2)	120	80	60
	방출률(L/m^2·min)	4	4	4
Ⅱ형	포수용액량(L/m^2)	220	120	100
	방출률(L/m^2·min)	4	4	4
특형	포수용액량(L/m^2)	240	160	120
	방출률(L/m^2·min)	8	8	8
Ⅲ형	포수용액량(L/m^2)	220	120	100
	방출률(L/m^2·min)	4	4	4
Ⅳ형	포수용액량(L/m^2)	220	120	100
	방출률(L/m^2·min)	4	4	4

※ 옥외탱크저장소의 고정포방출구 수에서 정한 고정지붕구조의 탱크 중 탱크직경이 24m 미만인 것은 당해 포방출구(Ⅲ형 및 Ⅳ형은 제외)의 개수에서 1을 뺀 개수에 유효하게 방출할 수 있도록 설치할 것

③ 종류
  ㉮ 소화장치에 의한 분류
    ㉠ 전고정식
    ㉡ 반고정식
    ㉢ 이동식(가반식)
  ㉯ 방출방식에 의한 분류
    ㉠ 고정포방출구 방식
      ⓐ Ⅰ형 포방출구 방식[콘루프탱크(CRT)] : 방출된 포가 위험물과 섞이지 않고 탱크 속으로 흘러들어가 소화작용을 하도록 통계단 등의 설비가 된 포방출구로서, 주로 콘루프탱크(CRT)에 설치
      ⓑ Ⅱ형 포방출구 방식[콘루프탱크(CRT)] : 방출된 포가 반사판(Deflector, 디플렉터)에 의해 탱크의 벽면을 따라 흘러들어가 소화작용을 하도록 된 포방출구로서, 주로 콘루프탱크(CRT)에 설치

ⓒ 특형 포방출구 방식[플루팅루프탱크(FRT)] : 플루팅루프탱크(FRT)의 측면
   과 굽도리관에 의하여 형성된 환상 부분에 포를 방출하여 소화작용을 하도
   록 한 포방출구

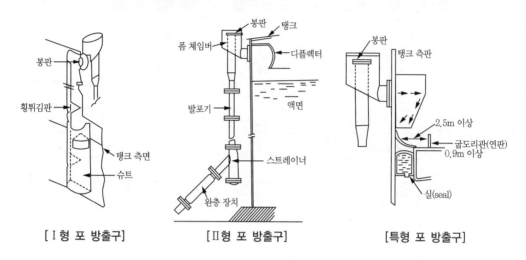

[Ⅰ형 포 방출구]   [Ⅱ형 포 방출구]   [특형 포 방출구]

ⓛ 고정식 포소화설비의 포방출구

탱크의 구조	포 방출구
고정지붕구조	Ⅰ형 방출구 Ⅱ형 방출구 Ⅲ형 방출구 Ⅳ형 방출구
부상덮개부착 고정지붕구조	Ⅱ형 방출구
부상지붕구조	특형 방출구

ⓒ 고정포방출구 방식 보조포소화전 : 고정포방출구 방식 보조포소화전은 3개(호
   스 접속구가 3개 미만인 경우에는 그 개수)의 노즐을 동시에 사용할 경우 각각
   노즐 선단의 방사압력은 0.35Mpa 이상이고, 방사량은 400L/min 이상의 성능
   이 되도록 설치한다.
ⓔ 포헤드 방식
   ⓐ 포워터스프링클러헤드 방식 : 비행기 격납고
   ⓑ 포헤드 방식 : 차고 또는 주차장
ⓜ 포헤드 방식의 포헤드 설치기준
   ⓐ 포헤드는 방호대상물의 모든 표면이 포헤드의 유효사정 내에 있도록 설치
   ⓑ 방호대상물 표면적(건축물의 경우 바닥면적) $9m^2$당 1개 이상의 헤드를 설치

ⓒ 표준 방사량

= 방호대상물 표면적(건축물의 경우 바닥 면적, m²)×6.5L/min·m²

ⓓ 방사구역은 100m² 이상으로 할 것(방호대상물 표면적이 100m² 미만일 경우는 당해 표면적)

※ 포수용액량 = 표준방사량×100min

㉯ 이동식

㉠ 포소화전 방식

㉡ 호스릴 방식

④ 포소화약제의 혼합장치

㉮ 펌프혼합방식(펌프프로포셔너 방식, Pump Proportioner Type) : 펌프의 토출관과 흡입관 사이의 배관 도중에 설치한 흡입기에 펌프에서 토출된 물의 일부를 보내고, 농도조절밸브에서 조정된 포소화약제의 필요량을 포소화약제 탱크에서 펌프흡입측으로 보내어 이를 혼합하는 방식

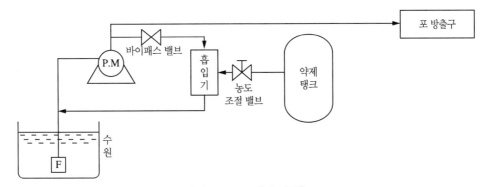

[펌프 프로포셔너 방식]

㉯ 차압혼합방식(프레셔프로포셔너 방식, Pressure Proportioner Type) : 펌프의 발포기 중간에 설치된 벤투리관(Venturi Tube)의 벤투리작용과 펌프가압수의 포소화약제 저장탱크에 대한 압력에 의하여 포소화약제를 흡입·혼합하는 방식

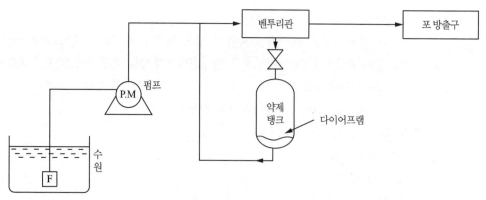

[펌프 프로포셔너 방식]

TIP | 벤투리작용
관의 중간을 가늘게 하여 흡입력으로 약제와 물을 혼합하는 작용

ⓒ 관로혼합방식(라인프로포셔너 방식, Line Proportioner Type) : 펌프와 발포기 중간
   에 설치된 벤투리관의 벤투리 작용에 의해 포소화약제를 흡입하여 혼합하는 방식

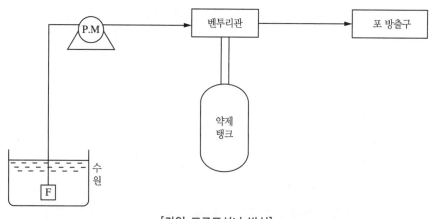

[라인 프로포셔너 방식]

ⓓ 압입혼합방식(프레셔사이드프로포셔너 방식, Pressure Side Proportioner Type)
   : 펌프의 토출관과 압입기를 설치하여 포소화약제 압입용 펌프로 포소화약제를
   압입시켜 혼합하는 방식

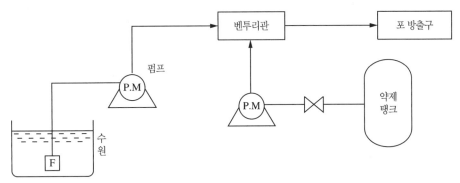

[프레셔 사이드 프로포셔너 방식]

⑤ 팽창비율에 따른 포방출구의 종류

팽창비율에 의한 포의 종류	포방출구의 종류
저발포(팽창비가 20 이하인 것)	포 헤드
고발포(팽창비가 80 이상, 1,000 미만인 것)	고발포용 고정포방출구

㉮ 저발포 : 단백포소화약제, 불화단백포액, 수성막포액, 수용성액체포소화약제, 모든 화학포소화약제 등

㉯ 고발포 : 합성계면활성제포소화약제 등

㉰ 팽창비 $= \dfrac{\text{포방출구에 의해 방사되어 발생한 포의 체적[L]}}{\text{포수용액(원액 + 물)[L]}}$

예제

3% 포원액을 사용하여 500 : 1의 발포배율로 할 때 고팽창포 1,700L에는 몇 L의 물이 포함되어 있는가?

풀이 발포배율(팽창비) $= \dfrac{\text{방출된 포의 체적[L]}}{\text{방출 전 포수용액의 체적[L]}}$ 에서

방출 전 포수용액의 체적 $= \dfrac{\text{방출된 포의 체적[L]}}{\text{발포배율(팽창비)}} = \dfrac{1,700}{500} = 3.4L$

포수용액 $=$ 포원액$+$물에서, 포원액이 3%이므로 물은 97%($w-3 = 97\%$)가 된다.
즉, 물 $= 3.4L \times 0.97 = 3.298 ≒ 3.3L$

답 3.3L

⑥ 고팽창(고발포)소화설비 : 고팽창포인 합성계면활성제 포원액을 포제너레이터(포 발생기)를 사용하여 80~1,000배의 고발포로 팽창시켜 방사하는 포소화설비로, 화면이 큰 화재에 많이 사용하는 설비

⑦ 가압송수장치 : 압력수조를 이용한 가압송수장치

$$P = P_1 + P_2 + P_3 + P_4$$

여기서, P : 필요한 압력(Mpa)

　　　　P_1 : 방출구의 설계압력 또는 노즐선단의 방사압력(Mpa)

　　　　P_2 : 배관의 마찰손실수두압(Mpa)

　　　　P_3 : 낙차의 환산수두압

　　　　P_4 : 소방용 호스의 마찰손실수두압(Mpa)

4) 불활성가스소화설비

① 개요 : 불연성가스인 CO_2 가스를 고압가스용기에 저장해 두었다가 화재가 발생할 경우 미리 설치된 소화설비에 의하여 화재발생 지역에 CO_2 가스를 방출·분사시켜 질식 및 냉각작용에 의한 소화를 목적으로 설치된 고정소화설비이다.

② 방출방식에 따른 불활성가스소화설비의 종류

　㉮ 전역방출방식(Total Flooding System) :일정 방호구역 전체에 방출하는 경우 해당 부분의 구획을 밀폐하여 불연성가스를 방출하는 방식

　㉯ 국소방출방식(Local Appliction System) : 소방대상물에 커다란 개구부가 있어 전역방출방식으로 소화가 곤란한 경우 한정된 연소부분에 CO_2 가스를 집중적으로 분사하여 산소 공급을 일시적으로 급히 차단시켜 소화하는 방법(분사헤드에서 방출되는 소화약제 방사기준 : 30초 이내에 균일하게 방사할 수 있을 것)

　㉰ 이동식(Portable Installation) : 분사헤드가 배관에 고정되어 있지 않고 고정 설치된 CO_2 용기에 호스를 연결하여 사람이 직접연소 부분에 호스를 최대한 가까이 해서 CO_2를 방사시켜 소화하는 방법

③ 불활성가스 소화약제의 저장용기 설치 장소

　㉮ 방호구역 외의 장소에 설치한다.

　㉯ 온도가 40℃ 이하이고, 온도변화가 적은 곳에 설치한다.

　㉰ 직사광선 및 빗물이 침투할 우려가 없는 곳에 설치한다.

　㉱ 저장용기에는 안전장치(용기밸브에 설치되어 있는 것 포함)를 설치한다.

⑩ 저장용기의 외면에 소화약제의 종류와 양, 제조년도 및 제조사를 표시한다.

④ 불활성가스 소화약제의 저장용기 설치기준

㉮ 저장용기의 충전비는 고압식에 있어서는 1.5~1.9 이하, 저압식에서는 1.1~1.4 이하로 한다.

㉯ 저압식 저장용기에는 내압시험압력의 0.64~0.8배의 압력에서 작동하는 안전밸브와 내압시험압력의 0.8~내압시험압력에서 작동하는 봉판을 설치한다.

㉰ 저압식 저장용기에는 액면계 및 압력계와 2.3Mpa 이상 1.9Mpa 이하의 압력에서 작동하는 압력경보장치를 설치한다.

㉱ 저압식 저장용기에는 용기내부의 온도를 -20℃ 이상 -18℃ 이하로 유지할 수 있는 자동냉동기를 설치한다.

㉲ 고압식 저장용기는 고압식은 25Mpa 이상, 저압식은 3.5Mpa 이상의 내압시험압력에 합격한 것으로 한다.

⑤ 기동장치

㉮ 기동장치의 조작부는 바닥으로부터 높이 0.8m 이상 1.5m 이하의 위치에 설치하고, 보호판 등에 보호장치를 설치한다.

㉯ 기동용 가스용기 및 해당 용기에 사용하는 밸브를 25Mpa 이상의 압력에 견딜 수 있는 것으로 한다.

⑥ 저압식 용기에 설치하는 압력경보장치의 작동압력 : 2.3Mpa 이상의 압력 및 1.9Mpa 이하의 압력

⑦ 불활성가스소화설비의 배관기준

㉮ 배관을 전용으로 한다.

㉯ 동관의 배관은 저압식을 3.75Mpa 이상의 압력에 견딜 수 있는 것을 사용한다.

㉰ 고압식의 경우 개폐밸브 또는 선택밸브의 2차측 배관부속은 호칭압력 2.0Mpa 이상의 것을 사용하여야 하며, 1차측 배관부속은 호칭압력 4.0Mpa 이상의 것을 사용하여야 한다. 저압식의 경우에는 2.0Mpa의 압력에 견딜 수 있는 배관 부속을 사용한다.

⑧ 전역방출방식 분사헤드의 방사압력

㉮ 고압식 : 2.1Mpa 이상

㉯ 저압식 : 1.05Mpa 이상

5) 할로겐화물소화설비

① 개요 : 할로겐화합물소화약제를 사용하여 화재의 연소반응을 억제함으로써 소화가 가능하도록 하는 것을 목적으로 설치된 고정소화설비로, 불활성가스소화설비와 비슷하다.

② 저장용기의 충전비

㉮ 할론 2402를 저장하는 것 중 가압식 저장용기에 있어서는 0.51 이상 0.67 미만, 축압식 저장용기에 있어서는 0.67 이상 2.75 이하

㉯ 할론 1211에 있어서는 0.7 이상 1.4 이하

㉰ 할론 1301에 있어서는 0.9 이상 1.6 이하

③ 축압식 저장용기 : 압력은 온도 20℃에서 질소가스로 축압한다.

㉮ 할론 1211 : 1.1MPa 또는 2.5MPa

㉯ 할론 1301 : 2.5MPa 또는 4.2MPa

④ 전역방출방식 분사헤드의 방사압력

㉮ 할론 2402 : 0.1MPa 이상

㉯ 할론 1211 : 0.2MPa 이상

㉰ 할론 1301 : 0.9MPa 이상

6) 청정소화설비

7) 분말소화설비

① 개요 : 분말소화약제 저장탱크에 저장된 소화분말을 가압용 또는 축압용 가스인 질소나 탄산가스의 압력에 의해 미리 설계된 배관 및 설비에 따라 화재발생 시 분말과 함께 방호 대상물에 방사하여 소화하는 설비로, 표면화제 및 연소면이 급격히 확대되는 인화성 액체의 화재에 적합한 방식이다.

② 소화설비의 종류

㉮ 전역방출방식 : 분말소화설비의 분사헤드는 소화약제 저장량을 30초 이내에 방사할 수 있는 것으로 한다.

㉯ 국소방출방식

㉠ 탱크사이드 방식(Tank Side Type)

㉡ 오버헤드 방식 (Over head Type)

㉢ 이동식(호스릴 방식)

8) 강화액소화설비

2 경보설비

화재발생 사실을 통보하는 기계·기구 또는 설비

(1) 단독경보형감지기

(2) 비상경보설비

1) 비상벨설비

2) 자동식사이렌설비

(3) 시각경보기

(4) 자동화재탐지설비 및 시각경보기

① 개요 : 건축물 내에서 발생한 화재의 초기 단계에서 발생하는 열·연기 및 불꽃 등을 자동으로 감지하여 건물 내의 관계자에게 벨·사이렌 등의 음향으로 화재발생을 자동으로 알리는 설비이다. 수신기, 감지기, 발신기, 화재발생을 관계자에게 알리는 벨·사이렌 및 중계기, 전원, 배선 등으로 구성된 설비를 말한다.

㉮ 자동화재탐지설비의 설치기준

㉠ 자동화재탐지설비의 경계구역(화재가 발생한 구역을 다른 구역과 구분하여 식별할 수 있는 최고 단위의 구역을 말한다)은 건축물 그 밖의 공작물의 2 이상의 층에 걸치지 아니하도록 할 것. 다만, 하나의 경계구역의 면적이 500m² 이하이면서 당해 경계구역이 두 개의 층에 걸치는 경우이거나 계단·경사로·승강기의 승강로, 그 밖에 이와 유사한 연기감지기를 설치하는 경우에는 그러하지 아니하다.

㉡ 하나의 경계구역의 면적은 600m² 이하로 하고, 그 한 변의 길이는 50m(광전식분리형감지기를 설치할 경우에는 100m) 이하로 할 것. 다만, 당해 건축물 그 밖의 공작물의 주요한 출입구에서 그 내부의 전체를 볼 수 있는 경우에 있어서는 그 면적을 1,000m² 이하로 할 수 있다.

㉢ 자동화재탐지설비의 감지기는 지붕(상층이 있는 경우에는 상층의 바닥) 또는 벽의 옥내에 면한 부분(천장이 있는 경우에는 천장 또는 벽의 옥내에 면한 부분 및 천장의 뒷부분)에 유효하게 화재의 발생을 감지할 수 있도록 설치할 것

㉣ 자동화재탐지설비에는 비상전원을 설치할 것

㉯ 옥내에서 지정수량 100배 이상을 취급하는 일반취급소에 설치한다.

(5) 비상방송설비

(6) 자동화재속보설비

소방대상물에 화재가 발생하면 자동으로 소방관서에 통보해 주는 설비

(7) 통합감시시설

(8) 누전경보기

건축물의 천장, 바닥, 벽 등의 보강재로 사용하고 있는 금속류 등이 누전의 경로가 되어 화재를 발생시키므로 이를 방지하기 위하여 누설전류가 흐르면 자동으로 경보를 발할 수 있도록 설치된 경보설비

(9) 가스누설경보기

가연성가스나 독성가스의 누출을 검지하여 그 농도를 지시함과 동시에 경보를 발하는 설비

❸ 피난설비

화재가 발생할 경우 피난하기 위하여 사용하는 기구 또는 설비

(1) 피난기구

① 피난사다리 : 소방대상물에 고정시키거나 매달아 피난용으로 사용하는 금속제의 사다리
  ㉮ 고정식
  ㉯ 올림식
  ㉰ 내림식
② 구조대 : 평상 시 건축물의 창이나 발코니, 벽 등에 고정으로 설치해 두고 피난 시에 지상까지 포대를 내려서 그 포대 속을 활강하는 피난기구로, 3층 이상의 건물에 설치하는 피난기구
  ㉮ 경사강하 방식
  ㉯ 수직강하식
③ 완강기 : 2층 이상의 건물에 설치하는 것으로 조속기·로프·벨트 및 훅으로 구성되며, 피난자의 체중에 의해 로프의 강하속도를 조속기가 자동으로 조정하여 완만하게 강하할 수 있는 피난기구

④ 그 밖에 법 제9조 제1항에 따라 소방청장이 정하여 고시하는 화재안전기준으로 정하는 것

(2) 인명구조기구

① 방열복

② 공기호흡기

③ 인공소생기

(3) 유도등

① 피난유도선

② 피난구유도등

　㉮ 피난구의 바닥으로부터 1.5m 이상의 곳에 설치한다.

　㉯ 조명도는 피난구로부터 30m의 거리에서 문자 및 색체를 쉽게 식별할 수 있는 것이어야 한다.

③ 통로유도등

　㉮ 종류

　　㉠ 복도통로유도등

　　㉡ 거실통로유도등

　　㉢ 계단통로유도등

　㉯ 조도는 통로유도등 바로 밑의 바닥으로부터 수평으로 0.5m 떨어진 지점에서 측정하여 1lux 이상이어야 한다.

　㉰ 백색 바탕에 녹색으로 피난방향을 표시한 등으로 하여야 한다.

④ 객석유도등

　㉮ 조도는 통로 바닥의 중심선에서 측정하여 0.2lux 이상이어야 한다.

　㉯ 설치 개수 $= \dfrac{\text{객석의 통로 직선부분의 길이(m)}}{4} - 1$

⑤ 유도표지

　㉮ 피난구유도표지는 출입구 상단에 설치한다.

　㉯ 통로유도표지는 바닥으로부터 높이 1.5m 이하의 위치에 설치한다.

⑥ 비상조명등

⑦ 휴대용 비상조명등

4 소화용수설비

화재를 진압하는 데 필요한 물을 공급하거나 저장하는 설비

① 상수도소화용수설비
② 소화수조·저수조 그 밖의 소화용수설비

5 소화활동설비

화재를 진압하거나 인명구조활동을 위하여 사용하는 설비

(1) 제연(배연)설비

화재 시 발생한 연기가 피난경로가 되는 복도, 계단 전실 및 거실 등에 침입하는 것을 방지하고, 거주자를 유해한 연기로부터 보호하여 안전하게 피난시킴과 동시에 소화 활동을 원활하게 하기 위한 설비를 말한다.

(2) 연결송수관설비

고층빌딩의 화재는 소방차로부터 주수소화가 불가능한 경우가 많이 때문에 소방차와 접속이 가능한 도로변에 송수구를 설치하고, 건물 내에 방수구를 설치하여 소방차의 송수구로부터 전용 배관에 의해 가압송수할 수 있도록 한 설비를 말한다.

(3) 연결살수설비

지하층 화재의 경우 개구부가 작아 연기가 충만하기 쉽고 소방대의 진입이 용이하지 못하므로 이에 대한 대책으로 일정 규모 이상의 지하층 천장 면에 스프링클러헤드를 설치하고, 지상의 송수구로부터 소방차를 이용하여 송수하는 소화설비를 말한다.

(4) 비상콘센트설비

지상 11층 미만의 건물에 화재가 발생한 경우에는 소방차에 적재된 비상발전설비 등의 소화활동상 필요한 설비로 화재진압활동이 가능하지만, 지상 11층 이상의 층 및 지하 3층 이상에서 화재가 발생한 경우에는 소방차에 의한 전원공급이 원활하지 않아 내화배선으로 비상전원이 공급될 수 있도록 한 고정전원설비를 말한다.

(5) 무선통신보조설비

지하에서 화재가 발생한 경우 효과적인 소화활동을 위해 무선통신을 사용하고 있는데, 지하의 특성상 무선연락이 잘 이루어지지 않아 방재센터 또는 지상에서 소화활동을 지휘하는 소방대원과 지하에서 소화활동을 하는 소방대원 간의 원활한 무선통신을 위한 보조설비를 말한다.

(6) 연소방지설비

지하구 화재 시 특성상 연소속도가 빠르고, 개부구가 적기 때문에 연기가 충만하기 쉽고, 소방대의 진입이 용이하지 못한 관계로 지하구에 방수헤드 또는 스프링클러헤드를 설치하고, 지상의 송수구로부터 소방차를 이용하여 송수소화하는 설비를 말한다.

적중예상문제

01 제조소 등의 건축물에서 옥내소화전이 가장 많이 설치된 층의 소화전의 수가 3개일 경우 확보해야 할 수원의 양은 몇 m³ 이상이어야 하는가?

① 7.8
② 11.7
③ 15.6
④ 23.4

해설

■ 수원의 양

$Q(\mathrm{m}^3) = N \times 7.8\mathrm{m}^3$

여기서 N : 옥내소화전설비의 설치 개수(설치 개수가 5개 이상인 경우는 5개)

∴ $Q = 3 \times 7.8\mathrm{m}^3 = 23.4\mathrm{m}^3$

02 위험물제조소에 옥내소화전 6개와 옥외소화전 1개를 설치하는 경우 각각에 필요한 최소 수원의 수량을 합한 값은?(단, 위험물제조소는 단층 건축물이다.)

① 7.8m³
② 13.5m³
③ 21.3m³
④ 52.5m³

해설

㉠ 옥내소화전의 수원의 양(Q) : 옥내소화전설비의 설치 개수(N)(5개 이상인 경우에는 5개)에 7.8m³을 곱한 양 이상

　　$Q = 5 \times 7.8\mathrm{m}^3 = 39\mathrm{m}^3$

㉡ 옥외소화전의 수원의 양(Q) : 옥외소화전설비의 설치 개수(N)(4개인 경우에는 4개)에 13.5m³를 곱한 양 이상

　　$Q = 1 \times 13.5\mathrm{m}^3 = 13.5\mathrm{m}^3$

　　∴ $39\mathrm{m}^3 + 13.5\mathrm{m}^3 = 52.5\mathrm{m}^3$

03 위험물제조소 등에 설치하는 옥내소화전설비 또는 옥외소화전설비의 설치기준으로 옳지 않은 것은?

① 옥내소화전설비의 각 노즐선단 방수량 : 260L/min
② 옥내소화전설비의 비상전원용량 : 45분 이상
③ 옥외소화전설비의 각 노즐선단 방수량 : 260L/min
④ 표시등 회로의 배선공사 : 금속관공사, 가요전선관공사, 금속덕트공사, 케이블공사

해설

③ 옥외소화전설비의 각 노즐선단 방수량 : 450L/min 이상

04 위험물제조소 등의 옥내소화전설비의 설치기준으로 틀린 것은?

① 수원의 수량은 옥내소화전이 가장 많이 설치된 층의 옥내소화전 설치 개수(설치 개수가 5개 이상인 경우는 5개)에 7.8m³를 곱한 양 이상이 되도록 설치할 것
② 옥내소화전은 제조소 등의 건축물의 층마다 당해 층의 각 부분에서 하나의 호스접속구까지의 수평거리가 50m 이하가 되도록 설치할 것
③ 옥내소화전설비는 각 층을 기준으로 당해 층의 모든 옥내소화전(설치 개수가 5개 이상인 경우는 5개의 옥내소화전)을 동시에 사용할 경우에 각 노즐선단의 방수압력이 350kPa 이상이고 방수량이 1분당 260L 이상의 성능이 되도록 할 것
④ 옥내소화전설비에는 비상전원을 설치할 것

해설

옥내소화전의 제조소 등의 건축물의 층마다 당해 층의 각 부분에서 하나의 호스접속구까지의 수평거리가 25m 이하가 되도록 설치한다.

05 위험물제조소에 설치하는 옥내소화전의 개폐밸브 및 호스접속구는 바닥면으로부터 몇 m 이하의 높이에 설치하여야 하는가?

① 0.5   ② 1.5
③ 1.7   ④ 1.9

해설

■ **옥내소화전설비 설치기준**

㉠ 옥내소화전의 제조소 등의 건축물의 층마다 당해 층의 각 부분에서 하나의 호스접속구까지의 수평거리가 25m 이하가 되도록 설치할 것. 이 경우 옥내소화전은 각 층의 출입구 부근에 1개 이상 설치하여야 한다.

정답 03. ③   04. ②   05. ②

ⓛ 수원의 수량은 옥내소화전이 가장 많이 설치된 층의 옥내소화전 설치 개수(설치 개수가 5개 이상인 경우 5개)에 $7.8m^3$를 곱한 양 이상이 되도록 설치할 것

ⓒ 옥내소화전설비는 각 층을 기준으로 하여 당해 층의 모든 옥내소화전(설치 개수가 5개 이상인 경우는 5개의 옥내소화전)을 동시에 사용할 경우에 각 노즐선단의 방수압력이 350kPa 이상이고 방수량이 1분당 260L 이상의 성능이 되도록 할 것

ⓔ 옥내소화전설비에는 비상전원을 설치할 것

ⓜ 옥내소화전의 개폐밸브, 호스접속구의 설치위치 : 바닥면으로부터 1.5m 이하

ⓗ 옥내소화전의 개폐밸브 및 방수용 기구를 격납하는 상자(소화전함)는 불연재료로 제작하고 점검에 편리하며 화재발생 시 연기가 충만할 우려가 없는 장소 등 쉽게 접근이 가능하고 화재 등에 의한 피해를 받을 우려가 작은 장소에 설치할 것

ⓢ 가압송수장치의 시동을 알리는 표시등(시동표시등)은 적색으로 하고, 옥내소화전함의 내부 또는 그 직근의 장소에 설치할 것

ⓞ 옥내소화전함 상부의 벽면에 적색의 표시등을 설치하되(위치표시등), 당해 표시등의 부착면과 15° 이상의 각도가 되는 방향으로 10m 떨어진 곳에서 용이하게 식별이 가능하도록 할 것

ⓩ 옥내소화전함에는 그 표면에 "소화전"이라고 표시할 것

06 개방형 스프링클러헤드를 이용한 스프링클러설비의 방사구역은 최소 몇 m^2 이상으로 하여야 하는가?(단, 방호대상물의 바닥 면적이 $200m^2$인 경우이다)

① 100 ② 150
③ 200 ④ 250

해설

개방형 스프링클러헤드를 이용한 스프링클러설비의 방사구역은 최소 $150m^2$ 이상으로 한다.

07 폐쇄형 스프링클러헤드에 관한 기준에 따르면 급배기용 덕트 간의 긴 변의 길이가 몇 m를 초과하는 것이 있는 경우에는 당해 덕트 등의 아랫면에도 스프링클러헤드를 설치해야 하는가?

① 0.8 ② 1.0
③ 1.2 ④ 1.5

해설

ⓐ 폐쇄형 스프링클러헤드란, 정상상태에서 방수구를 막고 있는 감열체가 일정 온도에서 자동적으로 파괴·용해 또는 이탈됨으로써 방수구가 개방되는 스프링클러헤드를 말한다.

ⓑ 폐쇄형 스프링클러헤드는 급배기용 덕트 등의 긴 변의 길이가 1.2m를 초과하는 것이 있는 경우에는 당해 덕트 등의 아랫면에도 스프링클러헤드를 설치한다.

08 스프링클러소화설비가 전체적으로 적응성이 있는 대상물은?

① 제1류 위험물
② 제2류 위험물
③ 제4류 위험물
④ 제5류 위험물

해설

■ 소화설비의 적응성

대상물	소화설비
• 제1류 위험물(알칼리금속 과산화물) • 제2류 위험물(철분·금속분·마그네슘) • 제3류 위험물(금수성 물질)	• 분말소화설비(탄산수소염류) • 마른모래 • 팽창질석·팽창진주암
제5류 위험물	• 옥내·외소화전설비 • 스프링클러설비 • 물분무소화설비 • 포소화설비 • 물통·수조 • 마른모래 • 팽창질석·팽창진주암
제6류 위험물	• 옥내·외소화전설비 • 스프링클러설비 • 물분무소화설비 • 포소화설비 • 분말소화설비(인산염류) • 물통·수조 • 마른모래 • 팽창질석·팽창진주암

09 「위험물안전관리법령」상 스프링클러설비의 쌍구형 송수구를 설치하는 기준으로 틀린 것은?

① 송수구의 결합금속구는 탈착식 또는 나사식으로 한다.
② 송수구에는 그 직근의 보기 쉬운 장소에 송수용량 및 송수시간을 함께 표시하여야 한다.
③ 소방펌프자동차가 용이하게 접근할 수 있는 위치에 설치한다.
④ 송수구의 결합금속구는 지면으로부터 0.5m 이상, 1m 이하 높이의 송수에 지장이 없는 위치에 설치한다.

■ 스프링클러설비의 쌍구형 송수구를 설치하는 기준
㉠ 전용으로 한다.
㉡ 송수구의 결합금속구는 탈착식 또는 나사식으로 하고 내경을 63.5mm, 내지 66.5mm로 한다.
㉢ 송수구의 결합금속구는 지면으로부터 0.5m 이상 1m 이하 높이의 송수에 지장이 없는 위치에 설치한다.
㉣ 송수구는 당해 스프링클러설비의 가압송수장치로부터 유수검지장치·압력검지장치 또는 일제개방형 밸브·수동식 개방밸브까지의 배관에 전용의 배관으로 접속한다.
㉤ 송수구에는 그 직근의 보기 쉬운 장소에 "스프링클러용 송수구"라고 표시하고, 그 송수압력 범위를 함께 표시한다.

10 방사구역의 표면적이 100m²인 곳에 물분무소화설비를 설치하고자 한다. 수원의 수량은 몇 L 이상이어야 하는가?(단, 분무헤드가 가장 많이 설치된 방사구역의 모든 분무헤드를 동시에 사용할 경우이다)

① 30,000
② 40,000
③ 50,000
④ 60,000

해설

■ 수원의 수량
$Q(\mathrm{m^3}) = 100\mathrm{m^2} \times 20\mathrm{L/m^2} \cdot 분 \times 30분 = 60,000\mathrm{L}$

11 물분무소화설비가 되어 있는 위험물 옥외탱크저장소에 대형수동식소화기를 설치하는 경우 방호대상물로부터 소화기까지 보행거리는 몇 m 이하가 되도록 설치하여야 하는가?

① 50
② 30
③ 20
④ 제한 없다.

해설

■ 소방대상물 각 부분으로부터 소화기까지의 보행거리
㉠ 소형수동식소화기 : 20m, 대형 수동식 소화기 : 30m
㉡ 소화설비(옥내소화전설비·옥외소화전설비·스프링클러설비·물분무등소화설비)와 함께 설치하는 경우 위 ㉠의 기준은 적용 제외

12 자기반응성물질의 화재 초기에 가장 적응성 있는 소화설비는?

① 분말소화설비
② 불활성가스소화설비
③ 할로겐화물소화설비
④ 물분무소화설비

㉠ 일반적으로 다량의 주수에 의한 냉각소화가 양호하다.

㉡ 액상인 것은 일부 마른모래나 건조분말로 소화할 수 있고, 화재 초기 도는 소량 화재인 경우에는 화염 제거를 위해 건조분말로 소화할 수 있으나 결국 최종적으로 다량의 물로 냉각소화 하여야 한다.

13 포소화설비의 포방출구 중 고정지붕구조의 탱크에 저부 포주입법을 이용하는 것으로서 송포관으로부터 포를 방출하는 방식은?

① Ⅰ형
② Ⅱ형
③ Ⅲ형
④ 특형

■ **포 방출구의 종류**

방출구 형식	지붕구조	주입방식
Ⅰ형	고정지붕구조	상부 포주입법
Ⅱ형	고정지붕구조 또는 부상덮개부착 고정지붕구조	상부 포주입법
특형	부상지붕구조	상부 포주입법
Ⅲ형	고정지붕구조	저부 포주입법
Ⅳ형	고정지붕구조	저부 포주입법

14 비수용성에 제4류 위험물을 저장하는 시설에 포소화설비를 설치하는 경우 약제에 관하여 옳게 설명한 것은?

① Ⅰ형의 방출구를 이용하는 것은 불화단백포소화약제 또는 수성막포소화약제로 하고, 그 밖의 것은 단백포소화약제(불화단백포소화약제를 포함) 또는 수성막포소화약제로 한다.

② Ⅲ형의 방출구를 이용하는 것은 불화단백포소화약제 또는 수성막포소화약제로 하고, 그 밖의 것은 단백포소화약제(불화단백포소화약제를 포함) 또는 수성막포소화약제로 한다.

③ 특형의 방출구를 이용하는 것은 불화단백포소화약제 또는 수성막포소화약제로 하고, 그 밖의 것은 단백포소화약제(불화단백포소화약제를 포함) 또는 수성막포소화약제로 한다.

④ 특형의 방출구를 이용하는 것은 단백포소화약제(불화단백포소화약제를 제외함) 또는 수성막포소화약제로 하고, 그 밖의 것은 수성막포소화약제로 한다.

■ 고정식 포소화설비의 포 방출구

㉠ Ⅰ형 : 고정지붕구조의 탱크에 상부 포주입법

㉡ Ⅱ형 : 고정지붕구조 또는 부상덮개부착 고정지붕구조의 탱크에 상부 포주입법

㉢ 특형 : 부상지붕구조의 탱크에 상부 포주입법

㉣ Ⅲ형 : 고정지붕구조의 탱크에 저부 포주입법[불화단백포소화약제 또는 수성막포소화약제로 하고, 그 밖의 것은 단백포소화약제(불화단백포소화약제를 포함) 또는 수성막포소화약제로 함]

㉤ Ⅳ형 : 고정지붕구조의 탱크에 저부 포주입법

15 포소화설비의 기준에서 포헤드방식의 포헤드는 방호대상물의 표면적 몇 m²당 1개 이상의 헤드를 설치하여야 하는가?

① 3   ② 6

③ 9   ④ 12

포소화설비의 기준에서 포헤드방식의 포헤드는 방호대상물의 표면적 $9m^2$당 1개 이상의 헤드를 설치해야 한다.

16 포소화설비의 기준에서 고가수조를 이용하는 가압송수장치를 설치할 때 고가수조에 반드시 설치하지 않아도 되는 것은?

① 배수관   ② 압력계

③ 맨홀   ④ 수위계

포소화설비의 기준에서 고가수조를 이용하는 가압송수장치를 설치할 때 고가수조에 반드시 설치하는 것 배수관, 맨홀, 수위계

17 포소화약제의 인화점은 클리브랜드 개방식 인화점측정시험기를 사용한다. 인화점은 몇 이상의 것을 사용하는가?

① 2.5℃   ② -5℃

③ 20℃   ④ 60℃

포소화약제의 인화점은 클리브랜드 개방식 방법에 적합한 인화점시험기로 측정한 경우 60℃ 이상이어야 한다.

18 전역방출방식 불활성가스소화설비에서 저장용기 설치기준이 틀린 것은?

① 온도가 40℃ 이하이고, 온도 변화가 적은 장소에 설치할 것
② 방호구역 내의 장소에 설치할 것
③ 직사일광 및 빗물이 침투할 우려가 적은 장소에 설치할 것
④ 저장용기에는 안전장치를 설치할 것

해설

1. 전역방출방식 : 고정식 이산화탄소 공급장치에 배관 및 분사헤드를 고정·설치하며, 밀폐방호구역 내에 이산화탄소를 방출하는 설비이다.
2. 저장용기 설치기준
   ㉠ 방호구역 외의 장소에 설치한다. 단, 방호구역 내에 설치할 경우에는 피난 및 조작이 용이하도록 피난구 부근에 설치하여야 한다.
   ㉡ 온도가 40℃ 이하이고, 온도변화가 적은 곳에 설치한다.
   ㉢ 직사광선 및 빗물이 침투할 우려가 없는 곳에 설치한다.
   ㉣ 방화문으로 구획된 실에 설치한다.
   ㉤ 용기의 설치장소에는 당해 용기가 설치된 곳임을 표시하는 표지를 한다.

19 국소방출방식 불활성가스소화설비 중 저압식 저장용기에 설치되는 압력경보장치는 어느 압력범위에서 작동하는 것으로 설치하여야 하는가?

① 2.3MPa 이상의 압력과 1.9MPa 이하의 압력에서 작동하는 것
② 2.5MPa 이상의 압력과 2.0MPa 이하의 압력에서 작동하는 것
③ 2.7MPa 이상의 압력과 2.3MPa 이하의 압력에서 작동하는 것
④ 3.0MPa 이상의 압력과 2.5MPa 이하의 압력에서 작동하는 것

해설

■ **불활성가스소화설비의 저압식 저장용기 설치기준**
㉠ 액면계 및 압력계 설치
㉡ 압력경보장치 설치 : 2.3MPa 이상 및 1.9MPa 이하에서 작동
㉢ 자동 냉동기 설치 : 저장용기 내부온도를 -20℃ 이상 -18℃ 이하로 유지
㉣ 파괴판 및 방출밸브 설치

20 「위험물안전관리법령」상 할로겐화물소화설비의 기준에서 용적식 국소방출방식에 대한 저장 소화약제의 양은 다음 식을 이용하여 산출한다. 할론 1211의 경우에 해당하는 X와 Y의 값으로 옳은 것은?[단, Q는 단위체적당 소화약제의 양(kg/m^3), a는 방호대상물 주위에 실제로 설치된 고정벽의 면적합계(m^2), A는 방호공간 전체 둘레의 면적(m^2)이다]

$$Q = X - Y\frac{a}{A}$$

① X : 5.2, Y : 3.9
② X : 4.4, Y : 3.3
③ X : 4.0, Y : 3.0
④ X : 3.2, Y : 2.7

해설

- X 및 Y : 다음표의 위치

소화약제의 종별	X의 수치	Y의 수치
할론 2402	5.2	3.9
할론 1211	4.4	3.3
할론 1301	4.0	3.0

21 할로겐화물소화설비에 사용하는 소화약제 중 할론 2402를 가압식 저장용기에 충전할 때 저장용기의 충전비로 옳은 것은?

① 0.67 이상 2.75 이하
② 0.7 이상 1.4 이하
③ 0.9 이상 1.6 이하
④ 0.51 이상 0.67 이하

해설

종 류	소화약제	축압식(MPa)	가압식(MPa)
용기압력 (kg/cm^2, 20℃)	할론 1301	2.5 또는 4.2	–
	할론 1211	1.1 또는 2.5	–
	할론 2402	–	2.5 또는 4.2
충전비	할론 1301	0.9 이상~1.6 이하	–
	할론 1211	0.7 이상~1.4 이하	–
	할론 2402	0.67 이상~2.75 이하	0.51 이상~0.67 이하

정답 20. ② 21. ④

22 전역방출방식 분말소화설비의 기준에서 제1종 분말소화약제의 저장용기 충전비의 범위를 옳게 나타낸 것은?

① 0.85 이상 1.05 이하　　　　② 0.85 이상 1.45 이하
③ 1.05 이상 1.45 이하　　　　④ 1.05 이상 1.75 이하

해설

㉠ 분말소화설비 : 분말소화약제 저장탱크에 저장된 소화분말을 질소나 탄산가스의 압력에 의해 미리 설계된 배관 및 설비에 따라 화재발생 시 분말과 함께 방호대상물에 방사하여 소화하는 설비
㉡ 전역방출방식 또는 국소방출방식의 저장용기 충전비

소화약제의 종별	충전비의 범위
1종	0.85 이상~1.45 이하
2종, 3종	1.05 이상~1.75 이하
4종	1.50 이상~2.50 이하

23 「위험물안전관리법」에서 정한 경보설비에 해당하지 않는 것은?

① 비상경보설비　　　　② 자동화재탐지설비
③ 비상방송설비　　　　④ 영상음향차단경보기

해설

■ 경보설비
㉠ 자동화재탐지설비
㉡ 자동화재속보설비
㉢ 비상경보설비(비상벨, 자동식사이렌, 단독형화재경보기)
㉣ 비상방송설비
㉤ 누전경보설비
㉥ 가스누설경보설비

24 한 변의 길이는 12m, 다른 한 변의 길이는 60m인 옥내저장소에 자동화재탐지설비를 설치하는 경우 경계구역은 원칙적으로 최소한 몇 개로 하여야 하는가?(단, 차동식 스폿형 감지기를 설치한다)

① 1　　　　② 2
③ 3　　　　④ 4

정답 22. ② 23. ④ 24. ②

■ **자동화재탐지설비 설치기준(경계구역)**

㉠ 건축물, 그 밖의 공작물의 2 이상의 층에 걸치지 아니할 것

㉡ 예외 : 하나의 경계구역 면적이 $500m^2$ 이하이면서 당해 경계구역이 두 개의 층에 걸치는 경우이거나 계단·경사로·승강기의 승강로, 그 밖에 이와 유사한 장소에 연기감지기를 설치하는 경우

25 광전식 분리형 감지기를 사용하여 자동화재탐지설비를 설치하는 경우 하나의 경계구역의 한 변의 길이를 얼마 이하로 하여야 하는가?

① 10m

② 100m

③ 150m

④ 300m

광전식 분리형 감지기를 사용하여 자동화재탐지설비를 설치하는 경우 하나의 경계구역의 한 변의 길이는 100m 이하로 한다.

Chapter 04

능력단위 및 소요단위

(1) 능력 단위

소방기구의 소화능력을 나타내는 수치, 즉 소요단위에 대응하는 소화설비 소화능력의 기준 단위

① 마른모래(50L, 삽 1개 포함) : 0.5단위

② 팽창질석 또는 팽창진주암(160L, 삽 1개 포함) : 1단위

③ 소화전용 물통(8L) : 0.3단위

④ 수조

ㄱ 190L(8L 소화전용 물통 6개 포함) : 2.5단위

ㄴ 80L(8L 소화전용 물통 3개 포함) : 1.5단위

(2) 소요단위(1단위)

소화설비의 설치대상이 되는 건축물, 그 밖의 인공구조물 규모 또는 위험물 양에 대한 기준 단위

① 제조소 또는 취급소용 건축물의 경우

㉮ 외벽이 내화구조로 된 것으로 연면적 100m^2

예제

위험물취급소의 건축물 연면적이 500m^2인 경우 소요단위는?(단, 단외벽은 내화구조이다)

풀이 $\dfrac{500\text{m}^2}{100\text{m}^2} = 5$단위

답 5단위

㉯ 외벽이 내화구조가 아닌 것으로 연면적이 50m^2

② 저장소 건축물의 경우

   ㉮ 외벽이 내화구조로 된 것으로 연면적 150m²

예제

건축물 외벽이 내화구조이며, 연면적 300m²인 위험물 옥내저장소의 건축물에 대하여 소화설비의 소화능력단위는 최소 몇 단위 이상이 되어야 하는가?

풀이 $\dfrac{300m^2}{150m^2} = 2$단위

🖐 2단위

   ㉯ 외벽이 내화구조가 아닌 것으로 연면적이 75m²

③ 위험물의 경우 : 지정수량 10배

예제

클로로벤젠 150,000L는 몇 소요단위에 해당하는가?

풀이 소요단위 $= \dfrac{저장량}{지정수량 \times 10} = \dfrac{150,000}{1,000 \times 10} = 15$단위

🖐 15단위

적중예상문제

01 다음 소화설비 중 능력단위가 0.5인 것은?

① 삽 1개를 포함한 마른모래 50L
② 삽 1개를 포함한 마른모래 150L
③ 삽 1개를 포함한 팽창질석 100L
④ 삽 1개를 포함한 팽창질석 150L

해설

■ **능력단위**

소방기구의 소화능력을 나타내는 수치, 즉 소요단위에 대응하는 소화설비 소화능력의 기준단위이다. 마른모래(50L, 삽 1개를 포함)는 0.5 단위이다.

02 소요단위에 대한 설명으로 옳은 것은?

① 소화설비의 설치대상이 되는 건축물 그 밖의 공작물의 규모 또는 위험물의 양의 기준단위이다.
② 소화설비 소화능력의 기준단위이다.
③ 저장소의 건축물은 외벽이 내화구조인 것은 연면적 $75m^2$를 1소요단위로 한다.
④ 지정수량 1,00배를 1소요단위로 한다.

해설

■ **소요단위**

소화설비의 설치대상이 되는 건축물 그 밖의 공작물의 규모 또는 위험물의 양의 기준단위이다.

03 제조소 등의 소화설비를 위한 소요단위 산정에 있어서 1소요단위에 해당하는 위험물의 지정수량 배수와 외벽이 내화구조인 제조소의 건축물 연면적을 각각 옳게 나타낸 것은?

① 10배, $100m^2$ ② 100배, $100m^2$
③ 10배, $150m^2$ ④ 100배, $150m^2$

해설

■ **소요단위(1단위)**

① 위험물 : 지정수량 10배
② 제조소 또는 취급소용 건축물의 경우
  ㉮ 외벽이 내화구조로 된 것 : 연면적 100m^2
  ㉯ 외벽이 내화구조가 아닌 것 : 연면적 50m^2

04 소화설비의 소요단위 계산법으로 옳은 것은?

① 건물 외벽이 내화구조일 때 1,000m^{2}당 1소요단위
② 저장소용 외벽이 내화구조일 때 500m^{2}당 1소요단위
③ 위험물 지정수량당 1소요단위
④ 위험물 지정수량의 10배를 1소요단위

해설

■ **소요단위(1단위)**

㉠ 제조소 또는 취급소용 건축물로 외벽이 내화구조인 때 : 연면적 100m^2
㉡ 제조소 또는 취급소용 건축물로 외벽이 내화구조 이외의 것 : 연면적 50m^2
㉢ 저장소용 건축물로 외벽이 내화구조인 것 : 연면적 150m^2
㉣ 저장소용 건축물로 외벽이 내화구조 이외의 것 : 75m^2

05 클로로벤젠 150,000L는 몇 소요단위에 해당하는가?

① 7.5단위
② 10단위
③ 15단위
④ 30단위

해설

$$소요단위 = \frac{저장량}{지정수량 \times 10} = \frac{150,000}{1,000 \times 10} = 15단위$$

06 경유 150,000L는 몇 소요단위에 해당하는가?

① 7.5단위
② 10단위
③ 15단위
④ 30단위

해설

■ 소요단위

소화설비 설치대상이 되는 건축물, 그 밖의 공작물 규모 또는 위험물 양의 기준단위

구 분	위험물	제조소·취급소 건축물		저장소건축물	
		외벽, 내화구조	내화구조 ×	외벽, 내화구조	내화구조 ×
1소요단위	지정수량의 10배	연면적 100m²	연면적 50m²	연면적 150m²	연면적 75m²

경유(제4류, 제2석유류, 비수용성, 지정수량 1,000L) → 1소요단위 = 10,000L

$$\therefore \ \text{소요단위} = \frac{150,000\text{L}}{1,000\text{L} \times 10} = 15\text{단위}$$

07 스티렌 60,000L는 몇 소요단위에 해당하는가?

① 1 ② 1.5

③ 3 ④ 6

해설

$$\text{소요단위} = \frac{\text{저장량}}{\text{지정수량} \times 10\text{배}} = \frac{60,000}{1,000 \times 10} = \frac{60,000}{10,000} = 6\text{단위}$$

08 인화성 액체 위험물인 제2석유류(비수용성 액체) 60,000L에 대한 소화설비의 소요단위는?

① 2단위 ② 4단위

③ 6단위 ④ 8단위

해설

$$\text{소요단위} = \frac{\text{저장량}}{\text{지정수량} \times 10\text{배}} = \frac{60,000}{1,000 \times 10} = 6\text{단위}$$

위험물기능장필기

안전관리

Chapter 01 위험물 사고예방

01 위험성 평가기법

(1) 정성적 평가기법

① 체크리스트(Check-list) 기법 : 공정 및 설비의 오류, 결함상태, 위험상황 등을 목록화한 형태로 작성하여 경험적으로 비교함으로써 위험성을 파악하는 것이다.

② 사고예상 질문분석(What-if) 기법 : 공정에 잠재하고 있으면서 원하지 않은 나쁜 결과를 초래할 수 있는 사고에 대하여 예상 질문을 통해 사전에 확인함으로써 그 위험결과 및 위험을 줄이는 방법을 제시하는 것이다.

③ 예비위험분석(PHA; Preliminary Hazards Analysis) 기법 : 모든 시스템 안전프로그램의 최초 단계의 분석으로, 시스템 내의 위험요소가 얼마나 위험한 상태에 있는가를 정성적으로 평가하는 방법 예 질산암모늄 등 유해위험물질의 위험성을 평가하는 방법

(2) 정량적 평가기법

① 작업자실수분석(HEA; Human Error Analysis) 기법 : 설비의 운전원, 정비보수원, 기술자 등의 작업에 영향을 미칠만한 요소를 평가하여 그 실수의 원인을 파악하고 추적하여 실수의 상대적 수위를 결정하는 것이다.

② 결함수분석(FTA; Fault Tree Analysis) 기법 : 하나의 특정한 사고원인의 관계를 논리게이트를 이용하여 도해적으로 분석하여 연역적·정량적 기법으로 해석해가면서 위험성을 평가하는 방법이다.

③ 사건수분석(ETA; Event Tree Analysis) 기법 : 초기 사건으로 알려진 특정한 장치의 이상이나 운전자의 실수로부터 발생되는 잠재적인 사고 결과를 평가하는 것이다.

④ 원인결과분석(CCA ; Cause-Consequence Analysis) 기법 : 잠재된 사고의 결과와 이러한 사고의 근본적인 원인을 찾아내고 사고 결과와 원인의 상호관계를 예측·평가하는 것이다.

(3) 기타

① 위험과 운전분석기법(HAZOP; Hazard and Operability) : 화학공장에서의 위험성과 운전성을 정해진 규칙과 설계도면에 의해 체계적으로 분석·평가하는 방법이다.

② 이상위험도 분석(FMECA; Failure Modes Effect and Criticality Analysis)기법 : 공정과 설비의 고장형태 및 영향, 고장 형태별 위험도 순위 등을 결정하는 것이다.

③ 상대위험순위 판정법(DMI; Dow and Mond Indices) : 설비에 존재하는 위험에 대하여 수치적으로 상대 위험 순위를 지표화하여 그 피해 정도를 나타내는 상대적 위험 순위를 정하는 것이다.

01 질산암모늄 등 유해위험물질의 위험성을 평가하는 방법 중 정량적 방법에 해당하지 않는 것은?

① FTA

② ETA

③ CCA

④ PHA

해설

(1) 위험성 평가

　㉠ 독성·가연성물질 화학공장의 사고를 줄이기 위해 공장의 잠재위험성을 찾는 효과적인 방법

　㉡ 대상물에 대한 위험요소를 발견하고 예상위험의 크기를 정량화하며 사고의 결과를 사전에 예측하는 과정

(2) (화학고장에서의) 위험성 평가방법

정량적 방법(HAZAN)	위험요소를 확률적으로 분석·평가하는 방법	㉠ 결함수분석(FTA) ㉡ 사건수분석(ETA) ㉢ 원인결과분석(CCA)
정성적 방법(HAZID)	어떤 위험요소가 존재하는지를 찾아내는 방법	㉠ 사고예상 질문분석법(What-If) ㉡ 체크리스트법(Check-List) ㉢ 이상위험도분석법(FMECA) ㉣ 작업자실수분석법(HEA) ㉤ 위험과 운전성 분석법(HAZOP) ㉥ 안전성검토법(Safety Review) ㉦ 예비위험분석법(PHA) ㉧ 상태위험순위판정법(Dow and Mond Indices)

02 하나의 특정한 사고 원인의 관계를 논리게이트를 이용하여 도해적으로 분석하여 연역적·정량적 기법으로 해석해 가면서 위험성을 평가하는 방법은?

① FTA(결함수 분석기법)

② PHA(예비위험 분석기법)

③ ETA(사건수 분석기법)

④ FMECA(이상위험도 분석기법)

해설

① FTA(Fault Tree Analysis) : 결함수법, 겸함 관련 수법, 고장의 목분석법 등으로 불리는 FTA는 기계, 설비 또는 Man-machine 시스템의 고장이나 재해의 발생요인을 논리적으로 도표에 의하여 분석하는 기법으로, 일정의 약속된 기호에 의하여 논리적 순서에 따라 논리의 한계까지 전개하여 재해발생요인

을 분석하는 것이다. 그러나 재해발생 후의 원인규명보다 재해예방을 위한 예측기법으로서의 활용가치가 더 높다.

② PHA(Preliminary Hazards Analysis) : 시스템 안전프로그램에 있어서 최초 개발단계의 분석으로 위험요소가 얼마나 위험한 상태인가를 정성적으로 평가함으로써 설계변경 등을 하지 않고 효과적이고 경제적인 시스템의 안전성을 확보할 수 있는 것이며, 분석방법에는 점검카드의 사용, 경험에 따른 방법, 기술적 판단에 의한 방법이 있다.

③ ETA(Event Tree Analysis) : 미국에서 개발된 DT(Decision Tree)에서 변천해 온 것으로, 설비의 설계 · 심사 · 제작 · 검사 · 보전 · 운전 · 안전대책의 과정에서 그 대응조치가 성공인가 실패인가를 확대해 가는 과정을 검토한다. 귀납적 해석방법으로서 일반적으로 성공하는 것이 보통이고, 실패가 드물게 일어나므로 실패의 확률만으로 계산하면 되게끔 되어있다. 실패가 거듭될수록 피해가 커지는 것으로, 그 발생확률을 최소로 줄이기 위해서는 어디에 중점을 둘 것인가를 읽어낼 수 있어야 한다.

④ FMECA(Failure Modes Effect and Criticality Analysis) : 전형적인 정성적 · 귀납적 분석방법으로, 시스템에 영향을 미칠 것으로 생각되는 전체 요소의 고장을 형별로 분석에서 그 영향을 검토하는 것이다. 각 요소의 한 형식 고장이 시스템의 한 영향에 대응한다.

03 위험성 평가기법을 정량적 평가기법과 정성적 평가기법으로 구분할 때 다음 중 그 성격이 다른 하나는?

① HAZOP ② FTA
③ ETA ④ CCA

해설

① HAZOP(Hazard and Operability) : 위험과 운전분석기법이라 하며, 화학공장에서의 위험성(Hazard)과 운전성(Operability)을 정해진 규칙과 설계도면에 의해서 체계적으로 분석 · 평가하는 방법이다. 인명과 재산상의 손실을 수반하는 시행착오를 방지하기 위하여 인위적으로 만들어진 합성경험을 통하여 공정 전반에 걸쳐 설비의 오작동이나 운전조작의 실수 가능성을 최소화하도록 합성경험에 해당하는 운전상의 이탈(Deviation)을 제시함에 있어서 사소한 원인이나 비현실적인 원인이라 할지라도 이것으로 인하여 초래될 수 있는 결과를 체계적으로 누락 없이 검토하고, 나아가서 그것에 대한 대책 수집까지 가능한 위험성 평가기법이다.

② FTA(Fault Tree Analysis) : 결함수법, 겸함 관련 수법, 고장의 목분석법 등으로 불리는 FTA는 기계, 설비 또는 Man-Machine 시스템의 고장이나 재해의 발생요인을 논리적으로 도표에 의하여 분석하는 기법으로, 일정의 약속된 기호에 의하여 논리적 순서에 따라 논리의 한계까지 전개하여 재해 발생요인을 분석하는 것이다. 그러나 재해발생 후의 원인규명보다 재해예방을 위한 예측기법으로서의 활용가치가 더 높다.

③ ETA(Event Tree Analysis) : 미국에서 개발된 DT(Decision Tree)에서 변천해 온 것으로, 설비의 설계 · 심사 · 제작 · 검사 · 보전 · 운전 · 안전대책의 과정에서 그 대응조치가 성공인가 실패인가를 확대해 가는 과정을 검토한다. 귀납적 해석 방법으로서 일반적으로 성공하는 것이 보통이고, 실패가 드물게 일어나므로 실패의 확률만으로 계산하면 되게끔 되어있다. 실패가 거듭될수록 피해가 커지는 것으로, 그 발생확률을 최소로 줄이기 위해서는 어디에 중점을 둘 것인가를 읽어낼 수 있어야 한다.

④ CCA(Consequence Cause Analysis) : 핵시설의 보안과 안전을 위해 덴마크의 RISO 연구소에 의해 개발된 것이다.

02 동작경제의 원칙

Ralph M. Barnes 교수가 제시한 것은 작업자가 에너지의 낭비 없이 효과적으로 작업할 수 있도록 작업자의 동작을 세밀하게 분석하여 가장 경제적이고 합리적인 표준동작을 설치하는 것이다.

(1) 신체의 사용에 관한 원칙

① 불필요한 동작을 배제한다.
② 동작은 최단거리로 행한다.
③ 동작은 최적, 최저 차원의 신체 부위로서 행한다.
④ 컨트롤이 필요 없는 자연스러운 동작으로 할 수 있도록 한다.
⑤ 가능하다면 물리적 힘을 이용한다.
⑥ 동작은 급격한 방향 전환을 없애고, 연속 곡선운동으로 한다.
⑦ 동작의 율동을 만든다.
⑧ 양손이 동시에 시작하고 동시에 끝내도록 한다.
⑨ 양손 동작은 휴식 이외에는 동시에 쉬어서는 안 된다.
⑩ 양팔은 반대 방향으로, 대칭적인 방향으로 동시에 행한다.

(2) 작업장의 배치에 관한 원칙

① 모든 공구가 재료는 지정된 위치에 있도록 한다.
② 공구와 재료는 작업자의 전면에 가깝게 배치한다.
③ 공구와 재료는 작업순서대로 나열한다.
④ 작업면을 적당한 높이로 한다.
⑤ 충분한 조명을 하여 작업자가 잘 볼 수 있도록 한다.
⑥ 가급적이면 낙하식 운반방법을 이용한다.

(3) 공구 및 설비의 디자인에 관한 원칙

① 손 이외의 신체 부분을 이용한 조작방식을 도입한다.
② 2가지 이상의 공구는 가능한 한 조합한다.
③ 재료와 공구는 되도록 처음 정한 장소에 정해진 방향으로 둔다.
④ 각각의 손가락이 특정 움직임을 하는 경우 각 손가락의 힘이 같지 않음을 고려한다.
⑤ 재료나 공구류의 잡는 부분 등은 필요한 기능을 충족시키도록 설계한다.
⑥ 기계 조작 부분의 위치는 동일 장소, 동일 자세로서 최고의 효율을 얻을 수 있도록 한다.

적중예상문제

01 다음 Ralph M. Barnes 교수가 제시한 동작경제의 원칙 중 작업장 배치에 관한 원칙 (Arrangement of the Workplace)에 해당되지 않는 것은?

① 가급적이면 낙하식 운반방법을 이용한다.
② 모든 공구나 재료는 지정된 위치에 있도록 한다.
③ 충분한 조명을 하여 작업자가 잘 볼 수 있도록 한다.
④ 가급적 용이하고 자연스런 리듬을 타고 일할 수 있도록 작업을 구성하여야 한다.

> **해설**

■ **동작경제원칙**
작업자가 에너지의 낭비 없이 효과적으로 작업할 수 있도록 작업자의 동작을 세밀하게 분석하여 가장 경제적이고 합리적인 표준동작을 설치하는 것
㉠ 신체의 사용에 관한 원칙 → ④
㉡ 작업장의 배치에 관한 원칙 → ①, ②, ③
㉢ 공구 및 설비의 디자인에 관한 원칙

02 다음 중 반스(Ralph M. Barnes)가 제시한 동작경제원칙에 해당되지 않는 것은?

① 표준작업의 원칙
② 신체의 사용에 관한 원칙
③ 작업장의 배치에 관한 원칙
④ 공구 및 설비의 디자인에 관한 원칙

> **해설**

1번 해설 참조

03 컨베이어 작업과 같이 단조로운 작업은 작업자에게 무력감과 구속감을 주고 생산량에 대한 책임감을 저하시키는 등 폐단이 있다. 다음 중 이러한 단조로운 작업의 결함을 제거하기 위해 채택되는 직무설계방법으로 가장 거리가 먼 것은?

① 자율경영팀 활동을 권장한다.
② 하나의 연속작업시간을 길게 한다.
③ 작업자 스스로가 직무를 설계하도록 한다.
④ 직무 확대, 직무 충실화 등의 방법을 활용한다.

> **해설** ▶
> ② 하나의 연속작업시간을 늘리게 되면 작업자에게 무력감과 구속감을 더해줄 뿐이며, 생산량에 대한 책임감도 더 저하되게 된다.

03 하인리히 방식에 의한 재해손실비

(1) 직접비율(1)

법령으로 정한 피해자에게 지급되는 산재보상비

① 휴업보상비

② 장해보상비

③ 요양보상비

④ 장의비

⑤ 유족보상비

⑥ 유족특별보상비, 장해특별보상비, 상병보상연금 등

(2) 간접비율(4)

재산손실, 생산중단, 등으로 기업이 입는 손실

① 인적손실

② 물적손실

③ 생산손실

④ 기타손실

01 산업재해에 의한 기업 손실을 하인리히 방식으로 산출할 때 직접비용과 간접비용의 비율 (직접비율 : 간접비율)은 얼마인가?

① 1 : 2

② 1 : 3

③ 1 : 4

④ 1 : 5

해설

하인리히(H. W. Heinrich)는 직접비(Direct Cost)를 1, 간접비(Indirect Cost)를 4의 비율로 계산하고 있다. 안전사고(Accident)의 손실액을 간단히 계산하는 방법으로 구미 각국에서는 하인리히식을 가장 많이 적용하고 있으나 생산구조, 보험법, 업종 및 환경조건 등의 차이로 인해 외국의 계산 방법을 그대로 도입하여 사용한다는 것은 무리다.

정답 01. ③

04 실험실 안전

(1) 화상의 정도에 의한 분류

① 1도 화상 : 화상의 부위가 분홍색이 되고 가벼운 부음과 통증을 수반한다.

② 2도 화상 : 수포성이며 화상의 부위가 분홍색이 되고, 분비액이 많이 분비된다.

③ 3도 화상 : 화상의 부위가 벗겨지고 검게 된다.

④ 4도 화상 : 전기화재에서 입은 화상으로 피부가 탄화되고 뼈까지 도달된다.

(2) 구급처지 방법

① 2도 화상 : 상처 부위를 많은 물로 씻는다.

01 화상은 정도에 따라서 여러 가지로 나뉜다. 2도 화상의 증상은?

① 괴사성
② 홍반성
③ 수포성
④ 화침성

해설

① 1도 화상 : 화상의 부위가 분홍색이 되고 가벼운 부음과 통증을 수반한다.
② 2도 화상 : 수포성이며 화상의 부위가 분홍색이 되고, 분비액이 많이 분비된다.
③ 3도 화상 : 화상의 부위가 벗겨지고 검게 된다.
④ 4도 화상 : 전기화재에서 입은 화상으로 피부가 탄화되고 뼈까지 도달된다.

02 다음 중 2도 화상에 알맞은 구급처치방법은?

① 붕산수로 씻는다.
② 묽은염산으로 씻는다.
③ 탄산수소액으로 씻는다.
④ 상처 부위를 많은 물로 씻는다.

해설

2도 화상을 입었을 때는 상처 부위를 많은 물로 씻는다.

정답 01. ③ 02. ④

PART

05

위험물의 성질과 취급

Chapter 01 제1류 위험물

01 제1류 위험물의 종류와 지정수량

성 질	위험 등급	품 명	지정수량
산화성고체	I	1. 아염소산염류 2. 염소산염류 3. 과염소산염류 4. 무기과산화물류	50kg 50kg 50kg 50kg
	II	5. 브롬산염류 6. 질산염류 7. 요오드산염류	300kg 300kg 300kg
	III	8. 과망간산염류 9. 중크롬산염류	1,000kg 1,000kg
	I~III	10. 그 밖에 행정안전부령이 정하는 것 　① 과요오드산염류 　② 과요오드산 　③ 크롬, 납 또는 요오드의 산화물 　④ 아질산염류 　⑤ 차아염소산염류 　⑥ 염소화이소시아눌산 　⑦ 퍼옥소이황산염류 　⑧ 퍼옥소붕산염류 11. 1~10에 해당하는 어느 하나 이상을 함 　유한 것	50kg, 300kg 또는 1,000kg

02 위험성 시험방법

(1) 연소시험

고체물질(분말)이 가연성 물질과 혼합했을 때, 그 가연성 물질의 연소속도를 증대시키는 산화력의 잠재적 위험성을 판단하는 것을 목적으로 한다.

(2) 낙구식 타격감도시험

고체물질(분말)의 충격에 대한 민감성을 판단하는 것을 목적으로 한다.

(3) 대량연소시험

고체물질(분말 외)이 가연성 물질과 혼합했을 때에 폭굉 또는 폭연할 위험성과 산화성 물질의 충격에 대한 민감성을 판단하는 것을 목적으로 한다.

(4) 철관시험

고체물질(분말 외)이 가연성 물질과 혼합했을 때에 그 가연성 물질의 연소속도를 증대시키는 산화력의 잠재적 위험성을 판단하는 것을 목적으로 한다.

03 공통성질 및 저장·취급 시 유의사항

(1) 공통성질

① 대부분 무색 결정 또는 백색 분말로, 비중이 1보다 크고 대부분 물에 잘 녹으며 물과 작용하여 열과 산소를 발생시키는 것도 있다.
② 일반적으로 불연성이며, 산소를 많이 함유하고 있는 강산화제이다.
③ 조연성 물질로서 반응성이 풍부하여 열, 충격, 마찰, 또는 분해를 촉진하는 약품과의 접촉으로 인해 폭발할 위험이 있다.
④ 모두 무기화합물이다.

(2) 저장·취급 시 유의사항

① 대부분 조해성을 가지므로 방습 등에 주의하며, 밀폐하여 저장할 것
② 복사열이 없고 환기가 잘 되는 서늘한 곳에 저장할 것
③ 열원과 산화되기 쉬운 물질 및 화재 위험이 있는 곳을 멀리할 것

④ 가열, 충격, 마찰 등을 피하고 분해를 촉진하는 약품류 및 가연물과의 접촉을 피할 것

⑤ 취급 시 용기 등의 파손에 의한 위험물의 누설에 주의할 것

⑥ 알칼리금속의 산화물을 저장 시에는 다른 1류 위험물과 분리된 장소에 저장한다. 가연물 및 유기물 등과 같이 있을 경우에 충격 또는 마찰 시 폭발할 위험이 있기 때문이다.

(3) 예방대책

① 가열 금지, 화기엄금 및 직사광선을 차단한다.

② 충격, 타격, 마찰 등 기계적 점화에너지가 부여되지 않도록 주의한다.

③ 용기의 가열, 누출, 파손, 전도를 방지한다.

④ 분해 촉매, 이물질과의 접촉을 금지한다.

⑤ 강산류와는 어떠한 경우에도 접촉을 방지한다.

⑥ 조해성 물질은 방습하며, 용기는 밀전한다.

⑦ 공기(습기)나 물과의 접촉(무기과산화물류)을 피한다.

⑧ 환원제, 산화되기 쉬운 물질 또는 다른 유별 위험물(제2류 위험물, 제3류 위험물, 제4류 위험물, 제5류 위험물)과의 접촉 및 혼합·혼입을 엄금하며, 같은 저장소에 함께 저장하면 안 된다.

⑨ 저장·운반 시에는 다른 유별의 위험물, 가연성가스, 화학류와 혼합 저장 또는 혼합 적재를 절대 피한다.

(4) 소화방법

① 자신은 불연성이기 때문에 가연물의 종류에 따라 소화방법을 검토한다.

② 산화제의 분해온도를 낮추기 위하여 물을 주수하는 냉각소화가 효과적이다.

③ 무기과산화물(알칼리금속의 과산화물)은 물과 급격히 발열반응을 하므로 건조사에 의한 피복소화를 실시한다(단, 주수소화는 절대 엄금).

④ 소화작업 시 공기호흡기, 보안경, 방호의 등 보호장구를 착용한다.

(5) 진압대책

① 산소의 분해 방지를 위해서 온도를 낮추고, 타고 있는 주위의 가연물 소화에 주력한다. 즉, 무기과산화물류를 제외하고 냉각소화가 유효하다.

② 공기가 없는 곳에서도 급격한 산화성 화약류 화재에는 할로겐화합물소화약제(할론 1211, 할론 1301)는 소화효과가 없다.

③ 많은 양이 격렬히 분해하고 있을 경우 또는 가연물과 혼합하여 연소하고 있는 경우는 폭발의 위험이 크므로 모든 안전 확보에 유의하지 않으면 안 된다.

④ 화재 진화 후 생기는 소화 잔수는 산화성이 있으므로 여기서 오염·건조된 가연물은 연소성이 증가할 위험성이 있다.

⑤ 소화작업 시 공기호흡기, 보안경, 방호의 등 보호장구를 착용한다.

04 위험물의 성상

1 아염소산염류(지정수량50kg)

아염소산($HClO_2$)의 수소(H)가 금속 또는 다른 원자단으로 치환된 염(Na, K, Ca, Pb)을 말한다. 특히 중금속염은 민감한 폭발성을 가지므로 기폭제로 많이 사용된다.

(1) 아염소산나트륨($NaClO_2$, 아염소산소다)

① 일반적 성질

㉮ 자신은 불연성이며, 무색의 결정성 분말로 조해성이 있어서 물에 잘 녹는다.

㉯ 순수한 무수물의 분해온도는 약 350℃ 이상이지만, 수분 함유 시에는 약 120℃에서 분해된다.

예 $3NaClO_2 \rightarrow 2NaClO_3 + NaCl$

$NaClO_3 \rightarrow NaClO + O_2 \uparrow$

㉰ 염산과 반응시키면 분해하여 이산화염소(ClO_2)를 발생시키기 때문에 종이, 펄프, 등의 표백제로 쓰인다.

예 $3NaClO_2 + 2HCl \rightarrow 3NaCl + 2ClO_2 + H_2O_2$

② 위험성

㉮ 비교적 안정하나 시판품은 140℃ 이상의 온도에서 발열·분해하여 폭발을 일으킨다.

㉯ 매우 불안정하여 180℃ 이상 가열하면 산소를 발생한다.

예 $3NaClO_2 \xrightarrow{\Delta} 2NaClO_3 + NaCl$

$4NaClO_3 \xrightarrow{\Delta} 3NaClO_4 + NaCl$

$NaClO_4 \xrightarrow{\Delta} NaCl + 2O_2 \uparrow$

㉰ 수용액 상태에서도 강력한 산화력을 가지고 있다.

　　㉱ 환원성물질(황, 유기물, 금속분 등)과 접촉 시 폭발한다.

　　　　예 $2NaClO_2 + 3S \rightarrow Cl_2 + 2SO_2 + Na_2S$

　　　　　　$4Al + 3NaClO_2 \rightarrow 2Al_2O_3 + 3NaCl$

　　　　　　$2Mg + NaClO_2 \rightarrow 2MgO + NaCl$

　　㉲ 티오황산나트륨, 디에틸에테르 등과 혼합 시 혼촉발화의 위험이 있다.

　③ 저장 및 취급방법

　　㉮ 환원성 물질과 격리하여 저장한다.

　　㉯ 건조한 냉암소에 저장한다.

　　㉰ 습기에 주의하며, 용기는 밀봉, 밀전한다.

　④ 용도 : 폭약의 기폭제로 이용한다.

　⑤ 소화방법 : 소량의 물은 폭발의 위험이 있으므로 다량의 물로 주수소화한다.

(2) 아염소산칼륨($KClO_2$)

　　기타 아염소산나트륨과 비슷하다.

❷ 염소산염류(지정수량 50kg)

염소산($HClO_3$)의 수소(H)가 금속 또는 다른 원자단으로 치환된 화합물이다.

(1) 염소산칼륨($KClO_3$, 염소산칼리)

　① 일반적 성질

　　㉮ 상온에서 광택이 있는 무색의 단사정계, 판상결정 또는 백색 분말로서 불연성 물질이다.

　　㉯ 찬물이나 알코올에는 녹기 어렵고, 온수나 글리세린 등에 잘 녹는다.

　　㉰ 분자량 122.5, 비중 2.3, 융점 368℃, 분해온도는 400℃이다.

　② 위험성

　　㉮ 차가운 느낌이 있으며, 인체에 유독하다. 강산화제이며, 가열에 의해 분해하여 산소를 발생한다. 촉매 없이 400℃ 정도에서 가열하면서 분해한다.

　　　　예 $2KClO_3 \xrightarrow{\Delta} 2KCl + 3O_2 \uparrow$

㉯ 약 400℃ 부근에서 열분해되기 시작하여 540~560℃에서 과염소산칼륨($KClO_4$)이 분해하여 염화칼륨(KCl)과 산소(O_2)를 방출한다.

예 $2KClO_3 \longrightarrow KCl + KClO_4 + O_2 \uparrow$

$KClO_4 \longrightarrow KCl + 2O_2 \uparrow$

㉰ 촉매인 이산화망간(MnO_2) 등이 존재 시 분해가 촉진되어 산소를 방출하여 다른 가연물의 연소를 촉진시킨다.

㉱ 상온에서 단독으로는 안정하지만, 이산화성 물질(황, 적린, 목탄. 알루미늄의 분말, 유기물질, 염화철 및 차아인산염 등), 강산, 중금속염 등 분해촉매가 혼합 시 약한 자극에도 폭발한다.

㉲ 황산 등 강산과의 접촉으로 격렬하게 반응하여 폭발성의 이산화염소를 발생하고, 발열·폭발한다.

예 $KClO_3 + H_2SO_4 \longrightarrow KHSO_4 + HClO_3 + 열$

$2HClO_3 \longrightarrow Cl_2O_5 + H_2O + 열$

$2Cl_2O_5 \longrightarrow 4ClO_2 + O_2 + 열$

$4KClO_3 + 4H_2SO_4 \longrightarrow 4KHSO_4 + 4ClO_2 + O_2 + 2H_2O + 열$

③ 저장 및 취급방법

㉮ 산화되기 쉬운 물질이나 강산, 분해를 촉진하는 중금속류와의 혼합을 피하고 가열, 충격, 마찰 등에 주의할 것

㉯ 환기가 잘 되는 차가운 곳에 저장할 것

㉰ 용기가 파손되거나 공기 중에 노출되지 않도록 밀봉하여 저장할 것

④ 용도 : 폭약, 불꽃, 염색, 소독, 표백, 제초제, 방부제, 인쇄 잉크 등

⑤ 소화방법 : 주수소화

(2) 염소산나트륨($NaClO_3$, 염소산소다)

① 일반적 성질

㉮ 무색무취의 결정이다.

㉯ 조해성이 강하며 흡습성이 있고 물, 알코올, 글리세린, 에테르 등에 잘 녹는다.

㉰ 비중 2.5, 융점 240℃, 분해온도는 300℃이다.

② 위험성

㉮ 매우 불안정하여 300℃의 분해온도에서 열분해하여 산소를 발생하고, 촉매에 의해서는 낮은 온도에서 분해한다.

예 $2NaClO_3 \xrightarrow[촉매]{\Delta} 2NaCl + 3O_2 \uparrow$

㉯ 흡습성이 좋은 강한 산화제로, 철제용기를 부식시킨다.

　　㉰ 자신은 불연성 물질이지만, 강한 산화제이다.

　　㉱ 염산과 반응하여 유독한 이산화염소(ClO_2)를 발생하며, 이산화염소는 폭발성을 지닌다.

　　　예 $2NaClO_3 + 2HCl \rightarrow 2NaCl + 2ClO_2 + H_2O_2$

　　㉲ 분진이 있는 대기 중에 오래 있으면 피부, 점막 및 시력을 잃기 쉬우며, 다량 섭취할 경우에는 생명이 위험하다.

　　㉳ 강산과 혼합하면 폭발할 수 있다.

　　㉴ 암모니아, 아민류와 접촉으로 폭발성 화합물을 생성한다.

　③ 저장 및 취급방법

　　㉮ 조해성이 크므로 방습에 주의하고 용기는 밀전시키며, 습기가 없는 찬 장소, 환기가 잘되는 냉암소에 보관한다.

　　㉯ 철제용기에 저장을 피한다.

　　㉰ 가열, 충격, 마찰 등을 피하고, 점화원의 접촉을 피한다.

　④ 용도 : 폭약원료, 불꽃, 성냥, 잡초의 제초제, 의약 등

　⑤ 소화방법 : 주수소화

(3) 염소산암모늄(NH_4ClO_3)

　① 일반적 성질

　　㉮ 조해성과 금속의 부식성, 폭발성이 크며, 수용액은 산성이다.

　　㉯ 비중 1.8, 분해온도 100℃이다.

　② 위험성 : 폭발기(NH_4)와 산화기(ClO_3)가 결합되었기 때문에 폭발성이 크다.

　③ 저장 및 취급방법 : 염소산칼륨에 준한다.

(4) 기타

　염소산칼슘($[Ca(ClO_3)_2]$), 염소산은($AgClO_3$), 염소산아연($[Zn(ClO_3)_2]$), 염소산바륨($[Ba(ClO_3)_2]$), 염소산스트론튬($[Sr(ClO_3)_2]$)

❸ 과염소산염류(지정수량 50kg)

과염소산($HClO_4$)의 수소(H)가 금속 또는 다른 원자단으로 치환된 화합물이다.

(1) 과염소산칼륨(KClO₄, 과염소산칼리)

① 일반적 성질

㉮ 무색무취의 결정 또는 백색의 분말이다.

㉯ 물에 녹기 어렵고, 알코올이나 에테르 등에도 녹지 않는다.

㉰ 염소산칼륨보다는 안정하나 가열, 충격, 마찰 등에 의해 분해한다.

㉱ 비중 2.52, 융점 610℃, 발화점 400℃이다.

② 위험성

㉮ 강력한 산화제이며, 자신은 불연성 물질이다.

㉯ 약 400℃에서 열분해하기 시작하여 약 610℃에서 완전 분해되어 염화칼륨과 산소를 방출한다. 이때 MnO_2와 같은 촉매가 존재하면 분해를 촉진한다.

예 $KClO_4 \rightarrow KCl + 2O_2 \uparrow$

㉰ 진한황산과 접촉하면 폭발성가스를 생성하고, 튀는 듯이 폭발할 위험이 있다.

㉱ 목탄, 인, 황, 탄소, 가연성고체, 유기물 등이 혼합되어 있을 때 가열·충격·마찰 등에 의해 폭발한다.

③ 저장 및 취급방법 : 인, 황, 탄소 등의 가연물·유기물과 함께 저장하지 않는다.

④ 용도 : 폭약, 화약, 섬광제, 의약, 시약 등

⑤ 소화방법 : 주수소화

(2) 과염소산나트륨(NaClO₄, 과염소산소다)

① 일반적 성질

㉮ 무색 또는 백색의 결정으로 308℃에서 사방정계에서 입방정계로 전이하는 물질이다.

㉯ 조해성이 있으며, 물·알코올·아세톤에 잘 녹으나 에테르에는 녹지 않는다.

㉰ 분자량 122, 비중 2.5, 융점 482℃, 분해온도 400℃이다.

② 위험성

㉮ 130℃ 이상으로 가열하면 분해하여 산소를 발생한다.

예 $NaClO_4 \xrightarrow{\Delta} NaCl + 2O_2 \uparrow$

㉯ 가연물과 유기물 등이 혼합되어 있을 때 가열·충격·마찰 등에 의해 폭발한다.

㉰ 기타 과염소산칼륨에 준한다.

③ 저장 및 취급방법 : 과염소산칼륨에 준한다.

④ 용도 : 산화제, 폭약이나 나염 등에 이용한다.

⑤ 소화방법 : 주수소화

(3) 과염소산암모늄(NH_4ClO_4, 과염소산암몬)

① 일반적 성질

㉮ 무색무취의 결정(상온 → 사방정계, 240℃ 이상 → 입방정계)

㉯ 물, 알코올, 아세톤에는 잘 녹으나 에테르에는 녹지 않는다.

㉰ 비중 1.87, 분해온도는 130℃이다.

② 위험성

㉮ 강산과 접촉하거나 가연물 또는 산화성 물질 등과 혼합 시 폭발의 위험이 있다.

  예 $NH_4ClO_4 + H_2SO_4 \rightarrow NH_4HSO_4 + HClO_4$

㉯ 상온에서는 비교적 안정하나 약 130℃에서 분해하기 시작하여 약 300℃ 부근에서 급격히 가열하면 분해하여 폭발한다.

  예 $2NH_4ClO_4 \xrightarrow{\Delta} \underbrace{N_2\uparrow + Cl_2\uparrow + 2O_2\uparrow + 4H_2O\uparrow}_{\text{다량의 가스}}$

㉰ 충격이나 화재에 의해 단독으로 폭발할 위험이 있으며, 금속분이나 가연성 물질과 혼합하면 위험하다.

㉱ 강한 충격이나 마찰에 의해 발화, 폭발의 위험이 있다.

③ 저장 및 취급방법 : 염소산칼륨에 준한다.

④ 용도 : 폭약, 성냥이나 나염 등에 이용한다.

⑤ 소화방법 : 주수소화

(4) 과염소산마그네슘($Mg(ClO_4)_2$)

① 일반적 성질

㉮ 백색의 결정성 덩어리이다.

㉯ 조해성이 강하며 물, 에탄올에 녹는다.

㉰ 분자량은 223이다.

② 위험성

㉮ 방수·방습에 주의한다.

㉯ $KClO_4$와 거의 같은 성질을 가지므로 산화력이 강한 위험성이 있다.

㉰ 금속분, 가연물과 혼합되면 조건에 따라서 폭발의 위험성이 있다.

㉱ 분말의 흡입은 위험하다.

③ 용도 : 분석시약, 가스건조제, 불꽃류 제조

④ 저장 및 취급방법 : 과염소산칼륨에 준한다.

⑤ 소화방법 : 주수소화

4 무기과산화물(지정수량 50kg)

무기과산화물은 불안정한 고체화합물로 분해가 용이하여 산소를 발생하며, 알칼리금속의 과산화물은 물과 급속히 반응하여 산소를 발생한다.

[1] 알칼리금속의 과산화물(M_2O_2)

리튬(Li), 나트륨(Na), 칼륨(K), 루비듐(Rb), 세슘(Cs) 등의 과산화물은 물과 접촉을 피해야하는 금수성 물질이다.

(1) 과산화칼륨(K_2O_2, 과산화칼리)

① 일반적 성질

㉮ 무색 또는 오렌지색의 등축정계 분말이다.

㉯ 가열하면 열분해하여 산화칼륨(K_2O)과 산소(O_2)를 발생한다.

예 $2K_2O_2 \rightarrow 2K_2O + O_2$

㉰ 흡습성이 있으므로 물과 접촉하면 수산화칼륨(KOH)과 산소(O_2)를 발생한다.

예 $2K_2O_2 + 2H_2O \rightarrow 4KOH + O_2 \uparrow$

㉱ 공기 중의 탄산가스를 흡수하여 탄산염이 생성된다.

예 $2K_2O_2 + 2CO_2 \rightarrow 2K_2CO_3 + O_2 \uparrow$

㉲ 에틸알코올에는 용해하며, 묽은산과 반응하여 과산화수소(H_2O_2)를 생성시킨다.

예 $K_2O_2 + 2CH_3COOH \rightarrow 2CH_3COOK + H_2O_2 \uparrow$

㉳ 분자량 110, 비중 2.9, 융점은 490℃이다.

② 위험성

㉮ 물과 접촉하면 발열하면서 폭발위험성이 증가한다.

㉯ 가열하면 위험하고 가연물과 혼합 시 충격이 가해지면 발화할 위험이 있다.

㉰ 강산과 작용하여 심하게 반응하고 과산화수소를 만든다.

예 $K_2O_2 + 2HCl \rightarrow 2KCl + H_2O_2 \uparrow$

㉱ 접촉 시 피부를 부식시킬 위험이 있다.

③ 저장 및 취급방법

㉮ 가열, 충격, 마찰 등을 피하고 가연물, 유기물, 황분, 알루미늄분의 혼입을 방지한다.

㉯ 물과 습기가 들어가지 않도록 용기는 밀전·밀봉한다.

㉰ 위험물의 누출을 방지한다.

④ 용도 : 표백제, 소독제, 제약, 염색 등

⑤ 소화방법 : 건조사, 소다회(Na_2CO_3), 암분 등으로 피복소화한다.

(2) 과산화나트륨(Na_2O_2, 과산화소다)

① 일반적 성질

㉮ 순수한 것은 백색이지만 보통은 황색의 분말 또는 과립상이다.

㉯ 가열하면 열분해하여 산화나트륨(Na_2O)과 산소(O_2)를 발생한다.

  예 $2Na_2O_2 \rightarrow 2Na_2O + O_2 \uparrow$

㉰ 흡습성이 있으므로 물과 접촉하면 수산화나트륨($NaOH$)과 산소(O_2)를 발생한다.

  예 $Na_2O_2 + H_2O \rightarrow 2NaOH + \frac{1}{2}O_2$

㉱ 공기 중의 탄산가스를 흡수하여 탄산염이 생성된다.

  예 $2Na_2O_2 + 2CO_2 \rightarrow 2Na_2CO_3 + O_2 \uparrow$

㉲ 피부를 부식시킨다.

㉳ 에틸알코올에는 녹지 않으나 묽은산과 반응하여 과산화수소(H_2O_2)를 생성시킨다.

  예 $Na_2O_2 + 2CH_3COOH \rightarrow 2CH_3COONa + H_2O_2 \uparrow$

㉴ 분자량 78, 비중 2.8, 융점은 460℃이다.

TIP

과산화나트륨의 제법

순수한 금속나트륨을 고온으로 건조한 공기 중에서 연소시켜 얻는다.

$2Na + O_2 \xrightarrow{\Delta} 2Na_2O_2$

---

② 위험성

㉮ 강력한 산화제로서 금, 니켈을 제외한 다른 금속을 침식하여 산화물을 만든다.

㉯ 상온에서 물과 급격히 반응하며, 가열하면 분해되어 산소(O_2)를 발생한다.

㉰ 불연성이나 물과 접촉하면 발열하며, 대량의 경우에는 폭발한다.

㉱ 탄산칼슘, 마그네슘, 알루미늄 분말, 초산(아세트산), 에테르 등과 혼합하면 폭발의 위험이 있다.

㉲ 피부에 닿으면 부식한다.

③ 저장 및 취급방법

㉮ 가열, 충격, 마찰 등을 피하고, 가연물이나 유기물, 황분, 알루미늄의 혼입을 방지한다.

㉯ 물과 습기가 들어가지 않도록 용기는 밀전·밀봉한다. 또한, 저장실 내에는 스프링클러설비, 옥내소화전설비, 포소화설비 또는 물분무소화설비 등을 설치하여도 안 되며, 이러한 소화설비에서 나오는 물과 접촉을 피해야 한다.

㉼ 용기의 파손에 유의하며, 누출을 방지한다.
　　④ 용도 : 표백제, 소독제, 방취제, 약용비누, 열량측정, 분석시험 등
　　⑤ 소화방법 : 건조사나 암분 등으로 피복소화한다.

(3) 과산화리튬(Li_2O_2)

　　① 일반적 성질
　　　㉮ 백색의 분말로서 에테르에 약간 녹는다.
　　　㉯ 분자량 48.5, 융점 180℃, 비점 1,336℃이다.
　　② 위험성
　　　㉮ 가열 또는 산화물과 접촉하면 분해하여 산소를 방출한다.
　　　㉯ 물과 심하게 반응하여 발열하고, 산소를 발생한다.
　　　　예 $2Li_2O_2 + 2H_2O \rightarrow 4LiOH + O_2\uparrow$
　　　㉰ CO_2와 폭발적으로 반응한다.
　　③ 저장 및 취급방법 : Na_2O_2에 준한다.

(4) 기타

　　과산화세슘(CsO_2)

[2] 알칼리금속 이외의 무기과산화물

마그네슘(Mg), 칼슘(Ca), 베릴륨(Be), 스트론튬(Sr), 바륨(Ba) 등의 알칼리토금속의 산화물
이 대부분이다.

(1) 과산화마그네슘(MgO_2, 과산화마그네시아)

　　① 일반적 성질
　　　㉮ 백색 분말로 시판품은 MgO_2의 함량이 15~25% 정도이다.
　　　㉯ 물에 녹지 않으며, 산에 녹아 과산화수소(H_2O_2)를 발생한다.
　　　　예 $MgO_2 + 2HCl \rightarrow MgCl_2 + H_2O_2\uparrow$
　　　㉰ 습기 또는 물과 반응하여 발생기산소(O)를 낸다.
　　　　예 $MgO_2 + H_2O \rightarrow Mg(OH)_2 + O$
　　② 위험성 : 환원제 및 유기물과 혼합 시 마찰 또는 가열·충격에 의해 폭발의 위험이
　　　있다.

③ 저장 및 취급방법

㉮ 유기물질의 혼입, 가열, 충격, 마찰을 피하고, 습기나 물에 접촉되지 않도록 용기를 밀봉 · 밀전한다.

㉯ 산류와 격리하고, 용기 파손에 의한 누출이 없도록 한다.

④ 용도 : 산화제, 표백제, 살균제, 소독제, 의약

⑤ 소화방법 : 주수소화도 사용되지만, 건조사에 의한 피복소화가 효과적이다.

(2) 과산화칼슘(CaO_2, 과산화석회)

① 일반적 성질

㉮ 무정형의 백색 분말이다. 물에 녹기 어렵고, 알코올이나 에테르 등에도 녹지 않는다.

㉯ 산과 반응하여 과산화수소를 생성한다.

예 $CaO_2 + 2HCl \rightarrow CaCl_2 + H_2O_2$

㉰ 수화물($CaO_2 \cdot 8H_2O$)은 백색 결정이며, 물에는 조금 녹고 온수에서는 분해된다.

㉱ 비중 1.7, 분해온도는 275℃이다.

② 위험성

㉮ 분해온도 이상으로 가열하면 폭발의 위험이 있다.

예 $2CaO_2 \xrightarrow{\Delta} 2Ca + 2O_2$

㉯ 묽은산류에 녹아서 과산화수소가 생긴다.

③ 저장 및 취급방법 : 과산화나트륨에 준한다.

④ 용도 : 표백제, 소독제 등

⑤ 소화방법 : 주수소화도 사용되나 건조사에 의한 피복소화가 효과적이다.

(3) 과산화바륨(BaO_2)

① 일반적 성질

㉮ 백색의 정방정계 분말로서 알칼리토금속의 과산화물 중 가장 안정한 물질이다.

㉯ 물에는 약간 녹지만, 알코올 · 에테르 · 아세톤 등에는 녹지 않는다.

㉰ 고온 800~840℃에서 분해하여 산소를 발생한다.

예 $2BaO_2 \xrightarrow{\Delta} 2BaO + O_2$

㉱ 수화물($BaO_2 \cdot 8H_2O$)은 무색 결정으로 묽은산에 녹으며, 100℃에서 결정수를 잃는다.

㉲ 비중 4.96, 융점 450℃, 분해온도는 840℃이다.

② 위험성

㉮ 산 및 온수에 의해 분해되어 과산화수소(H_2O_2)와 발생기산소를 발생하면서 발열한다.

　　예 $BaO_2 + H_2SO_4 \rightarrow BaSO_4 + H_2O_2 \uparrow$

　　　　$2BaO_2 + 2H_2O \rightarrow 2Ba(OH)_2 + O_2 \uparrow$

㉯ 유독성이 있다.

㉰ 유기물과의 접촉을 피한다.

③ 저장 및 취급방법 : 과산화나트륨에 준한다.

④ 용도 : 표백제, 매염제, 테르밋(Al과 Fe_2O_3의 혼합물)의 점화제 등

⑤ 소화방법 : CO_2가스, 사염화탄소, 건조사에 의한 피복소화

5 브롬산염류(지정수량 300kg)

취소산($HBrO_3$)의 수소(H)가 금속 또는 다른 원자단으로 치환된 염이다.

(1) 브롬산칼륨($KBrO_3$)

① 일반적 성질

㉮ 백색의 결정성 분말이며, 물에는 잘 녹으나 알코올에는 난용이다.

㉯ 융점 이상으로 가열하면 분해되어서 산소를 발생한다.

　　예 $2KBrO_3 \rightarrow 2KBr + 3O_2 \uparrow$

㉰ 비중 3.27, 융점은 370℃이다.

② 위험성 : 황, 숯, 마그네슘 분말, 기타 다른 가연물과 혼합되어 있을 때 가열하면 폭발한다.

③ 저장 및 취급방법

㉮ 분진이 비산되지 않도록 조심히 다루며, 밀봉·밀전한다.

㉯ 습기에 주의하며, 열원을 멀리한다.

④ 용도 : 분석시약, 콜드파마 용제, 브롬산염 적정

⑤ 소화방법 : 대량의 주수소화

(2) 브롬산나트륨($NaBrO_3$)

① 일반적 성질

㉮ 무색의 결정 또는 결정성 분말로 물에 잘 녹는다.

㉯ 강한 산화력이 있고, 고온에서 분해하여 산소를 방출한다.

㉰ 비중 3.3, 융점은 381℃이다.

② 위험성 : 브롬산칼륨에 준한다.

③ 저장 및 취급방법 : 브롬산칼륨에 준한다.

④ 소화방법 : 대량의 주수소화

(3) 브롬산아연[Zn(BrO₃)₂ · 6H₂O]

① 일반적 성질

㉮ 무색의 결정이며, 물·에탄올·이황화탄소·클로로포름에 잘 녹는다.

㉯ 강한 산화제이지만, Cl_2보다 약하다.

㉰ 비중 2.56, 융점은 100℃이다.

② 위험성

㉮ 가연물과 혼합되어 있을 때는 폭발적으로 연소한다.

㉯ F_2와 심하게 반응하여 불화취소가 생성된다.

㉰ 연소 시 유독성 증기를 발생하고 부식성이 강하며, 금속 또는 유기물을 침해한다.

③ 저장 및 취급방법 : 브롬산칼륨에 준한다.

④ 소화방법 : 초기 소화는 CO_2, 분말소화약제, 기타의 경우에는 다량의 물로 냉각소화
한다.

(4) 브롬산바륨[Ba(BrO₃)₂ · H₂O]

① 일반적 성질

㉮ 무색의 결정으로 물에 약간 녹는다.

㉯ 120℃에서 결정수를 잃고, 무수염이 된다.

㉰ 비중 3.99, 융점은 414℃이다.

② 위험성

㉮ 융점 이상 가열하거나 충격·마찰에 의해 분해하여 산소를 발생한다.

㉯ 강한 산화력이 있어 가연성 물질과 혼합된 것은 가열·충격·마찰에 의해 발화
폭발의 위험이 있다.

③ 저장 및 취급방법 : 브롬산칼륨에 준한다.

④ 용도 : 의약, 시약, 산화제

⑤ 소화방법 : 대량의 주수소화

6 질산염류(지정수량 300kg)

질산(HNO_3)의 수소(H)가 금속 또는 다른 양이온으로 치환된 화합물을 말한다. 물에 녹고, 폭약의 원료로 많이 사용된다.

(1) 질산칼륨(KNO_3, 초석)

① 일반적 성질

  ㉮ 무색무취의 흰색의 결정 분말이다.

  ㉯ 물이나 글리세린 등에는 잘 녹고, 알코올에는 녹지 않는다(수용액은 중성반응).

  ㉰ 약 400℃로 가열하면 분해하여 아질산칼륨(KNO_2)과 산소(O_2)가 발생한다.

  예 $2KNO_3 \xrightarrow{\Delta} 2KNO_2 + O_2 \uparrow$

  ㉱ 강산화제이다.

  ㉲ 분자량 101, 비중 2.1, 융점 339℃, 비점 400℃이다.

② 위험성

  ㉮ 강한 산화제이므로 가연성 분말이나 유기물과 접촉 시 폭발한다.

  ㉯ 흑색 화약을 질산칼륨(KNO_3)과 유황(S), 목탄분(C)을 75% : 10% : 15%의 비율로 혼합한 것으로 각자는 폭발성이 없지만, 적정 비율로 혼합되면 폭발력이 생긴다. 이것은 뇌관을 사용하지 않고도 충분히 폭발시킬 수 있다. 흑색 화약의 분해반응식은 다음과 같다.

  $$16KNO_3 + 3S + 21C \longrightarrow 13CO_2 \uparrow + 3CO \uparrow + 8N_2 \uparrow + 5K_2CO_3 + K_2SO_4 + K_2S$$

  ㉰ 혼촉발화가 가능한 물질로는 황린, 유황, 금속분, 목탄분, 나트륨아미드, 나트륨, 에테르, 이황화탄소, 아세톤, 톨루엔, 크실렌, 등유, 에탄올, 에틸렌글리콜, 황화티탄, 황화안티몬 등이 있다.

③ 저장 및 취급방법

  ㉮ 유기물과의 접촉을 피한다.

  ㉯ 건조한 냉암소에 보관한다.

  ㉰ 가연물과 산류 등의 혼합 시 가열·충격·마찰 등을 피한다.

④ 용도 : 흑색 화약, 불꽃놀이의 원료, 의약, 비료, 촉매, 야금, 금속 열처리제, 유리청정제 등

⑤ 소화방법 : 주수소화

(2) 질산나트륨(NaNO₃, 칠레초석)

① 일반적 성질

㉮ 무색무취의 투명한 결정 또는 백색 분말이다.

㉯ 조해성이 있으며, 물이나 글리세린 등에는 잘 녹고 알코올에는 녹지 않는다. 수용액은 중성이다.

㉰ 약 380℃에서 분해되어 아질산나트륨($NaNO_2$)와 산소(O_2)를 생성한다.

예 $2NaNO_3 \longrightarrow 2NaNO_2 + O_2\uparrow$

㉱ 비중 2.27, 융점 308℃, 분해온도는 380℃이다.

② 위험성

㉮ 강한 산화제로서 황산과 접촉 시 분해하여 질산을 유리시킨다.

㉯ 유기물, 가연물과 혼합하면 가열·충격·마찰에 의해 발화할 수 있다.

㉰ 티오황산나트륨과 함께 가열하면 폭발한다.

③ 저장 및 취급방법 : 질산칼륨에 준한다.

④ 용도 : 유리발포제, 열처리제, 비료, 염료, 의약, 담배조연제 등

⑤ 소화방법 : 주수소화

(3) 질산암모늄(NH₄NO₃)

① 일반적 성질

㉮ 상온에서 무색무취의 결정 고체이다.

㉯ 흡습성과 조해성이 강하며, 물, 알코올, 알칼리 등에 잘 녹는다. 불안정한 물질이고 물에 녹을 때는 흡열반응을 한다.

㉰ 질산암모늄이 원료로 된 폭약은 수분이 흡수되지 않도록 포장하며, 비료용인 경우에는 우기 때 사용하지 않는 것이 좋다.

㉱ 비중 1.73, 융점 165℃, 비점 220℃이다.

② 위험성

㉮ 가연물, 유기물이 혼합되면 가열, 충격, 마찰에 의해 폭발한다. 100℃ 부근에서 반응하고, 200℃에서 열분해하여 산화이질소와 물로 분해한다.

예 $NH_4NO_3 \xrightarrow{\Delta} N_2O + 2H_2O$

㉯ 급격한 가열이나 충격을 주면 단독으로 폭발한다.

예 $2NH_4NO_3 \longrightarrow 2N_2 + 4H_2O + O_2\uparrow$

㉰ 황분말, 금속분, 가연성의 유기물이 섞이면 가열 또는 충격에 의해 폭발을 일으킨다.

③ 저장 및 취급방법 : 질산칼륨에 준한다.

④ 용도 : 폭약의 제조원료, 불꽃놀이의 원료, 비료, 오프셋 인쇄, 질산염 제조 등

⑤ 소화방법 : 주수소화

(4) 질산은($AgNO_3$)

① 일반적 성질

㉮ 무색의 투명한 결정이다.

㉯ 비중 4.35, 융점은 212℃이다.

② 용도 : 사진감광제 등

7 요오드산염류(지정수량 300kg)

요오드산(HIO_3)의 수소(H)가 금속 또는 다른 원자단으로 치환된 화합물이다. 대부분 결정성 고체로서 산화력이 강하고, 탄소나 유기물과 섞여 가열하면 폭발한다.

(1) 옥소산칼륨(KIO_3)

① 일반적 성질

㉮ 무색 결정 또는 광택이 나는 무색의 결정성 분말이다.

㉯ 물에 녹으며, 수용액은 리트머스 시험지에 중성반응을 나타낸다.

㉰ 비중 3.89, 융점은 560℃이다.

② 위험성

㉮ $MClO_3$나 $MBrO_3$보다 안정하지만, 산화력이 강하고 융점 이상으로 가열하면 분해하여 산소를 발생한다.

㉯ 유기물, 가연물과 혼합한 것은 가열·충격·마찰에 의해 폭발한다.

㉰ 황린, 목탄분, 금속분, 칼륨, 나트륨, 인화성 액체류, 셀룰로오스, 황화합물 등과 혼촉 시 가열·충격·마찰에 의해 폭발의 위험이 있다.

(2) 옥소산나트륨($NaIO_3$)

① 일반적 성질

㉮ 조해성이 있으며, 물에 녹는다.

㉯ 융점 42℃이다.

② 위험성 : 옥소산칼륨에 준한다.

③ 저장 및 취급방법 : 옥소산칼륨에 준한다.

④ 용도 : 의약, 탈취 소재

⑤ 소화방법 : 초기소화 시는 포·분말소화약제를 사용하며, 고온에서 폭발의 위험성이 있으므로 다량의 물로 냉각소화한다.

(3) 옥소산암모늄(NH_4IO_3)

① 일반적 성질
⑦ 무색의 결정이다.
④ 비중이 3.3이다.
② 위험성
⑦ 금속과 접촉 시 심하게 분해한다.
④ 150℃ 이상으로 가열 시 분해한다.
⑤ 황린, 인화성 액체류, 칼륨, 나트륨 등과 혼촉에 의해 폭발의 위험이 있다.
③ 저장 및 취급방법 : 옥소산칼륨에 준한다.
④ 용도 : 산화제
⑤ 소화방법 : 옥소산칼륨에 준한다.

(4) 옥소(아이오딘)산아연[$Zn(IO_3)_2$]

① 일반적 성질
⑦ 백색의 결정성 분말로 물에 약간 녹으나 에탄올에는 녹지 않는다.
④ 유기물과 혼합 시 연소 위험이 있다.
⑤ 산화력이 강하다.
⑥ 수용액은 리트머스 시험지에 중성반응이 나타난다.
⑩ 분자량 204.3, 비중이 5.06이다.
② 위험성
⑦ 충격을 주거나 강산의 첨가로 단독 폭발할 위험이 있다.
④ 유기물과 화합 시 급격한 연소·폭발을 일으킨다.

8 과망간산염류(지정수량 1,000kg)

과망간산($HMnO_4$)의 수소(H)가 금속 또는 다른 원자단으로 치환된 물질이다.

(1) 과망간산칼륨($KMnO_4$, 카멜레온, 과망간산칼리)

① 일반적 성질
⑦ 흑자색 또는 적자색 결정이다.

  ㉯ 물·에탄올·빙초산 등에 녹으며, 강한 산화력과 살균력을 지닌다.

  ㉰ 240℃에서 가열하면 과망간산칼륨, 이산화망간, 산소를 발생한다.

   例 $2KMnO_4 \rightarrow K_2MnO_4 + MnO_2 + O_2 \uparrow$

  ㉱ 2분자가 중성 또는 알칼리성과 반응하면 3원자의 산소를 방출한다.

  ㉲ 비중 2.7, 분해온도는 240℃이다.

 ② 위험성

  ㉮ 진한황산과 반응하면 격렬하게 튀는 듯이 폭발을 일으킨다.

   例 $2KMnO_4 + H_2SO_4 \rightarrow K_2SO_4 + 2HMnO_4$

    $2HMnO_4 \rightarrow Mn_2O_7 + H_2O$

    $2Mn_2O_7 \rightarrow 4MnO_2 + 3O_2 \uparrow$

  ㉯ 묽은황산과의 반응은 다음과 같다.

   例 $4KMnO_4 + 6H_2SO_4 \rightarrow 2K_2SO_4 + 4MnSO_4 + 6H_2O + 5O_2 \uparrow$

  ㉰ 강력한 산화제로 다음과 같은 경우 순간적으로 혼촉발화하고, 폭발의 위험성이 상존한다.

   ㉠ 과망간산칼륨 + 에테르 : 최대위험비율 = 8wt%

   ㉡ 과망간산칼륨 + 글리세린 : 최대위험비율 = 15wt%

   ㉢ 과망간산칼륨 + 염산 : 최대위험비율 = 63wt%

  ㉱ 환원성 물질(목탄, 황 등)과 접촉 시 폭발할 위험이 있다.

  ㉲ 유기물(알코올, 에테르, 글리세린 등)과 접촉 시 폭발할 위험이 있다.

 ③ 저장 및 취급방법

  ㉮ 일광을 차단하고, 냉암소에 저장한다.

  ㉯ 용기는 금속 또는 유리 공기를 사용하며 산, 가연물, 유기물 등과의 접촉을 피한다.

 ④ 용도 : 살균제, 의약품(무좀약 등), 촉매, 표백제, 사카린의 제조, 특수사진 접착제 등

 ⑤ 소화방법 : 폭발위험에 대비하여 안전거리를 충분히 확보하고, 공기호흡기 등의 보호장비를 착용하며, 초기소화는 건조사를 통한 피복소화를 하거나 물·포·분말도 유효하지만, 기타의 경우는 다량의 물로 주수소화한다.

(2) 과망간산나트륨($NaMnO_4 \cdot 3H_2O$, 과망간산소다)

 ① 일반적 성질

  ㉮ 적자색 결정으로 물에 매우 잘 녹는다.

  ㉯ 조해성이 있어 수용액($NaMnO_4 \cdot 3H_2O$)으로 시판한다.

ⓓ 가열하면 융점 부근에서 분해하여 산소를 발생한다.

　　예 $2NaMnO_4 \xrightarrow{170℃ \text{ 이상}} Na_2MnO_4 + MnO_4 + O_2\uparrow$

ⓔ 비중 2.46, 융점은 170℃이다.

② 위험성

ⓐ 적린, 황, 금속분, 유기물과 혼합하면 가열·충격에 의해 폭발한다.

ⓑ 나트륨, 에테르, 이황화탄소, 아닐린, 아세톤, 톨루엔, 에탄올, 진한초산, 에틸렌 글리콜, 황산, 삼산화크롬 등과 혼촉발화의 위험이 있다.

③ 저장 및 취급방법 : 과망간산칼륨에 준한다.

④ 용도 : 살균제, 소독제, 사카린 원료, 중독해독제 등

⑤ 소화방법 : 과망간산칼륨에 준한다.

⑨ 중크롬산염류(지정수량 1,000kg)

중크롬산($H_2Cr_2O_7$)의 수소(H)가 금속 또는 다른 원자단으로 치환된 화합물이다. 이 물질을 중크롬산염($M_2Cr_2O_7$)이라 하고, 이들 염의 총칭을 중크롬산염류라 한다.

(1) 중크롬산칼륨($K_2Cr_2O_7$)

① 일반적 성질

ⓐ 중크롬산나트륨 용액에 염화칼륨을 가해서 용해, 가열시켜 얻는다.

　　예 $Na_2Cr_2O_7 + 2KCl \xrightarrow{\Delta} K_2Cr_2O_7 + 2NaCl$

ⓑ 흡습성이 있는 등적색의 결정 또는 결정성 분말로, 쓴맛이 있고 물에는 녹으나 알코올에는 녹지 않는다.

ⓒ 산성용액에서 강한 산화제이다.

　　예 $K_2Cr_2O_7 \rightarrow K_2SO_4 + Cr_2(SO_4)_3 + 4H_2O + 3[O]$

ⓓ 독성이 있으며, 쓴맛과 금속성 맛이 있다.

ⓔ 분자량 294, 비중 2.69, 융점 398℃, 분해온도는 500℃이다.

② 위험성

ⓐ 강산화제이며, 500℃에서 분해하여 산소를 발생한다.

　　예 $4K_2Cr_2O_7 \rightarrow 4K_2CrO_4 + 2Cr_2O_3 + 3O_2\uparrow$

ⓑ 부식성이 강해 피부와 접촉 시 점막을 자극한다.

ⓒ 단독으로는 안정된 화합물이지만 가열하거나 가연물, 유기물 등과 접촉할 때 가열·마찰·충격을 가하면 폭발한다.

ⓓ 수산화칼슘, 히드록실아민, (아세톤+황산)과 혼촉 시 발화·폭발의 위험이 있다.

ⓔ 분진은 기관지를 자극하고 상처와 접촉하면 염증을 일으키며, 흡입 시 중독증상이 나타난다.

③ 저장 및 취급방법

㉮ 화기엄금·가열·충격·마찰을 피한다.

㉯ 산, 유황, 화합물, 유지 등의 이물질과의 혼합을 금지한다.

㉰ 용기는 밀봉하여 저장한다.

④ 용도 : 산화제, 성냥, 의약품, 피혁 다듬질, 방부제, 인쇄 잉크, 사진 인쇄, 클리닝용액 등

⑤ 소화방법 : 초기소화는 물·포소화약제가 유효하며, 기타의 경우 다량의 물로 주수소화한다.

(2) 중크롬산나트륨($NaCr_2O_7 \cdot 2H_2O$)

① 일반적 성질

㉮ 크롬산나트륨에 황산을 가하여 만든다.

예 $2Na_2CrO_4 + H_2SO_4 + H_2O \rightarrow Na_2Cr_2O_7 \cdot 2H_2O + Na_2SO_4$

㉯ 흡습성을 가진 등황색 또는 등적색의 결정으로 무취이다.

㉰ 물에는 녹으나 알코올에는 녹지 않는다.

㉱ 84.6℃에서 결정수를 잃고, 400℃에서 분해하여 산소를 발생한다.

㉲ 비중 2.52, 융점 356℃, 비점 400℃이다.

② 위험성

㉮ 가열될 경우에는 분해되어 산소를 발생하여 근처에 있는 가연성 물질을 연소시킬 수 있다.

㉯ 황산, 히드록실아민, (에탄올+황산), (TNT+황산)과 혼촉 시 발화·폭발의 위험이 있다.

㉰ 눈에 들어가면 결막염을 일으킨다.

③ 저장 및 취급방법 : 중크롬산칼륨에 준한다.

④ 용도 : 화약, 염료, 촉매, 분석시약, 전지, 목재의 방부제, 유리기구세척용 클리닝 용액 등

⑤ 소화방법 : 중크롬산칼륨에 준한다.

(3) 중크롬산암모늄[$(NH_4)_2Cr_2O_7$]

① 일반적 성질

㉮ 중크롬산나트륨과 황산암모늄을 복분해하여 만든다.

예 $(NH_4)_2SO_4 + Na_2Cr_2O_7 \rightarrow (NH_4)_2Cr_2O_7 + Na_2SO_4$

㉯ 삼산화크롬에 암모니아를 작용하여 만든다.

예 $2CrO_3 + 2NH_3 + H_2O \rightarrow (NH_4)_2Cr_2O_7$

㉰ 적색 또는 등적색의 침상결정이다.

㉱ 물·알코올에는 녹지만, 아세톤에는 녹지 않는다.

㉲ 가열분해 시 질소(N_2)가스, 물 및 푸석푸석한 초록색의 Cr_2O_3를 만든다.

예 $(NH_4)_2Cr_2O_7 \xrightarrow{\Delta} N_2 \uparrow + 4H_2O + Cr_2O_3$

㉳ 비중 2.15, 분해온도는 225℃이다.

② 위험성

㉮ 상온에서는 안정하지만, 강산을 가하면 산화성이 증가한다.

㉯ 강산류, 환원제, 알코올류와 반응한다.

㉰ 밀폐용기를 가열하면 심하게 파열한다.

㉱ 분진은 눈을 자극하고, 상처에 접촉 시 염증이 있으며, 흡입 시에는 기관지의 점막에 침투하고 중독증상이 나타난다.

③ 저장 및 취급방법 : 중크롬산칼륨에 준한다.

④ 용도 : 인쇄 제판, 매염제, 피혁 정제, 불꽃놀이 제조, 양초 심지, 도자기의 유약 등

⑤ 소화방법 : 초기소화는 건조사, 분말, CO_2 소화기가 유효하며, 기타의 경우는 다량의 물로 주수소화한다. 화재 진압 시는 방열복과 공기호흡기를 착용한다.

(4) 기타

중크롬산아연($ZnCr_2O_7 \cdot 3H_2O$), 중크롬산칼슘($CaCr_2O_7$), 중크롬산납($PbCr_2O_7$), 중크롬산제이철($[Fe_2(Cr_2O_7)_3]$)

⑩ 그 밖에 행정안전부령이 정하는 것[삼산화크롬(CrO_3, 무수크롬산, 지정수량 300kg)]

① 일반적 성질

㉮ 암적색의 침상결정으로 물, 에테르, 알코올, 황산에 잘 녹는다.

㉯ 융점 이상으로 가열하면 250℃에서 분해하여 산소를 방출하고 녹색의 삼산화이크롬으로 변한다.

예 $4CrO_3 \xrightarrow{\Delta} 2Cr_2O_3 + 3O_2\uparrow$

② 위험성

㉮ 강력한 산화제이다. 크롬산화물의 산화성 크기는 다음과 같다.

$$CrO_3 > Cr_2O_3 > CrO$$

㉯ 산화되기 쉬운 물질이나 유기물, 인, 피크린산, 목탄분, 가연물과 혼합하면 심한 반응열에 의해 연소·폭발의 위험이 있다.

㉰ 유황, 목탄분, 적린, 금속분 등과 같은 강력한 환원제와 접촉 시 가열·충격으로 폭발의 위험이 있다.

㉱ $CrO_3 + CH_3COOH$는 혼촉발화한다.

㉲ 페리시안화칼륨($K_3[Fe(CN)_6]$)과 혼합한 것을 가열하면 폭발한다.

③ 저장 및 취급방법

㉮ 물 또는 습기의 접촉을 피하며 냉암소에 보관한다.

㉯ 철제 용기에 밀폐하여 차고 건조한 곳에 보관하다.

④ 용도 : 합성촉매, 크롬 도금, 의약, 염료 등

⑤ 소화방법 : 건조사가 부득이한 경우, 소량의 경우는 다량의 물로 소화한다.

01 다음 중 위험등급 Ⅱ의 위험물이 아닌 것은?

① 질산염류　　　　　　　　　② 황화인
③ 칼륨　　　　　　　　　　　④ 알코올류

> **해설**
>
> ① 위험등급 Ⅰ : 칼륨
> ② 위험등급 Ⅱ : 질산염류, 황화인, 알코올류

02 다음 중 제1류 고체 위험물로만 구성된 것은?

① $KClO_3$, $HClO_4$, Na_2O, KCl
② $KClO_3$, K_2O, NH_4ClO_4, $NaClO_4$
③ $KClO_3$, $HClO_4$, K_2O, Na_2O_2
④ $KClO_3$, $HClO_4$, K_2O_2, Na_2O

> **해설**
>
> $HClO_4$는 산화성 액체이다.

03 [보기]의 물질 중 제1류 위험물에 해당하는 것은 모두 몇 개인가?

> 아염소산나트륨, 염소산나트륨, 차아염소산칼슘, 과염소산칼륨

① 4개　　　　　　　　　　　② 3개
③ 2개　　　　　　　　　　　④ 1개

> **해설**
>
> ① 아염소산나트륨($NaClO_2$, 제1류, 아염소산염류)
> ② 염소산나트륨($NaClO_3$, 제1류, 염소산염류)
> ③ 차아염소산칼슘[$Ca(ClO)_2$, 제1류, 차아염소산염류]
> ④ 과염소산칼륨($KClO4$, 제1류, 과염소산칼륨)

04 「위험물안전관리법령」상 제1류 위험물에 해당하는 것은?

① 염소화이소시아눌산
② 질산구아니딘
③ 염소화규소화합물
④ 금속의 아지화합물

> **해설**
>
> ① 염소화이소시아눌산 : 제1류 위험물
> ② 질산구아니딘 : 제5류 위험물
> ③ 염소화규소화합물 : 제3류 위험물
> ④ 금속의 아지화합물 : 제5류 위험물

05 다음 중 산화성고체 위험물이 아닌 것은?

① $NaClO_3$
② $AgNO_3$
③ MgO_2
④ $HClO_4$

> **해설**
>
> ④ $HClO_4$는 산화성 액체이다.

06 다음 위험물의 지정수량이 옳게 연결된 것은?

① $Ba(ClO_4)_2$ – 50kg
② $NaBrO_3$ – 100kg
③ $Sr(NO_3)_2$ – 500kg
④ $KMnO_4$ – 500kg

> **해설**
>
> | 물 질 | 지정수량 |
> |---|---|
> | $Ba(ClO_4)_2$(과염소산염류) | 50kg |
> | $NaBrO_3$(브롬산염류) | 300kg |
> | $Sr(NO_3)_2$(질산염류) | 300kg |
> | $KMnO_4$(과망간산염류) | 1,000kg |

07 다음 위험물 중에서 지정수량이 나머지 셋과 다른 것은?

① $KBrO_3$
② KNO_3
③ KIO_3
④ $KClO_3$

정답 04. ① 05. ④ 06. ① 07. ④

08 제1류 위험물인 브롬산염류의 지정수량은?

① 50kg   ② 300kg

③ 1,000kg   ④ 100kg

해설

■ 제1류 위험물(산화성고체)의 종류와 지정수량

위험등급	품 명	지정수량
I	아염소산염류	50kg
	염소산염류	50kg
	과염소산염류	50kg
	무기과산화물류	50kg
II	브롬산염류	300kg
	질산염류	300kg
	요오드산염류	300kg
III	과망간산염류	1,000kg
	중크롬산염류	1,000kg

09 다음 중 지정수량이 가장 적은 것은?

① 중크롬산염류   ② 철분

③ 인화성고체   ④ 질산염류

해설

■ 지정수량

제조소 등의 설치허가 등에 있어서 최저의 기준이 되는 수량

① 중크롬산염류 : 1,000kg

② 철분 : 500kg

③ 인화성고체 : 1,000kg

④ 질산염류 : 300kg

10 다음 위험물 중 지정수량이 나머지 셋과 다른 것은?

① 요오드산염류   ② 무기과산화물

③ 알칼리토금속   ④ 염소산염류

해설

① 요오드산염류 : 300kg
② 무기과산화물 : 50kg
③ 알칼리토금속 : 50kg
④ 염소산염류 : 50kg

11 다음 중 지정수량이 나머지 셋과 다른 하나는?

① $HClO_4$ ② NH_4NO_3

③ $NaBrO_3$ ④ $(NH_4)_2Cr_2O_7$

해설

① 300kg, ② 300kg, ③ 300kg, ④ 1,000kg

12 각 위험물의 지정수량을 합하면 가장 큰 값을 나타내는 것은?

① 중크롬산칼륨+아염소산나트륨   ② 중크롬산나트륨+아질산칼륨

③ 과망간산나트륨+염소산칼륨   ④ 요오드산칼륨+아질산칼륨

해설

① 1,000+50 = 1,050kg
② 1,000+300 = 1,300kg
③ 1,000+50 = 1,050kg
④ 300+300 = 600kg

13 다음 물질을 저장하는 저장소로 허가받으려고 위험물저장소 설치허가신청서를 작성하려고 한다. 해당하는 지정수량의 배수는 얼마인가?

> 차아염소산칼슘 : 150kg, 과산화나트륨 : 100kg, 질산암모늄 : 300kg

① 12   ② 9

③ 6   ④ 5

정답 10. ① 11. ④ 12. ② 13. ③

- 차아염소산칼슘(제1류, 차아염소산염류) : 지정수량 50kg
- 과산화나트륨(제1류, 무기과산화물) : 지정수량 50kg
- 질산암모늄(제1류, 질산염류) : 지정수량 300kg

$$\rightarrow \frac{150\text{kg}}{50\text{kg}} + \frac{100\text{kg}}{50\text{kg}} + \frac{300\text{kg}}{300\text{kg}} = 지정수량의 6배$$

14 $NaClO_3$ 100kg, $KMnO_4$ 3,000kg, $NaNO_3$ 450kg을 저장하려고할 때 각 위험물의 지정수량 배수의 총합은?

① 4.0 ② 5.5

③ 6.0 ④ 6.5

$$\frac{100}{50} + \frac{3,000}{1,000} + \frac{450}{300} = 6.5배$$

15 「위험물안전관리법령」에서 정의하는 산화성고체에 대해 다음 (   ) 안에 알맞은 용어를 차례대로 나타낸 것은?

> "산화성고체"라 함은 고체로서 (   )의 잠재적인 위험성 또는 (   )에 대한 민감성을 판단하기 위하여 소방청장이 정하여 고시하는 시험에서 고시로 정하는 성질과 상태를 나타내는 것을 말한다.

① 산화력, 온도 ② 착화, 온도

③ 착화, 충격 ④ 산화력, 충격

■ **산화성고체**
고체로서 산화력의 잠재적인 위험성 또는 충격에 대한 민감성을 판단하기 위하여 소방청장이 정하여 고시하는 시험에서 고시로 정하는 성질과 상태를 나타내는 것

16 다음은 「위험물안전관리법령」에서 정한 용어의 정의이다. (   ) 안에 알맞은 것은?

> "산화성고체"라 함은 고체로서 산화력의 잠재적인 위험성 또는 충격에 대한 민감성을 판단하기 위하여 (   )이 정하여 고시하는 시험에서 고시로 정하는 성질과 상태를 나타내는 것을 말한다.

① 대통령
② 소방청장
③ 중앙소방학교장
④ 산업통상자원부장관

해설

산화성고체는 소방청장이 정하여 고시하는 시험에서 고시로 정하는 성질과 상태를 나타내는 것을 말한다.

17 「위험물안전관리법령」에서 정한 위험물의 유별에 따른 성질에서 물질의 상태는 다르지만 성질이 같은 것은?

① 제1류와 제6류
② 제2류와 제5류
③ 제3류와 제5류
④ 제4류와 제6류

해설

㉠ 제1류 : 산화성
㉡ 제2류 : 가연성
㉢ 제3류 : 자연발화성 및 금수성
㉣ 제4류 : 인화성
㉤ 제5류 : 자기반응성
㉥ 제6류 : 산화성

18 위험물안전관리에 관한 세부기준의 산화성 시험방법 중 분립상 물품의 산화성으로 인한 위험성의 정도를 판단하기 위한 연소시험에 있어서 표준물질의 연소시험에 대한 설명으로 옳은 것은?

① 표준물질과 목분을 중량비 1 : 1로 섞어 혼합물 30g을 만든다.
② 표준물질과 목분을 중량비 2 : 1로 섞어 혼합물 30g을 만든다.
③ 표준물질과 목분을 중량비 1 : 1로 섞어 혼합물 60g을 만든다.
④ 표준물질과 목분을 중량비 2 : 1로 섞어 혼합물 60g을 만든다.

해설

■ **산화성 시험방법 중 표준물질의 연소시험**

표준물질인 과염소산칼륨과 $250\mu m$ 이상 $500\mu m$ 미만인 목분을 중량비 1 : 1로 섞어 혼합물 30g을 만든다.

정답 16. ② 17. ① 18. ①

19 산화성고체 위험물의 위험성에 해당하지 않는 것은?

① 불연성 물질로 산소를 방출하고 산화력이 강하다.
② 단독으로 분해·폭발하는 물질도 있지만, 가열, 충격, 이물질 등과의 접촉으로 분해를 하여 가연물과 접촉·혼합에 의하여 폭발할 위험성이 있다.
③ 유독성 및 부식성 등 손상의 위험성이 있는 물질도 있다.
④ 착화온도가 높아서 연소확대의 위험이 크다.

해설
④ 착화온도가 낮아서 연소확대의 위험이 크다.

20 제1류 위험물 중 알칼리금속 과산화물의 화재에 대하여 적응성이 있는 소화설비는 무엇인가?

① 탄산수소염류의 분말소화설비
② 옥내소화전설비
③ 스프링클러설비(방사밀도 12.2L/m² 이상인 것)
④ 포소화설비

해설
제1류 위험물 중 알칼리금속 과산화물 적응성이 있는 소화설비 : 탄산수소염류의 분말 소화설비

21 제1류 위험물 중 무기과산화물과 제5류 위험물 중 유기과산화물의 소화방법으로 옳은 것은?

① 무기과산화물 : CO_2에 의한 질식소화, 유기과산화물 : CO_2에 의한 냉각소화
② 무기과산화물 : 건조사에 의한 피복소화, 유기과산화물 : 분말에 의한 질식소화
③ 무기과산화물 : 포에 의한 질식소화, 유기과산화물 : 분말에 의한 질식소화
④ 무기과산화물 : 건조사에 의한 피복소화, 유기과산화물 : 물에 의한 냉각소화

해설
㉠ 제1류 무기과산화물 : 질식소화(탄산수소염류 분말), 피복소화(건조사)
㉡ 제5류 유기과산화물 : 대량 주수에 의한 냉각소화(화재 초기에만)

22 수분을 함유한 NaClO₂의 분해온도는?

① 약 50℃   ② 약 70℃
③ 약 100℃   ④ 약 120℃

> **해설**

■ **아염소산나트륨(sodium chlorite, NaClO₂)**
무수염은 안정하나 수분이 있는 것은 120℃에서 발열 분해하며 산과 반응시키면 분해하여 이산화염소(ClO₂)를 발생시키기 때문에 종이, 펄프 등의 표백제로 사용한다.

23 산과 접촉하였을 때 이산화염소가스를 발생하는 제1류 위험물은?

① 요오드산칼륨   ② 중크롬산아연
③ 아염소산나트륨   ④ 브롬산암모늄

> **해설**

■ **아염소산나트륨(sodium chlorite, NaClO₂)**
산과 반응시키면 분해하여 이산화염소(ClO₂) 가스를 발생시키기 때문에 종이, 펄프 등의 표백제로 사용한다(3NaClO₂ + 2HCl → 3NaCl + 2ClO₂ + H₂O₂).

24 산화성고체 위험물인 염소산염류의 수납방법으로 가장 옳은 것은?

① 방수성이 있는 플라스틱 드럼 또는 화이버 드럼에 지정수량을 수납하고 밀봉한다.
② 양철판제의 양철통에 지정수량과물을 가득 담아 밀봉한다.
③ 강철제의 양철통에 지정수량과 파라핀 경유 또는 등유로 가득 채워서 밀봉한다.
④ 강철제의 양철통에 임의의 수량을 넣고 밀봉한다.

> **해설**

염소산염류는 방수성이 있는 플라스틱 드럼 또는 화이버 드럼에 지정수량을 수납하고 밀봉한다.

25 다음 중 염소산칼륨의 성상을 옳게 나타낸 것은?

① 무색의 입방정계 결정   ② 갈색의 정방정계 결정
③ 갈색의 사방정계 결정   ④ 무색의 단사정계 결정

> **해설**

염소산칼륨(KClO₃)은 무색의 단사정계 결정이다.

정답 22. ④ 23. ③ 24. ① 25. ④

26 염소산염류는 분해되어 산소를 발생하는 성질이 있다. 융점과 분해온도와의 관계 중 옳은 것은?

① 융점 이상의 온도에서 분해되어 산소를 발생한다.
② 융점 이하의 온도에서 분해되어 산소를 발생한다.
③ 융점이나 분해온도와 무관하게 산소를 발생한다.
④ 융점이나 분해온도가 동일하여 산소를 발생한다.

해설

$$2KClO_3 \xrightarrow{\triangle} 2KCl + 3O_2 \uparrow$$

27 다음 중 염소산칼륨의 성질에 대한 설명으로 옳은 것은?

① 회색의 비결정성 물질이다.
② 약 400℃에서 열분해한다.
③ 가연성이고 강력한 환원제이다.
④ 비중은 약 1.2이다.

해설

① 무색무취의 결정 또는 분말이다.
② 약 400℃에서 열분해한다.

$$2KClO_3 \xrightarrow{\triangle} 2KCl + 3O_2 \uparrow$$

③ 불연성이고 강산화제이다.
④ 비중은 2.32이다.

28 염소산칼륨의 성질에 대한 설명으로 옳은 것은?

① 가열·마찰에 의해서 가연성가스가 발생한다.
② 녹는점 이상으로 가열하면 과염소산을 생성한다.
③ 수용액은 약한 산성이다.
④ 찬물, 알코올에 잘 녹는다.

해설

■ **염소산칼륨**
㉠ 가열, 마찰에 의해서 산소(O_2)를 발생한다.
㉡ 수용액 상태에서도 강한 산화력을 가진다.
㉢ 찬물에는 녹지 않고, 알코올에는 약간 녹는다.

29 다음과 같은 성질을 가진 물질은?

> • 무색무취의 결정이다.
> • 비중은 약 2.3, 융점은 368℃이다.
> • 열분해하여 산소를 발생한다.

① $KClO_3$

② $NaClO_3$

③ $Zn(ClO_3)_2$

④ K_2O_2

해설

염소산칼륨($NaClO_3$)에 대한 설명이다.

30 $KClO_3$의 성질이 아닌 것은?

① 분자량은 약 122.5이다.
② 불연성 물질이다.
③ 분해방지제로 MnO_2를 사용한다.
④ 화재발생 시 주수에 의해 냉각소화가 가능하다.

해설

■ **염소산칼륨(potassium chlorate, $KClO_3$)**
㉠ 촉매에 의해 열분해한다.

$$2KClO_3 \xrightarrow[\triangle]{촉매} 2KCl + 3O_2\uparrow$$

70℃ 부근에서 분해하기 시작하고 200℃에서 완전분해하여 산소를 방출한다.
㉡ 촉매로서는 이산화망간(MnO_2), 목분탄 등이 있다. 촉매가 없으면 분해는 느리게 진행되지만, 촉매가 $KClO_3$ 중에 널리 분포되어 있을수록 분해반응은 빠르다.

31 다음 중 염소산칼륨을 가열하면 발생하는 가스는?

① 염소

② 산소

③ 산화염소

④ 칼륨

해설

■ **염소산칼륨($KClO_3$)**
강산화제로 가열에 의해 분해하여 산소(O_2)를 발생하며 촉매 없이 400℃ 정도에서 가열하면 분해한다.

$$2KClO_3 \xrightarrow{\triangle} 2KCl + 3O_2\uparrow$$

정답 29. ① 30. ③ 31. ②

32 제1류 위험물의 위험성에 대한 설명 중 틀린 것은?

① BaO_2는 염산과 반응하여 H_2O_2를 발생한다.

② $KMnO_4$는 알코올 또는 글리세린과의 접촉 시 폭발위험이 있다.

③ $KClO_3$는 100℃ 미만에서 열분해되어 KCl과 O_2를 방출한다.

④ $NaClO_3$은 산과 반응하여 유독한 ClO_3을 발생한다.

해설

① 제1류, 무기과산화물은 산과 반응 시 H_2O_2(과산화수소) 발생
   - $BaO_2 + 2HCl \rightarrow BaCl_2 + H_2O_2 \uparrow$
   - $BaO_2 + H_2SO_4 \rightarrow BaSO_4 + H_2O_2$
② 과망간산칼륨(카멜레온, $KMnO_4$) : 알코올, 에테르, 강산, 유기물, 글리세린 등과 접촉 시 발화 위험
③ 염소산칼륨($KClO_3$)의 분해반응

   $2KClO_3 \rightarrow 2KCl + 3O_2$

   (분해온도 : 400℃)
④ $2NaClO_3 + 2HCl \rightarrow 2NaCl + 2ClO_2 + H_2O_2$

   (이산화염소 :
   폭발성 유독가스)

33 산화성고체 위험물로 조해성과 부식성이 있으며 산과 반응하여 폭발성의 유독한 이산화염소를 발생시키는 위험물로 제초제, 폭약의 원료로 사용하는 물질은?

① Na_2O ② $KClO_4$

③ $NaClO_3$ ④ $RbClO_4$

해설

■ **염소산나트륨(sodium chlorate, $2NaClO_3$)**
산과 반응하면 유독하고 폭발성·유독성의 ClO_2를 발생하며, 잡초의 제초제·폭약 등의 원료·산소발생제로 사용한다.

34 염소산나트륨이 산과 반응하여 주로 발생되는 유독한 가스는?

① 이산화탄소   ② 일산화탄소

③ 이산화염소   ④ 일산화염소

해설

■ **염소산나트륨(sodium chlorate, $2NaClO_3$)**
산과 반응하면 유독하고 폭발성, 유독성의 ClO_2를 발생한다($2NaClO_3 + 2HCl \rightarrow 2NaCl + 2ClO_2 + H_2O_2$).

35 제1류 위험물인 염소산나트륨의 위험성에 대한 설명으로 옳지 않은 것은?

① 산과 반응하여 이산화염소를 발생시킨다.
② 가연물과 혼합되어 있으면 약간의 자극에도 폭발할 수 있다.
③ 조해성이 좋으며, 철제용기를 잘 부식시킨다.
④ CO_2 등의 질식소화가 효과적이며 물과의 접촉 시 단독 폭발할 수 있다.

해설

■ **염소산나트륨**(sodium chlorate, $NaClO_3$)
소량인 경우와 초기소화인 경우에는 물, 강화액, 포, 분말소화가 유효하나 기타의 경우에는 다량의 물로 냉각소화한다. 물에 잘 녹는다.

36 다음 중 분해온도가 가장 낮은 위험물은?

① KNO_3
② BaO_2
③ $(NH_4)_2Cr_2O_7$
④ NH_4ClO_3

해설

① 400℃, ② 840℃, ③ 225℃, ④ 100℃

37 무색무취, 사방정계 결정으로 융점이 약 610℃이고 물에 녹기 어려운 위험물은?

① $NaClO_3$
② $KClO_3$
③ $NaClO_4$
④ $KClO_4$

해설

■ **과염소산칼륨**(potassium perchlorate, $KClO_4$)
무색무취, 사방정계 결정으로 융점이 610℃이며 물에 녹기 어려운 위험물이다.

38 다음 중 과염소산칼륨과 접촉하였을 때의 위험성이 가장 낮은 물질은?

① 유황
② 알코올
③ 알루미늄
④ 물

해설

■ **과염소산칼륨**(potassium perchlorate, $KClO_4$)
강산류, 알코올, 금속분, 유황, 알루미늄, 마그네슘 및 가연성 유기물과 혼합·혼입되지 않도록 한다.

정답 35. ④ 36. ④ 37. ④ 38. ④

39 상온·상압에서 과염소산칼륨이 보기의 물질과 혼합되어 있을 때를 가정할 때, 습기 및 일광에 의하여 발화하는 물질이 아닌 것을 고른다면?

① 황   ② 인
③ 목탄   ④ 석면

> **해설**
>
> 과염소산칼륨은 목탄, 인, 황, 탄소, 가연성고체, 유기물 등이 혼합되어 있을 때 습기 및 일광에 의해 발화한다.

40 다음 제1류 위험물 중 융점이 가장 높은 것은?

① 과염소산칼륨   ② 과염소산나트륨
③ 염소산나트륨   ④ 염소산칼륨

> **해설**
>
> ① 과염소산칼륨 610℃, ② 과염소산나트륨 482℃, ③ 염소산나트륨 250℃, ④ 염소산칼륨 368.4℃

41 무색 또는 백색의 결정으로 308℃에서 사방정계에서 입방정계로 전이하는 물질은?

① $NaClO_4$ ② $NaClO_3$
③ $KClO_3$ ④ $KClO_4$

> **해설**
>
> ■ **과염소산나트륨(sodium perchlorate, $NaClO_4$)**
> 무색무취의 결정 또는 백색의 분말이다.
> ㉠ 50℃ 이상 : 무수염 $NaClO_4$
> ㉡ 50℃ 이하 : 1수염 $NaClO_4 \cdot H_2O$
>
>   여기서 가열하면, $NaClO_4 \cdot H_2O \xrightarrow{\Delta} NaClO_4 + H_2O \uparrow$

42 다음 중 물과 접촉하여도 위험하지 않은 물질은?

① 과산화나트륨   ② 과염소산나트륨
③ 마그네슘   ④ 알킬알루미늄

> **해설**
>
> ② 과염소산나트륨(sodium perchlorate, $NaClO_4$)은 조해되기 쉽고 물에 매우 잘 녹는다.

정답 39. ④   40. ①   41. ①   42. ②

43 다음 [보기]에서 설명하는 위험물은?

> • 백색이다.
> • 조해성이 크고, 물에 녹기 쉽다.
> • 분자량은 약 223이다.
> • 지정수량은 50kg이다.

① 염소산칼륨
② 과염소산마그네슘
③ 과산화나트륨
④ 과산화수소

해설

과염소산마그네슘[$Mg(ClO_4)_2$]의 설명이다.

44 다음 중 물과 반응하여 가연성가스를 발생하지 않는 것은?

① Ca_3P_2
② K_2O_2
③ Na
④ CaC_2

해설

① $Ca_3P_2 + 6H_2O \rightarrow 3Ca(OH)_2 + 2PH_3 \uparrow$
　　　　　　　　　　　　　가연성가스

② $2K_2O_2 + 2H_2O \rightarrow 4KOH + O_2 \uparrow$
　　　　　　　　　　　지연(조연)성가스

③ $2Na + 2H_2O \rightarrow 2NaOH + H_2 \uparrow$
　　　　　　　　　　　가연성가스

④ $CaC_2 + 2H_2O \rightarrow Ca(OH)_2 + C_2H_2 \uparrow$
　　　　　　　　　　　　가연성가스

45 물과 반응하여 심하게 발열하면서 위험성이 증가하는 물질은?

① 염소산나트륨
② 과산화칼륨
③ 질산나트륨
④ 질산암모늄

해설

■ **과산화칼륨**(potassium peroxide, K_2O_2)
자신은 불연성이지만 물과 급격히 반응하여 발열하고 산소를 방출한다.
$2K_2O_2 + 2H_2O \rightarrow 4KOH + O_2 \uparrow$

정답 43. ② 44. ② 45. ②

46 다음 중 화재 시 주수소화를 하면 위험성이 증가하는 것은?

① 염소산칼륨
② 과산화칼륨
③ 과염소산칼륨
④ 과산화수소

> **해설**

무기과산화물(과산화칼륨, 과산화나트륨)은 물과 급격히 발열반응을 하므로 건조사에 의한 피복소화를 실시한다(단, 주수소화는 절대엄금).

47 다음에서 설명하는 위험물에 해당하는 것은?

> • 불연성이고 무기화합물이다.
> • 비중은 약 2.8g이다.
> • 분자량은 약 78이다.

① 과산화나트륨   ② 황화인
③ 탄화칼슘   ④ 과산화수소

> **해설**

과산화나트륨(sodium peroxide, Na_2O_2)에 대한 설명이다.

48 Na_2O_2가 반응하였을 때 생성되는 기체가 같은 것으로만 나열된 것은?

① 물, 이산화탄소   ② 아세트산, 물
③ 이산화탄소, 염산, 황산   ④ 염산, 아세트산, 물

> **해설**

■ **과산화나트륨**(sodium peroxide, Na_2O_2)
㉠ 온도가 높은 소량의 물과 반응한 경우 발열하고 O_2를 발생한다.
   $2Na_2O_2 + 2H_2O \longrightarrow 4NaOH + \underline{O_2}\uparrow + 2 \times 34.9kacl$
㉡ 공기 중에서 서서히 CO_2를 흡수 반응하여 탄산염을 만들고 O_2를 방출한다.
   $2Na_2O_2 + 2CO_2 \longrightarrow 2Na_2CO_3 + \underline{O_2}\uparrow$
그러므로 공통으로 생성되는 기체는 O_2이다.

49 상온에서 물에 넣었을 때 용해되어 염기성을 나타내면서 산소를 방출하는 물질은?

① Na_2O_2

② $KClO_3$

③ H_2O_2

④ $NaNO_3$

> **해설**
>
> ■ **과산화나트륨(sodium peroxide, Na_2O_2)**
> ㉠ 상온에서 물과 접촉 시 격렬히 반응하여 부식성이 강한 수산화나트륨을 만들고, 상온에서 물과 반응한 경우 O_2를 발생한다($2Na_2O_2 + 4H_2O \rightarrow 4NaOH \rightarrow 2H_2O + O_2\uparrow$)
> ㉡ 온도가 높은 소량의 물과 반응한 경우 발열하고 O_2를 발생한다.

50 과산화나트륨과 묽은산이 반응하여 생성되는 것은?

① NaOH

② H_2O

③ Na_2O

④ H_2O_2

> **해설**
>
> $Na_2O_2 + 2CH_3COOH \rightarrow 2CH_3COONa + H_2O_2$

51 다음 중 물과 반응하여 극렬히 발열하는 위험물질은?

① 염소산나트륨

② 과산화나트륨

③ 과산화수소

④ 질산암모늄

> **해설**
>
> 물과 반응하여 극렬히 발열하는 위험물은 과산화나트륨, 과산화칼륨 등이 있다.

52 산화성고체 위험물인 과산화나트륨의 위험성에 대한 설명 중 틀린 것은?

① 열분해에 의해 산소를 방출한다.

② 물과의 반응성 때문에 물의 접촉을 피해야 한다.

③ 에테르와 혼합하면 혼촉발화의 위험이 있다.

④ 인화점이 낮은 가연성 물질이므로 화기의 접근을 금해야 한다.

> **해설**
>
> ④ 불연성 물질로서 직사광선 차단, 화기와의 접촉을 피하고 충격, 마찰 등 분해요인을 제거한다.

정답 49.① 50.④ 51.② 52.④

53 과산화나트륨의 저장법으로 가장 옳은 것은?

① 용기는 밀전 및 밀봉하여야 한다.
② 안정제로 황분 또는 알루미늄분을 넣어 준다.
③ 수증기를 혼입해서 공기와 직접접촉을 방지한다.
④ 저장시설 내에 스프링클러 설비를 설치한다.

> **해설**
>
> ② 직사광선 차단, 화기와의 접촉을 피하고 충격, 마찰 등 분해요인을 제거한다.
> ③ 수증기를 피한다.
> ④ 저장실 내에는 스프링클러설비, 옥내소화전, 포소화설비 또는 물분무소화설비 등을 설치하여도 안 되며, 이러한 소화설비에서 나오는 물과의 접촉도 피해야 한다.

54 「위험물안전관리법령」상 품명이 무기과산화물에 해당하는 것은?

① 과산화리튬(Li_2O_2) : 제1류 위험물 중 무기과산화물
② 과산화수소(H_2O_2) : 제6류 위험물
③ 과산화벤조일[$(C_6H_5CO)_2O_2$] : 제5류 위험물
④ 과산화초산(CH_3COOOH) : 제4류 위험물 중 제2석유류

55 과산화마그네슘에 대한 설명으로 옳은 것은?

① 갈색 분말로 시판품은 함량이 80~90% 정도이다.
② 물에 잘 녹지 않는다.
③ 산에 녹아 산소를 발생한다.
④ 소화방법은 냉각소화가 효과적이다.

> **해설**
>
> ① 무취백색의 분말이다.
> ③ 산과 접촉하여 과산화수소를 발생한다($MgO_2 + 2HCl \rightarrow MgCl_2 + H_2O_2$).
> ④ 초기소화에는 분말소화기가 유효하며 소량인 경우에는 다량의 물을 주수한다.

56 다음 중 알칼리토금속의 과산화물로서 비중이 약 4.96, 융점이 약 450℃인 것으로 비교적 안정한 물질은?

① BaO_2 ② CaO_2

③ MgO_2 ④ BeO_2

해설

■ **과산화바륨**(barium peroxide, BaO_2)
알칼리금속의 과산화물로서 비중 4.96, 융점 450℃로서 비교적 안정한 물질이다.

57 다음 중 분해온도가 가장 높은 것은?

① KNO_3 ② BaO_2

③ $(NH_4)_2Cr_2O_7$ ④ NH_4ClO_3

해설

① KNO_3 : 400℃

② BaO_2 : 840℃

③ $(NH_4)_2Cr_2O_7$: 225℃

④ NH_4ClO_3 : 100℃

58 다음 중 브롬산칼륨의 색상으로 옳은 것은?

① 백색   ② 등적색

③ 황색   ④ 청색

해설

브롬산칼륨(Potassium bromate, $KBrO_3$)은 백색의 결정 또는 결정성 분말이다.

59 다음 [보기]의 요건을 모두 충족하는 위험물 중 지정수량이 가장 큰 것은?

- 위험등급 I 또는 II에 해당하는 위험물이다.
- 제6류 위험물과 혼재하여 운반할 수 있다.
- 황린과 동일한 옥내저장소에는 1m 이상 간격을 유지한다면 저장이 가능하다.

정답 56. ① 57. ② 58. ① 59. ③

① 염소산염류
② 무기과산화물
③ 질산염류
④ 과망간산염류

해설

①, ② 위험등급 I, ④ 위험등급 Ⅲ
㉠ 제6류 위험물과 혼재하여 운반가능 → 제1류 위험물
㉡ 황린(제3류, 자연발화성 물질)과 동일 옥내저장소에서 1m 간격유지 시 저장가능 → 제1류 위험물
㉢ 제1류 위험물
  – 위험등급 I : 지정수량 50kg
  – 위험등급 Ⅱ : 지정수량 300kg
∴ 제1류이고 위험등급 Ⅱ인 물질의 품명은 브롬산염류, 질산염류, 요오드산염류이다.

60 제1류 위험물 중 일명 초석이라고도 하며, 차가운 자극이 있고 짠맛이 나는 무색 또는 백색 결정의 질산염류는?

① KNO_3
② $NaNO_3$
③ NH_4NO_3
④ $KMnO_4$

해설

■ **질산칼륨(KNO_3)**
일명 초석이라고 하며, 무색의 결정 또는 백색 분말이다. 차가운 자극성의 짠맛이 있고 물에는 잘 녹고 온도가 상승하면 매우 잘 녹지만 흡습성, 조해성 물질은 아니다.

61 질산칼륨에 대한 설명으로 틀린 것은?

① 황화인, 질소와 혼합하면 흑색 화약이 된다.
② 알코올에는 난용이다.
③ 물에 녹으므로 저장 시 수분과의 접촉에 주의한다.
④ 400℃로 가열하면 분해하여 산소를 방출한다.

해설

흑색 화약(Black Gunpowder)은 질산칼륨(KNO_3) : 유황(S) : 목탄분(C)을 75% : 10% : 15%의 표준배합비율로 혼합한 것이다.

62 NH_4NO_3에 대한 설명으로 옳지 않은 것은?

① 조해성이 있기 때문에 수분이 포함되지 않도록 포장한다.
② 단독으로도 급격한 가열로 분해하여 다량의 가스를 발생할 수 있다.
③ 무색무취의 결정으로 알코올에 녹는다.
④ 물에 녹을 때 발열반응을 일으키므로 주의한다.

해설

■ **질산암모늄(ammonium nitrate, NH_4NO_3)**
물에 잘 녹고 물에 녹을 때 다량의 물을 흡수하여 흡열반응온도가 내려가므로 한제로 쓰인다.

63 NH_4NO_3에 대한 설명으로 다음 중 옳은 것은?

① 물에 녹을 때는 발열반응을 일으킨다.
② 트리니트로페놀과 혼합하여 ANFO 폭약을 제조하는 데 사용된다.
③ 가열하면 수소, 발생기산소 등 다량의 가스를 발생한다.
④ 비중이 물보다 크고, 흡습성과 조해성이 있다.

해설

■ **질산암모늄(NH_4NO_3)**
㉠ 물에 녹을 때는 다량의 물을 흡수하여 흡열반응을 일으킨다.
㉡ ANFO 폭약은 NH_4NO_3 : 경유를 94%wt% : 6wt% 비율로 혼합시키면 폭약이 된다.
㉢ 가열하면 250~260℃에서 분해가 급격히 일어나 폭발한다.

$$2NH_4NO_3 \rightarrow 2N_2 \uparrow + 4H_2O \uparrow + O_2 \uparrow$$

(다량의 가스)

㉣ 비중이물보다 크고(비중 1.75), 흡습성과 조해성이 있다.

64 질산암모늄 80g이 완전분해하여 O_2, H_2O, N_2가 생성되었다면 이때 생성물의 총량은 모두 몇 몰인가?

① 2   ② 3.5
③ 4   ④ 7

해설

질산암모늄(초산, NH_4NO_3, 제1류, 질산염류, 분자량 80) 분해반응식
$$2NH_4NO_3 \rightarrow 2N_2 \uparrow O_2 \uparrow 4H_2O \uparrow$$
$2 \times 80g$ 2mol 1mol 4mol
∴ NH_4NO_3, 80g의 경우 생성물의 총 몰수 = 1 + 0.5 + 2 = 3.5mol

정답 62. ④ 63. ④ 64. ②

65 다음 중 단독으로도 폭발할 위험이 있으며, ANFO폭약의 주원료로 사용되는 위험물은?

① KIO_3
② $NaBrO_3$
③ NH_4NO_3
④ $(NH_4)_2Cr_2O_7$

> **해설**
>
> ■ **질산암모늄(NH_4NO_3)**
> 단독으로도 급격한 가열·충격으로 분해하여 폭발의 위험이 있으므로 각국 방제기관에서도 불안정한 물질로 지정하여 위험을 연구하고 있으며, ANFO폭약의 주원료, 질소비료, 살충제로 사용한다.

66 초유폭약(ANFO)을 제조하기 위해 경유에 혼합하는 제1류 위험물은?

① 질산코발트
② 질산암모늄
③ 요오드산칼륨
④ 과망간산칼륨

> **해설**
>
> 질산암모늄은 질산암모늄과 경유의 비를 94wt% : 6wt% 비율로 혼합시키면 ANFO 폭약이 된다. 이것을 기폭약을 사용하여 점화시키면 다량의 가스를 내면서 폭발한다.

67 제1류 위험물의 위험성에 관한 설명으로 옳지 않은 것은?

① 과망간산나트륨은 에탄올과 혼촉발화의 위험이 있다.
② 과산화나트륨은 물과 반응 시 산소가스가 발생한다.
③ 염소산나트륨은 산과 반응하면 유독가스가 발생한다.
④ 질산암모늄 단독으로 ANFO 폭약을 제조한다.

> **해설**
>
> 66번 해설 참조

68 질산암모늄의 산소평형(Oxygen Balance) 값은 얼마인가?

① 0.2
② 0.3
③ 0.4
④ 0.5

> **해설**
>
> ■ **산소평형(OB; Oxygen Balance)**
> 어떤 물질 1g이 반응하여 최종 화합물이 만들어질 때 필요한 산소(O_2)의 과부족량을 g단위로 나타낸 것 (때로는 100g에 대한 값으로도 표시)

정답 65. ③ 66. ② 67. ④ 68. ①

㉠ $C_xH_yN_uO_z$ → $x\,CO_2 + \dfrac{y}{2}H_2O + \dfrac{u}{2}Na + (\dfrac{z}{2} - x - \dfrac{y}{4})O_2$

$$\therefore \text{OB} = \dfrac{(\dfrac{z}{2} - x - \dfrac{y}{4}) \times 32}{\text{분자량}} = \dfrac{\text{산소량} \times 32g}{\text{분자량}} = \dfrac{\text{산소과잉}(+) \text{ 또는 부족}(-) \text{ 몰수} \times 32g}{\text{해당 물질의 분자량}}$$

산소 과잉(+)일 때	산화질소 계열(NOx) 가스 발생(N → NO, NO₂, NO₃)
산소 부족(-)일 때	C → CO(일산화탄소 방출)

㉡ OB=0 : 이상적 반응(C → CO₂, H → H₂O, N → N₂)

㉢ 중요한 OB값의 예
  - Ng : 0.000
  - NG : 0.035
  - TNT : -0.740
  - KNO₃ : 0.392
  질산암모늄(NH_4NO_3, 초안, 제1류, 질산염류, 분자량 80g)

$$C_0H_4N_2O_3 \;\rightarrow\; \dfrac{4}{2}H_2O + \dfrac{2}{2}N_2 + \dfrac{\left(\dfrac{3}{2} - \dfrac{4}{4}\right)O_2}{0.5}$$

$$\therefore \text{OB} = \dfrac{0.5 \times 32g}{80g} = 0.2$$

69 제1류 위험물로서 무색의 투명한 결정이고 비중은 약 4.35, 융점은 약 212℃이며, 사진감 광제 등에 사용되는 것은?

① $AgNO_3$

② NH_4NO_3

③ KNO_3

④ $Cd(NO_3)_2$

> **해설**

질산은($AgNO_3$)의 설명이다.

70 다음 중 $Sr(NO_3)_2$의 지정수량으로 알맞은 것은?

① 50kg

② 100kg

③ 300kg

④ 1,000kg

> **해설**

질산스트론튬[strontium nitrate, $Sr(NO_3)_2$]은 제1류 위험물 중 질산염류에 속하므로 지정수량이 300kg 이다.

정답 69. ① 70. ③

71 흑자색 또는 적자색 결정인 제1류 위험물로 물·에탄올·빙초산 등에 녹으며, 분해온도가 240℃이고 비중이 약 2.7인 물질은?

① $NaClO_2$

② $KMnO_4$

③ $(NH_4)Cr_2O_7$

④ $K_2Cr_2O_7$

> **해설**
>
> 과망간산칼륨(potassium permanganate, $KMnO_4$)은 가열하면 240℃에서 분해하며 산소를 방출한다.
>
> $2KMnO_4 \xrightarrow{\Delta} K_2MnO_4 + MnO_2 + O_2 \uparrow$

72 과망간산칼륨의 일반적인 성상에 관한 설명으로 틀린 것은?

① 단맛이 나는 무색의 결정성 분말이다.

② 산화제이고 황산과 접촉하면 격렬하게 반응한다.

③ 비중은 약 2.7이다.

④ 살균제, 소독제로 사용된다.

> **해설**
>
> ① 흑자색 또는 적자색의 결정이다.

73 다음 중 $KMnO_4$에 대한 설명으로 옳은 것은?

① 글리세린에 저장하여야 한다.

② 묽은질산과 반응하면 유독한 Cl_2가 생성된다.

③ 황산과 반응할 때는 산소와 열을 발생한다.

④ 물에 녹으면 투명한 무색을 나타낸다.

> **해설**
>
> ■ **과망간산칼륨($KMnO_4$)**
> ㉠ 직사광선을 차단하고 저장용기는 밀봉한다.
> ㉡ 고농도의 과산화수소와 접촉할 때는 폭발하며 염산과 반응하면 유독성의 Cl_2가스를 발생한다.
> ㉢ 물에 녹으면 진한 보라색을 띠며 강한 산화력과 살균력을 나타낸다.

71. ② 72. ① 73. ③

74 과망간산칼륨과 묽은황산이 반응하였을 때 생성물이 아닌 것은?

① MnO_2 ② K_2SO_4
③ $MnSO_4$ ④ O_2

해설

$4KMnO_4 + 6H_2SO_4 \rightarrow 2K_2SO_4 + 4MnSO_4 + 6H_2O + 5O_2 \uparrow$

75 등적색의 결정으로 비중이 약 2.69이며, 알코올에는 불용이고 분해온도가 약 500℃로써 가열에 의해 분해하여 산소를 생성하는 위험물은?

① 중크롬산칼륨 ② 중크롬산암모늄
③ 중크롬산아연 ④ 중크롬산나트륨

해설

중크롬산칼륨($K_2Cr_2O_7$)은 강산화제이며, 500℃에서 분해하여 산소를 발생한다.
$4K_2Cr_2O_7 \rightarrow 4K_2CrO_4 + 2Cr_2O_3 + 3O_2 \uparrow$

76 다음 물질 중에서 색상이 나머지 셋과 다른 하나는?

① 중크롬산나트륨 ② 질산칼륨
③ 아염소산나트륨 ④ 염소산나트륨

해설

① 중크롬산나트륨 : 등황색 또는 등적색의 결정
② 질산칼륨 : 무색의 결정 또는 백색 분말
③ 아염소산나트륨 : 무색 또는 백색의 결정성 분말
④ 염소산나트륨 : 흑자색 또는 적자색의 결정

77 가열하였을 때 열분해하여 질소가스가 발생하는 것은?

① 과산화칼슘
② 브롬산칼륨
③ 삼산화크롬
④ 중크롬산암모늄

> **해설**

① $CaO_2 \xrightarrow{\Delta} Ca + O_2$

② $2KBrO_3 \xrightarrow{\Delta} 2KBr + 3O_2 \uparrow$

③ $4CrO_3 \xrightarrow{\Delta} 2Cr_2O_3 + 3O_2 \uparrow$

④ $(NH_4)_2Cr_2O_7 \xrightarrow{\Delta} N_2 \uparrow + 4H_2O + Cr_2O_3$

78 삼산화크롬(chromium trioxide)을 융점 이상으로 가열(250℃)하였을 때 분해생성물은?

① CrO_2와 O_2
② Cr_2O_3와 O_2
③ Cr과 O_2
④ Cr_2O_5와 O_2

> **해설**

삼산화크롬(무수크롬산, CrO_3)을 융점 이상으로 가열하면 200~250℃에서 분해하여 산소를 방출하고 녹색의 삼산화이크롬으로 변한다.

$4CrO_3 \xrightarrow{\Delta} 2Cr_2O_3 + 3O_2 \uparrow$

삼산화크롬   삼산화이크롬

79 차아염소산칼슘에 대한 설명으로 옳지 않은 것은?

① 살균제, 표백제로 사용된다.
② 화학식은 $Ca(ClO)_2$이다.
③ 자극성은 없지만 강한 환원력이 있다.
④ 지정수량은 50kg이다.

> **해설**

③ 자극성은 없지만 강한 산화력이 있다.

Chapter 02

제2류 위험물

01 제2류 위험물의 품명과 지정수량

성 질	위험 등급	품 명	지정수량
가연성고체	Ⅱ	1. 황화인	100kg
		2. 적린	100kg
		3. 유황	100kg
	Ⅲ	4. 철분	500kg
		5. 금속분	500kg
		6. 마그네슘	500kg
	Ⅱ~Ⅲ	7. 그 밖의 행정안전부령이 정하는 것	100kg 또는 500kg
		8. 1.~7에 해당하는 어느 하나 이상을 함유한 것	
	Ⅲ	9. 인화성고체	1,000kg

02 위험성 시험방법

작은 불꽃의 착화시험으로, 가연성고체인 무기물질에 대해 화염에 의한 착화위험성을 판단하는 것을 목적으로 한다.

03 공통성질 및 저장 · 취급 시 유의사항

(1) 공통성질

① 비교적 낮은 온도에서 착화하기 쉬운 가연성고체로서 이연성, 속연성 물질이다.

② 연소속도가 매우 빠르고, 연소열이 크다. 연소온도가 높으며 연소 시 유독가스를 발생한다.

③ 강화원제로서 비중이 1보다 크고, 물에 녹지 않는다.

④ 산화제와 접촉 · 마찰로 인하여 착화되면 급격히 연소한다.

⑤ 철분, 마그네슘, 금속분은 물과 산의 접촉 시 발열한다.

⑥ 금속은 양성원소이므로 산소와의 결합력이 일반적으로 크고, 이온화 경향이 큰 금속일수록 산화되기 쉽다.

(2) 저장 및 취급 시 유의사항

① 점화원을 멀리하고, 가열을 피한다.

② 산화제의 접촉을 피한다.

③ 용기 등의 파손으로 위험물이 누출되지 않도록 한다.

④ 금속분(철분, 마그네슘, 금속분 등)은 물이나 산과의 접촉을 피한다.

(3) 예방대책

① 화기엄금, 가열엄금, 고온체와의 접촉을 피한다.

② 산화제인 제1류 위험물, 제6류 위험물 같은 물질과 혼합 · 혼촉을 방지한다.

③ 통풍이 잘 되는 냉암소에 보관 · 저장하며, 폐기 시 소량씩 소각처리한다.

④ 철분, 마그네슘, 금속 분류는 물, 습기, 습한 공기, 산과의 접촉을 피하여 저장하여야 한다.

⑤ 저장용기는 밀봉하여 용기의 파손과 위험물의 누출을 방지한다.

(4) 소화방법

① 주수에 의한 냉각소화 및 질식소화 실시

② 금속분의 화재에는 건조사 등에 의한 피복소화 실시

(5) 위험성

① 연소 위험

② 폭발위험

③ 소화 곤란 위험

④ 특수 위험 : 금속이 덩어리 상태일 때보다 가루 상태일 때 연소 위험성이 증가하는 이유

　㉮ 비표면적의 증가 → 반응면적의 증가

　㉯ 비열의 감소 → 적은 열로 고온 형성

　㉰ 복사열의 흡수율 증가 → 열의 축적이 용이

　㉱ 대전성의 증가 → 정전기가 발생

　㉲ 체적의 증가 → 인화, 발화의 위험성 증가

　㉳ 보온성의 증가 → 발생열의 축적 용이

　㉴ 유동성의 증가 → 공기와 혼합가스 형성

　㉵ 부유성의 증가 → 분진운(Dust Cloud)의 형성

(6) 진압대책

① 금속분, 철분, 마그네슘, 황화인은 건조사, 건조분말 등으로 질식소화하며, 적린과 유황은 물에 의한 냉각소화가 적당하다.

② 금속분, 철분, 마그네슘이 연소하고 있을 때 주수하면 급격히 발생한 수증기가 압력이나 분해에 의해서 발생한 수소로 인해 폭발의 위험이 있으며, 연소 중인 금속의 비산을 가져와 오히려 화재 면적을 확대시킬 수 있다.

③ 금속분, 철분, 마그네슘이 밀폐공간에서 발화하면 분질폭발로 이어지므로, 소화작업 시에는 충분한 안전거리를 확보한다.

④ 연소 시 발생하는 다량의 유독성 연소생성물의 흡입을 방지하기 위하여 반드시 공기호흡기를 착용한다.

⑤ 질식소화하기 위해 건조사를 사용할 수 있으나 장기간 방치된 건조사는 공기 중 습기를 흡수하기 때문에 습한 상태로 되어 타고 있는 금속분에 덮었을 때 습기와의 반응으로 수소가스가 발생되므로 사용 시 주의가 필요하다.
⑥ 인화성고체는 석유류화재와 같이 질식소화한다.

04 위험물의 성상

1 황화인(지정수량 100kg)

(1) 일반적 성질

성 질 \ 종 류	삼황화인(P_4S_3)	오황화인(P_2S_5, P_4S_{10})	칠황화인(P_4S_7)
색 상	황색 결정	담황색 결정	담황색 결정
비 중	2.03	2.09	2.19
융 점	173℃	290℃	310℃
비 점	407℃	514℃	523℃
발화점	약 100℃	142℃	-
물에 대한 용해성	불용성	조해성	조해성

① 삼황화인(P_4S_3) : 황색의 결정성 덩어리로 물, 염소, 황산, 염산 등에는 녹지 않고, 질산이나 이황화탄소(CS_2), 알칼리 등에 녹는다.
② 오황화인(P_2S_5) : 분자량 222, 조해성이 있는 담황색 결정성 덩어리로 알코올이나 이황화탄소(CS_2)에 녹으며, 물이나 알칼리와 반응하면 분해하여 유독성가스인 황화수소(H_2S)와 인산(H_3PO_4)으로 된다.
   예 $P_2S_5 + 8H_2O \rightarrow 5H_2S + 2H_3PO_4$
③ 칠황화인(P_4S_7) : 조해성이 있는 담황색 결정으로 이황화탄소(CS_2)에는 약간 녹으며, 냉수에는 서서히, 더운물에는 급격히 분해하여 황화수소를 발생한다.

(2) 위험성

① 황화인이 눈에 들어가면 눈을 자극하고 피부에 접촉하면 피부염, 탈색을 일으킨다.

② 가연성고체물질로서 약간의 열에 의해서도 대단히 연소하기 쉬우며, 때에 따라 폭발한다.

③ 연소생성물은 모두 유독하다.

예 $P_4S_3 + 8O_2 \rightarrow 2P_2O_5\uparrow + 3SO_2\uparrow$

$2P_2S_5 + 15O_2 \rightarrow 2P_2O_5\uparrow + 10SO_2\uparrow$

④ 단독 또는 유기물, 무기과산화물류, 과망간산염류, 안티몬, 납, 금속분 등과 혼합하면 가열·충격·마찰에 의해 발화·폭발한다.

⑤ 알칼리, 알코올류, 아민류, 유기산, 강산과 접촉 시 심하게 반응한다.

(3) 저장 및 취급방법

① 가열 금지, 직사광선 차단, 화기를 엄금하고, 충격과 마찰을 피한다.

② 빗물의 침투를 막고, 습기와의 접촉을 피한다.

③ 소량인 경우 유리병, 대량인 경우 양철통에 넣은 후 나무 상자에 보관한다.

④ 용기는 밀폐하여 보존하고, 밖으로 누출되지 않도록 한다.

⑤ 산화제와의 접촉을 피한다.

(4) 용도

① 삼황화인 : 성냥, 유기합성, 탈색 등

② 오황화인 : 선광제, 윤활유 첨가제, 의약품 제조, 농약 제조 등

③ 칠황화인 : 유기합성 등

2 적린(P, 붉은인, 지정수량 100kg)

(1) 일반적 성질

① 전형적인 비금속의 원소이며, 안정한 암적색 분말로서 황린을 약 260℃로 가열하여 만든다.

② 황린과 성분 원소가 같다.

③ 브롬화인에 녹고 물, 이황화탄소, 에테르, 암모니아 등에는 녹지 않는다.

④ 황린에 비하여 화학적으로 활성이 적고, 공기 중에서 대단히 안정하다.

⑤ 황린과 달리 발화성이 없고 독성이 약하며, 어두운 곳에서 인광을 발생하지 않는다.

⑥ 비중 2.2, 융점 596℃, 발화점 260℃, 승화온도는 400℃이다.

(2) 위험성

① 염소산염류, 과염소산염류 등 강산화제와 혼합하면 마찰에 의해 착화하기 쉽고, 불안정한 폭발물과 같이 되어 약간의 가열·충격·마찰에도 폭발한다.

　　예 $6P + 5KClO_3 \rightarrow 5KCl + 3P_2O_5 \uparrow$

② 공기 중에서 연소하면 유독성이 심한 백색 연기의 오산화인(P_2O_5)이 생성된다.

　　예 $4P + 5O_2 \rightarrow 2P_2O_5$

③ 불량품에는 황린이 혼재할 수 있으며, 이 경우는 자연발화할 수 있다.

④ 강알칼리와 반응하여 유독성의 포스핀가스를 발생한다.

(3) 저장 및 취급방법

① 석유(등유), 경유, 유동파라핀 속에 보관한다.

② 화기엄금, 가열 금지, 충격, 타격, 마찰이 가해지지 않도록 한다.

③ 직사광선을 피하며, 냉암소에 보관한다.

④ 제1류 위험물, 산화제와 절대 혼합하지 않도록 하며, 화약류·폭발성 또는 가연성 물질과 격리한다.

(4) 용도

성냥, 불꽃놀이, 의약, 농약, 유기합성, 구리의 탈탄, 폭음제 등

(5) 소화방법

다량의 물로 주수소화한다. 소량인 경우는 건조사나 CO_2도 효과가 있고, 연소 시 발생하는 P_2O_5의 흡입 방지를 위해서 공기호흡기 등의 보호장구를 착용한다.

3 유황(S, 지정수량 100kg)

천연유황, 지하유황에서 직접 얻거나 석유정제 시 유황을 회수하여 얻는다. 유황은 순도가 60wt% 이상인 것을 말한다. 이 경우 순도측정에 있어서 불순물은 활석 등 불연성 물질과 수분에 한한다.

(1) 일반적 성질

성 질 \ 종 류	단사황(S_β)	사방황(S_α)	고무상황
결정형	바늘 모양(침상)	팔면체	무정형
비 중	1.95	2.07	–
융 점	119℃	113℃	–
비 점	445℃	–	–
발화점	232℃	–	360℃
물에 대한 용해도	녹지 않음	녹지 않음	녹지 않음
CS_2에 대한 용해도	잘 녹음	잘 녹음	녹지 않음
온도에 대한 안정성	95.5℃ 이상에서 안정	95.5℃ 이하에서 안정	–

① 분자량 32, 황색 결정 또는 미황색의 분말로서 단사황, 사방황 및 고무상황 등이 있으며, 이들은 동소체 관계에 있다. 황의 결정에는 8면체인 사방황 S_α와 바늘 모양의 단사황 S_β가 있으며, 비결정성의 고무상황이 있다. 사방황을 95.5℃로 가열하면 단사황이 되고, 119℃로 가열하면 단사황이 녹아서 노란색의 액체황이 된다. 계속 444.6℃ 이상 가열 시 비등하게 되며, 용융된 황을 물에 넣어 급하게 냉각시키면 탄력성이 있는 고무상황을 얻을 수 있다.

② 물과 산에는 녹지 않으며, 알코올에는 약간 녹고 이황화탄소(CS_2)에는 잘 녹는다(단, 고무상황은 녹지 않는다).

③ 공기 중에서 연소하면 푸른빛을 내며, 아황산가스(SO_2)를 발생한다.

④ 전기의 부도체이므로 전기의 절연 재료로 사용되어 정전기 발생에 유의하여야 한다.

⑤ 높은 온도에서 금속, 할로겐 원소, 탄소 등 비금속과 작용하여 황화합물을 만든다.

예 $H_2 + S \rightarrow H_2S\uparrow + 발열$

$Fe + S \rightarrow FeS + 발열$

$Cl_2 + S \rightarrow S_2Cl_2 + 발열$

$C + 2S \rightarrow CS_2 + 발열$

여기서, H_2S, S_2Cl_2, CS_2는 가연성 물질이다.

(2) 위험성

① SO_2는 눈이나 점막을 자극하고 흡입하면 기관지염, 폐렴, 위염, 혈담 증상이 발생한다.

② 산화제와 목탄가루 등이 혼합되어 있을 때 마찰이나 열에 의해 정전기가 발생하여 착화·폭발을 일으킨다.

③ 미세한 분말 상태에서 부유할 때 공기 중의 산소와 혼합하여 폭명기(최저폭발한계 30mg/L)를 만들어 분질폭발의 위험이 있다.

④ 연소 시 발생하는 아황산가스는 인체에 유독하다. 소화 종사자에게 치명적인 영향을 주기 때문에 소화가 곤란하다.

예 $S + O_2 \rightarrow SO_2 + 71kcal$

⑤ 고온에서 용융된 유황은 수소와 반응한다.

예 $H_2 + S \rightarrow H_2S + 발열$

(3) 저장 및 취급방법

① 산화제를 멀리하고, 화기 등에 주의한다.

② 정전기의 축적을 방지하고, 가열·충격·마찰 등은 피한다.

③ 미분은 분진폭발의 위험이 있으므로 취급 시 유의하여야 한다.

④ 제1류 위험물과 같은 강산화제, 유기 과산화물, 탄화수소류, 화약류, 목탄분, 산화성 가스류와의 혼합을 피한다.

(4) 용도

화약, 고무가황, 이황화탄소(CS_2)의 제조, 성냥, 의약, 농약, 살균, 살충, 염료, 표백 등

(5) 소화방법

소규모 화재는 모래로 질식소화하며, 보통 직사주수할 경우 비산의 위험이 있으므로 다량의 물로 분무주수에 의해 냉각소화한다.

4 철분(Fe, 지정수량 500kg)

철의 분말로서 53마이크로미터(μm)의 표준체를 통과하는 것이 50중량퍼센트(wt%) 이상인 것을 위험물로 본다.

(1) 일반적 성질

① 회백색의 분말이며, 강자성체이지만 766℃에서 강자성을 상실한다.

② 공기 중에서 서서히 산화하여 산화철(Fe_2O_3)이 되어 은백색의 광택이 황갈색이 변한다.

　예 $4Fe + 3O_3 \rightarrow 2Fe_2O_3$

③ 강산화제인 발연 질산에 넣었다 꺼내면 산화피복을 형성하여 부동태(Passivity)가 된다.

④ 알칼리에 녹지 않지만, 산화력을 갖지 않은 묽은산에 용해가 된다.

　예 $Fe + 4HNO_3 \rightarrow Fe(NO_3)_3 + NO + 2H_2O$

⑤ 비중 7.86, 융점 1,530℃, 비점 2,750℃이다.

(2) 위험성

① 철분에 절삭유가 묻는 것을 장기 방치하면 자연발화하기 쉽다.

② 상온에서 산과 반응하여 수소를 발생한다.

　예 $Fe + 2HCl \rightarrow FeCl_2 + H_2 \uparrow$

③ 뜨거운 철분, 철솜과 브롬을 접촉하면 격렬하게 발열반응을 일으키고 연소한다.

　예 $2Fe + 3Br_2 \rightarrow 2FeBr_3 + Q(kal)$

(3) 저장 및 취급방법

① 가열, 충격, 마찰 등을 피한다.

② 산화제와 격리한다.

③ 직사광선을 피하고, 냉암소에 저장한다.

(4) 용도

각종 철화합물의 제조, 유기합성 시 촉매, 환원제 등으로 이용한다.

(5) 소화방법

건조사, 소금분말, 건조분말, 소석회로 질식소화

5 금속분(지정수량 500kg)

알칼리금속, 알칼리토금속, 철, 마그네슘 이외의 금속분을 말하며, 구리, 니켈분과 150마이크로미터(μm)의 체를 통과하는 것이 50중량퍼센트(wt%) 미만인 것은 제외한다.

(1) 알루미늄분(Al)

① 일반적 성질

    ㉮ 보크사이트나 빙정석에서 산화알루미늄 분말을 만들며, 이것을 녹여 전해하여 얻는다.

        예 $Al_2O_3 \xrightarrow{\text{전해}} 2Al + 1.5O_2 \uparrow$

    ㉯ 연성(뽑힘성)과 전성(퍼짐성)이 좋으며, 열전도율, 전기전도도가 큰 은백색의 무른 금속이다.

    ㉰ 공기 중에서는 표면에 산화피막(산화알루미늄, 알루미나)을 형성하여 내부를 부식으로부터 보호한다.

        예 $4Al + 3O_2 \rightarrow 2Al_2O_3 + 339kcal$

    ㉱ 황산, 묽은질산, 묽은염산에 침식당한다. 그러나 진한질산에는 침식당하지 않는다.

    ㉲ 산, 알칼리 수용액에서 수소(H_2)를 발생한다.

        예 $2Al + 6HCl \rightarrow 2AlCl_3 + 3H_2 \uparrow$

          $2Al + 2KOH + H_2O \rightarrow 2KAlO_2 + 3H_2 \uparrow$

    ㉳ 다른 금속산화물을 환원한다.

        예 $3Fe_3O_4 + 8Al \rightarrow 4Al_2O_3 + 9Fe$(테르밋 반응)

    ㉴ 비중 2.7, 융점 660.3℃, 비점 2,470℃이다.

② 위험성

    ㉮ 알루미늄 분말이 발화하면 다량의 열을 발생하며, 광택 및 희 연기를 내면서 연소하므로 소화가 곤란하다.

        예 $4Al + 3O_2 \rightarrow 2Al_2O_3 + 4 \times 199.6kcal$

    ㉯ 대부분의 산과 반응하여 수소를 발생한다(단, 진한질산 제외).

        예 $2Al + 6HCl \rightarrow 2AlCl_3 + 3H_2$

    ㉰ 알칼리 수용액과 반응하여 수소를 발생한다.

        예 $2Al + 2NaOH + 2H_2O \rightarrow 2NaAlO_2 + 3H_2$

    ㉱ 분말은 찬물과 반응하면 매우 느리고, 미미하지만 뜨거운 물과는 격렬하게 반응하여 수소를 발생한다. 활성이 매우 커서 미세한 분말이나 미세한 조각이 대량으로 쌓여 있을 때 수분, 빗물의 침투, 또는 습기가 존재하면 자연발화의 위험성이 있다.

        예 $2Al + 6H_2O \rightarrow 2Al(OH)_3 + 3H_2 \uparrow$

    ㉲ 할로겐 원소와 접촉 시 자연발화의 위험이 있다.

    ㉳ 셀렌과 반응해 발열한다.

③ 저장 및 취급방법

　　㉮ 가열, 충격, 마찰 등을 피하고, 산화제 수분, 할로겐원소와 접촉을 피한다.

　　㉯ 분진폭발의 위험이 있으므로 분진이 비산되지 않도록 취급 시 주의한다.

④ 용도 : 도료, 인쇄, 전선, 압연폼 등에 이용한다.

⑤ 소화방법 : 건조사

(2) 아연분(Zn)

① 일반적 성질

　　㉮ 황아연광을 가열하여 산화아연을 만들어 1,000℃에서 코크스와 반응하여 환원시 킨다.

　　　예 $2ZnS + 3O_2 \xrightarrow{\Delta} 2ZnO + 2SO_2 \uparrow$

　　　　$ZnO + C \xrightarrow{\Delta} Zn + CO \uparrow$

　　㉯ 흐릿한 회색의 분말로 산, 알칼리와 반응하여 수소를 발생한다.

　　㉰ 아연 분은 공기 중에서 표면에 흰 염기성 탄산아연의 얇은 막을 만들어 내부를 보호한다.

　　　예 $2Zn + CO_2 + H_2O + O_2 \rightarrow Zn(OH)_2 \cdot ZnCO_3$

　　㉱ KCN 수용액과 암모니아수에 녹는다.

　　㉲ 비중 7.142, 융점 420℃, 비점 907℃이다.

② 위험성

　　㉮ 공기 중에서 융점 이상 가열 시 용이하게 연소한다.

　　　예 $2Zn + O_2 \xrightarrow{\Delta} 2ZnO$

　　㉯ 석유류, 유황 등의 가연물이 혼입되면 산화열이 촉진된다.

　　㉰ 양쪽성을 나타내고 있어 산이나 알칼리와 반응하고, 뜨거운 물과는 격렬하게 반응하여 수소를 발생한다. 분말은 적은 양의 물과 혼합하거나 저장 중 빗물이 침투되어 열이 발생·축적되면서 자연발화한다.

　　　예 $Zn + H_2SO_4 \rightarrow ZnSO_4 + H_2 \uparrow$

　　　　$Zn + 2HCl \rightarrow ZnCl_2 + H_2 \uparrow$

　　　　$Zn + H_2O \rightarrow Zn(OH)_2 + H_2 \uparrow$

　　　　$Zn + 2NaOH \rightarrow Na_2ZnO_2 + H_2 \uparrow$

③ 저장 및 취급방법 : 직사광선이나 높은 온도를 피하며, 냉암소에 저장한다.

④ 용도 : 연막, 의약, 도료, 염색가공, 유리화학반응, 금속제련 등에 이용한다.

⑤ 소화방법 : 건조사

(3) 주석분(Sn, tin powder)

분말의 형태로서 150μm의 체를 통과하는 50wt% 이상인 것

① 일반적 성질

　㉮ 은백색의 청색 광택을 가진 금속이다.

　㉯ 공기나 물속에서 안정하고, 습기 있는 공기에서도 녹슬기 어렵다.

　㉰ 뜨겁고 진한염산과 반응하여 수소를 발생한다.

　　예 $Sn + 2HCl \rightarrow SnCl_2 + H_2 \uparrow$

　㉱ 뜨거운 염기와 서서히 반응하여 수소를 발생한다.

　　예 $Sn + 2NaOH \rightarrow Na_2SnO_2 + H_2 \uparrow$

　㉲ 황산, 진한질산, 왕수와 반응하면 수소를 발생하지 못한다.

　　예 $Sn + 2H_2SO_4 \rightarrow SnSO_4 + SO_2 \uparrow + 2H_2O$

　　　$Sn + 4HNO_3 \rightarrow SnO_2 + 4NO_2 \uparrow + 4H_2O$

　　　$Sn + 4HNO_3 \rightarrow 6HCl \rightarrow H_2SnCl_6 + 4NO_2 \uparrow + 4H_2O$

　㉳ 분자량 118.69, 비중 7.31, 융점 232℃, 비점 2,270℃이다.

② 용도 : 청동합금(Sn+Cu), 땜납(Sn+Pb), 양철도금, 통조림통, 양철, 담배 및 과자의 포장지 등에 이용한다.

(4) 안티몬분(Sb)

① 일반적 성질

　㉮ 은백색의 광택이 있는 금속으로, 여러 가지의 이성질체를 갖는다.

　㉯ 진한황산, 진한질산 등에는 녹으나 묽은황산에는 녹지 않는다.

　㉰ 물, 염산, 묽은황산, 알칼리 수용액에 녹지 않고 왕수, 뜨겁고 진한황산에는 녹으며, 뜨겁고 진한질산과 반응을 한다($2Sb + 10HNO_3 \rightarrow Sb_2O_3 \rightarrow 5NO_2 \uparrow + H_2O$).

　㉱ 비중 6.68, 융점 630℃, 비점 1,750℃이다.

② 위험성

　㉮ 흑색 안티몬은 공기 중에서 발화한다.

　㉯ 무정형 안티몬은 약간의 자극 및 가열로 인하여 폭발적으로 회색 안티몬으로 변한다.

　㉰ 약 630℃ 이상 가열하면 발화한다.

③ 저장 및 취급방법 : 가열 · 충격 · 마찰 등을 피하고, 냉암소에 저장한다.

④ 기타 금속분 : 구리분(Cu), 니켈분(Ni), 크롬분(Cr), 은분(Ag), 카드뮴분(Cd), 납분(Pb)

⑤ 용도 : 활자의 주조, 베어링합금, 촉매 등에 이용한다.

⑥ 소화방법 : 건조사

(5) 6A족 원소의 금속분

Cr, Mo, W

6 마그네슘분(Mg, 지정수량 500kg)

마그네슘 또는 마그네슘을 함유한 것 중 2mm의 체를 통과한 덩어리 상태의 것과 직경 2mm 미만의 막대 모양인 것만 위험물에 해당한다.

(1) 일반적 성질

① 은백색의 광택이 있는 가벼운 금속분말로 공기 중 서서히 산화되어 광택을 잃는다.

② 열전도율 및 전기전도도가 큰 금속이다.

③ 산 및 온수와 반응하여 수소(H_2)를 발생한다.

예 $Mg + 2HCl \rightarrow MgCl_2 + H_2\uparrow$

$Mg + 2H_2O \rightarrow Mg(OH)_2 + H_2\uparrow$

④ 공기 중 부식성은 적지만, 산이나 염류에는 침식된다.

⑤ 비중 1.74, 융점 650℃, 비점 1,107℃, 발화점은 473℃이다.

(2) 위험성

① 공기 중에 부유하면 분진폭발의 위험이 있다.

② 공기 중의 습기 또는 할로겐 원소와는 자연발화할 수 있다.

③ 산화제와의 혼합 시 타격 · 충격 · 마찰 등에 의해 착화되기 쉽다.

④ 일단 점화되면 발열량이 크고 온도가 높아져 백광을 내며, 자외선을 많이 함유한 푸른 불꽃을 내면서 연소하므로 소화가 곤란할 뿐 아니라 위험성도 크다.

예 $2Mg + O_2 \rightarrow 2MgO + 2 \times 143.7kcal$

⑤ 연소하고 있을 때 주수하면 다음과 같은 과정을 거쳐 위험성이 증대한다.

㉮ 1차(연소) : $2Mg + O_2 \rightarrow 2MgO + 발열$

㉯ 2차(주수) : $Mg + 2H_2O \rightarrow Mg(OH)_2 + H_2\uparrow$

㉰ 3차(수소 폭발) : $2H_2 + O_2 \rightarrow 2H_2O$

⑥ CO_2 등 질식성 가스와 연소 시에는 유독성인 CO가스를 발생한다.

　　예 $2Mg+CO_2 \rightarrow 2MgO+C$

　　　$Mg+CO_2 \rightarrow MgO+CO\uparrow$

⑦ 사염화탄소(CCl_4)나 C_2H_4ClBr 등과 고온에서 작용 시에는 맹독성인 포스겐($COCl_2$) 가스가 발생한다.

⑧ 알칼리 수용액과 반응하여 수소를 발생하지 않지만, 대부분의 강산과 반응하여 수소 가스를 발생한다.

　　예 $Mg+H_2SO_4 \rightarrow MgSO_4+H_2\uparrow$

⑨ 가열된 마그네슘을 SO_2 속에 넣으면 SO_2가 산화제로 작용하여 다음과 같이 연소한다.

　　예 $3Mg+SO_2 \rightarrow 2MgO+MgS$

(3) 저장 및 취급방법

① 가열·충격·마찰 등을 피하고, 산화제·수분·할로겐 원소와의 접촉을 피한다.

② 분진폭발의 위험이 있으므로, 분진이 비산되지 않도록 취급 시 주의한다.

③ 소화방법은 분말의 비산을 막기 위해 건조사, 가마니 등으로 피복 후 주수소화를 실시한다.

(4) 용도

환원제(그리나드 시약), 주물 제조, 섬광분, 사진 촬영, 알루미늄 합금의 첨가제 등으로 이용한다.

(5) 소화방법

물, CO_2, 할로겐화합물 소화약제는 소화적응성이 없으며, 건조사로 소화한다.

7 인화성고체(지정수량 1,000kg)

고형알코올 그 밖의 1기압에서 인화점이 40℃ 미만인 고체다.

01 제2류 위험물에 대한 다음 설명 중 적합하지 않은 것은?

① 제2류 위험물을 제1류 위험물과 접촉하지 않도록 하는 이유는 제2류 위험물이 환원성 물질이기 때문이다.
② 황화인, 적린, 유황은 「위험물안전관리법」상의 위험등급 I에 해당하는 물품이다.
③ 칠황화인은 조해성이 있으므로 취급에 주의하여야 한다.
④ 알루미늄분, 마그네슘분은 저장·보관 시 할로겐원소와 접촉을 피하여야 한다.

해설

■ 제2류 위험물의 품명과 지정수량

성 질	위험등급	품 명	지정수량
가연성고체	II	1. 황화인	100kg
		2. 적린	100kg
		3. 유황	100kg
	III	4. 철분	500kg
		5. 금속분	500kg
		6. 마그네슘	500kg
	II~III	7. 그 밖의 행정안전부령이 정하는 것	100kg 또는
		8. 1~7에 해당하는 어느 하나 이상을 함유한 것	500kg
	III	9. 인화성고체	1,000kg

02 다음 중 지정수량이 가장 적은 물질은?

① 금속분   ② 마그네슘
③ 황화인   ④ 철분

해설

① 금속분 500kg
② 마그네슘 500kg
③ 황화인 100kg
④ 철분 500kg

03 다음 중 유황과 지정수량이 같은 것은?

① 금속분 ② 히드록실아민
③ 인화성고체 ④ 염소산염류

해설

■ 유황(지정수량 : 100kg)
① 금속분 500kg, ② 히드록실아민 100kg, ③ 인화성고체 1,000kg, ④ 염소산염류 50kg

04 「위험물안전관리법령」상 지정수량이 100kg이 아닌 것은?

① 적린 ② 철분
③ 유황 ④ 황화인

해설

① 적린 100kg, ② 철분 500kg, ③ 유황 100kg, ④ 황화인 100kg

05 다음 위험물 중 지정수량이 가장 큰 것은?

① 부틸리튬 ② 마그네슘
③ 인화칼슘 ④ 황린

해설

① 부틸리튬 : 제3류, 10kg
② 마그네슘 : 제2류, 500kg
③ 인화칼슘 : 제3류, 300kg
④ 황린 : 제3류, 20kg

06 제3류 위험물과 제4류 위험물의 공통적 성질로 옳은 것은?

① 물에 의한 소화가 최적이다.
② 산소 원소를 포함하고 있다.
③ 물보다 가볍다.
④ 가연성 물질이다.

해설

제2류 위험물(가연성고체)과 제4류 위험물(인화성 액체)은 가연성 물질이다.

정답 03. ② 04. ② 05. ② 06. ④

07 제2류 위험물의 일반적 성질을 옳게 설명한 것은?

① 비교적 낮은 온도에서 연소되기 쉬운 가연성 물질이며, 연소속도가 빠른 고체이다.
② 비교적 낮은 온도에서 연소되기 쉬운 가연성 물질이며, 연소속도가 빠른 액체이다.
③ 비교적 높은 온도에서 연소되는 가연성 물질이며, 연소소도가 느린 고체이다.
④ 비교적 높은 온도에서 연소되는 가연성 물질이며, 연소속도가 느린 액체이다.

> **해설**
>
> ■ **제2류 위험물의 일반 성질(가연성고체 및 환원성 물질)**
> ㉠ 비교적 낮은 온도에서 착화되기 쉬운 가연성고체이다.
> ㉡ 연소속도가 빠르고, 연소열이 크다.
> ㉢ 비중 > 1, 물에 불용, 인화성고체를 제외하면 무기물이다. 환원성을 가진다.
> ㉣ 연소 시 유독가스가 발생한다.
> ㉤ 산화제와 접촉·혼합 시 가열·충격·마찰에 의해 발화·폭발할 위험이 있다.

08 가연성고체 위험물의 공통적인 성질이 아닌 것은?

① 낮은 온도에서 발화하기 쉬운 가연성 물질이다.
② 연소속도가 빠른 고체이다.
③ 물에 잘 녹는다.
④ 비중은 1보다 크다.

> **해설**
>
> ③ 물에 잘 녹지 않으며, 인화성고체를 제외하고는 모두 무기화합물질로 강력한 환원성 물질이다.

09 「위험물안전관리법령」상 가연성고체 위험물에 대한 설명 중 틀린 것은?

① 비교적 낮은 온도에서 착화되기 쉬운 가연물이다.
② 연소속도가 대단히 빠른 고체이다.
③ 철분 및 마그네슘을 포함하여 주수에 의한 냉각소화를 해야 한다.
④ 산화제와의 접촉을 피해야 한다.

> **해설**
>
> ③ 철분 및 마그네슘을 포함하여 건조사에 의한 소화를 한다.

10 제2류 위험물에 대한 설명 중 틀린 것은?

① 모두 가연성 물질이다.
② 모두 고체이다.
③ 모두 주수소화가 가능하다.
④ 지정수량의 단위는 모두 kg이다.

> **해설**
>
> ③ 주수에 의한 냉각소화 및 질식소화를 실시하며, 금속분의 화재에는 건조사 등에 의한 피복소화를 실시한다.

11 물질에 의한 화재에 발생하였을 경우 적합한 소화약제를 연결한 것이다. 틀리게 연결한 것은?

① 마그네슘 − CO_2
② 적린 − 물
③ 휘발유 − 포
④ 프로판올 − 내알코올 포

> **해설**
>
> ■ **마그네슘(Mg)**
>
> 초기소화 또는 소규모 화재 시는 석회분, 마른모래 등으로 소화하고 기타의 경우는 다량의 소화분말, 소석회, 건조사 등으로 질식소화한다. 물, 건조분말, CO_2, N_2, 포, 할로겐화합물 소화약제(할론 1211, 할론 1301)는 소화적응성이 없으므로 절대 사용을 엄금한다.

12 제2류 위험물로 금속이 덩어리 상태일 때보다 가루 상태일 때 연소 위험성이 증가하는 이유가 아닌 것은?

① 유동성의 증가
② 비열의 증가
③ 정전기 발생 위험성 증가
④ 비표면적의 증가

> **해설**
>
> ■ 금속이 덩어리 상태일 때보다 가루 상태일 때 연소위험성이 증가하는 이유
> ㉠ 유동성의 증가 : 정전기의 발생
> ㉡ 비열의 감소 : 적은 열만으로 고온이 형성
> ㉢ 정전기 발생 위험성 증가 : 대전성의 증가
> ㉣ 비표면적의 증가 : 반응 면적의 증가
> ㉤ 체적의 증가 : 인화·발화의 위험성 증가
> ㉥ 보온성의 증가 : 발생열의 축적 용이
> ㉦ 부유성의 증가 : 분진운(Dust Cloud)의 형성
> ㉧ 복사선의 흡수율 증가 : 수광면의 증가

13 다음 중 황화인에 대한 설명으로 틀린 것은?

① 삼황화인의 분자량은 약 348이다.
② 삼황화인은 물에 녹지 않는다.
③ 오황화인은 습한 공기 중 분해하여 유독성 기체를 발생한다.
④ 삼황화인은 공기 중 100℃에서 발화한다.

해설 ▷

① 삼황화인(P_4S_3)의 분자량은 220.19이다.

14 황화인에 대한 설명으로 옳지 않은 것은?

① 금속분, 과산화물 등과 격리저장하여야 한다.
② 삼황화인은 물, 염산, 황산에는 녹는다.
③ 분해하면 유독하고 가연성인 황화수소가 발생한다.
④ 삼황화인은 공기 중 100℃에서 발화한다.

해설 ▷

② 삼황화인(P_4S_3)은 비중이 2.03, 융점이 173(℃), 발화점이 100(℃)이며 황색의 결정성 덩어리로 이황화탄소, 질산, 알칼리에 녹지만 물, 염소, 염산, 황산에는 녹지 않는다.

15 황화인 중에서 비중이 약 2.03, 융점이 약 173(℃)이며, 황색 결정이고 물·황산 등에는 불용성이며 질산에 녹는 것은?

① P_2S_5 ② P_2S_3
③ P_4S_3 ④ P_3S_7

해설 ▷

14번 해설 참조

16 가열 용융시킨 유황과 황린을 서서히 반응시킨 후 증류 냉각하여 얻는 제2류 위험물로, 발화점이 약 100℃, 비중이 약 2.03인 물질은?

① P_2S_5 ② P_4S_3
③ P_4S_7 ④ P

해설 ▷

P_4S_3(삼황화인)에 대한 설명이다.

정답 13. ①   14. ②   15. ③   16. ②

17 삼황화인(P_4S_3)의 성질에 대한 설명으로 가장 옳은 것은?

① 물, 알칼리 중 분해하여 황화수소(H_2S)를 발생한다.
② 차가운 물, 염산, 황산에는 녹지 않는다.
③ 차가운 물, 알칼리 중 분해하여 인산(H_3PO_4)이 생성된다.
④ 물, 알칼리 중 분해하여 이산화황(SO_2)을 발생한다.

해설

14번 해설 참조

18 다음 중 삼황화인의 주연소생성물은?

① 오산화인과 이산화황　　　② 오산화인과 이산화탄소
③ 이산화황과 포스핀　　　　④ 이산화황과 포스겐

해설

① $P_4S_3 + 8O_2 \rightarrow 2P_2O_5 \uparrow + 3SO_2 \uparrow$

19 오황화인의 성질에 대한 설명으로 옳은 것은?

① 청색의 결정으로 특이한 냄새가 있다.
② 알코올에는 잘 녹고 이황화탄소에는 잘 녹지 않는다.
③ 수분을 흡수하면 분해한다.
④ 비점은 약 325℃이다.

해설

■ **오황화인(P_2S_5)**
㉠ 담황색의 결정성 덩어리로 특이한 냄새를 가진다.
㉡ 물, 알코올, 이황화탄소에 녹는다.
㉢ 비점은 514℃이다.

20 오황화인이 물과 반응하여 발생하는 가스가 연소하였을 때 주로 생성되는 것은?

① P_2O_5　　　　　　　　　② SO_3
③ SO_2　　　　　　　　　　④ H_2S

물과 접촉하여 가수분해하거나 습한 공기 중 분해하여 황화수소를 발생하며 발생된 황화수소는 가연성, 유독성 기체로 공기와 혼합 시 인화폭발성 혼합기를 형성하므로 위험하다.

- $P_2S_5 + 8H_2O \rightarrow 5H_2S + 2H_3PO_4$
- $2H_2S + 3O_2 \rightarrow 2H_2O + 2SO_2 \uparrow$

21 물과 반응하였을 때 발생하는 가스가 유독성인 것은?

① 알루미늄　　　　　　　　　　② 칼륨
③ 탄화알루미늄　　　　　　　　　④ 오황화인

해설
① $2Al + 6H_2O \rightarrow 2Al(OH)_3 + 3H_2 \uparrow$
② $2K + 2H_2O \rightarrow 2KOH + H_2 \uparrow + 2 \times 46.2kcal$
③ $Al_4C_3 + 12H_2O \rightarrow 4Al(OH)_3 + 3CH_4$
④ $P_2S_5 + 8H_2O \rightarrow 5H_2S \uparrow + 2H_3PO_4$

22 다음 중 황화인에 대한 설명으로 틀린 것은?

① P_4S_3, P_2S_5, P_4S_7은 동소체이다.
② 지정수량은 100kg이다.
③ 삼황화인의 연소생성물에는 이산화황이 포함된다.
④ 오황화인은 물 또는 알칼리에 분해하여 이황화탄소와 황산이 된다.

해설
④ 오황화인은 물 또는 알칼리에 분해하여 가연성가스인 황화수소와 인산이 된다($P_2S_5 + 8H_2O \rightarrow 5H_2S + 2H_3PO_4$).

23 착화점이 260℃인 제2류 위험물과 지정수량을 옳게 나타낸 것은?

① P_4S_3 : 100kg　　　　　　　　② P : 100kg
③ P_4S_3 : 500kg　　　　　　　　④ P : 500kg

해설

위험물	착화점	지정수량
P_4S_3(삼황화인)	100℃	100kg
P(적린)	260℃	100kg

24 다음 중 암적색의 분말인 비금속 물질로 비중이 약 2.2, 발화점이 약 260℃로 물에는 불용성인 위험물은?

① 적린　　　　　　　　　　　② 황린
③ 삼황화인　　　　　　　　　④ 유황

■ 적린(P)

암적색의 분말로 전형적인 비금속원소이며 비중 2.2, 발화점 260℃이고 브롬화인(PBr_3)에 녹지만, 이황화탄소(CS_2)·물·수산화나트륨 수용액·에테르·암모니아에는 녹지 않는다.

25 공기를 차단한 상태에서 황린을 약 260℃로 가열하면 생성되는 물질은 몇 류 위험물에 해당하는가?

① 제1류 위험물　　　　　　　② 제2류 위험물
③ 제5류 위험물　　　　　　　④ 제6류 위험물

공기를 차단한 상태에서 황린을 약 260℃로 가열하면 적린이 된다. 적린은 제2류 위험물이다.

26 다음 중 적린에 대한 설명 중 틀린 것은?

① 연소하면 유독성인 흰색 연기가 나온다.
② 염소산칼륨과 혼합하면 쉽게 발화하면 P_2O_5와 KOH가 생성된다.
③ 적린 1몰의 완전연소 시 1.25몰의 산소가 필요하다.
④ 비중은 약 2.2, 승화온도는 약 400℃이다.

적린(P)은 염소산염류, 과염소산염류 등 강산화제와 혼합하면 불안정한 폭발물과 같이 되어 약간의 가열, 충격, 마찰에 의하여 폭발한다($6P + 5KClO_3 \rightarrow 5KCl + 3P_2O_5 \uparrow$)

27 적린과 유황의 공통적인 성질이 아닌 것은?

① 가연성 물질이다.　　　　　② 고체이다.
③ 물에 잘 녹는다.　　　　　　④ 비중은 1보다 크다.

적린과 유황의 공통적인 성질은 물에 녹지 않는다는 것이다.

28 유황은 순도가 몇 중량퍼센트(wt%) 이상인 것을 위험물로 분류하는가?

① 20 ② 30

③ 50 ④ 60

유황은 순도가 60wt% 미만인 것을 제외하고, 이 경우 순도 측정에 있어서 불순물은 활석 등 불연성 물질과 수분에 한한다.

29 다음 중 유황에 대한 설명 중 틀린 것은?

① 순도가 60wt% 이상이면 위험물이다.
② 물에 녹지 않는다.
③ 전기에 도체이므로 분진폭발의 위험이 있다.
④ 황색의 분말이다.

③ 유황(황, S)은 전기 및 열의 부도체이며, 가연성고체로서 분말 상태인 경우 분진폭발의 위험이 있다.

30 유황에 대한 설명으로 옳지 않은 것은?

① 순도가 50wt% 이하인 것은 제외한다.
② 사방황의 색상은 황색이다.
③ 단사황의 비중은 1.95이다.
④ 고무상황의 결정형은 무정형이다.

■ **유황(sulfur, S)**

황색의 결정 또는 미황색의 분말이며, 순도가 60wt% 이상인 것으로 한다. 황의 결정에는 8면체인 사방황 S_α와 바늘모양의 단사황 S_β가 있으며, 비결정성인 고무상황이 있다. 사방황은 95.5℃로 가열하면 단사황이 되고 119℃로 가열하면 단사황이 녹아서 노란색의 액체황이 된다. 계속 444.6℃ 이상 가열 시 비등하게 된다. 그리고 용융된 황을 물에 넣어 급하게 냉각시키면 탄력성이 있는 고무상황을 얻을 수 있다.

31 유황에 대한 설명 중 옳지 않은 것은?

① 물에 녹지 않는다.
② 일정 크기 이상을 위험물로 분류한다.
③ 고온에서 수소와 반응할 수 있다.
④ 청색 불꽃을 내며 연소한다.

> **해설**
>
> ② 유황은 순도가 60wt% 이상인 것을 위험물로 본다.

32 분자량이 32이며, 물에 불용성인 황색 결정의 위험물은?

① 오황화인　　　　　　　　② 황린
③ 적린　　　　　　　　　　④ 유황

> **해설**
>
> ④ 유황(sulfur, S)은 분자량이 32이며, 무취이고 물에 불용성인 황색 결정의 위험물이다.

33 황이 연소하여 발생하는 가스의 성질로 옳은 것은?

① 무색무취이다.
② 물에 녹지 않는다.
③ 공기보다 무겁다.
④ 분자식은 H_2S이다.

> **해설**
>
> 황이 연소하면 매우 유독한 아황산가스를 발생한다.
> ㉠ $S + O_2 \rightarrow SO_2 + 71.0kcal$
> ㉡ 아황산가스(SO_2)는 $64 \div 29 = 2.2$배(즉, 공기보다 2.2배 무겁다)

34 고온에서 용융된 유황과 수소가 반응하였을 때의 현상으로 옳은 것은?

① 발열하면서 H_2S가 생성된다.
② 흡열하면서 H_2S가 생성된다.
③ 발열은 하지만 생성물은 없다.
④ 흡열은 하지만 생성물은 없다.

해설

고온에서 용융된 유황은 다음 물질과 반응하여 격렬히 발열한다.

㉠ $H_2 + S \rightarrow H_2S\uparrow + 발열$

㉡ $Fe + S \rightarrow FeS + 발열$

㉢ $Cl_2 + 2S \rightarrow S_2Cl_2 + 발열$

㉣ $C + 2S \rightarrow CS_2 + 발열$

이때 H_2S의 연소범위는 3.3~46%이다.

35 A물질 1,000kg을 소각하고자 한다. 1,000kg 중 유황의 함유량이 0.5wt%라고 한다면 연소가스 중 SO_2의 농도는 약 몇 mg/Nm^{3}인가?(단, A물질 1ton의 흡배기 연소가스량 = 6,500Nm^3)

① 1,080

② 1,538

③ 2,522

④ 3,450

해설

㉠ A물질 1,000kg 중 유황(S)의 질량 : 1,000kg × 0.005 = 5kg

㉡ 황(S)의 연소반응식

$S + O_2 \rightarrow SO_2$

32 : 64 = 5kg : x

$x = \dfrac{64 \times 5}{32} = 10kg\,(SO_2의\ 무게)$

$\therefore \dfrac{10kg}{6,500Nm^3} = \dfrac{10 \times 10^6 mg}{6,500Nm^3} ≒ 1,538.46mg/Nm^3$

※ 단위 Nm^3(노말입방미터, Normal m^3) : 0℃, 1기압 하에서 1m^{3}의 기체량을 의미

36 다음 중 사방황에 대한 설명으로 가장 거리가 먼 것은?

① 가열하면 단사황을 얻을 수 있다.

② 물보다 비중이 크다.

③ 이황화탄소에 잘 녹는다.

④ 조해성이 크므로 습기에 주의한다.

해설

④ 사방황은 물이나 산에는 녹지 않는다.

37 위험물로서 철분에 대한 정의가 옳은 것은?

① 40μm의 표준체를 통과하는 것이 50중량% 이상인 것
② 53μm의 표준체를 통과하는 것이 50중량% 이상인 것
③ 60μm의 표준체를 통과하는 것이 50중량% 이상인 것
④ 150μm의 표준체를 통과하는 것이 50중량% 이상인 것

해설

▪ 표준체의 크기
㉠ 철분 : 53μm
㉡ 금속분 : 150μm

38 은백색의 광택이 있는 금속으로 비중은 약 7.86, 융점은 약 1,530℃이고 열이나 전기의 양도체이며, 염산에 반응하여 수소를 발생하는 것은?

① 알루미늄   ② 철
③ 아연   ④ 마그네슘

해설

철(Fe)은 은백색의 광택이 있는 금속으로 비중이 약 7.86, 융점은 약 1,530℃이고 열이나 전기의 양도체이며 염산에 반응하여 수소를 발생한다($Fe + 2HCl \rightarrow FeCl_2 + H_2 \uparrow$)

39 다음 중 철분에 적응성이 있는 소화설비는?

① 옥외소화전설비   ② 포소화설비
③ 이산화탄소소화설비   ④ 탄산수소염류 분말소화설비

해설

철분(iron powder, Fe)은 탄산수소염류 분말소화설비, 마른모래, 소금, 소석회로 질식소화한다.

40 금속분에 대한 설명으로 틀린 것은?

① Al은 할로겐 원소와 반응하면 발화의 위험이 있다.
② Al은 수산화나트륨 수용액과 반응 시 $NaAl(OH)_2$와 H_2가 생성된다.
③ Zn은 KCN 수용액에서 녹는다.
④ Zn은 염산과 반응 시 $ZnCl_2$와 H_2가 생성된다.

해설

알루미늄분(Al)은 알칼리 수용액과 반응하여 수소를 발생한다.

$2Al + 2NaOH + 2H_2O \rightarrow 2NaAlO_2 + 3H_2 \uparrow$

41 다음 ( ) 안에 알맞은 것을 순서대로 옳게 나열한 것은?

> 알루미늄 분말이 연소하면 ( )색 연기를 내면서 ( )을 생성한다. 또한, 알루미늄 분말이 염산과 반응하여 ( ) 기체를 발생하며 수산화나트륨 수용액과 반응하여 ( ) 기체를 발생한다.

① 백, Al_2O_3, 산소, 수소
② 백, Al_2O_3, 수소, 수소
③ 노란, Al_2O_5, 수소, 수소
④ 노란, Al_2O_5, 산소, 수소

해설

■ **알루미늄 분말**(aluminum powder, Al)
㉠ 알루미늄 분말이 발화하면 다량의 열이 발생하고 광택을 내며 흰 연기를 내면서 연소하므로 소화가 곤란하다($4Al + 3O_2 \rightarrow 2Al_2O_3 + 4 \times 199.6kcal$).
㉡ 진한질산을 제외한 대부분의 산과 반응하여 수소를 발생한다($2Al + 6HCl \rightarrow 2AlCl_3 + 3H_2 \uparrow$).
㉢ 알칼리 수용액과 반응하여 수소를 발생한다($2Al + 2NaOH + 2H_2O \rightarrow 2NaAlO_2 + 3H_2 \uparrow$).

42 알루미늄분이 NaOH 수용액과 반응하였을 때 발생하는 물질은?

① H_2
② O_2
③ Na_2O_2
④ NaAl

해설

알루미늄 분(aluminum powder, Al)은 알칼리 수용액과 반응하여 수소를 발생한다($2Al + 2NaOH + 2H_2O \rightarrow 2NaAlO_2 + 3H_2 \uparrow$).

43 다음 중 위험물의 위험성에 대한 설명 중 옳은 것은?

① 메타알데히드(분자량 : 176)는 1기압에서 인화점이 0℃ 이하인 인화성고체이다.
② 알루미늄은 할로겐 원소와 접촉하면 발화의 위험이 있다.
③ 오황화인은 물과 접촉해서 이황화탄소를 발생하나 알칼리에 분해해서는 이황화탄소를 발생하지 않는다.
④ 삼황화인은 금속분과 공존할 경우 발화의 위험이 없다.

정답 41. ② 42. ① 43. ②

① 메타알데히드[metaldehyde, (CH_3CHO), 분자량 176.2]는 1기압에서 인화점이 36℃인 인화성고체이다.
③ 오황화인(P_2S_5)은 물 또는 알칼리에 분해하여 가연성가스인 황화수소와 인산이 된다$(P_2S_5+8H_2O\rightarrow$
$5H_2S\uparrow+2H_3PO_4)$
④ 삼황화인(P_4S_3)은 금속분과 공존할 경우 발화의 위험이 있다.

44 알루미늄분의 안전관리에 대한 설명으로 옳지 않은 것은?

① 공기와 접촉 시 자연발화의 위험성이 크므로 화기를 엄금한다.
② 마른 모래는 완전히 건조된 것으로 사용한다.
③ 분진이 난무한 상태에서는 호흡보호기구를 사용한다.
④ 피부에 노출되어도 유해성이 없으므로 작업에 방해되는 고무장갑은 끼지 않는다.

알루미늄분(aluminum powder, Al)을 다량 흡입하면 만성적으로 피부염증, 기관지 손상, 식욕부진, 호흡
곤란을 일으키고 눈의 점막을 자극하며, 피복의 상처에 침투하면 피부염을 일으킨다.

45 알루미늄 제조공장에서 용접작업 시 알루미늄분에 착화가 되어 소화를 목적으로 뜨거운
물을 뿌렸더니 수초 후 폭발사고로 이어졌다. 이 폭발의 주원인에 가장 가까운 것은?

① 알루미늄분과 물의 화학반응으로 수소가스를 발생하여 폭발하였다.
② 알루미늄분이 날려 분진폭발이 발생하였다.
③ 알루미늄분과 물의 화학반응으로 메탄가스를 발생하여 폭발하였다.
④ 알루미늄분과 물의 급격한 화학반응으로 열이 흡수되어 알루미늄분 자체가 폭발하였다.

① $2Al+6H_2O \rightarrow 2Al(OH)_3+3H_2\uparrow$

46 위험물안전관리법령상 포소화기의 적응성이 없는 위험물은?

① S
② P
③ P_4S_3
④ Al분

Al분 : 건조사

47 다음 중 제2류 위험물에 속하지 않는 것은?

① 1기압에서 인화점이 30℃인 고체
② 직경이 1mm인 막대모양의 마그네슘
③ 고형알코올
④ 구리분, 니켈분

해설

■ 제2류 위험물
㉠ 금속분 : 알칼리금속·알칼리토류 금속·철 및 마그네슘 외 금속의 분말(구리분, 니켈분 및 $150\mu m$의 체를 통과하는 것이 50wt% 미만인 것 제외)
㉡ 마그네슘에 해당되지 않는 것
　– 2mm의 체를 통과하지 아니하는 덩어리 상태의 것
　– 직경 2mm 이상의 막대모양의 것
㉢ 인화성고체 : 고형알코올, 그 밖에 1기압에서 인화점이 40℃ 미만인 고체

48 마그네슘의 성질에 대한 설명 중 틀린 것은?

① 물보다 무거운 금속이다.
② 은백색의 광택이 난다.
③ 온수와 반응 시 산화마그네슘과 수소를 발생한다.
④ 융점은 약 650℃이다.

해설

㉠ 마그네슘(Mg, 제2류) : 온수 또는 산과 반응하여 수소(H_2) 발생
　$Mg + 2H_2O \rightarrow Mg(OH)_2 + H_2 \uparrow$
㉡ 연소반응 : $2Mg + O_2 \rightarrow 2MgO$

49 다음 중 은백색의 광택성 분말로 공기 중의 습기나 수분에 의해 자연발화 및 폭발성인 물질은?

① Cu
② Fe
③ Sn
④ Mg

해설

④ $Mg + 2H_2O \rightarrow Mg(OH)_2 + H_2$

정답　47. ④　48. ③　49. ④

50 다음 중 은백색의 광택성 물질로서 비중이 약 1.74인 위험물은?

① Cu
② Fe
③ Al
④ Mg

해설

■ **마그네슘(magnesium Mg)**
알칼리토금속에 속하는 대표적인 경금속이며, 은백색의 광택성 물질로서 비중은 1.74이다.

51 다음 중 비중이 가장 작은 금속은?

① 마그네슘
② 알루미늄
③ 지르코늄
④ 아연

해설

① 마그네슘 1.74, ② 알루미늄 2.7, ③ 지르코늄 6.5, ④ 아연 7.14

52 마그네슘과 염산이 반응할 때 발화의 위험이 있는 이유로 가장 적합한 것은?

① 열전도율이 낮기 때문이다.
② 산소가 발생하기 때문이다.
③ 많은 반응열이 발생하기 때문이다.
④ 분진폭발의 민감성 때문이다.

해설

③ 마그네슘과 염산이 반응 시 많은 반응열이 발생하여 발화의 위험이 있다($Mg + 2HCl \rightarrow MgCl + H_2 \uparrow + Q$kcal).

53 마그네슘 화재를 소화할 때 사용하는 소화약제의 적응성에 대한 설명으로 잘못된 것은?

① 건조사에 의한 질식소화는 오히려 폭발적인 반응을 일으키므로 소화적응성이 없다.
② 물을 주수하면 폭발의 위험이 있으므로 소화적응성이 없다.
③ 이산화탄소는 연소반응을 일으키며, 일산화탄소를 발생하므로 소화적응성이 없다.
④ 할로겐화합물과 반응하므로 소화적응성이 없다.

해설

① 마그네슘의 소화약제는 건조사 등으로 질식소화해야 한다.

Chapter 03

제3류 위험물

01 제3류 위험물의 품명과 지정수량

성 질	위험 등급	품 명	지정수량
자연발화성 물질 및 금수성 물질	I	1. 칼륨 2. 나트륨 3. 알킬알루미늄 4. 알킬리튬 5. 황린	10kg 10kg 10kg 10kg 20kg
	II	6. 알칼리금속(칼륨 및 나트륨 제외) 및 알칼리토금속 7. 유기금속화합물(알킬알루미늄 및 알킬리튬 제외)	50kg 50kg
	III	8. 금속의 수소화물 9. 금속의 인화물 10. 칼슘 또는 알루미늄의 탄화물	300kg 300kg 300kg
	I~III	11. 그 밖에 행정안전부령이 정하는 것 　　염소화규소화합물 12. 1~11에 해당하는 어느 하나 이상을 함유한 것	10kg, 20kg, 50kg 또는 300kg

02 위험성 시험방법

(1) 자연발화성 시험

고체 또는 액체물질이 공기 중에서 발화의 위험성이 있는가를 판단하는 것을 목적으로 한다.

(2) 물과의 반응성 시험

고체 또는 액체물질이 물과 접촉해서 발화하고 또는 가연성가스를 발생할 위험성을 판단하는 것을 목적으로 한다.

03 공통성질 및 저장·취급 시 유의사항

(1) 공통성질

① 대부분 무기물의 고체이지만, 알킬알루미늄과 같은 액체도 있다.

② 금수성 물질로서 물과 접촉하면 발열 또는 발화한다.

③ 자연발화성 물질로서 공기와의 접촉으로 자연발화하는 경우도 있다.

④ 물과 반응하여 화학적으로 활성화된다.

(2) 저장 및 취급 시 유의사항

① 물과 접촉하여 가연성가스를 발생하므로 화기로부터 멀리할 것

② 금수성 물질로서 용기의 파손이나 부식을 방지하고, 수분과의 접촉을 피할 것

③ 보호액 속에 저장하는 경우에는 위험물이 보호액 표면으로 노출되지 않도록 할 것

④ 다량으로 저장하는 경우에는 소분하여 저장하고, 물기의 침입을 막도록 할 것

(3) 예방대책

① 용기는 완전히 밀전하고, 공기 또는 물과의 접촉을 방지한다.

② 강산화제, 강산류, 기타 약품 등과 접촉하지 않는다.

③ 용기가 가열되지 않도록 하며, 보호액이 들어있는 것은 용기 밖으로 누출하지 않도록 해야 한다.

④ 알킬알루미늄, 알킬리튬, 유기금속화합물류는 화기를 엄금하며, 기내 내압이 상승하지 않도록 해야 한다.

⑤ 알킬알루미늄과 알킬리튬을 취급하는 설비는 불활성기체를 봉입할 수 있는 장치를 설치해야 하며, 이들을 저장하는 이동탱크저장소에는 긴급 시의 연락처, 응급조치를 할 수 있는 장비를 휴대시켜야 한다.

⑥ 칼륨, 나트륨 및 알칼리금속을 석유, 등유 등의 산소가 함유되지 않은 석유류에 저장하고 이 보호액의 증발을 막으며, 보호액 중에 물이 들어가지 않도록 한다. 저장용기의 부식, 균열 등을 정기적으로 점검하고 운반 시 안전용 용제의 누출을 방지하며, 낙하·전도에 주의한다. 황린은 물속에 저장한다.

⑦ 유별이 다른 위험물과는 동일한 위험물 저장소에 함께 저장해서는 안 된다.

⑧ 저장, 취급 장소는 부식성가스가 발생한 장소, 고습의 장소, 빗물이 침투하는 장소 및 습지대를 피한다.

(4) 소화방법

① 건조사, 팽창질석 및 팽창진주암 등을 사용한 질식소화를 실시한다.

② 금속화재용 분말소화약제(탄산수소염류 분말소화설비)에 의한 질식소화를 실시한다.

(5) 진압대책

① 황린을 제외하고는 절대주수를 엄금하며, 어떠한 경우든 물에 의한 냉각소화는 불가능하다.

② 건조분말, 건조사, 팽창질석, 건조석회를 상황에 따라 조심스럽게 사용하여 질식소화한다.

③ 칼륨, 나트륨을 격렬히 연소하기 때문에 특별한 소화수단이 없으므로 연소할 때 연소확대 방지에 주력한다.

④ 알킬알루미늄, 알킬리튬 및 유기금속화합물류는 화재 시 초기에는 유기화합물과 같은 연소 형태에서 후기에는 금속화재와 같은 양상이 되므로 진압 시 특히 주의한다.

04 위험물의 성상

1 금속칼륨(K, 포타시움, 지정수량 10kg)

(1) 일반적 성질

① 화학적으로 이온화 경향이 크므로 화학적 활성이 매우 큰 은백색의 광택이 있는 무른 경금속으로 연하기 때문에 칼로 자르기 쉬우며, 융점이 낮다.

② 융점(m.p) 이상으로 가열하면 보라색 불꽃을 내면서 연소한다.

　예 $4K + O_2 \rightarrow 2K_2O$

③ 물 또는 알코올과 반응하지만, 에테르와는 반응하지 않는다.

④ 수은과 격렬히 반응하여 아말감을 만든다.

⑤ 비중 0.86, 융점 63.7℃, 비점 774℃이다.

TIP

K : 보라색, Na : 황색, Li : 적색, Cu : 청록색

(2) 위험성

① 공기 중의 수분 또는 물과 반응하여 수소가스를 발생하고 발화한다.

  예 $2K + 2H_2O \rightarrow 2KOH + H_2 \uparrow + 92.8kcal$

② 알코올과 반응하여 칼륨 알코올 레이드와 수소가스를 발생한다.

  예 $2K + 2C_2H_5OH \rightarrow 2C_2H_5OK + H_2 \uparrow$

③ 피부에 접촉 시 화상을 입는다.

④ 대량의 금속 칼륨이 연소할 때는 적당한 소화방법이 없으므로 매우 위험하다.

⑤ 습기에서 CO와 접촉 시 폭발한다.

⑥ 소화약제로 쓰이는 CO_2와 반응하면 폭발 등의 위험이 있고, CCl_4와 접촉하면 폭발적으로 반응한다.

  예 $4K + 3CO_2 \rightarrow 2K_2CO_3 + C$(연소・폭발)

  $4K + CCl_4 \rightarrow 4KCl + C$(폭발)

⑦ 연소 중인 K에 모래를 뿌리면 모래 중의 규소와 결합하여서 격렬히 반응하므로 위험하다.

(3) 저장 및 취급방법

① 습기나 물에 접촉하지 않도록 할 것

② 보호액[석유(등유), 경유, 유동파라핀] 속에 저장할 것

③ 보호액 속에 저장 시 용기 파손이나 보호액 표면에 노출이 되지 않도록 할 것

④ 저장 시에는 소분하여 소분병에 넣고, 습기가 닿지 않도록 소분병을 밀전 또는 밀봉할 것

⑤ 용기의 부식을 예방하기 위하여 강산류와의 접촉을 피할 것

(4) 용도

금속나트륨(Na)과의 합금은 원자로의 냉각제, 감속제, 고온 온도계의 재료, 황산칼륨(비료)의 제조

(5) 소화방법

초기의 소화약제로는 건조사 또는 금속화재용 분말소화약제가 적당하며, 다량의 칼륨이 연소할 때는 적당한 소화수단이 없으므로 확대 방지에 노력하여야 한다.

2 금속나트륨(Na, 금속소다, 지정수량 10kg)

(1) 일반적 성질

① 화학적 활성이 매우 큰 은백색의 광택이 있는 무른 금속이다.

② 융점(m.p) 이상으로 가열하면 노란색 불꽃을 내면서 연소한다.

예 $4Na + O_2 \rightarrow 2Na_2O$

③ 물 또는 알코올과 반응하지만, 에테르와는 반응하지 않는다.

④ 액체 암모니아에 녹아 청색으로 변하며, 나트륨아미드와 수소를 발생한다.

예 $2Na + 2NH_3 \rightarrow 2NaNH_2 + H_2 \uparrow$

⑤ 비중 0.97, 융점 97.8℃, 비점 880℃, 발화점은 121℃이다.

(2) 위험성

① 물과 격렬하게 반응하여 발열하고, 수소가스를 발생하고 발화한다.

예 $2Na + 2H_2O \rightarrow 2NaOH + H_2 \uparrow + 88.2kcal$

② 알코올과 반응하여 나트륨 알코올 레이드와 수소가스를 발생한다.

예 $2Na + 2C_2H_5OH \rightarrow 2C_2H_5ONa + H_2 \uparrow$

③ 피부에 접촉할 경우 화상을 입는다.

④ 강산화제로 작용하는 염소가스에서도 연소한다.

예 $2Na + Cl_2 \rightarrow 2NaCl$

(3) 저장 및 취급방법

① 습기나 물에 접촉하지 않도록 할 것

② 보호액[석유(등유), 경유, 유동파라핀] 속에 저장할 것

③ 보호액 속에 저장 시 용기가 파손되거나 보호액 표면에 노출되지 않도록 할 것

④ 저장 시에는 소분하여 소분병에 넣고 습기가 닿지 않도록 소분병을 밀전 또는 밀봉할 것

(4) 용도

금속 Na-K 합금은 원자로의 냉각제, 열매, 감속제, 수은과 아말감 제조, Na 램프, 고급 알코올 제조, U 제조 등

(5) 소화방법

주수엄금, 포, 물분무, 할로겐화합물, CO_2는 사용할 수 없고, 기타 사항은 칼륨에 준한다.

❸ 알킬알루미늄(RAI, 지정수량 10kg)

알킬기(C_nH_{2n+1})와 알루미늄(Al)의 유기 금속화합물이다.

[1] 트리에틸알루미늄[$(C_2H_5)_3Al$, TEA]

(1) 일반적 성질

① 수소화알루미늄과 에틸렌을 반응시켜 대량으로 제조한다.

　[예] $AlH_3 + 3C_2H_4 \rightarrow (C_2H_3)_3Al$

② 상온에서 무색투명한 액체 또는 고체로 독성이 있으며, 자극적인 냄새가 난다.

③ 대표적인 알킬알루미늄(RAI)의 종류는 다음과 같다.

화학명	약 호	화학식	비점 (b.p)	융점 (m.p)	비 중	상 태
트리메틸알루미늄	TMA	$(CH_3)_3Al$	127.1℃	15.3℃	0.748	무색 액체
트리에틸알루미늄	TEA	$(C_2H_5)_3Al$	186.6℃	−45.5℃	0.832	무색 액체
트리프로필알루미늄	TNPA	$(C_3H_7)_3Al$	196.0℃	−60℃	0.821	무색 액체
트리이소부틸알루미늄	TIBA	$iso-(C_4H_9)_3Al$	분 해	1.0℃	0.788	무색 액체
에틸알루미늄디클로로라이드	EADC	$C_2H_5AlCl_2$	115℃	32℃	1.21	무색 고체
디에틸알루미늄하이드라이드	DEAH	$(C_2H_5)_2AlH$	227.4℃	−59℃	0.794	무색 액체
디에틸알루미늄클로라이드	DEAC	$(C_2H_5)_2AlCl$	214℃	−74℃	0.971	무색 액체

④ 비중 0.83, 증기비중 3.9, 융점 −46℃, 비점 185℃이다.

(2) 위험성

① 탄소수가 $C_1 \sim C_4$까지는 공기와 접촉하여 자연발화한다.

　[예] $2(C_2H_5)_3Al + 21O_2 \rightarrow 12CO_2 + Al_2O_3 + 15H_2O + 1,470.4kcal$

② 물과 폭발적 반응을 일으켜 에탄(C_2H_6)가스가 발화 비산되므로 위험하다.

　[예] $(C_2H_5)_3Al + 3H_2O \rightarrow Al(OH)_3 + 3C_2H_6 \uparrow$

트리에틸알루미늄 19kg이 물과 반응하였을 때 생성되는 가스는 표준상태에서 몇 m^3 인가?(단, 알루미늄의 원자량은 27이다)

풀이 $(C_2H_5)_3Al + 3H_2O \rightarrow Al(OH)_3 + 3C_2H_6 \uparrow$

$$114kg \qquad\qquad 3 \times 22.4m^3$$
$$19kg \qquad\qquad x(m^3)$$

$$x = \frac{19 \times 3 \times 22.4}{114} \quad \therefore \quad x = 11.2m^3$$

답 $11.2m^3$

③ 피부에 닿으면 심한 화상을 입으며, 화재 시 발생된 가스는 기관지와 폐에 손상을 준다.

④ 산과 격렬히 반응하여 에탄올을 발생한다.

예 $(C_2H_5)_3Al + HCl \rightarrow (C_2H_5)_2AlCl + C_2H_6 \uparrow$

⑤ 알코올과 폭발적으로 반응한다.

예 $(C_2H_5)_3Al + 3CH_3OH \rightarrow Al(CH_3O)_3 + 3C_2H_6$

$\qquad (C_2H_5)_3Al + 3C_2H_5OH \rightarrow Al(C_2H_5O)_3 + 3C_2H_6$

⑥ CCl_4와 CO_2와 발열반응하므로 소화제로 적당하지 않다.

⑦ 증기압이 낮아서 누출되어도 폭명기를 만들지 않으며, 연소속도는 휘발유의 반 정도이다.

(3) 저장 및 취급방법

① 용기는 완전 밀봉하고 공기와 물의 접촉을 피하며, 질소 등 불연성가스로 봉입할 것

② 실제 사용 시 희석제(벤젠, 톨루엔, 펜탄, 헥산 등 탄화수소 용제)로 20~30% 희석하여 안전을 도모할 것

③ 용기 파손으로 인한 공기 누출을 방지할 것

(4) 용도

미사일 원료, 알루미늄의 도금 원료, 유리합성용 시약, 제트연료 등

(5) 소화방법

팽창질석, 팽창진주암

[2] 트리메틸알루미늄[$(CH_3)_3Al$, TMA]

(1) 일반적 성질

① 무색의 액체이다.

② 증기비중 2.5, 융점 15℃, 비점 125℃, 인화점 8℃, 발화점은 190℃이다.

(2) 위험성

① 공기 중에 노출되면 자연발화한다.

② 물과 반응 시 메탄(CH_4)을 생성하고, 이때 발열·폭발에 이른다.

예 $(CH_3)_3Al + 3H_2O \rightarrow Al(OH)_3 + 3CH_4 + 발열$

4 알킬리튬(RLi, 지정수량 10kg)

알킬기(C_nH_{2n+1})와 리튬(Li)의 유기금속화합물을 말한다.

(1) 일반적 성질

① 가연성의 액체이다.

② CO_2와는 격렬하게 반응한다.

(2) 위험성, 저장 및 취급방법

알킬알루미늄에 준한다.

(3) 소화방법

물, 내알코올포, 포, CO_2 할로겐화합물소화약제의 사용을 금하며, 건조사·건조분말을 사용하여 소화한다.

5 황린(P_4, 백린, 지정수량 20kg)

(1) 일반적 성질

① 백색 또는 담황색의 고체로 강한 마늘 냄새가 난다. 증기는 공기보다 무거우며, 가연성이다. 또한 매우 자극적이며, 맹독성 물질이다.

② 화학적 활성이 커서 유황, 산소, 할로겐과 격렬히 반응한다.

③ 상온에서 서서히 산화하여 어두운 곳에서 청백색의 인광을 낸다.

④ 공기 중 O_2는 황린 표면에서 일부가 O_3가 된다.

⑤ 물에는 녹지 않으나 벤젠, 알코올에는 약간 녹고 이황화탄소 등에는 잘 녹는다.

⑥ 공기를 차단하고, 약 260℃로 가열하면 적린(붉은 인)이 된다.

⑦ 다른 원소와 반응하여 인화합물을 만든다.

⑧ 분자량 123.9, 비중 1.82, 증기비중 4.3, 융점 44℃, 비점 280℃, 발화점 34℃이다.

(2) 위험성

① 약 50℃ 전후에서 공기와의 접촉으로 자연발화되며, 오산화인(P_2O_2)의 흰 연기를 발생한다.

　예 $4P + 5O_2 \longrightarrow 2P_2O_5 + 2 \times 370.8kcal$

② 독성이 강하며, 치사량은 0.05g이다.

③ 연소 시 발생하는 오산화인의 증기는 유독하며, 흡습성이 강하고 물과 접촉하여 인산(H_3PO_4)을 생성하므로 부식성이 있다. 즉, 피부에 닿으면 피부점막에 염증을 일으키고, 흡수 시 폐의 손상을 유발한다.

　예 $2P_2O_5 + 6H_2O \longrightarrow 4H_3PO_4$

④ 황린이 연소 시 공기를 적게 공급하면 P_2O_3가 되며, 이것은 물과 반응하여 아인산을 만든다.

　예 $4P + 3O_2 \longrightarrow 2P_2O_3$

　　 $2P_2O_3 + 6H_2O \longrightarrow 4H_3PO_3$

⑤ 환원력이 강하므로 산소농도가 낮은 분위기 속에서도 연소한다.

⑥ 강알칼리성 용액과 반응해 가연성, 유독성의 포스핀가스를 발생한다.

　예 $P_4 + 3KOH + H_2O \longrightarrow PH_3 \uparrow + 3KH_2PO_2$

⑦ 온도가 높아지면 용해도가 증가한다.

⑧ 염화수은($HgCl_2$)과 접촉, 혼합한 것은 가열, 충격에 의해 폭발한다.

(3) 저장 및 취급방법

① 자연발화성이 있어 물속에 저장하며, 온도 상승 시 물의 산성화가 빨라져 용기를 부식시키므로 직사광선을 막는 차광덮개를 하여 저장할 것

② 맹독성이 있으므로 취급 시 고무장갑, 보호복, 보호안경을 착용할 것

③ 인화수소(PH_3)의 생성을 방지하고, 보호액은 pH9로 유지하기 위하여 알칼리제[$Ca(OH)_2$ 또는 소다회 등]로 pH를 높일 것

④ 이중용기에 넣어 냉암소에 저장할 것

⑤ 산화제와의 접촉을 피할 것

⑥ 화기의 접근을 피할 것

(4) 용도

적린 제조, 인산, 인화합물의 원료, 쥐약, 살충제, 연막탄 등

(5) 소화방법

주수, 건조사, 흙, 토사 등의 질식소화

6 알칼리금속류 및 알칼리토금속(지정수량 50kg)

[1] 알칼리금속류(K, Na 제외)

(1) 리튬(Li)

① 일반적 성질

⑦ 은백색의 무르고 연한 금속이며, 비중 0.53, 융점 180.5℃, 비점 1,350℃이다.

④ 알칼리금속이지만 K, Na보다는 화학 반응성이 크지 않다.

⑤ 가연성고체로서 건조한 실온의 공기에서 반응하지 않지만, 100℃ 이상으로 가열하면 적색 불꽃을 내면서 연소하여 미량의 Li_2O_2와 Li_2O로 산화된다.

② 위험성

⑦ 피부 등과 접촉 시 부식작용이 있다.

④ 물과 만나면 심하게 발열하고, 가연성의 수소가스를 발생하므로 위험하다.

예 $Li + H_2O \rightarrow LiOH + 0.5H_2 \uparrow + 52.7kcal$

⑤ 공기 중에서 서서히 가열해도 발화하며 연소하며, 연소 시 탄산가스(CO_2) 속에서도 꺼지지 않고 연소한다.

④ 의산, 초산, 에탄올 등과 반응하여 수소를 발생한다.

⑩ 산소 중에서 격렬히 반응하여 산화물을 생성한다.

예 $4Li + O_2 \rightarrow 2LiO$

㉓ 질소와 직접 결합하여 생성물로 적색 결정의 질화리튬을 만든다.

例 $6Li + N_2 \rightarrow 2LiN$

③ 저장 및 취급방법

㉮ 건조하여 환기가 잘 되는 실내에 저장할 것

㉯ 수분과의 접촉혼입을 방지할 것

④ 용도 : 2차 전지, 중합반응의 촉매, 비철금속의 가스제거, 냉동기 등

⑤ 소화방법 : 건조사

(2) 루비듐(Rb)

① 일반적 성질

㉮ 은백색의 금속이다.

㉯ 수은에 격렬하게 녹아서 아말감을 만든다.

㉰ 비중 1.53, 융점 38.89℃, 비점 688℃이다.

② 위험성

㉮ 물 또는 묽은산과 폭발적으로 반응하여 수소를 발생한다.

例 $2Rb + 2H_2O \rightarrow 2RbOH + H_2 \uparrow$

㉯ 액체 암모니아에 녹아서 수소를 발생한다.

例 $2Rb + 2NH_3 \rightarrow 2RbNH_2 + H_2 \uparrow$

③ 저장 및 취급방법 : 반응성이 매우 크기 때문에 아르곤 중에서 취급할 것

④ 용도 : 유기화합물 중합 촉매이다.

⑤ 소화방법 : 금속 칼륨에 준한다.

[2] 알칼리토금속류(Mg 제외)

(1) 베릴륨(Be)

① 일반적 성질

㉮ 회백색의 단단하고, 가벼운 금속이다.

㉯ 진한질산과는 반응하지 않고, 염산·황산과는 즉시 반응한다.

㉰ 비중 1.85, 융점 1,280℃, 비점 2,970℃이다.

② 위험성

㉮ 증기·분진 등을 흡입하면 호흡기 질환이 생기고 폐 조직이 변질되며, 중독증상
이 나타난다.

㉯ 고온에서 분말이 연소하면 BeO이 된다.

③ 저장 및 취급방법 : 증기, 분진, 연기를 흡입하지 않도록 저장할 것

④ 용도 : X선 튜브, 우주항공 재료 등

⑤ 소화방법 : 건조분말로 질식소화하며, 기타 소화 활동 시 방호의와 공기호흡기를 착용한다.

(2) 칼슘(Ca)

① 일반적 성질

㉮ 산화칼슘 분말과 알루미늄 분말을 혼합하여서 고압으로 압축시켜 얻는다.

예 $6CaO + 2Al \rightarrow 3Ca + 3CaO \cdot Al_2O_3$

㉯ 은백색의 금속이며 냄새가 없고, 묽은 액체 암모니아에 녹아서 청색을 띠는 용액이 되는 데 이것은 전기를 전도한다.

㉰ 비중 1.55, 융점 839℃, 비점 1,480℃이다.

② 위험성

㉮ 물과 반응하여 상온에서 서서히 고온에서 격렬하게 수소를 발생한다.

예 $Ca + 2H_2O \rightarrow Ca(OH)_2 + H_2 \uparrow$

㉯ 실온의 공기에서 표면이 산화되어서 고온에서 등색 불꽃을 내며, 연소하여 CaO이 된다.

㉰ 대량으로 쌓인 분말도 습기에 장시간 방치 또는 금속산화물이 접촉하면 자연발화의 위험이 있다.

③ 저장 및 취급방법

㉮ 물, 알코올류, 할로겐, 강산류와의 접촉을 피할 것

㉯ 통풍이 잘 되는 냉암소에 저장할 것

④ 용도 : 환원제, 가스의 정제, 축전지 전극

⑤ 소화방법 : 건조사

7 유기금속화합물류(알킬알루미늄, 알킬리튬 제외) (지정수량 50kg)

유기금속화합물이란 알킬기(R : C_nH_{2n+1})와 아닐기(C_6H_5) 등 탄화수소기와 금속원자가 결합된 화합물, 즉 탄소−금속 사이에 치환 결합을 갖는 화합물을 말한다.

(1) 디에틸텔르륨[Te(C₂H₅)₂]

① 일반적 성질

㉮ 가연성이며 무취, 황적색의 유동성 액체이다.

㉯ 공기 또는 물과 접촉하여 분해한다.

　　　㉰ 분자량 185.6, 비점 138℃이다.

　② 위험성

　　　㉮ 흡입하면 점막을 자극한다.

　　　㉯ 공기 중에 노출되면 자연발화하며, 푸른색 불꽃을 내며 연소한다.

　　　㉰ 산화제, 메탄올, 할로겐과 심하게 반응한다.

　③ 저장 및 취급방법 : 건조하고 통풍이 잘 되는 냉암소에 저장할 것

　④ 용도 : 유기화합물의 합성, 반도체 공업 등

　⑤ 소화방법 : 분무주수, 방호의와 공기호흡기 등을 착용한다.

(2) 디에틸아연[$Zn(C_2H_5)_2$]

　① 일반적 성질

　　　㉮ 무색, 마늘 냄새가 나는 유동성 액체로 가연성이다.

　　　㉯ 물에 분해한다.

　　　㉰ 비중 1.21, 융점 −28℃, 비점 117℃이다.

　② 위험성

　　　㉮ 흡입 시 점막을 자극하여 폐부종을 일으킨다.

　　　㉯ 공기와의 접촉에 의해 자연발화하며, 푸른 불꽃을 내며 연소한다.

　　　㉰ 120℃ 이상 가열 시 분해·폭발한다.

　③ 저장 및 취급방법 : 대량 저장 시 톨루엔, 헥산 등 안전용제를 넣을 것

　④ 용도 : 반도체 공업

　⑤ 소화방법 : 디에틸텔르튬과 유사하다.

(3) 사에틸연[$(C_2H_5)_4Pb$]

　① 일반적 성질

　　　㉮ 그리나드 시약을 전해하여 만든다.

　　　例 $4C_2H_5MgBr + Pb \xrightarrow{\text{전해}} (C_2H_5)_4Pb + 2Hg + 2MgBr$

　　　㉯ 매우 유독하다. 상온에서 무색 액체이고 단맛이 있으며, 특유의 냄새가 난다.

　　　㉰ 비중 1.65, 융점 −136℃, 비점 195℃, 인화점은 85~105℃이다.

　② 위험성

　　　㉮ 상온에서 기화하기 쉽고, 증기는 공기와 혼합하여 인화·폭발하기 쉽다.

　　　㉯ 햇볕에 쪼이거나 가열하면 195℃ 정도에서 분해·발열하며, 폭발위험이 있다.

③ 저장 및 취급방법 : 증기누출을 방지하며, 강산류, 강산화제, 주위의 혼촉 위험성이 있는 물질을 제거할 것

④ 용도 : 자동차, 항공기 연료의 안티노킹제

⑤ 소화방법 : 물분무, 포, 분말, CO_2가 유효하다.

8 금속의 수소화물(지정수량 300kg)

(1) 수소화리튬(LiH)

① 일반적 성질

㉮ 유리모양의 무색투명한 고체로, 물과 작용하여 수소를 발생한다.

예 $LiH + H_2O \rightarrow LiOH + H_2 \uparrow + Q(kcal)$

㉯ 알코올 등에 녹지 않고, 알칼리금속의 수소화물 중 가장 안정한 화합물이다.

㉰ 비중 0.82, 융점은 680℃이다.

② 용도 : 유기합성의 촉매, 건조제, 수소화알루미늄의 제조 등

(2) 수소화나트륨(NaH)

① 일반적 성질

㉮ 회색의 입방정계 결정으로, 습한 공기 중에서 분해하고 물과는 격렬하게 반응하여 수소가스를 발생시킨다.

예 $NaH + H_2O \rightarrow NaOH + H_2 \uparrow + 21kcal$

㉯ 비중 0.92, 분해온도는 800℃이다.

② 용도 : 건조제, 금속표면의 스케일 제거제 등

③ 소화방법 : 건조사, 팽창질석, 팽창진주암

(3) 수소화칼슘(CaH₂)

① 일반적 성질

㉮ 무색의 사방정계 결정으로 675℃까지는 안정하며, 물에는 용해되지만 에테르에는 녹지 않는다.

㉯ 물과 접촉 시에는 가연성의 수소가스와 수산화칼슘을 생성한다.

예 $CaH_2 + 2H_2O \rightarrow Ca(OH)_2 + 2H_2 \uparrow + 48kcal$

㉰ 비중 1.7, 융점 814℃, 비점 675℃이다.

② 용도 : 건조제, 환원제, 축합제, 수소발생제 등

(4) 수소화알루미늄리튬[Li(AlH₄)]

① 일반적 성질

㉮ 백색 또는 회색의 분말로 에테르에 녹고, 물과 접촉하여 수소를 발생시킨다.

㉯ 분자량 37.9, 비중 0.92, 융점은 125℃이다.

② 위험성

㉮ 물과 접촉 시 수소를 발생하고 발화한다.

예 $LiAlH_4 + 4H_2O \rightarrow LiOH + Al(OH)_3 + 4H_2$

㉯ 약 125℃로 가열하면 Li, Al과 H_2로 분해된다.

③ 용도 : 유기합성제 등의 환원제, 수소발생제 등

(5) 펜타보란(B₅H₉)

① 일반적 성질

㉮ 강한 자극성 냄새가 나는 무색의 액체이며, 물에 녹지 않는다.

㉯ 분자량 63.2, 비중 0.61~0.66, 증기비중 2.18, 인화점 30℃, 발화점 35℃, 연소 범위 0.4~98%이다.

② 위험성

㉮ 발화점이 매우 낮기 때문에 공기 중 노출되면 자연발화의 위험성이 높은 가연성의 액체이다.

㉯ 밀폐용기가 가열되면 심하게 파열한다.

9 금속인화합물(지정수량 300kg)

(1) 인화석회(Ca₃P₂, 인화칼슘)

① 일반적 성질

㉮ 적갈색의 괴상(덩어리 상태) 고체이다.

㉯ 분자량 182.3, 비중 2.51, 융점은 1,600℃이다.

② 위험성 : 물 또는 산과 반응하여 유독하고, 가연성인 인화수소가스(PH_3, 포스핀)를 발생한다.

예 $Ca_3P_2 + 6H_2O \rightarrow 3Ca(OH)_2 + 2PH_3 \uparrow$

$Ca_3P_2 + 6HCl \rightarrow 3CaCl_2 + 2PH_3 \uparrow$

③ 저장 및 취급방법

㉮ 물기엄금, 화기엄금, 건조되고 환기가 좋은 곳에 저장할 것

　　　　⑭ 용기는 밀전하고, 파손에 주의할 것
　　④ 용도 : 살서제(쥐약)의 원료, 수중 및 해상 조명 등

(2) 인화알루미늄(AlP)

　　① 일반적 성질
　　　　㉮ 암회색 또는 황색의 결정 또는 분말이며, 가연성이다.
　　　　㉯ 습기 찬 공기 중 탁한 색을 변한다.
　　　　㉰ 분자량 58, 비중 2.40~2.85, 융점은 1,000℃ 이하이다.
　　② 위험성
　　　　㉮ 공기 중 안정하지만 습기 찬 공기, 물, 스팀과 접촉 시 가연성·유독성의 포스핀
　　　　　가스를 발생한다(포스핀은 맹독성의 무색 기체로 연소할 때도 유독성의 P_2O_5를 발
　　　　　생한다).
　　　　　　예 $AlP + 3H_2O \rightarrow Al(OH)_3 + PH_3 \uparrow$
　　　　㉯ 공기 중에서 서서히 포스핀을 발생한다.
　　③ 저장 및 취급방법
　　　　㉮ 물기엄금(스프링클러소화설비를 설치해서는 안 된다)
　　　　㉯ 누출 시 모든 점화원을 제거하고, 마른모래나 건조한 흙으로 흡수·회수할 것

🔟 칼슘 또는 알루미늄의 탄화물(지정수량 300kg)

칼슘 또는 알루미늄의 탄화물이란 칼슘 또는 알루미늄과 탄소와의 화합물로서 CaC_2(탄화칼
슘), Al_4C_3(탄화알루미늄) 등이 있다.

(1) 탄화칼슘(CaC_2, 카바이드)

　　① 일반적 성질
　　　　㉮ 순수한 것은 정방정계인 백색 입방체의 결정이며, 시판품은 회색 또는 회흑색의
　　　　　불규칙한 괴상의 고체이다.
　　　　㉯ 건조한 공기 중에서는 안정하나 335℃ 이상에서는 산화되며, 고온에서 강한 환원
　　　　　성을 가지므로 산화물을 환원시킨다.
　　　　　　예 $CaC_2 + 5O_2 \rightarrow 2CaO + 4CO_2 \uparrow$
　　　　㉰ 질소와는 약 700℃ 이상에서 질화되어 칼슘시안아미드($CaCN_2$, 석회질소)가 생성된다.
　　　　　　예 $CaC_2 + N_2 \rightarrow CaCN_2 + C + 74.6kcal$

㉩ 물 또는 습기와 작용하여 아세틸렌가스를 발생하고, 수산화칼륨을 생성한다(생성되는 아세틸렌가스의 발화점 335℃ 이상, 연소범위 2.5~81%이다).

[예] $CaC_2 + 2H_2O \rightarrow Ca(OH)_2 + C_2H_2 \uparrow + 27.8kcal$

㉣ 분자량 64, 비중 2.22, 융점은 2,300℃이다.

예제

탄화칼슘과 물이 반응하며 500g의 가연성가스가 발생하였다. 약 몇 g의 탄화칼슘이 반응하였는가?(단, 칼슘의 원자량은 40이고 물의 양은 충분하였다)

풀이

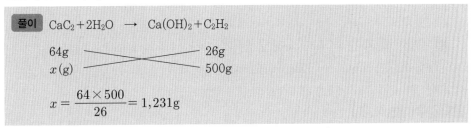

$CaC_2 + 2H_2O \rightarrow Ca(OH)_2 + C_2H_2$

$x = \dfrac{64 \times 500}{26} = 1,231g$

답 1,231g

② 위험성

㉮ 물 또는 습기와 작용하여 폭발성 혼합가스인 아세틸렌(C_2H_2)가스를 발생하며, 생성되는 수산화칼슘[$Ca(OH)_2$]은 독성이 있기 때문에 인체에 부식작용(피부점막 염증, 시력장애 등)이 있다.

㉯ 생성되는 아세틸렌가스는 매우 인화되기 쉬운 가스로, 1기압 이상으로 가열하면 그 자체로 분해·폭발한다.

[예] $2C_2H_2 + 5O_2 \rightarrow 2H_2O + 4CO_2 \uparrow + 2 \times 310kcal$

$C_2H_2 \rightarrow 2C + H_2 + 45kcal$

㉰ 생성되는 아세틸렌가스는 금속(Cu, Ag, Hg 등)과 반응하여 폭발성 화합물인 금속 아세틸레이드(M_2C_2)를 생성한다.

[예] $C_2H_2 + 2Ag \rightarrow Ag_2C_2 + H_2 \uparrow$

㉱ 탄화칼슘(CaC_2)은 여러 가지 불순물을 함유하고 있어 물과 반응 시 아세틸렌가스 외에 유독한 가스(AsH_3, PH_3, H_2S, NH_3 등)가 발생한다.

③ 저장 및 취급방법

㉮ 습기가 없는 건조한 장소에 밀봉·밀전하여 보관할 것

㉯ 저장용기 등에는 질소가스 등 불연성가스를 봉입할 것

㉰ 빗물 또는 침수 우려가 없고, 화기가 없는 장소에 저장할 것

④ 용도 : 용접 및 용단작업, 유기합성, 탈수제, 강철의 탈황제, 금속산화물의 환원 등

⑤ 기타 카바이드

㉮ 아세틸렌(C_2H_2)가스를 발생시키는 카바이드 : Li_2C_2, Na_2C_2, K_2C_2, MgC_2

　　예 $Li_2C_2 + 2H_2O \ \rightarrow \ 2LiOH + C_2H_2 \uparrow$

　　　$Na_2C_2 + 2H_2O \ \rightarrow \ 2NaOH + C_2H_2 \uparrow$

　　　$K_2C_2 + 2H_2O \ \rightarrow \ 2KOH + C_2H_2 \uparrow$

　　　$MgC_2 + 2H_2O \ \rightarrow \ Mg(OH)_2 + C_2H_2 \uparrow$

㉯ 메탄(CH_4)가스를 발생시키는 것은 카바이드 : BeC_2

　　예 $Be_2C_2 + 4H_2O \ \rightarrow \ 2Be(OH)_2 + CH_4 \uparrow$

㉰ 메탄(CH_4)과 수소(H_2)가스를 발생시키는 카바이드 : Mn_3C

　　예 $Mn_3C + 6H_2O \ \rightarrow \ 3Mn(OH)_2 + CH_4 \uparrow + \ H_2 \uparrow$

(2) 탄화알루미늄(Al_4C_3)

① 일반적 성질

㉮ 황색(순수한 것은 백색)의 단단한 결정 또는 분말로서 1,400℃ 이상 가열 시 분해한다.

㉯ 비중 2.36, 분해온도는 1,400℃ 이상이다.

② 위험성 : 물과 반응하여 가연성인 메탄(폭발범위 : 5~15%)을 발생하므로 인화의 위험이 있다.

　　예 $Al_4C_3 + 12H_2O \ \rightarrow \ 4Al(OH)_3 + 3CH_4 \uparrow + \ 360kcal$

③ 용도 : 촉매, 메탄가스의 발생, 금속산화물의 환원, 질화알루미늄의 제조 등

01 「위험물안전관리법령」상 나트륨의 위험등급은?

① 위험등급 I   ② 위험등급 II
③ 위험등급 III   ④ 위험등급 IV

해설

■ 제3류 위험물의 품명과 지정수량

성 질	위험 등급	품 명	지정수량
자연발화성 물질 및 금수성 물질	I	1. 칼륨	10kg
		2. 나트륨	10kg
		3. 알킬알루미늄	10kg
		4. 알킬리튬	10kg
		5. 황린	20kg
	II	6. 알칼리금속(칼륨 및 나트륨 제외) 및 알칼리토금속	50kg
		7. 유기금속화합물(알킬알루미늄 및 알킬리튬 제외)	50kg
	III	8. 금속의 수소화물	300kg
		9. 금속의 인화물	300kg
		10. 칼슘 또는 알루미늄의 탄화물	300kg
		11. 그 밖에 행정안전부령이 정하는 것 – 염소화규소 화합물	300kg
	I~III	12. 1~11에 해당하는 어느 하나 이상을 함유한 것	10kg, 20kg, 50kg 또는 300kg

02 「위험물안전관리법령」상의 '자연발화성 물질 및 금수성 물질'에 해당하는 것은?

① 염소화규소 화합물   ② 금속의 아지화합물
③ 황과 적린의 화합물   ④ 할로겐 간 화합물

해설

① 자연발화성 물질 및 금수성 물질(제3류 위험물)
② 자기반응성 물질(제5류 위험물)
③ 가연성고체(제2류 위험물)
④ 산화성 액체(제6류 위험물)

정답 01. ① 02. ①

03 다음 중 염소화규소화합물은 몇 류 위험물에 해당하는가?

① 제1류 위험물
② 제2류 위험물
③ 제3류 위험물
④ 제5류 위험물

해설

염소화규소($SiHCl_3$) 화합물 : 제3류 위험물

04 위험물의 유별 특성에 있어서 틀린 것은?

① 제6류 위험물은 강산화제이며, 다른 것의 연소를 돕고 일반적으로 물과 접촉하면 발열한다.
② 제1류 위험물은 일반적으로 불연성이지만, 강산화제이다.
③ 제3류 위험물은 모두 물과 작용하여 발열하고 수소가스를 발생한다.
④ 제5류 위험물은 일반적으로 가연성 물질이고, 자기연소를 일으키기 쉽다.

해설

제3류 위험물 중 금수성 물질만 물과 작용하여 가연성가스를 발생한다.

05 다음 중 제3류 위험물의 금수성 물질에 대하여 적응성이 있는 소화기는?

① 이산화탄소 소화기
② 할로겐화합물 소화기
③ 탄산수소염류 소화기
④ 인산염류 소화기

해설

제3류 위험물 중 금수성 물질은 탄산수소염류 소화기가 적응성이 좋다.

06 다음 중 지정수량이 가장 작은 물질은 무엇인가?

① 칼륨
② 적린
③ 황린
④ 질산염류

해설

① 칼륨 10kg, ② 적린 100kg, ③ 황린 20kg, ④ 질산염류 300kg

07 금속칼륨 100kg과 알킬리튬 100kg을 취급할 때 지정수량은?

① 10kg

② 20kg

③ 50kg

④ 200kg

> **해설**
>
> 금속칼륨의 지정수량은 10kg이고, 알킬리튬의 지정수량은 10kg이므로,
>
> $\dfrac{100}{10} + \dfrac{100}{10} = 10 + 10 = 20kg$

08 다음 중 금속칼륨의 성질을 바르게 설명한 것은?

① 금속 가운데 가장 무겁다.

② 극히 산화하기 어려운 금속이다.

③ 극히 화학적으로 활발한 금속이다.

④ 금속 가운데 경도가 가장 센 금속이다.

> **해설**
>
> ■ **금속칼륨의 성질**
> ㉠ 비중이 0.86이다.
> ㉡ 산화하기 쉬운 금속이다.
> ㉢ 경금속으로 연하여 칼로 자르기 쉽다.

09 칼륨에 대한 설명으로 옳지 않은 것은?

① 제3류 위험물이다.

② 지정수량은 10kg이다.

③ 피부에 닿으면 화상을 입는다.

④ 알코올과는 반응하지 않는다.

> **해설**
>
> ④ 알코올과 반응하여 수소를 발생한다. 즉, 메탄올·에탄올·부탄올을 알코올과 반응하여 알코올레이트
> 와 수소를 발생한다.
>
> $2K + 2C_2H_5OH \rightarrow 2C_2H_5OK + H_2 \uparrow$

정답 07. ② 08. ③ 09. ④

10 다음 중 제4류 위험물에 속하는 물질을 보호액으로 사용하는 것은?

① 벤젠
② 황
③ 칼륨
④ 질산에틸

위험물의 종류	보호액
칼륨, 나트륨, 적린	석 유
이황화탄소(CS_2), 황린	물 속

11 금속칼륨을 석유 속에 넣어 보관하는 이유로 가장 적합한 것은?

① 산소의 발생을 막기 위해
② 마찰 시 충격을 방지하기 위해
③ 제3류 위험물과 제4류 위험물의 혼재가 가능하기 때문에
④ 습기 및 공기와의 접촉을 방지하기 위해

제3류 위험물 중 칼륨(K), 나트륨(Na), 알칼리금속은 습기를 차단하고, 공기 중 산화를 방지하기 위해 석유류(등유, 경유), 유동파라핀, 벤젠 등의 보호액에 넣어 저장한다.

12 금속칼륨 10g을 물에 녹였을 때 이론적으로 발생하는 기체는 약 몇 g인가?

① 0.12 ② 0.26
③ 0.32 ④ 0.52

$2K + 2H_2O \longrightarrow 2KOH + H_2 \uparrow$

$(2 \times 39) \quad : \quad 2 = 10 : x$

$\therefore x = \dfrac{2 \times 10}{2 \times 39} ≒ 0.26g$

13 위험물에 대한 적응성이 있는 소화설비의 연결이 틀린 것은?

① 질산나트륨 - 포소화설비
② 칼륨 - 인산염류 분말소화설비
③ 경유 - 인산염류 분말소화설비
④ 아세트알데히드 - 포소화설비

해설

② 칼륨 - 건조사 또는 금속화재용 분말소화설비

14 칼륨과 나트륨의 공통적 특징이 아닌 것은?

① 은백색의 광택이 나는 무른 금속이다.
② 일정 온도 이상 가열하면 고유의 색깔을 띠며 산화한다.
③ 액체 암모니아에 녹아서 주황색을 띤다.
④ 물과 심하게 반응하여 수소를 발생한다.

해설

㉠ 칼륨 : 액체 암모니아에 녹아 수소를 발생한다.
$2K + 2NH_3 \rightarrow 2KNH_2 + H_2 \uparrow$ (KNH_2는 물과 반응하여 NH_3를 발생한다)
㉡ 나트륨 : 액체 암모니아에 녹아 청색으로 변하고 나트륨아미드와 수소를 발생한다.
$2Na + 2NH_3 \rightarrow 2NaNH_3 + H_2 \uparrow$ (이 나트륨아미드는 물과 반응하여 NH_3를 발생한다)

15 나트륨에 대한 각종 반응식 중 틀린 것은?

① 연소반응식 : $2Na + O_2 \rightarrow 2Na_2O$
② 물과의 반응식 : $2Na + 3H_2O \rightarrow 2NaOH + 2H_2$
③ 알코올과의 반응식 : $2Na + 2C_2H_5OH \rightarrow 2C_2H_5ONa + H_2$
④ 액체 암모니아와 반응식 : $2Na + 2NH_3 \rightarrow 2NaNH_2 + H_2$

해설

② 물과의 반응식 : $2Na + 2H_2O \rightarrow 2NaOH + H_2 \uparrow$

정답 13. ② 14. ③ 15. ②

16 금속나트륨의 성질에 대한 설명으로 옳은 것은?

① 불꽃반응은 파란색을 띤다.
② 물과 반응하여 발열하고 가연성가스를 만든다.
③ 은백색의 중금속이다.
④ 물보다 무겁다.

해설

▪ **금속나트륨의 성질**
① 불꽃반응은 황색을 띤다.
② 물과 반응하여 발열하고, 가연성가스를 만든다($2Na + 2H_2O \rightarrow 2NaOH + H_2 \uparrow + 2 \times 44.1kcal$).
③ 은백색의 광택이 있는 경금속이다.
④ 물보다 가볍다(비중 0.97).

17 다음 중 나트륨에 대한 설명으로 틀린 것은?

① 화학적으로 활성이 크다.
② 4주기 1족에 속하는 원소이다.
③ 공기 중에서 자연발화할 위험이 있다.
④ 물보다 가벼운 금속이다.

해설

② 나트륨(Na)은 3주기 1족 원소이다.

18 다음 중 석유 속에 보관하여 취급하는 물질은?

① 황린   ② 금속나트륨
③ 탄화칼슘   ④ 마그네슘 분말

해설

나트륨, 칼륨, 적린은 석유 속에 보관한다.

19 디에틸알루미늄클로라이드를 설명한 내용 중 틀린 것은?

① 공기와 접촉하면 자연발화의 위험성이 있다.
② 광택이 있는 금속이다.
③ 장기보관 시 자연분해 위험성이 있다.
④ 물과 접촉 시 폭발적으로 반응한다.

디에틸알루미늄클로라이드[(di ethyl aluminum chloride, DEAC), $(C_2H_5)_2AlCl$]
무색투명한 가연성 액체이며, 외관은 등유와 비슷하다.

20 다음 [보기]의 성질을 모두 갖추고 있는 물질은?

> 액체, 자연발화성, 금수성

① 트리에틸알루미늄   ② 아세톤

③ 황린   ④ 마그네슘

트리에틸알루미늄[tri ethyl aluminum, $(C_2H_5)_3Al$]은 액체이며 자연발화성, 금수성물질이다.

21 트리에틸알루미늄이 물과 반응하였을 때의 생성물을 옳게 나타낸 것은?

① 수산화알루미늄, 메탄   ② 수소화알루미늄, 메탄

③ 수산화알루미늄, 에탄   ④ 수소화알루미늄, 에탄

트리에틸알루미늄[$(C_2H_5)_3Al$]은 물과 접촉하면 폭발적으로 반응하여 에탄을 생성하고 이때 발열, 폭발에
이른다[$(C_2H_5)_3Al + 3H_2O \rightarrow Al(OH)_3 + 3C_2H_6 +$ 발열].

22 트리에틸알루미늄 19kg이 물과 반응하였을 때 생성되는 가연성가스는 표준상태에서 몇
m³인가? (단, 알루미늄의 원자량은 27이다.)

① 11.2   ② 22.4

③ 33.6   ④ 44.8

$(C_2H_5)_3Al + 3H_2O \rightarrow Al(OH)_3 + 3C_2H_6 \uparrow$

114kg ———————— $3 \times 22.4 m^3$

19kg ———————— $x\, m^3$

$x = \dfrac{19 \times 13 \times 22.4}{114}$ ∴ $11.2 m^3$

23 물, 염산, 메탄올과 반응하여 에탄올을 생성하는 물질은?

① K

② P_4

③ $(C_2H_5)_3Al$

④ LiH

> **해설**

⊙ 물과 접촉 시 폭발적으로 반응하여 에탄올을 생성하고, 이때 발열·폭발에 이른다.

$(C_2H_5)_3Al + 3H_2O \rightarrow Al(OH)_3 + 3C_2H_6 \uparrow$ 발열

ⓛ 산과 격렬히 반응하여 에탄올을 발생한다.

$(C_2H_5)_3Al + HCl \rightarrow (C_2H_5)_2AlCl + C_2H_6 \uparrow$

ⓒ 알코올과 폭발적으로 반응한다.

$(C_2H_5)_3Al + 3CH_3OH \rightarrow Al(CH_3O)_3 + 3C_2H_6 \uparrow$

24 다음의 연소반응식에서 트리에틸알루미늄 114g이 산소와 반응하여 연소할 때 약 몇 kcal 의 열을 방출하겠는가?

$$2(C_2H_5)_3Al + 21O_2 \rightarrow 12CO_2 + Al_2O_3 + 15H_2O + 1,470kcal$$

① 375

② 735

③ 1,470

④ 2,205

> **해설**

트리에틸알루미늄의 분자량은 114g이므로 1몰이다(C : 5, H : 1, Al : 27).

즉, 2몰의 트리에틸알루미늄이 산소와 반응하여 1,470kcal 열을 방출하므로 1몰의 트리에틸알루미늄이 산소와 반응하면 735kcal의 열을 방출한다.

25 다음 [보기]의 요건을 모두 충족하는 위험물은?

- 이 위험물이 속하는 전체 유별은 옥외저장소에 저장할 수 없다(국제해상위험물규 칙에 적합한 용기에 수납하는 것은 제외).
- 제1류 위험물과 적정 간격을 유지하면 동일한 옥내저장소에 저장이 가능하다.
- 위험등급 I에 해당한다.

① 황린

② 글리세린

③ 질산

④ 질산염류

해설

황린(yellow phosphorus, P_4)의 설명이다.

26 독성이 강하여 아주 적은 양으로도 중독을 일으키고 피부에 닿으면 화상을 입을 수 있는 위험물은?

① 황화인   ② 황
③ 황린   ④ 적린

해설

■ **황린(yellow phosphorus, P_4)**
맹독성으로 9.8mg만 먹어도 중독을 일으키며, 성인 치사량은 0.02g~0.05g이다. 피부에 닿으면 심하게 화상을 입고 눈에 들어가면 매우 유독하여 격심한 장애를 준다. 증기 흡입 시 기관지 및 폐에 흡수되면 허탈·혼수·경련·복통을 일으키며, 연소 중인 황린이 피부에 닿으면 더욱 심한 화상을 입는다.

27 황린에 대한 설명으로 옳은 것은?

① 투명 또는 담황색 액체이다.
② 무취이고 증기비중이 약 1.82이다.
③ 발화점은 60~70℃이므로 가열 시 주의해야 한다.
④ 환원력이 강하여 쉽게 연소한다.

해설

■ **황린(P_4)**
㉠ 백색 또는 담황색 고체이다.
㉡ 비중 1.82, 증기비중 4.4, 특유의 마늘 냄새가 나고, 맹독성이 있다.
㉢ 발화점이 34℃로 매우 낮으므로 자연발화를 일으킨다.

28 황린 124g을 공기를 차단한 상태에서 260℃로 가열하여 모두 반응하였을 때 생성되는 적린은 몇 g인가?

① 31   ② 62
③ 124   ④ 496

해설

황린과 적린은 동소체이므로 P_4(적린)의 분자량 124g은 변하지 않는다.

정답 26. ③ 27. ④ 28. ③

29 황린이 연소될 때 생기는 흰 연기는?

① 인화수소
② 오산화인
③ 인산
④ 탄산가스

> **해설**

$4P + 5O_2 \rightarrow 2P_2O_5$(흰 연기↑)

30 백색 또는 담황색 고체로 수산화칼륨 용액과 반응하여 포스핀가스를 생성하는 것은?

① 황린
② 트리메틸알루미늄
③ 황화인
④ 유황

> **해설**

황린(yellow phosphorus, P_4)은 수산화칼륨 용액 등 강알칼리 용액과 반응하여 가연성, 유독성의 포스핀가스를 발생한다. 이때 액상인 인화수소(P_2H_4)가 발생하는데, 이것은 공기 중 자연발화한다.
$P_4 + 3KOH + H_2O \rightarrow PH_3\uparrow + 3KH_2PO_2$

31 다음 중 물속에 저장하여야 하는 위험물은?

① 적린
② 황린
③ 황화인
④ 황

> **해설**

물 질	보호액
황린(백린), CS_2	물 속
적린(붉은 인), K, Na	석유 속

32 다음 중 은백색의 금속으로 가장 가볍고, 물과 반응 시 수소가스를 발생시키는 것은?

① Al
② Na
③ Li
④ Si

> **해설**

■ **리튬(Li)**
물과는 상온에서 천천히, 고온에서는 격렬하게 반응하여 수소를 발생한다.
$2Li + 2H_2O \rightarrow 2LiOH + H_2\uparrow$

33 금속리튬이 고온에서 질소와 반응하였을 때 생성되는 질화리튬의 색상에 가장 가까운 것은?

① 회흑색 ② 적갈색
③ 청록색 ④ 은백색

해설

리튬(lithium, Li)은 활성이 대단히 커서 대부분의 다른 금속과 직접반응하며, 질소와는 25℃에서 서서히, 400℃에서는 빠르게 적갈색 결정의 질화물(Li_3N)을 만든다.
$6Li + N_2 \rightarrow 2Li_3N$

34 제3류 위험물인 수소화리튬에 대한 설명으로 가장 거리가 먼 것은?

① 물과 반응하여 가연성가스를 발생한다.
② 물보다 가볍다.
③ 대량의 저장용기 중에는 아르곤을 봉입한다.
④ 주수소화가 금지되어 있고 이산화탄소소화기가 적응성이 있다.

해설

■ **수소화리튬(LiH)**
주수엄금, 포소화엄금, 마른모래 및 건조한 흙에 의해 질식소화한다. CO_2, 할로겐화합물 소화약제(할론 1211, 할론 1301)는 적응하지 않으므로 사용은 금한다.

35 은백색의 결정으로 비중이 약 0.92이고 물과 반응하여 수소가스를 발생시키는 물질은?

① 수소화리튬 ② 수소화나트륨
③ 탄화칼슘 ④ 탄화알루미늄

해설

■ **수소화나트륨(NaH)**
회백색의 결정 또는 분말이며, 불안정한 가연성 물질로 비중이 0.92, 융점은 800℃이며, 물과 반응하여 수소를 발생한다.
$NaH + H_2O \rightarrow NaOH + H_2$

정답 33. ② 34. ④ 35. ②

36 수소화나트륨이 물과 반응하여 생성되는 물질은?

① Na_2O_2와 H_2

② Na_2O와 H_2O

③ NaOH와 H_2

④ NaOH와 H_2O

> **해설**

$NaH + H_2O \rightarrow NaOH + H_2 \uparrow$

37 다음 중 수소화칼륨에 대한 설명으로 옳은 것은?

① 회갈색의 등축정계 결정이다.

② 낮은 온도(150℃)에서 분해된다.

③ 물과 작용하여 수소를 발생한다.

④ 물과의 반응은 흡열반응이다.

> **해설**

물과 실온에서 격렬하게 반응하여 수소를 발생하고 발열하며, 습도가 높을 때는 공기 중의 수증기와도 반응한다.

$KH + H_2O \rightarrow KOH + H_2 \uparrow$

38 Ca_3P_2의 지정수량은 얼마인가?

① 50kg

② 100kg

③ 300kg

④ 500kg

> **해설**

인화칼슘(Ca_3P_2)은 금속의 인화합물로, 지정수량이 300kg이다.

39 인화칼슘의 일반적인 성질 중 옳은 것은?

① 물과 반응하면 독성의 가스가 발생한다.

② 비중이 물보다 작다.

③ 융점은 약 600℃ 정도이다.

④ 회흑색의 정육면체 고체상 결정이다.

정답 36. ③ 37. ③ 38. ③ 39. ①

해설

■ 인화칼슘(Ca_3P_2)

㉠ $Ca_3P_2 + 6H_2O \rightarrow 3Ca(OH)_2 + 2PH_3$

㉡ 비중은 2.5이다.

㉢ 융점은 약 1,600℃ 정도이다.

㉣ 적갈색의 고체이다.

40 인화칼슘에 대한 설명 중 틀린 것은?

① 적갈색의 고체이다.

② 산과 반응하여 인화수소를 발생한다.

③ pH가 7인 중성 물속에 보관하여야 한다.

④ 화재발생 시 마른모래가 적응성이 있다.

해설

■ 인화칼슘(인화석회, Ca_3P_2)

㉠ 물과 반응하여 포스핀을 발생한다($Ca_3P_2 + 6H_2O \rightarrow 3Ca(OH)_2 + 2PH_3\uparrow$).

㉡ 물기엄금, 화기엄금, 건조되고 환기가 좋은 곳에 저장하며, 용기는 밀전하고 파손에 주의한다.

41 인화칼슘과 탄화칼슘이 각각 물과 반응하였을 때 발생하는 가스를 차례대로 옳게 나열한 것은?

① 포스겐, 아세틸렌

② 포스겐, 에틸렌

③ 포스핀, 아세틸렌

④ 포스핀, 에틸렌

해설

㉠ $Ca_3P_2 + 6H_2O \rightarrow 3Ca(OH)_2 + 2PH_3\uparrow$

㉡ $CaC_2 + 2H_2O \rightarrow Ca(OH)_2 + C_2H_2\uparrow + 32kcal$

42 인화석회(Ca_3P_2)의 성질로서 옳지 않은 것은?

① 적갈색의 괴상고체이다.

② 비중이 2.51이고 1,600℃에서 녹는다.

③ 물 또는 산과 반응하여 PH_3 가스를 발생한다.

④ 물과 반응하여 아세틸렌가스를 발생한다.

해설

④ $Ca_3P_2 + 6H_2O \rightarrow 3Ca(OH)_2 + 2PH_3\uparrow$ (포스핀가스 발생)

정답 40. ③ 41. ③ 42. ④

43 다음 위험물의 화재 시 소화방법으로 잘못된 것은?

① 마그네슘 : 마른모래를 사용한다.
② 인화칼슘 : 다량의 물을 사용한다.
③ 니트로글리세린 : 다량의 물을 사용한다.
④ 알코올 : 내알코올포소화약제를 사용한다.

> **해설**

인화칼슘 : 건조사 등으로 질식소화한다.

44 탄화칼슘과 질소가 약 700℃에서 반응하여 생성되는 물질은?

① 아세틸렌   ② 석회질소
③ 암모니아   ④ 수산화칼슘

> **해설**

질소 중에서 고온(약 700℃)으로 가열하면 석회질소가 얻어진다.

$CaC_2 + N_2 \xrightarrow{\Delta} CaCN_2 + C$

45 탄화칼슘에 대한 설명으로 틀린 것은?

① 분자량은 약 64이다.
② 비중은 약 0.9이다.
③ 고온으로 가열하면 질소와도 반응한다.
④ 흡습성이 있다.

> **해설**

■ **탄화칼슘(카바이드, CaC₂, 제3류)**
① $40 + (12 \times 2) = 64$
② 제3류 위험물의 비중 > 1(예외 : K, Na, 알킬알루미늄, 알킬리튬)
③ $CaC_2 + N_2 \rightarrow CaCN_2 + C + Q$ (약 700℃ 이상에서 반응)
④ $CaC_2 + 2H_2O \rightarrow Ca(OH)_2 + C_2H_2 \uparrow + Q$

46 탄화칼슘이 물과 반응하여 생성된 가스에 대한 설명으로 가장 관계가 먼 것은?

① 연소범위가 약 2.5~81%로 넓다.
② 은 또는 구리용기를 사용하여 보관한다.
③ 가압 시 폭발의 위험성이 있다.
④ 탄소 간 삼중결합이 있다.

해설

탄화칼슘(칼슘카바이트, CaC_2)에서 물과 반응하여 생성된 아세틸렌은 많은 금속과 직접반응하여 수소를 발생하고 아세틸라이트를 생성한다. 이때 만들어진 Ag_2C_2나 Cu_2C_2는 상당히 폭발이 용이한 위험한 물질이다.

$C_2H_2 + 2Ag \longrightarrow Ag_2C_2 + H_2$

47 연소범위가 약 2.5~80.5vol%이고 은, 구리 등과 반응을 일으켜 폭발성 물질인 금속 아세틸라이드를 생성하는 것은?

① 에탄
② 메탄
③ 아세틸렌
④ 톨루엔

해설

아세틸렌(C_2H_2)은 고도의 가연성가스로서 연소범위가 2.5~81%로 대단히 넓다. 인화하기 쉽고 때로는 폭발한다. 아세틸렌은 많은 금속과 직접반응하여 수소를 발생하고 아세틸라이트를 만든다. 여기서 만들어진 Ag_2C_2나 Cu_2C_2는 상당히 폭발이 쉬운 위험한 물질이다.

$C_2H_2 + 2Ag \longrightarrow Ag_2C_2 + H_2\uparrow$

48 탄화칼슘과 물이 반응하여 500g의 가연성가스가 발생하였다. 약 몇 g의 탄화칼슘이 반응하였는가?(단, 칼슘의 원자량은 40이고 물의 양은 충분하였다)

① 928
② 1,231
③ 1,632
④ 1,921

해설

$CaC_2 + 2H_2O \longrightarrow Ca(OH)_2 + \underline{C_2H_2}$

64g ⎯⎯⎯⎯ 26g
x(g) ⎯⎯⎯⎯ 500g

$x = \dfrac{64 \times 500}{26}$ ∴ $x = 1,231g$

49 다음 중 탄화칼슘의 저장방법으로 가장 적합한 것은?

① 등유 속에 저장한다.　　　　② 메탄올 속에 저장한다.
③ 질소가스로 봉입한다.　　　　④ 수증기로 봉입한다.

> **해설**
>
> 탄화칼슘(calcium carbide, CaC_2)은 대량 저장 시 불연성가스를 봉입한다.

50 다음 금속탄화물이 물과 접촉했을 때 메탄가스가 발생하는 것은?

① Li_2C_2　　　　　　　　　② Mn_3C
③ K_2C_2　　　　　　　　　　④ MgC_2

> **해설**
>
> ① $Li_2C_2 + 2H_2O \longrightarrow 2LiOH + C_2H_2 \uparrow$
> ② $Mn_3C + 6H_2O \longrightarrow 3Mn(OH)_2 + CH_4 + H_2 \uparrow$
> ③ $K_2C_2 + 2H_2O \longrightarrow 2KOH + C_2H_2$
> ④ $MgC_2 + 2H_2O \longrightarrow Mn(OH)_2 + C_2H_2$

51 탄산망간에 물을 가할 때 생성되지 않는 것은?

① 수산화망간　　　　　　　　② 수소
③ 메탄　　　　　　　　　　　④ 산소

> **해설**
>
> $Mn_3C + 6H_2O \longrightarrow 3Mn(OH)_2 + CH_4 + H_2$

52 물과 반응하였을 때 주요 생성물로 아세틸렌이 포함되지 않는 것은?

① Li_2C_2　　　　　　　　　② Na_2C_2
③ MgC_2　　　　　　　　　　④ Mn_3C

> **해설**
>
> ① $Li_2C_2 + 2H_2O \longrightarrow 2LiOH + C_2H_2 \uparrow$
> ② $Na_2C_2 + 2H_2O \longrightarrow 2NaOH + C_2H_2 \uparrow$
> ③ $MgC_2 + 2H_2O \longrightarrow Mn(OH)_2 + C_2H_2 \uparrow$
> ④ $Mn_3C + 6H_2O \longrightarrow 3Mn(OH)_2 + CH_4 + H_2 \uparrow$

정답 49. ③　50. ②　51. ④　52. ④

53 탄화알루미늄이 물과 반응하면 발생되는 가스는?

① 이산화탄소　　　　　　　　② 일산화탄소
③ 메탄　　　　　　　　　　　④ 아세틸렌

> **해설**
>
> 탄화알루미늄(aluminum carbide, Al_4C_3)은 상온에서 물과 반응하고 발열하고 가연성, 폭발성의 메탄가스를 발생한다. 밀폐된 실내에서는 메탄이 축적되어 인화성 혼합기를 형성하면 2차 폭발의 위험이 있다.
> $$Al_4C_3 + 12H_2O \rightarrow 4Al(OH)_3 + 3CH_4 \uparrow$$

54 다음 중 물보다 무거운 물질은?

① 디에틸에테르　　　　　　　② 칼륨
③ 산화프로필렌　　　　　　　④ 탄화알루미늄

> **해설**
>
> ① 디에틸에테르 0.71, ② 칼륨 0.83, ③ 산화프로필렌 0.86, ④ 탄화알루미늄 2.36

55 탄화알루미늄이 1kmole이 물과 반응했을 때 몇 kmole의 메탄가스가 발생하는가?

① 1　　　　　　　　　　　　② 2
③ 3　　　　　　　　　　　　④ 4

> **해설**
>
> $$Al_4C_3 + 12H_2O \rightarrow 4Al(OH)_3 + 3CH_4$$

56 다음 중 반도체 산업에서 사용되는 $SiHCl_3$는 몇 류 위험물인가?

① 1　　　　　　　　　　　　② 3
③ 5　　　　　　　　　　　　④ 6

> **해설**
>
> ■ $SiHCl_3$(3염화실란, 제3류, 염소화규소화합물, 지정수량 10kg)
> 반도체의 부품 소재인 규소를 만들기 위한 중간 원료이다.

01 제4류 위험물이 품명과 지정수량

성 질	위험등급	품 명		지정수량
인화성 액체	I	특수인화물류		50L
	II	제1석유류	비수용성	200L
			수용성	400L
		알코올류		400L
	III	제2석유류	비수용성	1,000L
			수용성	2,000L
		제3석유류	비수용성	2,000L
			수용성	4,000L
		제4석유류		6,000L
		동·식물유류		10,000L

02 위험성 시험방법

(1) 시험의 개관

① 액상의 확인

㉮ 액상확인방법 : 1기압, 20℃에서 액상을 확인한다. 20℃에서 액상 판정이 되지 않는 경우 20℃ 이상 40℃ 이하에서 액상을 확인한다. 이때에도 액상으로 판정되지 않는 경우에는 제4류 위험물에서 제외한다(비위험물이 아니라 다른 시험을 통해 타류 위험물에 속하는지 확인해야 함).

㉯ 액상확인시험의 목적 : 시험물질이 액상인가의 여부를 판단할 목적으로 시험온도

로 유지한 시험물품을 넣은 시험관을 넘어뜨려 액면의 끝부분이 일정 거리를 이동하는 데 걸리는 시간을 측정한다.

② 인화점의 측정

　㉮ 인화점측정방법 : 액상으로 확인된 시험물품에 대하여 한국산업규격 KS M 2010에 의하여 인화점을 측정한다.

　㉯ 인화점측정시험의 목적 : 액체물질이 인화하는지 아닌지 판단하는 것을 목적으로, 인화점 측정기에 의해 시험물품이 인화하는 최저온도를 측정한다.

③ 비점의 확인

　㉮ 인화점이 -20℃ 이하인 경우 비점을 측정한다.

　㉯ 인화점이 100℃ 미만인 경우 발화점을 측정한다.

　㉰ 비점이 40℃ 이하이고, 발화점이 100℃ 이하인 경우 당해 시험물품은 특수인화물류에 해당한다.

④ 연소점 등의 확인

　도료류와 그 밖의 물품은 다음을 측정한다.

　㉮ 인화점이 40℃ 이상 60℃ 미만인 경우에는 연소점을 측정한다.

　㉯ ㉮에서 얻은 연소점이 60℃ 이상인 경우 또는 인화점이 60℃ 이상인 경우에는 가연성 액체량을 측정한다.

　㉰ ㉯에서 얻은 가연성 액체량이 40vol% 이하인 경우 시험물품은 제4류 위험물에 해당하지 않는다.

　㉱ ㉰에서 얻어진 동점성률이 10mm^2/s 이상의 경우에는 세타밀폐식 인화점 측정기에 의해 인화점을 측정한다.

⑤ 품목의 구분 : 인화점의 차이는 곧 물질의 연소위험도를 비교하는 가장 적절한 기준이며, 인화점이 낮을수록 위험도가 높고 동일 품목이라도 비수용성 석유류는 수용성 석유류보다 화재진압상 어렵기 때문에 위험도가 더 높다.

(2) 인화점 측정 시험

① 태그(Tag)밀폐식 인화점시험방법 : 시료를 시료컵에 넣고 뚜껑을 덮은 후 규정된 속도로 서서히 가열한다. 규정된 온도로 상승시키면 규정된 크기의 시험불꽃을 직접 시료컵 중앙으로 접근시켜 시료의 증기에 인화되는 최저의 온도를 측정한다.

② 태그(Tag)개방식 인화점시험방법 : 시료를 태그개방식 시험기의 단지에 넣고, 서서히 일정한 속도로 가열한 다음 규정된 간격으로 작은 시험불꽃을 일정한 속도로 단지 위에 통과시킨다. 그 시험불꽃으로 단지에 들어 있는 액체의 표면에서 불이 붙는 최저온도를 인화점으로 한다.

③ 펜스키 마르텐스(Pensky Martens) 밀폐식 인화점시험방법 : 시료를 밀폐된 시료컵 속에서 교반하면서 규정속도로 서서히 가열한다. 규정온도 간격마다 교반을 중지하고, 시험불꽃을 시료컵 속으로 접근시켜 시료의 증기에 인화하는 최저의 온도를 측정한다.

④ 클리블랜드(Cleveland) 개방식 인화점시험기 : 인화점이 80℃ 이상인 시료에 적용하며, 통상원유 및 연료유에는 적용하지 않는다.

| TIP | **제4류 인화성 액체의 판정을 위한 인화점시험방법** |

1. 인화점시험방법

시험방법		인화점에 의한 적용 구분
태그(Tag)	밀폐식	인화점이 95℃ 이하인 시료에 적용한다.
	개방식	인화점이 -163~-18℃인 휘발성 재료에 적용한다.
펜스키 마르텐스 (Pensky Martens) 밀폐식		인화점이 50℃ 이상인 시료에 적용한다.
클리블랜드(Cleveland) 개방식		인화점이 80℃ 이상인 시료에 적용한다. 통상, 원유 및 연료유에는 적용하지 않는다.

2. 태그 밀폐식 인화점 측정기에 의한 시험을 실시하여 측정 결과가 인화점이 95℃ 이하인 시료에 적용된다.

(3) 발화점 측정 시험

용기 안에 액체물질을 넣고 대기압 하에서 용기를 균일하게 가열하여 액체물질의 고온 불꽃 자연발화점과 저온 불꽃 자연발화점을 결정한다.

03 공통성질 및 저장·취급 시 유의사항

(1) 공통성질

① 상온에서 액상인 가연성 액체로 대단히 인화하기 쉽다.

② 대부분 물보다 가볍고, 물에 녹기 어렵다.

③ 증기는 공기보다 무겁다(단, HCN은 제외).

④ 발화점이 낮은 것은 위험하다.

⑤ 증기와 공기가 약간 혼합되어 있어도 연소한다.

(2) 저장 및 취급 시 유의사항

① 용기는 밀전하고, 통풍이 잘 되는 찬 곳에 저장할 것
② 화기 및 점화원으로부터 멀리 저장할 것
③ 증기 및 액체의 누설에 주의하여 저장할 것
④ 인화점 이상으로 가열하지 말 것
⑤ 정전기 발생에 주의하여 저장·취급할 것
⑥ 증기는 가급적 높은 곳으로 배출할 것

(3) 예방대책

① 누출을 방지한다.
② 폭발성 혼합기의 형성을 방지한다.
③ 점화원을 제거한다.
④ 석유류 탱크의 관리를 철저히 한다.

(4) 소화방법

이산화탄소, 할로겐화물, 분말, 포 등으로 질식소화한다.

(5) 화재의 특성

① 유동성 액체이므로 연소의 확대가 빠르다.
② 증발연소하므로 불티가 나지 않는다.
③ 인화성이므로 풍하의 화재에도 안정된다.
④ 소화 후에도 발화점 이상으로 가열된 물체 등에 의해 재연소 또는 폭발한다.

(6) 진압대책

① 타고 있는 위험물을 제거시킨다.
② 일반적으로 물에 의한 소화는 위험물의 비중이 물보다 가벼워서 물 위에 뜨기 때문에 화재면적을 확대하므로 부적당하며, 소량의 위험물 연소에는 모래, 소다회, 포, 분말, CO_2, 할로겐화물, 물분무 등에 의한 질식소화가 적당하다. 대량의 위험물 연소에는 포에 의한 질식소화가 좋다.

③ 높은 인화점을 갖거나 휘발성이 낮은 위험물을 저장하고 있는 탱크나 용기의 화재는 냉각을 위해 외부 벽에 주수함으로써 가연성의 증기발생을 억제한다.
④ 알코올류, 케톤류, 에스테르류 중 수용성 위험물은 알코올형 포를 방사하거나 다량의 물로 희석하여 가연성 증기발생을 억제하여 소화한다.

04 위험물의 성상

1 특수인화물류(지정수량 50L)

디에틸에테르, 이황화탄소, 그 밖에 1기압에서 발화점이 100℃ 이하 또는 인화점이 -20℃ 이하로, 비점이 40℃ 이하인 것을 말한다. 특수인화물류의 위험성상은 발화점, 인화점, 비점이 매우 낮아서 휘발·기화하기 쉽기 때문에 이들의 유증기는 가연성가스 다음으로 연소, 폭발의 위험성이 매우 높다.

(1) 디에틸에테르($C_2H_5OC_2H_5$, 에테르, 에틸에테르)

① 일반적 성질
   ㉮ 비점이 낮고 무색투명하며, 인화되기 쉬운 휘발성·유동성의 액체이다.
   ㉯ 물에는 약간 녹고, 알코올 등에는 잘 녹는다.
   ㉰ 전기의 불량 도체로써 정전기가 발생하기 쉽다.
   ㉱ 증기는 마취성이 있다.
   ㉲ 일반식은 ROR이다.
   ㉳ 완전연소반응은 다음과 같다.
   $$C_2H_5OC_2H_5 + 6O_2 \rightarrow 4CO_2 + 5H_2O$$
   ㉴ 분자량 74, 비중 0.71, 증기비중 2.6, 비점 34.48℃, 인화점 -45℃, 발화점 180℃, 연소범위 1.9~48%이다.

> **TIP 에테르의 제법**
> 에탄올에 진한황산을 넣고 130~140℃로 가열하면 에탄올 2분자 중에서 간단히 물이 빠지면서 축합 반응이 일어나 에테르가 얻어진다.
> $$2C_2H_5OH \xrightarrow{c-H_2SO_4} C_2H_5OC_2H_5 + H_2O$$

② 위험성

㉮ 인화점이 낮고, 휘발성이 강하다(제4류 위험물 중 인화점이 가장 낮음).

㉯ 진한 증기는 마취성이 있어 장시간 흡입 시 위험하다.

㉰ 증기와 공기의 혼합가스는 발화점이 낮고, 폭발성을 지닌다.

㉱ 정전기 발생의 위험성이 있다.

㉲ 공기 중에 장시간 접촉 시 폭발성의 과산화물이 생성되는 경우 가열, 충격 및 마찰 등에 의해 격렬하게 폭발한다.

※ 이소펜탄 인화점 : -53.54℃

③ 저장 및 취급방법

㉮ 직사광선에 분해되어 과산화물을 생성하므로, 갈색병을 사용하여 밀전하고 용기는 밀봉하여 냉암소 등에 보관한다.

㉯ 불꽃 등 화기를 멀리하고, 통풍·환기가 잘 되는 곳에 저장한다.

㉰ 탱크나 용기저장 시 공간용적을 유지하고, 대량 저장 시에는 불활성가스를 봉입시킨다.

㉱ 과산화물

㉠ 과산화물 검출시약은 10% KI 용액(무색 → 황색) : 과산화물 존재

㉡ 과산화물 제거시약 : 황산제일철($FeSO_4$), 환원철 등

㉢ 과산화물 생성방지법 : 40메시(mesh)의 구리(Cu)망을 넣는다.

㉲ 정전기 생성방지를 위해 소량의 염화칼슘($CaCl_2$)을 넣어준다.

TIP **에테르 중의 과산화물 확인 방법**

시료 100ml를 무색의 마개 달린 시험관에 취하고 새로 만든 요오드화칼륨 용액 1ml를 가한 후 1분간 계속 흔든다. 흰 종이를 배경으로 하여 정면에서 보았을 때 두 층의 색이 나타나면 과산화물이 생성된 것으로 본다.

---

④ 용도 : 유기용제, 무연화약제조, 시약, 의약, 유기합성 등에 사용한다.

⑤ 소화방법 : CO_2, 포말

(2) 이황화탄소(CS_2)

① 일반적 성질

㉮ 순수한 것은 무색투명한 액체로 냄새가 없으나 시판품은 불순물로 인해 황색을 띠고 불쾌한 냄새를 지닌다.

㉯ 비극성이며, 물보다 무겁고 물에 녹지 않으나 알코올·에테르·벤젠 등에는 잘 녹으며, 유지, 수지, 생고무, 황, 황린 등을 녹인다.

ⓒ 독성을 지니고 있어 액체가 피부에 오래 닿아 있거나 등기 흡입 시 인체에 유해하다.

ⓓ 비중 1.26, 증기비중 2.64, 비점 46℃, 인화점 −30℃, 발화점 100℃, 연소범위 1.2~44%이다.

② 위험성

㉮ 휘발하기 쉽고 인화성이 강하며, 제4류 위험물 중 가장 발화점이 낮다.

예제

1기압, 100℃에서 1kg의 이황화탄소가 모두 증기가 된다면 부피는 약 몇 L가 되겠는가?

풀이
$$PV = \frac{W}{M}RT$$
$$V = \frac{WRT}{PM} = \frac{1,000 \times 0.082 \times (273 + 100)}{1 \times 76} = 403L$$

답 403L

㉯ 연소 시 유독한 아황산(SO_2) 가스를 발생한다.

예 $CS_2 + 3O_2 \rightarrow CO_2 + 2SO_2 \uparrow$

㉰ 연소범위가 넓고 물과 150℃ 이상으로 가열하면 분해되어 이산화탄소(CO_2)와 황화수소(H_2S)가스를 발생한다.

예 $CS_2 + 2H_2O \rightarrow CO_2 \uparrow + 2H_2S \uparrow$

③ 저장 및 취급방법

㉮ 발화점이 낮으므로 화기를 멀리한다.

㉯ 직사광선을 피하고, 통풍이 잘 되는 찬 곳에 저장한다.

㉰ 밀봉, 밀전하여 액체나 증기의 누설을 방지한다.

㉱ 물보다 무겁고 물에 녹지 않아 저장 시 가연성 증기의 발생을 억제하기 위해 콘크리트 물(수조)속의 위험물 탱크에 저장한다.

④ 용도 : 유기용제, 고무가황 촉진제, 살충제, 방부제, 비스코스레이온의 제조원료 등

⑤ 소화방법 : CO_2, 불연성가스 분무상의 주수

(3) 아세트알데히드(CH_3CHO)

① 일반적 성질

㉮ 자극성의 과일향을 지닌 무색투명한 인화성이 강한 휘발성 액체이다.

㉯ 환원성이 커서 은거울 반응을 한다.

ⓒ 화학적 활성이 크며, 물에 잘 녹고 유기용제 및 고무를 잘 녹인다.

ⓓ 산화 시 초산, 환원 시 에탄올이 생성된다.

예 $CH_3CHO + \dfrac{1}{2}O_2 \rightarrow CH_3COOH$

$CH_3CHO + H_2 \rightarrow C_2H_5OH$

ⓔ 비중 0.783, 증기비중 1.5, 비점 21℃, 인화점 -37.7℃, 발화점 185℃, 연소범위 4.1~57%이다.

② 위험성

ⓐ 비점이 매우 낮아 휘발하거나 인화하기 쉽다.

ⓑ 자극성이 강해 증기 및 액체는 인체에 유해하다.

ⓒ 발화점이 낮고, 연소범위가 넓어 폭발의 위험이 크다.

ⓓ 구리, 마그네슘, 은, 수은 및 그 합금과의 반응은 폭발성인 아세틸라이드를 생성한다.

③ 저장 및 취급방법

ⓐ 공기와 접촉 시 폭발성의 과산화물이 생성된다.

ⓑ 산 또는 강산화제의 존재 하에서는 격심한 중합반응을 하기 때문에 접촉을 피한다.

ⓒ 취급설비, 이동탱크 및 옥외탱크에 저장 시 용기내부에는 질소 등 불연성가스를 봉입한다.

ⓓ 자극성이 강하므로 증기의 발생이나 흡입을 피하도록 한다.

④ 용도 : 플라스틱, 합성고무의 원료, 곰팡이 방지제, 사진현상용, 용제 등에 이용한다.

⑤ 소화방법 : 수용성이기 때문에 분무상의 물로 희석소화, CO_2, 분말

(4) 산화프로필렌($\underset{\underset{O}{\diagdown\diagup}}{CH_3CHCH_2}$, 프로필렌옥사이드)

① 일반적 성질

ⓐ 무색투명하며, 에테르 냄새가 나는 휘발성 액체이다.

ⓑ 반응성이 풍부하며, 물 또는 유기용제(벤젠, 에테르, 알코올 등)에 잘 녹는다.

ⓒ 비중 0.83, 증기비중 2.0, 비점 34℃, 인화점 -37.2℃, 발화점 465℃, 연소범위 2.5~38.5%이다.

② 위험성

ⓐ 휘발·인화하기 쉽고, 연소범위가 넓어서 위험성이 크다.

ⓑ 증기압이 매우 높으므로(20℃에서 45.5mmHg) 상온에서 쉽게 위험농도에 도달된다.

ⓒ 구리, 마그네슘, 은, 수은 및 그 합금과의 반응은 폭발성인 아세틸라이드를 생성한다.

④ 증기는 눈, 점막 등을 자극하며, 흡입 시 폐부종 등을 일으키고 액체가 피부와 접촉할 때에는 동상과 같은 증상이 나타난다.

　　　⑩ 산 및 알칼리와는 중합반응을 한다.

> **TIP** 중합반응((Polymerization))
> 분자량이 작은 분자가 연속적으로 결합하여 분자량이 큰 분자 하나를 만드는 것이다.

　　③ 저장 및 취급방법

　　　㉮ 중합반응 요인을 제거하고 강산화제, 산, 염기와의 접촉을 피한다.

　　　㉯ 취급설비, 이동탱크 및 옥외탱크 저장 시는 질소 등 불연성가스 및 수증기를 봉입하고 냉각장치를 설치하여 증기의 발생을 억제한다.

　　④ 용도 : 용제, 안료, 살균제, 계면활성제, 프로필렌글리콜 등의 제조

　　⑤ 기타 : 이소프렌[$CH_2=C(CH_3)CH=CH_2$], 이소프로필아민[$(CH_3)_2CHNH_2$] 등

(5) 디메틸설파이드[$(CH_3)_2S$, DMS, 황화디메틸]

　　① 일반적 성질

　　　㉮ 무색의 무나 양배추가 썩는 듯한 불쾌한 냄새가 나는 휘발성·가연성의 액체이다.

　　　㉯ 분자량 62.1, 비중 0.85, 증기비중 2.14, 비점 37℃, 인화점 -38℃, 발화점 206℃, 연소범위 2.2~19.7%이다.

　　② 위험성

　　　㉮ 인화점, 비점이 낮아 인화가 용이하다.

　　　㉯ 연소 시 역화의 위험이 있으며, 이산화황 등의 유독성가스를 발생한다.

　　③ 저장 및 취급방법

　　　㉮ 강산화제와 격리하며, 외부와 멀리 떨어지는 것이 좋다.

　　　㉯ 누설 시는 모든 점화원을 제거하고, 누출액은 불연성 물질에 의해 회수한다.

　　④ 소화방법 : 건조분말, 포, CO_2, 물분무에 의한 질식소화

2 제1석유류(지정수량 비수용성 액체 200L / 수용성 액체 400L)

아세톤 및 휘발유, 그 밖의 액체로서 인화점이 21℃ 미만인 것

(1) 아세톤(CH_3COCH_3, 디메틸케톤) – 수용성액체

① 일반적 성질

㉮ 무색투명한 액체로, 자극성의 과일 냄새(특이한 냄새)를 가진다.

㉯ 물과 에테르, 알코올에 잘 녹는다.

㉰ 일광에 쪼이면 분해되어 황색으로 변색되며, 유지, 수지, 섬유, 고무유기물 등을 용해시킨다.

㉱ 요오드포름(아이오도폼) 반응을 한다.

㉲ 완전연소반응은 다음과 같다.

예 $CH_3COCH_3 + 4O_2 \rightarrow 3CO_2 + 3H_3O$

㉳ 비중 0.79, 증기비중 2.0, 비점 56.6℃, 인화점 -18℃, 발화점 538℃, 연소범위 2.5~12.8%이다.

> **TIP 아세톤의 제법**
> • 이소프로필알코올을 산화구리 도는 산화아연 촉매 하에 상압~3atm, 400~500℃에서 탈수소화한다.
> • 프로필렌은 $PdCl_2 - CuCl_2$ 촉매 존재 하에 9~12atm, 90~120℃에서 산소 또는 공기로 산화한다.

② 위험성

㉮ 비점이 낮고 인화점도 낮아 겨울철에도 인화의 위험이 크다.

㉯ 독성은 없으나 피부에 닿으면 탈지 작용을 하고, 장시간 흡입 시 구토가 일어난다.

③ 저장 및 취급방법

㉮ 화기 등에 주의하고, 통풍이 잘 되는 찬 곳에 저장한다.

㉯ 저장용기는 밀봉하여 냉암소 등에 보관한다.

④ 용도 : 용제, 아세틸렌가스의 흡수제, 도료 등에 이용한다.

⑤ 소화방법 : CO_2, 포, 알코올포, 수용성 석유류이므로 대량 주수하거나 물분무에 의해 희석소화가 가능하다.

(2) 휘발유($C_5H_{12} \sim C_9H_{20}$, 가솔린) – 비수용성액체

① 일반적 성질

㉮ 원유의 성질·상태·처리 방법에 따라 탄화수소의 혼합비율이 다르다.

㉯ 탄소수가 $C_5 \sim C_9$까지의 포화, 불포화 탄화수소의 혼합물인 휘발성 액체로서 알칸 또는 알켄이다.

㉰ 물에는 녹지 않으나 유기용제에는 잘 녹으며, 고무, 수지, 유지 등을 잘 용해시킨다.

㉞ 물보다 가벼우며, 전기의 불량 도체로서 정전기 축적이 용이하다.

㉠ 옥탄가를 높이기 위해 첨가제[$(C_2H_5)_4Pb$]를 넣어 착색한다.

　㉠ 공업용(무색)

　㉡ 자동차용(오렌지색)

　㉢ 항공기용(청색 또는 붉은 오렌지색)

㉟ 연소성의 측정 기준을 옥탄값이라 한다.

　㉠ 옥탄값 $= \dfrac{\text{이소옥탄}}{\text{이소옥탄}+\text{노르탄 헵탄}} \times 100$

　㉡ 옥탄값이 0인 물질 : 노르말헵탄

　㉢ 옥탄값이 100인 물질 : 이소옥탄

㊱ 비중 0.65~0.8, 증기비중 3~4, 증기밀도 3.21~5.71, 비점 30~225℃, 인화점 −20~−43℃, 발화점 300℃, 연소범위 1.4~7.6%이다.

② 위험성

㉮ 휘발·인화·가연성 증기를 발생시키기 쉽고, 증기는 공기보다 3~4배 정도 무거워 누설 시 낮은 곳에 체류되어 연소를 확대시킨다.

㉯ 비전도성이므로 정전기 발생에 의한 인화의 위험이 있다.

㉰ 사에틸납[$(C_2H_5)_4Pb$]의 첨가로 유독성이 있으며, 혈액에 들어가 빈혈 또는 뇌에 손상을 준다.

㉱ 불순물에 의해 연소 시 유독한 아황산(SO_2) 가스를 발생시키며, 내연기관의 고온에 의해 질소산화물을 생성시킨다.

③ 저장 및 취급방법

㉮ 화기 등의 점화원을 피하고, 통풍이 잘 되는 냉암소에 저장한다.

㉯ 용기의 누설 및 증기가 배출되지 않도록 취급에 주의한다.

㉰ 온도 상승에 의한 체적팽창을 감안하여 밀폐용기는 저장 시 약 10% 정도의 여유 공간을 둔다.

④ 용도 : 자동차 및 항공기의 연료, 공업용 용제, 희석제 등

⑤ 소화방법 : 포말, CO_2, 분말

(3) 벤젠(C_6H_6, ⬡, 벤졸) – 비수용성액체

① 일반적 성질

㉮ 무색투명하며, 독특한 냄새를 가진 휘발성이 강한 액체로 분자량은 78.1로 증기는 마취성과 독성이 있는 방향족 유기화합물이다.

㉯ 물에는 녹지 않으나 알코올·에테르 등 유기 용제에는 잘 녹으며, 유지·수지·고무 등을 용해시킨다.

㉰ 벤젠은 여러 자기 첨가반응 및 치환반응을 한다.

　　㉠ 수소 첨가 : $C_6H_6 + 3H_2 \xrightarrow[\triangle]{Ni} C_6H_{12}$(시클로헥산)

　　㉡ 니트로화 : $C_6H_6 + HNO_3 \xrightarrow{c - H_2SO_4} C_6H_5 \cdot NO_2 + H_2O$

　　㉢ 술폰화 : $C_6H_6 + H_2SO_4 \xrightarrow[\triangle]{SO_3} C_6H_5 \cdot SO_3H + H_2O$

　　㉣ 할로겐화 : $C_6H_6 + Cl_2 \xrightarrow{Fe} C_6H_6 \cdot Cl + HCl$

　　　　　　　　$C_6H_6 + 3Cl_2 \xrightarrow{햇빛} C_6H_6Cl_6(B.H.C)$

㉱ 연소시키면 그을음을 많이 내면서 탄다(탄소수에 비해 수소수가 적기 때문).

㉲ 융점이 5.5℃이므로 겨울의 찬 곳에서는 고체로 되는 경우도 있다.

㉳ 비중 0.879, 증기비중 2.8, 융점 5.5℃, 비점 80℃, 인화점 -11.1℃, 발화점 498℃, 연소범위 1.4~7.8%이다.

② 위험성

㉮ 증기는 마취성이고 독성이 강하여 2% 이상 고농도의 증기를 5~10분간 흡입 시에는 치명적이고, 저농도(100ppm)의 증기도 장기간 흡입 시에는 만성 중독이 일어난다.

㉯ 융점이 5.5℃이고 인화점이 -11.1℃이므로 겨울철에는 고체상태에서 가연성 증기를 발생하며 연소한다.

③ 저장 및 취급방법

㉮ 정전기 발생에 주의한다.

㉯ 피부에 닿지 않도록 한다.

㉰ 증기는 공기보다 무거워 낮은 곳에 체류하므로 환기에 주의한다.

㉱ 통풍이 잘 되는 서늘하고 어두운 곳에 저장한다.

④ 용도 : 합성원료, 농약(BHC), 가소제, 방부제, 절연제, 용제 등에 이용한다.

⑤ 소화방법 : 분말, CO_2, 포말

(4) 톨루엔(C$_6$H$_5$CH$_3$, 〔CH$_3$〕, 메틸벤젠) – 비수용성 액체

벤젠 수소 원자 하나가 메틸기로 치환된 것이다.

① 일반적 성질

  ㉮ 벤젠보다는 독성이 적으나 벤젠과 같은 독특한 향기를 가진 무색투명한 액체이다.

  ㉯ 물에는 녹지 않으나 유기용제 및 수지·유지·고무를 녹이며, 벤젠보다 휘발하기 어렵다.

  ㉰ 산화반응하면 벤조산(C$_6$H$_5$COOH, 안식향산)이 된다.

  ㉱ 톨루엔에 진한질산과 진한황산을 가하면 니트로화가 일어나 트리니트로톨루엔 (TNT)이 생성된다.

$$\underset{}{\text{〔CH}_3\text{〕}} + 3HNO_3 \xrightarrow{\text{c–H}_2\text{SO}_4} \underset{}{\text{〔O}_2\text{N, CH}_3\text{, NO}_2\text{, NO}_2\text{〕}} + 3H_2O$$

  ㉲ 완전연소반응은 다음과 같다.

  C$_6$H$_5$CH$_3$ + 9O$_2$ → 7CO$_2$ + 4H$_2$O

  ㉳ 비중 0.871, 증기비중 3.17, 비점 111℃, 인화점 4.5℃, 발화점 552℃, 연소범위 1.4~6.7%이다.

② 위험성

  ㉮ 연소 시 자극성, 유독성가스를 발생한다.

  ㉯ 고농도의 이산화질소 또는 삼불화취소와 혼합 시 폭발한다.

③ 저장 및 취급방법 : 독성이 있으므로 벤젠에 준한다.

④ 용도 : 잉크, 락카, 페인트 제조, 합성원료, 용제 등

⑤ 소화방법 : 분말, CO$_2$, 포말

(5) 크실렌[C$_6$H$_4$(CH$_3$)$_2$] – 비수용성 액체

벤젠핵에 메틸기(–CH$_3$) 2개가 결합한 물질이다.

① 일반적 성질

  ㉮ 무색투명하고 단맛이 있으며, 방향성이 있다.

  ㉯ 3가지 이성질체가 있다.

명 칭 \ 구 분	o-크실렌	m-크실렌	p-크실렌
구조식	CH₃ / CH₃ (구조식)	CH₃ / CH₃ (구조식)	CH₃ / CH₃ (구조식)
비 중	0.88	0.86	0.86
융 점	−25℃	−48℃	13℃
비 점	144.4℃	139.1℃	138.4℃
인화점	17.2℃	23.2℃	23.0℃
발화점	463.9℃	527.8℃	258.9℃
연소범위	1.0~6.0%	1.0~6.0%	1.1~7.0%
구 분	제1석유류	제2석유류	제2석유류

　　ⓒ 혼합 크실렌은 단순 증류방법으로는 비점이 비슷하기 때문에 분리해낼 수 없다.

　　ⓓ BTX(솔벤트나프타)는 벤젠(C_6H_6), 톨루엔($C_6H_5CH_3$), 크실렌[$C_6H_4(CH_3)_2$]이다.

② 위험성

　　㉮ 염소산염류, 질산염류, 질산 등과 반응하여 혼촉발화 폭발의 위험이 높다.

　　㉯ 연소 시 자극적인 유독 가스를 발생한다.

③ 저장 및 취급방법 : 벤젠에 준한다.

④ 용도 : 용제, 도료, 신나, 합성 섬유 등

⑤ 소화방법 : 벤젠에 준한다.

(5) 콜로디온

① 일반적 성질

　　㉮ 무색의 끈기 있는 액체이며, 인화점은 −18℃ 이하이다.

　　㉯ 질화도가 낮은 질화면을 에틸알코올 3, 에테르 1의 비율로 혼합한 액에 녹인 것이다.

　　㉰ 엷게 늘이면 용제가 휘발하여 질화면의 막(필름)이 된다.

② 위험성 : 상온에서 휘발하여 인화하기 쉬우며, 질화면(니트로셀룰로오스)이 연소할 때 폭발적으로 연소한다.

③ 저장 및 취급방법

　　㉮ 화기, 가열, 충격을 피하고, 찬 곳에 저장한다.

　　㉯ 용제의 증기를 막기 위해 밀봉·밀전한다.

④ 소화방법 : 탄산가스(CO_2), 불연성가스, 사염화탄소

(7) 메틸에틸케톤($CH_3COC_2H_5$, MEK) – 비수용성 액체

① 일반적 성질

㉮ 아세톤과 같은 냄새를 가지는 무색의 휘발성 액체이다.

㉯ 물에 잘 녹으며(용해도 26.8), 유기용제에도 잘 녹고 수지 및 섬유소 유도체를 잘 용해시킨다.

㉰ 열에 비교적 안정하나 500℃ 이상에서 열분해 되어 케텐과 메틸케텐이 생성된다.

㉱ 분자량 72, 비중 0.8, 증기비중 2.5, 비점 80℃, 인화점 -1℃, 발화점 516℃, 연소범위 1.8~10%이다.

TIP 메틸에틸케톤의 제법
부탄, 부텐 유분에 황산을 반응한 후 가수분해하여 얻은 부탄올을 탈수소하여 얻는다.

② 위험성

㉮ 비점, 인화점이 낮아 인화에 대한 위험성이 크다.

㉯ 탈지작용이 있으므로 피부에 접촉되지 않도록 주의한다.

㉰ 다량의 증기를 흡입하면 마취성과 구토가 일어난다.

③ 저장 및 취급방법

㉮ 화기 등을 멀리하고 직사광선을 피하며, 통풍이 잘 되는 찬 곳에 저장한다.

㉯ 용기는 갈색병을 사용하여 밀전하고, 저장 시에는 용기 내부 10% 이상의 여유 공간을 둔다.

④ 용도 : 용제, 부나-N용 접착제, 인쇄 잉크, 가황촉진제, 인조피혁의 원료 등

⑤ 소화방법 : 분무주수, CO_2, 알코올포

(8) 피리딘(C_5H_5N, , 아딘) – 수용성 액체

① 일반적 성질

㉮ 순수한 것은 무색이며, 불순물을 포함한 경우에는 담황색을 띤 약알칼리성 액체이다.

㉯ 상온에서 인화의 위험이 있으며, 독성이 있다.

㉰ 강한 악취와 흡습성이 있고 물에 잘 녹으며, 질산과 혼합하여 가열할 때 안정하다.

㉱ 분자량 79, 비중 0.982, 증기비중 2.73, 비점 115℃, 인화점 20℃, 발화점 482℃, 연소범위 1.8~12.4%이다.

② 위험성

㉮ 증기는 독성(최대 허용 농도 5ppm)을 지닌다.

④ 상온에서 인화의 위험이 있으므로 화기 등에 주의한다.
③ 저장 및 취급방법
　㉮ 화기 등을 멀리하고, 통풍이 잘 되는 찬 곳에 저장한다.
　㉯ 취급 시에는 피부나 호흡기에 액체를 접촉시키거나 증기를 흡입하지 않도록 주의한다.
④ 용도 : 용제, 변성알코올의 첨가제, 유기합성의 원료, 의약(설파민제) 등
⑤ 소화방법 : 분무주수, CO_2, 알코올포

(9) 초산에스테르류(CH_3COOR, 아세트산에스테르류) – 수용성 액체

초산(CH_3COOH)에서 카르복시기(-COOH)의 수소(H)가 알킬기(R, C_nH_{2n+1})로 치환된 화합물이다. 분자량의 증가에 따라 수용성, 연소범위, 휘발성이 감소되고, 인화성, 증기비중, 점도, 이성질체 수가 증가되며, 발화점이 낮아지고 비중이 작아진다.

① 초산메틸(CH_3COOCH_3)
　㉮ 일반적 성질
　　㉠ 향기가 나는 무색 휘발성의 액체로 마취성이 있다.
　　㉡ 물·유기용제 등에 잘 녹는다.
　　㉢ 가수분해하여 초산과 메틸알코올로 된다.
　　　예 $CH_3COOCH_3 + H_2O \rightleftarrows CH_3COOH + CH_3OH$
　　㉣ 비중 0.92, 증기비중 2.56, 비점 60℃, 인화점 -10℃, 발화점 454℃, 연소범위 3.1~16%이다.
　㉯ 위험성
　　㉠ 휘발성 및 인화의 위험이 있다.
　　㉡ 독성에 주의한다.
　　㉢ 피부와 접촉 시 탈지작용이 있다.
　㉰ 저장 및 취급방법
　　㉠ 화기를 피하며, 용기의 파손 및 누출에 주의한다.
　　㉡ 밀봉·밀전하고, 통풍이 잘 되는 냉암소에 저장한다.
　㉱ 용도 : 용제, 유지의 추출제, 도료의 원료 등
　㉲ 소화방법 : 알코올포, CO_2, 소화분말
② 초산에틸($CH_3COOC_2H_5$)
　㉮ 일반적 성질
　　㉠ 무색투명한 가연성 액체로서 딸기향의 과일 냄새가 난다.
　　㉡ 물에는 약간 녹고, 유기용제에 잘 녹는다.

ⓒ 가수분해하여 초산과 에틸알코올로 된다.

　　　예 $CH_3COOC_2H_5 + H_2O \rightleftarrows CH_3COOH + C_2H_5OH$

ⓔ 비중 0.9, 비점 77℃, 인화점 -4.4℃, 발화점 427℃, 연소범위 2.2~11.4%이다.

ⓝ 위험성 : 수용액 상태에서도 인화의 위험이 있다.

ⓓ 저장 및 취급방법 : 초산메틸에 준한다.

ⓛ 용도 : 초산메틸에 준한다.

ⓜ 소화방법 : 알코올포, CO_2, 소화분말

(10) 의산에스테르류(HCOOR, 개미산에스테르류) – 수용성 액체

의산(HCOOH)에서 카르복시기(-COOH)의 수소(H)가 알킬기(R, C_nH_{2n+1})로 치환된 화합물이다.

① 의산메틸(HCOOCH₃)

　ⓐ 일반적 성질

　　ⓐ 럼주향이 나는 무색의 휘발성 액체로, 증기는 약간의 마취성이 있고 독성은 없다.

　　ⓑ 물 및 유기용제 등에 잘 녹는다.

　　ⓒ 가수분해하여 의산과 메탄올로 된다.

　　　예 $HCOOCH_3 + H_2O \rightleftarrows HCOOH + CH_3OH$

　　ⓔ 비중 0.97, 비점 32℃, 인화점 -19℃, 발화점 456.1℃, 연소범위 5.9~20%이다.

　ⓝ 위험성 : 인화 및 휘발의 위험성이 크다.

　ⓓ 저장 및 취급방법 : 통풍이 잘 되는 곳에 저장한다.

　ⓛ 소화방법 : 초산에스테르류에 준한다.

② 의산에틸(HCOOC₂H₅)

　ⓐ 일반적 성질

　　ⓐ 럼주향이 나는 무색의 휘발성 액체로, 증기는 약간의 마취성이 있고 독성이 없다.

　　ⓑ 가수분해하여 의산과 에탄올로 된다.

　　　예 $HCOOC_2H_5 + H_2O \rightleftarrows HCOOH + C_2H_5OH$

　　ⓒ 비중 0.92, 비점 54.4℃, 인화점 -20℃, 발화점 455℃, 연소범위 2.7~13.5%이다.

　ⓝ 기타 : 의산메틸에 준한다.

(11) 시클로헥산(C_6H_{12})

① 일반적 성질

　ⓐ 무색이며, 석유와 같은 자극성 냄새를 가진 휘발성의 강한 액체이다.

　ⓝ 물에는 녹지 않으며, 광범위하게 유기화합물을 녹인다.

㉰ 분자량 84.16, 비중 0.8, 증기비중 2.9, 비점 82℃, 인화점 −20℃, 발화점 245℃, 연소범위 1.3~8.0%이다.

② 위험성

㉮ 가열에 의해 발열·발화하며, 화재 시 자극성, 유독성의 가스를 발생한다.

㉯ 산화제와 혼촉하거나 가열, 충격, 마찰에 의해 발열·발화한다.

③ 저장 및 취급방법 : 벤젠에 준한다.

④ 소화방법 : 초기 화재 시에는 분말 CO_2, 알코올형 포가 유효하며, 대형 화재인 경우는 알코올형 포로 일시에 소화하고 무인방수포 등을 이용하는 것이 좋다.

(12) 에틸벤젠($C_6H_5C_2H_5$,)

① 일반적 성질

㉮ 무색의 방향성이 있는 가연성의 액체이다.

㉯ 분자량 106.2, 비중 0.9, 비점 136℃, 인화점 21℃, 발화점 432℃, 연소범위 0.8~6.9%이다.

② 위험성

㉮ 연소 또는 분해 시 유독성·자극성의 가스를 발생한다.

㉯ 산화성 물질과 반응한다.

(13) 시안화수소(HCN, 청산)

① 일반적 성질

㉮ 독특한 자극성의 냄새가 나는 무색의 액체이며, 물과 알코올에 잘 녹는다. 수용액은 약산성이다.

㉯ 증기는 공기보다 가볍다.

㉰ 분자량 27, 비중 0.69, 증기비중 0.94, 비점 26℃, 인화점 −18℃, 발화점 540℃, 연소범위 6~41%이다.

② 위험성

㉮ 맹독성 물질이며, 휘발성이 매우 높아 인화위험도가 매우 높다.

㉯ 화학적 질식위험물질로 인체 내 산화효소를 침범한다.

㉰ 매우 불안정하여 장기간 저장하면 암갈색의 폭발성 물질로 변한다.

3 알코올류(R-OH, 지정수량 400L) - 수용성 액체

한 분자 내의 탄소 원자수가 3개까지인 포화 1가의 알코올로 변성알코올을 포함하며, 알코올 함유량이 60wt% 이상인 것을 말한다.

TIP 탄소수가 증가할수록 변화되는 현상

1. 인화점이 높아진다.
3. 연소범위가 좁아진다.
5. 액체 비중, 증기 비중이 커진다.

2. 발화점이 낮아진다.
4. 수용성이 감소된다.
6. 비등점, 융점이 높아진다.

---

(1) 메틸알코올(CH_3OH, 메탄올, 목정)

① 일반적 성질

㉮ 방향성이 있고, 무색투명한 휘발성이 강한 액체로 분자량이 32이다.

㉯ 물에는 잘 녹고 유기용매 등에는 농도에 따라 녹는 정도가 다르며, 수지 등을 잘 용해시킨다.

㉰ 백금(Pt), 산화구리(CuO) 존재 하의 공기 속에서 산화되면 포르말린(HCHO)이 되며, 최종적으로 포름산(HCOOH)이 된다.

㉱ 비중 0.79, 증기비중 1.1, 증기밀도 1.43, 비점 63.9℃, 인화점 11℃, 발화점 464℃, 연소범위 7.3~36%이다.

TIP 메탄올의 검출법과 제법

1. 메탄올의 검출법 : 시험관에 메탄올을 넣고 여기에 불에 달군 구리줄을 넣으면 자극성의 포름알데히드 냄새가 나며, 붉은색 침전구리가 생긴다.

$CH_3OH + CuO \rightarrow CU\downarrow + H_2O + HCHO$
　　　　　　　　(구리침전)

2. 제법
㉠ 촉매 존재 하에서 일산화탄소와 수소를 고온·고압에서 합성시켜 만든다.
$CO + 2H_2 \rightarrow CH_3OH$
㉡ 천연가스 또는 나프타를 원료로 하여 촉매·고온·고압에서 합성하여 만든다.

---

② 위험성

㉮ 밝은 곳에서 연소 시 불꽃이 잘 보이지 않으므로 화상의 위험이 있다.

예 $2CH_3OH + 3O_2 \xrightarrow{\triangle} 2CO_2\uparrow + 4H_2O\uparrow$

㉯ 인화점(11℃) 이상이 되면 폭발성 혼합가스가 생성되어 밀폐된 상태에서 폭발한다.

㉰ 독성이 강하여 소량만 마셔도 시신경을 마비시키고 7~8mL를 마시면 실명하며, 30~100mL를 마시면 사망한다.

ⓐ 증기는 환각성 물질이다.

ⓜ 겨울에는 인화의 위험이 여름보다 작다.

ⓑ 나트륨과 반응하여 수소 기체를 발생한다.

③ 저장 및 취급방법

㉮ 화기 등을 멀리하고, 액체의 온도가 인화점 이상으로 올라가지 않도록 한다.

㉯ 밀봉·밀전하여 통풍이 잘 되는 냉암소 등에 저장한다.

④ 용도 : 의약, 염료, 용제, 포르말린의 원료, 에틸알코올의 변성제 등

⑤ 소화방법 : 알코올포, CO_2, 포말

(2) 에틸알코올(C_2H_5OH, 에탄올, 주정)

① 일반적 성질

㉮ 당밀, 고구마, 감자 등을 원료로 발효방법으로 제조한다.

㉯ 방향성이 있고, 무색투명한 휘발성 액체이다.

㉰ 물에는 잘 녹고, 유기용매 등에는 농도에 따라 녹는 정도가 다르며, 수지 등을 잘 용해시킨다.

㉱ 산화되면 아세트알데히드(CH_3CHO)가 되며, 최종적으로 초산(CH_3COOH)이 된다.

예 $2C_2H_5OH + O_2 \rightarrow 2CH_3CHO + H_2O$

$2CH_3CHO + O_2 \rightarrow 2CH_3COOH$

㉲ 비중 0.79, 증기비중 1.59, 비점 78℃, 인화점 13℃, 발화점 423℃, 연소범위 4.3~19% 이다.

TIP 에탄올의 검출법과 제법

1. 에탄올의 검출법 : 에탄올에 KOH와 I_2를 작용시키면 독특한 냄새를 갖는 노란색의 요오드포름(CHI_3)이 침전한다.

$C_2H_5OH + 6KOH + 4I_2 \rightarrow CHI_3\downarrow + 5KI + HCOOK + 5H_2O$

(노란색침전)

2. 제법

㉠ 당밀, 고구마, 감자 등을 원료로 하는 발효방법으로 제조한다.

㉡ 에틸렌을 황산에 흡수시켜 가수분해하여 만든다.

• $CH_2 = CH_2 + H_2SO_4 \rightarrow C_2H_5OSO_3H$

• $2CH_2 = CH_2 + H_2SO_4 \rightarrow (C_2H_5)_2SO_4$

• $(C_2H_5)_2SO_4 + 2H_2O \rightarrow 2C_2H_5OH + H_2SO_4$

㉢ 에틸렌을 물과 합성하여 만든다.

• $C_2H_4 + H_2O \xrightarrow[300℃, 70kg/cm^2]{인산} C_2H_5OH$

② 위험성

㉮ 밝은 곳에서 연소 시 불꽃이 잘 보이지 않으며, 그을음도 발생하지 않는다. 따라서 화점 발견이 곤란하다.

예 $2C_2H_5OH + 6O_2 \xrightarrow{\triangle} 4CO_2 \uparrow + 6H_2O \uparrow$

㉯ 인화점(13℃) 이상으로 올라가면 폭발성 혼합가스가 생성되어 밀폐된 상태에서 폭발한다.

㉰ 독성이 없다.

③ 저장 및 취급방법

㉮ 화기 등을 멀리하고, 액체의 온도가 인화점 이상으로 올라가지 않도록 한다.

㉯ 밀봉, 밀전하여 통풍이 잘 되는 냉암소 등에 저장한다.

④ 용도 : 용제, 음료, 화장품, 소독제, 세척제, 알카로이드의 추출, 생물표본 보존제

⑤ 소화방법 : 알코올포, CO_2, 분말 등이며, 알코올은 수용성이기 때문에 보통의 포를 사용하는 경우 기포가 파괴되므로 사용하지 않는 것이 좋다.

(3) 프로필알코올[CH₃(CH₂)₂OH]

① 일반적 성질

㉮ 무색투명하다. 물, 에테르, 아세톤 등 유기용매에 녹으며, 유기, 수지 등을 녹인다.

㉯ 비중 0.80, 증기비중 2.07, 비점 97℃, 인화점 15℃, 발화점 371℃, 연소범위 2.1~13.5%이다.

② 위험성 및 기타 : 메탄올에 준한다.

(4) 이소프로필알코올[(CH₃)₂CHOH]

① 일반적 성질

㉮ 무색투명하며, 에틸알코올보다 약간 강한 향기가 나는 액체이다.

㉯ 물, 에테르, 아세톤에 녹으며, 유지, 수지 등 많은 유기화합물을 녹인다.

㉰ 산화하면 프로피온알데히드(C_2H_5CHO)를 거쳐 프로피온산(C_2H_5COOH)이 되고, 황산(H_2SO_4)으로 탈수하면 프로필렌($CH_3CH=CH_2$)이 된다.

㉱ 비중 0.79, 증기비중 2.07, 융점 -89.5℃, 비점 81.8℃, 인화점 12℃, 발화점 398.9℃, 연소범위 2.0~12%이다.

② 위험성 및 기타 : 메탄올에 준한다.

(5) 변성 알코올

에틸알코올(C_2H_5OH)에 메틸알코올(CH_3OH), 가솔린, 피리딘을 소량 첨가하여 공업용으로 사용하고, 음료로는 사용하지 못하는 알코올을 말한다.

4 제2석유류(지정수량 $\frac{\text{비수용성 액체 1,000L}}{\text{수용성 액체 2,000L}}$)

등유, 경유 및 그 밖에 1기압에서 인화점이 21℃ 이상, 70℃ 미만인 것이다. 다만, 도료류, 그 밖의 물품에 있어서 가연성 액체량이 40wt% 이하이면서 인화점이 40℃ 이상인 동시에 연소점이 60℃ 이상인 것은 제외한다.

(1) 등유(kerosene) - 비수용성 액체

① 일반적 성질

㉮ 탄소수가 C_9~C_{18}가 되는 포화·불포화 탄화수소의 혼합물이다.

㉯ 물에는 불용이며, 여러 가지 유기용제와 잘 섞이고 유지, 수지 등을 잘 녹인다.

㉰ 순수한 것은 무색이며, 오래 방치하면 연한 담황색을 띤다.

㉱ 비중 0.8, 증기비중 4~5, 비점 150~300℃, 인화점 30~60℃ 이상, 발화점 254℃, 연소범위 1.1~6.0%이다.

② 위험성

㉮ 상온에서는 인화의 위험이 없으나 인화점 이하의 온도에서 안개 상태나 헝겊(천)에 배어 있는 경우에는 인화의 위험이 있다.

㉯ 전기의 불량도체로서 분위기에 따라서 정전기를 발생·축적하므로 증기가 발생할 때 방전불꽃에 의해 인화할 위험이 있다.

③ 저장 및 취급방법

㉮ 다공성 가연물과의 접촉을 방지한다.

㉯ 화기를 피하고, 용기는 통풍이 잘 되는 냉암소에 저장한다.

④ 용도 : 연료, 살충제 등

⑤ 소화방법 : CO_2, 분말, 할론, 포

(2) 경유(디젤류) - 비수용성 액체

① 일반적 성질

㉮ 탄소수가 C_{11}~C_{19}인 포화·불포화 탄화수소의 혼합물로 담황색 또는 담갈색의 액체이다.

㉯ 물에는 불용이며, 여러 가지 유기용제와 잘 섞이고 유지, 수지 등을 잘 녹인다.

㉰ 비중 0.82~0.85, 증기비중 4~5, 비점 150~300℃, 인화점 50~70℃, 발화점 257℃, 연소범위 1.0~6.0%이다.

② 위험성, 저장 및 취급방법 : 등유에 준한다.

③ 용도 : 디젤기관의 연료, 보일러의 연료

④ 소화방법 : CO_2, 분말, 할론, 포

> **TIP** 경유의 대규모 화재 시 주수소화가 부적당한 이유
> 주수소화 하는 경우 경유는 물보다 가볍고, 물에 녹지 않기에 화재가 널리 확대된다.

(3) 의산(HCOOH, 개미산, 포름산) - 수용성 액체

① 일반적 성질

㉮ 자극성 냄새가 나는 무색투명한 액체로 아세트산보다 산성이 강한 액체이다.

㉯ 연소 시 푸른 불꽃을 내면서 탄다.

예 $2HCOOH + O_2 \rightarrow 2CO_2 + 2H_2O$

㉰ 강한 환원제이며, 물, 에테르, 알코올 등과 어떤 비율로도 섞인다.

㉱ 황산과 함께 가열하여 분해하면 일산화탄소(CO)가 발생한다.

예 $HCOOH \xrightarrow{H_2SO_4} H_2O + CO \uparrow$

㉲ 비중 1.22, 증기비중 1.59, 비점 101℃, 인화점 69℃, 발화점 601℃이다.

② 위험성 : 피부에 닿으면 수종(수포상의 화상)을 일으키고, 진한 증기를 흡입하는 경우에는 점막을 자극하는 염증을 일으킨다.

③ 저장 및 취급방법 : 용기는 내산성 용기를 사용한다.

④ 용도 : 염색조제, 에폭시 가소용, 고무응고제, 살균제, 향료 등

⑤ 소화방법 : 알코올, 포, 분무상의 주수

(4) 초산(CH_3COOH, 아세트산, 빙초산) - 수용성 액체

① 일반적 성질

㉮ 무색투명의 자극적인 식초 냄새가 나는 물보다 무거운 액체이다.

㉯ 물에 잘 녹고 16.7℃ 이하에서는 얼음 같이 되며, 연소 시 파란 불꽃을 내면서 탄다.

　　예 $CH_3COOH + 2O_2 \rightarrow 2CO_2 + 2H_2O$

㉰ 알루미늄 이외의 금속과 작용하여 수용성인 염을 생산한다.

㉱ 묽은 용액은 부식성이 강하나, 진한 용액은 부식성이 없다.

㉲ 분자량 60, 비중 1.05, 증기비중 2.07, 융점 16.7℃, 비점 118℃, 인화점 42.8℃, 발화점 463℃, 연소범위 5.4~16%이다.

② 위험성

㉮ 피부에 닿으면 화상을 입게 되고, 진한 증기를 흡입 시에는 점막을 자극하는 염증을 일으킨다.

㉯ 질산과 과산화나트륨과 반응하여 폭발을 일으키는 경우도 있다.

③ 저장 및 취급방법 : 용기는 내산성 용기를 사용한다.

④ 용도 : 초산비닐, 초산셀룰로오스, 니트로셀룰로오스, 식초, 아스피린, 무수초산 등의 제조원료 등

⑤ 소화방법 : 알코올, 포, 분무상의 주수

(5) 아크릴산($CH_2 = CHCOOH$)

① 일반적 성질

㉮ 무색이고 초산과 같은 자극성 냄새가 나며, 물, 알코올, 에테르에 잘 녹는다.

㉯ 매우 독성이 강하며, 고온에서 중합하기 쉽다.

㉰ 비중 1.05, 증기비중 2.5, 비점 141℃, 인화점 51℃, 발화점은 438℃이다.

② 위험성

㉮ 밀폐된 용기는 가열에 의해 심하게 파열한다.

㉯ 200℃ 이상 가열하면 CO, CO_2 및 증기를 발생한다.

(6) 테레핀유(송정유) - 비수용성 액체

① 일반적 성질

㉮ 소나무와 식물 및 뿌리에서 채집하여 증류·정제하여 만든 물질로, 강한 침엽수 수지 냄새가 나는 무색 또는 담황색의 액체이며, α-피넨($C_{10}H_{16}$)이 주성분이다.

㉯ 공기 중에 방치하면 끈기 있는 수지 상태의 물질이 되며, 산화되기 쉽고 독성을 지닌다.

㉰ 물에는 녹지 않으나 유기용제 등에 녹으며, 수지·유지·고무 등을 녹인다.

㉱ 비중 0.86, 비점 153~175℃, 인화점 35℃, 발화점 253℃이다.

② 위험성 : 공기 중에서 산화·중합하므로 헝겊, 종이 등에 스며들어 자연발화의 위험성이 있다.

③ 저장 및 취급방법 및 기타 : 등유에 준한다.

④ 용도 : 용제, 향료, 방충제, 의약품의 원료 등

(7) 스티렌(C₆H₅CH＝CH₂, 비닐벤젠) − 비수용성 액체

① 일반적 성질

㉮ 방향성을 갖는 독특한 냄새가 나는 무색투명한 액체로, 물에는 녹지 않으나 유기용제 등에 잘 녹는다.

㉯ 빛, 가열 또는 과산화물에 의해 중합되어 중합체인 폴리스티렌을 만든다.

㉰ 분자량 104.2, 비중 0.91, 증기비중 3.6, 비점 146℃, 인화점 32℃, 발화점 490℃, 연소범위 1.1~6.1%이다.

② 위험성, 저장 및 취급방법 : 독성이 있으므로 증기 및 액체의 흡입이나 접촉을 피하고, 중합되지 않도록 한다.

③ 용도 : 폴리스티렌수지, 합성고무, ABS수지, 이온교환수지, 합성수지 및 도료의 원료 등

(8) 장뇌유(C₁₀H₁₆O, 캠플유) − 비수용성 액체

① 일반적 성질

㉮ 주성분은 장뇌($C_{10}H_{16}O$)로서 엷은 황색의 액체이며, 유출온도에 따라 백색유, 적색유, 감색유로 분류한다.

㉯ 물에는 녹지 않으나 알코올, 에테르, 벤젠 등의 유기용제에 잘 녹는다.

[장뇌유의 구분]

구 분 \ 종 류	백색유	적색유	감색유
비 점	150~180℃	180~280℃	280~300℃
비 중	0.87~0.91	1.00~1.035	0.95~0.96
인화점	47℃	−	−

② 위험성, 저장·취급방법 및 기타 : 등유에 준한다.

③ 용도 : 백색유(방부제, 테레핀유의 대용 등), 적색유(비누의 향료 등), 감색유(선광유 등)

(9) 클로로벤젠(C_6H_5Cl, ⟨⟩Cl, 염화페닐) – 비수용성 액체

① 일반적 성질

㉮ 마취성이 있고, 석유와 비슷한 냄새를 가진 무색의 액체이다.

㉯ 물에는 녹지 않으나 유기용제 등에는 잘 녹고, 천연수지, 고무, 유지 등을 잘 녹인다.

㉰ 비중 1.1, 증기비중 3.9, 비점 132℃, 인화점 32℃, 발화점 638℃, 연소범위 1.3~7.1%이다.

② 위험성

㉮ 가열에 의해 용기의 폭발위험이 있으며, 연소 시 포스겐($COCl_2$), 염화수소(HCl)를 포함한 유독성가스를 발생한다.

㉯ 마취성이 있고, 독성이 있으나 벤젠보다 약하다.

③ 저장 및 취급방법 : 가솔린에 준한다.

④ 용도 : 용제, 염료, 향료, DDT의 원료, 유기합성의 원료 등

(10) 부틸알코올(C_4H_9OH)

① 일반적 성질

㉮ 무색투명한 액체로서 퓨젤유와 같은 냄새가 난다.

㉯ 액체 에테르, 아세톤 등 유기용매에 잘 녹고, 물에는 잘 녹지 않는다(용해도 7.3%).

㉰ 실내의 기온에서는 연소범위의 혼합가스는 내지 않으나 가열로 말미암아 인화하는 일이 있다.

㉱ 독성은 거의 없고, 불용성이므로 소화제로서의 포는 일반 포를 써도 된다.

㉲ 비중 0.81, 증기비중 2.56, 비점 117.2℃, 인화점 37℃, 발화점 343.3℃, 연소범위 1.4~11.2%이다.

② 위험성 및 기타 : 에탄올에 준한다.

(11) 히드라진(N_2H_4)

① 일반적 성질(수용성 액체)

㉮ 과잉의 암모니아를 차아염소산나트륨 용액에 산화시켜 만든다.

[예] $2NH_3 + NaClO \rightarrow N_2H_4 + NaCl + H_2O$

㉯ 외관은 물과 같으나 무색의 가연성 액체로 물과 알코올에 녹는다.

㉰ 분해 과정은 상온에서 완만하며, 원래 불안정한 물질이다.

㉱ 공기 중에서 180℃로 가열하면 분해한다.

  예 $2N_2H_4 \xrightarrow{\triangle} 2NH_3 + N_2 + H_2$

㉲ H_2O_2와 혼촉 발화한다.

  예 $N_2H_4 + 2H_2O_2 \rightarrow 4H_2O + N_2$

㉳ 석면, 목재, 섬유상의 물질을 흡수하여 자연발화 한다.

㉴ 비중 1.0, 비점 113℃, 인화점 38℃, 발화점 270℃, 연소범위 4.7~100%이다.

② 위험성 : 인체 발암성이 높고, 호흡기・피부 등에 영향을 끼칠 수 있는 유독성의 물질이다.

(12) 큐멘[$(CH_3)_2CHC_6H_5$]

① 일반적 성질

㉮ 방향성 냄새가 나는 무색의 액체이다.

㉯ 물에 녹지 않으며, 알코올, 에테르, 벤젠 등에 녹는다.

㉰ 분자량 120.2, 비중 0.86, 증기비중 4.14, 비점 152℃, 인화점 36℃, 발화점 425℃, 연소범위 0.9~6.5%이다.

② 위험성

㉮ 산화성 물질과 반응하며, 질산・황산과 반응하여 열을 방출한다.

㉯ 공기 중에 노출되면 유기과산화물(큐멘하이드로퍼옥사이드)을 생성한다.

5 제3석유류(지정수량 $\dfrac{\text{비수용성 액체 1,000L}}{\text{수용성 액체 2,000L}}$)

중유, 크레오소트유 및 그 밖의 1기압 20℃에서 액체로, 인화점이 70℃ 이상 200℃ 미만인 것이다. 다만, 도료류와 그 밖의 물품은 가연성 액체량이 40w% 이하인 것을 제외한다.

(1) 중유(Heavy Oil) - 비수용성 액체

① 일반적 성질

㉮ 원유의 성분 중 비점이 300~350℃ 이상인 갈색 또는 암갈색의 액체 직류중유와 분해중유로 나눌 수 있다.

  ㉠ 직류중유(디젤기관의 연료용)

    - 원유를 300~350℃에서 추출한 유분 또는 이에 경유를 혼합한 것으로 포화탄화수소가 많으므로 점도가 낮고 분무성이 좋으며, 착화가 잘 된다.

    - 비중 0.85~0.93, 인화점 60~150℃, 발화점은 254~405℃이다.

ⓛ 분해중유(보일러의 연료용)

- 중유 또는 경유를 열분해하여 가솔린을 제조한 잔유에 이 계통의 분해경유
를 혼합한 것으로 불포화탄화수소가 많아 분무성도 좋지 않아 탄화수소가
불안정하게 형성된다.
- 비중 0.95~1.00, 인화점 70~150℃, 발화점은 380℃ 이하이다.

ⓒ 등급은 점도차에 따라 A중유, B중유, C중유로 구분하며, 벙커 C유는 C중유에 속한다.

② 위험성

㉮ 인화점이 높아서 가열하지 않으면 위험하지 않으나 80℃로 예열해서 사용하므로
인화의 위험이 있다.

㉯ 분해 중유는 불포화탄화수소이므로 산화·중합하기 쉽고, 액체의 누설은 자연발
화의 위험이 있다.

㉰ 위험물저장탱크 화재 시 이상현상은 다음과 같다.

㉠ 슬롭오버(Slop Over) 현상 : 포말 및 수분이 함유된 물질의 소화는 시간이 지
연되면 수분이 비등 증발하여 포가 파괴되어 화재면의 액체가 포말과 함께 혼
합되어 넘쳐흐르는 것

㉡ 보일오버(Boil Over) 현상 : 연소열에 의하여 탱크내부 수분 층의 이상팽창으
로 수분 팽창 층 윗부분의 기름이 급격히 넘쳐 나오는 것

③ 저장 및 취급방법 : 등유에 준한다.

④ 용도 : 디젤기관 또는 보일러의 원료, 금속정련용 등

⑤ 소화방법 : CO_2, 분말

(2) 크레오소트유(타르유, 액체피치유) – 비수용성 액체

① 일반적 성질

㉮ 황색 또는 암록색의 끈기가 있는 액체로, 물보다 무겁고 물에 녹지 않으며 유기용
제에는 잘 녹는다.

㉯ 콜타르를 230~300℃에서 증류할 때 혼합물로 얻으며, 주성분으로 나프탈렌과 안
트라센을 함유하고 있는 혼합물이다.

㉰ 비중 1.02~1.05, 비점 194~400℃, 인화점 74℃, 발화점은 336℃이다.

② 위험성 : 타르산을 많이 함유한 것은 금속에 대한 부식성이 있다.

③ 저장 및 취급방법 : 타르산을 많이 함유한 것은 용기를 부식시키므로 내산성 용기에
수납·저장한다.

④ 용도 : 카본 블랙의 제조 및 목재의 방부제, 살충제, 도료 등

(3) 아닐린(C$_6$H$_5$NH$_2$, 아미노벤젠) – 비수용성 액체

① 일반적 성질

  ㉮ 물보다 무겁고 물에 약간 녹으며, 유기용제 등에는 잘 녹는 특유한 냄새를 가진 황색 또는 담황색의 끈기 있는 기름 상태의 액체로서 햇빛이나 공기의 작용에 의해 흑갈색으로 변색한다.

  ㉯ 알칼리금속 또는 알칼리토금속과 반응하여 수소와 아닐리드를 생성한다.

  ㉰ 분자량 93.1, 비중 1.02, 융점 –6℃, 비점 184.2℃, 인화점 70℃, 발화점 538℃, 연소범위 1.3~11%이다.

② 위험성 : 가연성이고 독성이 강하므로 증기를 흡입하거나 액체가 피부에 닿으면 급성 또는 만성 중독을 일으킨다.

③ 저장 및 취급방법 : 중유에 준하며, 취급 시 피부나 호흡기 등에 보호조치를 하여야 한다.

④ 용도 : 염료, 고무 유화 촉진제, 의약품, 유기합성, 살균제, 페인트, 향료 등의 원료

(4) 니트로벤젠(C$_6$H$_5$NO$_2$, , 니트로벤졸) – 비수용성 액체

① 일반적 성질

  ㉮ 물보다 무겁고 물에 약간 녹으며, 유기용제 등에는 잘 녹는다. 암모니아와 같은 냄새가 나는 담황색 또는 갈색의 유상 액체이다.

  ㉯ 벤젠을 니트로화시켜 제조하며, 니트로화제로는 진한황산과 진한질산을 사용한다.

  ㉰ 산이나 알칼리에는 비교적 안정하나 주석, 철 등의 금속 촉매에 의해 염산을 첨가시키면 환원되면서 아닐린이 생성된다.

  ㉱ 분자량 123.1, 비중 1.2, 융점 5.7℃, 비점 211℃, 인화점 88℃, 발화점은 482℃이다.

② 위험성

  ㉮ 비점이 높아 증기흡입은 적지만, 독성이 강하여 피부와 접촉하면 쉽게 흡수된다.

  ㉯ 증기를 오래 흡입하면 혈액 속에 메타헤모글로빈을 생성하므로 두통·졸음·구토 현상이 나타나며, 심하면 의식불명 상태에 이르러 사망하게 된다.

③ 저장 및 취급방법 : 아닐린에 준한다.

④ 용도 : 연료, 향료, 독가스(아담사이드의 원료), 산화제, 용제 등

(5) 에틸렌글리콜($C_2H_4(OH)_2$, 글리콜) - 수용성액체

① 일반적 성질

㉮ 무색무취의 단맛이 나고, 흡습성이 있는 끈끈한 액체로서 2가 알코올이다.

㉯ 물, 알코올, 에테르, 글리세린 등에는 잘 녹고, 사염화탄소, 이황화탄소, 클로로 포름에는 녹지 않는다.

㉰ 독성이 있으며, 무기산 및 유기산과 반응하여 에스테르를 생성한다.

㉱ 분자량 62, 비중 1.113, 융점 -12℃, 비점 197℃, 인화점 111℃, 발화점은 402℃이다.

② 위험성 : 가연성이며, 독성이 있다.

③ 저장 및 취급방법 : 중유에 준한다.

④ 용도 : 부동액 원료, 유기합성, 부동 다이너마이트, 계면활성제의 제조원료, 건조방 지제 등

⑤ 소화방법 : CO_2, 분말

(6) 글리세린($C_3H_5(OH)_3$, 감유) - 수용성액체

① 일반적 성질

㉮ 물보다 무겁고 단맛이 나는 시럽상 무색 액체로, 흡습성이 좋은 3가의 알코올이다.

㉯ 물·알코올과는 어떤 비율로도 혼합되며, 에테르·벤젠·클로로포름 등에는 녹지 않는다.

㉰ 비중 1.26, 융점 19℃, 인화점 160℃, 발화점은 393℃이다.

② 위험성 : 독성이 없다.

③ 저장·취급방법 및 기타 : 에틸렌글리콜에 준한다.

④ 용도 : 용제, 흡습제, 윤활제, 투명 비누, 제약, 화장품 등

(7) 니트로톨루엔[$NO_2(C_6H_4)CH_3$]

① 일반적 성질

㉮ 방향성 냄새가 나는 황색의 액체이며, 물에 잘 녹지 않는다.

㉯ 알코올, 에테르, 벤젠 등 유기용제에 잘 녹는다.

㉰ 분자량 137.1, 비중 1.16, 증기비중 4.72이다.

② 위험성

㉮ 상온에서 연소 위험성은 없으나 가열하면 위험하다.

㉯ 연소 시 질소산화물을 포함한 자극성·유독성의 가스를 발생한다.

6 제4석유류(지정수량 6,000L)

기어유, 실린더유 및 그 밖의 액체로, 인화점이 200℃ 이상 250℃ 미만인 액체이다.

(1) 기어유(Gear Oil)

① 기계, 자동차 등의 기어에 사용한다.
② 비중 0.90, 인화점 220℃, 유동점 -12℃, 수분은 0.2%이다.

(2) 실린더유(Cylinder Oil)

① 각종 증기기관의 실린더에 사용된다.
② 비중 0.90, 인화점 250℃, 유동점 -10℃, 수분은 0.5%이다.

7 동 · 식물유류(지정수량 10,000L)

동물의 지육 등 또는 식물의 종자나 과육으로부터 추출한 것으로서 1기압에서 인화점이 250℃ 미만인 것을 말한다.

(1) 성상

① 화학적 주성분은 고급 지방산으로 포화 또는 불포화탄화수소로 되어있다.
② 순수한 것은 무색무취이나 불순물이 함유된 것은 미황색 또는 적갈색으로 착색되어있다.
③ 장기간 저장된 것은 냄새가 난다.

(2) 위험성

① 인화점 이상에서는 가솔린과 같은 인화의 위험이 있다.
② 화재 시 액온이 상승하여 대형 화재로 발전하기 때문에 소화가 곤란하다.
③ 건성유는 헝겊 또는 종이 등에 스며들어 있는 상태로 방치하면 분자 속의 불포화 결합이 공기 중의 산소에 의해 산화·중합반응을 일으켜 자연발화의 위험이 있다.
④ 1기압에서 인화점은 대체로 220~250℃ 미만이며, 개자유만 46℃이다.

(3) 저장 및 취급방법

① 화기 및 점화원을 멀리할 것
② 증기 및 액체의 누설이 없도록 할 것
③ 가열 시 인화점 이상 가열하지 말 것

(4) 소화방법

① 안개 상태의 분무주수

② 탄산가스, 분말, 할로겐화합물

(5) 종류

① 요오드값(옥소값) : 유지 100g에 부가되는 요오드의 g수

② 요오드값이 크면 불포화도가 커지고 요오드값이 작으면 불포화도가 작아진다. 불포화도가 클수록 자연발화(산화)를 일으키기 쉽다.

③ 요오드값에 따른 종류

㉮ 건성유 : 요오드값이 130 이상인 것. 이중 결합이 많아 불포화도가 높기 때문에 공기 중에서 산화되어 액 표면에 피막을 만드는 기름

   예 들기름(192~208), 아마인유(168~190), 정어리기름(154~196), 동유(145~176), 해바라기유(113~146)

㉯ 반건성유 : 요오드값이 100~130인 것. 공기 중에서 건성유보다 얇은 피막을 만드는 기름

   예 청어기름(123~147), 콩기름(114~138), 옥수수기름(88~147), 참기름(104~118), 면실유(88~121), 채종유(97~107)

   ※ 참기름 : 인화점 225℃

㉰ 불건성유 : 요오드값이 100 이하인 것. 공기 중에서 피막을 만들지 않는 안정된 기름

   예 낙화생기름(땅콩기름, 82~109), 올리브유(75~90), 피마자유(81~91), 야자유(7~16)

적중예상문제

01 다음 제4류 위험물 중 위험등급이 나머지 셋과 다른 하나는?

① 휘발유
② 톨루엔
③ 에탄올
④ 아세트알데히드

> **해설**

(1) 제4류 위험물의 위험등급 및 품명

성 질	위험등급	품 명	
인화성 액체	I	특수인화물류	
	II	제1석유류	비수용성
			수용성
		알코올류	
	III	제2석유류	비수용성
			수용성
		제3석유류	비수용성
			수용성
		제4석유류	
		동·식물유류	

(2) 위험물의 품목 및 위험등급
  ① 휘발유(제1석유류) : 위험등급 II
  ② 톨루엔(제1석유류) : 위험등급 II
  ③ 에탄올(알코올류) : 위험등급 II
  ④ 아세트알데히드(특수인화물) : 위험등급 I

02 위험물 안전관리법령상 [보기]의 위험물에 공통적으로 해당하는 것은?

• 초산메틸	• 메틸에틸케톤
• 피리딘	• 포름산에틸

① 품명   ② 수용성

③ 지정수량   ④ 비수용성

해설

■ **품명과 품목의 지정**

㉠ 특수한 위험성에 의한 지정

㉡ 화학적 조성에 의한 지정

㉢ 형태에 의한 지정

㉣ 농도에 의한 지정

㉤ 사용 상태에 의한 지정

㉥ 지정에서의 제외와 편입

㉦ 경합하는 경우의 지정

03 인화성 액체 위험물의 일반적인 성질과 화재위험성에 대한 설명으로 옳지 않은 것은?

① 전기불량 도체이며 불꽃, 스파크 등 정전기에 의해서도 인화되기 쉽다.

② 물보다 가볍고 물에 녹지 않으므로 화재 확대 위험성이 크므로 주수소화는 좋지 못하다.

③ 대부분의 발생증기는 공기보다 가벼워 멀리까지 흘러간다.

④ 일반적으로 상온에서 액체이며, 대단히 인화되기 쉽다.

해설

③ 대부분의 발생증기는 공기보다 무겁고 멀리까지 흘러간다.

04 다음 제4류 위험물의 일반적인 성질에 대한 설명으로 가장 거리가 먼 것은?

① 물에 녹지 않는 것이 많다.

② 액체비중은 물보다 가벼운 것이 많다.

③ 인화의 위험이 높은 것이 많다.

④ 증기비중은 공기보다 가벼운 것이 많다.

해설

증기비중(Vapor Density)은 대부분 공기보다 무겁다. 따라서 발생된 가연성의 증기는 벽의 아래쪽이라던가 지면의 움푹 팬 곳에 체류하게 되고, 아무리 위쪽에 공기의 통풍이 잘 된다 하더라도 움직이지 않고 바닥에 가라앉아서 가연성가스가 연소범위 내에 든 상태에서 지표면에 존재할 수 있다. 만약 이때 점화원이 있으면 연소, 폭발한다. 이 가연성의 증기는 눈으로 쉽게 확인할 수 없기 때문에 더 위험하다.

05 제4류 위험물의 일반적인 취급상 주의사항으로 옳은 것은?

① 정전기가 축적되어 있으면 화재의 우려가 있으므로 정전기가 축적되지 않게 할 것
② 위험물이 유출하였을 때 액면이 확대되지 않게 흙 등으로 잘 조치한 후 자연 증발시킬 것
③ 물에 녹지 않는 위험물은 폐기할 경우 물을 섞어 하수구에 버릴 것
④ 증기의 배출은 지표로 향해서 할 것

> **해설**

② 위험물이 유출하였을 때 확대되지 않는 구조로 하고, 적당한 경사와 집유구를 설치·운영하여 방유제의 관리에 철저를 가한다.
③ 물에 녹지 않는 위험물은 폐기할 경우 소각은 안전한 장소에서 연소 또는 폭발에 의하여 타인에게 위해나 손해를 미칠 우려가 없는 방법으로 실시하는 한편, 감시원을 배치한다.
④ 증기의 배출은 대기 중에 누출된 경우 인화의 위험성이 크므로 누출방지의 대책은 밀폐용기를 사용하고 용도상 밀폐하기가 곤란한 경우는 후드 등을 통하여 발산된 증기의 확산을 방지한다.

06 제4류 위험물에 적응성이 있는 소화설비는 다음 중 어느 것인가?

① 포소화설비
② 옥내소화전설비
③ 봉상강화액 소화기
④ 옥외소화전설비

> **해설**

제4류 위험물은 질식소화이므로, 포소화설비가 적응성이 있다.

07 인화성 액체위험물에 대하여 가장 많이 쓰이는 소화원리는?

① 주수소화
② 연소물 제거
③ 냉각소화
④ 질식소화

> **해설**

■ **질식소화**
가연물질이 연소하기 위해서는 연소의 3요소 중의 하나인 산소공급원의 양이 충분하여야 한다. 특히 산소는 공기 중에 21%(용량), 또는 23%(중량) 존재하고 있으므로 공급되는 공기 중의 산소의 양에 따라 화재가 확대 또는 축소되기도 하므로, 가연물질의 연소 또는 화재에 미치는 산소의 역할은 크다. 그러므로 연소 중인 가연물질에 공급되는 공기의 양을 제어하여 질식소화하게 하거나 화학적으로 제조된 소화약제를 방사시켜 질식소화하기도 한다.

08 특수인화물류에 대한 설명으로 옳은 것은?

① 디에틸에테르, 이황화탄소가 해당한다.
② 1기압에서 액체로 되는 것으로서 비점이 100℃ 이하인 것이다.
③ 인화점이 영하 20℃ 이하로서 발화점이 40℃ 이하인 것이다.
④ 1기압에서 액체로 되는 것으로서 비점이 100℃ 이상인 것이다.

> **해설**
>
> ■ **특수인화물**
> 이황화탄소, 디에틸에테르 그 밖에 1기압에서 발화점이 100℃ 이하인 것 또는 인화점이 −20℃ 이하이고, 비점이 40℃ 이하인 것을 말하다.

09 특수인화물 중 1기압에서 액체로 되는 것으로서 발화점이 180℃, 인화점이 −45℃인 것은?

① 이황화탄소   ② 산화프로필렌
③ 디에틸에테르   ④ 아세트알데히드

> **해설**
>
> 특수인화물류의 위험성상을 발화점이나 인화점 자체가 낮고 비점(40℃ 이하)이 매우 낮아서 휘발·기화하기 쉽다. 그렇기 때문에 이들의 유증기는 가연성가스 다음으로 연소·폭발의 위험성이 매우 높다.

10 다음 특수인화물 중 수용성이 아닌 것은?

① 디비닐에테르   ② 메틸에틸에테르
③ 산화프로필렌   ④ i-프로필아민

> **해설**
>
> 디비닐에테르는 물에 불용성이다.

11 에테르가 공기와 오랫동안 접촉하든지 햇볕에 쪼이게 될 때 생성되는 것은?

① 에스테르   ② 케톤
③ 불변   ④ 과산화물

> **해설**
>
> 에테르를 장기간 저장 시 공기 중에서 산화되어 구조불명의 불안정하고 폭발성의 과산화물을 만드는데, 이는 유기과산화물과 같은 위험성을 가지며 불안정하기 때문에 100℃로 가열하거나 충격·압축에 의해 폭발한다.

정답 08. ① 09. ③ 10. ① 11. ④

12 다음 중 유동하기 쉽고 휘발성인 위험물로 특수인화물에 속하는 것은?

① $C_2H_5OC_2H_5$

② CH_3COCH_3

③ C_6H_6

④ $C_6H_4(CH_3)_2$

> 해설

② 아세톤(CH_3COCH_3), ③ 벤젠(C_6H_6), ④ 크실렌[$C_6H_4(CH_3)_2$]은 제1석유류이다.
① 디에틸에테르($C_2H_5OC_2H_5$)는 특수인화물에 속한다.

13 에테르 중 과산화물 확인방법으로 옳은 것은?

① 산화철을 첨가한다.

② 10% KI용액을 첨가하여 1분 이내에 황색으로 변화하는지 확인한다.

③ 30% $FeSO_4$ 10mL를 에테르 1L의 비율로 첨가하여 추출한다.

④ 98% 에틸알코올 120mL를 에테르 1L의 비율로 첨가하여 증류한다.

> 해설

■ 에테르 중 과산화물 확인 방법
시료 10mL를 무색의 마개 달린 시험관에 취하고, 새로 만든 요오드화칼륨용액(10%) 1mL를 가한 후 1분간 계속 흔든다. 이때 흰 종이를 배경으로 하여 정면에서 보았을 때 두 층에 색이 나타나면 과산화물이 생성된 것으로 본다.

14 이황산탄소를 저장하는 실의 온도가 −20℃이고, 저장실 내 이황화탄소의 공기 중 증기농도가 2vol%라고 가정할 때 다음 설명 중 옳은 것은?

① 점화원이 있으면 연소된다.

② 점화원이 있더라도 연소되지 않는다.

③ 점화원이 없어도 발화된다.

④ 어떠한 방법으로도 연소되지 않는다.

> 해설

이황화탄소(CS_2)는 인화점이 −30℃이고 폭발범위가 1.2~44%이다. 그런데 실의 온도가 −20℃이고 증기농도가 2vol%이므로, 인화폭발범위 내에 있으므로 점화원이 있으면 연소한다.

15 다음 중 이황화탄소에 대한 설명으로 틀린 것은?

① 인화점이 낮아 인화가 용이하므로 액체 자체의 누출뿐만 아니라 증기의 누설을 방지하여야 한다.
② 휘발성 증기는 독성이 없으나 연소생성물 중 SO_2는 유독성가스이다.
③ 물보다 무겁고 녹기 어렵기 때문에 물을 채운 수조탱크에 저장한다.
④ 강산화제와 접촉에 의해 격렬히 반응하고 혼촉발화 또는 폭발의 위험성이 있다.

해설

■ **이황화탄소(CS_2)**
㉠ 이황화탄소(CS_2)는 제4류 위험물이고, 특수인화물이며 비수용성이다.
㉡ 증기와 연소생성물인 SO_2(이산화황, 아황산가스)는 가연성이며 유독하다.
㉢ $CS_2 + 3O_2 \rightarrow CO_2 + 2SO_2$

16 이황화탄소의 성질 또는 취급방법에 대한 설명 중 틀린 것은?

① 물보다 무겁다.
② 증기가 공기보다 가볍다.
③ 물을 채운 수조에 저장한다.
④ 연소 시 유독한 가스가 발생한다.

해설

증기는 공기보다 무겁다(증기비중 : 2.6).

17 1기압, 100℃에서 1kg의 이황화탄소가 모두 증기가 된다면 부피는 약 몇 L가 되겠는가?

① 201 ② 403
③ 603 ④ 804

해설

$$PV = \frac{W}{M}RT$$
$$V = \frac{WRT}{PM} = \frac{1,000 \times 0.082 \times (273+100)}{1 \times 76} = 403L$$

15. ② 16. ② 17. ②

18 CS₂는 화재예방상 액면 위에 물을 채워두는 경우가 많다. 그 이유로 맞는 것은?

① 산소와의 접촉을 피하기 위하여
② 가연성 증기의 발생을 방지하기 위하여
③ 공기와 접촉하면 발화되기 때문에
④ 불순물을 물에 용해시키기 위하여

해설

이황화탄소(CS_2)를 물속에 저장하는 이유는 가연성 증기의 발생을 방지하기 위함이다.

19 산화프로필렌의 성질로 가장 옳은 것은?

① 산, 알칼리 또는 구리, 마그네슘의 촉매에서 중합반응을 한다.
② 물속에서 분해하여 에탄(C_2H_6)을 발생한다.
③ 폭발범위가 4~57%이다.
④ 물에 녹기 힘들며, 흡열반응을 한다.

해설

■ **산화프로필렌의 성질** $\left(\begin{matrix} CH_3CHCH_2 \\ \diagdown \diagup \\ O \end{matrix} \right)$

㉠ 물, 알코올, 에테르, 벤젠에 녹는다.
㉡ 폭발범위가 2.3~36%이다.
㉢ 산, 알칼리 또는 구리, 마그네슘의 촉매에서 중합반응을 한다.

20 산화프로필렌에 대한 설명으로 틀린 것은?

① 물, 알코올, 등에 녹는다.
② 무색의 휘발성 액체이다.
③ 구리, 마그네슘 등과의 접촉은 위험하다.
④ 냉각소화는 유효하나 질식소화는 효과가 없다.

해설

산화프로필렌의 초기 화재 시는 CO_2, 물분무에 의해 질식소화하며, 기타의 경우는 알코올형 포로 일시에 소화한다. 저장용기나 탱크 외벽을 물로 냉각 조치하여 폭발을 방지하고, 소화는 확대 이전 짧은 시간에 이루어지도록 한다.

21 산화프로필렌에 대한 설명 중 틀린 것은?

① 무색의 휘발성 액체이다.
② 증기의 비중은 공기보다 작다.
③ 인화점이 약 −37℃이다.
④ 비점은 약 34℃이다.

해설

증기의 비중은 공기보다 무겁다(증기비중 2.0).

22 산화프로필렌의 성질에 대한 설명으로 옳은 것은?

① 산 및 알칼리와 중합반응을 한다.
② 물속에서 분해하여 에탄을 발생한다.
③ 연소범위가 14~57%이다.
④ 물에 녹기 힘들며, 흡열반응을 한다.

해설

■ **산화프로필렌의 성질**
㉠ 산 및 알칼리와 중합반응을 한다.
㉡ 물, 알코올, 에테르, 벤젠에 녹는다.
㉢ 연소범위가 2.3~36%이다.
㉣ 물에 녹는다.

23 산화프로필렌에 대한 설명 중 틀린 것은?

① 증기는 공기보다 무겁다.
② 연소범위가 가솔린보다 넓다.
③ 발화점이 상온 이하로 매우 위험하다.
④ 물에 녹는다.

해설

산화프로필렌은 발화점이 465℃이다.

정답 21. ② 22. ① 23. ③

24 이소프로필아민의 저장·취급에 대한 설명으로 옳지 않은 것은?

① 증기 누출, 액체 누출 방지를 위하여 완전 밀봉한다.
② 증기는 공기보다 가볍고 공기와 혼합되면 점화원에 의하여 인화·폭발위험이 있다.
③ 강산류, 강산화제, 케톤류와의 접촉을 방지한다.
④ 화기엄금, 가열금지, 직사광선 차단, 환기가 좋은 장소에 저장한다.

> **해설**
>
> ■ 이소프로필아민[isopropylamine, (CH₃)₂CHNH₂]
> 특수인화물로서 매우 인화의 위험이 높다. 증기는 공기보다 무거워 낮은 곳에 체류하고 점화원에 의해 쉽게 인화·폭발하며, 연소 시 역화의 위험이 있다.

25 제1석유류라 함은 아세톤 및 휘발유, 그 밖의 액체로서 1기압에서 인화점이 얼마 미만인 것을 말하는가?

① 섭씨 20도   ② 섭씨 21도
③ 섭씨 70도   ④ 섭씨 200도

> **해설**
>
> ■ 석유류의 구분
> ㉠ 제1석유류 : 아세톤 및 휘발유, 그 밖의 액체로서 인화점이 21℃ 미만인 액체
> ㉡ 제2석유류 : 등유, 경유 및 그 밖의 액체로서 인화점이 21℃ 이상 70℃ 미만인 것
> ㉢ 제3석유류 : 중유, 크레오소트유 및 그 밖의 1기압 20℃에서 액체로서 인화점이 70℃ 이상 200℃ 미만인 것
> ㉣ 제4석유류 : 기어유, 실린더유 및 그 밖의 액체로서 인화점이 200℃ 이상 250℃ 미만인 액체

26 요오드포름 반응을 하는 물질로 비점이 낮고 인화점이 낮아 위험성이 있어 화기를 멀리 해야 하고 용기는 갈색병을 사용하여 냉암소에 보관해야 하는 물질은?

① CH_3COCH_3 ② CH_3CHO
③ C_5H_5 ④ $C_6H_5NO_2$

> **해설**
>
> ■ 요오드포름 반응
> 에탄올에 KOH(또는 NaOH)와 I₂(요오드)를 작용시키면 독특한 냄새를 갖는 노란색의 CHI₃(요오드포름)가 침전된다. 이와 같은 반응은 다른 알코올에서는 볼 수 없으므로 에탄올의 검출에 이용된다.
> $C_2H_5OH + KOH(NaOH) + I_2 \rightarrow CHI_3 \downarrow$ (노란색 침전)

27 요오드포름(아이오도폼) 반응을 하는 물질로 연소범위가 약 2.5~12.8%이며, 비점과 인화점이 낮아 화기를 멀리 해야 하고 냉암소에 보관하는 물질은?

① CH_3COCH_3 ② CH_3CHO
③ C_6H_6 ④ $C_6H_5NO_2$

해설

■ 아세톤(CH_3COCH_3)
요오드포름 반응을 하는 물질로서 연소범위(2.5~12.8%), 비점(56℃)과 인화점(−18℃)이 낮아 화기를 멀리 해야 하고 냉암소에 보관한다.

28 다음 중 할로겐화합물 소화기가 적응성이 있는 것은?

① 나트륨 ② 철분
③ 아세톤 ④ 질산에틸

해설

① 나트륨 : 건조사
② 철분 : 건조사
③ 아세톤 : 할로겐화합물 소화기
④ 질산에틸 : 다량의 물

29 휘발유에 대한 설명 중 틀린 것은?

① 연소범위는 약 1.4~7.6%이다.
② 제1석유류로 지정수량이 200L이다.
③ 전도성이므로 정전기에 의한 발화의 위험이 있다.
④ 착화점이 약 300℃이다.

해설

휘발유($C_5H_{12}~C_9H_{20}$)는 비전도성으로 정전기를 발생·축적시키므로 대전을 일으키기 쉽다.

30 탄화수소 $C_5H_{12}~C_9H_{20}$까지의 포화, 불포화 탄화수소의 혼합물인 휘발성 액체 위험물의 인화점 범위는?

① −5~10℃ ② −43~−20℃
③ −70~−45℃ ④ −15~−5℃

정답 27. ① 28. ③ 29. ③ 30. ②

휘발유(Gasoline)에 대한 설명이다.

31 인화점이 낮은 것에서 높은 것의 순서로 옳게 나열한 것은?

① 가솔린 → 톨루엔 → 벤젠
② 벤젠 → 가솔린→ 톨루엔
③ 가솔린 → 벤젠 → 톨루엔
④ 벤젠 → 톨루엔 → 가솔린

해설

종 류	인화점
가솔린	$-20 \sim -43℃$
벤 젠	$-11.1℃$
톨루엔	$4.5℃$

32 다음 [보기]와 같은 공통점을 갖지 않는 것은?

- 탄화수소이다.
- 치환반응보다는 첨가반응을 잘 한다.
- 석유화학공업 공정으로 얻을 수 있다.

① 에텐   ② 프로필렌
③ 부텐   ④ 벤젠

해설

■ 벤젠(C_6H_6)의 제법
㉠ 원유를 정제하거나 석유를 백금 촉매로 개질 리포밍하여 얻는다.
㉡ 아세틸렌 3분자를 중합하여 얻는다.
㉢ 콜타르를 약 160℃로 분별 증류하여 얻은 경유 중에 포함되어있다.

33 요오드포름 반응을 이용하여 검출할 수 있는 위험물이 아닌 것은?

① 아세트알데히드   ② 에탄올
③ 아세톤   ④ 벤젠

정답 31. ③ 32. ④ 33. ④

해설

■ 요오드포름 반응을 이용하여 검출할 수 있는 위험물
아세트알데히드, 에탄올, 아세톤

34 순수한 벤젠의 온도가 0℃일 때에 대한 설명으로 옳은 것은?

① 액체 상태이고 인화의 위험이 있다.
② 고체상태이고 인화의 위험은 없다.
③ 액체 상태이도 인화의 위험은 없다.
④ 고체상태이고 인화의 위험이 있다.

해설

벤젠(benzene, C_6H_6)은 융점이 6℃이고 인화점이 −11.1℃이기 때문에 겨울철에는 응고된 상태에서도 연소할 가능성이 있다.

35 벤젠의 핵에 메틸기 한 개가 결합된 구조를 가진 무색투명한 액체로서 방향성의 독특한 냄새를 가지는 물질은?

① 톨루엔   ② 질산메틸
③ 메틸알코올   ④ 디니트로톨루엔

해설

톨루엔(toluene, $C_6H_5CH_3$, 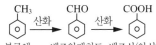)의 설명이다.

36 비점이 약 111℃인 액체로서, 산화하면 벤조알데히드를 거쳐 벤조산이 되는 위험물은?

① 벤젠   ② 톨루엔
③ 크실렌   ④ 아세톤

해설

■ **톨루엔($C_6H_5CH_3$, 제4류, 제1석유류, 비수용성)의 산화반응**

톨루엔 $\xrightarrow{\text{산화}}$ 벤조알데히드 $\xrightarrow{\text{산화}}$ 벤조산(안식향산)
($C_6H_5CH_3$)   (C_6H_5CHO)   (C_6H_5COOH)

정답 34. ④ 35. ① 36. ②

37 톨루엔의 성질을 벤젠과 비교한 것 중 틀린 것은?

① 독성은 벤젠보다 크다.　　② 인화점은 벤젠보다 높다.
③ 비점은 벤젠보다 높다.　　④ 융점은 벤젠보다 낮다.

> **해설**

톨루엔($C_6H_5CH_3$)은 독성이 벤젠보다 약하다.

38 크실렌(xylene)의 일반적인 성질에 대한 설명 중 틀린 것은?

① 3가지 이성질체가 있고 모두 분자량이 같다.
② m-크실렌은 무취이고 갈색 액체이다.
③ 이성질체 간의 구조식은 모두 다르다.
④ 증기는 비중이 높아 낮은 곳에 체류하기 쉽다.

> **해설**

오르소크실렌, 메타크실렌, 파라크실렌의 3가지의 이성질체가 있다. 이들은 무색투명하며, 단맛이 있고 방향성이 있다.

39 다음 중 메틸에틸케톤에 대한 설명 중 틀린 것은?

① 증기는 공기보다 무겁다.
② 지정수량은 200L이다.
③ 이소부틸알코올을 환원하여 제조할 수 있다.
④ 품명은 제1석유류이다.

> **해설**

이소부틸알코올 $\xrightarrow[\text{산화}]{H_2}$ 메틸에틸케톤(MEK, $CH_3COC_2H_6$)

40 「위험물안전관리법령」상 제4류 위험물 중에서 제1석유류에 속하는 것은?

① CH_3CHOCH_2　　　　　② $C_2H_5COCH_3$
③ CH_3CHO　　　　　　　④ CH_3COOH

해설

① CH_3CHOCH_2(산화프로필렌) : 제4류 위험물 중 특수인화물
② $C_2H_5COCH_3$(메틸에틸케톤) : 제4류 위험물 중 제1석유류
③ CH_3CHO(아세트알데히드) : 제4류 위험물 중 특수인화물
④ CH_3COOH(초산) : 제4류 위험물 중 제2석유류

41 다음 중 시안화수소에 대한 설명으로 옳은 것은?

① 물보다 무겁다.
② 물에 녹지 않는다.
③ 증기는 공기보다 가볍다.
④ 비점이 낮아 10℃ 이하에서도 증기상이다.

해설

① 물보다 무겁다(비중 : 0.69).
② 물·알코올 잘 녹는다.
③ 증기는 공기보다 가볍다(HCN 분자량 = 1+12+14 = 27, $\frac{27}{29}$ = 0.93)
④ 비점이 26℃이다.

42 화학적 질식위험물질로 인체 내에 산화효소를 침범하여 가장 치명적인 물질은?

① 에탄   ② 포름알데히드
③ 시안화수소   ④ 염화비닐

해설

■ **시안화수소(Hydrogen Cyanide, HCN)**
맹독성 물질로서 증기를 직접 흡입하면 치명적이며, 두통·메스꺼움·구토·경련·치아노제·마비·의식불명·사망에 이른다.

43 메틸트리클로로실란에 대한 설명으로 틀린 것은?

① 제1석유류이다.   ② 물보다 무겁다.
③ 지정수량은 200L이다.   ④ 증기는 공기보다 가볍다.

해설

메틸트리클로로실란은 제4류 위험물, 제1석유류(비수용성)이며, 증기는 공기보다 무겁다.

44 다음 중 「위험물안전관리법」상 알코올류가 위험물이 되기 위하여 갖추어야 할 조건이 아닌 것은?

① 한 분자 내에 탄소 원자 수가 1개부터 3개까지일 것
② 포화 알코올일 것
③ 수용액일 경우 「위험물안전관리법」에서 정의한 알코올 함유량이 60wt% 이상일 것
④ 2가 이상의 알코올일 것

> **해설**

■ 「위험물안전관리법」상 알코올류
한 분자 내의 탄소 원자 수가 3개 이하인 포화 1가의 알코올로서 변성알코올을 포함하며, 알코올 수용액의 농도가 60wt% 이상인 것

45 알코올류에서 탄소수가 증가할수록 변화되는 현상으로 옳은 것은?

① 인화점이 낮아진다.
② 연소범위가 넓어진다.
③ 수용성이 감소된다.
④ 액체 비중이 작아진다.

> **해설**

① 인화점이 높아진다.
② 연소범위가 좁아진다.
④ 액체 비중이 커진다.

46 다음 중 산화하면 포름알데히드가 되고 다시 한 번 산화하면 포름산이 되는 것은?

① 에틸알코올   ② 메틸알코올
③ 아세트알데히드   ④ 아세트산

> **해설**

㉠ 메틸알코올(CH_3OH) $\xrightarrow{\text{산화}}$ 포름알데히드($HCHO$) $\xrightarrow{\text{산화}}$ 포름산($HCOOH$)

㉡ 에틸알코올(C_2H_5OH) $\xrightarrow{\text{산화}}$ 아세트알데히드(CH_3CHO) $\xrightarrow{\text{산화}}$ 초산(CH_3COOH)

47 물과 서로 분리 가능하여 물속에서 쉽게 구별할 수 있는 알코올은?

① n-부틸알코올
② n-프로필알코올
③ 에틸알코올
④ 메틸알코올

> **해설**
>
> 부틸알코올은 포도주와 비슷한 냄새가 나는 무색투명한 액체이다.

48 알코올류 위험물에 대한 설명으로 옳지 않은 것은?

① 탄소수가 1개부터 3개까지인 포화 1가 알코올을 말한다.
② 포소화약제 중 단백포를 사용하는 것이 효과적이다.
③ 메틸알코올은 산화되면 최종적으로 포름산이 된다.
④ 포화 1가 알코올의 함유량이 60중량% 이상인 것을 말한다.

> **해설**
>
> 알코올류는 알코올 포소화약제를 사용하여 소화하여야 한다.

49 다음 중 등유에 관한 설명 중 틀린 것은?

① 물보다 가볍다.
② 가솔린보다 인화점이 높다.
③ 물에 용해되지 않는다.
④ 증기는 공기보다 가볍다.

> **해설**
>
> 등유의 증기비중은 4.5이므로 공기보다 무겁다.

50 경유의 지정수량(L)은 얼마인가?

① 50
② 100
③ 300
④ 1,000

> **해설**
>
> ■ **경유의 지정수량**
> 1,000L(비수용성 액체, 제4류 중 제2석유류)

정답 47. ① 48. ② 49. ④ 50. ④

51 다름 위험물의 화재 시 알코올 포소화약제가 아닌 보통의 포소화약제를 사용하였을 때 가장 효과가 있는 것은?

① 아세트산
② 메틸알코올
③ 메틸에틸케톤
④ 경유

해설

㉠ 알코올 포소화약제 : 수용성인 인화성 액체 예 아세트산, 메틸알코올, 메틸에틸케톤
㉡ 보통의 포소화약제 : 불용성인 인화성 액체 예 경유

52 포름산의 지정수량으로 옳은 것은?

① 400L
② 1,000L
③ 2,000L
④ 4,000L

해설

■ **위험등급 및 지정수량**

위험등급	품 명		지정수량
I	특수인화물류		50L
II	제1석유류	비수용성(가솔린, 벤젠, MEK, 헥산, o-크실렌, 톨루엔 등)	200L
		수용성(아세톤, 시안화수소, 피리딘 등)	400L
	알코올류		400L
III	제2석유류	비수용성(등유, 경유, 클로로벤젠, m-크실렌, p-크실렌 등)	1,000L
		수용성[포름산(의산), 아세트산(초산) 등]	2,000L
	제3석유류	비수용성(중유, 크레오소트유, 니트로벤젠 등)	2,000L
		수용성(에틸렌글리콜, 글리세린 등)	4,000L
	제4석유류		6,000L
	동·식물유류		10,000L

53 다음 위험물 중 제3석유류에 해당하지 않는 물질은?

① 니트로톨루엔
② 에틸렌글리콜
③ 글리세린
④ 테레핀유

해설

①, ②, ③ 제3석유류, ④ 제2석유류

54 히드라진에 대한 설명으로 옳지 않은 것은?

① NH_3을 ClO^-이온으로 산화시켜 얻는다.
② Raschig법에 의하여 제조된다.
③ 주된 용도는 산화제로서의 작용이다.
④ 수소결합에 의해 강하게 결합되어있다.

> **해설**
>
> 히드라진(hydrazine, N_2H_4)의 주된 용도로 로켓, 항공기연료, 플라스틱 발포제, 환원제, 시약 등에 사용된다.

55 큐멘(cumene)공정으로 제조되는 것은?

① 아세트알데히드와 에테르
② 페놀과 아세톤
③ 크실렌과 에테르
④ 크실렌과 아세트알데히드

> **해설**
>
> ■ **큐멘(cumene) 공정(큐멘법)**
>
>

56 다음 위험물 중 해당하는 품명이 나머지 셋과 다른 하나는?

① 큐멘
② 아닐린
③ 니트로벤젠
④ 염화벤조일

> **해설**
>
> ① 큐멘[$(CH_3)_2CHC_6H_5$] : 제2석유류
> ② 아닐린($C_6H_5NH_2$) : 제3석유류
> ③ 니트로벤젠($C_6H_5NO_2$) : 제3석유류
> ④ 염화벤조일[$(C_6H_5)COCl$] : 제3석유류

57 개방된 중유 또는 원유탱크 화재 시 포를 방사하면 소화약제가 비등 증발하며, 확산의 위험이 발생한다. 이 현상은?

① 보일오버 현상　　　　　　　② 슬롭오버 현상
③ 플래시오버 현상　　　　　　④ 블레비 현상

> **해설**

① 보일오버 현상 : 원추형 탱크의 지붕판이 폭발에 의해 날아가고 화재가 확대될 때 저장되어 있는 연소 중인 기름에서 발생할 수 있는 현상으로, 기름의 표면부에서 장시간 조용히 타고 있는 동안 갑자기 탱크로부터 연소 중인 기름이 폭발적으로 분출되어 화재가 일시에 격화된다.
③ 플래시오버 현상 : 화재가 구획된 방 안에서 발생하면 플래시오버가 발생한다. 그러면 수초 안에 온도가 약 5배로 높아지고 산소는 급격히 감소되며, 일산화탄소가 치사량으로 발생하고 이산화탄소는 급격히 증가한다.
④ 블레비(BLEVE; Boiling Liquid Expanding Vapor Explosion) : 비등 상태의 액화가스가 기화하여 폭발하는 현상으로, 파편이 중심에서 1,000m 이상까지 날아가며 화염 전파속도는 대략 250m/s 전후이다.

58 콜타르 유분으로 나프탈렌과 안트라센 등을 함유하는 물질은?

① 중유　　　　　　　　　　　② 메타크레졸
③ 클로로벤젠　　　　　　　　④ 크레오소트유

> **해설**

■ **크레오소트유(creosote Oil)**
콜타르를 230~300℃에서 증류할 때 혼합물로 얻으며, 주성분으로 나프탈렌과 안트라센을 포함하고 있는 혼합물이다.

59 분자량 93.1, 비중 1.02, 융점 약 −6℃인 액체로 독성이 있고 알칼리금속과 반응하여 수소가스를 발생하는 물질은?

① 글리세린　　　　　　　　　② 니트로벤젠
③ 아닐린　　　　　　　　　　④ 아세토니트릴

> **해설**

아닐린(aniline, $C_6H_5NH_2$,)은 무색 또는 담황색의 특이한 아민 같은 냄새가 있는 기름상의 액체로, 공기 중에서는 적갈색으로 변한다. 알칼리금속 또는 알칼리토금속류와 반응하여 가연성가스인 수소를 발생한다.

60 다음 중 아닐린의 연소범위 하한값에 가장 가까운 것은?

① 1.3vol%

② 7.6vol%

③ 9.8vol%

④ 15.5vol%

> **해설**
>
> ■ 아닐린($C_6H_5NH_2$)의 연소범위
> 1.3~11%

61 다음 석유류 가운데 지정수량이 2,000L에 속하는 것은?

① 에틸렌글리콜

② 등유

③ 기계유

④ 아세톤

> **해설**
>
> ① 에틸렌글리콜 : 2,000L
> ② 등유 : 1,000L
> ③ 기계유 : 600L
> ④ 아세톤 : 400L

62 다음에서 설명하는 제4류 위험물은 무엇인가?

> • 무색무취의 끈끈한 액체이다.
> • 분자량은 약 62이고, 2가 알코올이다.
> • 지정수량은 4,000L이다.

① 글리세린

② 에틸렌글리콜

③ 아닐린

④ 에틸알코올

> **해설**
>
> 에틸렌글리콜[ethylene glycol, $C_2H_4(OH)_2$]의 설명이다.

정답 60. ① 61. ① 62. ②

63 다음과 같은 일반적 성질을 갖는 물질은?

> • 약한 방향성 및 끈적거리는 시럽상의 액체
> • 발화점은 약 402℃, 인화점은 111℃
> • 유기산이나 무기산과 반응하여 에스테르를 만듦

① 에틸렌글리콜   ② 우드테레핀유

③ 클로로벤젠   ④ 테레핀유

해설

■ 에틸렌글리콜(ethylene glycol)

무색무취의 끈적끈적한 액체로서 강한 흡습성이 있고 단맛이 있으며, 상온에서의 인화 위험이 없으나 가열하면 연소 위험성이 증가한다. 가열하거나 연소에 의해 자극성 또는 유독성의 CO를 발생한다.

64 자동차의 부동액으로 많이 사용되는 에틸렌글리콜을 가열하거나 연소할 때 주로 발생되는 가스는?

① 일산화탄소   ② 인화수소

③ 포스겐가스   ④ 메탄

해설

■ 에틸렌글리콜(ethylene glycol, HOC_2H_4OH)

상온에서는 인화위험이 없으나, 가열하면 연소위험성이 증가하고 가열하거나 연소에 의해 자극성 또는 유독성의 일산화탄소를 발생하다.

65 윤활제, 화장품, 폭약의 원료로 사용되며, 무색의 단맛이 있는 제4류 위험물로 지정수량이 4,000L인 것은?

① $C_6H_3(OH)(NO_2)_2$ ② $C_3H_5(OH)_3$

③ $C_6H_5NO_2$ ④ $C_6H_5NH_2$

해설

글리세린[$C_3H_5(OH)_3$]에 대한 설명이다.

66 글리세린은 다음 중 어디에 속하는가?

① 1가 알코올   ② 2가 알코올

③ 3가 알코올   ④ 4가 알코올

> **해설**

글리세린[$C_3H_5(OH)_3$]은 OH기가 3개 있으므로 제3가 알코올이다.

67 1기압에서 인화점이 200℃인 것은 제 몇 석유류인가?(단, 도료류 그 밖의 가연성 액체량이 40wt% 이하인 물품은 제외한다)

① 제1석유류   ② 제2석유류

③ 제3석유류   ④ 제4석유류

> **해설**

① 제1석유류 : 인화점이 21℃ 미만
② 제2석유류 : 인화점이 21℃ 이상 70℃ 미만
③ 제3석유류 : 인화점이 70℃ 이상 200℃ 미만
④ 제4석유류 : 인화점이 200℃ 이상 250℃ 미만

68 동·식물유류에 대한 설명 중 틀린 것은?

① 요오드값이 100 이하인 것을 건성유라 한다.
② 아마인유는 건성유이다.
③ 요오드값은 기름 100g이 흡수하는 요오드의 g 수를 나타낸다.
④ 요오드값이 크면 이중결합을 많이 포함한 불포화 지방산을 많이 가진다.

> **해설**

① 요오드값이 100 이하인 것은 불건성유라 한다.

69 요오드값(Iodine Number)에 대한 설명으로 옳은 것은?

① 지방 또는 기름 1g과 결합하는 요오드의 g수이다.
② 지방 또는 기름 1g과 결합하는 요오드의 mg수이다.
③ 지방 또는 기름 100g과 결합하는 요오드의 g수이다.
④ 지방 또는 기름 100g과 결합하는 요오드의 mg수이다.

정답 66. ③ 67. ④ 68. ① 69. ③

요오드값(옥소값) : 유지 100g에 부가되는 요오드의 g수

㉠ 요오드 값 ↑ : $\begin{pmatrix} 불포화도 \\ 반응성 \\ 이중결합수 \\ 자연발화 위험 \end{pmatrix}$↑

㉡

구 분	요오드값	동·식물유류
건성유	130 이상	아마인유·정어리기름 등
반건성유	100~130	참기름·콩기름·옥수수기름 등
불건성유	100 이하	야자유·올리브유·피마자유 등

70 다음 중 건성유는 요오드값이 얼마인 것을 말하는가?

① 100 미만　　　　　　　② 100 이상 130 미만
③ 130 미만　　　　　　　④ 130 이상

■ **동·식물유류**

㉠ 건성유 : 요오드값이 130 이상
㉡ 반건성유 : 요오드값이 100~130인 것
㉢ 불건성유 : 요오드값이 100 이하

71 다음 유지류에서 건성유에 해당하는 것은?

① 낙화생유(Peanut Oil)　　② 올리브유(Olive Oil)
③ 동유(Tung Oil)　　　　④ 피마자유(Castor Oil)

① 낙화생유(Peanut Oil) : 불건성유(요오드값 : 80~109)
② 올리브유(Olive Oil) : 불건성유(요오드값 : 75~90)
③ 동유(Tung Oil) : 건성유(요오드값 : 145~176)
④ 피마자유(Castor Oil) : 불건성유(요오드값 : 81~91)

72 다음 유지류 중 요오드값이 가장 큰 것은?

① 돼지기름　　　　　　　② 고래기름
③ 소기름　　　　　　　　④ 정어리기름

정답 70. ④　71. ③　72. ④

해설

① 돼지기름 : 50~77
② 고래기름 : 140~150
③ 소기름 : 35~59
④ 정어리기름 : 154~196

73 다음 중 요오드값이 가장 큰 것은?

① 아마인유   ② 채종유
③ 올리브유   ④ 피마자유

해설

① 아마인유 : 168~190
② 채종유 : 97~107
③ 올리브유 : 75~90
④ 피마자유 : 81~91

74 다음 중 요오드값이 가장 높은 것은?

① 참기름   ② 채종유
③ 동유   ④ 땅콩기름

해설

① 참기름 : 104~118
② 채종유 : 97~107
③ 동유 : 145~176
④ 땅콩기름 : 82~109

75 다음 유지류 중 요오드값이 가장 큰 것은?

① 야자유   ② 피마자유
③ 올리브유   ④ 정어리기름

해설

① 야자유 : 1~6
② 피마자유 : 81~91
③ 올리브유 : 75~90
④ 정어리기름 : 154~196

정답   73. ①   74. ③   75. ④

76 다음 유지류 중 요오드값이 100 이하인 불건성유는?

① 아마인유   ② 참기름
③ 피마자유   ④ 번데기유

> **해설**

① 아마인유 : 168~190
② 참기름 : 104~118
③ 피마자유 : 81~91
④ 번데기유 : 123~146

Chapter 05 제5류 위험물

01 제5류 위험물의 품명과 지정수량

성 질	위험등급	품 명	지정수량
자기 반응성 물질	I	1. 유기과산화물 2. 질산에스테르류	10kg 10kg
	II	3. 니트로화합물 4. 니트로소화합물 5. 아조화합물 6. 디아조화합물 7. 히드라진 유도체 8. 히드록실아민 9. 히드록실아민염류 10. 그 밖에 행정안전부령이 정하는 것 　　① 금속의 아지드화합물 　　② 질산구아니딘	200kg 200kg 200kg 200kg 200kg 100kg 100kg 200kg
	I~II	11. 1~10에 해당하는 어느 하나 이상을 함유한 것	10kg, 100kg 또는 200kg

02 위험성 시험방법

(1) 열분석시험

고체 또는 액체물질의 폭발성을 판단하는 것을 목적으로 하며, 이를 위해 시험물품의 온도상승에 따른 분해반응 등의 자기 반응성에 의한 발열 특성을 측정한다.

(2) 압력용기시험

고체 또는 액체물질의 가열분해의 격심한 정도를 판단하는 것을 목적으로 한다.
이를 위해 시험물품을 압력용기 속에서 가열했을 때 규정의 올리피스판을 사용해서 50% 이상의 확률로 파열판이 파열하는가를 조사한다.

(3) 내열시험

화약류의 안정도에 대한 성능시험방법에 대하여 규정한 것이다.

(4) 낙추감도시험

시험기의 받침쇠 위에 놓은 2개의 강철 원주의 평면 사이에 시료를 끼워 놓고, 철추를 그 위에 떨어뜨려 떨어지는 높이와 폭발 발생 여부의 관계로 화약의 감도를 조사하는 시험이다.

(5) 순폭시험

폭약이 근접하고 있는 다른 폭약의 폭발로 인하여 기폭되는 것을 순폭이라고 한다. 여기서는 같은 종류 폭약의 모래 위에서의 순폭시험으로 한다.

(6) 마찰감도시험

시험기에 부착된 자기체 마찰봉과 마찰판 사이에 소량의 시료를 끼워 놓고, 하중을 건 상태에서 마찰운동을 시켜서, 그 하중과 폭발의 발생 여부로부터 화약류의 감도를 조사하는 시험이다.

(7) 폭속시험

화약류의 폭속에 대한 성능시험으로 도트리시법에 따른다.

(8) 탄동구포시험

화약류의 폭발력에 대한 성능시험방법을 규정한 것이다.

(9) 탄동진자시험

화약류의 폭발력에 대한 성능시험방법을 규정한 것이다.

 제5류 위험물의 판정을 위한 시험
1. 폭발성 시험
2. 가열분해성 시험

03 공통성질 및 저장·취급 시 유의사항

(1) 공통성질

① 가연성 물질로서 그 자체가 산소를 함유하므로(모두 산소를 포함하고 있지는 않다) 내부(자기)연소를 일으키기 쉬운 자기반응성 물질이다.
② 연소 시 연소속도가 매우 빨라 폭발성이 강한 물질이다.
③ 가열, 충격, 타격 등에 민감하며, 강산화제 또는 강산류와 접촉 시 위험하다.
④ 장시간 공기에 방치하면 산화반응에 의해 열분해하여 자연발화를 일으키는 경우도 있다.
⑤ 대부분 물에 잘 녹지 않으며, 물과의 직접적인 반응에 대해 위험성은 적다.

(2) 저장 및 취급 시 유의사항

① 화재발생 시 소화가 곤란하므로 작은 양으로 나누어 저장할 것
② 용기의 파손 및 균열에 주의하며, 통풍이 잘 되는 냉암소 등에 저장할 것
③ 가열, 충격, 마찰 등을 피하고, 화기 및 점화원으로부터 멀리 저장할 것
④ 용기는 밀전·밀봉하고, 운반용기 및 포장 외부에는 '화기엄금', '충격주의' 등의 주의 사항을 게시할 것

(3) 예방대책

① 사전에 충분한 시험 평가를 실시하여 안전관리가 이루어져야 한다.
② 폭발에 대비해 토담, 제방 등을 설치하고 폭풍으로 인한 직접 피해를 줄인다.

③ 직사광선을 차단하고 습도에 주의하며, 통풍이 양호한 찬 곳에 저장한다.

④ 가급적 소분하여 저장하고, 용기의 파손 및 위험물의 누출을 방지한다.

⑤ 화약류의 기폭제 원료로 사용되는 미세한 분말상태의 것은 정전기에 의해서도 폭발의 우려가 있으므로 완전한 접지 등 철저한 안전대책을 강구하고, 전기기기는 방폭조치한다.

(4) 소화방법

대량의 주수소화가 효과적이다.

(5) 진압대책

① 질식소화는 효과가 없다. 산소가 함유된 자기연소성물질인 유기과산화물류, 질산에스테르류, 셀룰로이드류, 니트로화합물류, 니트로소화합물류에는 더욱 효과가 없다.

② 산소를 함유하지 않아 자체 산소공급이 안 되는 아조화합물류, 디아조화합물류, 히드라진도 특성상 할로겐화물 소화약제(할론 1211, 할론 1301)는 소화에 적응하지 않는 소화약제이므로 사용해서는 안 된다.

③ 화재 시 분해생성가스나 연소생성가스가 많이 발생할 뿐만 아니라 유독성가스가 포함되어 있으므로 공기호흡기 등의 보호장구를 착용한다.

④ 화재 시 폭발의 위험성이 상존하므로 안전거리를 충분히 확보하고 가급적 무인 방수포 등에 의해 진압하며, 부득이하게 접근이 필요한 경우는 소화 종사 요원을 철저히 엄폐 조치한다.

⑤ 일시적, 순간적, 예기치 못한 시기에의 폭발과 예기치 못한 장소, 피해 전파 등을 고려하여 철저히 불필요한 사람의 접근을 통제하고 위험지역 밖으로 사람을 대피시킨다.

04 위험물의 성상

1 유기과산화물(지정수량 10kg)

(1) 유기과산화물의 의의

과산화기(−O−O−)를 가진 유기화합물과 소방청장이 정하여 고시하는 품명을 말한다(단, 함유율 이상인 유기과산화물 '지정과산화물'이라 함).

품 명		함유율(중량%)
디이소프로필퍼옥시디카보네이트		60 이상
아세틸퍼옥사이드		25 이상
터셔리부틸퍼피바레이트		75 이상
터셔리부틸퍼옥시이소부틸레이드		
벤조일퍼옥사이드	수성의 것	80 이상
	그 밖의 것	55 이상
터셔리부틸퍼아세이트		75 이상
호박산퍼옥사이드		90 이상
메틸에틸케톤퍼옥사이드		60 이상
터셔리부틸하이드로퍼옥사이드		70 이상
메틸이소부틸케톤퍼옥사이드		80 이상
시클로헥사논퍼옥사이드		85 이상
디터셔리부틸퍼옥시프타레이트		60 이상
프로피오닐퍼옥사이드		25 이상
파라클로로벤젠퍼옥사이드		50 이상
2-4 디클로로벤젠퍼옥사이드		
2-5 디메틸헥산		70 이상
2-5 디하이드로퍼옥사이드		
비스하이드록시시클로헥실퍼옥사이드		90 이상

① 저장 또는 운반 시(화재예방상) 주의사항

   ㉮ 직사광선을 피하고, 냉암소에 저장한다.

   ㉯ 불티·불꽃 등의 화기 및 열원으로부터 멀리하고, 산화제 또는 환원제와도 격리시킨다.

   ㉰ 용기의 파손이나 손상을 정기적으로 점검하며, 위험물이 누설되거나 오염되지 않도록 한다.

   ㉱ 가능한 한 소용량으로 저장한다.

   ㉲ 알코올류 등 제4류 위험물과 혼재하여 운반할 수 있다.

② 취급상 주의사항

   ㉮ 취급 시에는 보호안경과 보호구를 착용한다.

   ㉯ 취급 장소에는 필요 이상의 양을 두지 않도록 하며, 불필요한 것은 저장소에 보관한다.

   ㉰ 피부나 눈에 들어갔을 경우에는 비누액이나 다량의 물로 씻어낸다.

ⓐ 누설 시에는 흡수제 등을 사용하여 이를 제거한 후 폐기 처분한다.

ⓜ 물기와의 접촉은 착화·분해의 원인이 되므로 설비류는 항상 청결을 유지한다.

ⓑ 취급 시에는 포장용 라벨 및 주의서를 숙독한 후 이를 준수한다.

③ 폐기 처분 시 주의사항

  ⓐ 누설된 유기과산화물은 배수구 등으로 흘려버리지 말아야 하며, 강철제의 곡괭이나 삽 등을 사용해서는 안 된다.

  ⓝ 액체가 누설되었을 경우에는 팽창질석 또는 팽창진주암으로 흡수시키고, 고체일 경우에는 혼합시켜 제거한다.

  ⓓ 흡수 또는 혼합된 유기화산화물은 소량씩 소각하거나 흙속에 매몰시킨다.

(2) 벤조일퍼옥사이드[(C₆H₅CO)₂O₂, $\langle\!\!\!\bigcirc\!\!\!\rangle\!-\!\!\overset{CO}{\underset{O}{||}}\!-\!\overset{OC}{\underset{O}{||}}\!\!-\!\langle\!\!\!\bigcirc\!\!\!\rangle$, BPO, 과산화벤조일]

① 일반적 성질

  ⓐ 무색무미의 백색 분말 또는 무색의 결정고체로서 물에는 잘 녹지 않으나 알코올·식용유에 약간 녹으며, 유기용제에 녹는다.

  ⓝ 상온에서는 안정하며, 강한 산화작용을 한다.

  ⓓ 가열하면 약 100℃ 부근에서 흰 연기를 내면서 분해한다.

  ⓔ 비중 1.33, 융점 103~105℃, 발화점 125℃이다.

② 위험성

  ⓐ 상온에서는 안정하나 열, 빛, 충격, 마찰 등에 의해 폭발의 위험이 있다.

  ⓝ 강한 산화성 물질로서 진한황산, 질산, 초산 등과 혼촉 시 화재나 폭발의 우려가 있다.

  ⓓ 수분이 흡수되거나 비활성희석제(프탈산디메틸, 프탈산디부틸 등)가 첨가되면 폭발성을 낮출 수 있다.

  ⓔ 디에틸아민, 황화디메틸과 접촉하면 분해를 일으키며 폭발한다.

③ 저장 및 취급방법

  ⓐ 이물질이 혼입되지 않도록 주의하며, 액체가 누출되지 않도록 한다.

  ⓝ 마찰, 충격, 화기, 직사광선 등을 피하며, 냉암소에 저장한다.

  ⓓ 저장용기에는 희석제를 넣어서 폭발의 위험성을 낮추며, 건조 방지를 위해 희석제의 증발도 억제하여야 한다.

  ⓔ 환원성 물질과 격리하여 저장한다.

④ 소화방법 : 다량의 물에 의한 주수소화가 효과적이며, 소량일 경우에는 탄산가스, 소화분말, 건조사, 암분 등을 사용한 질식소화를 실시한다.

(3) 메틸에틸케톤퍼옥사이드[$(CH_3COC_2H_5)_2O_2$, MEKPO, 과산화메틸에틸케톤]

① 일반적 성질
- ㉮ 독특한 냄새가 있는 기름 상태의 무색 액체이다.
- ㉯ 강한 산화작용으로 자연 분해되며, 알칼리금속 또는 알칼리토금속의 수산화물·과산화철 등에서는 급격하게 반응하여 분해된다.
- ㉰ 물에는 약간 녹고, 알코올·에테르·케톤류 등에는 잘 녹는다.
- ㉱ 시판품은 50~60% 정도의 희석제(프탈산디메틸, 프탈산디부틸 등)를 첨가하여 희석시킨 것이며, 함유율(중량퍼센트)은 60 이상이다.
- ㉲ 융점 −20℃, 인화점 58℃, 발화점 205℃이다.

② 위험성
- ㉮ 상온에서는 안정하고, 40℃에서 분해하기 시작하여 80~100℃에서는 급격히 분해하며, 110℃ 이상에서는 흰 연기를 심하게 내면서 맹렬히 발화한다.
- ㉯ 상온에서 헝겊, 쇠녹 등과 접하면 분해 발화하고, 다량 연소 시는 폭발의 우려가 있다.
- ㉰ 강한 산화성 물질로 상온에서 규조토, 탈지면과 장시간 접촉하면 연기를 내면서 발화한다.

③ 저장 및 취급방법 : 과산화벤조일에 준한다.

2 질산에스테르류(R−ONO_2, 지정수량 10kg)

질산(HNO_3)의 수소(H) 원자를 알킬기(R, C_nH_{2n+1})로 치환한 화합물이다.

(1) 질산메틸(CH_3ONO_2)

① 일반적 성질
- ㉮ 무색투명한 액체로서 분자량이 77이다.
- ㉯ 물에 약간 녹으며, 알코올에 잘 녹는다.
- ㉰ 비중 1.22, 증기비중 2.66, 비점이 66℃이다.

② 위험성 : 고농도는 마취성이 있고, 유독하다.

③ 저장 및 취급방법 : 질산에틸에 준한다.

(2) 질산에틸($C_2H_5ONO_2$)

① 일반적 성질

㉮ 에탄올을 진한질산에 작용시켜 얻는다.

㉯ 무색투명하고 상온에서 액체이며, 방향성과 단맛을 지닌다.

㉰ 물에는 녹지 않으나 알코올, 에테르 등에 녹는다.

㉱ 인화성이 강해 휘발하기 쉽고 증기비중(약 3.1 정도)이 높아 누설 시 낮은 곳에 체류하기 쉽다.

㉲ 분자량 91, 비중 1.11, 융점 −112℃, 비점 88℃, 인화점은 −10℃이다.

② 위험성

㉮ 인화점이 낮아 비점 이상으로 가열하거나 아질산(HNO_2)과 접촉시키면 격렬하게 폭발한다.

㉯ 기타 위험성은 제1석유류와 비슷하다.

③ 저장 및 취급방법

㉮ 화기 등을 피하고, 통풍이 잘 되는 냉암소 등에 저장한다.

㉯ 용기는 갈색병을 사용하고, 밀전·밀봉한다.

④ 소화방법 : 분무상의 물이 효과적이다.

(3) 니트로셀룰로오스($[C_6H_7O_2(ONO_2)_3]_n$, NC, 질화면, 질산섬유소)

① 일반적 성질

㉮ 천연 셀룰로오스를 진한질산과 진한황산의 혼합액에 작용시켜 제조한다.

예 $C_6H_{10}O_5 + 11HNO_3 \xrightarrow{H_2SO_4} C_{24}H_{29}O_9(NO_3)_{11} + 11H_2O$

㉯ 맛과 냄새가 없으며, 물에는 녹지 않고 아세톤, 초산에틸, 초산아밀에는 잘 녹는다.

㉰ 에테르(2)와 알코올(1)의 혼합액에 녹는 것을 약면약, 녹지 않는 것을 강면약이라 한다. 또한, 질화도 12.5~12.8% 범위를 피로면약(피로콜로디온)이라 한다.

㉱ 질화도는 니트로셀룰로오스 중에 포함된 질소의 농도(%)이다.

㉠ 강질면약(강면약) : 질화도 12.76% 이상

㉡ 약질면약(약면약) : 질화도 10.18~12.76%

> **TIP** 질화면을 '강면약'과 '약면약'으로 구분하는 기준
> 질산기의 수

㉲ 비중 1.7, 인화점 13℃, 발화점 160~170℃이다.

② 위험성

㉮ 질화도가 클수록 분해도, 폭발성, 위험성이 증가한다. 질화도에 따라 차이는 있지만, 점화, 가열, 충격 등에 격렬히 연소하고, 양이 많을 때는 압축상태에서도 폭발한다.

㉯ 약 130℃에서 서서히 분해되고 180℃에서 격렬하게 연소하며, 다량의 CO_2, CO, H_2, N_2, H_2O 가스를 발생한다.

예 $2C_{24}H_{29}O_9(ONO_2)_{11} \xrightarrow{\Delta} 24CO + 24CO_2 + 17H_2 + 12H_2O + 11N_2$

㉰ 건조된 면약은 충격, 마찰 등에 민감하여 발화되기 쉽고, 점화되면 폭발한다.

㉱ 햇빛, 산, 알칼리 등에 의해 분해되어 자연발화하고, 폭발위험이 증가한다.

㉲ 정전기 불꽃에 의해 폭발위험이 있다.

③ 저장 및 취급방법

㉮ 물과 혼합 시 위험성이 감소하므로 저장·수송할 때에는 물(20%)이나 알코올(30%)로 습면시킨다.

㉯ 불꽃 등 화기를 멀리하고, 마찰, 충격, 전도, 낙하 등을 피한다.

㉰ 저장 시 소분하여 저장한다.

㉱ 직사광선을 피하고, 통풍이 잘 되는 냉암소 등에 보관한다.

④ 용도 : 다이너마이트의 원료, 무연화약의 원료, 의약품 등

⑤ 소화방법 : 다량의 주수나 건조사 등

(4) 니트로글리세린[$C_3H_5(ONO_2)_3$]

① 일반적 성질

㉮ 글리세린에 질산과 황산의 혼산으로 반응시켜 만든다.

예 $C_3H_5(OH)_3 + 3HNO_3 \xrightarrow{H_2SO_4} C_3H_5(NO_3)_3 + 3H_2O$

㉯ 상온에서 액체이지만, 겨울철에 동결한다. 순수한 것은 동결온도가 8~10℃이며, 얼게 되면 백색 결정으로 변한다. 이때 체적이 수축하고 밀도가 커진다.

㉰ 순수한 것은 무색투명한 기름상태의 액체이나, 공업용으로 제조된 것은 담황색을 띠고 있다.

㉱ 다공질의 규조토에 흡수하여 다이너마이트를 제조할 때 사용한다.

㉲ 물에는 거의 녹지 않으나 메탄올, 벤젠, 클로로포름, 아세톤 등에는 녹는다.

㉳ 점화하면 적은 양은 타기만 하지만, 많은 양은 폭발한다.

㉴ 비중 1.6, 융점 2.8℃, 비점 160℃이다.

② 위험성

㉮ 가열, 충격, 마찰 등에 매우 예민하다.

㉯ 다량이면 폭발력이 강하고, 점화하면 즉시연소한다.

   예 $4C_3H_5(ONO_2)_3 \xrightarrow{\Delta} 12CO_2 + 10H_2O + 6N_2 + O_2$

㉰ 산과 접촉하면 분해가 촉진되어 폭발할 수도 있다.

㉱ 증기는 유독성이다.

㉲ 공기 중의 수분과 작용하면 가수분해하여 질산을 생성할 수 있는데, 이질산과 니트로글리세린의 혼합물은 특이한 위험성을 갖는다.

③ 저장 및 취급방법

㉮ 다공성 물질에 흡수시켜서 운반하며, 액체상태로 운반하지 않는다.

㉯ 구리제용기에 저장한다.

㉰ 증기는 유독성이므로 피부를 보호하거나 보호구 등을 착용하여야 한다.

④ 소화방법 : 화재발생 시 폭발적으로 연소하므로 소화할 시간적 여유가 없으며, 화재 확대 위험이 있는 주위를 제거한다.

(5) 니트로글리콜[$(CH_2ONO_2)_2$, $\left(\begin{smallmatrix} & O \\ & \| \\ H-C-N\!\!\begin{smallmatrix}\diagup O \\ \diagdown O\end{smallmatrix} \\ & | \\ & H \end{smallmatrix} \right)_2$]

① 일반적 성질

㉮ 순수한 것은 무색, 공업용은 암황색의 무거운 기름상 액체로 유동성이 있다.

㉯ 니트로글리세린으로 제조한 다이너마이트는 여름철에 휘발성이 커서 흘러나오는 결점을 가지고 있다.

㉰ 비중 1.5, 발화점 215℃, 융점은 -22℃이다.

② 위험성

㉮ 충격이나 급열하면 폭굉하나 그 감도는 NG보다 둔하다.

㉯ 뇌관에 예민하고 폭발 속도는 7,800m/s, 폭발열은 1,550kcal/kg이다.

㉰ 여름철에 휘발성의 증기를 발생할 때는 인화점이 낮은 석유류처럼 위험하다.

③ 저장 및 취급방법

㉮ 화기엄금, 직사광선 차단, 충격, 마찰을 방지하고, 환기가 잘 되는 찬 곳에 저장한다.

㉯ 수송 시 안정제에 흡수시켜 운반한다.

④ 소화방법 : 다량의 주수, 포

3 셀룰로이드류(celluloid, 지정수량 100kg)

① 일반적 성질

  ㉮ 질소 함유량 약 11%의 니트로셀룰로오스를 장뇌와 알코올에 녹여 교질 상태로 만든 것

  ㉯ 무색 또는 황색의 반투명 유연성을 가진 고체로, 일종의 합성수지와 같다. 열, 햇빛, 산소의 영향을 받아 담황색으로 변한다.

  ㉰ 물에 녹지 않지만, 진한황산, 알코올, 아세톤, 초산, 에스테르에 녹는다.

  ㉱ 비중 1.32, 발화점은 180℃이다.

② 위험성

  ㉮ 열을 가하면 매우 연소하기 쉽고, 외부에서 산소공급이 없어도 연소가 지속되므로 일단 연소하면 소화가 곤란하다.

  ㉯ 145℃로 가열하면 백색 연기를 발생하고 발화한다.

③ 저장 및 취급방법

  ㉮ 저장창고에는 통풍장치, 냉방장치 등을 설치하여 저장창고 안의 온도가 30℃ 이하를 유지하도록 하여야 한다.

  ㉯ 저장창고 내에 강산화제, 강산류, 알칼리, 가연성 물질을 함께 저장하지 말아야 한다.

  ㉰ 가온, 가습 및 열분해가 되지 않도록 주의한다.

④ 소화방법 : 다량의 물

4 니트로화합물($R-NO_2$, 지정수량 200kg)

유기화합물의 수소 원자[H]가 니트로기($-NO_2$)초 치환된 화합물로, 니트로기가 2개 이상인 것이다.

(1) 트리니트로톨루엔[$C_6H_2CH_3(NO_2)_3$, TNT, , 다이너마이트]

① 일반적 성질

  ㉮ 담황색의 주상결정으로 작용기는 $-NO_2$기이며, 햇빛을 받으면 다갈색으로 변한다.

  ㉯ 물에는 불용이며, 에테르·벤젠·아세톤 등에는 잘 녹고, 알코올에는 가열하면 약간 녹는다.

㉠ 충격, 마찰감도는 피크린산보다 둔하지만, 급격한 타격을 주면 폭발한다. 이때 다량의 가스를 발생한다.

$$\text{예} \quad 2C_6H_2(NO_2)_3CH_3 \xrightarrow{\Delta} 12CO + 3N_2 + 5H_2 + 2C$$

㉣ 3가지의 이성질체(α, β, γ)가 있으며, α형인 2, 4, 6-트리니트로톨루엔의 폭발력이 가장 강하다.

㉤ 폭약의 원료로 사용하며, 폭약류의 폭력을 비교할 때 기준 폭약으로 활용된다.

㉥ 분자량 227, 비중 1.8, 비점 240℃, 융점 81℃, 인화점 150℃, 발화점은 300℃이다.

> **TIP** 트리니트로톨루엔의 제법
> 톨루엔에 질산, 황산을 반응시켜 mononitro toluene을 만든 후 니트로화하여 만든다.
> $$C_6H_5CH_3 + 3HNO_3 \xrightarrow{H_2SO_4} C_6H_2CH_3(NO_2)_3 + 3H_2O$$

② 위험성

㉮ 비교적 안정된 니트로 폭약이지만, 산화되기 쉬운 물질과 공존하면 타격 등에 의해 폭발한다.

㉯ 폭발 시 피해범위가 크고, 위험성이 크므로 세심한 주의를 요한다.

㉰ 화학적으로 벤젠고리에 붙은 −NO₂기가 TNT의 급속한 폭발에 대한 신속한 산소 공급원으로 작용하여 피해범위가 넓다.

㉱ 자연 분해의 위험성이 적어 장기간 저장이 가능하다.

③ 저장 및 취급방법

㉮ 마찰, 충격, 타격 등을 피하고 화기로부터 격리시킨다.

㉯ 순간적으로 사고가 발생하므로 취급 시 세심한 주의를 요한다.

㉰ 운반 시에는 10%의 물을 넣어 운반한다.

④ 소화방법 : 다량의 주수소화를 하지만, 소화가 곤란하다.

(2) 트리니트로페놀[$C_6H_2(NO_2)_3OH$, TNP, 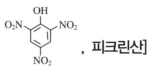, 피크린산]

① 일반적 성질

㉮ 페놀을 진한황산에 녹여 이것을 질산에 작용시켜 만든다.

$$\text{예} \quad C_6H_5OH + 3HNO_3 \xrightarrow{H_2SO_4} C_6H_2(OH)(NO_2)_3 + 3H_2O$$

ⓝ 가연성 물질이다. 강한 쓴맛과 독성이 있고 순수한 것은 무색이지만, 공업용은 휘황색의 침상결정으로 분자구조 내에 히드록시기를 가지고 있다.

ⓓ 찬물에는 거의 녹지 않으나 온수, 알코올, 에테르, 벤젠 등에는 잘 녹는다.

ⓡ 중금속(Fe, Cu, Pb 등)과 화합하여 예민한 금속염을 만든다.

ⓜ 충격, 마찰에 비교적 둔감하며, 공기 중에서 자연 분해되지 않기 때문에 장기간 저장할 수 있다.

ⓗ 비중 1.8, 융점 122.5℃, 비점 255℃, 인화점 150℃, 발화점은 300℃이다.

예제

피크린산의 질소함량(%)은?

풀이 피크린산[$C_6H_2(NO_2)_3OH$]의 분자량 = 229

$$\therefore \frac{42}{229} \times 100 = 18.34\%$$

답 18.34%

---

② 위험성

㉮ 단독으로는 타격·마찰·충격 등에 둔감하고 비교적 안정하지만, 산화철과 혼합한 것과 에탄올을 혼합한 것은 급격한 타격에 의해 격렬히 폭발한다.

㉯ 요오드, 가솔린, 황, 요소 등 기타 산화되기 쉬운 유기물과 혼합한 것은 충격·마찰에 의하여 폭발한다.

㉰ 융융하여 덩어리로 된 것은 타격에 의하여 폭굉을 일으키면, TNT보다 폭발력이 크다.

예 $2C_6H_2OH(NO_2)_3 \xrightarrow{\Delta} 12CO + H_2 + 3N_2 + 2H_2O$

③ 저장 및 취급방법

㉮ 건조된 것일수록 폭발의 위험이 증대되므로 화기 등으로부터 멀리한다.

㉯ 산화되기 쉬운 물질과 혼합되지 않도록 한다.

㉰ 운반 시에는 10~20%의 물로 젖게 하면 안전하다.

④ 소화방법 : 다량의 주수소화에 의한 냉각소화

(3) 트리니트로페놀니트로아민[(NO₂)₃C₆H₂N(CH₃), $(NO_2)_3C_6H_2N(CH_3)$, Tetryl]

① 일반적 성질

㉮ 황백색의 침상결정이며, 흡습성이 없다.

㉯ 물에 녹지 않고, 알코올·벤젠·아세톤 등에 잘 녹는다. 흡습성이 없으며, 공기 중에서 자연분해하지 않는다.

㉰ 비중 1.57, 융점 131℃, 발화점 190℃이다.

② 위험성

㉮ 열에 대하여 불안정하여 분해하고, 260℃에서 폭발한다.

㉯ 충격과 마찰에 매우 민감하고, 충격감도는 피크린산이나 TNT에 비해 예민하고 폭발력도 크며, 폭발속도는 7,500m/s이다.

(4) 트리메틸렌트리니트로아민[(CH₂)₃(NNO₂)₃, $(CH_2)_3(NNO_2)_3$, Hexogen]

① 일반적 성질

㉮ 무취, 흰색 결정으로 물에 녹지 않으며, 에테르·알코올에 잘 녹지 않지만 아세톤에 녹는다.

㉯ 비중 1.8, 융점 202℃, 발화점은 230℃이다.

② 위험성

㉮ 충격감도는 Tetryl보다 둔감하지만, 고성능 폭약으로 폭발성은 매우 크다.

㉯ 197℃에서 폭발을 일으킨다.

5 니트로소화합물(R-NO)

니트로소기(-NO)를 가진 화합물로, 벤젠핵의 수소 원자 대신 니트로소기가 2개 이상 결합된 화합물이다.

1. (1) 파라디니트로소벤젠[$C_6H_4(NO)_2$]

　① 가열, 충격, 마찰 등에 의해 폭발하지만, 그 폭발력은 그다지 크지 않다.

　② 고무 가황제 및 퀴논디옥시움의 제조 등에 사용된다.

(2) 디니트로소레조르신[$C_6H_2(OH)_2(NO)_2$]

　① 회흑색의 결정으로 폭발성이 있다.

　② 물이나 유기 용제에 녹으며, 목면의 나염 등에 사용된다.

6 아조화합물(−N=N−, 지정수량 200kg)

아조기(−N=N−)가 주성분으로 함유된 화합물이다.

(1) 아조디카르본아미드($H_2N - \overset{\overset{O}{\|}}{C} - N = N - \overset{\overset{O}{\|}}{C} - NH_2$, ADCA)

　① 담황색 또는 황백색의 미세분말이며, 독성이 없고 물보다 무겁다.

　② 발포제로 사용한다.

　③ 유기산과 접촉하면 분해온도가 낮아진다.

　④ 비중 1.65, 분해온도 205℃이다.

(2) 아조비스이소부티로니트릴($CH_3 - \overset{\overset{CH_3}{|}}{\underset{\underset{CN}{|}}{C}} - N = N - \overset{\overset{CH_3}{|}}{\underset{\underset{CN}{|}}{C}} - CH_3$, AIBN)

　① 백색의 결정성 분말이며, 물에 잘 녹지 않고 유기용제 등에 녹는다.

　② 비닐수지, 에폭시 및 PVC 발포제에 사용한다.

　③ 비중 1.64, 분해온도 100℃이다.

(3) 아조벤젠($C_6H_5N=NC_6H_5$)

　① 트랜스(Trans)형과 시스(Cis)형이 있다.

　② 트랜스아조벤젠은 등적색 결정이고 융점은 68℃, 비점 293℃이며, 물에는 잘 녹지
　　않고 알코올, 에테르 등에는 잘 녹는다.

　③ 시스형 아조벤젠은 융점이 71℃로 불안정하여 실온에서 서서히 트랜스형으로 이성질화한다.

7 디아조화합물(지정수량 200kg)

디아조기(−N≡N)를 가진 화합물이다.

(1) 디아조디니트로페놀[$C_6H_2ON_2(NO_2)_2$, DDNP]

① 빛나는 황색, 홍황색의 미세한 무정형 분말 또는 결정으로, 물에는 녹지 않고 $CaCO_3$ 에 녹으며, NaOH 용액에는 분해한다.

② 매우 예민한 물질이며, 가열, 충격, 타격, 작은 압력에 의해서 폭발한다.

③ 저장 시 황산알루미늄의 안정제를 넣는다.

④ 비중 1.63, 융점 158℃, 발화점은 170~180℃이다.

(2) 디아조아세토니트릴(C_2HN_3)

① 담황색의 액체로, 물에 녹고 에테르 중에서 비교적 안정하다.

② 공기 중에서 매우 불안정하다.

③ 비점 45.6℃이며, 점막 등을 자극하는 물질이다.

8 히드라진유도체(지정수량 200kg)

(1) 다이메틸히드라진[$(CH_3)_2NNH_2$]

① 무색 또는 미황색의 기름상 액체로서 암모니아 냄새가 나며, 고농도의 것은 충격, 마찰, 점화원에 의해 인화·폭발한다.

② 연소 시 유독한 질소산화물 등을 발생한다.

③ 누출 시는 불연성 물질로 희석하여 회수한다.

(2) 염산히드라진($N_2H_4 \cdot HCl$)

① 백색의 결정성 분말로 물에 녹기 쉬우며, 에탄올에 조금 녹는다.

② 흡습성이 강하고, 질산은($AgNO_3$) 용액을 가하면 백색의 침전이 생긴다.

③ 융점은 890℃이며, 피부접촉 시 부식성이 매우 강하다.

(3) 메틸히드라진(CH_3NHNH_2)

① 가연성 액체로 물에 용해하며, 독성이 강하고 암모니아 냄새가 난다.

② 상온에서는 안정하나 발화점이 낮아서 가열 시 연소 위험이 있다.

③ 비점 88℃, 융점 −52℃, 인화점 70℃, 발화점은 196℃이다.

(4) 황산히드라진($N_2H_4 \cdot H_2SO_4$)

① 무색무취의 결정 또는 백색 결정성 분말로, 더운물에 녹고 알코올에 녹지 않는다.

② 강력한 산화제이며, 유독한 물질로서 피부접촉 시 부식성이 강하다.

③ 비중은 1.37, 융점은 185℃로 유기물과 접촉하고 있을 경우에는 위험하다.

9 히드록실아민(NH_2OH, 지정수량 100kg)

① 백색의 침상결정이다.

② 가열 시 폭발의 위험이 있으며, 129℃에서 폭발한다.

③ 불안정한 화합물로 산화질소와 수소로 분해되기 쉬우며, 대개 염의 형태로 취급된다.

④ 비중 1.024, 융점 33.5℃, 비점 70℃이다.

10 히드록실아민염류(지정수량 100kg)

(1) 황산이드록실아민[$(NH_2OH)_2 \cdot H_2SO_4$]

① 백색 결정으로 약한 산화제이며, 강력한 환원제이다.

② 독성에 주의하고, 취급 시 보호장구를 착용한다.

③ 융점은 170℃이다.

(2) 염산히드록실아민($NH_2OH \cdot HCl$)

① 무색의 조해성 결정으로 물에 거의 녹지 않고, 에탄올에 잘 녹는다.

② 습한 공기 중에서는 서서히 분해한다.

01 「위험물안전관리법령」상 자기반응성물질에 해당되지 않는 것은?

① 무기과산화물

② 유기과산화물

③ 히드라진 유도체

④ 다이조화합물

해설

① 무기과산화물은 제1류 위험물(산화성고체)이다.

02 「위험물안전관리법령」에서 정한 자기반응성물질이 아닌 것은?

① 유기금속화합물

② 유기과산화물

③ 금속의 아지화합물

④ 질산구아니딘

해설

① 유기금속화합물은 위험물이 아니다.

03 다음 중 「위험물안전관리법」상의 위험등급 I에 속하면서 동시에 제5류 위험물인 것은?

① CH_3ONO_2

② $C_6H_2CH_3(NO_2)_3$

③ $C_6H_4(NO)_2$

④ $N_2H_4 \cdot HCl$

해설

성 질	위험등급	품 명	지정수량
자기반응성 물질	I	1. 유기과산화물	10kg
		2. 질산에스테르류	10kg
	II	3. 니트로화합물	200kg
		4. 니트로소화합물	200kg
		5. 아조화합물	200kg
		6. 디아조화합물	200kg
		7. 히드라진 유도체	200kg
		8. 히드록실아민	100kg
		9. 히드록실아민염류	100kg

정답 01. ① 02. ① 03. ①

자기반응성 물질	Ⅱ	10. 그 밖에 행정안전부령이 정하는 것 ① 금속의 아지드화합물 ② 질산구아니딘	200kg
	Ⅰ~Ⅱ	11. 1~10에 해당하는 어느 하나 이상을 함유한 것	10kg, 100kg 또는 200kg

04 「위험물안전관리법령」상 위험등급 Ⅱ에 속하는 위험물은?

① 제1류 위험물 중 과염소산염류　② 제4류 위험물 중 제2석유류
③ 제5류 위험물 중 니트로화합물　④ 제3류 위험물 중 황린

해설

(1) 위험등급 Ⅰ
　㉠ 제1류 위험물 중 과염소산염류
　㉡ 제4류 위험물 중 제2석유류
　㉢ 제3류 위험물 중 황린
(2) 위험등급 Ⅱ : 제5류 위험물 중 니트로화합물

05 다음 위험물 품명에서 지정수량이 나머지 셋과 다른 하나는?

① 질산에스테르류　② 니트로화합물
③ 아조화합물　④ 히드라진 유도체

해설

① 질산에스테르류 : 10kg　② 니트로화합물 : 200kg
③ 아조화합물 : 200kg　④ 히드라진 유도체 : 200kg

06 다음 중 지정수량이 가장 적은 것은?

① 히드록실아민　② 아조벤젠
③ 벤조일퍼옥사이드　④ 황산히드라진

해설

① 히드록실아민(H_3NO) : 100kg
② 아조벤젠($C_6H_5N=NC_6H_5$) : 200kg
③ 벤조일퍼옥사이드[$(C_6H_5CO)_2O_2$] : 10kg
④ 황산히드라진($N_2H_4 \cdot H_2SO_4$) : 200kg

정답 04. ③　05. ①　06. ③

07 다음 중 지정수량이 가장 적은 위험물은?

① $(HOOCCH_2CH_2CO)_2O_2$ ② $Zn(C_2H_5)_2$

③ $C_6H_2CH_3(NO_2)_3$ ④ CaC_2

> **해설**
>
> ① 숙신산 퍼옥사이드[$(HOOCCH_2CH_2CO)_2-O_2$], 유기과산화물 : 10kg
> ② 디에틸아연[$Zn(C_2H_5)_2$], 유기금속화합물류 : 50kg
> ③ 트리니트로톨루엔[$C_6H_2CH_3(NO_2)_3$] : 200kg
> ④ 탄화칼슘(CaC_2) : 300kg

08 제5류 위험물에 관한 설명 중 틀린 것은?

① 아조화합물과 금속의 아지화합물은 지정수량이 200kg이고, 위험등급 Ⅱ에 속한다.
② 지정수량이 100kg인 위험물에는 히드록실아민, 히드록실아민염류, 히드라진 유도체 등이 있다.
③ 유기과산화물을 함유하는 것으로서 지정수량이 10kg인 것을 지정과산화물이라 한다.
④ 니트로셀룰로오스, 니트로글리세린, 질산메틸은 질산에스테르류에 속하고, 지정수량은 10kg이다.

> **해설**
>
> ㉠ 히드록실아민, 히드록실아민염류 : 지정수량 100kg
> ㉡ 히드라진 유도체 : 지정수량 200kg

09 다음 위험물의 지정수량 중 옳지 않은 것은?

① $N_2H_4 \cdot H_2SO_4$: 100kg   ② NH_2OH : 100kg

③ $C(NH_2)_3NO_3$: 200kg   ④ $C_{12}H_{10}N_2$: 200kg

> **해설**
>
> ① $N_2H_4 \cdot H_2SO_4$(황산히드라진) : 제5류, 히드라진 유도체, 지정수량 200kg
> ② NH_2OH(히드록실아민) : 제5류, 지정수량 100kg
> ③ $C(NH_2)_3NO_3$(질산구아니딘) : 제5류, 지정수량 200kg
> ④ $C_{12}H_{10}N_2$(아조벤젠, 〈◯〉-N=N-〈◯〉) : 제5류, 지정수량 200kg

10 다음 중 「위험물안전관리법령」에서 정한 위험물의 지정수량이 가장 작은 것은?

① 브롬산염류　　　　　　　　　② 금속의 인화물
③ 니트로소화합물　　　　　　　④ 과염소산

> **해설**
>
> ① 브롬산염류 : 300kg
> ② 금속의 인화물 : 300kg
> ③ 니트로소화합물 : 200kg
> ④ 과염소산 : 300kg

11 다음 위험물 품명에서 지정수량이 200kg이 아닌 것은?

① 질산에스테르류　　　　　　　② 니트로화합물
③ 아조화합물　　　　　　　　　④ 히드라진 유도체

> **해설**
>
> ① 질산에스테르류 : 10kg
> ② 니트로화합물 : 200kg
> ③ 아조화합물 : 200kg
> ④ 히드라진 유도체 : 200kg

12 다음의 기구는 위험물의 판정에 필요한 시험기구이다. 어떤 성질을 시험하기 위한 것인가?

① 충격민감성
② 폭발성
③ 가열분해성
④ 금수성

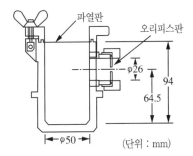

> **해설**
>
> ① 분립상 물품의 민감성으로 인한 위험성을 판단하기 위한 시험은 낙구타격 감도시험으로 한다.
> ② 폭발성으로 인한 위험성의 정도를 판단하기 위한 시험은 열분석시험으로 한다.
> ③ 가열분해성으로 인한 위험성의 정도를 판단하기 위한 시험은 압력용기시험으로 한다.
> ④ 물과 접촉하여 발화하거나 가연성가스를 발생할 위험성의 시험장소는 온도 20℃, 습도 50%, 기압 1기압, 무풍의 장소로 한다.

13 제5류 위험물의 저장 및 취급방법에 대한 설명으로 옳지 않은 것은?

① 점화원 및 분해를 촉진시키는 물질로부터 멀리한다.
② 용기의 파손 및 충격에 주의한다.
③ 가급적 소량으로 분리하여 저장한다.
④ 운반용기의 외부에 '물기엄금' 주의사항을 표시한다.

> **해설**
>
> ④ 운반용기 및 포장 외부에는 '화기엄금', '충격주의' 등의 주의사항을 표시한다.

14 자기반응성물질에 대한 설명으로 옳지 않은 것은?

① 가연성물질로 그 자체가 산소함유물질로 자기연소가 가능한 물질이다.
② 연소속도가 대단히 빨라서 폭발성이 있다.
③ 비중이 1보다 적고 가용성 액체로 되어있다.
④ 시간의 경과에 따라 자연발화의 위험성을 갖는다.

> **해설**
>
> ③ 비중이 1보다 크고 대부분 물에 잘 녹지 않으며, 물과의 직접적인 반응의 위험성은 적다.

15 자기반응성물질의 가장 중요한 연소 특성은 어느 것인가?

① 분해연소이다.
② 폭발적인 자기연소이다.
③ 증기는 공기보다 무겁다.
④ 연소 시 유독가스가 발생한다.

> **해설**
>
> ■ **자기반응성 물질(Self-Reactive Substances)**
> 외부로부터 공기 중의 산소공급 없이도 가열·충격 등에 의해 발열분해를 일으켜 급속한 가스의 발생이나 연소폭발을 일으키는 물질이다. 이것은 비교적 저온에서 열분해가 일어나기 쉬운 불안정한 위험성이 높은 물질이다.

정답 13. ④ 14. ③ 15. ②

16 제5류 위험물의 화재 시 적응성이 있는 소화설비는?

① 포소화설비   ② 이산화탄소소화설비

③ 할로겐화합물소화설비   ④ 분말소화설비

해설

■ 제5류 위험물에 적응성이 있는 소화설비

다량의 주수에 의한 냉각소화, 포소화설비 등

17 유기과산화물을 함유하는 것 중 불활성고체를 함유하는 것으로, 다음에 해당하는 물질은 제5류 위험물에서 제외한다. ( ) 안에 알맞은 수치는?

> 과산화벤조일의 함유량이 ( )중량퍼센트 미만인 것으로 전분가루, 황산칼슘2수 화물 또는 인산1수소칼슘2수화물과의 혼합물

① 25.5   ② 35.5

③ 45.5   ④ 55.5

해설

■ 「위험물안전관리법」상 제5류 위험물의 종류·범위 및 한계

성 질	위험등급	품 명	지정수량
자기반응성 물질	I	1. 유기과산화물 2. 질산에스테르류	10kg 10kg

	II	3. 니트로화합물
		4. 니트로소화합물
		5. 아조화합물
		6. 디아조화합물
		7. 히드라진 유도체
		8. 히드록실아민
		9. 히드록실아민염류
		10. 그 밖에 행정안전부령이 정하는 것
		   ① 금속의 아지드화합물
		   ② 질산구아니딘
			200kg
			200kg
			200kg
			200kg
			200kg
			100kg
			100kg
			200kg

	I ~ II	11. 1~10에 해당하는 어느 하나 이상을 함유한 것	10kg, 100kg 또는 200kg

㉠ 자기반응성물질이라 함은 고체 또는 액체로서 폭발의 위험성 또는 가열분해의 격렬함을 판단하기 위하여 고시로 정하는 시험에서 고시로 정하는 성질과 상태를 나타내는 것을 말한다.

ⓛ 제5류 11호의 물품에 있어서는 유기과산화물을 함유하는 것 중에서 불활성고체를 함유하는 것으로서
다음에 해당하는 것은 제외한다.
  ㉮ 과산화벤조일의 함유량이 35.5wt% 미만인 것으로 전분가루, 황산칼슘2수화물 또는 인산1수소칼슘
2수소화물과의 혼합물
  ㉯ 비스(4클로로벤조일)퍼옥사이드의 함유량이 30wt% 미만인 것으로서 불활성고체와의 혼합물
  ㉰ 과산화지크밀의 함유량이 40wt% 미만인 것으로서 불활성고체와의 혼합물
  ㉱ 1·4-비스(2-터셔리부틸퍼옥시이소프로필)벤젠의 함유량이 40wt% 미만인 것으로서 불활성고체
와의 혼합물
  ㉲ 시클로헥사놀퍼옥사이드의 함유량이 30wt% 미만인 것으로서 불활성고체와의 혼합물
ⓒ 위 표의 성질란에 규정된 성상을 2가지 이상 포함하는 물품(복수성상물품)이 속하는 품명은 다음에 의한다.
  ㉮ 복수성상물품이 산화성고체의 서상 및 자기반응성물질의 성상을 가지는 경우 : 제5류 제11호의 규
정에 의한 품명
  ㉯ 복수성상물품이 인화성액체의 성상 및 자기반응성물질의 성상을 가지는 경우 : 제5류 제11호의 규
정에 의한 품명

18 유기과산화물의 액체가 누출되었을 때 처리방법으로 가장 옳은 것은?

① 중화제로 흡수하고 제거한다.
② 물걸레로 즉시 깨끗이 닦는다.
③ 마른 모래로 흡수하고 제거한다.
④ 팽창질석 또는 팽창진주암으로 흡수하고 제거한다.

> **해설**
>
> 유기과산화물의 액체가 누출되었을 때는 즉시 팽창질석 또는 팽창진주암으로 흡수하고 제거한다.

19 $(CH_3CO)_2O_2$에 대한 설명으로 틀린 것은?

① 가연성물질이다.
② 지정수량은 10kg이다.
③ 융점이 약 −10℃인 액체상이다.
④ 화재 시 다량의 물로 냉각소화한다.

> **해설**
>
> 아세틸퍼옥사이드[acetyl peroxide, $(CH_3·CO)_2O_2$]는 가연성고체로 가열 시 폭발하며, 충격·마찰에 의
> 해서 분해된다.

20 과산화벤조일(벤조일퍼옥사이드)의 화학식을 옳게 나타낸 것은?

① CH_3ONO_2

② $(CH_3COC_2H_5)_2O_2$

③ $(CH_3CO)_2O_2$

④ $(C_6H_5CO)_2O_2$

> **해설**

■ **과산화벤조일(벤조일퍼옥사이드, benzoyl peroxide, BPO)의 화학식**

$(C_6H_5CO)_2O_2$,

21 벤조일퍼옥사이드의 용해성에 대한 설명으로 옳은 것은?

① 물과 대부분 유기용제에 잘 녹는다.

② 물과 대부분 유기용제에 녹지 않는다.

③ 물에는 잘 녹으나 대부분 유기용제에는 녹지 않는다.

④ 물에 녹지 않으나 대부분 유기용제에 잘 녹는다.

> **해설**

벤조일퍼옥사이드[BPO, 과산화벤조일, $(C_6H_5CO)_2O_2$, 제5류, 유기과산화물]는 물에 불용이며, 유기용제에 녹는다.

22 과산화벤조일을 가열하면 약 몇 ℃ 근방에서 흰 연기를 내며 분해하기 시작하는가?

① 50

② 100

③ 200

④ 400

> **해설**

■ **벤조일퍼옥사이드(benzoyl peroxide, BPO)**

과산화벤조일이라고도 하며, 가열하면 100℃ 전후에서 백연을 내면서 격렬하게 분해한다. 폭발의 위험성이 있으며, 일단 착화되면 순간적으로 폭발하고 다량의 유독성 흑연(디페닐)을 내면서 연소한다.

정답 20. ④ 21. ④ 22. ②

23 과산화벤조일의 위험성에 대한 설명 중 틀린 것은?

① 수분이 흡수되면 분해하여 폭발위험이 커진다.
② 상온에서는 비교적 안정하나 가열·마찰·충격에 의해 폭발할 위험이 있다.
③ 가열을 하면 약 100℃ 부근에서 흰 연기를 낸다.
④ 비활성희석제를 첨가하여 폭발성을 낮출 수 있다.

해설

① 물, 불활성용매 등의 희석제를 혼합하면 폭발성이 줄어든다. 따라서 저장·취급 중 희석제의 증발을 막아야 한다.

24 메틸에틸케톤퍼옥사이드의 저장취급소에 적응하는 소화방법으로 가장 적합한 것은?

① 냉각소화
② 질식소화
③ 억제소화
④ 제거소화

해설

■ 메틸에틸케톤퍼옥사이트[MEKPO, $(CH_3COC_2H_5)_2O_2$, 제5류, 유기과산화물]의 소화방법
화재 초기에 대량 주수에 의한 냉각소화(제5류 공통)를 한다.

25 제5류 위험물 중 질산에스테르류에 대한 설명으로 틀린 것은?

① 산소를 함유하고 있다.
② 염과 질산을 반응시키면 생성된다.
③ 니트로셀룰로오스, 질산에틸 등이 해당된다.
④ 지정수량은 10kg이다.

해설

알코올기를 가진 화합물을 질산과 반응시켜 알코올기가 질산기로 치환된 에스테르들을 질산에스테르류라 한다. 즉, 알코올과 산이 반응하여 물이 분리된 것을 말하며, 질산을 반응시킨 것이 질산에스테르이다.
$R-OH + HNO_3 \rightarrow R-ONO_2 + H_2O$
　알코올　질산　　질산에스테르 물

26 질산에스테르류에 대한 설명으로 옳은 것은?

① 알코올기를 함유하고 있다.
② 모두 물에 녹는다.
③ 폭약의 원료로도 사용한다.
④ 산소를 함유하는 무기 화합물이다.

> **해설**
>
> ① 알코올과 산이 반응하여 물이 분이된 것을 말하며, 질산을 반응시킨 것이 질산에스테르이다.
>
> $R-OH + HNO_3 \rightarrow R-ONO_2 + H_2O$
> 알코올　　질산　　　질산에스테르　물
>
> ② 물에 녹는 것도 있고, 녹지 않는 것도 있다.
> ④ 산소를 함유하는 유기화합물이다.

27 「위험물안전관리법령」상 품명이 질산에스테르류에 해당하는 것은?

① 피크린산
② 니트로셀룰로오스
③ 트리니트로톨루엔
④ 트리니트로벤젠

> **해설**
>
> ① 피크린산 : 니트로화합물
> ② 니트로셀룰로오스 : 질산에스테르류
> ③ 트리니트로톨루엔 : 니트로화합물
> ④ 트리니트로벤젠 : 니트로화합물

28 다음 중 $C_2H_5ONO_2$의 일반적인 성질 및 위험성에 대한 설명으로 옳지 않은 것은?

① 인화성이 강하고 비점 이상에서 폭발한다.
② 물에는 녹지 않으나 알코올에는 녹는다.
③ 제5류 니트로화합물에 속한다.
④ 방향을 가지는 무색투명의 액체이다.

> **해설**
>
> ③ 제5류 질산에스테르류에 속한다.

정답 26. ③ 27. ② 28. ③

29 다음 물질 중 위험물 유별에 따른 구분이나 나머지 셋과 다른 하나는?

① 질산은
② 질산메틸
③ 무수크롬산
④ 질산암모늄

> **해설**

① 질산은 : 제1류 위험물
② 질산메틸 : 제5류 위험물
③ 무수크롬산 : 제1류 위험물
④ 질산암모늄 : 제1류 위험물

30 다음 위험물 중 상온에서 액체인 것은?

① 질산에틸
② 니트로셀룰로오스
③ 피크린산
④ 트리니트로톨루엔

> **해설**

① 질산에틸 : 무색투명한 액체
② 니트로셀룰로오스 : 무색 또는 백색의 고체
③ 피크린산 : 순수한 것은 무색이지만, 보통 공업용은 휘황색의 침상결정
④ 트리니트로톨루엔 : 순수한 것은 무색 결정이지만, 담황색의 결정

31 니트로셀룰로오스의 성질에 대한 설명으로 옳지 않은 것은?

① 알코올과 에테르의 혼합액(1 : 2)에 녹지 않는 것을 강면약이라 한다.
② 맛과 냄새가 없고, 물에 잘 녹는다.
③ 저장, 수송 시에는 함수알코올로 습면시켜야 한다.
④ 질화도가 클수록 폭발의 위험성이 크다.

> **해설**

니트로셀룰로오스(nitro cellulose : NC, $[C_6H_7O_2(ONO_2)_3]n$)는 맛과 냄새가 없고 물에 녹지 않지만, 아세톤·초산에스테르·니트로벤젠에 녹는다. 약면약은 알코올, 에테르 혼액에 녹지만, 강면약은 녹지 않는다.

32 니트로셀룰로오스에 대한 설명으로 옳지 않은 것은?

① 셀룰로오스를 진한황산과 질산으로 반응시켜 만들 수 있다.
② 품명이 니트로화합물이다.
③ 질화도가 낮은 것보다 높은 것이 더 위험하다.
④ 수분을 함유하면 위험성이 감소된다.

해설

② 품명은 질산에스테르류이다.

33 니트로셀룰로오스를 저장·운반할 때 가장 좋은 방법은?

① 질소가스를 충전한다.   ② 유리병에 넣는다.
③ 냉동시킨다.   ④ 함수알코올 등으로 습윤시킨다.

해설

④ 니트로셀룰로오스(nitro cellulose, NC, $[C_6H_7O_2(ONO_2)_3]n$)는 물과 혼합할수록 위험성이 감소되므로 운반 시 물(20%), 용제 또는 알코올(30%)을 첨가·습윤시킨다.

34 니트로셀룰로오스의 저장 및 취급방법으로 틀린 것은?

① 가열·마찰을 피한다.
② 열원을 멀리하고 냉암소에 저장한다.
③ 알코올 용액으로 습면하여 운반한다.
④ 물과의 접촉을 피하기 위해 석유에 저장한다.

해설

④ 물과 혼합할수록 위험성이 감소되므로 운반 시는 물(20%), 용제 또는 알코올(30%)을 첨가·습윤시킨다. 건조 상태에 이르면 즉시 습한 상태를 유지시킨다.

35 다음 각종 위험물의 화재를 예방하기 위한 저장방법 중 틀린 것은?

① 나트륨 : 경유 속에 저장한다.
② 이황화탄소 : 물속에 저장한다.
③ 황린 : 물속에 저장한다.
④ 니트로셀룰로오스 : 건조한 생태로 보관한다.

정답 32. ② 33. ④ 34. ④ 35. ④

> **해설**

니트로셀룰로오스는 물과 혼합할수록 위험성이 감소한다.

36 니트로셀룰로오스의 화재발생 시 가장 적합한 소화약제는?

① 물소화약제
② 분말소화약제
③ 이산화탄소소화약제
④ 할로겐화합물소화약제

> **해설**

니트로셀룰로오스(NC, 질화면, 제5류, $[C_6H_7O_2(ONO_2)_3]n$, 유기과산화물)는 화재 초기에 대량 주수에 의한 냉각소화(제5류 위험물 공통)를 한다.

37 자기반응성 위험물에 대한 설명으로 틀린 것은?

① 과산화벤조일은 분말 또는 결정형태로 발화점이 약 125℃이다.
② 메틸에틸케톤퍼옥사이드는 기름상의 액체이다.
③ 니트로글리세린은 기름상의 액체이며, 공업용은 담황색이다.
④ 니트로셀룰로오스는 적갈색의 액체이며, 화약의 원료로 사용된다.

> **해설**

④ 니트로셀룰로오스$[C_6H_7O_2(ONO_2)_3]n$는 무색 또는 백색의 고체이며, 다이너마이트 원료·무연화약의 원료 등으로 사용한다.

38 니트로글리세린의 성질에 대한 설명으로 가장 옳은 것은?

① 물, 벤젠에 잘 녹으나 알코올에는 녹지 않는다.
② 물에 녹지 않으나 알코올, 벤젠 등에는 잘 녹는다.
③ 물, 알코올 및 벤젠에 잘 녹는다.
④ 알코올, 물에는 녹지 않으나 벤젠에는 잘 녹는다.

> **해설**

니트로글리세린$[C_3H_5(ONO_2)_3]$은 물에 녹지 않지만, 알코올, 에테르, 벤젠, 아세톤, 초산에스테르, 클로로포름 등에 잘 녹는다.

정답 36. ① 37. ④ 38. ②

39 니트로글리세린에 대한 설명으로 옳지 않은 것은?

① 순수한 액은 상온에서 적색을 띤다.
② 물에 녹지 않는다.
③ 겨울철에는 동결할 수 있다.
④ 비중은 약 1.6으로 물보다 무겁다.

> **해설**
>
> ① 니트로글리세린[nitro glycerine, NG, $C_3H_5(ONO_2)_3$]은 순수한 것은 무색투명한 무거운 기름상의 액체이며, 시판 공업용 제품은 담황색이다.

40 니트로글리세린에 대한 설명으로 옳지 않은 것은?

① 순수한 액은 상온에서 적색을 띤다.
② 수산화나트륨-알코올의 혼액에 분해하여 비폭발성 물질로 된다.
③ 일부가 동결한 것은 액상의 것보다 충격에 민감하다.
④ 피부 및 호흡에 의해 인체의 순환계통에 용이하게 흡수된다.

> **해설**
>
> ① 순수한 것은 무색투명한 무거운 기름상의 액체이며, 시판 공업용 제품은 담황색이다.

41 자기반응성물질의 위험성에 대한 설명으로 틀린 것은?

① 트리니트로톨루엔은 테트릴에 비해 충격, 마찰에 둔감하다.
② 트리니트로톨루엔은 물에 넣어 운반하면 안전하다.
③ 니트로글리세린은 점화하면 연소하여 다량의 가스를 발생한다.
④ 니트로글리세린은 영하에서도 액체상이어서 폭발의 위험성이 높다.

> **해설**
>
> ④ 니트로글리세린[$C_3H_5(ONO_2)_3$]은 상온에서는 액체이지만, 겨울철에 동결한다. 순수한 것은 동결온도가 8~10℃이며, 얼게 되면 백색 결정으로 변하며, 이때 체적이 수축하고 밀도가 커진다. 밀폐상태에서 착화되면 폭발하고 동결되어 있는 것은 액체보다 둔감하지만, 외력에 대해 국부적으로 영향을 미칠 수 있어 위험성이 상존한다.

42 제5류 위험물 중 품명이 니트로화합물이 아닌 것은?

① 니트로글리세린　　　　　　② 피크르산
③ 트리니트로벤젠　　　　　　④ 트리니트로톨루엔

> **해설**

① 니트로글리세린은 질산에스테르류이다.

43 셀룰로이드의 제조와 관계있는 약품은?

① 장뇌　　　　　　　　　　② 염산
③ 니트로아미드　　　　　　　④ 질산메틸

> **해설**

셀룰로이드류는 질화도가 낮은 니트로셀룰로오스(질소함유량 10.5~11.5%)에 장뇌와 알코올을 녹여 교질 상태로 만든다. 보통 니트로셀룰로오스 40~50%, 장뇌 15~20%, 알코올 40% 비율로 배합하여 24시간 반죽하여 섞어 만들며, 일종의 인조 플라스틱이다.

44 셀룰로이드류의 성질을 설명한 것으로 맞지 않는 것은?

① 셀룰로이드류는 아세톤, 벤젠, 물에 잘 녹는다.
② 충격에 의한 발화는 없지만, 불에 닿으면 바로 착화하여 빠르게 연소확대가 된다.
③ 착화점 180℃ 정도이며, 제5류 위험물질이다.
④ 오래된 셀룰로이드는 습기가 높고 자연발화되기 쉽다

> **해설**

① 셀룰로이드류는 물에 녹지 않지만, 진한황산·알코올·아세톤·벤젠·초산·에스테르에 잘 녹는다.

45 트리니트로톨루엔의 화학식으로 옳은 것은?

① $C_6H_2CH_3(NO_2)_3$　　　　　　② $C_6H_3(NO_2)_3$
③ $C_6H_2(NO_3)_3OH$　　　　　　④ $C_{10}H_6(NO_2)_2$

> **해설**

■ **트리니트로톨루엔(TNT, 제5류, 니트로화합물)**
• 화학식 : $C_6H_2CH_3(NO_2)_3$

• 구조식 :

46 다음 그림의 위험물에 대한 설명으로 옳은 것은?

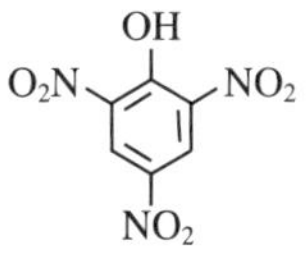

$$O_2N \quad \overset{OH}{\underset{NO_2}{\bigcirc}} \quad NO_2$$

① 휘황색의 액체이다.
② 규조토에 흡수시켜 다이너마이트를 제조하는 원료이다.
③ 여름에 기화하고 겨울에 동결할 우려가 있다.
④ 물에 녹지 않고 아세톤, 벤젠에 잘 녹는다.

해설

45번 해설 참조
①, ②, ③은 니트로글리세린[NG, 제5류, $C_3H_5(ONO_2)_3$, 질산에스테르류]에 대한 설명이다.

47 다음 중 $C_6H_2CH_3(NO_2)_3$의 제조원료로 옳게 짝지어진 것은?

① 톨루엔, 황산, 질산
② 톨루엔, 벤젠, 질산
③ 벤젠, 질산, 황산
④ 벤젠, 질산, 염산

해설

■ **트리니트로톨루엔(트로틸)의 제법**
톨루엔에 질산, 황산을 반응시켜 mononitro toluene을 만든 후 니트로화하여 만든다.

$$C_6H_5CH_3 + 3HNO_3 \xrightarrow{H_2SO_4} C_6H_2CH_3(NO_2)_3 + 3H_2O$$

48 TNT가 분해될 때 발생하는 주요 가스에 해당하지 않는 것은?

① 질소
② 수소
③ 암모니아
④ 일산화탄소

해설

트리니트로톨루엔(TNT)이 분해하면 다량의 기체를 발생하며, 불완전 연소 시는 유독성의 질소산화물과 CO를 발생한다.

$$2C_6H_2CH_3(NO_2)_3 \longrightarrow 12CO + 2C + 3N_2 + 5H_2$$

49 트리니트로톨루엔의 위험성에 대한 설명으로 옳지 않은 것은?

① 폭발력이 강하다.

② 물에는 불용이며 아세톤, 벤젠에는 잘 녹는다.

③ 햇빛에 변색되고 이는 폭발성을 증가시킨다.

④ 중금속과 반응하지 않는다.

> **해설**
>
> ③ 순수한 것은 무색 결정이지만 담황색의 결정이며, 햇빛에 의해 다갈색으로 변하지만 이때 성분 자체는 변하지 않는다.

50 TNT와 니트로글리세린에 대한 설명 중 틀린 것은?

① TNT는 햇빛에 노출되면 다갈색으로 변한다.

② 모두 폭약의 원료로 사용될 수 있다.

③ 「위험물안전관리법령」상 품명은 서로 다르다.

④ 니트로글리세린은 상온(약 25℃)에서 고체이다.

> **해설**
>
> ④ 니트로글리세린은 상온(약 25℃)에서 순수한 것은 무색투명한 기름상의 액체이며, 시판되는 공업용 제품은 담황색이다.

51 다음 중 품명이 나머지 셋과 다른 것은?

① 트리니트로페놀

② 니트로글리콜

③ 질산에틸

④ 니트로글리세린

> **해설**

질산에스테르류(R-ONO$_2$, 지정수량 10kg)	니트로화합물(R-NO$_2$, 지정수량 200kg)
• 니트로글리콜[(CH$_2$ONO$_2$)$_2$]	• 트리니트로페놀[C$_6$H$_2$(NO$_2$)$_3$OH]
• 질산에틸(C$_2$H$_5$ONO$_2$)	• 트리니트로톨루엔[C$_6$H$_2$CH$_3$(NO$_2$)$_3$]
• 니트로글리세린[C$_3$H$_5$(ONO$_2$)$_3$]	

52 니트로화합물 중 분자구조 내에 히드록시기를 갖는 위험물은?

① 피크린산   ② 트리니트로톨루엔

③ 트리니트로벤젠   ④ 테트릴

> **해설**
>
> ① 피크린산   ② 트리니트로톨루엔
>
> ③ 트리니트로벤젠   ④ 테트릴

53 피그린산에 대한 설명으로 틀린 것은?

① 단독으로는 충격, 마찰에 비교적 둔감하다.

② 운반 시 물에 젖게 하는 것이 안전하다.

③ 알코올, 에테르, 벤젠 등에 녹지 않는다.

④ 자연 분해의 위험이 적어서 장기간 저장할 수 있다.

> **해설**
>
> ③ 트리니트로페놀[피크린산, trinitro phenol(picric acid)]은 강한 쓴맛이 있고 유독하며, 더운물·알코올·에테르·아세톤·벤젠 등에 녹는다.

54 피크린산의 성질에 대한 설명 중 틀린 것은?

① 쓴맛이 나고 독성이 있다.

② 약 300℃ 정도에서 발화한다.

③ 구리 용기에 보관하여야 한다.

④ 단독으로는 마찰, 충격에 둔감하다.

> **해설**
>
> 트리니트로페놀(피크린산)은 제조 시 중금속과의 접촉을 피하며, 철·구리·납으로 만든 용기에 저장하지 말아야 한다.

정답 52. ①   53. ③   54. ③

55 제5류 위험물인 피크린산의 질소 함유량은 약 몇 wt%인가?

① 11.76　　　　　　　　　② 12.76

③ 18.34　　　　　　　　　④ 21.60

> **해설**
>
> 피크린산[$C_6H_2(NO_2)_3OH$]의 분자량은 226이다.
>
> $$\frac{3N}{C_6H_2(NO_2)_3OH} \times 100 = \frac{42}{229} \times 100 = 18.34 \text{wt\%}$$

56 다음 물질 중 무색 또는 백색의 결정으로 비중은 약 1.8, 융점은 약 202℃이며, 물에는 불용인 것은?

① 피크린산　　　　　　　　② 디니트로레조르신

③ 트리니트로톨루엔　　　　④ 헥소겐

> **해설**
>
> ■ 헥소겐[트리메틸렌트리니트로아민, tri-methylene trinitroamine(hexogen)]
>
> ㉠ 화학식 : $(CH_3)_2(NNO_2)_3$
>
>
> ㉡ 무색 또는 백색의 결정으로 비중 1.8, 융점 202℃, 발화점은 230℃이며, 물에는 불용이다.
>
> ㉢ 충격감도는 Tetryl보다 둔감하지만 고성능 폭약으로 폭발성이 매우 크며, 폭발속도는 8,400m/s, 폭발열은 1,460kcal/kg이다.

57 다음 화합물 중 성상이 흰색 결정인 것은?

① 피크린산　　　　　　　　② 테트릴

③ 트리니트로톨루엔　　　　④ 헥소겐

> **해설**
>
> ① 피크린산 : 순수한 것은 무색이지만, 보통 공업용은 휘황색의 침상결정
> ② 테트릴 : 황백색의 침상결정
> ③ 트리니트로톨루엔 : 순수한 것은 무색 결정이지만 담황색의 결정이며, 햇빛에 의해 다갈색으로 변함
> ④ 헥소겐 : 무취, 백색 결정

정답 55. ③　56. ④　57. ④

58 다음 중 페닐히드라진을 나타내는 것은?

① $C_6H_5N=NC_6H_4OH$

② $C_6H_5NHNH_2$

③ $C_6H_5NHHNC_6H_5$

④ $C_6H_5N=NC_6H_5$

해설

① $C_6H_5N=NC_6H_4OH$: 히드록시아조벤젠

② $C_6H_5NHNH_2$: 페닐히드라진

③ $C_6H_5NHHNC_6H_5$: 디페닐히드라진

④ $C_6H_5N=NC_6H_5$: 아조벤젠

59 다음 [보기]의 요건은 모두 충족하는 위험물은?

- 과요오드산과 함께 적재하여 운반하는 것은 법령 위반이다.
- 위험등급 Ⅱ에 해당하는 위험물이다.
- 원칙적으로 옥외 저장소에 저장·취급하는 것은 위법이다.

① 연소산염류

② 고형알코올

③ 질산에스테르류

④ 금속의 아지화합물

해설

■ 금속의 아지화합물 : 제5류 위험물 중 행정안전부령이 정하는 것

06 제6류 위험물

01 제6류 위험물의 품명과 지정수량

성 질	위험 등급	품 명	지정수량
산화성 액체	I	1. 과염소산 2. 과산화수소 3. 질산	300kg
		4. 그 밖에 행정안전부령이 정하는 것 할로겐 간 화합물 　(BrF$_3$, IF$_5$ 등) 5. 1~4에 해당하는 어느 하나 이상을 함유한 것	300kg

02 위험성 시험방법

(1) 연소시험

산화성 액체물질이 가연성 물질과 혼합했을 때, 가연성 물질이 연소속도를 증대시키는 산화력의 잠재적 위험성을 판단하는 것을 목적으로 한다.

(2) 액체의 비중측정시험

액체의 비중측정 방법에는 비중병, 비중천칭, 비중계, 압력을 이용한 것 또는 부유법 등 여러 가지 방법이 있다. 이들 중 간편하고 정밀도가 좋아 많이 사용되는 것이 비중병과 비중계에 의한 비중측정방법이다.

(1) 공통성질

① 불연성 물질로서 강산화제이며, 다른 물질의 연소를 돕는 조연성 물질이다.
② 강산성의 액체이다(H_2O_2는 제외).
③ 비중이 1보다 크며, 물에 잘 녹고 물과 접촉하면 발열한다.
④ 가연물과 유기물 등과의 혼합으로 발화한다.
⑤ 분해하여 유독성가스를 방생하며, 부식성이 강하여 피부에 침투한다(H_2O_2는 제외).

(2) 저장 및 취급 시 유의사항

① 가연물과의 접촉·혼합이나 분해를 촉진하는 물품과의 접근 또는 과열을 피하여야
   한다.
② 저장용기는 내산성 용기를 사용하며, 흡습성이 강하므로 용기는 밀전·밀봉하여 액
   체에 누설되지 않도록 한다.
③ 증기는 유독하므로 취급 시에는 보호구를 착용한다.

(3) 예방대책

① 염기 및 물과의 접촉을 피한다.
② 저장창고의 위험물이 침윤될 우려가 있는 부분은 아스팔트로 피복하여 부식되지 않
   도록 유지한다.
③ 화기 및 분해를 촉진하는 물품엄금, 직사광선 차단, 가열을 피하고, 강환원제, 유기
   물질, 가연성 위험물과의 접촉을 피한다.
④ 용기는 내산성의 것을 사용하며, 용기의 밀전, 파손방지, 전도방지, 용기변형방지에
   주의한다.
⑤ 제1류 위험물과의 혼합·접촉을 방지한다.

(4) 소화방법

① 주수소화는 곤란하다.
② 건조사나 인산염류의 분말 등을 사용한다.
③ 과산화수소는 양의 대소에 관계없이 다량의 물로 희석소화한다.

(5) 진압대책

① 과산화수소는 양의 대소에 관계없이 다량의 물로 희석소화하며, 나머지는 소량인 경우 다량의 물로 희석시키고 기타는 건조사, 건조분말 등으로 질식소화한다.

② 옥내소화전설비, 물분무소화설비를 사용하여 소화할 수 있다.

③ 가연물과 혼합하여 연소하므로 가연물과 격리한다.

④ 소화작업 시 피부노출을 방지하며, 연소 시 유독성가스에 대비하여 방호의 고무장갑, 보호안경, 공기호흡기를 착용한다.

⑤ 저장용기의 내각을 위해 용기 벽에 주수하고, 이때 뜨거운 용액에 직접 물이 들어가면 비산하여 피부에 접촉하면 화상을 입을 수 있으므로 주의한다.

⑥ 소량 누출 시 마른모래나 흙으로 흡수시키며, 대량으로 누출 시 과산화수소는 물로, 나머지는 약알칼리의 중화제(소다회, 중탄산나트륨, 소석회 등)로 중화한 후 다량의 물로 씻는다.

---

04 위험물의 성상

1 과염소산($HClO_4$, 지정수량 300kg)

(1) 일반적 성질

① 무색의 유동하기 쉬운 액체로써, 공기 중에 방치하면 분해하고 가열하면 폭발한다.

② 산화제이므로 쉽게 환원될 수 있다.

③ 염소산 중에서 가장 강한 산이다.

　예 $HClO_4 > HClO_3 > HClO_2 > HClO$

④ 이온은 다른 대부분의 산 라디칼보다도 착화합물의 형성이 작다.

⑤ 비중 1.76, 증기비중 3.5, 융점 −112℃, 비점 39℃이다.

(2) 위험성

① 불안정하며, 강력한 산화성 물질이다.

② 가열하면 폭발한다.

③ 산화력이 강하여 종이, 나뭇조각 등과 접촉하면 연소 시 동시에 폭발한다.

④ 물과 접촉하면 심하게 반응하여 발열한다.

⑤ 불연성이지만 유독성이 있다.

⑥ 유기물과 접촉 시 발화의 위험이 있다.

⑦ 무수과염소산을 상압에서 가열하면 폭발적으로 분해하며 때로는 폭발한다. 이때 유독성가스인 HCl을 발생한다.

⑧ $BaCl_2$과의 혼촉에 의해 발열·발화하며, NH_3와 접촉 시 격렬하게 반응하여 폭발·비산의 위험이 있다.

(3) 저장 및 취급방법

① 비·눈 등의 물, 가연물, 유기물 등과 접촉을 피하여야 하며, 화기와는 멀리한다.

② 유리 또는 도자기 등의 밀폐용기에 넣어 밀전·밀봉하여 저장한다.

③ 누설될 경우는 톱밥, 종이, 나무 부스러기 등에 섞여 폐기되지 않도록 한다.

(4) 용도

산화제, 전해연마제, 분석화학시약 등

(5) 소화방법

다량의 물에 의한 분무주수, 분말소화

2 과산화수소(H_2O_2, 지정수량 300kg)

수용액의 농도가 36wt%(비중 약 1.13) 이상인 것을 위험물로 본다.

(1) 일반적 성질

① 순수한 것은 점성이 있는 무색의 액체이나, 양이 많을 경우에는 청색을 띤다.

② 강한 산화성이 있고 물과는 임의로 혼합하며, 수용액 상태는 비교적 안정하다. 물, 알코올, 에테르 등에는 녹으나 석유, 벤젠 등에는 녹지 않는다.

③ 알칼리 용액에서는 급격히 분해하나 약산성에서는 분해하기 어렵다.

④ 일반 시판품은 30~40%의 수용액으로 분해하기 쉬워 안정제[인산(H_3PO_4), 요산($C_2H_4N_4O_3$), 인산나트륨, 요소, 글리세린] 등을 가하거나 햇빛을 차단하며, 약산성으로 만든다. 과산화수소는 산화제 및 환원제로 작용한다.

⑤ 분해할 때 발생하는 발생기산소[O]는 난분해성 유기물질을 산화시킬 수 있다.

⑥ 강한 표백작용과 살균작용이 있다.

⑦ 비중 1.465, 융점 -0.89℃, 비점 152℃이다.

(2) 위험성

① 강력한 산화제로서 분해하여 발생한 발생기산소[O]는 분자상의 O_2가 산화시키지 못한 물질도 산화시킨다.

예 $H_2O_2 \xrightarrow{\Delta} H_2O + O$

② 가열, 햇빛 등에 의해 분해가 촉진되며, 보관 중에도 분해되기 쉽다.

③ 농도가 높을수록 불안정하여 방치하거나 누출되면 산소를 분해하며, 온도가 높아질수록 분해 속도가 증가하고 비전 이하에서도 폭발한다. 또한 열, 햇빛에 의해서도 쉽게 분해하여 산소를 방출하고 HF, HBr, KI, Fe^{3+}, OH^-, 촉매(MnO_2) 하에서 분해가 촉진된다.

$2H_2O_2 \xrightarrow{\Delta} 2H_2O + O_2\uparrow + 발열$

용기가 가열되면 내부에 분해 산소가 발생하기 때문에 용기가 파열하는 경우가 있다.

㉠ 3% : 옥시풀(소독약), 산화제, 발포제, 탈색제, 방부제, 살균제 등

㉡ 30% : 표백제, 양모, 펄프, 종이, 면, 실, 식품, 섬유, 명주, 유지 등

㉢ 85% : 비닐화합물 등의 중합촉진제, 중합촉매, 폭약, 유기과산화물의 제조, 농약, 의약품, 제트기, 로켓의 산소공급제 등

④ 농도가 66% 이상인 것은 단독으로 분해폭발하기도 하며, 이 분해 반응은 발열반응이고, 다량의 산소를 발생한다.

⑤ 농도가 진한 것은 피부와 접촉하면 수종을 일으키며, 고농도의 것을 피부에 닿으면 화상의 위험이 있다.

⑥ 히드라진과 접촉하면 분해폭발한다. 이것을 잘 통제하여 이용하면 유도탄의 발사에 사용할 수 있다.

예 $N_2H_4 + 2H_2O_2 \rightarrow N_2 + 4H_2O$

(3) 저장 및 취급방법

① 용기는 뚜껑에 작은 구멍을 뚫은 갈색 유리병을 사용하며, 직사광선을 피하고 냉암소 등에 저장한다.

② 용기는 밀전하지 말고, 구멍이 뚫린 마개를 사용한다.

③ 유리용기는 알칼리성으로 H_2O_2를 분해촉진하며, 유리용기에 장기간 보존하지 않아야 한다.

(4) 용도

산화제, 발포제, 로켓 원료, 의약, 화장품 정성분석 등

(5) 소화방법

다량의 물로 냉각소화

❸ 질산(HNO₃, 지정수량 300kg)

비중이 1.49(약 89.6wt%) 이상인 것은 위험물로 본다.

(1) 일반적 성질

① 무색 액체이나 보관 중 담황색으로 변하며, 직사광선에 의해 공기 중에서 분해되어 유독한 갈색 이산화질소(NO_2)를 생성시킨다.

예 $4HNO_3 \rightarrow 2H_2O + 4NO_2\uparrow + O_2$

② 금속(Au, Pt, Al은 제외)과 산화반응하여 부식시키며, 질산염을 생성한다.

예 $Zn + 4HNO_3 \rightarrow Zn(NO_3)_2 + 2H_2O + 2NO_2\uparrow$

③ 물과 임의로 혼합하고, 발열한다(용해열 7.8kcal/mol).

④ 흡습성이 강하고, 공기 중에서 발열한다.

⑤ 진한질산을 −42℃ 이하로 냉각하면 응축 결정된다.

⑥ 왕수(Royal Water, 질산 1 : 염산 3)에 녹으며 Au, Pt에는 녹지 않는다.

⑦ 진한질산에는 Al, Fe, Ni, Cr 등은 부동태를 만들며, 녹지 않는다.

> **TIP** **부동태**
> 금속 표면에 치밀한 금속산화물의 피막을 형성해 그 이상의 산화작용을 받지 않는 상태이다.

⑧ 크산토프로테인 반응을 한다.

⑨ 분자량 63, 비중 1.49 이상, 융점 −43.3℃, 비점 86℃이다.

(2) 위험성

① 산화력과 부식성이 강해 피부에 닿으면 화상을 입는다.

② 질산 자체는 연소성, 폭발성이 없으나 환원성이 강한 물질(목탄분, 나뭇조각, 톱밥, 종이부스러기, 천, 실, 솜뭉치)에 스며들어 방치하면 서서히 갈색 연기를 발생하면서

발화 또는 폭발한다. Na, K, Mg, $NaClO_3$, C_2H_5OH, 강산화제와 접촉 시 폭발의 위험성이 있다.

③ 화재 시 열에 의해 유독성의 질소산화물을 발생하며, 여러 금속과 반응하여 가스를 방출한다.

④ 불연성이지만, 다른 물질의 연소를 돕는 조연성 물질이다.

⑤ 물과 접촉하면 심하게 발열한다.

⑥ 진한질산을 가열 시 발생되는 증기(NO_2)는 인체에 해로운 유독성이다.

　　예 $2HNO_3 \rightarrow 2NO_2 + H_2O + O$

⑦ 진한질산이 손이나 몸에 묻었을 경우에는 다량의 물로 충분히 씻는다.

⑧ 묽은질산을 칼슘과 반응하면 수소를 발생한다.

　　예 $2HNO_3 + 2Ca \rightarrow 2CaNO_3 + H_2$

(3) 저장 및 취급방법

① 직사광선에 의해 분해되므로 갈색병에 넣어 냉암소 등에 저장한다.

② 테레핀유, 카바이드, 금속분 및 가연성 물질과는 격리시켜 저장하여야 한다.

(4) 용도

야금용, 폭약 및 니트로화합물의 제조, 질산염류의 제조, 유기합성, 사진 제판 등

(5) 소화방법

다량의 물로 희석소화

01 다음 중 제6류 위험물이 아닌 것은?

① 농도가 36wt%인 H_2O_2

② IF_5

③ 비중 1.49인 HNO_3

④ 비중 1.76인 $HClO_3$

> **해설**

■ 제6류 위험물의 품명과 지정수량

성 질	위험 등급	품 명	지정수량
산화성 액체	I	1. 과염소산 2. 과산화수소 3. 질산	300kg
		4. 그 밖에 행정안전부령이 정하는 것 할로겐 간 화합물(BrF_3, IF_5 등) 5. 1~4에 해당하는 어느 하나 이상을 함유한 것	300kg

02 제6류 위험물이 아닌 것은?

① 삼불화브롬

② 오불화브롬

③ 오불화피리딘

④ 오불화요오드

> **해설**

■ 제6류 위험물
㉠ 과염소산($HClO_4$)
㉡ 과산화수소(H_2O_2)
㉢ 질산(HNO_3)
㉣ 할로겐 간 화합물 : 삼불화브롬(BrF_3), 오불화브롬(BrF_5), 오불화요오드(IF_5)

03 「위험물안전관리법」에서 정하고 있는 산화성 액체에 해당되지 않는 것은?

① 삼불화브롬

② 과요오드산

③ 과염소산

④ 과산화수소

> **해설**

과요오드산(periodic acid, HIO_4, H_4IO_6)은 제1류 위험물 중 무기과산화물류

정답 01. ④ 02. ③ 03. ②

04 IF₅의 지정수량으로 옳은 것은?

① 50kg
② 100kg
③ 300kg
④ 1,000kg

> **해설**

1번 해설 참조

05 제6류 위험물의 위험등급에 관한 설명으로 옳은 것은?

① 제6류 위험물 중 질산은 위험등급 Ⅰ이며, 그 외의 것은 위험등급 Ⅱ이다.
② 제6류 위험물 중 과염소산은 위험등급 Ⅰ이며, 그 외의 것은 위험등급 Ⅱ이다.
③ 제6류 위험물은 모두 위험등급 Ⅰ이다.
④ 제6류 위험물은 모두 위험등급 Ⅱ이다.

> **해설**

1번 해설 참조

06 제6류 위험물의 운반 시 적용되는 위험등급은?

① 위험등급 Ⅰ
② 위험등급 Ⅱ
③ 위험등급 Ⅲ
④ 의험등급 Ⅳ

> **해설**

제6류 위험물 : 위험등급 Ⅰ

07 「위험물안전관리법」상 제6류 위험물의 판정시험인 연소시간 측정시험의 표준물질로 사용하는 물질은?

① 질산 85% 수용액
② 질산 90% 수용액
③ 질산 95% 수용액
④ 질산 100% 수용액

> **해설**

■ **연소시간 측정시험**
㉠ 시험의 목적 : 산화성 액체물질이 가연성 물질과 혼합했을 때, 가연성 물질이 연소속도를 증대시키는 산화력의 잠재적 위험성을 판단하는 것을 목적으로 한다. 시험물품과 가연성 물질의 혼합비가 중량으로 8 : 2 및 1 : 1인 시험혼합시료를 만들고, 그 연소에 소요되는 시간을 표준물질과 가연성 물질의 혼합비가 중량으로 1 : 1인 표준혼합시료의 연소에 필요한 시간과 비교하는 것이다.
㉡ 표준물질 : 90%의 농도인 질산수용액(순수한 물로 희석 조제한 것)

08 산화성 액체위험물의 일반적인 성질로 옳은 것은?

① 비중이 1보다 작다. ② 낮은 온도에서 인화한다.
③ 물에 녹기 어렵다. ④ 자신은 불연성이다.

> **해설**
>
> ■ **산화성 액체위험물의 성질**
> ㉠ 비중이 1보다 크다.
> ㉡ 조해성이 없다.
> ㉢ 물에 녹기 쉽다.

09 산화성 액체위험물의 성질에 대한 설명이 아닌 것은?

① 강산화제로 부식성이 있다.
② 일반적으로 물과 반응하여 흡열한다.
③ 유기물과 반응하여 산화, 착화하여 유독가스를 발생한다.
④ 강산화제로 자신은 불연성이다.

> **해설**
>
> ② 일반적으로 물과 반응하여 발열한다.

10 산화성 액체위험물에 대한 설명 중 틀린 것은?

① 과산화수소의 경우 물과 접촉하면 심하게 발열하고 폭발의 위험이 있다.
② 질산은 불연성이지만, 강한 산화력을 가지고 있는 강산화성 물질이다.
③ 질산은 물과 접촉하면 발열하므로 주의하여야 한다.
④ 과염소산은 강산이고 불안정하여 분해가 용이하다.

> **해설**
>
> ① 과산화수소(H_2O_2)는 물과 임의로 혼합하며, 수용액 상태는 비교적 안정하다. 알코올, 에테르에는 녹지만 벤젠, 석유에는 녹지 않는다.

11 제6류 위험물에 대한 설명 중 맞는 것은?

① 과염소산은 무취, 청색의 기름상 액체이다.
② 과산화수소를 물, 알코올에는 용해하나 에테르에는 녹지 않는다.
③ 질산은 크산토프로테인 반응과 관계가 있다.
④ 오불화브롬의 화학식은 C_2F_5Br이다.

> **해설**
> ① 과염소산($HClO_4$) : 무색무취의 휘발성 액체이다.
> ② 과산화수소(H_2O_2) : 물·알코올·에테르에 녹고, 벤젠에는 녹지 않는다.
> ④ 오불화브롬의 화학식은 BrF_5이다.

12 제6류 위험물의 성질, 화재예방 및 화재발생 시 소화방법에 관한 설명 중 틀린 것은?

① 옥외저장소에 과염소산을 저장하는 경우 천막 등으로 햇빛을 가려야 한다.
② 과염소산은 물과 접촉하여 발열하고, 가열하면 유독성가스를 발생한다.
③ 질산은 산화성이 강하므로 가능한 한 환원성 물질과 혼합하여 중화시킨다.
④ 과염소산의 화재에는 물분무소화설비, 포소화설비 등이 적응성이 있다.

> **해설**
> ③ 제6류 위험물은 자신은 불연성이지만, 환원성이 강한 물질 또는 가연물과 혼합한 것은 접촉발화하거나 가열 등에 의해 폭발할 위험성을 갖는다.

13 다음 중 과염소산, 질산, 과산화수소의 공통점이 아닌 것은?

① 다른 물질을 산화시킨다.　　　② 강산에 속한다.
③ 산소를 함유한다.　　　　　　④ 불연성 물질이다.

> **해설**
> ② H_2O_2를 제외하고 모두 강산에 속한다.

14 과염소산과 과산화수소의 공통적인 위험성을 나타낸 것은?

① 가열하면 수소를 발생한다.
② 불연성이지만, 독성이 있다.
③ 물, 알코올에 희석하면 안전하다.
④ 농도가 36wt% 미만인 것은 위험물에 해당하지 않는다고 법령에서 정하고 있다.

물 질	위험성
과염소산	눈에 들어가면 눈을 자극하고, 각막에 열상을 입히며, 실명할 위험이 있다. 부식성이 가하여 피부 점막에 대해 염증 또는 심한 화상을 입는다.
과산화수소	농도 25% 이상의 과산화수소에 접촉하면 피부나 점막에 염증을 일으키고 흡입하면 호흡기 계통을 자극하며, 식도·위 점막에 염증을 일으키고 출혈한다.

15 과염소산과 질산의 공통성질로 옳은 것은?

① 환원성 물질로, 증기는 유독하다.
② 다른 가연물의 연소를 돕는 가연성 물질이다.
③ 강산이고 물과 접촉하면 발열한다.
④ 부식성은 작으나 다른 물질과 혼촉발화 가능성이 높다.

해설

물 질	성 질
과염소산, 과산화수소, 질산	㉠ 산화성, 불연성, 무기화합물, 조연성, 비중 〉 1 ㉡ 물에 녹기 쉬움 ㉢ 분해반응 시 산소(O_2) 발생 ㉣ 가연물, 유기물 등과 혼합 시 발화 위험
과염소산, 질산	㉠ 강산성 ㉡ 물과 접촉 시 심한 발열 ㉢ 분해 시 유독가스 발생 ㉣ 부식성이 강함

16 다음 중 가장 강한 산은?

① $HClO_4$
② $HClO_3$
③ $HClO_2$
④ $HClO$

해설

■ **강산의 세기**

$HClO_4 > HClO_3 > HClO_2 > HClO$

정답 15. ③ 16. ①

17 다음 중 아염소산은 어느 것인가?

① HClO

② HClO₂

③ HClO₃

④ HClO₄

① HClO : 치아염소산

② HClO₂ : 아염소산

③ HClO₃ : 염소산

④ HClO₄ : 과염소산

18 다음 중 과염소산의 화학적 성질에 관한 설명으로 잘못된 것은?

① 물에 잘 녹으며, 수용액 상태는 비교적 안정하다.

② Fe, Cu, Zn과 격렬하게 반응하고 산화물을 만든다.

③ 알코올류와 접촉 시 폭발위험이 있다.

④ 가열하면 분해하여 유독성의 HCl이 발생한다.

① 물과 반응하면 소리를 내며 심하게 발열한다.

19 제6류 위험물 중 과염소산의 위험성에 대한 설명으로 틀린 것은?

① 강력한 산화제이다.

② 가열하면 유독성가스를 발생한다.

③ 고농도의 것은 물에 희석하여 보관해야 한다.

④ 불연성이지만 유기물과 접촉 시 발화의 위험이 있다.

③ 과염소산(perchloric acid, HClO₄)은 비, 눈 등의 물과의 접촉을 피하고, 충격·마찰을 주지 않도록 주의한다.

20 과염소산의 취급·저장 시 주의사항으로 틀린 것은?

① 가열하면 폭발할 위험이 있으므로 주의한다.

② 종이, 나뭇조각 등과 접촉을 피하여야 한다.

③ 구멍이 뚫린 코르크 마개를 사용하여 통풍이 잘 되는 곳에 저장한다.

④ 물과 접촉하면 심하게 반응하므로 접촉을 금지한다.

17. ② 18. ① 19. ③ 20. ③

해설

③ 유리나 도자기 등의 밀폐용기에 넣어 저장하고, 저온에서 통풍이 잘 되는 곳에 저장한다.

21 다음 중 위험물에 관한 설명 중 틀린 것은?

① 농도가 30wt%인 과산화수소는 「위험물안전관리법」상의 위험물이 아니다.
② 질산을 염산과 일정한 비율로 혼합하면 금과 백금을 녹일 수 있는 혼합물이 된다.
③ 질산은 분해방지를 위해 직사광선을 피하고 갈색병에 담아 보관한다.
④ 과산화수소의 자연발화를 막기 위해 용기에 인산, 요산을 가한다.

해설

① 과산화수소는 농도 36wt% 이상인 것
② 왕수(Royal Water)
 ㉠ 진한질산 : 진한 염산 = 1 : 3으로 혼합한 물질
 ㉡ 금·백금을 녹인다.
③ 제6류 중 과산화수소와 질산은 직사광선에 의한 분해방지를 위해 갈색병에 보관하여야 한다.
④ 과산화수소에 첨가하는 인산(H_3PO_4), 요산($C_5H_4O_3$)은 분해방지를 위한 안정제이다.

22 자신은 불연성 물질이지만 산화력을 가지고 있는 물질은?

① 마그네슘   ② 과산화수소
③ 알킬알루미늄   ④ 에틸렌글리콜

해설

구 분	불연성	가연성	산화/환원력
제1류	O(일반적)		산화력
제2류		O	환원력
제3류	O	O(칼륨, 나트륨, 알킬알루미늄, 황린 등)	
제4류		O	
제5류		O	
제6류	O		산화력(과염소산($HClO_4$), 과산화수소(H_2O_2), 질산(HNO_3))

① 제2류, 가연성
③ 제3류, 가연성
④ 제4류, 제3석유류, 수용성, 가연성

정답 21. ④ 22. ②

23 과산화수소의 성질에 대한 설명 중 틀린 것은?

① 알코올, 에테르에는 녹지만, 벤젠, 석유에는 녹지 않는다.
② 농도가 66% 이상인 것은 충격 등에 의해서 폭발할 가능성이 있다.
③ 분해 시 발생한 분자상의 산소(O_2)는 발생기산소(O)보다 산화력이 강하다.
④ 히드라진과 접촉 시 분해폭발 한다.

> **해설**
>
> ③ 강력한 산화제로서 분해하여 발생한 발생기산소(O)는 분자상의 O_2가 산화시키지 못한 물질로 산화시킨다.
>
> $$H_2O_2 \xrightarrow{\Delta} H_2O + [O]$$

24 과산화수소에 대한 설명 중 틀린 것은?

① 햇빛에 의해 분해되어 산소를 방출한다.
② 일정 농도 이상이면 단독으로 폭발할 수 있다.
③ 벤젠이나 석유에 쉽게 용해되어 급격히 분해된다.
④ 농도가 진한 것은 피부에 접촉 시 수종을 일으킬 위험이 있다.

> **해설**
>
> ③ 물과는 임의로 혼합되며, 수용액 상태는 비교적 안정하여 알코올, 에테르에는 녹지만, 벤젠, 석유에는 녹지 않는다.

25 다음 중 과산화수소의 분해를 막기 위한 안정제는?

① MnO_2 ② HNO_3
③ $HClO_4$ ④ H_3PO_4

> **해설**
>
> ■ **과산화수소(hydrogen peroxide, H_2O_2)**
> ㉠ 농도가 클수록 위험성이 높아지므로 분해방지 안정제를 넣어 산소분해를 억제시킨다.
> ㉡ 분해방지 안정제 : 인산(H_3PO_4), 인산나트륨, 요산, 요소, 글리세린 등

26 H_2O_2는 농도가 일정 이상으로 높을 때 단독으로 폭발한다. 몇 %(중량) 이상일 때인가?

① 30
② 40
③ 50
④ 60

> **해설**
>
> 과산화수소는 수용액 농도 36wt%(비중 1.13) 이상을 「위험물안전관리법」상 위험물로 본다.
> ㉠ 농도 3% : 산화제, 발포제, 탈색제, 방부제, 살균제, 소독제 등
> ㉡ 농도 30% : 양모, 펄프, 종이, 면, 실, 식품, 섬유, 유지 등의 표백제 등
> ㉢ 농도 85% : 비닐화합물 등의 중합촉진제, 중합촉매, 폭약, 유기과산화물의 제조, 농약, 의약, 제트기
> · 로켓의 산소공급제 등

27 질산에 대한 설명 중 틀린 것은?

① 융점은 약 −43℃이다.
② 분자량은 약 63이다.
③ 지정수량은 300kg이다.
④ 비점은 약 178℃이다.

> **해설**
>
> ④ 질산의 비점은 약 86℃이다.

28 다음 중 4몰의 질산이 분해하여 생성되는 H_2O, NO_2, O_2의 몰수를 차례대로 옳게 나열한 것은?

① 1, 2, 0.5
② 2, 4, 1
③ 2, 2, 1
④ 4, 4, 2

> **해설**
>
> ■ **질산(HNO_3)의 분해반응식**
> $$4HNO_3 \rightarrow 2H_2O + 4NO_2 + O_2$$
> 4mol 2mol 4mol 1mol

29 질산 2mol은 몇 g인가?

① 36 　　　　　　　　　　　② 72
③ 63 　　　　　　　　　　　④ 126

> **해설**

$2HNO_3 = 2 \times 1 + 14 + 16 \times 3 = 2 \times 63 = 126g$

30 질산의 위험성을 옳게 설명한 것은?

① 인화점이 낮아 가열하면 발화하기 쉽다.
② 공기 중에서 자연발화 위험성이 높다.
③ 충격에 의한 단독으로 발화하기 쉽다.
④ 환원성 물질과 혼합 시 발화 위험성이 있다.

> **해설**

① 자신은 불연성 물질이지만, 강한 산화력을 가지고 있는 강산화성 물질이다.
② 공기 중에서 자연발화하지 않는다.
③ 충격에 의해 단독으로 발화하지 않는다.

PART
06

공업경영

01 데이터의 기초방법

(1) 모집단과 시료

① 모집단 : 모든 공정이나 로트를 말한다.

② 시료 : 모집단에서 어떤 목적을 가지고 샘플링한 것을 말한다.

(2) 모수와 통계량

① 모수 : 시료가 취하여진 모집단에 대한 값이다.

② 통계량 : 시료의 어떤 품질 특성을 측정하여 얻은 측정치의 함수이다.

목 적	모집단	샘(시료)		데이터
공정관리 공정해석	공정	샘플 샘플링	측정 측정 조처	데이터
검사로트의 품위추정	공정	샘플 샘플링	측정 측정 조처	데이터

(3) 계수치 분포

① 이항분포 : 무한 모집단에서 랜덤하게 샘플링된 크기 n개의 시료에서 불량품의 비율을 p라고, 시료 중에서 불량품에 속하는 수를 x개라 하면 크기 n개의 시료 중에 x개가 출현할 확률은 다음과 같다.

$$p(x) = {}_n C_x P^x (1-p)^{n-x}$$

예제

부적합품률이 1%인 모집단에서 5개의 시료를 랜덤하게 샘플링할 때, 부적합품 수가 1개일 확률은 약 얼마인가?(단, 이항분포를 이용하여 계산한다)

풀이 $p(x=1) = {}_n C_x p^x q^{n-x} = {}_5 C_1 0.01^1 \times (1-0.01)^{5-1}$
$= 5 \times 0.01 \times 0.99^4 = 0.0480$

🔁 0.048

② 포아송 분포 : 이항분포에서 np를 일정하게 하고, $n = \infty$로 했을 때의 극한 분포를 포아송 분포라 한다.

$$p(x) = \frac{e^{-x} m^x}{x!}$$

③ 초기하 분포 : 이항분포와 밀접한 관계가 있는 분포로서 N이 적은 경우 초기하 분포로 되는데, 차이점은 이항분포는 시행할 때마다 확률이 같은데 비하여 초기하 분포는 시행할 때마다 확률이 같지 않다.

$$p(x) = \frac{{}_{Np} C_{x_{n-np}} C_{n-x}}{{}_N C_n}$$

여기서, N : 로트 크기 p : 불량률
        Np : 로트 내 불량품 수 $N-p$: 로트 내의 양품 수
        n : 시료 크기 x : 시료 중의 불량품 수
        $n-x$: 시료 중의 양품 수

예제

로트의 크기 30, 부적합품률이 10%인 로트에서 시료의 크기를 5로 하여 랜덤 샘플링 할 때, 시료 중 부적합품 수가 1개 이상일 확률은 약 얼마인가?(단, 초기화 분포를 이용하여 계산한다)

풀이
$$P(x \geq 1) = 1 - P(x = 0) = 1 - \frac{{}_{3}C_{0} \times {}_{27}C_{5}}{{}_{30}C_{5}} = 1 - \frac{\dfrac{27!}{5!(27-5)!}}{\dfrac{30!}{5!(30-5)!}}$$

$$= 1 - \frac{30 \times 29 \times 28 \times 27 \times 26}{5!} = 1 - \frac{80730}{142506} = 0.4335$$

답 0.4335

(4) 계량치 분포

① 정규분포 : 정규분포는 가우스분포라고도 하며, 평균치에 대하여 좌우대칭인 종 모양을 하고 있는 분포이다. 계량치는 원칙적으로 이 분포에 따른다.

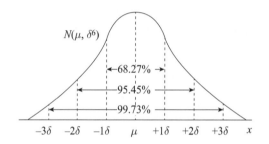

② 정규분포의 성질

㉮ 평균치를 중심으로 좌우대칭이다.

㉯ 곡선은 평균치 근처에서 높고 양측으로 갈수록 낮아진다.

㉰ 평균치는 곡선의 위치를 정한다.

㉱ 표준편차는 곡선의 모양을 정한다.

㉲ 일반적으로 정규분포의 크기는 $N(\mu, \delta^2)$이라 한다.

01 검사(Inspection) 개요

(1) 샘플링검사의 정의

검사란 물품을 어떤 방법으로 측정한 결과를 판정기준과 비교하여 개개 물품에 양호·불량 또는 로트의 합격·불합격의 판정을 내리는 것이다.

(2) 샘플검사의 종류

① 검사가 행해지는 공정에 의한 분류
    ㉮ 수입검사   ㉯ 공정검사
    ㉰ 최종검사   ㉱ 출하검사
    ㉲ 기타 검사

② 검사가 행해지는 장소에 의한 분류
    ㉮ 정위치 검사   ㉯ 순회검사
    ㉰ 출장검사

③ 검사 성질에 의한 분류
    ㉮ 파괴검사   ㉯ 비파괴검사
    ㉰ 관능검사

④ 판정의 대상에 의한 분류
    ㉮ 전수검사   ㉯ 로트별 샘플링검사
    ㉰ 관리 샘플링검사   ㉱ 무검사
    ㉲ 자주검사

⑤ 검사항목에 의한 분류
    ㉮ 수량검사   ㉯ 외관검사
    ㉰ 중량검사   ㉱ 치수검사
    ㉲ 성능검사

⑥ 샘플링검사의 목적에 따른 분류

   ㉮ 표준형   ㉯ 선별형

   ㉰ 조정형   ㉱ 연속생산형

03 관리도

01 관리도의 개념

(1) 관리도 일반

① 정의 : 관리도는 공정상의 상태를 나타내는 특성치에 관해서 그려진 그래프로, 공정을 관리상태(안정상태)로 유지하기 위해서 사용한다.

㉮ 1924년 Shewhart에 의해 처음 사용

㉯ 1950년대 후반 우리나라에서 처음 사용

㉰ 1963년 한국공업규격으로 제정

② 산포를 발생시키는 원인

㉮ 불가피원인 : 공정에서 언제나 일어나고 있는 정도의 어쩔 수 없는 산포(우연원인)

㉯ 가피원인 : 보통 때와 다른 산포로 보아 넘기기 어려운 원인(이상원인)

③ 관리도를 사용하여 공정관리하는 순서

㉮ 공정의 결정

㉯ 공정에 대한 관리항목 결정

㉰ 관리항목에 대한 결정방법, 측정방법, 데이터를 얻는 방법, 데이터 층별방법 등

㉱ 관리항목에 대한 관리도의 결정

㉲ 시료군의 구분방법, 군의 크기, 층별방법 등의 결정

㉳ 관리도의 작성

㉴ 공정상태의 판단, 이상의 발견, 공정변화의 발견

㉵ 관리도에 의한 조처, 제품에 대한 조처, 공정에 대한 조처, 공정관리의 적정성 검토

(2) 관리도의 종류

① $\bar{x}-R$ 관리도 : 공정에서 채취한 시료의 길이, 무게, 시간, 강도, 성분, 수확률 등의 계량치 데이터에 대해서 공정을 관리하는 관리도이다.

㉠ 축의 완성된 지름, 철사의 인장강도, 아스피린의 순도, 바이트의 소입온도, 전구의 소비전력 등

관리도	데이터	분 포
$\overline{x}-R$ 관리도		
x 관리도	계량치	정규분포
$x-R$ 관리도		
np 관리도		이항분포
p 관리도	계수치	
c 관리도		포아송 분포
u 관리도		

② x 관리도 : 데이터를 군으로 나누지 않고 한 개 한 개의 측정치를 그대로 사용하여 공정을 관리할 경우에 사용한다. 데이터를 얻는 간격이 크거나, 군으로 나누어도 별로 의미가 없는 경우 또는 정해진 공정으로부터 한 개의 측정치 밖에 얻을 수 없을 때에 사용한다.

　예 시간이 많이 소요되는 화학분석치, 알코올의 농도, 뱃취 반응공정의 수율, 1일 전력 소비량 등

③ np 관리도 : 공정을 불량개수 np에 의해 관리할 경우에 사용한다. 이 경우에 시료의 크기는 일정하지 않으면 안 된다.

　예 전구꼭지쇠의 불량개수, 나사길이의 불량, 전화기의 겉보기 불량 등

예 제

np 관리도에서 시료군마다 시료 수(n)는 100이고, 시료군의 수(k)는 20, $\sum np = 77$ 이다. 이때 np 관리도의 관리상한선(UCL)을 구하면 약 얼마인가?

풀이 $\overline{np}=\dfrac{\sum np}{K}=\dfrac{77}{20}=3.85$

$\overline{p}=\dfrac{3.85}{100}=0.0385$

$\mathrm{ULC}=n\overline{p}+3\sqrt{n\overline{p}(1-\overline{p})}=3.85+3\sqrt{3.85(1-0.0385)}$

$\qquad = 9.62$

답 9.62

④ p 관리도 : 공정을 불량률 p에 의거 관리할 경우에 사용한다. 작성방법은 np 관리도와 같다. 다만, 관리한계의 계산식이 약간 다르며 시료의 크기가 다를 때는 n에 따라 한계의 폭이 변한다.

　예 전구꼭지의 불량률, 2급품률, 작은 나사의 길이 불량률, 규격 외품의 비율 등

⑤ c 관리도 : c 관리도는 미리 정해진 일정단위 중에 포함된 결점수를 취급할 때 사용한다.

　예 어느 일정단위 중에 나타나는 홈의 수, 라디오 한 대 중에 납땜 불량개수 등

예제

c 관리도에서 $k=20$인 군의 총 부적합수 합계는 58이었다. 이 관리도의 UCL, LCL을 계산하면 약 얼마인가?

풀이 　총 부적합수 $\bar{c} = \dfrac{\sum C}{K} = \dfrac{58}{20} = 2.9$

$\bar{c} \pm 3\sqrt{\bar{c}} = 2.9 \pm 3\sqrt{2.9} = 8.01$

답 UCL $= 8.01$, LCL $=$ 고려하지 않음

⑥ u 관리도 : u 관리도는 검사하는 시료의 면적이나 길이 등이 일정하지 않는 경우에 사용한다.

　예 직물의 얼룩, 에나멜동선의 핀홀

예제

부적합수 관리도를 작성하기 위해 $\sum c = 559$, $\sum n = 222$를 구하였다. 시료의 크기가 부분군마다 일정하지 않기 때문에 u 관리도를 사용하기로 하였다. $n = 10$일 경우 u 관리도의 UCL 값은 약 얼마인가?

풀이 　UCL $= \bar{u} + 3\sqrt{\dfrac{\bar{u}}{n}} = \dfrac{559}{222} + 3\sqrt{\dfrac{\dfrac{559}{222}}{10}} = 4.023$

답 4.023

(3) 관리도를 보는 방법

① '공정이 안정상태에 있다'의 판정조건

　㉮ 점이 관리한계를 벗어나지 않는다.

　㉯ 점의 배열이 아무런 습관성이 없다.

② '점이 관리한계를 벗어나지 않는다'의 기준

　㉮ 연속 25점 모두가 관리한계 안에 있다.

　㉯ 연속 35점 관리한계를 벗어나는 점이 1점 이내이다.

　㉰ 연속 100점 중 관리한계를 벗어나는 점이 2점 이내이다.

③ '층점의 배열에 습관성이 있다'의 기준

　㉮ 길이 7 이상의 런이 출현한다.

　㉯ 경향이나 주기성이 나타난다.

　㉰ 중심선의 한쪽에 점이 많이 나타난다.

　㉱ 점이 관리한계선에 접근하여 여러 개 나타난다.

Chapter 04 생산계획

01 생산시스템의 개념

(1) 생산계획

생산활동을 시작함에 있어서 그 목적의 달성을 위하여 조직적이고 합리적인 계획을 수립하기 위한 사고활동으로서 생산되는 제품의 종류, 수량, 가격 및 생산방법, 장소, 일정계획에 관하여 가장 경제적이고 합리적으로 계획을 편성하는 것이다.

(2) 생산계획의 단계

① 기본계획 : 고위층, 즉 경영층의 사고활동에 의해서 행해지는 것이다. 예 준비계획
② 실행계획 : 중간 관리자가 기본계획을 구체화하는 것이다. 예 제조계획
③ 실시계획 : 생산 담당 부서가 실행계획에 의해 실시하는 것이다. 예 작업계획

(3) 절차계획의 목적

① 최적의 작업방법을 결정한다.
② 작업방법의 표준화를 도모한다.
③ 작업의 할당을 적정화한다.

(4) 절차계획상 중점 파악 요소

① 품질 : 높은 정도나 숙련공을 요구하는가?
② 원가 : 품질보다 원가인하가 중요한가?
③ 납기 : 준비기간에 충분한 여유가 있는가?
④ 기타
  ㉮ 장기적 계속성이 있는가?
  ㉯ 다른 제품과 공정상의 공통성이 있는가?
  ㉰ 설비나 자재의 제약이 있는가?

(5) 절차계획 추진방법

① 입안방침결정
② 가공방법의 합리화
③ 자재선택
④ 작업분할과 공정편성 합리화

(6) 공수계획의 기본적인 방침

① 부하와 능력의 균형화
② 가동률의 향상
③ 일정별 부하의 변동방지
④ 적성배치와 전문화의 촉진
⑤ 여유성

(7) 공수계획의 내용

① 인공수의 종류
  ㉮ 인일(人日) : Man Day – 개략적
  ㉯ 인시(人時) : Man Hour – 보편적
  ㉰ 인분(人分) : Man Minute – 세부적
② 인원/기계능력의 계산
  ㉮ 인원능력＝환산인원×취업시간(실동)×실동률＝월간실동시간×출근율×인원수
  ㉯ 가동률＝출근율×(1－간접 작업률)
  ㉰ 기계능력＝유효가동시간×대수＝월간 실동시간×가동률×대수

(8) 공수체감현상

다량생산의 작업이 계속적으로 반복될 때에 작업시간이 일정한 것이 아니고, 시간이 경과함에 따라 그 작업에 숙달되어 작업시간이 단축되는 것을 체감현상이라 한다.

① 공수체감률이 큰 순서
  ㉮ 조립(80%)
  ㉯ 수작업(90%)
  ㉰ 기계작업
② 공수체감곡선 식 : $Y = AX^B$
③ 학습률과 B값의 관계 : $B = \dfrac{\log(slope)}{\log 2}$

④ 누계공수의 계산 : $\displaystyle\int_0^{X_n} Y dx = \frac{A {X_n}^{B+1}}{B+1}$

⑤ 개별공수의 계산 : $Y = (1+B)\overline{Y}$

(9) 일정계획의 방침

① 납기의 활성화
② 생산 활동의 동기화
③ 작업량의 안정화와 가동률 향상

(10) 원단위 산정

원단위란 완성된 설계도를 기초로 하여 제품 또는 반제품의 단위당 기준자재소요량을 말한다.

$$자재의\ 원단위 = \frac{원자재\ 투입량}{제품\ 생산량} \times 100$$

(11) 제조 로트(Lot)의 결정방법

① 로트의 의의 : 단위생산수량이라고도 하는데, 생산이 이루어지는 단위 수량으로서 여러 개 혹은 그 이상의 상당한 수량을 한 묶음 내지 한 단위로 하여 생산이 이루어지는 경우를 말한다.
② 로트수 : 일정한 제조횟수를 표시하는 개념이다. 즉, 예정생산목표량을 몇 회로 분할 생산하는가이다.
③ 로트의 크기 : 예정생산목표량을 로트수로 나눈 것이다.
④ 로트의 종류
  ㉮ 제조명령 로트   ㉯ 가공 로트
  ㉰ 이동 로트

(12) 경제적 로트의 산출방식

① 로트수와 작업시간과의 관계

$$T_n = T_p + T_s$$

여기서, T_n : 총작업시간 T_p : 준비작업시간
        T_s : 정미작업시간 N : 로트수

로트수가 10이고 준비작업시간이 20분이며, 로트별 정미작업시간이 60분이라면 1로트 당 작업시간은?

풀이 ① 로트란 단위생산수량이라고도 하며, 생산이 이루어지는 단위수량으로서 여러 개 혹은 그 이상의 상당한 수량을 한 묶음 내지, 한 단위로 하여 생산이 이루어지는 경우이다.

② 1로트당 작업시간 = $\dfrac{20+(60\times10)}{10} = 62$분

답 62분

② F.W. Harris식

$$경제적\ 발주량(Q) = \sqrt{\dfrac{2RP}{CI}}$$

예제

연간 소요량 4,000개인 어떤 부품의 발주비용은 매회 200원이며, 부품단가는 100원, 연간 재고유지비율이 10%일 때 F.W. Harris식에 의한 경제적 주문량은 얼마인가?

풀이 F.W. Harris식에서

경제적 주문량$(Q) = \sqrt{\dfrac{2DP}{CI}}$

Q : 로트의 크기(경제적 발주량)　　　D : 소비예측(연간소비량)

P : 준비비(1회 발주비용)　　　　　　C : 단위비(구입 단가)

I : 단위당 연간재고유지(이자, 보관, 손실 등)

$Q = \sqrt{\dfrac{2\times4,000\times200}{100\times0.1}} = 400$개/회

답 400개/회

$$연간\ 총관계비용\ Y^* = \sqrt{2\,CIRP}$$

여기서, Q : 로트의 크기(경제적 발주량)　　　R : 소비예측(연간 소비량)

　　　　P : 준비비(1회 발주비용)　　　　　C : 단위비(구입 단가)

　　　　I : 단위당 연간 재고유지(이자, 보관, 손실 등)

③ P.N. Lehozky식

$$X = \sqrt{\frac{M}{L}\left(\frac{S+J-SI}{2}\right)}, \ S = \frac{제품단가}{재료비}, \ J = \frac{제조수량}{제조능력}$$

여기서, X : 1년간의 생산 로트수　　　　　L : 준비비
　　　　M : 1년간 1회 구입한다고 가정했을 경우의 재료비에 대한 이자

02 수요예측

(1) 수요예측

장래의 일정한 기간 동안에 생산하여야 할 제품의 생산수량을 사전에 예정하는 생산수량 계획을 세움에 있어서 확실한 수요량을 판단하는 것이다.

(2) 생산수량 계획절차

① 수요예측(판매예측)　→　② 판매계획　→　③ 생산계획

(3) 수요예측 방법의 분류

① 시계열분석 : 시계열에 따라 과거의 자료로부터 그 추세나 경향을 알아서 미래를 예측하는 것
② 회귀분석 : 과거의 자료부터 회귀방정식을 도출하고, 이를 검정하여 미래를 예측하는 것
③ 구조분석 : 수요상황을 산정하는 구조모델을 추정하고, 이것으로부터 미래를 예측하는 것
④ 의견분석 : 신제품의 경우와 같이 일반 사용자의 의견을 집계분석하여 미래를 예측하는 것

(4) 수요예측의 목적

① 생산설비의 신설이나 확장의 필요성 유무의 검토 및 신설 확장 규모의 결정
② 기존 설비장치에서 생산되는 복수품목 전체의 기간 생산계획량 결정
③ 기존 설비장치에서 각 품목마다의 월별 생산계획량 결정

(5) 수요예측 기법

① 최소 자승법 : 동적평균선을 관찰자와 경향치와의 편차자승의 총합계가 최소가 되도록 구하고 회귀직선을 연장해서 예측하는 방법이다.

$$Y = a + bx$$
$$a = \frac{(\sum y \sum x^2) - (\sum x \sum xy)}{(n \sum x^2 - \sum x)^2}, b = \frac{(n \sum xy) - (\sum x \sum y)}{(n \sum x^2 - \sum x)^2}$$

여기서, Y : 예측치 a : Y축과 교점

        b : 직선의 기울기 x : 연도

예제

다음을 참조하여 5개월 단순이동평균법으로 7월의 수요를 예측하면 몇 개인가?

월	1	2	3	4	5	6
실적(개)	48	50	53	60	64	68

풀이 $ED = \dfrac{\sum xi}{n} = \dfrac{48 + 50 + 53 + 60 + 64 + 68}{6} = 57$

답 57

05 생산통제

01 생산관리

(1) 작업분배의 의의

실제로 일을 사람이나 기계에게 할당하는 것이다. 즉, 가급적 일정계획과 절차계획에 예정된 시간과 작업순서에 따르되 현장의 실정을 감안해서 가장 유리한 작업순서를 정하여 작업을 명령하거나 지시하는 것으로, 계획된 생산활동을 실제로 추진하는 관리적 기능이다.

(2) 작업분배의 방법

분산식 작업분배 방법	집중식 작업분배 방법
• 현장에서의 비능률을 어느 정도 방지할 수 있다. • 보고나 통지의 중복을 피할 수 있고 통제가 용이하므로 여러 가지 경우에 경제적이다. • 작업진행계원이 많이 걷게 된다.	• 통제를 강화할 수 있다. • 일정계획 등의 변경을 행할 수 있으므로 탄력성이 있다. • 진행상황을 총괄적으로 파악할 수 있다.

(3) 진도관리

진도관리란 작업분배에 의하여 현재 진행 중인 작업에 대해서 작업의 착수에서 완료되기까지의 진도상황을 관리하는 것이다. 즉, 작업이 계획대로 진행되도록 조종하는 것이다.

(4) 진도관리의 업무단계

진도조사 → 진도판정 → 진도수정 → 지연조사 → 지연예방대책 → 회복확인

(5) 진도조사 방법

① 전표이용법　　　　② 구두연락법

③ 직시법　　　　④ 기계적 방법

(6) 간트차트(Gantt Chart)에 의한 진도통제

① 간트차트의 정의 : 간트차트는 막대의 길이로서 시간의 장단을 표시하는 도표이고 막대도표(Bar Chart)라고도 한다. 이것은 시간의 차원에서 생산할 양을 작업별, 작업자별, 기계별 등 여러 가지 관점에서 작업의 순위와 할당 결과를 나타내어 이들을 실적과 대비하여 통제할 수 있게 한 기법으로 과거 오랫동안 일정계획이나 부하계획 및 통제의 효과적인 기법으로 사용되어 오고 있다.

② 간트차트에서 사용되는 기호

기 호	설 명
⌐　⌐	지시된 총시간 계획(예정 생산시간)
⌐__⌐	실제 작업량(이미 완료된 작업)
⊠　⌐ A200	과거의 지연을 보충하기 위하여 필요한 시간(A200은 작업번호)
∨	어떤 특정일로서의 검토일자
⌐_ₕ⌐	H는 지연이유
⌐	시작계획 일자
_⌐	종료계획 일자

(7) 컴업시스템(Come-up System)에 의한 진도통제

각 제품의 제조명령에 대해서 1공정 1전표를 작성해 완료 예정일순으로 전표를 정리하여 지연작업을 조치하는 방법이다. 이 방법은 제품 수가 많고, 공정의 길이가 일정하지 않은 경우에 편리하다.

(8) 현품관리의 의의와 방법

① 현품관리의 의의 : 각 공정을 흐르고 있는 자재·부품·반제품 등의 소재와 수량을 파악하는 일, 즉 무엇이·어디에·얼마나 있는가를 확실히 파악하는 것이다.

② 현품관리의 필요성

㉮ 수량의 파악을 확실히 하여 진도관리의 기초가 되도록 한다.

㉯ 현품의 분실파손을 방지할 수 있다.

㉰ 재공품의 운반이나 정리는 공장에서 상당한 작업량이 된다. 이들도 효율적인 현품 관리에 의하여 감소시킬 수 있다.

③ 현품용기의 방법

㉮ 되도록 표준용기를 사용한다.

㉯ 정량을 넣는다.

㉰ 작업 중에도 사용한다.

㉱ 운반이나 쌓아 올리는 데 편리하게 한다.

㉲ 취급하기 쉬운 크기로 한다.

④ 현품운반의 책임

직접공의 운반	간접공의 운반
• 수량이나 중량이 적은 것 • 가까운 거리일 것 • 불규칙적이고 빈번히 발생하여 즉시 운반하는 것이 좋을 때 • 슈트(Chute)나 컨베이어를 이용하여 이동시킬 경우 등	• 양적으로 클 것 • 운반거리가 길 경우 • 계획적으로 운반될 것

(9) 설비보전

① 설비보전의 종류

㉮ 보전예방(MP; Maintenance Prevention) : 설비의 설계 및 설치 시에 고장이 적은 설비를 선택해서 설비의 신뢰성과 보전성을 향상시키는 방법

㉯ 예방보존(PM; Preventive Maintenance) : 설비를 사용 중에 예방보전을 실시하는 쪽이 사후보전을 하는 것보다 비용이 적게 드는 설비에 대해서 정기적인 점검 및 검사와 조기수리를 행함으로써 생산활동 중에 기계고장을 방지하는 기법

㉰ 개량보전(CM; Corrective Maintenance) : 고장원인을 분석하여 보전비용이 적게 들도록 설비의 기능 일부를 개량해서 설비 그 자체의 체질을 개선하는 기법

④ 사후보전(BM; Breakdown Maintenance) : 고장이 난 후에 보전하는 쪽이 비용이 적게 드는 설비에 적용하는 방식으로, 설비의 열화정도가 수리한계를 지난 경우에 사용하는 기법

② 설비열화형의 종류

㉮ 물리적 열화 : 시간의 경과로 노후화하여 기능저하형의 열화 발생

㉯ 기능적 열화 : 기능적 저하가 별로 없이 조업정지되는 기능정지형

㉰ 기술적 열화 : 신설비의 출현으로 인한 구설비의 상대적 열화, 절대적 열화

㉱ 화폐적 열화 : 신설비의 구입을 위한 구설비와의 가격차

③ 조직의 종류

㉮ 집중보전 : 공장의 모든 보전요원을 한 사람의 관리자 밑에 두고 활동

㉯ 지역보전 : 지역별로 책임자를 두고 보전요원이 활동

㉰ 부문보전 : 공장의 보전요원을 각 제조부문의 감독자 아래 배치

㉱ 절충보전 : 지역보전 또는 부문보전과 집중보전을 결합하여 장점을 살리고 결점을 보완

(10) ABC 분석기법

1951년 G.E사의 H.F Dieckie에 의하여 제창된 재고관리기법이다.

① ABC 분석기법의 의의 : 모든 부품 및 자재를 다음의 ABC의 세 집단으로 분류한다.

㉮ A품목 : 비용이 높고 수량이 적은 것 - 중점관리

㉯ B품목 : A품목과 C품목의 중간 것 - 적당관리

㉰ C품목 : 비용이 낮고 수량이 많은 것 - 최저·최고 재고량 제도

② ABC 분석의 일반적인 기준

분류 ＼ 적요	전체 품목에 대한 비율	총 사용금액에 대한 비율
A품목	5~10	70~80
B품목	10~20	15~20
C품목	70~80	5~10

Chapter 06 작업관리

01 작업관리의 의의

(1) 작업관리의 의의

작업관리란 최적 작업시스템을 지향하는 공학연구(Engineering Approach)이다. 기본적으로 방법연구와 작업측정방법이 이용된다.

(2) 작업시스템(Work System)

작업시스템은 과업을 달성하는 것으로, 작업환경에서 인간과 투입요소가 기계와 서로 연합하는 것이다. 작업시스템에 대한 7가지 시스템을 열거하면 다음과 같다.

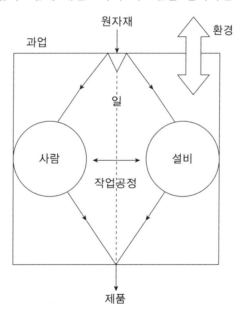

① 과업(Work Task) ② 작업공정(Work Process)
③ 원자재(Input) ④ 제품(Output)
⑤ 사람(Man) ⑥ 설비(Equipment)
⑦ 환경(Environment)

(3) 방법연구에 이용되는 수법 2가지

① 작업이나 동작의 순서표현

㉮ 작업구분의 크기

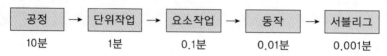

공정	→	단위작업	→	요소작업	→	동작	→	서블리그
10분		1분		0.1분		0.01분		0.001분

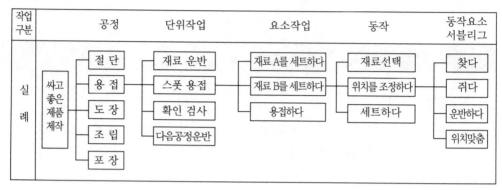

작업구분		공정	단위작업	요소작업	동작	동작요소 서블리그
실례	싸고 좋은 제품 제작	절 단 용 접 도 장 조 립 포 장	재료 운반 스폿 용접 확인 검사 다음공정운반	재료 A를 세트하다 재료 B를 세트하다 용접하다	재료선택 위치를 조정하다 세트하다	찾다 쥐다 운반하다 위치맞춤

㉯ 공정분석도표의 종류

    ㉠ 제품공정분석   ㉡ 사무공정분석

    ㉢ 작업자 공정분석   ㉣ 연합작업분석

    ㉤ 동작분석

② 사람이나 자재의 이동경로 표현

㉮ 동작의 표현법

    ㉠ 흐름도   ㉡ 스트링 다이어그램

    ㉢ 필름분석   ㉣ 계급모형

    ㉤ From-to Chart

Chapter 07 기타 공업경영에 관한 사항

01 표준시간

(1) 스톱워치법

① 작업측정의 의의 : 작업측정은 측정대상작업을 구성단위(요소단위)로 분할하여 시간을 척도로, 측정하고 평가 및 설계, 개선하는 것이다.

② 작업측정의 목적
- ㉮ 작업시스템의 설계
- ㉯ 작업시스템의 개선
- ㉰ 과업관리

③ 관측대상의 결정 및 층별화
- ㉮ 기계 : 기종별, 대수별, 재공품별, 능력별, 설치장소별, 구입시기별 등
- ㉯ 사람 : 직무별, 숙련도별, 경험 연도별, 조별, 교체번호별, 작업장별 등
- ㉰ 제품 : 품종별, 가공의 난이도별, 크기 또는 중량별 등

④ 스톱워치의 단위

1DM＝1/100분

⑤ 스톱워치의 관측방법
- ㉮ 계속법 : 시작점에서 스톱워치를 작동시키되 관측 중에 시계를 중단시키지 않는다.
- ㉯ 반복법 : 요소작업 측정 시 0의 위치로 되돌아간다.

⑥ 작업의 요소분할 이유
- ㉮ 작업방법의 세부를 명확히 하기 위해
- ㉯ 작업방법의 작은 변화라도 찾아 개선하기 위해
- ㉰ 다른 작업에도 공통되는 요소가 있으면 비교 혹은 표준화하기 위해
- ㉱ 레이팅을 보다 정확히 하기 위해

(2) PTS(Predetermined Time Standard, Time System)법

① PTS의 의의 : 인간이 행하는 모든 작업의 구성을 기본동작으로 분해하여 그 동작의 성질과 조건에 따라 미리 정해진 시간치를 적용하는 방법이다.

② PTS법의 종류

㉮ MTM(Methods Time Measurement)

ㄱ MTM의 의의 : MTM의 정의는 PTS의 정의와 동일하다. 인간이 행하는 작업을 몇 개의 기본동작으로 분석하여 그 기본동작 간의 관계나 그것에 필요로 하는 시간치를 밝히는 방법이다.

ㄴ MTM의 시간치 : MTM에서 사용하는 시간단위는 0.00001시간으로 TMU(Time Measurement Unit)라 한다.

1TMU=0.00001시간	1초=27.8TMU
1TMU=0.0006분	1분=1666.7TMU
1TMU=0.036초	1시간=100,000TMU

㉯ WF(Work Factor)

ㄱ WF법의 의의 : 표준시간 설정을 위해 여러 정밀 계측시계를 이용하여 극소동작에 대한 상세한 데이터를 취하고 움직인 거리, 사용한 신체부위, 취급물의 중량 또는 저항, 인위적 조절 등과 같은 영향을 미치는 요인들에 대해 상세한 분석과 연구를 한 결과 만족할만한 기초적인 동작시간 공식을 작성하였다.

ㄴ 1WFU=0.006초=0.0001분=0.0000017시

ㄷ WF법의 4가지 주요 변수 : 신체사용부위, 이동거리, 취급 중량 또는 저항, 인위적 조건

㉰ MTA(Motion Time Analysis)

㉱ BMT(Basic Motion Time Study)

㉲ DMT(Dimensional Motion Times)

㉳ MODAPTS(Modular Arrangement of Predermind Time Standard)

㉴ WF법의 신체사용부위 : 손가락, 손, 앞팔 선회, 팔, 몸통, 다리, 발

㉵ 4가지 인위적 조절 요소 : 일정한 정지(D), 방향의 조절(S), 주의(P), 방향변경(U)

㉶ WF 표준 요소 : 이동(Tr)·뻗치다(R)·운반하다(M), 쥐다(Gr), 전치하다(PP), 조립하다(Asy), 사용하다(Use), 분해하다(Dsy), 놓다(RL), 정신과정(MP),

㉷ WF분석법의 종류 : 상세법, 간이법, 레이디법, 간략법

(3) 공정분석

① 공정분석의 의의 : 기본적인 형상 분석방법의 하나로, 생산공정이나 작업방법의 내용을 가공·운반·검사·정체 또는 저장의 4가지의 공정 분석기호로 분류하여 그 발생하는 순서에 따라 표시하고 분석하여 생산공정이나 작업발생의 개선·설계·공정관리제도나 공장배치의 개선설계에 이바지할 목적으로 한다.

② 공정분석 종류

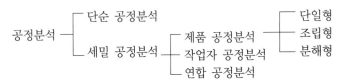

③ 공정분석도와 공정분석기호

ᄀᆞ 작업(Operation) : ◯   ᄂᆞ 운반(Transportation) : ⇨

ᄃᆞ 검사(Inspection) : ☐   ᄅᆞ 지연(Delay) : D

ᄆᆞ 저장(Storage) : ▽

④ 응용기호와 보조기호

ᄀᆞ 양의 검사 : ☐   ᄂᆞ 질의 검사 : ◇

ᄃᆞ 양과 질의 검사 : ◈   ᄅᆞ 공정 간의 대기 : ▽

ᄆᆞ 작업 중 일시대기 : ✡   ᄇᆞ 소관구분 : ⚬⚬⚬

ᄉᆞ 공정도 생략 : ╈   ᄋᆞ 폐기 : ✳

⑤ 작업공정도(Operation Process Chart) : 작업공정도는 원재료와 부품이 공정에 투입되는 점 및 모든 작업과 검사의 계열을 표현한 도표이다.

⑥ 흐름공정도(Flow Process Chart) : 흐름공정도는 대상 프로세스에 포함되어 있는 모든 작업·운반·검사·지연 및 저장의 계열을 기호로 표시하고 분석에 필요한 소요시간, 이동거리 등의 정보를 기술한 도표이다.

ᄀᆞ 흐름공정도는 다음 사항을 검토하는 데 적합

ㄱ 자재운반 및 취급

ㄴ 정체 및 수대기 상황

ㄷ 설비 배치

ㄹ 재고 문제

ᄂᆞ 기호

ㄱ ○ : 작업 – 현업 내에서의 작업

ㄴ ☐ : 검사 – 물건의 개수 점검, 조합 또는 특성을 기준과 비교

ㄷ ⇨ : 이동 – 다른 작업역으로의 이동 및 운반

② D : 지연 - 유휴, 수대기 또는 단순히 시간을 소비
　　⑩ 개선의 ECRS : 배제(Eliminate), 결합(Combine), 재배치(Rearrange), 간소화
　　　(Simplify)
　　⑭ 작업개선의 적용원칙
　　　㉠ 레이아웃의 원칙
　　　㉡ 자재운반 및 취급의 원칙
　　　㉢ 동작경제의 원칙

(4) PERT/CPM

① PERT(Program Evaluation & Review Technique, Program Evaluation Research Task)의 의의 : PERT기법이란 경영관리자가 사업목적을 달성하기 위해 수행하는 기본계획·세부계획 및 통계기능에 도움을 줄 수 있는 수적기법이며, 계획공정도를 중심으로 한 종합적인 관리기법이다. 이것은 합리적인 계획으로 실패를 줄이며, 성공하는 방법이다.

② CPM(Critical Path Method)의 의의 : 각 활동의 소요일수 대 비용의 관계를 조사하여 최소비용으로 공사계획이 수행될 수 있도록 최적의 공기를 구하는 데 있다. 이것은 비용을 극소화하여 이윤을 극대화시키는 방법이다.

③ 3점 견적법
　　㉮ 낙관시간치(Optiministic Time : to or a) : 평상시보다 잘 진행될 때 그 활동을 완성하는 데 필요한 최소시간
　　㉯ 정상시간치(Most Likly Time : tm or m) : 작업활동을 완성하는 데 정상으로 소요되는 시간
　　㉰ 비관시간치(Pessimistic Time : tp or b) : 작업활동의 최대 시간으로 일이 뜻대로 되지 않을 때의 소요시간
　　㉱ 기대시간치(Eexpected Time : t_e) : 세 가지 시간 추정치를 평균하여 하나의 추정 소요시간을 산출

$$t_e = \frac{a + 4m + b}{6}$$

　　㉲ 분산(Variance, δ^2) : 기대시간치(t_e)는 3개의 시간치를 사용하기 때문에 t_e의 불확실성의 정도를 파악하기 위해 분산을 구할 필요가 있다.

$$\delta^2 = \left(\frac{b-a}{6}\right)^2$$

④ 단계계산에 의한 일정계산

㉮ TE(Earliest Expected Time) : 가장 빠른 예정시기

㉯ TL(Latest Allowable Time) : 가장 늦은 허용시기

㉰ 단계여유의 계산

　㉠ 정여유(Positive Slack) TL − TE <〉 0, S < 0

　㉡ 영여유(Zero Slack) TL − TE=0, S=0

　㉢ 부여유(Negative Slack) TL − TE < 0, S < 0

㉱ 애로공정(Critical Path, CP) : TL−TE를 계산해서 각 단계의 여유시간의 값이 0
이 되는 단계를 연결하면 애로공정이 된다. 이는 도중 끊겨서는 안 되며 최초와
최종이 연결되어야 한다.

㉲ 확률적 검토 : 예정달성기일(TS)이 주어지는 경우 성공확률(Probability of
Success)을 추정할 필요가 있다. 성공확률에 따라 자원을 적정 배분해야 하기 때
문이다.

(5) 품질관리와 데이터

품질관리에 있어서 데이터의 중요성은 "품질관리의 생명은 데이터에 있다"라는 말로 표
현한다.

① 데이터

㉮ 계수치 데이터 : 불량개수, 홈의 수, 결점수, 사고건수 등과 같이 1, 2, 3,…으로
헤아릴 수 있는 이상적인 데이터

㉯ 계량치 데이터 : 길이, 무게, 두께, 눈금, 시간, 수분, 온도, 강도, 수율, 함유량
등과 같이 연속량으로 측정하여 얻어지는 품질 특성치

② 파레토도 : 제품의 불량이나 결점 등의 데이터를 그 내용이나 월·일별로 분류하여
발생상황의 크기 차례로 놓아 기둥 모양으로 나타낸 그림으로, 불량이나 결점 등을
중점관리를 하고자 할 때 사용된다.

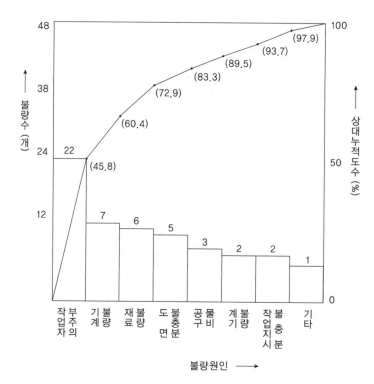

③ 도수분포법 : 도수분포법은 품질의 변동을 분포의 형상으로 또는 수량적으로 파악하는 통계적 방법으로, 공정의 관리에 효과적일 뿐만 아니라 모든 통계분포를 이해하는 기초가 되고 있다. 도수분포는 샘플이 품질특성의 측정치를 도수로 나타낸 표 또는 그림으로 세로축에 도수, 가로축에 품질특성을 취하여 만든다.

TIP 도수분포의 목적

1. 데이터의 흩어진 모양을 알고 싶을 때
2. 많은 데이터로부터 평균치와 표준편차를 구할 때
3. 원 데이터를 규격과 대조하고 싶을 때

④ 히스토그램 : 히스토그램은 도수 분포표로 정리된 변수의 활동수 준을 막대의 길이로 표시하여 수 평이나 수직으로 늘어놓아 상호 비교가 쉽도록 만드는 그림이다.

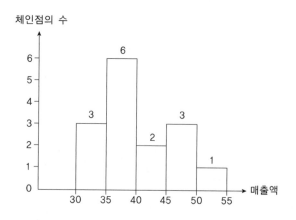

⑤ 특성요인도 : 문제가 되는 특성(결과)과 이에 영향을 미치는 요인(원인)과의 관계를 알기 쉽게 도표로 나타낸 것을 특성요인도라 한다. 대개는 4M을 토대로 세부 요인까지 추구하는 시스템 접근 방식을 사용한다.

㉮ 특성요인도 사용법 : 작업표준과 비교, 개선점 결정 시행, 중요한 요인 확인, 철저히 주지, 개선 개정 계속

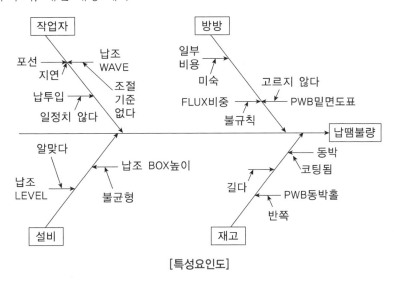

[특성요인도]

01 다음 중 통계량의 기호에 속하지 않는 것은?

① σ 　　　　　　　② R

③ s 　　　　　　　④ $\overline{x}$

해설

㉠ 모집단(Population)

σ : 모표준편차(분포의 퍼짐 상태를 나타내는 척도)

㉡ 통계량의 기호

㉮ R : 범위(Range)

㉯ s : 시료표준편차(Sample Standard Deviation)

㉰ $\overline{x}$: 산술평균(Arithmetic Mean), 시료평균

02 다음 중 모집단의 중심적 경향을 나타낸 측도에 해당하는 것은?

① 범위(Range)

② 최빈값(Mode)

③ 분산(Variance)

④ 변동계수(Coefficient of Variation)

해설

① 범위(Range) : n개의 데이터 중 최댓값(x_{max})과 최솟값(x_{min})의 차이를 말하는 것으로 음의 값을 취할 수 없다($R = x_{max} - x_{min}$).

② 최빈값(Mode) : 정리된 자료(도수분포표)에서 도수가 최대인 계급의 최댓값이며, 정리되지 않은 자료인 경우에는 출현빈도가 높은 데이터 값이다.

③ 분산(Variance) : 편차 제곱의 기대가로서 최소단위당 편차 제곱을 뜻하며, σ^2으로 표시한다.

$$V(x) = \frac{\sum_{i=1}^{n}(x_i - \mu)^2}{N}$$

④ 변동계수(Coefficient of Variation) : 표준편차를 산술 평균으로 나눈 값으로, 단위가 다른 두 집단의 산포상태를 비교하는 척도로 사용된다.

$$CV(\%) = \frac{S}{\overline{x}} \times 100$$

03 이항분포(Binomial Distribution)의 특징에 대한 설명으로 옳은 것은?

① $P = 0.01$일 때는 평균치에 대하여 좌우대칭이다.
② $P \leq 0.1$이고, $nP = 0.1 \sim 10$일 때는 포아송분포에 근사한다.
③ 부적합품의 출현개수에 대한 표준편차는 $D(x) = nP$이다.
④ $P \leq 0.5$이고, $nP \leq 5$일 때는 정규분포에 근사한다.

해설

① $P = 0.5$일 때 평균치에 대해 좌우대칭의 분포를 한다.
③ 표준편차 $D(x) = \sqrt{n \cdot P(1-P)}$
④ $P \leq 0.5, nP \geq 5$일 때 정규분포에 근사한다.

04 이항분포(Binomial Distribution)의 특징으로 가장 옳은 것은?

① $P = 0$일 때는 평균치에 대하여 좌우대칭이다.
② $P \leq 0.1$이고, $nP = 0.1 \sim 10$일 때는 포아송분포에 근사한다.
③ 부적합품의 출현개수에 대한 표준편차는 $D(x) = nP$이다.
④ $P \leq 0.5$이고 $nP \geq 5$일 때는 포아송분포에 근사한다.

해설

이항분포의 특징은 $P \leq 0.1$이고, $nP = 0.1 \sim 10$일 때는 포아송분포에 근사한다.

05 다음 중 두 관리도가 모두 포아송분포를 따르는 것은?

① $\bar{x}$ 관리도, R 관리도
② c 관리도, u 관리도
③ np 관리도, p 관리도
④ c 관리도, p 관리도

해설

■ **포아송분포(Poisson Distribution)**
단위시간이나 단위공간에서 어떤 사건의 출연횟수가 갖는 분포
㉠ c 관리도 : 일정한 단위의 제품에 나타나는 부적합수(결점수)의 관리에 사용한다.
㉡ u 관리도 : 부적합수(결점수)를 다룬다는 측면에서는 c 관리도와 동일하지만, 각 군의 시료의 크기(n)가 일정하지 않는 경우에 사용한다.

06 로트 크기 1,000, 부적합품률이 15%인 로트에서 5개의 랜덤 시료 중 발견된 부적합품수가 1개일 확률을 이항분포로 계산하면 약 얼마인가?

① 0.1648

② 0.3915

③ 0.6085

④ 0.8352

해설

$$P(X=x) = {}_nC_x P^x (1-P)^{n-x}$$

여기서, n : 시행횟수 P : 성공확률

x : n번 독립시행에서의 성공횟수

$${}_nC_r = \frac{n!}{(n-r)!r!}$$

$$\therefore \ P(x=1) = {}_5C_1 (0.15)^1 (1-0.15)^{5-1}$$

$$= \frac{5!}{(5-1)!1!}(0.15)^1(1-0.15)^4 ≒ 0.3915$$

07 부적합품률이 1%인 모집단에서 5개의 시료를 랜덤하게 샘플링할 때 부적합품 수가 1개일 확률은 약 얼마인가?(단, 이항분포를 이용하여 계산한다)

① 0.048

② 0.058

③ 0.48

④ 0.58

해설

$$p(x=1) = {}_nC_x p^x q^{n-x} = {}_5C_1 0.01^1 \times (1-0.01)^{5-1} = 5 \times 0.01 \times 0.99^4 = 0.0480$$

08 로트의 크기 30, 부적합품률이 10%인 로트에서 시료의 크기를 5로 하여 랜덤 샘플링할 때 시료 중 부적합품수가 1개 이상일 확률은 약 얼마인가?(단, 초기하분포를 이용하여 계산한다)

① 0.3695

② 0.4335

③ 0.5665

④ 0.6305

해설

$$P(x \geq 1) = 1 - P(x=0) = 1 - \frac{{}_3C_0 X_{27}C_5}{{}_{30}C_5} = 1 - \frac{\frac{27!}{5!(27-5)!}}{\frac{30!}{5!(30-5)!}}$$

$$= 1 - \frac{30 \times 29 \times 28 \times 27 \times 26}{5!} = 1 - \frac{80730}{142506} = 0.4335$$

정답 06. ② 07. ① 08. ②

09 로트에서 랜덤하게 시료를 추출하여 검사한 후 그 결과에 따라 로트의 합격, 불합격을 판정하는 검사방법을 무엇이라 하는가?

① 자주검사   ② 간접검사

③ 전수검사   ④ 샘플링검사

> **해설**
>
> ① 자주검사 : 작업공정상 작업자 또는 반장, 조장 등 생산라인에서 이루어지는 검사
> ② 간접검사 : 불량의 원인을 발견하는 데 간접적으로 도출하는 검사
> ③ 전수검사 : 검사한 물품을 전부 한 개씩 조사하여 양품·불량품으로 구분하고 양품만을 합격시키는 검사

10 다음 중 샘플링검사의 목적으로 틀린 것은?

① 검사비용 절감
② 생산공정상의 문제점 해결
③ 품질 향상의 자극
④ 나쁜 품질인 로트의 불합격

> **해설**
>
> ■ **샘플링검사**
> 물품을 어떤 방법으로 측정한 결과를 판정기준과 비교하여 개개 물품에 양호·불량 또는 로트의 합격, 불합격의 판정을 내리는 것이다.
> ㉠ 검사비용 절감
> ㉡ 품질 향상의 자극
> ㉢ 나쁜 품질인 로트의 불합격

11 다음 중 샘플링검사보다 전수검사를 실시하는 것이 유리한 경우는?

① 검사항목이 많은 경우
② 파괴검사를 해야 하는 경우
③ 품질 특성치가 치명적인 결점을 포함하는 경우
④ 다수·다량의 것으로 어느 정도 부적합품이 섞여도 괜찮을 경우

> **해설**
>
> ■ **샘플링검사보다 전수검사를 실시하는 것이 유리한 경우** : 품질 특성치가 치명적인 결점을 포함하는 경우

정답 09. ④   10. ②   11. ③

12 전수검사와 샘플링검사에 관한 설명으로 가장 올바른 것은?

① 파괴검사의 경우에는 전수검사를 적용한다.
② 전수검사가 일반적으로 샘플링검사보다 품질 향상에 자극을 더 준다.
③ 검사항목이 많을 경우 전수검사보다 샘플링검사가 유리하다.
④ 샘플링검사는 부적합품이 섞여 들어가서는 안 되는 경우에 적용한다.

> **해설**
>
> ① 파괴검사의 경우에는 샘플링검사를 실시하여야 한다.
> ② 샘플링검사가 일반적으로 전수검사보다 품질 향상에 자극을 더 준다.
> ④ 전수검사는 부적합품이 섞여 들어가서는 안 되는 경우에 적용한다.

13 검사의 분류방법 중 검사가 행해지는 공정에 의한 분류에 속하는 것은?

① 관리 샘플링검사
② 로트별 샘플링검사
③ 전수검사
④ 출하검사

> **해설**
>
> ■ **출하검사**
> 검사가 행해지는 공정에 의한 분류

14 다음 검사의 종류 중 검사공정에 의한 분류에 해당되지 않는 것은?

① 수입검사
② 출하검사
③ 출장검사
④ 공정검사

> **해설**
>
> ■ **검사의 분류**
>
> | 분 류 | 검사공정 | 검사장소 | 검사성질 | 검사방법(판정대상) |
> |---|---|---|---|---|
> | 검사의
종류 | • 수입검사(구입검사)
• 공정검사(중간검사)
• 최종검사(완성검사)
• 출하검사(출고검사) | • 정위치검사
• 순회검사
• 출장검사(입회검사) | • 파괴검사
• 비파괴검사
• 관능검사 | • 전수검사
• Lot별 샘플링검사
• 관리샘플링검사
• 무검사 |

15 다음 중 검사항목에 의한 분류가 아닌 것은?

① 자주검사　　　　　　　　　　② 수량검사

③ 중량검사　　　　　　　　　　④ 성능검사

해설

②, ③, ④ 외에 외관검사, 치수검사 등이 있다.

16 공급자에 대한 보호와 구입자에 대한 보증의 정도를 규정해 두고 공급자의 요구와 구입자의 요구 양쪽을 만족하도록 하는 샘플링검사법은?

① 규준형 샘플링검사

② 조정형 샘플링검사

③ 선별형 샘플링검사

④ 연속생산형 샘플링검사

해설

▪ **샘플링검사**

물품을 어떤 방법으로 측정한 결과를 판정기준과 비교하여 개개 물품에 양호, 불량 또는 로트의 합격, 불합격의 판정을 내리는 것이다. 샘플링검사의 목적에 따른 분류는 다음과 같다.

㉠ 표준형

㉡ 선별형

㉢ 조정형

㉣ 연속생산형

17 계수규준형 1회 샘플링검사(KS Q 3102)에 관한 설명으로 가장 거리가 먼 내용은?

① 검사에 제출된 로트의 제조공정에 관한 사전정보가 없어도 샘플링검사를 적용할 수 있다.

② 생산자측과 구매자측이 요구하는 품질보호를 동시에 만족시키도록 샘플링검사방식을 선정한다.

③ 파괴검사의 경우와 같이 전수검사가 불가능한 때에는 사용할 수 없다.

④ 1회만의 거래 시에도 사용할 수 있다.

해설

③ 파괴검사의 경우와 같이 전수검사가 불가능한 때에 사용할 수 있다.

18 그림의 OC 곡선을 보고 가장 올바른 내용을 나타낸 것은?

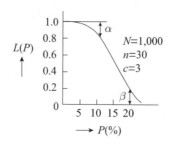

① α : 소비자 위험

② $L(P)$: 로트가 합격할 확률

③ β : 생산자 위험

④ 부적합품률 : 0.03

해설

① α : 생산자 위험

③ β : 소비자 위험

④ $P(\%)$: 부적합품률

19 계수규준형 샘플링검사의 OC 곡선에서 좋은 로트를 합격시키는 확률을 뜻하는 것은?

① α

② β

③ $1-\alpha$

④ $1-\beta$

해설

① α : 제1종 과오(Error Type I) 참을 참이 아니라고(거짓이라고) 판정하는 과오

② β : 제2종 과오(Error Type II) 참이 아닌 거짓을 참이라고 판정하는 과오

③ $1-\alpha$: (신뢰율) 좋은 로트를 합격시키는 확률

④ $1-\beta$: (검출력) 거짓을 거짓이라고 판정하는 확률

20 로트의 크기가 시료의 크기에 비해 10배 이상 클 때 시료의 크기와 합격판정개수를 일정하게 하고 로트의 크기를 증가시키면 검사특성곡선의 모양변화에 대한 설명으로 가장 적절한 것은?

① 무한대로 커진다.

② 거의 변화하지 않는다.

③ 검사특성곡선의 기울기가 완만해진다.

④ 검사특성곡선의 기울기 경사가 급해진다.

해설

$\frac{N}{n}$>10인 경우(무한 모집단인 경우)이므로 N은 확률값에 영향을 주지 못해 로트의 합격확률을 정의하고 있는 OC 곡선은 변화가 없다. 무한 모집단인 경우 확률은 이항분포의 확률밀도함수를 따른다.

$$P(x) = {}_nC_x P^x (1-P)^{n-x}$$

21 모집단으로부터 공간적, 시간적으로 간격을 일정하게 하여 샘플링하는 방식은?

① 단순랜덤샘플링(Simple Random Sampling)
② 2단계 샘플링(Two-stage Sampling)
③ 취락샘플링(Cluster Sampling)
④ 계통샘플링(Systematic Sampling)

해설

① 단순랜덤샘플링 : 모집단의 크기 N개 중 1개를 $\frac{1}{N}$의 확률로 뽑고, 나머지 $N-1$개 중 1개를 $\frac{1}{N-1}$의 확률로 뽑아서 시료 n개가 뽑힐 때까지 반복하는 샘플링 방법
② 2단계 샘플링 : 모집단(Lot)이 N_i개씩의 제품이 들어있는 M상자로 나누어져 있을 때 랜덤하게 m개 상자를 취하고 각각의 상자로부터 m_i개의 제품을 랜덤하게 채취하는 샘플링 방법
③ 취락샘플링 : 모집단을 몇 개의 층으로 나누어 그 층 중에서 시료(n) 수에 알맞게 몇 개의 층을 랜덤 샘플링하여, 그것을 취한 층 안의 모든 것을 측정조사하는 방법

22 200개들이 상자가 15개 있다. 각 상자로부터 제품을 랜덤하게 10개씩 샘플링할 경우 이러한 샘플링 방법을 무엇이라 하는가?

① 계통샘플링   ② 취락샘플링
③ 층별샘플링   ④ 2단계 샘플링

해설

① 계통샘플링(Systematic Sampling) : n개의 물품이 일련의 배열로 되었을 때 첫 R개의 샘플링 단위 중 1개를 뽑고 그로부터 매 R번째를 선택하여 n개의 시료를 추출하는 샘플링 방법
② 취락샘플링(Cluster Sampling) : 모집단을 몇 개의 층으로 나누어 그 층 중에서 시료(n)수에 알맞게 몇 개의 층을 랜덤 샘플링하여 그것을 취한 층 안의 모든 것을 측정조사하는 방법

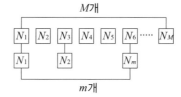

정답 21. ④ 22. ③

④ 2단계 샘플링(Two-stage Sampling) : 모집단(Lot)이 N_i개씩의 제품이 들어있는 M상자로 나누어져 있을 때 랜덤하게 m개 상자를 취하고 각각의 상자로부터 n_i개의 제품을 랜덤하게 채취하는 샘플링 방법으로, 샘플링 실시가 용이하다는 장점이 있다.

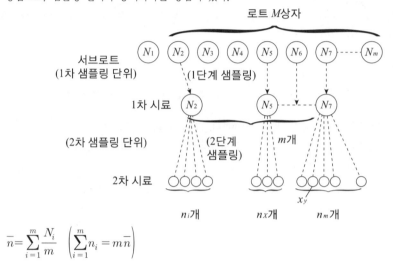

$$\overline{n} = \sum_{i=1}^{m} \frac{N_i}{m} \quad \left(\sum_{i=1}^{m} n_i = m\overline{n} \right)$$

23 다음은 워크샘플링에 대한 설명이다. 틀린 것은?

① 관측대상의 작업을 모집단으로 하고 임의의 시점에서 작업내용을 샘플로 한다.
② 업무나 활동의 비율을 알 수 있다.
③ 기초이론은 확률이다.
④ 한 사람의 관측자가 1인 또는 1대의 기계만을 측정한다.

해설

■ **워크 샘플링(WS; Work Sampling)법** : 여러 사람의 관측자가 여러 사람 또는 여러 대의 기계를 측정하는 방법이다.

24 어떤 측정법으로 동일 시료를 무한 횟수로 측정하였을 때 데이터 분포의 평균차와 참값과의 차를 무엇이라 하는가?

① 재현성
② 안정성
③ 반복성
④ 정확성

해설

정확성(정확도)에 대한 설명이다.

■ **오차의 개념**

㉠ 신뢰성(Reliability) : 데이터를 신뢰할 수 있는가를 나타냄

㉡ 정밀성(Precision) : 산포의 크기를 말함

㉢ 치우침, 정확도(Bias Accuracy) : 측정값(데이터의 평균값)과 참값의 차

25 공정에서 만성적으로 존재하는 것은 아니고 산발적으로 발생하며, 품질의 변동에 크게 영향을 끼치는 요주의 원인으로 우발적 원인을 무엇이라 하는가?

① 우연원인

② 이상원인

③ 불가피원인

④ 억제할 수 없는 원인

해설

■ **이상원인**

공정에서 만성적으로 존재하는 것이 아니고 산발적으로 발생하며, 품질의 변동에 크게 영향을 끼치는 요주의 원인으로 우발적인 원인인 것이다.

26 관리도에 대한 설명 내용으로 가장 관계가 먼 것은?

① 관리도는 공정의 관리만이 아니라 공정의 해석에도 이용된다.

② 관리도는 과거의 데이터의 해석에도 이용된다.

③ 관리도는 표준화가 불가능한 공정에도 사용할 수 있다.

④ 계량치인 경우에는 $\overline{x} - R$ 관리도가 일반적으로 이용된다.

해설

③ 관리도는 표준화가 불가능한 공정에는 사용할 수 없다.

27 다음 중 계량값 관리도에 해당되는 것은?

① c 관리도

② np 관리도

③ R 관리도

④ u 관리도

정답 25. ② 26. ③ 27. ③

■ 관리도의 종류

계량형 관리도	• $\bar{x}-R$ 관리도($\bar{x}$ 관리도, R 관리도) : 보편적으로 사용 • $\bar{x}-S$ 관리도 • x 관리도 • $Me-R$ 관리도 • $L-S$ 관리도
계수형 관리도	• np 관리도(부적합품 수 관리도) • p 관리도(부적합품률 관리도) • c 관리도(부적합수(결점수) 관리도) • u 관리도(단위당 부적합수(결점수) 관리도)
특수 관리도	• 누적합 관리도 • 이동평균 관리도 • 지수가중 이동평균 관리도 • 차이 관리도 • Z 변환 관리도

28 다음 중 계량값 관리도만으로 짝지어진 것은?

① c 관리도, u 관리도
② $x-R_s$ 관리도, p 관리도
③ $\bar{x}-R$ 관리도, np 관리도
④ $Me-R$ 관리도, $\bar{x}-R$ 관리도

해설 ▶

■ **관리도** : 공정의 상태를 나타내는 특성치에 관해 그린 그래프로서 공정의 관리상태 유무를 조사하여, 공정을 안전상태로 유지하기 위해 사용하는 통계적 관리기법이다.

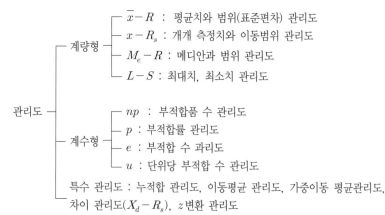

- 계량형
  - $\bar{x}-R$: 평균치와 범위(표준편차) 관리도
  - $x-R_s$: 개개 측정치와 이동범위 관리도
  - M_e-R : 메디안과 범위 관리도
  - $L-S$: 최대치, 최소치 관리도

관리도

- 계수형
  - np : 부적합품 수 관리도
  - p : 부적합률 관리도
  - e : 부적합 수 과리도
  - u : 단위당 부적합 수 관리도

- 특수 관리도 : 누적합 관리도, 이동평균 관리도, 가중이동 평균관리도, 차이 관리도(X_d-R_s), z변환 관리도

29 축의 완성지름, 철사의 인장강도, 아스피린 순도와 같은 데이터를 관리하는 가장 대표적인 관리도는?

① c 관리도

② np 관리도

③ u 관리도

④ $\overline{x}-R$ 관리도

해설

① c 관리도 : 부적합수 관리도
② np 관리도 : 부적합품 수 관리도
③ u 관리도 : 단위당 부적합수 관리도
④ $\overline{x}-R$: 평균치와 범위(표준편차) 관리도

30 $\overline{x}$ 관리도에서 관리상한이 22.15, 관리하한이 6.85, $\overline{R}=7.5$일 때 시료군의 크기(n)는 얼마인가? (단, $n=2$일 때 $A_2=1.88$, $n=3$일 때, $A_2=1.02$, $n=4$일 때, $A_2=0.73$, $n=5$일 때 $A_2=0.58$)

① 2

② 3

③ 4

④ 5

해설

■ $\overline{x}$ 관리도

UCL=22.15, LCL=6.85, $\overline{R}=7.5$

$$-\begin{vmatrix} \text{UCL}=\overline{\overline{x}}+A_2\overline{R} \\ \text{LCL}=\overline{\overline{x}}-A_2\overline{R} \end{vmatrix}$$

$$\overline{\text{UCL}-\text{LCL}=2A_2\overline{R}}$$

$$\therefore A_2 = \frac{\text{UCL}-\text{LCL}}{2\overline{R}} = \frac{22.15-6.85}{2\times 7.5} = 1.02 \sim n=3$$

31 다음 중 계수치 관리도가 아닌 것은?

① c 관리도

② p 관리도

③ u 관리도

④ x 관리도

계수치 관리도

① np 관리도 : 부적합품 수 관리도
② p 관리도 : 부적합품률 관리도
③ c 관리도 : 부적합수 관리도
④ u 관리도 : 단위당 부적합수 관리도

32 관리한계선을 구하는 데 이항분포를 이용하여 관리선을 구하는 관리도는?

① np 관리도
② u 관리도
③ $\overline{x} - R$ 관리도
④ x 관리도

① np 관리도 : 불량품개수 관리도
② u 관리도 : 평균 결점수 관리도
③ $\overline{x} - R$ 관리도 : 평균 값과 범위 관리도
④ x 관리도 : 결점수 관리도

33 np 관리도에서 시료군마다 시료수(n)는 100이고, 시료군의 수(k)는 20, $\sum np = 77$ 이다. 이때, np 관리도의 관리상한선(UCL)을 구하면 약 얼마인가?

① 8.94
② 3.85
③ 5.77
④ 9.62

$$n\overline{p} = \frac{\sum np}{K} = \frac{77}{20} = 3.85 \qquad \overline{p} = \frac{3.85}{100} = 0.0385$$

$$\text{UCL} = n\overline{p} + 3\sqrt{n\overline{p}(1-\overline{p})} = 3.85 + 3\sqrt{3.85(1-0.0385)} = 9.62$$

34 계수값 관리도는 어느 것인가?

① R 관리도
② $\overline{x}$ 관리도
③ p 관리도
④ $\overline{x} - p$ 관리도

계수값 관리도는 p 관리도이다.

35 M 타입의 자동차 또는 LCD TV를 조립·완성한 후 부적합수(결점수)를 점검한 데이터에는 어떤 관리도를 사용하는가?

① p 관리도
② np 관리도
③ c 관리도
④ $\overline{x} - R$ 관리도

해설

① p 관리도 : 공정을 불량률 p에 의거 관리할 경우에 사용한다. 작성 방법은 np 관리도와 같지만, 관리한계의 계산식이 약간 다르며 시료의 크기가 다를 때는 n에 따라서 한계의 폭이 변한다.
　　예 전구꼭지의 불량률, 2급품률, 작은 나사의 길이 불량률, 규격 외품의 비율 등
② np 관리도 : 공정을 불량개수 np에 의해 관리할 경우에 사용하며, 이 경우에 시료의 크기는 일정하지 않으면 안 된다.
　　예 전구꼭지쇠의 불량개수, 나사길이의 불량, 전화기의 겉보기 불량 등
③ c 관리도 : M 타입의 자동차 또는 LCD TV를 조립, 완성한 후 부적합수(결점수)를 점검한 데이터에, 또는 미리 정해진 일정단위 중에 포함된 결점수를 취급할 때 사용한다.
　　예 어느 일정 단위 중에 나타나는 홈의 수, 라디오 한 대 중에 납땜 불량개수 등
④ $\overline{x} - R$ 관리도 : 공정에서 채취한 시료의 길이, 무게, 시간, 강도, 성분, 수확률 등의 계량치 데이터에 대해서 공정을 관리하는 관리도
　　예 축의 완성된 지름, 철사의 인장강도, 아스피린의 순도, 바이트의 소입온도, 전구의 소비전력 등

36 미리 정해진 일정단위 중에 포함된 부적합수에 의거 공정을 관리할 때 사용하는 관리도는?

① p 관리도
② np 관리도
③ c 관리도
④ u 관리도

해설

① p 관리도 : 공정을 불량률 p에 의거 관리할 경우에 사용한다. 작성방법은 np 관리도와 같지만, 관리한계의 계산식이 약간 다르며 시료의 크기가 다를 때는 n에 따라서 한계의 폭이 변한다.
② np 관리도 : 공정을 불량개수 np에 의해 관리할 경우에 사용한다. 이 경우에 시료의 크기는 일정하지 않으면 안 된다.
④ u 관리도 : 검사하는 시료의 면적이나 길이 등이 일정하지 않는 경우에 사용한다.

37 c 관리도에서 $k = 20$인 군의 총 부적합수 합계는 58이었다. 이 관리도의 UCL, LCL을 계산하면 약 얼마인가?

① UCL = 2.90, LCL = 고려하지 않음
② UCL = 5.90, LCL = 고려하지 않음
③ UCL = 6.92, LCL = 고려하지 않음
④ UCL = 8.01, LCL = 고려하지 않음

정답 35. ③　36. ③　37. ④

총 부적합수 $\bar{c} = \dfrac{\sum C}{K} = \dfrac{58}{20} = 2.9$

$$\bar{c} \pm 3\sqrt{\bar{c}} = 2.9 \pm 3\sqrt{2.9} = 8.01$$

UCL=8.01, LCL=고려하지 않는다.

38 u 관리도의 관리한계선을 구하는 식으로 옳은 것은?

① $\bar{u} + \sqrt{\bar{u}}$

② $\bar{u} \pm 3\sqrt{\bar{u}}$

③ $\bar{u} \pm 3\sqrt{n\bar{u}}$

④ $\bar{u} \pm 3\sqrt{\dfrac{\bar{u}}{n}}$

(1) 관리도 : 공정의 상태를 나타내는 특정치에 관해 그린 그래프로, 공정의 관리상태 유무를 조사하여 공정을 안전상태로 유지하기 위해 사용하는 통계적 관리기법이다.

(2) u 관리도 : 검사하는 시료의 면적이나 길이 등이 일정하지 않은 경우에 사용되는 관리도이다.

　예 직물의 $1m^2$당 얼룩 수, 에나멜동선의 핀홀 수

(3) 관리한계선(Control Limit) : UCL, LCL

　㉠ UCL $= \bar{u} + 3\sqrt{\dfrac{\bar{u}}{n}}$, ㉡ LCL $= \bar{u} - 3\sqrt{\dfrac{\bar{u}}{n}}$, ㉢ $\bar{u} \pm 3\sqrt{\dfrac{\bar{u}}{n}}$

　여기서 n이 변하면 관리한계선이 변한다.

39 부적합수 관리도를 작성하기 위해 $\sum c = 559$, $\sum n = 222$를 구하였다. 시료의 크기가 부분군마다 일정하지 않기 때문에 u 관리도를 사용하기로 하였다. $n = 10$일 경우 u 관리도의 UCL 값은 약 얼마인가?

① 4.023

② 2.518

③ 0.502

④ 0.252

$$\text{UCL} = \bar{u} + 3\sqrt{\dfrac{\bar{u}}{n}} = \dfrac{559}{222} + 3\sqrt{\dfrac{\dfrac{559}{222}}{10}} = 4.023$$

40 관리도에서 점이 관리한계 내에 있으나 중심선 한쪽에 연속해서 나타나는 점의 배열현상을 무엇이라 하는가?

① 연
② 경향
③ 산포
④ 주기

> **해설**
>
> ② 경향(Trend) : 점이 점차 올라가거나 내려가는 상태를 말하며, 길이 6의 연속 상승·하강경향을 비관리상태로 판정한다.
> ③ 산포(Fluctuation) : 로트 내의 우연적 산포는 군내산포($\sigma_w{}^2$)이고 로트 간의 산포는 군간산포($\sigma_b{}^2$)를 의미하며, 군간산포가 크면 이상원인의 산포가 내재된 것으로 보아 비관리상태로 판정한다.
> ④ 주기(Cycle) : 점이 주기적으로 상하로 변동하여 파형을 나타내는 경우이다. 주기변동의 원인추구와 관리목적에 따른 군구분법의 방법, 시료채취방법, 데이터를 얻는 방법, 데이터의 수정방법을 재검토해야 한다.

41 관리도에서 측정한 값을 차례로 타점했을 때 점이 순차적으로 상승하거나 하강하는 것을 무엇이라 하는가?

① 연(Run)
② 주기(Cycle)
③ 경향(Trend)
④ 산포(Dispersion)

> **해설**
>
> ① 연 : 관리도에서 점이 관리한계 내에 있고, 중심선 한쪽에 연속해서 나타나는 점의 배열현상
> ② 주기 : 점이 주기적으로 상하로 변동하여 파형을 나타내는 경우
> ③ 경향 : 한 방향으로 지속적으로 이동하며 나타나는 점들의 움직임
> ④ 산포 : 데이터가 퍼져있는 상태

42 다음 중 단속생산 시스템과 비교한 연속생산 시스템의 특징으로 옳은 것은?

① 단위당 생산원가가 낮다.
② 다품종 소량생산에 적합하다.
③ 생산방식은 주문생산방식이다.
④ 생산설비는 범용설비를 사용한다.

> **해설**
>
> ■ **연속생산 시스템의 특징** : 단위당 생산원가가 낮다.

정답 40. ① 41. ③ 42. ①

43 어떤 회사의 매출액이 80,000원, 고정비가 15,000원, 변동비가 40,000원일 때 손익분기점 매출액은 얼마인가?

① 25,000원

② 30,000원

③ 40,000원

④ 55,000원

> **해설**
>
> 손익분기점 매출액 $= \dfrac{고정비}{1 - \dfrac{변동비}{매출액}} = \dfrac{15,000}{1 - \dfrac{40,000}{80,000}} = 30,000원$

44 월 100대의 제품을 생산하는 데 세이퍼 1대의 제품 1대당 소요공수가 14.4H라 한다. 1일 8H, 월 25일, 가동한다고 할 때 이 제품 전부를 만드는 데 필요한 세이퍼의 필요 대수를 계산하면?(단, 작업자 가동률 80%, 세이퍼 가동률 90%이다)

① 8대

② 9대

③ 10대

④ 11대

> **해설**
>
> 1대당 소요공수가 14.4H라 하면
>
> $N = \dfrac{T}{C}(1 - 유휴율)(1 - 정지율) = \dfrac{25 \times 8}{14.4} \times 0.8 \times 0.9 = 10대$

45 다음 중 로트(Lot)수를 가장 올바르게 정의한 것은?

① 1회 생산수량을 의미한다.
② 일정한 제주횟수를 표기하는 개념이다.
③ 생산목표량을 기계대수로 나눈 것이다.
④ 생산목표량을 공정수로 나눈 것이다.

> **해설**
>
> ▪ **로트(Lot)**
> 단위생산수량이라고도 한다. 생산이 이루어지는 단위수량으로, 여러 개 혹은 그 이상의 상당한 수량을 한 묶음(한 무더기) 내지 한 단위로 하여 생산이 이루어지는 경우이다.
> • 로트수란 일정한 제조횟수를 표시하는 개념이며, 즉 예정 생산목표량이 결정되면 이를 몇 회로 분할하여 생산할 것인가 하는 제조횟수를 말한다.
> • 로트의 크기 $= \dfrac{예정\ 생산목표량}{로트의\ 수}$

46 로트수가 10이고 준비 작업시간이 20분이며, 로트별 정미 작업시간이 60분이라면 1로트 당 작업시간은?

① 90분   ② 62분
③ 26분   ④ 13분

해설

1로트당 작업시간$= \dfrac{20+(60\times10)}{10} = 62분$

47 준비작업시간 100분, 개당 정미작업시간 15분, 로트 크기 20일 때 1개당 소요작업시간은 얼마인가?(단, 여유시간은 없다고 가정한다.)

① 15분   ② 20분
③ 35분   ④ 45분

해설

소요작업시간$= \dfrac{준비작업시간+정미작업시간(1+여유율)\times로트\ 크기}{로트\ 크기}$

$= \dfrac{100분+15분(1+0)\times20}{20} = 20분$

48 여유시간이 5분, 정미시간이 40분일 경우 내경법으로 여유율을 구하면 약 몇 %인가?

① 6.33   ② 9.05
③ 11.11   ④ 12.50

해설

(1) 표준시간
  ① 부과된 작업을 올바르게 수행하는 데 필요한 숙련도를 지난 작업자가 규정된 질과 양의 작업을 규 정된 조건 하에서 규정된 작업방법으로, 작업에 수반되는 피로와 지연을 고려하여 정상페이스로 작업하는 데 소요되는 시간이다.
  ② 표준시간의 계산
    ㉠ 외경법 : 표준시간의 산정 시 여유율(A)을 정미시간을 기준으로 산정하여 사용하는 방식이다.
    $A = \dfrac{AT}{NT}, \ AT = A \cdot NT$

ⓛ 내경법 : 표준시간의 산정 시 여유율은 근무시간을 기준으로 산정하는 방법으로 정미시간이 명확하지 않은 경우에 사용한다.

$$A = \frac{AT}{NT + AT} \qquad AT = \frac{A \cdot NT}{1 - A}$$

$$0.11 = \frac{5}{40 + 5} \qquad \therefore \ 0.11 \times 100 = 11.11\%$$

(2) 정미시간 : 작업수행에 직접 필요한 시간을 말하며, 훈련을 쌓은 다수의 작업자가 표준화된 작업방법에 의하여 작업할 때 규칙적·반복적으로 소요되는 시간이다.

(3) 여유시간 : 작업을 진행시키는 데 필요한 물적·인적 요소로 발생하는 것이 불규칙적이고 우발적이기 때문에 편의상 그들의 발생률, 평균시간 등을 조사·측정하여 이것을 정미시간에 가산하는 형식으로 보상하는 시간값이다.

49 연간소요량 4,000개인 어떤 부품의 발주비용은 매회 200원이며, 부품단가는 100원, 연간 재고유지 비율이 10%일 때 F.W.Harris식에 의한 경제적 주문량은 얼마인가?

① 40개/회
② 400개/회
③ 1,000개/회
④ 1,300/회

> **해설**

■ F.W. Harris식

$$경제적\ 주문량(Q) = \sqrt{\frac{2DP}{CI}}$$

여기서, Q : 로트의 크기(경제적 발주량) D : 소비예측(연간소비량)
  P : 준비비(1회 발주비용) C : 단위비(구입 단가)
  I : 단위당 연간재고유지(이자, 보관, 손실 등)

$$Q = \sqrt{\frac{2 \times 4,000 \times 200}{100 \times 0.1}} = 400개/회$$

50 다음 중 신제품에 대한 수요예측방법으로 가장 적절한 것은?

① 시장조사법
② 이동평균법
③ 지수평활법
④ 최소자승법

> **해설**

■ **수요예측(Demand Forecasting)**
기업의 산출물인 제품이나 서비스에 대하여 미래의 시장수요를 추정하는 방법으로, 생산의 제활동을 계획하는 데 가장 근본이 되는 과정이라고 할 수 있다.
② 이동평균법 : 전기수요법을 발전시킨 형태로, 과거 일정기간의 실적을 평균해서 수요의 계절변동을 예측하는 방법으로 추세변동을 고려하는 경우 가중이동평균법을 사용한다.

③ 지수평활법(Exponential Smoothing Method) : 과거의 자료에 따라 예측을 행할 경우 현시점에 가장 가까운 자료에 가장 비중을 많이 주고, 과거로 거슬러 올라갈수록 그 비중을 지수적으로 감소해나가는 지수형의 가중 이동평균법으로 단기예측법으로 가장 많이 사용하고 있다. 불규칙 변동이 있는 경우 최근 데이터로 예측가능하다는 장점이 있다.

④ 최소자승법(추세분석법) : 상승 또는 하강 경향이 있는 수요계열에 쓰이며, 관측치와 경향치의 편차제곱의 총합계가 최소가 되도록 동적평균적(회귀직선)을 구하고, 회귀직선을 연장해서 수요의 추세변동을 예측하는 방법이다. 최소자승법은 시계열 도중에 경향이 변화할 때 민감하게 대응할 수 없으나, 이동평균법은 시계열상의 최근 데이터를 중심으로 고려하여 점차 경량을 갱신해가는 방법이다.

51 과거의 자료를 수리적으로 분석하여 일정한 경향을 도출한 후 가까운 장래의 매출액, 생산량 등을 예측하는 방법을 무엇이라 하는가?

① 델파이법
② 전문가패널법
③ 시장조사법
④ 시계열분석법

해설

(1) 수요예측(Demand Forecasting)
　기업의 산출물인 제품이나 서비스에 대하여 미래의 시장수요를 추정하는 방법으로, 생산의 제활동을 계획하는 데 가장 근본이 되는 과정이라고 할 수 있다.
(2) 수요예측기법
　① 정성적 기법(Qualitative Method)
　　㉮ 델파이법 : 신제품의 수요나 장기예측에 사용하는 기법으로, 전문가의 직관력을 이용하여 장래를 예측하는 방법이다.
　　㉯ 전문가 패널법 : 관련 전문가, 학자 또는 판매 담당자의 의견을 수집하는 방법으로 비교적 단기간에 걸쳐 양질의 정보를 입수할 수 있지만, 자신의 경험이나 주관에 치우쳐서 예측하는 경향이 많다.
　　㉰ 시장조사법 : 제품을 출시하기 전에 소비자 의견조사 내지 시장조사를 행하여 수요를 예측하는 방법으로, 내용에 대한 일정 가설을 세우고 면담조사나 설문지 조사를 통하여 의견을 수렴한다. 시장조사법은 한정된 표본을 대상으로 하기 때문에 통계적 방법론을 사용해야 하며 단기 예측능력은 높지만 중·장기 예측능력은 매우 낮은 편이다.
　② 정량적 기법(Quantitative Method)
　　㉮ 시계열 분석법 : 년, 월, 주, 일 등의 시간 간격에 따라 제시된 과거의 자료(수요량, 매출액 등)를 토대로 그 추세나 경향을 분석하여 미래의 수요를 예측하는 방법이다.
　　㉯ 인과형 분석기법

52 신제품에 가장 적합한 수요예측방법은?

① 시계열분석법
② 의견분석법
③ 최소자승법
④ 지수평활법

정답 51. ④ 52. ②

신제품에 가장 적합한 수요예측방법은 의견분석법이다.

53 단순지수평활법을 이용하여 금월의 수요를 예측하려고 한다면 이때 필요한 자료는 무엇인가?

① 일정기간의 평균값, 가중값, 지수평활계수
② 추세선, 최소자승법, 매개변수
③ 전월의 예측치와 실제치, 지수평활계수
④ 추세변동, 순환변동, 우연변동

해설

■ **지수평활법**
과거의 자료에 따라 예측을 행할 경우 현시점에서 가장 가까운 자료에 가장 비중을 많이 주고 거슬러 올라갈수록 그 비중을 지수적으로 감소해가는 소위 지수형의 가중이동평균법이다.

54 다음 [데이터]를 참조하여 5개월 단순이동평균법으로 7월의 수요를 예측하면 몇 개인가?

월	1	2	3	4	5	6
실적(개)	48	50	53	60	64	68

① 55개   ② 57개
③ 58개   ④ 59개

해설

$$ED = \frac{\sum xi}{n} = \frac{48+50+53+60+64+68}{6} = 57$$

55 다음과 같은 [데이터]에서 5개월 단순이동평균법에 의하여 8월의 수요를 예측한 값은 얼마인가?

월	1	2	3	4	5	6	7
판매실적	100	90	110	100	115	110	100

① 103   ② 105
③ 107   ④ 109

정답 53. ③ 54. ② 55. ①

$$ED = \frac{\sum xi}{n} = \frac{100+90+110+100+115+110+100}{7} = 103$$

56 일정통제를 할 때 1일당 그 작업을 단축하는 데 소요되는 비용의 증가를 의미하는 것은?

① 비용구배(Cost Slope)
② 정상소요시간(Normal Duration Time)
③ 비용견적(Cost Estimation)
④ 총비용(Total Cost)

■ 비용구배(Cost Slope)
일정통제를 할 때 1일당 그 작업을 단축하는 데 소요되는 비용의 증가이다.

57 어떤 공정에서 작업을 하는 데 있어서 소요되는 기간과 비용이 다음 표와 같을 때 비용구배는 얼마인가?(단, 활동시간의 단위는 일(日)로 계산한다)

정상작업		특급작업	
기 간	비 용	기 간	비 용
15일	150만원	10일	200만원

① 50,000원
② 100,000원
③ 200,000원
④ 300,000원

비용구배 $= \frac{2,000,000-1,500,000}{15-10} = \frac{500,000}{5} = 100,000$원

58 정상소요기간이 5일이고, 비용이 20,000원이며 특급 소요기간이 3일이고, 이때의 비용이 30,000원이라면 비용구배는 얼마인가?

① 4,000원/일
② 5,000원/일
③ 7,000원/일
④ 10,000원/일

해설

■ 비용구배(Cost Slope)

$$\frac{\triangle \text{cost}}{\triangle \text{time}} = \frac{특급비용 - 정상비용}{정상공기 - 특급공기} = \frac{30,000 - 20,000}{5 - 3} = 5,000원/일$$

59 예방보전(Preventive Maintenance)의 효과로 보기에 가장 거리가 먼 것은?

① 기계의 수리비용이 감소한다.
② 생산시스템의 신뢰도가 향상된다.
③ 고장으로 인한 중단시간이 감소한다.
④ 예비기계를 보유해야 할 필요성이 증가한다.

해설

■ 예방보전(Preventive Maintenance, PM)
예정된 시기에 점검 및 시험, 급유, 조정 및 분해정비(Over Haul), 계획적 수리 및 부분품 갱신 등을 하여 설비성능의 저하와 고장 및 사고를 미연에 방지함으로써 설비의 성능을 표준이상으로 유지하는 보전활동이다.

60 예방보전(Preventive Maintenance)의 효과가 아닌 것은?

① 기계의 수리비용이 감소한다.
② 생산시스템의 신뢰도가 향상된다.
③ 고장으로 인한 중단시간이 감소한다.
④ 잦은 정비로 인해 제조원단위가 증가한다.

해설

예방보전의 효과로는 ①, ②, ③ 이외에도 납기지연으로 인한 고객불만이 없어지고 매출이 신장된다는 점이 있다.

61 예방보전의 기능에 해당하지 않는 것은?

① 취급되어야 할 대상설비의 결정　　② 정비작업에서 점검시기의 결정
③ 대상설비 점검개소의 결정　　　　　④ 대상설비의 외주이용도 결정

해설

예방보존의 기능은 대상설비의 외주이용도 결정을 할 수 없다.

62 설비의 구식화에 의한 열화는?

① 상대적 열화
② 경제적 열화
③ 기술적 열화
④ 절대적 열화

해설

설비의 구식화에 의한 열화를 상대적 열화라 한다.

63 관리 사이클의 순서를 가장 적절하게 표시한 것은?(단, A는 조치(Act), C는 체크(Check), D는 실시(Do), P는 계획(Plan)이다.)

① P → D → C → A
② A → D → C → P
③ P → A → C → D
④ P → C → A → D

해설

P → D → C → A를 되풀이함으로써 관리의 수준이 향상되는 것이다.

64 근래 인간공학이 여러 분야에서 크게 기여하고 있다. 다음 중 어느 단계에서 인간공학적 지식이 고려됨으로써 기업에 가장 큰 이익을 줄 수 있는가?

① 제품의 개발단계
② 제품의 구매단계
③ 제품의 사용단계
④ 작업자의 채용단계

해설

근래 인간공학은 제품의 개발단계에서 인간공학적 지식이 고려됨으로써 기업에 가장 큰 이익을 준다.

65 제품 공정 분석표(Product Process Chart) 작성 시 가공시간 기입법으로 가장 올바른 것은?

① $\dfrac{1개당\ 가공시간 \times 1로트의\ 수량}{1로트의\ 총가공시간}$

② $\dfrac{1로트의\ 가공시간}{1로트의\ 총가공시간 \times 1로트의\ 수량}$

③ $\dfrac{1개당\ 가공시간 \times 1로트의\ 총가공시간}{1로트의\ 수량}$

④ $\dfrac{1개당\ 총가공시간}{1개당\ 가공시간 \times 1로트의\ 수량}$

정답 62. ① 63. ① 64. ① 65. ①

■ **가공시간 기입법**

$$\frac{1개당\ 가공시간 \times 1로트의\ 수량}{1로트의\ 총가공시간}$$

66 제품공정도를 작성할 때 사용되는 요소(명칭)가 아닌 것은?

① 가공   ② 검사

③ 정체   ④ 여유

■ **제품공정도 작성 시 사용되는 요소**

① 가공

② 검사

③ 정체

67 테일러(F.W. Taylor)에 의해 처음 도입된 방법으로 작업시간을 직접관측하여 표준시간을 설정하는 표준시간 설정기법은?

① PTS법   ② 실적자료법

③ 표준자료법   ④ 스톱워치법

■ **작업측정기법의 종류**

① 간접측정법 : PTS법, 실적자료법, 표준자료법

② 직접측정법 : WS법, WF법, 시간연구법

68 작업시간 측정방법 중 직접 측정법은?

① PTS법   ② 경험견적법

③ 표준자료법   ④ 스톱워치법

정답 66. ④ 67. ④ 68. ④

해설

■ 작업시간 측정방법

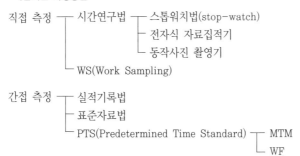

69 모든 작업을 기본동작으로 분해하고, 각 기본동작에 대하여 성질과 조건에 따라 미리 정해 놓은 시간치를 적용하여 정미시간을 산정하는 방법은?

① PTS법
② WS법
③ 스톱워치법
④ 실적자료법

해설

■ PTS(Predetermined Time Standard, Time System)
모든 작업을 기본동작으로 분해하고, 각 기본동작에 대하여 성질과 조건에 따라 미리 정해 놓은 시간치를 적용하여 정미시간을 산정하는 방법이다.

70 다음 중 사내표준을 작성할 때 갖추어야 할 요건으로 옳지 않은 것은?

① 내용이 구체적이고 주관적일 것
② 장기적 방침 및 체계 하에서 추진할 것
③ 작업표준에는 수단 및 행동을 직접 제시할 것
④ 당사자에게 의견을 말하는 기회를 부여하는 절차로 정할 것

해설

■ 사내표준화
KS에서 정하고 있는 바와 같이 사내에서 물체, 성능, 능력, 배치 등에 대해서 규정을 설정하고 이것을 문장, 그림, 표 등을 사용하여 구체적으로 표현하고 조직적 행위로서 활용하는 것이다. 내용이 구체적이고 객관적이어야 한다.

정답 69. ① 70. ①

71 MTM(Methods Time Measurement)법에서 사용되는 1TMU(Time Measurement Unit)는 몇 시간인가?

① $\dfrac{1}{100,000}$ 시간

② $\dfrac{1}{10,000}$ 시간

③ $\dfrac{6}{10,000}$ 시간

④ $\dfrac{36}{1,000}$ 시간

㉠ 1TMU(Time Measurement Unit) : $\dfrac{1}{100,000}$(0.00001시간)

㉡ 1TMU = 0.0006분

㉢ 1TMU = 0.036초

㉣ 1초 = 27.8TMU

㉤ 1분 = 1666.7TMU

㉥ 1시간 = 100,000TMU

72 다음 중 인위적 조절이 필요한 상황에 사용될 수 있는 워크팩터(Work Factor)의 기호가 아닌 것은?

① D

② K

③ P

④ S

(1) WF(Work Factor) : Quick을 지도자로 하는 시간연구기술자 등이 1935년경 미국의 필코사의 라디오 공장에서 프레스의 2차 작업(구멍뚫기, 절곡 등)의 표준시간 설정의 연구를 시작으로 RCA사의 캄던 공장의 연구를 거쳐 1945년 WF 동작시간표와 WF 규칙이 완성되었다.

(2) 동작의 곤란성 : 인위적 조절을 필요로 하는 동작으로 동작시간을 지연시키는 요인이다.
  ㉠ 방향조절(S) : 좁은 간격을 통과하거나 작은 목적물을 향해 동작을 유도하는 상황
  ㉡ 주의(P) : 물건의 파손 내지 신체의 상해방지 또는 동작 목표상 신체조절이 요구되는 상황
  ㉢ 방향변경(U) : 장애물을 제거하기 위한 동작변경이 요구될 때의 상황
  ㉣ 일정정지(D) : 작업자의 의식적인 동작정지의 상황(물리적 장애로 인한 정지는 해당되지 않음)

73 작업개선을 위한 공정분석에 포함되지 않는 것은?

① 제품공정분석

② 사무공정분석

③ 직장공정분석

④ 작업자공정분석

■ **작업개선을 위한 공정분석**

① 제품공정분석 : 단순공정분석, 세밀공정분석
② 사무공정분석
③ 작업자공정분석
④ 부대분석 : 기능분석, 제품분석, 부품분석, 수율분석, 공수체감분석, 라인 밸런싱, 경로분석, 운반분석

74 ASME(American Society of Mechanical Engineers)에서 정의하고 있는 제품공정분석 표에 사용되는 기호 중 '저장(Storage)'을 표현한 것은?

① ◯　　　　　　　②

③ ▢　　　　　　　④ ▽

㉠ 제품공정분석(Product Process Chart) : 소재가 제품화되는 과정을 분석·기록하기 위한 제품화 과정에서 일어나는 공정내용을 공정도시기호를 사용하여 표시하며, 설비계획·일정계획·운반계획·인원계획·재고계획 등의 기초 자료로 활용되는 분석기법이다.

㉡ 공정도에 사용되는 기호

KS 원용기호				설 명
ASME식		길브레스식		
기 호	명 칭	기 호	명 칭	
◯	작 업	◯	가 공	원재료·부품 또는 제품이 변형·변질·조립·분해를 받는 상태 또는 다음 공정을 위해서 준비되는 상태이다.
→	운 반	◯	운 반	원재료·부품 또는 제품이 어떤 위치에서 다른 위치로 이동해 가는 상태이다(운반 ○의 크기는 작업 ○의 1/2~1/3 정도).
▽	저 장	△	원재료의 저장	원재료·부품 또는 제품이 가공·검사되는 일이 없이 저장되고 있는 상태 △은 원재료 창고 내의 저장, ▽은 제품창고 내의 저장, 일반적으로 △에서 시작해서 ▽로 끝난다.
		▽	제품의 저장	
◗	정 체	✡	(일시적) 정체	• 원재료·부품 또는 제품이 가공·검사되는 일이 없이 정체되고 있는 상태이다. • [그림]는 로트 중 일부가 가공되고, 나머지는 정리되고 있는 상태이다. [그림]는 로트 전부가 정체되고 있는 상태이다.
		▽	(로트) 대기	

		관리구분	관리구분·책임구분 또는 공정구분을 나타낸다.
보조도시 기호		담당구분	담당자 또는 작업자의 책임구굽을 나타낸다.
		생 략	공정계열의 일부를 생략함을 나타낸다.
		폐 기	원재료·부품 또는 제품의 일부를 폐기할 경우를 나타낸다.

75 제품공정분석표에 사용되는 기호 중 공정 간의 정체를 나타내는 기호는?

①

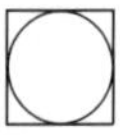

② ▽

③ ✡

④ △

해설

② ▽ : 공정 간의 대기(공정 간의 정체)

③ ✡ : 작업 중 일시대기

④ △ : 원재료의 저장

76 공정도시기호 중 공정계열의 일부를 생략할 경우에 사용되는 보조도시기호는?

① ∿

②

③ ┼

④ �

해설

① 소관구분
② 공정계열 일부생략
④ 폐기를 나타낸다.

77 공정 중에 발생하는 모든 작업, 검사, 운반, 저장, 정체 등이 도식화된 것이며, 또한 분석에 필요하다고 생각되는 소요시간, 운반거리 등의 정보가 기재된 것은?

① 작업분석(Operation Analysis)
② 다중활동분석표(Multiple Activity Chart)
③ 사무공정분석(Form Process Chart)
④ 유통공정도(Flow Process Chart)

해설

① 작업분석 : 작업을 가장 합리적인 형식으로 안정시키기 위해 행하는 것
② 다중활동분석표 : 복수 Man-Machine이 관여되어 작업이 이루어지는 부문의 주체별 작업내용, 상호 관련성을 분석하여 작업시간의 비동기성을 제거하는 것
③ 사무공정분석 : 각종 사무의 흐름을 분석하며 애로나 결함을 시정하는 것

78 작업방법 개선의 기본 4원칙을 표현한 것은?

① 층별 – 랜덤 – 재배열 – 표준화
② 배제 – 결합 – 랜덤 – 표준화
③ 층별 – 랜덤 – 표준화 – 단순화
④ 배제 – 결합 – 재배열 – 단순화

해설

■ **작업방법 개선의 기본 4원칙**
배제 – 결합 – 재배열 – 단순화

79 품질관리활동의 초기단계에서 가장 큰 비율로 들어가는 코스트는?

① 평가코스트
② 실패코스트
③ 예방코스트
④ 검사코스트

해설

품질관리활동이 초기단계에서 가장 큰 비율로 들어가는 코스트는 실패코스트이다. 네트워크를 중심으로 한 논리구성으로 프로젝트는 일정 기일 내에 완성시키고 해당 계획이 원가의 최솟값에 의해 보증되는 최적 스케줄을 구하는 관리방법을 말한다. Jamese, Kelley와 Morgan R. Walker를 중심으로 한 연구집단이 1957년 Project planning and schedule system으로 개발하여 건설 및 설계를 포함하는 복잡한 작업에 이용하여 그 효과를 발휘했다. 보통은 PERT/CPM이라 부르고 PERT원리와 병용한다.

80 일반적으로 품질코스트 가운데 가장 큰 비율을 차지하는 코스트는?

① 평가코스트
② 실패코스트
③ 예방코스트
④ 검사코스트

> **해설**

품질코스트 가운데 가장 큰 비율을 차지하는 코스트는 실패코스트이다.

81 품질코스트(Quality Cost)를 예방코스트, 실패코스트, 평가코스트로 분류할 때 다음 중 실패코스트(Failure Cost)에 속하는 것이 아닌 것은?

① 시험코스트
② 불량대책코스트
③ 재가공코스트
④ 설계변경코스트

> **해설**

■ **품질코스트(Q-Cost, Quality Cost)**

예방코스트 (P-Cost, Prevention Cost)	• QC계획코스트 • QC교육코스트	• QC기술코스트 • QC사무코스트
평가코스트 (A-Cost, Appraisal Cost)	• 수입검사코스트 • 완성품검사코스트 • PM코스트	• 공정검사코스트 • 실험코스트
실패코스트 (F-Cost, Failure Cost)	• 납기불량코스트(폐기 · 재가공 · 외주불량 · 설계변경코스트) • 무상서비스코스트(현지서비스, 지참서비스, 대품서비스) • 불량대책서비스 • 제품책임코스트	

82 다음의 PERT/CPM에서 주공정(Critical Path)은?(단, 화살표 아래의 숫자는 활동시간을 나타낸다)

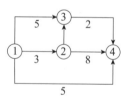

① ①-③-②-④
② ①-②-③-④
③ ①-②-④
④ ①-④

해설

(1) 단계계산에 의한 일정계산
  ㉠ TE(Earlist Expected Time) : 가장 빠른 예정시기
  ㉡ TL(Latest Allowable Time) : 가장 늦은 허용시기
(2) 애로공정(Critical Path, CP) : TL-TE를 계산해서 각 단계의 여유시간의 값이 0이 되는 단계를 연결하면 애로공정이 된다. 이는 도중 끊겨서는 안 되며, 최초와 최종이 연결되어야 한다.
(3) 주공정은 Slowest Process(가장 긴 공정) : 따라서 ①-②-③-④이다.

83 PERT/CPM에서 네트워크 작도 시 점선화살표는 무엇을 나타내는가?

① 단계(Event)
② 명목상의 활동(Dummy Activity)
③ 병행활동(Paralleled Activity)
④ 최초단계(Initial Event)

해설

■ PERT/CPM에서 네트워크 작도 시 기호
① ○ : 단계, ② → : 활동, ③ →| : 명목상의 활동

84 그림과 같은 계획공정도(Network)에서 주공정은?(단, 화살표 아래 숫자는 활동시간을 나타낸 것이다)

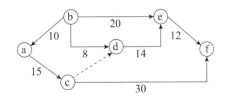

① ⓐ-ⓒ-ⓕ
② ⓐ-ⓑ-ⓔ-ⓕ
③ ⓐ-ⓑ-ⓓ-ⓔ-ⓕ
④ ⓐ-ⓒ-ⓓ-ⓔ-ⓕ

해설

■ **주공정**(CP; Critical Path)
여유시간이 거의 없는 공정들로서 이들을 연결하는 공정이며, 시간적으로는 가장 긴 경로(Slowest Process)를 말한다.
① 15+30=45시간
② 10+20+12=42시간
③ 10+8+14+12=44시간
④ 15+0+14+12=41시간
[기호설명]
○ : 단계
→ : 실제 활동, 시간 또는 자원 [○
→ : 명목상(가상) 활동, 시간 또는 자원 ×, Dummy Activity

정답 83. ② 84. ①

85 더미활동(Dummy Activity)에 대한 설명 중 가장 적합한 것은?

① 가장 긴 작업시간이 예상되는 공정을 말한다.
② 공정의 시작에서 그 단계에 이르는 공정별 소요시간들 중 가장 큰 값이다.
③ 실제 활동은 아니며, 활동의 선행조건을 네트워크에 명확히 표현하기 위한 활동이다.
④ 각 활동별 소요시간이 베타분포를 따른다고 가정할 때의 활동이다.

> **해설**

■ **더미활동(Dummy Activity)**
실제 활동은 아니며, 활동의 선행조건을 네트워크에 명확히 표현하기 위한 활동이다.

86 단계여유(Slack)의 표시로 옳은 것은?(단, TE는 가장 이른 예정일, TL은 가장 늦은 예정일, TF는 총 여유시간, FF는 자유여유시간이다)

① $TE - TL$
② $TL - TE$
③ $FF - TF$
④ $TE - TF$

> **해설**

단계여유(Slack) : $S = TL - TE$,
$S = 0$: 자원의 최적 배분
$S > 0$: 자원의 과잉
$S < 0$: 자원의 부족

87 TQC(Total Quality Control)이란?

① 시스템적 사고방법을 사용하지 않는 품질관리기법이다.
② 애프터서비스를 통한 품질을 보증하는 방법이다.
③ 전사적인 품질정보를 교환으로 품질향상을 기도하는 방법이다.
④ QC부의 정보분석 결과를 생산부에 피드백하는 것이다.

> **해설**

■ **TQC(Total Quality Control)**
전사적인 품질정보를 교환으로 품질향상을 기도하는 방법이다.

88 품질관리 기능의 사이클을 표현한 것으로 옳은 것은?

① 품질개선-품질설계-품질보증-공정관리
② 품질설계-공정관리-품질보증-품질개선
③ 품질개선-품질보증-품질설계-공정관리
④ 품질설계-품질개선-공정관리-품질보증

> **해설**
>
> ■ **품질관리 기능의 사이클**
> 품질설계-공정관리-품질보증-품질개선

89 미국의 마틴 마리에타 사(Martin Marietta Corp.)에서 시작된 품질개선을 위한 동기부여 프로그램으로, 모든 작업자가 무결점을 목표로 설정하고 처음부터 작업을 올바르게 수행함으로써 품질비용을 줄이기 위한 프로그램은 무엇인가?

① TPM 활동　　　　　　　　② 6시그마 운동
③ ZD 운동　　　　　　　　　④ ISO 9001 인증

> **해설**
>
> ① TPM(Total Productive Maintenance) : 생산효율을 높이기 위한 전사적 생산혁신활동
> ② 6시그마 : 모든 공정 및 업무에서 과학적 통계기법을 적용하여 결함을 발생시키는 원인을 찾아 분석·개선하는 활동으로, 불량 감소·수율 향상·고객만족도 향상을 통해 경영성과에 기여하는 경영혁신기법, 문제해결 및 개선과정 5단계는 정의(Define)-측정(Measure)-분석(Aralyze)-개선(Improve)-관리(Control)이다.
> ③ ZD 프로그램(Zero Defects Program, 무결점 운동, ZD 운동) : 미국 마틴 사에서 미사일의 신뢰성 향상과 원가절감을 위해 1962년에 전개한 종업원의 품질 동기부여 프로그램이다.

90 소비자가 요구하는 품질로서 설계와 판매정책에 반영되는 품질을 의미하는 것은?

① 시장품질　　　　　　　　　② 설계품질
③ 제조품질　　　　　　　　　④ 규격품질

> **해설**
>
> ① 시장품질 : 소비자가 요구하는 품질로서 설계와 판매정책에 반영되는 품질
> ② 설계품질 : 제품의 시방, 성능, 외관 등을 규정지어 주는 품질규격을 표시한 것
> ③ 제조품질 : 적합품질이라고도 하며, 실제로 제조된 품질이다.
> ④ 규격품질 : 시방서 등에서 규정한 품질의 규격

정답 88. ② 89. ③ 90. ①

91 품질 특성을 나타내는 데이터 중 계수치 데이터에 속하는 것은?

① 무게 ② 길이
③ 인장강도 ④ 부적합품의 수

해설

■ 품질특성

㉠ 계수치 데이터 : 부적합품의 수, 불량개수, 흠의 수, 결점 수, 사고건수 등과 같이 1, 2, 3…하고 헤아릴 수 있는 이상적인 데이터

㉡ 계량치 데이터 : 길이, 무게, 눈금, 두께, 시간, 온도, 강도, 수분, 수율, 함유량 등과 같이 연속량으로 측정하여 얻어지는 품질특성치

92 다음의 데이터를 보고 편차 제곱합(S)을 구하면?(단, 소수점 3자리까지 구하시오)

> [DATA]　18.8　19.1　18.8　18.2　18.4　18.3　19.0　18.6　19.2

① 0.388 ② 1.029
③ 0.114 ④ 1.014

해설

① 평균 $\overline{x} = (18.8 + 19.1 + 18.8 + 18.2 + 18.4 + 18.3 + 19.0 + 18.6 + 19.2) \div 9 = 18.7$

② 편차 제곱합(S) $= (18.8 - 18.71)^2 + (19.1 - 18.71)^2 + (18.8 - 18.71)^2 + (18.2 - 18.71)^2 + (18.4 - 18.71)^2 +$
$(18.3 - 18.71)^2 + (19.0 - 18.71)^2 + (18.6 - 18.71)^2 + (19.2 - 18.71)^2 = 1.029$

93 다음 중 데이터를 그 내용이나 원인 등 분류 항목별로 나누어 크기의 순서대로 나열하여 나타낸 그림을 무엇이라 하는가?

① 히스토그램(Histogram)
② 파레토도(Pareto Diagram)
③ 특성요인도(Causes and Effects Diagram)
④ 체크시트(Check Sheet)

해설

① 히스토그램(Histogram) : 도수분포표로 정리된 변수의 활동수준을 막대의 길이로 표시하여, 수평이나 수직으로 늘어놓아 상호 비교가 쉽도록 만든 그림이다.

② 파레토도(Pareto Diagram) : 제품의 불량이나 결점 등의 데이터를 그 내용이나 원인별로 분류하여 발생상황의 크기 차례로 놓아 기둥모양으로 나타낸 그림으로, 불량이나 결점 등을 중점관리 할 때 사용한다.

③ 특성요인도(Causes and Effects Diagram) : 문제가 되는 특성과 이에 영향을 미치는 요인과의 관계를 알기 쉽게 도표로 나타낸 것으로, 대개는 4M을 토대로 세부요인까지 추구하는 시스템 접근방식을 사용한다.

④ 체크시트(Check Sheet) : 계수치의 데이터가 분류 항목별의 어디에 집중되어 있는가를 알기 쉽도록 나타낸 표이다.

94 다음 중 도수분포표를 작성하는 목적으로 볼 수 없는 것은?

① 로트의 분포를 알고 싶을 때
② 로트의 평균값과 표준편차를 알고 싶을 때
③ 규격과 비교하여 부적합품률을 알고 싶을 때
④ 주요 품질항목 중 개선의 우선순위를 알고 싶을 때

해설

■ **도수분포표 작성 목적**

㉠ 데이터의 흩어진 모양(산포)을 알고 싶을 때
㉡ 원래의 데이터와 비교하고자 할 때
㉢ 평균과 표준편차를 알고 싶을 때
㉣ 규격과 대조하고 싶을 때

95 도수분포표에서 도수가 최대인 계급의 대푯값을 정확히 표현한 통계량은?

① 중위수
② 시료평균
③ 최빈수
④ 미드레인지(Midrange)

해설

① 중위수 : 한 변수의 관찰값들을 오름차순으로 배열했을 때 가운데 위치하는 값
② 시료평균 : 데이터의 중심을 나타내는 값
④ 미드레인지 : 자료의 최대치와 최소치 합의 절반

96 도수분포표에서 도수가 최대인 곳의 대표치를 말하는 것은?

① 중위수
② 비대칭도
③ 모드(Mode)
④ 첨도

① 중위수

② 비대칭도 : 히스

③ 모드(Mode) : 최빈수라 하며, 도수분포에서 최대의 도수를 가지는 변량의 값이다.

④ 첨도 : 뾰족한 정도. 정규분포의 경우를 표준으로 한다.

97 다음 중 브레인스토밍(Brainstorming)과 가장 관계가 깊은 것은?

① 파레토도
② 히스토그램
③ 회귀분석
④ 특성요인도

해설

■ 브레인스토밍

오스본(A. F. Osborn)에 의해 창안된 토의식 아이디어 개발기법이다. 뇌(Brain)에 폭풍(Storming)을 일으킨다는 뜻으로, 어떤 구체적인 문제를 해결함에 있어서 해결방안을 토의에 의해 도출할 때 비판이나 판단을 일단 중지하고 질을 고려하지 않고 머릿속에 떠오르는 대로 Idea를 내게 하는 방법이다.

① 파레토(Parato)도 : 사고의 유형, 기인물 등 분류항목을 큰 순서대로 도표화 한다.

② 히스토그램 : 도수분포표로 정리된 변수의 활동수준을 막대의 길이로 표시하여 수평이나 수직으로 늘어놓아 상호비교가 쉽도록 만드는 그림이다.

③ 회귀분석 : 과거의 자료로부터 회귀방정식을 도출하고 이를 검정하여 미래를 예측하는 것이다.

④ 특성요인도 : 특성과 요인관계를 도표로 하여 어골상으로 세분화한다.

98 다음 중 품질관리시스템에 있어서 4M에 해당하지 않는 것은?

① Man
② Machine
③ Material
④ Money

해설

■ 품질관리시스템의 4M

Man(작업자), Machine(기계·설비), Meterial(재료), Method(작업방식)

위험물안전관리법

01 위험물안전관리법

01 총칙

(1) 위험물안전관리법의 목적

위험물의 저장·취급 및 운반과 이에 따른 안전관리에 관한 사항을 규정함으로써 위험물로 인한 위해를 방지하여 공공의 안전을 확보함을 목적으로 한다.

(2) 용어의 정의

① 위험물 : 인화성 또는 발화성 등의 성질을 가지는 것으로서 대통령령이 정하는 물품을 말한다.

② 지정수량 : 위험물의 종류별로 위험성을 고려하여 대통령령이 정하는 수량으로서 제조소 등의 설치 허가 등에 있어서 최저의 기준이 되는 수량을 말한다.

③ 제조소 : 위험물을 제조할 목적으로 지정수량 이상의 위험물을 취급하기 위하여 허가를 받은 장소를 말한다.

④ 저장소 : 지정수량 이상의 위험물을 저장하기 위한 대통령령이 정하는 장소로서 허가를 받은 장소를 말한다.

⑤ 취급소 : 지정수량 이상의 위험물을 제조 외의 목적으로 취급하기 위한 대통령령이 정하는 장소로서 허가를 받은 장소를 말한다.

⑥ 제조소 등 : 제조소·저장소 및 취급소를 말한다.

> **TIP** 신고를 하지 아니하고 위험물이 품명·수량 또는 지정수량의 배수를 변경할 수 있는 경우
> 1. 주택의 난방시설(공동 주택의 중앙 난방시설 제외)을 위한 저장소 또는 취급소
> 2. 농예용·축산용 또는 수산용으로 필요한 난방시설 또는 건조시설을 위한 지정수량 20배 이하의 저장소

(3) 제조소 등의 승계 및 용도 폐지

제조소 등의 승계	제조소 등의 용도 폐지
• 신고처 : 시 · 도지사 • 신고기간 : 30일 이내	• 신고처 : 시 · 도지사 • 신고 기간 : 14일 이내

① 완공검사필증을 첨부한 용도폐지신고서를 제출하는 방법으로 신고한다.
② 전자문서로 된 용도폐지신고서를 제출하는 경우에도 완공검사필증을 제출하여야 한다.
③ 신고 의무의 주체는 해당 제조소 등의 관계인이다.

(4) 제조소 등의 변경 신고

제조소 등의 위치 · 구조 또는 설비의 변경 없이 해당 제조소 등에서 취급하는 위험물의 품명을 변경하고자 하는 자는 변경하고자 하는 날의 1일 전까지 시 · 도지사에게 신고하여야 한다.

(5) 위험물안전관리자

① 안전관리자를 해임하거나 퇴직한 때에는 그 날로부터 30일 이내에 다시 선임하여야 하고, 선임 시에는 14일 이내에 소방본부장 또는 소방서장에게 신고하여야 한다.
② 안전관리자를 선임한 제조소 등의 관계인은 안전관리자가 여행 · 질병 그 밖의 사유로 인하여 일시적으로 직무를 수행할 수 없거나 안전관리자의 해임 또는 퇴직과 동시에 다른 안전관리자를 선임하지 못하는 경우에는 국가기술자격법에 따른 위험물의 취급에 관한 자격취득자 또는 위험물 안전에 관한 기본 지식과 경험이 있는 자로서 행정안전부령이 정하는 자를 대리자(代理者)로 지정하여 그 직무를 대행하게 하여야 한다. 이 경우 대리자가 안전관리자의 직무를 대행하는 기간은 30일을 초과할 수 없다.
③ 안전관리자는 위험물을 취급하는 작업을 하는 때에는 작업자에게 안전관리에 관한 필요한 지시를 하는 등 행정안전부령이 정하는 바에 따라 위험물의 취급에 관한 안전관리와 감독을 하여야 하고, 제조소 등의 관계인과 그 종사자는 안전관리자의 위험물 안전관리에 관한 의견을 존중하고, 그 권고에 따라야 한다.

> **TIP** 위험물안전관리자의 선임신고를 허위로 한 자에게 부과하는 과태료
> 200만원

(6) 위험물안전관리자의 책무

안전관리자는 위험물의 취급에 관한 안전관리와 감독에 관한 다음의 업무를 성실하게 행하여야 한다.

① 위험물의 취급작업에 참여하여 해당 작업이 법 제5조 제3항의 규정에 의한 저장 또는 취급에 관한 기술 기준과 법 제17조의 규정에 의한 예방규정에 적합하도록 해당 작업자(해당 작업에 참여하는 위험물 취급 자격자를 포함한다. 이하 같다)에 대하여 지시 및 감독하는 업무

② 화재 등의 재난이 발생한 경우 응급조치 및 소방관서 등에 대한 연락업무

③ 위험물시설의 안전을 담당하는 자를 따로 두는 제조소 등의 경우에는 그 담당자에게 다음 규정에 의한 업무의 지시, 그 밖의 제조소 등의 경우에는 다음의 규정에 의한 업무

    ㉮ 제조소 등의 위치·구조 및 설비를 법 제5조 제4항의 기술기준에 적합하도록 유지하기 위한 점검과 점검상황의 기록·보존

    ㉯ 제조소 등의 구조 또는 설비의 이상을 발견한 경우 관계자에 대한 연락 및 응급조치

    ㉰ 화재가 발생하거나 화재 발생의 위험성이 현저한 경우 소방관서 등에 대한 연락 및 응급조치

    ㉱ 제조소 등의 계측장치, 제어장치 및 안전장치 등의 적정한 유지·관리

    ㉲ 제조소 등의 위치·구조 및 설비에 관한 설계도서 등의 정비·보존 및 제조소 등의 구조 및 설비의 안전에 관한 사무의 관리

④ 화재 등의 재해의 방지와 응급조치에 관하여 인접하는 제조소 등과 그 밖의 관련되는 시설의 관계자와 협조 체제의 유지

⑤ 위험물의 취급에 관한 일지의 작성·기록

⑥ 그 밖에 위험물을 수납한 용기를 차량에 적재하는 작업, 위험물설비를 보수하는 작업 등 위험물의 취급과 관련된 작업의 안전에 관하여 필요한 감독의 수행

(7) 예방규정

제조소 등의 관계인은 제조소 등의 화재예방과 화재 등 재해발생 시의 비상조치에 필요한 사항을 서면으로 작성하여 시·도지사에게 제출한다.

① 예방규정 작성 대상

작성 대상	지정수량의 배수	제외 대상
제조소	10배 이상	지정수량의 10배 이상의 위험물을 취급하는 일반취급소. 다만, 제4류 위험물(특수인화물을 제외)만을 지정수량의 50배 이하로 취급하는 일반취급소(제1석유류, 알코올류의 취급량이 지정수량의 10배 이하인 경우에 한한다)로서 다음의 어느 하나에 해당하는 것을 제외한다. ① 보일러·버너 또는 이와 비슷한 것으로서 위험물을 소비하는 장치로 이루어진 일반취급소 ② 위험물을 용기에 옮겨 담거나 차량에 고정된 탱크에 주입하는 일반취급소
옥내저장소	150배 이상	
옥외탱크저장소	200배 이상	
옥외저장소	100배 이상	
이송취급소	전 대상	
일반취급소	10배 이상	
암반탱크저장소	전 대상	

② 예방규정에서 정할 사항
　㉮ 위험물의 안전관리 업무를 담당하는 사람의 직무 및 조직에 관한 사항
　㉯ 위험물안전관리자가 그 직무를 수행할 수 없는 경우 그 직무를 대행하는 사람에 관한 사항
　㉰ 자체소방대의 편성 및 화학소방자동차의 배치에 관한 사항
　㉱ 위험물 안전에 관계된 작업에 종사하는 사람에 대한 안전교육에 관한 사항
　㉲ 위험물시설 및 작업장에 대한 안전순찰에 관한 사항
　㉳ 위험물시설·소방시설과 관련 시설에 대한 점검 및 정비에 관한 사항
　㉴ 위험물시설의 운전 또는 조작에 관한 사항
　㉵ 위험물 취급작업의 기준에 관한 사항
　㉶ 이송취급소에 있어서는 배관공사 시의 안전확보에 관한 사항
　㉷ 재난, 그 밖의 비상시의 경우에 취하여야 하는 조치에 관한 사항
　㉸ 위험물의 안전에 관한 기록에 관한 사항
　㉹ 제조소 등의 위치·구조 및 설비를 명시한 서류와 도면의 정비에 관한 사항
　㉺ 그 밖에 위험물의 안전관리에 관하여 필요한 사항

(8) 정기점검 대상이 되는 제조소 등

① 예방규정 작성 대상인 제조소 등
　㉮ 지정수량의 10배 이상의 제조소
　㉯ 지정수량의 100배 이상의 옥외저장소
　㉰ 지정수량의 150배 이상의 옥내저장소
　㉱ 지정수량의 200배 이상의 옥외탱크저장소

⑩ 암반탱크저장소

⑪ 이송취급소

② 지하탱크저장소

③ 이동탱크저장소

④ 위험물을 취급하는 탱크로서 지하에 매설된 탱크가 있는 제조소·주유취급소 또는 일반취급소

 TIP 신고를 하지 아니하고 위험물이 품명·수량 또는 지정수량의 배수를 변경할 수 있는 경우 예방규정을 정하여야 하는 제조소 등의 관계인은 위험물제조소 등이 기술 기준에 적합한 지 여부를 연 1회 이상 점검한다(단, 100만L 이상의 옥외탱크저장소는 제외한다).

(9) 자체소방조직을 두어야 할 제조소 등의 기준

① 제조소 및 일반취급소의 자체소방대의 기준

사업소의 구분	화학소방자동차	자체소방대원의 수
제조소 또는 일반 취급소에서 취급하는 제4류 위험물의 최대수량이 지정수량의 12만배 미만인 사업소	1대	5인
제조소 또는 일반 취급소에서 취급하는 제4류 위험물의 최대수량이 지정수량의 12만배 이상 24만배 미만인 사업소	2대	10인
제조소 또는 일반 취급소에서 취급하는 제4류 위험물의 최대수량이 지정수량의 24만배 이상 48만배 미만인 사업소	3대	15인
제조소 또는 일반 취급소에서 취급하는 제4류 위험물의 최대수량이 지정수량의 48만배 이상인 사업소	4대	20인

[비고] 화학소방자동차에는 행정안전부령이 정하는 소화능력 및 설비를 갖추어야 하고, 소화활동에 필요한 소화약제 및 기구(방열복 등 개인장구를 포함)를 비치하여야 한다.

② 포수용액을 방사하는 화학소방자동차의 대수는 화학소방차 대수의 2/3 이상

예 제

취급하는 제4류 위험물의 수량이 지정수량의 30만배인 일반취급소가 있는 사업장에 자체소방대를 설치함에 있어서 전체 화학소방차 중 포 수용액을 방사하는 화학소방차는 몇 대 이상 두어야 하는가?

풀이 $3대 \times \dfrac{2}{3} = 2대 이상$

달 2대 이상

③ 설치 대상

㉮ 지정수량 3,000배 이상의 제4류 위험물을 저장, 취급하는 제조소

㉯ 지정수량 3,000배 이상의 제4류 위험물을 저장, 취급하는 일반취급소

④ 자체소방대에 두어야 하는 화학소방자동차에 갖추어야 하는 소화능력 및 설비기준

화학소방차의 구분	소화능력	비치량
분말방사차	35kg/s 이상	1,400kg 이상
할로겐화물 방사차	40kg/s 이상	1,000kg 이상
CO$_2$ 방사차		3,000kg 이상
포수용액 방사차	2,000L/min 이상	10만L 이상
제독차		가성소다 및 규조토를 각각 50kg 이상

(10) 소방신호의 종류

화재예방·소방활동 또는 소방훈련을 위하여 사용되는 소방신호의 종류와 방법은 행정안전부령으로 정한다.

① 경계신호 : 화재예방상 필요하다고 인정할 때 또는 화재위험경보 시

② 발화신호 : 화재가 발생한 때

③ 해제신호 : 소화활동의 필요가 없다고 인정될 때

④ 훈련신호 : 훈련상 필요하다고 인정될 때

(11) 소방신호의 방법

종 별＼신호 방법	타종신호	사이렌신호	그 밖의 신호
경계신호	1타와 연 2타를 반복	5초 간격을 두고 30초씩 3회	
발화신호	난 타	5초 간격을 두고 5초씩 3회	"통풍대" "게시판" "기"
해제신호	상당한 간격을 두고 1타씩 반복	1분간 1회	적색 / 백색 / 화재경보발령중 / 적색 / 백색
훈련신호	연 3타 반복	10초 간격을 두고 1분씩 3회	

[비고] 1. 소방신호의 방법은 그 전부 또는 일부를 함께 사용할 수 있다.
　　　 2. 게시판을 철거하거나 통풍대 또는 기를 내리는 것으로 소방활동이 해제되었음을 알린다.
　　　 3. 소방대의 비상소집을 하는 경우에는 훈련신호를 사용할 수 있다.

(12) 화재경계지구의 지정 대상 지역

① 시장 지역
② 공장, 창고가 밀집한 지역
③ 목조건물이 밀접한 지역
④ 위험물의 저장 및 처리 시설이 밀집한 지역
⑤ 석유화학제품을 생산하는 공장이 있는 지역
⑥ 산업단지
⑦ 소방시설, 소방용수시설 또는 소방출동로가 없는 지역
⑧ 소방청장·소방본부장 또는 소방서장이 화재경계지구로 지정할 필요가 있다고 인정하는 지역

(13) 화재경계지구의 지정대상 지역지정권자

화재경계지구의 지정대상 지역지정권자는 시·도지사이다.

(14) 한국소방산업기술원이 시·도지사로부터 위탁받아 수행하는 탱크안전성능검사 업무와 관계있는 액체위험물탱크

① 암반탱크

② 지하탱크저장소의 이중벽탱크

③ 100만L 용량의 지하저장탱크

(15) 위험물탱크성능시험자가 갖추어야 할 등록 기준

① 기술 능력

② 시설

③ 장비

④ 암반탱크검사

(16) 탱크안전성능검사 내용

① 기초 · 지반검사

② 충수 · 수압검사

③ 용접부검사

(17) 탱크시험자의 기술 능력

① 필수 인력

㉮ 위험물기능장 · 위험물산업기사 또는 위험물기능사 1인 이상

㉯ 비파괴검사기술사 1명 이상 또는 초음파비파괴검사 · 자기비파괴검사 및 침투비파괴검사의 기사 또는 산업기사 1명 이상

② 필요한 경우에 두는 인력

㉮ 누설비파괴검사의 기사, 산업기사 또는 기능사

㉯ 측량 · 지형 공간정보 관련 기술사 · 기사 · 산업기사 또는 기능사

02 위험물의 취급기준

(1) 위험물의 저장 및 취급에 관한 공통 기준

① 제조소 등에서는 신고와 관련되는 품명 외의 위험물 또는 이러한 허가 및 신고와 관련되는 수량 또는 지정수량의 배수를 초과하는 위험물을 저장 또는 취급하지 아니하여야 한다.

② 위험물을 저장 또는 취급하는 건축물 그 밖의 공작물 또는 설비는 해당 위험물의 성질에 따라 차광 또는 환기를 해야 한다.

③ 위험물은 온도계, 습도계, 압력계 그 밖의 계기를 감시하여 해당 위험물의 성질에 맞는 적당한 온도, 습도 또는 압력을 유지하도록 저장 또는 취급하여야 한다.

④ 위험물을 저장 또는 취급하는 경우에는 위험물의 변질, 이물의 혼입 등에 의하여 해당 위험물의 위험성이 증대되지 아니하도록 필요한 조치를 강구하여야 한다.

⑤ 위험물이 남아있거나 남아있을 우려가 있는 설비 · 기계 · 기구 · 용기 등을 수리하는 경우에는 안전한 장소에서 위험물을 완전히 제거한 후에 실시하여야 한다.

⑥ 위험물을 용기에 수납하여 저장 또는 취급할 때에는 그 용기는 해당 위험물의 성질에 적응하고 파손 · 부식 · 균열 등이 없는 것으로 하여야 한다.

⑦ 가연성의 액체 · 증기 또는 가스가 새거나 체류할 우려가 있는 장소 또는 가연성의 미분이 현저하게 부유할 우려가 있는 장소에서는 전선과 전기기구를 완전히 접속하고 불꽃을 발하는 기계 · 기구 · 공구 등을 사용하거나 마찰에 의하여 불꽃을 발산하는 기계 · 기구 · 공구 · 신발 등을 사용하지 아니하여야 한다.

⑧ 위험물을 보호액 중에 보존하는 경우에는 해당 위험물이 보호액으로부터 노출하지 아니 하도록 하여야 한다.

(2) 위험물 제조과정에서의 취급기준

① 증류공정 : 위험물을 취급하는 설비의 내부압력의 변동 등에 의하여 액체 또는 증기가 새지 않도록 해야 한다.

② 추출공정 : 추출관의 내부압력이 이상 상승하지 않도록 해야 한다.

③ 건조공정 : 위험물의 온도가 국부적으로 상승하지 않는 방법으로 가열 또는 건조시켜야 한다.

④ 분쇄공정 : 위험물의 분말이 현저하게 부유하고 있거나 기계 · 기구 등에 위험물이 부착되어 있는 상태로 그 기계 · 기구를 사용해서는 안 된다.

(3) 위험물을 소비하는 작업에 있어서의 취급기준

① 분사도장작업 : 방화상 유효한 격벽 등으로 구획된 안전한 장소에서 해야 한다.

② 담금질 또는 열처리 작업 : 위험물이 위험한 온도에 이르지 아니하도록 해야 한다.

(4) 위험물의 운반에 관한 기준

위험물	수납률
알킬알루미늄 등	90% 이하(50℃에서 5% 이상 공간 용적 유지)
고체위험물	95% 이하
액체위험물	98% 이하(55℃에서 누설되지 않는 것)

(5) 감독 및 조치 명령

소방공무원 또는 경찰공무원은 위험물의 운송자격을 확인하기 위하여 필요하다고 인정하는 경우에는 주행 중의 이동탱크저장소를 정지시켜 해당 이동탱크저장소에 승차하고 있는 자에 대하여 위험물의 취급에 관한 국가기술자격증 또는 교육수료증의 제시를 요구할 수 있고, 국가기술자격증 또는 교육수료증을 제시하지 아니한 경우에는 주민등록증, 여권, 운전면허증 등 신원확인을 위한 증명서를 제시할 것을 요구하거나 신원확인을 위한 질문을 할 수 있다. 이 직무를 수행하는 경우에 있어서 소방공무원과 국가경찰공무원은 긴밀히 협력하여야 한다.

(6) 지정수량 이상의 위험물을 차량으로 운반할 때의 기준

① 운반하는 위험물에 적응성이 있는 소형수동식소화기를 구분한다.
② 위험물 또는 위험물을 수납한 용기가 현저하게 마찰 또는 동요되지 않도록 운반한다.
③ 위험물이 현저하게 새어 재난 발생 우려가 있는 경우 응급조치를 강구하는 동시에 가까운 소방관서, 그 밖의 관계 기관에 통보한다.
④ 휴식·고장 등으로 차량을 일시 정차시킬 때는 안전한 장소를 택하고, 위험물의 안전 확보에 주의한다.
⑤ 운반하는 차량에 해당 위험물의 위험성을 알리는 표지를 설치하여야 한다.

(7) 위험물 적재 방법

위험물은 그 운반용기의 외부에 다음에서 정하는 바에 따라 위험물의 품명, 수량 등을 표시하여 적재하여야 한다.
① 위험물의 품명·위험등급·화학명 및 수용성('수용성' 표시는 제4류 위험물로서 수용성인 것에 한한다)
② 위험물의 수량
③ 수납하는 위험물에 따라 다음의 규정에 의한 주의 사항
  ㉮ 위험물운반용기 주의사항

위험물		주의사항
제1류 위험물	알칼리금속의 과산화물 또는 이를 함유한 것	화기·충격주의 물기엄금 가연물접촉주의
	그 밖의 것	화기·충격주의 가연물접촉주의

위험물		주의사항
제2류 위험물	철분·금속분·마그네슘 또는 이들 중 어느 하나 이상을 함유한 것	화기주의 물기엄금
	인화성고체	화기엄금
	그 밖의 것	화기주의
제3류 위험물	자연발화성물질	화기엄금 공기접촉엄금
	금수성물질	물기엄금
제4류 위험물		화기엄금
제5류 위험물		화기엄금 충격 주의
제6류 위험물		가연물접촉주의

④ 제조소의 게시판 주의사항

위험물		주의사항
제1류 위험물	알칼리금속의 과산화물	물기엄금
	기타	별도의 표시를 하지 않는다.
제2류 위험물	인화성고체	화기엄금
	기타	화기주의
제3류 위험물	자연 발화성 물질	화기엄금
	금수성물질	물기엄금
제4류 위험물		화기엄금
제5류 위험물		
제6류 위험물		별도의 표시를 하지 않는다.

(8) 방수성이 있는 피복 조치

유 별	적용 대상
제1류 위험물	알칼리금속의 과산화물
제2류 위험물	철분, 금속분, 마그네슘
제3류 위험물	금수성물질

(9) 차광성이 있는 피복 조치

유 별	적용 대상
제1류 위험물	전 부
제3류 위험물	자연발화성물질
제4류 위험물	특수인화물
제5류 위험물	전 부
제6류 위험물	

(10) 위험물의 위험등급

① 위험등급 I의 위험물
  ㉮ 제1류 위험물 중 아염소산염류, 염소산염류, 과염소산염류, 무기과산화물, 그 밖에 지정수량이 50kg인 위험물
  ㉯ 제3류 위험물 중 칼륨, 나트륨, 알킬알루미늄, 알킬리튬, 황린, 그 밖에 지정수량이 10kg 또는 20kg인 위험물
  ㉰ 제4류 위험물 중 특수인화물
  ㉱ 제5류 위험물 중 유기과산화물, 질산에스테르류, 그 밖에 지정수량이 10kg인 위험물
  ㉲ 제6류 위험물
② 위험등급 Ⅱ의 위험물
  ㉮ 제1류 위험물 중 브롬산염류, 질산염류, 요오드산염류, 그 밖에 지정수량이 300kg인 위험물
  ㉯ 제2류 위험물 중 황화린, 적린, 유황, 그 밖에 지정수량이 100kg인 위험물
  ㉰ 제3류 위험물 중 알칼리금속(칼륨 및 나트륨을 제외) 및 알칼리토금속, 유기금속화합물(알킬알루미늄 및 알킬리튬을 제외), 그 밖에 지정수량이 50kg인 위험물
  ㉱ 제4류 위험물 중 제1석유류 및 알코올류
  ㉲ 제5류 위험물 중 유기과산화물, 질산에스테르류, 그 밖에 지정수량이 10kg인 위험물 외의 것
③ 위험등급 Ⅲ의 위험물
  ① ① 또는 ②에서 정하지 아니한 위험물

(11) 유별을 달리하는 위험물의 혼재기준

위험물의 구분	제1류	제2류	제3류	제4류	제5류	제6류
제1류		×	×	×	×	○
제2류	×		×	○	○	×
제3류	×	×		○	×	×
제4류	×	○	○		○	×
제5류	×	○	×	○		×
제6류	○	×	×	×	×	

[비고] 1. × 표시는 혼재할 수 없음을 표시한다.
   2. ○ 표시는 혼재할 수 있음을 표시한다.
   3. 이 표는 지정수량 $\frac{1}{10}$ 이하의 위험물에 대하여는 적용하지 아니한다.

TIP

위험물운반을 위해 적재하는 경우 제4류 위험물과 혼재가 가능한 액화석유가스 또는 압축천연가스의 용기 내용적은 120L 미만이다.

(12) 위험물저장탱크의 용량

① 위험물을 저장 또는 취급하는 탱크의 용량은 해당 탱크의 내용적에서 공간용적을 뺀 용적으로 한다. 이 경우 소화약제 방출구를 탱크 안의 윗부분에 설치하는 탱크의 공간용적은 해당 소화설비의 소화약제 방출구 아래의 0.3m 이상 1m 사이의 면으로부터 윗부분의 용적이다. 단, 이동탱크저장소의 탱크인 경우에는 내용적에서 공간용적을 뺀 용적이 자동차 관리 관계 법령에 의한 최대 적재량 이하이어야 한다.
② 탱크의 공간용적은 탱크용적의 100분의 5 이상 100분의 10 이하로 한다.

예제 1

위험물저장탱크의 내용적이 300L일 때 탱크에 저장하는 위험물의 용량 범위로 적합한 것은?(단, 원칙적인 것에 한한다)

풀이 탱크의 공간 용적 : 탱크 용적의 $\frac{5}{100}$ 이상 $\frac{10}{100}$ 이하로 한다.

① 300L×0.9=270L
② 300L×0.95=285L ∴ 270~285L이다.

답 270~285L

예제 2

횡으로 설치한 원통형 위험물저장탱크의 내용적이 500L일 때 공간용적은 최소 몇 L이어야 하는가?(단, 원칙적인 경우에 한한다)

풀이 일반적인 탱크의 공간용적 : 탱크 내용적의 $\dfrac{5}{100}$ 이상 $\dfrac{10}{100}$ 이하이므로

∴ $500L \times 0.05 = 25L$

답 25L

③ 탱크의 내용적 계산법

㉮ 타원형 탱크의 내용적

㉠ 양쪽이 볼록한 것 : $V = \dfrac{\pi ab}{4}\left[l + \dfrac{l_1 + l_2}{3}\right]$

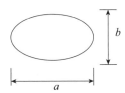

예 제

그림과 같은 타원형 탱크의 내용적은 약 몇 m³인가?

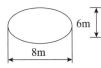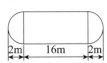

풀이 $V = \dfrac{\pi ab}{4}\left(l + \dfrac{l_1 + l_2}{3}\right) = \dfrac{3.14 \times 8 \times 6}{4} \times \left(16 + \dfrac{2+2}{3}\right) = 653m^3$

답 653m³

㉡ 한쪽이 볼록하고, 다른 한쪽은 오목한 것 : $V = \dfrac{\pi ab}{4}\left[l + \dfrac{l_1 - l_2}{3}\right]$

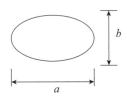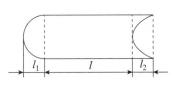

④ 원형 탱크의 내용적

  ㉠ 횡(수평)으로 설치한 것 : $V = \pi r^2 \left[l + \dfrac{l_1 + l_2}{3} \right]$

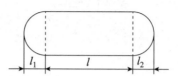

예제

그림과 같이 횡으로 설치한 원통형 위험물 탱크에 대하여 탱크의 용량을 구하면 약 몇 m^3인가?(단, 공간 용적은 탱크 내용적의 100분의 5로 한다)

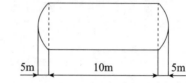

풀이 $V = \pi r^2 \left(l + \dfrac{l_1 + l_2}{3} \right) = 3.14 \times 5^2 \left(10 + \dfrac{5+5}{3} \right) = 1046.67 m^3$

여기서, 공간 용적이 5%인 탱크의 용량 $= 1046.67 \times 0.95 = 994.34 m^3$

답 $994.34 m^3$

  ㉡ 종(수직)으로 설치한 것 : $V = \pi r^2 l$(탱크의 지붕 부분(l_2)은 제외)

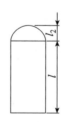

고정지붕구조를 가진 높이 15m의 원통 종형 옥외 위험물저장탱크 안의 탱크 상부로부터 아래로 1m 지점에 고정식 포 방출구가 설치되어 있다. 이 조건의 탱크를 신설하는 경우 최대 허가량은?(단, 탱크의 내부 단면적은 100m²이고 탱크 내부에는 별다른 구조물이 없으며, 공간용적 기준은 만족하는 것으로 가정한다)

풀이 ① 원통 종형 탱크의 내용적

$$(V) = \pi r^2 l = 100\text{m}^2 \times 15\text{m} = 1,500\text{m}^3$$

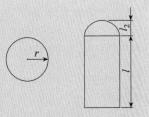

② 소화설비를 설치하는 탱크의 공간 용적 : 소화약제 방출구 아래의 0.3m 이상 1m 미만 사이의 면으로부터 윗부분의 용적

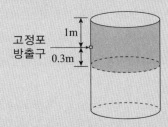

공간용적 = $100\text{m}^2 \times (1+0.3)\text{m} = 130\text{m}^3$

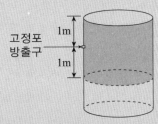

공간용적 = $100\text{m}^2 \times (1+1)\text{m} = 200\text{m}^3$

③ 탱크의 용량 = 내용적 − 공간 용적

$\therefore Q_1 = 1,500\text{m}^3 - 130\text{m}^3 = 1,370\text{m}^3$

$Q_2 = 1,500\text{m}^3 - 200\text{m}^3 = 1,300\text{m}^3$

그러므로, 탱크의 용량은 $1,300\text{m}^3 \sim 1,370\text{m}^3$이며, 최대 허가 용량은 $1,370\text{m}^3$이다.

답 $1,370\text{m}^3$

03 위험물시설의 구분

1 제조소

위험물을 제조하는 시설이다.

> **TIP** 위험물제조소 등에 설치하는 설비
> 1. 피난설비 : 피난 사다리, 완강기, 구조대
> 2. 경보설비 : 확성장치

(1) 안전거리

건축물의 외벽 또는 이에 상당하는 공작물의 외측으로부터 해당 제조소의 외벽 또는 이에 상당하는 공작물의 외측까지 사이의 수평 거리이다.

① ② 또는 ③의 규정에 의한 것 외의 건축물 그 밖의 공작물로서 주거용으로 사용되는 것(제조소가 설치된 부지 내에 있는 것을 제외)에 있어서는 10m 이상

② 학교·병원·극장, 그 밖의 다수인을 수용하는 시설로서 다음에 해당하는 것에 있어서는 30m 이상

㉮ 「초·중등교육법」 제2조 및 「고등교육법」 제2조에 정하는 학교

㉯ 「의료법」 제3조 제2항 제3호에 따른 병원급 의료기관

㉰ 「공연법」 제2조 제4호에 따른 공연장, 「영화 및 비디오물의 진흥에 관한 법률」 제2조 제10호에 따른 영화상영관 및 그 밖에 이와 유사한 시설로서 3백명 이상의 인원을 수용할 수 있는 것

㉱ 「아동복지법」 제3조 제10호에 따른 아동복지시설, 「노인복지법」 제31조 제1호부터 제3호까지에 해당하는 노인복지시설, 「장애인복지법」 제58조 제1항에 따른 장애인복지시설, 「한부모가족지원법」 제19조 제1항에 따른 한부모가족복지시설, 「영유아보육법」 제2조 제3호에 따른 어린이집, 「성매매방지 및 피해자보호 등에 관한 법률」 제5조 제1항에 따른 성매매피해자 등을 위한 지원시설, 「정신보건법」 제3조 제2호에 따른 정신보건시설, 「가정폭력방지 및 피해자보호 등에 관한 법률」 제7조의2 제1항에 따른 보호시설 및 그 밖에 이와 유사한 시설로서 20명 이상의 인원을 수용할 수 있는 것

③ 「문화재보호법」의 규정에 의한 유형문화재와 기념물 중 지정문화재에 있어서는 50m 이상

④ 고압가스, 액화석유가스 또는 도시가스를 저장 또는 취급하는 시설로서 다음에 해당하는 것에 있어서는 20m 이상. 다만, 당해 시설의 배관 중 제조소가 설치된 부지 내에 있는 것은 제외한다.

⑦ 「고압가스 안전관리법」의 규정에 의하여 허가를 받거나 신고를 하여야 하는 고압가스제조시설(용기에 충전하는 것을 포함) 또는 고압가스 사용시설로서 1일 30m³ 이상의 용적을 취급하는 시설이 있는 것
⑭ 「고압가스 안전관리법」의 규정에 의하여 허가를 받거나 신고를 하여야 하는 고압가스저장시설
⑮ 「고압가스 안전관리법」의 규정에 의하여 허가를 받거나 신고를 하여야 하는 액화산소를 소비하는 시설
⑯ 「액화석유가스의 안전관리 및 사업법」의 규정에 의하여 허가를 받아야 하는 액화석유가스제조시설 및 액화석유가스저장시설
⑰ 「도시가스사업법」 제2조 제5호의 규정에 의한 가스공급시설
⑤ 사용전압이 7,000V 초과 35,000V 이하의 특고압가공전선에 있어서는 3m 이상
⑥ 사용전압이 35,000V를 초과하는 특고압가공전선에 있어서는 5m 이상

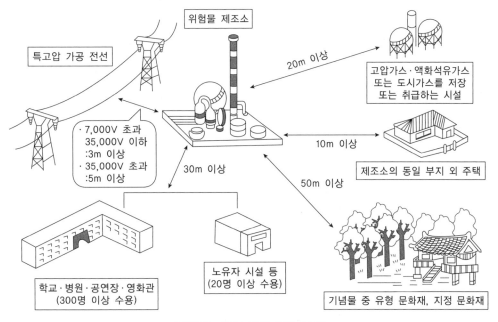

[위험물 제조소와의 안전 거리]

(2) 안전거리의 적용 대상

① 위험물제조소(제6류 위험물을 취급하는 제조소 제외)
② 일반취급소
③ 옥내저장소
④ 옥외탱크저장소
⑤ 옥외저장소

(3) 보유공지

위험물을 취급하는 건축물 그 밖의 시설(위험물을 이송하기 위한 배관 그 밖에 이와 유사한 시설을 제외)의 주위에는 그 취급하는 위험물의 최대수량에 따라 다음에 의한 너비의 공지를 보유하여야 한다.

취급하는 위험물의 최대수량	공지의 너비
지정수량 10배 이하	3m 이상
지정수량 10배 초과	5m 이상

(4) 제조소의 표지 및 게시판

① 규격 : 한 변의 길이 0.3m 이상, 다른 한 변의 길이 0.6m 이상인 직사각형
② 색깔 : 백색 바탕에 흑색 문자
③ 표지판 기재사항 : 위험물제조소 등의 명칭
④ 게시판 기재사항
   ㉮ 취급하는 위험물의 유별 및 품명
   ㉯ 저장최대수량 및 취급최대수량, 지정수량의 배수
   ㉰ 안전관리자 성명 및 직명

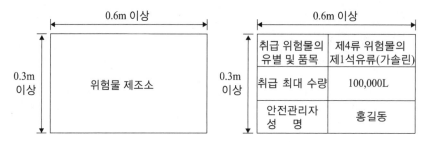

(5) 주의사항 게시판

① 규격 : 방화에 관하여 필요한 사항을 기재한 게시판 이외의 것이다. 한 변의 길이 0.3m 이상, 다른 한 변의 길이 0.6m 이상
② 색깔
   ㉮ 화기엄금(적색 바탕에 백색 문자) : 제2류 위험물 중 인화성고체, 제3류 위험물 중 자연발화성물질, 제4류 위험물, 제5류 위험물
   ㉯ 화기주의(적색 바탕에 백색 문자) : 제2류 위험물(인화성고체 제외)
   ㉰ 물기엄금(청색 바탕에 백색 문자) : 제1류 위험물 중 알칼리금속의 과산화물과 이를 함유한 것, 제3류 위험물 중 금수성물질

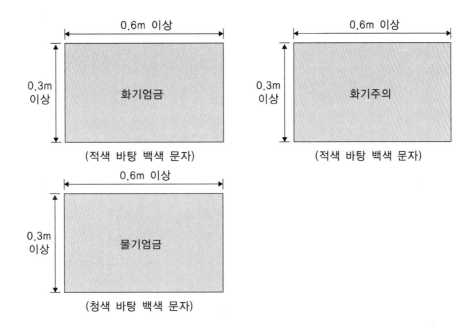

<table>
</table>

0.6m 이상	0.6m 이상
화기엄금 (0.3m 이상)	화기주의 (0.3m 이상)
(적색 바탕 백색 문자)	(적색 바탕 백색 문자)

0.6m 이상

물기엄금 (0.3m 이상)

(청색 바탕 백색 문자)

(6) 제조소의 건축물 구조기준

① 지하층이 없도록 한다.

② 벽, 기둥, 바닥, 보, 서까래 및 계단은 불연재료로 하고, 연소의 우려가 있는 외벽은 개구부가 없는 내화구조의 벽으로 하여야 한다.

③ 지붕은 폭발력이 위로 방출될 정도의 가벼운 불연재료로 덮어야 한다.

④ 출입구와 비상구는 갑종방화문 또는 을종방화문을 설치하며, 연소의 우려가 있는 외벽에 설치하는 출입구에는 수시로 열 수 있는 자동폐쇄식 갑종방화문을 설치한다.

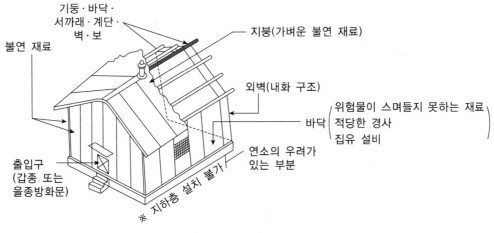

[제조소의 건축물 구조]

⑤ 위험물을 취급하는 건축물의 창 및 출입구에 유리를 이용하는 경우에는 망입유리로 한다.

⑥ 액체의 위험물을 취급하는 건축물의 바닥은 위험물이 스며들지 못하는 재료를 사용하고, 적당한 경사를 두어 그 최저부에 집유설비를 한다.

(7) 채광설비

불연재료로 하고, 연소의 우려가 없는 장소에 설치하되 채광면적을 최소로 한다.

(8) 조명설비

① 가연성가스 등이 체류할 우려가 있는 장소의 조명등은 방폭등으로 한다.

② 전선은 내화·내열전선으로 한다.

③ 점멸스위치는 출입구 바깥부분에 설치한다. 다만, 스위치의 스파크로 인한 화재·폭발의 우려가 없는 경우에는 그러하지 아니하다.

(9) 환기설비

① 환기는 자연배기방식으로 한다.

② 급기구는 해당 급기구가 설치된 실의 바닥면적 150m²마다 1개 이상으로 하되, 급기구의 크기는 800cm² 이상으로 한다. 다만, 바닥면적이 150m² 미만인 경우에는 다음의 크기로 하여야 한다.

바닥면적	급기구의 면적
60m² 미만	150cm² 이상
60m² 이상 90m² 미만	300cm² 이상
90m² 이상 120m² 미만	450cm² 이상
120m² 이상 150m² 미만	600cm² 이상

③ 급기구는 낮은 곳에 설치하고, 가는 눈의 구리망 등으로 인화방지망을 설치한다.

④ 환기구는 지붕 위 또는 지상 2m 이상의 높이에 회전식 고정벤틸레이터 또는 루프팬 방식으로 설치한다.

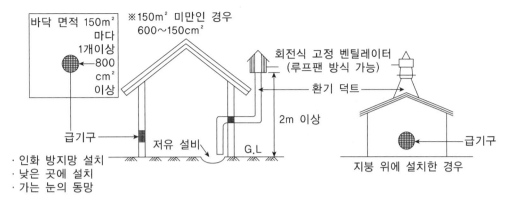

[자연 배기 방식 환기 설비]

(10) 배출설비

가연성의 증기 또는 미분이 체류할 우려가 있는 건축물에는 그 증기 또는 미분을 옥외의 높은 곳으로 배출할 수 있도록 배출설비를 설치하여야 한다.

① 배출설비는 국소방식으로 하여야 한다. 다만, 다음에 해당하는 경우에는 전역방식으로 할 수 있다.
  ㉮ 위험물 취급설비가 배관이음 등으로만 된 경우
  ㉯ 건축물의 구조, 작업장소의 분포 등의 조건에 의하여 전역방식이 유효한 경우
② 배출설비는 배풍기·배출덕트·후드 등을 이용하여 강제적으로 배출하는 것으로 하여야 한다.
③ 배출능력은 1시간당 배출장소 용적의 20배 이상인 것으로 하여야 한다. 다만, 전역방식의 경우에는 바닥면적 $1m^2$당 $18m^3$ 이상으로 할 수 있다.
④ 배출설비의 급기구 및 배출구는 다음의 기준에 의하여야 한다.
  ㉮ 급기구는 높은 곳에 설치하고, 가는 눈의 구리망 등으로 인화방지망을 설치할 것
  ㉯ 배출구는 지상 2m 이상으로서 연소의 우려가 없는 장소에 설치하고, 배출덕트가 관통하는 벽 부분의 바로 가까이에 화재 시 자동으로 폐쇄되는 방화댐퍼를 설치할 것
⑤ 배풍기는 강제배기방식으로 하고, 옥내덕트의 내압이 대기압 이상이 되지 아니하는 위치에 설치하여야 한다.

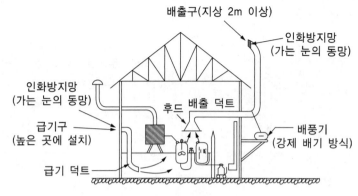

[국소 방식]

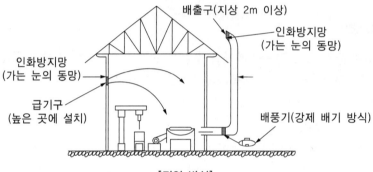

[전역 방식]

(11) 정전기 제거설비의 설치기준

① 접지에 의한 방법(접지법)

② 공기 중의 상대 습도를 70% 이상으로 하는 방법(수증기 분사법)

③ 공기를 이온화하는 방식(공기의 이온화법)

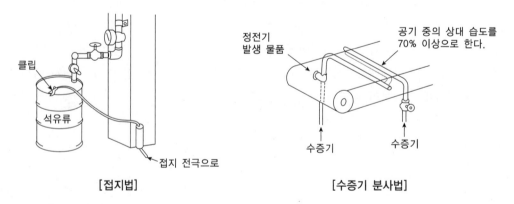

[접지법]   [수증기 분사법]

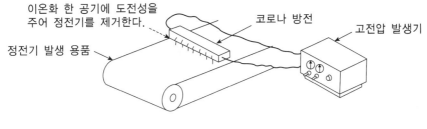

이온화 한 공기에 도전성을
주어 정전기를 제거한다.

코로나 방전

고전압 발생기

정전기 발생 용품

[공기의 이온화법]

(12) 압력계 및 안전장치

위험물을 가압하는 설비 또는 취급하는 위험물의 반응 등에 의해 압력이 상승할 우려가 있는 설비는 적정한 압력 관리를 하지 않으면 위험물의 분출·설비의 파괴 등에 의해 화재 등의 사고를 일으킬 우려가 있기 때문에 이러한 설비는 압력계 및 안전장치를 설치한다. 안전장치의 종류는 다음과 같다.

① 자동적으로 압력의 상승을 정지시키는 장치(일반적으로 안전밸브를 사용)
② 감압측에 안전밸브를 부착한 감압밸브
③ 안전밸브를 병용하는 경보장치
④ 파괴판(위험물의 성질에 따라 안전밸브의 작동이 곤란한 가압설비에 한함)

(13) 방화상 유효한 담의 높이

다음에 의하여 산정한 높이 이상으로 한다.

① $H \leqq p D^2 + a$인 경우 : $h = 2$
② $H > p D^2 + a$인 경우 : $h = H - p(D^2 + d^2)$
③ ① 및 ②에서 D, H, a, d, h 및 p는 다음과 같다.

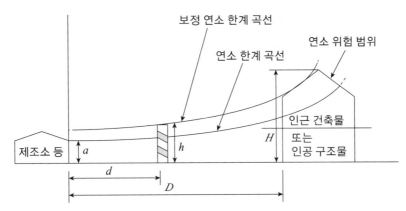

보정 연소 한계 곡선

연소 위험 범위

연소 한계 곡선

인근 건축물
또는
인공 구조물

제조소 등

a

h

H

d

D

여기서, D : 제조소 등과 인근 건축물 또는 공작물과의 거리(m)

H : 인근 건축물 또는 공작물의 높이(m)

a : 제조소 등의 외벽의 높이(m)

d : 제조소 등과 방화상 유효한 담과의 거리(m)

h : 방화상 유효한 담의 높이(m)

p : 상수

2 옥내저장소

위험물을 용기에 수납하여 건축물 내에 저장하는 저장소이다.

(1) 옥내저장소의 기준

① 안전거리에서 제외되는 경우

㉮ 위험물의 조건

㉠ 지정수량 20배 미만의 제4석유류와 동·식물유류 저장·취급 장소

㉡ 제6류 위험물 저장·취급 장소

㉯ 건축물의 조건 : 지정수량 20배(하나의 저장창고의 바닥면적이 150m² 이하인 경우 50배) 이하인 장소

㉠ 저장창고의 벽, 기둥, 바닥, 보 및 지붕을 내화구조로 할 경우

㉡ 저장창고의 출입구에 자동 폐쇄식 갑종방화문을 설치한 경우

㉢ 저장창고에 창을 설치하지 아니한 경우

② 보유공지

저장 또는 취급하는 위험물의 최대수량	공지의 너비	
	벽·기둥 및 바닥이 내화구조로 된 건축물	그 밖의 건축물
지정수량의 5배 이하	-	0.5m 이상
지정수량의 5배 초과 10배 이하	1m 이상	1.5m 이상
지정수량의 10배 초과 20배 이하	2m이상	3m 이상
지정수량의 20배 초과 50배 이하	3m 이상	5m 이상
지정수량의 50배 초과 200배 이하	5m 이상	10m 이상
지정수량의 200배 초과	10m 이상	15m 이상

단, 지정수량의 20배를 초과하는 옥내저장소와 동일한 부지 내에 있는 다른 옥내저장소와의 사이에는 공지 너비의 $\frac{1}{3}$(해당 수치가 3m 미만인 경우는 3m)의 공지를 보유할 수 있다.

> **TIP** 보유공지
> 위험물을 취급하는 건축물, 그 밖의 시설 주위에 마련해 놓은 안전을 위한 빈 터

③ 옥내저장소의 건축물 구조기준
  ㉮ 다음의 위험물을 저장하는 창고 : 1,000m² 이하
    ㉠ 제1류 위험물 중 아염소산염류, 염소산염류, 과염소산염류, 무기과산화물, 그 밖에 지정수량이 50kg인 위험물
    ㉡ 제3류 위험물 중 칼륨, 나트륨, 알킬알루미늄, 알킬리튬, 그 밖에 지정수량이 10kg인 위험물 및 황린
    ㉢ 제4류 위험물 중 특수인화물, 제1석유류 및 알코올류
    ㉣ 제5류 위험물 중 유기과산화물, 질산에스테르류, 그 밖에 지정수량이 10kg인 위험물
    ㉤ 제6류 위험물
  ㉯ ㉮의 위험물 외의 위험물을 저장하는 창고 : 2,000m² 이하
  ㉰ ㉮의 위험물과 ㉯의 위험물을 내화구조의 격벽으로 완전히 구획된 실에 각각 저장하는 창고 : 1,500m²(㉮의 위험물을 저장하는 실의 면적은 500m²를 초과할 수 없다)
    ㉠ 지면에서 처마까지의 높이를 20m 이하로 할 수 있는 위험물
      ⓐ 제2류 위험물
      ⓑ 제4류 위험물 중 건축물의 규정에 적합한 경우
    ㉡ 저장창고의 바닥이 물이 스며 나오거나 스며들지 않는 구조로 해야 하는 위험물 : 알칼리금속의 과산화물
  ㉱ 벽, 기둥, 바닥의 재질은 내화구조로 한다.
  ㉲ 저장창고는 지붕을 폭발력이 위로 방출될 정도의 가벼운 불연재료로 하고, 천장을 만들지 아니하여야 한다. 다만, 제2류 위험물(분상의 것과 인화성고체를 제외)과 제6류 위험물만의 저장창고에 있어서는 지붕을 내화구조로 할 수 있고, 제5류 위험물만의 저장창고에 있어서는 해당 저장창고 내의 온도를 저온으로 유지하기 위하여 난연재료 또는 불연재료로 된 천장을 설치할 수 있다.
  ㉳ 출입구는 갑종방화문, 을종방화문으로 한다.
  ㉴ 배출설비는 인화점 70℃ 이상인 위험물은 제외한다.

ⓐ 피뢰설비는 지정수량 10배 이상의 위험물 저장창고에 설치한다.
  ㉠ 중도리 또는 서까래의 간격은 30cm 이하로 한다.
  ㉡ 지붕의 아래쪽 면에는 한 변의 길이가 45cm 이하의 환강(丸鋼)・경량환강(輕量丸鋼) 등으로 된 강제(鋼製)의 격자를 설치한다.
  ㉢ 지붕의 아래쪽 면에 철망을 쳐서 불연재료의 도리・보 또는 서까래에 단단히 결합한다.

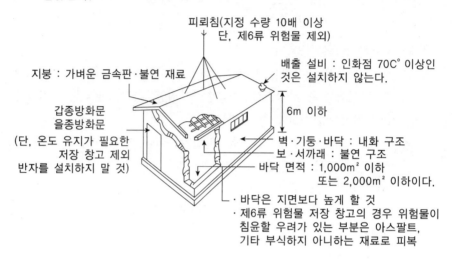

피뢰침(지정 수량 10배 이상 단, 제6류 위험물 제외)

지붕 : 가벼운 금속판・불연 재료

배출 설비 : 인화점 70C° 이상인 것은 설치하지 않는다.

갑종방화문
을종방화문
(단, 온도 유지가 필요한 저장 창고 제외 반자를 설치하지 말 것)

6m 이하

벽・기둥・바닥 : 내화 구조
보・서까래 : 불연 구조
바닥 면적 : 1,000m² 이하 또는 2,000m² 이하이다.

・바닥은 지면보다 높게 할 것
・제6류 위험물 저장 창고의 경우 위험물이 침윤할 우려가 있는 부분은 아스팔트, 기타 부식하지 아니하는 재료로 피복

[옥내 저장소의 구조]

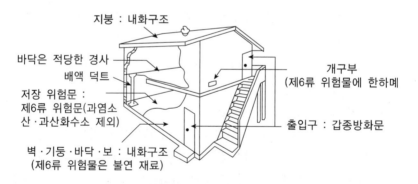

지붕 : 내화구조

바닥은 적당한 경사
배액 덕트

저장 위험문 :
제6류 위험문(과염소산・과산화수소 제외)

개구부
(제6류 위험물에 한하며)

출입구 : 갑종방화문

벽・기둥・바닥・보 : 내화구조
(제6류 위험물은 불연 재료)

[단층 건축물 이외의 건축물 구조]

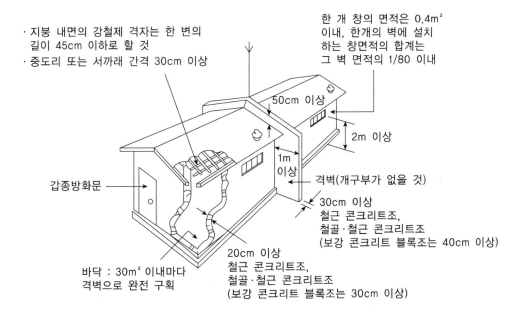

· 지붕 내면의 강철제 격자는 한 변의 길이 45cm 이하로 할 것
· 중도리 또는 서까래 간격 30cm 이상

한 개 창의 면적은 0.4m² 이내, 한개의 벽에 설치 하는 창면적의 합계는 그 벽 면적의 1/80 이내

50cm 이상

2m 이상

1m 이상

격벽(개구부가 없을 것)

30cm 이상
철근 콘크리트조,
철골 · 철근 콘크리트조
(보강 콘크리트 블록조는 40cm 이상)

갑종방화문

20cm 이상
철근 콘크리트조,
철골 · 철근 콘크리트조
(보강 콘크리트 블록조는 30cm 이상)

바닥 : 30m² 이내마다
격벽으로 완전 구획

[지정 유기과산화물 저장 창고]

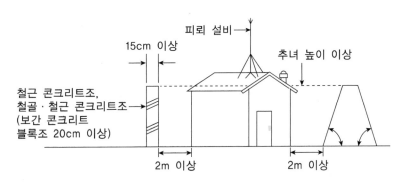

피뢰 설비

15cm 이상

추녀 높이 이상

철근 콘크리트조,
철골 · 철근 콘크리트조
(보간 콘크리트
블록조 20cm 이상)

2m 이상

2m 이상

[지정 유기과산화물의 담]

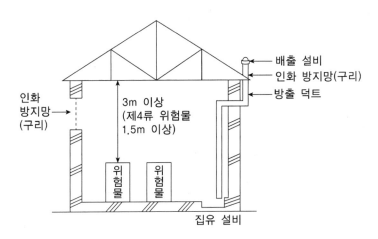

배출 설비

인화 방지망(구리)

방출 덕트

인화
방지망
(구리)

3m 이상
(제4류 위험물
1.5m 이상)

위험물

위험물

집유 설비

[옥내 저장소 측면도]

(2) 위험물의 저장기준

① 운반용기에 수납하여 저장한다.
② 품명별로 구분하여 저장한다.
③ 위험물과 비위험물과의 상호 거리 : 1m 이상
④ 혼재할 수 있는 위험물과 위험물의 상호 거리 : 1m 이상
⑤ 자연발화 위험이 있는 위험물 : 지정수량 10배 이하마다 0.3m 이상 간격을 둔다.

(3) 위험물용기를 겹쳐 쌓을 수 있는 높이

① 기계에 의하여 하역하는 구조로 된 용기만을 겹쳐 쌓는 경우 : 6m
② 제4류 위험물 중 제3석유류, 제4석유류 및 동·식물유류를 수납하는 용기만을 겹쳐 쌓는 경우 : 4m
③ 그 밖의 경우 : 3m

(4) 지정과산화물을 저장하는 옥내저장소의 창고기준

① 저장창고는 바닥면적 $150m^2$ 이내마다 격벽으로 완전하게 구획하여야 한다.
② 저장창고 상부의 지붕으로부터 50cm 이상 돌출하게 하여야 한다.
③ 저장창고 양측의 외벽으로부터 1m 이상 돌출하게 하여야 한다.
④ 철근콘크리트조의 경우 두께가 30cm 이상이어야 한다.

(5) 상호 1m 이상의 간격을 유지하는 경우에도 동일한 옥내저장소에 저장할 수 있는 것

① 제1류 위험물(알칼리금속과 산화물)+제5류 위험물
② 제1류 위험물+제6류 위험물
③ 제1류 위험물+자연발화성물질(황린)
④ 제2류 위험물(인화성고체)+제4류 위험물
⑤ 제3류 위험물(알킬알루미늄 등)+제4류 위험물(알킬알루미늄·알킬리튬을 함유한 것)
⑥ 제4류 위험물(유기과산화물)+제5류 위험물(유기과산화물)

3 옥외저장소

옥외의 장소에서 용기나 드럼 등에 위험물을 넣어 저장하는 저장소를 말한다.

(1) 설치장소

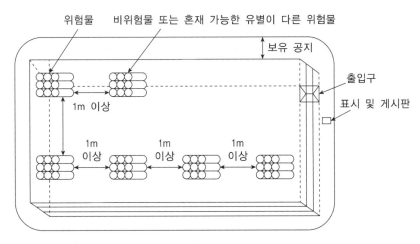

① 다른 건축물과 안전거리를 유지한다.
② 습기가 없고, 배수가 잘 되는 장소에 설치한다.
③ 위험물을 저장 또는 취급하는 장소의 주위에는 경계표시(울타리의 기능이 있는 것에 한함)를 하여 명확하게 구분한다.

(2) 보유공지

저장 또는 취급하는 위험물의 최대수량	공지의 너비
지정수량의 10배 이하	3m 이상
지정수량의 10배 초과 20배 이하	5m 이상
지정수량의 20배 초과 50배 이하	9m 이상
지정수량의 50배 초과 200배 이하	12m 이상
지정수량의 200배 초과	15m 이상

단, 제4류 위험물 중 제4석유류와 제6류 위험물을 저장 또는 취급하는 보유공지는 공지 너비의 $\frac{1}{3}$ 이상으로 할 수 있다.

(3) 옥외저장소의 선반 설치기준

① 선반은 불연재료로 만들고, 견고한 지반면에 고정할 것
② 선반은 당해 선반 및 그 부속설비의 자중·저장하는 위험물의 중량·풍하중·지진의 영향 등에 의하여 생기는 응력에 대하여 안전할 것
③ 선반의 높이는 6m를 초과하지 아니할 것
④ 선반에는 위험물을 수납한 용기가 쉽게 낙하하지 아니하는 조치를 강구할 것

(4) 위험물의 저장기준

① 운반용기에 수납하여 저장한다.
② 위험물과 비위험물의 상호 거리 : 1m 이상
③ 위험물과 위험물의 상호 거리 : 1m 이상

(5) 위험물을 저장하는 경우 높이를 초과하여 겹쳐 쌓지 아니 한다.

① 기계에 의하여 하역하는 구조로 된 용기만을 겹쳐 쌓는 경우 : 6m
② 제4류 위험물 중 제3석유류, 제4석유류 및 동·식물유류를 수납하는 용기만을 겹쳐 쌓는 경우 : 4m
③ 그 밖의 경우 : 3m

(6) 옥외저장소 중 덩어리 상태의 유황만을 지반면에 설치한 경계표시의 안쪽에서 저장·취급하는 것

① 하나의 경계표시의 내부 면적 : 100m^2 이하
② 2개 이상의 경계표시를 설치하는 경우에 있어서는 각각의 경계표시 내부의 면적을 합산한 면적 : 1,000m^2 이하
③ 유황 옥외저장소의 경계표시 높이 : 1.5m 이하
④ 경계표시에는 유황이 넘치거나 비산하는 것을 방지하기 위한 천막 등을 고정하는 장치를 설치하되, 천막 등을 고정하는 장치는 경계표시의 길이 2m마다 1개 이상 설치한다.

4 옥외탱크저장소

옥외에 있는 탱크에 위험물을 저장하는 저장소이다.

(1) 안전거리

제조소의 안전거리에 준용한다.

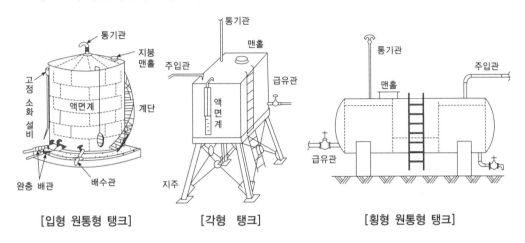

[입형 원통형 탱크]　　　　[각형 탱크]　　　　[횡형 원통형 탱크]

(2) 보유공지

저장 또는 취급하는 위험물의 최대수량	공지의 너비
지정수량의 500배 이하	3m 이상
지정수량의 500배 초과 1,000배 이하	5m 이상
지정수량의 1,000배 초과 2,000배 이하	9m 이상
지정수량의 2,000배 초과 3,000배 이하	12m 이상
지정수량의 3,000배 초과 4,000배 이하	15m 이상
지정수량의 4,000배 초과	당해 탱크의 수평단면의 최대지름(횡형인 경우에는 긴 변)과 높이 중 큰 것과 같은 거리 이상. 다만, 30m 초과의 경우에는 30m 이상으로 할 수 있고, 15m 미만의 경우에는 15m 이상으로 하여야 한다.

> **TIP** 특례 : 제6류 위험물을 저장·취급하는 옥외탱크저장소의 경우
> 1. 해당 보유공지의 1/3 이상의 너비로 할 수 있다(단, 1.5m 이상일 것).
> 2. 동일 대지 내에 2기 이상의 탱크를 인접하여 설치하는 경우에는 해당 보유공지 너비의 1/3 이상에 다시 1/3 이상의 너비로 할 수 있다(단, 1.5m 이상일 것).

(3) 탱크 구조기준

① 재질 및 두께 : 두께 3.2mm 이상의 강철판

② 시험기준

    ㉮ 압력 탱크의 경우 : 최대상용압력의 1.5배의 압력으로 10분간 실시하는 수압시험에 각각 새거나 변형되지 아니하여야 한다.

    ㉯ 압력탱크 외의 탱크일 경우 : 충수시험

③ 부식방지조치

    ㉮ 탱크의 밑판 아래에 밑판의 부식을 유효하게 방지할 수 있도록 아스팔트샌드 등의 방식 재료를 댄다.

    ㉯ 탱크의 밑판에 전기방식의 조치를 강구한다.

④ 탱크의 내진풍압구조 : 지진 및 풍압에 견딜 수 있는 구조로 하고, 그 지주는 철근콘크리트조, 철골콘크리트조로 한다.

⑤ 탱크의 통기장치기준

    ㉮ 밸브 없는 통기관

        ㉠ 통기관의 직경 : 30mm 이상

        ㉡ 통기관의 선단은 수평으로부터 45° 이상 구부려 빗물 등의 침투를 막는 구조일 것

        ㉢ 가는 눈의 구리망 등으로 인화방지장치를 설치할 것

    ㉯ 대기밸브부착 통기관

        ㉠ 5kPa 이하의 압력차이로 작동할 수 있을 것

        ㉡ 가는 눈의 구리망 등으로 인화방지장치를 설치할 것

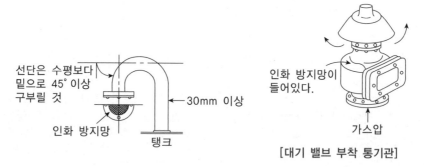

선단은 수평보다 밑으로 45° 이상 구부릴 것

인화 방지망

30mm 이상

탱크

인화 방지망이 들어있다.

가스압

[대기 밸브 부착 통기관]

⑥ 자동계량장치 설치기준

    ㉮ 위험물의 양을 자동적으로 표시할 수 있도록 한다.

    ㉯ 종류

        ㉠ 기밀부유식 계량장치

        ㉡ 부유식 계량장치(증기가 비산하지 않는 구조)

ⓒ 전기압력자동방식 또는 방사성동위원소를 이용한 자동계량장치

ⓔ 유리게이지(금속관으로 보호된 경질 유리 등으로 되어 있고, 게이지가 파손되었을 때 위험물의 유출을 자동으로 정지할 수 있는 장치가 되어 있는 것에 한한다)

⑦ 탱크 주입구 설치기준

㉮ 화재예방

㉯ 주입 호스 또는 주유관과 결합할 수 있도록 하고, 위험물이 새지 않는 구조일 것

㉰ 주입구에는 밸브 또는 뚜껑을 설치할 것

㉱ 휘발유, 벤젠, 그 밖의 정전기에 의한 재해가 발생할 우려가 있는 액체위험물의 옥외저장탱크 주입구 부근에는 정전기를 유효하게 제거하기 위한 접지전극을 설치한다.

㉲ 인화점이 21℃ 미만인 위험물의 옥외저장탱크 주입구에는 보기 쉬운 곳에 게시판을 설치한다.

⑧ 옥외탱크저장소의 금속 사용제한 및 위험물 저장기준

㉮ 금속 사용제한조치 기준 : 아세트알데히드 또는 산화프로필렌의 옥외탱크저장소에는 은, 수은, 동, 마그네슘 또는 이들 합금과는 사용하지 말 것

㉯ 아세트알데히드, 산화프로필렌 등의 저장기준

ⓐ 옥외저장탱크에 아세트알데히드 또는 산화프로필렌을 저장하는 경우에는 그 탱크 안에 불활성가스를 봉입해야 한다.

ⓑ 옥외저장탱크(옥내저장탱크 또는 지하 저장탱크) 중 압력 탱크 외의 탱크에 저장하는 경우
  ⓐ 디에틸에테르 또는 산화프로필렌 : 30℃ 이하
  ⓑ 아세트알데히드 : 15℃ 이하

ⓒ 옥외저장탱크(옥내저장탱크 또는 지하 저장탱크) 중 압력 탱크에 저장하는 경우 : 디에틸에테르, 아세트알데히드 또는 산화프로필렌의 온도는 40℃ 이하

TIP **보냉장치의 유무에 따른 이동저장탱크**

1. 보냉장치가 있는 이동저장탱크에 저장하는 아세트알데히드 등 또는 디에틸에테르 등의 온도는 해당 위험물의 비점 이하로 유지한다.
2. 보냉장치가 없는 이동저장탱크에 저장하는 아세트알데히드 등 또는 디에틸에테르 등의 온도는 40℃ 이하로 유지한다.

TIP **아세트알데히드의 옥외저장탱크에 필요한 설비**

1. 보냉장치
2. 냉각장치
3. 불활성기체를 봉입하는 장치

(4) 옥외저장탱크의 펌프설비 설치기준

① 펌프설비 보유공지

㉠ 설비 주위에는 너비 3m 이상의 공지를 보유한다.

㉡ 펌프설비와 탱크 사이의 거리는 해당 탱크의 보유공지 너비의 1/3 이상의 거리를 유지한다.

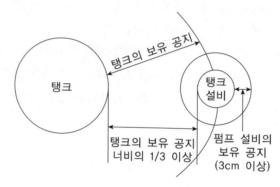

㉢ 보유공지 제외기준

㉠ 방화상 유효한 격벽으로 설치된 경우

㉡ 제6류 위험물을 저장·취급하는 경우

㉢ 지정수량 10배 이하의 위험물을 저장·취급하는 경우

② 옥내펌프실의 설치기준

㉠ 바닥의 기준

㉠ 재질은 콘크리트, 기타 위험물이 스며들지 않는 재료로 한다.

㉡ 턱 높이는 0.2m 이상으로 한다.

㉢ 적당히 경사지게 하고, 집유설비를 설치한다.

㉡ 펌프실의 창 및 출입구에는 갑종방화문 또는 을종방화문을 설치한다.

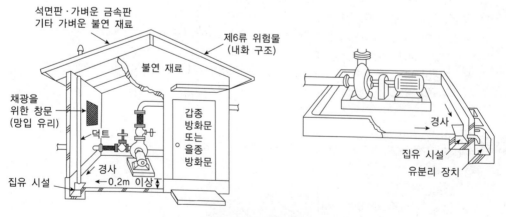

[옥내 설치 펌프 설비]

③ 펌프실 외의 장소에 설치하는 펌프설비의 기준

㉮ 펌프설비 그 직하의 지반면 주위에 높이 0.15m 이상의 턱을 만든다.

㉯ 펌프설비 그 직하의 지반면의 최저부에는 집유설비를 만든다.

㉰ 제4류 위험물(온도 20℃의 물 100g에 용해되는 양이 1g 미만인 것에 한한다)을 취급하는 펌프설비에 있어서는 해당 위험물이 직접 배수구에 유입되지 아니하도록 집유설비에 유분리장치를 설치하여야 한다.

(5) 옥외탱크저장소의 방유제 설치기준

① 설치목적 : 저장 중인 액체위험물이 주위로 누설 시 그 주위에 피해 확산을 방지하기 위하여 설치한 담이다.

② 용량

㉮ 인화성액체위험물(CS_2 제외)의 옥외탱크저장소의 탱크

㉠ 1기 이상 : 탱크용량의 110% 이상(인화성이 없는 액체위험물은 탱크용량의 100% 이상)

㉡ 2기 이상 : 최대 용량의 110% 이상

예 제

경유 옥외탱크저장소에서 10,000L 탱크 1기가 설치된 곳의 방유제 용량은 얼마 이상이 되어야 하는가?

풀이 옥외탱크저장소 방유제 용량(탱크 1기인 경우)
= 탱크용량×1.1 이상(비인화성 액체의 경우×1.0 이상)
= 10,000×1.1=11,000L 이상

답 11,000L 이상

㉯ 위험물제조소의 옥외에 있는 위험물 취급 탱크(용량이 지정수량의 $\frac{1}{5}$ 미만인 것은 제외)

㉠ 1개의 탱크 : 방유제 용량=탱크용량×0.5

㉡ 2개 이상의 탱크 : 방유제 용량=최대 탱크용량×0.5+기타 탱크용량의 합 ×0.1

제조소의 옥외에 모두 3기의 휘발유 취급 탱크를 설치하고, 그 주위에 방유제를 설치하고자 한다. 방유제 안에 설치하는 각 취급 탱크의 용량이 5만L, 3만L, 2만L일 때 필요한 방유제의 용량은 몇 L 이상인가?

풀이 방유제 용량＝최대 용량×0.5＋(기타 용량의 합×0.1)
= $50,000×0.5＋(30,000＋20,000×0.1)＝25,000＋5,000$
= 30,000L 이상

답 30,000L이상

③ 높이 : 0.5m 이상 3.0m 이하
④ 면적 : 80,000m² 이하
⑤ 하나의 방유제 안에 설치되는 탱크의 수 : 10기 이하(단, 방유제 내 전 탱크의 용량이 200kL 이하이고, 인화점이 70℃ 이상 200℃ 미만인 경우에는 20기 이하)
⑥ 방유제와 탱크 측면과의 이격거리

탱크 지름	이격거리
15m 미만	탱크 높이의 $\frac{1}{3}$ 이상
15m 이상	탱크 높이의 $\frac{1}{2}$ 이상

⑦ 방유제의 구조
  ㉮ 방유제는 철근콘크리트 또는 흙으로 만들고, 위험물이 방유제의 외부로 유출되지 아니하는 구조로 한다.
  ㉯ 방유제 내에는 해당 방유제 내에 설치하는 옥외저장탱크를 위한 배관(해당 옥외저장탱크의 소화설비를 위한 배관을 포함), 조명설비 및 계기 시스템과 이들에 부속하는 설비, 그 밖의 안전 확보에 지장이 없는 부속설비 외에는 다른 설비를 설치하지 아니 한다.
  ㉰ 방유제 또는 칸막이 둑에는 해당 방유제를 관통하는 배관을 설치하지 아니 한다. 다만, 방유제 또는 칸막이 둑에 손상을 주지 아니하도록 하는 조치를 강구하는 경우에는 그러하지 아니 하다.
  ㉱ 방유제에는 그 내부에 고인 물을 외부로 배출하기 위한 배수구를 설치하고, 이를 개폐하는 밸브 등을 방유제의 외부에 설치한다.
  ㉲ 용량이 100만L 이상인 위험물을 저장하는 옥외저장탱크에 있어서는 밸브 등에 그 개폐 상황을 쉽게 확인할 수 있는 장치를 설치한다.

⑭ 높이가 1m를 넘는 방유제 및 칸막이 둑의 안팎에는 방유제 내에 출입하기 위한 계단 또는 경사로를 약 50m마다 설치한다.

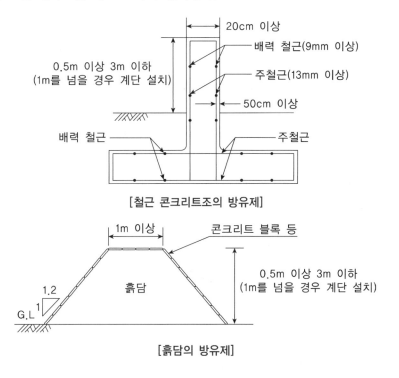

[철근 콘크리트조의 방유제]

[흙담의 방유제]

(6) 옥외탱크저장소의 외부구조 및 설비

① 압력탱크 외의 탱크 : 충수시험(새거나 변형되지 아니할 것)
② 압력탱크 : 최대상용압력의 1.5배의 압력으로 10분간 실시하는 수압시험(새거나 변형되지 아니할 것)

> **TIP** 허가량이 1,000만 L인 위험물 옥외저장탱크의 바닥판 전면 교체 시 법적 절차
> 기술 – 검토변경허가 – 안전성능검사 – 완공검사

(7) 특정 옥외저장탱크의 풍하중

$$q = 0.588k\sqrt{h}$$

여기서, q : 풍하중(kN/m^2)
k : 풍력계수(원통형 탱크의 경우는 0.7, 그 외의 탱크는 1.0)
h : 지반면으로부터의 높이(m)

5 옥내탱크저장소

옥내에 있는 탱크에 위험물을 저장하는 저장소이다.

(1) 탱크전용실의 설치기준

원칙적으로 옥내탱크저장소의 탱크는 단층건물의 탱크전용실에 설치할 것

① 단층건축물에 설치하는 탱크전용실의 구조기준

  ㉮ 벽, 기둥, 바닥의 설치기준

    ㉠ 재질은 내화구조로 한다.

    ㉡ 연소의 우려가 없는 곳의 재료는 불연재료로 한다.

    ㉢ 액체위험물 탱크전용실의 바닥은 다음과 같다.

      ⓐ 물이 침투하지 아니하는 구조로 한다.

      ⓑ 적당히 경사지게 한다.

      ⓒ 최저부에 집유설비를 한다.

  ㉯ 보 및 서까래의 재질 : 불연재료로 할 것

  ㉰ 지붕 설치기준 : 불연재료로 하고, 반자를 설치하지 아니할 것

  ㉱ 출입구 설치기준

    ㉠ 갑종 또는 을종방화문을 설치할 것

    ㉡ 문턱의 높이는 0.2m 이상으로 할 것

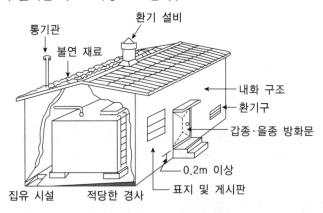

[단층 건축물의 탱크 전용실]

② 단층이 아닌 건축물의 1층 내지 5층 또는 지하층에 설치하는 탱크전용실의 구조기준

  ㉮ 벽, 기둥, 바닥, 보, 서까래의 설치기준

    ㉠ 재질은 내화구조로 할 것

    ㉡ 제6류 위험물 탱크전용실에 있어서 위험물이 침윤할 우려가 있는 부분의 경우에는 내화구조 또는 불연재료를 대신하여 아스팔트 및 기타 부식하지 않는 재료로 피복할 것

ⓒ 상층의 바닥 재질은 내화구조로 할 것

ⓔ 액체위험물 탱크전용실의 바닥은 콘크리트 및 기타 불침윤성 재료로 적당히 경사지게 하고, 그 최저부에는 집유설비를 설치할 것

ⓜ 지붕 설치기준(상층이 없는 부분의 경우) : 불연재료로 하고, 반자를 설치하지 말 것

ⓑ 창 설치기준 : 창은 설치하지 말 것(단, 제6류 위험물의 탱크전용실의 경우 갑종 또는 을종방화문이 있는 창은 설치 가능)

ⓡ 출입구 설치기준

　　ⓐ 갑종방화문을 설치할 것(단, 제6류 위험물의 탱크전용실의 경우 을종방화문 가능)

　　ⓑ 문턱의 높이는 0.2m 이상으로 할 것

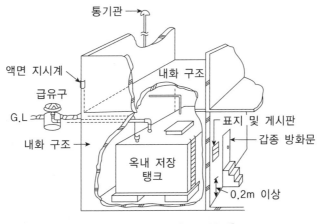

[지하층에 설치된 탱크 전용실]

(2) 옥내탱크저장소의 위험물 저장기준

① 탱크와 탱크전용실과의 이격거리

　㉮ 탱크와 탱크전용실 외벽(기둥 등 돌출한 부분은 제외) : 0.5m 이상

　㉯ 탱크와 탱크 상호간 : 0.5m 이상(단, 탱크의 점검 및 보수에 지장이 없는 경우는 거리 제한 없음)

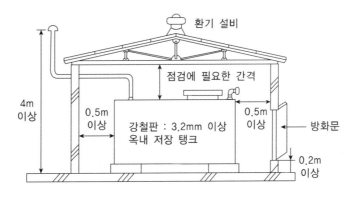

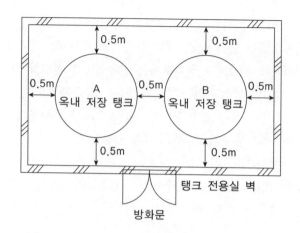

② 탱크전용실의 탱크용량 기준(2기 이상의 탱크는 각 탱크의 용량을 합한 양을 기준)
　⑦ 지정수량의 40배 이하
　⑭ 제4석유류, 동·식물유류 외의 탱크 설치 시 20,000L 이하

(3) 옥내탱크의 통기장치(밸브 없는 통기관) 기준

① 통기관의 지름 : 30mm 이상
② 통기관의 선단은 수평면에 대하여 아래로 45° 이상 구부려 빗물 등이 들어가지 않는 구조로 한다(단, 빗물이 들어가지 않는 구조일 경우는 제외).
③ 통기관의 선단은 건축물의 창 또는 출입구 등의 개구부로부터 1m 이상 떨어진 옥외에 설치할 것
④ 통기관 선단으로부터 지면까지의 거리는 4m 이상의 높이로 할 것
⑤ 통기관은 가스 등이 체류하지 않도록 굴곡이 없게 할 것

6 지하탱크저장소

지하에 매설된 탱크에 위험물을 저장하는 저장소이다.

(1) 지하탱크저장소의 구조

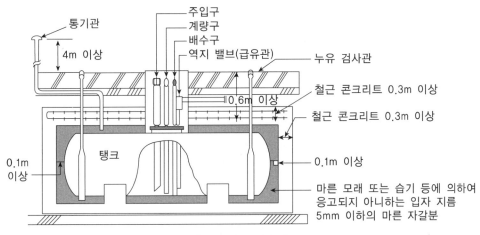

[지하 탱크 매설도]

① 강철판의 두께는 3.2mm 이상
② 탱크의 외면은 방청도장
③ 배관을 위쪽으로 설치
④ 과충전 방지장치
    ㉮ 과충전 시 주입구의 폐쇄 또는 위험물의 공급을 차단하는 방법
    ㉯ 탱크용량의 90%가 찰 때 경보를 울리는 방법

(2) 탱크전용실의 구조

① 탱크전용실 콘크리트의 두께(벽, 바닥 및 뚜껑) : 0.3m 이상
② 탱크전용실과 대지경계선, 지하 매설물과의 거리 : 0.1m 이상(단, 전용실이 설치되지 않을 경우 : 0.6m 이상)
③ 탱크와 탱크전용실과의 간격 : 0.1m 이상
④ 탱크 본체의 윗부분과 지면까지의 거리 : 0.6m 이상
⑤ 해당 탱크 주위에 마른모래 또는 습기 등에 의하여 응고되지 아니하는 입자 지름 5mm 이하의 마른 자갈분을 채워야 한다.
⑥ 탱크를 2개 이상 인접하였을 때 상호 거리는 다음과 같다.
    ㉮ 지정수량 100배 초과 : 1 m 이상
    ㉯ 지정수량 100배 이하 : 0.5m 이상

⑦ 누유 검사관의 개수는 4개소 이상 적당한 위치에 설치한다.
  ㉮ 이중관으로 할 것. 다만, 소공이 없는 상부는 단관으로 할 수 있다.
  ㉯ 재료는 금속관 또는 경질합성수지관으로 한다.
  ㉰ 관은 탱크전용실 또는 탱크의 기초 위에 닿게 한다.
  ㉱ 관의 밑부분으로부터 탱크의 중심 높이까지의 부분에는 소공이 뚫려있을 것. 다만, 지하수위가 높은 장소에 있어서는 지하수위 높이까지의 부분에 소공이 뚫려 있어야 한다.
  ㉲ 상부는 물이 침투하지 아니하는 구조로 하고, 뚜껑은 검사 시 쉽게 열 수 있도록 한다.

(3) 탱크전용실을 설치하지 않는 구조

제4류 위험물의 지하저장탱크에 한한다.
① 해당 탱크를 지하철·지하가 또는 지하터널로부터 수평 거리 10m 이내의 장소 또는 지하건축물 내의 장소에 설치하지 아니 한다.
② 해당 탱크를 그 수평 투영의 세로 및 가로보다 각각 0.6m 이상 크고, 두께가 0.3m 이상인 철근콘크리트조의 뚜껑으로 덮어야 한다.
③ 뚜껑에 걸리는 중량이 직접 해당 탱크에 걸리지 아니하는 구조이다.
④ 해당 탱크를 견고한 기초 위에 고정한다.
⑤ 해당 탱크를 지하의 가장 가까운 벽·피트·가스관 등의 시설물 및 대지경계선으로부터 0.6m 이상 떨어진 곳에 매설한다.

(4) 과충전 방지장치

탱크용량의 최소 90%가 찰 때 경보음이 울린다.

(5) 강화플라스틱 이중벽탱크의 내수압

① 압력탱크(최대상용압력이 46.7kPa 이상인 탱크) 외의 탱크 : 70kPa
② 압력탱크 : 최대상용압력의 1.5배

(6) 탱크의 외면에는 녹방지를 위한 도장을 하여야 한다.

7 이동탱크저장소

차량(견인되는 차를 포함)의 고정탱크에 위험물을 저장하는 저장소이다.

(1) 이동탱크저장소 탱크의 구조기준

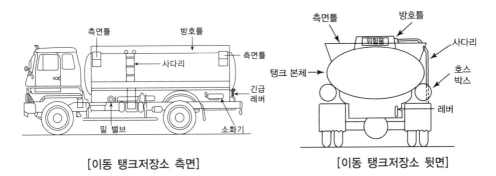

[이동 탱크저장소 측면] [이동 탱크저장소 뒷면]

탱크 강철관의 두께는 다음과 같다.

① 본체 : 3.2mm 이상
② 측면틀 : 3.2mm 이상
③ 안전칸막이 : 3.2mm 이상
④ 방호틀 : 2.3mm 이상
⑤ 방파판 : 1.6mm 이상

(2) 수압시험

① 압력탱크 : 최대상용압력의 1.5배의 압력으로 10분간 수압시험을 실시하여 새거나 변형되지 아니할 것
② 압력탱크 외의 탱크 : 70kPa의 압력으로 10분간 수압시험을 실시하여 새거나 변형되지 아니할 것

(3) 안전장치 작동압력

① 상용압력이 20kPa 이하 : 20kPa 이상 24kPa 이하의 압력
② 상용압력이 20kPa 초과 : 상용 압력이 1.1배 이하의 압력

(4) 측면틀 설치기준

① 설치목적 : 탱크가 전도될 때 탱크 측면이 지면과 접촉하여 파손되는 것을 방지하기 위해 설치한다(단, 피견인차에 고정된 탱크에는 측면틀을 설치하지 않을 수 있다).
② 외부로부터 하중에 견딜 수 있는 구조로 할 것

③ 측면틀의 설치 위치

㉮ 탱크 상부 네 모퉁이에 설치

㉯ 탱크의 전단 또는 후단으로부터 1m 이내의 위치에 설치

④ 측면틀 부착 기준

㉮ 최외측선(측면틀의 최외측과 탱크의 최외측을 연결하는 직선)의 수평면에 대하여 내각이 75° 이상일 것

㉯ 최대수량의 위험물을 저장한 상태에 있을 때의 해당 탱크 중량의 중심선과 측면틀의 최외측을 연결하는 직선과 그 중심선을 지나는 직선 중 최외측선과 직각을 이루는 직선과의 내각이 35° 이상이 되도록 할 것

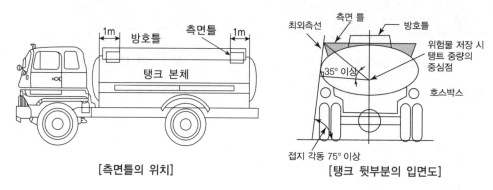

[측면틀의 위치] [탱크 뒷부분의 입면도]

⑤ 측면틀의 받침판 설치기준 : 측면틀에 걸리는 하중에 의해 탱크가 손상되지 않도록 측면틀의 부착 부분에 설치할 것

(5) 방호틀 설치기준

① 설치목적 : 탱크의 운행 또는 전도 시 탱크 상부에 설치된 각종 부속장치의 파손을 방지하기 위해 설치할 것

② 재질은 두께 2.3mm 이상의 강철판으로 제작할 것

③ 산 모양의 형상으로 하거나 이와 동등 이상의 강도가 있는 형상으로 할 것

④ 정상부분은 부속장치보다 50mm 이상 높게 하거나 동등 이상의 성능이 있는 것으로 할 것

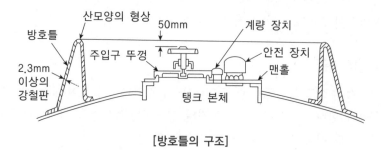

[방호틀의 구조]

(6) 안전 칸막이 및 방파판의 설치기준

① 안전 칸막이 설치기준
  ㉮ 재질은 두께 3.2mm 이상의 강철판으로 제작
  ㉯ 4,000L 이하마다 구분하여 설치
② 방파판 설치기준
  ㉮ 재질은 두께 1.6mm 이상의 강철판으로 제작
  ㉯ 하나의 구획 부분에 2개 이상의 방파판을 이동탱크저장소의 진행방향과 평형으로 설치하되, 그 높이와 칸막이로부터의 거리를 다르게 할 것
  ㉰ 하나의 구획부분에 설치하는 각 방파판의 면적 합계는 해당 구획부분의 최대수직 단면적의 50% 이상으로 할 것. 다만, 수직단면이 원형이거나 짧은 지름이 1m 이하의 타원형인 경우에는 40% 이상으로 할 수 있다.

(7) 이동탱크저장소의 표지 · 그림문자

① 표지
  ㉮ 이동탱크저장소 : 전면 상단 및 후면 상단
  ㉯ 규격 및 형상 : 60×30cm 이상의 횡형 사각형
  ㉰ 색상 및 문자 : 흑색 바탕에 황색 반사 도료로 '위험물'이라고 표시

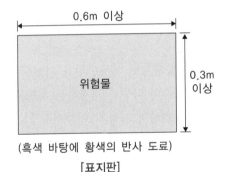

(흑색 바탕에 황색의 반사 도료)

[표지판]

(8) 이동탱크저장소의 위험물 취급기준

① 액체위험물을 다른 탱크에 주입할 경우 취급기준
  ㉮ 해당 탱크의 주입구에 이동 탱크의 급유호스를 견고하게 결합할 것
  ㉯ 펌프 등 기계장치로 위험물을 주입하는 경우 : 토출압력을 해당 설비의 기준압력 범위 내로 유지할 것
  ㉰ 이동탱크저장소의 원동기를 정지시켜야 하는 경우 : 인화점 40℃ 미만인 위험물 주입 시

② 전기에 의한 재해발생의 우려가 있는 액체위험물(휘발유, 벤젠 등)을 이동탱크저장소에 주입하는 경우의 취급기준
　　㉮ 주입관의 선단을 이동저장탱크 안의 밑바닥에 밀착시킬 것
　　㉯ 정전기 등으로 인한 재해발생방지 조치사항
　　　예 휘발유를 저장하던 이동저장탱크에 등유나 경유를 주입하거나, 등유나 경유를 저장하던 이동저장탱크에 휘발유를 저장하는 경우
　　　㉠ 탱크의 위쪽 주입관에 의해 위험물을 주입할 경우의 주입 속도 1m/sec 이하
　　　㉡ 탱크의 밑바닥에 설치된 고정주입배관에 의해 위험물을 주입할 경우 주입 속도 1m/sec 이하
　　　㉢ 기타의 방법으로 위험물을 주입하는 경우 : 위험물을 주입하기 전에 탱크에 가연성 증기가 없도록 조치하고 안전한 상태를 확인한 후 주입할 것
　　㉰ 이동저장탱크는 완전히 빈 탱크 상태로 차고에 주차할 것
③ 이동탱크저장소에는 해당 이동탱크저장소의 완공검사필증 및 정기점검기록을 비치하여야 한다.
④ 이동저장탱크에 알킬알루미늄 등을 저장하는 경우에는 200kPa 이하의 압력으로 불활성의 기체를 봉입하여 둔다.

(9) 컨테이너식 이동탱크저장소

① 이동저장탱크 및 부속장치(맨홀·주입구 및 안전장치 등을 말한다)는 강재로 된 상자형태의 틀(상자틀)에 수납한다.
② 상자틀의 구조물 중 이동저장탱크의 이동방향과 평행한 것과 수직인 것은 해당 이동저장탱크, 부속장치 및 상자틀의 자중과 저장하는 위험물의 무게를 합한 하중(이동저장탱크 하중)의 2배 이상의 하중에, 그 외 이동저장탱크의 이동 방향과 직각인 것은 이동저장탱크 하중 이상의 하중에 각각 견딜 수 있는 강도가 있는 구조로 한다.
③ 이동저장탱크·맨홀 및 주입구의 뚜껑은 두께 6mm(해당 탱크의 직경 또는 장경이 1.8m 이하인 것은 5mm) 이상의 강판 또는 이와 동등 이상의 기계적 성질이 있는 재료로 한다.
④ 이동저장탱크에 칸막이를 설치하는 경우에는 해당 탱크의 내부를 완전히 구획하는 구조로 하고, 두께 3.2mm 이상의 강판 또는 이와 동등 이상의 기계적 성질이 있는 재료로 한다.
⑤ 이동저장탱크에는 맨홀 및 안전장치를 한다.
⑥ 부속장치는 상자틀의 최외측과 50mm 이상의 간격을 유지한다.

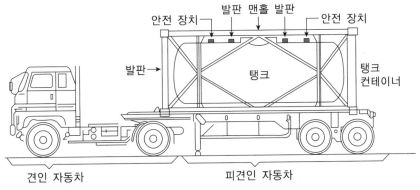

발판 맨홀 발판

안전 장치　　　　　　안전 장치

발판→　　탱크　　　탱크 컨테이너

견인 자동차　　　　피견인 자동차

[컨테이너식 이동 탱크저장소]

(10) 알킬알루미늄 등을 저장 또는 취급하는 이동탱크저장소

① 이동저장탱크는 두께 10mm 이상의 강판 또는 이와 동등 이상의 기계적 성질이 있는 재료로 기밀하게 제작하고, 1MPa 이상의 압력으로 10분간 실시하는 수압시험에서 새거나 변형하지 아니할 것

② 이동저장탱크의 용량은 1,900L 미만일 것

③ 안전장치는 이동저장탱크의 수압시험 압력의 $\dfrac{2}{3}$ 를 초과하고, $\dfrac{4}{5}$ 를 넘지 아니하는 범위의 압력으로 작동할 것

④ 이동저장탱크의 맨홀 및 주입구의 뚜껑을 두께 10mm 이상의 강판 또는 이와 동등 이상의 기계적 성질이 있는 재료로 할 것

⑤ 이동저장탱크의 배관 및 밸브 등을 해당 탱크의 윗부분에 설치할 것

⑥ 이동탱크저장소에는 이동저장탱크 하중의 4배의 전단하중에 견딜 수 있는 걸고리체결금속구 및 모서리체결금속구를 설치할 것

⑦ 이동저장탱크는 불활성의 기체를 봉입할 수 있는 구조로 할 것

⑧ 이동저장탱크는 그 외면을 적색으로 도장하는 한편, 백색 문자로서 동판의 양 측면 및 경판에 주의사항을 표시할 것

(11) 위험물을 운송할 때 위험물운송자가 위험물안전카드를 휴대하는 위험물

① 특수인화물 및 제1석유류

② 벤조일퍼옥사이드

③ 과산화수소

(12) 위험물 운송책임자의 감독 또는 지원의 방법으로 운송의 감독 또는 지원을 위하여 마련한 별도의 사무실에 운송책임자가 대기하면서 이행하는 사항

① 운송경로를 미리 파악하고 관할 소방관서 또는 관련 업체에 대한 연락체제를 갖추는 것
② 이동탱크저장소의 운전자에 대하여 수시로 안전확보 상황을 확인하는 것
③ 비상시에 응급처치에 관하여 조언을 하는 것
④ 위험물의 운송 중 안전확보에 관하여 필요한 정보를 제공하고 감독 또는 지원하는 것

(13) 이동탱크저장소에서 구조물 등의 시설을 변경할 때 변경허가를 취득하는 경우

탱크 본체를 절개하여 탱크를 보수하는 경우

(14) 이동탱크저장소의 위험물 운송 시 운송책임자의 감독ㆍ지원을 받아야 하는 위험물

① 알킬알루미늄
② 알킬리튬
③ 알킬알루미늄 또는 알킬리튬을 함유하는 위험물

(15) 이동탱크저장소의 위험물 운송 시 운송책임자의 자격조건

① 당해 위험물의 취급에 관한 국가기술자격을 취득하고, 관련 업무에 1년 이상 종사한 경력이 있는 자
② 위험물의 운송에 관한 안전교육을 수료하고 관련 업무에 2년 이상 종사한 경력이 있는 자

(16) 이동저장탱크의 외부 도장

유 별	외부 도장 색상	비 고
제1류	회 색	
제2류	적 색	
제3류	청 색	탱크의 앞면과 뒷면을 제외한 면적의 40% 이내의 면적은 다른 유별의 색상 외의 색상으로 도장하는 것이 가능하다.
제4류	도장에 색상 제한은 없으나 적색을 권장한다.	
제5류	황 색	
제6류	청 색	

(17) 위험물 이동탱크저장소 관계인은 해당 제조소 등에 대하여 연간 1회 이상 정기점검을 실시한다.

8 간이탱크저장소

(1) 정의

간이탱크에 위험물을 저장하는 저장소이다.

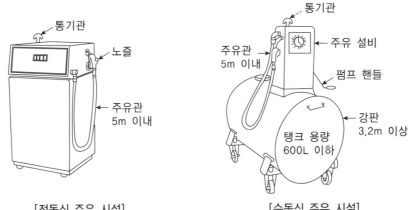

[전동식 주유 시설]   [수동식 주유 시설]

(2) 간이탱크저장소의 설비 기준

① 옥외에 설치한다.

② 전용실 안에 설치하는 경우 채광, 조명, 환기 및 배출설비를 한다.

③ 탱크의 구조기준

   ㉮ 두께 3.2mm 이상의 강판으로 흠이 없도록 제작

   ㉯ 시험 방법 : 70kPa 압력으로 10분간 수압시험을 실시하여 새거나 변형되지 아니할 것

   ㉰ 하나의 탱크용량은 600L 이하로 할 것

   ㉱ 탱크의 외면에는 녹을 방지하기 위한 도장을 할 것

④ 탱크의 설치방법

   ㉮ 하나의 간이탱크저장소에 설치하는 탱크의 수는 3기 이하로 할 것(단, 동일한 품질의 위험물 탱크를 2기 이상 설치하지 말 것)

   ㉯ 탱크는 움직이거나 넘어지지 않도록 지면 또는 가설대에 고정시킬 것

   ㉰ 옥외에 설치하는 경우에는 그 탱크 주위에 너비 1m 이상의 공지를 보유할 것

   ㉱ 탱크를 전용실 안에 설치하는 경우에는 탱크와 전용실 벽과의 사이에 0.5m 이상의 간격을 유지할 것

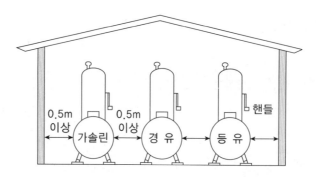

⑤ 간이탱크저장소의 통기장치(밸브 없는 통기관) 기준

㉮ 통기관의 지름 : 25mm 이상

㉯ 옥외에 설치하는 통기관

㉠ 간이탱크저장소 선단 높이 : 지상 1.5m 이상

㉡ 선단 구조 : 수평면에 대하여 45° 이상 구부려 빗물 등이 침투하지 아니하도록 한다.

㉰ 가는 눈의 구리망 등으로 인화방지장치를 할 것

9 암반탱크저장소

암반을 굴착하여 형성한 지하공동에 석유류 위험물을 저장하는 저장소이다.

(1) 암반탱크 설치기준

① 암반탱크는 암반투수계수가 1초당 10만 분의 1m 이하인 천연암반 내에 설치한다.

② 암반탱크는 저장할 위험물의 증기압을 억제할 수 있는 지하수면 하에 설치한다.

③ 암반탱크의 내벽은 암반균열에 의한 낙반을 방지할 수 있도록 볼트·콘크리트 등으로 보강한다.

(2) 암반탱크의 수리조건기준

① 암반탱크 내로 유입되는 지하수의 양은 암반 내의 지하수 충전량보다 적을 것

② 암반탱크의 상부로 물을 주입하여 수압을 유지할 필요가 있는 경우에는 수벽공을 설치할 것

③ 암반탱크에 가해지는 지하수압은 저장소의 최대 운영압보다 항상 크게 유지할 것

(3) 지하수위 관측공

암반탱크저장소 주위에는 지하수위 및 지하수의 흐름 등을 확인·통제할 수 있는 관측공을 설치하여야 한다.

(4) 계량장치

암반탱크저장소에는 위험물의 양과 내부로 유입되는 지하수의 양을 측정할 수 있는 계량구와 자동측정이 가능한 계량장치를 설치하여야 한다.

(5) 배수시설

암반탱크저장소에는 주변 암반으로부터 유입되는 침출수를 자동으로 배출할 수 있는 시설을 설치하고, 침출수에 섞인 위험물이 직접 배수구로 흘러들어가지 아니하도록 유분리장치를 설치하여야 한다.

(6) 펌프설비

암반탱크저장소의 펌프설비는 점검 및 보수를 위하여 사람의 출입이 용이한 구조의 전용 공동에 설치하여야 한다.

(7) 공간용적

위험물암반탱크의 공간용적은 해당 탱크 내에 용출하는 7일간의 지하수 양에 상당하는 용적과 해당 탱크 내용적 $\dfrac{1}{100}$ 의 용적 중 보다 큰 용적으로 한다.

1 주유취급소

차량, 항공기, 선박에 주유(등유, 경유판매시설 병설 가능)한다. 고정된 주유설비에 의하여 위험물을 자동차 등의 연료탱크에 직접 주유하거나 실소비자에게 판매하는 위험물취급소이다.

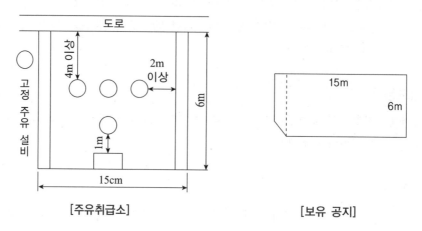

[주유취급소]   [보유 공지]

(1) 주유공지 및 급유공지

① 주유공지 : 주유를 받으려는 자동차 등이 출입할 수 있도록 너비 15m 이상, 길이 6m 이상의 콘크리트 등으로 포장한 공지

② 급유공지 : 고정급유설비의 호스기기의 주위에 필요한 공기

③ 공지의 기준

㉮ 바닥은 주위 지면보다 높게 한다.

㉯ 그 표면을 적당하게 경사지게 하여 새어나온 기름, 그 밖의 액체가 공지의 외부로 유출되지 아니하도록 배수구·집유설비 및 유분리장치를 한다.

(2) 주유취급소의 게시판 기준

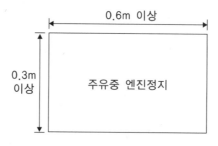

① 규격 : 한 변의 길이가 0.3m 이상, 다른 한 변의 길이가 0.6m 이상
② 색깔 : 황색 바탕에 흑색 문자

(3) 전용탱크 1개의 용량 기준

① 자동차용 고정주유설비 및 고정급유설비는 50,000L 이하이다.
② 보일러에 직접 접속하는 탱크는 10,000L 이하이다.
③ 자동차 등을 점검·정비하는 작업장 등에서 사용하는 폐유·윤활유 등의 위험물을 저장하는 탱크는 2,000L 이하이다.
④ 고속도로변에 설치된 주유취급소의 탱크 1개 용량은 60,000L이다.

(4) 고정주유설비 등

① 펌프기기의 주유관 선단에서 최대 토출량
  ㉮ 제1석유류 : 50L/min 이하
  ㉯ 경유 : 180L/min 이하
  ㉰ 등유 : 80L/min 이하
  ㉱ 이동저장탱크에 주입하기 위한 등유용 고정급유설비 : 300L/min 이하
  ㉲ 분당 토출량이 200L 이상인 것의 경우에는 주유설비에 관계된 모든 배관의 안지름을 40mm 이상으로 한다.
② 고정주유설비 또는 고정급유설비의 중심선을 기점으로
  ㉮ 도로 경계면으로 : 4m 이상
  ㉯ 부지경계선·담 및 건축물의 벽까지 : 2m 이상
  ㉰ 개구부가 없는 벽으로부터 : 1m 이상
  ㉱ 고정주유설비와 고정급유설비 사이 : 4m 이상
③ 주유관의 기준
  ㉮ 고정 주유관 길이 : 5m 이내
  ㉯ 현수식 주유관 길이 : 지면 위 0.5m, 반경 3m 이내
  ㉰ 노즐선단에서는 정전기제거장치를 한다.

(5) 캐노피

① 배관이 캐노피 내부를 통과할 경우에는 1개 이상의 점검구를 설치한다.
② 캐노피 외부의 점검이 곤란한 장소에 배관을 설치하는 경우에는 용접이음으로 한다.
③ 캐노피 외부의 배관이 일광열의 영향을 받을 우려가 있는 경우에는 단열재로 피복한다.

(6) 셀프 주유취급소

고객이 직접 자동차 등의 연료탱크 또는 용기에 위험물을 주입하는 고정주유설비 또는 고정급유설비를 설치하는 주유취급소이다.

① 셀프용 고정주유설비의 기준 : 1회의 연속주유량 및 주유시간의 상한을 미리 설정할 수 있는 구조이다. 이 경우 상한은 다음과 같다.

⑦ 휘발유 : 100L 이하

⑭ 경유 : 200L 이하

⑮ 주유시간의 상한 : 4분 이하

② 셀프용 고정급유설비의 기준 : 1회의 연속급유량 및 급유시간의 상한을 미리 설정할 수 있는 구조이다.

⑦ 급유량의 상한 : 100L 이하

⑭ 급유시간의 상한 : 6분 이하

(7) 주유취급소의 위험물 취급기준

① 자동차 등에 주유할 때에는 고정주유설비를 사용하여 직접 주유해야 한다.

② 자동차 등에 주유할 때에는 자동차 등의 원동기를 정지시켜야 하는 위험물의 인화점은 40℃ 미만이다.

③ 주유취급소의 전용탱크에 위험물을 주입할 때에는 그 탱크에 집결되는 고정주유설비의 사용을 중지해야 하며, 자동차 등을 그 탱크의 출입구에 접근시켜서는 안 된다.

④ 고정주유설비에 유류를 공급하는 배관은 전용탱크로부터 고정주유설비에 직접 접결된 것이어야 한다.

> **TIP** **주유취급소의 피난설비 기준**
> 주유취급소 중 건축물의 2층을 휴게음식점의 용도로 사용하는 것에 있어 해당 건축물의 2층으로부터 직접 주유취급소의 부지 밖으로 통하는 출입구와 해당 출입구로 통하는 통로 계단에는 유도등을 설치한다.

2 판매취급소

용기에 수납하여 위험물을 판매하는 취급소이다.

(1) 제1종 판매취급소

저장 또는 취급하는 위험물의 수량이 지정수량의 20배 이하인 취급소이다.

① 건축물의 1층에 설치한다.

② 배합실은 다음과 같다.

   ⑦ 바닥면적은 $6m^2$ 이상 $15m^2$ 이하이다.

   ④ 내화구조 또는 불연재료로 된 벽으로 구획한다.

   ④ 바닥은 위험물이 침투하지 아니하는 구조로 하여 적당한 경사를 두고 집유설비를 한다.

   ④ 출입구에는 수시로 열 수 있는 자동폐쇄식의 갑종방화문을 설치한다.

   ④ 출입구 문턱의 높이는 바닥면으로 0.1m 이상으로 한다.

   ④ 내부에 체류한 가연성 증기 또는 가연성의 미분을 지붕 위로 방출하는 설비를 한다.

(2) 제2종 판매취급소

저장 또는 취급하는 위험물의 수량이 40배 이하인 취급소로 위치, 구조 및 설비의 기준은 다음과 같다.

① 벽, 기둥, 바닥 및 보를 내화구조로 하고 천장이 있는 경우에는 이를 불연재료로 하며, 판매취급소로 사용하는 부분과 다른 부분과의 격벽을 내화구조로 한다.

② 상층이 있는 경우에는 상층의 바닥을 내화구조로 하는 동시에 상층으로의 연소를 방지하기 위한 조치를 강구하고, 상층이 없는 경우에는 지붕을 내화구조로 한다.

③ 연소의 우려가 없는 부분에 한하여 창을 두되, 해당 창에는 갑종방화문 또는 을종방화문을 설치한다.

④ 출입구에는 갑종방화문 또는 을종방화문을 설치한다. 단, 해당 부분 중 연소의 우려가 있는 벽 또는 창의 부분에 설치하는 출입구에는 수시로 열 수 있는 자동폐쇄식의 갑종방화문을 설치한다.

(3) 제2종 판매취급소 작업실에서 배합할 수 있는 위험물의 종류

① 유황

② 도료류

③ 제1류 위험물 중 염소산염류 및 염소산염류만을 함유한 것

3 이송취급소

(1) 배관으로 위험물을 이송하는 취급소

① 이송기지 내의 지상에 설치되는 배관 등을 전체 용접부의 20% 이상 발췌하여 비파괴시험을 할 수 있다.

② 이송기지에 설치하는 경보설비 : 확성장치, 비상벨장치

(2) 설치하지 못하는 장소

① 철도 및 도로의 터널 안
② 고속국도 및 자동차 전용도로의 차도, 길어깨 및 중앙분리대
③ 호수, 저수지 등으로서 수리의 수원이 되는 곳
④ 급경사지역으로서 붕괴의 위험이 있는 지역

(3) 위험물 제거조치

배관에는 서로 인접하는 2개의 긴급차단밸브 사이의 구간마다 해당 배관 안의 위험물을 안전하게 물 또는 불연성기체로 치환할 수 있는 조치를 하여야 한다.

(4) 교체밸브, 제어밸브 등의 설치기준

① 밸브는 원칙적으로 전용부지 내에 설치한다.
② 밸브는 그 개폐상태를 설치장소에서 쉽게 확인할 수 있도록 한다.
③ 밸브를 지하에 설치하는 경우에는 점검상자 안에 설치한다.
④ 밸브는 해당 밸브의 관리에 관계하는 자가 아니면 수동으로 개폐할 수 없도록 한다.

(5) 하천 등 횡단설치

하천 또는 수로의 밑에 배관을 매설하는 경우에는 배관의 외면과 계획하상(계획하상이 최심하상보다 높은 경우에는 최심하상)과의 거리는 다음의 규정에 의한 거리 이상으로 하되, 호안 그 밖에 하천관리시설의 기초에 영향을 주지 아니하고 하천 바닥의 변동, 패임 등에 의한 영향을 받지 아니하는 깊이로 매설하여야 한다.

① 하천을 횡단하는 경우 : 4m
② 수로를 횡단하는 경우
   ㉮ 「하수도법」 규정에 의한 하수도(상부가 개방되는 구조로 된 것에 한한다) 또는 운하 : 2.5m
   ㉯ ㉮의 규정에 의한 수로에 해당되지 아니하는 좁은 수로(용수로, 그 밖에 유사한 것은 제외) : 1.2m

4 일반취급소

주유취급소, 판매취급소 및 이송취급소에 해당하지 않는 모든 취급소로서, 위험물을 사용하여 일반 제품을 생산·가공 또는 세척하거나 버너 등에 소비하기 위하여 1일에 지정수량 이상의 위험물을 취급하는 시설을 말한다.

① 도장, 인쇄 또는 도포를 위하여 제2류 위험물 또는 제4류 위험물(특수인화물을 제외)을 취급하는 일반취급소로서 지정수량의 30배 미만의 것(위험물을 취급하는 설비를 건축물에 설치하는 것에 한하며, 이하 "분무도장작업 등의 일반취급소"라 한다)

② 세정을 위하여 위험물(인화점이 40℃ 이상인 제4류 위험물에 한한다)을 취급하는 일반취급소로서 지정수량의 30배 미만의 것(위험물을 취급하는 설비를 건축물에 설치하는 것에 한하며, 이하 "세정작업의 일반취급소"라 한다)

③ 열처리작업 또는 방전가공을 위하여 위험물(인화점이 70℃ 이상인 제4류 위험물에 한한다)을 취급하는 일반취급소로서, 지정수량의 30배 미만의 것(위험물을 취급하는 설비를 건축물에 설치하는 것에 한하며, 이하 "열처리작업 등의 일반취급소"라 한다)

④ 보일러, 버너 그 밖의 이와 유사한 장치로 위험물(인화점이 38℃ 이상인 제4류 위험물에 한한다)을 소비하는 일반취급소로서 지정수량의 30배 미만의 것(위험물을 취급하는 설비를 건축물에 설치하는 것에 한하며, 이하 "보일러 등으로 위험물을 소비하는 일반취급소"라 한다)

⑤ 이동저장탱크에 액체위험물(알킬알루미늄 등, 아세트알데히드 등 및 히드록실아민 등을 제외한다)을 주입하는 일반취급소(액체위험물을 용기에 옮겨 담는 취급소를 포함하며, 이하 "충전하는 일반취급소"라 한다)

⑥ 고정급유설비에 의하여 위험물(인화점이 38℃ 이상인 제4류 위험물에 한한다)을 용기에 옮겨 담거나 4,000L 이하의 이동저장탱크(용량이 2,000L를 넘는 탱크에 있어서는 그 내부를 2,000L 이하마다 구획한 것에 한한다)에 주입하는 일반취급소로서 지정수량의 40배 미만인 것(이하 "옮겨 담는 일반취급소"라 한다)

⑦ 위험물을 이용한 유압장치 또는 윤활유 순환장치를 설치하는 일반취급소(고인화점위험물만을 100℃ 미만의 온도로 취급하는 것에 한한다)로서 지정수량의 50배 미만의 것(위험물을 취급하는 설비를 건축물에 설치하는 것에 한하며, 이하 "유압장치 등을 설치하는 일반취급소"라 한다)

⑧ 절삭유의 위험물을 이용한 절삭장치, 연삭장치 그 밖의 이와 유사한 장치를 설치하는 일반취급소(고인화점위험물만을 100℃ 미만의 온도로 취급하는 것에 한한다)로서 지정수량의 30배 미만의 것(위험물을 취급하는 설비를 건축물에 설치하는 것에 한하며, 이하 "절삭장치 등을 설치하는 일반취급소"라 한다)

⑨ 위험물 외의 물건을 가열하기 위하여 위험물(고인화점위험물에 한한다)을 이용한 열매체유 순환장치를 설치하는 일반취급소로서, 지정수량의 30배 미만의 것(위험물을 취급하는 설비를 건축물에 설치하는 것에 한하며, 이하 "열매체유 순환장치를 설치하는 일반취급소"라 한다)

05 소화난이도등급별 소화설비, 경보설비 및 피난설비

1 소화설비

(1) 소화난이도등급 I의 제조소 등 및 소화설비

① 소화난이도등급 I에 해당하는 제조소 등

제조소 등의 구분	제조소 등의 규모, 저장 또는 취급하는 위험물의 품명 및 최대수량 등
제조소 일반취급소	연면적 1,000m^2 이상인 것
	지정수량의 100배 이상인 것(고인화점위험물만을 100℃ 미만의 온도에서 취급하는 것 및 제48조의 위험물을 취급하는 것은 제외)
	지반면으로부터 6m 이상의 높이에 위험물 취급설비가 있는 것(고인화점위험물만을 100℃ 미만의 온도에서 취급하는 것은 제외)
	일반취급소로 사용되는 부분 외의 부분을 갖는 건축물에 설치된 것(내화구조로 개구부 없이 구획 된 것, 고인화점위험물만을 100℃ 미만의 온도에서 취급하는 것 및 화학실험의 일반취급소는 제외)
주유취급소	업무를 위한 사무소, 간이정비 작업장, 주유취급소의 점포, 휴게음식점 및 전시장 등 주유취급소의 직원 외의 자가 출입하는 장소의 면적의 합이 500m²를 초과하는 것
옥내 저장소	지정수량의 150배 이상인 것(고인화점위험물만을 저장하는 것 및 제48조의 위험물을 저장하는 것은 제외)
	연면적 150m^{2}를 초과하는 것(150m^2 이내마다 불연재료로 개구부 없이 구획된 것 및 인화성고체 외의 제2류 위험물 또는 인화점 70℃ 이상의 제4류 위험물만을 저장하는 것은 제외)
	처마높이가 6m 이상인 단층건물의 것
	옥내저장소로 사용되는 부분 외의 부분이 있는 건축물에 설치된 것(내화구조로 개구부 없이 구획된 것 및 인화성고체 외의 제2류 위험물 또는 인화점 70℃ 이상의 제4류 위험물만을 저장하는 것은 제외)
옥외탱크저장소	액표면적이 40m^2 이상인 것(제6류 위험물을 저장하는 것 및 고인화점위험물만을 100℃ 미만의 온도에서 저장하는 것은 제외)
	지반면으로부터 탱크 옆판의 상단까지 높이가 6m 이상인 것(제6류 위험물을 저장하는 것 및 고인화점위험물만을 100℃ 미만의 온도에서 저장하는 것은 제외)
	지중탱크 또는 해상탱크로서 지정수량의 100배 이상인 것(제6류 위험물을 저장하는 것 및 고인화점위험물만을 100℃ 미만의 온도에서 저장하는 것은 제외)
	고체위험물을 저장하는 것으로서 지정수량의 100배 이상인 것
옥내탱크저장소	액표면적이 40m^2 이상인 것(제6류 위험물을 저장하는 것 및 고인화점위험물만을 100℃ 미만의 온도에서 저장하는 것은 제외)
	바닥면으로부터 탱크 옆판의 상단까지 높이가 6m 이상인 것(제6류 위험물을 저장하는 것 및 고인화점위험물만을 100℃ 미만의 온도에서 저장하는 것은 제외)
	탱크전용실이 단층건물 외의 건축물에 있는 것으로서 인화점 38℃ 이상 70℃ 미만의 위험물을 지정수량의 5배 이상 저장하는 것(내화구조로 개구부없이 구획된 것은 제외한다)
옥외저장소	덩어리 상태의 유황을 저장하는 것으로서 경계표시 내부의 면적(2 이상의 경계표시가 있는 경우에는 각 경계표시의 내부의 면적을 합한 면적)이 100m^2 이상인 것
	제2류 위험물 중 또는 제4류 위험물 중 제1석유류 또는 알코올류의 위험물을 저장하는 것으로 지정수량의 100배 이상인 것

암반탱크저장소	액표면적이 40m^2 이상인 것(제6류 위험물을 저장하는 것 및 고인화점위험물만을 100℃ 미만의 온도에서 저장하는 것은 제외)
	고체위험물만을 저장하는 것으로서 지정수량의 100배 이상인 것
이송취급소	모든 대상

② 소화난이도등급 I의 제조소 등에 설치하여야 하는 소화설비

제조소등의 구분		소화설비
제조소 및 일반취급소		옥내소화전설비, 옥외소화전설비, 스프링클러설비 또는 물분무등소화설비(화재발생 시 연기가 충만할 우려가 있는 장소에는 스프링클러설비 또는 이동식 외의 물분무등소화설비에 한한다)
주유취급소		스프링클러 설비(건축물에 한정한다), 소형수동식소화기 등(능력단위의 수치가 건축물 그 밖의 공작물 및 위험물의 소요단위의 수치에 이르도록 설치할 것)
옥내저장소	처마 높이가 6m 이상인 단층건물 또는 다른 용도의 부분이 있는 건축물에 설치한 옥내저장소	스프링클러설비 또는 이동식 외의 물분무등소화설비
	그 밖의 것	옥외소화전설비, 스프링클러설비, 이동식 외의 물분무등소화설비 또는 이동식 포소화설비(포소화전을 옥외에 설치하는 것에 한한다)
옥외탱크저장소	지중탱크 또는 해상탱크 외의 것 / 유황만을 저장 취급하는 것	물분무소화설비
	지중탱크 또는 해상탱크 외의 것 / 인화점 70℃ 이상의 제4류 위험물만을 저장·취급하는 것	물분부소화설비 또는 고정식 포소화설비
	지중탱크 또는 해상탱크 외의 것 / 그 밖의 것	고정식포소화설비(포소화설비가 적응성이 없는 경우에는 분말소화설비)
	지중탱크	고정식포소화설비, 이동식 이외의 불활성가스소화설비 또는 이동식 이외이 할로겐화합물소화설비
	해상탱크	고정식포소화설비, 물분무소화설비, 이동식이외의 불활성가스소화설비 또는 이동식 이외의 할로겐화합물소화설비
옥내탱크저장소	유황만을 저장·취급하는 것	물분무소화설비
	인화점 70℃ 이상의 제4류 위험물만을 저장·취급하는 것	물분무소화설비, 고정식포소화설비, 이동식 이외의 불활성가스소화설비, 이동식 이외의 할로겐화합물소화설비 또는 이동식 이외의 분말소화설비
	그 밖의 것	고정식 포소화설비, 이동식 이외의 불활성가스소화설비, 이동식 이외의 할로겐화합물소화설비 또는 이동식 이외의 분말소화설비
옥외저장소 및 이송취급소		옥내소화전설비, 옥외소화전설비, 스프링클러설비 또는 물분무 등 소화설비(화재발생 시 연기가 충만할 우려가 있는 장소에는 스프링클러설비 또는 이동식 이외의 물분무등소화설비에 한한다)
암반탱크저장소	유황만을 저장·취급하는 것	물분무소화설비
	인화점 70℃ 이상의 제4류 위험물만을 저장·취급하는 것	물분부소화설비 또는 고정식포소화설비
	그 밖의 것	고정식포소화설비(포소화설비가 적응성이 없는 경우에는 분말소화설비)

[비고] 1. 위 표 오른쪽 란의 소화설비를 설치함에 있어서는 해당 소화설비의 방사범위가 해당 제조소, 일반취급소, 옥내저장소, 옥외탱크저장소, 옥내탱크저장소, 옥외저장소, 암반탱크저장소(암반탱크에 관계되는 부분을 제외) 또는 이송취급소(이송 기지 내에 한한다)의 건축물, 그 밖의 공작물 및 위험물을 포함하도록 하여야 한다. 다만, 고인화점위험물만을 100℃ 미만의 온도에서 취급하는 제조소 또는 일반취급소의 경우에는 해당 제조소 또는 일반취급소의 건축물 및 그 밖의 공작물만 포함하도록 할 수 있다.
2. 고인화점위험물만을 100℃ 미만의 온도에서 취급하는 제조소 또는 일반취급소의 위험물에 대해서는 대형수동식소화기 1개 이상과 해당 위험물의 소요단위에 해당하는 능력단위의 소형수동식소화기를 설치하여야 한다. 다만, 해당 제조소 또는 일반취급소에 옥내ㆍ외 소화전설비, 스프링클러설비 또는 물분무등소화설비를 설치한 경우에는 해당 소화설비의 방사능력범위 내에는 대형수동식소화기를 설치하지 아니할 수 있다.
3. 가연성 증기 또는 가연성 미분이 체류할 우려가 있는 건축물 또는 실내에는 대형수동식소화기 1개 이상과 해당 건축물, 그 밖의 공작물 및 위험물의 소요단위에 해당하는 능력단위의 소형수동식소화기 등을 추가로 설치하여야 한다.
4. 제4류 위험물을 저장 또는 취급하는 옥외탱크저장소 또는 옥내탱크저장소에는 소형수동식소화기 등을 2개 이상 설치하여야 한다.
5. 제조소, 옥내탱크저장소, 이송취급소, 또는 일반취급소의 작업 공정상 소화설비의 방사 능력 범위 내에 해당 제조소 등에서 저장 또는 취급하는 위험물의 전부가 포함되지 아니하는 경우에는 해당 위험물에 대하여 대형수동식소화기 1개 이상과 해당 위험물의 소요 단위에 해당하는 능력 단위의 소형수동식소화기 등을 추가로 설치하여야 한다.

(2) 소화난이도등급 Ⅱ의 제조소 등 및 소화설비

① 소화난이도등급 Ⅱ에 해당하는 제조소 등

제조소 등의 구분	제조소 등의 규모, 저장 또는 취급하는 위험물의 품명 및 최대수량 등
제조소 일반취급소	연면적 600m^2 이상인 것
	지정수량의 10배 이상인 것(고인화점위험물만을 100℃ 미만의 온도에서 취급하는 것 및 제48조의 위험물을 취급하는 것은 제외)
	일반취급소로서 소화난이도등급 I의 제조소 등에 해당하지 아니하는 것(고인화점위험물만을 100℃ 미만의 온도에서 취급하는 것은 제외)
옥내저장소	단층건물 외의 것
	옥내저장소
	지정수량의 10배 이상인 것(고인화점위험물만을 저장하는 것 및 제48조의 위험물을 저장하는 것은 제외)
	연면적 150m^2 초과인 것
	옥내저장소로서 소화난이도등급 I의 제조소 등에 해당하지 아니하는 것
옥외탱크저장소 옥내탱크저장소	소화난이도등급 I의 제조소 등 외의 것(고인화점위험물만을 100℃ 미만의 온도로 저장하는 것 및 제6류 위험물만을 저장하는 것은 제외)
옥외저장소	덩어리 상태의 유황을 저장하는 것으로서 경계표시 내부의 면적(2 이상의 경계표시가 있는 경우에는 각 경계표시의 내부 면적을 합한 면적)이 5m^2 이상 100m^2 미만인 것
	위험물을 저장하는 것으로서 지정수량의 10배 이상 100배 미만인 것
	지정수량의 100배 이상인 것(덩어리 상태의 유황 또는 고인화점위험물을 저장하는 것은 제외)
주유취급소	옥내 주유취급소 소화난이도등급 I의 제조소 등에 해당하지 아니하는 것
판매취급소	제2종 판매취급소

② 소화난이도등급 Ⅱ의 제조소 등에 설치하여야 하는 소화설비

제조소 등의 구분	소화설비
제조소 옥내저장소 옥외저장소 주유취급소 판매취급소 일반취급소	방사능력범위 내에 해당 건축물, 그 밖의 공작물 및 위험물이 포함되도록 대형수동식소화기를 설치하고, 해당 위험물의 소요단위의 1/5 이상에 해당하는 능력단위의 소형수동식소화기 등을 설치할 것
옥외탱크저장소 옥내탱크저장소	대형수동식소화기 및 소형수동식소화기 등을 각각 1개 이상 설치할 것

[비고] 1. 옥내소화전설비, 옥외소화전설비, 스프링클러설비 또는 물분무등소화설비를 설치한 경우에는 해당 소화설비의 방사능력범위 내의 부분에 대해서는 대형수동식소화기를 설치하지 아니할 수 있다.
2. 소형수동식소화기 등이란 제4호의 규정에 의한 소형수동식소화기 또는 기타 소화설비를 말한다.

(3) 소화난이도등급 Ⅲ의 제조소 등 및 소화설비

① 소화난이도등급 Ⅲ에 해당하는 제조소 등

제조소 등의 구분	제조소 등의 규모, 저장 또는 취급하는 위험물의 품명 및 최대수량 등
제조소 일반취급소	위험물을 취급하는 것
	위험물 외의 것을 취급하는 것으로서 소화난이도등급 Ⅰ 또는 소화난이도등급 Ⅱ의 제조소 등에 해당하지 아니하는 것
옥내저장소	위험물을 취급하는 것
	위험물 외의 것을 취급하는 것으로서 소화난이도등급 Ⅰ 또는 소화난이도등급 Ⅱ의 제조소 등에 해당하지 아니하는 것
지하탱크저장소 간이탱크저장소 이동탱크저장소	모든 대상
옥외저장소	덩어리 상태의 유황을 저장하는 것으로서 경계표시 내부의 면적(2 이상의 경계표시가 있는 경우에는 각 경계표시의 내부 면적을 합한 면적)이 $5m^2$ 미만인 것
	덩어리 상태의 유황 외의 것을 저장하는 것으로서 소화난이도등급 Ⅰ 또는 소화난이도등급 Ⅱ의 제조소 등에 해당하지 아니하는 것
주유취급소	옥내 주유취급소 외의 것으로서 소화난이도등급 Ⅰ의 제조소 등에 해당하지 아니하는 것
제1종 판매취급소	모든 대상

[비고] 제조소 등의 구분별로 오른쪽 란에 정한 제조소 등의 규모, 저장 또는 취급하는 위험물의 수량 및 최대수량 등의 어느 하나에 해당하는 제조소 등은 소화난이도등급 Ⅲ에 해당하는 것으로 한다.

② 소화난이도등급 Ⅲ의 제조소 등에 설치하여야 하는 소화설비

제조소 등의 구분	소화설비	설치기준	
지하탱크저장소	소형수동식소화기 등	능력단위의 수치가 3 이상	2개 이상
이동탱크저장소	자동차용소화기	무상의 강화액 8L 이상	2개 이상
		이산화탄소 3.2kg 이상	
		일브롬화일염화이플루오르화메탄(CF$_2$ClBr) 2L 이상	
		일브롬화삼플루오르화메탄(CF$_3$Br) 2L 이상	
		이브롬화사플루오르화에탄(C$_2$F$_4$Br$_2$) 1L 이상	
		소화분말 3.3kg 이상	
	마른모래 및 팽창질석 또는 팽창진주암	마른모래 150L 이상	
		팽창질석 또는 팽창진주암 640L 이상	
그 밖의 제조소 등	소형수동식소화기 등	능력단위의 수치가 건축물, 그 밖의 공작물 및 위험물의 소요단위의 수치에 이르도록 설치할 것. 다만, 옥내소화전설비, 옥외소화전설비, 스프링클러설비, 물분무등소화설비 또는 대형수동식소화기를 설치한 경우에는 해당 소화설비의 방사능력범위 내의 부분에 대하여는 수동식소화기 등을 그 능력단위의 수치가 해당 소요단위의 수치의 1/5 이상이 되도록 하는 것으로 족하다.	

[비고] 알킬알루미늄 등을 저장 또는 취급하는 이동탱크저장소에 있어서는 자동차용 소화기를 설치하는 외에 마른모래나 팽창질석 또는 팽창진주암을 추가로 설치하여야 한다.

(4) 소화설비의 적응성

소화설비의 구분		건축물·그 밖의 공작물	전기설비	제1류 위험물		제2류 위험물			제3류 위험물		제4류 위험물	제5류 위험물	제6류 위험물
				알칼리금속과산화물 등	그 밖의 것	철분·금속분·마그네슘 등	인화성고체	그 밖의 것	금수성물품	그 밖의 것			
옥내소화전 또는 옥외소화전설비		O			O		O	O		O		O	O
스프링클러설비		O			O		O	O		O	△	O	O
물분무등소화설비	물분무소화설비	O	O		O		O	O		O	O	O	O
	포소화설비	O			O		O	O		O	O	O	O
	불활성가스소화설비		O				O				O		
	할로겐화합물소화설비		O				O				O		
	분말소화설비 인산염류 등	O	O		O		O				O		O
	분말소화설비 탄산수소염류 등		O	O		O	O		O		O		
	분말소화설비 그 밖의 것			O		O			O				

구분	소화설비													
대형·소형수동식소화기	봉상수(棒狀水)소화기	O			O		O	O		O		O	O
	무상수(霧狀水)소화기	O	O		O		O	O		O		O	O
	봉상강화액소화기	O			O		O	O		O		O	O
	무상강화액소화기	O	O		O		O	O		O	O	O	O
	포소화기	O			O		O	O		O	O	O	O
	이산화탄소소화기		O				O				O		△
	할로겐화합물소화기		O				O				O		
분말소화기	인산염류소화기	O	O		O		O	O			O		O
	탄산수소염류소화기		O	O		O	O		O		O		
	그 밖의 것			O		O			O				
기 타	물통 또는 수조	O			O		O	O		O		O	O
	건조사			O	O	O	O	O	O	O	O	O	O
	팽창질석 또는 팽창진주암			O	O	O	O	O	O	O	O	O	O

[비고] 1. "O" 표시는 해당 소방 대상물 및 위험물에 대하여 소화설비가 적응성이 있음을 표시하고 "△" 표시는 제4류 위험물을 저장 또는 취급하는 장소의 살수기준면적에 따라 스프링클러설비의 살수밀도가 표에서 정하는 기준 이상인 경우에는 해당 스프링클러설비가 제4류 위험물에 대하여 적응성이 있음을, 제6류 위험물을 저장 또는 취급하는 장소로서 폭발의 위험이 없는 장소에 한하여 이산화탄소소화기가 제6류 위험물에 대하여 적응성이 있음을 각각 표시한다.

살수기준면적(m^2)	방사밀도(L/m^2분)		비 고
	인화점 38℃ 미만	인화점 38℃ 이상	
279 미만	16.3 이상	12.2 이상	살수기준면적은 내화구조의 벽 및 바닥으로 구획된 하나의 실의 바닥면적을 말하고, 하나의 실의 바닥면적이 465m^2 이상인 경우의 살수기준면적은 465m^2로 한다. 다만, 위험물의 취급을 주된 작업내용으로 하지 아니하고 소량의 위험물을 취급하는 설비 또는 부분이 넓게 분산되어 있는 경우에는 방사밀도는 8.2L/m^2분 이상, 살수기준면적은 279m^2 이상으로 할 수 있다.
279 이상 372 미만	15.5 이상	11.8 이상	
372 이상 465 미만	13.9 이상	9.8 이상	
465 이상	12.2 이상	8.1 이상	

2. 인산염류 등은 인산염류, 황산염류, 그 밖에 방염성이 있는 약제를 말한다.
3. 탄산수소염류 등은 탄산수소염류 및 탄산수소염류와 요소의 반응생성물을 말한다.
4. 알칼리금속과산화물 등은 알칼리금속의 과산화물 및 알칼리금속의 과산화물을 함유한 것을 말한다.
5. 철분·금속분·마그네슘 등은 철분·금속분·마그네슘과 철분·금속분 또는 마그네슘을 함유한 것을 말한다.

2 경보설비

[제조소 등별로 설치하여야 하는 경보설비의 종류]

제조소 등의 구분	제조소 등의 규모, 저장 또는 취급하는 위험물의 종류 및 최대수량 등	경보설비
제조소 및 일반취급소	• 연면적 500m² 이상인 것 • 옥내에서 지정수량의 100배 이상을 취급하는 것(고인화점위험물만을 100℃ 미만의 온도에서 취급하는 것을 제외한다) • 일반취급소로 사용되는 부분 외의 부분이 있는 건축물에 설치된 일반취급소(일반취급소와 일반취급소 외의 부분이 내화구조의 바닥 또는 벽으로 개구부 없이 구획된 것을 제외)	자동화재탐지설비
옥내저장소	• 지정수량의 100 배 이상을 저장 또는 취급하는 것(고인화점위험물만을 저장 또는 취급하는 것을 제외) • 저장창고의 연면적이 150m²를 초과하는 것[해당 저장창고가 연면적 150m² 이내마다 불연재료의 격벽으로 개구부 없이 완전히 구획된 것과 제2류 또는 제4류의 위험물(인화성고체 및 인화점이 70℃ 미만인 제4류 위험물을 제외)만을 저장 또는 취급하는 것에 있어서는 저장창고의 연면적이 500m² 이상의 것에 한한다] • 처마 높이가 6m 이상인 단층건물의 것 • 옥내저장소로 사용되는 부분 외의 부분이 있는 건축물에 설치된 옥내저장소[옥내저장소와 옥내저장소 외의 부분이 내화구조의 바닥 또는 벽으로 개구부 없이 구획된 것과 제2류 또는 제4류의 위험물(인화성고체 및 인화점이 70℃ 미만인 제4류 위험물을 제외)만을 저장 또는 취급하는 것을 제외한다]	
옥내탱크저장소	단층건물 외의 건축물에 설치된 옥내탱크저장소로서 소화난이도등급 I에 해당하는 것	
주유취급소	옥내주유취급소	
위의 자동화재탐지설비 설치 대상에 해당하지 아니하는 제조소 등	지정수량의 10배 이상을 저장 또는 취급하는 것	자동화재탐지설비, 비상경보설비, 확성장치 또는 비상방송설비 중 1종 이상

3 피난설비

① 주유취급소 중 건축물의 2층 이상의 부분을 점포, 휴게음식점 또는 전시장의 용도로 사용하는 것에 있어서는 해당 건축물의 2층 이상으로부터 직접 주유취급소의 부지 밖으로 통하는 출입구와 해당 출입구로 통하는 통로·계단 및 출입구에 유도등을 설치하여야 한다.

② 옥내주유취급소에 있어서는 해당 사무소 등의 출입구 및 피난구와 해당 피난구로 통하는 통로·계단 및 출입구에 유도등을 설치하여야 한다.

③ 유도등에는 비상전원을 설치하여야 한다.

06 운반용기의 최대 용적 또는 중량

(1) 고체위험물

운반용기				수납 위험물의 종류									
내장용기		외장 용기		제1류			제2류		제3류			제5류	
용기의 종류	최대용적 또는 중량	용기의 종류	최대용적 또는 중량	I	II	III	II	III	I	II	III	I	II
유리용기 또는 플라스틱 용기	10ℓ	나무상자 또는 플라스틱상자(필요에 따라 불활성의 완충재를 채울 것)	125kg	○	○	○	○	○	○	○	○	○	○
			225kg		○	○		○		○	○		○
		파이버판상자(필요에 따라 불활성의 완충재를 채울 것)	40kg	○	○	○	○	○	○	○	○	○	○
			55kg		○	○		○		○	○		○
금속제용기	30ℓ	나무상자 또는 플라스틱상자	125kg	○	○	○	○	○	○	○	○	○	○
			225kg		○	○		○		○	○		○
		파이버판상자	40kg	○	○	○	○	○	○	○	○	○	○
			55kg		○	○		○		○	○		○
플라스틱필름포대 또는 종이포대	5kg	나무상자 또는 플라스틱상자	50kg	○	○	○	○	○					○
	50kg		50kg	○	○	○	○	○					
	125kg		125kg		○	○		○					
	225kg		225kg			○		○					
	5kg	파이버판상자	40kg	○	○	○	○	○	○	○	○		○
	40kg		40kg	○	○	○	○	○	○	○	○		
	55kg		55kg					○					
		금속제용기(드럼 제외)	60ℓ	○	○	○	○	○	○	○	○	○	○
		플라스틱용기(드럼 제외)	10ℓ	○	○	○	○	○	○	○	○		○
			30ℓ					○					
		금속제드럼	250ℓ	○	○	○	○	○	○	○	○	○	○
		플라스틱드럼 또는 파이버드럼(방수성이 있는 것)	60ℓ	○	○	○	○	○	○	○	○	○	○
			250ℓ		○	○				○			○
		합성수지포대(방수성이 있는 것), 플라스틱필름포대, 섬유포대(방수성이 있는 것) 또는 종이포대(여러 겹으로서 방수성이 있는 것)	50kg		○	○		○		○	○		○

[비고] 1. "○" 표시는 수납위험물의 종류별 각 란에 정한 위험물에 대하여 해당 각 란에 정한 운반용기가 적응성이 있음을 표시한다.

2. 내장용기는 외장용기에 수납하여야 하는 용기로서 위험물을 직접 수납하기 위한 것을 말한다.

3. 내장용기의 "용기의 종류"란이 공란인 것은 외장용기에 위험물을 직접 수납하거나 유리용기, 플라스틱용기, 금속제용기, 폴리에틸렌포대 또는 종이포대를 내장용기로 할 수 있음을 표시한다.

(2) 액체위험물

운반용기				수납 위험물의 종류								
내장용기		외장용기		제3류			제4류			제5류		제6류
용기의 종류	최대용적 또는 중량	용기의 종류	최대용적 또는 중량	I	II	III	I	II	III	I	II	I
유리용기	5ℓ	나무 또는 플라스틱상자 (불활성의 완충재를 채울 것)	75kg	O	O	O	O	O	O	O	O	O
	10ℓ		125kg		O	O		O			O	
			225kg						O			
	5ℓ	파이버판상자 (불활성의 완충재를 채울 것)	40kg	O	O	O	O	O	O	O	O	O
	10ℓ		55kg						O			
플라스틱용기	10ℓ	나무 또는 플라스틱상자 (필요에 따라 불활성의 완충재를 채울 것)	75kg	O	O	O	O	O	O	O	O	O
			125kg		O	O		O			O	
			225kg						O			
		파이버판상자(필요에 따라 불활성의 완충재를 채울 것)	40kg	O	O	O	O	O	O	O	O	O
			55kg						O			
금속제용기	30ℓ	나무 또는 플라스틱상자	125kg	O	O	O	O	O	O	O	O	O
			225kg						O			
		파이버판상자	40kg	O	O	O	O	O	O	O	O	O
			55kg			O			O			
		금속제용기(금속제드럼 제외)	60ℓ		O	O		O			O	
		플라스틱용기 (플라스틱드럼 제외)	10ℓ		O	O		O			O	
			20ℓ					O			O	
			30ℓ						O		O	
		금속제드럼(뚜껑고정식)	250ℓ	O	O	O	O	O	O	O	O	O
		금속제드럼(뚜껑탈착식)	250ℓ					O				
		플라스틱 또는 파이버드럼 (플라스틱 내 용기 부착의 것)	250ℓ		O	O			O		O	

[비고] 1. "O" 표시는 수납위험물의 종류별 각 란에 정한 위험물에 대하여 해당 각 란에 정한 운반용기가 적응성이 있음을 표시한다.

2. 내장용기는 외장용기에 수납하여야 하는 용기로서 위험물을 직접 수납하기 위한 것을 말한다.

3. 내장용기의 "용기의 종류"란이 공란인 것은 외장용기에 위험물을 직접 수납하거나 유리용기, 플라스틱용기 또는 금속제용기를 내장용기로 할 수 있음을 표시한다.

07 위험물의 운송 시에 준수하는 기준

위험물운송자는 장거리(고속국도에 있어서는 340km 이상, 그 밖의 도로에 있어서는 200km 이상을 말한다)에 걸친 운송을 하는 때에는 2명 이상의 운전자로 한다. 다만, 다음 하나에 해당하는 경우는 예외로 한다.

① 운송책임자를 동승시킨 경우
② 운송하는 위험물이 제2류 위험물, 제3류 위험물(칼슘 또는 알루미늄의 탄화물과 이것만을 함유한 것에 한한다) 또는 제4류 위험물(특수인화물을 제외한다)인 경우
③ 운송 도중에 2시간 이내마다 20분 이상씩 휴식하는 경우
  ※ 서울-부산 거리(서울 톨게이트에서 부산 톨게이트까지) : 410.3km

08 위험물제조소 등의 일반점검표

[별지 제10호 서식]

옥내저장소 일반점검표				점검연월일 : . . . 점검자 : 서명(또는 인)		
옥내저장소의 형태	□ 단층 □ 다층 □ 복합		설치허가 연월일 및 허가번호			
설치자			안전관리자			
사업소명		설치위치				
위험물 현황	품 명		허가량		지정수량의 배수	
위험물 저장·취급 개요						
시설명/호칭번호						

점검항목		점검내용	점검방법	점검결과	조치 연월일 및 내용
안전거리		보호대상물 신설여부	육안 및 실측		
		방화상 유효한 담의 손상유무	육 안		
보유공지		허가 외 물건 존치여부	육 안		
건 축 물	벽·기둥·보·지붕	균열·손상 등의 유무	육 안		
	방화문	변형·손상 등의 유무 및 폐쇄기능의 적부	육 안		
	바 닥	체유·체수의 유무	육 안		
		균열·손상·패임 등의 유무	육 안		
	계 단	변형·손상 등의 유무 및 고정상황의 적부	육 안		
	다른 용도 부분과 구획	균열·손상 등의 유무	육 안		
	조명설비	손상의 유무	육 안		

		변형·손상의 유무 및 고정상태의 적부	육 안		
환기·배출설비 등		인화방지망의 손상 및 막힘 유무	육 안		
		방화댐퍼의 손상 유무 및 기능의 적부	육안 및 작동확인		
		팬의 작동상황의 적부	작동확인		
		가연성증기경보장치의 작동상황	작동확인		
선반 등		변형·손상 등의 유무 및 고정상태의 적부	육 안		
		낙하방지장치의 적부	육 안		
집유설비·배수구		균열·손상 등의 유무	육 안		
		체유·체수·토사 등의 퇴적유무	육 안		
전기설비	배전반·차단기·배선 등	변형·손상의 유무	육 안		
		고정상태의 적부	육 안		
		기능의 적부	육안 및 작동확인		
		배선접합부의 탈락의 유무	육 안		
	접 지	단선의 유무	육 안		
		부착부분의 탈락의 유무	육 안		
		접지저항치의 적부	저항측정		
피뢰설비		돌침부의 경사·손상·부착상태	육 안		
		피뢰도선의 단선 및 벽체 등과 접촉의 유무	육 안		
		접지저항치의 적부	저항치측정		
표지·게시판		손상의 유무	육 안		
		기재사항의 적부	육 안		
소화설비	소화기	위치·설치수·압력의 적부	육 안		
	그 밖의 소화설비	소화설비 점검표에 의할 것			
경보설비	자동화재탐지설비	자동화재탐지설비 점검표에 의할 것			
	그 밖의 소화설비	손상의 유무	육 안		
		기능의 적부	작동확인		
기타사항					

옥외탱크저장소 일반점검표		점검연월일 :　　　.　　.　　. 점검자 :　　　서명(또는 인)		
옥외탱크저장소의 형태	□ 고정지붕식　□ 부상지붕식 □ 지중탱크　□ 해상탱크	설치허가 연월일 및 허가번호		
설치자		안전관리자		
사업소명		설치위치		
위험물 현황	품 명	허가량		지정수량의 배수
위험물 저장·취급 개요				
시설명/호칭번호				

점검항목		점검내용	점검방법	점검결과	조치 연월일 및 내용
안전거리		보호대상물 신설여부	육안 및 실측		
		방화상 유효한 담의 손상유무	육 안		
보유공지		허가 외 물건 존치여부	육 안		
		물분무설비의 기능의 적부	작동확인		
탱크의 침하		부등침하의 유무	육 안		
기 초		균열·손상 등의 유무	육 안		
		배수관의 손상의 유무 및 막힘유무	육 안		
저부	바닥판 (에눌러판 포함)	누설의 유무	육 안		
		장출부의 변형·균열의 유무	육 안		
		장출부의 토사퇴적·체수의 유무	육안 및 작동확인		
		장출부의 도장상황 및 부식의 유무	육 안		
		고정상태의 적부	육안 및 시험		
	빗물침투방지설비	변형·균열·박리 등의 유무	육 안		
	배수관 등	누설의 유무	육 안		
		부식·변형·균열의 유무	육 안		
		비트의 손상·체유·체수·토사 등의 퇴적의 유무	육 안		
		배수관과 비트의 간격의 적부	육 안		
측 판 부	측 판	누설의 유무	육 안		
		변형·균열의 유무	육 안		
		도장상황 및 부식의 유무	육 안		
	노즐·맨홀 등	누설의 유무	육 안		
		변형·손상의 유무	육 안		
		부착부의 손상의 유무	육 안		
		도장상황 및 부식의 유무	육안 및 두께측정		

측판부	접지	단선의 유무	육 안		
		부착부분의 탈락의 유무	육 안		
		접지저항치의 적부	저항측정		
	윈드가드 및 계단	변형·손상의 유무	육 안		
		도장상항 및 부식의 유무	육 안		
지붕부	지붕판	변형·균열의 유무	육 안		
		체수의 유무	육 안		
		도장상황 및 부식의 유무	육안 및 두께측정		
		실(Seal)기구의 적부	육 안		
		루프드레인의 적부	육 안		
		폰툰·가이드폴의 적부	육 안		
		그 밖의 부상지붕 관련 설비의 적부	육 안		
	안전장치	작동의 적부	육안 및 작동확인		
		부식·손상의 유무	육 안		
	통기관	인화방지망의 손상막힘의 유무	육안		
		밸브의 작동상황	작동확인		
		관내의 장애물의 유무	육 안		
		도장상황 및 부식의 유무	육 안		
	검척구·샘플링구·맨홀	변형균열극간의 유무	육 안		
		도장상황 및 부식의 유무	육 안		
계측장치	액량자동표시장치	손상의 유무	육 안		
		작동상황	육안 및 작동확인		
		부착부의 손상의 유무	육 안		
	온도계	손상의 유무	육 안		
		작동상황	육안 및 작동확인		
		부착부의 손상의 유무	육 안		
	압력계	손상의 유무	육 안		
		작동상황	육안 및 작동확인		
		부착부의 손상의 유무	육 안		
	액면상하한경보설비	손상의 유무	육 안		
		작동상황	육안 및 작동확인		
		부착부의 손상의 유무	육 안		
배관밸브등	배관 (플랜지·밸브 포함)	누설의 유무	육 안		
		변형·손상의 유무	육 안		
		도장상황 및 부식의 유무	육 안		
		지반면과 이격상태	육 안		
	배관의 비트	균열·손상 유무	육 안		
		체유·체수·토사 등의 퇴적의 유무	육 안		

배관밸브 등	전기방식 설비	단자함의 손상·토사 등의 퇴적의 유무	육 안		
		단자의 탈락의 유무	육 안		
		방식전류(전위)의 적부	전위측정		
	주입구	폐쇄 시의 누설의 유무	육 안		
		변형·손상의 유무	육 안		
		접지전극손상의 유무	육 안		
		접지저항치의 적부	접지저항측정		
	배기밸브	누설의 유무	육 안		
		도장상황 및 부식의 유무	육 안		
		기능의 적부	작동확인		
펌프 설비 등	전동기	손상의 유무	육 안		
		고정상태의 적부	육 안		
		회전부 등의 급유상태	육 안		
		이상진동·소음·발열 등의 유무	작동확인		
	펌프	누설의 유무	육 안		
		변형·손상의 유무	육 안		
		도장상태 및 부식의 유무	육 안		
		고정상태의 적부	육 안		
		회전부 등의 급유상태	육 안		
		유량 및 유압의 적부	육 안		
		이상진동·소음·발열 등의 유무	작동확인		
		기초의 균열·손상의 유무	육 안		
	접 지	단선의 유무	육 안		
		부착부분의 탈락의 유무	육 안		
		접지저항치의 적부	저항측정		
	주위·바닥·집유설비·유분리장치	균열·손상 등의 유무	육 안		
		체유·체수·토사 등의 퇴적의 유무	육 안		
	펌프실	지붕·벽·바닥·방화문 등의 균열·손상의 유무	육 안		
		환기·배출설비 등의 손상의 유무 및 기능의 적부	육안 및 작동확인		
		조명설비의 손상의 유무	육 안		
방유제 등	방유제	변형·균열·손상의 유무	육 안		
	배수관	배수관의 손상의 유무	육 안		
		배수관의 개폐상황의 적부	육 안		
	배수구	배수구의 균열·손상의 유무	육 안		
		배수구내의 체유·체수·토사 등의 퇴적의 유무	육 안		
	집유설비	체유·체수·토사 등의 퇴적의 유무	육 안		
	계단	변형·손상의 유무	육 안		

전기 설비	배전반·차단기· 배선 등	변형·손상의 유무	육 안		
		고정상태의 적부	육 안		
		기능의 적부	육안 및 작동확인		
		배선접합부의 탈락의 유무	육 안		
	접지	단선의 유무	육 안		
		부착부분의 탈락의 유무	육 안		
		접지저항치의 적부	저항측정		
피뢰설비		돌침부의 경사·손상·부착상태	육 안		
		피뢰도선의 단선 및 벽체 등과 접촉의 유무	육 안		
		접지저항치의 적부	저항치측정		
표지·게시판		손상의 유무	육 안		
		기재사항의 적부	육 안		
소화 설비	소화기	위치·설치수·압력의 적부	육 안		
	그밖의 소화설비	소화설비 점검표에 의할 것			
경보 설비	자동화재탐지설비	자동화재탐지설비 점검표에 의할 것			
	그밖의 소화설비	손상의 유무	육 안		
		기능의 적부	작동확인		
기타 사항	보온재	손상·탈락의 유무	육 안		
		피복재의 도장상황 및 부식의 유무	육 안		
	탱크기둥	변형·손상의 유무	육 안		
		고정상태의 적부	육 안		
	가열장치	고정상태의 적부	육 안		
	전기방식설비	단자함의 손상·토사 등의 퇴적의 유무	육 안		
		단자의 탈락의 유무	육 안		
		방식전류(전위)의 적부	전위측정		
	기 타				

[별지 제12호 서식]

지하탱크저장소 일반점검표				점검연월일 : . . . 점검자 : 서명(또는 인)	
지하탱크저장소의 형태	이중벽 (여·부) 전용실설치여부 (여·부)		설치허가 연월일 및 허가번호		
설치자			안전관리자		
사업소명		설치위치			
위험물 현황	품 명		허가량		지정수량의 배수
위험물저장·취급 개요					
시설명/호칭번호					

점검항목		점검내용	점검방법	점검결과	조치 연월일 및 내용
탱크본체		누설의 유무	육안		
상 부		뚜껑의 균열·변형·손상·부등침하의 유무	육안 및 실측		
		허가 외 구조물 설치여부	육안		
맨 홀		변형·손상토사 등의 퇴적의 유무	육안		
통기관		인화방지망의 손상·막힘의 유무	육안		
		밸브의 작동상황	작동확인		
		관내의 장애물의 유무	육안		
		도장상황 및 부식의 유무	육안		
안전장치		부식·손상의 유무	육안		
		작동상황	육안 및 작동확인		
가연성증기회수장치		손상의 유무	육안		
		작동상황	육안		
계측 장치	액량자동표시장치	손상의 유무	육안		
		작동상황	육안 및 작동확인		
		부착부의 손상의 유무	육안		
	온도계	손상의 유무	육안		
		작동상황	육안 및 작동확인		
		부착부의 손상의 유무	육안		
	계량구	덮개의 폐쇄상황	육안		
		변형·손상의 유무	육안		
누설검지관		변형·손상·토사 등의 퇴적의 유무	육안		
누설검지장치(이중벽탱크)		손상의 유무	육안		
		경보장치의 기능의 적부	작동확인		
주입구		폐쇄 시의 누설의 유무	육안		
		변형·손상의 유무	육안		
		접지전극손상의 유무	육안		
		접지저항치의 적부	접지저항측정		
주입구의 비트		균열·손상의 유무	육안		
		체유·체수·토사 등의 퇴적의 유무	육안		

배관밸브등	배관 (플랜지·밸브 포함)	누설의 유무	육안		
		변형·손상의 유무	육안		
		도장상황 및 부식의 유무	육안		
		지반면과 이격상태	육안		
	배관의 비트	균열·손상의 유무	육안		
		체유·체수·토사 등의 퇴적의 유무	육안		
	전기방식 설비	단자함의 손상·토사 등의 퇴적의 유무	육안		
		단자의 탈락의 유무	육안		
		방식전류(전위)의 적부	전위측정		
	점검함	균열·손상·체유·체수·토사 등의 퇴적의 유무	육안		
	밸브	누설·손상의 유무	육안		
		폐쇄기능의 적부	작동확인		
펌프설비등	전동기	손상의 유무	육안		
		고정상태의 적부	육안		
		회전부 등의 급유상태	육안		
		이상진동·소음·발열 등의 유무	작동확인		
	펌프	누설의 유무	육안		
		변형·손상의 유무	육안		
		도장상태 및 부식의 유무	육안		
		고정상태의 적부	육안		
		회전부 등의 급유상태	육안		
		유량 및 유압의 적부	육안		
		이상진동·소음·발열 등의 유무	작동확인		
		기초의 균열·손상의 유무	육안		
	접지	단선의 유무	육안		
		부착부분의 탈락의 유무	육안		
		접지저항치의 적부	저항측정		
	주위·바닥·집유설비·유분리장치	균열·손상 등의 유무	육안		
		체유·체수·토사 등의 퇴적의 유무	육안		
	펌프실	지붕·벽·바닥·방화문 등의 균열·손상의 유무	육안		
		환기·배출설비 등의 손상의 유무 및 기능의 적부	육안 및 작동확인		
		조명설비의 손상의 유무	육안		

전기설비	배전반·차단기·배선 등	변형·손상의 유무	육안		
		고정상태의 적부	육안		
		기능의 적부	육안 및 작동확인		
		배선접합부의 탈락의 유무	육안		
	접지	단선의 유무	육안		
		부착부분의 탈락의 유무	육안		
		접지저항치의 적부	저항측정		
표지·게시판		손상의 유무	육안		
		기재사항의 적부	육안		
소화기		위치·설치수·압력의 적부	육안		
경보설비		손상의 유무	육안		
		기능의 적부	작동확인		
기타사항					

[별지 제13호 서식]

이동탱크저장소 일반점검표				점검연월일 :　.　.　. 점검자 :　서명(또는 인)		
이동탱크저장소의 형태	컨테이너식 (여 부) 견인식 (여 ·부)		설치허가 연월일 및 허가번호			
설치자			안전관리자			
사업소명		설치위치				
위험물 현황	품 명		허가량		지정수량의 배수	
위험물 저장·취급 개요						
시설명/호칭번호						
점검항목	점검내용		점검방법	점검결과	조치 연월일 및 내용	
상치장소	인근의 화기사용 유무		육 안			
	벽·기둥·지붕 등의 균열·손상 유무		육 안			
탱크본체	누설의 유무		육 안			
탱크프레임	균열·변형의 유무		육 안			
탱크의 고정	고정상태의 적부		육 안			
	고정금속구의 균열·손상의 유무		육 안			
안전장치	작동상황		육안 및 조작시험			
	본체의 손상의 유무		육 안			
	인화방지망의 손상 및 막힘의 유무		육 안			
맨 홀	뚜껑의 이탈의 유무		육 안			
주입구	뚜껑의 개폐상황		육 안			
	패킹의 열화·손상의 유무		육 안			

가연성증기회수설비	회수구의 변형·손상의 유무	육 안		
	호스결합장치의 균열·손상의 유무	육 안		
	완충이음 등의 균열·변형·손상의 유무	육 안		
정전기제거설비	변형·손상의 유무	육 안		
	부착부의 이탈의 유무	육 안		
방호틀·측면틀	균열·변형·손상의 유무	육 안		
	부식의 유무	육 안		
배출밸브·자동폐쇄장치·토출밸브·드레인밸브·바이패스밸브·전환밸브 등	작동상황	육안 및 작동확인		
	폐쇄장치의 작동상황	육안 및 작동확인		
	균열·손상의 유무	육 안		
	누설의 유무	육 안		
배 관	누설의 유무	육 안		
	고정금속결합구의 고정상태	육 안		
전기설비	변형·손상의 유무	육 안		
	배선접속부의 탈락의 유무	육 안		
접지도선	접지도선의 선단클립의 도통상태	확인시험		
	회전부의 회전상태	확인시험		
	접지도선의 접속상태	확인시험		
주입호스·금속결합구	균열·변형·손상의 유무	육 안		
펌 프	누설의 유무	육 안		
표사표지	손상의 유무 및 내용의 적부	육 안		
소화기	설치수·압력의 적부	육 안		
보냉온재	부식의 유무	육 안		
컨테이너식	상자틀	균열·변형·손상의 유무	육 안		
	금속결합구·모서리볼트·U볼트	균열·변형·손상의 유무	육 안		
	시험필증	손상의 유무	육 안		
기타사항				

옥외저장소 일반점검표			점검연월일 : . . . 점검자 : 서명(또는 인)		
옥외저장소의 면적			설치허가 연월일 및 허가번호		
설치자			안전관리자		
사업소명		설치위치			
위험물 현황	품 명		허가량	지정수량의 배수	
위험물 저장·취급 개요					
시설명/호칭번호					

점검항목		점검내용	점검방법	점검결과	조치 연월일 및 내용
안전거리		보호대상물 신설 여부	육 안		
보유공지		허가 외 물건이 존치 여부	육 안		
경계표시		변형·손상의 유무	육 안		
지반면 등	지반면	패임의 유무 및 배수의 적부	육 안		
	배수구	균열·손상의 유무	육 안		
		체유·체수·토사 등의 퇴적의 유무	육 안		
	유분리장치	균열·손상의 유무	육 안		
		체유·체수·토사 등의 퇴적의 유무	육 안		
선 반		변형·손상의 유무	육 안		
		고정상태의 적부	육 안		
		낙하방지조치의 적부	육 안		
표자게시판		손상의 유무 및 내용의 적부	육 안		
소화 설비	소화기	위치·설치수·압력의 적부	육 안		
	그 밖의 소화설비	소화설비 점검표에 의할 것			
경보설비		손상의 유무	육 안		
		작동의 적부	육안 및 작동확인		
살수설비		작동의 적부	육안 및 작동확인		
기타사항					

암반탱크저장소 일반점검표				점검연월일 : . . . 점검자 : 서명(또는 인)		

암반탱크의 용적			설치허가 연월일 및 허가번호			
설치자			안전관리자			
사업소명		설치위치				
위험물 현황	품 명		허가량		지정수량의 배수	
위험물 저장·취급 개요						
시설명/호칭번호						

점검항목		점검내용	점검방법	점검결과	조치 연월일 및 내용
탱크 본체	암반투수도	투수계수의 적부	투수계수측정		
	탱크내부증기압	증기압의 적부	압력측정		
	탱크내벽	균열·손상의 유무	육 안		
		보강재의 이탈·손상의 유무	육 안		
수리 상태	유입지하수량	지하수충전량가 비교치의 이상의 유무	수량측정		
	수벽공	균열·변형·손상의 유무	육 안		
	지하수압	수압의 적부	수압측정		
표지·게시판		손상의 유무 및 내용의 적부	육 안		
압력계		작동의 적부	육안 및 작동확인		
		부식·손상의 유무	육 안		
안전장치		작동상황	육안 및 조작시험		
		본체의 손상의 유무	육 안		
		인화방지망의 손상 및 막힘의 유무	육 안		
정전기제거설비		변형·손상의 유무	육 안		
		부착부의 이탈의 유무	육 안		
배관· 밸브 등	배 관 (플랜지·밸브 포함)	누설의 유무	육 안		
		변형·손상의 유무	육 안		
		도장상황 및 부식의 유무	육 안		
		지반면과 이격상태	육 안		
	배관의 비트	균열·손상의 유무	육 안		
		체유·체수·토사 등의 퇴적의 유무	육 안		
	전기방식 설비	단자함의 손상·토사 등의 퇴적의 유무	육 안		
		단자의 탈락의 유무	육 안		
		방식전류(전위)의 적부	전위측정		
주입구		폐쇄 시의 누설의 유무	육 안		
		변형·손상의 유무	육 안		
		접지전극손상의 유무	육 안		
		접지저항치의 적부	접지저항측정		

소화 설비	소화기	위치·설치수·압력의 적부	육 안		
	그 밖의 소화설비	소화설비 점검표에 의할 것			
경보 설비	자동화재탐지설비	자동화재탐지설비 점검표에 의할 것			
	그 밖의 소화설비	손상의 유무	육 안		
		기능의 적부	작동확인		
기타사항					

[별지 제16호 서식]

주유취급소 일반점검표				점검연월일 : . . .	
				점검자 : 서명(또는 인)	
주유취급소의 형태		□ 옥내 □옥외 고객이 직접 주유하는 형태(여·부)	설치허가 연월일 및 허가번호		
설치자			안전관리자		
사업소명		설치위치			
위험물 현황	품 명		허가량	지정수량의 배수	
위험물 저장·취급 개요					
시설명/호칭번호					

점검항목		점검내용	점검방법	점검결과	조치 연월일 및 내용
공지 등	주유·급유공지	장애물의 유무	육 안		
	지반면	주위지반과 고저차의 적부	육 안		
		균열·손상의 유무	육 안		
	배수구·유분리장치	균열·손상의 유무	육 안		
		체유·체수·토사 등의 퇴적의 유무	육 안		
	방화담	균열·손상·경사 등의 유무	육 안		
건축물	벽·기둥·바닥·보·지붕	균열·손상의 유무	육 안		
	방화문	변형·손상의 유무 및 폐쇄기능의 적부	육 안		
	간판등	고정의 적부 및 경사의 유무	육 안		
	다른 용도와의 구획	균열·손상의 유무	육 안		
	구멍·구덩이	구멍·구덩이의 유무	육 안		
	감시 대등	감시대	위치의 적부	육 안	
		감시설비	기능의 적부	육안 및 작동확인	
		제어장치	기능의 적부	육안 및 작동확인	
		방송기기 등	기능의 적부	육안 및 작동확인	
전용 탱크· 폐유 탱크·	상 부	허가 외 구조물 설치여부	육 안		
	맨 홀	변형·손상토사 등의 퇴적의 유무	육 안		
	통기관	밸브의 작동상황	작동확인		
	과잉주입방지장치	작동상황	육안 및 작동확인		

		가연성증기회수밸브	작동상황	육 안		
간이 탱크		액량자동표시장치	작동상황	육안 및 작동확인		
		온도계계량구	작동상황·변형·손상의 유무	육안 및 작동확인		
		탱크본체	누설의 유무	육 안		
		누설검지관	변형·손상·토사 등의 퇴적의 유무	육 안		
		누설검지장치(이중벽탱크)	경보장치의 기능의 적부	작동확인		
		주입구	접지전극손상의 유무	육 안		
		주입구의 비트	체유·체수·토사 등의 퇴적의 유무	육 안		
배관· 밸브 등		배관(플랜자밸브 포함)	도장상황·부식의 유무 및 누설의 유무	육 안		
		배관의 비트	체유·체수·토사 등의 퇴적의 유무	육 안		
		전기방식설비	단자의 탈락의 유무	육 안		
		점검함	균열·손상·체유·체수·토사 등의 퇴적의 유무	육 안		
		밸브	폐쇄기능의 적부	작동확인		
고정 주유 설비· 급유 설비		접합부	누설·변형·손상의 유무	육 안		
		고정볼트	부식·풀림의 유무	육 안		
		노즐·호스	누설의 유무	육 안		
			균열·손상·결합부의 풀림의 유무	육 안		
			유종표시의 손상의 유무	육 안		
		펌 프	누설의 유무	육 안		
			변형·손상의 유무	육 안		
			이상진동·소음·발열 등의 유무	작동확인		
		유량계	누설·파손의 유무	육 안		
		표시장치	변형·손상의 유무	육 안		
		충돌방지장치	변형·손상의 유무	육 안		
		정전기제거설비	손상의 유무	육 안		
			접지저항치의 적부	저항치측정		
	현수식	호스릴	누설·변형·손상의 유무	육 안		
			호스상승기능·작동상황의 적부	작동확인		
		긴급이송정지장치	기능의 적부	작동확인		
	셀프용	기동안전대책노즐	기능의 적부	작동확인		
		탈락 시 정지장치	기능의 적부	작동확인		
		가연성증기회수장치	기능의 적부	작동확인		
		만량(滿量)정지장치	기능의 적부	작동확인		
		긴급이탈커플러	변형·손상의 유무	육 안		
		오(誤)주유정지장치	기능의 적부	작동확인		
		정량정시간제어	기능의 적부	작동확인		
		노 즐	개방상태고정이 불가한 수동폐쇄장치의 적부	작동확인		

		누설확산방지장치	변형·손상의 유무	육 안		
		"고객용"표시판	변형·손상의 유무	육 안		
		자동차정지위치·용기위치표시	변형·손상의 유무	육 안		
		사용방법·위험물의 품명표시	변형·손상의 유무	육 안		
		"비고객용"표시판	변형·손상의 유무	육 안		
펌프실·유고·정비실 등		벽·기둥·보·지붕	손상의 유무	육 안		
		방화문	변형·손상의 유무 및 폐쇄기능의 적부	육 안		
		펌 프	누설의 유무	육 안		
			변형·손상의 유무	육 안		
			이상진동·소음·발열 등의 유무	작동확인		
		바닥·점검비트·집유설비	균열·손상·체유·체수토사 등의 퇴적의 유무	육 안		
		환기·배출설비	변형·손상의 유무	육 안		
		조명설비	손상의 유무	육 안		
		누설국한설바수용설비	체유·체수·토사 등의 퇴적의 유무	육 안		
전기설비			배산기기의 손상의 유무	육 안		
			기능의 적부	작동확인		
가연성증기검지경보설비			손상의 유무	육 안		
			기능의 적부	작동확인		
부대설비		(증기)세차기	배기통·연통의 탈락·변형·손상의 유무	육 안		
			주위의 변형·손상의 유무	육 안		
		그 밖의 설비	위치의 적부	육 안		
표지·게시판			손상의 유무	육 안		
			기재사항의 적부	육 안		
소화설비		소화기	위치·설치수·압력의 적부	육 안		
		그 밖의 소화설비	소화설비 점검표에 의할 것			
경보설비		자동화재탐지설비	자동화재탐지설비 점검표에 의할 것			
		그 밖의 소화설비	손상의 유무	육 안		
			기능의 적부	작동확인		
피난설비		유도등본체	점등상황 및 손상의 유무	육 안		
			시각장애물의 유무	육 안		
		비상전원	정전 시의 점등상황	작동확인		
기타사항						

이송취급소 일반점검표			점검연월일 : . . . 점검자 : 　　서명(또는 인)		
이송취급소의 총연장			설치허가 연월일 및 허가번호		
설치자			안전관리자		
사업소명		설치위치			
위험물 현황	품 명		허가량		지정수량의 배수
위험물저장·취급 개요					
시설명/호칭번호					

점검항목			점검내용	점검방법	점검결과	조치 연월일 및 내용
이송 기지		울타리 등	손상의 유무	육 안		
	유출 방지 설비	성토상태	손상·갈라짐의 유무	육 안		
			경사·굴곡의 유무	육 안		
			배수구개폐상황 및 막힘의 유무	육 안		
		유분리장치	균열·손상의 유무	육 안		
			체유·체수·토사 등의 퇴적의 유무	육 안		
	펌프 설비	안전거리	보호대상물의 신설의 여부	육 안		
		보유공지	허가 외 물건의 존치 여부	육 안		
		펌프실	지붕·벽·바닥·방화문의 균열손상의 유무	육 안		
			환기·배출설비의 손상의 유무 및 기능의 적부	육안 및 작동확인		
			조명설비의 손상의 유무	육 안		
		펌 프	누설의 유무	육 안		
			변형·손상의 유무	육 안		
			이상진동·소음·발열 등의 유무	작동확인		
			도장상황 및 부식의 유무	육 안		
			고정상황의 적부	육 안		
		펌프기초	균열·손상의 유무	육 안		
			고정상황의 적부	육 안		
		펌프접지	단선의 유무	육 안		
			접합부의 탈락의 유무	육 안		
			접지저항치의 적부	저항치측정		
		주위·바닥· 집유설비·유 분리장치	균열·손상의 유무	육 안		
			체유·체수·토사 등의 퇴적의 유무	육 안		
	피그 장치	보유공지	허가 외 물건의 존치 여부	육 안		

				육 안		
이송 기지	피그 장치	본 체	누설의 유무	육 안		
			변형·손상의 유무	육 안		
			내압방출설비의 기능의 적부	작동확인		
		바닥·배수구 ·집유설비	균열·손상의 유무	육 안		
			체유·체수·토사 등의 퇴적의 유무	육 안		
배관 플랜지 등	배 관	주입· 토출구	로딩암	누설의 유무	육 안		
				변형·손상의 유무	육 안		
				도장상황 및 부식의 유무	육 안		
				고정상황의 적부	육 안		
				기능의 적부	작동확인		
			기 타	누설의 유무	육 안		
				변형·손상의 유무	육 안		

(재정리하여 다시 작성)

			점검항목	점검방법		
이송 기지	피그 장치	본 체	누설의 유무	육 안		
			변형·손상의 유무	육 안		
			내압방출설비의 기능의 적부	작동확인		
		바닥·배수구 ·집유설비	균열·손상의 유무	육 안		
			체유·체수·토사 등의 퇴적의 유무	육 안		
배관 플랜지 등	배 관	주입· 토출구	로딩암	누설의 유무	육 안	
			변형·손상의 유무	육 안	
			도장상황 및 부식의 유무	육 안	
			고정상황의 적부	육 안	
			기능의 적부	작동확인	
		기 타	누설의 유무	육 안	
			변형·손상의 유무	육 안	
		지상·해상설 치배관	안전거리 내 보호대상물 신설 여부	육 안	
			보유공지 내 허가 외 물건의 존치 여부	육 안	
			누설의 유무	육 안	
			변형·손상의 유무	육 안	
			도장상황 및 부식의 유무	육안 및 두께측정	
			지표면과의 이격상황의 적부	육 안	
		지하매설배관	누설의 유무	육 안	
			안전거리 내 보호대상물 신설 여부	육 안	
		해저설치배관	누설의 유무	육 안	
			변형·손상의 유무	육 안	
			해저매설상황의 적부	육 안	
		플렌지·교체밸브· 제어밸브 등	누설의 유무	육 안	
			변형·손상의 유무	육 안	
			도장상황 및 부식의 유무	육 안	
			볼트의 풀림의 유무	육 안	
			밸브 개폐표시의 유무	육 안	
			밸브 잠금상황의 적부	육 안	
			밸브 개폐기능의 적부	작동확인	
		누설확산방지장치	변형·손상의 유무	육 안	
			도장상황 및 부식의 유무	육 안	
			체유·체수의 유무	육 안	
			검지장치의 작동상황의 적부	작동확인	
		랙·지지대 등	변형·손상의 유무	육 안	
			도장상황 및 부식의 유무	육 안	
			고정상황의 적부	육 안	
			방호설비의 변형·손상의 유무	육 안	

배관 플랜지 등	배관비트 등	균열·손상의 유무	육 안		
		체유·체수·토사 등의 퇴적의 유무	육 안		
	배기구	누설의 여부	육 안		
		도장상황 및 부식의 유무	육 안		
		기능의 적부	작동확인		
	해상배관 및 지지물의 방호설비	변형·손상의 유무	육 안		
		부착상황의 적부	육 안		
	긴급차단밸브	손상의 유무	육 안		
		개폐상황표시의 유무	육 안		
		주위장애물의 유무	육 안		
		기능의 적부	작동확인		
	배관접지	단선의 유무	육 안		
		접합부의 탈락의 유무	육 안		
		접지저항치의 적부	저항치측정		
	배관절연물 등	변형손상의 유무	저항치측정		
		절연저항치의 유무	육 안		
	가열·보온설비	변형·손상의 유무	육 안		
		고정상황의 적부	육 안		
		안전장치의 기능의 적부	작동확인		
	전기방식설비	단자함의 손상 및 토사 등의 퇴적의 유무	육 안		
		단선 및 단자의 풀림의 유무	육 안		
		방식전위(전류)의 적부	전위측정		
	배관응력검지장치	변형·손상의 유무	육 안		
		배관응력의 적부	육 안		
		지시상황의 적부	육 안		
터널 내증기 체류방 지조치	배출설비	급배기닥트의 변형·손상의 유무	육 안		
		인화방지망의 손상·막힘의 유무	육 안		
		배기구 부근의 화기의 유무	육 안		
		가연성증기경보장치의 작동상황의 적부	작동확인		
	부속설비	배수구·집유설비·유분리장치의 균열·손상·체유·체수·토사 등의 퇴적의 유무	육 안		
		배수펌프의 손상의 유무	육 안		
		조명설비의 손상의 유무	육 안		
		방호설비·안전설비 등의 손상의 유무	육 안		
운전 상태 감시 장치	압력계(압력경보)	본체 및 방호설비의 변형손상의 유무	육 안		
		부착부의 풀림의 유무	육 안		
		지시상황의 적부	육 안		
		경보기능의 적부	작동확인		

운전 상태 감시 장치	유량계(유량경보)	본체 및 방호설비의 변형·손상의 유무	육 안		
		부착부의 풀림의 유무	육 안		
		지시상황의 적부	육 안		
		경보기능의 적부	작동확인		
	온도계(온도과승검지)	본체 및 방호설비의 변형·손상의 유무	육 안		
		부착부의 풀림의 유무	육 안		
		지시상황의 적부	육 안		
		경보기능의 적부	작동확인		
	과대진동검지장치	본체 및 방호설비의 변형·손상의 유무	육 안		
		부착부의 풀림의 유무	육 안		
		지시상황의 적부	육 안		
		경보기능의 적부	작동확인		
	누설검지장치	손상의 유무	육 안		
		막힘의 유무	육 안		
		작동상황의 적부	육 안		
		경보기능의 적부	작동확인		
안전제어장치		수동기동장치의 주위장애물의 유무	육 안		
		기능의 적부	작동확인		
압력안전장치		변형·손상의 유무	육 안		
		기능의 적부	작동확인		
경보설비 및 통보설비		변형·손상의 유무	육 안		
		부착부의 풀림의 유무	육 안		
		기능의 적부	작동확인		
순찰차 등	순찰차	배치의 적부	육 안		
		적재기자재의 종류·수량·기능의 적부	육안 및 작동확인		
	기자재 등 창 고	건물의 손상의 유무	육 안		
		정리상황의 적부	육 안		
	기자재	기자재의 종류·수량 적부	육 안		
		기자재의 변형·손상의 유무 및 기능의 적부	육안 및 작동확인		
비상 전원	자가발전설비	변형·손상의 유무	육 안		
		주위 장해물건의 유무	육 안		
		연료량의 적부	육 안		
		기능의 적부	작동확인		
	축전지설비	변형·손상의 유무	육 안		
		단자볼트풀림 등의 유무	육 안		
		전해액량의 적부	육 안		
		기능의 적부	작동확인		

감진장치 등		손상의 유무	육 안		
		기능의 적부	작동확인		
피뢰설비		손상의 유무	육 안		
		피뢰도선의 단선·손상의 유무	육 안		
		접지저항치의 적부	저항치측정		
전기설비		배선 및 기기의 손상의 유무	육 안		
		기능의 적부	작동확인		
표시·표지·게시판		기재사항의 적부 및 손상의 유무	육 안		
소화 설비	소화기	위치·설치수·압력의 적부	육 안		
	그 밖의 소화설비	소화설비점검표에 의할 것			
기타사항					

[별지 제9호 서식]

재 조 소 일반취급소		일반점검표		점검연월일 : ．．． 점검자 : 서명(또는 인)		
제조소등의 구분		□ 제조소 □ 일반취급소		설치허가 연월일 및 허가번호		
설치자				안전관리자		
사업소명			설치위치			
위험물 현황		품 명		허가량	지정수량의 배수	
위험물 저장·취급 개요						
시설명/호칭번호						
점검항목		점검내용		점검방법	점검결과	조치 연월일 및 내용
안전거리		보호대상물 신설여부		육안 및 실측		
		방화상 유효한 담의 손상유무		육 안		
보유공지		허가 외 물건 존치여부		육 안		
		방화상 유효한 격벽의 손상유무		육 안		
건축물	벽·기둥·보·지붕	균열·손상 등의 유무		육 안		
	방화문	변형·손상 등의 유무 및 폐쇄기능의 적부		육 안		
	바 닥	체유·체수의 유무		육 안		
		균열·손상·패임 등의 유무		육 안		
	계 단	변형·손상 등의 유무 및 고정상황의 적부		육 안		
환기·배출설비 등		변형·손상의 유무 및 고정상태의 적부		육 안		
		인화방지망의 손상 및 막힘 유무		육 안		
		방화댐퍼의 손상 유무 및 기능의 적부		육안 및 작동확인		
		팬의 작동상황의 적부		작동확인		
		가연성증기경보장치의 작동상황		작동확인		
옥외설비의		균열·손상 등의 유무		육 안		

방유턱·유출방지조치·지반면		체유·체수·토사 등의 퇴적유무	육 안		
집유설비·배수구·유분리장치		균열·손상 등의 유무	육 안		
		체유·체수·토사 등의 퇴적유무	육 안		
위험물의 비산 방지 장치 등	유출방지설비 등 (이중배관 등)	체유 등의 유무	육 안		
		변형·균열·손상의 유무	육 안		
		도장상황 및 부식의 유무	육 안		
		고정상황의 적부	육 안		
	역류방지설비 (되돌림관 등)	기능의 적부	육안 및 작동확인		
		변형·균열·손상의 유무	육 안		
		도장상황 및 부식의 유무	육 안		
		고정상황의 적부	육 안		
위험물의 비산 방지 장치 등	비상방지설비	체유 등의 유무	육 안		
		변형·균열·손상의 유무	육 안		
		기능의 적부	육안 및 작동확인		
		고정상황의 적부	육 안		
가열·냉각·건조설비	기초·지주 등	침하의 유무	육 안		
		볼트 등의 풀림의 유무	육안 및 시험		
		도장상황 및 부식의 유무	육 안		
		변형·균열·손상의 유무	육 안		
	본체부	누설의 유무	육안 및 가스검지		
		변형·균열·손상의 유무	육 안		
		도장상황 및 부식의 유무	육안 및 두께측정		
		볼트 등의 풀림의 유무	육안 및 시험		
		보냉재의 손상·탈락의 유무	육 안		
	접 지	단선의 유무	육 안		
		부착부분의 탈락의 유무	육 안		
		접지저항치의 적부	저항측정		
	안전장치	부식·손상의 유무	육 안		
		고정상황의 적부	육 안		
		기능의 적부	작동확인		
	계측장치	손상의 유무	육 안		
		부착부의 풀림의 유무	육 안		
		작동·지시사항의 적부	육 안		
	송풍장치	손상의 유무	육 안		
		부착부의 풀림의 유무	육 안		
		이상진동·소음·발열 등의 유무	작동확인		
	살수장치	부식·변형·손상의 유무	육 안		
		살수상황의 적부	육 안		

		고정상태의 적부	육 안		
	교반장치	손상의 유무	육 안		
		고정상황의 적부	육 안		
		이상진동·소음·발열 등의 유무	작동확인		
		누유의 유무	육 안		
		안전장치의 작동의 적부	육안 및 작동확인		
위험물 취급 설비	기초·지주 등	침하의 유무	육 안		
		볼트 등의 풀림의 유무	육안 및 시험		
		도장상황 및 부식의 유무	육 안		
		변형·균열·손상의 유무	육 안		
	본체부	누설의 유무	육안 및 가스검지		
		변형·균열·손상의 유무	육 안		
		도장상황 및 부식의 유무	육안 및 두께측정		
		볼트 등의 풀림의 유무	육안 및 시험		
		보냉재의 손상·탈락의 유무	육 안		
	접 지	단선의 유무	육 안		
		부착부분의 탈락의 유무	육 안		
		접지저항치의 적부	저항측정		
	안전장치	부식·손상의 유무	육 안		
		고정상황의 적부	육 안		
		기능의 적부	작동확인		
	계측장치	손상의 유무	육 안		
		부착부의 풀림의 유무	육 안		
		작동·지시사항의 적부	육 안		
	송풍장치	손상의 유무	육 안		
		부착부의 풀림의 유무	육 안		
		이상진동·소음·발열 등의 유무	작동확인		
	구동장치	고정상태의 적부	육 안		
		이상진동·소음·발열 등의 유무	작동확인		
		회전부 등의 급유상태의 적부	육 안		
	교반장치	손상의 유무	육 안		
		고정상황의 적부	육 안		
		이상진동·소음·발열 등의 유무	작동확인		
		누유의 유무	육 안		
		안전장치의 작동의 적부	육안 및 작동확인		
위험물 취급 탱크	기초·지주·전용실 등	변형·균열·손상의 유무	육 안		
		침하의 유무	육 안		
		고정상태의 적부	육 안		

위험물 취급 탱크	본 체	변형·균열·손상의 유무	육 안		
		누설의 유무	육 안		
		도장상황 및 부식의 유무	육안 및 두께측정		
		고정상태의 적부	육 안		
		보냉재의 손상·탈락 등의 유무	육 안		
	노즐·맨홀 등	누설의 유무	육 안		
		변형·손상의 유무	육 안		
		부착부의 손상의 유무	육 안		
		도장상황 및 부식의 유무	육안 및 두께측정		
	방유제·방유턱	변형·균열손상의 유무	육 안		
		배수관의 손상의 유무	육 안		
		배수관의 개폐상황의 적부	육 안		
		배수구의 균열·손상의 유무	육 안		
		배수구 내의 체유·체수토사 등의 퇴적의 유무	육 안		
		수용량의 적부	측 정		
	접 지	단선의 유무	육 안		
		부착부분의 탈락의 유무	육 안		
		접지저항치의 적부	저항측정		
	누유검사관	변형·손상·토사 등의 퇴적의 유무	육 안		
	교반장치	누유의 유무	육 안		
		이상진동·소음·발열 등의 유무	작동확인		
		고정상태의 적부	육 안		
	통기관	인화방지망의 손상·막힘의 유무	육 안		
		밸브의 작동상황	작동확인		
		관내의 장애물의 유무	육 안		
		도장상황 및 부식의 유무	육 안		
	안전장치	작동의 적부	육안 및 작동확인		
		부식·손상의 유무	육 안		
	계량장치	손상의 유무	육 안		
		부착부의 고정상태	육 안		
		작동의 적부	육 안		
	주입구	폐쇄 시의 누설의 유무	육 안		
		변형·손상의 유무	육 안		

		접지전극손상의 유무	육 안		
	주입구의 비트	접지저항치의 적부	접지저항측정		
		균열·손상의 유무	육 안		
		체유·체수·토사 등의 퇴적의 유무	육 안		
배관·밸브등	배관 (플랜지·밸브 포함)	누설의 유무(지하매설배관은 누설점검실시)	육안 및 누설점검		
		변형·손상의 유무	육 안		
		도장상황 및 부식의 유무	육 안		
		지반면과 이격상태	육 안		
	배관의 비트	균열·손상의 유무	육 안		
		체유·체수·토사 등의 퇴적의 유무	육 안		
	전기방식 설비	단자함의 손상토사 등의 퇴적의 유무	육 안		
		단자의 탈락의 유무	육 안		
		방식전류(전위)의 적부	전위측정		
펌프설비등	전동기	손상의 유무	육 안		
		고정상태의 적부	육 안		
		회전부 등의 급유상태	육 안		
		이상진동·소음·발열 등의 유무	작동확인		
	펌 프	누설의 유무	육 안		
		변형·손상의 유무	육 안		
		도장상태 및 부식의 유무	육 안		
		고정상태의 적부	육 안		
		회전부 등의 급유상태	육 안		
		유량 및 유압의 적부	육 안		
		이상진동·소음·발열 등의 유무	작동확인		
	접 지	단선의 유무	육 안		
		부착부분의 탈락의 유무	육 안		
		접지저항치의 적부	저항측정		
전기설비	배전반·차단기·배선 등	변형·손상의 유무	육 안		
		고정상태의 적부	육 안		
		기능의 적부	육안 및 작동확인		
		배선접합부의 탈락의 유무	육 안		
	접 지	단선의 유무	육 안		
		부착부분의 탈락의 유무	육 안		
		접지저항치의 적부	저항측정		
	제어장치 등	제어계기의 손상의 유무	육 안		
		제어반의 고정상태의 적부	육 안		
		제어계(온도·압력·유량 등)의 기능의 적부	작동확인 및 시험		
		감시설비의 기능의 적부	작동확인		

		경보설비의 기능의 적부	작동확인		
피뢰설비		돌침부의 경사·손상·부착상태	육 안		
		피뢰도선의 단선 및 벽체 등과 접촉의 유무	육 안		
		접지저항치의 적부	저항치측정		
표지·게시판		손상의 유무	육 안		
		기재사항의 적부	육 안		
소화설비	소화기	위치·설치수·압력의 적부	육 안		
	그 밖의 소화설비	소화설비점검표에 의할 것			
경보설비	자동화재탐지설비	자동화재탐지설비 점검표에 의할 것			
	그 밖의 소화설비	손상의 유무	육 안		
		기능의 적부	작동확인		
기타사항					

09 위험물제조소 등의 소방시설 일반점검표

[별지 제18호 서식]

옥내 옥외		일반점검표		점검연월일 : ． ． ． 점검자 : 서명(또는 인)		
제조소등의 구분			제조소등의 설치허가 연월일 및 허가번호			
소화설비의 호칭번호						
점검항목		점검내용	점검방법	점검결과	조치 연월일 및 내용
수원	수 조	누수·변형·손상의 유무	육 안		
	수원량상태	수원량의 적부	육 안		
		부유물·침전물의 유무	육 안		
	급수장치	부식·손상의 유무	육 안		
		기능의 적부	작동확인		
흡수 장치	흡수조	누수·변형·손상의 유무	육 안		
		물의 양상태의 적부	육 안		
	밸 브	변형·손상의 유무	육 안		
		개폐상태 및 기능의 적부	육안 및 작동확인		
	자동급수장치	변형·손상의 유무	육 안		
		기능의 적부	육 안		
	감수경보장치	변형·손상의 유무	육 안		
		기능의 적부	작동확인		
가압 송수 장치	전동기	변형·손상의 유무	육 안		
		회전부 등의 급유상태의 적부	육 안		
		기능의 적부	작동확인		
		고정상태의 적부	육 안		
		이상소음·진동·발열의 유무	육 안		
	내연 기관 본 체	변형·손상의 유무	육 안		
		회전부 등의 급유상태의 적부	육 안		
		기능의 적부	작동확인		
		고정상태의 적부	육 안		
		이상소음·진동·발열의 유무	육 안		
	연료탱크	누설·부식·변형의 유무	육 안		
		연료량의 적부	육 안		
		밸브개폐상태 및 기능의 적부	육안 및 작동확인		
	윤활유	현저한 노후의 유무 및 양의 적부	육 안		

가압 송수 장치	내연 기관	축전지	부식·변형·손상의 유무	육 안	
			전해액량의 적부	육 안	
			단자전압의 적부	전압측정	
		동력전달장치	부식·변형·손상의 유무	육 안	
			기능의 적부	육 안	
		기동장치	부식·변형·손상의 유무	육 안	
			기능의 적부	작동확인	
			회전수의 적부	육 안	
		냉각장치	냉각수의 누수의 유무 및 물의 양· 상태의 적부	육 안	
			부식·변형·손상의 유무	육 안	
			기능의 적부	작동확인	
		급배기장치	변형·손상의 유무	육 안	
			주위의 가연물의 유무	육 안	
			기능의 적부	작동확인	
	펌 프		누수·부식·변형·손상의 유무	육 안	
			회전부 등의 급유상태의 적부	육 안	
			기능의 적부	작동확인	
			고정상태의 적부	육 안	
			이상소음·진동·발열의 유무	작동확인	
			압력의 적부	육 안	
			계기판의 적부	육 안	
기동장치			조작부 주위의 장애물의 유무	육 안	
			표지의 손상의 유무 및 기재사항의 적부	육 안	
			기능의 적부	작동확인	
전동기 제어 장치	제어반		변형·손상의 유무	육 안	
			조작관리상 지장의 유무	육 안	
	전원전압		전압의 지시상항	육 안	
			전원등의 점등상황	작동확인	
	계기 및 스위치류		변형·손상의 유무	육 안	
			단자의 풀림·탈락의 유무	육 안	
			개폐상황 및 기능의 적부	육안 및 작동확인	
	휴즈류		손상·용단의 유무	육 안	
			종류·용량의 적부	육 안	
			예비품의 유무	육 안	
	차단기		단자의 풀림·탈락의 유무	육 안	
			접점의 소손의 유무	육 안	
			기능의 적부	작동확인	
	결선접속		풀림·탈락·피복손상의 유무	육 안	

배관 등		밸브류	변형·손상의 유무	육 안	
			개폐상태 및 작동의 적부	작동확인	
		여과장치	변형·손상의 유무	육 안	
			여과망의 손상·이물의 퇴적의 유무	육 안	
		배 관	누설·변형·손상의 유무	육 안	
			도장상황 및 부식의 유무	육 안	
			드레인비트의 손상의 유무	육 안	
소화전		소화전함	부식·변형·손상의 유무	육 안	
			주위 장해물의 유무	육 안	
			부속공구의 비치의 상태 및 표지의 적부	육 안	
		호스 및 노즐	변형·손상의 유무	육 안	
			수량 및 기능의 적부	육 안	
		표시등	손상의 유무	육 안	
			점등의 상황	작동확인	
예비 동력원	자가 발전 설비	본 체	변형·손상의 유무	육 안	
			회전부 등의 급유상태의 적부	육 안	
			기능의 적부	작동확인	
			고정상태의 적부	육 안	
			이상소음·진동·발열의 유무	작동확인	
			절연저항치의 적부	저항치측정	
		연료탱크	누설·부식·변형의 유무	육 안	
			연료량의 적부	육 안	
			밸브개폐상태 및 기능의 적부	육안 및 작동확인	
		윤활유	현저한 노후의 유무 및 양의 적부	육 안	
		축전지	부식·변형·손상의 유무	육 안	
			전해액량 및 단자전압의 적부	육안 및 전압측정	
		냉각장치	냉각수의 누수의 유무	육 안	
			물의 양상태의 적부	육 안	
			부식·변형·손상의 유무	육 안	
			기능의 적부	작동확인	
		급배기장치	변형·손상의 유무	육 안	
			주위의 가연물의 유무	육 안	
			기능의 적부	작동확인	
	축전지설비		부식·변형·손상의 유무	육 안	
			전해액량 및 단자전압의 적부	육안 및 전압측정	
			기능의 적부	작동확인	
	기동장치		부식·변형·손상의 유무	육 안	
			조작부주위의 장애물의 유무	육 안	
			기능의 적부	작동확인	
기타사항					

물분무소화설비 스프링클러설비		일반점검표	점검연월일 : ． ． ． 점검자 : 　　서명(또는 인)		
제조소등의 구분			제조소등의 설치허가 연월일 및 허가번호		
소화설비의 호칭번호					
점검항목		점검내용	점검방법	점검결과	조치 연월일 및 내용
수원	수 조	누수·변형·손상의 유무	육 안		
	수원량상태	수원량의 적부	육 안		
		부유물·침전물의 유무	육 안		
	급수장치	부식·손상의 유무	육 안		
		기능의 적부	작동확인		
흡수 장치	흡수조	누수·변형·손상의 유무	육 안		
		물의 양·상태의 적부	육 안		
	밸 브	변형·손상의 유무	육 안		
		개폐상태 및 기능의 적부	육안 및 작동확인		
	자동급수장치	변형·손상의 유무	육 안		
		기능의 적부	육 안		
	감수경보장치	변형·손상의 유무	육 안		
		기능의 적부	작동확인		
가압 송수 장치	전동기	변형·손상의 유무	육 안		
		회전부 등의 급유상태의 적부	육 안		
		기능의 적부	작동확인		
		고정상태의 적부	육 안		
		이상소음·진동·발열의 유무	육 안		
	내연 기관	본 체	변형·손상의 유무	육 안	
		회전부 등의 급유상태의 적부	육 안		
		기능의 적부	작동확인		
		고정상태의 적부	육 안		
		이상소음·진동·발열의 유무	육 안		
	연료탱크	누설·부식·변형의 유무	육 안		
		연료량의 적부	육 안		
		밸브개폐상태 및 기능의 적부	육안 및 작동확인		
	윤활유	현저한 노후의 유무 및 양의 적부	육 안		
	축전지	부식·변형·손상의 유무	육 안		
		전해액량의 적부	육 안		
		단자전압의 적부	전압측정		

가압 송수 장치	내연 기관	동력전달장치	부식·변형·손상의 유무	육 안	
			기능의 적부	육 안	
		기동장치	부식·변형·손상의 유무	육 안	
			기능의 적부	작동확인	
			회전수의 적부	육 안	
		냉각장치	냉각수의 누수의 유무 및 물의 양·상태의 적부	육 안	
			부식·변형·손상의 유무	육 안	
			기능의 적부	작동확인	
		급배기장치	변형·손상의 유무	육 안	
			주위의 가연물의 유무	육 안	
			기능의 적부	작동확인	
	펌 프		누수·부식·변형·손상의 유무	육 안	
			회전부 등의 급유상태의 적부	육 안	
			기능의 적부	작동확인	
			고정상태의 적부	육 안	
			이상소음·진동·발열의 유무	작동확인	
			압력의 적부	육 안	
			계기판의 적부	육 안	
기동장치			조작부 주위의 장애물의 유무	육 안	
			표지의 손상의 유무 및 기재사항의 적부	육 안	
			기능의 적부	작동확인	
전동기 제어 장치	제어반		변형·손상의 유무	육 안	
			조작관리상 지장의 유무	육 안	
	전원전압		전압의 지시상황	육 안	
			전원등의 점등상황	작동확인	
	계기 및 스위치류		변형손상의 유무	육 안	
			단자의 풀림탈락의 유무	육 안	
			개폐상황 및 기능의 적부	육안 및 작동확인	
	휴즈류		손상·용단의 유무	육 안	
			종류·용량의 적부	육 안	
			예비품의 유무	육 안	
	차단기		단자의 풀림·탈락의 유무	육 안	
			접점의 소손의 유무	육 안	
			기능의 적부	작동확인	
	결선접속		풀림·탈락·피복손상의 유무	육 안	
배관 등	밸브류		변형·손상의 유무	육 안	
			개폐상태 및 작동의 적부	작동확인	

배관 등	여과장치		변형·손상의 유무	육 안		
			여과망의 손상·이물의 퇴적의 유무	육 안		
	배 관		누설·변형·손상의 유무	육 안		
			도장상황 및 부식의 유무	육 안		
			드레인비트의 손상의 유무	육 안		
헤 드			변형·손상의 유무	육 안		
			부착각도의 적부	육 안		
			기능의 적부	조작확인		
예비 동력원	자가 발전 설비	본 체	변형·손상의 유무	육 안		
			회전부 등의 급유상태의 적부	육 안		
			기능의 적부	작동확인		
			고정상태의 적부	육 안		
			이상소음·진동·발열의 유무	작동확인		
			절연저항치의 적부	저항치측정		
		연료탱크	누설·부식·변형의 유무	육 안		
			연료량의 적부	육 안		
			밸브개폐상태 및 기능의 적부	육안 및 작동확인		
		윤활유	현저한 노후의 유무 및 양의 적부	육 안		
		축전지	부식·변형·손상의 유무	육 안		
			전해액량 및 단자전압의 적부	육안 및 전압측정		
		냉각장치	냉각수의 누수의 유무	육 안		
			물의 양·상태의 적부	육 안		
			부식·변형·손상의 유무	육 안		
			기능의 적부	작동확인		
		급배기장치	변형·손상의 유무	육 안		
			주위의 가연물의 유무	육 안		
			기능의 적부	작동확인		
	축전지설비		부식·변형·손상의 유무	육 안		
			전해액량 및 단자전압의 적부	육안 및 전압측정		
			기능의 적부	작동확인		
	기동장치		부식·변형·손상의 유무	육 안		
			조작부 주위의 장애물의 유무	육 안		
			기능의 적부	작동확인		
기타사항						

포소화설비 일반점검표			점검연월일 : . . . 점검자 : 서명(또는 인)		
제조소등의 구분			제조소등의 설치허가 연월일 및 허가번호		
소화설비의 호칭번호					
점검항목			점검내용	점검방법	점검결과	조치 연월일 및 내용

점검항목			점검내용	점검방법	점검결과	조치 연월일 및 내용
수원	수 조		누수·변형·손상의 유무	육 안		
	수원량상태		수원량의 적부	육 안		
			부유물·침전물의 유무	육 안		
	급수장치		부식·손상의 유무	육 안		
			기능의 적부	작동확인		
흡수 장치	흡수조		누수·변형·손상의 유무	육 안		
			물의 양·상태의 적부	육 안		
	밸 브		변형·손상의 유무	육 안		
			개폐상태 및 기능의 적부	육안 및 작동확인		
	자동급수장치		변형·손상의 유무	육 안		
			기능의 적부	육 안		
	감수경보장치		변형·손상의 유무	육 안		
			기능의 적부	작동확인		
가압 송수 장치	전동기		변형·손상의 유무	육 안		
			회전부 등의 급유상태의 적부	육 안		
			기능의 적부	작동확인		
			고정상태의 적부	육 안		
			이상소음·진동·발열의 유무	육 안		
	내연 기관	본 체	변형·손상의 유무	육 안		
			회전부 등의 급유상태의 적부	육 안		
			기능의 적부	작동확인		
			고정상태의 적부	육 안		
			이상소음·진동·발열의 유무	육 안		
		연료탱크	누설·부식·변형의 유무	육 안		
			연료량의 적부	육 안		
			밸브개폐상태 및 기능의 적부	육안 및 작동확인		
		윤활유	현저한 노후의 유무 및 양의 적부	육 안		
		축전지	부식·변형·손상의 유무	육 안		
			전해액량의 적부	육 안		
			단자전압의 적부	전압측정		

가압 송수 장치	내연 기관	동력전달장치	부식·변형·손상의 유무	육 안		
			기능의 적부	육 안		
		기동장치	부식·변형·손상의 유무	육 안		
			기능의 적부	작동확인		
			회전수의 적부	육 안		
		냉각장치	냉각수의 누수의 유무 및 물의 양·상태의 적부	육 안		
			부식·변형·손상의 유무	육 안		
			기능의 적부	작동확인		
		급배기장치	변형·손상의 유무	육 안		
			주위의 가연물의 유무	육 안		
			기능의 적부	작동확인		
	펌 프		누수·부식·변형·손상의 유무	육 안		
			회전부 등의 급유상태의 적부	육 안		
			기능의 적부	작동확인		
			고정상태의 적부	육 안		
			이상소음·진동·발열의 유무	작동확인		
			압력의 적부	육 안		
			계기판의 적부	육 안		
약제 저장 탱크	탱 크		누설의 유무	육 안		
			변형·손상의 유무	육 안		
			도장상황 및 부식의 유무	육 안		
			배관접속부의 이탈의 유무	육 안		
			고정상태의 적부	육 안		
			통기관의 막힘의 유무	육 안		
			압력탱크방식의 경우 압력계의 지시상황	육 안		
	소화약제		변질·침전물의 유무	육 안		
			양의 적부	육 안		
약제혼합장치			변질·침전물의 유무	육 안		
			양의 적부	육 안		
기동 장치	수동기동장치		조작부 주위의 장해물의 유무	육 안		
			표지의 손상의 유무 및 기재사항의 적부	육 안		
			기능의 적부	작동확인		
	자동 기동 장치	기동용 수압개폐장치 (압력스위치· 압력탱크)	변형·손상의 유무	육 안		
			압력계의 지시상황	육 안		
			기능의 적부	작동확인		

기동 장치	자동 기동 장치	화재감지장치 (감지기·폐쇄형헤드)	변형·손상의 유무	육 안		
			주위 장해물의 유무	육 안		
			기능의 적부	작동확인		
전동기 제어 장치		제어반	변형·손상의 유무	육 안		
			조작관리상 지장의 유무	육 안		
		전원전압	전압의 지시상황	육 안		
			전원등의 점등상황	작동확인		
		계기 및 스위치류	변형손상의 유무	육 안		
			단자의 풀림·탈락의 유무	육 안		
			개폐상황 및 기능의 적부	육안 및 작동확인		
		퓨즈류	손상·용단의 유무	육 안		
			종류·용량의 적부	육 안		
			예비품의 유무	육 안		
		차단기	단자의 풀림·탈락의 유무	육 안		
			접점의 소손의 유무	육 안		
			기능의 적부	작동확인		
		결선접속	풀림·탈락·피복손상의 유무	육 안		
유수 압력 검지 장치		자동경보밸브 (유수작동밸브)	변형·손상의 유무	육 안		
			기능의 적부	작동확인		
		리타딩챔버	변형·손상의 유무	육 안		
			기능의 적부	작동확인		
		압력스위치	단자의 풀림·이탈·손상의 유무	육 안		
			기능의 적부	작동확인		
		경보·표시장치	변형·손상의 유무	육 안		
			기능의 적부	작동확인		
배관 등		밸브류	변형·손상의 유무	육 안		
			개폐상태 및 작동의 적부	작동확인		
		여과장치	변형·손상의 유무	육 안		
			여과망의 손상·이물의 퇴적의 유무	육 안		
		배 관	누설·변형·손상의 유무	육 안		
			도장상황 및 부식의 유무	육 안		
			드레인비트의 손상의 유무	육 안		
		저부포주입법의 외부격납함	변형·손상의 유무	육 안		
			호스격납상태의 적부	육 안		
포 방출구		포헤드	변형·손상의 유무	육 안		
			부착각도의 적부	육 안		
			공기취입구의 막힘의 유무	육 안		
			기능의 적부	작동확인		

포 방출구	포챔버	본체의 부식·변형·손상의 유무	육 안		
		봉판의 부착상태 및 손상의 유무	육 안		
		공기수입구 및 스크린의 막힘의 유무	육 안		
		기능의 적부	작동확인		
	포모니터노즐	변형·손상의 유무	육 안		
		공기수입구 및 필터의 막힘의 유무	육 안		
		기능의 적부	작동확인		
포 소화전	소화전함	부식·변형·손상의 유무	육 안		
		주위 장해물의 유무	육 안		
		부속공구의 비치의 상태 및 표지의 적부	육 안		
	호스 및 노즐	변형·손상의 유무	육 안		
		수량 및 기능의 적부	육 안		
	표시등	손상의 유무	육 안		
		점등의 상황	작동확인		
연결송액구		변형·손상의 유무	육 안		
		주위 장해물의 유무	육 안		
		표시의 적부	육 안		
예비 동력원	자가 발전 설비	본 체	변형·손상의 유무	육 안	
			회전부 등의 급유상태의 적부	육 안	
			기능의 적부	작동확인	
			고정상태의 적부	육 안	
			이상소음·진동·발열의 유무	작동확인	
			절연저항치의 적부	저항치측정	
		연료탱크	누설·부식·변형의 유무	육 안	
			연료량의 적부	육 안	
			밸브개폐상태 및 기능의 적부	육안 및 작동확인	
		윤활유	현저한 노후의 유무 및 양의 적부	육 안	
		축전지	부식·변형·손상의 유무	육 안	
			전해액량 및 단자전압의 적부	육안 및 전압측정	
		냉각장치	냉각수의 누수의 유무	육 안	
			물의 양·상태의 적부	육 안	
			부식·변형·손상의 유무	육 안	
			기능의 적부	작동확인	
		급배기장치	변형·손상의 유무	육 안	
			주위의 가연물의 유무	육 안	
			기능의 적부	작동확인	

	축전지설비	부식·변형·손상의 유무	육 안		
		전해액량 및 단자전압의 적부	육안 및 전압측정		
		기능의 적부	작동확인		
	기동장치	부식·변형·손상의 유무	육 안		
		조작부주위의 장애물의 유무	육 안		
		기능의 적부	작동확인		
기타사항					

[별지 제21호 서식]

이산화탄소소화설비 일반점검표				점검연월일 :　.　.　.	
				점검자 :　　서명(또는 인)	
제조소등의 구분			제조소등의 설치허가 연월일 및 허가번호		
소화설비의 호칭번호					

점검항목			점검내용	점검방법	점검결과	조치 연월일 및 내용
이산화탄소소화약제장용기등	소화약제저장용기		설치상황의 적부	육 안		
			변형·손상의 유무	육 안		
	소화약제		양의 적부	육 안		
	고압식	용기밸브	변형·손상·부식의 유무	육 안		
			개폐상황의 적부	육 안		
		용기밸브개방장치	변형·손상·부식의 유무	육 안		
			기능의 적부	작동확인		
	저압식	안전장치	변형·손상·부식의 유무	육 안		
		압력경보장치	변형·손상의 유무	육 안		
			기능의 적부	작동확인		
		압력계	변형·손상의 유무	육 안		
			지시상황의 적부	육 안		
		액면계	변형·손상의 유무	육 안		
		자동냉동기	변형·손상의 유무	육 안		
			기능의 적부	작동확인		
		방출밸브	변형·손상·부식의 유무	육 안		
			개폐상황의 적부	육 안		
기동용가스용기등	용 기		변형·손상의 유무	육 안		
			가스량의 적부	육 안		
	용기밸브		변형·손상·부식의 유무	육 안		
			개폐상황의 적부	육 안		
	용기밸브개방장치		변형·손상·부식의 유무	육 안		
			기능의 적부	작동확인		

	조작관		변형·손상·부식의 유무	육 안		
선택밸브			손상·변형의 유무	육 안		
			개폐상황의 적부	작동확인		
			기능의 적부	작동확인		
기동 장치	수동기동장치		조작 부주위의 장해물의 유무	육 안		
			표지의 손상의 유무 및 기재사항의 적부	육 안		
			기능의 적부	작동확인		
	자동 기동 장치	자동수동전환장치	변형·손상의 유무	육 안		
			기능의 적부	작동확인		
		화재감지장치	변형·손상의 유무	육 안		
			감지장해의 유무	육 안		
			기능의 적부	작동확인		
경보장치			변형·손상의 유무	육 안		
			기능의 적부	작동확인		
압력스위치			단자의 풀림·탈락·손상의 유무	육 안		
			기능의 적부	작동확인		
제어 장치	제어반		변형·손상의 유무	육 안		
			조작관리상 지장의 유무	육 안		
	전원전압		전압의 지시상황	육 안		
			전원등의 점등상황	작동확인		
	계기 및 스위치류		변형·손상의 유무	육 안		
			단자의 풀림탈락의 유무	육 안		
			개폐상황 및 기능의 적부	육안 및 작동확인		
	퓨즈류		손상·용단의 유무	육 안		
			종류·용량의 적부 및 예비품의 유무	육 안		
	차단기		단자의 풀림탈락의 유무	육 안		
			접점의 소손의 유무	육 안		
			기능의 적부	작동확인		
	결선접속		풀림·탈락피복손상의 유무	육 안		
배관 등	밸브류		변형·손상의 유무	육 안		
			개폐상태 및 작동의 적부	작동확인		
	역류방지밸브		부착방향의 적부	육 안		
			기능의 적부	작동확인		
	배 관		누설·변형·손상·부식의 유무	육 안		
	파괴판·안전장치		변형·손상·부식의 유무	육 안		
방출표시등			손상의 유무	육 안		
			점등의 상황	육 안		
분사헤드			변형·손상·부식의 유무	육 안		

이동식 노즐	호스·호스릴·노즐		변형·손상의 유무	육 안		
			부식의 유무	육 안		
	노즐개폐밸브		변형·손상의 유무	육 안		
			부식의 유무	육 안		
			기능의 적부	작동확인		
예비 동력원	자가 발전 설비	본 체	변형·손상의 유무	육 안		
			회전부 등의 급유상태의 적부	육 안		
			기능의 적부	작동확인		
			고정상태의 적부	육 안		
			이상소음·진동·발열의 유무	작동확인		
			절연저항치의 적부	저항치측정		
		연료탱크	누설·부식·변형의 유무	육 안		
			연료량의 적부	육 안		
			밸브개폐상태 및 기능의 적부	육안 및 작동확인		
		윤활유	현저한 노후의 유무 및 양의 적부	육 안		
		축전지	부식·변형·손상의 유무	육 안		
			전해액량 및 단자전압의 적부	육안 및 전압측정		
		냉각장치	냉각수의 누수의 유무	육 안		
			물의 양·상태의 적부	육 안		
			부식·변형·손상의 유무	육 안		
			기능의 적부	작동확인		
		급배기장치	변형·손상의 유무	육 안		
			주위의 가연물의 유무	육 안		
			기능의 적부	작동확인		
	축전지설비		부식·변형·손상의 유무	육 안		
			전해액량 및 단자전압의 적부	육안 및 전압측정		
			기능의 적부	작동확인		
	기동장치		부식·변형·손상의 유무	육 안		
			조작부 주위의 장애물의 유무	육 안		
			기능의 적부	작동확인		
기타사항						

할로겐화물소화설비 일반점검표			점검연월일 : ... 점검자 : 서명(또는 인)		
제조소등의 구분			제조소등의 설치허가 연월일 및 허가번호		
소화설비의 호칭번호					
점검항목			점검내용	점검방법	점검결과	조치 연월일 및 내용

점검항목				점검내용	점검방법	점검결과	조치 연월일 및 내용
할로겐화물소화약제저장용기 등		소화약제저장용기		설치상황의 적부	육 안		
				변형·손상의 유무	육 안		
		소화약제		양 및 내압의 적부	육안 및 압력측정		
	축압식	용기밸브		변형·손상·부식의 유무	육 안		
				개폐상황의 적부	육 안		
		용기밸브개방장치		변형·손상·부식의 유무	육 안		
				기능의 적부	작동확인		
	가압식	방출밸브		변형·손상·부식의 유무	육 안		
				개폐상황의 적부	육 안		
		안전장치		변형·손상·부식의 유무	육 안		
		압력계		변형·손상의 유무	육 안		
		가압가스용기 등	용 기	설치상황의 적부 및 변형·손상의 유무	육 안		
			가스량	양·내압의 적부	육안 및 압력측정		
			용기밸브	변형·손상·부식의 유무	육 안		
				개폐상황의 적부	육 안		
			용기밸브개방장치	변형·손상·부식의 유무	육 안		
				기능의 적부	작동확인		
			압력조정기	변형·손상의 유무	육 안		
				기능의 적부	작동확인		
기동용가스용기 등		용 기		변형·손상의 유무	육 안		
				가스량의 적부	육 안		
		용기밸브		변형·손상·부식의 유무	육 안		
				개폐상황의 적부	육 안		
		용기밸브개방장치		변형·손상·부식의 유무	육 안		
				기능의 적부	작동확인		
		조작관		변형·손상·부식의 유무	육 안		
선택밸브				손상·변형의 유무	육 안		
				개폐상황 및 기능의 적부	작동확인		

기동 장치	수동기동장치		조작부 주위의 장해물의 유무	육 안		
			표지의 손상의 유무 및 기재사항의 적부	육 안		
			기능의 적부	작동확인		
	자동 기동 장치	자동수동전환장치	변형·손상의 유무	육 안		
			기능의 적부	작동확인		
		화재감지장치	변형·손상의 유무	육 안		
			감지장해의 유무	육 안		
			기능의 적부	작동확인		
경보장치			변형·손상의 유무	육 안		
			기능의 적부	작동확인		
압력스위치			단자의 풀림·탈락·손상의 유무	육 안		
			기능의 적부	작동확인		
제어 장치	제어반		변형·손상의 유무	육 안		
			조작관리상 지장의 유무	육 안		
	전원전압		전압의 지시상황 및 전원등의 점등상황	육안 및 작동확인		
	계기 및 스위치류		변형·손상 및 단자의 풀림·탈락의 유무	육 안		
			개폐상황 및 기능의 적부	육안 및 작동확인		
	퓨즈류		손상·용단의 유무	육 안		
			종류·용량의 적부 및 예비품의 유무	육 안		
	차단기		단자의 풀림·탈락의 유무	육 안		
			접점의 소손의 유무	육 안		
			기능의 적부	작동확인		
	결선접속		풀림·탈락·피복손상의 유무	육 안		
배관 등	밸브류		변형·손상의 유무	육 안		
			개폐상태 및 작동의 적부	작동확인		
	역류방지밸브		부착방향의 적부	육 안		
			기능의 적부	작동확인		
	배 관		누설·변형·손상·부식의 유무	육 안		
	파괴판·안전장치		변형·손상부식의 유무	육 안		
방출표시등			손상의 유무	육 안		
			점등의 상황	육 안		
분사헤드			변형·손상·부식의 유무	육 안		
이동식 노즐	호스·호스릴·노즐		변형·손상의 유무	육 안		
			부식의 유무	육 안		
	노즐개폐밸브		변형·손상의 유무	육 안		
			부식의 유무	육 안		
			기능의 적부	작동확인		

예비 동력원	자가 발전 설비	본 체	변형 · 손상의 유무	육 안		
			회전부 등의 급유상태의 적부	육 안		
			기능의 적부	작동확인		
			고정상태의 적부	육 안		
			이상소음 · 진동 · 발열의 유무	작동확인		
			절연저항치의 적부	저항치측정		
		연료탱크	누설 · 부식 · 변형의 유무	육 안		
			연료량의 적부	육 안		
			밸브개폐상태 및 기능의 적부	육안 및 작동확인		
		윤활유	현저한 노후의 유무 및 양의 적부	육 안		
		축전지	부식 · 변형 · 손상의 유무	육 안		
			전해액량 및 단자전압의 적부	육안 및 전압측정		
		냉각장치	냉각수의 누수의 유무	육 안		
			물의 양 · 상태의 적부	육 안		
			부식 · 변형 · 손상의 유무	육 안		
			기능의 적부	작동확인		
		급배기장치	변형 · 손상의 유무	육 안		
			주위의 가연물의 유무	육 안		
			기능의 적부	작동확인		
	축전지설비		부식 · 변형 · 손상의 유무	육 안		
			전해액량 및 단자전압의 적부	육안 및 전압측정		
			기능의 적부	작동확인		
	기동장치		부식 · 변형 · 손상의 유무	육 안		
			조작부 주위의 장애물의 유무	육 안		
			기능의 적부	작동확인		
	기타사항					

분말소화설비 일반점검표			점검연월일 :　　.　.　.
			점검자 :　　　서명(또는 인)

제조소등의 구분			제조소등의 설치허가 연월일 및 허가번호	

소화설비의 호칭번호	

점검항목				점검내용	점검방법	점검결과	조치 연월일 및 내용
분말 소화 약제 저장 용기 등		소화약제저장용기		설치상황의 적부	육 안		
				변형·손상의 유무	육 안		
		소화약제		양 및 내압의 적부	육안 및 압력측정		
	축 압 식	용기밸브		변형·손상·부식의 유무	육 안		
				개폐상황의 적부	육 안		
		용기밸브 개방장치		변형·손상·부식의 유무	육 안		
				기능의 적부	작동확인		
		지시압력계		변형·손상의 유무 및 지시상황의 적부	육 안		
	가 압 식	방출밸브		변형·손상·부식의 유무	육 안		
				개폐상황의 적부	육 안		
		안전장치		변형·손상·부식의 유무	육 안		
		정압작동장치		변형·손상의 유무	육 안		
		가압 가스 용기 등	용 기	설치상황의 적부 및 변형·손상의 유무	육 안		
			가스량	양·내압의 적부	육안 및 압력측정		
			용기밸브	변형·손상·부식의 유무	육 안		
				개폐상황의 적부	육 안		
			용기밸브 개방장치	변형·손상·부식의 유무	육 안		
				기능의 적부	작동확인		
			압력 조정기	변형·손상의 유무 및 기능의 적부	육안 및 작동확인		
기동용 가스 용기 등		용 기		변형·손상의 유무	육 안		
				가스량의 적부	육 안		
		용기밸브		변형·손상·부식의 유무	육 안		
				개폐상황의 적부	육 안		
		용기밸브개방장치		변형·손상·부식의 유무	육 안		
				기능의 적부	작동확인		
		조작관		변형·손상·부식의 유무	육 안		
선택밸브				손상·변형의 유무	육 안		
				개폐상황 및 기능의 적부	작동확인		

		조작부 주위의 장해물의 유무	육 안		
기동장치	수동기동장치	표지의 손상의 유무 및 기재사항의 적부	육 안		
		기능의 적부	작동확인		
	자동기동장치 / 자동수동전환장치	변형·손상의 유무	육 안		
		기능의 적부	작동확인		
	자동기동장치 / 화재감지장치	변형·손상의 유무	육 안		
		감지장해의 유무	육 안		
		기능의 적부	작동확인		
경보장치		변형·손상의 유무	육 안		
		기능의 적부	작동확인		
압력스위치		단자의 풀림·탈락·손상의 유무	육 안		
		기능의 적부	작동확인		
제어장치	제어반	변형·손상의 유무	육 안		
		조작관리상 지장의 유무	육 안		
	전원전압	전압의 지시상황 및 전원등의 점등상황	육안 및 작동확인		
	계기 및 스위치류	변형·손상 및 단자의 풀림·탈락의 유무	육 안		
		개폐상황 및 기능의 적부	육안 및 작동확인		
	퓨즈류	손상·용단의 유무	육 안		
		종류·용량의 적부 및 예비품의 유무	육 안		
	차단기	단자의 풀림·탈락의 유무	육 안		
		접점의 소손의 유무	육 안		
		기능의 적부	작동확인		
	결선접속	풀림·탈락·피복손상의 유무	육 안		
배관 등	밸브류	변형·손상의 유무	육 안		
		개폐상태 및 작동의 적부	작동확인		
	역류방지밸브	부착방향의 적부	육 안		
		기능의 적부	작동확인		
	배 관	누설·변형·손상·부식의 유무	육 안		
	파괴판·안전장치	변형·손상·부식의 유무	육 안		
방출표시등		손상의 유무	육 안		
		점등의 상황	육 안		
분사헤드		변형·손상·부식의 유무	육 안		
이동식 노즐	호스·호스릴·노즐	변형·손상의 유무	육 안		
		부식의 유무	육 안		
	노즐개폐밸브	변형·손상의 유무	육 안		
		부식의 유무	육 안		
		기능의 적부	작동확인		

예비 동력원	자가 발전 설비	본 체	변형·손상의 유무	육 안		
			회전부 등의 급유상태의 적부	육 안		
			기능의 적부	작동확인		
			고정상태의 적부	육 안		
			이상소음·진동·발열의 유무	작동확인		
			절연저항치의 적부	저항치측정		
		연료탱크	누설·부식·변형의 유무	육 안		
			연료량의 적부	육 안		
			밸브개폐상태 및 기능의 적부	육안 및 작동확인		
		윤활유	현저한 노후의 유무 및 양의 적부	육 안		
		축전지	부식·변형·손상의 유무	육 안		
			전해액량 및 단자전압의 적부	육안 및 전압측정		
		냉각장치	냉각수의 누수의 유무	육 안		
			물의 양·상태의 적부	육 안		
			부식·변형·손상의 유무	육 안		
			기능의 적부	작동확인		
		급배기장치	변형·손상의 유무	육 안		
			주위의 가연물의 유무	육 안		
			기능의 적부	작동확인		
	축전지설비		부식·변형·손상의 유무	육 안		
			전해액량 및 단자전압의 적부	육안 및 전압측정		
			기능의 적부	작동확인		
	기동장치		부식·변형·손상의 유무	육 안		
			조작부 주위의 장애물의 유무	육 안		
			기능의 적부	작동확인		
기타사항						

자동화재탐지설비 일반점검표		점검연월일 : . . . 점검자 : 서명(또는 인)		
제조소등의 구분		제조소등의 설치허가 연월일 및 허가번호		
탐지설비의 호칭번호				
점검항목	점검내용	점검방법	점검결과	조치 연월일 및 내용
감지기	변형·손상의 유무	육 안		
감지기	감지장해의 유무	육 안		
감지기	기능의 적부	작동확인		
중계기	변형·손상의 유무	육 안		
중계기	표시의 적부	육 안		
중계기	기능의 적부	작동확인		
수신기(통합조작반)	변형·손상의 유무	육 안		
수신기(통합조작반)	표시의 적부	육 안		
수신기(통합조작반)	경계구역일람도의 적부	육 안		
수신기(통합조작반)	기능의 적부	작동확인		
주음향장치 지구음향장치	변형·손상의 유무	육 안		
주음향장치 지구음향장치	기능의 적부	작동확인		
발신기	변형·손상의 유무	육 안		
발신기	기능의 적부	작동확인		
비상전원	변형·손상의 유무	육 안		
비상전원	전환의 적부	작동확인		
배 선	변형·손상의 유무	육 안		
배 선	접속단자의 풀림·탈락의 유무	육 안		
기타사항				

적중예상문제

01 「위험물안전관리법령」상 "고인화점위험물"이란?

① 인화점이 섭씨 100도 이상인 제4류 위험물
② 인화점이 섭씨 130도 이상인 제4류 위험물
③ 인화점이 섭씨 100도 이상인 제4류 위험물 또는 제3류 위험물
④ 인화점이 섭씨 100도 이상인 위험물

> **해설**

■ **고인화점위험물**
인화점이 섭씨 100도 이상인 제4류 위험물

02 「위험물안전관리법령」상 제조소 등의 관계인은 그 제조소 등의 용도를 폐지한 때에는 폐지한 날로부터 며칠 이내에 신고하여야 하는가?

① 7일   ② 14일
③ 30일   ④ 90일

> **해설**

■ **제조소 등의 승계 및 용도 폐지**

구 분	제조소 등의 승계	제조소 등의 용도 폐지
신고처	시 · 도지사	시 · 도지사
신고기간	30일 이내	14일 이내

03 다음 A, B 같은 작업공정을 가진 경우 「위험물안전관리법」상 허가를 받아야 하는 제조소 등의 종류를 옳게 짝지은 것은?(단, 지정수량 이상을 취급하는 경우이다)

A : [원료(비위험물)] $\xrightarrow{\text{작업}}$ [제품(위험물)]

B : [원료(위험물)] $\xrightarrow{\text{작업}}$ [제품(비위험울)]

정답 01. ① 02. ② 03. ②

① A : 위험물제조소, B : 위험물제조소
② A : 위험물제조소, B : 위험물취급소
③ A : 위험물취급소, B : 위험물제조소
④ A : 위험물취급소, B : 위험물취급소

해설

㉠ 위험물제조소 : 위험물을 제조할 목적으로 지정수량 이상의 위험물을 취급하는 장소
㉡ 위험물취급소 : 지정수량 이상의 위험물을 제조 외의 목적으로 취급하는 장소

04 위험물제조소 등의 설치허가기준은?

① 일반고시
② 시·군의 조례
③ 시·도지사
④ 대통령령

해설

위험물제조소 등의 설치는 시·도지사의 허가를 받는다.

05 다음 위험물제조소에 관한 설명 중 옳은 것은?(단, 원칙적인 경우에 한한다)

① 위험물시설의 설치 후 사용 시기는 완공검사신청서를 제출했을 때부터 사용이 가능하다.
② 위험물시설의 설치 후 사용 시기는 완공검사를 받은 날부터 사용이 가능하다.
③ 위험물시설의 설치 후 사용 시기는 설치허가를 받았을 때부터 사용이 가능하다.
④ 위험물시설의 설치 후 사용 시기는 완공검사를 받고 완공검사필증을 교부받았을 때부터 사용이 가능하다.

해설

위험물시설의 설치 후 사용 시기는 완공검사를 받고 완공검사필증을 교부받았을 때부터이다.

06 제조소 등에 대한 허가취소 또는 사용정지의 사유가 아닌 것은?

① 변경허가를 받지 아니하고 제조소 등의 위치·구조 또는 설비를 변경한 때
② 저장·취급기준의 중요기준을 위반한 때
③ 위험물안전관리자를 선임하지 아니한 때
④ 위험물안전관리자 부재 시 그 대리자를 지정하지 아니한 때

해설

■ 위험물제조소 등 설치허가 취소와 사용정지
㉠ 변경허가 없이 제조소 등의 위치·구조·설비 변경 시
㉡ 완공검사 없이 제조소 등 사용 시
㉢ 위험물안전관리자 미선임 시
㉣ 위험물안전관리자의 대리인 미지정 시
㉤ 정기점검·정기검사를 받지 아니한 때
㉥ 수리·개조 또는 이전명령 위반 시
㉦ 저장·취급기준 준수명령 위반 시
㉧ 저장·취급기준의 중요기준 위반 시 : 500만 원 이하의 벌금

07 「위험물안전관리법」상 위험물제조소 등 설치허가 취소사유에 해당하지 않는 것은?

① 위험물제조소의 바닥을 교체하는 공사를 하는데 변경허가를 득하지 아니한 때
② 법정기준을 위반한 위험물제조소에 발한 수리개조 명령을 위반한 때
③ 예방규정을 제출하지 아니한 때
④ 위험물안전관리자가 장기 해외여행을 갔음에도 그 대리자를 지정하지 아니한 때

해설

■ 위험물제조소 등 설치허가 취소와 사용정지
㉠ 변경허가 없이 제조소 등의 위치·구조·설비 변경 시
㉡ 완공검사 없이 제조소 등 사용 시
㉢ 위험물안전관리자 미선임 시
㉣ 위험물안전관리자의 대리인 미지정 시
㉤ 정기점검·정기검사를 받지 아니한 때
㉥ 수리·개조 또는 이전명령 위반 시
㉦ 저장·취급기준 준수명령 위반 시

08 「위험물안전관리법령」에서 정한 위험물안전관리자의 책무에 해당하지 않는 것은?

① 제조소 등의 구조 또는 설비의 이상을 발견한 경우 관계자에 대한 연락 및 응급조치
② 제조소 등의 계측장치·제어장치 및 안전장치 등의 적정한 유지·관리
③ 안전관리자가 일시적으로 직무를 수행할 수 없는 경우에 대리자 지정
④ 위험물의 취급에 관한 일지의 작성·기록

해설

■ 위험물안전관리자의 책무
① 위험물의 취급작업에 참여하여 해당 작업이 규정에 의한 저장 또는 취급에 관한 기술기준과 예방규정에 적합하도록 해당 작업자에 대하여 지시 및 감독하는 업무

정답 07. ③ 08. ③

② 화재 등의 재난이 발생한 경우 응급조치 및 소방관서 등에 대한 연락 업무

③ 위험물시설의 안전을 담당하는 자를 따로 두는 제조소 등의 경우에는 그 담당자에게 규정에 의한 업무의 지시, 그 밖의 제조소 등의 경우에는 다음 각목의 규정의 의한 업무

　㉠ 제조소 등의 위치・구조 및 설비를 기술기준에 적합하도록 유지하기 위한 점검과 점검상황의 기록・보존

　㉡ 제조소 등의 구조 또는 설비의 이상을 발견한 경우 관계자에 대한 연락 및 응급조치

　㉢ 화재가 발생하거나 화재발생의 위험성이 현저한 경우 소방관서 등에 대한 연락 및 응급조치

　㉣ 제조소 등의 계측장치・제어장치 및 안전장치 등의 적정한 유지・관리

　㉤ 제조소 등의 위치・구조 및 설비에 관한 설계도서 등의 정비・보존 및 제조소 등의 구조 및 설비의 안전에 관한 사무의 관리

④ 화재 등의 재해의 방지와 응급조치에 관하여 인접하는 제조소 등과 그 밖의 관련되는 시설의 관계자와 협조체제의 유지

⑤ 위험물의 취급에 관한 일지의 작성・기록

⑥ 그 밖에 위험물을 수납한 용기를 차량에 적재하는 작업, 위험물 설비를 보수하는 작업 등 위험물의 취급과 관련된 작업의 취급작업의 안전에 관하여 필요한 감독의 수행

⑦ 안전에 관하여 필요한 감독의 수행

09 위험물안전관리자의 선임신고를 허위로 한 자에게 부과하는 과태료의 금액은?

① 50만 원
② 100만 원
③ 200만 원
④ 300만 원

해설

㉠ 위험물안전관리자의 재선임 : 30일 이내
㉡ 위험물안전관리자의 직무대행 : 30일 이내
㉢ 위험물안전관리자의 선임신고 : 14일 이내
㉣ 위험물안전관리자의 선임신고를 허위로 한 자의 과태료 : 200만 원

10 위험물안전관리자를 반드시 선임하여야 하는 시설이 아닌 것은?

① 옥외저장소
② 옥외탱크저장소
③ 주유취급소
④ 이동탱크저장소

해설

㉠ 위험물안전관리자란, 제조소 등에서 위험물의 안전관리에 관한 직무를 수행하는 자이다.
㉡ 이동탱크저장소는 위험물안전관리자를 반드시 선임하여야 하는 시설이 아니다.

정답 09. ③　10. ④

11 다음의 저장소에 있어서 1인의 위험물안전관리자를 중복하여 선임할 수 있는 경우에 해당하지 않는 것은?

① 동일 구내에 있는 7개의 옥내저장소를 동일인이 설치한 경우
② 동일 구내에 있는 21개의 옥외탱크저장소를 동일인이 설치한 경우
③ 상호 100m 이내의 거리에 있는 15개의 옥외저장소를 동일인이 설치한 경우
④ 상호 100m 이내의 거리에 있는 6개의 암반탱크저장소를 동일인이 설치한 경우

> **해설**
>
> ■ 1인의 안전관리자를 중복하여 선임할 수 있는 경우
> ㉠ 10개 이하의 옥내저장소   ㉡ 30개 이하의 옥외탱크저장소
> ㉢ 옥내탱크저장소   ㉣ 지하탱크저장소
> ㉤ 간이탱크저장소   ㉥ 10개 이하의 옥외저장소
> ㉦ 10개 이하의 암반탱크저장소

12 위험물안전관리자에 대한 설명으로 틀린 것은?

① 암반탱크저장소에는 위험물안전관리자를 선임하여야 한다.
② 위험물안전관리자가 일시적으로 직무를 수행할 수 없는 경우 대리자를 지정하여 그 직무를 대행하게 하여야 한다.
③ 위험물안전관리자와 위험물운송자로 종사하는 자는 신규 종사 후 2년마다 1회 실무 교육을 받아야 한다.
④ 다수의 제조소 등을 동일인이 설치한 경우에는 일정한 요건에 따라 1인의 안전관리자를 중복하여 선임할 수 있다.

> **해설**
>
> ■ 안전교육의 과정·기간과 그 밖의 교육의 실시에 관한 사항 등

교육과정	교육대상자	교육시간	교육시기	교육기관
강습교육	안전관리자가 되고자하는 자	24시간	신규 종사 전	안전원
	위험물운송자가 되고자하는 자	16시간		
실무교육	안전관리자	8시간 이내	신규 종사 후 2년마다 1회	안전원
	위험물운송자		신규 종사 후 3년마다 1회	
	탱크시험자의 기술인력		신규 종사 후 2년마다 1회	공 사

13 제조소 등의 외벽 중 연소의 우려가 있는 외벽을 판단하는 기산점이 되는 것을 모두 옳게 나타낸 것은?

① ㉠ 제조소 등이 설치된 부지의 경계선
　㉡ 제조소 등에 인접한 도로의 중심선
　㉢ 제조소 등의 외벽과 동일 부지 내의 다른 건축물의 외벽 간의 중심선

② ㉠ 제조소 등이 설치된 부지의 경계선
　㉡ 제조소 등에 인접한 도로의 경계선
　㉢ 제조소 등의 외벽과 동일 부지 내의 다른 건축물의 외벽 간의 중심선

③ ㉠ 제조소 등이 설치된 부지의 중심선
　㉡ 제조소 등에 인접한 도로의 중심선
　㉢ 동일 부지 내의 다른 건축물의 외벽

④ ㉠ 제조소 등이 설치된 부지의 중심선
　㉡ 제조소 등에 인접한 도로의 경계선
　㉢ 제조소 등의 외벽과 인근 부지의 다른 건축물의 외벽 간의 중심선

해설

■ 연소의 우려가 있는 외벽을 판단하는 기산점이 되는 것
㉠ 제조소 등이 설치된 부지의 경계선
㉡ 제조소 등에 인접한 도로의 중심선
㉢ 제조소 등의 외벽과 동일 부지 내의 다른 건축물의 외벽 간의 중심선

14 「위험물안전관리법」상 정기점검의 대상이 되는 제조소 등에 해당하지 않는 것은?

① 지하탱크저장소　　　　　　　② 이동탱크저장소
③ 이송취급소　　　　　　　　　④ 옥내탱크저장소

해설

■ 정기점검대상인 제조소 등
㉠ 지정수량의 10배 이상의 위험물을 취급하는 제조소
㉡ 지정수량의 100배 이상의 위험물을 저장하는 옥외저장소
㉢ 지정수량의 150배 이상의 위험물을 저장하는 옥내저장소
㉣ 지정수량의 200배 이상의 위험물을 저장하는 옥외탱크저장소
㉤ 암반탱크저장소
㉥ 이송취급소
㉦ 지정수량의 10배 이상의 위험물을 취급하는 일반취급소
㉧ 지하탱크저장소
㉨ 이동탱크저장소
㉩ 위험물을 취급하는 탱크로서 지하에 매설된 탱크가 있는 제조소·주유취급소 또는 일반취급소

정답 13. ①　14. ④

15 제4류 위험물을 취급하는 제조소가 있는 동일한 사업소에서 저장 또는 취급하는 위험물이 지정수량의 몇 배 이상일 때 해당 사업소에 자체소방대를 설치하여야 하는가?

① 1,000배　　　　　　　　　② 3,000배
③ 5,000배　　　　　　　　　④ 10,000배

> **해설** ▶
>
> 자체소방대를 설치하는 사업소는 제4류 위험물을 취급하는 제조소가 있는 동일한 사업소에서 저장 또는 취급하는 위험물이 지정수량의 3,000배 이상일 때이다.

16 제조소에서 취급하는 제4류 위험물의 최대수량의 합이 지정수량의 48만 배 이상인 사업소의 자체소방대에 두어야 하는 화학소방자동차의 대수 및 자체소방대원의 수는?(단, 해당 사업소는 다른 사업소 등과 상호응원에 관한 협정을 체결하고 있지 아니하다)

① 4대, 20인　　　　　　　　② 3대, 15인
③ 2대, 10인　　　　　　　　④ 1대, 5인

> **해설** ▶
>
> 자체소방대란 다량의 위험물을 저장·취급하는 제조소에 설치하는 소방대이다.
>
> | 사업소의 구분 | 화학소방자동차 대수 | 자체소방대원의 수 |
> |---|---|---|
> | 제4류 위험물 최대수량의 합이 지정수량의 12만 배 미만 | 1대 | 5인 |
> | 지정수량의 12만 배 이상 24만 배 미만 | 2대 | 10인 |
> | 지정수량의 24만 배 이상 48만 배 미만 | 3대 | 15인 |
> | 지정수량의 48만 배 이상 | 4대 | 20인 |

17 해제신호에 대한 방법으로 옳은 것은?

① 사이렌으로 5초 간격을 두고 30초씩 3회
② 사이렌으로 5초 간격을 두고 5초씩 3회
③ 타종신호로 연3타 반복
④ 사이렌으로 1분간 1회 실시

> **해설** ▶
>
> ㉠ 해제신호 : 타종은 상당한 간격을 두고 1타씩 반복, 사이렌은 1분간 1회 취명
> ㉡ 훈련신호 : 사이렌을 10초 간격을 두고 1분씩 3회 취명
> ㉢ 발화신호 : 난타(타종), 사이렌은 5초 간격을 두고 5초씩 3회 취명
> ㉣ 경계신호 : 타종은 1타 시 연2타 반복, 사이렌은 5초 간격을 두고 30초씩 3회 취명

정답 15. ②　16. ①　17. ④

18 탱크안전성능검사의 내용을 구분하는 것으로 틀린 것은?

① 기초·지반검사
② 충수·수압검사
③ 용접부검사
④ 배관검사

> **해설**

■ **탱크안전성능검사 내용구분**
㉠ 기초·지반검사
㉡ 충수·수압검사
㉢ 용접부검사

19 위험물탱크안전성능시험자가 되고자 하는 자가 갖추어야 할 장비로서 옳은 것은?

① 기밀시험장비
② 타코메타
③ 페네스트로메타
④ 인화점측정기

> **해설**

■ **위험물탱크시험자가 갖추어야 하는 장비**
㉠ 방사선투과시험기
㉡ 초음파탐상시험기
㉢ 자기탐상시험기
㉣ 초음파두께측정기
㉤ 진공능력 53kPa 이상의 진공누설시험기
㉥ 기밀시험장비(안전장치가 부착된 것으로 가압능력 200kPa 이상, 감압의 경우에는 감압능력 10kPa
  이상, 감도 10Pa 이하의 것으로서 각각의 압력변화를 스스로 기록할 수 있는 것)
㉦ 수직·수평도측정기(필요한 경우에 한함)

20 위험물탱크시험자가 갖추어야 하는 장비가 아닌 것은?

① 방사선투과시험기
② 방수압력측정계
③ 초음파탐상시험기
④ 수직·수평도측정기(필요한 경우에 한한다)

> **해설**

■ **위험물탱크시험자가 갖추어야 하는 장비**
㉠ 방사선투과시험기
㉡ 초음파탐상시험기
㉢ 자기탐상시험기

정답 18. ④ 19. ① 20. ②

ⓔ 초음파두께측정기

ⓜ 진공능력 53kPa 이상의 진공누설시험기

ⓗ 기밀시험장비(안전장치가 부착된 것으로 가압능력 200kPa 이상, 감압의 경우에는 감압능력 10kPa 이상, 감도 10Pa 이하의 것으로서 각각의 압력변화를 스스로 기록할 수 있는 것)

ⓢ 수직·수평도측정기(필요한 경우에 한함)

21 질산나트륨 90kg, 유황 20kg, 클로로벤젠 2,000L를 저장하고 있을 경우 각각 지정수량의 배수의 총합은 얼마인가?

① 2

② 2.5

③ 3

④ 3.5

해설

$$\frac{90}{300} + \frac{20}{100} + \frac{2,000}{1,000} = 0.3 + 0.2 + 2 = 2.5\,배$$

22 다음 중 품목을 달리하는 위험물을 동일 장소에 저장할 경우 위험물시설로서 허가를 받아야 할 수량을 저장하고 있는 것은?(단, 제4류 위험물의 경우 비수용성이고 수량 이외의 저장기준은 고려하지 않는다)

① 이황화탄소 10L, 가솔린 20L와 칼륨 3kg을 취급하는 곳

② 가솔린 60L, 등유 300L와 중유 950L를 취급하는 곳

③ 경유 600L, 나트륨 1kg과 무기과산화물 10kg을 취급하는 곳

④ 황 10kg, 등유 300L와 황린 10kg을 취급하는 곳

해설

■ 위험물시설로서 허가를 받아야 할 수량은 지정수량의 1배 이상 저장하고 있는 것

① $\frac{10L}{50L} + \frac{20L}{200L} + \frac{3kg}{10kg} = 0.2 + 0.1 + 0.3 = 0.6\,배$

② $\frac{60L}{200L} + \frac{300L}{1,000L} + \frac{950L}{2,000L} = 0.3 + 0.3 + 0.475 = 1.075\,배$

③ $\frac{600L}{1,000L} + \frac{1kg}{10kg} + \frac{10kg}{50kg} = 0.6 + 0.1 + 0.2 = 0.9\,배$

④ $\frac{10kg}{100kg} + \frac{300L}{1,000L} + \frac{10kg}{20kg} = 0.1 + 0.3 + 0.5 = 0.9\,배$

23 위험물의 취급 중 제조에 관한 기준으로 다음 사항을 유의하여야 하는 공정은?

> 위험물을 취급하는 설비의 내부압력의 변동 등에 의하여 액체 또는 증기가 새지 아니하도록 하여야 한다.

① 증류공정　　　　　　　　　② 추출공정
③ 건조공정　　　　　　　　　④ 분쇄공정

해설

■ **위험물 제조과정에서의 취급기준**
① 증류공정 : 위험물을 취급하는 설비의 내부압력의 변동 등에 의하여 액체 또는 증기가 새지 않도록 해야 한다.
② 추출공정 : 추출관의 내부압력이 이상상승하지 않도록 해야 한다.
③ 건조공정 : 위험물의 온도가 국부적으로 상승하지 않는 방법으로 가열 또는 건조시켜야 한다.
④ 분쇄공정 : 위험물의 분말이 현저하게 부유하고 있거나 기계 · 기구 등에 위험물이 부착되어 있는 상태로 그 기계 · 기구는 사용해서는 안 된다.

24 「위험물안전관리법령」상 위험물의 취급 중 소비에 관한 기준에서 방화상 유효한 격벽 등으로 구획된 안전한 장소에서 실시하여야 하는 것은?

① 분사도장작업　　　　　　　② 담금질작업
③ 열처리작업　　　　　　　　④ 버너를 사용하는 작업

해설

■ **분사도장작업**
위험물의 취급 중 소비에 관한 기준에서 방화상 유효한 격벽 등으로 구획된 안전한 장소에서 실시하는 것

25 50℃에서 유지하여야 할 알킬알루미늄 운반용기의 공간용적 기준으로 옳은 것은?

① 5% 이상　　　　　　　　　② 10% 이상
③ 15% 이상　　　　　　　　　④ 20% 이상

해설

■ **운반용기의 수납률**

위험물	수납률
알킬알루미늄 등	90% 이하(50℃에서 5% 이상 공간용적 유지)
고체위험물	95% 이하
액체위험물	98% 이하(55℃에서 누설되지 않은 것)

정답 23. ① 24. ① 25. ①

26 운반용기 내용적 95% 이하의 수납률로 수납하여야 하는 위험물은?

① 과산화벤조일　　　　　　　② 질산에틸
③ 니트로글리세린　　　　　　④ 메틸에틸케톤퍼옥사이드

■ 위험물운반기준 중 적재방법
㉠ 고체위험물 수납률 : 내용적의 95% 이하
㉡ 액체위험물 수납률 : 내용적의 98% 이하로 하되, 55℃의 온도에서 누설되지 아니하도록 충분한 공간
　용적 유지

> ※ 제5류 위험물
> • 액체 : MEKPO, 니트로글리세린, 질산에틸, 질산메틸
> • 고체 : 그 외

27 「위험물안전관리법령」에서 정한 위험물을 수납하는 경우의 운반용기에 관한 기준으로 옳은 것은?

① 고체위험물은 운반용기 내용적의 98% 이하로 수납한다.
② 액체위험물은 운반용기 내용적의 95% 이하로 수납한다.
③ 고체위험물의 내용적은 25℃를 기준으로 한다.
④ 액체위험물은 55℃에서 누설되지 않도록 공간용적을 유지하여야 한다.

■ 위험물의 운반에 관한 기준
㉠ 고체위험물은 운반용기 내용적의 95% 이하의 수납률로 수납한다.
㉡ 액체위험물은 운반용기 내용적의 98% 이하의 수납률로 수납하되, 55℃의 온도에서 누설되지 않도록
　충분한 공간용적을 유지하도록 한다.
㉢ 알킬알루미늄 등은 운반용기 내용적의 90% 이하(50℃에서 5% 이상 공간용적 유지)

28 위험물운반용기의 외부에 표시하는 사항이 아닌 것은?

① 위험등급　　　　　　　　　② 위험물의 제조일자
③ 위험물의 품명　　　　　　④ 주의사항

■ 위험물운반용기 외부에 표시하는 사항
㉠ 위험물의 품명·위험등급·화학명 및 수용성(수용성 표시는 제4류 위험물로서 수용성인 것에 한함)
㉡ 위험물의 수량
㉢ 수납하는 위험물에 따른 주의사항

29 제4류 위험물에 해당하는 에어졸의 내장용기 등으로, 용기의 외부에 '위험물의 품명·위험등급·화학명 및 수용성'에 대한 표시를 하지 않을 수 있는 최대 용적은?

① 300mL
② 500mL
③ 150mL
④ 1,000mL

해설

용기의 외부에 위험물의 품명·위험등급·화학명 및 수용성에 대한 표시를 하지 않을 수 있는 것
제4류 위험물에 해당하는 에어졸의 운반용기로서 최대용적이 300mL 이하인 것

30 제1류 위험물 중 알칼리금속의 과산화물을 수납한 운반용기 외부에 표시하여야 하는 주의사항을 모두 옳게 나타낸 것은?

① 물기주의, 가연물접촉주의, 충격주의
② 가연물접촉주의, 물기엄금, 화기엄금 및 공기노출금지
③ 화기·충격주의, 물기엄금, 가연물접촉주의
④ 충격주의, 화기엄금 및 공기접촉엄금, 물기엄금

해설

■ 위험물운반용기의 주의사항

위험물		주의사항	
제1류 위험물	알칼리금속의 과산화물	• 화기·충격주의 • 가연물접촉주의	• 물기엄금
	기 타	• 화기·충격주의	• 가연물접촉주의
제2류 위험물	철분·금속분·마그네슘	• 화기주의	• 물기엄금
	인화성고체	화기엄금	
	기 타	화기주의	
제3류 위험물	자연발화성물질	• 화기엄금	• 공기접촉엄금
	금수성물질	물기엄금	
제4류 위험물		화기엄금	
제5류 위험물		• 화기엄금	• 충격주의
제6류 위험물		가연물접촉주의	

31 KClO₃ 운반용기 외부에 표시하여야 할 주의사항으로 옳은 것은?

① 화기・충격주의 및 가연물접촉주의
② 화기・충격주의, 물기엄금 및 가연물접촉주의
③ 화기주의 및 물기엄금
④ 화기엄금 및 공기접촉엄금

> **해설**
>
> 제1류 위험물 중 알칼리금속의 과산화물, 또는 이를 함유한 것에 있어서는 "화기・충격주의", "물기엄금" 및 "가연물접촉주의"를 표시하고 그 밖의 것에 있어서는 "화기・충격주의" 및 "가연물접촉주의"를 표시하여야 한다. 염소산칼륨(KClO₃)은 그 밖의 것에 해당하므로 "화기・충격주의" 및 "가연물 접촉주의"를 표시하여야 한다.

32 위험물운반용기의 외부에 표시하는 주의사항으로 틀린 것은?

① 마그네슘 – 화기주의 및 물기엄금
② 황린 – 화기주의 및 공기접촉주의
③ 탄화칼슘 – 물기엄금
④ 과염소산 – 가연물접촉주의

> **해설**
>
> 황린 – 화기엄금 및 공기접촉엄금

33 운반 시 일광의 직사를 막기 위해 차광성이 있는 피복으로 덮어야 하는 위험물이 아닌 것은?

① 제1류 위험물 중 중크롬산염류
② 제4류 위험물 중 제1석유류
③ 제5류 위험물 중 니트로화합물
④ 제6류 위험물

> **해설**

구 분	유별	적용대상
차광성이 있는 피복조치	제1류 위험물	전 부
	제3류 위험물	자연발화성 물품
	제4류 위험물	특수인화물
	제5류 위험물	전 부
	제6류 위험물	
방수성이 있는 피복조치	제1류 위험물	알칼리금속의 과산화물
	제2류 위험물	철 분
		금속분
		마그네슘
	제3류 위험물	금수성물질

34 「위험물안전관리법령」상 위험물의 운송 시 혼재할 수 없는 위험물은?(단, 지정수량의 $\frac{1}{10}$ 초과의 위험물이다)

① 적린과 경유
② 칼륨과 등유
③ 아세톤과 니트로셀룰로오스
④ 과산화칼륨과 크실렌

해설

(1) 유별을 달리하는 위험물의 혼재기준(35번 해설 참조)
(2) 위험물의 구분
　㉠ 적린(제2류 위험물), 경유(제4류 위험물)
　㉡ 칼륨(제3류 위험물), 등유(제4류 위험물)
　㉢ 아세톤(제4류 위험물), 니트로셀룰로오스(제5류 위험물)
　㉣ 과산화칼륨(제1류 위험물), 크실렌(제1류 위험물)

35 유별을 달리하는 위험물 중 운반 시에 혼재가 불가한 것은?(단, 모든 위험물은 지정수량 이상이다)

① 아염소산나트륨과 질산
② 마그네슘과 니트로글리세린
③ 나트륨과 벤젠
④ 과산화수소와 경유

해설

(1) 유별을 달리하는 위험물의 혼재 기준

위험물의 구분	제1류	제2류	제3류	제4류	제5류	제6류
제1류		×	×	×	×	○
제2류	×		×	○	○	×
제3류	×	×		○	×	×
제4류	×	○	○		○	×
제5류	×	○	×	○		×
제6류	○	×	×	×	×	

(2) 위험물의 구분
　㉠ 아염소산나트륨(제1류 위험물), 질산(제6류 위험물)
　㉡ 마그네슘(제2류 위험물), 니트로글리세린(제5류 위험물)
　㉢ 나트륨(제3류 위험물), 벤젠(제4류 위험물)
　㉣ 과산화수소(제6류 위험물), 경유(제4류 위험물)

정답 34. ④ 35. ④

36 다음 중 아세틸퍼옥사이드와 혼재가 가능한 위험물은?(단, 지정수량 10배의 위험물인 경우이다)

① 질산칼륨

② 유황

③ 트리에틸알루미늄

④ 과산화수소

■ **아세틸퍼옥사이드 : 제5류 위험물**

㉠ 질산칼륨 : 제1류 위험물

㉡ 유황 : 제2류 위험물

㉢ 트리에틸알루미늄 : 제3류 위험물

㉣ 과산화수소 : 제6류 위험물

※ 35번 해설 참조

37 위험물의 운반에 관한 기준에서 정한 유별을 달리하는 위험물의 혼재기준에 따르면 한 가지 다른 유별의 위험물과만 혼재가 가능한 위험물은?(단, 지정수량의 1/10을 초과하는 경우이다)

① 제2류

② 제4류

③ 제5류

④ 제6류

35번 해설 참조

38 소화설비를 설치하는 탱크의 공간용적은?(단, 소화약제 방출구를 탱크 안의 윗부분에 설치한 경우에 한한다)

① 소화약제 방출구 아래 0.1m 이상 0.5m 미만 사이의 면으로부터 윗부분의 용적

② 소화약제 방출구 아래 0.3m 이상 0.5m 미만 사이의 면으로부터 윗부분의 용적

③ 소화약제 방출구 아래 0.1m 이상 1m 미만 사이의 면으로부터 윗부분의 용적

④ 소화약제 방출구 아래 0.3m 이상 1m 미만 사이의 면으로부터 윗부분의 용적

소화설비를 설치하는 탱크의 공간용적은 소화약제 방출구 아래의 0.3m 이상 1m 미만 사이의 면으로부터 윗부분의 용적이다.

39 위험물제조소로부터 20m 이상의 안전거리를 유지하여야 하는 건축물 또는 공작물은?

① 「문화재보호법」에 따른 지정문화재
② 「고압가스안전관리법」에 따라 신고하여야 하는 고압가스저장시설
③ 주거용 건축물
④ 「고등교육법」에서 정하는 학교

해설

▪ **안전거리**
① 건축물의 외벽 또는 공작물의 외측으로부터 해당 제조소 등의 외벽 또는 이에 상당하는 공작물의 외측
   까지의 수평거리
② 목적 : 위험물시설에서 화재나 폭발 등의 재해발생 시 위험물시설의 주변시설이나 인명보호
③ 안전거리 규제대상 시설물 : 제조소, 일반취급소, 옥내저장소, 옥외저장소, 옥외탱크저장소(제6류 위
   험물 취급 제조소는 안전거리 규제대상이 아니다)

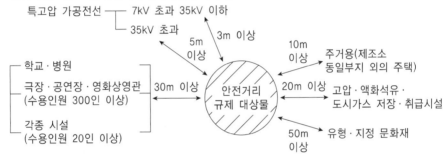

40 위험물제조소와 시설물 사이에 불연재료로 된 방화상 유효한 담을 설치하는 경우에는 법
정의 안전거리를 단축할 수 있다. 다음 중 이러한 안전거리 단축이 가능한 시설물에 해당
하지 않는 것은?

① 사용전압 7,000V 초과 35,000V 이하의 특고압 가공전선
② 「문화재보호법」에 의한 문화재 중 지정문화재
③ 초등학교
④ 주택

해설

▪ **위험물제조소와 시설물 사이에 불연재료로 된 유효한 담을 설치하는 경우 안전거리 단축이 가능한 시설물**
㉠ 「문화재보호법」에 의한 문화재 중 지정문화재
㉡ 학교, 유치원
㉢ 주거용 주택

정답 39. ② 40. ①

41 사용전압 35,000V를 초과하는 특고압가공전선과 위험물제조소와의 안전거리 기준으로 옳은 것은?

① 5m 이상   ② 10m 이상
③ 13m 이상   ④ 15m 이상

> **해설**

■ 안전거리
㉠ 사용전압이 7,000V 초과 35,000V 이하의 특고압 가공전선에 있어서는 3m 이상
㉡ 사용전압이 35,000V를 초과하는 특고압 가공전선에 있어서는 5m 이상

42 다음 중 안전거리의 규제를 받지 않는 곳은 어디인가?

① 옥외탱크저장소   ② 옥내저장소
③ 지하탱크저장소   ④ 옥외저장소

> **해설**

㉠ 안전거리 : 건축물의 외벽 또는 이에 상당하는 공작물의 외측으로부터 해당 제조소의 외벽 또는 이에
  상당하는 공작물의 외측까지의 수평거리이다.
㉡ 지하탱크저장소는 안전거리의 규제를 받지 않는다.

43 위험물을 저장 또는 취급하는 탱크의 용량은 해당 탱크의 내용적에서 공간용적을 뺀 용적으로 한다. 「위험물안전관리법령」상 공간용적을 옳게 나타낸 것은?

① 탱크용적의 2/100 이상, 5/100 이하
② 탱크용적의 5/100 이상, 10/100 이하
③ 탱크용적의 3/100 이상, 8/100 이하
④ 탱크용적의 7/100 이상, 10/100 이하

> **해설**

■ 탱크의 공간용적

탱크용적의 $\dfrac{5}{100}$ 이상, $\dfrac{10}{100}$ 이하

44 그림과 같은 위험물탱크의 내용적은 약 몇 m³인가?

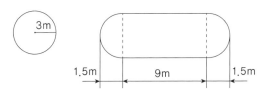

① 258.3
② 282.6
③ 312.1
④ 375.3

해설

$$V = \pi r^2 \left(l + \frac{l_1 + l_2}{3} \right) = 3.14 \times 3^2 \left(9 + \frac{1.5 + 1.5}{3} \right) = 282.6 \text{m}^3$$

45 위험물을 저장하는 원통형 탱크를 종으로 설치할 경우 공간용적을 옳게 나타낸 것은?(단, 탱크의 지름은 10m, 높이는 16m이며, 원칙적인 경우이다)

① 62.8m³ 이상 125.7m³ 이하
② 72.8m³ 이상 125.7m³ 이하
③ 62.8m³ 이상 135.6m³ 이하
④ 72.8m³ 이상 135.6m³ 이하

해설

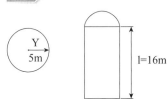

㉠ 탱크의 내용적 $= \pi r^2 \cdot l = \pi (5^2) \cdot 16 ≒ 1,256.64 \text{m}^3$

㉡ 탱크의 공간용적(원칙적인 경우) : 탱크 내용적의 $\frac{5}{100}$ 이상 $\frac{10}{100}$ 이하

㉢ 공간 용적 : $1,256.64 \times \frac{5}{100}$ 이상 $1,256.64 \times \frac{10}{100}$ 이하

∴ 62.8m³ 이상 125.7m³ 이하

정답 44. ② 45. ①

46 위험물제조소의 건축물의 구조에 대한 설명 중 옳은 것은?

① 지하층은 1개층까지만 만들 수 있다.
② 벽·기둥·바닥·보 등은 불연재료로 한다.
③ 지붕은 폭발 시 대기 중으로 날아갈 수 있도록 가벼운 목재 등으로 덮는다.
④ 바닥에 적당한 경사가 있어서 위험물이 외부로 흘러갈 수 있는 구조라면 집유설비를 설치하지 않아도 된다.

해설

㉠ 지하층이 없도록 하여야 한다.
㉡ 지붕은 폭발력이 위로 방출될 정도의 가벼운 불연재료로 덮어야 한다.
㉢ 액체의 위험물을 취급하는 건축물의 바닥은 위험물이 스며들지 못하는 재료를 사용하고, 적당한 경사를 두어 그 최저부에 집유설비를 하여야 한다.

47 위험물제조소의 환기설비에 대한 기준에 대한 설명 중 옳지 않은 것은?

① 환기는 팬을 사용한 국소배기방식으로 설치하여야 한다.
② 급기구는 바닥면적 150m^{2}마다 1개 이상으로 한다.
③ 급기구는 낮은 곳에 설치하고 가는 눈의 구리망 등으로 인화방지망을 설치해야 한다.
④ 환기구는 회전식 고정벤틸레이터 또는 루프팬 방식으로 설치한다.

해설

환기는 자연배기방식으로 한다.

48 바닥면적이 150m^2 이상인 제조소에 설치하는 환기설비의 급기구는 얼마 이상의 크기로 하여야 하는가?

① 600cm^2
② 800cm^2
③ 1,000cm^2
④ 1,500cm^2

해설

■ **환기설비** : 급기구는 해당 급기구가 설치된 실의 바닥면적 150m^{2}마다 1개 이상으로 하되, 급기구의 크기는 800cm^2 이상으로 한다.

49 다음 중 위험물을 가압하는 설비에 설치하는 장치로서 옳지 않은 것은?

① 안전밸브를 병용하는 경보장치
② 압력계
③ 수동적으로 압력의 상승을 정지시키는 장치
④ 감압측에 안전밸브를 부착한 감압밸브

해설

■ 위험물을 가압설비에 설치하는 장치
㉠ 안전밸브를 병용하는 경보장치
㉡ 압력계
㉢ 자동적으로 압력의 상승을 정지시키는 장치(일반적으로 안전밸브를 사용)
㉣ 감압측에 안전밸브를 부착한 감압밸브
㉤ 파괴판(위험물의 성질에 따라 안전밸브의 작동이 곤란한 가압설비에 한함)

50 위험물제조소 등의 안전거리의 단축기준을 적용함에 있어서 $H \leq pD^2 + a$일 경우 방화상 유효한 담의 높이는 2m 이상으로 한다. 여기서 H가 의미하는 것은?

① 제조소 등과 인접 건축물과의 거리
② 인근 건축물 또는 공작물의 높이
③ 제조소 등의 외벽의 높이
④ 제조소 등과 방화상 유효한 담과의 거리

해설

$H \leq pD^2 + a$
여기서, H : 인접 건물의 높이(m)
　　　　p : 제조소 등과 방화상 유효한 담과의 높이(m)
　　　　D : 방화상 유효한 벽의 높이(m)

51 제5류 위험물 중 제조소의 위치·구조 및 설비기준상 안전거리기준, 담 또는 토제의 기준 등에 있어서 강화되는 특례기준을 두고 있는 품명은?

① 유기과산화물　　　　　　　② 질산에스테르류
③ 니트로화합물　　　　　　　④ 히드록실아민

- 제조소의 위치·구조 및 설비 기준상 안전거리 기준, 담 또는 토제의 기준 등에 있어서 강화되는 특례기준을 두고 있는 품명
  ⊙ 제5류 위험물 중 유기과산화물 또는 이를 함유하는 것으로, 지정수량이 10kg인 것
  ⊙ 알킬알루미늄 등
  ⊙ 히드록실아민 등

52 다음의 위험물을 옥내저장소에 저장하는 경우 옥내저장소의 구조가 벽·기둥 및 바닥이 내화구조로 된 건축물이라면「위험물안전관리법」에서 규정하는 보유공지를 확보하지 않아도 되는 것은?

① 아세트산 30,000L
② 아세톤 5,000L
③ 클로로벤젠 10,000L
④ 글리세린 15,000L

해설

- 옥내저장소의 보유공지

위험물의 최대수량	공지의 너비	
	내화구조	기타 구조
지정수량의 5배 이하	–	0.5m 이상
지정수량의 6~10배 이하	1m 이상	1.5m 이상
지정수량의 11~20배 이하	2m 이상	3m 이상
지정수량의 21~50배 이하	3m 이상	5m 이상
지정수량의 51~200배 이하	5m 이상	10m 이상
지정수량의 200배 초과	10m 이상	15m 이상

53 하나의 옥내저장소에 칼륨과 유황을 저장하고자 할 때 저장창고의 바닥면적에 관한 내용으로 적합하지 않은 것은?

① 만약 유황이 없고 칼륨만을 저장하는 경우라면 저장창고의 바닥면적은 1,000m² 이하로 하여야 한다.
② 만약 칼륨이 없고 유황만을 저장하는 경우라면 저장창고의 바닥면적은 2,000m² 이하로 하여야 한다.
③ 내화구조의 격벽으로 완전히 구획된 실에 각각 저장하는 경우 전체 바닥면적은 1,500m² 이하로 하여야 한다.
④ 내화구조의 격벽으로 완전히 구획된 실에 각각 저장하는 경우 칼륨의 저장실은 1,000m² 이하로, 유황의 저장실은 500m² 이하로 한다.

해설

④ 내화구조의 격벽으로 완전히 구획된 실에 각각 저장하는 경우 칼륨의 저장실은 1,500m² 이하로 하고, 유황의 저장실은 1,500m²를 초과할 수 없다.

54 「위험물안전관리법령」에 관한 내용으로 다음 (   ) 안에 알맞은 수치를 차례대로 나타낸 것은?

> 옥내저장소에서 동일품명의 위험물이더라도 자연발화 할 우려가 있는 위험물 또는 재해가 현저하게 증대할 우려가 있는 위험물을 다량 저장하는 경우에는 지정수량 의 (   )배 이하마다 구분하여 상호간 (   )m 이상의 간격을 두어 저장하여야 한다.

① 10, 0.3   ② 10, 1
③ 100, 0.3   ④ 100, 1

해설

■ 옥내저장소
동일품명의 위험물이더라도 자연발화 할 우려가 있는 위험물 또는 재해가 현저하게 증대할 우려가 있는 위험물을 다량 저장하는 경우에는 지정수량의 10배 이하마다 구분하여 상호간 0.3m 이상의 간격을 두어 저장한다.

55 「위험물안전관리법령」상 옥내저장소에서 위험물을 저장하는 경우에는 규정에 의한 높이를 초과하여 용기를 겹쳐 쌓지 아니하여야 한다. 다음 중 제한높이가 가장 낮은 경우는?

① 제4류 위험물 중 제3석유류를 수납하는 용기만을 겹쳐 쌓는 경우
② 제6류 위험물을 수납하는 용기만을 겹쳐 쌓는 경우
③ 제4류 위험물 중 제4석유류를 수납하는 용기만을 겹쳐 쌓는 경우
④ 기계에 의하여 하역하는 구조로 된 용기만을 겹쳐 쌓는 경우

해설

■ 옥내저장소에서 위험물 용기를 겹쳐 쌓을 수 있는 높이
㉠ 기계에 의하여 하역하는 구조로 된 용기만을 겹쳐 쌓는 경우 : 6m
㉡ 제4류 위험물 중 제3석유류, 제4석유류 및 동·식물유류를 수납하는 용기만을 겹쳐 쌓는 경우 : 4m
㉢ 그 밖의 경우 : 3m

정답 54. ① 55. ②

56 다음 중 하나의 옥내저장소에 제5류 위험물과 함께 저장할 수 있는 위험물은?(단, 위험물을 유별로 정리하여 저장하는 한편, 서로 1m 이상의 간격을 두는 경우이다)

① 제1류 위험물(알칼리금속의 과산화물 또는 이를 함유한 것 제외)
② 제2류 위험물 중 인화성고체
③ 제3류 위험물 중 알킬알루미늄 이외의 것
④ 유기과산화물 또는 이를 함유한 것 이외의 제4류 위험물

■ **옥내·외 저장소의 위험물 혼재기준**
㉠ 제1류 위험물(알칼리금속 과산화물)+제5류 위험물
㉡ 제1류 위험물+제6류 위험물
㉢ 제1류 위험물+자연발화성 물품(황린)
㉣ 제2류 위험물(인화성고체)+제4류 위험물
㉤ 제3류 위험물(알킬알루미늄 등)+제4류 위험물(알킬알루미늄·알킬리튬 함유한 것)
㉥ 제4류 위험물(유기과산화물)+제5류 위험물(유기과산화물)

57 다음 중 옥외저장소에 저장할 수 없는 위험물은?(단, IMDG code에 적합한 용기에 수납한 경우를 제외한다)

① 제2류 위험물 중 유황
② 제3류 위험물 중 금수성물질
③ 제4류 위험물 중 제2석유류
④ 제6류 위험물

■ **옥외저장소에 저장 또는 취급할 수 있는 위험물의 종류**
㉠ 제2류 위험물 중 유황 또는 인화성고체(인화점이 0℃ 이상인 것에 한함)
㉡ 제4류 위험물 중 제1석유류(인화점 0℃ 이상인 것에 한함), 알코올류, 제2석유류, 제3석유류, 제4석유류 및 동·식물유류
㉢ 제6류 위험물
㉣ 제2류 위험물 및 제4류 위험물 중 특별시·광역시 또는 도의 조례에서 정하는 위험물(관세법 제154조의 규정에 의한 보세구역 안에 저장하는 경우에 한함)
㉤ 국제해사기구에 관한 협약에 의하여 설치된 국제해사기구가 채택한 국제해상위험물 규칙(IMDG code)에 적합한 용기에 수납된 위험물

58 옥외저장소에 선반을 설치하는 경우에 선반의 높이는 몇 m를 초과하지 않아야 하는가?

① 3
② 4
③ 5
④ 6

56. ① 57. ② 58. ④

해설

옥외저장소에 선반을 설치하는 경우 선반의 높이는 6m를 초과하지 않는다.

59 덩어리 상태의 유황을 저장하는 옥외저장소가 경계표시 내부의 면적(2 이상의 경계표시가 있는 경우에는 각 경계표시의 내부의 면적을 합한 면적)이 얼마일 때 소화난이도등급 I에 해당하는가?

① $100m^2$ 이하
② $100m^2$ 이상
③ $1,000m^2$ 이하
④ $1,000m^2$ 이상

해설

■ 소화난이도등급 I의 제조소 등 및 소화설비(소화난이도등급I에 해당하는 제조소 등)

제조소 등의 구분	제조소 등의 규모, 저장 또는 취급하는 위험물의 품명 및 최대수량 등
제조소 및 일반취급소	연면적 $1,000m^2$ 이상인 것
	지정수량의 100배 이상인 것(고인화점위험물만을 100℃ 미만의 온도에서 취급하는 것 및 제48조의 위험물을 취급하는 것은 제외)
	지반면으로부터 6m 이상의 높이에 위험물취급설비가 있는 것(고인화점위험물만을 100℃ 미만의 온도에서 취급하는 것은 제외)
	일반취급소로 사용되는 부분 외의 부분을 갖는 건축물에 설치된 것(내화구조로 개구부 없이 구획된 것 및 고인화점위험물만을 100℃ 미만의 온도에서 취급하는 것은 제외)
옥내저장소	지정수량의 150배 이상인 것(고인화점위험물만을 저장하는 것 및 제48조의 위험물을 저장하는 것은 제외)
	연면적 $150m^2$를 초과하는 것($150m^2$ 이내마다 불연재료로 개구부 없이 구획된 것 및 인화성고체 외의 제2류 위험물 또는 인화점 70℃ 이상의 제4류 위험물만을 저장하는 것은 제외)
	처마 높이가 6m 이상인 단층건물의 것
	옥내저장소로 사용되는 부분 외의 부분이 있는 건축물에 설치된 것(내화구조로 개구부 없이 구획된 것 및 인화성고체 외의 제2류 위험물 또는 인화점 70℃ 이상의 제4류 위험물만을 저장하는 것은 제외)
옥외탱크저장소	액표면적이 $40m^2$ 이상인 것(제6류 위험물을 저장하는 것 및 고인화점위험물만을 100℃ 미만의 온도에서 저장하는 것은 제외)
	지반면으로부터 탱크 옆판의 상단까지 높이가 6m 이상인 것(제6류 위험물을 저장하는 것 및 고인화점위험물만을 100℃ 미만의 온도에서 저장하는 것은 제외)
	지중탱크 또는 해상탱크로서 지정수량의 100배 이상인 것(제6류 위험물을 저장하는 것 및 고인화점위험물만을 100℃ 미만의 온도에서 저장하는 것은 제외)
	고체위험물을 저장하는 것으로서 지정수량의 100배 이상인 것

옥외탱크저장소	액표면적이 40m^2 이상인 것(제6류 위험물을 저장하는 것 및 고인화점위험물만을 100℃ 미만의 온도에서 저장하는 것은 제외)
	바닥면으로부터 탱크 옆판의 상단까지 높이가 6m 이상인 것(제6류 위험물을 저장하는 것 및 고인화점위험물만을 100℃ 미만의 온도에서 저장하는 것은 제외)
	탱크전용실이 단층건물 외의 건축물에 있는 것으로서 인화점 40℃ 이상 70℃ 미만의 위험물을 지정수량의 5배 이상 저장하는 것(내화구조로 개구부 없이 구획된 것은 제외)
옥외저장소	인화성고체(인화점 21℃ 미만인 것) 덩어리 상태의 유황을 저장하는 것으로, 경계표시 내부의 면적(2 이상의 경계표시가 있는 경우에는 각 경계표시의 내부의 면적을 합한 면적)이 100m^2 이상인 것
	제2류 위험물 중 또는 제4류 위험물 중 제1석유류 또는 알코올류의 위험물을 저장하는 것으로 지정수량의 100배 이상인 것
암반탱크저장소	액표면적이 40m^2 이상인 것(제6류 위험물을 저장하는 것 및 고인화점위험물만을 100℃ 미만의 온도에서 저장하는 것은 제외)
	고체위험물을 저장하는 것으로서 지정수량의 100배 이상인 것
이송취급소	모든 대상

60 아세톤을 저장하는 옥외저장탱크 중 압력탱크 외의 탱크에 설치하는 대기밸브부착 통기관은 몇 kPa 이하의 압력차이로 작동할 수 있어야 하는가?

① 5　　　　　　　　　　　　　② 10
③ 15　　　　　　　　　　　　　④ 20

> **해설**

■ 옥외저장탱크 중 압력탱크 외의 탱크에 있어서 밸브 없는 통기관
5kPa 이하의 압력차이로 작동할 수 있다.

61 옥외탱크저장소에 보냉장치 및 불연성가스 봉입장치를 설치해야 되는 위험물은?

① 아세트알데히드　　　　　　　② 이황화탄소
③ 생석회　　　　　　　　　　　④ 염소산나트륨

> **해설**

■ 아세트알데히드 옥외탱크저장소 : 연소성 혼합기체의 생성에 의한 폭발을 방지하기 위한 불활성기체 또는 수증기를 봉입하는 장치를 갖춘다.

62 옥외저장탱크의 펌프설비 설치기준으로 틀린 것은?

① 펌프실의 지붕을 폭발력이 위로 방출될 정도의 가벼운 불연재료로 할 것
② 펌프실의 창 및 출입구에는 갑종방화문 또는 을종방화문을 설치할 것
③ 펌프실의 바닥 주위에는 높이 0.2m 이상의 턱을 만들 것
④ 펌프설비의 주위에는 너비 1m 이상의 공지를 보유할 것

해설

④ 펌프설비의 주위에는 너비 3m 이상의 공지를 보유한다(단, 방화상 유효한 격벽으로 설치하는 경우와 제6류 위험물 또는 지정수량의 10배 이하 위험물의 옥외저장탱크의 펌프설비에 있어서는 그러하지 아니하다).

63 옥외탱크저장소의 펌프설비 설치기준으로 옳지 않은 것은?

① 펌프실의 지붕은 위험물에 따라 가벼운 불연재료로 덮어야 한다.
② 펌프실의 출입구는 갑종방화문 또는 을종방화문을 사용한다.
③ 펌프설비의 주위에는 3m 이상의 공지를 보유하여야 한다.
④ 옥외저장탱크의 펌프실은 지정수량 20배 이하의 경우는 주위에 공지를 보유하지 않아도 된다.

해설

④ 펌프설비의 주위에는 3m 이상의 공기를 보유할 것. 다만 방화상 유효한 격벽(건축물 내에 설치하는 것에 있어서는 내화구조의 것에 한함)을 설치하는 경우와 제6류 위험물 또는 지정수량의 10배 이하의 위험물을 취급하는 경우에는 그러하지 아니하다.

64 고정지붕구조로 된 위험물옥외저장탱크에 설치하는 포방출구가 아닌 것은?

① Ⅰ형
② Ⅱ형
③ Ⅲ형
④ 특형

해설

■ 위험물 옥외저장탱크에 설치하는 포 방출구

방출구 형식	지붕구조	주입방식
Ⅰ형	고정지붕구조	상부포주입법
Ⅱ형	고정지붕구조 또는 부상덮개부착 고정지붕구조	상부포주입법
특형	부상지붕구조	상부포주입법
Ⅰ형	고정지붕구조	저부포주입법
Ⅳ형	고정지붕구조	저부포주입법

정답 62. ④ 63. ④ 64. ④

65 옥외탱크저장소에 설치하는 높이가 1m를 넘는 방유제 및 간막이둑의 안팎에 설치하는 계단 또는 경사로는 약 몇 m마다 설치하여야 하는가?

① 20

② 30

③ 40

④ 50

해설

■ **인화성액체위험물(이황화탄소를 제외)의 옥외탱크저장소의 탱크 주위의 방유제 설치기준**

높이가 1m를 넘는 방유제 및 간막이둑의 안팎에는 방유제 내에 출입하기 위한 계단 또는 경사로를 약 50m마다 설치한다.

66 옥외탱크저장소를 설치함에 있어서 탱크안전성능검사 중 용접부검사의 대상이 되는 옥외 저장탱크를 옳게 설명한 것은?

① 용량이 100만L 이상인 액체위험물탱크

② 액체위험물을 저장 · 취급하는 탱크 중 「고압가스안전관리법」에 의한 특정 설비에 관한 검사에 합격한 탱크

③ 액체위험물을 저장 · 취급하는 탱크 중 「산업안전보건법」에 의한 성능검사에 합격한 탱크

④ 용량에 상관없이 액체위험물을 저장 · 취급하는 탱크

해설

■ **탱크안전성능검사 중 용접부검사의 대상이 되는 옥외저장탱크** : 용량이 100만L 이상인 액체위험물탱크

67 인화성액체위험물을 저장하는 옥외탱크저장소의 주위에 설치하는 방유제에 관한 내용으로 틀린 것은?

① 방유제의 높이는 0.5m 이상 3m 이하로 하고, 면적은 8만m² 이하로 한다.

② 2기 이상의 탱크가 있는 경우 방유제의 용량은 그 탱크 중 용량이 최대인 것의 용량의 110% 이상으로 한다.

③ 용량이 1,000만L 이상인 옥외저장탱크의 주위에는 탱크마다 간막이둑을 흙 또는 철근 콘크리트로 설치한다.

④ 간막이둑을 설치하는 경우 간막이둑의 용량은 간막이둑 안에 설치된 탱크용량의 110% 이상이어야 한다.

해설

④ 간막이둑을 설치하는 경우 간막이둑의 용량은 간막이둑 안에 설치된 탱크용량의 10% 이상일 것

68 인화성액체위험물(CS₂는 제외)을 저장하는 옥외탱크저장소에서 방유제의 용량에 대해 다음 (   ) 안에 알맞은 수치를 차례대로 나열한 것은?

> 방유제의 용량은 방유제 안에 설치된 탱크가 하나인 때에는 그 탱크용량의 (   )% 이상, 2기 이상인 때에는 그 탱크 중 용량이 최대인 것의 용량의 (   )% 이상으로 할 것. 이 경우 방유제의 용량은 해당 방유제의 내용적에서 용량이 최대인 탱크 외의 탱크의 방유제 높이 이하 부분의 용적, 해당 방유제 내에 있는 모든 탱크의 지반면 이상 부분의 기초의 체적, 간막이둑의 체적 및 해당 방유제 내에 있는 배관 등의 체적을 뺀 것으로 한다.

① 100, 100   ② 100, 110
③ 110, 100   ④ 110, 110

해설

■ 방유제의 용량
방유제 안에 설치된 탱크가 하나일 때에는 그 탱크용량의 110% 이상, 2기 이상인 때에는 그 탱크 중 용량이 최대인 것의 용량 110% 이상으로 할 것. 이 경우 방유제의 용량은 해당 방유제의 내용적에서 용량이 최대인 탱크 외의 탱크의 방유제 높이 이하 부분의 용적, 해당 방유제 내에 있는 모든 탱크의 지반면 이상 부분의 기초의 체적, 간막이둑의 체적 및 해당 방유제 내에 있는 배관 등의 체적을 뺀 것으로 한다.

69 휘발유를 저장하는 옥외탱크저장소의 하나의 방유제 안에 10,000L, 20,000L 탱크 각각 1기가 설치되어 있다. 방유제의 용량은 몇 L 이상이어야 하는가?

① 11,000   ② 20,000
③ 22,000   ④ 30,000

해설

■ 옥외탱크저장소의 방유제 용량
㉠ 1기 이상 : 탱크용량의 110% 이상
㉡ 2기 이상 : 최대 용량의 110% 이상
㉢ 방유제의 용량＝20,000 × 1.1＝22,000L

70 옥외탱크저장소의 방유제 설치기준으로 옳지 않은 것은?

① 방유제의 용량은 방유제 안에 설치된 탱크가 하나인 때는 그 탱크용량의 110% 이상으로 한다.
② 방유제의 높이는 0.5m 이상 3m 이하로 한다.
③ 방유제 내의 면적은 8만m² 이하로 한다.
④ 높이가 1m를 넘는 방유제의 안팎에는 계단 또는 경사로를 70m마다 설치한다.

해설

④ 높이가 1m를 넘는 방유제 및 간막이둑의 안팎에는 방유제 내에 출입하기 위한 계단 또는 경사로를 약 50m마다 설치한다.

71 특정 옥외저장탱크 구조기준 중 펠릿용접의 사이즈(S[mm])를 구하는 식으로 옳은 것은?
[단, t_t : 얇은 쪽 강판의 두께(mm), t_2 : 두꺼운 쪽 강판의 두께(mm)이며 $S \geq 4.5$이다]

① $t_1 \geq S \geq t_2$
② $t_1 \geq S \geq \sqrt{2t_2}$
③ $\sqrt{2t_1} \geq S \geq t_2$
④ $t_1 \geq S \geq 2t_2$

해설

㉠ 특정 옥외탱크저장소 : 옥외탱크저장소 중 그 저장 또는 취급하는 액체위험물의 최대수량의 100만L 이상의 것
㉡ 펠릿용접의 사이즈(부등사이즈가 되는 경우에는 작은 쪽의 사이즈를 말함)
  $t_1 \geq S \geq \sqrt{2t_2}$ (단, $S \geq 4.5$)
  [t_1 : 얇은 쪽 강판의 두께(mm), t_2 : 두꺼운 쪽 강판의 두께(mm), S : 사이즈(mm)]

72 옥외탱크저장소의 탱크 중 압력탱크의 수압시험기준은?

① 최대상용압력의 2배의 압력으로 20분간 수압
② 최대상용압력의 2배의 압력으로 10분간 수압
③ 최대상용압력의 1.5배의 압력으로 20분간 수압
④ 최대상용압력의 1.5배의 압력으로 10분간 수압

해설

① 옥외저장탱크의 외부 구조 및 설비
  ㉠ 압력탱크 : 수압시험(최대상용압력의 1.5배의 압력으로 10분간 실시하여 새거나 변형되지 않아야 한다)
  ㉡ 압력탱크 외의 탱크 : 충수시험
② 충수시험 : 탱크에 일정량이 물 등의 액체를 채워 탱크의 이상 유무를 확인하는 시험

73 특정 옥외탱크저장소라 함은 저장 또는 취급하는 액체위험물의 최대수량이 몇 L 이상의 것을 말하는가?

① 50만

② 100만

③ 150만

④ 200만

> **해설**
>
> ㉠ 특정 옥외탱크저장소 : 옥외탱크저장소 중 그 저장 또는 취급하는 액체위험물의 최대수량의 100만L 이상일 것
> ㉡ 준특정 옥외탱크저장소 : 옥외탱크저장소 중 그 저장 또는 취급하는 액체위험물의 최대수량의 50만 이상 100만L 미만의 것
> ㉢ 옥외저장탱크 : 위험물을 저장·취급하는 옥외탱크

74 옥내탱크저장소 중 탱크전용실을 단층건물 외의 건축물에 설치하는 경우 옥내저장탱크를 설치한 탱크전용실을 건축물의 1층 또는 지하층에 설치하여야 하는 위험물의 종류가 아닌 것은?

① 황화인

② 황린

③ 동·식물유류

④ 질산

> **해설**
>
> ■ **옥내탱크저장소에서 1층 또는 지하층에 설치하는 위험물**
> ㉠ 제2류 위험물 : 황화인, 적린, 덩어리 유황
> ㉡ 제3류 위험물 : 황린
> ㉢ 제6류 위험물 : 질산

75 제3류 위험물 옥내탱크저장소로 허가를 득하여 사용하고 있는 중에 변경허가를 득하지 않고 위험물시설을 변경할 수 있는 경우는?

① 옥내저장탱크를 교체하는 경우

② 옥내저장탱크에 직경 200mm의 맨홀을 신설하는 경우

③ 옥내저장탱크를 철거하는 경우

④ 배출설비를 신설하는 경우

> **해설**
>
> ② 옥내저장탱크의 노즐 또는 맨홀을 신설하는 경우(노즐 또는 맨홀의 직경이 250mm 초과하는 경우에 한한다)

정답 73. ② 74. ③ 75. ②

76 단층건축물에 옥내탱크저장소를 설치하고자 한다. 하나의 탱크전용실에 2개의 옥내저장탱크를 설치하여 에틸렌글리콜과 기어유를 저장하고자 한다면 저장 가능한 지정수량의 최대배수를 옳게 나타낸 것은?

품 명	저장 가능한 지정수량의 최대배수
에틸렌글리콜	(A)
기어유	(B)

① (A) 40배, (B) 40배   ② (A) 20배, (B) 20배
③ (A) 10배, (B) 30배   ④ (A) 5배, (B) 35배

> **해설**

① 옥내저장탱크용량(동일한 탱크전용실에 2 이상 설치 시 각 탱크용량 합계)은 지정수량의 40배(제4 석유류, 동·식물유류 외의 제4류 위험물은 20,000L 초과 시 20,000L) 이하일 것
② 최대저장수량
   ㉠ 에틸렌글리콜(지정수량 4,000L) : 제4류, 제3석유류, 수용성 → 최대 20,000L(5배)
   ㉡ 기어유(지정수량 6,000L) : 제4류, 제4석유류 → 40배-20,000L = 220,000L(36.67배)
   ∴ 에틸렌글리콜 : 5배, 기어유 : 40배-5배 = 35배

77 내용적이 20,000L인 지하저장탱크(소화약제 방출구를 탱크 안의 윗부분에 설치하지 않은 것)를 구입하여 설치하는 경우 최대 몇 L까지 저장·취급 허가를 신청할 수 있는가?

① 18,000   ② 19,000
③ 19,800   ④ 20,000

> **해설**

내용적 20,000L×0.95 = 19,000L

78 다음 중 지하탱크저장소의 수압시험기준으로 옳은 것은?

① 압력 외 탱크는 상용압력의 30kPa의 압력으로 10분간 실시하여 새거나 변형이 없을 것
② 압력탱크는 최대상용압력의 1.5배의 압력으로 10분간 실시하여 새거나 변형이 없을 것
③ 압력 외 탱크는 상용압력의 30kPa의 압력으로 20분간 실시하여 새거나 변형이 없을 것
④ 압력탱크는 최대상용압력의 1.1배의 압력으로 10분간 실시하여 새거나 변형이 없을 것

> **해설**

■ 지하탱크저장소의 수압시험
㉠ 압력탱크 : 최대상용압력의 1.5배 압력으로 10분간 실시
㉡ 압력탱크 외 : 70kPa의 압력으로 10분간 실시

정답 76. ④   77. ②   78. ②

79 접지도선을 설치하지 않는 이동탱크저장소에 의하여도 저장·취급할 수 있는 위험물은?

① 알코올류
② 제1석유류
③ 제2석유류
④ 특수인화물

> **해설**

■ 이동저장탱크의 접지도선
㉠ 설치목적 : 정전기 발생방지
㉡ 설치대상 : 제4류 중 특수인화물, 제1석유류, 제2석유류의 이동탱크저장소
㉢ 설치기준
  • 양도체도선에 비닐 등 절연재료를 피복하여 선단(끝)에 접지전극 등을 결착시킬 수 있는 클립 등을 부착할 것
  • 도선이 손상되지 아니하도록 도선을 수납할 수 있는 장치를 부착할 것

80 다음은 용량 100만L 미만의 액체위험물저장탱크에 실시하는 충수·수압시험의 검사 기준에 관한 설명이다. 탱크 중 "압력탱크 외의 탱크"에 대해서 실시하여야 하는 검사의 내용이 아닌 것은?

① 옥외저장탱크 및 옥내저장탱크는 충수시험을 실시하여야 한다.
② 지하저장탱크는 70kPa의 압력으로 10분간 수압시험을 실시하여야 한다.
③ 이동저장탱크는 최대상용압력의 1.5배의 압력으로 10분간 수압시험을 실시하여야 한다.
④ 이중벽탱크 중 강제강화이중벽탱크는 70kPa의 압력으로 10분간 수압시험을 실시하여야 한다.

> **해설**

③ 이동저장탱크는 70kPa의 압력으로 10분간 수압시험을 실시하여야 한다.

81 이동탱크저장소에 설치하는 방파판의 기능으로 옳은 것은?

① 출렁임 방지
② 유증기 발생의 억제
③ 정전기 발생 제거
④ 파손 시 유출 방지

> **해설**

방파판의 기능 : 출렁임 방지

정답 79. ① 80. ③ 81. ①

82 이동탱크저장소의 측면 틀의 기준에 있어서 탱크 뒷부분의 입면도에서 측면 틀의 최외측과 탱크의 최외측을 연결하는 직선의 수평면에 대한 내각은 얼마 이상이 되도록 하여야 하는가?

① 50°

② 65°

③ 75°

④ 90°

해설

㉠ 이동탱크저장소에서 최대수량의 위험물을 저장한 상태에 있을 때의 해당 탱크 중량의 중심선과 측면 틀의 최외측을 연결하는 직선과 그 중심선을 지나는 직선 중 최외측선과의 직각을 이루는 직선과의 내각이 30° 이상이 되도록 한다.

㉡ 측면틀의 설치목적 : 탱크가 전도될 때 탱크측면이 지면과 접촉하여 파손되는 것을 방지하기 위해서 설치를 한다.

83 「위험물안전관리법령」상 원칙적인 경우에 있어서 이동저장탱크의 내부는 몇 L 이하마다 3.2mm 이상의 강철판으로 칸막이를 설치해야 하는가?

① 2,000

② 3,000

③ 4,000

④ 5,000

해설

▪ **이동저장탱크의 내부**

4,000L 이하마다 3.2mm 이상의 강철판으로 칸막이를 설치한다.

84 액체위험물을 저장하는 용량 1,000L의 이동저장탱크는 최소 몇 개 이상의 실로 구획하여야 하는가?

① 1개

② 2개

③ 3개

④ 4개

해설

액체위험물을 저장하는 이동저장탱크는 그 내부에 4,000L 이하마다 칸막이로 구획하여야 한다.

$$\frac{10,000L}{4,000L} = 2.5 \rightarrow 3개 \text{ 이상의 실로 구획}$$

85 알킬알루미늄 등을 저장 또는 취급하는 이동탱크저장소에 관한 기준으로 옳은 것은?

① 탱크 외면은 적색으로 도장을 하고 백색 문자로 동관의 양측면 및 경판에 '화기주의'라는 주의사항을 표시한다.

② 알킬알루미늄 등을 저장하는 경우 20kPa 이하의 압력으로 불활성기체를 봉입해 두어야 한다.

③ 이동저장탱크의 맨홀 및 주입구의 뚜껑은 10mm 이상의 강판으로 제작하고, 용량은 2,000리터 미만이어야 한다.

④ 이동저장탱크는 두께 10mm 이상이 강판으로 제작하고 3MPa 이상의 압력으로 10분간 실시하는 수압시험에서 새거나 변형되지 않아야 한다.

> **해설**
>
> ① 탱크 외면은 적색으로 도장을 하고 백색 문자로 동판의 양측면 및 경판에 '물기엄금 및 화기엄금'이라는 주의사항을 표시한다.
>
> ③ 이동탱크의 맨홀 및 주입구의 뚜껑은 10mm 이상의 강판으로 제작하고, 용량은 1,900리터 미만이어야 한다.
>
> ④ 이동저장탱크는 두께 10mm 이상의 강판으로 제작하고 1MPa 이상의 압력으로 10분간 실시하는 수압시험에서 새거나 변형되지 않아야 한다.

86 이동탱크저장소에 의한 위험물 운송 시 위험물운송자가 휴대하여야 하는 위험물안전카드의 작성대상에 관한 설명으로 옳은 것은?

① 모든 위험물에 대하여 위험물안전카드를 작성하여 휴대하여야 한다.

② 제1류, 제3류 또는 제4류 위험물을 운송하는 경우에 위험물안전카드를 작성하여 휴대하여야 한다.

③ 위험등급 Ⅰ 또는 위험등급 Ⅱ에 해당하는 위험물을 운송하는 경우에 위험물안전카드를 작성하여 휴대하여야 한다.

④ 제1류, 제2류, 제3류, 제4류(특수인화물 및 제1석유류에 한함), 제5류 또는 제6류 위험물을 운송하는 경우 위험물안전카드를 작성하여 휴대하여야 한다.

> **해설**
>
> ■ 이동탱크저장소에서 위험물 운송 시 위험물운송자가 휴대하여야 하는 위험물 안전카드의 작성대상
> 제1류, 제2류, 제3류, 제4류(특수인화물 및 제1석유류에 한함), 제5류, 제6류 위험물을 운송하는 경우

87 운송책임자의 감독·지원을 받아 운송하여야 하는 위험물은?

① 칼륨   ② 히드라진유도체
③ 특수인화물   ④ 알킬리튬

해설

▪ **운송책임자의 감독·지원을 받는 위험물**
① 알킬알루미늄
② 알킬리튬
③ 알킬알루미늄 또는 알킬리튬을 함유하는 위험물

88 위험물 운송에 대한 설명 중 틀린 것은?

① 위험물의 운송은 해당 위험물을 취급할 수 있는 국가기술자격자 또는 위험물안전관리자 강습교육 수료자여야 한다.
② 알킬리튬, 알킬알루미늄을 운송하는 경우에는 위험물 운송책임자의 감독 또는 지원을 받아 운송하여야 한다.
③ 위험물운송자는 이동탱크저장소에 의해 위험물을 운송하는 때에는 해당 국가기술자격 증 또는 교육수료증을 지녀야 한다.
④ 휘발유를 운송하는 위험물운송자는 위험물 안전관리카드를 휴대하여야 한다.

해설

(1) 위험물운송자
신규인 경우는 한국소방안전원에서 16시간의 교육을 받은 자이어야 한다.
(2) 위험물운송자 관련 사항
  ① 이동탱크저장소에 의하여 위험물을 운송하는 자(운송책임자 및 이동탱크저장소 운전자)
    ㉠ 해당 위험물을 취급할 수 있는 국가기술자격자 또는 안전교육을 받은 자
    ㉡ 운송 시 해당 국가기술자격증 또는 교육수료증을 지녀야 한다.
    ㉢ 위험물 안전카드를 휴대해야 하는 위험물 : 특수인화물 및 제1석유류
  ② 위험물 운송책임자의 자격
    ㉠ 기술자격 취득 후 1년 이상 경력이 있는 자
    ㉡ 안전교육 수료 후 2년 이상 경력이 있는 자
  ③ 운송책임자의 감독·지원을 받는 위험물 : 알킬알루미늄, 알킬리튬 및 알킬알루미늄 또는 알킬리 튬을 함유하는 위험물
  ④ 2명 이상의 위험물운송자를 두어야 하는 경우
    ㉠ 고속국도, 340km 이상
    ㉡ 그 밖의 도로, 200km 이상의 장거리운송 시

정답 87. ④   88. ①

89 이동탱크저장소에 의한 위험물의 운송에 대한 설명으로 옳지 않은 것은?

① 이동탱크저장소의 운전자와 알킬알루미늄 등의 운송책임자의 자격은 다르다.
② 알킬알루미늄 등의 운송은 운송책임자의 감독 또는 지원을 받아서 하여야 한다.
③ 운송은 위험물 취급에 관한 국가기술자격자 또는 위험물운송자 교육을 받은 자가 하여야 한다.
④ 위험물운송자가 이동탱크저장소로 위험물을 운송할 때 해당 운송자격증을 휴대하지 않으면 벌금에 처해진다.

해설

위험물운송자가 이동탱크저장소로 위험물을 운송할 때 해당 운송자격증을 휴대하여야 한다.

90 이동탱크저장소에 의하여 위험물 장거리운송 시 다음 중 위험물운송자를 2명 이상 운전자로 하여야 하는 경우는?

① 운송책임자를 동승시킨 경우
② 운송위험물이 휘발유인 경우
③ 운송위험물이 질산인 경우
④ 운송 중 2시간 이내마다 20분 이상씩 휴식하는 경우

해설

이동탱크저장소에서 위험물 장거리운송 시 위험물운송자를 2명 이상의 운전자로 하는 경우
운송위험물이 질산인 경우

91 위험물이송취급소에 설치하는 경보설비가 아닌 것은?

① 비상벨장치
② 확성장치
③ 가연성증기 경보장치
④ 비상방송설비

해설

■ **이송취급소에 설치하는 경보설비**
① 비상벨장치
② 확성장치
③ 가연성증기 경보장치

92 인화성 위험물질 600L를 하나의 간이탱크저장소에 저장하려고 할 때 필요한 최소 탱크 수는?

① 4개
② 3개
③ 2개
④ 1개

> **해설**
>
> ■ **간이탱크저장소** : 간이탱크에 위험물을 저장하는 저장소를 말한다. 간이탱크는 작은 탱크를 말하며, 용량은 600L 이하이다.

93 간이탱크저장소의 탱크에 설치하는 통기관 기준에 대한 설명으로 옳은 것은?

① 통기관의 지름은 20mm 이상으로 한다.
② 통기관은 옥내에 설치하고 선단의 높이는 지상 1.5m 이상으로 한다.
③ 가는 눈의 동망 등으로 인화방지 장치를 한다.
④ 통기관의 선단은 수평면에 대하여 아래로 35° 이상 구부려 빗물 등이 들어가지 않도록 한다.

> **해설**
>
> ① 통기관의 지름은 25mm 이상으로 한다.
> ② 통기관은 옥외에 설치하고 선단의 높이는 지상 1.5m 이상으로 한다.
> ④ 통기관의 선단은 수평면에 대하여 45° 이상 구부려 빗물 등이 들어가지 않도록 한다.

94 위험물암반탱크가 다음과 같은 조건일 때 탱크의 용량은 몇 L인가?

> • 암반탱크의 내용적 : 600,000L
> • 1일간 탱크 내에 용출하는 지하수의 양 : 1,000L

① 595,000L
② 594,000L
③ 593,000L
④ 592,000L

> **해설**
>
> ㉠ 탱크의 용량 = 탱크의 내용적−공간용적
> ㉡ 위험물암반탱크의 공간용적은 해당 탱크 내에 용출하는 7일간의 지하 수량에 상당하는 용적과 해당 탱크 내용적의 $\dfrac{1}{100}$ 용적 중에서 보다 큰 용적이므로 7,000L이다.
> ㉢ 7일간 용출하는 지하수량 = 1,000×7 = 7,000L
> ㉣ 탱크 내용적의 $\dfrac{1}{100}$ = 600,000×$\dfrac{1}{100}$ = 6,000L
> ∴ 탱크용량 = 600,000−7,000 = 593,000L

정답 92. ④ 93. ③ 94. ③

95 위험물탱크의 공간용적에 관한 기준에 대해 다음 (   ) 안에 알맞은 수치는?

> 암반탱크에 있어서는 해당 탱크 내에 용출하는 (   )일간의 지하수의 양에 상당하는 용적과 해당 탱크의 내용적의 100분의 (   )의 용적 중에서 보다 큰 용적을 공간용적으로 한다.

① 7, 1
② 7, 5
③ 10, 1
④ 10, 5

해설

■ 암반탱크
해당 탱크 내에 용출하는 7일간의 지하수의 양에 상당하는 용적과 해당 탱크의 내용적의 100분의 1의 용적 중에서 보다 큰 용적을 공간용적으로 한다.

96 위험물의 취급소에 해당하지 않는 것은?

① 일반취급소
② 옥외취급소
③ 판매취급소
④ 이송취급소

해설

■ 위험물취급소
① 주유취급소
② 판매취급소
③ 일반취급소
④ 이송취급소

97 주유취급소의 공지에 대한 설명으로 옳지 않은 것은?

① 주위는 너비 15m 이상, 길이 6m 이상의 콘크리트 등으로 포장한 공지를 보유해야 한다.
② 공지의 바닥은 주위의 지면보다 높게 하여야 한다.
③ 공지바닥표면은 수평을 유지하여야 한다.
④ 공지바닥은 배수구, 저유설비 및 유분리시설을 하여야 한다.

해설

③ 공지의 바닥은 주위 지면보다 높게 하고, 그 표면을 적당하게 경사지게 한다.

98 주유취급소에 설치해야 하는 "주유 중 엔진정지" 게시판의 색상을 옳게 나타낸 것은?

① 적색 바탕에 백색 문자　　　　　② 청색 바탕에 백색 문자
③ 백색 바탕에 흑색 문자　　　　　④ 황색 바탕에 흑색 문자

> **해설**

■ **주유 중 엔진정지 게시판의 색상**
황색 바탕에 흑색 문자

99 고속국도의 도로변에 설치한 주유취급소의 고정주유설비 또는 고정급유설비에 연결된 탱크의 용량은 얼마까지 할 수 있는가?

① 10만L　　　　　　　　　　　② 8만L
③ 6만L　　　　　　　　　　　　④ 5만L

> **해설**

■ **탱크의 용량 기준**
㉠ 자동차 등에 주유하기 위한 고정주입설비, 직접 접속하는 전용 탱크 : 50,000L 이하
㉡ 고정급유설비에 직접 접속하는 전용 탱크 : 50,000L 이하
㉢ 보일러 등에 직접 접속하는 전용 탱크 : 10,000L 이하
㉣ 자동차 등을 점검·정비하는 작업장 등에서 사용하는 폐유·윤활유 등의 위험물을 저장하는 탱크 : 2,000L 이하
㉤ 고속국도 도로변에 설치된 주유취급소의 탱크 : 60,000L

100 주유취급소에 대한 설명으로 가장 거리가 먼 내용은?

① 방화벽의 높이는 지면으로부터 2m 이상으로 한다.
② 고정급유설비에 직접접속하는 전용탱크의 용량은 5만L 이하로 한다.
③ 고정주유설비의 주유관의 길이는 6m 이내로 한다.
④ 보유공지는 너비 15m 이상 길이 6m 이상의 콘크리트 포장한 공지로 한다.

> **해설**

고정주유설비의 주유관의 길이는 5m 이내로 한다.

101 다음 ( ) 안에 알맞은 숫자를 순서대로 나열한 것은?

> 주유취급소 중 건축물의 ( )층의 이상의 부분을 점포, 휴게음식점 또는 전시장의 용도로 사용하는 것에 있어서는 해당 건축물의 ( )층 이상으로부터 직접 주유취급소의 부지 밖으로 통하는 출입구와 해당 출입구로 통하는 통로, 계단 및 출입구에 유도등을 설치하여야 한다.

① 2, 1
② 1, 1
③ 2, 2
④ 1, 2

해설

주유취급소 중 건축물의 2층 이상의 부분을 점포, 휴게음식점 또는 전시장의 용도로 사용하는 것에 있어서는 해당 건축물의 2층 이상으로부터 직접주유취급소의 부지 밖으로 통하는 출입구와 해당 출입구로 통하는 통로, 계단 및 출입구에 유도등을 설치하여야 한다.

102 주유취급소 설치자가 변경허가를 받지 않고 주유취급소의 방화담 중 도로에 접한 부분을 철거한 사실이 기술기준에 부적합하여 적발된 경우에 「위험물안전관리법」상 조치사항으로 가장 적합한 것은?

① 변경허가 위반행위에 따른 형사처벌, 행정처분 및 복구명령을 병과한다.
② 변경허가 위반행위에 따른 행정처분 및 복구명령을 병과한다.
③ 변경허가 위반행위에 따른 형사처벌 및 복구명령을 병과한다.
④ 변경허가 위반행위에 따른 형사처벌 및 행정처분을 병과한다.

해설

■ 주유취급소의 설치자가 변경허가를 받지 않고 주유취급소의 방화담 중 도로에 접한 부분을 철거한 사실이 기술기준에 부적합하여 적발된 경우 : 변경허가 위반행위에 따른 형사처벌, 행정처분 및 복구명령을 병과한다.

103 제1종 판매취급소의 작업실 기준으로 옳지 않은 것은?

① 바닥면적은 $6m^2$ 이상 $15m^2$ 이하로 하여야 한다.
② 내화구조로 된 벽으로 구획하여야 한다.
③ 출입구는 바닥으로부터 0.2m 이상의 턱을 설치하여야 한다.
④ 출입구에는 갑종방화문을 설치하여야 한다.

▪ **제1종 판매취급소의 배합실 기준**

㉠ 바닥면적은 $6m^2$ 이상 $15m^2$ 이하일 것

㉡ 내화구조 또는 불연재료로 된 벽으로 구획할 것

㉢ 바닥은 위험물이 침투하지 아니하는 구조로 하여 적당한 경사를 두고 집유설비를 할 것

㉣ 출입구에는 수시로 열 수 있는 자동폐쇄식의 갑종방화문을 설치할 것

㉤ 출입구 문턱의 높이는 바닥면으로부터 0.1m 이상으로 할 것

㉥ 내부에 체류한 가연성의 증기 또는 가연성의 미분을 지붕 위로 방출하는 설비를 할 것

104 이송취급소의 배관 설치기준 중 배관을 지하에 매설하는 경우의 안전거리 또는 매설깊이로 옳지 않은 것은?

① 건축물(지하가 내의 건축물을 제외) : 1.5m 이상

② 지하가 및 터널 : 10m 이상

③ 산이나 들에 매설하는 배관의 외면과 지표면과의 거리 : 0.3m 이상

④ 수도법에 의한 수도시설(위험물의 유입 우려가 있는 것) : 300m 이상

해설

▪ **배관 외면과의 거리**

㉠ 다른 공작물 사이 : 0.3m 이상

㉡ 지표면과의 거리

 • 산이나 들 : 0.9m 이상

 • 그 밖의 지역 : 1.2m 이상

105 이송취급소의 이송기지에 설치해야 하는 경보설비는?

① 자동화재탐지설비 ② 누전경보기

③ 비상벨장치 및 확성장치 ④ 자동화재속보설비

해설

① 이송기지

 펌프에 의하여 위험물을 보내거나 받는 작업을 행하는 장소

② 경보설비

 ㉠ 이송기지 : 비상벨장치 및 확성장치

 ㉡ 가연성증기를 발생하는 위험물을 취급하는 펌프실 등 : 가연성증기경보설비

106 다음 중 이송취급소의 안전설비에 해당하지 않는 것은?

① 운전상태감시장치
② 안전제어장치
③ 통기장치
④ 압력안전장치

> **해설**

■ **이송취급소의 안전설비**
㉠ 운전상태 감지장치
㉡ 안전제어장치
㉢ 압력안전장치

107 「위험물안전관리법 시행규칙」에 의하여 일반취급소의 위치·구조 및 설비의 기준은 제조소의 위치·구조 및 설비의 기준을 준용하거나 위험물의 취급 유형에 따라 따로 정한 특례기준을 적용할 수 있다. 이러한 특례의 대상이 되는 일반취급소 중 취급 위험물의 인화점 조건이 나머지 셋과 다른 하나는?

① 열처리 작업 등의 일반취급소
② 절삭장치 등을 설치하는 일반취급소
③ 윤활유 순환장치를 설치하는 일반취급소
④ 유압장치를 설치하는 일반취급소

> **해설**

■ **일반취급소 중 취급 위험물의 인화점 조건**
① 열처리 작업 등의 일반취급소 : 인화점이 70℃ 이상인 제4류 위험물에 한한다.
② 절삭장치 등을 설치하는 일반취급소 : 고인화점위험물만을 100℃ 미만의 온도로 취급하는 것에 한한다.
③ 윤활유 순환장치를 설치하는 일반취급소 : 고인화점위험물만을 100℃ 미만의 온도로 취급하는 것에 한한다.
④ 유압장치를 설치하는 일반취급소 : 고인화점위험물만을 100℃ 미만의 온도로 취급하는 것에 한한다.

108 다음 중 소화난이도등급 I의 옥외탱크저장소로서 인화점이 70℃ 이상의 제4류 위험물만을 저장하는 탱크에 설치하여야 하는 소화설비는?(단, 지중탱크 및 해상탱크는 제외한다)

① 물분무소화설비 또는 고정식포소화설비
② 옥외소화전설비
③ 스프링클러설비
④ 이동식포소화설비

해설

▪ 소화난이도등급 I에 해당하는 제조소 등의 소화설비

구 분	소화설비	
제조소 일반취급소	• 옥내소화전설비 • 스프링클러설비	• 옥외소화전설비 • 물분무등소화설비
옥내저장소 (처마높이 6m 이상인 단층건물)	• 스프링클러설비 • 이동식 외의 물분무등소화설비	
옥외탱크저장소(유황만을 저장·취급)	물분무소화설비	
옥외탱크저장소 (인화점 70℃ 이상의 제4류 위험물 취급)	• 물분무소화설비	• 고정식포소화설비
옥외탱크저장소(지중탱크)	• 고정식포소화설비 • 이동식 이외의 불활성가스소화설비 • 이동식 이외의 할로겐화물소화설비	
옥외저장소 이송취급소	• 옥내소화전설비 • 스프링클러설비	• 옥외소화전설비 • 물분무등소화설비

109 소화난이도등급 I의 옥외탱크저장소(지중탱크 및 해상탱크 이외의 것)로서 인화점이 70℃ 이상인 제4류 위험물만을 저장하는 탱크에 설치하여야 하는 소화설비는?

① 물분무소화설비 또는 고정식포소화설비
② 옥내소화전설비
③ 스프링클러설비
④ 불활성가스소화설비

해설

▪ 소화난이도등급 I의 옥외탱크저장소(지중탱크, 해상탱크 제외)에 설치하는 소화설비

유황만을 저장·취급하는 것	물분무소화설비
인화점 70℃ 이상의 제4류 위험물만을 저장·취급하는 것	물분무소화설비 또는 고정식포소화설비
그 밖의 것	고정식포소화설비 (포소화설비가 적응성이 없는 경우에는 분말소화설비)

110 소화난이도등급 I에 해당하는 옥외저장소 및 이송취급소의 소화설비로 적합하지 않은 것은?

① 화재발생 시 연기가 충만할 우려가 있는 장소에는 스프링클러설비
② 이동식 이외의 불활성가스소화설비
③ 옥외소화전설비
④ 옥내소화전설비

해설

110번 해설 "소화난이도등급 I의 제조소 등에 설치하여야 하는 소화설비" 참조

111 「위험물안전관리법령」상 이산화탄소소화기가 적응성이 없는 위험물은?

① 인화성고체   ② 톨루엔
③ 초산메틸   ④ 브롬산칼륨

해설

브롬(취소)산칼륨(potassium bromate, KBrO₃)의 소화방법 : 다량의 물로 냉각소화한다.

112 「위험물안전관리법령」에서 정한 소화설비의 적응성 기준에서 불활성가스소화설비가 적응성이 없는 대상은?

① 전기설비   ② 인화성고체
③ 제4류 위험물   ④ 제6류 위험물

해설

① 불활성가스소화설비가 적응성 있는 대상
  ㉠ 전기설비
  ㉡ 제2류 중 인화성고체
  ㉢ 제4류 위험물
② 이산화탄소 소화기가 적응성 있는 대상
  ㉠ 불활성가스소화설비가 적응성 있는 대상
  ㉡ 폭발 위험성이 없는 장소에서의 제6류 위험물

113 「위험물안전관리법령」상 제3종 분말소화설비가 적응성이 있는 것은?

① 과산화바륨   ② 마그네슘
③ 질산에틸   ④ 과염소산

해설

■ 소화설비의 적응성

대상물	소화설비
• 제1류 위험물(알칼리금속 과산화물) • 제2류 위험물(철분 · 금속분 · 마그네슘) • 제3류 위험물(금수성물질)	• 분말소화설비(탄산수소염류) • 마른모래 • 팽창질석 · 팽창진주암
제5류 위험물	• 옥내 · 외소화전설비 • 스프링클러설비 • 물분무소화설비 • 포소화설비 • 물통 · 수조 • 마른모래 • 팽창질석 · 팽창진주암
제6류 위험물	• 옥내 · 외소화전설비 • 스프링클러설비 • 물분무소화설비 • 포소화설비 • 분말소화설비(인산염류) • 물통 · 수조 • 마른모래 • 팽창질석 · 팽창진주암

114 「위험물안전관리법령」상 소화설비의 적응성에서 제6류 위험물을 저장 또는 취급하는 제조소 등에 설치할 수 있는 소화설비는?

① 인산염류 분말소화설비
② 탄산수소염류 분말소화설비
③ 불활성가스소화설비
④ 할로겐화합물 소화설비

해설

■ 제6류 위험물을 저장 또는 취급하는 제조소 등에 설치할 수 있는 소화설비
인산염류 분말소화설비

115 「위험물안전관리법령」에서 정한 소화설비의 적응성에서 인산염류 등 분말소화설비는 적응성이 있으나 탄산수소염류 등 분말소화설비는 적응성이 없는 것은?

① 인화성고체   ② 제4류 위험물

③ 제5류 위험물   ④ 제6류 위험물

▶ **해설**

■ 제6류 위험물

주수에 의한 냉각소화는 적당하지 않으며, 과산화수소는 양의 대소에 관계없이 다량의 물로 희석소화한다. 나머지는 소량인 경우 다량의 물로 희석시키고, 기타는 마른모래, 건조분말, 인산염류 등 분말소화설비로 질식소화한다.

116 「위험물안전관리법」상 제6류 위험물을 저장 또는 취급하는 장소에 이산화탄소소화기가 적응성이 있는 경우는?

① 폭발의 위험이 없는 장소   ② 사람이 상주하지 않는 장소

③ 습도가 낮은 장소   ④ 전자설비를 설치한 장소

▶ **해설**

■ 제6류 위험물에 적응성 없는 소화설비 및 소화기
① 불활성가스소화설비(이산화탄소소화기는 폭발 위험성이 없는 장소에 한해 적응성 있음)
② 할로겐화물소화설비 및 소화기
③ 분말소화설비 및 소화기 중 인산염류 분말 외의 것

117 다음 위험물시설에 설치하는 소화설비와 특성 등에 관한 설명 중 위험물 관련 법규 내용에 부합하는 것은?

① 제4류 위험물을 저장하는 탱크에 포소화설비를 설치하는 경우에는 이동식으로 할 수 있다.
② 옥내소화전설비·스프링클러설비 및 불활성가스소화설비의 배관은 전용으로 하되 예외규정이 있다.
③ 옥내소화전설비와 옥외소화전설비는 동결방지조치가 가능한 장소라면 습식으로 설치하여야 한다.
④ 물분무소화설비와 스프링클러설비의 기동장치에 관한 설치기준은 그 내용이 동일하지 않다.

① 제4류 위험물을 저장 또는 취급하는 탱크에 포소화설비를 설치하는 경우에는 고정식포소화설비를 설치할 수 있다.
② 옥내소화전설비, 스프링클러설비 및 불활성가스소화설비의 배관은 전용으로 하되 예외규정이 없다.
④ 물분무소화설비와 스프링클러설비의 기동장치에 관한 설치기준은 그 내용이 동일하다.

118 위험물제조소에 설치되어 있는 포소화설비를 점검할 경우 포소화설비 일반점검표에서 약제 저장탱크의 탱크 점검내용에 해당하지 않는 것은?

① 변형·손상의 유무　　　　　② 조작관리상 지장 유무
③ 통기관의 막힘의 유무　　　　④ 고정상태의 적부

■ 포소화설비 일반점검표에서 약제 저장탱크의 탱크 점검내용
㉠ 변형·손상의 유무
㉡ 통기관의 막힘의 유무
㉢ 고정상태의 적부

부록

과년도출제문제

2009~2018년 과년도 출제문제

2009년 제45회 출제문제(3월 29일 시행)

01 유체의 점성계수에 대한 설명 중 틀린 것은?

① 동점성계수는 점성계수를 밀도로 나눈 값이다.
② 전단응력이 속도구배에 비례하는 유체를 뉴튼유체라 한다.
③ 동점성계수의 단위는 cm^2/s이며 이를 Stokes라고 한다.
④ Pseudo 소성유체, Dilatant 유체는 뉴튼유체이다.

> **해설**

Pseudo 소성유체(Plastic Fluid)와 Dilatant Fluid는 비뉴튼유체(Non-Newtonian Fluid)이다.

02 다음 중 산화성고체위험물이 아닌 것은?

① $NaClO_3$ ② $AgNO_3$
③ $KBrO_3$ ④ $HClO_4$

> **해설**

■ 제1류 위험물은 산화성고체이다.
① $NaClO_3$: 제1류 위험물 중 염소산염류
② $AgNO_3$: 제1류 위험물 중 질산염류
③ $KBrO_3$: 제1류 위험물 중 브롬산염류
④ $HClO_4$: 산화성액체

03 1차 이온화에너지가 작은 금속에 대한 설명으로 틀린 것은?

① 전자를 잃기 쉽다.   ② 산화되기 쉽다.
③ 환원력이 작다.   ④ 양이온이 되기 쉽다.

> **해설**

③ 이온화에너지가 작은 금속은 환원력이 크다.
> **참고**

■ 이온화에너지
중성인 원자로부터 전자 1개를 제거하는 데 필요한 에너지를 말한다.

정답   01. ④   02. ④   03. ③

04 위험물운반용기의 외부에 표시하는 주의사항으로 틀린 것은?

① 마그네슘 – 화기주의 및 물기엄금 ② 황린 – 화기주의 및 공기접촉주의
③ 탄화칼슘 – 물기엄금 ④ 과염소산 – 가연물접촉주의

> **해설**

② 황린 – 화기엄금 및 공기접촉엄금

05 다음 중 발화온도가 가장 낮은 것은?

① 아세톤 ② 벤젠
③ 메틸알코올 ④ 경유

> **해설**

① 아세톤 : 538℃
② 벤젠 : 498℃
③ 메틸알코올 : 464℃
④ 경유 : 257℃

06 포소화설비의 기준에서 고가수조를 이용하는 가압송수장치를 설치할 때 고가수조에 반드시 설치하지 않아도 되는 것은?

① 배수관 ② 압력계
③ 맨홀 ④ 수위계

> **해설**

- 포소화설비의 기준에서 고가수조를 이용하는 가압송수장치를 설치할 때 고가수조에 반드시 설치하는 것
배수관, 맨홀, 수위계

07 다음 중 제3석유류가 아닌 것은?

① 글리세린 ② 니트로톨루엔
③ 아닐린 ④ 벤즈알데히드

> **해설**

- 벤즈알데히드 : 제2석유류

08 다음 중 제4류 위험물에 속하는 물질을 보호액으로 사용하는 것은?

① 벤젠   ② 황

③ 칼륨   ④ 질산에틸

해설

위험물의 종류	보호액
칼륨, 나트륨, 적린	석 유
CS_2, 황린	물 속

09 다음 중 산화하면 포름알데히드가 되고 다시 한 번 산화하면 포름산이 되는 것은?

① 에틸알코올   ② 메틸알코올

③ 아세트알데히드   ④ 아세트산

해설

① 메틸알코올(CH_3OH) $\xrightarrow{\text{산화}}$ 포름알데히드($HCHO$) $\xrightarrow{\text{산화}}$ 포름산($HCOOH$)

② 에틸알코올(C_2H_5OH) $\xrightarrow{\text{산화}}$ 아세트알데히드(CH_3CHO) $\xrightarrow{\text{산화}}$ 초산(CH_3COOH)

10 적린과 유황의 공통적인 성질이 아닌 것은?

① 가연성 물질이다.   ② 고체이다.

③ 물에 잘 녹는다.   ④ 비중은 1보다 크다.

해설

적린과 유황은 물에 녹지 않는다.

11 아세톤 옥외저장탱크 중 압력탱크 외의 탱크에 설치하는 대기밸브 부착 통기관은 몇 kPa이하의 압력차이로 작동할 수 있어야 하는가?

① 5   ② 7

③ 9   ④ 10

해설

아세톤 옥외저장탱크 중 압력탱크 외의 탱크에 설치하는 대기밸브 부착 통기관은 5kPa 이하의 압력차이로 작동할 수 있어야 한다.

12 소방수조에 물을 채워 직경 4cm의 파이프를 통해 8m/s의 유속으로 흘려 직경 1cm의 노즐을 통해 소화할 때 노즐 끝에서의 유속은 몇m/s인가?

① 16
② 32
③ 64
④ 128

> **해설**
>
> $Q = AV$이므로, $A_1 V_1 = A_2 V_2$에서
>
> $$V_2 = V_1\left(\frac{A_1}{A_2}\right) = V_1\left(\frac{d_1}{d_2}\right)^2 = 8 \times \left(\frac{4}{1}\right)^2 = 128\text{m/s}$$

13 지정수량의 몇 배 이상의 위험물을 저장 또는 취급하는 제조소 등에서는 화재발생 시 이를 알릴 수 있는 경보설비를 설치하여야 하는가? (단, 이동탱크저장소는 제외)

① 5배
② 10배
③ 50배
④ 100배

> **해설**
>
> 경보설비는 지정수량의 10배 이상의 위험물을 저장 또는 취급하는 제조소 등에 설치한다(이동탱크저장소는 제외한다).

14 요오드포름 반응을 이용하여 검출할 수 있는 위험물이 아닌 것은?

① 아세트알데히드
② 에탄올
③ 아세톤
④ 벤젠

> **해설**
>
> ■ **요오드포름 반응을 이용하여 검출할 수 있는 위험물**
> 아세트알데히드, 에탄올, 아세톤

15 주성분이 철, 크롬, 니켈로 구성되어 있는 강관으로서 내식성이 요구되는 화학공장 등에서 사용되는 것은?

① 주철관
② 탄소강강관
③ 알루미늄관
④ 스테인리스1강관

> **해설**
>
> ■ **스테인리스강관**
> 주성분이 철, 크롬, 니켈로 구성되어 있는 강관으로 내식성이 요구되는 화학공장 등에 사용된다.

정답 12. ④ 13. ② 14. ④ 15. ④

16 다음 중 옥외저장소에 저장할 수 없는 위험물은? (단, IMDG code에 적합한 용기에 수납한 경우를 제외한다)

① 제2류 위험물 중 유황
② 제3류 위험물 중 금수성물질
③ 제4류 위험물 중 제2석유류
④ 제6류 위험물

해설

■ **옥외저장소에 저장 또는 취급할 수 있는 위험물의 종류**

㉠ 제2류 위험물 중 유황 또는 인화성고체(인화점이 0℃ 이상인 것에 한함)
㉡ 제4류 위험물 중 제1석유류(인화점 0℃ 이상인 것에 한함), 알코올류, 제2석유류, 제3석유류, 제4석유류 및 동·식물유류
㉢ 제6류 위험물
㉣ 제2류 위험물 및 제4류 위험물 중 특별시·광역시 또는 도의 조례에서 정하는 위험물(「관세법」 제154조의 규정에 의한 보세구역 안에 저장하는 경우에 한함)
㉤ 국제해사기구에 관한 협약에 의하여 설치된 국제해사기구가 채택한 국제해상위험물규칙(IMDG code)에 적합한 용기에 수납된 위험물

17 다음 중 할로겐화합물 소화기가 적응성이 있는 것은?

① 나트륨
② 철분
③ 아세톤
④ 질산에틸

해설

① 나트륨 : 건조사
② 철분 : 건조사
③ 아세톤 : 할로겐화합물 소화기
④ 질산에틸 : 다량의 물

18 옥외저장소에 선반을 설치하는 경우에 선반의 높이는 몇 m를 초과하지 않아야 하는가?

① 3
② 4
③ 5
④ 6

해설

옥외저장소에 선반을 설치하는 경우 선반의 높이는 6m를 초과하지 않는다.

19 질산에 대한 설명 중 틀린 것은?

① 녹는점은 약 −43℃이다. ② 분자량은 약 63이다.
③ 지정수량은 300kg이다. ④ 비점은 약 178℃이다.

> **해설**

④ 비점은 약 86℃이다.

20 동일한 사업소에서 제조소의 취급량의 합이 지정수량의 몇 배 이상일 때 자체소방대를 설치해야 하는가? (단, 제4류 위험물을 취급하는 경우이다)

① 3,000 ② 4,000
③ 5,000 ④ 6,000

> **해설**

자체소방대는 동일한 사업소에서 제조소의 취급량의 합이 지정수량의 3,000배 이상일 때 설치한다. 단, 제4류 위험물을 취급하는 경우이다.

21 가열 용융시킨 유황과 황린을 서서히 반응시킨 후 증류 냉각하여 얻는 제2류 위험물로서 발화점이 약 100℃, 융점이 약 173℃, 비중이 약 2.03인 물질은?

① P_2S_5 ② P_4S_3
③ P_4S_7 ④ P

> **해설**

P_4S_3(삼황화인)의 설명이다.

22 니트로벤젠과 수소를 반응시키면 얻어지는 물질은?

① 페놀 ② 톨루엔
③ 아닐린 ④ 크실렌

> **해설**

$$C_6H_5NH_2 + 6H \xrightarrow[\text{환원}]{Fe, \ Sn+HCl} C_6H_5NH_2 + 2H_2O$$

23 유황과 지정수량이 같은 것은?

① 금속분   ② 히드록실아민

③ 인화성고체   ④ 염소산염류

> **해설**
>
> ■ **유황(지정수량 : 100kg)**
> ① 금속분 : 500kg
> ② 히드록실아민 : 100kg
> ③ 인화성고체 : 1,000kg
> ④ 염소산염류 : 50kg

24 제2류 위험물과 제4류 위험물의 공통적 성질로 옳은 것은?

① 물에 의한 소화가 최적이다.   ② 산소원소를 포함하고 있다.

③ 물보다 가볍다.   ④ 가연성 물질이다.

> **해설**
>
> 제2류 위험물(가연성고체)과 제4류 위험물(인화성액체)은 가연성 물질이다.

25 위험물의 성질과 위험성에 대한 설명으로 틀린 것은?

① 부틸리튬은 알킬리튬의 종류에 해당된다.
② 황린은 물과 반응하지 않는다.
③ 탄화알루미늄은 물과 반응하면 가연성의 메탄가스를 발생하므로 위험하다.
④ 인화칼슘은 물과 반응하면 유독성의 포스겐가스를 발생하므로 위험하다.

> **해설**
>
> 인화칼슘은 물과 반응하면 유독하고 가연성인 인화수소(PH_3, 포스핀)를 발생한다.
> $Ca_3P_2 + 6H_2O \rightarrow 3Ca(OH)_2 + 2PH_3$

26 메틸트리클로로실란에 대한 설명으로 틀린 것은?

① 제1석유류이다.   ② 물보다 무겁다.
③ 지정수량은 200L이다.   ④ 증기는 공기보다 가볍다.

> **해설**
>
> ④ 메틸트리클로로실란은 제4류 위험물, 제1석유류(비수용성)이며 증기는 공기보다 무겁다.

정답 23. ②   24. ④   25. ④   26. ④

27 273℃에서 기체의 부피가 2L이다. 같은 압력에서 0℃일 때의 부피는 몇 L인가?

① 1
② 2
③ 4
④ 8

해설

■ **샤를의 법칙**

㉠ 조건 : 압력이 일정할 때
㉡ 정의 : 기체의 부피는 절대온도에 비례한다.

$$\frac{V}{T} = \frac{V_1}{T_1}, \quad \frac{2}{273+273} = \frac{V_1}{0+273}$$

$$V_1 = \frac{2 \times (0+273)}{273+273}$$

$$V_1 = 1L$$

28 다음 중 소화난이도 등급 I의 옥외탱크저장소로서 인화점이 70℃ 이상의 제4류 위험물만을 저장하는 탱크에 설치하여야 하는 소화설비는?(단, 지중탱크 및 해상탱크는 제외)

① 물분무소화설비 또는 고정식포소화설비
② 옥외소화전설비
③ 스프링클러설비
④ 이동식포소화설비

해설

■ **소화난이도 등급 I에 대한 제조소 등의 소화설비**

구 분	소화설비
1. 제조소 2. 일반취급소	• 옥내소화전설비　　• 옥외소화전설비 • 스프링클러설비　　• 물분무등소화설비
3. 옥내저장소(처마높이 6m 이상인 단층건물)	• 스프링클러설비 • 이동식 외의 물분무등소화설비
4. 옥외탱크저장소(유황만을 저장·취급)	물분무소화설비
5. 옥외탱크저장소 　(인화점 70℃ 이상의 제4류 위험물 취급)	• 물분무소화설비 • 고정식포소화설비
6. 옥외탱크저장소(지중탱크)	• 고정식포소화설비 • 이동식 이외의 불활성가스소화설비 • 이동식 이외의 할로겐화물소화설비
7. 옥외저장소 8. 이송취급소	• 옥내소화전설비　　• 옥외소화전설비 • 스프링클러설비　　• 물분무등소화설비

29 위험물에 대한 적응성 있는 소화설비의 연결이 틀린 것은?

① 질산나트륨 – 포소화설비
② 칼륨 – 인산염류 분말소화설비
③ 경유 – 인산염류 분말소화설비
④ 아세트알데히드 – 포소화설비

> **해설**
>
> ② 칼륨 – 건조사 또는 금속화재용 분말소화약제

30 질산암모늄에 대한 설명 중 틀린 것은?

① 강력한 산화제이다.
② 물에 녹을 때는 발열반응을 나타낸다.
③ 조해성이 있다.
④ 혼합 화약의 재료로 쓰인다.

> **해설**
>
> ② 물에 녹을 때는 흡열반응을 한다.

31 다음 위험물의 화재 시 소화방법으로 잘못된 것은?

① 마그네슘 : 마른모래를 사용한다.
② 인화칼슘 : 다량의 물을 사용한다.
③ 니트로글리세린 : 다량의 물을 사용한다.
④ 알코올 : 내알코올포소화약제를 사용한다.

> **해설**
>
> ② 인화칼슘은 건조사 등으로 질식소화한다.

32 동·식물유류에 대한 설명 중 틀린 것은?

① 요오드값이 100 이하인 것을 건성유라 한다.
② 아마인유는 건성유이다.
③ 요오드값은 기름 100g이 흡수하는 요오드의 g수를 나타낸다.
④ 요오드값이 크면 이중결합을 많이 포함한 불포화지방산을 많이 가진다.

> **해설**
>
> ① 요오드값이 100 이하인 것은 불건성유라 한다.

33 알칼리금속에 대한 설명으로 옳은 것은?

① 알칼리금속의 산화물은 물과 반응하여 강산이 된다.
② 산소와 쉽게 반응하기 때문에 물속에 보관하는 것이 안전하다.
③ 소화에는 물을 이용한 냉각소화가 좋다.
④ 칼륨, 루비듐, 세슘 등은 알칼리금속에 속한다.

해설

① 알칼리금속의 산화물은 물과 격렬히 반응하여 염기성이 된다.
② 산소와 쉽게 반응하기 때문에 용기는 밀전·밀봉한다.
③ 소화는 건조사로 한다.

34 $C_6H_5CH_3$에 대한 설명으로 틀린 것은?

① 끓는점은 약 211℃이다.　　　② 녹는점은 약 −95℃이다.
③ 인화점은 약 4℃이다.　　　　④ 비중은 약 0.87이다.

해설

① 톨루엔의 끓는점(비점)은 111℃이다.

35 자기반응성물질의 위험성에 대한 설명으로 틀린 것은?

① 트리니트로톨루엔은 테트릴에 비해 충격·마찰에 둔감하다.
② 트리니트로톨루엔은 물을 넣어 운반하면 안전하다.
③ 니트로글리세린을 점화하면 연소하여 다량의 가스를 발생한다.
④ 니트로글리세린은 영하에서도 액체상이어서 폭발의 위험성이 높다.

해설

■ **니트로글리세린[$C_3H_5(ONO_2)_3$]**
상온에서는 액체이지만 겨울철에 동결한다. 순수한 것은 동결온도가 8~10℃이며, 얼게 되면 백색 결정으로 변한다. 이때 체적이 수축하고 밀도가 커진다. 밀폐상태에서 착화되면 폭발하고 동결되어 있는 것은 액체보다 둔감하지만 외력에 대해 국부적으로 영향을 미칠 수 있어 위험성이 상존한다.

정답 33. ④　34. ①　35. ④

36 다음 중 자기반응성 위험물에 대한 설명으로 틀린 것은?

① 과산화벤조일은 분말 또는 결정형태로 발화점이 약 125℃이다.

② 메틸에틸케톤퍼옥사이드는 기름상의 액체이다.

③ 니트로글리세린은 기름상의 액체이며 공업용은 담황색이다.

④ 니트로셀룰로오스는 적갈색의 액체이며 화약의 원료로 사용된다.

> **해설**
>
> ④ 니트로셀룰로오스[$C_6H_7O_2(ONO_2)_3$]ₙ는 무색 또는 백색의 고체이며 다이너마이트 원료, 무연화약의 원료 등으로 사용한다.

37 다음 중 품명이 나머지 셋과 다른 것은?

① 트리니트로페놀   ② 니트로글리콜

③ 질산에틸   ④ 니트로글리세린

> **해설**
>
> (1) 질산에스테르류(R-ONO_2, 지정수량 10kg)
>   ㉠ 니트로글리콜[$(CH_2ONO_2)_2$]
>   ㉡ 질산에틸($C_2H_5ONO_2$)
>   ㉢ 니트로글리세린[$C_3H_5(ONO_2)_3$]
> (2) 니트로화합물(R-NO_2, 지정수량 200kg)
>   ㉠ 트리니트로페놀[$C_6H_2(NO_2)_3OH$]
>   ㉡ 트리니트로톨루엔[$C_6H_2CH_3(NO_2)_3$]

38 다음 중 나머지 셋과 위험물의 유별 구분이 다른 것은?

① 니트로글리세린   ② 니트로셀룰로오스

③ 셀룰로이드   ④ 니트로벤젠

> **해설**
>
> ① 니트로글리세린[$C_3H_5(ONO_2)_3$] : 제5류 위험물 질산에스테르류
> ② 니트로셀룰로오스[$C_6H_7O_2(ONO_2)_3$]ₙ : 제5류 위험물 질산에스테르류
> ③ 셀룰로이드(Celluloid) : 제5류 위험물
> ④ 니트로벤젠($C_6H_5NO_2$) : 제4류 위험물 제3석유류

정답   36. ④   37. ①   38. ④

39 탄화칼슘이 물과 반응하였을 때 발생되는 가스는? ③

① 포스겐
② 메탄
③ 아세틸렌
④ 포스핀

해설

$CaC_2 + 2H_2O \rightarrow Ca(OH)_2 + C_2H_2 \uparrow + 32kcal$

40 제1류 위험물로서 무색의 투명한 결정이고 비중은 약 4.35, 녹는점은 약 212℃이며 사진감광제 등에 사용되는 것은?

① $AgNO_3$
② NH_4NO_3
③ KNO_3
④ $Cd(NO_3)_2$

해설

질산은($AgNO_3$)에 대한 설명이다.

41 다음에서 설명하는 위험물은?

- 백색이다.
- 조해성이 크고, 물에 녹기 쉽다.
- 분자량은 약 223이다.
- 지정수량은 50kg이다.

① 염소산칼륨
② 과염소산마그네슘
③ 과산화나트륨
④ 과산화수소

해설

과염소산마그네슘[$Mg(ClO_4)_2$]에 대한 설명이다.

42 PVC제품 등의 연소 시 발생하는 부식성이 강한 가스로서, 다음 중 노출기준(ppm)이 가장 낮은 것은?

① 암모니아
② 일산화탄소
③ 염화수소
④ 황화수소

정답 39. ③ 40. ① 41. ② 42. ③

해설

1ppm = 100만분의 1
① 암모니아 : 25ppm
② 일산화탄소 : 50ppm
③ 염화수소 : 5ppm
④ 황화수소 : 10ppm

43 2몰의 메탄을 완전히 연소시키는 데 필요한 산소의 몰수는?

① 1몰   ② 2몰
③ 3몰   ④ 4몰

해설

$2CH_4 + 4O_2 \rightarrow 2CO_2 + 4H_2O$

44 과산화수소의 성질에 대한 설명 중 틀린 것은?

① 알코올·에테르에는 녹지만 벤젠, 석유에는 녹지 않는다.
② 농도가 66% 이상인 것은 충격 등에 의해서 폭발할 가능성이 있다.
③ 분해 시 발생한 분자상의 산소(O_2)는 발생기 산소(O)보다 산화력이 강하다.
④ 히드라진과 접촉 시 분해·폭발한다.

해설

③ 강력한 산화제로, 분해하여 발생한 발생기 산소(O)는 분자상의 O_2가 산화시키지 못한 물질로 산화시킨다.

$$H_2O_2 \xrightarrow{\Delta} H_2O + [O]$$

45 알루미늄 제조공장에서 용접작업 시 알루미늄분에 착화가 되어 소화를 목적으로 뜨거운 물을 뿌렸더니 수초 후 폭발사고로 이어졌다. 이 폭발의 주원인에 가장 가까운 것은?

① 알루미늄분과 물의 화학반응으로 수소가스를 발생하여 폭발하였다.
② 알루미늄분이 날려 분진폭발이 발생하였다.
③ 알루미늄분과 물의 화학반응으로 메탄가스를 발생하여 폭발하였다.
④ 알루미늄분과 물의 급격한 화학반응으로 열이 흡수되어 알루미늄분 자체가 폭발하였다.

해설

$2Al + 6H_2O \rightarrow 2Al(OH)_3 + 3H_2 \uparrow$

정답 43. ④   44. ③   45. ①

46 지정과산화물을 옥내에 저장하는 저장창고 외벽의 기준으로 옳은 것은?

① 두께 20cm 이상의 무근콘크리트조   ② 두께 30cm 이상의 무근콘크리트조
③ 두께 20cm 이상의 보강콘크리트블록조   ④ 두께 30cm 이상의 보강콘크리트블록조

> **해설**

옥내저장소의 지정유기과산화물 외벽의 기준
㉠ 두께 20cm 이상의 철근콘크리트조, 철골철근콘크리트조
㉡ 두께 30cm 이상의 보강시멘트블록조

47 다음에서 설명하고 있는 법칙은?

> 압력이 일정할 때 일정량의 기체의 부피는 절대온도에 비례한다.

① 일정성분비의 법칙   ② 보일의 법칙
③ 샤를의 법칙   ④ 보일-샤를의 법칙

> **해설**

① 일정성분비의 법칙(정비례의 법칙) : 순수한 화합물에서 성분원소의 중량비는 항상 일정 하다. 즉, 한 가지 화합물을 구성하는 각 성분원소의 질량비는 항상 일정하다.
② 보일의 법칙 : 일정한 온도에서 기체가 차지하는 부피는 압력에 반비례한다.
③ 샤를의 법칙 : 압력이 일정할 때 일정량의 기체의 부피는 절대온도에 비례한다.
④ 보일-샤를의 법칙 : 일정량의 기체가 차지하는 부피는 압력에 반비례하고, 절대온도에 비례한다.

48 전역방출방식 분말소화설비의 기준에서 제1종 분말소화약제의 저장용기 충전비의 범위를 옳게 나타낸 것은?

① 0.85 이상 1.05 이하   ② 0.85 이상 1.45 이하
③ 1.05 이상 1.45 이하   ④ 1.05 이상 1.75 이하

> **해설**

㉠ 분말소화설비 : 분말소화약제 저장탱크에 저장된 소화분말을 질소나 탄산가스의 압력에 의해 미리 설계된 배관 및 설비에 따라 화재발생 시 분말과 함께 방호대상물에 방사하여 소화하는 설비
㉡ 전역방출방식 또는 국소방출방식의 저장용기 충전비

소화약제의 종별	충전비의 범위
1종	0.85 이상~1.45 이하
2종, 3종	1.05 이상~1.75 이하
4종	1.50 이상~2.50 이하

정답 46. ④ 47. ③ 48. ②

49 1기압에서 인화점이 200℃인 것은 제 몇 석유류인가?(단, 도료류 그 밖의 가연성액체량이 40중량퍼센트 이하인 물품은 제외한다)

① 제1석유류　　　　　　　　② 제2석유류
③ 제3석유류　　　　　　　　④ 제4석유류

> **해설**
>
> ① 제1석유류 : 인화점이 21℃ 미만
> ② 제2석유류 : 인화점이 21℃ 이상 70℃ 미만
> ③ 제3석유류 : 인화점이 70℃ 이상 200℃ 미만
> ④ 제4석유류 : 인화점이 200℃ 이상 250℃ 미만

50 물과 접촉하면 수산화나트륨과 산소를 발생시키는 물질은?

① 질산나트륨　　　　　　　　② 염소산나트륨
③ 과산화나트륨　　　　　　　④ 과염소산나트륨

> **해설**
>
> $Na_2O_2 + H_2O \rightarrow 2NaOH + \dfrac{1}{2}O_2$

51 그림과 같은 위험물탱크의 내용적은 약 몇 m³인가?

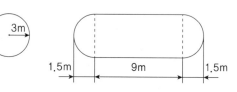

① 258.3　　　　　　　　　　② 282.6
③ 312.1　　　　　　　　　　④ 375.3

> **해설**
>
> $V = \pi r^2 \left(l + \dfrac{l_1 + l_2}{3} \right)$
>
> $\quad = 3.14 \times 3^2 \left(9 + \dfrac{1.5 + 1.5}{3} \right)$
>
> $\quad = 282.6 m^3$

52 인화성 위험물질 600L를 하나의 간이탱크저장소에 저장하려고 할 때 필요한 최소탱크수는?

① 4개
② 3개
③ 2개
④ 1개

> **해설**

■ 간이탱크저장소
간이탱크에 위험물을 저장하는 저장소를 말한다. 간이탱크는 작은 탱크를 뜻하며, 용량은 600L 이하이다.

53 120g의 산소와 8g의 수소를 혼합하여 반응시켰을 때 몇 g의 물이 생성되는가?

① 18
② 36
③ 72
④ 128

> **해설**

일정성분비의 법칙에 따르면 순수한 화합물에서 성분원소의 중량비는 항상 일정하다. 즉, $2H_2+O_2 \rightarrow 2H_2O$ 에서 물의 수소와 산소의 결합비율은 1 : 8이므로 수소 8g에 대한 산소의 양은 64g이 되어 산소의 양은 남게 된다(미반응). 따라서 산소 64g을 기준으로 하여 생성된 물의 양을 계산한다.

$2H_2+O_2 \rightarrow 2H_2O$

4g 32g   36g

8g 64g x(g)

$$\therefore x = \frac{64 \times 36}{32} = 72g$$

54 산·알칼리 소화기의 화학 반응식으로 옳은 것은?

① $2NaHCO_3+H_2SO_4 \rightarrow Na_2SO_4+2CO_2+2H_2O$

② $6NaHCO_3+Al_2(SO_4)_3+18H_2O \rightarrow 3Na_2SO_4+2Al(OH)_3+6CO_2+18H_2O$

③ $2NaHCO_3 \rightarrow Na_2CO_3+CO_2+H_2O$

④ $2KHCO_3 \rightarrow K_2CO_3+CO_2+H_2O$

> **해설**

산·알칼리소화약제는 산성소화약제로는 진한황산이 사용되고, 알칼리성소화약제로는 탄산수소나트륨이 사용된다. 내통에 충전되는 황산수용액은 진한황산 70%와 물 30%의 비율로 혼합되어 있으며, 외통에 충전되는 탄산수소나트륨 수용액은 물 93%와 탄산수소나트륨 7%의 비율로 혼합되어 있다.

$2NaHCO_3+H_2SO_4 \rightarrow Na_2SO_4+2CO_2+2H_2O$

정답 52. ④ 53. ③ 54. ①

55 다음 표는 A자동차 영업소의 월별 판매실적을 나타낸 것이다. 5개월 단순이동평균법으로 6월의 수요를 예측하면 몇 대인가?

(단위 : 대)

월	1	2	3	4	5
판매량	100	110	120	130	140

① 120

② 130

③ 140

④ 150

해설

$$ED = \frac{\sum x\, i}{n} = \frac{100 + 110 + 120 + 130 + 140}{5} = 120$$

56 부적합품률이 1%인 모집단에서 5개의 시료를 랜덤하게 샘플링할 때 부적합품 수가 1개일 확률은 약 얼마인가?(단, 이항분포를 이용하여 계산)

① 0.048

② 0.058

③ 0.48

④ 0.58

해설

$$p(x = 1) = {}_nC_x p^x q^{n-x}$$
$$= {}_5C_1 0.01^1 \times (1 - 0.01)^{5-1}$$
$$= 5 \times 0.01 \times 0.99^4 = 0.0480$$

57 품질관리기능의 사이클을 표현한 것으로 옳은 것은?

① 품질개선 – 품질설계 _ 품질보증 – 공정관리

② 품질설계 – 공정관리 – 품질보증 – 품질개선

③ 품질개선 – 품질보증 – 품질설계 – 공정관리

④ 품질설계 – 품질개선 – 공정관리 – 품질보증

해설

■ **품질관리기능의 사이클**
품질설계 – 공정관리 – 품질보증 – 품질개선

58 다음 중 계수치 관리도가 아닌 것은?

① c 관리도   ② p 관리도

③ u 관리도   ④ x 관리도

> **해설**

- **계수치 관리도**
  ㉠ np 관리도 : 부적합품수 관리도
  ㉡ p 관리도 : 부적합품률 관리도
  ㉢ c 관리도 : 부적합수 관리도
  ㉣ u 관리도 : 단위당 부적합수 관리도

59 다음 검사의 종류 중 검사공정에 의한 분류에 해당되지 않는 것은?

① 수입검사   ② 출하검사

③ 출장검사   ④ 공정검사

> **해설**

(1) 검사(Inspection)의 정의
  ㉠ KSA : 물품을 어떠한 방법으로 측정한 결과를 판정기준과 비교하여 개개의 제품에 대해서는 적합, 부적합품을 Lot에 대해서는 합격·불합격의 판정을 내리는 것
  ㉡ MIL-STD-105D : 측정, 점검, 시험 또는 게이지에 맞추어 보는 것과 같이 제품의 단위를 요구조건과 비교하는 것
  ㉢ Juran : 제품이 계속되는 다음의 공정에 적합한 것인가 또는 최종 제품의 경우에 구매자에 대해서 발송하여도 좋은가를 결정하는 활동
(2) 검사공정에 의한 분류
  ㉠ 수입검사(구입검사) : 재료, 반제품, 제품을 받아들이는 경우 행하는 검사
  ㉡ 공정검사(중간검사) : 공정 간 검사방식이라 하며, 앞의 제조공정이 끝나서 다음 제조공정으로 이동하는 사이에 행하는 검사
  ㉢ 최종검사(완성검사) : 완제품 검사라 하며, 완성된 제품에 대해서 행하는 검사
  ㉣ 출하검사(출고검사) : 제품을 출하할 때 행하는 검사

정답 58. ④   59. ③

60 다음 중 반즈(Ralph M. Barnes)가 제시한 동작경제의 원칙에 해당되지 않는 것은?

① 표준작업의 원칙

② 신체의 사용에 관한 원칙

③ 작업장의 배치에 관한 원칙

④ 공구 및 설비의 디자인에 관한 원칙

해설

■ 반즈(Ralph M. Barnes)의 동작경제의 원칙

㉠ 신체의 사용에 관한 원칙

㉡ 작업장의 배치에 관한 원칙

㉢ 공구 및 설비의 디자인에 관한 원칙

정답 60. ①

2009년 제46회 출제문제(7월 12일 시행)

01 이황화탄소의 성질 또는 취급방법에 대한 설명 중 틀린 것은?

① 물보다 무겁다.
② 증기가 공기보다 가볍다.
③ 물을 채운 수조에 저장한다.
④ 연소 시 유독한 가스가 발생한다.

> **해설**
>
> ② 증기는 공기보다 무겁다(증기비중 : 2.6)

02 다음에서 설명하는 제4류 위험물은 무엇인가?

> • 무색무취의 끈끈한 액체이다.
> • 분자량은 약 62이고, 2가 알코올이다.
> • 지정수량은 4,000L이다.

① 글리세린
② 에틸렌글리콜
③ 아닐린
④ 에틸알코올

> **해설**
>
> 에틸렌글리콜[ethylene glycol, $C_2H_4(OH)_2$]의 설명이다.

03 상온에서 물에 넣었을 때 용해되어 염기성을 나타내면서 산소를 방출하는 물질은?

① Na_2O_2
② $KClO_3$
③ H_2O_2
④ $NaNO_3$

> **해설**
>
> ■ **과산화나트륨**(sodium peroxide, Na_2O_2)
> • 상온에서 물과 접촉 시 격렬히 반응하여 부식성이 강한 수산화나트륨을 만들고, 상온에서 적당한 물과 반응한 경우 O_2를 발생한다.
>
> $2Na_2O_2 + 4H_2O \rightarrow 4NaOH + 2H_2O + O_2 \uparrow$

- 온도가 높은 소량의 물과 반응한 경우 발열하고 O_2를 발생한다.

  $2Na_2O_2 + 2H_2O \rightarrow 4NaOH + O_2 \uparrow + 2 \times 34.9kcal$

  따라서 역으로 산소에 의해 발화하며, 그리고 Na_2O_2가 습기를 가진 가연물과 혼합하면 자연 발화한다.

04 다음 중 아닐린의 연소범위 하한값에 가장 가까운 것은?

① 1.3vol%

② 7.6vol%

③ 9.8vol%

④ 15.5vol%

> **해설**

아닐린(Aniline, $C_6H_5NH_2$, NH_2)의 연소범위

: 1.3~11%

05 위험물안전관리자의 선임신고를 허위로 한 자에게 부과하는 과태료의 금액은?

① 50만 원

② 100만 원

③ 200만 원

④ 300만 원

> **해설**

㉠ 위험물안전관리자의 재선임 : 30일 이내

㉡ 위험물안전관리자의 직무대행 : 30일 이내

㉢ 위험물안전관리자의 선임신고 : 14일 이내

㉣ 위험물안전관리자의 선임신고를 허위로 한 자의 과태료 : 200만 원

06 다음 위험물 중 상온에서 액체인 것은?

① 질산에틸

② 니트로셀룰로오스

③ 피크린산

④ 트리니트로톨루엔

> **해설**

① 질산에틸 : 무색투명한 액체

② 니트로셀룰로오스 : 무색 또는 백색의 고체

③ 피크린산 : 순수한 것은 무색이지만, 보통 공업용은 휘황색의 침상 결정

④ 트리니트로톨루엔 : 순수한 것은 무색 결정이지만, 담황색의 결정

07 벤젠핵에 메틸기 한 개가 결합된 구조를 가진 무색 투명한 액체로서 방향성의 독특한 냄새를 가지는 물질은?

① 톨루엔

② 질산메틸

③ 메틸알코올

④ 디니트로톨루엔

해설

톨루엔(toluene, $C^6H^5CH^3$, CH_3)의 설명이다.

08 물과 반응하여 심하게 발열하면서 위험성이 증가하는 물질은?

① 염소산나트륨

② 과산화칼륨

③ 질산나트륨

④ 질산암모늄

해설

과산화칼륨(potassium peroxide, K_2O_2)은 자신은 불연성이지만 물과 급격히 반응하여 발열하고 산소를 방출한다.

$2K_2O_2 + 2H_2O \rightarrow 4KOH + O_2\uparrow$

09 Halon 1011의 화학식을 옳게 나타낸 것은?

① CH_2FBr

② CH_2ClBr

③ $CBrCl$

④ $CFCl$

해설

Halon : 첫째 - 탄소의 수, 둘째 - 불소의 수, 셋째 - 염소의 수, 넷째 - 브롬의 수

10 자기반응성물질의 화재에 적응성 있는 소화설비는?

① 분말소화설비

② 불활성가스소화설비

③ 할로겐화합물소화설비

④ 물분무소화설비

해설

■ **자기반응성물질(Self-reactive Substancess)**

일반적으로 다량의 주수에 의한 냉각소화가 양호하므로 물분무소화설비가 적응성이 있다.

정답 07. ① 08. ② 09. ② 10. ④

11 다음 중 지정수량이 나머지 셋과 다른 하나는?

① $HClO_4$

② NH_4NO_3

③ $NaBrO_3$

④ $(NH_4)_2Cr_2O_7$

> **해설**

■ **지정수량** : 제조소 등의 설치허가 등에 있어서 최저의 기준이 되는 수량

①, ②, ③ : 300kg

④ 1,000kg

12 황화인에 대한 설명으로 틀린 것은?

① 삼황화인의 분자량은 약 348이다.

② 삼황화인은 물에 녹지 않는다.

③ 오황화인은 습한 공기 중 분해하여 유독성 기체를 발생한다.

④ 삼황화인은 공기 중 약 100℃에서 발화한다.

> **해설**

① 삼황화인(P_4S_3)의 분자량은 220.19이다.

13 산화프로필렌에 대한 설명 중 틀린 것은?

① 무색의 휘발성 액체이다.

② 증기의 비중은 공기보다 작다.

③ 인화점이 약 −37℃이다.

④ 비점은 약 34℃이다.

> **해설**

② 증기의 비중은 공기보다 무겁다(증기비중 2.0).

14 알칼리토금속의 일반적인 성질로 옳은 것은?

① 음이온 2가의 금속이다.

② 루비듐, 라돈 등이 해당된다.

③ 같은 주기의 알칼리금속보다 융점이 높다.

④ 비중이 1보다 작다.

> **해설**

① 양이온 2가의 금속이다.

② Be, Mg, Ca, Sr, Ba, Ra이 해당된다.

④ 비중이 1보다 크다.

정답 11. ④ 12. ① 13. ② 14. ③

15 다음 중 원자의 개념으로 설명되는 법칙이 아닌 것은?

① 아보가드로의 법칙

② 일정성분비의 법칙

③ 질량보존의 법칙

④ 배수 비례의 법칙

해설

(1) 원자의 개념으로 설명되는 법칙

   ㉠ 질량불변의 법칙(질량보존의 법칙) : 화학변화에서 그 변화의 전후에서 반응에 참여한 물질의 질량 총합은 일정불변이다. 즉, 화학반응에서 반응물질의 질량 총합과 생성된 물질의 총합은 같다.

   ㉡ 일정성분비의 법칙(정비례의 법칙) : 순수한 화합물에서 성분원소의 중량비는 항상 일정하다. 즉, 한 가지 화합물을 구성하는 각 성분원소의 질량비는 항상 일정하다.

   ㉢ 배수 비례의 법칙 : 두 가지 원소가 두 가지 이상의 화합물을 만들 때, 한 원소의 일정 중량에 대하여 결합하는 다른 원소의 중량 간에는 항상 간단한 정수비가 성립된다.

(2) 분자의 개념으로 설명되는 법칙

   ㉠ 기체반응의 법칙 : 화학반응을 하는 물질이 기체일 때 반응물질과 생성물질의 부피 사이에는 간단한 정수비가 성립된다.

   ㉡ 아보가드로의 법칙 : 온도와 압력이 일정하면 모든 기체는 같은 부피 속에 같은 수의 분자가 들어있다. 즉, 모든 기체 1mole이 차지하는 부피는 표준상태(0℃, 1기압)에서 22.4L이며, 그 속에는 6.02×10^{23}개의 분자가 들어 있다.

16 다음 위험물에 대한 설명으로 옳은 것은?

① $C_6H_5NH_2$는 담황색 고체로 에테르에 녹지 않는다.

② $C_3H_5(ONO_2)_3$는 벤젠에 이산화질소를 반응시켜 만든다.

③ Na_2O_2의 인화점과 발화점은 100℃보다 낮다.

④ $(CH_3)_3Al$은 25℃에서 액체이다.

해설

① $C_6H_5NH_2$는 무색 또는 담황색의 특이한 아민 같은 냄새가 있는 기름상의 액체로서 물에 약간 녹으며, 에탄올·벤젠·에테르와 임의로 혼합한다.

② $C_3H_5(ONO_2)_3$는 질산과 황산의 혼산 중에 글리세린을 반응시켜 만든다.

$$\begin{matrix} CH_2OH \\ | \\ CHOH + 3HNO_3 \\ | \\ CH_2OH \\ \text{glycerine} \end{matrix} \xrightarrow{\text{C}-H_2SO_4} \begin{matrix} CH_2ONO_2 \\ | \\ CHONO_2 + 3H_2O \\ | \\ CH_2ONO_2 \\ \text{nitroglycerine} \end{matrix}$$

③ Na_2O_2는 흡습성이 강하고 조해성이 있다.

정답 15. ① 16. ④

17 헨리의 법칙에 대한 설명으로 옳은 것은?

① 물에 대한 용해도가 클수록 잘 적용된다.
② 비극성물질은 극성물질에 잘 녹는 것으로 설명된다.
③ NH_3, HCl, CO 등의 기체에 잘 적용된다.
④ 압력을 올리면 용해도는 올라가나 녹아 있는 기체의 부피는 일정하다.

① 물에 대한 용해도가 작을수록 잘 적용된다(CH_4, CO_2, H_2, O_2, N_2 등).
② 극성물질은 극성용매에 잘 녹고, 비극성물질은 비극성용매에 잘 녹는다.
③ NH_3, HCl, CO 등의 기체에 잘 적용되지 않는다.

18 덩어리 상태의 유황을 저장하는 옥외저장소가 경계표시 내부의 면적(2 이상의 경계표시가 있는 경우에는 각 경계표시의 내부의 면적을 합한 면적)이 얼마일 때 소화난이도 등급 I에 해당하는가?

① $100m^2$ 이하
② $100m^2$ 이상
③ $1,000m^2$ 이하
④ $1,000m^2$ 이상

■ 소화난이도등급 I의 제조소 등 및 소화설비

제조소 등의 구분	제조소 등의 규모, 저장 또는 취급하는 위험물의 품명 및 최대수량 등
제조소 일반취급소	연면적 $1,000m^2$ 이상인 것
	지정수량의 100배 이상인 것(고인화점위험물만을 100℃ 미만의 온도에서 취급하는 것 및 제48조의 위험물을 취급하는 것은 제외)
	지반면으로부터 6m 이상의 높이에 위험물 취급설비가 있는 것(고인화점위험물만을 100℃ 미만의 온도에서 취급하는 것은 제외)
	일반취급소로 사용되는 부분 외의 부분을 갖는 건축물에 설치된 것(내화구조로 개구부 없이 구획 된 것, 고인화점위험물만을 100℃ 미만의 온도에서 취급하는 것 및 화학실험의 일반취급소는 제외)
주유취급소	업무를 위한 사무소, 간이정비 작업장, 주유취급소의 점포, 휴게음식점 및 전시장 등 주유취급소의 직원 외의 자가 출입하는 장소의 면적의 합이 $500m^2$를 초과하는 것
옥내저장소	지정수량의 150배 이상인 것(고인화점위험물만을 저장하는 것 및 제48조의 위험물을 저장하는 것은 제외)
	연면적 $150m^2$를 초과하는 것($150m^2$ 이내마다 불연재료로 개구부 없이 구획된 것 및 인화성고체 외의 제2류 위험물 또는 인화점 70℃ 이상의 제4류 위험물만을 저장하는 것은 제외)
	처마높이가 6m 이상인 단층건물의 것
	옥내저장소로 사용되는 부분 외의 부분이 있는 건축물에 설치된 것(내화구조로 개구부 없이 구획된 것 및 인화성고체 외의 제2류 위험물 또는 인화점 70℃ 이상의 제4류 위험물만을 저장하는 것은 제외)

정답 17. ④ 18. ②

옥외탱크저장소	액표면적이 40m² 이상인 것(제6류 위험물을 저장하는 것 및 고인화점위험물만을 100℃ 미만의 온도에서 저장하는 것은 제외)
	지반면으로부터 탱크 옆판의 상단까지 높이가 6m 이상인 것(제6류 위험물을 저장하는 것 및 고인화점위험물만을 100℃ 미만의 온도에서 저장하는 것은 제외)
	지중탱크 또는 해상탱크로서 지정수량의 100배 이상인 것(제6류 위험물을 저장하는 것 및 고인화점위험물만을 100℃ 미만의 온도에서 저장하는 것은 제외)
	고체위험물을 저장하는 것으로서 지정수량의 100배 이상인 것
옥내탱크저장소	액표면적이 40m² 이상인 것(제6류 위험물을 저장하는 것 및 고인화점위험물만을 100℃ 미만의 온도에서 저장하는 것은 제외)
	바닥면으로부터 탱크 옆판의 상단까지 높이가 6m 이상인 것(제6류 위험물을 저장하는 것 및 고인화점위험물만을 100℃ 미만의 온도에서 저장하는 것은 제외)
	탱크전용실이 단층건물 외의 건축물에 있는 것으로서 인화점 38℃ 이상 70℃ 미만의 위험물을 지정수량의 5배 이상 저장하는 것(내화구조로 개구부없이 구획된 것은 제외한다)
옥외저장소	덩어리 상태의 유황을 저장하는 것으로서 경계표시 내부의 면적(2 이상의 경계표시가 있는 경우에는 각 경계표시의 내부의 면적을 합한 면적)이 100m2 이상인 것
	제2류 위험물 중 또는 제4류 위험물 중 제1석유류 또는 알코올류의 위험물을 저장하는 것으로 지정수량의 100배 이상인 것
암반탱크 저장소	액표면적이 40m² 이상인 것(제6류 위험물을 저장하는 것 및 고인화점위험물만을 100℃ 미만의 온도에서 저장하는 것은 제외)
	고체위험물만을 저장하는 것으로서 지정수량의 100배 이상인 것
이송취급소	모든 대상

19 NH_4ClO_2에 대한 설명으로 틀린 것은?

① 금속부식성이 있다.
② 조해성이 있다.
③ 폭발성의 산화제이다.
④ 폭발 시 CO_2, HCl, NO_2 가스를 주로 발생한다.

해설

■ 염소산암모늄(ammonium chlorate, NH_4ClO_3)
폭발성인 암모늄기(NH_4)와 산화성기인 염소산기(ClO_3)가 결합하고 있어 폭발이 용이하다. 100℃에서 폭발하고 폭발 시에는 다량의 기체를 발생한다. 따라서 화약의 원료로 이용된다.

$$2NH_4ClO_3 \xrightarrow{\Delta} N_2\uparrow + Cl_2 + O_2\uparrow + 4H_2O\uparrow$$

다량의 가스

정답 19. ④

20 피크린산에 대한 설명으로 틀린 것은?

① 단독으로는 충격·마찰에 비교적 둔감하다.
② 운반 시 물에 젖게 하는 것이 안전하다.
③ 알코올, 에테르, 벤젠 등에 녹지 않는다.
④ 자연분해의 위험이 적어서 장기간 저장할 수 있다.

해설

트리니트로페놀[피크린산, trinitro phenol(picric acid)]은 강한 쓴맛이 있고 유독하며, 더운물·알코올·에테르·아세톤·벤젠 등에 녹는다.

21 염소산나트륨이 산과 반응하여 주로 발생되는 유독한 가스는?

① 이산화탄소   ② 일산화탄소
③ 이산화염소   ④ 일산화염소

해설

염소산나트륨(sodium chlorate, $NaClO_3$)은 산과 반응하면, 폭발성·유독성의 ClO_2를 발생한다.

22 제1류 위험물 중 알칼리금속의 과산화물을 수납한 운반용기 외부에 표시하여야 하는 주의사항을 모두 옳게 나타낸 것은?

① 물기주의, 가연물접촉주의, 충격주의
② 가연물 접촉주의, 물기엄금, 화기엄금 및 공기노출금지
③ 화기·충격 주의, 물기엄금, 가연물접촉주의
④ 충격주의, 화기엄금 및 공기접촉엄금, 물기엄금

해설

■ **위험물운반용기의 주의사항**

위험물		주의사항	
제1류 위험물	알칼리금속의 과산화물	• 화기·충격주의 • 물기엄금	• 가연물접촉주의
	기 타	• 화기·충격주의 • 가연물접촉주의	
제2류 위험물	철분·금속분·마그네슘	• 화기주의	• 물기엄금
	인화성고체	화기엄금	
	기 타	화기주의	

위험물		주의사항	
제3류 위험물	자연발화성 물질	• 화기엄금	• 공기접촉엄금
	금수성물질	물기엄금	
제4류 위험물		화기엄금	
제5류 위험물		• 화기엄금	• 충격주의
제6류 위험물		가연물접촉주의	

23 위험물의 유별구분이 나머지 셋과 다른 하나는?

① 니트로벤젠
② 과산화벤조일
③ 펜트리트
④ 테트릴

해설

① 니트로벤젠($C_6H_5NO_2$) : 제4류 위험물 중 제3석유류
② 과산화벤조일($\bigcirc$–CO–OC–$\bigcirc$) : 제5류 위험물 중 유기과산화물류
     O   O
③ 펜트리트(페틴)[$(CH_2NO_3)_4$] : 제5류 위험물 중 질산에스테르류
④ 테트릴(트리니트로페놀니트로아민)[$(NO_2)_3C_6H_2N(CH_3)$] : 제5류 위험물 중 니트로화합물류

24 Cs에 대한 설명으로 틀린 것은?

① 알칼리토금속이다.
② 융점이 30℃보다 낮다.
③ 비중은 약 1.9이다.
④ 할로겐과 반응하여 할로겐화물을 만든다.

해설

① 알칼리금속 원소이다.

25 다음 중 요오드값이 가장 높은 것은?

① 참기름
② 채종유
③ 동유
④ 땅콩기름

해설

① 참기름 : 104~118
② 채종유 : 97~107
③ 동유 : 145~176
④ 땅콩기름 : 82~109

정답 23. ① 24. ① 25. ③

26 불소계 계면활성제를 기제로 하여 안정제 등을 첨가한소화약제로서 보존성·내약품성이 우수하지만, 수용성위험물의 화재 시에는 효과가 떨어지는 것은?

① 알코올형포　　　　　　　　　② 단백포
③ 수성막포　　　　　　　　　　④ 합성계면활성제포

해설

① 알코올형포(수용성용제포소화약제, Alcohol Resistant Foam, AR)

　물과 친화력이 있는 알코올과 같은 수용성 용매(극성 용매)의 화재에 보통의 포소화약제를 사용하면 수용성 용매가 포 속의 물을 탈취하여 포가 파괴되기 때문에 효과를 잃게 된다. 이와 같은 현상은 온도가 높아지면 더욱 뚜렷이 나타난다. 이 같은 단점을 보완하기 위하여 단백질의 가수분해물에 금속비누를 계면활성제 등을 사용하여 유화·분산시킨 포소화약제

② 단백포(Protein Foam, P)

　동·식물성 단백질(동물의 뿔, 발톱 등)의 가수분해 생성물을 기제로 하고 포 안정제로서 제1철염, 부동액(에틸렌글리콜, 프로필렌글리콜 등) 등을 첨가하여 만든소화약제

④ 합성계면활성제포(Synthetic Surface Active Foam, S)

　계면활성제를 기제로 하여 안정제 등을 첨가하여 만든소화약제로 저팽창(3%, 6%) 및 고팽창(1%, 1.5%, 2%)로 사용하는소화약제

27 산화성액체위험물의 일반적인 성질로 옳은 것은?

① 비중이 1보다 작다.　　　　　② 낮은 온도에서 인화한다.
③ 물에 녹기 어렵다.　　　　　　④ 자신은 불연성이다.

해설

① 비중이 1보다 크다.
② 조해성이 없다.
③ 물에 녹기 쉽다.

28 오황화인이 물과 반응하여 발생하는 가스가 연소하였을 때 주로 생성되는 것은?

① P_2O_5　　　　　　　　　　② SO_3
③ SO_2　　　　　　　　　　　④ H_2S

해설

$P_2S_5 + 8H_2O \rightarrow 5H_2S \uparrow + 2H_3PO_4$

$2H_2S + 3O_2 \rightarrow 2H_2O + 2SO_2 \uparrow$

물과 접촉하여 가수분해하거나 습한 공기 중 분해하여 황화수소를 발생하며, 발생된 황화수소는 가연성·유독성기체로 공기와 혼합 시 인화폭발성 혼합기를 형성하므로 위험하다.

29 황린 124g을 공기를 차단한 상태에서 260℃로 가열하여 모두 반응하였을 때 생성되는 적린은 몇 g인가?

① 31

② 62

③ 124

④ 496

해설

황린과 적린은 동소체이므로 P_4(적린)의 분자량 124g은 변하지 않는다.

30 펌프와 발포기의 중간에 설치된 벤투리관의 벤투리 작용과 펌프가압수의 포소화약제 저장탱크에 대한 압력에 의하여 포소화약제를 흡입·혼합하는 방식은?

① 펌프 프로포셔너 방식

② 프레셔 프로포셔너 방식

③ 라인 프로포셔너 방식

④ 프레셔 사이드 프로포셔너 방식

해설

■ 포소화약제의 혼합장치

물과 소화원액을 혼합하여 규정농도의 수용액을 만드는 장치이다. 이 설비의 지정농도는 3%형 및 6%형이 있고, 비례혼합장치(Proportioner)가 부설되어 있어 미터링밸브(Metering Valve)에 따라서 조정하는 것이다.

㉠ 펌프 프로포셔너 방식(Pump Proportioner) : 펌프혼합방식이라고 하며, 펌프의 토출관과 흡입관 사이의 배관 도중에 설치한 흡입기에 펌프에서 토출된 물의 일부를 보내고, 농도조정밸브에서 조정된 포소화약제의 필요량을 포소화약제 탱크에서 펌프흡입측으로 보내어 이를 혼합하는 방식

㉡ 프레셔 프로포셔너 방식(Pressure Proportioner) : 차압혼합방식이라 하며 펌프와 발포기의 배관 도중에 벤투리(Venturi)관을 설치하여 벤투리 작용에 의하여 포소화약제를 혼합하는 방식

㉢ 라인 프로포셔너 방식(Line Proportioner) : 관로혼합방식이라 하며 급수관의 배관 도중에 포소화약제 혼합기를 설치하여 그 흡입관에서 포소화약제의소화약제를 혼입하여 혼합하는 방식

㉣ 프레셔 사이드 프로포셔너 방식(Pressure Side Proportioner) : 압입혼합방식이라 하며 펌프의 토출관에 압입기를 설치하여 포소화약제 압입용 펌프로 포소화약제를 압입시켜 혼합하는 방식

> ※ 공기포혼합장치
> 포소화약제의 혼합장치는 공기포혼합장치방식을 사용하도록 되어 있다. 공기포혼합장치는 비례혼합장치와 정량혼합장치 2가지로 분류하는데 비례혼합장치는 프로포셔너(Proportioner)라고 하며, 방사유량에 비례하여 소화원액이 지정농도 허용범위 내로 혼합시키는 성능을 갖고 있다. 유량의 변화 범위는 정격의 50~200%, 즉 최소유량 시와 최대유량 시의 비가 1 : 4 정도로 되어 있다. 정량혼합장치는 어떤 한정된 방사구역 내에 있어서의 지정농도 범위 내의 혼합이 가능한 것만을 성능으로 하지 않는 것이다. 지정농도와 관계없이 일정한 양을 혼입하는 것이다.

정답 29. ③ 30. ②

31 위험물제조소건축물의 구조에 대한 설명 중 옳은 것은?

① 지하층은 1개층까지만 만들 수 있다.
② 벽·기둥·바닥·보 등은 불연재료로 한다.
③ 지붕은 폭발 시 대기 중으로 날아갈 수 있도록 가벼운 목재 등으로 덮는다.
④ 바닥에 적당한 경사가 있어서 위험물이 외부로 흘러갈 수 있는 구조라면 집유설비를 설치하지 않아도 된다.

> **해설**

① 지하층이 없도록 하여야 한다.
③ 지붕은 폭발력이 위로 방출될 정도의 가벼운 불연재료로 덮어야 한다.
④ 액체의 위험물을 취급하는 건축물의 바닥은 위험물이 스며들지 못하는 재료를 사용하고, 적당한 경사를 두어 그 최저부에 집유설비를 하여야 한다.

32 위험물안전관리법령에서 정한 위험물안전관리자의 책무에 해당하지 않는 것은?

① 제조소 등의 구조 또는 설비의 이상을 발견한 경우 관계자에 대한 연락 및 응급조치
② 제조소 등의 계측장치·제어장치 및 안전장치 등의 적정한 유지·관리
③ 안전관리자가 일시적으로 직무를 수행할 수 없는 경우에 대리자 지정
④ 위험물의 취급에 관한 일지의 작성·기록

> **해설**

■ **위험물안전관리자의 책무**
(1) 위험물의 취급작업에 참여하여 해당 작업이 규정에 의한 저장 또는 취급에 관한 기술기준과 예방규정에 적합하도록 해당 작업자에 대하여 지시 및 감독하는 업무
(2) 화재 등의 재난이 발생한 경우 응급조치 및 소방관서 등에 대한 연락 업무
(3) 위험물시설의 안전을 담당하는 자를 따로 두는 제조소 등의 경우에는 그 담당자에게 규정에 의한 업무의 지시, 그 밖의 제조소 등의 경우에는 다음 각목의 규정의 의한 업무
　　㉠ 제조소 등의 위치·구조 및 설비를 기술기준에 적합하도록 유지하기 위한 점검과 점검상황의 기록·보존
　　㉡ 제조소 등의 구조 또는 설비의 이상을 발견한 경우 관계자에 대한 연락 및 응급조치
　　㉢ 화재가 발생하거나 화재발생의 위험성이 현저한 경우 소방관서 등에 대한 연락 및 응급조치
　　㉣ 제조소 등의 계측장치·제어장치 및 안전장치 등의 적정한 유지·관리
　　㉤ 제조소 등의 위치·구조 및 설비에 관한 설계도서 등의 정비·보존 및 제조소 등의 구조 및 설비의 안전에 관한 사무의 관리
(4) 화재 등의 재해의 방지와 응급조치에 관하여 인접하는 제조소 등과 그 밖의 관련되는 시설의 관계자와 협조체제의 유지
(5) 위험물의 취급에 관한 일지의 작성·기록
(6) 그 밖에 위험물을 수납한 용기를 차량에 적재하는 작업, 위험물 설비를 보수하는 작업 등 위험물의 취급과 관련된 작업의 취급작업의 안전에 관하여 필요한 감독의 수행
(7) 안전에 관하여 필요한 감독의 수행

정답 31. ② 32. ③

33 에틸알코올 23g을 완전연소하기 위해 표준상태에서 필요한 공기량(L)은?

① 33.6 ② 67.2
③ 106   ④ 320

> **해설**

$C_2H_5OH + 2O_2 \rightarrow 2CO_2 + 3H_2O$

$$\begin{array}{cc} 46g & 2\times 22.4L \\ & \times \\ 23g & x(L) \end{array}$$

$x = \dfrac{23 \times 2 \times 22.4}{46} = \dfrac{1030.4}{46} = 22.4L$

$\therefore 22.4 \times \dfrac{100}{21} = 106L$

34 제2류 위험물에 대한 설명 중 틀린 것은?

① 모두 가연성 물질이다.   ② 모두 고체이다.
③ 모두 주수소화가 가능하다. ④ 지정수량의 단위는 모두 kg이다.

> **해설**

③ 주수에 의한 냉각소화 및 질식소화를 실시하며, 금속분의 화재에는 건조사 등에 의한 피복소화를 실시한다.

35 전기기기의 과도한 온도상승, 아크 또는 스파크 발생의 위험을 방지하기 위해 추가적인 안전 조치를 통한 안전도를 증가시킨 방폭구조는?

① 안전증방폭구조   ② 특수방폭구조
③ 유입방폭구조   ④ 본질안전방폭구조

> **해설**

■ **전기방폭구조의 종류**
㉠ 내압방폭구조 : 용기 내부에 폭발성 가스의 폭발이 일어나는 경우에 용기가 폭발압력에 견디고, 또한 접합 면 개구부를 통하여 외부의 폭발성 분위기에 착화되지 않도록 한 구조
㉡ 유입방폭구조 : 전기불꽃을 발생하는 부분을 기름 속에 잠기게 함으로써 기름면 위 또는 용기 외부에 존재 하는 폭발성 분위기에 착화할 우려가 없도록 한 구조
㉢ 압력방폭구조 : 점화원이 될 우려가 있는 부분을 용기 안에 넣고 신선한 공기나 불활성기체를 용기 안으로 폭발성 가스가 침입하는 것을 방지하는 구조
㉣ 안전증방폭구조 : 전기기기의 과도한 온도 상승, 아크 또는 스파크 발생의 위험을 방지하기 위해 추가적인 안전조치를 통한 안전도를 증가시킨 구조

정답 33. ③ 34. ③ 35. ①

- 본질안전방폭구조 : 정상설계 및 단선, 단락, 지락 등 이상상태에서 전기회로에 발생한 전기불꽃이 규정된 시험조건에서 소정의 시험가스에 점화하지 않고 또한 고온에 의해 폭발성 분위기에 점화할 염려가 없게 한 구조
- 특수방폭구조 : 모래를 삽입한 사입방폭구조와 밀폐방폭구조가 있으며, 폭발성 가스의 인화를 방지할 수 있는 특수한 구조로서 폭발성 가스의 인화를 방지할 수 있는 것이 시험에 의하여 확인된 구조

36 다음소화약제 중 비할로겐 계열로서 화학적 소화보다는 물리적 소화에 의해 화재를 진압하는소화약제는?

① HFC-227ea(FM-200)
② IG-541(Inergen)
③ HCFC Blend A(NAF S-Ⅲ)
④ HFC-23(FE-13)

> **해설**

① HFC-227ea[$CH_3(HFCF_3)$] : 미국의 Great Lakes Chemical 사가 'FM-200'이라는 상품명으로 개발하여 판매하고 있는 Halon 대체물질로서 오존파괴지수(ODP)가 0이며, 비점이 영하 16.4℃로서 전역방출방식의 소화설비용소화약제에 적합하다.

② IG-541 : 미국의 Ansu1 사가 'Ingergen'이라는 상품명으로 제조하여 판매하고 있는 것으로 질소(N_2)가 52%, 아르곤(Ar)이 40% 및 이산화탄소(CO_2)가 8%의 조성으로 혼합된 대체소화약제이다. 특히 n-헵탄(C_7H_{16}) 불꽃에 대한 소화농도는 29.1%로서 오존파괴지수(ODP)가 0이며, LOAEL이 52%로 낮아 사람이 있는 장소에서의 소화설비용 대체소화약제이다.

③ HCFC Blend A(NAF S-Ⅲ) : 캐나다의 North American Fire Guardian사가 개발하여 이탈리아의 Safety Hitech사에서 'NAF-S-Ⅲ'라는 상품명으로 제조·판매되고 있으며, Halon 대체 물질로 오존파괴지수(ODP)가 0.044로서 대기 중에서의 수명이 7년 정도 된다. 또한 비점은 -38.3℃이며, 밀도는 1.20g/mL이다.

④ HFC-23(FE-13)(CHF_3) : 미국의 듀폰(Du Pont)사가 'FE/3'이라는 상품명으로 개발하여 판매하고 있는 것으로 전역방출방식의 소화설비용 대체소화약제로서 개발 초기에는 냉매·화학중간원료·충전제 등으로 사용되어 왔다. 또한 HFC-23 물질은 4시간 동안 실험용 쥐의 50%가 사망하는 농도인 LC_{50}은 65% 이상이며, NOAEL도 50%이어서 독성은 낮은 편이다.

37 압력의 차원을 질량 M, 길이 L, 시간 T로 표시하면?

① ML^{-2}
② $ML^{-2}T^2$
③ $ML^{-1}T^{-2}$
④ $ML^{-2}T^{-2}$

> **해설**

$$P = \frac{W}{A}[kgf/m^2] = FL^{-2} = [MLT^{-2}]L^{-2} = ML^{-1}T^{-2}$$

38 다음 위험물을 완전연소시켰을 때 나머지 셋의 위험물의 연소생성물에 공통적으로 포함된 가스를 발생하지 않는 것은?

① 황   ② 황린
③ 삼황화인   ④ 이황화탄소

해설

① $S + O_2 \rightarrow SO_2$
② $4P + 5O_2 \rightarrow 2P_2O_5$
③ $P_4S_3 + 8O_2 \rightarrow 2P_2O_5 + 3SO_2 \uparrow$
④ $CS_2 + 3O_2 \rightarrow CO_2 + 2SO_2$

39 흐름 단면적이 감소하면서 속도두가 증가하고 압력두가 감소하여 생기는 압력차를 측정하여 유량을 구하는 기구로서, 제작이 용이하고 비용이 저렴한 장점이 있으나 유체 수송을 위한 소요동력이 증가하는 단점이 있는 것은?

① 로터미터   ② 피토튜브
③ 벤투리미터   ④ 오리피스미터

해설

① 로터미터(Rota Meter) : 면적식 유량계로서 수직으로 놓인 경사 간 완만한 원추모양의 유리관 안에 상하 운동을 할 수 있는 부자가 있고 유체는 관의 하부에서 도입되며 부자는 그 부력과 중력이 균형 잡히는 위치에 서게 되므로 그 위치의 눈금을 읽고 이것을 유량으로 알 수 있다.
② 피토튜브(Pitot Tube) : 관로에 피토관을 삽입하고 전압과 정압의 차인 동압을 측정하여 유속을 구한다.
③ 벤투리미터(Venturi Meter) : 관의 지름을 변화시켜 전후의 압력차를 측정하여 속도를 구하는 것으로서 테이퍼형의 관을 사용하므로 오리피스보다 압력손실이 적다. 그러나 설비비가 비싸고 장소를 많이 차지하는 것이 결점이다.

40 가솔린저장탱크로부터 위험물이 누설되어 직경 2m인 상태에서 풀(Pool)화재가 발생되었다. 이때 위험물의 단위면적당 발생되는 에너지방출속도는 몇 kW인가?(가솔린의 연소열은 43.7kJ/g이며, 질량유속은 55g/m² · s이다)

① 1,887   ② 2,453
③ 3,775   ④ 7,551

해설

에너지방출속도(kW) = 가솔린의 연소열 × 질량유속 × 면적(A)

$$= 43.7 kJ/g \times 55 g/m^2 \cdot sec \times \frac{\pi}{4} \times 2^2 = 7,551 kJ/sec(kW)$$

정답 38. ② 39. ④ 40. ④

41 탄화칼슘과 물이 반응하여 500g의 가연성가스가 발생하였다. 약 몇 g의 탄화칼슘이 반응하였는가? (단, 칼슘의 원자량은 40이고 물의 양은 충분하였다)

① 928 ② 1,231

③ 1,632 ④ 1,921

$$CaC_2 + 2H_2O \longrightarrow Ca(OH)_2 + C_2H_2$$

$$\begin{array}{cc} 64g & 26g \\ x(g) & 500g \end{array}$$

$$x = \frac{64 \times 500}{26} \quad \therefore \quad x = 1,231g$$

42 다음 중 서로 혼합하였을 경우 위험성이 가장 낮은 것은?

① 황화인과 알루미늄분 ② 과산화나트륨과 마그네슘분

③ 염소산나트륨과 황 ④ 니트로셀룰로오스와 에탄올

니트로셀룰로오스($[C_6H_7O_2(ONO_2)_3]_n$)는 물과 혼합할수록 위험성이 감소되므로 운반 시는 물(20%), 용제 또는 알코올(30%)을 첨가·습윤시킨다.

43 주기율표상 0족의 불활성 물질이 아닌 것은?

① Ar ② Xe

③ Kr ④ Br

㉠ 비활성 기체(0족) : He, Ne, Ar, Kr, Xe, Rn
㉡ 할로겐족 원소(7B족) : F, Cl, Br, I, At

44 전역방출방식 불활성가스소화설비에서 저장용기 설치기준이 틀린 것은?

① 온도가 40℃ 이하이고 온도변화가 적은 장소에 설치할 것
② 방호구역 내의 장소에 설치할 것
③ 직사일광 및 빗물이 침투할 우려가 적은 장소에 설치할 것
④ 저장용기에는 안전장치를 설치할 것

해설

(1) 전역방출방식

　고정식 이산화탄소 공급장치에 배관 및 분사헤드를 고정 설치하며, 밀폐방호구역 내에 이산화탄소를 방출하는 설비이다.

(2) 저장용기 설치기준

　㉠ 방호구역 외의 장소에 설치한다. 단, 방호구역 내에 설치할 경우에는 피난 및 조작이 용이하도록 피난구 부근에 설치하여야 한다.

　㉡ 온도가 40℃ 이하이고 온도변화가 적은 곳에 설치한다.

　㉢ 직사광선 및 빗물이 침투할 우려가 없는 곳에 설치한다.

　㉣ 방화문으로 구획된 실에 설치한다.

　㉤ 용기의 설치장소에는 해당 용기가 설치된 곳임을 표시하는 표지를 한다.

　㉥ 용기 간의 간격은 점검에 지장이 없도록 3cm 이상의 간격을 유지한다.

　㉦ 저장용기와 집합관을 연결하는 연결배관에는 체크밸브를 설치한다. 다만 저장용기가 하나의 방호구역만을 담당하는 경우에는 그러하지 아니하다.

45 $(C_2H_5)_3Al$은 운반용기의 내용적의 몇 % 이하의 수납률로 수납하여야 하는가?

① 85%
② 90%
③ 95%
④ 98%

해설

■ 운반용기의 수납률

위험물	수납률
알킬알루미늄	90% 이하(50℃에서 5% 이상 공간용적유지)
고체위험물	95% 이하
액체위험물	98% 이하(55℃에서 누설되지 않을 것)

46 다음 위험물의 화재 시 알코올포소화약제가 아닌 보통의 포소화약제를 사용하였을 때 가장 효과가 있는 것은?

① 아세트산
② 에틸알코올
③ 아세톤
④ 경유

해설

㉠ 알코올포소화약제는 수용성 위험물(아세트산, 에틸알코올, 아세톤)에 효과가 있다.

㉡ 보통의 포소화약제는 불용성 위험물(경유)에 효과가 있다.

정답 45. ② 46. ④

47 이동탱크저장소 일반점검표에서 정한 점검항목 중 가연성증기의 회수설비 점검내용이 아닌 것은?

① 가연성증기 경보장치의 작동상황의 적부
② 회수구의 변형·손상의 유무
③ 호스결합장치의 균열·손상의 유무
④ 완충이음 등의 균열·변형·손상의 유무

해설

■ **가연성증기 회수설비의 점검내용**
㉠ 회수구의 변형·손상의 유무
㉡ 호스결합장치의 균열·손상의 유무
㉢ 완충이음 등의 균열·변형·손상의 유무

48 이동탱크저장소에 의한 위험물의 운송에 대한 설명으로 옳지 않은 것은?

① 이동탱크저장소의 운전자와 알킬알루미늄 등의 운송책임자의 자격은 다르다.
② 알킬알루미늄 등의 운송은 운송책임자의 감독 또는 지원을 받아서 하여야 한다.
③ 운송은 위험물 취급에 관한 국가기술자격자 또는 위험물운송자 교육을 받은 자가 하여야 한다.
④ 위험물운송자가 이동탱크저장소로 위험물을 운송할 때 해당 운송자격증을 휴대하지 않으면 벌금에 처해진다.

해설

④ 위험물운송자가 이동탱크저장소로 위험물을 운송할 때 해당 운송자격증을 휴대하여야 한다.

49 $(CH_3CO)_2O_2$에 대한 설명으로 틀린 것은?

① 가연성 물질이다.
② 지정수량은 10kg이다.
③ 녹는점이 약 −10℃인 액체상이다.
④ 화재 시 다량의 물로 냉각소화한다.

해설

아세틸퍼옥사이드[acetyl peroxide, $(CH_3CO)_2O_2$]는 가연성고체로 가열 시 폭발하며, 충격·마찰에 의해서 분해된다.

50 $Sr(NO_3)_2$의 지정수량은?

① 50kg
② 100kg
③ 300kg
④ 1,000kg

해설

질산스트론튬[strontium nitrate, $Sr(NO_3)_2$]은 제1류 위험물 중 질산염류에 속하므로 지정수량이 300kg이다.

51 자동화재탐지설비를 설치하여야 하는 옥내저장소가 아닌 것은?

① 처마높이가 7m인 단층 옥내저장소
② 저장창고의 연면적이 100m²인 옥내저장소
③ 에탄올 5만L를 취급하는 옥내저장소
④ 벤젠 5만L를 취급하는 옥내저장소

해설

■ **자동화재탐지설비를 설치하여야 하는 옥내저장소**
㉠ 처마높이가 7m인 단층 옥내저장소
㉡ 에탄올 5만L를 취급하는 옥내저장소
㉢ 벤젠 5만L를 취급하는 옥내저장소

52 다음 위험물 중 혼재가 가능한 것은?(단, 지정수량의 10배를 취급하는 경우이다)

① $KClO_4$와 Al_4C_3
② Mg와 Na
③ P_4와 CH_3CN
④ HNO_3와 $(C_2H_5)_3Al$

해설

① $KClO_4$(1류)와 Al_4C_3(3류)
② Mg(2류)와 Na(3류)
③ P_4(3류)와 CH_3CN(4류)
④ HNO_3(6류)와 $(C_2H_5)_3Al$(3류)

정답 50. ③ 51. ② 52. ③

53 위험물제조소의 옥내에 3기의 위험물취급탱크가 하나의 방유턱 안에 설치되어 있고 탱크별로 실제로 수납하는 위험물의 양은 다음과 같다. 설치하는 방유턱의 용량은 최소 몇 L 이상이어야 하는가?(단, 취급하는 위험물의 지정수량은 50L)

- A탱크 : 100L
- B탱크 : 50L
- C탱크 : 50L

① 50
② 100
③ 110
④ 200

해설

■ **방유제**
위험물의 유출을 방지하기 위하여 위험물 옥외탱크저장소의 주위에 철근콘크리트 또는 흙으로 둑을 만들어 넣은 것

54 알킬알루미늄 등을 저장 또는 취급하는 이동탱크저장소에 관한 기준으로 옳은 것은?

① 탱크 외면은 적색으로 도장을 하고 백색 문자로 동관의 양측면 및 경판에 '화기주의'라는 주의사항을 표시한다.
② 알킬알루미늄 등을 저장하는 경우 20kPa 이하의 압력으로 불활성기체를 봉입해 두어야 한다.
③ 이동저장탱크의 맨홀 및 주입구의 뚜껑은 10mm 이상의 강판으로 제작하고, 용량은 2,000 리터 미만이어야 한다.
④ 이동저장탱크는 두께 10mm 이상의 강판으로 제작하고 3MPa 이상의 압력으로 10분간 실시하는 수압시험에서 새거나 변형되지 않아야 한다.

해설

① 탱크 외면은 적색으로 도장을 하고 백색 문자로 동관의 양측면 및 경판에 '물기엄금 및 화기엄금'이라는 주의사항을 표시한다.
③ 이동저장탱크의 맨홀 및 주입구의 뚜껑은 10mm 이상의 강판으로 제작하고, 용량은 1,900리터 미만이어야 한다.
④ 이동저장탱크는 두께 10mm 이상의 강판으로 제작하고 1MPa 이상의 압력으로 10분간 실시하는 수압시험에서 새거나 변형되지 않아야 한다.

55 $\overline{x}$ 관리도에서 관리상한이 22.15, 관리하한이 6.85, $\overline{R}=7.5$일 때 시료군의 크기(n)는 얼마인가?
(단, $n=2$일 때 $A_2=1.88$, $n=3$일 때 $A_2=1.02$, $n=4$일 때 $A_2=0.73$, $n=5$일 때 $A_2=0.58$)

① 2

② 3

③ 4

④ 5

해설

$\overline{x}$ 관리도 : UCL=22.15

　　　　　　LCL=6.85

　　　　　　$\overline{R}$=7.5

$-\begin{vmatrix} \text{UCL}=\overline{\overline{x}}+A_2\overline{R} \\ \text{LCL}=\overline{\overline{x}}-A_2\overline{R} \\ \hline \text{LCL}-\text{LCL}=2A_2\overline{R} \end{vmatrix}$

$\therefore A_2 = \dfrac{\text{UCL}-\text{LCL}}{2\overline{R}} = \dfrac{22.15-6.85}{2\times7.5} = 1.02 \sim n=3$

56 200개들이 상자가 15개 있다. 각 상자로부터 제품을 랜덤하게 10개씩 샘플링할 경우, 이러한 샘플링 방법을 무엇이라 하는가?

① 계통샘플링

② 취락샘플링

③ 층별샘플링

④ 2단계샘플링

해설

① 계통샘플링(Systematic Sampling) : n개의 물품이 일련의 배열로 되었을 때, 첫 R개의 샘플링 단위 중 1개를 뽑고 그로부터 매 R번째를 선택하여 n개의 시료를 추출하는 샘플링 방법

② 취락샘플링(Cluster Sampling) : 모집단을 몇 개의 층으로 나누어 그 층 중에서 시료(n) 수에 알맞게 몇 개의 층을 랜덤 샘플링하여 그것을 취한 층안의 모든 것을 측정·조사하는 방법

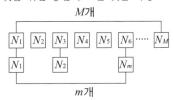

④ 2단계 샘플링(Two-stage Sampling) : 모집단(Lot)이 N_i개씩의 제품이 들어 있는 M상자로 나누어져 있을 때, 랜덤하게 m개 상자를 취하고 각각의 상자로부터 n_i개의 제품을 랜덤하게 채취하는 샘플링 방법으로, 샘플링 실시가 용이하다는 장점이 있다.

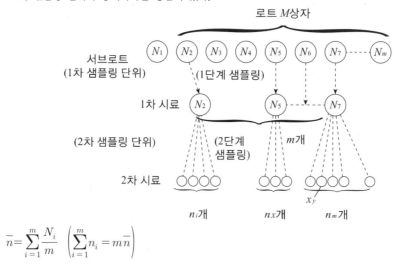

$$\overline{n} = \sum_{i=1}^{m} \frac{N_i}{m} \quad \left(\sum_{i=1}^{m} n_i = m\overline{n} \right)$$

57 어떤 측정법으로 동일 시료를 무한횟수 측정하였을 때 데이터 분포의 평균치와 모집단 참값과의 차를 무엇이라 하는가?

① 편차   ② 신뢰성
③ 정확성   ④ 정밀도

① 편차(Deviation) : 확률변수에서 확률변수의 중심값을 뺀 값으로 확률변수들 간의 거리를 나타내는 척도, 그러나 확률변수로부터 개개의 편차를 구해 편차의 평균을 구하면 0이 된다는 것을 알 수 있는데 이는 음의 값이 형성되는 편차가 있기 때문이다.
② 신뢰성(Reliability) : 데이터를 신뢰할 수 있는가의 문제로 샘플링을 작업표준에서 지시한대로 하였는가, 분석방법에 잘못이 있지 않았는가, 또는 계기에 잘못이 있지 않았는가, 하는 등의 문제이다. $R(t)$로 표시하며, 정밀도의 신뢰성과 정확성의 신뢰성으로 구분할 수 있다.
④ 정밀성(Precision) : 어떤 일정한 측정법으로 동일 시료를 무한히 반복측정하면 그 데이터는 반드시 어떤 산포를 하게 된다. 이 산포의 크기를 정밀도라 한다.

58 다음 중 신제품에 대한 수요예측방법으로 가장 적절한 것은?

① 시장조사법   ② 이동평균법
③ 지수평활법   ④ 최소자승법

해설

■ **수요예측(Demand Forecasting)**

기업의 산출물인 제품이나 서비스에 대하여 미래의 시장수요를 추정하는 방법으로 생산의 제활동을 계획하는 데 가장 근본이 되는 과정이라고 할 수 있다.

② 이동평균법 : 전기수요법을 발전시킨 형태로서 과거 일정기간의 실적을 평균해서 수요의 계절 변동을 예측하는 방법으로 추세변동을 고려하는 경우 가중이동평균법을 사용한다.

③ 지수평활법(Exponential Smoothing Method) : 과거의 자료에 따라 예측을 행할 경우 현시점에 가장 가까운 자료에 가장 비중을 많이 주고, 과거로 거슬러 올라갈수록 그 비중을 지수적으로 감소해나가는 지수형의 가중 이동평균법으로 단기예측법으로 가장 많이 사용하고 있다. 불규칙 변동이 있는 경우 최근 데이터로 예측가능하다는 장점이 있다.

④ 최소자승법(추세분석법) : 상승 또는 하강 경향이 있는 수요계열에 쓰이며, 관측치와 경향치의 편차 제곱의 총합계가 최소가 되도록 동적평균적(회귀직선)을 구하고 회귀직선을 연장해서 수요의 추세변동은 예측하는 방법이다. 최소자승법은 시계열 도중에 경향이 변화할 때 민감하게 대응할 수 없으나 이동평균법은 시계열상의 최근 데이터를 중심으로 고려하여 점차 경향을 갱신해가는 방법이다.

59 ASME(American Society of Mechanical Engineers)에서 정의하고 있는 제품공정분석표에 사용되는 기호 중 '저장(Storage)'을 표현한 것은?

① ○   ② ◗

③ □   ④ ▽

해설

(1) 제품공정분석(Product Process Chart) : 소재가 제품화되는 과정을 분석·기록하기 위한 제품화 과정에서 일어나는 공정 내용을 공정도시기호를 사용하여 표시하며, 설비계획·일정계획·운반계획·인원계획·재고계획 등의 기초 자료로 활용되는 분석기법이다.

(2) 공정도에 사용되는 기호

KS 원용 기호				설 명
ASME식		길브레스식		
기 호	명 칭	기 호	명 칭	
○	작 업	○	가 공	원재료·부품 또는 제품이 변형·변질·조립·분해를 받는 상태 또는 다음 공정을 위해서 준비되는 상태이다.
→	운 반	○	운 반	원재료·부품 또는 제품이 어떤 위치에서 다른 위치로 이동해 가는 상태이다(운반 ○의 크기는 작업 ○의 1/2~1/3 정도).
▽	저 장	△	원재료의 저장	원재료·부품 또는 제품이 가공·검사 되는 일이 없이 저장되고 있는 상태. △은 원재료 창고 내의 저장, ▽은 제품창고 내의 저장, 일반적으로는 △에서 시작해서 ▽로 끝난다.
		▽	제품의 저장	

정답 59. ④

KS 원용 기호				설 명
ASME식		길브레스식		
기 호	명 칭	기 호	명 칭	
▷	정 체	✡	(일시적) 정체	원재료·부품 또는 제품이 가공·검사 되는 일이 없이 정체되고 있는 상태이다. ✡는 로트 중 일부가 가공되고, 나머지는 정지되고 있는 상태이다. ▽는 로트 전부가 정체하고 있는 상태이다.
		▽	(로트) 대기	
보조 도시 기호		∿	관리구분	관리구분·책임구분 또는 공정구분을 나타낸다.
		┼	담당구분	담당자 또는 작업자의 책임구분을 나타낸다.
		╪	생 략	공정계열의 일부를 생략함을 나타낸다.
		⅄	폐 기	원재료·부품 또는 제품의 일부를 폐기할 경우를 나타낸다.

60 다음 중 사내표준을 작성할 때 갖추어야 할 요건으로 옳지 않은 것은?

① 내용이 구체적이고 주관적일 것
② 장기적 방침 및 체계 하에서 추진할 것
③ 작업표준에는 수단 및 행동을 직접 제시할 것
④ 당사자에게 의견을 말하는 기회를 부여하는 절차로 정할 것

해설

① 내용이 구체적이고 객관적이어야 한다.

> ※ **사내표준화**
> KS에서 정하고 있는 바와 같이 사내에서 물체, 성능, 능력, 배치 등에 대해서 규정을 설정하고 이것을 문장, 그림, 표 등을 사용하여 구체적으로 표현하고 조직적 행위로서 활용하는 것이다.

2010년 제47회 출제문제(3월 28일 시행)

01 위험물의 운반방법에 대한 설명 중 틀린 것은?

① 지정수량 이상의 위험물을 차량으로 운반하는 경우에는 한 변의 길이가 0.3m 이상, 다른 한 변의 길이가 0.6m 이상인 직사각형의 판으로 된 표지를 설치하여야 한다.

② 지정수량 이상의 위험물을 차량으로 운반하는 경우에는 바탕은 백색으로 하고, 황색의 반사도료 그 밖의 반사성이 있는 재료로 "위험물"이라고 표시한 표지를 설치하여야 한다.

③ 지정수량 이상의 위험물을 차량으로 운반하는 경우에는 표지를 차량의 전면 및 후면에 보기 쉬운 곳에 내걸어야 한다.

④ 위험물 또는 위험물을 수납한 운반용기가 현저하게 마찰 또는 동요를 일으키지 아니하도록 운반하여야 한다.

> **해설**
>
> ② 지정수량 이상의 위험물을 차량으로 운반하는 경우에는 바탕은 흑색으로 하고, 황색의 반사도료, 그 밖의 반사성이 있는 재료로 "위험물"이라고 표시한 표지를 설치하여야 한다.

02 제5류 위험물의 피크린산의 질소 함유량은 약 몇 wt%인가?

① 11.76 ② 12.76
③ 18.34 ④ 21.60

> **해설**
>
> 피크린산[$C_6H_2(NO_2)_3OH$]의 분자량은 229이다.
>
> $$\frac{3N}{C_6H_2(NO_2)_3OH} \times 100 = \frac{42}{229} \times 100 = 18.34wt\%$$

03 다음과 같은 소화난이도등급 I의 저장소에 물분무소화설비를 설치하는 것이 위험물안전관리법에 의한 소화설비의 설치기준에 적합하지 않은 것은?

① 옥외탱크저장소(지상의 일반형태) – 지정수량의 120배의 유황만을 저장·취급하는 것

② 옥내탱크저장소 – 바닥면으로부터 탱크 옆판의 상단까지의 높이가 8m인 탱크에 유황만을 저장·취급하는 것

③ 암반탱크저장소 – 지정수량 150배의 제2석유류 위험물을 저장·취급하는 것

④ 해상탱크 – 지정수량의 110배인 경유를 저장·취급하는 것

정답 01. ② 02. ③ 03. ③

■ 소화난이도등급 I에 대한 제조소 등의 소화설비

구 분	소화설비
1. 제조소 2. 일반취급소	• 옥내소화전설비 • 옥외소화전설비 • 스프링클러설비 • 물분무등소화설비
3. 옥내저장소(처마높이 6m 이상인 단층건물)	• 스프링클러설비 • 이동식 외의 물분무등소화설비
4. 옥외탱크저장소(유황만을 저장·취급)	물분무소화설비
5. 옥외탱크저장소 (인화점 70℃ 이상의 제4류 위험물 취급)	• 물분무소화설비 • 고정식포소화설비
6. 옥외탱크저장소(지중탱크)	• 고정식포소화설비 • 이동식 이외의 불활성가스소화설비 • 이동식 이외의 할로겐화물소화설비
7. 옥외저장소 8. 이송취급소	• 옥내소화전설비 • 옥외소화전설비 • 스프링클러설비 • 물분무등소화설비

04 기체방전의 한 형태로 불꽃이 일어나기 전에 국부적인 절연이 파괴되어 방전하는 미약한 방전현상을 무엇이라 하는가?

① 코로나방전   ② 스트리머방전
③ 불꽃방전   ④ 아크방전

■ **방전(Spark)의 종류**
㉠ 코로나방전 : 기체방전의 한 형태로, 불꽃이 일어나기 전에 국부적인 절연이 파괴되어 방전하는 미약한 방전현상이다.
㉡ 스트리머방전 : 대전이 큰 부도체와 비교적 곡률반경이 큰 선단을 가진 도체와의 사이에서 발생하는 수지상의 발광과 펄스상의 파괴음을 수반하는 방전이다.
㉢ 불꽃방전 : 도체가 대전되었을 때에 접지된 도체와의 사이에서 발생하는 강한 발광과 파괴음을 수반하는 방전이다.
㉣ 연면방전 : 대전이 큰 얇은 층상의 부도체를 박리할 때 또는 얇은 층상의 대전된 부도체의 뒷면에 밀접한 접지체가 있을 때 표면에 연한 복수의 수지상의 발광을 수반하여 발생하는 방전이다.
㉤ 뇌상방전 : 공기 중의 뇌상으로 부유하는 대전입자와 규모가 커졌을 때에 대전운에서 번개형의 방광을 수반하여 발생하는 방전이다.

정답   04. ①

05 다음 위험물 중 혼재할 수 없는 위험물은? (단, 지정수량의 1/10 초과 위험물이다)

① 적린과 경유
② 칼륨과 등유
③ 아세톤과 니트로셀룰로오스
④ 과산화칼륨과 크실렌

해설

■ 유별을 달리하는 위험물의 혼재 기준

위험물의 구분	제1류	제2류	제3류	제4류	제5류	제6류
제1류		×	×	×	×	○
제2류	×		×	○	○	×
제3류	×	×		○	×	×
제4류	×	○	○		○	×
제5류	×	○	×	○		×
제6류	○	×	×	×	×	

① 적린 : 제2류 위험물, 경유 : 제4류 위험물
② 칼륨 : 제3류 위험물, 등유 : 제4류 위험물
③ 아세톤 : 제4류 위험물, 니트로셀룰로오스 : 제5류 위험물
④ 과산화칼륨 : 제1류 위험물, 크실렌 : 제4류 위험물

06 비수용성에 제4류 위험물을 저장하는 시설에 포소화설비를 설치하는 경우 약제에 관하여 옳게 설명한 것은?

① I형의 방출구를 이용하는 것은 불화단백포소화약제 또는 수성막포소화약제로 하고, 그 밖의 것은 단백포소화약제(불화단백포소화약제를 포함) 또는 수성막포소화약제로 한다.
② Ⅲ형의 방출구를 이용하는 것은 불화단백포소화약제 또는 수성막포소화약제로 하고, 그 밖의 것은 단백포소화약제(불화단백포소화약제를 포함) 또는 수성막포소화약제로 한다.
③ 특형의 방출구를 이용하는 것은 불화단백포소화약제 또는 수성막포소화약제로 하고, 그 밖의 것은 단백포소화약제(불화단백포소화약제를 포함) 또는 수성막포소화약제로 한다.
④ 특형의 방출구를 이용하는 것은 단백포소화약제(불화단백포소화약제를 제외) 또는 수성막포소화약제로 하고, 그 밖의 것은 수성막포소화약제로 한다.

해설

■ 고정식포소화설비의 포 방출구
㉠ I형 : 고정지붕구조의 탱크에 상부 포 주입법
㉡ Ⅱ형 : 고정지붕구조 또는 부상덮개 부착 고정지붕구조의 탱크에 상부 포 주입법
㉢ 특형 : 부상지붕구조의 탱크에 상부 포 주입법
㉣ Ⅲ형 : 고정지붕구조의 탱크에 저부포주입법[불화단백포소화약제 또는 수성막포소화약제로 하고, 그 밖의 것은 단백포소화약제(불화단백포소화약제를 포함함) 또는 수성막포소화약제로 함]
㉤ Ⅳ형 : 고정지붕구조의 탱크에 저부포주입법

정답 05. ④ 06. ②

07 질산 2mol은 몇 g인가?

① 36

② 72

③ 63

④ 126

> **해설**

$2HNO_3 = 2 \times (1 + 14 + 16 \times 3) = 2 \times 63 = 126g$

08 질산의 위험성을 옳게 설명한 것은?

① 인화점이 낮아 가열하면 발화하기 쉽다.

② 공기 중에서 자연발화 위험성이 높다.

③ 충격에 의한 단독으로 발화하기 쉽다.

④ 환원성물질과 혼합 시 발화 위험성이 있다.

> **해설**

① 자신은 불연성물질이지만 강한 산화력을 가지고 있는 강산화성 물질이다.

② 공기 중에서 자연발화하지 않는다.

③ 충격에 의해 단독으로 발화하지 않는다.

09 질산칼륨에 대한 설명으로 틀린 것은?

① 황화인, 질소와 혼합하면 흑색 화약이 된다.

② 알코올에는 난용이다.

③ 물에 녹으므로 저장 시 수분과의 접촉에 주의한다.

④ 400℃로 가열하면 분해하여 산소를 방출한다.

> **해설**

■ **흑색 화약(Black Gunpowder)**

질산칼륨(KNO_3) : 유황(S) : 목탄분(C)을 75% : 10% : 15%의 표준배합비율로 혼합한 것이다.

10 물질에 의한 화재가 발생하였을 경우 적합한소화약제를 연결한 것이다. 틀리게 연결한 것은?

① 마그네슘 – CO_2

② 적린 – 물

③ 휘발유 – 포

④ 프로판올 – 내알코올포

마그네슘(Mg)은 초기 소화 또는 소규모 화재 시는 석회분, 마른모래 등으로 소화하고 기타의 경우는 다량의 소화분말, 소석회, 건조사 등으로 질식소화한다. 물, 건조 분말, CO_2, N_2, 포, 할로겐화합물소화약제(할론 1211, 할론 1301)는 소화적응성이 없으므로 절대 사용을 엄금한다.

11 다음 중 과산화수소의 분해를 막기 위한 안정제는?

① MnO_2 ② HNO_3
③ $HClO_4$ ④ H_3PO_4

■ **과산화수소(hydrogen peroxide, H_2O_2)**
㉠ 농도가 클수록 위험성이 높아지므로 분해방지 안정제를 넣어 산소분해를 억제시킨다.
㉡ 분해방지 안정제 : 인산(H_3PO_4), 인산나트륨, 요산, 요소, 글리세린 등

12 강화액소화기에 대한 설명 중 틀린 것은?

① 한랭지에서도 사용이 가능하다.
② 액성은 알칼리성이다.
③ 유류화재에 가장 효과적이다.
④ 소화력을 높이기 위해 금속염류를 첨가한 것이다.

강화액소화기는 일반가연물 화재에 가장 효과적이다. 특히 강화액소화약제를 일반가연물화재에 방사하면 액체입자가 가연물질의 내부 속으로 신속하게 침투하여 일반가연물과 결합해 화염을 발생하지 않도록 하는 방염제의 역할과 침투제의 기능을 다함게 발휘함으로써 재착화의 위험성도 없게 해준다.

13 다음 산화성액체위험물에 대한 설명 중 틀린 것은?

① 과산화수소는 물과 접촉하면 심하게 발열하고, 폭발의 위험이 있다.
② 질산은 불연성이지만 강한 산화력을 가지고 있는 강산화성 물질이다.
③ 질산은 물과 접촉하면 발열하므로 주의하여야 한다.
④ 과염소산은 강산이고 불안정하여 분해가 용이하다.

과산화수소(hydrogen peroxide, H_2O_2)는 물과는 임의로 혼합하며, 수용액 상태는 비교적 안정하다.

정답 11. ④   12. ③   13. ①

14 이산화탄소의 가스밀도(g/L)는 27℃, 2기압에서 약 얼마인가?

① 1.11

② 2.02

③ 2.76

④ 3.57

> **해설**

$CO_2 = 44$이므로

$$d = \frac{PM}{RT}[\text{g/L}] = \frac{2 \times 44}{0.082 \times (273 + 27)} = \frac{88}{24.6} = 3.57 \, \text{g/L}$$

15 제4류 위험물에 대한 설명으로 틀린 것은?

① 디에틸에테르를 장기간 보관할 때는 공기 중에서 보관한다.

② CS_2는 연소 시 CO_2와 SO_2를 생성한다.

③ 산화프로필렌을 용기에 수납할 때는 불활성기체를 채운다.

④ 아세트알데히드는 구리와 접촉하면 위험하다.

> **해설**

디에틸에테르($C_2H_5OC_2H_5$)는 장기간 저장 시 공기 중에서 산화되어 구조불명의 불안정하고 폭발성의 과산화물을 만드는데, 이는 유기과산화물과 같은 위험성을 가지며 불안정하기 때문에 100℃로 가열하거나 충격·압축에 의해 폭발하므로 탱크나 용기에 장기간 보관 시 공간용적을 유지하고 대량 저장 시에는 불활성가스를 봉입시켜야 한다.

16 위험물안전관리법 시행규칙에서는 위험물의 성질에 따른 특례규정을 두어 일부 위험물에 대하여는 위험물시설의 설치기준을 강화하고 있다. 다음의 위험물시설 중 이러한 특례 대상이 되는 위험물의 종류가 다른 하나는?

① 옥내저장소

② 옥외탱크저장소

③ 이동탱크저장소

④ 일반취급소

> **해설**

■ **위험물시설 설치기준을 강화하는 특례대상**

㉠ 옥외탱크저장소

㉡ 이동탱크저장소

㉢ 일반취급소

17 아세틸렌 1몰이 완전연소하는 데 필요한 이론 산소량은 몇 몰인가?

① 1
② 2.5
③ 3.5
④ 5

해설

■ 아세틸렌 완전연소반응식

$C_2H_2 + 2.5O_2 \rightarrow 2CO_2 + H_2O$

즉, 위 반응식에서처럼 2.5mol의 산소가 필요하다.

18 다음 중 소방공무원 경력자가 취급할 수 있는 위험물은?

① 위험물안전관리법 시행령 별표 1에 표기된 모든 위험물
② 제1류 위험물
③ 제4류 위험물
④ 제6류 위험물

해설

제4류 위험물은 소방공무원 경력자가 취급할 수 있다.

19 위험물안전관리법령상 보기의 위험물에 공통적으로 해당하는 것은?

• 초산메틸	• 메틸에틸케톤
• 피리딘	• 포름산에틸

① 품명
② 수용성
③ 지정수량
④ 비수용성

해설

■ 품명과 품목의 지정
㉠ 특수한 위험성에 의한 지정
㉡ 화학적 조성에 의한 지정
㉢ 형태에 의한 지정
㉣ 농도에 의한 지정
㉤ 사용 상태에 의한 지정
㉥ 지정에서의 제외와 편입
㉦ 경합하는 경우의 지정

정답 17. ② 18. ③ 19. ①

20 제조소 등에서 위험물의 저장기준에 관한 설명 중 틀린 것은?

① 옥내저장소에서 제4류 위험물 중 제3석유류, 제4석유류, 동·식물유류를 수납하는 용기만을 겹쳐 쌓는 경우 4m를 초과하여 쌓지 아니하여야 한다(기계에 의하여 하역하는 구조로 된 용기 외의 경우임).

② 옥외저장소에서 위험물을 수납한 용기를 선반에 저장하는 경우에는 6m를 초과하여 저장하지 아니하여야 한다.

③ 이동저장탱크에는 해당 탱크에 저장 또는 취급하는 위험물의 유별, 품명, 지정수량, 대표적 성질을 표시하고 잘 보일 수 있도록 관리하여야 한다.

④ 이동저장탱크에 알킬알루미늄 등을 저장하는 경우에는 20kPa 이하의 압력으로 비활성의 기체를 봉입한다.

> **해설**
>
> 이동저장탱크의 뒷면 중 보기 쉬운 곳에는 해당 탱크에 저장 또는 취급하는 위험물의 유별, 품명, 최대수량 및 적재 중량을 게시한 게시판을 설치한다.

21 제4류 위험물제조소로 허가를 득하여 사용하는 도중에 변경허가를 득하지 않고 변경할 수 있는 것은?

① 배출설비를 신설하는 경우
② 위험물취급탱크의 방유제의 높이를 변경하는 경우
③ 방화상 유효한 담을 신설하는 경우
④ 지상에 250m의 위험물 배관을 신설하는 경우

> **해설**
>
> ■ **제조소로 허가를 득하여 사용하는 도중에 변경 허가를 득하고 변경하는 것**
> ㉠ 배출설비를 신설하는 경우
> ㉡ 위험물취급탱크의 방유제의 높이를 변경하는 경우
> ㉢ 방화상 유효한 담을 신설하는 경우

22 다음의 기구는 위험물의 판정에 필요한 시험기구이다. 어떤 성질을 시험하기 위한 것인가?

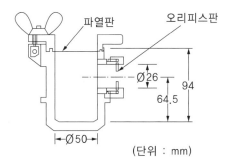

① 충격민감성
② 폭발성
③ 가열분해성
④ 금수성

> **해설**

① 충격민감성 : 분립상 물품의 민감성으로 인한 위험성을 판단하기 위한 시험은 낙구타격감도시험으로 한다.
② 폭발성 : 폭발성으로 인한 위험성의 정도를 판단하기 위한 시험은 열분석시험으로 한다.
③ 가열분해성 : 가열분해성으로 인한 위험성의 정도를 판단하기 위한 시험은 압력용기시험으로 한다.
④ 금수성 : 물과 접촉하여 발화하거나 가연성가스를 발생할 위험성의 시험장소는 온도 20℃, 습도 50%, 기압 1기압, 무풍의 장소로 한다.

23 옥내저장소에 자동화재탐지설비를 설치하려 한다. 자동화재탐지설비 설치기준으로 적합하지 않은 것은?

① 경계구역은 건축물, 그 밖의 공작물의 2 이상의 층에 걸치지 아니하도록 한다.
② 하나의 경계구역의 면적은 600m² 이하로 하고 그 한 변의 길이는 100m 이하(광전식분리형 감지기를 설치할 경우에는 200m)로 한다.
③ 감지기는 지붕 또는 벽의 옥내에 면한 부분에 유효하게 화재의 발생을 감지할 수 있도록 설치한다.
④ 비상전원을 설치하여야 한다.

> **해설**

② 하나의 경계구역의 면적은 600m² 이하로 하고 그 한 변의 길이는 50m(광전분리형감지기를 설치할 경우에는 100m) 이하로 한다.

24 위험물안전관리법령상의 '자연발화성 물질 및 금수성물질'에 해당하는 것은?

① 염소화규소화합물
② 금속의 아지화합물
③ 황과 적린의 화합물
④ 할로겐 간 화합물

정답 22. ③ 23. ② 24. ①

① 자연발화성물질 및 금수성물질(제3류 위험물)
② 자기반응성물질(제5류 위험물)
③ 가연성고체(제2류 위험물)
④ 산화성액체(제6류 위험물)

25 다음 위험물제조소에 관한 설명 중 옳은 것은?(단, 원칙적인 경우에 한한다)

① 위험물시설의 설치 후 사용 시기는 완공검사신청서를 제출했을 때부터 사용이 가능하다.
② 위험물시설의 설치 후 사용 시기는 완공검사를 받은 날부터 사용이 가능하다.
③ 위험물시설의 설치 후 사용 시기는 설치허가를 받았을 때부터 사용이 가능하다.
④ 위험물시설의 설치 후 사용 시기는 완공검사를 받고 완공검사필증을 교부받았을 때부터 사용이 가능하다.

해설

위험물시설의 설치 후 사용 시기는 완공검사를 받고 완공검사필증을 교부받았을 때부터 사용이 가능하다.

26 배관의 팽창 또는 수축으로 인한 관, 기구의 파손을 방지하기 위해 관을 곡관으로 만들어 배관 도중에 설치하는 신축이음재는?

① 슬리브형   ② 벨로스형
③ 루프형   ④ U형 스트레이너

해설

① 슬리브형(Sleeve Type) : 슬리브와 본체 사이에 패킹을 넣고 온수 또는 증기가 누설되는 것을 방지하며, 신축량이 크고 신축으로 인한 응력이 생기지 않는다.
② 벨로스형(Bellows Type) : 일명 패클리스(Packless) 신축이음쇠라고도 하며, 패킹 대신 벨로스로 관내 유체의 누설을 방지하고 설치공간을 넓게 차지하지 않으나 고압배관에는 부적당하다.
③ 루프형(Loop Type) : 배관의 팽창 또는 수축으로 인한 관, 기구의 파손을 방지하기 위하여 관을 곡관으로 만들어 배관 도중에 설치하는 신축이음재이다.
④ U형 스트레이너 : 배관에 설치하는 밸브, 트랩, 기기 등의 앞에 설치하여 관 속의 유체에 섞여 있는 불순물을 제거하여 기기의 성능을 보호하는 기구로 여과기라고도 하며, 주철제의 본체 안에 원통형 여과망을 수직으로 넣어 유체가 망의 안쪽에서 바깥쪽으로 흐르고 구조상 유체가 내부에서 직각으로 흐르게 된다. 기름 배관에 많이 쓰인다.

27 NH_4NO_3에 대한 설명으로 옳지 않은 것은?

① 조해성이 있기 때문에 수분이 포함되지 않도록 포장한다.
② 단독으로도 급격한 가열로 분해하여 다량의 가스를 발생할 수 있다.
③ 무색·무취의 결정으로 알코올에 녹는다.
④ 물에 녹을 때 발열반응을 일으키므로 주의한다.

> **해설**
> ④ 질산 암모늄(ammonium nitrate, NH_4NO_3)은 물에 잘 녹고 물에 녹을 때 다량의 물을 흡수하여 흡열반응 온도가 내려가므로 한제로 쓰인다.

28 철분에 적응성이 있는 소화설비는?

① 옥외소화전설비
② 포소화설비
③ 불활성가스소화설비
④ 탄산수소염류 분말소화설비

> **해설**
> 철분(iron powder, Fe)은 탄산수소염류 분말소화설비, 마른모래, 소금, 소석회로 질식소화한다.

29 다음 중 과염소산칼륨과 접촉하였을 때의 위험성이 가장 낮은 물질은?

① 유황
② 알코올
③ 알루미늄
④ 물

> **해설**
> 과염소산칼륨(potassium perchlorate, $KClO_4$)은 알코올, 유황, 알루미늄 등의 가연물과 혼합될 때는 폭발의 위험이 있다.

30 소화설비를 설치하는 탱크의 공간용적은?(단,소화약제 방출구를 탱크 안의 윗부분에 설치한 경우에 한한다)

① 소화약제방출구 아래 0.1m 이상 0.5m 미만 사이의 면으로부터 윗부분의 용적
② 소화약제방출구 아래 0.3m 이상 0.5m 미만 사이의 면으로부터 윗부분의 용적
③ 소화약제방출구 아래 0.1m 이상 1m 미만 사이의 면으로부터 윗부분의 용적
④ 소화약제방출구 아래 0.3m 이상 1m 미만 사이의 면으로부터 윗부분의 용적

> **해설**
> 소화설비를 설치하는 탱크의 공간용적은소화약제 방출구 아래의 0.3m 이상 1m 미만 사이의 면으로부터 윗부분의 용적이다.

정답 27. ④ 28. ④ 29. ④ 30. ④

31 다음 중 시안화수소에 대한 설명으로 옳은 것은?

① 물보다 무겁다.

② 물에 녹지 않는다.

③ 증기는 공기보다 가볍다.

④ 비점이 낮아 10℃ 이하에서도 증기상이다.

> **해설**
>
> ① 물보다 무겁다(비중 0.69).
>
> ② 물, 알코올에 잘 녹는다.
>
> ③ 증기는 공기보다 가볍다.
>
> HCN 분자량=1+12+14=27
>
> $\dfrac{27}{29}=0.93$
>
> ④ 비점이 26℃이다.

32 고온에서 용융된 유황과 수소가 반응하였을 때의 현상으로 옳은 것은?

① 발열하면서 H_2S가 생성된다.

② 흡열하면서 H_2S가 생성된다.

③ 발열은 하지만 생성물은 없다.

④ 흡열은 하지만 생성물은 없다.

> **해설**
>
> 고온에서 용융된 유황은 다음 물질과 반응하여 격렬히 발열한다.
>
> • $H_2+S \rightarrow H_2S\uparrow$ +발열
>
> • $Fe+S \rightarrow FeS$+발열
>
> • $Cl_2+2S \rightarrow S_2Cl_2$+발열
>
> • $C+2S \rightarrow CS_2$+발열
>
> 이때 H_2S의 연소범위는 3.3~46%이다.

33 다음 중 사방황에 대한 설명으로 가장 거리가 먼 것은?

① 가열하면 단사황을 얻을 수 있다.　　② 물보다 비중이 크다.

③ 이황화탄소에 잘 녹는다.　　④ 조해성이 크므로 습기에 주의한다.

> **해설**
>
> ④ 사방황은 물이나 산에는 녹지 않는다.

34 C_6H_6와 $C_6H_5CH_3$의 공통적인 특징을 설명한 것으로 틀린 것은?

① 무색의 투명한 액체로서 냄새가 있다.
② 물에는 잘 녹지 않으나 에테르에는 잘 녹는다.
③ 증기는 마취성과 독성이 있다.
④ 겨울에 대기 중 찬 곳에서 고체가 된다.

해설

㉠ 벤젠(C_6H_6) : 융점 6℃, 인화점 -11.1℃로, 겨울철에는 응고된 상태에서도 연소할 가능성이 있다.
㉡ 톨루엔($C_6H_5CH_3$) : 융점 -95℃, 인화점 4℃로, 무색투명하며 벤젠향과 같은 독특한 냄새를 가진 휘발성 액체이다.

35 $NaClO_3$ 100kg, $KMnO_4$ 3,000kg, $NaNO_3$ 450kg을 저장하려고 할 때 각 위험물의 지정수량 배수의 총합은?

① 4.0
② 5.5
③ 6.0
④ 6.5

해설

$$\frac{100}{50} + \frac{3,000}{1,000} + \frac{450}{300} = 6.5배$$

36 유황은 순도가 몇 중량퍼센트 이상인 것을 위험물로 분류하는가?

① 20
② 30
③ 50
④ 60

해설

유황은 순도가 60wt% 미만인 것을 제외하고, 이 경우 순도 측정에 있어서 불순물은 활석 등 불연성물질과 수분에 한한다.

37 다음 제4류 위험물 중 위험등급이 나머지 셋과 다른 하나는?

① 휘발유
② 톨루엔
③ 에탄올
④ 아세트알데히드

해설

(1) 제4류 위험물의 위험등급 및 품명

성 질	위험등급	품 명	
인화성액체	I	특수인화물류	
	II	제1석유류	비수용성
			수용성
		알코올류	
	III	제2석유류	비수용성
			수용성
		제3석유류	비수용성
			수용성
		제4석유류	
		동·식물 유류	

(2) 위험물의 품목 및 위험등급
- ㉠ 휘발유(제1석유류) : 위험등급 II
- ㉡ 톨루엔(제1석유류) : 위험등급 II
- ㉢ 에탄올(알코올류) : 위험등급 II
- ㉣ 아세트알데히드(특수인화물) : 위험등급 I

38 청정소화약제 중 HFC계열이 아닌 것은?

① 트리플루오르메탄
② 퍼플루오르부탄
③ 펜타플루오르에탄
④ 헵타플루오르프로판

해설

■ **청정소화약제**

할로겐화합물(할론 1301, 할론 2402, 할론 1211 제외) 및 불활성기체로서, 전기적으로 비전도성이며 휘발성이 있거나 증발 후 잔여물을 남기지 않는소화약제이다.

(1) 할로겐화합물 청정소화약제 : 불소, 염소, 브롬 또는 요오드 중 하나 이상의 원소를 포함하고 있는 유기화합물을 기본 성분으로 하는소화약제이다.

HFC(Hydro Fluoro Carbon)	불화탄화수소
HBFC(Hydro Bromo Fluoro Carbon)	브롬불화탄화수소
HCFC(Hydro Chloro Fluoro Carbon)	염화불화탄화수소
FC, PFC(Perfluoro Carbon)	불화탄소, 과불화탄소
FIC(Fluoroiodo Carbon)	불화요오드화탄소

(2) 불활성가스청정소화약제 : 헬륨, 네온, 아르곤 또는 질소가스 중 하나 이상의 원소를 기본으로 하는소화약제이다.

소화약제	상품명	화학식
퍼플루오르부탄(FC-3-1-10)	PFC-410	C_4F_{10}
하이드로클로로플루오르카본 혼화제(HCFC BLEND A)	NAFS-Ⅲ	HCFC-123($CHCl_2CF_3$) : 4.75% HCFC-22($CHClF_2$) : 82% HCFC-124($CHClFCF_3$) : 9.5% $C_{10}H_{16}$: 3.75%
클로로테트라플루오르에탄(HCFC-124)	FE-24	$CHClFCF_3$
펜타플루오르에탄(HFC-125)	FE-25	CHF_2CF_3
헵타플루오르프로판(HFC-227ea)	FM-200	CF_3CHFCF_3
트리플루오르메탄(HFC-23)	FE-13	CHF_3
헥사플루오르프로판(HFC-236fa)	FE-36	$CF_3CH_2CF_3$
트리플루오르이오다이드(FIC-13I1)	Tiodide	CF_3I
도데카플루오르-2-메틸펜탄-3-원(FK-5-1-12)	–	$CF_3CF_2C(O)CF$ $(CF_3)_2$
불연성·불활성기체혼합가스(IG-01)	Argon	Ar
불연성·불활성기체혼합가스(IG-100)	Nitrogen	N_2
불연성·불활성기체혼합가스(IG-541)	Inergen	N_2 : 52%, Ar : 40%, CO_2 : 8%
불연성·불활성기체혼합가스(IG-55)	Argonite	N_2 : 50%, Ar : 50%

39 방향족 화합물의 구조를 포함하지 않는 위험물은?

① 아세토니트릴 ② 톨루엔
③ 크실렌 ④ 벤젠

해설

① 아세토니트릴(CH_3CN) : 제4류 위험물, 제1석유류

② 톨루엔($C_6H_5CH_3$, ⬡^{CH_3}) : 제4류 위험물, 제1석유류

③ 크실렌($C_6H_4(CH_3)_2$, (ortho-xylene) · (meta-xylene) · (para-xylene))

: 제4류 위험물(ortho-xylene : 제1석유류, meta-xylene, para-xylene : 제2석유류)

④ 벤젠(C_6H_6, ⬡) : 제4류 위험물, 제1석유류

정답 39. ①

40 위험물제조소 등에 전기설비가 설치된 경우 해당 장소의 면적이 $500m^2$라면 몇 개 이상의 소형수동식소화기를 설치하여야 하는가?

① 1   ② 2
③ 5   ④ 10

> **해설**

위험물제조소 등에 전기설비가 설치된 경우 해당 장소의 면적이 $500m^2$라면 5개 이상의 소형수동식소화기를 설치한다.

41 50%의 N_2와 50%의 Ar으로 구성된소화약제는?

① HFC-125   ② IG-541
③ HFC-23   ④ IG-55

> **해설**

① HFC-125 → CHF_2CF_3
② IG-541 → N_2 : 52%, Ar : 40%, CO_2 : 8%
③ HFC-23 → CHF_3
④ IG-55 → N_2 : 50%, Ar : 50%

42 제2류 위험물로 금속이 덩어리 상태일 때보다 가루 상태일 때 연소위험성이 증가하는 이유가 아닌 것은?

① 유동성의 증가   ② 비열의 증가
③ 정전기 발생 위험성 증가   ④ 표면적의 증가

> **해설**

■ **분진폭발**

가연성고체의 연소속도는 물질의 표면적과 공급되는 산소의 양에 따라서 좌우가 된다. 금속덩어리를 직접 불꽃과 접촉하면 연소하지 않지만, 금속분의 형태는 표면적이 훨씬 증가하게 되어서 연소에 필요한 대기 중의 산소를 쉽게 공급받을 수 있어 연소속도가 빠르다. 게다가 밀폐된 공간 내에서 분말이 공기 중 부유하여 분진운(Dust Cloud)을 형성하고 있을 때 정전기·충격·마찰에너지의 경우는 물론이고 기타의 점화에너지에 의하여 분진폭발을 일으켜 시설물에 막대한 파괴력을 부여한다.

※ **가루 상태일 때 위험성이 증가하는 이유**
유동성의 증가, 비열의 감소, 정전기 발생 위험성 증가, 표면적의 증가

---

43 착화점이 260℃인 제2류 위험물과 지정수량을 옳게 나타낸 것은?

① P_4S_3 : 100kg

② P(적린) : 100kg

③ P_4S_3 : 500kg

④ P(적린) : 500kg

해설

위험물	착화점	지정수량
P_4S_3(삼황화인)	100℃	100kg
P(적린)	260℃	100kg

44 다음 중 아염소산은 어느 것인가?

① HClO

② $HClO_2$

③ $HClO_3$

④ $HClO_4$

해설

① HClO : 차아염소산

② $HClO_2$: 아염소산

③ $HClO_3$: 염소산

④ $HClO_4$: 과염소산

45 다음 중 인화점이 가장 낮은 것은?

① 아세톤

② 벤젠

③ 톨루엔

④ 염화아세틸

해설

① 아세톤(CH_3COCH_3) : −18℃

② 벤젠(C_6H_6) : −11.1℃

③ 톨루엔($C_6H_5CH_3$) : 4.5℃

④ 염화아세틸(CH_3COCl) : 4℃

46 제5류 위험물의 화재 시 적응성이 있는 소화설비는?

① 포소화설비

② 불활성가스소화설비

③ 할로겐화합물소화설비

④ 분말소화설비

해설

■ **제5류 위험물 적응성소화설비** : 포소화설비

정답 43. ② 44. ② 45. ① 46. ①

47 다음 중 탄화칼슘과 물이 접촉하여 생기는 물질은?

① H_2

② C_2H_2

③ O_2

④ CH_4

> **해설**
>
> 물과 심하게 반응하여서 소석회와 아세틸렌을 생성하여 공기 중 수분과 반응하여도 아세틸렌을 발생한다.
> $CaC_2 + 2H_2O \rightarrow Ca(OH)_2 + C_2H_2 \uparrow + 32kcal$
> 아세틸렌 발생량은 약 366L/kg이다.

48 다음 중 지정수량이 가장 적은 것은?

① 히드록실아민

② 아조벤젠

③ 벤조일퍼옥사이드

④ 황산히드라진

> **해설**
>
> ① 히드록실아민(H_3NO) : 100kg
> ② 아조벤젠($C_6H_5N=NC_6H_5$) : 200kg
> ③ 벤조일퍼옥사이드[$(C_6H_5CO)_2O_2$] : 10kg
> ④ 황산히드라진($N_2H_4 \cdot H_2SO_4$) : 200kg

49 염소산칼륨을 가열하면 발생하는 가스는?

① 염소

② 산소

③ 산화염소

④ 칼륨

> **해설**
>
> 염소산칼륨(potassium chlorate, $KClO_3$)은 강산화제로, 가열에 의해 분해하여 산소(O_2)를 발생하며 촉매 없이 400℃ 정도에서 가열하면 분해한다.
> $$2KClO_3 \xrightarrow{\Delta} 2KCl + 3O_2 \uparrow$$

50 과염소산과 과산화수소의 공통적인 위험성을 나타낸 것은?

① 가열하면 수소를 발생한다.

② 불연성이지만 독성이 있다.

③ 물, 알코올에 희석하면 안전하다.

④ 농도가 36wt% 미만인 것은 위험물에 해당하지 않는다고 법령에서 정하고 있다.

정답 47. ② 48. ③ 49. ② 50. ②

해설

① 가열하면 산소를 발생한다.
③ 과염소산은 물과 반응하면 소리를 내며 심하게 발열하며 알코올류와 혼합하면 심한 반응을 일으켜 발화 또는 폭발한다. 과산화수소는 물에는 안정하지만 알코올과 접촉하면 과산화물을 생성하며, 이때 가열하거나 충격을 주면 폭발한다.
④ 과산화수소는 그 농도가 36wt% 이상을 위험물로 본다.

51 다음 중 위험물을 가압하는 설비에 설치하는 장치로서 옳지 않은 것은?

① 안전밸브를 병용하는 경보장치
② 압력계
③ 수동적으로 압력의 상승을 정지시키는 장치
④ 감압측에 안전밸브를 부착한 감압밸브

해설

■ 위험물을 가압설비에 설치하는 장치
㉠ 안전밸브를 병용하는 경보장치
㉡ 압력계
㉢ 자동적으로 압력의 상승을 정지시키는 장치(일반적으로 안전밸브를 사용)
㉣ 감압측에 안전밸브를 부착한 감압밸브
㉤ 파괴판(위험물의 성질에 따라 안전밸브의 작동이 곤란한 가압설비에 한함)

52 인화성고체는 1기압에서 인화점이 몇 ℃인 고체를 말하는가?

① 20℃ 미만   ② 30℃ 미만
③ 40℃ 미만   ④ 50℃ 미만

해설

인화성고체는 1기압에서 인화점이 40℃ 미만인 고체이다.

53 디에틸알루미늄클로라이드를 설명한 내용 중 틀린 것은?

① 공기와 접촉하면 자연발화의 위험성이 있다.
② 광택이 있는 금속이다.
③ 장기보관 시 자연분해 위험성이 있다.
④ 물과 접촉 시 폭발적으로 반응한다.

정답 51. ③ 52. ③ 53. ②

디에틸알루미늄클로라이드[di ethyl aluminum chloride, DEAC, $(C_2H_5)_2AlCl$]는 무색투명한 가연성액체이며 외관은 등유와 비슷하다.

54 위험물의 운반에 관한 기준으로 틀린 것은?

① 하나의 외장용기에는 다른 종류의 위험물을 수납하지 아니하여야 한다.
② 고체위험물은 운반용기 내용적의 95% 이하로 수납하여야 한다.
③ 액체위험물은 운반용기 내용적의 98% 이하로 수납하여야 한다.
④ 알킬알루미늄은 운반용기 내용적의 95% 이하로 수납하여야 한다.

해설

▪ 운반용기의 수납률

위험물	수납률
알킬알루미늄 등	90% 이하(50℃에서 5% 이상 공간용적유지)
고체위험물	95% 이하
액체위험물	98% 이하(55℃에서 누설되지 않을 것)

55 예방보전(Preventive Maintenance)의 효과로 보기에 가장 거리가 먼 것은?

① 기계의 수리비용이 감소한다.
② 생산시스템의 신뢰도가 향상된다.
③ 고장으로 인한 중단시간이 감소한다.
④ 예비기계를 보유해야 할 필요성이 증가한다.

해설

예방보전(Preventive Maintenance, PM) : 예정된 시기에 점검 및 시험, 급유, 조정 및 분해정비(Overhaul), 계획적 수리 및 부분품 갱신 등을 하여 설비성능의 저하와 고장 및 사고를 미연에 방지함으로써 설비의 성능을 표준 이상으로 유지하는 보전활동이다.

56 계수규준형 샘플링검사의 OC곡선에서 좋은 로트를 합격시키는 확률을 뜻하는 것은?(단, α는 제1종 과오, β는 제2종 과오임)

① α ② β
③ $1-\alpha$ ④ $1-\beta$

① α : 제1종 과오(Error Type Ⅰ) 참을 참이 아니라고(거짓이라고) 판정하는 과오
② β : 제2종 과오(Error Type Ⅱ) 참이 아닌 거짓을 참이라고 판정하는 과오
③ $1-\alpha$: (신뢰율) 좋은 로트를 합격시키는 확률
④ $1-\beta$: (검출력) 거짓을 거짓이라고 판정하는 확률

57 다음 중 통계량의 기호에 속하지 않는 것은?

① σ ② R
③ s ④ $\overline{x}$

(1) 모집단(Population)
    σ : 모표준편차(분포의 퍼짐상태를 나타내는 척도)
(2) 통계량의 기호
    ㉠ R : 범위(Range)
    ㉡ s : 시료표준편차(sample standard deviation)
    ㉢ $\overline{x}$: 산술평균(arithmetic mean), 시료평균

58 다음 중 인위적 조절이 필요한 상황에 사용될 수 있는 워크팩터(Work Factor)의 기호가 아닌 것은?

① D   ② K
③ P   ④ S

(1) WF(Work Factor) : Quick을 지도자로 하는 시간 연구 기술자 등이 1935년경 미국의 필코사의 라디오 공장에서 프레스의 2차 작업(구멍 뚫기, 절곡 등)의 표준시간 설정의 연구를 시작으로 RCA사의 감딘공장의 연구를 거쳐 1945년 WF 동작시간표와 WF 규칙이 완성되었다.
(2) 동작의 곤란성 : 인위적 조절을 필요로 하는 동작으로 동작시간을 지연시키는 요인이다.
    ㉠ 방향조절(S) : 좁은 간격을 통과하거나 작은 목적물을 향해 동작을 유도하는 상황
    ㉡ 주의(P) : 물건의 파손 내지 신체의 상해 방지 또는 동작 목표상 신체 조절이 요구되는 상황
    ㉢ 방향변경(U) : 장애물을 제거하기 위한 동작변경이 요구될 때의 상황
    ㉣ 일정정지(D) : 작업자의 의식적인 동작정지의 상황(물리적 장애로 인한 정지는 해당되지 않음)

정답 57. ① 58. ②

59 u 관리도의 관리한계선을 구하는 식으로 옳은 것은?

① $\bar{u} \pm \sqrt{\bar{u}}$ ② $\bar{u} \pm 3\sqrt{\bar{u}}$

③ $\bar{u} \pm 3\sqrt{n\bar{u}}$ ④ $\bar{u} \pm 3\sqrt{\dfrac{\bar{u}}{n}}$

> **해설**

(1) 관리도

공정의 상태를 나타내는 특정치에 관해 그린 그래프로, 공정의 관리상태 유무를 조사하여 공정을 안전상태로 유지하기 위해 사용하는 통계적 관리기법이다.

(2) u 관리도 : 검사하는 시료의 면적이나 길이 등이 일정하지 않은 경우에 사용되는 관리도이다.

예 직물의 1m^{2}당 얼룩 수, 에나멜 동선의 핀홀 수

(3) 관리한계선(Control Limit) : UCL, LCL

㉠ UCL = $\bar{u} + 3\sqrt{\dfrac{\bar{u}}{n}}$

㉡ LCL = $\bar{u} - 3\sqrt{\dfrac{\bar{u}}{n}}$

㉢ $\bar{u} \pm 3\sqrt{\dfrac{\bar{u}}{n}}$ (여기서 n이 변하면 관리한계선이 변한다)

60 어떤 회사의 매출액이 80,000원, 고정비가 15,000원, 변동비가 40,000원일 때 손익분기점 매출액은 얼마인가?

① 25,000원   ② 30,000원

③ 40,000원   ④ 55,000원

> **해설**

손익분기점 매출액 $= \dfrac{고정비}{1 - \dfrac{변동비}{매출액}} = \dfrac{15,000}{1 - \dfrac{40,000}{80,000}} = 30,000원$

2010년 제48회 출제문제(7월 11일 시행)

01 다음 중 혼재 가능한 위험물들로 짝지은 것으로 옳은 것은? (단, 지정수량의 5배인 경우이다)

① 피리딘과 염소산칼륨
② 등유와 질산
③ 테레핀유와 적린
④ 탄화칼슘과 과염소산

해설

■ 유별을 달리하는 위험물의 혼재기준

위험물의 구분	제1류	제2류	제3류	제4류	제5류	제6류
제1류		×	×	×	×	○
제2류	×		×	○	○	×
제3류	×	×		○	×	×
제4류	×	○	○		○	×
제5류	×	○	×	○		×
제6류	○	×	×	×	×	

① 피리딘(제4류 위험물)과 염소산칼륨(제1류 위험물)
② 등유(제4류 위험물)와 질산(제6류 위험물)
③ 테레핀유(제4류 위험물)와 적린(제2류 위험물)
④ 탄화칼슘(제3류 위험물)과 과염소산(제6류 위험물)

02 다음 물질 중에서 색상이 나머지 셋과 다른 하나는?

① 중크롬산나트륨
② 질산칼륨
③ 아염소산나트륨
④ 염소산나트륨

해설

① 중크롬산나트륨 : 등황색 또는 등적색의 결정
② 질산칼륨 : 무색의 결정 또는 백색 분말
③ 아염소산나트륨 : 무색 또는 백색의 결정성 분말
④ 염소산나트륨 : 흑자색 또는 적자색의 결정

정답 01. ③ 02. ①

03 초유폭약(ANFO)을 제조하기 위해 경유에 혼합하는 제1류 위험물은?

① 질산코발트　　　　　　　　　② 질산암모늄
③ 요오드산칼륨　　　　　　　　④ 과망간산칼륨

■ **질산암모늄**(ammonium nitrate, AN, NH_4NO_3)
질산암모늄 : 경유의 비를 94wt% : 6wt% 비율로 혼합시키면 ANFO 폭약이 된다. 이것을 기폭약을 사용하여 점화시키면 다량의 가스를 내면서 폭발한다.

04 질소 3.5g은 몇 mol에 해당하는 가?

① 1.25　　　　　　　　　　　② 0.125
③ 2.5　　　　　　　　　　　　④ 0.25

N_2 28g이 1mol이므로 3.5g을 x[mol]이라고 하면, $x = \dfrac{3.5 \times 1}{28}$

∴ $x = 0.125 mol$

05 토출량이 5m³/min이고 토출구의 유속이 2m/s인 펌프의 구경은 몇 mm인가?

① 330　　　　　　　　　　　② 230
③ 130　　　　　　　　　　　④ 120

$$Q = AV = \frac{\pi D^2}{4} V (\mathrm{m^3/s})$$

$$d = \sqrt{\frac{4Q}{\pi V}} = \sqrt{\frac{4 \times \left(\frac{5}{6}\right)}{\pi \times 2}} = 0.23\mathrm{m} = 230\mathrm{mm}$$

06 위험물안전관리에 관한 세부기준의 산화성 시험방법 중 분립상 물품의 산화성으로 인한 위험성의 정도를 판단하기 위한 연소시험에 있어서 표준물질의 연소시험에 대한 설명으로 옳은 것은?

① 표준물질과 목분을 중량비 1 : 1로 섞어 혼합물 30g을 만든다.
② 표준물질과 목분을 중량비 2 : 1로 섞어 혼합물 30g을 만든다.
③ 표준물질과 목분을 중량비 1 : 1로 섞어 혼합물 60g을 만든다.
④ 표준물질과 목분을 중량비 2 : 1로 섞어 혼합물 60g을 만든다.

해설

■ 산화성 시험방법 중 표준물질의 연소시험
표준물질인 과염소산칼륨과 250μm 이상 500μm 미만인 목분을 중량비 1 : 1로 섞어 혼합물 30g을 만든다.

07 인화점이 낮은 것에서 높은 것의 순서로 옳게 나열한 것은?

① 가솔린 → 톨루엔 → 벤젠
② 벤젠 → 가솔린 → 톨루엔
③ 가솔린 → 벤젠 → 톨루엔
④ 벤젠 → 톨루엔 → 가솔린

해설

종 류	인화점
가솔린	$-20 \sim -43°C$
벤 젠	$-11.1°C$
톨루엔	$4.5°C$

08 백색 또는 담황색 고체로 수산화칼륨 용액과 반응하여 포스핀가스를 생성하는 것은?

① 황린
② 트리메틸알루미늄
③ 황화인
④ 유황

해설

■ 황린(yellow phosphorus, P_4)
수산화칼륨 용액 등 강알칼리 용액과 반응하여 가연성, 유독성의 포스핀가스를 발생한다.
$P_4 + 3KOH + H_2O \rightarrow PH_3 \uparrow + 3KH_2PO_2$
이때 액상인 인화수소(P_2H_4)가 발생하는데, 이것은 공기 중 자연발화한다.

정답 06. ① 07. ③ 08. ①

09 다음 위험물품명에서 지정수량이 나머지 셋과 다른 하나는?

① 질산에스테르류   ② 니트로화합물
③ 아조화합물   ④ 히드라진유도체

10 이동탱크저장소에 설치하는 자동차용 소화기의 설치기준으로 옳지 않은 것은?

① 무상의 강화액 8L 이상(2개 이상)
② 이산화탄소 3.2kg 이상(2개 이상)
③ 소화 분말 2.2kg 이상(2개 이상)
④ CF_2ClBr 2L 이상(2개 이상)

11 위험물안전관리자 1인을 중복하여 선임할 수 있는 경우가 아닌 것은?

① 동일 구내에 있는 15개의 옥내저장소를 동일인이 설치한 경우
② 보일러·버너로 위험물을 소비하는 장치로 이루어진 6개의 일반취급소와 그 일반취급소에 공급하기 위한 위험물을 저장하는 저장소(일반취급소 및 저장소가 모두 동일 구내에 있는 경우에 한한다)를 동일인이 설치한 경우
③ 3개의 제조소(위험물 최대수량 : 지정수량 500배)와 1개의 일반취급소(위험물 최대수량 : 지정수량 1,000배)가 동일 구내에 위치하고 있으며 동일인이 설치한 경우
④ 위험물을 차량에 고정된 탱크 또는 운반용기에 옮겨 담기 위한 3개의 일반취급소와 그 일반취급소에 공급하기 위한 위험물을 저장하는 저장소를 동일인이 설치하고 일반취급소 간의 거리가 300m 이내인 경우

해설 ▶

■ 1인의 안전관리자를 중복하여 선임할 수 있는 경우

㉠ 보일러·버너 또는 이와 비슷한 것으로서 위험물을 소비하는 장치로 이루어진 7개 이하의 일반취급소와 그 일반취급소에 공급하기 위한 위험물을 저장하는 저장소를 동일인이 설치한 경우

㉡ 위험물을 차량에 고정된 탱크 또는 운반용기에 옮겨 담기 위한 5개 이하의 일반취급소와 그 일반취급소에 공급하기 위한 위험물을 저장하는 저장소를 동일인이 설치하는 경우

㉢ 동일 구내에 있거나 상호 100m 이내의 거리에 있는 저장소로서 저장소의 규모, 저장하는 위험물의 종류 등을 고려하여 행정안전부령이 정하는 저장소를 동일인이 설치한 경우

㉣ 다음의 기준에 모두 적합한 5개 이하의 제조소 등을 동일인이 설치한 경우
  • 각 제조소 등이 동일군에 위치하거나 상호 100m 이내의 거리에 있을 것
  • 각 제조소 등에서 저장 또는 취급하는 위험물의 최대수량이 지정수량의 3,000배 미만일 것. 다만, 저장소의 경우에는 그러하지 아니하다.

㉤ 그 밖에 ㉠ 또는 ㉡의 규정에 의한 제조소 등과 비슷한 것으로서, 행정안전부령이 정하는 제조소 등을 동일인이 설치하는 경우

12 제3류 위험물 옥내탱크저장소로 허가를 득하여 사용하고 있는 중에 변경허가를 득하지 않고 위험물시설을 변경할 수 있는 경우는?

① 옥내저장탱크를 교체하는 경우
② 옥내저장탱크에 직경 200mm의 맨홀을 신설하는 경우
③ 옥내저장탱크를 철거하는 경우
④ 배출설비를 신설하는 경우

해설 ▶

② 옥내저장탱크의 노즐 또는 맨홀을 신설하는 경우(노즐 또는 맨홀의 직경이 250mm 초과하는 경우에 한한다)

13 순수한 벤젠의 온도가 0℃일 때에 대한 설명으로 옳은 것은?

① 액체 상태이고 인화의 위험이 있다.
② 고체 상태이고 인화의 위험은 없다.
③ 액체 상태이고 인화의 위험은 없다.
④ 고체 상태이고 인화의 위험이 있다.

해설 ▶

벤젠(benzene, C_6H_6)은 융점이 6℃이고 인화점이 −11.1℃이기 때문에 겨울철에는 응고된 상태에서도 연소할 가능성이 있다.

정답 12. ② 13. ④

14 포름산의 지정수량으로 옳은 것은?

① 400L ② 1,000L

③ 2,000L ④ 4,000L

해설

■ 위험등급 및 지정수량

위험 등급		품 명	지정수량
I		특수인화물류	50L
II	제1석유류	비수용성(가솔린, 벤젠, MEK, 헥산, o-크실렌, 톨루엔 등)	200L
		수용성(아세톤, 시안화수소, 피리딘 등)	400L
	알코올류		400L
III	제2석유류	비수용성(등유, 경유, 클로로벤젠, m-크실렌, p-크실렌 등)	1,000L
		수용성(포름산(의산), 아세트산(초산) 등)	2,000L
	제3석유류	비수용성(중유, 크레오소트류, 니트로벤젠 등)	2,000L
		수용성(에틸렌글리콜, 글리세린 등)	4,000L
	제4석유류		6,000L
	동·식물유류		10,000L

15 유지의 비누화값은 어떻게 정의되는가?

① 유지 1g을 비누화시키는 데 필요한 KOH의 mg수
② 유지 10g을 비누화시키는 데 필요한 KOH의 mg수
③ 유지 1g을 비누화시키는 데 필요한 KCl의 mg수
④ 유지 10g을 비누화시키는 데 필요한 KCl의 mg수

해설

■ 동·식물유류의 특수성
㉠ 비누화값 : 유지 1g을 비누화하는 데 필요한 수산화칼륨(KOH)의 mg수
㉡ 산값 : 유지 1g 중에 포함되어 있는 유리지방산을 중화하는 데 필요한 수산화칼륨(KOH)의 mg수
㉢ 아세틸값 : 아세틸화한 유지 1g을 비누화할 때 생성되는 아세트산을 중화하는 데 필요한 수산화칼륨(KOH)의 mg수

16 27℃, 5기압의 산소 10L를 100℃, 2기압으로 하였을 때 부피는 몇 L가 되는가?

① 15 ② 21

③ 31 ④ 46

정답 14. ③ 15. ① 16. ③

해설

보일-샤를의 법칙에 적용한다.

$$\frac{PV}{T} = \frac{P'V'}{T'}$$

$$\frac{5 \times 10}{0 + 273} = \frac{2 \times V'}{100 + 273}$$

$$V' = \frac{5 \times 10 \times (100 + 273)}{(0 + 273) \times 2}$$

$$\therefore \; V' = 31L$$

17 제5류 위험물 중 제조소의 위치·구조 및 설비기준상 안전거리기준, 담 또는 토제의 기준 등에 있어서 강화되는 특례기준을 두고 있는 품명은?

① 유기과산화물   ② 질산에스테르류

③ 니트로화합물   ④ 히드록실아민

해설

■ 제조소의 위치·구조 및 설비 기준상 안전거리기준, 담 또는 토제의 기준 등에 있어서 강화되는 특례기준을 두고 있는 품명

㉠ 제5류 위험물 중 유기과산화물 또는 이를 함유하는 것으로서, 지정수량이 10kg인 것

㉡ 알킬알루미늄 등

㉢ 히드록실아민 등

18 이동탱크저장소에 의한 위험물 운송 시 위험물운송자가 휴대하여야 하는 위험물안전카드의 작성대상에 관한 설명으로 옳은 것은?

① 모든 위험물에 대하여 위험물안전카드를 작성하여 휴대하여야 한다.

② 제1류, 제3류 또는 제4류 위험물을 운송하는 경우에 위험물안전카드를 작성하여 휴대하여야 한다.

③ 위험등급 Ⅰ 또는 위험등급 Ⅱ에 해당하는 위험물을 운송하는 경우에 위험물안전카드를 작성하여 휴대하여야 한다.

④ 제1류, 제2류, 제3류 제4류(특수인화물 및 제1석유류에 한함), 제5류 또는 제6류 위험물을 운송하는 경우 위험물안전카드를 작성하여 휴대하여야 한다.

해설

■ 이동탱크저장소에서 위험물 운송 시 위험물운송자가 휴대하여야 하는 위험물안전카드의 작성대상

제1류, 제2류, 제3류, 제4류(특수인화물 및 제1석유류에 한함), 제5류, 제6류 위험물을 운송하는 경우이다.

정답 17. ④   18. ④

19 위험물의 저장기준으로 틀린 것은?

① 옥내저장소에 저장하는 위험물은 용기에 수납하여 저장하여야 한다(덩어리 상태의 유황 제외).
② 같은 유별에 속하는 위험물은 모두 동일한 저장소에 함께 저장할 수 있다.
③ 자연발화 할 위험이 있는 위험물을 옥내저장소에 저장하는 경우 동일 품명의 위험물이더라도 지정수량의 10배 이하마다 구분하여 상호간 0.3m 이상의 간격을 두어 저장하여야 한다.
④ 용기에 수납하여 옥내저장소에 저장하는 위험물의 경우 온도가 55℃를 넘지 않도록 조치하여야 한다.

> **해설**
>
> ② 같은 유별에 속하는 위험물은 모두 동일한 저장소에 함께 저장할 수 없다.

20 위험물제조소에 옥내소화전 1개와 옥외소화전 1개를 설치하는 경우 수원의 수량을 얼마 이상 확보하여야 하는가? (단, 위험물제조소는 단층건축물이다)

① $5.4m^3$
② $10.5m^3$
③ $21.3m^3$
④ $29.1m^3$

> **해설**
>
> 위험물제조소에 옥내소화전 1개와 옥외소화전 1개를 설치하는 경우 수원의 수량은 $21.3m^3$ 이상 확보한다. (단, 위험물제조소는 단층건축물).

21 염소화규소화합물은 제 몇 류 위험물에 해당하는가?

① 제1류 위험물
② 제2류 위험물
③ 제3류 위험물
④ 제5류 위험물

> **해설**
>
> ■ **염소화규소($SiHCl_3$)화합물** : 제3류 위험물

22 다음 중 산소 32g과 질소 56g을 20℃에서 30L의 용기에 혼합하였을 경우 이 혼합기체의 압력은 약 몇 atm인가?(단, 이상기체로 가정하고, 기체상수는 0.082atm·L/mol·K이다)

① 1.4
② 2.4
③ 3.4
④ 4.4

해설

$$PV = RnT = 0.082nT$$

$$P = \frac{RnT}{V} = \frac{0.082 \times 3 \times 293}{30} = 2.4\text{atm}$$

23 다음 위험물 중 해당하는 품명이 나머지 셋과 다른 하나는?

① 큐멘   ② 아닐린

③ 니트로벤젠   ④ 염화벤조일

해설

① 큐멘[$(CH_3)_2CHC_6H_5$] : 제4류 위험물 중 제2석유류
② 아닐린($C_6H_5NH_2$) : 제4류 위험물 중 제3석유류
③ 니트로벤젠($C_6H_5NO_2$) : 제4류 위험물 중 제3석유류
④ 염화벤조일[$(C_6H_5)COCl$] : 제4류 위험물 중 제3석유류

24 산화프로필렌에 대한 설명으로 틀린 것은?

① 물, 알코올 등에 녹는다.
② 무색의 휘발성 액체이다.
③ 구리, 마그네슘 등과의 접촉은 위험하다.
④ 냉각소화는 유효하나 질식소화는 효과가 없다.

해설

산화프로필렌$\left(\begin{array}{c}CH_3CHCH_2\\ \diagdown\ \diagup \\ O\end{array}\right)$은 초기 화재 시는 CO_2나 물분무에 의해 질식소화하며, 기타의 경우는 알코올형 포로 일시에 소화한다. 저장용기나 탱크 외벽을 물로 냉각조치하여 폭발을 방지하고 소화는 확대 이전인 짧은 시간에 이루어지도록 한다.

25 측정하는 유체의 압력에 의해 생기는 금속의 탄성변형을 기계식으로 확대 지시하여 압력을 측정하는 것은?

① 마노미터   ② 시차액주계

③ 부르동관 압력계   ④ 오리피스미터

정답   23. ①   24. ④   25. ③

① 마노미터(Manometer) : 1차 압력계로서 U자관 압력계, 단관식 압력계, 경사관식 압력계가 있다.
② 시차액주계 : 관을 말하며, 관내 유속 또는 유량을 결정하기 위해 설치되고 시차액주계가 목 부분과 일반 단면 부분에 설치되어 압력 차이를 측정한다.
③ 부르동관 압력계 : 측정하는 유체의 압력에 의해 생기는 금속의 탄성변형을 기계식으로 확대 지시하여 압력을 측정하는 것이다.
④ 오리피스미터(Orifice Meter) : 유체가 흐르는 관의 중간에 구멍이 뚫린 격판(Orifice)을 삽입하고 그 전후의 압력차를 측정하여 평균유속을 알아 유량을 산출하는 것이다.

26 이산화탄소소화약제에 대한 설명 중 틀린 것은?

① 임계온도가 0℃ 이하이다.
② 전기절연성이 우수하다.
③ 공기보다 약 1.5배 무겁다.
④ 산소와 반응하지 않는다.

① 임계온도가 31℃이다.

27 50℃에서 유지하여야 할 알킬알루미늄 운반용기의 공간용적 기준으로 옳은 것은?

① 5% 이상   ② 10% 이상
③ 15% 이상   ④ 20% 이상

■ 운반용기의 수납률

위험물	수납률
알킬알루미늄 등	90% 이하(50℃에서 5% 이상 공간용적 유지)
고체위험물	95% 이하
액체위험물	98% 이하(55℃에서 누설되지 않을 것)

28 다음 중 제6류 위험물이 아닌 것은?

① 농도가 36중량 퍼센트인 H_2O_2 ② IF_5
③ 비중 1.49인 HNO_3 ④ 비중 1.76인 $HClO_3$

해설

■ 제6류 위험물

성 질	위험등급	품 명	지정수량
산화성액체	I	1. 과염소산($HClO_4$) 2. 과산화수소(H_2O_2) 3. 질산(HNO_3)	300kg
		4. 그 밖의 행정안전부령이 정하는 것 　　할로겐간 화합물(BrF_3, IF_5 등) 5. 1~4에 해당하는 어느 하나 이상을 함유한 것	300kg

29 위험물안전관리법령상 자기반응성물질에 해당되지 않는 것은?

① 무기과산화물
② 유기과산화물
③ 히드라진유도체
④ 디아조화합물

해설

■ **무기과산화물** : 제1류 위험물(산화성고체)

30 차아염소산칼슘에 대한 설명으로 옳지 않은 것은?

① 살균제, 표백제로 사용된다.
② 화학식은 $Ca(ClO)_2$이다.
③ 자극성은 없지만, 강한 환원력이 있다.
④ 지정수량은 50kg이다.

해설

③ 자극성은 없지만, 강한 산화력이 있다.

31 크산토프로테인 반응과 관계되는 물질은?

① 과염소산
② 벤젠
③ 무수크롬산
④ 질산

해설

■ **크산토프로테인(xanthoprotein) 반응**

$$단백질용액 \xrightarrow[가열]{HNO_3} 노란색 \xrightarrow{NaOH} 오렌지색$$

정답 29. ① 30. ③ 31. ④

32 할로겐소화약제인 $C_2F_4Br_2$에 대한 설명으로 옳은 것은?

① 할론번호가 2420이며, 상온·상압에서 기체이다.
② 할론번호가 2402이며, 상온·상압에서 기체이다.
③ 할론번호가 2420이며, 상온·상압에서 액체이다.
④ 할론번호가 2402이며, 상온·상압에서 액체이다.

> **해설**

Halon 2402소화약제
포화탄화수소인 에탄(C_2H_6)에 불소 4분자, 취소 2분자를 치환시켜 제조된 물질($CF_2Br \cdot CF_2Br$)로서, 비점이 영상 47.5℃이므로 상온에서 액체 상태로 존재한다.

33 위험물의 자연발화를 방지하기 위한 방법으로 틀린 것은?

① 통풍이 잘 되게 한다.　　　　② 습도를 높게 한다.
③ 저장실의 온도를 낮춘다.　　　④ 열이 축적되지 않도록 한다.

> **해설**

② 습도가 높은 것을 피한다.

34 제조소 등의 소화난이도 등급을 결정하는 요소가 아닌 것은?

① 위험물제조소 : 위험물취급설비가 있는 높이, 연면적
② 옥내저장소 : 지정수량, 연면적
③ 옥외탱크저장소 : 액표면적, 지반면으로부터 탱크 옆판 상단까지 높이
④ 주유취급소 : 연면적, 지정수량

> **해설**

■ **주유취급소**
옥내주유취급소, 옥내주유취급소 외의 것

35 제2류 위험물에 대한 다음 설명 중 적합하지 않은 것은?

① 제2류 위험물을 제1류 위험물과 접촉하지 않도록 하는 이유는 제2류 위험물이 환원성 물질이기 때문이다.
② 황화인, 적린, 유황은 위험물안전관리법상의 위험등급 I에 해당하는 물품이다.
③ 칠황화인은 조해성이 있으므로 취급에 주의하여야 한다.
④ 알루미늄분, 마그네슘분은 저장·보관 시 할로겐원소와 접촉을 피하여야 한다.

정답 32. ④　33. ②　34. ④　35. ②

해설

■ 제2류 위험물의 품명과 지정수량

성 질	위험등급	품 명	지정수량
가연성고체	II	1. 황화인 2. 적린 3. 유황	100kg 100kg 100kg
	III	4. 철분 5. 금속분 6. 마그네슘	500kg 500kg 500kg
	II~III	7. 그 밖의 행정안전부령이 정하는 것 8. 1~7에 해당하는 어느 하나 이상을 함유한 것	100kg 또는 500kg
	III	9. 인화성고체	1,000kg

36 다음 중 위험물안전관리법령상 "고인화점위험물"이란?

① 인화점이 섭씨 100도 이상인 제4류 위험물
② 인화점이 섭씨 130도 이상인 제4류 위험물
③ 인화점이 섭씨 100도 이상인 제4류 위험물 또는 제3류 위험물
④ 인화점이 섭씨 100도 이상인 위험물

해설

■ 고인화점위험물
인화점이 섭씨 100도 이상인 제4류 위험물

37 칼륨과 나트륨의 공통적 특징이 아닌 것은?

① 은백색의 광택이 나는 무른 금속이다.
② 일정 온도 이상 가열하면 고유의 색깔을 띠며 산화한다.
③ 액체암모니아에 녹아서 주황색을 띤다.
④ 물과 심하게 반응하여 수소를 발생한다.

해설

㉠ 칼륨 : 액체 암모니아에 녹아 수소를 발생한다.
$2K + 2NH_3 \rightarrow 2KNH_2 + H_2 \uparrow$
KNH_2는 물과 반응하여 NH_3를 발생한다
㉡ 나트륨 : 액체 암모니아에 녹아 청색으로 변하고 나트륨아미드와 수소를 발생한다.
$2Na + 2NH_3 \rightarrow 2NaNH_2 + H_2 \uparrow$
나트륨아미드는 물과 반응하여 NH_3를 발생한다

정답 36. ① 37. ③

38 니트로글리세린에 대한 설명으로 옳지 않은 것은?

① 순수한 액은 상온에서 적색을 띤다.
② 물에 녹지 않는다.
③ 겨울철에는 동결할 수 있다.
④ 비중은 약 1.6으로 물보다 무겁다.

> **해설**

■ **니트로글리세린[nitro glycerine; NG, $C_3H_5(ONO_2)_3$]**
순수한 것은 무색투명한 무거운 기름상의 액체이며, 시판 공업용 제품은 담황색이다.

39 0.2N HCl 500mL에 물을 가해 1L로 하였을 때 pH는 약 얼마인가?

① 1.0   ② 1.3
③ 2.0   ④ 2.3

> **해설**

0.2N HCl = 0.2M HCl
0.2M × 0.5L = 0.1mol
$$\frac{0.1mol}{1L} = 0.1M$$
pH = −log[H+] = −log(0.1) = 1

40 제4류 위험물에 적응성이 있는 소화설비는 다음 중 어느 것인가?

① 포소화설비   ② 옥내소화전설비
③ 봉상강화액 소화기   ④ 옥외소화전설비

> **해설**

제4류 위험물은 질식소화이므로 포소화설비가 적응성이 있다.

41 다음 중 요오드화 값이 가장 큰 것은?

① 아마인유   ② 채종유
③ 올리브유   ④ 피마자유

해설

① 아마인유 : 168~190
② 채종유 : 97~107
③ 올리브유 : 75~90
④ 피마자유 : 81~91

42 다음 (   ) 안에 알맞은 것을 순서대로 옳게 나열한 것은?

> 알루미늄 분말이 연소하면 (   ) 연기를 내면서 (   )을 생성한다. 또한 알루미늄 분말이 염산과 반응하여 (   ) 기체를 발생하며, 수산화나트륨 수용액과 반응하여 (   ) 기체를 발생한다.

① 백색, Al_2O_3, 산소, 수소   ② 백색, Al_2O_3, 수소, 수소
③ 노란색, Al_2O_5, 수소, 수소   ④ 노란색, Al_2O_5, 산소, 수소

해설

■ **알루미늄분말**(aluminum powder, Al)
㉠ 알루미늄 분말이 발화하면 다량의 열이 발생하고 광택을 내며 흰 연기를 내면서 연소하므로 소화가 곤란하다.
$$4Al + 3O_2 \longrightarrow 2Al_2O_3 + 4 \times 199.6kcal$$
㉡ 진한 질산을 제외한 대부분의 산과 반응하여 수소를 발생한다.
$$2Al + 6HCl \longrightarrow 2AlCl_3 + 3H_2 \uparrow$$
㉢ 알칼리수용액과 반응하여 수소를 발생한다.
$$2Al + 2NaOH + 2H_2O \longrightarrow 2NaAlO_2 + 3H_2 \uparrow$$

43 지정수량의 10배를 취급하는 경우 위험물의 혼재에 관한 설명으로 틀린 것은?

① 제1류 위험물은 제2류 위험물, 제3류 위험물, 제4류 위험물 및 제5류 위험물과 각각 혼재할 수 없다.
② 제3류 위험물은 제4류 위험물 및 제5류 위험물과 각각 혼재할 수 있다.
③ 제4류 위험물은 제2류 위험물, 제3류 위험물 및 제5류 위험물과 각각 혼재할 수 있다.
④ 제6류 위험물은 제2류 위험물, 제3류 위험물, 제4류 위험물 및 제5류 위험물과 각각 혼재할 수 없다.

■ 유별을 달리하는 위험물의 혼재기준

위험물의 구분	제1류	제2류	제3류	제4류	제5류	제6류
제1류		×	×	×	×	○
제2류	×		×	○	○	×
제3류	×	×		○	×	×
제4류	×	○	○		○	×
제5류	×	○	×	○		×
제6류	○	×	×	×	×	

44 다음 중 탄화칼슘의 저장방법으로 가장 적합한 것은?

① 등유 속에 저장한다.

② 메탄올 속에 저장한다.

③ 질소가스로 봉입한다.

④ 수증기로 봉입한다.

탄화칼슘(calcium carbide, CaC_2)은 대량 저장 시 불연성가스를 봉입한다.

45 다음 중 $KClO_3$의 성질이 아닌 것은?

① 분자량은 약 122.5이다.

② 불연성물질이다.

③ 분해방지제로 MnO_2를 사용한다.

④ 화재발생 시 주수에 의해 냉각소화가 가능하다.

■ **염소산칼륨(potassium chlorate, $KClO_3$)**

㉠ 촉매에 의해 열분해한다(70℃ 부근에서 분해하기 시작하고 200℃에서 완전 분해하여 산소를 방출한다).

$$2KClO_3 \xrightarrow[\Delta]{\text{촉매}} 2KCl + 3O_2 \uparrow$$

㉡ 촉매로서는 이산화망간(MnO_2), 목분탄 등이 있다. 촉매가 없으면 분해는 느리게 진행되지만, 촉매가 $KClO_3$ 중에 널리 분포되어 있을수록 분해반응은 빠르다.

정답 44. ③ 45. ③

46 흑자색 또는 적자색 결정인 제1류 위험물로서, 물, 에탄올, 빙초산 등에 녹으며 분해온도가 240℃이고 비중이 약 2.7인 물질은?

① $NaClO_2$

② $KMnO_4$

③ $(NH_4)_2Cr_2O_7$

④ $K_2Cr_2O_7$

> **해설**

과망간산칼륨(potassium permanganate, $KMnO_4$)은 가열하면 240℃에서 분해하며, 산소를 방출한다.

$$2KMnO_4 \xrightarrow{\Delta} K_2MnO_4 + MnO_2 + O_2 \uparrow$$

47 메탄 2L를 완전연소하는 데 필요한 공기 요구량은 약 몇 L인가? (단, 표준상태를 기준으로 하고 공기 중의 산소는 21v%이다)

① 2.42

② 9.51

③ 15.32

④ 19.04

> **해설**

$$CH_4 + 2O_2 \rightarrow CO_2 + 2H_2O$$

1L 2L

2L $x(\text{L})$

$$x = \frac{2 \times 2}{1} = 4L$$

$$\therefore 4L \times \frac{100}{21} = 19.04L$$

48 96g의 메탄올이 완전연소되면 몇 g의 물이 생성되는가?

① 36

② 64

③ 72

④ 108

> **해설**

$$CH_3OH + 1.5O_2 \rightarrow CO_2 + 2H_2O$$

32g ――――――― 36g

96g ――――――― $x(\text{g})$

$$x = \frac{96 \times 36}{32} = 108g$$

49 제6류 위험물 중 과염소산의 위험성에 대한 설명으로 틀린 것은?

① 강력한 산화제이다.
② 가열하면 유독성가스를 발생한다.
③ 고농도의 것은 물에 희석하여 보관해야 한다.
④ 불연성이지만 유기물과 접촉 시 발화의 위험이 있다.

> **해설**
>
> ■ **과염소산(perchloric acid, HClO₄)**
> 비, 눈 등의 물과의 접촉을 피하고, 충격, 마찰을 주지 않도록 주의한다.

50 톨루엔의 위험성에 대한 설명으로 적합하지 않은 것은?

① 증기비중이 1보다 크기 때문에 주의해야 한다.
② 연소범위의 하한값이 낮아서 소량이 누출되어도 폭발의 위험성이 있다.
③ 벤젠을 포함한 대부분의 제1석유류 보다 독성이 강하다.
④ 인화점이 상온보다 낮으므로 화재발생에 주의해야 한다.

> **해설**
>
> 톨루엔(toluene, C₆H₅CH₃)은 벤젠보다 $\dfrac{1}{10}$ 정도 독성이 약하다.

51 위험물의 유별 구분이 나머지 셋과 다른 하나는?

① 디메틸아연   ② 백금분
③ 메타알데히드   ④ 고형알코올

> **해설**
>
> ① 제3류 위험물 중 유기금속 화합물류
> ② 제2류 위험물 중 금속분
> ③, ④ 제2류 위험물 중 인화성고체

52 휘발유를 저장하는 옥내저장소에 같이 저장할 수 있는 물품이 아닌 것은?

① 특수가연물에 해당하는 합성수지류
② 위험물에 해당하지 않는 유기과산화물
③ 위험물에 해당하지 아니하는 액체로서 인화점을 갖는 것
④ 벽돌

정답   49. ③   50. ③   51. ①   52. ②

> **해설**

■ **휘발유를 저장하는 옥내저장소에 같이 저장할 수 있는 물품**
㉠ 특수가연물에 해당하는 합성수지류
㉡ 위험물에 해당하지 아니하는 액체로서 인화점을 갖는 것
㉢ 벽돌

53 제5류 위험물 중 질산에스테르류에 대한 설명으로 틀린 것은?

① 산소를 함유하고 있다.
② 염과 질산을 반응시키면 생성된다.
③ 니트로셀룰로오스, 질산에틸 등이 해당된다.
④ 지정수량은 10kg이다.

> **해설**

알코올기를 가진 화합물을 질산과 반응시켜 알코올기가 질산기로 치환된 에스테르들을 질산에스테르류라한
다. 즉, 알코올과 산이 반응하여 물이 분리된 것을 말하며 질산을 반응시킨 것이 질산에스테르이다.
$R-OH + HNO_3 \rightarrow R-ONO_2 + H_2O$
알코올　　질산　　　질산에스테르　물

54 다음 위험물시설에 설치하는 소화설비와 특성 등에 관한 설명 중 위험물 관련 법규 내용에 부합하는 것은?

① 제4류 위험물을 저장하는 탱크에 포소화설비를 설치하는 경우에는 이동식으로 할 수 있다.
② 옥내소화전설비·스프링클러설비 및 불활성가스소화설비의 배관은 전용으로 하되 예외 규
　정이 있다.
③ 옥내소화전설비와 옥외소화전설비는 동결방지조치가 가능한 장소라면 습식으로 설치하여
　야 한다.
④ 물분무소화설비와 스프링클러설비의 기동장치에 관한 설치기준은 그 내용이 동일하지 않다.

> **해설**

① 제4류 위험물을 저장 또는 취급하는 탱크에 포소화설비를 설치하는 경우에는 고정식포소화설비를 설치할
　수 있다.
② 옥내소화전설비, 스프링클러설비 및 불활성가스소화설비의 배관은 전용으로 하되 예외 규정이 없다.
④ 물분무소화설비와 스프링클러설비의 기동장치에 관한 설치기준은 그 내용이 동일하다.

정답 53. ② 54. ③

55 로트의 크기 30, 부적합품률이 10%인 로트에서 시료의 크기를 5로 하여 랜덤샘플링 할 때, 시료 중 부적합품 수가 1개 이상일 확률은 약 얼마인가? (단, 초기하분포를 이용하여 계산한다)

① 0.3695

② 0.4335

③ 0.5665

④ 0.6305

해설

$$P(x \geq 1) = 1 - P(x = 0) = 1 - \frac{{}_{3}C_0 \times {}_{27}C_5}{{}_{30}C_5}$$

$$= 1 - \frac{\dfrac{27!}{5!(27-5)!}}{\dfrac{30!}{5!(30-5)!}}$$

$$= 1 - \frac{\dfrac{30 \times 29 \times 28 \times 27 \times 26}{5!}}{}$$

$$= 1 - \frac{80,730}{142,506} = 0.4335$$

56 관리도에서 점이 관리한계 내에 있으나 중심선 한쪽에 연속해서 나타나는 점의 배열현상을 무엇이라 하는가?

① 연(Run)

② 경향(Trend)

③ 산포(Dispersion)

④ 주기(Cycle)

해설

② 경향(Trend) : 점이 점차 올라가거나 내려가는 상태를 말하며 길이 6의 연속 상승, 하강경향을 비관리 상태로 판정한다.

③ 산포(Dispersion) : 로트 내의 우연적 산포는 군내산포(σ_w^2)이고 로트 간의 산포는 군간산포(σ_b^2)를 의미 하며, 군간산포가 크면 이상 원인의 산포가 내재된 것으로 보아 비관리상태로 판정한다.

④ 주기(Cycle) : 점이 주기적으로 상하로 변동하여 파형을 나타내는 경우이다. 주기 변동의 원인 추구와 관리 목적에 따른 군구분법의 방법, 시료 채취 방법, 데이터를 얻는 방법, 데이터의 수정방법을 재검토해야 한다.

57 다음 중 브레인스토밍(Brainstorming)과 가장 관계가 깊은 것은?

① 파레토도

② 히스토그램

③ 회귀분석

④ 특성요인도

해설

■ 브레인스토밍

오스본(A.F. Osborn)에 의해 창안된 토의식 아이디어 개발기법이다. 뇌(Brain)에 폭풍(Storming)을 일으킨다는 뜻으로, 어떤 구체적인 문제를 해결함에 있어서 해결방안을 토의에 의해 도출할 때 비판이나 판단을 일단 중지하고 질을 고려하지 않고 머릿속에 떠오르는 대로 아이디어를 내게 하는 방법이다.

ⓐ 파레토도 : 사고의 유형, 기인물 등 분류항목을 큰 순서대로 도표화 한다.

ⓑ 히스토그램 : 도수분포표로 정리된 변수의 활동수준을 막대의 길이로 표시하여 수평이나 수직으로 늘어놓아 상호비교가 쉽도록 만드는 그림이다.

ⓒ 회귀분석 : 과거의 자료로부터 회귀방정식을 도출하고 이를 검정하여 미래를 예측하는 것이다.

ⓓ 특성요인도 : 특성과 요인관계를 도표로 하여 어골상으로 세분화한다.

58 작업개선을 위한 공정분석에 포함되지 않는 것은?

① 제품공정분석
② 사무공정분석
③ 직장공정분석
④ 작업자공정분석

해설

■ 작업개선을 위한 공정분석

ⓐ 제품공정분석 : 단순공정분석, 세밀공정분석

ⓑ 사무공정분석

ⓒ 작업자공정분석

ⓓ 부대분석 : 기능분석, 제품분석, 부품분석, 수율분석, 공수 체감분석, 라인밸런싱, 경로분석, 운반분석

59 로트의 크기가 시료의 크기에 비해 10배 이상 클 때, 시료의 크기와 합격판정개수를 일정하게 하고 로트의 크기를 증가 시키면 검사특성곡선의 모양변화에 대한 설명으로 가장 적절한 것은?

① 무한대로 커진다.
② 거의 변화하지 않는다.
③ 검사특성곡선의 기울기가 완만해진다.
④ 검사특성곡선의 기울기 경사가 급해진다.

해설

ⓐ $\dfrac{N}{n} > 10$인 경우(무한 모집단인 경우)이므로 N은 확률 값에 영향을 주지 못해 로트의 합격 확률을 정의하고 있는 OC곡선은 변화가 없다.

ⓑ 무한모집단인 경우 확률은 이항분포의 확률밀도함수를 따른다.

$$P(x) = {}_nC_x P^x (1-P)^{n-x}$$

60 과거의 자료를 수리적으로 분석하여 일정한 경향을 도출한 후 가까운 장래의 매출액, 생산량 등을 예측하는 방법을 무엇이라 하는가?

① 델파이법
② 전문가패널법
③ 시장조사법
④ 시계열분석법

> **해설**

① 델파이법 : 신제품의 수요나 장기 예측에 사용하는 기법으로, 전문가의 직관력을 이용하여 장래를 예측하는 방법이다.

② 전문가패널법 : 관련 전문가, 학자 또는 판매 담당자의 의견을 수집하는 방법으로 비교적 단기간에 걸쳐 양질의 정보를 입수할 수 있지만 자신의 경험이나 주관에 치우쳐서 예측하는 경향이 많다.

③ 시장조사법 : 제품을 출시하기 전에 소비자 의견조사 내지 시장조사를 행하여 수요를 예측하는 방법으로, 내용에 대한 일정 가설을 세우고 면담조사나 설문지조사를 통하여 의견을 수렴한다. 시장조사법은 한정된 표본을 대상으로 하기 때문에 통계적 방법론을 사용해야 하며 단기 예측 능력은 높지만 중 · 장기 예측능력은 매우 낮은 편이다.

④ 시계열분석법 : 년, 월, 주, 일 등의 시간간격에 따라 제시된 과거의 자료(수요량, 매출액 등)를 토대로 그 추세나 경향을 분석하여 미래의 수요를 예측하는 방법이다.

※ **수요예측(Demand Forecasting)** : 기업의 산출물인 제품이나 서비스에 대하여 미래의 시장수요를 추정하는 방법으로, 생산의 제활동을 계획하는 데 가장 근본이 되는 과정이라고 할 수 있다.

※ **수요예측기법**
- 정성적 기법(Qualitative Method) : 델파이법(Delphi Method), 시장조사법(소비자조사법), 전문가의견법(전문가패널법), 라이프사이클유추법
- 정량적 기법(Quantitative Method) : 시계열분석기법(Time Series Analysis), 인과형분석기법

2011년 제49회 출제문제(4월 17일 시행)

01 위험물암반탱크가 다음과 같은 조건일 때 탱크의 용량은 몇 L인가?

- 암반탱크의 내용 적 : 600,000L
- 1일간 탱크 내에 용출하는 지하수의 양 : 1,000L

① 595,000L   ② 594,000L

③ 593,000L   ④ 592,000L

해설

㉠ 탱크의 용량=탱크의 내용적−공간용적

㉡ 위험물암반탱크의 공간용적은 해당 탱크 내에 용출하는 7일간의 지하수량에 상당하는 용적과 해당 탱크

내용적의 $\frac{1}{100}$ 용적 중에서 보다 큰 용적이므로 7,000L이다.

7일간 용출하는 지하수량=$1,000 \times 7 = 7,000$L

탱크 내용적의 $\frac{1}{100} = 600,000 \times \frac{1}{100} = 6,000$L

∴ 탱크용량=$600,000 - 7,000 = 593,000$L

02 자신은 불연성물질이지만 산화력을 가지고 있는 물질은?

① 마그네슘   ② 과산화수소

③ 알킬알루미늄   ④ 에틸렌글리콜

해설

① 제2류, 가연성

③ 제3류, 가연성

④ 제4류, 제3석유류, 수용성, 가연성

구 분	불연성	가연성	산화/환원력
제1류	○ (일반적)	−	산화력
제2류	−	○	환원력

구 분	불연성	가연성	산화/환원력
제3류	○	○ (칼륨, 나트륨, 알킬알루미늄, 황린 등)	–
제4류	–	○	–
제5류	–	○	–
제6류	○	–	산화력(과염소산(HClO$_4$), 과산화수소(H$_2$O$_2$), 질산(HNO$_3$))

03 위험물안전관리법상 제6류 위험물을 저장 또는 취급하는 장소에 이산화탄소소화기가 적응성이 있는 경우는?

① 폭발의 위험이 없는 장소   ② 사람이 상주하지 않는 장소
③ 습도가 낮은 장소   ④ 전자설비를 설치한 장소

해설

■ 제6류 위험물에 적응성 없는 소화설비 및 소화기
㉠ 불활성가스소화설비(이산화탄소소화기는 폭발위험성이 없는 장소에 한해 적응성 있음)
㉡ 할로겐화물소화설비 및 소화기
㉢ 분말소화설비 및 소화기 중 인산염류 분말 외의 것

04 한 변의 길이는 12m, 다른 한 변의 길이는 60m인 옥내저장소에 자동화재탐지설비를 설치하는 경우 경계구역은 원칙적으로 최소한 몇 개로 하여야 하는가? (단, 차동식스포트형감지기를 설치한다)

① 1   ② 2
③ 3   ④ 4

해설

■ 자동화재탐지설비 설치기준
㉠ 경계구역
 • 건축물, 그 밖의 공작물의 2 이상의 층에 걸치지 아니할 것
 • 예외 : 하나의 경계구역 면적이 500m^2 이하이면서 해당 경계구역이 두 개의 층에 걸치는 경우이거나 계단·경사로·승강기의 승강로, 그 밖에 이와 유사한 장소에 연기감지기를 설치하는 경우
㉡ 경계구역 면적
 • 600m^2 이하로 하고, 한 변의 길이는 50m(광전식분리형감지기 설치 시 100m) 이하로 할 것
 • 예외 : 해당 건축물, 그 밖의 공작물의 주요 출입구에서 그 내부 전체를 볼 수 있는 경우는 1,000m^2 이하로 할 수 있다.
㉢ 감지기 설치위치 : 지붕(상층이 있는 경우 상층 바닥) 또는 벽의 옥내에 면한 부분(천장이 있는 경우 천장 뒷부분에도 설치)

정답 03. ① 04. ②

ㄹ 자동화재탐지설비에는 비상전원을 설치할 것

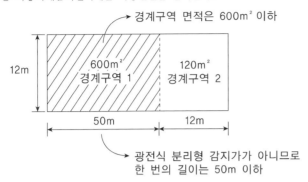

경계구역 면적은 600m² 이하

600m²
경계구역 1

120m²
경계구역 2

12m

50m

12m

광전식 분리형 감지기가 아니므로
한 번의 길이는 50m 이하

∴ 경계구역은 최소 2개

05 자동화재탐지설비를 설치하여야 하는 대상이 아닌 것은?

① 처마높이가 6m 이상인 단층옥내저장소
② 저장창고의 연면적이 100m²인 옥내저장소
③ 지정수량 100배의 에탄올을 저장 또는 취급하는 옥내저장소
④ 연면적이 500m²인 일반취급소

해설

■ **자동화재탐지설비 설치대상 제조소 등(일반적인 경우)**

㉠ 제조소 및 일반취급소
  • 연면적 500m² 이상 시
  • 옥내에서 지정수량 100배 이상 취급 시
  • 일반취급소로 사용되는 부분 외의 부분이 있는 건축물에 설치된 일반취급소
㉡ 옥내저장소
  • 연면적 150m² 초과 시
  • 지정수량의 100배 이상 저장 또는 취급 시
  • 처마높이 6m 이상의 단층건물
  • 옥내저장소로 사용되는 부분 외의 부분이 있는 건축물에 설치된 옥내저장소
㉢ 옥내탱크저장소 : 단층건물 외의 건축물에 설치된 옥내탱크저장소로서, 소화난이도 등급 I에 해당하는 것
㉣ 옥내주유취급소 : 모두 설치

06 제6류 위험물의 성질, 화재예방 및 화재발생 시 소화방법에 관한 설명 중 틀린 것은?

① 옥외저장소에 과염소산을 저장하는 경우 천막 등으로 햇빛을 가려야 한다.
② 과염소산은 물과 접촉하여 발열하고 가열하면 유독성가스를 발생한다.
③ 질산은 산화성이 강하므로 가능한 한 환원성물질과 혼합하여 중화시킨다.
④ 과염소산의 화재에는 물분무소화설비, 포소화설비 등이 적응성이 있다.

> **해설**

③ 제6류 위험물은 자신은 불연성이지만 환원성이 강한 물질 또는 가연물과 혼합한 것은 접촉발화하거나 가열 등에 의해 폭발할 위험성을 갖는다.

07 연소에 관한 설명으로 틀린 것은?

① 위험도는 연소범위를 폭발상한계로 나눈 값으로 값이 클수록 위험하다.
② 인화점 미만에서는 점화원을 가해도 연소가 진행되지 않는다.
③ 발화점은 같은 물질이라도 조건에 따라 변동되며 절대적인 값이 아니다.
④ 연소점은 연소 상태가 일정 시간 이상 유지될 수 있는 온도이다.

> **해설**

$$위험도(H) = \frac{연소범위}{폭발\ 하한계} = \frac{폭발상한계 - 폭발\ 하한계}{폭발\ 하한계}$$

08 간이탱크저장소의 설치기준으로 옳지 않은 것은?

① 1개의 간이탱크저장소에 설치하는 간이저장탱크는 3개 이하로 한다.
② 간이저장탱크의 용량은 800L 이하로 한다.
③ 간이저장탱크는 두께 3.2mm 이상의 강판으로 제작한다.
④ 간이저장탱크에는 통기관을 설치하여야 한다.

> **해설**

② 간이저장탱크용량은 600L 이하이어야 한다.

09 경유 150,000L는 몇 소요단위에 해당하는가?

① 7.5단위
② 10단위
③ 15단위
④ 30단위

해설

■ 소요단위

소화설비 설치대상이 되는 건축물, 그 밖의 공작물 규모 또는 위험물 양의 기준단위

구 분	위험물	제조소·취급소 건축물		저장소 건축물	
		외벽, 내화구조	내화구조 ×	외벽, 내화구조	내화구조 ×
1소요단위	지정수량의 10배	연면적 100m^2	연면적 50m^2	연면적 150m^2	연면적 75m^2

경유(제4류, 제2석유류, 비수용성, 지정수량 1,000L) → 1소요단위=10,000L

$$\therefore \text{소요단위} = \frac{150,000L}{1,000L \times 10} = 15단위$$

10 마그네슘의 성질에 대한 설명 중 틀린 것은?

① 물보다 무거운 금속이다.
② 은백색의 광택이 난다.
③ 온수와 반응 시 산화마그네슘과 수소를 발생한다.
④ 융점은 약 650℃이다.

해설

㉠ 마그네슘(Mg, 제2류) : 온수 또는 산과 반응하여 수소(H$_2$) 발생

$Mg + 2H_2O \rightarrow \underset{\text{수산화마그네슘}}{Mg(OH)_2} + H_2 \uparrow$

㉡ 연소반응 : $2Mg + O_2 \rightarrow \underset{\text{산화마그네슘}}{2MgO}$

11 불소계계면활성제를 주성분으로 하여 물과 혼합하여 사용하는소화약제로서, 유류화재 발생 시 분말소화약제와 함께 사용이 가능한 포소화약제는?

① 단백포소화약제   ② 불화단백포소화약제
③ 합성계면활성제포소화약제   ④ 수성막포소화약제

해설

■ 수성막포소화약제

㉠ 유류화재 진압용으로 가장 좋다.
㉡ 다른 약제(분말소화약제)와 겸용 가능하다.
㉢ AFFF(Aqueous Film Forming Foam) 또는 Light Water라고도 한다.

정답 10. ③ 11. ④

12 황린에 대한 설명으로 옳은 것은?

① 투명 또는 담황색 액체이다.
② 무취이고 증기비중이 약 1.82이다.
③ 발화점은 60~70℃이므로 가열 시 주의해야 한다.
④ 환원력이 강하여 쉽게 연소한다.

> **해설**

① 백색 또는 담황색 고체이다.
② 비중 1.82, 증기비중 4.4, 특유의 마늘냄새가 나고, 맹독성이 있다.
③ 발화점이 34℃로 매우 낮으므로 자연발화를 일으킨다.

13 위험물안전관리법상 정기점검의 대상이 되는 제조소 등에 해당하지 않는 것은?

① 지하탱크저장소　　　　　　　　② 이동탱크저장소
③ 이송취급소　　　　　　　　　　④ 옥내탱크저장소

> **해설**

■ **정기점검 대상인 제조소 등**
㉠ 지정수량의 10배 이상의 위험물을 취급하는 제조소
㉡ 지정수량의 100배 이상의 위험물을 저장하는 옥외저장소
㉢ 지정수량의 150배 이상의 위험물을 저장하는 옥내저장소
㉣ 지정수량의 200배 이상의 위험물을 저장하는 옥외탱크저장소
㉤ 암반탱크저장소
㉥ 이송취급소
㉦ 지정수량의 10배 이상의 위험물을 취급하는 일반취급소
㉧ 지하탱크저장소
㉨ 이동탱크저장소
㉩ 위험물을 취급하는 탱크로서 지하에 매설된 탱크가 있는 제조소·주유취급소 또는 일반취급소

14 트리니트로톨루엔의 화학식으로 옳은 것은?

① $C_6H_2CH_3(NO_2)_3$　　　　　　　② $C_6H_3(NO_2)_3$
③ $C_6H_2(NO_3)_3OH$　　　　　　　④ $C_{10}H_6(NO_2)_2$

해설

- 트리니트로톨루엔(TNT, 제5류, 니트로화합물)
⊙ 화학식 : $C_6H_2CH_3(NO_2)_3$
⊙ 구조식

15 트리에틸알루미늄이 물과 반응하였을 때 생성되는 물질은?

① $Al(OH)_3$, C_2H_2
② $Al(OH)_3$, C_2H_6
③ Al_2O_3, C_2H_2
④ Al_2O_3, C_2H_6

해설

- 트리에틸알루미늄(TEAL, $(C_2H_5)_3Al$, 제3류, 알킬알루미늄)의 물과의 반응식
$(C_2H_5)_3Al + 3H_2O \rightarrow Al(OH)_3 + 3C_2H_6 \uparrow$

16 위험물의 지정수량 중 옳지 않은 것은?

① $N_2H_4 \cdot H_2SO_4$: 100kg
② NH_2OH : 100kg
③ $C(NH_2)_3NO_3$: 200kg
④ $C_{12}H_{10}N_2$: 200kg

해설

① $N_2H_4 \cdot H_2SO_4$(황산히드라진) : 제5류, 히드라진유도체, 지정수량 200kg
② NH_2OH(히드록실아민) : 제5류, 히드록실아민, 지정수량 100kg
③ $C(NH_2)_3NO_3$(질산구아니딘) : 제5류, 질산구아니딘, 지정수량 200kg
④ $C_{12}H_{10}N_2$(아조벤젠) : 제5류, 아조화합물, 지정수량 200kg

17 제2류 위험물에 속하지 않는 것은?

① 1기압에서 인화점이 30℃인 고체
② 직경이 1mm인 막대모양의 마그네슘
③ 고형알코올
④ 구리분, 니켈분

정답 15. ② 16. ① 17. ④

■ 제2류 위험물
㉠ 금속분 : 알칼리금속·알칼리토류금속·철 및 마그네슘 외 금속의 분말(구리분, 니켈분 및 $150\mu m$ 의 체를 통과하는 것이 50wt% 미만인 것 제외)
㉡ 마그네슘에 해당되지 않는 것
  • 2mm의 체를 통과하지 아니하는 덩어리 상태의 것
  • 직경 2mm 이상의 막대모양의 것
  • 인화성고체 : 고형알코올, 그 밖에 1 기압에서 인화점이 40℃ 미만인 고체

18 과염소산과 질산의 공통 성질로 옳은 것은?

① 환원성 물질로서, 증기는 유독하다.
② 다른 가연물의 연소를 돕는 가연성 물질이다.
③ 강산이고 물과 접촉하면 발열한다.
④ 부식성은 작으나 다른 물질과 혼촉발화 가능성이 높다.

■ 제6류 위험물의 성질

과염소산 과산화수소 질산	• 산화성, 불연성, 무기화합물, 조연성 비중>1 • 물에 녹기 쉽다. • 분해반응 시 산소(O_2)발생 • 가연물, 유기물 등과 혼합 시 발화위험
과염소산 질산	• 강산성 • 물과 접촉 시 심한 발열 • 분해 시 유독가스 발생 • 부식성이 강함

19 서로 혼재가 가능한 위험물은?(단, 지정수량의 10배를 취급하는 경우)

① $KClO_4$와 Al_4C_3
② CH_3CN와 Na
③ P_4와 Mg
④ HNO_3와 $(C_2H_5)_3Al$

① $KClO_4$(1류), Al_4C_3(3류) : 혼재 안 됨
② CH_3CN(아세톤니트릴, 제4류 제1석유류, 수용성), Na(3류) : 혼재됨
③ P_4(3류), Mg(2류) : 혼재 안 됨
④ HNO_3(6류), $(C_2H_5)_3Al$(3류) : 혼재 안 됨

> ※ 위험물 혼재(기준 지정수량의 $\frac{1}{10}$ 이하는 적용 안 됨)
>
> ㉠ 1류+6류
> ㉡ 2류+4류+5류
> ㉢ 3류+4류

20 위험물안전관리법상 위험물제조소 등 설치허가 취소사유에 해당하지 않는 것은?

① 위험물제조소의 바닥을 교체하는 공사를 하는데 변경허가를 득하지 아니한 때
② 법정기준을 위반한 위험물제조소에 발한 수리·개조 명령을 위반한 때
③ 예방규정을 제출하지 아니한 때
④ 위험물안전관리자가 장기 해외여행을 갔음에도 그 대리자를 지정하지 아니한 때

해설

■ **위험물제조소 등 설치허가 취소와 사용정지**
㉠ 변경허가 없이 제조소 등의 위치·구조·설비 변경 시
㉡ 완공검사 없이 제조소 등 사용 시
㉢ 위험물안전관리자 미선임 시
㉣ 위험물안전관리자의 대리인 미지정 시
㉤ 정기점검·정기검사 받지 아니한 때
㉥ 수리·개조 또는 이전 명령 위반 시
㉦ 저장·취급 기준 준수명령 위반 시

21 A물질 1,000kg을 소각하고자 한다. 1,000kg 중 유황의 함유량이 0.5wt% 라고 한다면 연소가스 중 SO_2의 농도는 약 몇 mg/Nm^3인가?(단, A물질 1ton의 습배기연소가스량=6, $500Nm^3$)

① 1,080
② 1,538
③ 2,522
④ 3,450

해설

㉠ A물질 1,000kg 중 유황(S)의 질량
  $1,000kg \times 0.005 = 5kg$
㉡ 황(S)의 연소반응식
  $\underline{S} + O_2 \rightarrow \underline{SO_2}$
  32 : 64 = 5kg : x
  $x = \dfrac{64 \times 5}{32} = 10kg(SO_2 \text{ 무게})$
∴ $\dfrac{10kg}{6,500Nm^3} = \dfrac{10 \times 10^6 mg}{6,500Nm^3} ≒ 1,538.46mg/Nm^3$

정답 20. ③ 21. ②

※ 단위 Nm^3(노말입방미터, Normal m^3)

0℃, 1기압 하에서 $1m^3$의 기체량을 의미

22 벤조일퍼옥사이드의 용해성에 대한 설명으로 옳은 것은?

① 물과 대부분 유기용제에 잘 녹는다.
② 물과 대부분 유기용제에 녹지 않는다.
③ 물에는 잘 녹으나 대부분 유기용제에는 녹지 않는다.
④ 물에 녹지 않으나 대부분 유기용제에 잘 녹는다.

해설

■ 벤조일퍼옥사이드[BPO, 과벤, $(C_6H_5CO)_2O_2$, 제5류, 유기과산화물]
물에 불용이며, 유기용제에 녹는다.

23 각 물질의 화재 시 발생하는 현상과 소화방법에 대한 설명으로 틀린 것은?

① 황린의 소화는 연소 시 발생하는 황화수소가스를 피하기 위하여 바람을 등지고 공기호흡기를 착용한다.
② 트리에틸알루미늄의 화재 시 이산화탄소소화약제, 할로겐화합물소화약제의 사용을 금한다.
③ 리튬 화재 시에는 팽창질석, 마른모래 등으로 소화한다.
④ 부틸리튬 화재의 소화에는 포소화약제를 사용할 수 없다.

해설

■ 제3류 위험물의 소화(트리에틸알루미늄, 리튬, 부틸리튬)
㉠ 질식소화 : 탄산수소염류 분말, 마른모래, 팽창질석, 팽창진주암, 건조된 소금(NaCl), 탄산칼슘($CaCO_3$)
㉡ 이산화탄소소화약제, 할로겐화합물소화약제 사용금지
㉢ 금수성물질 : 수계소화약제(물·포) 사용금지
㉣ 황린(P_4) : 주수소화 가능
㉤ 황린의 연소반응 : $4P + 5O_2 \rightarrow 2P_2O_5$(오산화인 발생)

정답 22. ④ 23. ①

24 단층건축물에 옥내탱크저장소를 설치하고자 한다. 하나의 탱크전용실에 2개의 옥내저장탱크를 설치하여 에틸렌글리콜과 기어유를 저장하고자 한다면 저장가능한 지정수량의 최대배수를 옳게 나타낸 것은?

품명	저장가능한 지정수량의 최대배수
에틸렌글리콜	(A)
기어유	(B)

① (A) 40배, (B) 40배
② (A) 20배, (B) 20배
③ (A) 10배, (B) 30배
④ (A) 5배, (B) 35배

해설

옥내저장탱크용량(동일한 탱크전용실에 2 이상 설치 시 각 탱크용량 합계)은 지정수량의 40배(제4석유류, 동·식물유류 외의 제4류 위험물은 20,000L 초과 시 20,000L) 이하일 것

■ **최대저장수량**

㉠ 에틸렌글리콜(지정수량 4,000L) : 제4류, 제3석유류, 수용성 → 최대 20,000L(5배)

㉡ 기어유(지정수량 6,000L) : 제4류, 제4석유류 → 40배−20,000L=220,000L(36.67배)

∴ 에틸렌글리콜 5배, 기어유 40배−5배=35배

25 비점이 약 111℃인 액체로서, 산화하면 벤조알데히드를 거쳐 벤조산이 되는 위험물은?

① 벤젠
② 톨루엔
③ 크실렌
④ 아세톤

해설

톨루엔($C_6H_5CH_3$, 제4류, 제1석유류, 비수용성)의 산화반응

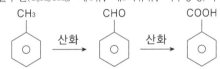

톨루엔
($C_6H_5CH_3$)

벤조알데히드
(C_6H_5CHO)

벤조산(안식향산)
(C_6H_5COOH)

26 제1류 위험물 중 무기과산화물과 제5류 위험물 중 유기과산화물의 소화방법으로 옳은 것은?

① 무기과산화물 : CO_2에 의한 질식소화, 유기과산화물 : CO_2에 의한 냉각소화
② 무기과산화물 : 건조사에 의한 피복소화, 유기과산화물 : 분말에 의한 질식소화
③ 무기과산화물 : 포에 의한 질식소화, 유기과산화물 : 분말에 의한 질식소화
④ 무기과산화물 : 건조사에 의한 피복소화, 유기과산화물 : 물에 의한 냉각소화

> **해설**
>
> ㉠ 제1류 무기과산화물 : 질식소화(탄산수소염류분말), 피복소화(건조사)
> ㉡ 제5류 유기과산화물 : 대량 주수에 의한 냉각소화(화재 초기에만)

27 이황화탄소에 대한설명으로 틀린 것은?

① 인화점이 낮아 인화가 용이하므로 액체 자체의 누출뿐만 아니라 증기의 누설을 방지하여야 한다.
② 휘발성 증기는 독성이 없으나 연소생성물 중 SO_2는 유독성가스이다.
③ 물보다 무겁고 녹기 어렵기 때문에 물을 채운 수조탱크에 저장한다.
④ 강산화제와 접촉에 의해 격렬히 반응하고, 혼촉발화 또는 폭발의 위험성이 있다.

> **해설**
>
> 이황화탄소(CS_2)에는 제4류 위험물이고, 특수인화물이며 비수용성이다. 증기와 연소생성물인 SO_2(이산화황, 아황산가스)는 가연성이며 유독하다.
> $CS_2 + 3O_2 \rightarrow CO_2 + 2SO_2$: 연소반응

28 큐멘(Cumene) 공정으로 제조 되는 것은?

① 아세트알데히드와 에테르
② 페놀과 아세톤
③ 크실렌과 에테르
④ 크실렌과 아세트알데히드

> **해설**
>
> ■ **큐멘(Cumene)공정(큐멘법)**

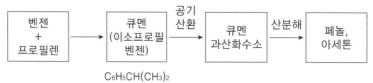

$C_6H_5CH(CH_3)_2$

29 위험물의 취급소에 해당하지 않는 것은?

① 일반취급소　　　　　　　　　② 옥외취급소
③ 판매취급소　　　　　　　　　④ 이송취급소

해설

■ 위험물취급소
주유취급소, 판매취급소, 일반취급소, 이송취급소

30 다음 물질을 저장하는 저장소로 허가받으려고 위험물저장소 설치허가신청서를 작성하려고 한다. 해당하는 지정수량의 배수는 얼마인가?

• 차아염소산칼슘 : 150kg	• 과산화나트륨 : 100kg
• 질산암모늄 : 300kg	

① 12　　　　　　　　　　　　　② 9
③ 6　　　　　　　　　　　　　④ 5

해설

• 차아염소산칼슘(제1류, 차아염소산염류) : 지정수량 50kg
• 과산화나트륨(제1류, 무기과산화물) : 지정수량 50kg
• 질산암모늄(제1류, 질산염류) : 지정수량 300kg

$$\rightarrow \frac{150kg}{50kg} + \frac{100kg}{50kg} + \frac{300kg}{300kg} = 지정수량의 \ 6배$$

31 국소방출방식 불활성가스소화설비 중 저압식 저장용기에 설치되는 압력경보장치는 어느 압력 범위에서 작동하는 것으로 설치하여야 하는가?

① 2.3MPa 이상의 압력과 1.9MPa 이하의 압력에서 작동하는 것
② 2.5MPa 이상의 압력과 2.0MPa 이하의 압력에서 작동하는 것
③ 2.7MPa 이상의 압력과 2.3MPa 이하의 압력에서 작동하는 것
④ 3.0MPa 이상의 압력과 2.5MPa 이하의 압력에서 작동하는 것

해설

■ 불활성가스소화설비의 저압식 저장용기 설치기준
㉠ 액면계 및 압력계 설치
㉡ 압력경보장치 설치 : 2.3MPa 이상 및 1.9MPa 이하에서 작동
㉢ 자동냉동기 설치 : 저장용기 내부 온도를 −20℃ 이상 −18℃ 이하로 유지
㉣ 파괴판 및 방출밸브 설치

정답 29. ② 30. ③ 31. ①

32 제6류 위험물에 대한 설명 중 맞는 것은?

① 과염소산은 무취, 청색의 기름상 액체이다.
② 과산화수소를 물, 알코올에는 용해하나 에테르에는 녹지 않는다.
③ 질산은 크산토프로테인 반응과 관계가 있다.
④ 오불화브롬의 화학식은 C_2F_5Br이다.

> **해설**

① 과염소산($HClO_4$) : 무색무취의 휘발성 액체이다.
② 과산화수소(H_2O_2) : 물·알코올·에테르에 녹고, 벤젠에는 녹지 않는다.
④ 오불화브롬 : BrF_5

33 분자식이 CH_2OHCH_2OH인 위험물은 제 몇 석유류에 속하는가?

① 제1석유류
② 제2석유류
③ 제3석유류
④ 제4석유류

> **해설**

■ **에틸렌글리콜**
㉠ CH_2OHCH_2OH 또는 $C_2H_4(OH)_2$
㉡ 제4류, 제3석유류, 수용성

34 지정수량의 단위가 나머지 셋과 다른 하나는?

① 황린
② 과염소산
③ 나트륨
④ 이황화탄소

> **해설**

■ **지정수량의 단위** : 제4류 위험물만 L, 그 외 위험물은 kg
①, ③ : 제3류
② : 제6류
④ : 제4류

35 청정소화약제의 종류가 아닌 것은?

① FC-3-1-10
② HCFC BLEND A
③ IG-541
④ CTC-124

해설

■ 청정소화약제의 종류

할로겐화합물 청정소화약제	불활성가스 청정소화약제
㉠ HCFC Blend A ㉡ HFC-23 ㉢ HFC-125 ㉣ HFC-227ea ㉤ HCFC - 124 ㉥ FC-3-1-10 ㉦ FK-5-1-12 ㉧ HFC-236fa ㉨ FIC-13I1	㉠ IG-01 ㉡ IG-55 ㉢ IG-100 ㉣ IG-541

36 니트로셀룰로오스의 화재 발생 시 가장 적합한소화약제는?

① 물소화약제   ② 분말소화약제

③ 이산화탄소소화약제   ④ 할로겐화합물소화약제

해설

■ **니트로셀룰로오스(NC, 질화면, 제5류, $[C_6H_7O_2(ONO_2)_3]_n$, 유기과산화물)**
화재 초기에 대량 주수에 의한 냉각소화(제5류 위험물 공통)

37 질산암모늄의 산소평형(Oxygen Balance)값은 얼마인가?

① 0.2   ② 0.3

③ 0.4   ④ 0.5

해설

■ **산소평형(OB; Oxygen Balance)**
어떤 물질 1g이 반응하여 최종화합물이 만들어질 때 필요한 산소(O_2)의 과부족량을 g 단위로 나타낸 것(때로는 100g에 대한 값으로도 표시)

㉠ $C_x H_y N_u O_z \rightarrow x CO_2 + \dfrac{y}{2} H_2O + \dfrac{u}{2} N_2 + \left(\dfrac{z}{2} - x - \dfrac{y}{4}\right) O_2$

$$\therefore OB = \frac{\left(\dfrac{z}{2} - x - \dfrac{y}{4}\right) \times 32}{분자량} = \frac{산소량 \times 32g}{분자량} = \frac{산소\ 과잉\ (+)\ 또는\ 부족\ (-)\ 몰수 \times 32g}{해당\ 물질의\ 분자량}$$

㉡ 산소과잉(+)일 때 : 산화질소계열(NO_x) 가스 발생($N \rightarrow NO$, NO_2, NO_3)
　　산소부족(-)일 때 : $C \rightarrow CO$(일산화탄소 방출)
㉢ $OB = O$: 이상적 반응($C \rightarrow CO_2$, $H \rightarrow H_2O$, $N \rightarrow N_2$)

정답 36. ①   37. ①

ⓔ 중요한 OB값의 예
- Ng : 0.000
- NG : 0.035
- TNT : −0.740
- KNO_3 : 0.392

질산암모늄(NH_4NO_3, 초안, 제1류, 질산염류, 분자량 80g)

$$C_0H_4N_2O_3 \rightarrow \frac{4}{2}H_2O + \frac{2}{2}N_2 + \left(\frac{3}{2} - \frac{4}{4}\right)O_2 = 0.5$$

$$\therefore OB = \frac{0.5 \times 32g}{80g} = 0.2$$

38 위험물운송에 대한 설명 중 틀린 것은?

① 위험물의 운송은 해당 위험물을 취급할 수 있는 국가기술자격자 또는 위험물안전관리자 강습교육 수료자여야 한다.

② 알킬리튬, 알킬알루미늄을 운송하는 경우에는 위험물운송책임자의 감독 또는 지원을 받아 운송하여야 한다.

③ 위험물운송자는 이동탱크저장소에 의해 위험물을 운송하는 때에는 해당 국가기술자격증 또는 교육수료증을 지녀야 한다.

④ 휘발유를 운송하는 위험물운송자는 위험물안전관리카드를 휴대하여야 한다.

> **해설**

(1) 위험물운송자 : 신규인 경우는 한국소방안전원에서 16시간의 교육을 받은 자이어야 한다.

(2) 위험물운송자 관련사항
  ⓐ 이동탱크저장소에 의하여 위험물을 운송하는 자(운송책임자 및 이동탱크저장소 운전자)
    - 해당 위험물을 취급할 수 있는 국가기술자격자 또는 안전교육을 받은 자
    - 운송 시 해당 국가기술자격증 또는 교육수료증을 지녀야 한다.
    - 위험물안전카드를 휴대해야 하는 위험물 : 특수인화물 및 제1석유류
  ⓑ 위험물운송책임자의 자격
    - 기술자격 취득 후 1년 이상 경력이 있는 자
    - 안전교육 수료 후 2년 이상 경력이 있는 자
  ⓒ 운송책임자의 감독·지원을 받는 위험물 : 알킬알루미늄, 알킬리튬 및 알킬알루미늄 또는 알킬리튬을 함유하는 위험물
  ⓓ 2명 이상의 위험물운송자를 두어야하는 경우
    - 고속국도, 340km 이상
    - 그 밖의 도로, 200km 이상의 장거리 운송 시

39 화학적 소화방법에 해당하는 것은?

① 냉각소화 ② 부촉매소화
③ 제거소화 ④ 질식소화

해설

■ **화학소화(부촉매효과·억제소화)** : 연소의 연쇄반응을 차단하여 소화하는 방법으로, 할로겐원소의 억제효과를 이용한다.

40 다음 (   )에 알맞은 숫자를 순서대로 나열한 것은?

주유취급소 중 건축물의 (   )의 이상의 부분을 점포, 휴게음식점 또는 전시장의 용도로 사용하는 것에 있어서는 해당 건축물의 (   ) 이상으로부터 직접 주유취급소의 부지 밖으로 통하는 출입구와 해당 출입구로 통하는 통로, 계단, 및 출입구에 유도등을 설치하여야 한다.

① 2층, 1층 ② 1층, 1층
③ 2층, 2층 ④ 1층, 2층

해설

■ **피난설비 설치기준**
㉠ 주유취급소 중 건축물의 2층 이상의 부분을 점포, 휴게음식점 또는 전시장의 용도로 사용하는 것에 있어서는 해당 건축물의 2층 이상으로부터 직접 주유취급소의 부지 밖으로 통하는 출입구와 해당 출입구로 통하는 통로, 계단, 및 출입구에 유도등을 설치하여야 한다.
㉡ 옥내 주유취급소에 있어서는 해당 사무소 등의 출입구 및 피난구와 해당 피난구로 통하는 통로·계단, 및 출입구에 유도등을 설치하여야 한다.
㉢ 유도등에는 비상전원을 설치하여야 한다.

41 위험물의 화재위험성이 증가하는 경우가 아닌 것은?

① 비점이 높을수록 ② 연소범위가 넓을수록
③ 착화점이 낮을수록 ④ 인화점이 낮을수록

해설

① 비점(끓는점)은 낮을수록 화재위험성이 증가한다.

42 위험물안전관리법령에서 정의하는 산화성고체에 대해 다음 ( ) 안에 알맞은 용어를 차례 대로 나타낸 것은?

> "산화성고체"라 함은 고체로서 ( )의 잠재적인 위험성 또는 ( )에 대한 민감성을 판단하기 위하여 소방청장이 정하여 고시하는 시험에서 고시로 정하는 성질과 상태를 나타내는 것을 말한다.

① 산화력, 온도
② 착화, 온도
③ 착화, 충격
④ 산화력, 충격

해설

■ **산화성고체의 정의** : 고체로서 산화력의 잠재적인 위험성 또는 충격에 대한 민감성을 판단하기 위하여 소방청장이 정하여 고시하는 시험에서 고시로 정하는 성질과 상태를 나타내는 것

43 스프링클러소화설비가 전체적으로 적응성이 있는 대상물은?

① 제1류 위험물
② 제2류 위험물
③ 제4류 위험물
④ 제5류 위험물

해설

㉠ 스프링클러소화설비는 물을 이용하는 수계소화설비로서, 금수성물질(제1류 중 무기과산화물, 제2류 중 철분·금속분·마그네슘, 제3류 중 금수성물질) 및 제4류 위험물에는 사용할 수 없다.
㉡ 제5류 위험물 소화방법 : 화재 초기에 대량 주수(수계소화설비)에 의한 냉각소화

44 다음 중 불연성이면서 강산화성인 위험물질이 아닌 것은?

① 과산화나트륨
② 과염소산
③ 질산
④ 피크린산

해설

① 제1류, ②·③ 제6류, ④ 제5류

구 분	불연성	가연성	산화/환원력
제1류	○ (일반적)		산화력
제2류		○	환원력
제3류	○	○ (칼륨, 나트륨, 알킬알루미늄, 황린 등)	
제4류		○	
제5류		○	
제6류	○		산화력(과염소산($HClO_4$),과산화수소(H_2O_2), 질산(HNO_3)

45 다음 중 제4류 위험물의 지정수량으로서 옳지 않은 것은?

① 피리딘 : 200L
② 아세톤 : 400L
③ 아세트산 : 2,000L
④ 니트로벤젠 : 2,000L

해설

① 피리딘(C_5H_5N) : 제1석유류, 수용성, 지정수량 400L
② 아세톤(CH_3COCH_3) : 제1석유류, 수용성, 지정수량 400L
③ 아세트산(CH_3COOH, 초산, 빙초산) : 제2석유류, 수용성, 지정수량 2,000L
④ 니트로벤젠($C_6H_5NO_2$) : 제3석유류, 비수용성, 지정수량 2,000L

46 지중탱크의 옥외탱크저장소에 다음과 같은 조건의 위험물을 저장하고 있다면 지중탱크 지반면의 옆판에서 부지경계선 사이에는 얼마 이상의 거리를 유지해야 하는가?

- 저장 위험물 : 에탄올
- 지중탱크 수평단면의 내경 : 30m
- 지중탱크 밑판 표면에서 지반면까지의 높이 : 25m
- 부지경계선의 높이구조 : 높이 2m 이상의 콘크리트조

① 100m 이상
② 75m 이상
③ 50m 이상
④ 25m 이상

- **지중탱크**

㉠ 옥외탱크저장소의 한 종류로서, 탱크 밑부분이 지반면(땅) 아래에 있고, 탱크의 상부가 지반면 이상의 높이에 있는 탱크

㉡ 지중탱크의 옥외탱크저장소의 위치는 해당 옥외탱크저장소가 보유하는 부지의 경계선에서 지중탱크의 지반면의 옆판까지의 사이에, 해당 지중탱크 수평단면의 내경의 수치에 0.5를 곱하여 얻은 수치(해당 수치가 지중탱크의 밑판 표면에서 지반면까지 높이의 수치 보다 작은 경우에는 해당 높이의 수치) 또는 50m (해당 지중탱크에 저장 또는 취급하는 위험물의 인화점이 21℃ 이상 70℃ 미만의 경우에 있어서는 40m, 70℃ 이상의 경우에 있어서는 30m) 중 큰 것과 동일한 거리 이상의 거리를 유지해야 한다.

- 지중탱크 수평단면의 내경(30m)×0.5=15m
- 지중탱크 밑판 표면에서 지반면까지의 높이 : 25m
- 50m(에탄올 인화점이 13℃이므로)

∴ 최댓값이 50m 이상

47 메틸에틸케톤에 대한 설명 중 틀린 것은?

① 증기는 공기보다 무겁다.

② 지정수량은 200L이다.

③ 이소부틸알코올을 환원하여 제조할 수 있다.

④ 품명은 제1석유류이다.

$$\text{이소부틸알코올} \xrightarrow[\text{산화}]{H_2} \text{메틸에틸케톤(MEK, } CH_3COC_2H_5)$$
$$\ \ (C_4H_9OH) \qquad\qquad\qquad (C_4H_7OH)$$

48 이송취급소의 배관 설치기준 중 배관을 지하에 매설하는 경우의 안전거리 또는 매설깊이로 옳지 않은 것은?

① 건축물(지하가 내의 건축물을 제외) : 1.5m 이상

② 지하가 및 터널 : 10m 이상

③ 산이나 들에 매설하는 배관의 외면과 지표면과의 거리 : 0.3m 이상

④ 수도법에 의한 수도시설(위험물의 유입 우려가 있는 것) : 300m 이상

- **배관 외면과의 거리**

㉠ 다른 공작물 사이 : 0.3m 이상

㉡ 지표면과의 거리
  - 산이나 들 : 0.9m 이상
  - 그 밖의 지역 : 1.2m 이상

정답 47. ③ 48. ③

49 다음에서 설명하고 있는 법칙은?

> 온도가 일정할 때 기체의 부피는 절대압력에 반비례한다.

① 일정성분비의 법칙   ② 보일의 법칙
③ 샤를의 법칙   ④ 보일-샤를의 법칙

해설

② 보일의 법칙 : 온도가 일정할 때 기체의 부피는 압력에 반비례한다.

$$P_1 V_1 = P_2 V_2$$

③ 샤를의 법칙 : 압력이 일정할 때 기체의 부피는 절대온도에 비례한다.

$$\frac{V_1}{T_1} = \frac{V_2}{T_2}$$

④ 보일-샤를의 법칙

$$\frac{P_1 V_1}{T_1} = \frac{P_2 V_2}{T_2}$$

여기서, P : 압력, V : 부피, T : 절대온도

50 제4류 위험물 중 20L 플라스틱 용기에 수납할 수 있는 것은?

① 이황화탄소   ② 휘발유
③ 디에틸에테르   ④ 아세트알데히드

해설

①, ③, ④ : 특수인화물(위험등급 Ⅰ)
② : 제1석유류(위험등급 Ⅱ)

> ※ 20L 플라스틱 외장용기(플라스틱 드럼 제외)에 수납할 수 있는 위험물은 제4류 위험물 중 위험등급 Ⅱ, Ⅲ에 해당하는 위험물
> • 위험등급 Ⅰ : 특수인화물
> • 위험등급 Ⅱ : 제1석유류, 알코올류
> • 위험등급 Ⅲ : 제 2, 3, 4 석유류, 동·식물유류

51 운반용기 내용적 95% 이하의 수납률로 수납하여야 하는 위험물은?

① 과산화벤조일   ② 질산에틸
③ 니트로글리세린   ④ 메틸에틸케톤퍼옥사이드

정답 49. ②   50. ②   51. ①

■ 위험물 운반기준 중 적재방법
㉠ 고체위험물 수납률 : 내용적의 95% 이하
㉡ 액체위험물 수납률 : 내용적의 98% 이하로 하되, 55℃의 온도에서 누설되지 아니하도록 충분한 공간용적 유지

> ※ 제5류 위험물
> • 액체 : MEKPO, 니트로글리세린, 질산에틸, 질산메틸
> • 고체 : 그 외

52 유황에 대한 설명 몇 중 틀린 것은?

① 순도가 60wt% 이상이면 위험물이다.
② 물에 녹지 않는다.
③ 전기에 도체이므로 분진폭발의 위험이 있다.
④ 황색의 분말이다.

해설

③ 유황(황, S)은 전기 및 열의 부도체이며, 가연성고체로서 분말상태인 경우 분진폭발의 위험이 있다.

53 위험물안전관리법령에서 정한 소화설비의 적응성 기준에서 불활성가스소화설비가 적응성이 없는 대상은?

① 전기설비   ② 인화성고체
③ 제4류 위험물   ④ 제6류 위험물

해설

(1) 불활성가스소화설비가 적응성 있는 대상 : 전기설비, 제2류 중 인화성고체, 제4류 위험물
(2) 이산화탄소소화기가 적응성 있는 대상 : 불활성가스소화설비가 적응성 있는 대상, 폭발 위험성이 없는 장소에서의 제6류 위험물

54 다음 [보기]의 요건을 모두 충족하는 위험물 중 지정수량이 가장 큰 것은?

> • 위험등급 I 또는 II에 해당하는 위험물이다.
> • 제6류 위험물과 혼재하여 운반할 수 있다.
> • 황린과 동일한 옥내저장소에는 1m 이상 간격을 유지한다면 저장이 가능하다.

정답 52. ③ 53. ④ 54. ③

① 염소산염류 ② 무기과산화물
③ 질산염류 ④ 과망간산염류

해설

제1류이며, 위험등급 Ⅱ인 물질의 품명은 브롬산염류·질산염류·요오드산염류이다. 보기의 ①, ②는 위험등급 Ⅰ이며, ④항은 위험등급 Ⅲ이다.

> ㉠ 제6류 위험물과 혼재하여 운반가능 → 제1류 위험물
> ㉡ 황린(제3류 자연 발화성 물질)과 동일 옥내저장소에서 1m 간격 유지 시 저장가능 → 제1류 위험물
> ㉢ 제1류 위험물
> • 위험등급 Ⅰ : 지정수량 50kg
> • 위험등급 Ⅱ : 지정수량 300kg

55 다음 검사의 종류 중 검사공정에 의한 분류에 해당되지 않는 것은?

① 수입검사 ② 출하검사
③ 출장검사 ④ 공정검사

해설

■ 검사의 분류

분류기준	검사공정	검사장소	검사성질	검사방법(판정대상)
검사의 종류	• 수입검사(구입검사) • 공정검사(중간검사) • 최종검사(완성검사) • 출하검사(출고검사)	• 정위치검사 • 순회검사 • 출장검사(입회검사)	• 파괴검사 • 비파괴검사 • 관능검사	• 전수검사 • 로트별 샘플링검사 • 관리샘플링검사 • 무검사

56 그림과 같은 계획공정도(Network)에서 주공정은?(단, 화살표 아래 숫자는 활동시간을 나타낸 것이다)

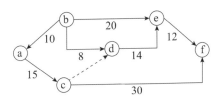

① ⓐ-ⓒ-ⓕ ② ⓐ-ⓑ-ⓔ-ⓕ
③ ⓐ-ⓑ-ⓓ-ⓔ-ⓕ ④ ⓐ-ⓒ-ⓓ-ⓔ-ⓕ

정답 55. ③ 56. ①

■ 주공정(CP; Critical Path)
여유시간이 거의 없는 공정들로서 이들을 연결하는 공정이며, 시간적으로는 가장 긴 경로(Slowest Process)를 말한다.
① 15+30=45시간
② 10+20+12=42시간
③ 10+8+14+12=44시간
④ 15+0+14+12=41시간

> ※ 기호 설명
> ○ : 단계
> → : 실제 활동, 시간 또는 자원 [그림]
> → : 명목상(가상)활동, 시간 또는 자원 ×, Dummy Activity

57 다음 Ralph M. Barnes 교수가 제시한 동작경제의 원칙 중에서 작업장 배치에 관한 원칙에 해당되지 않는 것은?

① 가급적이면 낙하식 운반방법을 이용한다.
② 모든 공구나 재료는 지정된 위치에 있도록 한다.
③ 충분한 조명을 하여 작업자가 잘 볼 수 있도록 한다.
④ 가급적 용이하고 자연스런 리듬을 타고 일할 수 있도록 작업을 구성하여야 한다.

■ 동작경제의 원칙(Ralph M. Barnes 교수)
㉠ 신체사용의 원칙 → ④에 해당
㉡ 작업장 배치의 원칙 → ①, ②, ③에 해당
㉢ 공구류 및 설비의 설계원칙

58 로트 크기 1,000, 부적합품률이 15%인 로트에서 5개의 랜덤 시료 중 발견된 부적합품 수가 1개일 확률을 이항분포로 계산하면 약 얼마인가?

① 0.1648
② 0.3915
③ 0.6085
④ 0.8352

해설

$$P(X=x) = {}_nC_x P^x (1-P)^{n-x}$$

여기서, n : 시행횟수,

$\quad\quad P$: 성공확률

$\quad\quad x$: n번 독립시행에서의 성공 횟수

$${}_nC_r = \frac{n!}{(n-r)!r!}$$

$$\therefore\ P(x=1) = {}_5C_1 (0.15)^1 (1-0.15)^{5-1}$$

$$= \frac{5!}{(5-1)!1!}(0.15)^1(1-0.15)^4 \fallingdotseq 0.3915$$

59 다음 중 계량값 관리도에 해당되는 것은?

① c 관리도

② np 관리도

③ R 관리도

④ u 관리도

해설

■ 관리도의 종류

계량형 관리도	• $\overline{x}-R$ 관리도($\overline{x}$ 관리도, R 관리도) : 보편적으로 사용 • $\overline{x}-S$ 관리도 • x 관리도 • $Me-R$ 관리도 • $L-S$ 관리도
계수형 관리도	• np 관리도(부적합품수 관리도) • p 관리도(부적합품률 관리도) • c 관리도(부적합수(결점수) 관리도) • u 관리도(단위당 부적합수(결점수) 관리도)
특수 관리도	• 누적합 관리도 • 이동평균 관리도 • 지수가중 이동평균 관리도 • 차이 관리도 • Z 변환 관리도

정답 59. ③

60 품질 코스트(Quality Cost)를 예방 코스트, 실패 코스트, 평가 코스트로 분류할 때 다음 중 실패 코스트(Failure Cost)에 속하는 것이 아닌 것은?

① 시험 코스트
② 불량대책 코스트
③ 재가공 코스트
④ 설계변경 코스트

해설

■ 품질 코스트(Q-Cost, Quality Cost)

예방 코스트(P-Cost, Prevention Cost)	• QC 계획 코스트 • QC 기술 코스트 • QC 교육 코스트 • QC 사무 코스트
평가 코스트(A-Cost, Appraisal Cost)	• 수입검사 코스트 • 공정검사 코스트 • 완성품검사 코스트 • 시험 코스트 • PM 코스트
실패 코스트(F-Cost, Failure Cost)	• 납기불량 코스트(폐기·재가공·외주불량·설계변경 코스트) • 무상서비스 코스트(현지서비스, 지참서비스, 대품서비스) • 불량대책 서비스 • 제품책임 코스트

2011년 제50회 출제문제(7월 31일 시행)

01 30L 용기에 산소를 넣어 압력이 150기압으로 되었다. 이 용기의 산소를 온도 변화 없이 동일한 조건에서 40L의 용기에 넣었다면 압력은 얼마로 되는가?

① 85.7기압
② 102.5기압
③ 112.5기압
④ 200기압

해설

■ 보일의 법칙

$P_1 V_1 = P_2 V_2$

$P_2 = \dfrac{P_1 V_1}{V_2} = \dfrac{1,500\mathrm{atm} \times 30\mathrm{L}}{40\mathrm{L}} = 112.5\mathrm{atm}$

02 다음에서 설명하는 법칙에 해당하는 것은?

> 용매에 용질을 녹일 경우 증기압 강하의 크기는 용액 중에 녹아 있는 용질의 몰분율에 비례한다.

① 증기압의 법칙
② 라울의 법칙
③ 이상용액의 법칙
④ 일정성분비의 법칙

해설

■ 라울(Raoult)의 법칙
① 증기압의 법칙 : 일정온도의 밀폐된 용기 속에서 액체의 증발속도와 응축속도가 같은 동적평형 상태에서 액체의 증기가 나타내는 압력
② 이상용액의 법칙 : 열을 흡수하거나 방출하지 않고 또 그 부피는 각 성분 부피의 합과 같은 용액
③ 일정성분비의 법칙 : 화합물에 있어서 그 구성원소의 중량비는 항상 일정하다.

정답 01. ③ 02. ②

03 다음 그림의 위험물에 대한 설명으로 옳은 것은?

$$CH_3$$

O_2N ⬡ NO_2

NO_2

① 휘황색의 액체이다.
② 규조토에 흡수시켜 다이너마이트를 제조하는 원료이다.
③ 여름에 기화하고 겨울에 동결할 우려가 있다.
④ 물에 녹지 않고 아세톤, 벤젠에 잘 녹는다.

> **해설**

■ 트리니트로톨루엔(TNT, 제5류, 니트로화합물)
㉠ 화학식 : $C_6H_2CH_3(NO_2)_3$
㉡ 구조식

$$CH_3$$

O_2N ⬡ NO_2

NO_2

①, ②, ③은 니트로글리세린[NG, 제5류, $C_3H_5(ONO_2)_3$, 질산에스테르류]에 대한 설명이다.

04 위험물을 저장하는 원통형 탱크를 종으로 설치할 경우 공간용적을 옳게 나타낸 것은?(단, 탱크의 지름은 10m, 높이는 16m이며, 원칙적인 경우)

① $62.8m^3$ 이상 $125.7m^3$ 이하   ② $72.8m^3$ 이상 $125.7m^3$ 이하
③ $62.8m^3$ 이상 $135.6m^3$ 이하   ④ $72.8m^3$ 이상 $135.6m^3$ 이하

> **해설**

㉠ 탱크의 내용적 $= \pi r^2 \cdot l = \pi(5^2) \cdot 16 \fallingdotseq 1,256.64m^3$

㉡ 탱크의 공간용적(원칙적인 경우) : 탱크 내용적의 $\dfrac{5}{100}$ 이상

$\dfrac{10}{100}$ 이하

공간용적 : $1,256.64 \times \dfrac{5}{100}$ 이상, $1,256.64 \times \dfrac{10}{100}$ 이하

∴ $62.8m^3$ 이상 $125.7m^3$ 이하

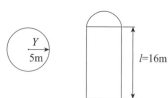

05 위험물의 운반기준으로 틀린 것은?

① 고체위험물은 운반용기 내용적의 95% 이하로 수납할 것
② 액체위험물은 운반용기 내용적의 95% 이하로 수납할 것
③ 하나의 외장용기에는 다른 종류의 위험물을 수납하지 아니할 것
④ 액체위험물은 섭씨 65도의 온도에서 누설되지 않도록 충분한 공간용적을 유지할 것

> **해설**
>
> ④ 액체위험물은 내용적의 98% 이하로 수납하되, 55℃의 온도에서 누설되지 아니하도록 충분한 공간용적을 유지할 것

06 액체위험물을 저장하는 용량 10,000L의 이동저장탱크는 최소 몇 개 이상의 실로 구획하여야 하는가?

① 1개
② 2개
③ 3개
④ 4개

> **해설**
>
> 액체위험물을 저장하는 이동저장탱크는 그 내부에 4,000L 이하마다 칸막이로 구획하여야 한다.
>
> ∴ $\dfrac{10,000L}{4,000L}=2.5 \rightarrow$ 3개 이상의 실로 구획

07 유기과산화물을 함유하는 것 중 불활성고체를 함유하는 것으로서, 다음에 해당하는 물질은 제5류 위험물에서 제외한다. ( ) 안에 알맞은 수치는?

> 과산화벤조일의 함유량이 ( )중량퍼센트 미만인 것으로서, 전분가루, 황산칼슘2수화물 또는 인산1수소칼슘2수화물과의 혼합물

① 25.5
② 35.5
③ 45.5
④ 55.5

■ 위험물안전관리법상 제5류 위험물 종류·범위 및 한계

성 질	위험등급	품 명	지정수량
자기반응성물질	I	1. 유기과산화물 2. 질산에스테르류	10kg 10kg
	II	3. 니트로화합물 4. 니트로소화합물 5. 아조화합물 6. 디아조화합물 7. 히드라진유도체 8. 히드록실아민 9. 히드록실아민염류 10. 그 밖에 행정안전부령이 정하는 것 ① 금속의 아지드화합물 ② 질산구아니딘	200kg 200kg 200kg 200kg 200kg 100kg 100kg 200kg
	I~II	11. 1~10에 해당 하는 어느 하나 이상을 함유 한 것	10kg, 100kg 또는 200kg

⑴ 자기반응성물질이라 함은 고체 또는 액체로서 폭발의 위험성 또는 가열분해의 격렬함을 판단하기 위하여 고시로 정하는 시험에서 고시로 정하는 성질과 상태를 나타내는 것을 말한다.

⑵ 제5류 11호의 물품에 있어서는 유기과산화물을 함유하는 것 중에서 불활성고체를 함유하는 것으로서 다음에 해당하는 것은 제외한다.

 ㉠ 과산화벤조일의 함유량이 35.5wt% 미만인 것으로서, 전분가루, 황산칼슘2수화물 또는 인산1수소칼슘 2수소화물과의 혼합물

 ㉡ 비스(4클로로벤조일)퍼옥사이드의 함유량이 30wt% 미만인 것으로서, 불활성고체와의 혼합물

 ㉢ 과산화지크밀의 함유량이 40wt% 미만인 것으로서, 불활성고체와의 혼합물

 ㉣ 1·4-비스(2-터셔리부틸퍼옥시이소프로필)벤젠의 함유량이 40wt% 미만인 것으로서, 불활성고체와의 혼합물

 ㉤ 시클로헥사놀퍼옥사이드의 함유량이 30wt% 미만인 것으로서 불활성고체와의 혼합물

⑶ 위 표의 성질란에 규정된 성상을 2가지 이상 포함하는 물품(복수 성상물품)이 속하는 품명은 다음에 의한다.

 ㉠ 복수 성상물품이 산화성고체의 성상 및 자기반응성물질의 성상을 가지는 경우 : 제5류 제11호의 규정에 의한 품명

 ㉡ 복수 성상물품이 인화성액체의 성상 및 자기반응성물질의 성상을 가지는 경우 : 제5류 제11호의 규정에 의한 품명

08 다음 제1류 위험물 중 융점이 가장 높은 것은?

① 과염소산칼륨 ② 과염소산나트륨

③ 염소산나트륨 ④ 염소산칼륨

정답 08. ①

① 과염소산칼륨 : 610℃   ② 과염소산나트륨 : 482℃
③ 염소산나트륨 : 250℃   ④ 염소산칼륨 : 368.4℃

09 운송책임자의 감독·지원을 받아 운송 하여야 하는 위험물은?

① 칼륨   ② 히드라진유도체
③ 특수인화물   ④ 알킬리튬

■ **운송책임자의 감독·지원을 받는 위험물**
㉠ 알킬알루미늄
㉡ 알킬리튬
㉢ 알킬알루미늄 또는 알킬리튬을 함유하는 위험물

10 위험물 제조과정에서의 취급기준에 대한 설명으로 틀린 것은?

① 증류공정에 있어서는 위험물을 취급하는 설비의 외부압력의 변동에 의하여 액체 또는 증기가 생기도록 하여야 한다.
② 추출공정에 있어서는 추출관의 내부압력이 비정상으로 상승하지 않도록 하여야 한다.
③ 건조 공정에 있어서는 위험물의 온도가 국부적으로 상승하지 않도록 가열 또는 건조시켜야 한다.
④ 분쇄공정에 있어서는 위험물의 분말이 현저하게 기계·기구 등에 부착하고 있는 상태로 그 기계·기구를 취급하지 아니하여야 한다.

① 증류공정에 있어서는 위험물을 취급하는 설비의 내부압력의 변동 등에 의하여 액체 또는 증기가 새지 아니하도록 할 것

11 Halon 1121과 Halon 1301 소화기(약제)에 대한 설명 중 틀린 것은?

① 모두 부촉매 효과가 있다.
② 모두 공기보다 무겁다.
③ 증기비중과 액체비중 모두 Halon 1211이 더 크다.
④ 방사 시 유효거리는 Halon 1301 소화기가 더 길다.

■ 할로겐소화약제 비교

구 분	Halon 1301	Halon 1211	Halon 2402
분자식	CF_3Br	CF_2ClBr	$C_2F_4Br_2$
분자량	148.93	165.4	259.8
증기비중	5.13	5.7	9.0
비 중	1.57	1.83	2.18
상태(20℃)	기 체	기 체	액 체
임계온도	67℃	–	–
임계압력	39.1atm	–	–
주 소화효과	부촉매효과		
방사 시 유효거리	1~3m	4~7m	

12 연소생성물로서 혈액 속에서 헤모글로빈과 결합하여 산소부족을 야기하는 것은?

① HCl

② CO

③ NH_3

④ HCl

■ 일산화탄소(CO)

화재 시 인명피해를 주는 유독가스로, 흡입된 CO의 화학적 작용에 의해 헤모글로빈(Hb)에 의한 혈액의 산소운반작용을 저해하여 사람을 의식불명, 질식, 사망하게 한다. 화재 시 CO의 농도는 보통 3~5% 전후이다.

CO 농도	인체에 미치는 영향
0.2%	1시간 호흡 시 생명에 위험
0.4%	1시간 내 사망
1%	2~3분 내 실신

13 소화난이도등급 Ⅰ의 옥외탱크저장소(지중탱크 및 해상탱크 이외의 것)로서 인화점이 70℃ 이상인 제4류 위험물만을 저장하는 탱크에 설치하여야 하는 소화설비는?

① 물분무소화설비 또는 고정식포소화설비

② 옥내소화전설비

③ 스프링클러설비

④ 불활성가스소화설비

해설

■ 소화난이도등급 Ⅰ의 옥외탱크저장소(지중탱크, 해상탱크 제외)에 설치하는 소화설비

유황만을 저장·취급하는 것	물분무소화설비
인화점 70℃ 이상의 제4류 위험물만을 저장·취급하는 것	물분무소화설비 또는 고정식포소화설비
그 밖의 것	고정식포소화설비 (포소화설비가 적응성이 없는 경우에는 분말소화설비)

14 메틸에틸케톤퍼옥사이드의 저장취급소에 적응하는 소화방법으로 가장 적합한 것은?

① 냉각소화　　　　　　　　　② 질식소화
③ 억제소화　　　　　　　　　④ 제거소화

해설

■ 메틸에틸케톤퍼옥사이드[MEKPO, $(CH_3COC_3H_5)_2O_2$, 제5류, 유기과산화물]의 소화방법
화재초기에 대량주수에 의한 냉각소화(제5류 공통)

15 각 위험물의 지정수량을 합하면 가장 큰 값을 나타내는 것은?

① 중크롬산칼륨＋아염소산나트륨
② 중크롬산나트륨＋아질산칼륨
③ 과망간산나트륨＋염소산칼륨
④ 요오드산칼륨＋아질산칼륨

해설

① 1,000＋50＝1,050kg
② 1,000＋300＝1,300kg
③ 1,000＋50＝1,050kg
④ 300＋300＝600kg

16 질산암모늄 80g이 완전분해하여 O_2, H_2O, N_2가 생성되었다면 이때 생성물의 총량은 모두 몇 몰인가?

① 2　　　　　　　　　　　　② 3.5
③ 4　　　　　　　　　　　　④ 7

■ **질산암모늄(초안, NH_4NO_3, 제1류, 질산염류, 분자량, 80) 분해반응식**

$2NH_4NO_3 \rightarrow 2N_2 \uparrow + O_2 \uparrow + 4H_2O \uparrow$

  $2 \times 80g$ 2mol 1mol 4mol

∴ NH_4NO_3, 80g의 경우 생성물의 총 몰수 = 1+0.5+2=3.5mol

17 질산암모늄 등 유해위험물질의 위험성을 평가하는 방법 중 정량적 방법에 해당하지 않는 것은?

① FTA
② ETA
③ CCA
④ PHA

해설

(1) 위험성 평가

  ㉠ 독성·가연성 물질 화학공장의 사고를 줄이기 위해 공장의 잠재위험성을 찾는 효과적인 방법

  ㉡ 대상물에 대한 위험요소를 발견하고 예상위험의 크기를 정량화하며 사고의 결과를 사전에 예측하는 과정

(2) **(화학공장에서의) 위험성 평가방법**

정량적 방법 (HAZAN)	위험요소를 확률적으로 분석·평가 하는 방법	• 결함수분석(FTA) • 사건수분석(ETA) • 원인결과분석(CCA)
정성적 방법 (HAZID)	어떤 위험요소가 존재하는지 찾아내는 방법	• 사고 예상 질문 분석법(What-If) • 체크리스트법(Process/System Check-List) • 이상위험도 분석법(FMECA) • 작업자 실수 분석법(Human Error Analysis) • 위험과 운전성 분석법(HAZOP) • 안전성 검토법(Safety Review) • 예비위험 분석법(PHA) • 상대위험순위 판정법(Relative Ranking)

18 금속분에 대한 설명 중 틀린 것은?

① Al의 화재발생 시 할로겐화합물소화약제는 적응성이 없다.
② Al은 수산화나트륨 수용액과 반응 시 $NaAl(OH)_2$와 H_2가 주로 생성된다.
③ Zn은 KCN 수용액에서 녹는다.
④ Zn은 염산과 반응 시 $ZnCl_2$와 H_2가 생성된다.

해설

■ **알루미늄분과 알칼리(수산화나트륨 수용액)의 반응식**

$2Al + 2NaOH + 2H_2O \rightarrow 2NaAlO_2 + 3H_2 \uparrow$

19 위험물제조소에 설치하는 옥내소화전의 개폐밸브 및 호스접속구는 바닥면으로부터 몇 m 이하의 높이에 설치하여야 하는가?

① 0.5

② 1.5

③ 1.7

④ 1.9

> **해설**

■ 옥내소화전설비 설치기준

㉠ 옥내소화전은 제조소 등의 건축물의 층마다 해당 층의 각 부분에서 하나의 호스접속구까지의 수평거리가 25m 이하가 되도록 설치할 것. 이 경우 옥내소화전은 각 층의 출입구 부근에 1개 이상 설치하여야 한다.

㉡ 수원의 수량은 옥내소화전이 가장 많이 설치된 층의 옥내소화전 설치개수(설치개수가 5개 이상인 경우 5개)에 $7.8m^3$를 곱한 양 이상이 되도록 설치할 것

㉢ 옥내소화전설비는 각 층을 기준으로 하여 해당 층의 모든 옥내소화전(설치개수가 5개 이상인 경우는 5개의 옥내소화전)을 동시에 사용할 경우에 각 노즐선단의 방수압력이 350kPa 이상이고 방수량이 1분당 260L 이상의 성능이 되도록 할 것

㉣ 옥내소화전설비에는 비상전원을 설치할 것

㉤ 옥내소화전의 개폐밸브, 호스접속구의 설치위치는 바닥면으로부터 1.5m 이하

㉥ 옥내소화전의 개폐밸브 및 방수용 기구를 격납하는 상자(소화전함)는 불연재료로 제작하고, 점검에 편리하며 화재발생 시 연기가 충만할 우려가 없는 장소 등 쉽게 접근이 가능하고 화재 등에 의한 피해를 받을 우려가 작은 장소에 설치할 것

㉦ 가압송수장치의 시동을 알리는 표시등(시동표시등)은 적색으로 하고, 옥내소화전함의 내부 또는 그 직근의 장소에 설치할 것

㉧ 옥내소화전함의 상부의 벽면에 적색의 표시등을 설치하되(위치표시등), 해당 표시등의 부착면과 15° 이상의 각도가 되는 방향으로 10m 떨어진 곳에서 용이하게 식별이 가능하도록 할 것

㉨ 옥내소화전함에는 그 표면에 "소화전"이라고 표시할 것

20 과염소산의 취급·저장 시 주의사항으로 틀린 것은?

① 가열하면 폭발할 위험이 있으므로 주의한다.

② 종이, 나뭇조각 등과 접촉을 피하여야 한다.

③ 구멍이 뚫린 코르크마개를 사용하여 통풍이 잘 되는 곳에 저장한다.

④ 물과 접촉하면 심하게 반응하므로 접촉을 금지한다.

> **해설**

㉠ 과염소산($HClO_4$) : 밀폐용기에 넣어 통풍이 잘 되는 냉·암소에 저장

㉡ 과산화수소(H_2O_2) : 갈색 유리병에 저장하고, 구멍 뚫린 마개 사용

과염소산, 과산화수소, 질산	• 산화성, 불연성, 무기화합물, 조연성, 비중>1 • 물에 녹기 쉬움 • 분해반응 시 산소(O_2)발생 • 가연물, 유기물 등과 혼합 시 발화위험
과염소산, 질산	• 강산성 • 물과 접촉 시 심한 발열 • 분해 시 유독가스 발생 • 부식성이 강함

21 반도체 산업에서 사용 되는 $SiHCl_3$는 제 몇 류 위험물인가?

① 1   ② 3

③ 5   ④ 6

해설

3염화실란($SiHCl_3$, 제3류, 염소화규소화합물, 지정수량 10kg)은 반도체 부품 소재인 규소를 만들기 위한 중간 원료이다.

22 지정수량을 표시하는 단위가 나머지 셋과 다른 하나는?

① 질산망간   ② 과염소산

③ 메틸에틸케톤   ④ 트리에틸알루미늄

해설

■ **지정수량의 단위**

제4류 위험물만 L이고, 그 외 위험물은 kg이다.

① 질산망간 : 제1류

② 과염소산 : 제6류

③ 메틸에틸케톤 : 제4류

④ 트리에틸알루미늄 : 제3류

23 위험물에 관한 설명 중 틀린 것은?

① 농도가 30wt%인 과산화수소는 위험물안전관리법상의 위험물이 아니다.

② 질산을 염산과 일정한 비율로 혼합하면 금과 백금을 녹일 수 있는 혼합물이 된다.

③ 질산은 분해방지를 위해 직사광선을 피하고 갈색병에 담아 보관한다.

④ 과산화수소의 자연발화를 막기 위해 용기에 인산, 요산을 가한다.

정답 21. ②   22. ③   23. ④

해설

① 과산화수소는 농도 36wt% 이상인 것
② 왕수(Royal Water)
　　㉠ 진한질산 : 진한염산=1 : 3으로 혼합한 물질
　　㉡ 금・백금을 녹인다.
③ 제6류 중 과산화수소와 질산은 직사광선에 의한 분해방지를 위해 갈색병에 보관하여야 한다.
④ 과산화수소에 첨가하는 인산(H_3PO_4), 요산($C_5H_4N_4O_3$)은 분해방지를 위한 안정제이다.

24 다음과 같은 벤젠의 화학반응을 무엇이라 하는가?

$$C_6H_6 + H_2SO_4 \rightarrow C_6H_5 \cdot SO_3H + H_2O$$

① 니트로화　　　　　　　　　② 술폰화
③ 요오드화　　　　　　　　　④ 할로겐화

해설

■ 벤젠(C_6H_6, 제4류, 제1석유류, 비수용성)의 화학반응

치환반응	첨가반응
㉠ 할로겐화 반응 → C_6H_5Cl(염화벤젠) 생성 ㉡ 니트로화 반응 → $C_6H_5NO_2$(니트로벤젠) 생성 ㉢ 술폰화 반응 → $C_6H_5SO_3H$(벤젠술폰산) 생성 ㉣ 알킬화 반응 → C_6H_5-R(알킬벤젠) 생성	수소첨가반응 염소첨가반응

25 뉴턴의 점성법칙에서 전단응력을 표현할 때 사용되는 것은?

① 점성계수, 압력　　　　　　② 점성계수, 속도구배
③ 압력, 속도구배　　　　　　④ 압력, 마찰계수

해설

■ **뉴턴의 점성 법칙**(Newton's Law of Viscosity)
전단응력에 대한 유체의 저항을 나타낸다.

$$\tau = \mu \frac{du}{dy}$$

여기서, τ : 전단응력
　　　　 μ : 점성계수
　　　　 $\frac{du}{dy}$: 속도구배(기울기)

정답 24. ② 25. ②

26 금속칼륨을 석유 속에 넣어 보관하는 이유로 가장 적합한 것은?

① 산소의 발생을 막기 위해
② 마찰 시 충격을 방지하기 위해
③ 제3류 위험물과 제4류 위험물의 혼재가 가능하기 때문에
④ 습기 및 공기와의 접촉을 방지하기 위해

해설

제3류 위험물 중 칼륨(K), 나트륨(Na), 알칼리금속은 습기를 차단하고 공기산화를 방지하기 위해 석유류(등유, 경유), 유동파라핀, 벤젠 등의 보호액에 넣어 저장한다.

27 제조소 및 일반취급소에 경보설비인 자동화재탐지설비를 설치하여야 하는 조건에 해당하지 않는 것은?

① 연면적 500m^2 이상인 것
② 옥내에서 지정수량 100배의 휘발유를 취급하는 것
③ 옥내에서 지정수량 200배의 벤젠을 취급하는 것
④ 처마높이가 6m 이상인 단층건물의 것

해설

④ 처마높이 6m 이상인 단층건물은 옥내저장소의 자동화재탐지설비 설치대상이다.

> ※ **자동화재탐지설비 설치대상 제조소 등(일반적인 경우)**
> ㉠ 제조소 및 일반취급소
> • 연면적 500m^2 이상 시
> • 옥내에서 지정수량 100배 이상 취급 시
> • 일반취급소로 사용되는 부분 외의 부분이 있는 건축물에 설치된 일반취급소
> ㉡ 옥내저장소
> • 연면적 150m^2 초과 시
> • 지정수량의 100배 이상 저장 또는 취급 시
> • 처마높이 6m 이상의 단층건물
> • 옥내저장소로 사용되는 부분 외의 부분이 있는 건축물에 설치된 옥내저장소
> ㉢ 옥내탱크저장소 : 단층건물 외의 건축물에 설치된 옥내탱크저장소로서, 소화난이도 등급 I에 해당하는 것
> ㉣ 옥내주유취급소 : 모두 설치

28 방호대상물의 표면적이 50m²인 곳에 물분무소화설비를 설치하고자 한다. 수원의 수량은 몇 L 이상이어야 하는가?

① 3,000   ② 4,000

③ 30,000   ④ 40,000

해설

$Q(L) \geq$ 방호 대상물 표면적(m^2)

(건축물일 경우 바닥면적)$\times 20(L/min \cdot m^2) \times 30(min)$

$Q \geq 50m^2 \times 20L/min \cdot m2 \times 30min$

$\therefore Q \geq 30,000L$

29 탄화칼슘에 대한 설명으로 틀린 것은?

① 분자량은 약 64이다.
② 비중은 약 0.9이다.
③ 고온으로 가열하면 질소와도 반응한다.
④ 흡습성이 있다.

해설

■ **탄화칼슘(카바이드, CaC_2, 제3류)**

㉠ $40 + (12 \times 2) = 64$

㉡ 제3류 위험물의 비중>1(예외 : K, Na, 알킬알루미늄, 알킬리튬)

㉢ $CaC_2 + N_2 \rightarrow \underline{CaCN_2} + C + Q$ (약 700℃ 이상에서 반응)
                석회질소

㉣ $CaC_2 + 2H_2O \rightarrow \underline{Ca(OH)_2} + \underline{C_2H_2}\uparrow + Q$
  탄화칼슘   소석회   아세틸렌

30 제5류 위험물에 관한 설명 중 틀린 것은?

① 아조화합물과 금속의 아지화합물은 지정수량이 200kg이고, 위험등급 Ⅱ에 속한다.
② 지정수량이 100kg인 위험물에는 히드록실아민, 히드록실아민염류, 히드라진유도체 등이 있다.
③ 유기과산화물을 함유하는 것으로서 지정수량이 10kg인 것을 지정과산화물이라 한다.
④ 니트로셀룰로오스, 니트로글리세린, 질산메틸은 질산에스테르류에 속하고 지정수량은 10kg 이다.

- 히드록실아민, 히드록실아민염류 : 지정수량 100kg
- 히드라진유도체 : 지정수량 200kg

31 안지름 5cm인 관내를 흐르는 유동의 임계레이놀드수가 2,000이면 임계유속은 몇 cm/s인가? (단, 유체의 동점성계수=0.0131cm^2/s)

① 0.21

② 1.21

③ 5.24

④ 12.6

해설

레이놀즈수 $Re = \dfrac{DV\rho}{\mu} = \dfrac{DV}{\nu}$

D : 관의 내경(m)

V : 유속(m/s)

ρ : 밀도(kg/m^3)

μ : 점성계수(점도, kg/m · s)

ν : 동점성계수($= \dfrac{\mu}{\rho}$, m^2/s)

문제의 조건에서 $Re = 2,000$, $D = 5$cm, $\nu = 0.0131$cm^2/s

$\therefore V = \dfrac{Re \cdot \nu}{D} = \dfrac{2,000 \times 0.0131\text{cm}^2/\text{s}}{5\text{cm}} = 5.24\text{cm/s}$

32 CH_3COOOH(peracetic acid)은 제 몇 류 위험물인가?

① 제2류 위험물

② 제3류 위험물

③ 제4류 위험물

④ 제5류 위험물

해설

㉠ 과산화아세트산, 과초산

㉡ 제5류 위험물 중 유기과산화물

㉢ 지정수량 10kg

㉣ $CH_3CHO + O_2 \rightarrow \underset{\text{아세트알데히드}}{CH_3COOOH}$

33 다음 A, B 같은 작업공정을 가진 경우 위험물안전관리법상 허가를 받아야 하는 제조소 등의 종류를 옳게 짝지은 것은? (단, 지정수량 이상을 취급하는 경우이다)

```
A :  [원료(비위험물)]  작업→  [제품(위험물)]

B :  [원료(위험물)]   작업→  [제품(비위험울)]
```

① A : 위험물제조소, B : 위험물제조소　　② A : 위험물제조소, B : 위험물취급소
③ A : 위험물취급소, B : 위험물제조소　　④ A : 위험물취급소, B : 위험물취급소

해설

```
A :  원료( 위험물 / 비위험물 )  작업→  제품(위험물)  : 위험물제조소

B :  원료(위험물)   작업→  제품(비위험울)  : 위험물취급소
```

34 물분무소화설비가 되어 있는 위험물옥외탱크저장소에 대형수동식소화기를 설치하는 경우 방호대상물로부터 소화기까지 보행거리는 몇 m 이하가 되도록 설치하여야 하는가?

① 50　　　　　　　　　　　② 30
③ 20　　　　　　　　　　　④ 제한 없다.

해설

소방대상물 각 부분으로부터 소화기까지의 보행거리
① 소형수동식소화기 : 20m
② 대형수동식소화기 : 30m
③ 소화설비(옥내소화전설비·옥외소화전설비·스프링클러설비·물분무등소화설비)와 함께 설치하는 경우
　① 의 기준은 적용 제외

35 접지도선을 설치하지 않는 이동탱크저장소에 의하여도 저장·취급 할 수 있는 위험물은?

① 알코올류　　　　　　　　② 제1석유류
③ 제2석유류　　　　　　　　④ 특수인화물

해설

■ **이동저장탱크의 접지도선**

㉠ 설치목적 : 정전기 발생방지

㉡ 설치대상 : 제4류 중 특수인화물, 제1석유류, 제2석유류의 이동탱크저장소

㉢ 설치기준
  • 양도체도선에 비닐 등 절연재료를 피복하여 선단(끝)에 접지전극 등을 결착시킬 수 있는 클럽 등을 부착할 것
  • 도선이 손상되지 아니하도록 도선을 수납할 수 있는 장치를 부착할 것

36 금속칼륨 10g을 물에 녹였을 때 이론적으로 발생하는 기체는 약 몇 g인가?

① 0.12
② 0.26
③ 0.32
④ 0.52

해설

$$\underset{(2 \times 39)}{2K} + 2H_2O \rightarrow 2KOH + \underset{2}{H_2}\uparrow = 10 : x$$

$$\therefore x = \frac{2 \times 10}{2 \times 39} ≒ 0.26g$$

37 제2종 분말소화약제가 열분해할 때 생성되는 물질로 4℃ 부근에서 최대밀도를 가지며, 분자 내 104.5°의 결합각을 갖는 것은?

① CO_2
② H_2O
③ H_3PO_4
④ K_2CO_3

해설

① CO_2 : 비극성 공유결합, 결합각 180°
② H_2O : 수소 결합, 결합각 104.5°, 4℃에서 최대밀도

■ **제2종 분말소화약제($KHCO_3$)의 열분해 반응식**

㉠ 1차(190℃) : $2KHCO_3 \rightarrow K_2CO_3+CO_2+H_2O$
㉡ 2차(590℃) : $2KHCO_3 \rightarrow K_2O+2CO_2+H_2O$

38 알칼리금속과산화물에 적응성이 있는 소화설비는?

① 할로겐화합물소화설비
② 탄산수소염류분말소화설비
③ 물분무소화설비
④ 스프링클러설비

해설

- 금수성물질에 적응성이 있는소화약제
  ㉠ 질식소화(건조사, 팽창질석, 팽창진주암, 탄산수소염류 분말소화약제)해야 함
  ㉡ 적응성이 없는소화약제
    • 주수소화
    • 인산염류분말소화약제
    • 할로겐화합물소화약제

  ※ 금수성물질
     ㉠ 제1류 중 알칼리금속 과산화물
     ㉡ 제2류 중 철분·금속분·마그네슘
     ㉢ 제3류 중 금수성물질

39 다음의 물질 중 제1류 위험물에 해당하는 것은 모두 몇 개인가?

- 아염소산나트륨
- 차아염소산칼슘
- 염소산나트륨
- 과염소산칼륨

① 4개
② 3개
③ 2개
④ 1개

해설

① 아염소산나트륨($NaClO_2$, 제1류, 아염소산염류)
② 염소산나트륨($NaClO_3$, 제1류, 염소산염류)
③ 차아염소산칼슘($Ca(ClO)_2$, 제1류, 차아염소산염류)
④ 과염소산칼륨($KClO_4$, 제1류, 과염소산염류)

40 물과 반응하여 유독성의 H_2S를 발생할 위험이 있는 것은?

① 유황
② 오황화인
③ 황린
④ 이황화탄소

해설

① 유황(황, S)
③ 황린(백린, P_4)
④ 이황화탄소(CS_2) : 물에 불용(물과 반응하지 않음)
② 오황화인 : $P_2S_5 + 8H_2O \rightarrow 5H_2S + 2H_3PO_4$

정답 39. ① 40. ②

41 다음 중 이동탱크저장소로 위험물을 운송하는 자가 위험물안전카드를 휴대하지 않아도 되는 것은?

① 벤젠

② 디에틸에테르

③ 휘발유

④ 경유

해설

위험물안전카드를 휴대해야 하는 위험물 : 특수인화물 및 제1석유류 → 경유는 제2석유류이다.

42 제조소 등에 대한 허가취소 또는 사용정지의 사유가 아닌 것은?

① 변경허가를 받지 아니하고, 제조소 등의 위치·구조 또는 설비를 변경한 때

② 저장·취급 기준의 중요 기준을 위반한 때

③ 위험물안전관리자를 선임하지 아니한 때

④ 위험물안전관리자 부재 시 그 대리자를 지정하지 아니한 때

해설

② 저장·취급기준의 중요기준 위반 시 : 500만 원 이하의 벌금

■ **위험물제조소 등 설치허가 취소와 사용정지**

㉠ 변경허가 없이 제조소 등의 위치·구조·설비 변경 시

㉡ 완공검사 없이 제조소 등 사용 시

㉢ 위험물안전관리자 미선임 시

㉣ 위험물안전관리자의 대리인 미지정 시

㉤ 정기점검·정기검사 받지 아니한 때

㉥ 수리·개조 또는 이전 명령 위반 시

㉦ 저장·취급기준 준수명령 위반 시

43 요오드값(iodine number)에 대한 설명으로 옳은 것은?

① 지방 또는 기름 1g과 결합하는 요오드의 g수이다.

② 지방 또는 기름 1g과 결합하는 요오드의 mg수이다.

③ 지방 또는 기름 100g과 결합하는 요오드의 g수이다.

④ 지방 또는 기름 100g과 결합하는 요오드의 mg수이다.

해설

■ **요오드값(옥소값)**

유지 100g에 부가 되는 요오드의 g수

㉠ 요오드 값↑ : $\begin{pmatrix} 불포화도 \\ 반응성 \\ 이중결합수 \\ 자연발화 위험 \end{pmatrix}$ ↑

㉡ 분류

구 분	요오드값	동 · 식물유류
건성유	130 이상	아마인유 · 정어리기름 등
반건성유	100~130	참기름 · 콩기름 · 옥수수기름 등
불건성유	100이하	야자유 · 올리브유 · 피마자유 등

44 다음 중 4몰의 질산이 분해하여 생성되는 H_2O, NO_2, O_2의 몰수를 차례대로 옳게 나열한 것은?

① 1, 2, 0.5

② 2, 4, 1

③ 2, 2, 1

④ 4, 4, 2

해설

■ **질산(HNO_3)의 분해반응식**

$$4HNO_3 \longrightarrow 2H_2O + 4NO_2 + O_2$$
$$\text{4mol} \qquad \text{2mol} \quad \text{4mol} \quad \text{1mol}$$

45 다음 금속원소 중 이온화에너지가 가장 큰 원소는?

① 리튬

② 나트륨

③ 칼륨

④ 루비듐

해설

주기율표상에서 같은 족의 원소일 경우 전자껍질의 수(주기)가 작을수록 이온화에너지는 커진다.

① 리튬 : 1족, 2주기

② 나트륨 : 1족, 3주기

③ 칼륨 : 1족, 4주기

④ 루비듐 : 1족, 5주기

주기율표상에서

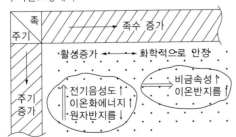

정답 44. ② 45. ①

46 이산화탄소소화약제에 대한 설명 중 틀린 것은?

① 소화 후소화약제에 의한 오손이 없다.
② 전기절연성이 우수하여 전기화재에 효과적이다.
③ 밀폐된 지역에서 다량 사용 시 질식의 우려가 있다.
④ 한랭지에서 동결의 우려가 있으므로 주의해야 한다.

> **해설**
>
> ④ 물소화약제의 단점으로, 이 단점을 극복하기 위한 소화약제가 강화액소화약제(물+탄산칼슘)이며, $-25℃$ 에서도 동결하지 않는다.

47 다음 중 제6류 위험물이 아닌 것은?

① 삼불화브롬 ② 오불화브롬
③ 오불화피리딘 ④ 오불화요오드

> **해설**
>
> ▪ **제6류 위험물**
> ㉠ 과염소산($HClO_4$)
> ㉡ 과산화수소(H_2O_2)
> ㉢ 질산(HNO_3)
> ㉣ 할로겐간 화합물 : 삼불화브롬(BrF_3), 오불화브롬(BrF_5), 오불화요오드(IF_5)

48 제2류 위험물의 일반적 성질을 옳게 설명한 것은?

① 비교적 낮은 온도에서 연소되기 쉬운 가연성 물질이며 연소속도가 빠른 고체이다.
② 비교적 낮은 온도에서 연소되기 쉬운 가연성 물질이며 연소속도가 빠른 액체이다.
③ 비교적 높은 온도에서 연소되는 가연성 물질이며 연소속도가 느린 고체이다.
④ 비교적 높은 온도에서 연소되는 가연성 물질이며 연소속도가 느린 액체이다.

> **해설**
>
> ▪ **제2류 위험물의 일반 성질 : 가연성고체 및 환원성 물질**
> ㉠ 비교적 낮은 온도에서 착화되기 쉬운 가연성고체이다.
> ㉡ 연소속도 빠르고, 연소열이 크다.
> ㉢ 비중>1, 물에 불용, 인화성고체를 제외하면 무기물이다. 환원성을 가진다.
> ㉣ 연소 시 유독가스가 발생한다.
> ㉤ 산화제와 접촉·혼합 시 가열, 충격, 마찰에 의해 발화·폭발할 위험이 있다.

정답 46. ④ 47. ③ 48. ①

49 어떤 액체연료의 질량조성이 C 80%, H 20%일 때 C : H의 mole비는?

① 1 : 3
② 1 : 4
③ 4 : 1
④ 3 : 1

해설

액체연료의 질량을 M이라 하면

C : H $= 0.8M : 0.2M$

원자량으로 나누어 주면 $\left(\text{mol} = \dfrac{\text{질량}}{\text{원자량}} \right)$

C : H $= \dfrac{0.8M}{12} : \dfrac{0.2M}{1} = 1 : 3$

50 나트륨에 대한 설명으로 틀린 것은?

① 화학적으로 활성이 크다.
② 4주기 1족에 속하는 원소이다.
③ 공기 중에서 자연발화할 위험이 있다.
④ 물보다 가벼운 금속이다.

해설

② 나트륨(Na) : 3주기 1족 원소이다.

51 포소화설비 중 화재 시 용이하게 접근하여 소화작업을 할 수 있는 대상물에 설치하는 것은?

① 헤드 방식
② 포소화전 방식
③ 고정포방출구 방식
④ 포모니터노즐 방식

해설

■ 포소화설비 종류 및 설치대상

방 식		설치대상
고정식	고정포방출구 방식 (포방출구 방식)	위험물저장탱크 등에 설치
	헤드 방식(포헤드 방식)	• 화재 초기에 소화활동자가 용이하게 접근할 수 없는 대상물에 설치 • 접근하여 소화하기 곤란한 대상물에 설치
이동식	포소화전 방식	화재 초기에 용이하게 접근하여 소화작업이 가능한 대상물에 설치
	보조포소화전 방식	고정포방출구 방식의 설비에 보조적으로 설치
포모니터노즐 방식		• 잔교 등에 설치된 인화점 38℃ 이하의 위험물을 저장하는 옥외저장탱크 주입구 방호를 위해 설치 • 이송취급소의 주입구 방호를 위해 설치

정답 49. ① 50. ② 51. ②

52 다음 위험물 중 지정수량이 가장 큰 것은?

① 부틸리튬

② 마그네슘

③ 인화칼슘

④ 황린

해설

① 제3류 : 10kg

② 제2류 : 500kg

③ 제3류 : 300kg

④ 제3류 : 20kg

53 위험물제조소로부터 20m 이상의 안전거리를 유지하여야 하는 건축물 또는 공작물은?

① 문화재보호법에 따른 지정문화재

② 고압가스 안전관리법에 따라 신고하여야 하는 고압가스 저장시설

③ 주거용 건축물

④ 고등교육법에서 정하는 학교

해설

■ 안전거리

㉠ 건축물의 외벽 또는 공작물의 외측으로부터 해당 제조소 등의 외벽 또는 이에 상당하는 공작물의 외측까지의 수평거리

㉡ 목적 : 위험물시설에서 화재나 폭발 등의 재해발생시 위험물시설의 주변 시설이나 인명보호

㉢ 안전거리 규제대상 시설물 : 제조소, 일반취급소, 옥내저장소, 옥외저장소, 옥외탱크저장소(제6류 위험물 취급제조소 : 안전거리 규제대상이 아니다)

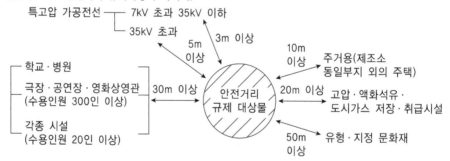

54 제1류 위험물의 위험성에 대한 설명 중 틀린 것은?

① BaO_2는 염산과 반응하여 H_2O_2를 발생한다.

② $KMnO_4$는 알코올 또는 글리세린과의 접촉 시 폭발위험이 있다.

③ $KClO_3$는 100℃ 미만에서 열분해되어 KCl과 O_2를 방출한다.

④ $NaClO_3$은 산과 반응하여 유독한 ClO_3를 발생한다.

① 제1류, 무기과산화물은 산과 반응 시 H_2O_2(과산화수소) 발생

$BaO_2 + 2HCl \rightarrow BaCl_2 + H_2O_2 \uparrow$

$BaO_2 + H_2SO_4 \rightarrow BaSO_4 + H_2O_2 \uparrow$
② 과망간산칼륨(카멜레온, $KMnO_4$) : 알코올, 에테르, 강산, 유기물, 글리세린 등과 접촉 시 발화위험
③ 염소산칼륨($KClO_3$)의 분해반응(분해온도 : 400℃)

$2KClO_3 \rightarrow 2KCl + 3O_2$
④ $2NaClO_3 + 2HCl \rightarrow 2NaCl + 2ClO_2 + H_2O_2$

(이산화염소 : 폭발성 유독가스)

55 어떤 측정법으로 동일시료를 무한횟수 측정하였을 때 데이터분포의 평균차와 참값과의 차를 무엇이라 하는가?

① 재현성 ② 안정성
③ 반복성 ④ 정확성

■ 오차의 개념
㉠ 신뢰성(Reliability) : 데이터를 신뢰할 수 있는가를 나타냄
㉡ 정밀성(Precision) : 산포의 크기를 말함
㉢ 치우침, 정확도(Bias Accuracy) : 측정값(데이터의 평균값)과 참값의 차

56 관리도에서 측정한 값을 차례로 타점했을 때 점이 순차적으로 상승하거나 하강하는 것을 무엇이라 하는가?

① 연(Run) ② 주기(Cycle)
③ 경향(Trend) ④ 산포(Dispersion)

① 연 : 관리도에서 점이 관리한계 내에 있고, 중심선 한쪽에 연속해서 나타나는 점의 배열 현상
② 주기 : 점이 주기적으로 상하로 변동하여 파형을 나타내는 경우
③ 경향 : 한 방향으로 지속적으로 이동하며 나타나는 점들의 움직임
④ 산포 : 데이터가 퍼져 있는 상태

57 다음 중 도수분포표를 작성하는 목적으로 볼 수 없는 것은?

① 로트의 분포를 알고 싶을 때

② 로트의 평균값과 표준편차를 알고 싶을 때

③ 규격과 비교하여 부적합품률을 알고 싶을 때

④ 주요 품질항목 중 개선의 우선순위를 알고 싶을 때

> **해설**
>
> ■ 도수분포표 작성 목적
> ㉠ 데이터의 흩어진 모양(산포)을 알고 싶을 때
> ㉡ 원래의 데이터와 비교하고자 할 때
> ㉢ 평균과 표준 편차를 알고 싶을 때
> ㉣ 규격과 대조하고 싶을 때

58 "무결점 운동"으로 불리는 것으로, 미국의 항공사인 마틴사에서 시작된 품질개선을 위한 동기부여 프로그램은 무엇인가?

① ZD 　　　　　　　　　　　② 6시그마

③ TPM 　　　　　　　　　　　④ ISO 9001

> **해설**
>
> ① ZD 프로그램(Zero Defects Program, 무결점 운동, ZD 운동) : 미국 마틴사에서 미사일의 신뢰성 향상과 원가절감을 위해 1962년에 전개한 종업원의 품질 동기부여 프로그램
> ② 6시그마 : 모든 공정 및 업무에서 과학적 통계기법을 적용하여 결함을 발생시키는 원인을 찾아 분석 및 개선하는 활동으로 불량 감소, 수율 향상, 고객만족도 향상을 통해 경영성과에 기여하는 경영혁신기법, 문제해결 및 개선과정 5단계는 정의(Define)−측정(Measure)−분석(Analyze)−개선(Improve)−관리(Control)
> ③ TPM(Total Productive Maintenance) : 생산효율을 높이기 위한 전사적 생산혁신활동
> ④ ISO 9000 : 국제표준화기구(ISO)가 제정한 품질경영 및 품질보증에 관한 국제규격(ISO 시리즈)으로, ISO 9000 패밀리의 규격명은 다음과 같다.
> 　㉠ ISO 9000 : 기본사항 및 용어
> 　㉡ ISO 9001 : 요구사항 또는 품질경영 및 품질보증 규격에 따른 선택 및 사용지침
> 　㉢ ISO 9004 : 성과 개선 지침
> 　㉣ ISO/CD 19011 : 실시에 대한 규격

59 정상소요기간이 5일이고, 비용이 20,000원이며 특급 소요기간이 3일이고, 이때의 비용이 30,000원이라면 비용구배는 얼마인가?

① 4,000원/일
② 5,000원/일
③ 7,000원/일
④ 10,000원/일

해설

$$\text{비용구배(Cost Slope)} = \frac{\triangle \text{cost}}{\triangle \text{time}} = \frac{\text{특급비용} - \text{정상비용}}{\text{정상공기} - \text{특급공기}} = \frac{30,000 - 20,000}{5 - 3} = 5,000\text{원/일}$$

60 컨베이어 작업과 같이 단조로운 작업은 작업자에게 무력감과 구속감을 주고 생산량에 대한 책임감을 저하시키는 등 폐단이 있다. 다음 중 이러한 단조로운 작업의 결함을 제거하기 위해 채택되는 직무설계방법으로 가장 거리가 먼 것은?

① 자율경영팀 활동을 권장한다.
② 하나의 연속작업시간을 길게 한다.
③ 작업자 스스로가 직무를 설계하도록 한다.
④ 직무확대, 직무충실화 등의 방법을 활용한다.

해설

② 하나의 연속작업시간을 늘리게 되면 작업자에게 무력감과 구속감을 더해줄 뿐이며 생산량에 대한 책임감도 더 저하되게 된다.

정답 59. ② 60. ②

2012년 제51회 출제문제(4월 8일 시행)

01 다음에서 설명하는 위험물에 해당하는 것은?

> • 불연성이고 무기화합물이다.
> • 비중은 약 2.8이다.
> • 분자량은 약 78이다.

① 과산화나트륨
② 황화인
③ 탄화칼슘
④ 과산화수소

해설

과산화나트륨(sodium peroxide, Na_2O_2)에 대한 설명이다.

02 위험물탱크시험자가 갖추어야 하는 장비가 아닌 것은?

① 방사선투과시험기
② 방수압력측정계
③ 초음파탐상시험기
④ 수직·수평도측정기(필요한 경우에 한함)

해설

■ **위험물탱크시험자가 갖추어야 하는 장비**
• 방사선투과시험기
• 초음파탐상시험기
• 자기탐상시험기
• 초음파두께측정기
• 진공능력 53kPa 이상의 진공누설시험기
• 기밀시험장비(안전장치가 부착된 것으로서 가압능력 200kPa 이상, 감압의 경우에는 감압능력 10kPa 이상, 감도 10Pa이하의 것으로서 각각의 압력 변화를 스스로 기록할 수 있는 것)
• 수직·수평도측정기(필요한 경우에 한함)

정답 01. ① 02. ②

03 직경이 400mm인 관과 300mm인 관이 연결되어 있다. 직경 400mm 관에서의 유속이 2m/s 라면 300mm 관에서의 유속은 약 몇 m/s인가?

① 6.56　　　　　　　　　　　② 5.56

③ 4.56　　　　　　　　　　　④ 3.56

해설

$$Q = A_1 V_1 = A_2 V_2$$

$$V_2 = V_1 \left(\frac{A_1}{A_2} \right) = V_1 \left(\frac{d_1}{d_2} \right)^2$$

$$= 2 \left(\frac{400}{300} \right)^2 = 3.56 \, \text{m/s}$$

04 제조소에서 취급하는 제4류 위험물의 최대수량의 합이 지정수량의 48만 배 이상인 사업소의 자체소방대에 두어야 하는 화학소방자동차의 대수 및 자체소방대원의 수는?(단, 해당 사업소는 다른 사업소 등과 상호 응원에 관한 협정을 체결하고 있지 아니하다)

① 4대, 20인　　　　　　　　　② 3대, 15인

③ 2대, 10인　　　　　　　　　④ 1대, 5인

해설

■ 자체소방대란 다량의 위험물을 저장·취급하는 제조소에 설치하는 소방대이다.

사업소의 구분	화학소방자동차 대수	자체소방대원 수
제4류 위험물 최대수량의 합이 지정수량의 12만 배 미만	1대	5인
지정수량의 12만 배 이상 24만 배 미만	2대	10인
지정수량의 24만 배 이상 48만 배 미만	3대	15인
지정수량의 48만 배 이상	4대	20인

05 다음 중 지정수량이 나머지 셋과 다른 하나는?

① 톨루엔　　　　　　　　　　② 벤젠

③ 가솔린　　　　　　　　　　④ 아세톤

해설

품 명		지정수량
제1석유류	비수용성(톨루엔, 벤젠, 가솔린)	200L
	수용성(아세톤)	400L

정답 03. ④　04. ①　05. ④

06 이송취급소의 이송기지에 설치해야 하는 경보설비는?

① 자동화재탐지설비   ② 누전경보기

③ 비상벨장치 및 확성장치   ④ 자동화재속보설비

> **해설**
>
> (1) 이송기지 : 펌프에 의하여 위험물을 보내거나 받는 작업을 행하는 장소
> (2) 경보설비
> ㉠ 이송기지 : 비상벨장치 및 확성장치
> ㉡ 가연성증기를 발생하는 위험물을 취급하는 펌프실 등 : 가연성증기경보설비

07 물분무소화에 사용된 20℃의 물 2g이 완전히 기화되어 100℃의 수증기가 되었다면 흡수된 열량과 수증기 발생량은 약 얼마인가? (단, 1기압을 기준으로 한다)

① 1,238cal, 2,400mL   ② 1,238cal, 3,400mL

③ 2,476cal, 2,400mL   ④ 2,476cal, 3,400mL

> **해설**
>
> ㉠ $Q_1 = Gc\Delta t = 2 \times 1 \times (100 - 20) = 160\text{cal}$
> ㉡ $Q_2 = G\gamma = 2 \times 539 = 1,078\text{cal}$
> $\therefore Q = Q_1 + Q_2 = 160 + 1,078 = 1,238\text{cal}$
> 여기서, 열량이 1,238cal일 때 수증기 발생량은 3,400mL이다.

08 제1류 위험물 중 알칼리금속과산화물의 화재에 대하여 적응성이 있는 소화설비는 무엇인가?

① 탄산수소염류의 분말소화설비

② 옥내소화전설비

③ 스프링클러설비(방사밀도 12.2L/m^2분 이상인 것)

④ 포소화설비

> **해설**
>
> ■ **제1류 위험물 중 알칼리금속과산화물 적응성이 있는 소화설비**
> 탄산수소염류의 분말소화설비

09 인화성액체위험물을 저장하는 옥외탱크저장소의 주위에 설치하는 방유제에 관한 내용으로 틀린 것은?

① 방유제의 높이는 0.5m 이상 3m 이하로 하고, 면적은 8만m² 이하로 한다.

② 2기 이상의 탱크가 있는 경우 방유제의 용량은 그 탱크 중 용량이 최대인 것의 110% 이상으로 한다.

③ 용량이 100만L 이상인 옥외저장탱크의 주위에는 탱크마다 간막이 둑을 흙 또는 철근콘크리트로 설치한다.

④ 간막이 둑을 설치하는 경우 간막이 둑의 용량은 간막이 둑 안에 설치된 탱크용량의 10% 이상이어야 한다.

> **해설**
>
> ③ 용량이 1,000만L 이상인 옥외저장탱크의 주위에는 탱크마다 간막이 둑을 흙 또는 철근콘크리트로 설치한다.

10 운반 시 질산과 혼재가 가능한 위험물은?(단, 지정수량의 10배의 위험물이다)

① 질산메틸　　　　② 알루미늄분말
③ 탄화칼슘　　　　④ 질산암모늄

> **해설**
>
> (1) 유별을 달리하는 위험물의 혼재기준

위험물의 구분	제1류	제2류	제3류	제4류	제5류	제6류
제1류		×	×	×	×	○
제2류	×		×	○	○	×
제3류	×	×		○	×	×
제4류	×	○	○		○	×
제5류	×	○	×	○		×
제6류	○	×	×	×	×	

> (2) 질산 : 제6류 위험물
> ㉠ 질산메틸 : 제5류 위험물　　㉢ 알루미늄분말 : 제2류 위험물
> ㉣ 탄화칼슘 : 제3류 위험물　　㉤ 산암모늄 : 제1류 위험물

11 줄 톰슨(Joule Thomson) 효과와 가장 관계있는 소화기는?

① 할론 1301 소화기　　② 이산화탄소소화기
③ HCFC-124 소화기　　④ 할론 1211 소화기

정답 09. ③　10. ④　11. ②

■ 줄 톰슨(Joule Thomson) 효과

단열을 한 관의 도중에 작은 구멍을 내고 이 관에 압력이 있는 기체 또는 액체를 흐르게 하여 작은 구멍을 통할 때 유체의 압력이 하강함과 동시에 온도가 급강하(약 −78℃)가 되어 고체로 되는 현상이다. 이산화탄소 소화기는 가스방출 시 줄 톰슨 효과에 의해 기화열의 흡수로 인하여 소화를 한다.

12 위험물안전관리법령상 포소화기의 적응성이 없는 위험물은?

① S
② P
③ P_4S_3
④ Al분

Al분 : 건조사

13 다음 중 자연발화의 위험성이 가장 낮은 물질은?

① $(CH_3)_3Al$
② $(CH_3)_2Cd$
③ $(C_4H_9)_3Al$
④ $(C_2H_5)_4Pb$

① $(CH_3)_3Al$: 공기 중에 노출되면 자연발화한다.
② $(CH_3)_2Cd$: 유기금속화합물로서 공기 중에 노출되면 자연발화한다.
③ $(C_4H_9)_3Al$: 가연성액체로서 공기 중에 노출되면 자연발화한다.
④ $(C_2H_5)_4Pb$: 상온에서 기화하기 쉬우며, 증기는 공기와 혼합하여 인화·폭발하기 쉽다.

14 다음과 같은 특성을 가지는 결합의 종류는?

> 자유전자의 영향으로 높은 전기전도성을 갖는다.

① 배위결합
② 수소결합
③ 금속결합
④ 공유결합

금속결합(Metallic Bond)은 자유전자의 영향으로 높은 전기전도성을 갖는다.

15 관내 유체의 층류와 난류유동을 판별하는 기준인 레이놀즈수(Reynolds Number)의 물리적 의미를 가장 옳게 표현한 식은?

① $\dfrac{관성력}{표면장력}$

② $\dfrac{관성력}{압력}$

③ $\dfrac{관성력}{점성력}$

④ $\dfrac{관성력}{중력}$

해설

- 레이놀즈수(Reynolds Number) : 층류와 난류의 구분척도의 무차원수로서 점성력에 대한 관성력의 비이다.

16 상용의 상태에서 위험분위기가 존재할 우려가 있는 장소로서 주기적 또는 간헐적으로 위험분위기가 존재하는 곳은?

① 0종 장소

② 1종 장소

③ 2종 장소

④ 3종 장소

해설

- **위험장소의 등급분류**
- ㉠ 0종 장소 : 상용의 상태에서 가연성가스의 농도가 연속해서 폭발하는 한계 이상인 장소
- ㉡ 1종 장소 : 상용상태에서 가연성가스가 체류하여 위험하게 될 우려가 있는 장소, 정비보수 또는 누출 등으로 인해 종종 가연성가스가 체류하여 위험하게 될 우려가 있는 장소
- ㉢ 2종 장소
  - 밀폐된 용기 또는 설비 내에 밀봉된 가연성가스가 그 용기 또는 설비의 사고로 인해 파손되거나 오조작의 경우에만 누출할 위험이 있는 장소
  - 확실한 기계적 환기조치에 의하여 가연성가스가 체류하여 위험하게 될 우려가 있는 장소
  - 1종 장소의 주변 또는 인접한 실내에서 위험한 농도의 가연성가스가 종종 침입할 우려가 있는 장소

17 각 위험물의 화재예방 및 소화방법으로 옳지 않은 것은?

① C_2H_5OH의 화재 시 수성막포소화약제를 사용하여 소화한다.

② $NaNO_3$의 화재 시 물에 의한 냉각소화를 한다.

③ CH_3CHOCH_2는 구리, 마그네슘과 접촉을 피하여야 한다.

④ CaC_2의 화재 시 이산화탄소소화약제를 사용할 수 없다.

해설

- **에탄올(C_2H_5OH)**
알코올형 포로 질식소화하거나 다량의 물로 희석소화한다.

18 물, 염산, 메탄올과 반응하여 에탄을 생성하는 물질은?

① K

② P_4

③ $(C_2H_5)_3Al$

④ LiH

> **해설**
>
> ㉠ 물과 접촉 시 폭발적으로 반응하여 에탄을 생성하고, 이때 발열·폭발에 이른다.
>
> $(C_2H_5)_3Al + 3H_2O \rightarrow Al(OH)_3 + 3C_2H_6 \uparrow + 발열$
>
> ㉡ 산과 격렬히 반응하여 에탄을 발생한다.
>
> $(C_2H_5)_3Al + HCl \rightarrow (C_2H_5)_2AlCl + C_2H_6 \uparrow$
>
> ㉢ 알코올과 폭발적으로 반응한다.
>
> $(C_2H_5)_3Al + 3CH_3OH \rightarrow Al(CH_3O)_3 + 3C_2H_6 \uparrow$

19 위험물의 위험성에 대한 설명 중 옳은 것은?

① 메타알데히드(분자량 176)는 1기압에서 인화점이 0℃ 이하인 인화성고체이다.

② 알루미늄은 할로겐 원소와 접촉하면 발화의 위험이 있다.

③ 오황화인은 물과 접촉해서 이황화탄소를 발생하나 알칼리에 분해해서는 이황화탄소를 발생하지 않는다.

④ 삼황화인은 금속분과 공존할 경우 발화의 위험이 없다.

> **해설**
>
> ① 메타알데히드[metaldehyde, $(CH_3CHO)_4$, 분자량 176.2]는 1기압에서 인화점이 36℃인 인화성고체이다.
>
> ③ 오황화인(P_2S_5)은 물 또는 알칼리에 분해하여 가연성가스인 황화수소와 인산이 된다($P_2S_5 + 8H_2O \rightarrow 5H_2S \uparrow + 2H_3PO_4$).
>
> ④ 삼황화인(P_4S_3)은 금속분과 공존할 경우 발화의 위험이 있다.

20 용기에 수납하는 위험물에 따라 운반용기 외부에 표시하여야 할 주의사항으로 옳지 않은 것은?

① 자연발화성물질 – 화기엄금 및 공기접촉엄금

② 인화성액체 – 화기엄금

③ 자기반응성물질 – 화기주의

④ 산화성액체 – 가연물접촉주의

해설

■ 위험물운반용기의 주의사항

위험물		주의사항
제1류 위험물(산화성고체)	알칼리금속의 과산화물	• 화기 · 충격주의　• 물기엄금 • 가연물접촉주의
	기 타	• 화기 · 충격주의　• 가연물접촉주의
제2류 위험물(가연성고체)	철분 · 금속분 · 마그네슘	• 화기주의　• 물기엄금
	인화성고체	화기엄금
	기 타	화기주의
제3류 위험물 (자연발화성물질 및 금수성물질)	자연발화성물질	• 화기엄금　• 공기접촉엄금
	금수성물질	물기엄금
제4류 위험물(인화성액체)		화기엄금
제5류 위험물(자기반응성물질)		• 화기엄금　• 충격주의
제6류 위험물(산화성액체)		가연물접촉주의

21 금속화재에 해당하는 것은?

① A급 화재　② B급 화재
③ C급 화재　④ D급 화재

해설

① A급 화재(일반화재)　② B급 화재(유류화재)
③ C급 화재(전기화재)　④ D급 화재(금속화재)

22 제4류 위험물을 수납하는 내장용기가 금속제 용기인 경우 최대용적은 몇 리터인가?

① 5　② 18
③ 20　④ 30

해설

운반용기				수납 위험물의 종류									
내장용기		외장용기		제1류			제2류		제3류			제5류	
용기의 종류	최대용적 또는 중량	용기의 종류	최대용적 또는 중량	I	II	III	II	III	I	II	III	I	II
금속제용기	30L	나무상자 또는 플라스틱상자	125kg	O	O	O	O	O	O	O	O	O	O
			225kg		O	O		O		O	O		O
		파이버판상자	40kg	O	O	O	O	O	O	O	O	O	O
			55kg		O	O		O		O	O		O

23 인화성고체 1,500kg, 크롬분 1,000kg, 53μm의 표준체를 통과한 것이 40wt%인 철분 500kg을 저장하려 한다. 위험물에 해당하는 물질에 대한 지정수량 배수의 총 합은 얼마인가?

① 2.0배
② 2.5배
③ 3.0배
④ 3.5배

해설

㉠ 인화성고체 : 제2류 위험물
㉡ 크롬분 : 금속분
㉢ 철분 : 50mesh(53μm)의 표준체를 통과하는 것이 50wt% 이상인 것

$$\frac{1,500}{1,000} + \frac{1,000}{500} = 1.5 + 2 = 3.5배$$

24 옥외저장소의 일반점검표에 따른 선반의 점검내용이 아닌 것은?

① 도장상황 및 부식의 유무
② 변형·손상의 유무
③ 고정상태의 적부
④ 낙하방지조치의 적부

해설

■ **옥외저장소 선반의 점검내용**
• 변형·손상의 유무
• 고정상태의 적부
• 낙하방지조치의 적부

25 소화난이도등급 Ⅰ에 해당하는 제조소 등의 종류, 규모 등 및 설치 가능한 소화설비에 대해 짝지은 것 중 틀린 것은?

① 제조소 – 연면적 1,000m² 이상인 것 – 옥내소화전설비
② 옥내저장소 – 처마높이가 6m 이상인 단층건물 – 이동식분말소화설비
③ 옥외탱크저장소(지중탱크) – 지정수량의 100배 이상인 것(제6류 위험물을 저장하는 것 및 고인화점 위험물만을 100℃ 미만의 온도에서 저장하는 것은 제외) – 고정식 불활성가스소화설비
④ 옥외저장소 – 제1석유류를 저장하는 것으로서 지정수량의 100배 이상인 것 – 물분무등소화설비(화재발생 시 연기가 충만할 우려가 있는 장소에는 스프링클러설비 또는 이동식 이외의 물분무 등 소화설비에 한함)

해설

옥내저장소 – 처마높이가 6m 이상인 단층건물의 것 – 스프링클러설비 또는 이동식 외의 물분무등소화설비

정답 23. ④ 24. ① 25. ②

26 제4류 위험물 중 다음의 요건에 모두 해당하는 위험물은 무엇인가?

> • 옥내저장소에 저장·취급하는 경우 하나의 저장창고 바닥면적은 1,000m² 이하여야 한다.
> • 위험등급은 Ⅱ에 해당한다.
> • 이동탱크저장소에 저장·취급할 때에는 법정의 접지도선을 설치하여야 한다.

① 디에틸에테르　　　　　　　　② 피리딘
③ 클레오소트유　　　　　　　　④ 고형알코올

 해설

피리딘(pyridine, C_5H_5N)에 대한 설명이다.

27 산과 접촉하였을 때 이산화염소가스를 발생하는 제1류 위험물은?

① 요오드산칼륨　　　　　　　　② 중크롬산아연
③ 아염소산나트륨　　　　　　　④ 브롬산암모늄

 해설

■ **아염소산나트륨**(sodium chlorite, $NaClO_2$)
산과 반응 시키면 분해하여 이산화염소(ClO_2)를 발생시키기 때문에 종이, 펄프 등의 표백제로 쓰인다.

28 디에틸에테르 50vol%, 이황화탄소 30vol%, 아세트알데히드 20vol%인 혼합증기의 폭발하한 값은?(단, 폭발범위는 디에틸에테르 1.9~48vol%, 이황화탄소 1.2~44vol%, 아세트알데히드는 4.1~57vol%이다)

① 1.78vol%　　　　　　　　　　② 2.1vol%
③ 13.6vol%　　　　　　　　　　④ 48.3vol%

해설

$$\frac{100}{L} = \frac{V_1}{L_1} + \frac{V_2}{L_2} + \frac{V_3}{L_3} = \frac{50}{1.9} + \frac{30}{1.2} + \frac{20}{4.1}$$

$$L = \frac{100}{56.17} = 1.78vol\%$$

29 물과 반응하였을 때 주요 생성물로 아세틸렌이 포함되지 않는 것은?

① Li_2C_2

② Na_2C_2

③ MgC_2

④ Mn_3C

> **해설**

① $Li_2C_2 + 2H_2O \rightarrow 2LiOH + C_2H_2\uparrow$

② $Na_2C_2 + 2H_2O \rightarrow 2NaOH + C_2H_2\uparrow$

③ $MgC_2 + 2H_2O \rightarrow Mg(OH)_2 + C_2H_2\uparrow$

④ $Mn_3C + 6H_2O \rightarrow 3Mn(OH)_2\uparrow + CH_4\uparrow + H_2\uparrow$

30 1kg의 공기가 압축되어 부피가 $0.1m^3$, 압력이 $40kgf/cm^2$로 되었다. 이때 온도는 약 몇 ℃인가? (단, 공기의 분자량은 29이다)

① 1,026

② 1,096

③ 1,138

④ 1,186

> **해설**

$PV = GRT$

$$T = \frac{PV}{GR} = \frac{40 \times 10^4 \times 0.1}{1 \times \left(\dfrac{848}{29}\right)} = 1,369\text{K}$$

$\therefore 1,369\text{K} - 273\text{K} = 1,096$℃

31 위험물운반용기의 외부에 표시하는 사항이 아닌 것은?

① 위험등급

② 위험물의 제조일자

③ 위험물의 품명

④ 주의사항

> **해설**

■ **위험물운반용기 외부에 표시하는 사항**

㉠ 위험물의 품명·위험등급·화학명 및 수용성(수용성 표시는 제4류 위험물로서 수용성인 것에 한함)

㉡ 위험물의 수량

㉢ 수납하는 위험물에 따른 주의사항

정답 29. ④ 30. ② 31. ②

32 위험등급 Ⅱ의 위험물이 아닌 것은?

① 질산염류　　　　　　　　　② 황화인
③ 칼륨　　　　　　　　　　　④ 알코올류

> **해설**
>
> ㉠ 위험등급 Ⅰ : ③
> ㉡ 위험등급 Ⅱ : ①, ②, ④

33 KMnO₄에 대한 설명으로 옳은 것은?

① 글리세린에 저장하여야 한다.
② 묽은질산과 반응하면 유독한 Cl₂가 생성된다.
③ 황산과 반응할 때는 산소와 열을 발생한다.
④ 물에 녹으면 투명한 무색을 나타낸다.

> **해설**
>
> ① 직사광선을 차단하고 저장용기는 밀봉한다.
> ② 고농도의 과산화수소와 접촉할 때는 폭발하며 염산과 반응하면 유독성의 Cl₂ 가스를 발생한다.
> ④ 물에 녹으면 진한 보라색을 띠며 강한 산화력과 살균력을 나타낸다.

34 제4류 위험물에 해당하는 에어졸의 내장용기 등으로서 용기의 외부에 '위험물의 품명·위험등급·화학명 및 수용성'에 대한 표시를 하지 않을 수 있는 최대용적은?

① 300mL　　　　　　　　　② 500mL
③ 150mL　　　　　　　　　④ 1,000mL

> **해설**
>
> ■ 용기의 외부에 위험물의 품명·위험등급·화학명 및 수용성에 대한 표시를 하지 않을 수 있는 것
> 제4류 위험물에 해당하는 에어졸의 운반용기로서 최대용적이 300mL 이하인 것

35 다음 기체 중 화학적으로 활성이 가장 강한 것은?

① 질소　　　　　　　　　　② 불소
③ 아르곤　　　　　　　　　④ 이산화탄소

> **해설**
>
> • 전기음성도 : F>O>N>Cl>Br>C>S>I>H>P
> • 전기음성도가 클수록 화학적으로 활성이 강하다.

정답 32. ③　33. ③　34. ①　35. ②

36 펌프의 공동현상을 방지하기 위한 방법으로 옳지 않은 것은?

① 펌프의 흡입관경을 크게 한다.

② 펌프의 회전수를 크게 한다.

③ 펌프의 위치를 낮게 한다.

④ 양흡입 펌프를 사용한다.

해설

(1) 공동현상(Cavitation)

밀폐된 용기 속에서 물의 증기압이 낮아지면 비점도 낮아지므로 펌프 본체, 내부의 저압부에서 물의 일부가 기화하여 기포가 생성되고 펌프에 큰 기계적 손상을 주는 현상이다.

(2) 발생원인

　㉠ 펌프의 흡입측 수두가 클 경우(후두밸브와 펌프 사이의 배관이 긴 경우)

　㉡ 펌프의 마찰손실이 과대할 경우

　㉢ 펌프의 임펠러속도가 클 경우

　㉣ 펌프의 흡입관경이 작을 경우

　㉤ 펌프의 설치위치가 수원보다 높을 경우

　㉥ 펌프의 흡입압력이 유체의 증기압보다 낮을 경우

　㉦ 배관 내의 유체가 고온일 경우

(3) 방지대책

　㉠ 펌프의 설치위치를 수원보다 낮게 한다.

　㉡ 펌프의 흡입측 수두, 마찰손실, 임펠러속도를 적게 한다.

　㉢ 펌프의 흡입관경을 크게 한다.

　㉣ 양흡입 펌프를 사용한다(양쪽으로 빨아드린다.)

　㉤ 양흡입 펌프로 부족 시 펌프를 2대로 나눈다.

　㉥ 펌프흡입압력을 유체의 증기압보다 높게 한다.

37 염소산칼륨에 대한 설명 중 틀린 것은?

① 약 400℃에서 분해되기 시작한다.

② 강산화제이다.

③ 분해촉매로 알루미늄이 혼합되면 염소가스가 발생한다.

④ 비중은 약 2.3이다.

해설

③ 분해촉매로 알루미늄이 혼합되면 염화칼륨과 산화알루미늄이 발생된다.

$$KClO_3 + 2Al \xrightarrow{\Delta} KCl + Al_2O_3$$

38 다음 중 휘발유에 대한 설명으로 틀린 것은?

① 증기는 공기보다 가벼워 위험하다.
② 용도별로 착색하는 색상이 다르다.
③ 비전도성이다.
④ 물보다 가볍다.

해설

휘발유(Gasoline)의 주성분은 C_5H_{12}~C_9H_{20}의 알칸 또는 알켄이다. 증기비중이 3~4로 증기는 공기보다 무겁기 때문에 낮은 곳으로 흘러 체류하기 쉬우며 먼 곳에서도 인화하기 쉽다.

39 위험물안전관리법상 제6류 위험물의 판정시험인 연소시간 측정시험의 표준물질로 사용하는 물질은?

① 질산 85% 수용액
② 질산 90% 수용액
③ 질산 95% 수용액
④ 질산 100% 수용액

해설

■ 연소시간 측정시험
㉠ 시험의 목적 : 산화성액체 물질이 가연성물질과 혼합했을 때, 가연성물질이 연소속도를 증대시키는 산화력의 잠재적 위험성을 판단하는 것을 목적으로 한다. 시험 물품과 가연성물질의 혼합비가 중량으로 8 : 2 및 1 : 1인 시험혼합시료를 만들고 그 연소에 소요되는 시간을, 표준물질과 가연성물질의 혼합비가 중량으로 1 : 1인 표준혼합시료의 연소에 필요한 시간과 비교하는 것이다.
㉡ 표준물질 : 90%의 농도인 질산수용액(순수한 물로 희석·조제한 것)

40 제6류 위험물의 운반 시 적용되는 위험등급은?

① 위험등급 Ⅰ
② 위험등급 Ⅱ
③ 위험등급 Ⅲ
④ 위험등급 Ⅳ

해설

■ 제6류 위험물 : 위험등급 Ⅰ

정답 38. ① 39. ② 40. ①

41 니트로셀룰로오스를 저장·운반할 때 가장 좋은 방법은?

① 질소가스를 충전한다.
② 유리병에 넣는다.
③ 냉동시킨다.
④ 함수알코올 등으로 습윤시킨다.

해설

니트로셀룰로오스[nitro cellulose, NC, $[C_6H_7O_2(ONO_2)_3]_n$]는 물과 혼합할수록 위험성이 감소되므로 운반 시 물(20%), 용제 또는 알코올(30%)을 첨가·습윤시킨다.

42 다음 중 나머지 셋과 가장 다른 온도값을 표현한 것은?

① 100℃
② 273K
③ 32℉
④ 492°R

해설

■ 각 온도의 비교표

구 분	표준온도		절대온도	
	섭씨온도(℃)	화씨온도(℉)	켈빈온도(K)	랭킨온도(°R)
끓는점	100	212	373	672
어는점	0	32	273	492
절대영도	−273	−460	0	0

43 지정수량이 같은 것끼리 짝지어진 것은?

① 톨루엔 – 피리딘
② 시안화수소 – 에틸알코올
③ 아세트산메틸 – 아세트산
④ 클로로벤젠 – 니트로벤젠

해설

① 톨루엔(제1석유류 비수용성) : 200L, 피리딘(제1석유류 수용성) : 400L
② 시안화수소(제1석유류 수용성) : 400L, 에틸알코올(알코올류) : 400L
③ 아세트산메틸(제1석유류 비수용성) : 200L, 아세트산(제2석유류 수용성) : 2,000L
④ 클로로벤젠(제2석유류 비수용성) : 1,000L, 니트로벤젠(제3석유류 비수용성) : 2,000L

정답 41. ④ 42. ① 43. ②

44 원형 직관 속을 흐르는 유체의 손실수두에 관한 사항으로 옳은 것은?

① 유속에 비례한다.
② 유속에 반비례한다.
③ 유속의 제곱에 비례한다.
④ 유속의 제곱에 반비례한다.

> **해설**
>
> ■ 손실수두(Loss of Head)
>
> 단위체적당 유체가 잃어버린 에너지를 수두로 나타낸 것이다. 손실수두는 마찰과 국부적으로 발생하는 와류에 의해 물이 가지고 있는 역학적 에너지의 일부가 열에너지로 변하기 때문이다.
>
> $$h_1 = f\frac{V^2}{2g}$$
>
> [h_1 : 손실수두, f : 손실계수, V : 속도, g : 중력 가속도]
>
> 즉, $h_1 \propto V^2$ 이므로 손실수두는 유속의 제곱에 비례한다.

45 위험물제조소 등에 설치하는 옥내소화전설비 또는 옥외소화전설비의 설치기준으로 옳지 않은 것은?

① 옥내소화전설비의 각 노즐선단 방수량 : 260L/min
② 옥내소화전설비의 비상전원용량 : 30분 이상
③ 옥외소화전설비의 각 노즐선단 방수량 : 450L/min
④ 표시등 회로의 배선공사 : 금속관 공사, 가요전선관 공사, 금속덕트 공사, 케이블 공사

> **해설**
>
> ② 옥내소화전설비의 비상전원용량 : 45분 이상

46 펌프를 용적형 펌프(Positive Displacement Pump)와 터보펌프(Turbo Pump)로 구분할 때 터보펌프에 해당되지 않는 것은 어느 것인가?

① 원심펌프(Centrifugal Pump)
② 기어펌프(Gear Pump)
③ 축류펌프(Axial Flow Pump)
④ 사류펌프(Diagonal Flow Pump)

정답 44. ③ 45. ② 46. ②

펌 프	터보식 펌프	원심펌프	볼류트펌프
			터빈펌프
		사류 펌프	
		축류 펌프	
	용적식 펌프	왕복펌프	피스톤펌프
			플런저펌프
			다이어프램펌프
		회전펌프	기어펌프
			나사펌프
			베인펌프
	특수 펌프	재생펌프(마찰펌프, 웨스코펌프)	
		제트펌프	
		기포펌프	
		수격펌프	

47 위험물안전관리법에서 정하고 있는 산화성액체에 해당되지 않는 것은?

① 삼불화브롬
② 과요오드산
③ 과염소산
④ 과산화수소

해설 ▶

과요오드산(periodic acid, HIO_4, H_4IO_6) : 제1류 위험물 중 무기과산화물류

48 위험물안전관리법령에서 정한 소화설비의 적응성에서 인산염류 등 분말소화설비는 적응성이 있으나 탄산수소염류 등 분말소화설비는 적응성이 없는 것은?

① 인화성고체
② 제4류 위험물
③ 제5류 위험물
④ 제6류 위험물

해설 ▶

- **제6류 위험물** : 주수에 의한 냉각소화는 적당하지 않으며, 과산화수소는 양의 대소에 관계없이 다량의 물로 희석소화한다. 나머지는 소량인 경우 다량의 물로 희석시키고, 기타는 마른모래·건조분말·인산염류 등 분말소화설비로 질식소화한다.

49 다음 중 품명이 나머지 셋과 다른 하나는 어느 것인가?

① $C_6H_5CH_3$ ② C_6H_6

③ $CH_3(CH_2)_3OH$ ④ CH_3COCH_3

해설

㉠ 제1석유류 : ①, ②, ④
㉡ 알코올류 : ③

50 자동화재탐지설비에 대한 설명으로 틀린 것은?

① 원칙적으로 자동화재탐지설비의 경계구역은 건축물 그 밖의 공작물의 2 이상의 층에 걸치지 아니하도록 한다.
② 광전식분리형감지기를 설치할 경우 하나의 경계구역의 면적은 $600m^2$ 이하로 하고, 그 한 변의 길이는 50m 이하로 한다.
③ 자동화재탐지설비의 감지기는 지붕 또는 벽의 옥내에 면한 부분에 유효하게 화재의 발생을 감지할 수 있도록 설치한다.
④ 자동화재탐지설비에는 비상전원을 설치한다.

해설

② 하나의 경계구역의 면적은 $600m^2$ 이하로 하고 그 한 변의 길이는 50m(광전식분리형감지기를 설치할 경우에는 100m) 이하로 한다.

51 $KClO_3$의 일반적인 성질을 나타낸 것 중 틀린 것은?

① 비중은 약 2.32이다.
② 융점은 약 368℃이다.
③ 용해도는 20℃에서 약 7.3이다.
④ 단독 분해온도는 약 200℃이다.

해설

단독 분해온도는 400℃ 정도이다.

$$2KClO_3 \xrightarrow{\Delta} 2KCl + 3O_2 \uparrow$$

정답 49. ③ 50. ② 51. ④

52 소화약제가 환경에 미치는 영향을 표시하는 지수가 아닌 것은?

① ODP　　　　　　　　　　　　　② GWP

③ ALT　　　　　　　　　　　　　④ LOAEL

> **해설**

① 오존파괴지수(ODP; Ozone Depletion Potential) : 오존을 파괴시키는 물질의 능력을 나타내는 척도로, 대기 내 수명, 안정성, 반응, 그리고 염소와 브롬과 같이 오존을 공격할 수 있는 원소의 양과 반응성 등에 그 근거를 두고 있다. 모든 오존파괴지수는 CFC-11을 1로 기준을 삼는다.

② 지구온난화지수(GWP; relative value of Global Warming Potential based on CFC-11) : 어떤 물질의 지구온난화에 기여하는 능력을 상대적으로 나타내는 지표로, 기준 물질 CFC-11의 GWP를 1로 하여 같은 무게의 어떤 물질을 지구온난화에 기여하는 양의 비로 나타낸 것을 말한다.

③ 대기권잔존수명(ALT; Atmospheric Life Time) : 대기권에서 분해되지 않고 존재하는 기간이다.

④ LOAEL(Lowest Observable Adverse Effect Level) : 신체에 악영향을 감지할 수 있는 최소농도, 즉 심장에 독성을 미칠 수 있는 최소농도이다.

53 알루미늄분이 NaOH 수용액과 반응하였을 때 발생하는 물질은?

① H_2　　　　　　　　　　　　　② O_2

③ Na_2O_2　　　　　　　　　　　④ NaAl

> **해설**

알루미늄분(aluminum powder, Al)은 알칼리수용액과 반응하여 수소를 발생한다.

$2Al + 2NaOH + 2H_2O \rightarrow 2NaAlO_2 + 3H_2\uparrow$

54 다음 중 지정수량이 가장 적은 물질은?

① 금속분　　　　　　　　　　　　② 마그네슘

③ 황화인　　　　　　　　　　　　④ 철분

> **해설**

㉠ 지정수량 500kg : ①, ②, ④

㉡ 지정수량 100kg : ③

55 여유시간이 5분, 정미시간이 40분일 경우 내경법으로 여유율을 구하면 약 몇%인가?

① 6.33　　　　　　　　　　　　　② 9.05

③ 11.11　　　　　　　　　　　　④ 12.50

해설

■ 표준시간의 계산

㉠ 외경법 : 표준시간 산정 시 여유율(A)을 정미시간을 기준으로 산정하여 사용하는 방식이다.

$$A = \frac{AT}{NT}, \ AT = A \cdot NT$$

㉡ 내경법 : 표준시간 산정 시 여유율은 근무시간을 기준으로, 산정하는 방법으로 정미시간이 명확하지 않은 경우에 사용한다.

$$A = \frac{AT}{NT + AT}, \ AT = \frac{A \cdot NT}{1 - A}$$

$$0.11 = \frac{5}{40 + 5} \ \therefore \ 0.11 \times 100 = 11.11\%$$

56 로트에서 랜덤하게 시료를 추출하여 검사한 후 그 결과에 따라 로트의 합격, 불합격을 판정하는 검사방법을 무엇이라 하는가?

① 자주검사
② 간접검사
③ 전수검사
④ 샘플링검사

해설

① 자주검사 : 작업공정상 작업자 또는 반장, 조장 등 생산라인에서 이루어지는 검사
② 간접검사 : 불량의 원인을 발견하는 데 간접적으로 도출하는 검사
③ 전수검사 : 검사한 물품을 전부 한 개씩 조사하여 양품, 불량품으로 구분하고 양품만을 합격시키는 검사

57 다음과 같은 데이터에서 5개월 이동평균법에 의하여 8월의 수요를 예측한 값은 얼마인가?

월	1	2	3	4	5	6	7
판매실적	100	90	110	100	115	110	100

① 103
② 105
③ 107
④ 109

해설

$$ED = \frac{\sum x_i}{n}$$
$$= \frac{100 + 90 + 110 + 100 + 115 + 110 + 100}{7} = 103$$

정답 56. ④ 57. ①

58 관리 사이클의 순서를 가장 적절하게 표시한 것은?[단, A는 조치(Act), C는 체크(Check), D는 실시(Do), P는 계획(Plan)]

① P → D → C → A

② A → D → C → P

③ P → A → C → D

④ P → C → A → D

해설

P → D → C → A를 되풀이함으로써 관리의 수준이 향상되는 것이다.

59 다음 중 계량값 관리도만으로 짝지어진 것은?

① c 관리도, u 관리도

② $x - R_s$ 관리도, p 관리도

③ $\overline{x} - R$ 관리도, np 관리도

④ $Me - R$ 관리도, $\overline{x} - R$ 관리도

해설

■ 관리도

공정의 상태를 나타내는 특성치에 관해 그린 그래프로서 공정의 관리상태 유무를 조사하여 공정을 안전상태로 유지하기 위해 사용하는 통계적 관리기법이다.

관리도	계량형	$\overline{x} - R$: 평균치와 범위(표준편차) 관리도
		$x - R_s$: 개개 측정치와 이동범위 관리도
		$Me - R$: 메디안과 범위 관리도
		$L - S$: 최대치, 최소치 관리도
	계수형	np : 부적합품수 관리도
		p : 부적합품률 관리도
		c : 부적합수 관리도
		u : 단위당 부적합수 관리도
	특수관리도 : 누적합 관리도, 이동평균 관리도, 가중이동 평균관리도, 차이 관리도$(X_d - R_s)$, z변환 관리도	

60 다음 중 모집단의 중심적 경향을 나타낸 측도에 해당하는 것은?

① 범위(Range)

② 최빈값(Mode)

③ 분산(Variance)

④ 변동계수(Coefficient of Variation)

해설

① 범위(Range) : n개의 데이터 중 최댓값(x_{max})과 최솟값(x_{min})의 차이를 말하는 것으로 음의 값을 취할 수 없다.

$$R = x_{max} - x_{min}$$

② 최빈값(Mode) : 정리된 자료(도수분포표)에서 도수가 최대인 계급의 최댓값이며, 정리되지 않은 자료인 경우에는 출현빈도가 높은 데이터 값이다.

③ 분산(Variance) : 편차 제곱의 기대가로서 최소단위당 편차 제곱을 뜻하며 σ^2으로 표시한다.

$$V(x) = \frac{\sum_{i=1}^{n}(x_i - \mu)^2}{N}$$

④ 변동계수(Coefficient of Variation) : 표준편차를 산술평균으로 나눈 값으로서 단위가 다른 두 집단의 산포상태를 비교하는 척도로 사용된다.

$$CV(\%) = \frac{S}{\overline{x}} \times 100$$

정답 60. ②

2012년 제52회 출제문제(7월 22일 시행)

01 위험물의 운반에 관한 기준에서 정한 유별을 달리하는 위험물의 혼재기준에 따르면 1가지 다른 유별의 위험물과만 혼재가 가능한 위험물은?(단, 지정수량의 1/10을 초과하는 경우이다)

① 제1류   ② 제2류
③ 제4류   ④ 제5류

해설

유별을 달리하는 위험물의 혼재기준

위험물의 구분	제1류	제2류	제3류	제4류	제5류	제6류
제1류		×	×	×	×	○
제2류	×		×	○	○	×
제3류	×	×		○	×	×
제4류	×	○	○		○	×
제5류	×	○	×	○		×
제6류	○	×	×	×	×	

02 이동탱크저장소에 설치하는 방파판의 기능으로 옳은 것은?

① 출렁임 방지   ② 유증기 발생의 억제
③ 정전기 발생 제거   ④ 파손 시 유출 방지

해설

■ **방파판의 기능** : 출렁임 방지

03 제5류 위험물의 화재 시 적응성이 있는 소화설비는?

① 포소화설비   ② 불활성가스소화설비
③ 할로겐화합물소화설비   ④ 분말소화설비

해설

■ **제5류 위험물에 적응성이 있는 소화설비**
다량의 주수에 의한 냉각소화, 포소화설비 등

정답 01. ① 02. ① 03. ①

04 광전식분리형감지기를 사용하여 자동화재탐지설비를 설치하는 경우 하나의 경계구역의 한 변의 길이를 얼마 이하로 하여야 하는가?

① 10m
② 100m
③ 150m
④ 300m

> **해설**

광전식분리형감지기를 사용하여 자동화재탐지설비를 설치하는 경우 하나의 경계구역 한 변의 길이는 100m 이하로 한다.

05 위험물안전관리법상 위험등급 I에 속하면서 제5류 위험물인 것은?

① CH_3ONO_2
② $C_6H_2CH_3(NO_2)_3$
③ $C_6H_4(NO)_2$
④ $N_2H_4 \cdot HCl$

> **해설**

① CH_3ONO_2 : 질산에스테르류
② $C_6H_2(CH_3)(NO_2)_3$: 니트로화합물
③ $C_6H_4(NO)_2$: 니트로소화합물
④ $N_2H_4 \cdot HCl$: 히드라진유도체

■ 제5류 위험물과 위험등급

성 질	위험등급	품 명	지정수량
자기반응성물질	I	1. 유기과산화물 2. 질산에스테르류	10kg 10kg
	II	3. 니트로화합물	200kg
		4. 니트로소화합물	200kg
		5. 아조화합물	200kg
		6. 디아조화합물	200kg
		7. 히드라진유도체	200kg
		8. 히드록실아민	100kg
		9. 히드록실아민염류	100kg

		10. 그 밖에 행정안전부령이 정하는 것
		  ① 금속의 아지드화합물
		  ② 질산구아니딘
			200kg

	I~II	11. 1~10에 해당하는 어느 하나 이상을 함유한 것	10kg, 100kg 또는 200kg

06 과염소산, 질산, 과산화수소의 공통점이 아닌 것은?

① 다른 물질을 산화시킨다.　　　② 강산에 속한다.
③ 산소를 함유한다.　　　　　　④ 불연성물질이다.

② H_2O_2를 제외하고, 모두 강산에 속한다.

07 포소화설비의 포방출구 중 고정지붕구조의 탱크에 저부포주입법을 이용하는 것으로서 송포관으로부터 포를 방출하는 방식은?

① I형　　　　　　　　　　　② II형
③ III형　　　　　　　　　　　④ 특형

■ 포방출구의 종류

방출구 형식	지붕구조	주입방식
I형	고정지붕구조	상부포주입법
II형	고정지붕구조 또는 부상덮개부착 고정지붕구조	상부포주입법
특형	부상지붕구조	상부포주입법
III형	고정지붕구조	저부포주입법
IV형	고정지붕구조	저부포주입법

08 위험물탱크의 공간용적에 관한 기준에 대해 다음 (　　) 안에 알맞은 수치는?

암반탱크에 있어서는 해당 탱크 내에 용출하는 (　　)일간의 지하수의 양에 상당하는 용적과 해당 탱크의 내용적의 100분의 (　　)의 용적 중에서 보다 큰 용적을 공간용적으로 한다.

① 7, 1　　　　　　　　　　　② 7, 5
③ 10, 1　　　　　　　　　　　④ 10, 5

■ 암반탱크
해당 탱크 내에 용출하는 7일간의 지하수의 양에 상당하는 용적과 해당 탱크의 내용적의 100분의 1의 용적 중에서 보다 큰 용적을 공간용적으로 한다.

정답 06. ②　07. ③　08. ①

09 옥외탱크저장소를 설치함에 있어서 탱크안전성능검사 중 용접부 검사의 대상이 되는 옥외저 장탱크를 옳게 설명한 것은?

① 용량이 100만L 이상인 액체위험물탱크
② 액체위험물을 저장·취급하는 탱크 중 고압가스 안전관리법에 의한 특정설비에 관한 검사에 합격한 탱크
③ 액체위험물을 저장·취급하는 탱크 중 산업안전보건법에 의한 성능검사에 합격한 탱크
④ 용량에 상관없이 액체위험물을 저장·취급하는 탱크

해설

▪ **탱크안전 성능검사 중 용접부 검사의 대상이 되는 옥외저장탱크**
용량이 100만 L 이상인 액체위험물탱크

10 위험물안전관리법령상 품명이 질산에스테르류에 해당하는 것은?

① 피크린산   ② 니트로셀룰로오스
③ 트리니트로톨루엔   ④ 트리니트로벤젠

해설

① 피크린산 : 니트로화합물
② 니트로셀룰로오스 : 질산에스테르류
③ 트리니트로톨루엔 : 니트로화합물
④ 트리니트로벤젠 : 니트로화합물류

11 다음 중 지정수량이 가장 적은 것은?

① 중크롬산염류   ② 철분
③ 인화성고체   ④ 질산염류

해설

① 중크롬산염류 : 1,000kg
② 철분 : 500kg
③ 인화성고체 : 1,000kg
④ 질산염류 : 300kg

정답   09. ①   10. ②   11. ④

12 알칼리금속의 원자반지름 크기를 큰 순서대로 나타낸 것은?

① Li > Na > K

② K > Na > Li

③ Na > Li > K

④ K > Li > Na

> **해설**
>
> ■ **원자 반지름**
> ㉠ 같은 족에서는 원자번호가 증가할수록 원자반지름이 커진다.
> ㉡ 같은 주기에서는 I족에서 Ⅶ족으로 갈수록 원자반지름이 작아진다.

13 다음 중 1기압에 가장 가까운 값을 갖는 것은?

① 760cmHg

② 101.3Pa

③ 29.92psi

④ 1033.6cmH₂O

> **해설**
>
> $1atm = 76cmHg = 101,325Pa = 14.7psi = 1,033cmH_2O$

14 지정수량 이상 위험물의 임시저장·취급기준에 대한 설명으로 옳은 것은?

① 군부대가 군사목적으로 임시로 저장·취급하는 경우에는 180일을 초과하지 못한다.

② 공사장의 경우에는 공사가 끝나는 날까지 저장·취급 할 수 있다.

③ 임시저장·취급기간은 원칙적으로 180일 이내에서 할 수 있다.

④ 임시저장·취급에 관한 기준은 시·도 별로 다르게 정할 수 있다.

> **해설**
>
> 지정수량 이상의 위험물을 임시로 저장 또는 취급하는 장소에서의 기준은 시·도의 조례로 정한다.
> ㉠ 시·도의 조례가 정하는 바에 따라 관할소방서장의 승인을 받아 지정수량 이상의 위험물을 90일이내의
>   기간 동안 임시로 저장 또는 취급하는 경우
> ㉡ 군부대가 지정수량 이상의 위험물을 군사목적으로 임시저장 또는 취급하는 경우

15 인화칼슘과 탄화칼슘이 각각 물과 반응하였을 때 발생하는 가스를 차례대로 옳게 나열한 것은?

① 포스겐, 아세틸렌

② 포스겐, 에틸렌

③ 포스핀, 아세틸렌

④ 포스핀, 에틸렌

> **해설**
>
> ㉠ $Ca_3P_2 + 6H_2O \longrightarrow 3Ca(OH)_2 + 2PH_3 \uparrow$
> ㉡ $CaC_2 + 2H_2O \longrightarrow Ca(OH)_2 + C_2H_2 \uparrow + 32kcal$

정답 12. ② 13. ④ 14. ④ 15. ③

16 완공검사의 신청시기에 대한 설명으로 옳은 것은?

① 이동탱크저장소는 이동저장탱크의 제작 중에 신청한다.

② 이송취급소에서 지하에 매설하는 이송배관공사의 경우는 전체의 이송배관공사를 완료한 후에 신청한다.

③ 지하탱크가 있는 제조소 등은 해당 지하탱크를 매설한 후에 신청한다.

④ 이송취급소에서 하천에 매설하는 이송배관공사의 경우에는 이송배관을 매설하기 전에 신청한다.

해설

■ **완공검사의 신청시기**

㉠ 지하탱크가 있는 제조소 : 해당 지하탱크를 매설하기 전

㉡ 이동탱크저장소 : 이동저장탱크를 완공하고 설치장소를 확보한 후

㉢ 이송취급소 : 이송배관공사의 전체 또는 일부를 완료한 후(지하·하천 등에 매설하는 것은 이송배관을 매설하기 전)

17 위험물안전관리법상 위험등급이 나머지 셋과 다른 하나는?

① 아염소산염류　　　　　　　　② 알킬알루미늄

③ 알코올류　　　　　　　　　　④ 칼륨

해설

① 아염소산염류 : 위험등급 Ⅰ　　② 알킬알루미늄 : 위험등급 Ⅰ

③ 알코올류 : 위험등급 Ⅱ　　　　④ 칼륨 : 위험등급 Ⅰ

18 위험물안전관리법령에 관한 내용으로 다음 (　　) 안에 알맞은 수치를 차례대로 나타낸 것은?

> 옥내저장소에서 동일 품명의 위험물이더라도 자연발화 할 우려가 있는 위험물 또는 재해가 현저하게 증대할 우려가 있는 위험물을 다량 저장하는 경우에는 지정수량의 (　)배 이하마다 구분하여 상호간 (　　)m 이상의 간격을 두어 저장하여야 한다.

① 10, 0.3　　　　　　　　　　② 10, 1

③ 100, 0.3　　　　　　　　　　④ 100, 1

해설

■ **옥내저장소**

동일 품명의 위험물이더라도 자연발화 할 우려가 있는 위험물 또는 재해가 현저하게 증대할 우려가 있는 위험물을 다량 저장하는 경우에는 지정수량의 10배 이하마다 구분하여 상호간 0.3m 이상의 간격을 두어 저장한다.

정답 16. ④　17. ③　18. ①

19 위험물안전관리법령에 따른 제1류 위험물의 운반 및 위험물제조소 등에서 저장·취급에 관한 기준으로 옳은 것은? (단, 지정수량의 10배인 경우)

① 제6류 위험물과는 운반 시 혼재할 수 있으며, 적절한 조치를 취하면 같은 옥내저장소에 저장할 수 있다.
② 제6류 위험물과는 운반 시 혼재할 수 있으나 같은 옥내저장소에 저장할 수는 없다.
③ 제6류 위험물과는 운반 시 혼재할 수 없으나 적절한 조치를 취하면 같은 옥내저장소에 저장할 수 있다.
④ 제6류 위험물과는 운반 시 혼재할 수 없으며, 같은 옥내저장소에 저장할 수도 없다.

> **해설**
>
> 제1류 위험물과 제6류 위험물과는 운반 시 혼재할 수 있으며, 적절한 조치를 취하면 같은 옥내저장소에 저장할 수 있다.

20 열처리 작업 등의 일반취급소를 건축물 내에 구획실 단위로 설치하는 데 필요한 요건으로서 옳지 않은 것은?

① 취급하는 위험물의 수량은 지정수량의 30배 미만일 것
② 위험물이 위험한 온도에 이르는 것을 경보할 수 있는 장치를 설치할 것
③ 열처리 또는 방전가공을 위하여 인화점 70℃ 이상의 제4류 위험물을 취급하는 것일 것
④ 다른 작업장의 용도로 사용 되는 부분과의 사이에는 내화구조로 된 격벽을 설치하되, 격벽의 양단, 및 상단이 외벽 또는 지붕으로 부터 50cm 이상 돌출되도록 할 것

> **해설**
>
> ■ **열처리 작업 등의 일반취급소를 건축물 내에 구획실 단위로 설치하는 데 필요한 요건**
> ㉠ 취급하는 위험물의 수량은 지정수량의 30배 미만일 것
> ㉡ 위험물이 위험한 온도에 이르는 것을 경보할 수 있는 장치를 설치할 것
> ㉢ 열처리 또는 방전가공을 위하여 인화점 70℃ 이상의 제4류 위험물을 취급하는 것

21 위험물안전관리법령에서 정하는 유별에 따른 위험물의 성질에 해당하지 않는 것은?

① 산화성고체   ② 산화성액체
③ 가연성고체   ④ 가연성액체

■ 위험물안전관리법령에서 정하는 유별에 따른 위험물의 성질
㉠ 제1류 위험물 : 산화성고체
㉡ 제2류 위험물 : 가연성고체
㉢ 제3류 위험물 : 자연발화성 및 금수성물질
㉣ 제4류 위험물 : 인화성액체
㉤ 제5류 위험물 : 자기반응성물질
㉥ 제6류 위험물 : 산화성액체

22 산화프로필렌에 대한 설명 중 틀린 것은?

① 무색의 휘발성 액체이다.　　② 증기의 비중은 공기보다 작다.
③ 인화점은 약 −37℃이다.　　④ 비점은 약 34℃이다.

해설

증기의 비중은 공기보다 크다(증기비중 2.0).

23 인화점이 0℃보다 낮은 물질이 아닌 것은?

① 아세톤　　　　　　② 톨루엔
③ 휘발유　　　　　　④ 벤젠

해설

① 아세톤 : −18℃　　② 톨루엔 : 4.5℃
③ 휘발유 : −20~−43℃　　④ 벤젠 : −11.1℃

24 제1류 위험물의 위험성에 관한 설명으로 옳지 않은 것은?

① 과망간산나트륨은 에탄올과 혼촉발화의 위험이 있다.
② 과산화나트륨은 물과 반응 시 산소가스가 발생한다.
③ 염소산나트륨은 산과 반응하면 유독가스가 발생한다.
④ 질산암모늄 단독으로 안포폭약을 제조한다.

해설

■ ANFO 폭약(NH_4NO_3)
경유를 94wt% : 6wt% 비율로 혼합시키면 폭약이 되므로 질산암모늄은 단독으로 안포폭약을 제조할 수 없다.

정답 22. ②　23. ②　24. ④

25 제조소 등의 외벽 중 연소의 우려가 있는 외벽을 판단하는 기산점이 되는 것을 모두 옳게 나타낸 것은?

① ㉠ 제조소 등이 설치된 부지의 경계선
　　㉡ 제조소 등에 인접한 도로의 중심선
　　㉢ 제조소 등의 외벽과 동일 부지 내의 다른 건축물의 외벽 간의 중심선

② ㉠ 제조소 등이 설치된 부지의 경계선
　　㉡ 제조소 등에 인접한 도로의 경계선
　　㉢ 제조소 등의 외벽과 동일 부지 내의 다른 건축물의 외벽 간의 중심선

③ ㉠ 제조소 등이 설치된 부지의 중심선
　　㉡ 제조소 등에 인접한 도로의 중심선
　　㉢ 동일 부지 내의 다른 건축물의 외벽

④ ㉠ 제조소 등이 설치된 부지의 중심선
　　㉡ 제조소 등에 인접한 도로의 경계선
　　㉢ 제조소 등의 외벽과 인근 부지의 다른 건축물의 외벽 간의 중심선

> **해설**

■ **연소의 우려가 있는 외벽을 판단하는 기산점이 되는 것**
㉠ 제조소 등이 설치된 부지의 경계선
㉡ 제조소 등에 인접한 도로의 중심선
㉢ 제조소 등의 외벽과 동일 부지 내의 다른 건축물의 외벽 간의 중심선

26 다음 중 가장 강한 산은?

① $HClO_4$ ② $HClO_3$
③ $HClO_2$ ④ $HClO$

> **해설**

■ **강산의 세기**
$HClO_4 > HClO_3 > HClO_2 > HClO$

27 제2류 위험물에 대한 설명 중 틀린 것은?

① 모두 가연성물질이다. ② 모두 고체이다.
③ 모두 주수소화가 가능하다. ④ 지정수량의 단위는 모두 kg이다.

> **해설**

금속분, 철분, 마그네슘, 황화인은 건조사, 건조분말 등으로 질식소화하며 적린과 유황은 물에 의한 냉각소화가 적당하다.

정답 25. ① 26. ① 27. ③

28 제조소 등의 소화설비를 위한 소요단위 산정에 있어서 1소요단위에 해당하는 위험물의 지정수량 배수와 외벽이 내화구조인 제조소의 건축물 연면적을 각각 옳게 나타낸 것은?

① 10배, 100m^2

② 100배, 100m^2

③ 10배, 150m^2

④ 100배, 150m^2

해설

■ **소요단위(1단위)**

㉠ 위험물 : 지정수량 10배

㉡ 제조소 또는 취급소용 건축물의 경우

• 외벽이 내화구조로 된 것으로 연면적 100m^2

• 외벽이 내화구조가 아닌 것으로 연면적 50m^2

29 물과 반응하였을 때 발생하는 가스가 유독성인 것은?

① 알루미늄

② 칼륨

③ 탄화알루미늄

④ 오황화인

해설

① $2Al + 6H_2O \rightarrow 2Al(OH)_3 + 3H_2 \uparrow$

② $2K + 2H_2O \rightarrow 2KOH + H_2 \uparrow + 2 \times 46.2kcal$

③ $Al_4C_3 + 12H_2O \rightarrow 4Al(OH)_3 + 3CH_4 \uparrow$

④ $P_2S_5 + 8H_2O \rightarrow 5H_2S \uparrow + 2H_3PO_4$

30 인화성액체위험물(CS_2는 제외)을 저장하는 옥외탱크저장소에서 방유제의 용량에 대해 다음 (   ) 안에 알맞은 수치를 차례대로 나열한 것은?

> 방유제의 용량은 방유제안에 설치된 탱크가 하나인 때에는 그 탱크용량의 (   )% 이상, 2기 이상인 때에는 그 탱크 중 용량이 최대인 것의 용량의 (   )% 이상으로 할 것. 이 경우 방유제의 용량은 해당 방유제의 내용적에서 용량이 최대인 탱크 외의 탱크의 방유제 높이 이하 부분의 용적, 해당 방유제 내에 있는 모든 탱크의 지반면 이상 부분의 기초의 체적, 간막이 둑의 체적 및 해당 방유제 내에 있는 배관 등의 체적을 뺀 것으로 한다.

① 100, 100

② 100, 110

③ 110, 100

④ 110, 110

■ 방유제의 용량

방유제 안에 설치된 탱크가 하나일 때에는 그 탱크용량의 110% 이상, 2기 이상인 때에는 그 탱크 중 용량이 최대인 것의 용량 110% 이상으로 할 것. 이 경우 방유제의 용량은 해당 방유제의 내용적에서 용량이 최대인 탱크 외의 탱크의 방유제 높이 이하 부분의 용적, 해당 방유제 내에 있는 모든 탱크의 지반면 이상 부분의 기초의 체적, 간막이 둑의 체적 및 해당 방유제 내에 있는 배관 등의 체적을 뺀 것으로 한다.

31 유량을 측정하는 계측기구가 아닌 것은?

① 오리피스미터
② 마노미터
③ 로터미터
④ 벤투리미터

해설

마노미터(Manometer)는 압력을 측정하는 기기이다.

32 주유취급소 설치자가 변경허가를 받지 않고 주유취급소의 방화담 중 도로에 접한 부분을 철거한 사실이 기술기준에 부적합하여 적발된 경우에 위험물안전관리법상 조치사항으로 가장 적합한 것은?

① 변경허가 위반행위에 따른 형사처벌 행정처분 및 복구명령을 병과한다.
② 변경허가 위반행위에 따른 행정처분 및 복구명령을 병과한다.
③ 변경허가 위반행위에 따른 형사처벌 및 복구명령을 병과한다.
④ 변경허가 위반행위에 따른 형사처벌 및 행정처분을 병과한다.

해설

■ 주유취급소의 설치자가 변경허가를 받지 않고 주유취급소의 방화담 중 도로에 접한 부분을 철거한 사실이 기술기준에 부적합하여 적발된 경우 : 변경허가 위반행위에 따른 형사처벌, 행정처분 및 복구 명령을 병과한다.

33 위험물시설에 설치하는 소화설비와 특성 등에 관한 설명 중 위험물관련법규내용에 적합한 것은?

① 제4류 위험물을 저장하는 옥외저장탱크에 포소화설비를 설치하는 경우에는 이동식으로 할 수 있다.
② 옥내소화전설비・스프링클러설비 및 불활성가스소화설비의 배관은 전용으로 하되 예외 규정이 있다.

③ 옥내소화전설비와 옥외소화전설비는 동결방지 조치가 가능한 장소라면 습식으로 설치하여야 한다.

④ 물분무소화설비와 스프링클러설비의 기동장치에 관한 설치기준은 그 내용이 동일하지 않다.

해설

① 제4류 위험물을 저장하는 옥외저장탱크에 포소화설비를 설치하는 경우에는 고정식으로 할 수 있다.

② 옥내소화전설비 · 스프링클러설비 및 불활성가스소화설비의 배관은 전용으로 하되 예외 규정이 없다.

④ 물분무소화설비와 스프링클러설비의 기동 장치에 관한 설치기준은 그 내용이 동일하다.

34 제2류 위험물로 금속이 덩어리 상태일 때보다 가루 상태일 때 연소위험성이 증가하는 이유가 아닌 것은?

① 유동성의 증가　　　　　　　　② 비열의 증가
③ 정전기 발생 위험성 증가　　　　④ 비표면적의 증가

해설

■ 금속이 덩어리 상태일 때 보다 가루 상태일 때 연소위험성이 증가하는 이유

㉠ 유동성의 증가 : 정전기의 발생
㉡ 비열의 감소 : 적은 열로 고온 형성
㉢ 정전기 발생 위험성 증가 : 대전성의 증가
㉣ 비표면적의 증가 : 반응면적의 증가
㉤ 체적의 증가 : 인화, 발화의 위험성 증가
㉥ 보온성의 증가 : 발생열의 축적 용이
㉦ 부유성의 증가 : 분진운(Dust Cloud)의 형성
㉧ 복사선의 흡수율 증가 : 수광면의 증가

35 불활성가스소화설비가 적응성이 있는 위험물은?

① 제1류 위험물　　　　　　　　② 제3류 위험물
③ 제4류 위험물　　　　　　　　④ 제5류 위험물

해설

① 제1류 위험물 : 주수소화
② 제3류 위험물 : 건조사에 의한 질식소화
③ 제4류 위험물 : 불활성가스소화설비
④ 제5류 위험물 : 다량의 물에 의한 냉각소화

36 다음 중 이송취급소의 안전설비에 해당하지 않는 것은?

① 운전상태 감시장치　　　　② 안전제어장치
③ 통기장치　　　　　　　　　④ 압력안전장치

해설

■ **이송취급소의 안전설비**
㉠ 운전상태 감지장치
㉡ 안전제어장치
㉢ 압력안전장치

37 다음 중 브롬산칼륨의 색상으로 옳은 것은?

① 백색　　　　　　　　　　② 등적색
③ 황색　　　　　　　　　　④ 청색

해설

브롬산칼륨(potassium bromate, $KBrO_3$)은 백색의 결정 또는 결정성 분말이다.

38 CH_3CHO에 대한 설명으로 옳지 않은 것은?

① 끓는점이 상온(25℃) 이하이다.
② 완전연소 시 이산화탄소와 물이 생성된다.
③ 은·수은과 반응하면 폭발성 물질을 생성한다.
④ 에틸알코올을 환원시키거나 아세트산을 산화시켜 제조한다.

해설

■ **아세트알데히드(acetaldehyde, CH_3CHO)의 제법**
㉠ 에틸렌과 산소를 $PdCl_2$ 또는 $CuCl_2$의 촉매 하에서 반응시켜 만든다.
㉡ 에탄올을 백금 촉매로 하여 산화시켜 얻어진다.
㉢ $HgSO_4$ 촉매하에서 아세틸렌에 물을 첨가시켜 얻는다.

39 마그네슘과 염산이 반응 할 때 발화의 위험이 있는 이유로 가장 적합한 것은?

① 열전도율이 낮기 때문이다.　　② 산소가 발생하기 때문이다.
③ 많은 반응열이 발생하기 때문이다.　④ 분진폭발의 민감성 때문이다.

해설

마그네슘과 염산이 반응 시 많은 반응열이 발생하여 발화의 위험이 있다.
$Mg + 2HCl \rightarrow MgCl + H_2 \uparrow + Q\text{kcal}$

40 다음 중 옥내저장소에 위험물을 저장하는 제한 높이가 가장 낮은 경우는?

① 기계에 의하여 하역하는 구조로 된 용기만을 겹쳐 쌓는 경우
② 중유를 수납하는 용기만을 겹쳐 쌓는 경우
③ 아마인유를 수납하는 용기만을 겹쳐 쌓는 경우
④ 적린을 수납하는 용기만을 겹쳐 쌓는 경우

해설

■ 옥내저장소에 위험물을 저장하는 제한 높이
㉠ 기계에 의하여 하역하는 구조로 된 용기만을 겹쳐 쌓는 경우 : 6m
㉡ 제4류 위험물 중 제3석유류, 제4석유류 및 동·식물유류를 수납하는 용기만을 겹쳐 쌓는 경우 : 4m
㉢ 그 밖의 경우 : 3m

41 다음 표의 물질 중 제2류 위험물에 해당하는 것은 모두 몇 개인가?

황화인	칼 륨	알루미늄의 탄화물
황 린	금속의 수소화물	코발트분
유 황	무기과산화물	고형알코올

① 2   ② 3
③ 4   ④ 5

해설

㉠ 제1류 위험물 : 무기과산화물
㉡ 제2류 위험물 : 황화인, 코발트분, 유황, 고형알코올
㉢ 제3류 위험물 : 칼륨, 알루미늄의 탄화물, 황린, 금속의 수소화물

42 위험물인 아세톤을 용기에 담아 운반하고자 한다. 다음 중 위험물안전관리법의 내용과 배치되는 것은?

① 지정수량의 10배라면 비중이 1.52인 질산을 다른 용기에 수납하더라도 함께 적재·운반할 수 없다.
② 원칙적으로 기계로 하역되는 구조로 된 금속제 운반용기에 수납하는 경우 최대용적이 3,000L이다.
③ 뚜껑탈착식 금속제 드럼운반용기에 수납하는 경우 최대용적은 250L이다.
④ 유리용기, 플라스틱용기를 운반용기로 사용할 경우 내장용기로 사용할 수 없다.

정답 40. ④ 41. ③ 42. ④

유리용기, 플라스틱용기를 운반용기로 사용할 경우 내장용기로 사용할 수 있다.

43 과망간산칼륨과 묽은황산이 반응하였을 때 생성물이 아닌 것은?

① MnO_2

② K_2SO_4

③ $MnSO_4$

④ O_2

$4KMnO_4 + 6H_2SO_4 \rightarrow 2K_2SO_4 + 4MnSO_4 + 6H_2O + 5O_2 \uparrow$

44 273℃에서 기체의 부피가 2L이다. 같은 압력에서 0℃일 때의 부피는 몇 L인가?

① 0.5

② 1

③ 2

④ 4

■ **샤를의 법칙**(Charles's Law)

일정한 압력하에서 기체의 부피는 절대온도에 비례한다.

$$\frac{V}{T} = \frac{V_1}{T_1}$$

$$\frac{2}{273+273} = \frac{V_1}{0+273}$$

$$V' = \frac{2 \times (0+273)}{273+273} = 1L$$

45 0.2N-HCl 500mL에 물을 가해 1L로 하였을 때 pH는 약 얼마인가?

① 1.0

② 1.2

③ 1.8

④ 2.1

0.2N-HCl 500mL에는 $0.2mol/L \times 0.5L = 0.1mol/L$

$pH = -\log 0.1 = -\log 10^{-1} = 1$

46 메틸에틸케톤에 관한 설명으로 틀린 것은?

① 인화가 용이한 가연성액체이다.
② 완전연소 시 메탄과 이산화탄소를 생성한다.
③ 물보다 가벼운 휘발성액체이다.
④ 증기는 공기보다 무겁다.

해설

완전연소 시 탄산가스와 물을 생성한다.
$CH_3COC_2H_5 + 5.5O_2 \rightarrow 4CO_2 + 4H_2O$

47 Ca_3P_2의 지정수량은 얼마인가?

① 50kg
② 100kg
③ 300kg
④ 500kg

해설

■ Ca_3P_2의 지정수량 : 300kg

48 과산화벤조일(벤조일퍼옥사이드)의 화학식을 옳게 나타낸 것은?

① CH_3ONO_2
② $(CH_3COC_2H_5)_2O_2$
③ $(CH_3CO)_2O_2$
④ $(C_6H_5CO)_2O_2$

해설

■ 과산화벤조일(벤조일퍼옥사이드, benzoyl peroxide, BPO)의 화학식

49 제2류 위험물 중 철분 또는 금속분을 수납한 운반용기의 외부에 표시해야 하는 주의사항으로 옳은 것은?

① 화기엄금 및 물기엄금
② 화기주의 및 물기엄금
③ 가연물접촉주의 및 화기엄금
④ 가연물접촉주의 및 화기주의

■ 위험물운반용기의 주의사항

위험물		주의사항	
제1류 위험물	알칼리금속의 과산화물	• 화기 · 충격주의 • 가연물접촉주의	• 물기엄금
	기 타	• 화기 · 충격주의	• 가연물접촉주의
제2류 위험물	철분 · 금속분 · 마그네슘	• 화기주의	• 물기엄금
	인화성고체	화기엄금	
	기 타	화기주의	
제3류 위험물	자연발화성물질	• 화기엄금	• 공기접촉엄금
	금수성물질	물기엄금	
제4류 위험물		화기엄금	
제5류 위험물		• 화기엄금	• 충격주의
제6류 위험물		가연물접촉주의	

50 트리에틸알루미늄을 200℃ 이상으로 가열하였을 때 발생하는 가연성가스와 트리에틸알루미늄이 염산과 반응하였을 때 발생하는 가연성가스의 명칭을 차례대로 나타낸 것은?

① 에틸렌, 메탄

② 아세틸렌, 메탄

③ 에틸렌, 에탄

④ 아세틸렌, 에탄

해설

㉠ 고온에서 불안정하며 200℃ 이상으로 가열하면 폭발적으로 분해하여 가연성가스를 발생한다.

$$(C_2H_5)_3Al \xrightarrow{\Delta} (C_2H_5)_2AlH + C_2H_4 \uparrow$$
디에틸수소알루미늄

$$(C_2H_5)_2AlH \xrightarrow{\Delta} \frac{3}{2}H_2 \uparrow + 2C_2H_4 \uparrow$$

㉡ 염산과 격렬히 반응하여 에탄을 발생한다.

$$(C_2H_5)_3Al + HCl \longrightarrow (C_2H_5)_2AlCl + C_2H_6 \uparrow$$
디에틸알루미늄클로라이드

정답 50. ③

51 주유취급소의 변경허가대상이 아닌 것은?

① 고정주유설비 또는 고정급유설비를 신설 또는 철거하는 경우
② 유리를 부착하기 위하여 담의 일부를 철거하는 경우
③ 고정주유설비 또는 고정급유설비의 위치를 이전하는 경우
④ 지하에 설치한 배관을 교체하는 경우

해설

■ **주유취급소의 변경허가대상**
㉠ 고정주유설비 또는 고정급유설비를 신설 또는 철거하는 경우
㉡ 유리를 부착하기 위하여 담의 일부를 철거하는 경우
㉢ 고정주유설비 또는 고정급유설비의 위치를 이전하는 경우

52 질산암모늄에 대한 설명으로 옳지 않은 것은?

① 열분해 시 가스를 발생한다.
② 물에 녹을 때 발열반응을 나타낸다.
③ 물보다 무거운 고체 상태의 결정이다.
④ 급격히 가열하면 단독으로도 폭발할 수 있다.

해설

물에 잘 녹고 물에 녹을 때 흡열반응을 나타낸다.

53 어떤 기체의 확산속도가 SO_2의 2배일 때 이 기체의 분자량을 추정하면 얼마인가?

① 16
② 32
③ 64
④ 128

해설

어떤 기체의 확산속도를 u_x, 분자량을 M_x라 하면

$$\frac{u_{so_2}}{u_x} = \sqrt{\frac{M_x}{M_{so_2}}} \text{에서} \ \sqrt{M_x} = \sqrt{M_{so_2}} \times \frac{u_{so_2}}{u_x}$$

$$\therefore M_x = M_{so_2} \times \left(\frac{u_{so_2}}{u_x}\right)^2 = 64 \times \left(\frac{1}{2}\right)^2 = 16$$

정답 51. ④ 52. ② 53. ①

54 위험물제조소 등의 옥내소화전설비의 설치기준으로 틀린 것은?

① 수원의 수량은 옥내소화전이 가장 많이 설치된 층의 옥내소화전 설치개수(설치개수가 5개 이상인 경우는 5개)에 $7.8m^3$를 곱한 양 이상이 되도록 설치할 것

② 옥내소화전은 제조소 등의 건축물의 층마다 해당 층의 각 부분에서 하나의 호스접속구까지의 수평거리가 50m 이하가 되도록 설치할 것

③ 옥내소화전설비는 각 층을 기준으로 하여 해당 층의 모든 옥내소화전(설치개수가 5개 이상인 경우는 5개의 옥내소화전)을 동시에 사용할 경우에 각 노즐선단의 방수압력이 350kPa 이상이고 방수량이 1분당 260L 이상의 성능이 되도록 할 것

④ 옥내소화전설비에는 비상전원을 설치할 것

> **해설**

옥내소화전은 제조소 등의 건축물의 층마다 해당 층의 각 부분에서 하나의 호스접속구까지의 수평거리가 25m 이하가 되도록 설치한다.

55 준비작업시간 100분, 개당 정미작업시간 15분, 로트 크기 20일 때 1개당 소요작업시간은 얼마인가?(단, 여유시간은 없다고 가정한다)

① 15분   ② 20분

③ 35분   ④ 45분

> **해설**

■ 소요작업시간

$$= \frac{준비작업시간 + 정미작업시간(1+여유율) \times 로트\ 크기}{로트\ 크기}$$

$$= \frac{100분 + 15분(1+0) \times 20}{20} = 20분$$

56 소비자가 요구하는 품질로서 설계와 판매정책에 반영되는 품질을 의미하는 것은?

① 시장품질   ② 설계품질

③ 제조품질   ④ 규격품질

> **해설**

㉠ 시장품질 : 소비자가 요구하는 품질로서 설계와 판매정책에 반영되는 품질

㉡ 설계품질(Quality of Design) : 제품의 시방, 성능, 외관 등을 규정지어 주는 품질규격을 표시한 것

㉢ 제조품질 : 적합품질이라고도 하며, 실제로 제조된 품질이다.

㉣ 규격품질 : 시방서 등에서 규정한 품질의 규격

정답 54. ②   55. ②   56. ①

57 축의 완성지름, 철사의 인장강도, 아스피린 순도와 같은 데이터를 관리하는 가장 대표적인 관리도는?

① c 관리도

② np 관리도

③ u 관리도

④ $\bar{x} - R$ 관리도

해설

① c 관리도 : 부적합수 관리도
② np 관리도 : 부적합품수 관리도
③ u 관리도 : 단위당 부적합수 관리도
④ $\bar{x} - R$: 평균치와 범위(표준편차) 관리도

58 로트의 크기가 시료의 크기에 비해 10배 이상 클 때, 시료의 크기와 합격판정 개수를 일정하게 하고 로트의 크기를 증가시킬 경우 검사특성곡선의 모양변화에 대한 설명으로 가장 적절한 것은?

① 무한대로 커진다.
② 별로 영향을 미치지 않는다.
③ 샘플링검사의 판별능력이 매우 좋아진다.
④ 검사특성곡선의 기울기 경사가 급해진다.

해설

로트의 크기가 시료의 크기에 비해 10배 이상 클 때 시료의 크기와 합격판정개수를 일정하게 하고 로트의 크기를 증가시킬 경우 검사특성곡선의 모양 변화는 별로 영향을 미치지 않는다.

59 다음 중 샘플링검사보다 전수검사를 실시하는 것이 유리한 경우는?

① 검사항목이 많은 경우
② 파괴검사를 해야 하는 경우
③ 품질특성치가 치명적인 결점을 포함하는 경우
④ 다수·다량의 것으로 어느 정도 부적합품이 섞여도 괜찮을 경우

해설

■ **샘플링검사보다 전수검사를 실시하는 것이 유리한 경우**
품질 특성치가 치명적인 결점을 포함하는 경우

정답 57. ④ 58. ② 59. ③

60 작업시간 측정방법 중 직접측정법은?

① PTS법 ② 경험견적법
③ 표준자료법 ④ 스톱워치법

해설

■ 작업시간 측정방법

직접측정	시간연구법	Stop-Watch
		전자식 자료집적기
		동작사진 촬영기
	WS(Work Sampling)	
간접측정	실적기록법	
	표준자료법	
	PTS(Predetermined Time Standard)	MTM
		WF

과년도 출제문제

2013년 제53회 출제문제(4월 14일 시행)

01 3.65kg의 염화수소 중에는 HCl 분자가 몇 개 있는가?

① 6.02×10^{23}　　　　　　　　② 6.02×10^{24}

③ 6.02×10^{25}　　　　　　　　④ 6.02×10^{26}

해설

- HCl의 분자량은 36.5g이다.
- 1몰속에는 6.02×10^{23}개의 분자가 존재한다.
- HCl 3.65kg의 몰수는 $\dfrac{3.65 \times 10^3 \text{g}}{36.5 \text{g}} = 100$몰이다.
- 1몰 : 6.02×10^{23} = 100몰 : x

∴ $x = 6.02 \times 10^{23} \times 100 = 6.02 \times 10^{25}$개

02 다음 중 물과 접촉하여도 위험하지 않은 물질은?

① 과산화나트륨　　　　　　　　② 과염소산나트륨

③ 마그네슘　　　　　　　　　　④ 알킬알루미늄

해설

② 과염소산나트륨(sodium perchlorate) $NaClO_4$는 조해되기 쉽고 물에 매우 잘 녹는다.

03 그림과 같은 예혼합화염 구조의 개략도에서 중간 생성물의 농도곡선은?

① 가
② 나
③ 다
④ 라

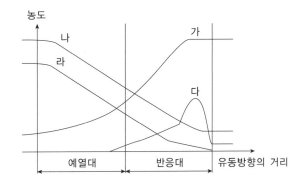

■ 예혼합연소(Premixing Burning)

연료의 공기를 미리 가연농도의 균일한 조성으로 혼합하여 버너로 분출시켜 연소하는 방법으로 연소실 부하율을 높게 얻을 수 있으므로 연소실의 체적이나 길이가 작아도 되는 이점이 있는 반면, 버너에서 상류의 혼합기로 역류를 일으킬 위험성이 크고 화염면(Flame Front)이 자력으로 전파되어가는 것이 특색이다.
예 분젠버너, 산소용접기, 가솔린엔진

04 다음 중 비중이 가장 작은 금속은?

① 마그네슘   ② 알루미늄
③ 지르코늄   ④ 아연

해설

① 1.74, ② 2.7, ③ 6.5, ④ 7.14

05 위험물안전관리법령상 소화설비의 적응성에서 제6류 위험물을 저장 또는 취급하는 제조소 등에 설치할 수 있는 소화설비는?

① 인산염류분말소화설비   ② 탄산수소염류 분말소화설비
③ 불활성가스소화설비   ④ 할로겐화합물소화설비

해설

■ 제6류 위험물을 저장 또는 취급하는 제조소 등에 설치할 수 있는 소화설비
인산염류분말소화설비

06 수소화리튬의 위험성에 대한 설명 중 틀린 것은?

① 물과 실온에서 격렬히 반응하여 수소를 발생하므로 위험하다.
② 공기와 접촉하면 자연발화의 위험이 있다.
③ 피부와 접촉 시 화상의 위험이 있다.
④ 고온으로 가열하면 수산화리튬과 수소를 발생하므로 위험하다.

해설

④ 물과는 실온에서 격렬하게 반응하여 수산화리튬과 많은 양의 수소를 발생한다. 이 때 반응열에 의해 LiH를 태운다.
$LiH + H_2O \rightarrow LiOH + H_2 \uparrow$

07 옥외탱크저장소에 보냉장치 및 불연성가스 봉입장치를 설치해야 되는 위험물은?

① 아세트알데히드

② 이황화탄소

③ 생석회

④ 염소산나트륨

> **해설**

■ **아세트알데히드 옥외탱크저장소** : 연소성혼합기체의 생성에 의한 폭발을 방지하기 위한 불활성기체 또는 수증기를 봉입하는 장치를 갖춘다.

08 위험물안전관리법령상 유기과산화물을 함유하는 것 중에서 불활성고체를 함유하는 것으로서 다음에 해당하는 것은 위험물에서 제외된다. ( ) 안에 알맞은 수치는?

> 과산화벤조일의 함유량이 ( )중량퍼센트 미만인 것으로서 전분가루, 황산칼슘2수화물 또는 인산1수소칼슘2수화물과의 혼합물

① 30

② 35.5

③ 40.5

④ 50

> **해설**

유기과산화물을 함유한 것 중에서 불활성(비활성) 고체를 함유하는 것으로서 다음에 해당 되는 것은 제5류 위험물에서 제외한다.

㉠ 과산화벤조일의 함유량이 35.5중량퍼센트(wt%) 미만인 것으로서 전분가루, 황산칼슘2수화물 또는 인산1수소칼슘2수화물과의 혼합물

㉡ 비스(4클로로벤조일)퍼옥사이드의 함유량이 30중량퍼센트(wt%) 미만인 것으로서 불활성고체와의 혼합물

㉢ 과산화지크밀의 함유량이 40중량퍼센트(wt%) 미만인 것으로서 불활성고체와의 혼합물

㉣ 1·4비스(2-터셔리부틸퍼옥시이소프로필)벤젠의 함유량이 40중량퍼센트(wt%) 미만인 것으로서 불활성고체와의 혼합물

㉤ 시크로헥사놀퍼옥사이드의 함유량이 0중량퍼센트(wt%) 미만인 것으로서 불활성고체와의 혼합물

09 소화난이도등급 I 의 제조소 등 중 옥내탱크저장소의 규모에 대한 설명이 옳은 것은?

① 액체위험물을 저장하는 위험물의 액표면적이 $20m^2$ 이상인 것

② 바닥면으로부터 탱크 옆판의 상단까지 높이가 6m 이상인 것(제6류 위험물을 저장하는 것 및 고인화점위험물만을 100℃ 미만의 온도에서 저장하는 것은 제외)

③ 액체위험물을 저장하는 단층건축물 외의 건축물에 설치하는 것으로서 인화점이 40℃ 이상 70℃ 미만의 위험물은 지정수량의 40배 이상 저장 또는 취급하는 것

④ 고체위험물을 지정수량의 150배 이상 저장 또는 취급하는 것

정답 07. ①　08. ②　09. ②

■ 옥외탱크저장소

㉠ 액표면적이 40m² 이상인 것(제6류 위험물을 저장하는 것 및 고인화점위험물만을 100℃ 미만의 온도에서 저장하는 것은 제외)

㉡ 지반면으로부터 탱크 옆판의 상단까지 높이가 6m 이상인 것(제6류 위험물을 저장하는 것 및 고인화점위험물만을 100℃ 미만의 온도에서 저장하는 것은 제외)

㉢ 지중탱크 또는 해상탱크로서 지정수량의 100배 이상인 것(제6류 위험물을 저장하는 것 및 고인화점위험물만을 100℃ 미만의 온도에서 저장하는 것은 제외)

㉣ 고체위험물을 저장하는 것으로서 지정수량의 100배 이상인 것

10 제조소 등에서의 위험물 저장의 기준에 관한 설명 중 틀린 것은?

① 제3류 위험물 중 황린과 금수성물질은 동일한 저장소에서 저장하여도 된다.

② 옥내저장소에서 재해가 현저하게 증대할 우려가 있는 위험물을 다량 저장하는 경우에는 지정수량의 10배 이하마다 구분하여 상호 간 0.3m 이상의 간격을 두어 저장하여야 한다.

③ 옥내저장소에서는 용기에 수납하여 저장하는 위험물의 온도가 55℃를 넘지 아니하도록 필요한 조치를 강구하여야 한다.

④ 컨테이너식 이동탱크저장소 외의 이동탱크저장소에 있어서는 위험물을 저장한 상태로 이동저장탱크를 옮겨 싣지 아니하여야 한다.

① 제3류 위험물 중 황린과 금수성물질은 각각 다른 저장소에 저장을 한다.

11 과망간산칼륨의 일반적인 성상에 관한 설명으로 틀린 것은?

① 단맛이 나는 무색의 결정성 분말이다.

② 산화제이고 황산과 접촉하면 격렬하게 반응한다.

③ 비중은 약 2.7이다.

④ 살균제, 소독제로 사용된다.

① 흑자색 또는 적자색의 결정이다.

12 다음 물질과 제6류 위험물인 과산화수소와 혼합되었을 때 결과가 다른 하나는?

① 인산나트륨　　　　　　② 이산화망간

③ 요소　　　　　　　　　④ 인산

정답　10. ①　11. ①　12. ②

해설

㉠ 분해방지안정제 : 인산나트륨, 인산, 요산, 요소, 글리세린 등
㉡ 분해속도증가제 : MnO_2, HF, HBr, KI, Fe_3^+, OH^- 등

13 273℃에서 기체의 부피가 4L이다. 같은 압력에서 25℃일 때의 부피는 약 몇 L인가?

① 0.5   ② 2.2
③ 3   ④ 4

해설

■ 샤를의 법칙

$$\frac{V}{T} = \frac{V'}{T'}, \quad \frac{4}{273+273} = \frac{V'}{25+273}$$

$$\therefore \ V' = \frac{4 \times (25+273)}{(273+273)} = 2.2L$$

14 다음 중 가연성이면서 폭발성이 있는 물질은?

① 과산화수소   ② 과산화벤조일
③ 염소산나트륨   ④ 과염소산칼륨

해설

① 산화성액체, ② 가연성이면서 폭발성이 있는 물질, ③ 산화성고체, ④ 산화성고체

15 나머지 셋과 지정수량이 다른 하나는?

① 칼슘   ② 알킬알루미늄
③ 칼륨   ④ 나트륨

해설

① 50kg, ② 10kg, ③ 10kg, ④ 10kg

16 옥외탱크저장소에 설치하는 높이가 1m를 넘는 방유제 및 간막이 둑의 안팎에 설치하는 계단 또는 경사로는 약 몇 m마다 설치하여야 하는가?

① 20   ② 30
③ 40   ④ 50

정답 13. ② 14. ② 15. ① 16. ④

▪ **인화성액체위험물(이황화탄소를 제외한다.)의 옥외탱크저장소의 탱크 주위의 방유제 설치기준**

높이가 1m를 넘는 방유제 및 간막이 둑의 안팎에는 방유제 내에 출입하기 위한 계단 또는 경사로를 약 50m마다 설치한다.

17 위험물안전관리법령상 이산화탄소소화기가 적응성이 없는 위험물은?

① 인화성고체   ② 톨루엔

③ 초산메틸   ④ 브롬산칼륨

해설 ▶

▪ **브롬(취소)산칼륨(potassium bromate, $KBrO_3$)의 소화방법**

다량의 물로 냉각소화한다.

18 제3류 위험물의 종류에 따라 위험물을 수납한 용기에 부착하는 주의사항의 내용에 해당하지 않는 것은?

① 충격주의   ② 화기엄금

③ 공기접촉엄금   ④ 물기엄금

해설 ▶

▪ **위험물운반용기의 주의사항**

위험물		주의사항	
제1류 위험물	알칼리금속의 과산화물	• 화기 · 충격주의 • 가연물접촉주의	• 물기엄금
	기 타	• 화기 · 충격주의	• 가연물접촉주의
제2류 위험물	철분 · 금속분 · 마그네슘	• 화기주의	• 물기엄금
	인화성고체	화기엄금	
	기 타	화기주의	
제3류 위험물	자연발화성물질	• 화기엄금	• 공기접촉엄금
	금수성물질	물기엄금	
제4류 위험물		화기엄금	
제5류 위험물		• 화기엄금	• 충격주의
제6류 위험물		가연물접촉주의	

19 황린과 적린에 대한 설명 중 틀린 것은?

① 적린은 황린에 비하여 안정하다.
② 비중은 황린이 크며, 녹는점은 적린이 낮다.
③ 적린과 황린은 모두 물에 녹지 않는다.
④ 연소할 때 황린과 적린은 모두 흰 연기를 발생한다.

해설

항목 \ 구분	황 린	적 린
비 중	1.82	2.2
녹는점	44.1℃	596℃

20 TNT가 분해될 때 발생하는 주요가스에 해당하지 않는 것은?

① 질소 ② 수소
③ 암모니아 ④ 일산화탄소

해설

트리니트로톨루엔을 분해하면 다량의 기체를 발생한다. 불완전연소 시는 유동성의 질소산화물과 CO를 발생한다.

$$2C_6H_5CH_3(NO_2)_3 \longrightarrow 12CO\uparrow + 2C + 3N_2 + 5H_2\uparrow$$

21 다음 중 서로 혼합하였을 경우 위험성이 가장 낮은 것은?

① 알루미늄분과 황화인 ② 과산화나트륨과 마그네슘분
③ 염소산나트륨과 황 ④ 니트로셀룰로오스와 에탄올

해설

니트로셀룰로오스와 물(20%), 에탄올(30%)은 혼합하였을 경우 위험성이 감소한다.

22 Al이 속하는 금속은 무슨 족 계열인가?

① 철족 ② 알칼리금속족
③ 붕소족 ④ 알칼리토금속족

해설

■ **붕소족 원소(3B)** : B, Al, Ga, In, Tl

정답 19. ② 20. ③ 21. ④ 22. ③

23 오황화인의 성질에 대한 설명으로 옳은 것은?

① 청색의 결정으로 특이한 냄새가 있다.
② 알코올에는 잘 녹고 이황화탄소에는 잘 녹지 않는다.
③ 수분을 흡수하면 분해한다.
④ 비점은 약 325℃이다.

> **해설**

① 담황색의 결정성 덩어리로 특이한 냄새를 가진다.
② 물, 알코올, 이황화탄소에 녹는다.
④ 비점은 514℃이다.

24 아세톤을 저장하는 옥외저장탱크 중 압력탱크 외의 탱크에 설치하는 대기밸브부착 통기관은 몇 kPa 이하의 압력 차이로 작동할 수 있어야 하는가?

① 5
② 10
③ 15
④ 20

> **해설**

■ **옥외저장탱크 중 압력탱크 외의 탱크에 있어서 밸브 없는 통기관**
5kPa 이하의 압력차이로 작동할 수 있다.

25 위험물제조소에 옥내소화전 6개와 옥외소화전 1개를 설치하는 경우 각각에 필요한 최소수원의 수량을 합한 값은?(단, 위험물제조소는 단층건축물이다)

① 7.8m³
② 13.5m³
③ 21.3m³
④ 52.5m³

> **해설**

㉠ 옥내소화전의 수원의 양(Q) : 옥내소화전설비의 설치개수(N) (5개 이상인 경우에는 5 개)에 7.8m³를 곱한 양 이상

$$Q(\text{m}^3) = 5 \times 7.8\text{m}^3 = 39\text{m}^3$$

㉡ 옥외소화전의 수원의 양(Q) : 옥외소화전설비의 설치개수(N) (4개 이상인 경우에는 4개)에 13.5m³를 곱한 양 이상

$$Q(\text{m}^3) = 1 \times 13.5\text{m}^3 = 13.5\text{m}^3$$

$$\therefore 39\text{m}^3 + 13.5\text{m}^3 = 52.5\text{m}^3$$

26 시료를 가스화시켜 분리관 속에 운반기체(Carrier Gas)와 같이 주입하고 분리관(칼럼) 내에 서 체류하는 시간의 차이에 따라 정성, 정량하는 기기분석은?

① FT-IR ② GC

③ UV-vis ④ XRD

> **해설**

① FT-IR(Frustrated Total Internal Reflection) : 광학계에 분산형의 분광기 대신에 두 개의 광속간섭계 를 이용하여 얻어지는 간섭줄무늬를 fourier 변환하고 적외선 흡수 스펙트럼을 얻는 방법으로 고속 Fourier 변환이 마이크로컴퓨터에 의해 용이하게 처리할 수 있게 됨으로서 가능하게 된 기술이다.

② GC(Gas Chromatography) : 시료를 가스화시켜 분리관 속에 운반기체(Carrier gas)와 같이 주입하고 분 리관(칼럼) 내에서 체류하는 시간의 차이에 따라 정성·정량하는 기기분석이다.

③ UV-Vis(Ultraviolet-Visible Spectroscopy) : 자외선-가시광선 분광광도계라하며, 분자마다 빛을 최대 로 흡수하는 파장이 다르다는 것이 기본 개념이며 넓은 범위의 파장의 빛을 투과시키면서 흡광도를 측정 하여 흡광도가 특히 높은 파장을 찾아 물질의 정성적인 분석을 한다.

④ XRD(X-Ray Diffraction) : X선 회절은 물질의 내부 미세구조를 밝히는 데 매우 유용한 수단이다.

27 과산화마그네슘에 대한 설명으로 옳은 것은?

① 갈색 분말로 시판품은 함량이 80~90% 정도이다.

② 물에 잘 녹지 않는다.

③ 산에 녹아 산소를 발생한다.

④ 소화방법은 냉각소화가 효과적이다.

> **해설**

① 무취, 백색의 분말이다.

③ 산과 접촉하여 과산화수소를 발생한다.

$MgO_2 + 2HCl \rightarrow MgCl_2 + H_2O_2$

④ 초기 소화에는 분말소화기가 유효하며 소량인 경우에는 다량의 물을 주수한다.

28 위험물안전관리법령상 지정수량이 100kg이 아닌 것은?

① 적린 ② 철분

③ 유황 ④ 황화인

> **해설**

㉠ 100kg : ①, ③, ④

㉡ 500kg : ②

29 산화성고체위험물의 일반적인 성질로 옳은 것은?

① 불연성이며 다른 물질을 산화시킬 수 있는 산소를 많이 함유하고 있으며 강한 환원제이다.
② 가연성이며 다른 물질을 연소시킬 수 있는 염소를 함유하고 있으며 강한 산화제이다.
③ 불연성이며 다른 물질을 산화시킬 수 있는 산소를 많이 함유하고 있으며 강한 산화제이다.
④ 불연성이며 다른 물질을 연소시킬 수 있는 수소를 많이 함유하고 있으며 환원성 물질이다.

해설

- **산화성위험물의 일반적 성질 :** 불연성이며, 다른 물질을 산화시킬 수 있는 산소를 많이 함유하고 있으며 강한 산화제이다.

30 위험물의 취급 중 제조에 관한 기준으로 다음 사항을 유의하여야 하는 공정은?

> 위험물을 취급하는 설비의 내부압력의 변동 등에 의하여 액체 또는 증기가 새지 아니하도록 하여야 한다.

① 증류공정   ② 추출공정
③ 건조공정   ④ 분쇄공정

해설

- **위험물제조과정에서의 취급기준**
① 증류공정 : 위험물을 취급하는 설비의 내부압력의 변동 등에 의하여 액체 또는 증기가 새지 않도록 해야 한다.
② 추출공정 : 추출관의 내부압력이 이상 상승하지 않도록 해야 한다.
③ 건조공정 : 위험물의 온도가 국부적으로 상승하지 않는 방법으로 가열 또는 건조시켜야 한다.
④ 분쇄공정 : 위험물의 분말이 현저하게 부유하고 있거나 기계·기구 등에 위험물이 부착되어 있는 상태로 그 기계·기구는 사용해서는 안 된다.

31 니트로셀룰로오스에 대한 설명으로 옳지 않은 것은?

① 셀룰로오스를 진한황산과 질산으로 반응시켜 만들 수 있다.
② 품명이 니트로화합물이다.
③ 질화도가 낮은 것보다 높은 것이 더 위험하다.
④ 수분을 함유하면 위험성이 감소된다.

해설

② 품명은 질산에스테르류이다.

32 제3류 위험물에 대한 설명으로 옳지 않은 것은?

① 탄화알루미늄은 물과 반응하여 에탄가스를 발생한다.
② 칼륨은 물과 반응하여 발열반응을 일으키며 수소가스를 발생한다.
③ 황린이 공기 중에서 자연발화하여 오산화린이 발생된다.
④ 탄화칼슘이 물과 반응하여 발생하는 가스의 연소범위는 2.5~81%이다.

해설

① 상온에서 물과 반응하여 발열하고 가연성, 폭발성의 메탄가스를 발생하고 발열한다.

$Al_4C_3 + 12H_2O \rightarrow 4Al(OH)_3 + 3CH_4 \uparrow$

33 위험물안전관리법상 제조소 등에 대한 과징금처분에 관한 설명으로 옳은 것은?

① 제조소 등의 관계인이 허가취소에 해당하는 위법행위를 한 경우 허가취소가 이용자에게 심한 불편을 주거나 공익을 해칠 우려가 있는 경우 허가취소처분에 갈음하여 2억원 이하의 과징금을 부과할 수 있다.
② 제조소 등의 관계인이 사용정지에 해당하는 위법행위를 한 경우 사용정지가 이용자에게 심한 불편을 주거나 공익을 해칠 우려가 있는 경우 사용정지처분에 갈음하여 2억원 이하의 과징금을 부과할 수 있다.
③ 제조소 등의 관계인이 허가취소에 해당하는 위법행위를 한 경우 허가취소가 이용자에게 심한 불편을 주거나 공익을 해칠 우려가 있는 경우 허가취소처분에 갈음하여 5억원 이하의 과징금을 부과할 수 있다.
④ 제조소 등의 관계인이 사용정지에 해당하는 위법행위를 한 경우 사용정지가 이용자에게 심한 불편을 주거나 공익을 해칠 우려가 있는 경우 사용정지처분에 갈음하여 5억원 이하의 과징금을 부과할 수 있다.

해설

■ **과징금 처분**
(1) 3,000만 원 이하
  ㉠ 방염업 영업정지 처분 갈음
  ㉡ 소방시설업 영업정지 처분 갈음
(2) 2억원 이하 : 제조소 사용정지 처분 갈음

34 특정옥외저장탱크 구조기준 중 펠릿용접의 사이즈[S(mm)]를 구하는 식으로 옳은 것은?[단, t_t : 얇은 쪽 강판의 두께(mm), t_2 : 두꺼운 쪽 강판의 두께(mm)이며 $S \geqq 4.5$이다]

① $t_1 \geqq S \geqq t_2$ 　　　② $t_1 \geqq S \geqq \sqrt{2t_2}$

③ $\sqrt{2t_1} \geqq S \geqq t_2$ 　　　④ $t_1 \geqq S \geqq 2t_2$

해설

특정옥외탱크저장소

옥외탱크저장소 중 그 저장 또는 취급하는 액체위험물의 최대수량의 100만L 이상의 것
• 펠릿용접의 사이즈(부등사이즈가 되는 경우에는 작은 쪽의 사이즈를 말한다)
• $t_1 \geqq S \geqq \sqrt{2t_2}$ (단, $S \geqq 4.5$)
  [t_1 : 얇은 쪽 강판의 두께(mm), t_2 : 두꺼운 쪽 강판의 두께(mm), S : 사이즈(mm)]

35 0.4N HCl 500mL에 물을 가해 1L로 하였을 때 pH는 약 얼마인가?

① 0.7 　　　② 1.2

③ 1.8 　　　④ 2.1

해설

$$0.4N = \left| \frac{0.4eq}{L} \right| 0.5L \left| = 0.2eq \right.$$

$$\frac{0.2eq}{1L} = 0.2eq/L$$

$$pH = -\log H^+ = -\log 0.2 = 0.7$$

36 다음 금속원소 중 비점이 가장 높은 것은?

① 리튬 　　　② 나트륨

③ 칼륨 　　　④ 루비듐

해설

① 1,350℃, ② 882.9℃, ③ 774℃, ④ 688℃

37 위험성 평가기법을 정량적 평가기법과 정성적 평가기법으로 구분할 때 다음 중 그 성격이 다른 하나는?

① HAZOP
② FTA
③ ETA
④ CCA

해설

① HAZOP(Hazard and Operability) : 위험과 운전분석기법이라 하며, 화학공장에서의 위험성(Hazard)과 운전성(Operability)을 정해진 규칙과 설계도면에 의해서 체계적으로 분석·평가하는 방법이다. 인명과 재산상의 손실을 수반하는 시행착오를 방지하기 위하여 인위적으로 만들어진 합성경험을 통하여 공정 전반에 걸쳐 설비의 오작동이나 운전조작의 실수 가능성을 최소화 하도록 합성경험에 해당하는 운전상의 이탈(Deviation)을 제시함에 있어 사소한 원인이나 비현실적인 원인이라 할지라도 이것으로 인하여 초래될 수 있는 결과를 체계적으로 누락 없이 검토하고 나아가서 그것에 대한 대책 수집까지 가능한 위험성 평가기법이다.

② FTA(Fault Tree Analysis) : 결함수법, 결함관련수법, 고장의 목분석법 등으로 불리는 FTA는 기계, 설비 또는 Man-Machine 시스템의 고장이나 재해의 발생요인을 논리적으로 도표에 의하여 분석하는 기법이다. 일정의 약속된 기호에 의하여 논리적 순서에 따라 논리의 한계까지 전개하여 재해 발생요인을 분석하는 것이다. 그러나 재해 발생 후의 원인규명 보다 재해예방을 위한 예측기법으로서의 활용가치가 더 높다.

③ ETA(Event Tree Analysis) : 미국에서 개발된 DT(Decision Tree)에서 변천해 온 것으로 설비의 설계, 심사, 제작, 검사, 보전, 운전, 안전대책의 과정에서 그 대응조치가 성공인가 실패인가를 확대해 가는 과정을 검토한다. 귀납적 해설방법으로서 일반적으로 성공하는 것이 보통이고 실패가 드물게 일어나므로 실패의 확률만으로 계산하면 되게끔 되어 있다. 실패가 거듭될수록 피해가 커지는 것으로, 그 발생확률을 최소로 줄이기 위해서는 어디에 중점을 둘 것인가를 읽어낼 수 있어야 한다.

④ CCA(Consequence Cause Analysis) : 핵시설의 보안과 안전을 위해 덴마크의 RISO 연구소에 의해 개발된 것이다.

38 이동탱크저장소에 의하여 위험물 장거리운송 시 다음 중 위험물운송자를 2명 이상의 운전자로 하여야 하는 경우는?

① 운송책임자를 동승시킨 경우
② 운송위험물이 휘발유인 경우
③ 운송위험물이 질산인 경우
④ 운송 중 2시간이내 마다 20분 이상씩 휴식하는 경우

해설

■ 이동탱크저장소에서 위험물 장거리운송 시 위험물운송자를 2명 이상의 운전자로 하는 경우
운송위험물이 질산인 경우

정답 37. ① 38. ③

39 내용적이 20,000L인 지하저장탱크(소화약제 방출구를 탱크 안의 윗부분에 설치하지 않은 것)를 구입하여 설치하는 경우 최대 몇 L까지 저장취급허가를 신청할 수 있는가?

① 18,000

② 19,000

③ 19,800

④ 20,000

해설

내용적 $20,000L \times 0.95 = 19,000L$

40 한 변의 길이는 10m, 다른 한 변의 길이는 50m인 옥내저장소에 자동화재탐지설비를 설치하는 경우 경계구역은 원칙적으로 최소한 몇 개로 하여야 하는가?(단, 차동식스포트형감지기를 설치한다)

① 1

② 2

③ 3

④ 4

해설

■ **자동화재탐지설비 경계구역**: 하나의 경계구역의 면적을 $600m^2$ 이하로 하고 한 변의 길이는 50m 이하로 한다. 즉, $10 \times 50m = 500m^2$이므로 $600m^2$ 이하이다.

41 다음 중 위험물안전관리법령에서 규정하는 이중벽탱크의 종류가 아닌 것은?

① 강제강화플라스틱제 이중벽탱크

② 강화플라스틱제 이중벽탱크

③ 강제이중벽탱크

④ 강화강판이중벽탱크

해설

■ **이중벽탱크의 종류**

㉠ 강제강화플라스틱제 이중벽탱크

㉡ 강화플라스틱제 이중벽탱크

㉢ 강제이중벽탱크

42 위험물안전관리법령상 품명이 나머지 셋과 다른 하나는?(단, 수용성과 비수용성은 고려하지 않는다)

① C_6H_5Cl

② $C_6H_5NO_2$

③ $C_2H_4(OH)_2$

④ $C_3H_5(OH)_3$

해설▶

■ 제4류 위험물의 품명과 지정수량

	위험 등급		품 명		지정수량
인화성액체	I		특수인화물류		50L
	II	제1석유류		비수용성	200L
				수용성	400L
			알코올류		400L
	III	제2석유류		비수용성(C_6H_5Cl)	1,000L
				수용성	2,000L
		제3석유류		비수용성($C_6H_5NO_2$)	2,000L
				수용성($C_2H_4(OH)_2$, $C_3H_5(OH)_3$)	4,000L
		제4석유류			6,000L
		동·식물유류			10,000L

43 위험물안전관리자에 대한 설명으로 틀린 것은?

① 암반탱크저장소에는 위험물안전관리자를 선임하여야 한다.
② 위험물안전관리자가 일시적으로 직무를 수행할 수 없는 경우 대리자를 지정하여 그 직무를 대행하게 하여야 한다.
③ 위험물안전관리자와 위험물운송자로 종사하는 자는 신규 종사 후 2년마다 1회 실무교육을 받아야 한다.
④ 다수의 제조소 등을 동일인이 설치한 경우에는 일정한 요건에 따라 1인의 안전관리자를 중복하여 선임할 수 있다.

해설▶

■ 안전교육의 과정·기간과 그 밖의 교육의 실시에 관한 사항 등

교육과정	교육대상자	교육시간	교육시기	교육기관
강습교육	안전 관리자가 되고자 하는 자	24시간	신규 종사 전	안전원
	위험물운송자가 되고자 하는 자	16시간		
실무교육	안전관리자	8시간 이내	신규 종사 후 2년마다 1회	안전원
	위험물운송자		신규 종사 후 3년마다 1회	
	탱크시험자의 기술인력		신규 종사 후 2년마다 1회	공 사

정답 43. ③

44 위험물안전관리법령상 기계에 의하여 하역하는 구조로 된 운반용기 외부에 표시하여야 하는 사항이 아닌 것은?[단, 원칙적인 경우에 한하며, 국제해상위험물규칙(IMDG Code)을 표시한 경우는 제외한다]

① 겹쳐쌓기 시험하중　　　　　　② 위험물의 화학명
③ 위험물의 위험등급　　　　　　④ 위험물의 인화점

해설

▪ 기계에 의하여 하역하는 구조로 된 운반용기 외부에 표시하는 사항
㉠ 겹쳐쌓기 시험하중
㉡ 위험물의 화학명
㉢ 위험물의 위험등급

45 삼산화크롬(chromium trioxide)을 융점 이상으로 가열(250℃)하였을 때 분해생성물은?

① CrO_2와 O_2　　　　　　② Cr_2O_3와 O_2
③ Cr과 O_2　　　　　　④ Cr_2O_5와 O_2

해설

삼산화크롬(무수크롬산) CrO_3을 융점 이상으로 가열하면 200~250℃에서 분해하여 산소를 방출하고 녹색의 삼산화이크롬으로 변한다.

$$4CrO_3 \xrightarrow{\Delta} 2Cr_2O_3 + 3O_2 \uparrow$$
삼산화크롬　　　삼산화이크롬

46 과산화수소수용액은 보관 중 서서히 분해할 수 있으므로 안정제를 첨가하는데 그 안정제로 가장 적합한 것은?

① H_3PO_4　　　　　　② MnO_2
③ C_2H_5OH　　　　　　④ Cu

해설

과산화수소는 농도가 클수록 위험성이 높아지므로 분해방지안정제(인산나트륨, 인산, 요산, 요소, 글리세린 등)를 넣어 산소분해를 억제시킨다.

47 주유취급소에 설치해야 하는 "주유 중 엔진정지" 게시판의 색상을 옳게 나타낸 것은?

① 적색 바탕에 백색 문자　　　　　　② 청색 바탕에 백색 문자
③ 백색 바탕에 흑색 문자　　　　　　④ 황색 바탕에 흑색 문자

해설

■ **주유 중 엔진정지 게시판 색상**
황색 바탕에 흑색 문자

48 클로로벤젠 150,000L는 몇 소요단위에 해당하는가?

① 7.5단위　　　　　　　　　　　　② 10단위
③ 15단위　　　　　　　　　　　　④ 30단위

해설

$$소요단위 = \frac{저장량}{지정수량 \times 10} = \frac{150,000}{1,000 \times 10} = 15단위$$

49 다음의 성질을 모두 갖추고 있는 물질은?

액체, 자연발화성, 금수성

① 트리에틸알루미늄　　　　　　　　② 아세톤
③ 황린　　　　　　　　　　　　　　④ 마그네슘

해설

트리에틸알루미늄[tri ethyl aluminum, $(C_2H_5)_3Al$]은 액체이며, 자연발화성, 금수성물질이다.

50 다음 위험물 중 지정수량이 나머지 셋과 다른 것은?

① 요오드산염류　　　　　　　　　　② 무기과산화물
③ 알칼리토금속　　　　　　　　　　④ 염소산염류

해설

① 300kg, ② 50kg, ③ 50kg, ④ 50kg

51 위험물제조소로부터 30m 이상의 안전거리를 유지하여야 하는 건축물 또는 공작물은?

① 문화재보호법에 따른 지정문화재
② 고압가스안전관리법에 따라 신고하여야 하는 고압가스저장시설
③ 주거용 건축물
④ 고등교육법에서 정하는 학교

> **해설**
>
> ① 50m 이상, ② 20m 이상, ③ 10m 이상, ④ 30m 이상

52 다음 중 과염소산의 화학적 성질에 관한 설명으로 잘못된 것은?

① 물에 잘 녹으며 수용액 상태는 비교적 안정하다.
② Fe, Cu, Zn과 격렬하게 반응하고 산화물을 만든다.
③ 알코올류와 접촉 시 폭발 위험이 있다.
④ 가열하면 분해하여 유독성의 HCl이 발생한다.

> **해설**
>
> ① 물과 반응하면 소리를 내며 심하게 발열한다.

53 다음에서 설명하는 위험물의 지정수량으로 예상할 수 있는 것은?

> • 옥외저장소에서 저장·취급할 수 있다.
> • 운반용기에 수납하여 운반할 경우 내용적의 98% 이하로 수납하여야 한다.
> • 위험등급 I에 해당하는 위험물이다.

① 10kg   ② 300kg
③ 400L   ④ 4,000L

> **해설**
>
> (1) 운반용기의 수납률

위험물	수납률
알킬알루미늄 등	90% 이하(50℃에서 5% 이상 공간 용적 유지)
고체위험물	95% 이하
액체위험물	98% 이하(55℃에서 누설되지 않을 것)

(2) 제6류 위험물의 품명과 지정수량

성 질	위험등급	품 명	지정수량
산화성액체	I	1. 과염소산 2. 과산화수소 3. 질산	300kg
		4. 그 밖의 행정안전부령이 정하는 것. 할로겐간 화합물(F, Cl, Br, I 등) 5. 1 내지 4의 1에 해당하는 어느 하나 이상을 함유한 것	300kg

54 탱크안전성능검사의 내용을 구분하는 것으로 틀린 것은?

① 기초·지반검사
② 충수·수압검사
③ 용접부검사
④ 배관검사

해설

■ 탱크안전 성능검사 내용 구분
㉠ 기초·지반검사, ㉡ 충수·수압검사, ㉢ 용접부검사

55 검사의 분류방법 중 검사가 행해지는 공정에 의한 분류에 속하는 것은?

① 관리샘플링검사
② 로트별샘플링검사
③ 전수검사
④ 출하검사

해설

■ 출하검사 : 검사가 행해지는 공정에 의한 분류

56 다음 중 브레인스토밍(Brainstorming)과 가장 관계가 깊은 것은?

① 파레토도
② 히스토그램
③ 회귀분석
④ 특성요인도

해설

㉠ 특성요인도 : 특성과 요인관계를 도표로 하여 어골상으로 세분화한 것으로 재해의 통계적 원인분석 중 결과에 대한 원인요소 및 상호의 관계를 인간관계로 결부하여 나타내는 작업
㉡ 브레인스토밍 : 잠재의식을 일깨워 자유로이 아이디어를 개발하자는 토의식 아이디어 개발기법

정답 54. ④ 55. ④ 56. ④

57 단계여유(Slack)의 표시로 옳은 것은?(단, TE는 가장 이른 예정일, TL은 가장 늦은 예정일, TF는 총 여유 시간, FF는 자유여유시간이다)

① $TE - TL$
② $TL - TE$
③ $FF - TF$
④ $TE - TF$

해설

단계여유(Slack) : $S = TL - TE$
㉠ $S = 0$: 자원의 최적배분
㉡ $S > 0$: 자원의 과잉
㉢ $S < 0$: 자원의 부족

58 c 관리도에서 $k = 20$인 군의 총 부적합수 합계는 58이었다. 이 관리도의 UCL, LCL을 계산하면 약 얼마인가?

① UCL=2.90, LCL=고려하지 않음
② UCL=5.90, LCL=고려하지 않음
③ UCL=6.92, LCL=고려하지 않음
④ UCL=8.01, LCL=고려하지 않음

해설

총 부적합 수 $\bar{c} = \dfrac{\sum C}{K} = \dfrac{58}{20} = 2.9$

$\bar{c} \pm 3\sqrt{\bar{c}} = 2.9 \pm 3\sqrt{2.9} = 8.01$

∴ UCL=8.01, LCL=고려하지 않는다.

59 테일러(F.W. Taylor)에 의해 처음 도입된 방법으로 작업시간을 직접 관측하여 표준시간을 설정하는 표준시간 설정기법은?

① PTS법
② 실적자료법
③ 표준자료법
④ 스톱워치법

해설

■ 작업측정 기법의 종류
(1) 간접측정법 : PTS법, 실적자료법, 표준자료법
(2) 직접측정법 : WS법, WF법, 시간연구법

60 공정 중에 발생하는 모든 작업, 검사, 운반, 저장, 정체 등이 도식화된 것이며, 또한 분석에 필요하다고 생각 되는 소요시간, 운반거리 등의 정보가 기재된 것은?

① 작업분석(Operation Analysis)

② 다중활동분석표(Multiple Activity Chart)

③ 사무공정분석(Form Process Chart)

④ 유통공정도(Flow Process Chart)

해설

① 작업분석 : 작업을 가장 합리적인 형식으로 안정시키기 위해 행하는 것

② 다중활동분석표 : 복수 Man-Machine이 관여되어 작업이 이루어지는 부문의 주체별 작업내용, 상호 관련성을 분석하여 작업시간의 비동기성을 제거하는 것

③ 사무공정분석 : 각종 사무의 흐름을 분석하며 애로나 결함을 시정하는 것

2013년 제54회 출제문제(7월 21일 시행)

01 다음 중 1차 이온화에너지가 가장 큰 것은?

① Ne
② Na
③ K
④ Be

> **해설**

■ **이온화에너지** : 중성인 원자로부터 전자 1개를 떼어 양이온으로 만드는 데 필요한 최소한의 에너지이며 이온화에너지가 가장 큰 것은 0족 원소인 불활성 원소이다. 즉 이온이 되기 어렵다.

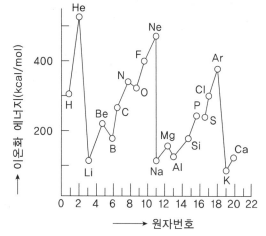

02 사용전압이 35,000V인 특고압 가공전선과 위험물제조소와의 안전거리기준으로 옳은 것은?

① 3m 이상
② 5m 이상
③ 10m 이상
④ 15m 이상

> **해설**

■ **안전거리**
㉠ 사용전압이 7,000V 초과, 35,000V 이하의 특고압 가공전선 : 3m 이상
㉡ 사용전압이 35,000V를 초과하는 특고압 가공전선 : 5m 이상

정답 01. ① 02. ①

03 오존파괴지수를 나타내는 것은?

① CFC　　　　　　　　　　　　② ODP
③ GWP　　　　　　　　　　　　④ HCFC

해설

① CFC(Chloro Fluoro Carbon) : 염화불화탄소라 하며, 냉매·발포제·분사제·세정제 등으로 산업계에 폭넓게 사용되는 가스이며 일명 프레온가스라고 불린다. 화학명이 클로로플로르카본인 CFC는 인체에 독성이 없고 불연성을 가진 이상적인 화합물이어서 한때 꿈의 물질이라고까지 불렸으나 CFC는 태양의 자외선에 의해 염소원소로 분해되어 오존층을 뚫는 주범으로 밝혀져 몬트리올 의정서에서 사용을 규제하고 있다.
② ODP(Ozone Depletion Potential) : 오존파괴지수라 하며, 3염화1불화메탄($CFCl_3$)인 CFC-II이 오존층의 오존을 파괴하는 능력을 1로 기준하였을 때 다른 할로겐화합물질이 오존층의 오존을 파괴하는 능력을 비교한 지수이다.
③ GWP(Global Warming Potential) : 지구온난화지수이다[(물질 1kg이 영향을 주는 지구온난화 정도)÷(CFC-II 1kg이 영향을 주는 지구온난화 정도)].
④ HCFC(Hydro Chloro Fluro Carbon) : 수소염화불화탄소라 하며, 오존층 파괴물질인 프레온가스, 즉 CFC의 대체 물질의 하나이며 HCFC는 CFC와 HFC의 중간물질로 주로 가정용 에어컨 냉매로 사용 중이다. HCFC는 탄소에 수소가 결합되어 있어 대류권에서 분해되기 쉬우나 CFC의 10% 정도의 염소성분을 가지고 있어 약간의 오존층 파괴효과를 나타내고 있다. 따라서 장기적인 CFC의 대체물이 될 수는 없으며 몬트리올 의정서의 코펜하겐 수정안에서는 2030년까지 HCFC를 모두 폐기시키도록 규정하고 있다.

04 무색무취, 사방정계 결정으로 융점이 약 610℃이고 물에 녹기 어려운 위험물은?

① $NaClO_3$　　　　　　　　　　② $KClO_3$
③ $NaClO_4$　　　　　　　　　　④ $KClO_4$

해설

■ $KClO_4$: 과염소산칼륨(potassium perchlorate)이라 하며, 무색무취·사방정계 결정으로 융점이 약 610℃이며 물에 녹기 어려운 위험물이다.

05 다음 중 삼황화인의 주 연소생성물은?

① 오산화인과 이산화황　　　　　② 오산화인과 이산화탄소
③ 이산화황과 포스핀　　　　　　④ 이산화황과 포스겐

해설

$P_4S_3 + 8O_2 \rightarrow 2P_2O_5 \uparrow + 3SO_2 \uparrow$

정답　03. ②　04. ④　05. ①

06 다음 중 과염소산칼륨과 접촉하였을 때의 위험성이 가장 낮은 물질은?

① 유황
② 알코올
③ 알루미늄
④ 물

과염소산칼륨(potassium perchlorate, $KClO_4$)는 강산류, 알코올, 금속분, 유황, 알루미늄, 마그네슘 및 가연성 유기물과 혼합·혼입 되지 않도록 한다.

07 0℃, 2기압에서 질산 2mol은 몇 g인가?

① 31.5
② 63
③ 126
④ 252

질산(HNO_3) 1mol=63g이므로, (H+N+3O=1+14+3×16=63)
∴ 질산 2mol=63×2=126g

08 토출량이 5m³/min이고 토출구의 유속이 2m/s인 펌프의 구경은 몇 mm인가?

① 100
② 230
③ 115
④ 120

토출량 $Q = AV = \dfrac{\pi}{4} D^2 \times V$

$D = \sqrt{\dfrac{4}{\pi} \times \dfrac{Q}{V}} = \sqrt{\dfrac{4}{\pi} \times \dfrac{5\text{m}^3/60\text{s}}{2\text{m/s}}} = 0.23\text{m} = 230\text{mm}$

09 위험물안전관리법 시행규칙에 의하여 일반취급소의 위치·구조 및 설비의 기준은 제조소의 위치·구조 및 설비의 기준을 준용하거나 위험물의 취급유형에 따라 따로 정한 특례기준을 적용할 수 있다. 이러한 특례의 대상이 되는 일반취급소 중 취급 위험물의 인화점 조건이 나머지 셋과 다른 하나는?

① 열처리작업 등의 일반취급소
② 절삭장치 등을 설치하는 일반취급소
③ 윤활유순환장치를 설치하는 일반취급소
④ 유압장치를 설치하는 일반취급소

해설

■ 일반취급소 중 취급 위험물의 인화점 조건
① 열처리작업 등의 일반취급소 : 인화점이 70℃ 이상인 제4류 위험물에 한한다.
② 절삭장치 등을 설치하는 일반취급소 : 고인화점위험물만을 100℃ 미만의 온도로 취급하는 것에 한한다.
③ 윤활유순환장치를 설치하는 일반취급소 : 고인화점위험물만을 100℃ 미만의 온도로 취급하는 것에 한한다.
④ 유압장치를 설치하는 일반취급소 : 고인화점위험물만을 100℃ 미만의 온도로 취급하는 것에 한한다.

10 인화성액체위험물을 저장하는 옥외탱크저장소의 주위에 설치하는 방유제에 관한 내용으로 틀린 것은?

① 방유제의 높이는 0.5m 이상 3m이하로 하고, 면적은 8만 m^2 이하로 한다.
② 2기 이상의 탱크가 있는 경우 방유제의 용량은 그 탱크 중 용량이 최대인 것의 용량의 110% 이상으로 한다.
③ 용량이 1,000만 L 이상인 옥외저장탱크의 주위에는 탱크마다 간막이 둑을 흙 또는 철근콘크리트로 설치한다.
④ 간막이 둑을 설치하는 경우 간막이 둑의 용량은 간막이 둑 안에 설치된 탱크용량의 110% 이상이어야 한다.

해설
④ 간막이 둑을 설치하는 경우 간막이 둑의 용량은 간막이 둑 안에 설치된 탱크용량의 10% 이상일 것

11 다음 중 착화온도가 가장 낮은 물질은?

① 메탄올　　　　　　　　② 아세트산
③ 벤젠　　　　　　　　　④ 테레핀유

해설
① 메탄올 : 464℃, ② 아세트산 : 463℃, ③ 벤젠 : 498℃, ④ 테레핀유 : 253℃

12 다음 중 물보다 가벼운 물질로만 이루어진 것은?

① 에테르, 아황화탄소　　　② 벤젠, 포름산
③ 클로로벤젠, 글리세린　　④ 휘발유, 에탄올

정답 10. ④　11. ④　12. ④

① 에테르 : 0.71, 아황화탄소 : 1.26
② 벤젠 : 0.879, 포름산 : 1.22
③ 클로로벤젠 : 1.11, 글리세린 : 1.26
④ 휘발유 : 0.65~08, 에탄올 : 0.79

13 다음 소화설비 중 제6류 위험물에 대해 적응성이 없는 것은?

① 포소화설비   ② 스프링클러설비
③ 물분무소화설비   ④ 불활성가스소화설비

해설

■ **제6류 위험물에 적응성이 있는 소화설비**
포소화설비, 스프링클러설비, 물분무소화설비

14 다음 중 위험물안전관리법령에 근거하여 할로겐화물소화약제를 구성하는 원소가 아닌 것은?

① Ar   ② Br
③ F   ④ Cl

해설

■ **할로겐화물소화약제를 구성하는 원소** : F, Cl, Br, I

15 다음 위험물의 화재 시 알코올포소화약제가 아닌 보통의 포소화약제를 사용하였을 때 가장 효과가 있는 것은?

① 아세트산   ② 메틸알코올
③ 메틸에틸케톤   ④ 경유

해설

㉠ 알코올포소화약제 : 수용성인 인화성액체
   ㉑ 아세트산, 메틸알코올, 메틸에틸케톤
㉡ 보통의 포소화약제 : 불용성인 인화성액체
   ㉑ 경유

정답 13. ④   14. ①   15. ④

16 다음 ( ) 안에 알맞은 숫자를 순서대로 나열한 것은?

주유취급소 중 건축물의 ( )층의 이상의 부분을 점포, 휴게음식점 또는 전시장의 용도로 사용하는 것에 있어서는 해당 건축물의 ( )층 이상으로부터 직접 주유취급소의 부지 밖으로 통하는 출입구와 해당 출입구로 통하는 통로, 계단 및 출입구에 유도등을 설치하여야 한다.

① 2, 1　　　　　　　　　　　② 1, 1
③ 2, 2　　　　　　　　　　　④ 1, 2

해설

주유취급소 중 건축물의 2층 이상의 부분을 점포, 휴게음식점 또는 전시장의 용도로 사용하는 것에 있어서는 해당 건축물의 2층 이상으로부터 직접 주유취급소의 부지 밖으로 통하는 출입구와 해당 출입구로 통하는 통로, 계단 및 출입구에 유도등을 설치하여야 한다.

17 위험물안전관리법령상 옥내저장소에서 위험물을 저장하는 경우에는 규정에 의한 높이를 초과하여 용기를 겹쳐 쌓지 아니하여야 한다. 다음 중 제한 높이가 가장 낮은 경우는?

① 제4류 위험물 중 제3석유류를 수납하는 용기만을 겹쳐 쌓는 경우
② 제6류 위험물을 수납하는 용기만을 겹쳐 쌓는 경우
③ 제4류 위험물 중 제4석유류를 수납하는 용기만을 겹쳐 쌓는 경우
④ 기계에 의하여 하역하는 구조로 된 용기만을 겹쳐 쌓는 경우

해설

■ **옥내저장소에서 위험물 용기를 겹쳐 쌓을 수 있는 높이**
㉠ 기계에 의하여 하역하는 구조로 된 용기만을 겹쳐쌓는 경우 : 6m
㉡ 제4류 위험물 중 제3석유류, 제4석유류 및 동·식물유류를 수납하는 용기만을 겹쳐 쌓는 경우 : 4m
㉢ 그 밖의 경우 : 3m

18 물과 반응하여 가연성가스를 발생하지 않는 것은?

① Ca_3P_2　　　　　　　　　② K_2O_2
③ Na　　　　　　　　　　　④ CaC_2

① $Ca_3P_2 + 6H_2O \rightarrow 3Ca(OH)_2 + \underline{2PH_3}\uparrow$

　　　　　　　　　　　　가연성가스

② $2K_2O_2 + 2H_2O \rightarrow 4KOH + \underline{O_2}\uparrow$

　　　　　　　　　　지연(조연)성가스

③ $2Na + 2H_2O \rightarrow 2NaOH + \underline{H_2}\uparrow$

　　　　　　　　　　가연성가스

④ $CaC_2 + 2H_2O \rightarrow Ca(OH)_2 + \underline{C_2H_2}\uparrow$

　　　　　　　　　　가연성가스

19 $Sr(NO_3)_2$의 지정수량은?

① 50kg

② 100kg

③ 300kg

④ 1,000kg

질산스트론튬[strontium nitrate, $Sr(NO_3)_2$]은 제1류 위험물 중 질산염류이므로 지정수량은 300kg이다.

20 IF_5의 지정수량으로서 옳은 것은?

① 50kg

② 100kg

③ 300kg

④ 1,000kg

■ 제6류 위험물의 품명과 지정수량

성 질	위험등급	품 명	지정수량
산화성액체	I	1. 과염소산 2. 과산화수소 3. 질산	300kg
		4. 그 밖의 행정안전부령이 정하는 것 　　할로겐간 화합물(F, Cl, Br, I 등) 5. 1 내지 4에 해당하는 어느 하나 이상을 함유한 것	300kg

21 과산화수소에 대한 설명 중 틀린 것은?

① 농도가 36.5wt%인 것은 위험물에 해당한다.
② 불연성이지만, 반응성이 크다.
③ 표백제, 살균제, 소독제 등에 사용된다.
④ 지연성가스인 암모니아를 봉입해 저장한다.

> **해설**

④ 과산화수소(hydrogen peroxide, H_2O_2)는 농도가 클수록 위험성이 높아지므로 분해방지안정제(인산나트륨, 인산, 요산, 요소, 글리세린 등)를 넣어 산소분해를 억제시킨다.

22 고정지붕구조로 된 위험물 옥외저장탱크에 설치하는 포방출구가 아닌 것은?

① I형   ② II형
③ III형   ④ 특형

> **해설**

■ 위험물 옥외저장탱크에 설치하는 포 방출구

방출구 형식	지붕구조	주입방식
I형	고정지붕구조	상부포주입법
II형	고정지붕구조 또는 부상덮개부착 고정지붕구조	상부포주입법
특형	부상지붕구조	상부포주입법
III형	고정지붕구조	저부포주입법
IV형	고정지붕구조	저부포주입법

23 다음은 위험물안전관리법령에서 정한 용어의 정의이다. (   ) 안에 알맞은 것은?

> "산화성고체"라 함은 고체로서 산화력의 잠재적인 위험성 또는 충격에 대한 민감성을 판단하기 위하여 (   )이 정하여 고시하는 시험에서 고시로 정하는 성질과 상태를 나타내는 것을 말한다.

① 대통령   ② 소방청장
③ 중앙소방학교장   ④ 산업통상자원부장관

> **해설**

산화성고체라 함은 고체로서 산화력의 잠재적인 위험성 또는 충격에 대한 민감성을 판단하기 위하여 소방청장이 정하여 고시하는 시험에서 고시로 정하는 성질과 상태를 나타내는 것을 말한다.

정답 21. ④ 22. ④ 23. ②

24 $NH_4H_2PO_4$ 57.5kg이 완전 열분해하여 메타인산, 암모니아와 수증기로 되었을 때 메타인산은 몇 kg이 생성되는가?(단, P의 원자량은 31)

① 36 ② 40
③ 80 ④ 115

해설

$$NH_4H_2PO_4 \xrightarrow{\Delta} HPO_3 + NH_3 + H_2O$$

115kg ⟍ 80kg
57.5kg ⟋ x(kg)

$$x = \frac{57.5 \times 80}{115} = 40\text{kg}$$

25 제4류 위험물을 수납하는 운반용기의 내장용기가 플라스틱용기인 경우 최대용적은 몇 L인가?(단, 외장용기에 위험물을 직접 수납하지 않고 별도의 외장용기가 있는 경우이다)

① 5 ② 10
③ 20 ④ 30

해설

■ 액체위험물의 운반용기

운반용기			
내장용기		외장용기	
용기의 종류	최대용적 또는 중량	용기의 종류	최대용적 또는 중량
유리용기	5L	나무 또는 플라스틱상자(불활성의 완충재를 채울 것)	75kg
			125kg
	10L		225kg
	5L	파이버판상자(불활성의 완충재를 채울 것)	40kg
	10L		55kg
플라스틱용기	10L	나무 또는 플라스틱상자(필요에 따라 불활성의 완충재를 채울 것)	75kg
			125kg
			225kg
		파이버판상자(필요에 따라 불활성의 완충재를 채울 것)	40kg
			55kg
금속제용기	30L	나무 또는 플라스틱상자	125kg
			225kg
		파이버판상자	40kg
			55kg

운반용기			
내장용기		외장용기	
용기의 종류	최대용적 또는 중량	용기의 종류	최대용적 또는 중량
-		금속제용기(금속제드럼 제외)	60L
		플라스틱용기(플라스틱드럼 제외)	10L
			20L
			30L
		금속제드럼(뚜껑고정식)	250L
		금속제드럼(뚜껑탈착식)	
		플라스틱 또는 파이버드럼(플라스틱 내 용기 부착의 것)	

26 50℃, 0.948atm에서 시클로프로판의 증기밀도는 약 몇 g/L인가?

① 0.5 ② 1.5

③ 2.0 ④ 2.5

 해설

시클로프로판(cyclopropane, C_3H_6)의 분자량은 42이다.

$$d = \frac{PM}{RT} \text{(g/L)}$$

$$= \frac{0.948 \times 42}{0.082 \times (273+50)} = \frac{39.816}{26.486} = 1.5\text{g/L}$$

27 주어진 탄소원자에 최대수의 수소가 결합되어 있는 것은?

① 포화탄화수소 ② 불포화탄화수소

③ 방향족탄화수소 ④ 지방족탄화수소

 해설

■ 포화탄화수소
주어진 탄소원자에 최대수의 수소가 결합되어 있는 것

28 위험물제조소 등에 전기설비가 설치된 경우에 해당 장소의 면적이 500m^2이라면 몇 개 이상의 소형수동식소화기를 설치하여야 하는가?

① 1 ② 4

③ 5 ④ 10

정답 26. ② 27. ① 28. ③

위험물제조소 등에 전기설비(전기배선, 조명기구 등을 제외)가 설치된 경우에는 해당 장소의 면적 1,000m²마다 소형수동식소화기를 1개 이상 설치한다. 그러므로 해당 장소의 면적이 500m²라면 5개 이상의 소형수동식소화기를 설치한다.

29 과산화벤조일을 가열하면 약 몇 ℃ 근방에서 흰 연기를 내며 분해하기 시작하는가?

① 50   ② 100

③ 200   ④ 400

해설

- **벤조일퍼옥사이드(benzoyl peroxide, BPO)** : 과산화벤조일이라고도 하며, 가열하면 100℃ 전후에서 백연을 내면서 격렬하게 분해한다. 폭발의 위험성이 있으며 일단 착화되면 순간적으로 폭발하고 다량의 유독성 흑연(디페닐)을 내면서 연소한다.

30 운반 시 일광의 직사를 막기 위해 차광성이 있는 피복으로 덮어야 하는 위험물이 아닌 것은?

① 제1류 위험물 중 중크롬산염류   ② 제4류 위험물 중 제1석유류

③ 제5류 위험물 중 니트로화합물   ④ 제6류 위험물

해설

• 차광성이 있는 피복조치

유 별	적용대상
제1류 위험물	전부
제3류 위험물	자연발화성 물품
제4류 위험물	특수인화물
제5류 위험물	전부
제6류 위험물	

• 방수성이 있는 피복조치

유 별	적용대상
제1류 위험물	알칼리금속의 과산화물
제2류 위험물	• 철분 • 금속분 • 마그네슘
제3류 위험물	금수성물질

31 금속리튬이 고온에서 질소와 반응하였을 때 생성되는 질화리튬의 색상에 가장 가까운 것은?

① 회흑색   ② 적갈색
③ 청록색   ④ 은백색

해설

리튬(lithium, Li)은 활성이 대단히 커서 대부분의 다른 금속과 직접반응하며, 질소와는 25℃에서 서서히, 400℃에서는 빠르게 적갈색 결정의 질화물(Li_3N)을 만든다.
$6Li + N_2 \rightarrow 2Li_3N$

32 제조소 등의 건축물에서 옥내소화전이 가장 많이 설치된 층의 소화전의 수가 3개일 경우 확보해야 할 수원의 양은 몇 m^3 이상이어야 하는가?

① 7.8   ② 11.7
③ 15.6   ④ 23.4

해설

■ 수원의 양

$Q(m^3) = N \times 7.8m^3 [N : 옥내소화전설비의 설치개수(설치개수가 5개 이상인 경우는 5개)]$
$\therefore Q = 3 \times 7.8m^3 = 23.4m^3$

33 방사구역의 표면적이 100m^2인 곳에 물분무소화설비를 설치하고자 한다. 수원의 수량은 몇 L 이상이어야 하는가?(단, 분무헤드가 가장 많이 설치된 방사구역의 모든 분무헤드를 동시에 사용할 경우이다)

① 30,000   ② 40,000
③ 50,000   ④ 60,000

해설

■ 수원의 수량

$Q(m^3) = 100m^2 \times 20L/m^2 \cdot 분 \times 30분 = 60,000L$

34 다음 중 위험물의 유별 구분이 나머지 셋과 다른 하나는?

① 과요오드산   ② 염소화이소시아눌산
③ 질산구아니딘   ④ 퍼옥소붕산염류

정답 31. ②   32. ④   33. ④   34. ③

① 과요오드산 : 제1류 위험물
② 염소화이소시아눌산 : 제1류 위험물
④ 질산구아니딘 : 제1류 위험물
③ 퍼옥소붕산염류 : 제5류 위험물

35 $KClO_3$ 운반용기 외부에 표시하여야 할 주의사항으로 옳은 것은?

① 화기·충격주의 및 가연물접촉주의
② 화기·충격주의, 물기엄금 및 가연물접촉주의
③ 화기주의 및 물기엄금
④ 화기엄금 및 공기접촉엄금

제1류 위험물 중 알칼리금속의 과산화물, 또는 이를 함유한 것에 있어서는 화기·충격주의, 물기엄금 및 가연물접촉주의를 표시하고, 그 밖의 것에 있어서는 화기·충격주의 및 가연물접촉주의를 표시하여야 한다. $KClO_3$는 그 밖의 것에 해당하므로 화기·충격주의 및 가연물접촉주의를 표시하여야 한다.

36 위험물의 운반에 관한 기준에서 정한 유별을 달리하는 위험물의 혼재기준에 따르면 1가지 다른 유별의 위험물과만 혼재가 가능한 위험물은?(단, 지정수량의 1/10을 초과하는 경우)

① 제2류   ② 제4류
③ 제5류   ④ 제6류

■ 유별을 달리하는 위험물의 혼재기준

위험물의 구분	제1류	제2류	제3류	제4류	제5류	제6류
제1류		×	×	×	×	○
제2류	×		×	○	○	×
제3류	×	×		○	×	×
제4류	×	○	○		○	×
제5류	×	○	×	○		×
제6류	○	×	×	×	×	

37 다음 제4류 위험물 중 위험등급이 나머지 셋과 다른 하나는?

① 휘발유   ② 톨루엔

③ 에탄올   ④ 아세트산

해설

■ 제4류 위험물의 위험등급 및 지정수량

위험등급	품 명		지정수량
I	특수인화물류		50L
II	제1석유류	비수용성(가솔린, 벤젠, MEK, 헥산, o-크실렌, 톨루엔 등)	200L
		수용성(아세톤, 시안화수소, 피리딘 등)	400L
	알코올류		400L
III	제2석유류	비수용성(등유, 경유, 클로로벤젠, m-크실렌, p-크실렌 등)	1,000L
		수용성[포름산(의산), 아세트산(초산) 등]	2,000L
	제3석유류	비수용성(중유, 크레오소트류, 니트로벤젠 등)	2,000L
		수용성(에틸렌글리콜, 글리세린 등)	4,000L
	제4석유류		6,000L
	동·식물유류		10,000L

38 탄화알루미늄이 물과 반응하면 발생되는 가스는?

① 이산화탄소   ② 일산화탄소

③ 메탄   ④ 아세틸렌

해설

탄화알루미늄(aluminum carbide, Al_4C_3)은 상온에서 물과 반응하여 발열하고 가연성, 폭발성의 메탄가스를 발생하며, 밀폐된 실내에서 메탄이 축적되어 인화성 혼합기를 형성하면 2차 폭발의 위험이 있다.

$Al_4C_3 + 12H_2O \rightarrow 4Al(OH)_3 + 3CH_4 \uparrow$

39 다음 중 분해온도가 가장 낮은 위험물은?

① KNO_3 ② BaO_2

③ $(NH_4)_2Cr_2O_7$ ④ NH_4ClO_3

해설

① 질산칼륨 400℃, ② 과산화비륨 840℃, ③ 중크롬산암모늄 225℃, ④ 염소산암모늄 100℃

정답 37. ④   38. ③   39. ④

40 다음 중 혼성궤도함수의 종류가 다른 하나는?

① CH_4 ② BF_3

③ NH_3 ④ H_2O

> **해설**
>
> ㉠ BF_3 : SP^2형
> ㉡ CH_4, NH_3, H_2O : sp^3형(NH_3, H_2O는 과거 p^3, p^2형으로 생각하였으나 최근에는 sp^3형으로 생각하는 경향이 있다)

41 바닥면적이 $150m^2$ 이상인 제조소에 설치하는 환기설비의 급기구는 얼마 이상의 크기로 하여야 하는가?

① $600cm^2$ ② $800cm^2$

③ $1,000cm^2$ ④ $1,500cm^2$

> **해설**
>
> ■ **환기설비** : 급기구는 해당 급기구가 설치된 실의 바닥면적 $150m^2$마다 1개 이상으로 하되, 급기구의 크기는 $800cm^2$ 이상으로 한다.

42 하나의 옥내저장소에 칼륨과 유황을 저장하고자 할 때 저장창고의 바닥면적에 관한 내용으로 적합하지 않은 것은?

① 만약 유황이 없고 칼륨만을 저장하는 경우라면 저장창고의 바닥면적은 $1,000m^2$ 이하로 하여야 한다.
② 만약 칼륨이 없고 유황만을 저장하는 경우라면 저장창고의 바닥면적은 $2,000m^2$이하로 하여야 한다.
③ 내화구조의 격벽으로 완전히 구획된 실에 각각 저장하는 경우 전체 바닥면적은 $1,500m^2$ 이하로 하여야 한다.
④ 내화구조의 격벽으로 완전히 구획된 실에 각각 저장하는 경우 칼륨의 저장실은 $1,000m^2$이하로, 유황의 저장실은 $500m^2$ 이하로 한다.

> **해설**
>
> ④ 내화구조의 격벽으로 완전히 구획된 실에 각각 저장하는 경우 칼륨의 저장실은 $1,500m^2$ 이하로 하고, 유황의 저장실은 $1,500m^2$를 초과할 수 없다.

정답 40. ②   41. ②   42. ④

43 위험물안전관리법령상 위험물의 취급 중 소비에 관한 기준에서 방화상 유효한 격벽 등으로 구획된 안전한 장소에서 실시하여야 하는 것은?

① 분사도장작업　　　　　　　　② 담금질작업
③ 열처리작업　　　　　　　　　④ 버너를 사용하는 작업

> **해설**

- **분사도장작업** : 위험물의 취급 중 소비에 관한 기준에서 방화상 유효한 격벽 등으로 구획된 안전한 장소에서 실시하는 것을 말한다.

44 다음 중 아세틸퍼옥사이드와 혼재가 가능한 위험물은?(단, 지정수량 10배의 위험물인 경우이다)

① 질산칼륨　　　　　　　　　　② 유황
③ 트리에틸알루미늄　　　　　　④ 과산화수소

> **해설**

(1) 위험물의 구분
　　아세틸퍼옥사이드 : 제5류 위험물
　　① 질산칼륨 : 제1류 위험물
　　② 유황 : 제2류 위험물
　　③ 트리에틸알루미늄 : 제3류 위험물
　　④ 과산화수소 : 제6류 위험물
(2) 유별을 달리하는 위험물의 혼재기준

위험물의 구분	제1류	제2류	제3류	제4류	제5류	제6류
제1류		×	×	×	×	○
제2류	×		×	○	○	×
제3류	×	×		○	×	×
제4류	×	○	○		○	×
제5류	×	○	×	○		×
제6류	○	×	×	×	×	

45 트리에틸알루미늄이 물과 반응하였을 때의 생성물을 옳게 나타낸 것은?

① 수산화알루미늄, 메탄　　　　② 수소화알루미늄, 메탄
③ 수산화알루미늄, 에탄　　　　④ 수소화알루미늄, 에탄

정답 43. ① 44. ② 45. ③

트리에틸알루미늄[triethyl aluminum, $(C_2H_5)_3Al$]은 물과 접촉하면 폭발적으로 반응하여 에탄을 생성하고, 이때 발열·폭발에 이른다.

$(C_2H_5)_3Al + 3H_2O \rightarrow Al(OH)_3 + 3C_2H_6 + 발열$

46 Na_2O_2가 반응하였을 때 생성되는 기체가 같은 것으로만 나열된 것은?

① 물, 이산화탄소
② 아세트산, 물
③ 이산화탄소, 염산, 황산
④ 염산, 아세트산, 물

해설

■ 과산화나트륨(sodium peroxide, Na_2O_2)

㉠ 온도가 높은 소량의 물과 반응한 경우 발열하고, O_2를 발생한다.

$2Na_2O_2 + 2H_2O \rightarrow 4NaOH + O_2\uparrow + 2\times34.9kcal$

㉡ 공기 중에서 서서히 CO_2를 흡수반응하여 탄산염을 만들고 O_2를 방출한다.

$2Na_2O_2 + 2CO_2 \rightarrow 2Na_2CO_3 + O_2\uparrow$

따라서 공통으로 생성되는 기체는 O_2이다.

47 $C_6H_2CH_3(NO_2)_3$의 제조원료로 옳게 짝지어진 것은?

① 톨루엔, 황산, 질산
② 톨루엔, 벤젠, 질산
③ 벤젠, 질산, 황산
④ 벤젠, 질산, 염산

해설

트리니트로톨루엔(트로틸)[TNT; trinitro toluene(trotyl)]의 제법 : 톨루엔에 질산, 황산을 반응시켜 mononitro toluene을 만든 후 니트로화하여 만든다.

$C_6H_5CH_3 + 3HNO_3 \xrightarrow{H_2SO_4} C_6H_2CH_3(NO_2)_3 + 3H_2O$

48 다음 중 가장 약산은?

① 염산
② 황산
③ 인산
④ 아세트산

해설

㉠ 강산 : 염산, 질산, 황산, 인산
㉡ 약산 : 아세트산

49 $KClO_3$의 일반적인 성질을 나타낸 것 중 틀린 것은?

① 비중은 약 2.32이다.　　　　② 융점은 약 240℃이다.

③ 용해도는 20℃에서 약 7.3이다.　④ 단독 분해온도는 약 400℃이다.

> **해설**
>
> ② 융점은 약 368.4℃이다.

50 니트로화합물 중 분자구조 내에 히드록시기를 갖는 위험물은?

① 피크린산　　　　　　　　　② 트리니트로톨루엔

③ 트리니트로벤젠　　　　　　　④ 테트릴

> **해설**
>
> ① 피크린산]
>
>
> ② 트리니트로톨루엔
>
>
> ③ 트리니트로벤젠
>
>
> ④ 테트릴
>

51 산화성액체위험물의 취급에 관한 설명 중 틀린 것은?

① 과산화수소 30% 농도의 용액은 단독으로 폭발위험이 있다.

② 과염소산의 융점은 약 -112℃이다.

③ 질산은 강산이지만 백금은 부식시키지 못한다.

④ 과염소산은 물과 반응하여 열을 발생한다.

> **해설**
>
> ① 과산화수소 66% 농도 이상의 용액은 단독으로 폭발위험이 있다.

정답 49. ② 50. ① 51. ①

52 이항분포(Binomial Distribution)의 특징에 대한 설명으로 옳은 것은?

① $P = 0.01$일 때는 평균치에 대하여 좌우대칭이다.

② $P \leq 0.1$이고, $nP = 0.1 \sim 10$일 때는 포아송분포에 근사한다.

③ 부적합품의 출현개수에 대한 표준편차는 $D(x) = nP$이다.

④ $P \leq 0.5$이고, $nP \leq 5$일 때는 정규분포에 근사한다.

> **해설**

① $P = 0.5$일 때 평균치에 대해 좌우대칭의 분포를 한다.

③ 표준편차 $D(x) = \sqrt{n \cdot P(1-P)}$

④ $P \leq 0.5$, $nP \geq 5$일 때 정규분포에 근사한다.

53 나트륨에 대한 각종 반응식 중 틀린 것은?

① 연소반응식 : $4Na + O_2 \longrightarrow 2Na_2O$

② 물과의 반응식 : $2Na + 3H_2O \longrightarrow 2NaOH + 2H_2$

③ 알코올과의 반응식 : $2Na + 2C_2H_5OH \longrightarrow 2C_2H_5ONa + H_2$

④ 액체암모니아와 반응식 : $2Na + 2NH_3 \longrightarrow 2NaNH_2 + H_2$

> **해설**

② 물과의 반응식 : $2Na + 2H_2O \longrightarrow 2NaOH + H_2 \uparrow$

54 다음 중 [보기]의 요건을 모두 충족하는 위험물은?

> • 이 위험물이 속하는 전체 유별은 옥외저장소에 저장할 수 없다(국제해상위험물규칙에
>   적합한 용기에 수납하는 경우 제외).
> • 제1류 위험물과 적정 간격을 유지하면 동일한 옥내저장소에 저장이 가능하다.
> • 위험등급 I에 해당한다.

① 황린   ② 글리세린

③ 질산   ④ 질산염류

> **해설**

황린(yellow phosphorus, P_4)의 설명이다.

---

55 제1종 분말소화약제의 주성분은?

① $NaHCO_3$ ② $NaHCO_2$

③ $KHCO_3$ ④ $KHCO_2$

> **해설**

■ **분말소화약제의 종류**
㉠ 제1종 분말소화약제 : $NaHCO_3$
㉡ 제2종 분말소화약제 : $KHCO_3$
㉢ 제3종 분말소화약제 : $NH_4H_2PO_4$
㉣ 제4종 분말소화약제 : $KHCO_3 + (NH_2)_2CO$

56 예방보전(Preventive Maintenance)의 효과가 아닌 것은?

① 기계의 수리비용이 감소한다.
② 생산시스템의 신뢰도가 향상된다.
③ 고장으로 인한 중단시간이 감소한다.
④ 잦은 정비로 인해 제조원 단위가 증가한다.

> **해설**

예방보전의 효과로는 ①, ②, ③ 이외에 납기지연으로 인한 고객불만이 없어지고 매출이 신장된다는 점이 있다.

57 제품공정도를 작성할 때 사용되는 요소(명칭)가 아닌 것은?

① 가공 ② 검사

③ 정체 ④ 여유

> **해설**

■ **제품공정도 작성 시 사용되는 요소**
㉠ 가공, ㉡ 검사, ㉢ 정체

58 부적합수 관리도를 작성하기 위해 $\sum c = 559$, $\sum n = 222$를 구하였다. 시료의 크기가 부분군마다 일정하지 않기 때문에 u관리도를 사용하기로 하였다. $n = 10$일 경우 u관리도의 UCL 값은 약 얼마인가?

① 4.023 ② 2.518

③ 0.502 ④ 0.252

$$\text{UCL} = \overline{u} + 3\sqrt{\frac{\overline{u}}{n}} = \frac{559}{222} + 3\sqrt{\frac{\frac{559}{222}}{10}} = 4.023$$

59 작업방법 개선의 기본 4원칙을 표현한 것은?

① 층별 – 랜덤 – 재배열 – 표준화
② 배제 – 결합 – 랜덤 – 표준화
③ 층별 – 랜덤 – 표준화 – 단순화
④ 배제 – 결합 – 재배열 – 단순화

해설

■ **작업방법 개선의 기본 4원칙**
배제 – 결합 – 재배열 – 단순화

60 모집단으로부터 공간적, 시간적으로 간격을 일정하게 하여 샘플링하는 방식은?

① 단순랜덤샘플링(Simple Random Sampling)
② 2단계샘플링(Two-stage Sampling)
③ 취락샘플링(Cluster Sampling)
④ 계통샘플링(Systematic Sampling)

해설

① 단순랜덤샘플링 : 모집단의 크기 N개 중 1개를 $\frac{1}{N}$의 확률로 뽑고, 나머지 $N-1$개 중 1개를 $\frac{1}{N-1}$의 확률로 뽑아서 시료 n개가 뽑힐 때까지 반복하는 샘플링 방법
② 2단계샘플링 : 모집단(Lot)이 N_i개씩의 제품이 들어있는 M상자로 나누어져 있을 때 랜덤하게 m개 상자를 취하고, 각각의 상자로부터 m_i개의 제품을 랜덤하게 채취하는 샘플링 방법
③ 취락샘플링 : 모집단을 몇 개의 층으로 나누어 그 층 중에서 시료(n)수에 알맞게 몇 개의 층을 랜덤샘플링하여, 그것을 취한 층 안의 모든 것을 측정조사하는 방법

2014년 제55회 출제문제(4월 6일 시행)

01 위험물탱크안전성능시험자가 되고자하는 자가 갖추어야 할 장비로서 옳은 것은?

① 기밀시험장비　　　　　　　　　　② 타코미터
③ 페네스트로미터　　　　　　　　　　④ 인화점측정기

> **해설**
>
> ■ **위험물탱크시험자가 갖추어야 하는 장비**
> ㉠ 방사선투과시험기
> ㉡ 초음파탐상시험기
> ㉢ 자기탐상시험기
> ㉣ 초음파두께측정기
> ㉤ 진공능력 53kPa 이상의 진공누설시험기
> ㉥ 기밀시험장비(안전장치가 부착된 것으로서 가압능력 200kPa 이상, 감압의 경우에는 감압능력 10kPa 이상, 감도 10Pa 이하의 것으로서 각각의 압력변화를 스스로 기록할 수 있는 것)
> ㉦ 수직·수평도측정기(필요한 경우에 한함)

02 요오드포름(아이오도폼) 반응을 하는 물질로 연소범위가 약 2.5~12.8%이며, 끓는점과 인화점이 낮아 화기를 멀리해야 하고 냉암소에 보관하는 물질은?

① CH_3COCH_3　　　　　　　　　　② CH_3CHO
③ C_6H_6　　　　　　　　　　　　　④ $C_6H_5NO_2$

> **해설**
>
> ■ **아세톤** : 요오드포름 반응을 하는 물질로서 연소범위(2.5~12.8%), 끓는점(56℃)과 인화점(−18℃)이 낮아 화기를 멀리해야 하고 냉암소에 보관한다.

03 고속국도의 도로변에 설치한 주유취급소의 고정주유설비 또는 고정급유설비에 연결된 탱크의 용량은 얼마까지 할 수 있는가?

① 10만 L　　　　　　　　　　　　② 8만 L
③ 6만 L　　　　　　　　　　　　④ 5만 L

정답 01. ①　02. ①　03. ③

■ 탱크의 용량기준

㉠ 자동차 등에 주유하기 위한 고정주입설비, 직접접속하는 전용탱크 : 50,000L 이하

㉡ 고정급유설비에 직접접속하는 전용탱크 : 50,000L 이하

㉢ 보일러 등에 직접접속하는 전용탱크 : 10,000L 이하

㉣ 자동차 등을 점검·정비하는 작업장 등에서 사용하는 폐유·윤활유 등의 위험물을 저장하는 탱크 : 2,000L 이하

㉤ 고속국도 도로변에 설치된 주유취급소의 탱크 : 60,000L

04 제조소에서 취급하는 제4류 위험물의 최대수량의 합이 지정수량의 50만 배인 사업소의 자체소방대에 두어야 하는 화학소방자동차의 대수 및 자체소방대원의 수는?(단, 해당 사업소는 다른 사업소 등과 상호응원에 관한 협정을 체결하고 있지 아니하다)

① 4대, 20인   ② 4대, 15인

③ 3대, 20인   ④ 3대, 15인

■ 자체소방대

사업소의 구분	화학소방 자동차 대수	자체소방 대원의 수
제4류 위험물 최대수량의 합이 지정수량의 12만 배 미만	1대	5인
제4류 위험물 최대수량의 합이 지정수량의 12만 배 이상 24만 배 미만	2대	10인
제4류 위험물 최대수량의 합이 지정수량의 24만 배 이상 48만 배 미만	3대	15인
제4류 위험물 최대수량의 합이 지정수량의 48만 배 이상	4대	20인

05 체적이 50m³인 위험물옥내저장창고(개구부에는 자동폐쇄장치가 설치됨)에 전역방출방식의 불활성가스소화설비를 설치할 경우소화약제의 저장량을 얼마 이상으로 하여야 하는가?

① 30kg   ② 45kg

③ 60kg   ④ 100kg

■ 전역방출방식의 불활성가스소화설비

㉠ 개구부에 자동폐쇄장치를 설치한 경우

소화약제 저장량=방호구역 체적(m³)×방호구역 체적 1m³당소화약제의 양(kg)×위험물의 종류에 따른 가스계소화약제의 계수=50m³×0.90kg/m³×1.0=45kg(문제에 가스계소화약제의 계수가 없으면 1.0으로 본다)

ⓛ 개구부에 자동폐쇄장치를 설치하지 않은 경우

소화약제 저장량=[방호구역 체적(m^3)×방호구역의 체적 $1m^3$당소화약제의 양(kg)+개구부의 면적(m^2)×$5kg/m^2$]×위험물 종류에 따른 가스계소화약제의 계수

방호구역의 체적(m^3)	방호구역 체적 $1m^3$당소화약제의 양(kg)	소화약제 총량의 최저한도(kg)
5 미만	1.20	–
5 이상 15 미만	1.10	6
15 이상 45 미만	1.00	17
45 이상 150 미만	0.90	45
150 이상 1,500 미만	0.80	135
1,500 이상	0.75	1,200

06 하나의 옥내저장소에 다음과 같이 제4류 위험물을 함께 저장하는 경우 지정수량의 총 배수는?

- 아세트알데히드 200L
- 아세톤 400L
- 아세트산 1,000L
- 아크릴산 1,000L

① 6배
② 7배
③ 7.5배
④ 8배

해설

$$\frac{200}{50}+\frac{400}{400}+\frac{1,000}{2,000}+\frac{1,000}{2,000}=6배$$

07 과염소산과 과산화수소의 공통적인 위험성을 나타낸 것은?

① 가열하면 수소를 발생한다.
② 불연성이지만 독성이 있다.
③ 물, 알코올에 희석하면 안전하다.
④ 농도가 36wt% 미만인 것은 위험물에 해당하지 않는다고 법령에서 정하고 있다.

해설

물 질	위험성
과염소산	눈에 들어가면 눈을 자극하고, 각막에 열상을 입히며 실명할 위험이 있다. 부식성이 강하여 피부점막에 대해 염증 또는 심한 화상을 입는다.
과산화수소	농도 25% 이상의 과산화수소에 접촉하면 피부나 점막에 염증을 일으키고 흡입하면 호흡기계통을 자극하며 식도, 위점막에 염증을 일으키고 출혈한다.

08 다음 물질 중 무색 또는 백색의 결정으로 비중 약 1.8, 융점 약 202℃이며, 물에는 불용인 것은?

① 피크린산
② 디니트로레조르신
③ 트리니트로톨루엔
④ 헥소겐

■ 헥소겐[트리메틸렌트리니트로아민, tri-methylene trinitroamine(hexogen)]

㉠ 화학식 : $(CH_3)_2(NNO_2)_3$

$$
\begin{array}{c}
H_2 \\
C \\
O_2N-N \quad\quad N-NO_2 \\
C \quad\quad C \\
H_2-\quad\quad\quad -H_2 \\
N \\
\vert \\
NO_2
\end{array}
$$

㉡ 무색 또는 백색의 결정으로 비중 1.8, 융점 202℃, 발화점 230℃이며, 물에는 불용이다.

㉢ 충격감도는 Tetryl보다 둔감하지만 고성능 폭약으로 폭발성이 매우 크며, 폭발 속도는 8,400m/s, 폭발열은 1,460kcal/kg이다.

09 어떤 기체의 확산속도가 SO_2의 4배일 때 이 기체의 분자량을 추정하면 얼마인가?

① 4
② 16
③ 32
④ 64

■ 그레이엄의 확산속도법칙

일정한 온도에서 기체의 확산속도는 그 기체 분자량의 제곱근에 반비례한다.

$$\frac{U_A}{U_B} = \sqrt{\frac{M_B}{M_A}} \quad [U_A,\ U_B : \text{기체의 확산속도},\ M_A,\ M_B : \text{분자량}]$$

$$\frac{U_A}{U_{SO_2}} = \sqrt{\frac{M_{SO_2}}{M_A}} = \sqrt{\frac{64}{M_A}} = 4$$

$$\frac{64}{M_A} = 16 \qquad\qquad \therefore\ M_A = 4$$

10 다음 중 하나의 옥내저장소에 제5류 위험물과 함께 저장할 수 있는 위험물은?(단, 위험물을 유별로 정리하여 저장하는 한편, 서로 1m 이상의 간격을 두는 경우이다)

① 제1류 위험물(알칼리금속의 과산화물 또는 이를 함유한 것 제외)
② 제2류 위험물 중 인화성고체
③ 제3류 위험물 중 알킬알루미늄 이외의 것
④ 유기과산화물 또는 이를 함유한 것 이외의 제4류 위험물

해설

■ 옥내·외 저장소의 위험물 혼재기준
㉠ 제1류 위험물(알칼리금속 과산화물)+제5류 위험물
㉡ 제1류 위험물+제6류 위험물
㉢ 제1류 위험물+자연발화성 물품(황린)
㉣ 제2류 위험물(인화성고체)+제4류 위험물
㉤ 제3류 위험물(알킬알루미늄 등)+제4류 위험물(알킬알루미늄·알킬리튬 함유한 것)
㉥ 제4류 위험물(유기과산화물)+제5류 위험물(유기과산화물)

11 위험물을 저장 또는 취급하는 탱크의 용량은 해당 탱크의 내용적에서 공간용적을 뺀 용적으로 한다. 위험물안전관리법령상 공간용적을 옳게 나타낸 것은?

① 탱크용적의 2/100 이상, 5/100 이하
② 탱크용적의 5/100 이상, 10/100 이하
③ 탱크용적의 3/100 이상, 8/100 이하
④ 탱크용적의 7/100 이상, 10/100 이하

해설

■ 탱크의 공간용적
탱크용적의 $\frac{5}{100}$ 이상, $\frac{10}{100}$ 이하

12 다음 중 은백색의 광택성물질로서 비중이 약 1.74인 위험물은?

① Cu
② Fe
③ Al
④ Mg

해설

■ 마그네슘(magnesium, Mg)
알칼리토금속에 속하는 대표적인 경금속이며, 은백색의 광택성물질로서 비중은 1.74이다.

정답　10. ①　11. ②　12. ④

13 산화프로필렌에 대한 설명 중 틀린 것은?

① 무색의 휘발성액체이다.　　② 증기의 비중은 공기보다 크다.

③ 인화점은 약 −37℃이다.　　④ 발화점은 약 100℃이다.

> **해설**
>
> ④ 발화점은 약 465℃이다.

14 과산화수소의 분해방지안정제로 사용할 수 있는 물질은?

① 구리　　　　　　　　　　② 은

③ 인산　　　　　　　　　　④ 목탄분

> **해설**
>
> ■ **과산화수소의 분해방지안정제**
>
> 인산, 인산나트륨, 요산, 요소, 글리세린 등

15 다음 중 1차 이온화에너지가 작은 금속에 대한 설명으로 잘못된 것은?

① 전자를 잃기 쉽다.

② 산화되기 쉽다.

③ 환원력이 작다.

④ 양이온이 되기 쉽다.

> **해설**
>
> ③ 환원력이 크다.

16 위험물안전관리법령상 스프링클러설비의 쌍구형 송수구를 설치하는 기준으로 틀린 것은?

① 송수구의 결합금속구는 탈착식 또는 나사식으로 한다.

② 송수구에는 그 직근의 보기 쉬운 장소에 송수용량 및 송수시간을 함께 표시하여야 한다.

③ 소방펌프자동차가 용이하게 접근할 수 있는 위치에 설치한다.

④ 송수구의 결합금속구는 지면으로부터 0.5m 이상, 1m 이하 높이의 송수에 지장이 없는 위치에 설치한다.

> **해설**
>
> ■ **스프링클러설비의 쌍구형 송수구를 설치하는 기준**
>
> ㉠ 전용으로 한다.
>
> ㉡ 송수구의 결합금속구는 탈착식 또는 나사식으로 하고 내경을 63.5mm 내지 66.5mm로 한다.

정답 13. ④　14. ③　15. ③　16. ②

ⓒ 송수구의 결합금속구는 지면으로부터 0.5m 이상 1m 이하 높이의 송수에 지장이 없는 위치에 설치한다.

ⓓ 송수구는 해당 스프링클러설비의 가압송수장치로부터 유수검지장치·압력검지장치 또는 일제개방형 밸브 ·수동식 개방밸브까지의 배관에 전용의 배관으로 접속한다.

ⓜ 송수구에는 그 직근의 보기 쉬운 장소에 "스프링클러용 송수구"라고 표시하고, 그 송수 압력 범위를 함께 표시한다.

ⓗ 소방펌프자동차가 용이하게 접근할 수 있는 위치에 설치한다.

17 알칼리금속의 과산화물에 물을 뿌렸을 때 발생하는 기체로 옳은 것은?

① 수소
② 산소
③ 메탄
④ 포스핀

> **해설**

알칼리금속의 과산화물에 물을 뿌리면 물과 격렬히 반응하여 산소를 방출하고 발열한다.

$2M_2O_2 + 2H_2O \rightarrow 4MOH + O_2 + 발열$

18 표준상태에서 질량이 0.8g이고 부피가 0.4L인 혼합기체의 평균 분자량은?

① 22.2
② 32.4
③ 33.6
④ 44.8

> **해설**

$$PV = \frac{W}{M}RT$$

$$M = \frac{WRT}{PV} = \frac{0.8 \times 0.082 \times 273}{1 \times 0.4} = 44.8$$

19 옥탄가에 대한 설명으로 옳은 것은?

① 노르말펜탄을 100, 옥탄을 0으로 한 것이다.
② 옥탄을 100, 펜탄을 0으로 한 것이다.
③ 이소옥탄을 100, 헥산을 0으로 한 것이다.
④ 이소옥탄을 100, 노르말헵탄을 0으로 한 것이다.

> **해설**

㉠ 옥탄가(Octane Value) : 가솔린의 노킹(실린더 내의 이상폭발)을 일으키기 어려운 정도 즉, 앤티노크성을 수량으로 나타내는 지수이다. 앤티노크성이 가장 높은 이소옥탄을 100, 앤티노크성이 가장 낮은 노르말헵 탄을 0으로 한다.

㉡ 앤티노크성(Antiknock Quality) : 노킹이 일어나기 어려운 성질

정답 17. ② 18. ④ 19. ④

20 지정수량의 단위가 나머지 셋과 다른 하나는?

① 시클로헥산　　　　　　　　② 과염소산

③ 스타이렌　　　　　　　　　④ 초산

해설

물 질	지정수량
시클로헥산(cyclohexane, C_6H_{12}) – 제4류 위험물 제1석유류 비수용성	200L
과염소산($HClO_4$) – 제6류 위험물	600kg
스타이렌(styrene, 스티렌) – 제4류 위험물 제2석유류 비수용성	1,000L
초산(CH_3COOH) – 제4류 위험물 제2석유류 수용성	2,000L

21 위험물안전관리법령상 제1류 위험물에 해당하는 것은?

① 염소화이소시아눌산　　　　② 질산구아니딘

③ 염소화규소화합물　　　　　④ 금속의 아지화합물

해설

① 염소화이소시아눌산 : 제1류 위험물
② 질산구아니딘 : 제5류 위험물
③ 염소화규소화합물 : 제3류 위험물
④ 금속의 아지화합물 : 제5류 위험물

22 다음 중 분해온도가 가장 높은 것은?

① KNO_3　　　　　　　　　② BaO_2

③ $(NH_4)_2Cr_2O_7$　　　　　④ NH_4ClO_3

해설

① 질산칼륨 400℃, ② 과산화비륨 840℃, ③ 중크롬산암모늄 225℃, ④ 염소산암모늄 100℃

23 위험물안전관리법령상 옥내저장소를 설치함에 있어서 저장창고의 바닥을 물이 스며 나오거나 스며들지 않는 구조로 하여야 하는 위험물에 해당하지 않는 것은?

① 제1류 위험물 중 알칼리금속의 과산화물

② 제2류 위험물 중 철분·금속분·마그네슘

③ 제4류 위험물

④ 제6류 위험물

해설

옥내저장소의 바닥 방수구조 적용 위험물

유 별	품 명
제1류 위험물	알칼리금속의 과산화물
제2류 위험물	• 철분 • 금속분 • 마그네슘
제3류 위험물	금수성물질
제4류 위험물	전부

24 다음은 용량 100만L 미만의 액체위험물저장탱크에 실시하는 충수·수압시험의 검사기준에 관한 설명이다. 탱크 중 "압력탱크 외의 탱크"에 대해서 실시하여야 하는 검사의 내용이 아닌 것은?

① 옥외저장탱크 및 옥내저장탱크는 충수시험을 실시하여야 한다.
② 지하저장탱크는 70kPa의 압력으로 10분간 수압시험을 실시하여야 한다.
③ 이동저장탱크는 최대상용압력의 1.5배의 압력으로 10분간 수압시험을 실시하여야 한다.
④ 이중벽탱크 중 강제강화이중벽탱크는 70kPa의 압력으로 10분간 수압시험을 실시하여야 한다.

해설

③ 이동저장탱크는 70kPa의 압력으로 10분간 수압시험을 실시하여야 한다.

25 다음 A, B 같은 작업공정을 가진 경우 위험물안전관리법상 허가를 받아야 하는 제조소 등의 종류를 옳게 짝지은 것은?(단, 지정수량 이상을 취급하는 경우이다)

A : 원료(비위험물)	작업 →	제품(위험물)
B : 원료(위험물)	작업 →	제품(비위험울)

① A : 위험물제조소, B : 위험물제조소
② A : 위험물제조소, B : 위험물취급소
③ A : 위험물취급소, B : 위험물제조소
④ A : 위험물취급소, B : 위험물취급소

정답 24. ③ 25. ②

ⓐ 위험물제조소 : 위험물을 제조할 목적으로 지정수량 이상의 위험물을 취급하는 장소
ⓑ 위험물취급소 : 지정수량 이상의 위험물을 제조외의 목적으로 취급하는 장소

26 다음 위험물이 속하는 위험물안전관리법령상 품명이 나머지 셋과 다른 하나는?

① 클로로벤젠　　　　　　　　　② 아닐린
③ 니트로벤젠　　　　　　　　　④ 글리세린

해설

■ 제4류 위험물의 품명과 지정수량

성 질	위험등급	품 명		지정수량
인화성액체	Ⅰ	특수인화물류		50L
	Ⅱ	제1석유류	비수용성	200L
			수용성	400L
		알코올류		400L
	Ⅲ	제2석유류	비수용성(클로로벤젠)	1,000L
			수용성	2,000L
		제3석유류	비수용성(아닐린, 니트로벤젠)	2,000L
			수용성(글리세린)	4,000L
		제4석유류		6,000L
		동·식물유류		10,000L

27 소화난이도등급 Ⅰ에 해당하는 옥외저장소 및 이송취급소의 소화설비로 적합하지 않은 것은?

① 화재발생 시 연기가 충만할 우려가 있는 장소에는 스프링클러설비
② 이동식 이외의 불활성가스소화설비
③ 옥외소화전설비
④ 옥내소화전설비

해설

옥외저장소 및 이송취급소	옥내소화전설비, 옥외소화전설비, 스프링클러설비 또는 물분무등소화설비(화재발생 시 연기가 충만할 우려가 있는 장소에는 스프링클러설비 또는 이동식 이외의 물분무등소화설비에 한함)

28 자연발화를 일으키기 쉬운 조건으로 옳지 않은 것은?

① 표면적이 넓을 것   ② 발열량이 클 것
③ 주위의 온도가 높을 것   ④ 열전도율이 클 것

> **해설**

④ 열전도율이 적을 것

29 원형관 속에서 유속 3m/s로 1일 동안 20,000m^{3}의 물을 흐르게 하는 데 필요한 관의 내경은 약 몇 mm인가?

① 414   ② 313
③ 212   ④ 194

> **해설**

$Q = AV$

[Q : 유량(m^3/s), A : 단면적(m^2), V : 유속(m/s)]

$$A = \frac{Q}{V} = \frac{20,000\text{m}^3/\text{일}}{3\text{m/s}}$$

$$= \frac{20,000\text{m}^3/(24 \times 3,600)\text{s}}{3\text{m/s}} = 0.077\text{m}^2$$

$$A = \frac{\pi}{4}D^2 \ [D : 지름(\text{m})]$$

$$D^2 = \frac{4}{\pi}A$$

$$D = \sqrt{\frac{4}{\pi}A} = \sqrt{\frac{4}{\pi} \times 0.077} = 0.313\text{m} = 313\text{mm}$$

30 다음 중 물속에 저장하여야 하는 위험물은?

① 적린   ② 황린
③ 황화인   ④ 황

> **해설**

물 질	보호액
황린(백린), CS$_2$	물 속
적린(붉은인), K, Na	석유 속

31 분자량이 32이며, 물에 불용성인 황색 결정의 위험물은?

① 오황화인   ② 황린

③ 적린   ④ 유황

해설

④ 유황(sulfur, S) : 분자량 32이며, 물에 불용성인 황색 결정의 위험물

32 유별을 달리하는 위험물 중 운반 시에 혼재가 불가한 것은?(단, 모든 위험물은 지정수량 이상이다)

① 아염소산나트륨과 질산   ② 마그네슘과 니트로글리세린

③ 나트륨과 벤젠   ④ 과산화수소와 경유

해설

(1) 위험물의 구분
    ㉠ 아염소산나트륨(제1류 위험물), 질산(제6류 위험물)
    ㉡ 마그네슘(제2류 위험물), 니트로글리세린(제5류 위험물)
    ㉢ 나트륨(제3류 위험물), 벤젠(제4류 위험물)
    ㉣ 과산화수소(제6류 위험물), 경유(제4류 위험물)

(2) 유별을 달리하는 위험물의 혼재기준

위험물의 구분	제1류	제2류	제3류	제4류	제5류	제6류
제1류		×	×	×	×	○
제2류	×		×	○	○	×
제3류	×	×		○	×	×
제4류	×	○	○		○	×
제5류	×	○	×	○		×
제6류	○	×	×	×	×	

33 Halon 1211에 해당하는 할로겐화합물소화약제는?

① CH_2ClBr ② CF_2ClBr

③ CCl_2FBr ④ CBr_2FCl

해설

• Halon 번호 : 첫째 – 탄소수, 둘째 – 불소수, 셋째 – 염소수, 넷째 – 브롬수
• Halon 1211–CF_2ClBr

34 금속나트륨의 성질에 대한 설명으로 옳은 것은?

① 불꽃반응은 파란색을 띤다.　　② 물과 반응하여 발열하고 가연성가스를 만든다.
③ 은백색의 중금속이다.　　④ 물보다 무겁다.

해설

① 불꽃반응은 황색을 띤다.
② 물과 반응하여 발열하고 가연성가스를 만든다.

$$2Na + 2H_2O \rightarrow 2NaOH + H_2 \uparrow + 2 \times 44.1kcal$$

③ 은백색의 광택이 있는 경금속이다.
④ 물보다 가볍다(비중 0.97).

35 메탄 50%, 에탄 30%, 프로판 20%의 부피비로 혼합된 가스의 공기 중 폭발하한계 값은?
(단, 메탄·에탄·프로판의 폭발하한계는 각각 5vol%, 3vol%, 2vol%이다)

① 1.1vol%　　② 3.3vol%
③ 5.5vol%　　④ 7.7vol%

해설

$$\frac{100}{L} = \frac{V_1}{L_1} + \frac{V_2}{L_2} + \frac{V_3}{L_3} = \frac{50}{5} + \frac{30}{3} + \frac{20}{2} = 30$$

$$\therefore L = 3.3vol\%$$

36 연소 시 발생하는 유독가스의 종류가 동일한 것은?

① 칼륨, 나트륨　　② 아세트알데히드, 이황화탄소
③ 황린, 적린　　④ 탄화알루미늄, 인화칼슘

해설

① $4K + O_2 \rightarrow 2K_2O$
　　$4Na + O_2 \rightarrow 2Na_2O$
② $2CH_3CHO + 5O_2 \rightarrow 4CO_2 + 4H_2O$
　　$CS_2 + 3O_2 \rightarrow CO_2 \uparrow + 2SO_2 \uparrow$
③ (황린) $P_4 + 5O_2 \rightarrow 2P_2O_5$
　　　　　　　유독가스
　　(적린) $P_4 + 5O_2 \rightarrow 2P_2O_5$
　　　　　　　유독가스
④ $Al_4C_3 + 3O_2 \rightarrow 2Al_2O_3 + 3C$
　　$Ca_3P_2 + 3O_2 \rightarrow 3CaO_2 + 2P$

정답 34. ②　35. ②　36. ③

37 가열하였을 때 열분해하여 질소가스가 발생하는 것은?

① 과산화칼슘　　　　　　　　　② 브롬산칼륨

③ 삼산화크롬　　　　　　　　　④ 중크롬산암모늄

> **해설**

① $CaO_2 \xrightarrow{\triangle} Ca + O_2$

② $2KBrO_3 \xrightarrow{\triangle} 2KBr + 3O_2 \uparrow$

③ $4CrO_3 \xrightarrow{\triangle} 2Cr_2O_3 + 3O_2 \uparrow$

④ $(NH_4)_2Cr_2O_7 \xrightarrow{\triangle} N_2 \uparrow + 4H_2O + Cr_2O_3$

38 다음 위험물의 지정수량이 옳게 연결된 것은?

① $Ba(ClO_4)_2$ – 50kg　　　　② $NaBrO_3$ – 100kg

③ $Sr(NO_3)_2$ – 500kg　　　　④ $KMnO_4$ – 500kg

> **해설**

물 질	지정수량
$Ba(ClO_4)_2$, (과염소산염류)	50kg
$NaBrO_3$, (브롬산염류)	300kg
$Sr(NO_3)_2$, (질산염류)	300kg
$KMnO_4$, (과망간산염류)	1,000kg

39 개방된 중유 또는 원유탱크화재 시 포를 방사하면소화약제가 비등증발하며 확산의 위험이 발생한다. 이 현상을 무엇이라 하는가?

① 보일오버현상　　　　　　　　② 슬롭오버현상

③ 플래시오버현상　　　　　　　④ 블레비현상

> **해설**

① 보일오버현상 : 원추형 탱크의 지붕판이 폭발에 의해 날아가고 화재가 확대될 때 저장된 연소 중인 기름에서 발생할 수 있는 현상으로, 기름의 표면부에서 장시간 조용히 타고 있는 동안 갑자기 탱크로부터 연소 중인 기름이 폭발적으로 분출되어 화재가 일시에 격화된다.

③ 플래시오버현상 : 화재가 구획된 방 안에서 발생하면 플래시오버가 발생한다. 그러면 수초 안에 온도가 약 5배로 높아지고 산소는 급격히 감소되며, 일산화탄소가 치사량으로 발생하고 이산화탄소는 급격히 증가한다.

④ 블레비(BLEVE; Boiling Liquid Expanding Vapor Explosion) : 비등상태의 액화가스가 기화하여 폭발하는 현상으로 파편이 중심에서 1,000m 이상까지 날아가며 화염전파속도는 대략 250m/s 전후이다.

정답 37. ④　38. ①　39. ②

40 과산화수소에 대한 설명 중 틀린 것은?

① 햇빛에 의해 분해되어 산소를 방출한다.
② 일정농도 이상이면 단독으로 폭발할 수 있다.
③ 벤젠이나 석유에 쉽게 용해되어 급격히 분해된다.
④ 농도가 진한 것은 피부에 접촉 시 수종을 일으킬 위험이 있다.

> **해설**
>
> ③ 물과는 임의로 혼합되며 수용액 상태는 비교적 안정하여 알코올·에테르에는 녹지만, 벤젠·석유에는 녹지 않는다.

41 위험물안전관리법령상 가연성고체위험물에 대한 설명 중 틀린 것은?

① 비교적 낮은 온도에서 착화되기 쉬운 가연물이다.
② 연소속도가 대단히 빠른 고체이다.
③ 철분 및 마그네슘을 포함하여 주수에 의한 냉각소화를 해야 한다.
④ 산화제와의 접촉을 피해야 한다.

> **해설**
>
> ③ 철분 및 마그네슘을 포함하여 건조사에 의한 소화를 한다.

42 인화점이 0℃보다 낮은 물질이 아닌 것은?

① 아세톤   ② 크실렌
③ 휘발유   ④ 벤젠

> **해설**
>
> ① 아세톤 -18℃   ② 크실렌 17.2℃
> ③ 휘발유 -20~43℃   ④ 벤젠 -11.1℃

43 다음 중 산소와의 화합반응이 가장 일어나지 않는 것은?

① N   ② S
③ He   ④ P

> **해설**
>
> 원소주기율표상의 0족 원소(He 등)는 다른 원소와 화합할 수 없으므로 산소와 화합반응이 일어나지 않는다.

정답 40. ③   41. ③   42. ②   43. ③

44 위험물안전관리법령상 제3종 분말소화설비가 적응성이 있는 것은?

① 과산화바륨   ② 마그네슘

③ 질산에틸   ④ 과염소산

해설

■ 소화설비의 적응성

대상물	소화설비	
• 제1류 위험물(알칼리금속 과산화물) • 제2류 위험물(철분·금속분·마그네슘) • 제3류 위험물(금수성물질)	• 분말소화설비(탄산수소염류) • 팽창질석·팽창진주암	• 마른모래
제5류 위험물	• 옥내·외소화전설비 • 물분무소화설비 • 물통·수조 • 팽창질석·팽창진주암	• 스프링클러설비 • 포소화설비 • 마른모래
제6류 위험물	• 옥내·외소화전설비 • 물분무소화설비 • 분말소화설비(인산염류) • 마른모래	• 스프링클러설비 • 포소화설비 • 물통·수조 • 팽창질석·팽창진주암

45 다음의 저장소에 있어서 1인의 위험물안전관리자를 중복하여 선임할 수 있는 경우에 해당하지 않는 것은?

① 동일 구내에 있는 7개의 옥내저장소를 동일인이 설치한 경우

② 동일 구내에 있는 21개의 옥외탱크저장소를 동일인이 설치한 경우

③ 상호 100m이내의 거리에 있는 15개의 옥외저장소를 동일인이 설치한 경우

④ 상호 100m이내의 거리에 있는 6개의 암반탱크저장소를 동일인이 설치한 경우

해설

■ 1인의 안전관리자를 중복하여 선임할 수 있는 경우

㉠ 10개 이하의 옥내저장소

㉡ 30개 이하의 옥외탱크저장소

㉢ 옥내탱크저장소

㉣ 지하탱크저장소

㉤ 간이탱크저장소

㉥ 10개 이하의 옥외저장소

㉦ 10개 이하의 암반탱크저장소

46 위험물안전관리법령상 제4류 위험물 중에서 제1석유류에 속하는 것은?

① CH_3CHOCH_2

② $C_2H_5COCH_3$

③ CH_3CHO

④ CH_3COOH

> **해설**
>
> ① CH_3CHOCH_2(산화프로필렌) : 제4류 위험물 중 특수인화물
> ② $C_2H_5COCH_3$(메틸에틸케톤) : 제4류 위험물 중 제1석유류
> ③ CH_3CHO(아세트알데히드) : 제4류 위험물 중 특수인화물
> ④ CH_3COOH(초산) : 제4류 위험물 중 제2석유류

47 위험물안전관리법령상 품명이 무기과산화물에 해당하는 것은?

① 과산화리튬

② 과산화수소

③ 과산화벤조일

④ 과산화초산

> **해설**
>
> ① 과산화리튬(Li_2O_2) : 제1류 위험물 중 무기과산화물
> ② 과산화수소(H_2O_2) : 제6류 위험물
> ③ 과산화벤조일[$(C_6H_5CO)_2O_2$] : 제5류 위험물
> ④ 과산화초산(CH_3COOOH) : 제4류 위험물 중 제2석유류

48 위험물의 화재위험에 대한 설명으로 옳지 않은 것은?

① 연소범위의 상한값이 높을수록 위험하다.
② 착화점이 높을수록 위험하다.
③ 폭발범위가 넓을수록 위험하다.
④ 연소속도가 빠를수록 위험하다.

> **해설**
>
> ② 착화점이 낮을수록 위험하다.

49 1기압, 100℃에서 1kg의 이황화탄소가 모두 증기가 된다면 부피는 약 몇 L가 되겠는가?

① 201

② 403

③ 603

④ 804

$$PV = \frac{W}{M}RT$$

$$V = \frac{WRT}{PM} = \frac{1,000 \times 0.082 \times (273 + 100)}{1 \times 76} = 403\text{L}$$

50 다음 중 위험물안전관리법상 알코올류가 위험물이 되기 위하여 갖추어야 할 조건이 아닌 것은?

① 한 분자 내에 탄소원자수가 1개부터 3개까지일 것
② 포화알코올일 것
③ 수용액일 경우 위험물안전관리법에서 정의한 알코올 함유량이 60wt% 이상일 것
④ 2가 이상의 알코올일 것

- **위험물안전관리법상 알코올류** : 한 분자 내의 탄소원자수가 3개 이하인 포화1가의 알코올로서 변성 알코올을 포함하며, 알코올 수용액의 농도가 60wt% 이상인 것

51 위험물안전관리법령상 나트륨의 위험등급은?

① 위험등급 Ⅰ
② 위험등급 Ⅱ
③ 위험등급 Ⅲ
④ 위험등급 Ⅳ

- **제3류 위험물의 품명과 지정수량**

성 질	위험등급	품 명	지정수량
자연발화성물질 및 금수성물질	Ⅰ	1. 칼륨	10kg
		2. 나트륨	10kg
		3. 알킬알루미늄	10kg
		4. 알킬리튬	10kg
		5. 황린	20kg
	Ⅱ	6. 알칼리금속(칼륨 및 나트륨제외) 및 알칼리토금속	50kg
		7. 유기 금속화합물(알킬알루미늄 및 알킬리튬 제외)	50kg
	Ⅲ	8. 금속의 수소화물	300kg
		9. 금속의 인화물	300kg
		10. 칼슘 또는 알루미늄의 탄화물	300kg
		11. 그 밖에 행정안전부령이 정하는 것 염소화규소 화합물	300kg
	Ⅰ~Ⅲ	12. 1~11에 해당하는 어느 하나 이상을 함유한 것	10kg, 20kg, 50kg 또는 300kg

52 위험물제조소와 시설물 사이에 불연재료로 된 방화상 유효한 담을 설치하는 경우에는 법정의 안전거리를 단축할 수 있다. 다음 중 이러한 안전거리 단축이 가능한 시설물에 해당하지 않는 것은?

① 사용전압 7,000V 초과 35,000V 이하의 특고압가공전선
② 문화재보호법에 의한 문화재 중 지정문화재
③ 초등학교
④ 주택

> **해설**

- 위험물제조소와 시설물 사이에 불연재료로 된 유효한 담을 설치하는 경우 안전거리 단축이 가능한 시설물
- ㉠ 문화재보호법에 의한 문화재 중 지정문화재
- ㉡ 학교, 유치원
- ㉢ 주거용 주택

53 위험물과 그 위험물이 물과 접촉하여 발생하는 가스를 틀리게 나타낸 것은?

① 탄화마그네슘 : 프로판　　② 트리에틸알루미늄 : 에탄
③ 탄화알루미늄 : 메탄　　　④ 인화칼슘 : 포스핀

> **해설**

① $MgC_2 + 2H_2O \rightarrow Mg(OH)_2 + C_2H_2 \uparrow$
② $(C_2H_5)_3Al + 3H_2O \rightarrow Al(OH)_3 + 3C_2H_6 \uparrow$
③ $Al_4C_3 + 12H_2O \rightarrow 4Al(OH)_3 + 3CH_4 \uparrow$
④ $Ca_3P_2 + 6H_2O \rightarrow 3Ca(OH)_2 + 2PH_3 \uparrow$

54 다음의 요건을 모두 충족하는 위험물은?

- 과요오드산과 함께 적재하여 운반하는 것은 법령 위반이다.
- 위험등급 Ⅱ에 해당하는 위험물이다.
- 원칙적으로 옥외저장소에 저장·취급하는 것은 위법이다.

① 염소산염류　　　　② 고형알코올
③ 질산에스테르류　　④ 금속의 아지화합물

> **해설**

- **금속의 아지화합물**
  제5류 위험물 중 행정안전부령이 정하는 것

정답 52. ① 53. ① 54. ④

55 근래 인간공학이 여러 분야에서 크게 기여하고 있다. 다음 중 어느 단계에서 인간공학적 지식이 고려됨으로써 기업에 가장 큰 이익을 줄 수 있는가?

① 제품의 개발단계   ② 제품의 구매단계

③ 제품의 사용단계   ④ 작업자의 채용단계

> **해설**

근래 인간공학은 '제품의 개발단계'에서 인간공학적 지식이 고려됨으로써 기업에 가장 큰 이익을 준다.

56 다음 [표]를 참조하여 6개월 단순이동평균법으로 7월의 수요를 예측하면 몇 개인가?

월	1	2	3	4	5	6
실적(개)	48	50	53	60	64	68

① 55개   ② 57개

③ 58개   ④ 59개

> **해설**

$$ED = \frac{\sum x_i}{n}$$
$$= \frac{48 + 50 + 53 + 60 + 64 + 68}{6} = 57$$

57 도수분포표에서 도수가 최대인 계급의 대푯값을 정확히 표현한 통계량은?

① 중위수   ② 시료평균

③ 최빈수   ④ 미드레인지(Midrange)

> **해설**

① 중위수 : 한 변수의 관찰값들을 오름차순으로 배열했을 때 가운데 위치하는 값

② 시료평균 : 데이터의 중심을 나타내는 값

④ 미드레인지 : 자료의 최대치와 최소치 합의 절반

58 다음 중 두 관리도가 모두 포아송분포를 따르는 것은?

① $\bar{x}$ 관리도, R 관리도   ② c 관리도, u 관리도

③ np 관리도, p 관리도   ④ c 관리도, p 관리도

> **정답** 55. ①   56. ②   57. ③   58. ②

> **해설**

■ **포아송분포(Poisson distribution)**
단위시간이나 단위공간에서 어떤 사건의 출연횟수가 갖는 분포
㉠ c 관리도 : 일정한 단위의 제품에 나타나는 부적합수(결점수)의 관리에 사용한다.
㉡ u 관리도 : 부적합수(결점수)를 다룬다는 측면에서는 c 관리도와 동일하지만, 각 군의 시료의 크기(n)가 일정하지 않는 경우에 사용한다.

59 전수검사와 샘플링검사에 관한 설명으로 가장 올바른 것은?

① 파괴검사의 경우에는 전수검사를 적용한다.
② 전수검사가 일반적으로 샘플링검사보다 품질 향상에 자극을 더 준다.
③ 검사항목이 많을 경우 전수검사보다 샘플링검사가 유리하다.
④ 샘플링검사는 부적합품이 섞여서는 안 되는 경우에 적용한다.

> **해설**

① 파괴검사의 경우에는 샘플링검사를 실시하여야 한다.
② 샘플링검사가 일반적으로 전수검사보다 품질 향상에 자극을 더 준다.
④ 전수검사는 부적합품이 섞여서는 안 되는 경우에 적용한다.

60 다음 중 반즈(Ralph M. Barnes)가 제시한 동작경제원칙에 해당되지 않는 것은?

① 표준작업의 원칙
② 신체의 사용에 관한 원칙
③ 작업장의 배치에 관한 원칙
④ 공구 및 설비의 디자인에 관한 원칙

> **해설**

■ **동작경제원칙**
작업자가 에너지의 낭비 없이 효과적으로 작업할 수 있도록 작업자의 동작을 세밀하게 분석하여 가장 경제적이고 합리적인 표준동작을 설치하는 것
㉠ 신체의 사용에 관한 원칙
㉡ 작업장의 배치에 관한 원칙
㉢ 공구 및 설비의 디자인에 관한 원칙

정답 59. ③ 60. ①

2014년 제56회 출제문제(7월 20일 시행)

01 다음 반응에서 과산화수소가 산화제로 작용한 것은?

> ⓐ $2HI + H_2O_2 \rightarrow I_2 + 2H_2O$
>
> ⓑ $MnO_2 + H_2O + H_2SO_4 \rightarrow MnSO_4 + 2H_2O + O_2$
>
> ⓒ $PbS + 4H_2O_2 \rightarrow PbSO_4 + 4H_2O$

① ⓐ, ⓑ   ② ⓐ, ⓒ

③ ⓑ, ⓒ   ④ ⓐ, ⓑ, ⓒ

해설

과산화수소는 산화제로도 작용하지만, 환원제로도 작용한다.

㉠ 산화제
  - $2HI + H_2O_2 \rightarrow I_2 + 2H_2O$
  - $PbS + 4H_2O_2 \rightarrow PbSO_4 + 4H_2O$

㉡ 환원제 : $MnO_2 + H_2O_2 + H_2SO_4 \rightarrow MnSO_4 + 2H_2O + O_2$

02 위험물안전관리법령에서 정한 자기반응성물질이 아닌 것은?

① 유기금속화합물   ② 유기과산화물

③ 금속의 아지화합물   ④ 질산구아니딘

해설

① 유기금속화합물 : 위험물이 아니다.

03 다음 중 강화액 소화기의 방출방식으로 가장 많이 쓰이는 것은?

① 가스가압식   ② 반응식(파병식)

③ 축압식   ④ 전도식

해설

■ **강화액 소화기의 방출방식**

㉠ 축압식, ㉡ 가스가압식, ㉢ 반응식(파병식)

정답 01. ②   02. ①   03. ③

04 다음 중 인화점이 가장 낮은 물질은?

① 이소프로필알코올
② n−부틸알코올
③ 에틸렌글리콜
④ 아세트산

해설

① 12℃
② 28.8℃
③ 111℃
④ 42.8℃

05 위험물안전관리법령상 위험물의 운송 시 혼재할 수 없는 위험물은?(단, 지정수량의 초과의 위험물이다)

① 적린과 경유
② 칼륨과 등유
③ 아세톤과 니트로셀룰로오스
④ 과산화칼륨과 크실렌

해설

① 적린(제2류 위험물), 경유(제4류 위험물)
② 칼륨(제3류 위험물), 등유(제4류 위험물)
③ 아세톤(제4류 위험물), 니트로셀룰로오스(제5류 위험물)
④ 과산화칼륨(제1류 위험물), 크실렌(제4류 위험물)

■ 유별을 달리하는 위험물의 혼재기준

위험물의 구분	제1류	제2류	제3류	제4류	제5류	제6류
제1류		×	×	×	×	○
제2류	×		×	○	○	×
제3류	×	×		○	×	×
제4류	×	○	○		○	×
제5류	×	○	×	○		×
제6류	○	×	×	×	×	

06 스프링클러소화설비가 전체적으로 적응성이 있는 대상물은?

① 제1류 위험물
② 제2류 위험물
③ 제4류 위험물
④ 제5류 위험물

정답 04. ① 05. ④ 06. ④

■ 소화설비의 적응성

대상물	소화설비	
• 제1류 위험물(알칼리금속 과산화물) • 제2류 위험물(철분·금속분·마그네슘) • 제3류 위험물(금수성물질)	• 분말소화설비(탄산수소염류) • 팽창질석·팽창진주암	• 마른모래
• 제5류 위험물	• 옥내·외소화전설비 • 물분무소화설비 • 물통·수조 • 팽창질석·팽창진주암	• 스프링클러설비 • 포소화설비 • 마른모래
• 제6류 위험물	• 옥내·외소화전설비 • 물분무소화설비 • 분말소화설비(인산염류) • 마른모래	• 스프링클러설비 • 포소화설비 • 물통·수조 • 팽창질석·팽창진주암

07 위험물안전관리법령에서 정한 위험물을 수납하는 경우의 운반용기에 관한 기준으로 옳은 것은?

① 고체위험물은 운반용기 내용적의 98% 이하로 수납한다.
② 액체위험물은 운반용기 내용적의 95% 이하로 수납한다.
③ 고체위험물의 내용적은 25℃를 기준으로 한다.
④ 액체위험물은 55℃에서 누설되지 않도록 공간용적을 유지하여야 한다.

해설

■ 위험물의 운반에 관한 기준
㉠ 고체위험물은 운반용기 내용적의 95% 이하의 수납률로 수납한다.
㉡ 액체위험물은 운반용기 내용적의 98% 이하의 수납률로 수납하되, 55℃의 온도에서 누설되지 않도록 충분한 공간용적을 유지하도록 한다.
㉢ 알킬알루미늄 등은 운반용기 내용적의 90% 이하의 수납률로 수납한다(50℃에서 5% 이상 공간용적 유지).

08 비중이 1.15인 소금물이 무한히 큰 탱크의 밑면에서 내경 3cm인 관을 통하여 유출된다. 유출구 끝이 탱크 수면으로부터 3.2m 하부에 있다면 유출 속도는 얼마인가?(단, 배출 시의 마찰손실은 무시한다)

① 2.92m/s
② 5.92m/s
③ 7.92m/s
④ 12.92m/s

해설

$$V = \sqrt{2gh} = \sqrt{2 \times 9.8 \times 3.2} = 7.92\text{m/s}$$

[V : 유속(m/s), g : 중력가속도(9.8m/s), h : 높이(m)]

정답 07. ④ 08. ③

09 Halon 1211과 Halon 1301소화약제에 대한 설명 중 틀린 것은?

① 모두 부촉매효과가 있다.
② 증기는 모두 공기보다 무겁다.
③ 증기비중과 액체비중 모두 Halon 1211이 더 크다.
④ 소화기의 유효방사거리는 Halon 1301이 더 길다.

> **해설**
> ④ 소화기의 유효방사거리는 Halon 1301이 더 짧다.

10 물체의 표면온도가 200℃에서 500℃로 상승하면 열복사량은 약 몇 배 증가하는가?

① 3.3 ② 7.1
③ 18.5 ④ 39.2

> **해설**
> ■ 슈테판-볼츠만의 법칙(Stefan-Boltzmann's law) : 흑체복사의 에너지는 흑체표면의 절대온도의 4제곱에 비례한다.

11 과염소산의 취급·저장 시 주의사항으로 틀린 것은?

① 가열하면 폭발할 위험이 있으므로 주의한다.
② 종이, 나뭇조각 등과 접촉을 피하여야 한다.
③ 구멍이 뚫린 코르크 마개를 사용하여 통풍이 잘 되는 곳에 저장한다.
④ 물과 접촉하면 심하게 반응하므로 접촉을 금지한다.

> **해설**
> ③ 유리나 도자기 등의 밀폐용기에 넣어 저장하고 저온에서 통풍이 잘 되는 곳에 저장한다.

12 TNT와 니트로글리세린에 대한 설명 중 틀린 것은?

① TNT는 햇빛에 노출되면 다갈색으로 변한다.
② 모두 폭약의 원료로 사용될 수 있다.
③ 위험물안전관리법령상 품명은 서로 다르다.
④ 니트로글리세린은 상온(약 25℃)에서 고체이다.

④ 니트로글리세린은 상온(약 25℃)에서 순수한 것은 무색 투명한 기름상의 액체이며, 시판공업용 제품은 담황색이다.

13 단백질 검출반응과 관련이 있는 위험물은?

① HNO_3 ② $HClO_3$

③ $HClO_2$ ④ H_2O_2

▪ **크산토프로테인(Xantho protein) 반응**

(단백질 검출) : 단백질용액 $\xrightarrow[\text{가열}]{HNO_3}$ 노란색

14 휘발유를 저장하는 옥외탱크저장소의 하나의 방유제 안에 10,000L, 20,000L 탱크 각각 1기가 설치되어 있다. 방유제의 용량은 몇 L 이상이어야 하는가?

① 11,000   ② 20,000

③ 22,000   ④ 30,000

▪ **옥외탱크저장소의 방유제 용량**

방유제의 용량=20,000×1.1=22,000L

㉠ 1기 이상 : 탱크용량의 110% 이상

㉡ 2기 이상 : 최대용량의 110% 이상

15 위험물제조소 내의 위험물을 취급하는 배관은 최대상용압력의 몇 배 이상의 압력으로 수압시험을 실시하여 이상이 없어야 하는가?

① 1.1   ② 1.5

③ 2.1   ④ 2.5

▪ **위험물제조소 내의 위험물을 취급하는 배관**

최대상용압력의 1.5배 이상의 압력으로 수압시험을 실시하여 이상이 없어야 한다.

16 위험물의 저장 또는 취급하는 방법을 설명한 것 중 틀린 것은?

① 산화프로필렌 : 저장 시 은으로 제작된 용기에 질소가스와 같은 불연성가스를 충전하여 보관한다.
② 이황화탄소 : 용기나 탱크에 저장 시 물로 덮어서 보관한다.
③ 알킬알루미늄 : 용기는 완전 밀봉하고 질소 등 불활성가스를 충전한다.
④ 아세트알데히드 : 냉암소에 저장한다.

> **해설**
> ① 산화프로필렌 : 저장 시 은, 수은, 구리, 마그네슘 및 합금성분으로 된 것은 아세틸라이트의 폭발물을 생성하므로 피한다.

17 다음 중 품목을 달리하는 위험물을 동일 장소에 저장할 경우 위험물시설로서 허가를 받아야 할 수량을 저장하고 있는 것은?(단, 제4류 위험물의 경우 비수용성이고 수량 이외 의 저장기준은 고려하지 않는다)

① 이황화탄소 10L, 가솔린 20L와 칼륨 3kg을 취급하는 곳
② 가솔린 60L, 등유 300L와 중유 950L를 취급하는 곳
③ 경유 600L, 나트륨 1kg과 무기과산화물 10kg을 취급하는 곳
④ 황 10kg, 등유 300L와 황린 10kg을 취급하는 곳

> **해설**
> 위험물시설로서 허가를 받아야 할 수량은 지정수량의 1배 이상 저장하고 있는 것이다.
>
> ① $\dfrac{10L}{50L} + \dfrac{20L}{200L} + \dfrac{3kg}{10kg} = 0.2 + 0.1 + 0.3 = 0.6$배
>
> ② $\dfrac{60L}{200L} + \dfrac{300L}{1,000L} + \dfrac{950L}{2,000L} = 0.3 + 0.3 + 0.475 = 1.075$배
>
> ③ $\dfrac{600L}{1,000L} + \dfrac{1kg}{10kg} + \dfrac{10kg}{50kg} = 0.6 + 0.1 + 0.2 = 0.9$배
>
> ④ $\dfrac{10kg}{100kg} + \dfrac{300L}{1,000L} + \dfrac{10kg}{20kg} = 0.1 + 0.3 + 0.5 = 0.9$배

18 산소 16g과 수소 4g이 반응할 때 몇 g의 물을 얻을 수 있는가?

① 9g
② 16g
③ 18g
④ 36g

$$2H_2 \quad + \quad O_2 \quad \rightarrow \quad 2H_2O$$

$$\begin{array}{ccc} 4g & 32g & 36g \\ 4g & 16g & xg \end{array}$$

$$x = \frac{16 \times 36}{32} \qquad x = 18g$$

19 위험물제조소의 환기설비에 대한 기준에 대한 설명 중 옳지 않은 것은?

① 환기는 팬을 사용한 국소배기방식으로 설치하여야 한다.
② 급기구는 바닥면적 150m²마다 1개 이상으로 한다.
③ 급기구는 낮은 곳에 설치하고 가는 눈의 구리망 등으로 인화방지망을 설치해야 한다.
④ 환기구는 회전식 고정벤틸레이터 또는 루프팬방식으로 설치한다.

해설

① 환기는 자연배기방식으로 한다.

20 하나의 특정한 사고원인의 관계를 논리게이트를 이용하여 도해적으로 분석하여 연역적 · 정량적 기법으로 해석해 가면서 위험성을 평가하는 방법은?

① FTA(결함수분석기법) ② PHA(예비위험분석기법)
③ ETA(사건수분석기법) ④ FMECA(이상위험도분석기법)

해설

① FTA(Fault Tree Analysis) : 결함수법, 결함관련수법, 고장의 목분석법 등으로 불리는 FTA는 기계 · 설비 또는 Man-Machine 시스템의 고장이나 재해의 발생요인을 논리적으로 도표에 의하여 분석하는 기법으로 일정의 약속된 기호에 의하여 논리적 순서에 따라 논리의 한계까지 전개하여 재해발생요인을 분석하는 것이다. 그러나 재해발생 후의 원인규명보다 재해예방을 위한 예측기법으로서의 활용가치가 더 높다.
② PHA(Preliminary Hazards Analysis) : 시스템 안전프로그램에 있어서 최초개발단계의 분석으로 위험요소가 얼마나 위험한 상태인가를 정성적으로 평가함으로써 설계변경 등을 하지 않고 효과적이고 경제적인 시스템의 안전성을 확보할 수 있는 것이며, 분석방법에는 점검카드의 사용, 경험에 따른 방법, 기술적 판단에 의한 방법이 있다.
③ ETA(Event Tree Analysis) : 미국에서 개발된 DT(Decision Tree)에서 변천해 온 것으로 설비의 설계, 심사, 제작, 검사, 보전, 운전, 안전대책의 과정에서 그 대응조치가 성공인가 실패인가를 확대해 가는 과정을 검토한다. 귀납적 해석방법으로서 일반적으로 성공하는 것이 보통이고, 실패가 드물게 일어나므로 실패의 확률만으로 계산하면 되게끔 되어 있다. 실패가 거듭될수록 피해가 커지는 것으로서 그 발생확률을 최소로 줄이기 위해서는 어디에 중점을 둘 것인가를 읽어낼 수 있어야 한다.
④ FMECA(Failure Modes Effect and Criticality Analysis) : 전형적인 정성적, 귀납적 분석 방법으로서 시스템에 영향을 미칠 것으로 생각되는 전체요소의 고장을 형별로 분석해서 그 영향을 검토하는 것이며 각 요소의 한 형식 고장이 시스템의 한 영향에 대응한다.

21 제4류 위험물 중 점도가 높고 비휘발성인 제3석유류 또는 제4석유류의 주된 연소형태는?

① 증발연소   ② 표면연소

③ 분해연소   ④ 불꽃연소

해설

■ **분해연소** : 중유(제3석유류), 윤활유(제4석유류)

22 마그네슘화재를 소화할 때 사용하는소화약제의 적응성에 대한 설명으로 잘못된 것은?

① 건조사에 의한 질식소화는 오히려 폭발적인 반응을 일으키므로 소화적응성이 없다.

② 물을 주수하면 폭발의 위험이 있으므로 소화 적응성이 없다.

③ 이산화탄소는 연소반응을 일으키며 일산화탄소를 발생하므로 소화적응성이 없다.

④ 할로겐화합물과 반응하므로 소화적응성이 없다.

해설

■ **마그네슘소화약제**

건조사 등으로 질식소화한다.

23 다음 물질이 연소의 3요소 중 하나의 역할을 한다고 했을 때 그 역할이 나머지 셋과 다른 하나는?

① 삼산화크롬   ② 적린

③ 황린   ④ 이황화탄소

해설

① 삼산화크롬 : 지연물(조연물)   ② 적린 : 가연물

③ 황린 : 가연물   ④ 이황화탄소 : 가연물

24 다음 중 위험물안전관리법령에서 정한 위험물의 지정수량이 가장 작은 것은?

① 브롬산염류   ② 금속의 인화물

③ 니트로소화합물   ④ 과염소산

해설

① 브롬산염류 : 300kg   ② 금속의 인화물 : 300kg

③ 니트로소화합물 : 200kg   ④ 과염소산 : 300kg

정답   21. ③   22. ①   23. ①   24. ③

25 황이 연소하여 발생하는 가스의 성질로 옳은 것은?

① 무색무취이다.

② 물에 녹지 않는다.

③ 공기보다 무겁다.

④ 분자식은 H_2S이다.

해설

• 황이 연소하면 매우 유독한 아황산가스를 발생한다.

$S + O_2 \rightarrow SO_2 + 71.0kcal$

• 아황산가스(SO_2)는 $64 \div 29 = 2.2$배, 즉 공기보다 2.2배 무겁다.

26 정전기와 관련해서 유체 또는 고체에 의해 한 표면에서 다른 표면으로 전자가 전달될 때 발생하는 전기의 흐름을 무엇이라고 하는가?

① 유도전류

② 전도전류

③ 유동전류

④ 변위전류

해설

① 유도전류 : 전자기 유도법칙에 따른 유도기전력에 의해 회로에 흐르는 전류

② 전도전류 : 전자나 이온과 같은 하전입자들이 전계에 의해서 쿨롱력을 받음으로써 가속되어 음전하는 전계의 반대방향, 양전하는 전계방향으로 유동하는 현상으로 전도전류는 주로 도체나 반도체에서 형성된다.

③ 유동전류 : 유체 또는 고체에 의해 한 표면에서 다른 표면으로 전자가 전달될 때 발생하는 전기의 흐름

④ 변위전류 : 원자의 변위에 의해서 생기는 전류

27 다음과 같은 공통점을 갖지 않는 것은?

> • 탄화수소이다.
> • 치환반응보다는 첨가반응을 잘 한다.
> • 석유화학공업 공정으로 얻을 수 있다.

① 에텐

② 프로필렌

③ 부텐

④ 벤젠

해설

■ 벤젠(C_6H_6)의 특성

㉠ 방향족 화합물이다.

㉡ 불포화 결합을 이루고 있으나 안정하며 첨가반응보다 치환반응이 많다.

㉢ 석탄은 고온에서 건류하면 콜타르(Coal Tar)가 얻어지고, 콜타르를 다시 분류하면 여러 방향족 화합물을 얻는데, 벤젠은 휘발성 성분이 강한 경유 속에 존재한다.

28 에탄올과 진한황산을 섞고 170℃로 가열하여 얻어지는 기체탄화수소(A)에 브롬을 작용시켜 20℃에서 액체 화합물(B)을 얻었다. 화합물 A와 B의 화학식은?

① A : C_2H_2, B : CH_3-CHBr_2

② A : C_2H_4, B : CH_2Br-CH_2Br

③ A : $C_2H_5OC_2H_5$, B : $C_2H_4BrOC_2H_4Br$

④ A : C_2H_6, B : $CHBr=CHBr$

해설

㉠ 에틸렌(C_2H_4)의 제법 : 에탄올과 진한황산을 섞고 170℃로 가열하여 얻어지는 기체탄화수소

$$C_2H_5OH \xrightarrow[170℃]{C-H_2SO_4} C_2H_4 + H_2O$$

㉡ CH_2Br-CH_2Br : 에틸렌(C_2H_4)에 브롬을 작용시켜 20℃에서 액체화합물을 얻는다.

$$C_2H_4 + Br_2 \rightarrow CH_2Br-CH_2Br$$

29 다음 위험물 중에서 지정수량이 나머지 셋과 다른 것은?

① $KBrO_3$
② KNO_3
③ KIO_3
④ $KClO_3$

해설

㉠ 300kg : ①, ②, ③
㉡ 50kg : ④

30 위험물안전관리법령상 할로겐화물소화설비의 기준에서 용적식 국소방출방식에 대한 저장소화약제의 양은 다음 식을 이용하여 산출한다. 할론 1211의 경우에 해당하는 X와 Y의 값으로 옳은 것은? [단, Q는 단위체적당소화약제의 양(kg/m^3), a는 방호대상물 주위에 실제로 설치된 고정벽의 면적합계(m^2), A는 방호공간 전체 둘레의 면적(m^2)이다]

$$Q = X - Y\frac{a}{A}$$

① X : 5.2, Y : 3.9
② X : 4.4, Y : 3.3
③ X : 4.0, Y : 3.0
④ X : 3.2, Y : 2.7

정답 28. ② 29. ④ 30. ②

- X 및 Y : 다음 표의 수치

소화약제의 종별	X의 수치	Y의 수치
할론 2402	5.2	3.9
할론 1211	4.4	3.3
할론 1301	4.0	3.0

31 다음 중 알칼리토금속의 과산화물로서 비중이 약 4.96, 융점이 약 450℃인 것으로 비교적 안정한 물질은?

① BaO_2
③ MgO_2
② CaO_2
④ BeO_2

해설

- **과산화바륨(barium peroxide, BaO_2)** : 알칼리금속의 과산화물로서 비중 4.96, 융점 450℃로서 비교적 안정한 물질이다.

32 제2종 분말소화약제가 열분해할 때 생성되는 물질로 4℃ 부근에서 최대밀도를 가지며, 분자 내 104.5°의 결합각을 갖는 것은?

① CO_2
③ H_3PO_4
② H_2O
④ K_2CO_3

해설

H_2O : 4℃ 부근에서 최대밀도를 가지며, 분자 내 104.5°의 결합각을 갖는다.

$$2KHCO_3 \xrightarrow{\triangle} K_2CO_3 + CO_2 + H_2O$$

33 다음 중 제1류 위험물이 아닌 것은?

① $LiClO$
③ $KClO_3$
② $NaClO_2$
④ $HClO_4$

해설

④ 제6류 위험물

정답 31. ① 32. ② 33. ④

34 임계온도에 대한 설명으로 옳은 것은?

① 임계온도보다 낮은 온도에서 기체는 압력을 가하면 액체로 변화할 수 있다.
② 임계온도보다 높은 온도에서 기체는 압력을 가하면 액체로 변화할 수 있다.
③ 이산화탄소의 임계온도는 약 −119℃이다.
④ 물질의 종류에 상관없이 동일부피, 동일압력에서는 같은 임계온도를 갖는다.

> **해설**
>
> ① 임계온도(Critical Temperature) : 기체상과 액체상, 고체상의 상전이 현상에서 나타나는 특이점인 임계점의 온도를 말하며, 임계온도보다 낮은 온도에서 기체는 압력을 가하면 액체로 변화할 수 있다.
> ② 임계압력(Critical Pressure) : 임계온도에서 기체를 액화시키는 데 필요한 가장 낮은 압력이다. 액체와 기체로 나눌 수 없는 상태로 증기압력곡선은 이 지점까지만 그릴 수 있다.

35 위험물안전관리법령에서 정한 위험물의 유별에 따른 성질에서 물질의 상태는 다르지만 성질이 같은 것은?

① 제1류와 제6류
② 제2류와 제5류
③ 제3류와 제5류
④ 제4류와 제6류

> **해설**
>
> ㉠ 제1류 : 산화성
> ㉡ 제2류 : 가연성
> ㉢ 제3류 : 자연발화성 및 금수성
> ㉣ 제4류 : 인화성
> ㉤ 제5류 : 자기반응성
> ㉥ 제6류 : 산화성

36 다음 중 물보다 무거운 물질은?

① 디에틸에테르
② 칼륨
③ 산화프로필렌
④ 탄화알루미늄

> **해설**
>
> ① 비중 0.71
> ② 비중 0.83
> ③ 비중 0.86
> ④ 비중 2.36

정답 34. ① 35. ① 36. ④

37 위험물안전관리법령상 국소방출방식의 불활성가스소화설비 중 저압식 저장용기에 설치되는 압력경보장치는 어느 압력범위에서 작동하는 것으로 설치하여야 하는가?

① 2.3MPa 이상의 압력과 1.9MPa 이하의 압력에서 작동하는 것
② 2.5MPa 이상의 압력과 2.0MPa 이하의 압력에서 작동하는 것
③ 2.7MPa 이상의 압력과 2.3MPa 이하의 압력에서 작동하는 것
④ 3.0MPa 이상의 압력과 2.5MPa 이하의 압력에서 작동하는 것

> **해설**
>
> ▪ 국소방출방식의 불활성가스소화설비 중 저압식 저장용기에 설치하는 압력경보장치
> 2.3MPa 이상의 압력과 1.9MPa 이하의 압력에서 작동하는 것

38 옥내저장소에 가솔린 18L 용기 100개, 아세톤 200L 드럼통 10개, 경유 200L 드럼통 8개를 저장하고 있다. 이 저장소에는 지정수량의 몇 배를 저장하고 있는가?

① 10.8배   ② 11.6배
③ 15.6배   ④ 16.6배

> **해설**
>
> ㉠ 가솔린 18L×100개=1,800L
> ㉡ 아세톤 200L×10개=2,000L
> ㉢ 경유 200L×8개=1,600L
>
> 즉, $\dfrac{1,800L}{200L} + \dfrac{2,000L}{400L} + \dfrac{1,600L}{1,000L} = 9 + 5 + 1.6 = 15.6배$

39 공기 중 약 34℃에서 자연발화의 위험이 있기 때문에 물속에 보관해야 하는 위험물은?

① 황화인   ② 이황화탄소
③ 황린   ④ 탄화알루미늄

> **해설**
>
> ▪ 황린(yellow phosphorus, P_4)
> 발화점 34℃, 자연발화의 위험이 있으므로 물속에 보관한다.

40 어떤 액체연료의 질량조성이 C 75%, H 25%일 때 C : H의 mole비는?

① 1 : 3   ② 1 : 4
③ 4 : 1   ④ 3 : 1

정답 37. ① 38. ③ 39. ③ 40. ②

■ mole 비

$$C : H = \frac{75}{12} : \frac{25}{1} = 1 : 4$$

41 다음 중 은백색의 금속으로 가장 가볍고, 물과 반응 시 수소가스를 발생시키는 것은?

① Al   ② Na
③ Li   ④ Si

리튬(Li)은 물과는 상온에서 천천히, 고온에서는 격렬하게 반응하여 수소를 발생한다.
$2Li + 2H_2O \longrightarrow 2LiOH + H_2 \uparrow$

42 위험물안전관리법령상 원칙적인 경우에 있어서 이동저장탱크의 내부는 몇 리터 이하마다 3.2mm 이상의 강철판으로 칸막이를 설치해야 하는가?

① 2,000   ② 3,000
③ 4,000   ④ 5,000

■ 이동저장탱크의 내부

4,000L 이하마다 3.2mm 이상의 강철판으로 칸막이를 설치한다.

43 다음 중 요오드값이 가장 높은 것은?

① 참기름   ② 채종유
③ 동유   ④ 땅콩기름

① 참기름 : 104~118
② 채종유 : 97~107
③ 동유 : 145~176
④ 땅콩기름 : 82~109

44 위험물이송취급소에 설치하는 경보설비가 아닌 것은?

① 비상벨장치   ② 확성장치

③ 가연성증기경보장치   ④ 비상방송설비

> **해설**
>
> ■ **이송취급소에 설치하는 경보설비**
> ㉠ 비상벨장치
> ㉡ 확성장치
> ㉢ 가연성증기경보장치

45 위험물제조소 등에 설치하는 옥내소화전설비 또는 옥외소화전설비의 설치기준으로 옳지 않은 것은?

① 옥내소화전설비의 각 노즐선단 방수량 : 260L/min
② 옥내소화전설비의 비상전원 용량 : 45분 이상
③ 옥외소화전설비의 각 노즐선단 방수량 : 260L/min
④ 표시등 회로의 배선공사 : 금속관공사, 가요전선관공사, 금속덕트공사, 케이블공사

> **해설**
>
> ③ 옥외소화전설비의 각 노즐선단 방수량 : 450L/min 이상

46 NH_4NO_3에 대한 설명으로 옳은 것은?

① 물에 녹을 때는 발열반응을 일으킨다.
② 트리니트로페놀과 혼합하여 안포폭약을 제조하는 데 사용된다.
③ 가열하면 수소, 발생기산소 등 다량의 가스를 발생한다.
④ 비중이 물보다 크고, 흡습성과 조해성이 있다.

> **해설**
>
> ① 물에 녹을 때는 다량의 물을 흡수하여 흡열반응을 일으킨다.
> ② ANFO 폭약은 NH_4NO_3 : 경유를 94wt% : 6wt% 비율로 혼합시키면 폭약이 된다.
> ③ 가열하면 250~260℃에서 분해가 급격히 일어나 폭발한다.
> $2NH_4NO_3 \rightarrow 2N_2\uparrow + 4H_2O\uparrow + O_2\uparrow$
>   (다량의 가스)
> ④ 비중이 물보다 크고(비중 1.75), 흡습성과 조해성이 있다.

47 다음 중 Cl의 산화수가 +3인 물질은?

① $HClO_4$　　　　　　　② $HClO_3$

③ $HClO_2$　　　　　　　④ $HClO$

> **해설**

① $1+x-8=0$　∴ $x=7$
② $1+x-6=0$　∴ $x=5$
③ $1+x-4=0$　∴ $x=3$
④ $1+x-2=0$　∴ $x=1$

48 위험물안전관리법령상 제조소 등의 관계인은 그 제조소 등의 용도를 폐지한 때에는 폐지한 날로부터 며칠 이내에 신고하여야 하는가?

① 7일　　　　　　　　② 14일

③ 30일　　　　　　　　④ 90일

> **해설**

■ 제조소 등의 승계 및 용도 폐지

제조소 등의 승계	제조소 등의 용도 폐지
• 신고처 : 시 · 도지사 • 신고기간 : 30일 이내	• 신고처 : 시 · 도지사 • 신고기간 : 14일 이내

49 유황에 대한 설명 중 옳지 않은 것은?

① 물에 녹지 않는다.
② 일정 크기 이상을 위험물로 분류 한다.
③ 고온에서 수소와 반응할 수 있다.
④ 청색 불꽃을 내며 연소한다.

> **해설**

② 유황은 순도가 60wt% 이상인 것을 위험물로 본다.

50 과산화나트륨의 저장법으로 가장 옳은 것은?

① 용기는 밀전 및 밀봉하여야 한다.
② 안정제로 황분 또는 알루미늄분을 넣어준다.
③ 수증기를 혼입해서 공기와 직접접촉을 방지한다.
④ 저장시설 내에 스프링클러설비를 설치한다.

② 직사광선 차단, 화기와의 접속을 피하고 충격, 마찰 등 분해요인을 제거한다.
③ 수증기를 피한다.
④ 저장실 내에는 스프링클러설비, 옥내소화전, 포소화설비 또는 물분무소화설비 등을 설치하여도 안 되며, 이러한 소화설비에서 나오는 물과의 접촉도 피해야 한다.

51 황화인에 대한 설명으로 틀린 것은?

① P_4S_3, P_2S_5, P_4S_7은 동소체이다.
② 지정수량은 100kg이다.
③ 삼황화인의 연소생성물에는 이산화황이 포함된다.
④ 오황화인은 물 또는 알칼리에 분해하여 이황화탄소와 황산이 된다.

④ 오황화인은 물 또는 알칼리에 분해하여 가연성가스인 황화수소와 인산이 된다.
$P_2S_5 + 8H_2O \rightarrow 5H_2S + 2H_3PO_4$

52 소화약제가 환경에 미치는 영향을 표시하는 지수가 아닌 것은?

① ODP
② GWP
③ ALT
④ LOAEL

① 오존파괴지수(ODP; Ozone Depletion Potential) : 오존을 파괴시키는 물질의 능력을 나타내는 척도로서 대기 내 수명, 안정성, 반응, 그리고 염소와 브롬과 같이 오존을 공격할 수 있는 원소의 양과 반응성 등에 그 근거를 두고 있다. 모든 오존파괴지수는 CFC-11을 1로 기준을 삼는다.
② 지구온난화지수(GWP; relative value of Global Warming Potential based on CFC-11) : 어떤 물질의 지구온난화에 기여하는 능력을 상대적으로 나타내는 지표로, 기준물질 CFC-11의 GWP를 1로 하여 같은 무게의 어떤 물질을 지구온난화에 기여하는 양의 비로 나타낸 것을 말한다.
③ 대기권 잔존수명(ALT; Atmospheric Life Time) : 대기권에서 분해되지 않고 존재하는 기간이다.
④ LOAEL(Lowest Observable Adverse Effect Level) : 신체에 악영향을 감지할 수 있는 최소농도, 즉 심장에 독성을 미칠 수 있는 최소농도이다.

53 np 관리도에서 시료군마다 시료수(n)는 100이고, 시료군의 수(k)는 20, $\sum np = 77$이다. 이때 np 관리도의 관리상한선(UCL)을 구하면 약 얼마인가?

① 8.94　　　　　　　　　　② 3.85

③ 5.77　　　　　　　　　　④ 9.62

해설

$$\bar{np} = \frac{\sum np}{K} = \frac{77}{20} = 3.85$$

$$\bar{p} = \frac{3.85}{100} = 0.0385$$

$$UCL = \bar{np} + 3\sqrt{\bar{np}(1-\bar{p})} = 3.85 + 3\sqrt{3.85(1-0.0385)} = 9.62$$

54 위험물의 반응에 대한 설명 중 틀린 것은?

① 트리에틸알루미늄은 물과 반응하여 수소가스를 발생한다.
② 황린의 연소생성물은 P_2O_5이다.
③ 리튬은 물과 반응하여 수소가스를 발생한다.
④ 아세트알데히드의 연소생성물은 CO_2와 H_2O이다.

해설

① 트리에틸알루미늄은 물과 접촉하면 폭발적으로 반응하여 에탄을 생성하고, 이때 발열폭발에 이른다. C_2H_6 은 순간적으로 발생하고 반응열에 의해 연소한다.
$$(C_2H_5)_3Al + 3H_2O \rightarrow Al(OH)_3 + 3C_2H_6 \uparrow + 발열$$

55 위험물안전관리법령상 위험등급 Ⅱ에 속하는 위험물은?

① 제1류 위험물 중 과염소산염류
② 제4류 위험물 중 제2석유류
③ 제5류 위험물 중 니트로화합물
④ 제3류 위험물 중 황린

해설

(1) 위험등급 Ⅰ
　　㉠ 제1류 위험물 중 과염소산염류
　　㉡ 제4류 위험물 중 제2석유류
　　㉢ 제3위험물 중 황린
(2) 위험등급 Ⅱ : 제5류 위험물 중 니트로화합물

정답 53. ④　54. ①　55. ③

56 다음 그림의 OC곡선을 보고 가장 올바른 내용을 나타낸 것은?

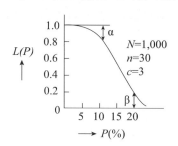

① α : 소비자 위험
② $L(P)$: 로트가 합격할 확률
③ β : 생산자 위험
④ 부적합품률 : 0.03

① α : 생산자 위험, ③ β : 소비자 위험, ④ P(%) : 부적합품률

57 미국의 마틴 마리에타 사(Martin Marietta Corp.)에서 시작된 품질개선을 위한 동기부여 프로그램으로, 모든 작업자가 무결점을 목표로 설정하고 처음부터 작업을 올바르게 수행함으로써 품질비용을 줄이기 위한 프로그램은 무엇인가?

① TPM 활동
② 6시그마 운동
③ ZD 운동
④ ISO 9001 인증

① TPM(Total Productive Maintenance) : 생산효율을 높이기 위한 전사적 생산혁신활동
② 6시그마 : 모든 공정 및 업무에서 과학적 통계기법을 적용하여 결함을 발생시키는 원인을 찾아 분석·개선하는 활동으로, 불량감소·수율향상·고객만족도 향상을 통해 경영성과에 기여하는 경영혁신기법, 문제해결 및 개선과정 5단계는 정의(Define)−측정(Measure)−분석(Analysis)−개선(Improve)−관리(Control)
③ ZD 프로그램(Zero Defects Program, 무결점 운동, ZD 운동) : 미국 마틴 사에서 미사일의 신뢰성 향상과 원가절감을 위해 1962년에 전개한 종업원의 품질동기부여 프로그램

58 다음 중 단속생산 시스템과 비교한 연속생산 시스템의 특징으로 옳은 것은?

① 단위당 생산원가가 낮다.
② 다품종 소량생산에 적합하다.
③ 생산방식은 주문생산방식이다.
④ 생산설비는 범용설비를 사용한다.

■ **연속생산 시스템의 특징**
단위당 생산원가가 낮다.

59 일정통제를 할 때 1일당 그 작업을 단축하는 데 소요되는 비용의 증가를 의미하는 것은?

① 정상소요시간(Normal Duration Time)
② 비용견적(Cost Estimation)
③ 비용구배(Cost Slope)
④ 총비용(Total Cost)

해설

③ 비용구배(Cost Slope) : 일정통제를 할 때 1일당 그 작업을 단축하는 데 소요되는 비용의 증가

60 MTM(Method Time Measurement)법에서 사용되는 1TMU(Time Measurement Unit)는 몇 시간인가?

① $\dfrac{1}{100,000}$시간

② $\dfrac{1}{10,000}$시간

③ $\dfrac{6}{10,000}$시간

④ $\dfrac{36}{1,000}$시간

해설

㉠ 1TMU(Time Measurement Unit) : $\dfrac{1}{100,000}$(0.00001시간)

㉡ 1TMU=0.0006분

㉢ 1TMU=0.036초

㉣ 1초=27.8TMU

㉤ 1분=1666.7TMU

㉥ 1시간=100,000TMU

정답 59. ③ 60. ①

2015년 제57회 출제문제(4월 4일 시행)

01 위험물안전관리법령에 따른 위험물의 저장·취급에 관한 설명으로 옳은 것은?

① 군부대가 군사목적으로 지정수량 이상의 위험물을 제조소 등이 아닌 장소에서 저장·취급하는 경우는 90일 이내의 기간 동안 임시로 저장·취급할 수 있다.

② 옥외저장소에서 위험물과 위험물이 아닌 물품을 함께 저장하는 경우는 물품 간 별도의 이격거리 기준이 없다.

③ 유별을 달리하는 위험물을 동일한 저장소에 저장할 수 없는 것이 원칙이지만 옥내저장소에 제1류 위험물과 황린을 상호 1m 이상의 간격을 유지하며 저장하는 것은 가능하다.

④ 옥내저장소에 제4류 위험물 중 제3석유류 및 제4석유류를 수납하는 용기만을 겹쳐 쌓는 경우에는 6m를 초과하지 않아야 한다.

> **해설**
> ① 군부대가 군사목적으로 지정수량 이상의 위험물을 제조소 등이 아닌 장소에서 저장·취급하는 경우는 시·도의 조례로 정한다.
> ② 각각 모아서 저장하고 상호간 1m 이상 이격한다.
> ④ 옥내저장소에 제4류 위험물 중 제3석유류 및 제4석유류를 수납하는 용기만을 겹쳐 쌓는 경우에는 4m를 초과하지 않아야 한다.

02 다음 물질을 저장하는 저장소로 허가를 받으려고 위험물 저장소 설치허가신청서를 작성하려고 한다. 해당하는 지정수량의 배수는 얼마인가?

> • 염소산칼슘 : 150kg
> • 과염소산칼륨 : 200kg
> • 과염소산 : 600kg

① 12
② 9
③ 6
④ 5

> **해설**
> $$\frac{150\text{kg}}{50\text{kg}} + \frac{200\text{kg}}{50\text{kg}} + \frac{600\text{kg}}{300\text{kg}} = 3 + 4 + 2 = 9\text{배}$$

정답 01. ③ 02. ②

03 비수용성의 제1석유류 위험물을 4,000L까지 저장·취급할 수 있도록 허가받은 단층건물의 탱크전용실에 수용성의 제2석유류 위험물을 저장하기 위한 옥내저장탱크를 추가로 설치할 경우, 설치할 수 있는 탱크의 최대용량은?

① 16,000L
② 20,000L
③ 30,000L
④ 60,000L

해설

옥내저장탱크의 용량(동일한 탱크전용실에 옥내저장탱크를 2 이상 설치하는 경우에는 각 탱크의 용량의 합계를 말함)은 지정수량의 40배(제4석유류 및 동·식물유류 외의 제4류 위험물에 있어서는 당해 수량이 20,000L를 초과할 때에는 20,000L) 이하로 한다.

㉠ 각 탱크용량의 합계가 지정수량의 40배 및 20,000L 기준에 만족해야 하므로 : 제1석유류 비수용성 4,000L÷200L=20배

㉡ 추가로 저장할 수 있는 배수는 20배이지만 제2석유류 수용성 20배 : 2,000L×20배=40,000L를 추가로 저장할 수 없다.

∴ 총 용량 20,000L−4,000L=16,000L만 저장할 수 있다.

04 과산화수소에 대한 설명으로 옳은 것은?

① 대부분 강력한 환원제로 작용한다.
② 물과 심하게 흡열반응한다.
③ 습기와 접촉해도 위험하지 않다.
④ 상온에서 물과 반응하여 수소를 생성한다.

해설

① 대부분 강력한 산화제로 작용한다.
② 물과 심하게 발열반응한다.
④ 물과는 임의로 혼합하며 수용액 상태는 비교적 안정하다.

05 위험물안전관리법상 위험등급 Ⅰ에 해당하는 것은?

① CH_3ONO_2
② $C_6H_2CH_3(NO_2)_3$
③ $C_6H_4(NO)_2$
④ N_2H_4HCl

성 질	위험등급	품 명	지정수량
자기반응성물질	I	1. 유기과산화물 2. 질산에스테르류	10kg 10kg
	II	3. 니트로화합물 4. 니트로소화합물 5. 아조화합물 6. 디아조화합물 7. 히드라진유도체 8. 히드록실아민 9. 히드록실아민염류 10. 그 밖에 행정안전부령이 정하는 것 　① 금속의 아지드화합물 　② 질산구아니딘	200kg 200kg 200kg 200kg 200kg 100kg 100kg 200kg
	I ~ II	11. 1~10에 해당하는 어느 하나 이상을 함유한 것	10kg, 100kg 또는 200kg

06 니트로셀룰로오스의 화재발생 시 가장 적합한소화약제는?

① 물소화약제 ② 분말소화약제
③ 이산화탄소소화약제 ④ 할로겐화합물소화약제

해설

■ **니트로셀룰로오스의 화재발생 시 적합한 소화약제** : 물소화약제가 가장 적합하다.

07 위험물제조소 등의 안전거리의 단축기준을 적용함에 있어서 $H \leq PD^2 + a$일 경우 방화상 유효한 담의 높이는 2m 이상으로 한다. 여기서 H가 의미하는 것은?

① 제조소 등과 인접 건축물과의 거리
② 인근 건축물 또는 공작물의 높이
③ 제조소 등의 외벽의 높이
④ 제조소 등과 방화상 유효한 담과의 거리

해설

㉠ P : 상수
㉡ D : 제조소 등과 인근 건축물 또는 공작물과의 거리(m)
㉢ a : 제조소 등의 외벽의 높이(m)

08 위험물안전관리법령상 제조소 등의 기술검토에 관한 설명으로 옳은 것은?

① 기술검토는 한국소방산업기술원에서 실시하는 것으로 일정한 제조소 등의 설치허가 또는 변경허가와 관련된 것이다.

② 기술검토는 설치허가 또는 변경허가와 관련된 것이나 제조소 등의 완공검사 시 설치자가 임의적으로 기술검토를 신청할 수도 있다.

③ 기술검토는 법령상 기술기준과 다르게 설계하는 경우에 그 안전성을 전문적으로 검증하기 위한 절차이다.

④ 기술검토의 필요성이 없으면 변경허가를 받을 필요가 없다.

> **해설**
>
> ② 완공검사는 설치를 마쳤거나 그 위치, 구조 또는 설치의 변경을 마친 때, 즉 공사를 완료한 후 가동 전에 기술기준에 대한 적합여부를 확인하는 검사이므로, 이미 기술검토 및 설치허가는 받은 상태이다.
> ③ 기술기준 등에 적합하게 설계될 경우
> ④ 변경허가 없이 변경해서는 아니 되고 변경허가는 기술검토의 과정을 거쳐야 한다.

09 다음 중 상온(25℃)에서 액체인 것은?

① 질산메틸
② 니트로셀룰로오스
③ 피크린산
④ 트리니트로톨루엔

> **해설**
>
> ② 니트로셀룰로오스 : 무색 또는 백색의 고체
> ③ 피크린산 : 순수한 것은 무색이지만, 보통 공업용은 휘황색의 침상결정
> ④ 트리니트로톨루엔 : 순수한 것은 무색 결정이지만 담황색의 결정

10 다음 위험물을 완전연소시켰을 때 나머지 셋의 위험물의 연소생성물에 공통적으로 포함된 가스를 발생하지 않는 것은?

① 황
② 황린
③ 삼황화인
④ 이황화탄소

> **해설**
>
> ① $S + O_2 \rightarrow SO_2 + 71kcal$
> ② $4P + 5O_2 \rightarrow 2P_2O_5 + 2 \times 370.8kcal$
> ③ $P_4S_3 + 8O_2 \rightarrow 2P_2O_5 \uparrow + 3SO_2 \uparrow$
> ④ $CS_2 + 3O_2 \rightarrow CO_2 + 2SO_2 \uparrow$

정답 08. ① 09. ① 10. ②

11 메탄올과 에탄올을 비교하였을 때 다음의 식이 적용되는 값은?

> 메탄올 〉 에탄올

① 발화점　　　　　　　　　　② 분자량
③ 증기비중　　　　　　　　　　④ 비점

해설

위험물 종류	발화점	분자량	증기비중	비 점
메탄올	464℃	32	1.1	64℃
에탄올	363℃	46.1	1.6	78℃

12 산화프로필렌 20vol%, 디에틸에테르 30vol%, 이황화탄소 30vol%, 아세트알데히드 20vol% 인 혼합증기의 폭발하한값은?(단, 폭발범위는 산화프로필렌 2.1~38vol%, 디에틸에테르 1.9~48vol%, 이황화탄소 1.2~44vol%, 아세트알데히드는 4.1~57vol%이다)

① 1.8vol%　　　　　　　　　　② 2.1vol%
③ 13.6vol%　　　　　　　　　　④ 48.3vol%

해설

$$\frac{100}{L} = \frac{V_1}{L_1} + \frac{V_2}{L_2} + \frac{V_3}{L_3} + \frac{V_4}{L_4}$$

$$\frac{100}{L} = \frac{2.0}{2.1} + \frac{3.0}{1.9} + \frac{3.0}{1.2} + \frac{2.0}{4.1}$$

$$L = \frac{100}{55.17}$$

$$\therefore \ L = 1.8 \text{vol}\%$$

13 공기를 차단하고 황린을 가열하면 적린이 만들어지는데, 이때 필요한 최소온도는 약 몇 ℃ 정도인가?

① 60　　　　　　　　　　　　② 120
③ 260　　　　　　　　　　　　④ 400

해설

공기를 차단하고 황린을 260℃로 가열하면 적린이 만들어 진다.

14 다음 (   ) 안에 알맞은 것을 순서대로 옳게 나열한 것은?

> 알루미늄분말이 연소하면 (   )색 연기를 내면서 (   )을 생성한다. 또한 알루미늄분말이 염산과 반응하면 (   ) 기체를 발생하며, 수산화나트륨 수용액과 반응하여 (   ) 기체를 발생한다.

① 백, Al_2O_3, 산소, 수소   ② 백, Al_2O_3, 수소, 수소

③ 노란, Al_2O_5, 수소, 수소   ④ 노란, Al_2O_5, 산소, 수소

> **해설**
>
> ① 알루미늄 분말이 연소하면 백색 연기를 내면서 Al_2O_3을 생성한다.
>
> $4Al + 3O_2 \rightarrow 2Al_2O_3 + 4 \times 199.6kcal$
>
> ② 알루미늄 분말이 염산과 반응하면 수소기체를 발생한다.
>
> $2Al + 6HCl \rightarrow 2AlCl_3 + 3H_2 \uparrow$
>
> ③ 수산화나트륨 수용액과 반응하면 수소기체를 발생한다.
>
> $2Al + 2NaOH + 2H_2O \rightarrow 2NaAlO_2 + 3H_2 \uparrow$

15 다음은 위험물안전관리법령상 위험물제조소 등의 옥내소화전설비의 설치기준에 관한 내용이다. (   ) 안에 알맞은 수치는?

> 수원의 수량은 옥내소화전이 가장 많이 설치된 층의 옥내소화전 설치개수(설치개수가 5개 이상인 경우는 5개)에 (   )m^3을 곱한 양 이상이 되도록 설치할 것

① 2.4   ② 7.8

③ 35   ④ 260

> **해설**
>
> ■ 옥내소화전설비의 수원의 양(Q)
>
> 옥내소화전설비의 설치 개수(N : 설치개수가 5개 이상인 경우는 5개의 옥내소화전)에 $7.8m^3$을 곱한 양 이상
>
> $Q(m^3) = N \times 7.8m^3$

16 주유취급소 담 또는 벽의 일부분에 유리를 부착하는 경우에 대한 기준으로 틀린 것은?

① 유리를 부착하는 범위는 전체의 담 또는 벽의 길이의 10분의 1을 초과하지 아니할 것

② 하나의 유리판의 가로의 길이는 2m 이내일 것

③ 유리판의 테두리를 금속제의 구조물에 견고하게 고정할 것

④ 유리의 구조는 접합유리로 할 것

정답 14. ② 15. ② 16. ①

17 다음 물질이 서로 혼합되었을 때 폭발 또는 발화의 위험성이 높아지는 경우가 아닌 것은?

① 금속칼륨과 경유
② 질산나트륨과 유황
③ 과망간산칼륨과 적린
④ 알루미늄과 과산화나트륨

18 위험물안전관리법령상 주유취급소에서 용량 몇 리터 이하의 이동저장탱크에 위험물을 주입할 수 있는가?

① 3,000
② 4,000
③ 5,000
④ 10,000

19 위험물안전관리법령상 벤젠을 적재하여 운반을 하고자 하는 경우에 있어서 함께 적재할 수 없는 것은?(단, 각 위험물의 수량은 지정수량의 2배로 가정)

① 적린
② 금속의 인화물
③ 질산
④ 니트로셀룰로오스

정답 17. ① 18. ① 19. ③

■ 유별을 달리하는 위험물의 혼재기준

위험물의 구분	제1류	제2류	제3류	제4류	제5류	제6류
제1류		×	×	×	×	○
제2류	×		×	○	○	×
제3류	×	×		○	×	×
제4류	×	○	○		○	×
제5류	×	○	×	○		×
제6류	○	×	×	×	×	

20 위험물안전관리법령상 차량에 적재할 때 차광성이 있는 피복으로 가려야 하는 위험물이 아닌 것은?

① NaH

② P₄S₃

③ KClO₃

④ CH₃CHO

해설

① NaH : 제3류 위험물 중 자연발화성 물품

② P₄S₃ : 제2류 위험물

③ KClO₃ : 제1류 위험물

④ CH₃CHO : 제4류 위험물 중 특수인화물

■ 차광성이 있는 피복조치

유 별	적용 대상
제2류 위험물	전 부
제3류 위험물	자연발화성물질
제4류 위험물	특수인화물
제5류 위험물	전 부
제6류 위험물	

21 제4류 위험물을 지정수량의 30만 배를 취급하는 일반취급소에 위험물안전관리법령에 의한 최소한 갖추어야 하는 자체소방대의 화학소방차 대수와 자체소방대원의 수는?

① 2대, 15인

② 2대, 20인

③ 3대, 15인

④ 3대, 20인

정답 20. ③ 21. ③

자체소방대란 다량의 위험물을 저장·취급하는 제조소에 설치하는 소방대이다.

사업소의 구분	화학소방 자동차 대수	자체소방 대원의 수
제4류 위험물 최대수량의 합이 지정수량의 12만 배 미만	1대	5인
제4류 위험물 최대수량의 합이 지정수량의 12만 배 이상 24만 배 미만	2대	10인
제4류 위험물 최대수량의 합이 지정수량의 24만 배 이상 48만 배 미만	3대	15인
제4류 위험물 최대수량의 합이 지정수량의 48만 배 이상	4대	20인

22 과산화벤조일(벤조일퍼옥사이드)의 화학식을 옳게 나타낸 것은?

① CH_3ONO_2
② $(CH_3COC_2H_5)_2O_2$
③ $(CH_3CO)_2O_2$
④ $(C_6H_5CO)_2$

■ 과산화벤조일(벤조일퍼옥사이드)의 화학식
$(C_6H_5CO)_2O_2$

23 위험물안전관리법령상 옥외탱크저장소의 탱크 중 압력탱크의 수압시험기준은?

① 최대상용압력의 2배의 압력으로 20분간 실시하는 수압시험에서 새거나 변형되지 아니하여야 한다.
② 최대상용압력의 2배의 압력으로 10분간 실시하는 수압시험에서 새거나 변형되지 아니하여야 한다.
③ 최대상용압력의 1.5배의 압력으로 20분간 실시하는 수압시험에서 새거나 변형되지 아니하여야 한다.
④ 최대상용압력의 1.5배의 압력으로 10분간 실시하는 수압시험에서 새거나 변형되지 아니하여야 한다.

■ 옥외탱크저장소의 외부구조 및 설비
㉠ 압력탱크 : 최대상용압력의 1.5배의 압력으로 10분간 실시하는 수압시험에서 새거나 변형되지 아니하여야 한다.
㉡ 압력탱크 외의 탱크 : 충수시험

24 과염소산은 무엇과 접촉할 경우 고체수화물을 생성시키는가?

① 물
② 과산화나트륨
③ 암모니아
④ 벤젠

> **해설**
>
> 과염소산을 물과 접촉할 경우 고체수화물을 생성한다.

25 다음 중 CH_3CHO에 대한 설명으로 옳지 않은 것은?

① 무색 투명한 액체로 산화 시 아세트산을 생성한다.
② 완전연소 시 이산화탄소와 물이 생성된다.
③ 백금, 철과 반응하면 폭발성물질을 생성한다.
④ 물에 잘 녹고 고무를 녹인다.

> **해설**
>
> ③ 구리, 마그네슘, 은, 수은 및 그 합금 성분으로 된 것과 반응하면 폭발성 물질을 생성한다.

26 과망간산칼륨과 묽은황산이 반응하였을 때 생성물이 아닌 것은?

① MnO_4
② K_2SO_4
③ $MnSO_4$
④ H_2O

> **해설**
>
> ▪ **과망간산칼륨과 묽은황산의 반응**
>
> $4KMnO_4 + 6H_2SO_4 \rightarrow 2K_2SO_4 + 4MnSO_4 + 6H_2O + 5O_2 \uparrow$

27 인화칼슘의 일반적인 성질로 옳은 것은?

① 물과 반응하면 독성의 가스가 발생한다.
② 비중이 물보다 작다.
③ 융점은 약 600℃ 정도이다.
④ 흰색의 정육면체 고체상 결정이다.

> **해설**
>
> ② 비중(2.5)이 물보다 크다.
> ③ 융점은 약 1,600℃ 정도이다.
> ④ 적갈색의 고체이다.

정답 24. ① 25. ③ 26. ① 27. ①

28 위험물제조소 등 중 예방규정을 정하여야 하는 대상은?

① 칼슘을 400kg 취급하는 제조소
② 칼륨을 400kg 저장하는 옥내저장소
③ 질산을 50,000kg 저장하는 옥외탱크저장소
④ 질산염류를 50,000kg 저장하는 옥내저장소

> **해설**

■ 예방규정 작성대상

작성대상	지정수량의 배수
제조소	10배 이상
옥내저장소	150배 이상
옥외탱크저장소	200배 이상
옥외저장소	100배 이상
이송취급소	전대상
일반취급소	10배 이상
암반탱크저장소	전대상

① $\dfrac{400\text{kg}}{50\text{kg}} = 8$배

② $\dfrac{400\text{kg}}{10\text{kg}} = 40$배

③ $\dfrac{50,000\text{kg}}{300\text{kg}} = 167$배

④ $\dfrac{50,000\text{kg}}{300\text{kg}} = 167$배

29 다음 내용을 모두 충족하는 위험물에 해당하는 것은?

- 원칙적으로 옥외저장소에 저장·취급할 수 없는 위험물이다.
- 옥내저장소에 저장하는 경우 창고의 바닥면적은 $1,000\text{m}^2$ 이하로 하여야 한다.
- 위험등급 I의 위험물이다.

① 칼륨
② 유황
③ 히드록실아민
④ 질산

> **해설**

① 칼륨 : I등급
② 유황 : II등급
③ 히드록실아민 : II등급
④ 질산 : I등급

정답 28. ④ 29. ①

30 "알킬알루미늄 등"을 저장 또는 취급하는 이동탱크저장소에 관한 기준으로 옳은 것은?

① 탱크외면은 적색으로 도장을 하고 백색 문자로 동판의 양 측면 및 경판에 "화기주의" 또는 "물기주의"라는 주의사항을 표시한다.

② 20kPa 이하의 압력으로 불활성기체를 봉입해두어야 한다.

③ 이동저장탱크의 맨홀 및 주입구의 뚜껑은 10mm 이상의 강판으로 제작하고, 용량은 2,000L 미만이어야 한다.

④ 이동저장탱크는 두께 5mm 이상의 강판으로 제작하고 3MPa 이상의 압력으로 5분간 실시하는 수압시험에서 새거나 변형되지 않아야 한다.

해설

① 탱크 외면은 적색으로 도장을 하고 백색 문자로 동관의 양 측면 및 경관에 "화기엄금" 또는 "물기엄금"이라는 주의사항을 표시한다.

③ 이동저장탱크의 맨홀 및 주입구의 뚜껑은 10mm 이상의 강판으로 제작하고, 용량은 1,900리터 미만이어야 한다.

④ 이동저장탱크는 두께 10mm 이상의 강판으로 제작하고 1MPa 이상의 압력으로 10분간 실시하는 수압시험에서 새거나 변형되지 않아야 한다.

31 알코올류 6,500L를 저장하는 옥외탱크저장소에 대하여 저장하는 위험물에 대한 소화설비 소요단위는?

① 2   ② 4
③ 16   ④ 17

해설

$$소요단위 = \frac{저장량}{지정수량 \times 10배} = \frac{6,500}{400 \times 10}$$
$$= 1.625 ≒ 2$$

32 다음 중 요오드값(아이오딘값)이 가장 큰 것은?

① 야자유   ② 피마자유
③ 올리브유   ④ 정어리기름

해설

① 야자유 7~16, ② 피마자유 81~91, ③ 올리브유 75~90, ④ 정어리기름 123~147

정답 30. ② 31. ① 32. ④

33 단층건물 외의 건축물에 옥내탱크전용실을 설치하는 경우 최대용량을 설명한 것 중 틀린 것은?

① 지하 2층에 경유를 저장하는 탱크의 경우에는 20,000L
② 지하 4층에 동·식물유류를 저장하는 탱크의 경우에는 지정수량의 40배
③ 지상 3층에 제4석유류를 저장하는 탱크의 경우에는 지정수량의 20배
④ 지상 4층에 경유를 저장하는 탱크의 경우에는 5,000L

> **해설**

㉠ ①, ② : 1층 이하의 층이므로 40배 이하이면서 20,000L 이하
㉡ ③, ④ : 2층 이상의 종이므로 10배 이하이면서 5,000L 이하
㉢ ②, ③ : 동·식물유류 및 제4석유류는 용량에는 관계없이 지정수량의 제한만 받는다.

> ㉠ 옥내탱크저장소 종 탱크전용실은 단층건물 외의 건축물에 설치하는 것
> ㉡ 옥내저장탱크의 용량은 1층 이하의 층에 있어서는 지정수량의 40배(제4석유류 및 동·식물유류 외의 제4류 위험물에 있어서는 해당 수량이 20,000L 초과할 때에는 20,000L) 이하, 2층 이상의 층에 있어서는 지정수량 10배(제4석유류 및 동·식물유류 외의 제4류 위험물에 있어서는 해당 수량이 5,000L를 초과할 때에는 5,000L) 이하일 것

34 다음에서 설명하는 위험물이 분해·폭발하는 경우 가장 많은 부피를 차지하는 가스는?

> • 순수한 것은 무색투명한 기름 형태의 액체이다.
> • 다이너마이트의 원료가 된다.
> • 상온에서는 액체이지만 겨울에는 동결한다.
> • 혓바닥을 찌르는 단맛이 나며, 감미로운 냄새가 난다.

① 이산화탄소   ② 수소
③ 산소   ④ 질소

> **해설**

니트로글리세린의 분해·폭발 반응식이며, 가장 많은 부피를 차지하는 가스는 $12CO_2$이다.

$$4C_3H_5(ONO_2)_3 \xrightarrow{\triangle} 12CO_2 \uparrow + 10H_2O \uparrow + 6N_2 \uparrow + O_2 \uparrow$$
$$\underbrace{}_{\text{다량의 가스}}$$

35 벤젠에 대한 설명 중 틀린 것은?

① 인화점이 −11℃ 정도로 낮아 응고된 상태에서도 인화할 수 있다.
② 증기는 마취성이 있다.

③ 피부에 닿으면 탈지작용을 한다.

④ 연소 시 그을음을 내지 않고 완전연소한다.

해설

④ 연소 시 그을음을 내며 뜨거운 열을 내면서 연소한다.

36 다음 반응식에서 ( )에 알맞은 것을 차례대로 나열한 것은?

$$CaC_2 + 2(\quad) \rightarrow Ca(OH)_2 + (\quad)$$

① H_2O, C_2H_2
② H_2O, CH_4
③ O_2, C_2H_2
④ O_2, CH_4

해설

탄화칼슘은 물과 심하게 반응하여 수산화칼슘과 아세틸렌을 생성한다.

$CaC_2 + 2H_2O \rightarrow Ca(OH)_2 + C_2H_2$

37 다음 중 알칼리토금속에 속하는 것은?

① Li
② Fr
③ Cs
④ Sr

해설

㉠ 알칼리금속(1A) : Li, Na, K, Rb, Cs, Fr
㉡ 알칼리토금속(2A) : Be, Mg, Ca, Sr, Ba, Ra

38 농도가 높아질수록 위험성이 높아지는 산화성물질로 가열에 의해 분해할 경우 물과 산소를 발생하며 분해를 방지하기 위하여 안정제를 넣어 보관하는 것은?

① Na_2O_2
② $KClO_3$
③ H_2O_2
④ $NaNO_3$

해설

과산화수소(H_2O_2)는 농도가 높아질수록 위험성이 높아지므로 분해방지 안정제(인산나트륨, 인산, 요산, 요소, 글리세린 등)를 넣어 산소분해를 억제시킨다.

정답 36. ① 37. ④ 38. ③

39 다음 중 염소산칼륨의 성질에 대한 설명으로 옳은 것은?

① 광택이 있는 적색의 결정이다.

② 비중은 약 3.2이며, 녹는점은 약 250℃이다.

③ 가열분해하면 염화나트륨과 산소를 발생한다.

④ 알코올에 난용이고 온수, 글리세린에 잘 녹는다.

> **해설**
>
> ① 무색무취의 결정 또는 분말이다.
>
> ② 비중은 2.32이며, 녹는점은 368.4℃이다.
>
> ③ 가열분해하면 염화칼륨과 산소를 발생한다.
>
> $$2KClO_3 \xrightarrow{\quad\triangle\quad} 2KCl + 3O_2 \uparrow$$

40 다음 중 1mol에 포함된 산소의 수가 가장 많은 것은?

① 염소산   ② 과산화나트륨

③ 과염소산   ④ 차아염소산

> **해설**
>
> ■ **1mol에 포함된 산소의 수**
>
> ① $HClO_3$ 3개, ② Na_2O_2 2개, ③ $HClO_4$ 4개, ④ $HClO$ 1개

41 위험물안전관리법령에서 정한 위험물의 취급에 관한 기준이 아닌 것은?

① 분사도장작업은 방화상 유효한 격벽 등으로 구획된 안전한 장소에서 실시한다.

② 추출공정에서는 추출관의 외부압력이 비정상으로 상승하지 않도록 한다.

③ 열처리작업은 위험물이 위험한 온도에 도달하지 않도록 한다.

④ 증류공정에 있어서는 위험물을 취급하는 설비의 내부압력의 변동 등에 의하여 액체 또는 증기가 새지 않도록 한다.

> **해설**
>
> ② 추출공정에서는 추출관의 내부압력이 비정상으로 상승하지 않도록 한다.

42 산화성고체위험물이 아닌 것은?

① $NaClO_3$ ② $AgNO_3$

③ $KBrO_3$ ④ $HClO_4$

해설

■ 제1류 위험물은 산화성고체이다.

① $NaClO_3$: 제1류 위험물 중 염소산염류
② $AgNO_3$: 제1류 위험물 중 질산염류
③ $KBrO_3$: 제1류 위험물 중 브롬산염류
④ $HClO_4$: 산화성액체

43 지정수량이 다른 물질로 나열된 것은?

① 질산나트륨, 과염소산
② 에틸알코올, 아세톤
③ 벤조일퍼옥사이드, 칼륨
④ 철분, 트리니트로톨루엔

해설

① 질산나트륨, 과염소산 : 300kg
② 에틸알코올, 아세톤 : 400L
③ 벤조일퍼옥사이드, 칼륨 : 10kg
④ 철분 : 500kg, 트리니트로톨루엔 : 200kg

44 위험물안전관리법령에서 정한 위험물안전관리자의 책무가 아닌 것은?

① 화재 등의 재난이 발생한 경우 응급조치 및 소방관서 등에 대한 연락업무
② 화재 등의 재해의 방지에 관하여 인접한 제조소 등과 그 밖의 관련 시설의 관계자와 협조체제 유지
③ 위험물의 취급에 관한 일지의 작성·기록
④ 안전관리 대행기관에 대하여 필요한 지도·감독

해설

■ 위험물안전관리자의 책무
㉠ 위험물의 취급작업에 참여하여 해당 작업이 저장 또는 취급에 관한 기술기준과 예방규정에 적합하도록 해당 작업자에 대하여 지시 및 감독하는 업무
㉡ 화재 등의 재난이 발생한 경우 응급조치 및 소방관서에 대한 연락업무
㉢ 위험물시설의 안전을 담당하는 자를 따로 두는 제조소 등의 경우에는 그 담당자에게 규정에 의한 업무의 지시, 그 밖의 제조소 등의 업무
㉣ 화재 등의 재해의 방지에 관하여 인접하는 제조소 등과 그 밖의 관련되는 시설의 관계자와 협조체제 유지
㉤ 위험물의 취급에 관한 일지 작성, 기록
㉥ 그 밖에 위험물을 수납한 용기를 차량에 적재하는 작업, 위험물설비를 보수하는 작업 등 위험물의 취급과 관련된 작업의 안전에 관하여 필요한 감독의 수행

정답 43. ④ 44. ④

45 위험물안전관리법령상 위험물제조소의 완공검사 신청시기로 틀린 것은?

① 지하탱크가 있는 제조소 등의 경우 : 해당 지하탱크를 매설하기 전
② 이동탱크저장소 : 이동저장탱크를 완공하고 상치장소를 확보하기 전
③ 간이탱크저장소 : 공사를 완료한 후
④ 옥외탱크저장소 : 공사를 완료한 후

> **해설**

② 이동탱크저장소 : 이동저장탱크를 완공하고 상치장소를 확보한 후

46 제5류 위험물에 속하지 않는 것은?

① $C_6H_4(NO_2)_2$
② CH_3ONO_2
③ $C_6H_5NO_2$
④ $C_3H_5(ONO_2)_3$

> **해설**

① $C_6H_4(NO_2)_2$(1, 2 디니트로벤젠) : 제5류 위험물 중 니트로화합물류
② CH_3ONO_2(질산메틸) : 제5류 위험물 중 질산에스테르류
③ $C_6H_5NO_2$(니트로벤젠) : 제4류 위험물 중 제3석유류
④ $C_3H_5(ONO_2)_3$(니트로글리세린) : 제5류 위험물 중 질산에스테르류

47 각 위험물의 대표적인 연소형태에 대한 설명으로 틀린 것은?

① 금속분은 공기와 접촉하고 있는 표면에서 연소가 일어나는 표면연소이다.
② 황은 일정 온도 이상에서 열분해하여 생성된 물질이 연소하는 분해연소이다.
③ 휘발유는 액체 자체가 연소하지 않고 액체표면에서 발생하는 가연성증기가 연소하는 증발연소이다.
④ 니트로셀룰로오스는 공기 중의 산소 없이도 연소하는 자기연소이다.

> **해설**

② 황은 고체가연물을 가열하면 열분해를 일으키지 않고 증발하여 그 증기가 연소하거나 열에 의한 상태 변화를 일으켜 액체가 된 후 어떤 일정한 온도에서 발생된 가연성 증기가 연소하는 형태로 증발연소이다.

48 다음 중 인화점이 가장 높은 것은?

① CH_3COOCH_3
② CH_3OH
③ CH_3CH_2OH
④ CH_3COOH

정답 45. ② 46. ③ 47. ② 48. ④

① CH_3COOCH_3 : $-10℃$

② CH_3OH : $11℃$

③ CH_3CH_2OH : $13℃$

④ CH_3COOH : $42.8℃$

49 다음 중 위험물안전관리법령상 원칙적으로 이송취급소 설치장소에서 제외되는 곳이 아닌 것은?

① 해저

② 도로의 터널 안

③ 고속국도의 차도 및 길어깨

④ 호수·저수지 등으로써 수리의 수원이 되는 곳

■ **이송취급소 설치장소에서 제외되는 곳**

㉠ 철도 및 도로의 터널 안

㉡ 고속국도 및 자동차전용도로의 차도·길어깨 및 중앙분리대

㉢ 호수·저수지 등으로서 수리의 수원이 되는 곳

㉣ 급경사 지역으로서 붕괴의 위험이 있는 지역

50 다음 중 아염소산의 화학식은?

① HClO

② $HClO_2$

③ $HClO_3$

④ $HClO_4$

① HClO – 차아염소산

③ $HClO_3$ – 염소산

④ $HClO_4$ – 과염소산

51 니트로셀룰로오스에 캠퍼(장뇌)를 섞어서 알코올에 녹여 교질상태로 만든 것으로 필름, 안경테, 탁구공 등의 제조에 사용하는 위험물은?

① 질화면

② 셀룰로이드

③ 아세틸퍼옥사이드

④ 히드라진유도체

셀룰로이드의 설명이다.

정답 49. ① 50. ② 51. ②

52 고형알코올에 대한 설명으로 옳은 것은?

① 지정수량은 500kg이다.
② 불활성가스소화설비에 의해 소화된다.
③ 제4류 위험물에 해당한다.
④ 운반용기 외부에 "화기주의"라고 표시하여야 한다.

> **해설**

① 지정수량은 1,000kg이다.
③ 제2류 위험물에 해당한다.
④ 운반용기 외부에 "화기엄금"이라고 표시하여야 한다.

53 에탄올 1몰이 표준상태에서 완전연소하기 위해 필요한 공기량은 약 몇 L인가? (단, 공기 중 산소의 부피는 21vol%이다)

① 122
② 244
③ 320
④ 410

> **해설**

$C_2H_5OH + 3O_2 \rightarrow 2CO_2 + 3H_2O$
　1mol　　3×22.4L

공기량 = 산소량 $\times \dfrac{100}{21}$

320L $= 67.2 \times \dfrac{100}{21}$

54 흐름단면적이 감소하면서 속도두가 증가하고 압력두가 감소하여 생기는 압력차를 측정하여 유량을 구하는 기구로서 제작이 용이하고 비용이 저렴한 장점이 있으나 마찰손실이 커서 유체 수송을 위한 소요동력이 증가하는 단점이 있는 것은?

① 로터미터
② 피토튜브
③ 벤투리미터
④ 오리피스미터

> **해설**

① 로터미터 : 부자형에 속하는 면적가변형 유량계의 일종으로 대소에 의하여 교축면적을 바꾸고 항상 차압을 일정하게 유지하면서 면적변화에 의해 유량을 아는 것으로 중유와 같은 고점도 유체나 오리피스에서 측정하기가 불가능한 소용량의 측정에 적합하다.
② 피토튜브 : 관로에 피토관을 삽입하고 전압과 정압의 차인 동압을 측정하여 유속을 구한다.

③ 벤투리미터 : 오리피스와 같이 관의 지름을 변화시켜 전후의 압력을 측정하여 속도를 구하는 것으로서 테퍼형의 관을 사용하므로 오리피스보다 압력손실이 적다. 그러나 설비비가 비싸고 장소를 많이 차지하는 것이 결점이다.

55 생산보전(PM; Productive Maintenance)의 내용에 속하지 않은 것은?

① 보전예방　　　　　　　　② 안전보건
③ 예방보전　　　　　　　　④ 개량보전

해설

■ **생산보전(PM; Productive Maintenance)의 종류**
㉠ 보전예방(MP; Maintenance Prevention) : 설비의 설계 및 설치 시에 고장이 적은 설비를 선택해서 설비의 신뢰성과 보전성을 향상시키는 기법
㉡ 예방보전(PM; Preventive Maintenance) : 설비를 사용 중에 예방보존을 실시하는 쪽이 사후보전을 하는 것보다 비용이 적게 드는 설비에 대해서 정기적인 점검 및 검사와 조기수리를 행함으로써 생산활동 중에 기계고장을 방지하는 기법
㉢ 개량보전(CM; Corrective Maintenance) : 고장원인을 분석하여 보전비용이 적게 들도록 설비의 기능 일부를 개량해서 설비 그 자체의 체질을 개선하는 기법
㉣ 사후보전(BM; Breakdown Maintenance) : 고장이 난 후에 보전하는 쪽이 비용이 적게 드는 설비에 적용하는 방식으로 설비의 열화 정도가 수리한계를 지나치는 경우에 사용하는 기법

56 품질특성을 나타내는 데이터 중 계수치 데이터에 속하는 것은?

① 무게　　　　　　　　② 길이
③ 인장강도　　　　　　④ 부적합품률

해설

■ **품질특성**
㉠ 계수치데이터 : 부적합품의 수, 불량개수, 흠의 수, 결점수, 사고건수 등과 같이 1, 2, 3, …하고 헤아릴 수 있는 이상적인 데이터
㉡ 계량치데이터 : 길이, 무게, 눈금, 두께, 시간, 온도, 강도, 수분, 수율, 함유량 등과 같이 연속량으로 측정하여 얻어지는 품질특성치

57 200개들이 상자가 15개 있을 때 각 상자로부터 제품을 랜덤하게 10개씩 샘플링 할 경우, 이러한 샘플링 방법을 무엇이라 하는가?

① 층별샘플링　　　　　　② 계통샘플링
③ 취락샘플링　　　　　　④ 2단계샘플링

정답 55. ② 56. ④ 57. ①

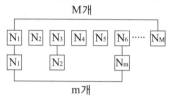

해설

② 계통샘플링(Systematic Sampling) : n개의 물품이 일련의 배열로 되었을 때, 첫 R개의 샘플링 단위 중 1개를 뽑고 그로부터 매 R번째를 선택하여 n개의 시료를 추출하는 샘플링 방법

③ 취락샘플링(Cluster Sampling) : 모집단을 몇 개의 층으로 나누어 그 층 중에서 시료(n)수에 알맞게 몇 개의 층을 랜덤 샘플링하여 그것을 취한 층 안의 모든 것을 측정·조사하는 방법

④ 2단계샘플링(Two-stage Sampling) : 모집단(Lot)이 N_i개씩의 제품이 들어 있는 M상자로 나누어져 있을 때, 랜덤하게 m개 상자를 취하고 각각의 상자로부터 n_i개의 제품을 랜덤하게 채취하는 샘플링방법으로, 샘플링 실시가 용이하다는 장점이 있다.

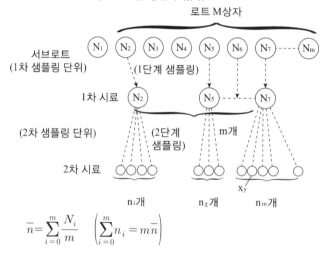

$$\overline{n} = \sum_{i=0}^{m} \frac{N_i}{m} \quad \left(\sum_{i=0}^{m} n_i = m\overline{n} \right)$$

58 모든 작업을 기본동작으로 분해하고, 각 기본동작에 대하여 성질과 조건에 따라 미리 정해놓은 시간치를 적용하여 정미시간을 산정하는 방법은?

① PTS법 ② Work Sampling법
③ 스톱워치법 ④ 실적자료법

해설

■ PTS(Predetermined Time Standard, Time System)
모든 작업을 기본동작으로 분해하고 각 기본동작에 대하여 성질과 조건에 따라 미리 정해 놓은 시간치를 적용하여 정미시간을 산정하는 방법이다.

정답 58. ①

59 어떤 공장에서 작업을 하는데 있어서 소요되는 기간과 비용이 다음 표와 같을 때 비용구배는? [단, 활동시간의 단위는 일(日)로 계산한다]

정상작업		특급작업	
기 간	비 용	기 간	비 용
15일	150만 원	10일	200만 원

① 50,000원
② 100,000원
③ 200,000원
④ 500,000원

해설

비용구배$= \dfrac{2,000,000 - 1,500,000}{15 - 10} = \dfrac{500,000}{5}$

∴ 100,000원

60 관리도에서 측정한 값을 차례로 타점했을 때 점이 순차적으로 상승하거나 하강하는 것을 무엇이라 하는가?

① 연(Run)
② 주기(Cycle)
③ 경향(Trend)
④ 산포(Dispersion)

해설

① 연 : 점이 관리한계 내에 있으나 중심선 한쪽에 연속해서 나타나는 점의 배열 현상
② 주기 : 점이 주기적으로 상하로 변동하여 파형을 나타내는 경우
③ 경향 : 한 방향으로 지속적으로 이동하며 나타나는 점들의 움직임
④ 산포 : 데이터가 퍼져 있는 상태

정답 59. ② 60. ③

2015년 제58회 출제문제(7월 19일 시행)

01 위험물안전관리법령에 따른 기계에 의하여 하역하는 구조로 된 운반용기에 대한 수납기준에 의하면 액체위험물을 수납하는 경우에는 55℃의 온도에서의 증기압이 몇 kPa 이하가 되도록 수납하여야 하는가?

① 100

② 101.3

③ 130

④ 150

해설

액체위험물을 수납하는 경우에는 55℃의 온도에서의 증기압이 130kPa 이하가 되도록 수납한다.

02 위험물안전관리법상의 용어에 대한 설명으로 옳지 않은 것은?

① "위험물"이라 함은 인화성 또는 발화성 등의 성질을 가지는 것으로서 대통령령이 정하는 물품을 말한다.

② "제조소"라 함은 7일 동안 지정수량 이상의 위험물을 제조하기 위한 시설을 뜻한다.

③ "지정수량"이라 함은 위험물의 종류별로 위험성을 고려하여 대통령령이 정하는 수량으로써 제조소 등의 허가 등에 있어서 최저의 기준이 되는 수량을 말한다.

④ "제조소 등"이라 함은 제조소·저장소 및 취급소를 말한다.

해설

② "제조소"라 함은 위험물을 제조할 목적으로 지정수량 이상의 위험물을 취급하기 위하여 허가를 받는 장소

03 디에틸에테르의 공기 중 위험도(H) 값에 가장 가까운 것은?

① 2.7

② 8.6

③ 15.2

④ 24.3

해설

디에틸에테르($C_2H_5OC_2H_5$)의 연소범위가 1.9~48%이므로 $H = \dfrac{48 - 1.9}{1.9} = 24.3$이다.

04 산화성액체위험물에 대한 설명 중 틀린 것은?

① 과산화수소는 물과 접촉하면 심하게 발열하고 증기는 유독하다.
② 질산은 불연성이지만 강한 산화력을 가지고 있는 강산화성물질이다.
③ 질산은 물과 접촉하면 발열하므로 주의하여야 한다.
④ 과염소산은 강산이고 불안정하여 열에 의해 분해가 용이하다.

해설

① 과산화수소는 물과 접촉하면 임의로 혼합하며 수용액 상태는 비교적 안정하다.

05 위험물안전관리법령에 따른 제2석유류가 아닌 것은?

① 아크릴산   ② 포름산
③ 경유   ④ 피리딘

해설

① 아크릴산 : 제2석유류(수용성)
② 포름산 : 제2석유류(수용성)
③ 경유 : 제2석유류(비수용성)
④ 피리딘 : 제1석유류(수용성)

06 메틸알코올에 대한 설명으로 옳은 것은?

① 물에 잘 녹지 않는다.   ② 연소 시 불꽃이 잘 보이지 않는다.
③ 음용 시 독성이 없다.   ④ 비점이 에틸알코올 보다 높다.

해설

① 물에 잘 녹는다.
③ 음용 시 독성이 있다(7~8ml 실명, 30~100ml 사망).
④ 메틸알코올(비점 11℃)은 에틸알코올(비점 13℃)보다 비점이 낮다.

07 위험물안전관리법령상 제2류 위험물인 마그네슘에 대한 설명으로 틀린 것은?

① 온수와 반응하여 수소가스를 발생한다.
② 질소기류에서 강하게 가열하면 질화마그네슘이 된다.
③ 위험물안전관리법령상 품명은 금속분이다.
④ 지정수량은 500kg이다.

정답 04. ① 05. ④ 06. ② 07. ③

08 위험물안전관리법령상 안전교육대상자가 아닌 자는?

① 위험물제조소 등의 설치를 허가받은 자
② 위험물안전관리자로 선임된 자
③ 탱크시험자의 기술인력으로 종사하는 자
④ 위험물운송자로 종사하는 자

09 다음의 위험물을 각각의 옥내저장소에서 저장 또는 취급할 때 위험물안전관리법령상 안전거리의 기준이 나머지 셋과 다르게 적용되는 것은?

① 질산 1,000kg
② 아닐린 50,000L
③ 기어유 100,000L
④ 아마인유 100,000L

10 $(CH_3CO)_2O_2$에 대한 설명으로 틀린 것은?

① 가연성물질이다.
② 지정수량은 10kg이다.
③ 녹는점이 약 −20℃인 액체상이다.
④ 위험물안전관리법령상 다량의 물을 사용한 소화방법이 적응성이 있다.

> **해설**

③ 녹는점은 30℃이며, 가연성고체이다.

11 과산화나트륨과 반응하였을 때 같은 종류의 기체를 발생하는 물질로만 나열된 것은?

① 물, 이산화탄소　　　　　　　② 물, 염산
③ 이산화탄소, 염산　　　　　　④ 물, 아세트산

> **해설**

■ **과산화나트륨의 반응**

㉠ $2Na_2O_2 + 2H_2O \rightarrow 4NaOH + O_2$
㉡ $2Na_2O_2 + 2CO_2 \rightarrow 2Na_2CO_3 + O_2$
㉢ $Na_2O_2 + 2HCl \rightarrow 2NaCl + H_2O_2$
㉣ $Na_2O_2 + 2CH_3COOH \rightarrow 2CH_3COONa + H_2O_2$

12 트리에틸알루미늄이 염산과 반응하였을 때와 메탄올과 반응하였을 때 발생하는 가스를 차례대로 나열한 것은?

① C_2H_4, C_2H_4　　　　　　　② C_2H_6, C_2H_6
③ C_2H_6, C_2H_4　　　　　　　④ C_2H_4, C_2H_6

> **해설**

㉠ $(C_2H_5)_3Al + HCl \rightarrow (C_2H_5)_2AlCl + C_2H_6 \uparrow$
㉡ $(C_2H_5)_3Al + 3CH_3OH \rightarrow Al(CH_3O)_3 + 3C_2H_6 \uparrow$

정답 10. ③　11. ①　12. ②

13 다음은 위험물안전관리법령에 따라 강제강화플라스틱제 이중벽탱크를 운반 또는 설치하는 경우에 유의하여야 할 기준 중 일부이다. (   )에 알맞은 수치를 나열한 것은?

> "탱크를 매설한 사람은 매설종료 후 해당 탱크의 감지층을 (   )kPa 정도로 가압 또는 감압한 상태로 (   )분 이상 유지하여 압력강하 또는 압력상승이 없는 것을 설치자의 입회하에 확인할 것. 다만, 해당 탱크의 감지층을 감압한 상태에서 운반한 경우에는 감압 상태가 유지되어 있는 것을 확인하는 것으로 갈음할 수 있다."

① 10, 20
② 25, 10
③ 10, 25
④ 20, 10

해설

■ **강제강화플라스틱제 이중벽탱크를 운반 또는 설치하는 경우 유의사항**
㉠ 운반 또는 이동하는 경우에 있어서 강화플라스틱 등이 손상되지 아니하도록 할 것
㉡ 탱크의 외면이 접촉하는 기초대, 고정밴드 등의 부분에는 완충재(두께 10mm 정도의 고무제 시트)를 끼워 넣어 접촉면을 보호할 것
㉢ 탱크를 기초대에 올리고 고정밴드 등으로 고정한 후 해당 탱크의 감지층을 20kPa 정도로 가압한 상태로 10분 이상 유지하여 압력강하가 없는 것을 확인할 것
㉣ 탱크를 지면 밑에 매설하는 경우에 있어서 돌덩어리, 유해한 유기물 등을 함유하지 않은 모래를 사용하고, 강화플라스틱 등의 피복에 손상을 주지 아니하도록 작업을 할 것
㉤ 탱크를 매설한 사람은 매설종료 후 해당 탱크의 감지층을 20kPa 정도로 가압 또는 감압한 상태로 10분 이상 유지하여 압력강하 또는 압력상승이 없는 것을 설치자의 입회하에 확인할 것. 다만, 해당 탱크의 감지층을 감압한 상태에서 운반한 경우에는 감압상태가 유지되어 있는 것을 확인하는 것으로 갈음할 수 있다.
㉥ 탱크 설치과정표를 기록하고 보관할 것

14 다음 중 위험물안전관리법령상 지정수량이 가장 적은 것은?

① 브롬산염류
② 질산염류
③ 아염소산염류
④ 중크롬산염류

해설

① 300kg
② 300kg
③ 50kg
④ 1,000kg

15 다음 중 위험물안전관리법에 따라 허가를 받아야 하는 대상이 아닌 것은?

① 농예용으로 사용하기 위한 건조시설로서 지정수량 20배를 취급하는 위험물취급소
② 수산용으로 필요한 건조시설로서 지정수량 20배를 저장하는 위험물저장소
③ 공동주택의 중앙난방시설로 사용하기 위한 지정수량 20배를 저장하는 위험물저장소
④ 축산용으로 사용하기 위한 난방시설로서 지정수량 30배를 저장하는 위험물저장소

> **해설**

▪ **허가를 받아야 하는 대상이 아닌 것**
㉠ 주택의 난방시설(공동주택의 중앙난방시설 제외)을 위한 저장소 또는 취급소
㉡ 농예용 · 축산용 또는 수산용으로 필요한 난방시설 또는 건조시설을 위한 지정수량 20배 이하의 저장소

16 위험물안전관리법령에서 정한 소화설비, 경보설비 및 피난설비의 기준으로 틀린 것은?

① 저장소의 건축물은 외벽이 내화구조인 것은 연면적 $75m^2$를 1소요단위로 한다.
② 할로겐화합물소화설비의 설치기준은 불활성가스소화설비 설치기준을 준용한다.
③ 옥내주유취급소와 연면적이 $500m^2$ 이상인 일반취급소에는 자동화재탐지설비를 설치하여야 한다.
④ 옥내소화전은 제조소 등의 건축물의 층마다 해당 층의 각 부분에서 하나의 호스접속구까지의 수평거리가 25m 이하가 되도록 설치하여야 한다.

> **해설**

▪ **저장소건축물의 경우**
㉠ 외벽이 내화구조로 된 것으로 연면적 $150m^2$
㉡ 외벽이 내화구조가 아닌 것으로 연면적 $75m^2$

17 자동화재탐지설비를 설치하여야하는 옥내저장소가 아닌 것은?

① 처마높이가 7m인 단층 옥내저장소
② 지정수량의 50배를 저장하는 저장창고의 연면적이 $50m^2$인 옥내저장소
③ 에탄올 5만 L를 취급하는 옥내저장소
④ 벤젠 5만 L를 취급하는 옥내저장소

정답 15. ② 16. ① 17. ②

(1) 자동화재탐지설비를 설치하여야하는 옥내저장소

　　㉠ 지정수량의 100배 이상을 저장 또는 취급하는 것(고인화점 위험물만을 저장 또는 취급하는 것을 제외)

　　㉡ 저장창고의 연면적이 150m² 를 초과하는 것[해당 저장창고가 연면적 150m² 이내마다 불연재료의 격벽
　　　으로 개구부 없이 완전히 구획된 것과 제2류 또는 제4류 위험물(인화성고체 및 인화점이 70℃ 미만
　　　인 제4류 위험물을 제외)만을 저장 또는 취급하는 것에 있어서는 저장창고의 연면적이 500m² 이상
　　　의 것에 한함]

　　㉢ 처마높이가 6m이상인 단층건물의 것

　　㉣ 옥내저장소로 사용되는 부분 외의 부분이 있는 건축물에 설치된 옥내저장소[옥내저장소와 옥내저장소
　　　외의 부분이 내화구조의 바닥 또는 벽으로 개구부 없이 구획된 것과 제2류 또는 제4류의 위험물(인화
　　　성고체 및 인화점이 70℃ 미만인 제4류 위험물을 제외)만을 저장 또는 취급하는 것을 제외]

③ 에탄올 5만L($\dfrac{50,000L}{400L}=125$배)를 취급하는 옥내저장소

④ 벤젠 5만L($\dfrac{50,000L}{200L}=250$배)를 취급하는 옥내저장소

18 암적색의 분말인 비금속물질로 비중이 약 2.2, 발화점이 약 260℃이고 물에 불용성인 위험
물은?

① 적린　　　　　　　　　　　　　　② 황린

③ 삼황화인　　　　　　　　　　　　④ 유황

해설 ▶

적린의 설명이다.

19 산소 32g과 질소 56g을 20℃에서 15L의 용기에 혼합하였을 때 이 혼합기체의 압력은 약 몇
atm인가? (단, 기체상수는 0, 082atm · L/몰 · K이며 이상기체로 가정)

① 1. 4　　　　　　　　　　　　　　② 2. 4

③ 3. 8　　　　　　　　　　　　　　④ 4. 8

해설 ▶

$$Pv=nRT, \ P=\dfrac{nRT}{v}, \ \dfrac{3\times 0.082\times(273+20)}{15}=4.8\text{atm}$$

[n =산소 32g÷32g=1mol, 질소 56g÷28g=2mol]

∴ 1mol+2mol=3mol

20 다음 중 끓는점이 가장 낮은 것은?

① BrF_3 ② IF_5

③ BrF_5 ④ HNO_3

> **해설**

① 125℃
② 100.5℃
③ 40.8℃
④ 122℃

21 위험물안전관리법령상 제2류 위험물인 철분에 적응성이 있는 소화설비는?

① 옥외소화전설비   ② 포소화설비

③ 불활성가스소화설비   ④ 탄산수소염류분말소화설비

> **해설**

▪ **제2류 위험물인 철분에 적응성이 있는 소화설비** : 탄산수소염류분말소화설비

22 지하저장탱크의 주위에 액체위험물의 누설을 검사하기 위한 관을 설치하는 경우 그 기준으로 옳지 않은 것은?

① 관은 탱크전용실의 바닥에 닿지 않게 할 것
② 이중관으로 할 것
③ 관의 밑부분으로부터 탱크의 중심 높이까지의 부분에는 소공이 뚫려 있을 것
④ 상부는 물이 침투하지 아니하는 구조로 하고, 뚜껑은 검사 시에 쉽게 열 수 있도록 할 것

> **해설**

▪ **지하저장탱크의 주위에는 해당 탱크로부터 액체위험물의 누설을 검사하기 위한 관을 다음의 기준에 따라 4개소 이상 적당한 위치에 설치하여야 한다.**
㉠ 이중관으로 할 것. 다만, 소공이 없는 상부는 단관으로 할 수 있다.
㉡ 재료는 금속관 또는 경질합성수지관으로 할 것
㉢ 관은 탱크실 또는 탱크의 기초 위에 닿게 할 것
㉣ 관의 밑부분으로부터 탱크의 중심 높이까지의 부분에는 소공이 뚫려 있을 것. 다만, 지하수위가 높은 장소에 있어서는 지하수위 높이까지의 부분에 소공이 뚫려 있어야 한다.
㉤ 상부는 물이 침투하지 아니하는 구조로 하고, 뚜껑은 검사 시에 쉽게 열 수 있도록 할 것

정답 20. ③   21. ④   22. ①

23 실험식 $C_3H_5N_3O_9$에 해당하는 물질은?

① 트리니트로페놀
② 벤조일퍼옥사이드
③ 트리니트로톨루엔
④ 니트로글리세린

해설

명 칭	트리니트로페놀	벤조일퍼옥사이드	트리니트로톨루엔	니트로글리세린
화학식	$C_6H_2(OH)(NO_2)_3$	$(C_6H_5CO)_2O_2$	$C_6H_2CH_3(NO_2)_3$	$C_3H_5(ONO_2)_3$
실험식	$C_6H_3N_3O_7$	$C_{14}H_{10}O_4$	$C_7H_8N_3O_6$	$C_3H_5N_3O_9$

24 위험물안전관리법령상 제6류 위험물을 저장, 취급하는 소방대상물에 적응성이 없는 소화설비는?

① 탄산수소염류를 사용하는 분말소화설비
② 옥내소화전설비
③ 봉상강화액소화기
④ 스프링클러설비

해설

■ 제6류 위험물을 저장·취급하는 소방대상물에 적응성이 없는 소화설비
㉠ 탄산수소염류를 사용하는 분말소화설비
㉡ 불활성가스소화설비
㉢ 할로겐화합물소화설비

25 다음 중 1mol의 질량이 가장 큰 것은?

① $(NH_4)_2Cr_2O_7$
② BaO_2
③ $K_2Cr_2O_7$
④ $KMnO_4$

해설

① $(NH_4)_2Cr_2O_7 \rightarrow 252$
② $BaO_2 \rightarrow 169$
③ $K_2Cr_2O_7 \rightarrow 298$
④ $KMnO_4 \rightarrow 158$

26 다음 품명 중 위험물안전관리법령상 지정수량이 나머지 셋과 다른 하나는?

① 히드록실아민   ② 니트로화합물
③ 아조화합물   ④ 히드라진유도체

> **해설**

- ① : 100kg
- ②, ③, ④ : 200kg

27 위험물안전관리법령상 제5류 위험물에 해당하는 것은?

① 니트로벤젠   ② 히드라진
③ 염산히드라진   ④ 글리세린

> **해설**

① 니트로벤젠 : 제4류 위험물 제3석유류(비수용성)
② 히드라진 : 제4류 위험물 제4석유류(수용성)
③ 염산히드라진 : 제5류 위험물 히드라진유도체류
④ 글리세린 : 제4류 위험물 제3석유류(수용성)

28 위험물안전관리법령에 따른 제4석유류의 정의에 대해 다음 (   )에 알맞은 수치를 나열한 것은?

> "제4석유류"라 함은 기어유, 실린더유 그 밖에 1기압에서 인화점이 섭씨 (   )도 이상 섭씨 (   )도 미만의 것을 말한다. 다만, 도료류 그 밖의 물품은 가연성액체량이 (   )중량퍼센트 이하인 것은 제외한다.

① 200, 250, 40   ② 200, 250, 60
③ 200, 300, 40   ④ 200, 300, 60

> **해설**

■ **제4석유류**
기어유, 실린더유 그 밖에 1기압에서 인화점이 섭씨 200도 이상 섭씨 250도 미만의 것을 말한다. 다만 도료류 그 밖의 물품은 가연성액체량이 40중량퍼센트 이하인 것을 제외한다.

29 불활성가스소화설비의 장·단점에 대한 설명으로 틀린 것은?

① 전역방출방식의 경우 심부화재에도 효과가 있다.
② 밀폐공간에서 질식과 같은 인명피해를 입을 수도 있다.
③ 전기절연성이 높아 전기화재에도 적합하다.
④ 배관 및 관 부속이 저압이므로 시공이 간편하다.

> **해설**
> ④ 이산화탄소는 고압이므로 시공이 어렵다.

30 다음 중 비중이 가장 작은 것은?

① 염소산칼륨
② 염소산나트륨
③ 과염소산나트륨
④ 과염소산암모늄

> **해설**
> ① 2.33, ② 2.5, ③ 2.5, ④ 1.87

31 적린의 저장, 취급 방법 또는 화재 시 소화방법에 대한 설명으로 옳은 것은?

① 이황화탄소 속에 저장한다.
② 과염소산을 보호액으로 사용한다.
③ 조연성물질이므로 가연물과의 접촉을 피한다.
④ 화재 시 다량의 물로 냉각소화 할 수 있다.

> **해설**
> 적린은 석유 속에 보관하고 가연성고체로서 화재 시 다량의 물로 냉각소화 할 수 있다.

32 위험물안전관리법령상 이동탱크저장소에 의한 위험물의 운송기준에 대한 설명 중 틀린 것은?

① 위험물 운송 시 장거리란 고속국도는 340km 이상, 그 밖의 도로는 200km 이상을 말한다.
② 운송책임자를 동승시킨 경우에는 반드시 2명 이상이 교대로 운전해야 한다.
③ 특수인화물 및 제1석유류를 운송하게 하는 자는 위험물안전카드를 위험물운송자로 하여금 휴대하게 한다.
④ 위험물운송자는 재난 및 그 밖의 불가피한 이유가 있는 경우에는 위험물안전카드에 기재된 내용에 따르지 아니할 수 있다.

해설

- 위험물운송자는 장거리(고속국도 340km 이상, 그 밖의 도로 200km 이상)에 걸치는 운송을 할 때에는 2명 이상의 운전자로 하며, 예외적으로 1명의 운전사가 운송하여도 되는 기준
  - ㉠ 운송책임자를 동승시키는 경우
  - ㉡ 운송하는 위험물이 제2류, 제3류(칼슘 또는 알루미늄의 탄화물과 이것만을 함유한 것) 또는 제4류(특수인화물 제외)인 경우
  - ㉢ 운송 도중 2시간마다 20분 이상씩 휴식하는 경우

33 과산화칼륨의 일반적인 성질에 대한 설명으로 옳은 것은?

① 물과 반응하여 산소를 생성하고, 아세트산과 반응하여 과산화수소를 생성한다.

② 녹는점은 300℃ 이하이다.

③ 백색의 정방정계 분말로 물에 녹지 않는다.

④ 비중이 1.3으로 물보다 무겁다.

해설

① $2K_2O_2 + 2H_2O \rightarrow 4KOH + O_2$, $K_2O_2 + 2CH_3COOH \rightarrow 2CH_3COOK + H_2O_2$

② 녹는점은 490℃ 이하이다.

③ 무색 또는 오렌지색의 분말로 물과 급격히 반응하여 발열하고 산소를 방출한다.

④ 비중이 2.9로 물보다 무겁다.

34 위험물의 지정수량 연결이 틀린 것은?

① 오황화인 – 100kg

② 알루미늄분 – 500kg

③ 스티렌모노머 – 2,000L

④ 포름산 – 2,000L

해설

③ 스티렌모노머[제4류 위험물 제2석유류(비수용성)] – 1,000L

35 다음 중 BTX에 해당하는 물질로서 가장 인화점이 낮은 것은?

① 이황화탄소

② 산화프로필렌

③ 벤젠

④ 자일렌

해설

BTX : 벤젠(C_6H_6), 톨루엔($C_6H_5CH_3$), 크실렌(자일렌, $C_6H_4(CH_3)_2$)

종 류	C_6H_6	$C_6H_5CH_3$	$C_6H_4(CH_3)_2$
인화점	−11.1℃	4.5℃	17.2℃

정답 33. ① 34. ③ 35. ③

36 금속나트륨이 에탄올과 반응하였을 때 가연성가스가 발생한다. 이때 발생하는 가스와 동일한 가스가 발생되는 경우는?

① 나트륨이 액체암모니아와 반응하였을 때
② 나트륨이 산소와 반응하였을 때
③ 나트륨이 사염화탄소와 반응하였을 때
④ 나트륨이 이산화탄소와 반응하였을 때

해설

■ 금속나트륨과 에탄올의 반응식 : $2Na + 2C_2H_5OH \rightarrow 2C_2H_5ONa + H_2\uparrow$

① $2Na + 2NH_3 \rightarrow 2NaNH_2 + H_2$
② $4Na + O_2 \rightarrow 2Na_2O$
③ $4Na + CCl_4 \rightarrow 4NaCl + C$
④ $4Na + 3CO_2 \rightarrow 2Na_2CO_3 + C$

37 시내 일반도로와 접하는 부분에 주유취급소를 설치하였다. 위험물안전관리법령이 허용하는 최대용량으로 [보기]의 탱크를 설치할 때 전체 탱크용량의 합은 몇 L인가?

> A. 고정주유설비 접속전용탱크 3기
> B. 고정급유설비 접속전용탱크 1기
> C. 폐유저장탱크 2기
> D. 윤활유저장탱크 1기
> E. 고정주유설비 접속간이탱크 1기

① 201,600
② 202,600
③ 240,000
④ 242,000

해설

(1) 주유취급소 전용탱크 1개의 용량기준
  ㉠ 자동차용 고정주유설비 50,000L 이하
  ㉡ 고정급유설비 50,000L 이하
  ㉢ 자동차 등을 점검·정비 하는 작업장 등(주유취급소 안에 설치된 것에 한함)에서 사용하는 폐유·윤활유 등의 위험물을 저장하는 탱크로서 용량(2 이상 설치하는 경우에는 각 용량의 합계를 말함)이 2,000L 이하인 탱크
  ㉣ 고정주유설비 또는 고정급유설비에 직접 접속하는 3기 이하의 간이탱크(600L)
(2) 전체 탱크의 용량=50,000L×3+50,000L×1+2,000L+600L=202,600L

38 각 위험물의 지정수량 합이 가장 큰 것은?

① 과염소산, 염소산나트륨
② 황화인, 염소산칼륨
③ 질산나트륨, 적린
④ 나트륨아미드, 질산암모늄

해설

① 300kg+50kg → 350kg
② 100kg+50kg → 150kg
③ 300kg+100kg → 400kg
④ 50kg+300kg → 350kg

39 각 물질의 저장 및 취급 시 주의사항에 대한 설명으로 옳지 않은 것은?

① H_2O_2 : 완전밀폐, 밀봉된 상태로 보관한다.
② K_2O_2 : 물과의 접촉을 피한다.
③ $NaClO_3$: 철제용기에 보관하지 않는다.
④ CaC_2 : 습기를 피하고 불활성가스를 봉인하여 저장한다.

해설

① H_2O_2 : 구멍이 뚫린 마개를 사용하여 보관한다.

40 메탄 2L를 완전연소하는 데 필요한 공기요구량은 약 몇 L인가?(단, 표준상태를 기준으로하고 공기 중의 산소는 21v%이다)

① 2.42
② 4
③ 19.05
④ 22.4

해설

$CH_4 + 2O_2 \rightarrow CO_2 + 2H_2O$
$\begin{matrix} 1L \\ 2L \end{matrix} \diagdown \begin{matrix} 2L \\ x(L) \end{matrix}$

$x = \dfrac{2L \times 2L}{1L} = 4L$

∴ 이론공기량=산소량 $\times \dfrac{100}{21} = 4L \times \dfrac{100}{21} = 19.05L$

정답 38. ③ 39. ① 40. ③

41 제4류 위험물 중 경유를 판매하는 제2종 판매취급소를 허가받아 운영하고자 한다. 취급할 수 있는 최대수량은?

① 20,000L
② 40,000L
③ 80,000L
④ 160,000L

해설

• 제2종 판매취급소의 최대허가량은 지정수량의 40배 이하이다.
• 경유는 지정수량이 1,000L이므로, 40배×1,000L=40,000L이다.

42 위험물의 저장 및 취급 시 유의사항에 대한 설명으로 틀린 것은?

① 과망간산나트륨 – 가열, 충격, 마찰을 피하고 가연물과의 접촉을 피한다.
② 황린 – 알칼리용액과 반응하여 가연성의 아세틸렌을 발생하므로 물속에 저장한다.
③ 디에틸에테르 – 공기와 장시간 접촉 시 과산화물을 생성하므로 공기와의 접촉을 최소화한다.
④ 니트로글리콜 – 폭발의 위험이 있으므로 화기를 멀리 한다.

해설

② 황린은 반드시 저장용기 중에는 물을 넣어 보관한다. 저장 시 pH를 측정하여 산성을 나타내면 $Ca(OH)_2$를 넣어 약알칼리성(pH 9)이 유지되도록 한다. 경우에 따라 불활성가스를 봉입하기도 한다.

43 위험물탱크안전성능시험자가 기술능력, 시설 및 장비 중 중요 변경사항이 있는 때에는 변경한 날 부터 며칠 이내에 변경 신고를 하여야하는가?

① 5일 이내
② 15일 이내
③ 25일 이내
④ 30일 이내

해설

■ **위험물탱크안전성능시험자 변경신고**
변경한 날부터 30일 이내에 변경신고

44 일반취급소로 사용되는 부분 외의 부분을 갖는 건축물에 설치된 일반취급소는 원칙적으로 소화난이도 등급 Ⅰ에 해당한다. 이 경우 소화난이도 등급 Ⅰ에서 제외되는 기준으로 옳은 것은?

① 일반취급소와 다른 부분 사이를 갑종방화문 외의 개구부 없이 내화구조로 구획한 경우
② 일반취급소와 다른 부분 사이를 자동폐쇄식 갑종방화문 외의 개구부 없이 내화구조로 구획한 경우

정답 41. ② 42. ② 43. ④ 44. ③

③ 일반취급소와 다른 부분 사이를 개구부 없이 내화구조로 구획한 경우

④ 일반취급소와 다른 부분 사이를 창문 외의 개구부 없이 내화구조로 구획한 경우

> **해설**

■ **소화난이도 등급 I에서 제외되는 기준** : 일반취급소와 다른 부분 사이를 갑종방화문 외의 개구부 없이 내화구조
로 구획한 경우

---

45 질산칼륨 101kg이 열분해 될 때, 발생되는 산소는 표준상태에서 몇 m^3인가? (단, 원자량은 K : 39, O : 16, N : 14이다)

① 5.6

② 11.2

③ 22.4

④ 44.8

> **해설**

$2KNO_3 \rightarrow 2KNO_2 + O_2 \uparrow$

$2 \times 101kg$ ⟍ $22.4m^3$

$101kg$ ⟋ $x(m^3)$

$x = \dfrac{101 \times 22.4}{2 \times 101}$ ∴ $x = 11.2m^3$

---

46 지정수량의 10배에 해당하는 순수한 아세톤의 질량은 약 몇 kg인가?

① 2,000

② 2,160

③ 3,160

④ 4,000

> **해설**

• 아세톤의 비중 0.79, 밀도는 $0.79g/cm^3 = 0.79kg/L$이다.

• 아세톤의 지정수량 400L이므로 ×10배=4,000L이므로, 4,000L×0.79g/L=3,160kg

---

47 주유취급소에서 위험물을 취급할 때 기준에 대한 설명으로 틀린 것은?

① 자동차 등에 주유할 때에는 고정주유설비를 사용하여 직접주유할 것

② 고정급유설비에 접속하는 탱크에 위험물을 주입할 때에는 해당 탱크에 접속된 고정급유설
비의 사용이 중지되지 않도록 주의할 것

③ 고정주유설비 또는 고정급유설비에는 해당 주유설비에 접속한 전용탱크 또는 간이탱크의
배관 외의 것을 통하여 위험물을 공급하지 아니할 것

④ 주유원 간이대기실 내에서는 화기를 사용하지 아니할 것

정답 45. ② 46. ③ 47. ②

② 고정주유설비 또는 고정급유설비에 접속하는 탱크에 위험물을 주입할 때에는 해당 탱크에 접속된 고정주유설비 또는 고정급유설비의 사용을 중지하고, 자동차 등을 해당 탱크의 주입구에 접근시키지 아니한다.

48 위험물운반 시 제4류 위험물과 혼재할 수 있는 위험물의 유별을 모두 나타낸 것은?(단, 혼재 위험물은 지정수량의 $\frac{1}{10}$을 각각 초과한다)

① 제2류 위험물
② 제2류 위험물, 제3류 위험물
③ 제2류 위험물, 제3류 위험물, 제5류 위험물
④ 제2류 위험물, 제3류 위험물, 제5류 위험물, 제6류 위험물

해설

■ 유별을 달리하는 위험물의 혼재기준

위험물의 구분	제1류	제2류	제3류	제4류	제5류	제6류
제1류		×	×	×	×	○
제2류	×		×	○	○	×
제3류	×	×		○	×	×
제4류	×	○	○		○	×
제5류	×	○	×	○		×
제6류	○	×	×	×	×	

49 인화점이 0℃ 미만이고 자연발화의 위험성이 매우 높은 것은?

① C_4H_9Li
② P_2S_5
③ $KBrO_3$
④ $C_6H_5CH_3$

해설

종 류	C_4H_9Li	P_2S_5	$KBrO_3$	$C_6H_5CH_3$
인화점	-22℃	-	-	4℃
성 질	자연발화성물질	가연성고체	산화성고체	인화성액체

50 포소화약제의 일반적인 물성에 관한 설명 중 틀린 것은?

① 발포배율이 커지면 환원시간(Drainage Time)은 짧아진다.
② 환원시간이 길면 내열성이 우수하다.
③ 유동성이 좋으면 내열성도 우수하다.
④ 발포배율이 커지면 유동성이 좋아진다.

> **해설**
>
> ③ 수성막포는 유동성이 좋고, 단백포와 불화단백포는 내열성이 우수하다.

51 $KClO_3$에 대한 설명으로 틀린 것은?

① 분해온도는 약 400℃이다.
② 산화성이 강한 불연성물질이다.
③ 400℃로 가열하면 주로 ClO_2를 발생한다.
④ NH_3과 혼합 시 위험하다.

> **해설**
>
> ③ 400℃로 가열하면 주로 O_2를 발생한다.
>
> $$2KClO_3 \xrightarrow{\triangle} 2KCl + 3O_2 \uparrow$$

52 다음은 이송취급소의 배관과 관련하여 내압에 의하여 배관에 생기는 무엇에 관한 수식인가?

$$\sigma_{ci} = \frac{P_i(D - t + C)}{2(t - C)}$$

P_i : 최대상용압력(MPa) D : 배관의 외경(mm)

t : 배관의 실제 두께(mm) C : 내면 부식여유두께(mm)

① 원주방향응력   ② 축방향응력
③ 팽창응력   ④ 취성응력

> **해설**
>
> σ_{ci} : 내압에 의하여 생기는 원주방향 응력

53 저장하는 지정과산화물의 최대수량이 지정수량의 5배인 옥내저장창고의 주위에 위험물안전 관리법령에서 정한 담 또는 토제를 설치할 경우, 창고의 주위에 보유하는 공지의 너비는 몇 m 이상으로 하여야 하는가?

① 3
② 6.5
③ 8
④ 10

해설

■ 지정과산화물의 옥내저장소의 보유공지

저장 또는 취급하는 위험물의 최대수량	공지의 너비	
	저장창고 주위에 비고 제1호에 담 또는 토제를 설치하는 경우	왼쪽 란에 정하는 경우 외의 경우
5배 이하	3.0m 이상	10m 이상
5배 초과 10배 이하	5.0m 이상	15m 이상
10배 초과 20배 이하	6.5m 이상	20m 이상
20배 초과 40배 이하	8.0m 이상	25m 이상
40배 초과 60배 이하	10.0m 이상	30m 이상
60배 초과 90배 이하	11.5m 이상	35m 이상
90배 초과 150배 이하	13.0m 이상	40m 이상
150배 초과 300배 이하	15.0m 이상	45m 이상
300배 초과	16.5m 이상	50m 이상

54 옥내저장탱크의 펌프설비가 탱크전용실이 있는 건축물에 설치되어 있다. 펌프설비가 탱크전 용실외의 장소에 설치되어 있는 경우, 위험물안전관리법령상 펌프실 지붕의 기준에 대한 설 명으로 옳은 것은?

① 폭발력이 위로 방출될 정도의 가벼운 불연재료로만 하여야 한다.
② 불연재료로만 하여야 한다.
③ 내화구조 또는 불연재료로 할 수 있다.
④ 내화구조로만 하여야 한다.

해설

■ 옥내저장탱크
펌프설비가 탱크전용실 외의 장소에 설치되어 있는 경우 펌프실은 상승이 있는 경우에 있어서는 상층의 바닥을 내화구조로 하고 상층이 없는 경우에 있어서는 지붕을 불연재료로 하며, 천장을 설치하지 아니한다.

55 ASME(American Society of Mechanical Engineers)에서 정의하고 있는 제품공정분석표에 사용되는 기호 중 "저장(Storage)"을 표현한 것은?

① ○   ② □

③ ▽   ④ ⇨

> **해설**
>
> ① ○ : 작업 또는 가공
> ② □ : 검사
> ③ ▽ : 저장
> ④ ⇨ : 운반

56 미리 정해진 일정단위 중에 포함된 부적합수에 의거하여 공정을 관리할 때 사용되는 관리도는?

① c 관리도   ② P 관리도

③ X 관리도   ④ nP 관리도

> **해설**
>
> ■ c **관리도** : 미리 정해진 일정단위 중에 포함된 부적합 수에 의거하여 공정을 관리할 때 사용되는 관리도

57 TPM 활동체제구축을 위한 5가지 기능과 가장 거리가 먼 것은?

① 설비초기 관리체제 구축 활동
② 설비효율화의 개별개선 활동
③ 운전과 보전의 스킬 업 훈련 활동
④ 설비경제성 검토를 위한 설비투자분석 활동

> **해설**
>
> ■ **TPM 활동체제구축을 위한 5가지 기능**
> ㉠ 설비초기 관리체제 구축 활동
> ㉡ 설비효율화의 개별개선 활동
> ㉢ 운전과 보전의 스킬 업 훈련 활동
> ㉣ 자주보전체제 구축
> ㉤ 보전부문의 계획보전체제 구축

58 자전거를 셀 방식으로 생산하는 공장에서, 자전거 1대당 소요공수가 14.5H이며, 1일 8H, 월 25일 작업을 한다면 작업자 1명 당월 생산 가능대수는 몇 대인가?(단, 작업자의 생산종합효율은 80%이다)

① 10대
② 11대
③ 13대
④ 14대

해설

작업자 1명당 월생산 가능대수 $= \dfrac{25일 \times 8H/일 \times 0.8}{14.5H/대} = 11대$

59 로트에서 랜덤하게 시료를 추출하여 검사한 후 그 결과에 따라 로트의 합격, 불합격을 판정하는 검사방법을 무엇이라 하는가?

① 자주검사
② 간접검사
③ 전수검사
④ 샘플링검사

해설

샘플링검사의 설명이다.

60 도수분포표에서 알 수 있는 정보로 가장 거리가 먼 것은?

① 로트분포의 모양
② 100단위당 부적합수
③ 로트의 평균 및 표준편차
④ 규격과의 비교를 통한 부적합품률의 추정

해설

■ 도수분포표에서 알 수 있는 정보
㉠ 로트분포의 모양
㉡ 로트의 평균 및 표준편차
㉢ 규격과의 비교를 통한 부적합품률의 추정

정답 58. ② 59. ④ 60. ②

01 위험물탱크의 내용적이 10,000L이고 공간용적이 내용적의 10%일 때 탱크의 용량은?

① 19,000L ② 11,000L

③ 9,000L ④ 1,000L

> **해설**
>
> 공간용적이 내용적의 10%인 탱크의 용량＝10,000L×0.9＝9,000L

02 하나의 옥내저장소에 염소산나트륨을 300kg, 요오드산칼륨 150kg, 과망간산칼륨 500kg을 저장하고 있다. 각물질의 지정수량 배수의 합은 얼마인가?

① 5배 ② 6배

③ 7배 ④ 8배

> **해설**
>
> $$\frac{300}{50}+\frac{150}{300}+\frac{500}{10,000}=7배$$

03 위험물안전관리법령상 위험등급이 나머지 셋과 다른 하나는?

① 아염소산나트륨 ② 알킬알루미늄

③ 아세톤 ④ 황린

> **해설**
>
> ① Ⅰ등급, ② Ⅰ등급, ③ Ⅱ등급, ④ Ⅰ등급

04 위험물안전관리법령상 주유취급소작업장(자동차 등을 점검·정비)에서 사용하는 폐유·윤활유 등의 위험물을 저장하는 탱크의 용량(L)은 얼마 이하이어야 하는가?

① 2,000 ② 10,000

③ 50,000 ④ 60,000

정답 01. ③ 02. ③ 03. ③ 04. ①

해설

■ 주유취급소작업장(자동차 등을 점검 · 정비)에서 사용하는 폐유 · 윤활유 등의 위험물을 저장하는 탱크의 용량 : 2,000L 이하

05 위험물안전관리법령상 제4류 위험물의 지정수량으로서 옳지 않은 것은?

① 피리딘 : 400L   ② 아세톤 : 400L

③ 니트로벤젠 : 1,000L   ④ 아세트산 : 2,000L

해설

③ 니트로벤젠 : 2,000L

06 위험물안전관리법령상 운반용기 내용적의 95% 이하의 수납률로 수납하여야 하는 위험물은?

① 과산화벤조일   ② 질산메틸

③ 니트로글리세린   ④ 메틸에틸케톤퍼옥사이드

해설

과산화벤조일은 고체위험물이므로 95% 이하이다.

■ 위험물의 운반에 관한 기준

위험물	수납률
알킬알루미늄	90% 이하(50℃에서 5% 이상 공간용적유지)
고체위험물	95% 이하
액체위험물	98% 이하(55℃에서 누설되지 않을 것)

07 위험물안전관리법령상 염소화규소화합물은 제 몇 류 위험물에 해당되는가?

① 제1류   ② 제2류

③ 제3류   ④ 제5류

해설

■ **염소화규소화합물** : 제3류 위험물

08 위험물안전관리법령에서 정한 제2류 위험물의 저장·취급 기준에 해당되지 않는 것은?

① 산화제와의 접촉·혼합을 피한다.
② 철분·금속분·마그네슘 및 이를 함유한 것에 있어서는 물이나 산과의 접촉을 피한다.
③ 인화성고체에 있어서는 함부로 증기를 발생시키지 아니하여야 한다.
④ 고온체와의 접근·과열 또는 공기와의 접촉을 피한다.

해설

④ 가열하거나 화기를 피하며 불티, 불꽃, 고온체와의 접촉을 피한다.

09 다음 금속원소 중 이온화에너지가 가장 큰 원소는?

① 리튬
② 나트륨
③ 칼륨
④ 루비듐

해설

이온화에너지는 같은 족에서는 원자번호가 증가할수록 작아진다.

10 위험물안전관리법령상 제1류 위험물제조소의 외벽 또는 이에 상응하는 공작물의 외측으로부터 문화재와의 안전거리 기준에 관한 설명으로 옳은 것은?

① 문화재보호법의 규정에 의한 유형문화재와 무형문화재 중 지정문화재까지 50m 이상 이격할 것
② 문화재보호법의 규정에 의한 유형문화재와 기념물 중 지정문화재까지 50m 이상 이격할 것
③ 문화재보호법의 규정에 의한 유형문화재와 기념물 중 지정문화재까지 30m 이상 이격할 것
④ 문화재보호법의 규정에 의한 유형문화재와 무형문화재 중 지정문화재까지 30m 이상 이격할 것

해설

■ **위험물제조소와 문화재와의 안전거리**
문화재보호법의 규정에 의한 유형문화재와 기념물 중 지정문화재까지 50m 이상 이격한다.

11 알코올류의 탄소수가 증가함에 따른 일반적인 특징으로 옳은 것은?

① 인화점이 낮아진다.
② 연소범위가 넓어진다.
③ 증기비중이 증가한다.
④ 비중이 증가한다.

정답 08. ④ 09. ① 10. ② 11. ③

■ **탄소수가 증가할수록 변화되는 현상**

㉠ 인화점이 낮아진다.

㉡ 연소범위가 좁아진다.

㉢ 액체비중, 증기비중이 커진다.

㉣ 발화점이 낮아진다.

㉤ 수용성이 감소된다.

12 위험물저장탱크에 설치하는 통기관선단의 인화방지망은 어떤 소화효과를 이용한 것인가?

① 질식소화

② 부촉매소화

③ 냉각소화

④ 제거소화

■ **통기관 선단의 인화방지망**

냉각소화

13 다음 [보기]의 물질 중 제1류 위험물에 해당하는 것은 모두 몇 개인가?

| • 아염소산나트륨 | • 염소산나트륨 |
| • 차아염소산칼슘 | • 과염소산칼륨 |

① 4개

② 3개

③ 2개

④ 1개

■ **제1류 위험물의 종류와 지정수량**

성 질	위험등급	품 명	지정수량
산화성고체	I	1. 아염소산염류(아염소산나트륨)	50kg
		2. 염소산염류(염소산나트륨, 차아염소산칼슘)	50kg
		3. 과염소산염류(과염소산칼륨)	50kg
		4. 무기과산화물류	50kg

14 위험물안전관리법령상 한 변의 길이는 10m, 다른 한 변의 길이는 50m인 옥내저장소에 자동화재탐지설비를 설치하는 경우 경계구역은 원칙적으로 최소한 몇 개로 하여야하는가?(단, 차동식스포트형감지기를 설치한다)

① 1   ② 2

③ 3   ④ 4

해설

■ 자동화재탐지설비의 설치 기준

하나의 경계구역의 면적을 600m² 이하로 하고, 그 한 변의 길이는 50m(광전식분리형감지기를 설치할 경우에는 100m) 이하로 할 것. 다만, 해당 건축물 그 밖의 공작물의 주요한 출입구에서 그 내부의 전체를 볼 수 있는 경우에 있어서는 그 면적을 1,000m² 이하로 할 수 있다. 즉, 광전식분리형감지기가 아닐 경우 한 변의 길이는 50m 이하이고, 하나의 경계구역의 면적은 600m² 이하이므로 문제의 500m²는 경계구역 1이 된다.

15 특정옥외저장탱크 구조기준 중 펠릿용접의 사이즈(S, mm)를 구하는 식으로 옳은 것은?[단, t_1 : 얇은 쪽의 강판의 두께(mm), t_2 : 두꺼운 쪽의 강판의 두께(mm)이며, $S \geqq 4.5$이다]

① $t_1 \geqq S \geqq t_2$ ② $t_1 \geqq S \geqq \sqrt{2t_2}$

③ $\sqrt{2t_1} \geqq S \geqq t_2$ ④ $t_1 \geqq S \geqq 2t_2$

해설

㉠ 특정옥외탱크저장소 : 옥외탱크저장소 중 그 저장 또는 취급하는 액체위험물의 최대수량의 100만L 이상의 것

㉡ 펠릿용접의 사이즈(부등사이즈가 되는 경우에는 작은 쪽의 사이즈를 말함)

$t_1 \geqq S \geqq \sqrt{2t_2}$

[t_1 : 얇은 쪽 강판의 두께(mm), t_2 : 두꺼운 쪽 강판의 두께(mm), S : 사이즈(mm)]

16 이황화탄소의 성질 또는 취급방법에 대한 설명 중 틀린 것은?

① 물보다 가볍다.

② 증기가 공기보다 무겁다.

③ 물을 채운 수조에 저장한다.

④ 연소 시 유독한 가스가 발생한다.

해설

물보다 무겁다(비중 1.26).

17 제3류 위험물의 화재 시 소화에 대한 설명으로 틀린 것은?

① 인화칼슘은 물과 반응하여 포스핀가스가 발생하므로 마른모래로 소화한다.
② 세슘은 물과 반응하여 수소를 발생하므로 물에 의한 냉각소화를 피해야 한다.
③ 디에틸아연은 물과 반응하므로 주수소화를 피해야 한다.
④ 트리에틸알루미늄은 물과 반응하여 산소를 발생하므로 주수소화는 좋지 않다.

> **해설**
>
> ④ 트리에틸알루미늄은 물과 반응하여 에탄(C_2H_6)가스를 발생하므로 주수소화는 좋지 않다.

18 인화성액체위험물을 저장하는 옥외탱크저장소의 주위에 설치하는 방유제에 관한 내용으로 틀린 것은?

① 방유제는 높이 0.5m 이상 3m 이하, 두께 0.2m 이상, 지하매설깊이 1m 이상으로 한다.
② 2기 이상의 탱크가 있는 경우 방유제의 용량은 그 탱크 중 용량이 최대인 것의 용량이 110% 이상으로 한다.
③ 용량이 1,000만L 이상인 옥외저장탱크의 주위에 설치하는 방유제에는 탱크마다 간막이 둑을 흙 또는 철근콘크리트로 설치한다.
④ 간막이 둑을 설치하는 경우 간막이 둑 안에 설치된 탱크용량의 110% 이상이어야 한다.

> **해설**
>
> ④ 간막이 둑의 용량은 간막이 둑 안에 설치된 탱크용량의 10% 이상일 것

19 각 유별 위험물의 화재예방대책이나 소화방법에 관한 설명으로 틀린 것은?

① 제1류 – 염소산나트륨은 철제용기에 넣은 후 나무상자에 보관한다.
② 제2류 – 적린은 다량의 물로 냉각소화한다.
③ 제3류 – 강산화제와의 접촉을 피하고, 건조사, 팽창질석, 팽창진주암 등을 사용하여 질식소화를 시도한다.
④ 제5류 –분말, 할론, 포 등에 의한 질식소화는 효과가 없으며, 다량의 주수소화가 효과적이다.

> **해설**
>
> ■ **제1류** : 염소산나트륨은 철을 부식시키므로 철제용기에 저장하지 말아야 하며, 용기는 차고 건조하며 환기가 잘 되는 안전한 곳에 저장한다.

20 다음에서 설명 하고 있는 법칙은?

> 온도가 일정할 때 기체의 부피는 절대압력에 반비례한다.

① 일정성분비의 법칙　　　　② 보일의 법칙
③ 샤를의 법칙　　　　④ 보일-샤를의 법칙

해설

① 일정성분비의 법칙 : 순수한 화합물에서 성분원소의 중량비는 항상 일정하다. 즉, 한 가지 화합물을 구성하는 각 성분원소의 질량비는 항상 일정하다.
③ 샤를의 법칙 : 일정한 압력에서 기체부피가 온도가 1℃ 상승할 때마다 0℃일 때 부피의 1/273만큼 증가한다. 즉, 일정한 압력 하에서 기체의 부피는 절대온도에 비례한다.
④ 보일-샤를의 법칙 : 일정량의 기체가 차지하는 부피는 압력에 반비례하고 절대온도에 비례한다.

21 위험물운반용기의 외부에 표시하는 사항이 아닌 것은?

① 위험등급　　　　② 위험물의 제조일자
③ 위험물의 품명　　　　④ 주의사항

해설

■ 위험물운반용기의 외부에 표시하는 사항
㉠ 위험물의 품명·위험등급·화학명 및 수용성(수용성 표시는 제4류 위험물로서 수용성인 것에 한함)
㉡ 위험물의 수량
㉢ 주의사항

22 제6류 위험물에 대한 설명으로 옳은 것은?

① 과염소산은 무취, 청색의 기름상액체이다.
② 알루미늄, 니켈 등은 진한질산에 녹지 않는다.
③ 과산화수소는 크산토프로테인 반응과 관계가 있다.
④ 오불화브롬(오플루오린화브로민)의 화학식은 C_2F_5Br이다.

해설

① 과염소산은 무색무취의 유동하기 쉬운 액체이다.
③ 질산은 크산토프로테인 반응과 관계가 있다.
④ 오불화브롬(오플루오린화브로민)의 화학식은 BrF_5이다.

23 다음 중 지하탱크저장소의 수압시험기준으로 옳은 것은?

① 압력의 탱크는 상용압력의 30kPa의 압력으로 10분간 실시하여 새거나 변형이 없을 것
② 압력탱크는 최대상용압력의 1.5배의 압력으로 10분간 실시하여 새거나 변형이 없을 것
③ 압력 외 탱크는 상용압력의 30kPa의 압력으로 20분간 실시하여 새거나 변형이 없을 것
④ 압력탱크는 최대상용압력의 1.1배의 압력으로 10분간 실시하여 새거나 변형이 없을 것

> **해설**
>
> ■ **지하탱크저장소의 수압시험**
> ㉠ 압력탱크 : 최대상용압력의 1.5배의 압력으로 10분간 실시하여 새거나 변형이 없을 것
> ㉡ 압력탱크(최대상용압력이 46.7kPa 이상인 탱크) : 70kPa의 압력으로 10분간 실시하여 새거나 변형이 없을 것

24 제조소 내 액체위험물을 취급하는 옥외설비의 바닥둘레에 설치하여야 하는 턱의 높이는 얼마 이상이어야 하는가?

① 0.1m 이상   ② 0.15m 이상
③ 0.2m 이상   ④ 0.25m 이상

> **해설**
>
> ■ 제조소 내 액체위험물을 취급하는 옥외 설비의 바닥둘레에 설치하여야 하는 턱의 높이 : 0.15m 이상

25 제조소 등에서의 위험물 저장의 기준에 관한 설명 중 틀린 것은?

① 제3류 위험물 중 황린과 금수성물질은 동일한 저장소에서 저장하여도 된다.
② 옥내저장소에서 재해가 현저하게 증대할 우려가 있는 위험물을 다량 저장하는 경우에는 지정수량의 10배 이하마다 구분하여 상호간 0.3m 이상의 간격을 두어 저장하여야 한다.
③ 옥내저장소에서는 용기에 수납하여 저장하는 위험물의 온도가 55℃를 넘지 아니하도록 필요한 조치를 강구하여야 한다.
④ 컨테이너식 이동탱크저장소 외의 이동탱크저장소에 있어서는 위험물을 저장한 상태로 이동저장탱크를 옮겨 싣지 아니하여야 한다.

> **해설**
>
> ① 제3류 위험물 중 황린과 금수성물질은 동일한 저장소에서 저장할 수 없다.

정답 23. ② 24. ② 25. ①

26 다음은 옥내저장소의 저장창고와 옥내탱크저장소의 탱크전용실에 관한 설명이다. 위험물안전관리법령상의 내용과 상이한 것은?

① 제4류 위험물 제1석유류를 저장하는 옥내저장소에 있어서 하나의 저장창고의 바닥면적은 1,000m^2 이하로 설치하여야 한다.

② 제4류 위험물 제1석유류를 저장하는 옥내탱크저장소의 탱크전용실은 건축물의 1층 또는 지하층에 설치하여야 한다.

③ 다층건물 옥내저장소의 저장창고에서 연소의 우려가 있는 외벽은 출입구 외의 개구부를 갖지 아니하는 벽으로 하여야 한다.

④ 제3류 위험물인 황린을 단독으로 저장하는 옥내탱크저장소의 탱크전용실은 지하층에 설치할 수 있다.

> **해설**
>
> ■ 옥내저장소의 저장창고와 옥내탱크저장소의 탱크전용실에서 위험물안전관리법령상의 내용과 상이한 것
>
> 제4류 위험물 제1석유류를 저장하는 옥내탱크저장소의 탱크전용실은 건축물의 1층 또는 지하층에 설치하여야 한다.

27 벤조일퍼옥사이드(과산화벤조일)에 대한 설명으로 틀린 것은?

① 백색 또는 무색 결정성분말이다.

② 불활성용매 등의 희석제를 첨가하면 폭발성이 줄어든다.

③ 진한황산, 진한질산, 금속분 등과 혼합하면 분해를 일으켜 폭발한다.

④ 알코올에는 녹지 않고, 물에 잘 용해한다.

> **해설**
>
> ④ 알코올에는 약간 녹고, 물에 잘 녹지 않는다.

28 위험물안전관리법령상 IF$_5$의 지정수량은?

① 20kg

② 50kg

③ 200kg

④ 300kg

■ 제6류 위험물의 품명과 지정수량

성 질	위험등급	품 명	지정수량
산화성액체	I	1. 과염소산 2. 과산화수소 3. 질산	300kg
		4. 그 밖의 행정안전부령이 정하는 것 할로겐 간 화합물(BrF_3, IF_5 등) 5. 1~4에 해당하는 어느 하나 이상을 함유한 것	300kg

29 유량을 측정하는 계측기구가 아닌 것은?

① 오리피스미터

② 피에조미터

③ 로터미터

④ 벤투리미터

② 피에조미터 : 유체의 압력을 측정한다.

30 위험물암반탱크가 다음과 같은 조건일 때 탱크의 용량은 몇 L 인가?

- 암반탱크의 내용적 : 600,000L
- 1일간 탱크 내에 용출하는 지하수의 양 : 800L

① 594,400

② 594,000

③ 593,600

④ 592,000

■ **암반탱크의 공간용적**

㉠ 암반탱크에 있어서는 해당 탱크 내에 용출하는 7일간의 지하수의 양에 상당하는 용적과 해당 탱크의 내용적의 100분의 1의 용적중에서 보다 큰 용적을 공간 용적으로 한다.

㉡ 즉, 탱크용량=내용적−공간용적, 공간용적 : 800L×7일=5,600L,

   내용적의 $\frac{1}{100}$: 600,000L×0.01=6,000L, 이중 큰 값은 6,000L

   따라서 탱크용량=600,000−6,000L=594,000L

31 질산칼륨에 대한 설명으로 틀린 것은?

① 황화인, 질소와 혼합하면 흑색 화약이 된다.
② 에테르에 잘 녹지 않는다.
③ 물에 녹으므로 저장 시 수분과의 접촉에 주의한다.
④ 400℃로 가열하면 분해하여 산소를 방출한다.

해설

① 유황, 목탄분과 혼합하면 흑색 화약이 된다.

32 다음 중 옥내저장소에 위험물을 저장하는 제한높이가 가장 높은 경우는?

① 기계에 의하여 하역하는 구조로 된 용기만을 겹쳐 쌓는 경우
② 중유를 수납하는 용기만을 겹쳐 쌓는 경우
③ 아마인유를 수납하는 용기만을 겹쳐 쌓는 경우
④ 적린을 수납하는 용기만을 겹쳐 쌓는 경우

해설

■ 옥내저장소에 위험물을 저장하는 제한높이
㉠ 기계에 의하여 하역하는 구조로 된 용기만을 겹쳐쌓는 경우 : 6m
㉡ 제4류 위험물 중 제3석유류(중유), 제4석유류 및 동·식물유류(아마인유)를 수납하는 용기만을 겹쳐 쌓는 경우 : 4m
㉢ 기타(적린을 수납하는 용기) : 3m

33 방폭구조 결정을 위한 폭발위험장소를 옳게 분류한 것은?

① 0종 장소, 1종 장소
② 0종 장소, 1종 장소, 2종 장소
③ 1종 장소, 2종 장소, 3종 장소
④ 0종 장소, 1종 장소, 2종 장소, 3종 장소

해설

■ 폭발위험장소의 분류
㉠ 0종 장소
㉡ 1종 장소
㉢ 2종 장소

34 위험물안전관리법령상 알칼리금속과산화물에 적응성이 있는 소화설비는?

① 할로겐화합물소화설비 ② 탄산수소염류분말소화설비

③ 물분무소화설비 ④ 스프링클러소화설비

해설

소화설비의 구분			건축물·그 밖의 공작물	전기설비	제1류 위험물		제2류 위험물			제3류 위험물		제4류 위험물	제5류 위험물	제6류 위험물
					알칼리금속과산화물 등	그 밖의 것	철분·금속분·마그네슘 등	인화성고체	그 밖의 것	금수성물품	그 밖의 것			
옥내소화전 또는 옥외소화전설비			O			O		O	O		O		O	O
스프링클러설비			O			O		O	O		O	△	O	O
물분무 등 소화설비		물분무소화설비	O	O		O		O	O		O	O	O	O
		포소화설비	O			O		O	O		O	O	O	O
		불활성가스소화설비		O				O			O			
		할로겐화합물소화설비		O				O			O			
	분말 소화 설비	인산염류 등	O	O		O		O	O		O			O
		탄산수소염류 등		O	O		O	O		O		O		
		그 밖의 것			O		O			O				
대형·소형 수동식 소화기		봉상수(棒狀水)소화기	O			O		O	O		O		O	O
		무상수(霧狀水)소화기	O	O		O		O	O		O		O	O
		봉상강화액소화기	O			O		O	O		O		O	O
		무상강화액소화기	O	O		O		O	O		O	O	O	O
		포소화기	O			O		O	O		O	O	O	O
		이산화탄소소화기		O				O			O			△
		할로겐화합물소화기		O				O			O			
	분말 소화기	인산염류소화기	O	O		O		O	O		O			O
		탄산수소염류소화기		O	O		O	O		O		O		
		그 밖의 것			O		O			O				
기 타		물통 또는 수조	O			O		O	O		O		O	O
		건조사			O	O	O	O	O	O	O	O	O	O
		팽창질석 또는 팽창진주암			O	O	O	O	O	O	O	O	O	O

정답 34. ②

35 위험물안전관리법령상 위험물제조소 등에 자동화재탐지설비를 설치할 때 설치기준으로 틀린 것은?

① 하나의 경계구역의 면적은 600m² 이하로 할 것
② 광전식분리형감지기를 설치한 경우 경계구역의 한 변의 길이는 50m 이하로 할 것
③ 감지기는 지붕 또는 벽의 옥내에 면하는 부분에 유효하게 화재의 발생을 감지할 수 있도록 설치할 것
④ 비상전원을 설치할 것

> **해설**
>
> ■ **자동화재탐지설비의 설치기준**
> 하나의 경계구역의 면적은 600m² 이하로 하고, 그 한 변의 길이는 50m(광전식분리형감지기를 설치한 경우에는 100m) 이하로 한다.

36 분진폭발에 대한 설명으로 틀린 것은?

① 밀폐공간 내 분진운이 부유할 때 폭발위험성이 있다.
② 충격, 마찰도 착화에너지가 될 수 있다.
③ 2차, 3차 폭발의 발생 우려가 없으므로 1차, 폭발소화에 주력하여야 한다.
④ 산소의 농도가 증가하면 위험성이 증가할 수 있다.

> **해설**
>
> ③ 분진폭발은 1차, 2차 폭발로 나눈다. 그러므로 1차, 2차 폭발의 소화에 주력하여야 한다.

37 위험물안전관리법령상 적린, 황화인에 적응성이 없는 소화설비는?

① 옥외소화전설비
② 포소화설비
③ 불활성가스소화설비
④ 인산염류 등의 분말소화설비

> **해설**
>
> 제2류 위험물 그 밖의 것 : 적린, 황화인

정답 35. ② 36. ③ 37. ④

38 소형수동식소화기의 설치기준에 따라 방호대상물의 각 부분으로부터 하나의 소형수동식소화기까지의 보행거리가 20m 이하가 되도록 설치하여야 하는 제조소 등에 해당하는 것은? (단, 옥내소화전설비, 옥외소화전설비, 스프링클러설비, 물분무등소화설비 또는 대형수동식소화기와 함께 설치하지 않은 경우이다)

① 지하탱크저장소 ② 주유취급소
③ 판매취급소 ④ 옥내저장소

> **해설**
>
> - **옥내저장소** : 방호대상물의 각 부분으로부터 하나의 소형수동식소화기까지의 보행거리가 20m 이하가 되도록 설치하여야 하는 제조소 등

39 다음은 옥내저장소에 유별을 달리하는 위험물을 함께 저장·취급할 수 있는 경우를 나열한 것이다. 위험물안전관리법령상의 내용과 다른 것은?(단, 유별로 정리하고 서로 1m 이상 간격을 두는 경우이다)

① 과산화나트륨 – 유기과산화물 ② 염소산나트륨 – 황린
③ 디에틸에테르 – 고형알코올 ④ 무수크롬산 – 질산

> **해설**
>
> ① 제1류 위험물(알칼리금속의 과산화물 또는 이를 함유한 것은 제외)+제5류 위험물

40 소화약제의 종류에 관한 설명으로 틀린 것은?

① 제2종 분말소화약제는 B급, C급 화재에 적응성 있다.
② 제3종 분말소화약제는 A급, B급, C급 화재에 적응성 있다.
③ 이산화탄소소화약제의 주된 소화효과는 질식효과이며 B급, C급 화재에 주로 사용한다.
④ 합성계면활성제 포소화약제는 고팽창포로 사용하는 경우 사정거리가 길어 고압가스, 액화가스, 석유탱크 등의 대규모 화재에 사용한다.

> **해설**
>
> ④ 합성계면활성제 포소화약제는 고팽창포로 사용하는 경우 대형의 유류화재 뿐만 아니라 일반 건물화재의 소화에도 사용한다.

41 지정수량이 나머지 셋과 다른 위험물은?

① 브롬산칼륨
② 질산나트륨
③ 과염소산칼륨
④ 요오드산칼륨

해설

① 브롬산칼륨 : 300kg
② 질산나트륨 : 300kg
③ 과염소산칼륨 : 50kg
④ 요오드산칼륨 : 300kg

42 분무도장작업 등을 하기 위한 일반취급소를 안전거리 및 보유공지에 관한 규정을 적용하지 않고 건축물 내의 구획실 단위로 설치하는 데 필요한 요건으로 틀린 것은?

① 취급하는 위험물의 수량은 지정수량의 30배 미만일 것
② 건축물 중 일반취급소의 용도로 사용하는 부분은 벽·기둥·바닥·보 및 지붕(상층이 있는 경우에는 상층의 바닥)을 내화구조로 할 것
③ 도장, 인쇄 또는 도포를 위하여 제2류 또는 제4류 위험물(특수인화물은 제외)을 취급하는 것일 것
④ 건축물 중 일반취급소의 용도로 사용하는 부분의 출입구에는 갑종방화문 또는 을종방화문을 설치할 것

해설

④ 건축물 중 일반취급소의 용도로 사용하는 부분의 출입구에는 갑종방화문을 설치하되, 연소의 우려가 있는 외벽 및 해당 부분 외의 부분과의 격벽에 있는 출입구에는 수시로 열 수 있는 자동폐쇄식의 것으로 한다.

43 황화인에 대한 설명 중 틀린 것은?

① 삼황화인은 과산화물, 금속분 등과 접촉하면 발화의 위험성이 높아진다.
② 삼황화인이 연소하면 SO_2와 P_2O_5가 발생한다.
③ 오황화인이 물과 반응하면 황화수소가 발생한다.
④ 오황화인은 알칼리와 반응하여 이산화황과 인산이 된다.

해설

④ 오황화인은 알칼리에 분해하여 가연성가스인 황화수소와 인산이 된다.

정답 41. ③ 42. ④ 43. ④

44 다음 중 위험물안전관리법령상 "고인화점위험물"이란?

① 인화점이 섭씨 100도 이상인 제4류 위험물
② 인화점이 섭씨 130도 이상인 제4류 위험물
③ 인화점이 섭씨 100도 이상인 제4류 위험물 또는 제3류 위험물
④ 인화점이 섭씨 100도 이상인 위험물

해설

고인화점위험물이란 인화점이 섭씨 100도 이상인 제4류 위험물

45 칼륨을 저장하는 위험물 옥내저장소에 화재예방을 위한 조치가 아닌 것은?

① 작은 용기에 소분하여 저장한다.
② 석유 등의 보호액 속에 저장한다.
③ 화재 시에 다량의 물로 소화하도록 소화수조를 설치한다.
④ 용기의 파손이나 부식에 주의하고 안전점검을 철저히 한다.

해설

③ 화재 시 물로 소화하면 물과 격렬히 반응하여 발열하고 수소가스를 발생한다.

46 C_6H_6의 $C_6H_5CH_3$의 공통적인 특징으로 설명한 것으로 틀린 것은?

① 무색의 투명한 액체로서 냄새가 있다.
② 물에는 잘 녹지 않으나 에테르에는 잘 녹는다.
③ 증기는 마취성과 독성이 있다.
④ 겨울에 대기 중의 찬 곳에서 고체가 된다.

해설

④ 벤젠은 융점이 6℃, 톨루엔은 융점이 −95℃이므로 벤젠은 대기 중의 찬 곳에서 고체가 되지만 톨루엔은 고체가 되지 않는다.

47 알코올류의 성상, 위험성, 저장 및 취급에 대한 설명으로 틀린 것은?

① 농도가 높아질수록 인화점이 낮아져 위험성이 증대된다.
② 알칼리금속과 반응하면 인화성이 강한 수소를 발생한다.
③ 위험물안전관리법령상 1분자를 구성하는 탄소원자의 수가 1개 내지 3개의 포화1가 알코올의 함유량이 60부피% 미만인 수용액은 알코올류에서 제외한다.

정답 44. ① 45. ③ 46. ④ 47. ③

④ 위험물안전관리법령상 "알코올류"라 함은 1분자를 구성하는 탄소원자의 수가 1개부터 3개까지인 포화1가 알코올(변성알코올을 포함한다)을 말한다.

> **해설**
>
> ③ 위험물안전관리법령상 1분자를 구성하는 탄소원자의 수가 1개 내지 3개의 포화1가 알코올의 함유량이 60 중량% 미만인 수용액은 알코올류에서 제외한다.

48 다음 위험물 중에서 물과 반응하여 가연성가스를 발생하지 않는 것은?

① 칼륨

② 황린

③ 나트륨

④ 알킬 리튬

> **해설**
>
> ① $2K + 2H_2O \rightarrow 2KOH + H_2$
>
> ② 황린은 물속에 넣어 보관한다.
>
> ③ $2Na + 2H_2O \rightarrow 2NaOH + H_2$
>
> ④ $2Li + 2H_2O \rightarrow 2LiOH + H_2$

49 아세톤에 대한 설명으로 틀린 것은?

① 보관 중 분해하여 청색으로 변한다.

② 요오드포름 반응을 일으킨다.

③ 아세틸렌의 저장에 이용된다.

④ 연소범위는 약 2.6~12.8%이다.

> **해설**
>
> ① 보관 중 황색으로 변질되며 백광을 쪼이면 분해한다.

50 위험물안전관리법령상 경보설비의 설치 대상에 해당하지 않는 것은?

① 지정수량의 5배를 저장 또는 취급하는 판매취급소

② 옥내주유취급소

③ 연면적 $500m^2$인 제조소

④ 처마높이가 6m인 단층건물의 옥내저장소

> **해설**
>
> ① 지정수량의 10배 이상을 저장 또는 취급하는 판매취급소

정답 48. ② 49. ① 50. ①

51 위험물이동탱크저장소에 설치하는 자동차용 소화기의 설치기준으로 틀린 것은?

① 무상의 강화액 8L 이상(2개 이상)

② 이산화탄소 3.2kg 이상(2개 이상)

③ 소화분말 2.2kg 이상(2개 이상)

④ CF_2ClBr 2L 이상(2개 이상)

> **해설**

이동탱크저장소에 설치하는 자동차용 소화기의 설치기준

이동탱크 저장소	자동차용 소화기	무상의 강화액 8L 이상	2개 이상
		이산화탄소 3.2킬로그램 이상	
		일브롬일염화이플루오르메탄(CF_2ClBr) 2L 이상	
		일브롬화삼플루오르메탄(CF_3Br) 2L 이상	
		이브롬화사플루화메탄($C_2F_4Br_2$) 1L 이상	
		소화분말 3.5 킬로그램 이상	
	마른모래 및 팽창질석 또는 팽창진주암	마른모래 150L 이상	
		팽창질석 또는 팽창진주암 640L 이상	

52 어떤 작업을 수행하는 데 작업소요시간이 빠른 경우 5시간, 보통이면 8시간, 늦으면 12시간 걸린다고 예측되었다면 3점견적법에 의한 기대 시간치와 분산을 계산하면 약 얼마인가?

① $te = 8.0$, $a^2 = 1.17$

② $te = 8.2$, $a^2 = 1.36$

③ $te = 8.3$, $a^2 = 1.17$

④ $te = 8.3$, $a^2 = 1.36$

> **해설**

■ **3점 견적**

소요시간을 낙관값, 최가능값, 비관값의 3점으로 견적하고 그 분포를 확정하여 기댓값을 구한다.

• 기대시간(te) $= \dfrac{T_o + T_m + T_p}{6}$, 분산($\sigma_2$) $= \dfrac{t_e}{6}$

  [T_p : 비관값, T_m : 최가능값, T_o : 낙관값]

• 기대시간(te) $= \dfrac{5 + (4 \times 8) + 12}{6} = 8.1666 ≒ 8.2$,

• 분산(σ_2) $= \dfrac{8.2}{6} = 1.36$

53 위험물을 장거리운송 시에는 2명 이상의 운전자가 필요하다. 이 경우 장거리에 해당하는 것은?

① 자동차 전용도로 – 80km 이상　　② 지방도 – 100km 이상
③ 일반국도 – 150km 이상　　　　　④ 고속국도 – 340km 이상

> **해설**

위험물운송자는 장거리(고속국도에 있어서는 340km 이상, 그 밖의 도로에 있어서는 200km 이상을 말함)에 걸친 운송을 하는 때에는 2명 이상이 운전자로 한다.

54 메탄 75vol%, 프로판 25vol%인 혼합기체의 연소하한계는 약 몇 vol%인가?(단, 연소범위는 메탄 5~15vol%, 프로판 2.1~9.5vol%이다)

① 2.72　　　　　　　　　　　② 3.72
③ 4.63　　　　　　　　　　　④ 5.63

> **해설**

$$\frac{100}{L} = \frac{V_1}{L_1} + \frac{V_2}{L_2}, \quad \frac{100}{L} = \frac{75}{5} + \frac{25}{2.1}, \quad L = \frac{100}{26.9}$$
$$\therefore \ L = 3.72\text{vol}\%$$

55 제2류 위험물의 화재 시 소화방법으로 틀린 것은?

① 유황은 다량의 물로 냉각소화가 적당하다.
② 알루미늄분은 건조사로 질식소화가 효과적이다.
③ 마그네슘은 이산화탄소에 의한 소화가 가능하다.
④ 인화성고체는 이산화탄소에 의한 소화가 가능하다.

> **해설**

34번 해설 참조

56 정규분포에 관한 설명 중 틀린 것은?

① 일반적으로 평균치가 중앙값보다 크다.
② 평균을 중심으로 좌우대칭의 분포이다.
③ 대체로 표준편차가 클수록 산포가 나쁘다고 본다.
④ 평균치가 0이고 표준편차가 1인 정규분포를 표준정규분포라 한다.

정답　53. ④　54. ②　55. ③　56. ①

해설

① 일반적으로 평균치가 중앙값보다 작다.

57 일반적으로 품질코스트 가운데 가장 큰 비율을 차지하는 것은?

① 평가코스트　　　　　　　　　　② 실패코스트
③ 예방코스트　　　　　　　　　　④ 검사코스트

해설

품질코스트 가운데 가장 큰 비율을 차지하는 코스트는 실패코스트이다.

58 계량값 관리도에 해당되는 것은?

① c 관리도　　　　　　　　　　② u 관리도
③ R 관리도　　　　　　　　　　④ np 관리도

해설

■ 관리도의 종류

계량형 관리도	• $\bar{x} - R$ 관리도($\bar{x}$ 관리도, R 관리도) : 보편적으로 사용 • $\bar{x} - S$ 관리도 • x 관리도 • $Me - R$ 관리도 • $L - S$ 관리도
계수형 관리도	• np 관리도(부적합품수 관리도) • p 관리도(부적합품률 관리도) • c 관리도(부적합수(결점수) 관리도) • u 관리도(단위당 부적합수(결점수) 관리도)
특수 관리도	• 부적합 관리도 • 이동평균 관리도 • 지수가중 이동평균 관리도 • 차이 관리도 • Z 변환 관리도

정답 57. ② 58. ③

59 작업측정의 목적 중 틀린 것은?

① 작업개선 ② 표준시간 설정
③ 과업관리 ④ 요소작업 분할

해설

■ **작업측정의 목적**
• 작업개선
• 표준시간 설정
• 과업관리

60 계수규준형 샘플링검사의 OC 곡선에서 좋은 로트를 합격시키는 확률을 뜻하는 것은? (단, α는 제1종 과오, β는 제2종 과오이다)

① α ② β
③ $1-\alpha$ ④ $1-\beta$

해설

① α : 제1종 과오(Error Type I) 참을 참이 아니라고(거짓이라고) 판정하는 과오
② β : 제2종 과오(Error Type II) 참이 아닌 거짓을 참이라고 판정하는 과오
③ $1-\alpha$: (신뢰율) 좋은 로트를 합격시키는 확률
④ $1-\beta$: (검출력) 거짓을 거짓이라고 판정하는 확률

정답 59. ④ 60. ③

2016년 제60회 출제문제(7월 10일 시행)

01 식용유화재 시 비누화(Saponification) 현상(반응)을 통해 소화할 수 있는 분말소화약제는?

① 제1종 분말소화약제　　　　　　　② 제2종 분말소화약제

③ 제3종 분말소화약제　　　　　　　④ 제4종 분말소화약제

> **해설**
>
> ■ **제1종 분말소화약제** : 식용유 화재 시 비누화 현상을 통해 소화할 수 있다.

02 에테르의 과산화물을 제거하는 시약으로 사용되는 것은?

① KI　　　　　　　　　　　　　　② $FeSO_4$

③ $NH_3(OH)$　　　　　　　　　　④ CH_3COCH_3

> **해설**
>
> ■ **에테르의 과산화물**
> • 성질 : 제5류 위험물(자기반응성물질)과 같은 위험성
> • 과산화물 검출시약 : 요오드화칼륨(KI, 옥화칼륨)용액 → 황색(과산화물 존재 시)
> • 과산화물 제거시약 : 황산제일철($FeSO_4$), 환원철 등
> • 과산화물 생성방지법 : 40메시(Mesh)의 Cu망을 넣는다.

03 인화성액체위험물(CS_2는 제외)을 저장하는 옥외탱크저장소에서 방유제의 용량에 대해 다음 ( ) 안에 알맞은 수치를 차례대로 나열한 것은?

> 방유제의 용량은 방유제 안에 설치된 탱크가 하나인 때에는 그 탱크용량의 ( )% 이상, 2기 이상인 때에는 그 탱크 중 용량이 최대인 것의 용량의 ( )% 이상으로 할 것. 이 경우 방유제의 용량은 당해 방유제의 내용적에서 용량이 최대인 탱크 외의 탱크의 방유제 높이 이하 부분의 용적, 당해 방유제 내에 있는 모든 탱크의 지반면 이상 부분의 기초의 체적, 간막이 둑의 체적 및 당해 방유제 내에 있는 배관 등의 채적을 뺀 것으로 한다.

① 50, 100   ② 100, 110

③ 110, 100   ④ 110, 110

해설

- **인화성액체위험물(CS_2는 제외)의 옥외탱크저장소의 탱크**
  - ㉠ 1기 이상 : 탱크용량의 110% 이상(인화성이 없는 액체위험물은 탱크용량의 110% 이상)
  - ㉡ 2기 이상 : 최대용량의 110% 이상(인화성이 없는 액체위험물은 탱크용량의 110% 이상)

04 위험물안전관리법령상 용기에 수납하는 위험물에 따라 운반용기 외부에 표시하여야 할 주의사항으로 옳지 않은 것은?

① 자연발화성물질 – 화기엄금 및 공기접촉엄금
② 인화성액체 – 화기엄금
③ 자기반응성물질 – 화기엄금 및 충격주의
④ 산화성액체 – 화기·충격주의 및 가연물접촉주의

해설

- **위험물운반용기의 주의사항**

위험물		주의사항	
제1류 위험물	알칼리금속의 과산화물	• 화기·충격주의 • 가연물접촉주의	• 물기엄금
	기 타	• 화기·충격주의	• 가연물접촉주의
제2류 위험물	철분·금속분·마그네슘	• 화기주의	• 물기엄금
	인화성고체	화기엄금	
	기 타	화기주의	
제3류 위험물	자연발화성물질	• 화기엄금	• 공기접촉엄금
	금수성물질	물기엄금	
제4류 위험물		화기엄금	
제5류 위험물		• 화기엄금	• 충격주의
제6류 위험물		가연물접촉주의	

05 금속칼륨 10g을 물에 녹였을 때 이론적으로 발생하는 기체는 약 몇 g인가?

① 0.12g   ② 0.26g

③ 0.32g   ④ 0.52g

$$2K + 2H_2O \rightarrow 2KOH + H_2 \uparrow$$

$2 \times 39g$ ⟍ ⟋ $2g$
$10g$ ⟋ ⟍ $x(g)$

$$x = \frac{10 \times 2}{2 \times 39}$$

$$x = 0.256g$$

06 위험물안전관리법령상 위험물을 적재할 때에 방수성덮개를 해야 하는 것은?

① 과산화나트륨 ② 염소산칼륨
③ 제5류 위험물 ④ 과산화수소

해설

■ 방수성 있는 피복조치

유 별	적용대상
제1류 위험물	알칼리금속의 과산화물
제2류 위험물	철 분 금속분 마그네슘
제3류 위험물	금수성물질

07 위험물안전관리법령상 위험물의 운반에 관한 기준에서 운반용기의 재질로 명시되지 않은 것은?

① 섬유판 ② 도자기
③ 고무류 ④ 종이

해설

■ 위험물운반용기의 재질
강판, 알루미늄판, 양철판, 유리, 금속판, 종이, 플라스틱, 섬유판, 고무류, 합성섬유, 삼, 짚, 나무

08 위험물안전관리법령상 NH_2OH의 지정수량을 옳게 나타낸 것은?

① 10kg ② 50kg
③ 100kg ④ 200kg

해설

■ 제5류 위험물의 품명과 지정수량

성 질	위험등급	품 명	지정수량
자기반응성물질	I	1. 유기과산화물 2. 질산에스테르류	10kg 10kg
	II	3. 니트로 화합물 4. 니트로소 화합물 5. 아조 화합물 6. 디아조 화합물 7. 히드라진유도체 8. 히드록실아민 9. 히드록실아민염류 10. 그 밖에 행정안전부령이 정하는 것 　① 금속의 아지드 화합물 　② 질산구아니딘	200kg 200kg 200kg 200kg 200kg 100kg 100kg 200kg
	I ~ II	11. 1~10에 해당하는 어느 하나 이상을 함유한 것	10kg, 100kg 또는 200kg

09 유별을 달리하는 위험물의 혼재기준에서 1개 이하의 다른 유별의 위험물과만 혼재가 가능한 것은? (단, 지정수량의 $\frac{1}{10}$ 을 초과하는 경우이다)

① 제2류　　　　　　　　　　　② 제3류
③ 제4류　　　　　　　　　　　④ 제5류

해설

■ 유별을 달리하는 위험물의 혼재기준

위험물의 구분	제1류	제2류	제3류	제4류	제5류	제6류
제1류		×	×	×	×	○
제2류	×		×	○	○	×
제3류	×	×		○	×	×
제4류	×	○	○		○	×
제5류	×	○	×	○		×
제6류	○	×	×	×	×	

10 위험물안전관리법령상 옥내저장소의 저장창고 바닥면적을 1,000m² 이하로 하여야 하는 위험물이 아닌 것은?

① 아염소산염류 ② 나트륨
③ 금속분 ④ 과산화수소

> **해설**

■ **옥내저장소의 저장창고 바닥면적**

① 바닥면적 1,000m² 이하로 하는 위험물
   ㉠ 제1류 위험물 중 아염소산염류, 염소산염류, 과염소산염류, 무기과산화물, 지정수량이 50kg인 위험물
   ㉡ 제3류 위험물 중 칼륨, 나트륨, 알킬알루미늄, 알킬리튬, 황린, 지정수량이 10kg인 위험물
   ㉢ 제4류 위험물 중 특수인화물, 제1석유류, 알코올류
   ㉣ 제5류 위험물 중 유기과산화물, 질산에스테르류, 지정수량이 10kg인 위험물
   ㉤ 제6류 위험물
② 바닥면적 2,000m² 이하로 하여야 하는 위험물 : ① 이외의 위험물(제2류 위험물의 금속분)

11 위위험물안전관리법령상 벤조일퍼옥사이드의 화재에 적응성 있는 소화설비는?

① 분말소화설비 ② 불활성가스소화설비
③ 할로겐화합물소화설비 ④ 포소화설비

> **해설**

■ **소화설비의 적응성**

소화설비의 구분		건축물·그 밖의 공작물	전기설비	알칼리금속과산화물 등 (제1류)	그 밖의 것 (제1류)	철분·금속분·마그네 (제2류)	인화성고체 (제2류)	그 밖의 것 (제2류)	금수성물품 (제3류)	그 밖의 것 (제3류)	제4류 위험물	제5류 위험물	제6류 위험물
옥내소화전 또는 옥외소화전설비		○			○		○	○		○		○	○
스프링클러설비		○			○		○	○		○	△	○	○
물분무등소화설비	물분무소화설비	○	○		○		○	○		○	○	○	○
	포소화설비	○			○		○	○		○	○	○	○
	불활성가스소화설비		○				○				○		
	할로겐화합물소화설비		○				○				○		
	분말소화설비 인산염류 등	○	○		○		○	○			○		○
	탄산수소염류 등		○	○		○	○		○		○		
	그 밖의 것			○		○			○				

소화설비의 구분		대상물 구분											
		건축물·그 밖의 공작물	전기설비	제1류 위험물		제2류 위험물			제3류 위험물		제4류 위험물	제5류 위험물	제6류 위험물
				알칼리금속과산화물 등	그 밖의 것	철분·금속분·마그네슘 등	인화성고체	그 밖의 것	금수성물품	그 밖의 것			
대형·소형 수동식 소화기	봉상수(棒狀水)소화기	O			O		O	O		O		O	O
	무상수(霧狀水)소화기	O	O		O		O	O		O		O	O
	봉상강화액소화기	O			O		O	O		O		O	O
	무상강화액소화기	O	O		O		O	O		O	O	O	O
	포소화기	O			O		O	O		O	O	O	O
	이산화탄소소화기		O				O				O		△
	할로겐화합물소화기		O				O				O		
분말 소화기	인산염류소화기	O	O		O		O	O			O		O
	탄산수소염류소화기		O	O		O			O		O		
	그 밖의 것			O		O			O				
기 타	물통 또는 수조	O			O		O	O		O		O	O
	건조사			O	O	O	O	O	O	O	O	O	O
	팽창질석 또는 팽창진주암			O	O	O	O	O	O	O	O	O	O

"O" 표시는 당해 소방대상물 및 위험물에 대하여 소화설비가 적응성이 있음을 표시하고, "△" 표시는 제4류 위험물을 저장 또는 취급하는 장소의 살수기준면적에 따라 스프링클러설비의 살수밀도가 표에서 정하는 기준 이상인 경우에는 당해 스프링클러설비가 제4류 위험물에 대하여 적응성이 있음을, 제6류 위험물을 저장 또는 취급하는 장소로서 폭발의 위험이 없는 장소에 한하여 이산화탄소소화기가 제6류 위험물에 대하여 적응성이 있음을 각각 표시한다.

12 전기의 부도체이고 황산이나 화약을 만드는 원료로 사용되며, 연소하면 푸른색을 내는 것은?

① 유황
② 적린
③ 철분
④ 마그네슘

해설

$S + O_2 \rightarrow SO_2$(푸른색)

13 제3류 위험물에 대한 설명으로 옳지 않은 것은?

① 탄화알루미늄은 물과 반응하여 메탄가스를 발생한다.
② 칼륨은 물과 반응하여 발열반응을 일으키며 수소가스를 발생한다.
③ 황린이 공기 중에서 자연발화하여 오황화인이 발생된다.
④ 탄화칼슘이 물과 반응하여 발생하는 가스의 연소범위는 약 2.5~81%이다.

③ $4P + 5O_2 \rightarrow 2P_2O_5$

14 위험물안전관리법령상 위험물제조소 등에 설치하는 소화설비 중 옥내소화전설비에 관한 기준으로 틀린 것은?

① 옥내소화전의 배관은 소화전 설비의 성능에 지장을 주지 않는다면 전용으로 설치하지 않아도 되고 주배관 중 입상관은 직경이 50mm 이상이어야 한다.
② 설비의 비상전원은 자가발전설비 또는 축전지설비로 설치하되, 용량은 옥내소화전설비를 45분 이상 유효하게 작동시키는 것이 가능한 것이어야 한다.
③ 비상전원으로 사용하는 큐비클식 외의 자가발전설비는 자가발전장치의 주위에 0.6m 이상의 공지를 보유하여야 한다.
④ 비상전원으로 사용하는 축전지설비 중 큐비클식 외의 축전지 설비를 동일실에 2개 이상 설치하는 경우에는 상호간에 0.5m 이상 거리를 두어야 한다.

④ 비상전원으로 사용하는 축전지설비 중 큐비클식 외의 축전지설비를 동일실에 2개 이상 설치하는 경우에는 축전지설비의 상호간격을 0.6m(높이가 1.6m이상인 선반 등을 설치하는 경우에는 1m) 이상 거리를 두어야 한다.

15 위험물안전관리법령상 위험물의 저장·취급에 관한 공통기준에서 정한 내용으로 틀린 것은?

① 제조소 등에 있어서는 허가를 받았거나 신고한 수량 초과 또는 품명 외의 위험물을 저장·취급하지 말 것
② 위험물을 보호액 중에 보존하는 경우에는 당해 위험물이 보호액으로부터 노출되지 아니하도록 하여야 할 것
③ 위험물을 저장·취급하는 건축물은 위험물의 수량에 따라 차광 또는 환기를 할 것
④ 위험물을 용기에 수납하는 경우에는 용기의 파손, 부식, 틈 등이 생기지 않도록 할 것

해설

③ 위험물을 저장 또는 취급하는 건축물 그 밖의 공작물 또는 설비는 위험물의 성질에 따라 차광 또는 환기를 실시하여야 한다.

16 다음 중 위험물안전관리법령상 제2석유류가 아닌 것은?

① 가연성액체량이 40wt% 이하면서 인화점이 39℃, 연소점이 65℃인 도료
② 가연성액체량이 50wt% 이하면서 인화점이 39℃, 연소점이 65℃인 도료
③ 가연성액체량이 40wt% 이하면서 인화점이 40℃, 연소점이 65℃인 도료
④ 가연성액체량이 50wt% 이하면서 인화점이 40℃, 연소점이 65℃인 도료

해설

■ 제외 대상
㉠ 제2석유류 제외 : 도료류 그 밖의 물품에 있어서 가연성액체량이 40wt% 이하면서 인화점이 40℃ 이상인 동시에 연소점이 60℃ 이상인 것
㉡ 제3석유류 제외 : 도료류 그 밖의 물품에 있어서 가연성액체량이 40wt% 이하인 것
㉢ 제4석유류 제외 : 도료류 그 밖의 물품에 있어서 가연성액체량이 40wt% 이하인 것

17 탄화칼슘이 물과 반응하면 가연성가스가 발생한다. 이 때 발생한 가스를 촉매 하에서 물과 반응시켰을 때 생성되는 물질은?

① 디에틸에테르   ② 에틸아세테이트
③ 아세트알데히드   ④ 산화프로필렌

해설

㉠ $CaC_2 + 2H_2O \rightarrow Ca(OH)_2 + C_2H_2 \uparrow$
㉡ $C_2H_2 + H_2O \rightarrow CH_3CHO$

18 위험물의 운반기준에 대한 설명으로 틀린 것은?

① 위험물을 수납한 운반용기가 현저하게 마찰 또는 동요를 일으키지 아니하도록 운반하여야 한다.
② 지정수량 이상의 위험물을 차량으로 운반할 때에는 한 변의 길이가 0.3m 이상, 다른 한 변은 0.6m 이상인 직사각형 표지판을 설치하여야 한다.
③ 위험물의 운반도중 재난발생의 우려가 있는 경우에는 응급조치를 강구하는 동시에 가까운 소방관서 그 밖의 관계기관에 통보하여야 한다.
④ 지정수량 이하의 위험물을 차량으로 운반하는 경우 적응성이 있는 소형수동식소화기를 위험물의 소요단위에 상응하는 능력단위 이상으로 비치하여야 한다.

정답 16. ③ 17. ③ 18. ④

④ 지정수량 이상의 위험물을 차량으로 운반하는 경우 적응성이 있는 소형소화기를 위험물의 소요단위에 상응하는 능력단위 이상으로 비치하여야 한다.

19 수소화리튬에 대한 설명으로 틀린 것은?

① 물과 반응하여 가연성가스를 발생한다.
② 물보다 가볍다.
③ 대량의 저장용기 중에는 아르곤을 봉입한다.
④ 주수소화가 금지되어 있고 이산화탄소소화기가 적응성이 있다.

④ 주수엄금, 포소화엄금, 건조사 및 건조한 흙에 의해 질식소화한다. CO_2, 할로겐화합물소화약제(할론 1211, 할론 1301)는 적응하지 않으므로 사용을 금한다.

20 포름산(formic acid)에 대한 설명으로 틀린 것은?

① 화학식은 CH_3COOH이다.
② 비중은 약 1.2로 물보다 무겁다.
③ 개미산이라고도 한다.
④ 융점은 약 8.5℃이다.

① 화학식은 HCOOH이다.

21 위험물안전관리법령상 위험물제조소 등의 자동화재탐지설비의 설치기준으로 틀린 것은?

① 계단·경사로·승강기의 승강로 그 밖의 이와 유사한 장소에 연기감지기를 설치하는 경우에는 자동화재탐지설비의 경계구역이 2 이상의 층에 걸칠 수 있다.
② 하나의 경계구역의 면적은 $600m^2$(예외적인 경우에는 $1,000m^2$ 이하) 이하로 하고 광전식 분리형감지기를 설치하는 경우에는 한 변의 길이는 50m 이하로 하여야 한다.
③ 자동화재탐지설비의 감지기는 지붕 또는 벽의 옥내에 면한 부분에 유효하게 화재의 발생을 감지하도록 설치하여야 한다.
④ 자동화재탐지설비에는 비상전원을 설치하여야 한다.

해설

■ 자동화재탐지설비의 설치기준

㉠ 자동화재탐지설비의 경계구역(화재가 발생한 구역을 다른 구역과 구분하여 식별할 수 있는 최소단위의 구역을 말함)은 건축물 그 밖의 공작물의 2 이상의 층에 걸치지 아니하도록 할 것. 다만 하나의 경계구역의 면적이 500m² 이하이면서 당해 경계구역이 두 개 층에 걸치는 경우이거나 계단, 경사로 승강기의 승강로 그 밖에 이와 유사한 장소에 연기감지기를 설치하는 경우에는 그러하지 아니하다.

㉡ 하나의 경계구역의 면적은 600m² 이하로 하고 그 한 변의 길이는 50m(광전식분리형감지기를 설치할 경우에는 100mL) 이하로 할 것. 다만, 당해 건축물 그 밖의 공작물의 주요한 출입구에서 그 내부의 전체를 볼 수 있는 경우에 있어서는 그 면적을 1,000m² 이하로 할 수 있다.

㉢ 자동화재탐지설비 감지기는 지붕(상층이 있는 경우에는 상층의 바다) 또는 벽의 옥내에 면한 부분(천장이 있는 경우에는 천장 또는 벽의 옥내에 면한 부분 및 천장의 뒷부분)에 유효하게 화재의 발생을 감시할 수 있도록 설치할 것

㉣ 자동화재탐지설비에는 비상전원을 설치할 것

22 위험물안전관리법령상 옥내저장소에 6개의 옥외소화전을 설치할 때 필요한 수원의 수량은?

① 28m³ 이상
② 39m³ 이상
③ 54m³ 이상
④ 81m³ 이상

해설

$Q(\mathrm{m}^3) = N \times 13.5 = 54\mathrm{m}^3$
여기서, Q : 수원의 양
N : 옥외소화전설비 설치개수(설치개수가 4개 이상인 경우는 4개의 옥외소화전)

23 다음 중 위험물안전관리법령상 압력탱크가 아닌 저장탱크에 위험물을 저장할 때 유지하여야 하는 온도의 기준이 가장 낮은 경우는?

① 디에틸에테르를 옥외저장탱크에 저장하는 경우
② 산화프로필렌을 옥내저장탱크에 저장하는 경우
③ 산화프로필렌을 지하저장탱크에 저장하는 경우
④ 아세트알데히드를 지하저장탱크에 저장하는 경우

해설

■ 저장온도

㉠ 옥외저장탱크, 옥내저장탱크, 지하 저장탱크 중 압력탱크 외의 탱크에 저장하는 경우
• 디에틸에테르, 아세트알데히드, 산화프로필렌 : 30℃ 이하
• 아세트알데히드 : 15℃ 이하

㉡ 옥외저장탱크, 옥내저장탱크, 지하 저장탱크 중 압력탱크에 저장하는 경우
• 디에틸에테르, 아세트알데히드 : 40℃ 이하

정답 22. ③   23. ④

24 백색 또는 담황색 고체로 수산화칼륨용액과 반응하여 포스핀가스를 생성하는 것은?

① 황린
② 트리메틸알루미늄
③ 적린
④ 유황

해설

황린은 수산화칼륨용액 등 강알칼리용액과 반응하여 가연성, 유독성의 포스핀가스를 발생한다.
$P_4 + 3KOH + 3H_2O \rightarrow PH_3 \uparrow + 3KH_2PO_2$

25 위험물안전관리법령상 옥외탱크저장소에 설치하는 높이가 1m를 넘는 방유제 및 간막이 둑의 안팎에 설치하는 계단 또는 경사로는 약 몇 m마다 설치하여야 하는가?

① 20m
② 30m
③ 40m
④ 50m

해설

옥외탱크저장소에 설치하는 높이가 1m를 넘는 방유제 및 간막이 둑의 안팎에는 방유제 내에 출입하기 위한 계단 또는 경사로를 약 50m마다 설치한다.

26 제4류 위험물 중 제1석유류의 일반적인 특성이 아닌 것은?

① 증기의 연소 하한값이 비교적 낮다.
② 대부분 비중이 물보다 작다.
③ 다른 석유류보다 화재 시 보일오버나 슬롭오버 현상이 일어나기 쉽다.
④ 대부분 증기밀도가 공기보다 크다.

해설

③ 제3석유류나 제4석유류는 보일오버나 슬톱오버 현상이 일어나기 쉽다.

27 메탄의 확산속도는 28m/s이고, 같은 조건에서 기체 A의 확산속도는 14m/s이다. 기체 A의 분자량은 얼마인가?

① 8
② 32
③ 64
④ 128

해설

■ 그레이엄의 확산속도법칙

$$\frac{u_B}{u_A} = \sqrt{\frac{M_A}{M_B}} , \quad \frac{28}{14} = \sqrt{\frac{M_A}{16}}$$

$$\therefore \ M_A = 64$$

28 0℃, 0.5기압에서 질산 1mol은 몇 g인가?

① 31.5g

② 63g

③ 126g

④ 252g

해설

$HNO_3 = 63g$

29 위험물제조소 등의 완공검사의 신청시기에 대한 설명으로 옳은 것은?

① 이동탱크저장소는 이동저장탱크의 제작 전에 신청한다.

② 이송취급소에서 지하에 매설하는 이송배관공사의 경우는 전체의 이송배관공사를 완료한 후에 신청한다.

③ 지하탱크가 있는 제조소 등은 당해 지하탱크를 매설한 후에 신청한다.

④ 이송취급소에서 하천에 매설하는 이송배관의 공사의 경우에는 이송배관을 매설하기 전에 신청한다.

해설

■ 제조소 등의 완공검사 신청 시기

㉠ 지하탱크가 있는 제조소 등은 당해 지하탱크를 매설하기 전에

㉡ 이동탱크저장소는 이동저장탱크를 완공하고 상치장소를 확보한 후에

㉢ 이송취급소는 이송배관공사의 전체 또는 일부를 완료한 후 다만 지하, 하천 등에 매설하는 이송배관의 공사의 경우에는 이송배관을 매설하기 전

㉣ 전체 공사가 완료된 후에는 완공검사를 실시하기 곤란한 경우

• 위험물설비 또는 배관의 설치가 완료되어 기밀시험 또는 내압시험을 실시하는 시기

• 배관을 지하에 설치하는 경우에는 시·도지사 소방서장 또는 공사가 지정하는 부분을 매몰하기 직전

• 공사가 지정하는 부분의 비파괴 시험을 실시하는 시기

30 위험물제조소 옥외에 있는 위험물 취급탱크용량이 100,000L인 곳의 방유제 용량은 몇 L 이상이어야 하는가?

① 50,000
② 90,000
③ 100,000
④ 110,000

해설

- 위험물제조소 옥외에 있는 위험물 취급탱크(용량이 지정수량의 1/5 미만인 것은 제외)
  ㉠ 1개의 탱크 : 방유제 용량＝탱크용량×0.5(50,000L＝100,000L×0.5)
  ㉡ 2개 이상의 탱크 : 방유제 용량＝최대탱크용량×0.5+기타 탱크용량의 합×0.1

31 위험성 평가기법을 정량적 평가기법과 정성적 평가기법으로 구분할 때 다음 중 그 성격이 다른 하나는?

① HAZOP
② FTA
③ ETA
④ CCA

해설

- **위험성 평가기법**
  ㉠ 정량적 평가기법 : 결함수분석(FTA), 사건수분석(ETA), 원인-결과분석(CCA)
  ㉡ 정성적 평가기법 : 위험과 운전분석(HAZOP), 체크리스트(Check List), 안전성검토(Safety Review), 작업자 실수분석(HEA), 예비위험분석(PHA), 이상위험도분석(FMECA), 상대위험순위결정(Dow and MondIndices)

32 위험물안전관리법령상 제5류 위험물에 속하지 않는 것은?

① $C_3H_5(ONO_2)_3$
② $C_6H_2(NO_2)_3OH$
③ CH_3COOOH
④ $C_3Cl_3N_3O_3$

해설

- **위험물안전관리법령상 위험물의 분류**

종 류	$C_3H_5(ONO_2)_3$	$C_6H_2(NO_2)_3OH$	CH_3COOOH	$C_3Cl_3N_3O_3$
명 칭	니트로글리세린	피크리산	과초산	트리클로로이소시아눌산
유 별	제5류 위험물 질산에스테르류	제5류 위험물 니트로화합물	제5류 위험물 유기과산화물류	제1류 위험물 염소화이소시아눌산 (그 밖에 행정안전부령이 정하는 것)

33 위험물안전관리법령상 소방공무원 경력자가 취급할 수 있는 위험물은?

① 법령에서 정한 모든 위험물
② 제4류 위험물을 제외한 모든 위험물
③ 제4류 위험물과 제6류 위험물
④ 제4류 위험물

> **해설**

■ **소방공무원 경력자**
㉠ 소방공무원 경력 3년 이상 : 제4류 위험물만을 취급하는 제조소 등의 위험물안전관리자 또는 2급 소방안
  전관리 대상물에 선임가능
㉡ 소방공무원 경력 5년 이상 : 소방시설관리사 시험에 응시가능
㉢ 소방공무원 경력 7년 이상 : 1급 소방안전관리 대상물에 선임가능
㉣ 소방공무원 경력 20년 이상 : 특급 소방안전관리 대상물에 선임가능

34 다음 중 크산토프로테인 반응을 하는 물질은?

① H_2O_2
② HNO_3
③ $HClO_4$
④ $NH_4H_2PO_4$

> **해설**

■ **크산토프로테인(xanthoprotein) 반응(단백질 검출)**

$$단백질\ 용액 \xrightarrow[가열]{HNO_3} 노란색$$

35 트리에틸알루미늄이 물과 반응하였을 때 생성되는 물질은?

① $Al(OH)_3$, C_2H_2
② $Al(OH)_3$, C_2H_6
③ Al_2O_3, C_2H_2
④ Al_2O_3, C_2H_6

> **해설**

트리에틸알루미늄이 물과 접촉하면 폭발적으로 반응하여 에탄을 생성하고 이때 발열, 폭발에 이른다.
$(C_2H_5)_3Al + 3H_2O \rightarrow Al(OH)_3 + 3C_2H_6 \uparrow +발열$

정답 33. ④ 34. ② 35. ②

36 다음 중 제2류 위험물의 일반적인 성질로 가장 거리가 먼 것은?

① 연소 시 유독성가스를 발생한다.
② 연소속도가 빠르다.
③ 불이 붙기 쉬운 가연성물질이다.
④ 산소를 함유하고 있지 않은 강한 산화성물질이다.

> **해설**
>
> ④ 인화성고체를 제외하고는 강력한 환원제로서 산소와 결합이 용이하며, 산화되기 쉽고 저농도의 산소에서도 결합한다.

37 제조소에서 위험물을 취급하는 건축물 그 밖의 시설의 주위에는 그 취급하는 위험물의 최대수량에 따라 보유해야 할 공지가 필요하다. 취급하는 위험물이 지정수량의 10배인 경우 공지의 너비는 몇 미터 이상으로 해야 하는가?

① 3m   ② 4m
③ 5m   ④ 10m

> **해설**
>
> ㉠ 보유공지 : 위험물을 취급하는 건축물, 그 밖의 시설의 주위에 마련해 놓은 안전을 위한 빈 터
> ㉡ 보유공지 너비

위험물의 최대수량	공지 너비
지정수량 10배 이하	3m 이상
지정수량 10배 초과	5m 이상

38 위험물안전관리법령상 주유취급소의 주유원 간이대기실의 기준으로 적합하지 않은 것은?

① 불연재료로 할 것
② 바퀴가 부착되지 아니한 고정식일 것
③ 차량의 출입 및 주유작업에 장애를 주지 아니하는 위치에 설치할 것
④ 주유공지 및 급유공지 외의 장소에 설치하는 것은 바닥면적이 $2.5m^2$ 이하일 것

> **해설**
>
> ④ 바닥면적이 $2.5m^2$ 이하일 것. 다만 주유공지 및 급유공지 외의 장소에 설치하는 것은 그러하지 아니하다.

39 고분자중합제품, 합성고무, 포장재 등에 사용되는 제2석유류로서 가열, 햇빛, 유기과산화물에 의해 쉽게 중합 반응하여 점도가 높아져 수지상으로 변화하는 것은?

① 하이드라진
② 스티렌
③ 아세트산
④ 모노부틸아민

해설

스티렌(styrene, $C_6H_5CH=CH_2$)의 설명이다.

40 모두 액체인 위험물로만 나열된 것은?

① 제3석유류, 특수인화물, 과염소산염류, 과염소산
② 과염소산, 과요오드산, 질산, 과산화수소
③ 동·식물유류, 과산화수소, 과염소산, 질산
④ 염소화이소시아눌산, 특수인화물, 과염소산, 질산

해설

■ 위험물의 상태

명 칭	상 태	명 칭	상 태
제3석유류	액 체	특수인화물	액 체
과염소산염류	고 체	과염소산	액 체
과요오드산	고 체	질 산	액 체
과산화수소	액 체	동·식물유류	액 체
염소화이소시아눌산	고 체		

41 다음 정전기에 대한 설명 중 가장 옳은 것은?

① 전기저항이 낮은 액체가 유동하면 정전기를 발생하며 그 정도는 그 액체의 고유저항이 작을수록 대전하기 쉬워 정전기 발생의 위험성이 높다.
② 전기저항이 높은 액체가 유동하면 정전기를 발생하며 그 정도는 그 액체의 고유저항이 작을수록 대전하기 쉬워 정전기 발생의 위험성이 높다.
③ 전기저항이 낮은 액체가 유동하면 정전기를 발생하며 그 정도는 그 액체의 고유저항이 클수록 대전하기 쉬워 정전기 발생의 위험성이 낮다.
④ 전기저항이 높은 액체가 유동하면 정전기를 발생하며 그 정도는 그 액체의 고유저항이 클수록 대전하기 쉬워 정전기 발생의 위험성이 높다.

정답 39. ② 40. ③ 41. ④

42 다음 중 세기성질(Intensive Pproperty)이 아닌 것은?

① 녹는점   ② 밀도
③ 인화점   ④ 부피

43 위험물안전관리법령상 보일러 등으로 위험물을 소비하는 일반취급소를 건축물의 다른 부분과 구획하지 않고 설비단위로 설치하는 데 필요한 특례요건이 아닌 것은?(단, 건축물의 옥상에 설치하는 경우는 제외한다)

① 위험물을 취급하는 설비의 주위에 원칙적으로 너비 3m 이상의 공지를 보유할 것
② 일반취급소에서 취급하는 위험물의 최대수량은 지정수량의 10배 미만일 것
③ 보일러, 버너 그 밖에 이와 유사한 장치로 인화점 70℃ 이상의 제4류 위험물을 소비하는 취급일 것
④ 일반취급소의 용도로 사용하는 부분의 바닥(설비의 주위에 있는 공지를 포함)에는 집유설비를 설치하고 바닥의 주위에 배수구를 설치할 것

44 요오드포름 반응이 일어나는 물질과 반응 시 색상을 옳게 나타낸 것은?

① 메탄올, 적색   ② 에탄올, 적색
③ 메탄올, 노란색   ④ 에탄올, 노란색

정답 42. ④   43. ③   44. ④

45 과염소산, 질산, 과산화수소의 공통점이 아닌 것은?

① 다른 물질을 산화시킨다.　　　② 강산에 속한다.
③ 산소를 함유한다.　　　　　　 ④ 불연성물질이다.

> **해설**
>
> ② 과산화수소를 제외하고 강산성물질이다.

46 위험물안전관리법령상 차량에 적재하여 운반 시 차광 또는 방수덮개를 하지 않아도 되는 위험물은?

① 질산암모늄　　　　　　　　　② 적린
③ 황린　　　　　　　　　　　　 ④ 이황화탄소

> **해설**
>
> ■ 방수성 있는 피복조치
>
> | 유별 | 적용대상 |
> |---|---|
> | 제1류 위험물 | 알칼리금속의 과산화물 |
> | 제2류 위험물 | 철분
금속분
마그네슘 |
> | 제3류 위험물 | 금수성물질 |

47 위험물안전관리법령상 인화성고체는 1기압에서 인화점이 섭씨 몇 도인 고체를 말하는가?

① 20℃ 미만　　　　　　　　　② 30℃ 미만
③ 40℃ 미만　　　　　　　　　④ 50℃ 미만

> **해설**
>
> 인화성고체란 고형알코올 그 밖에 1기압에서 인화점이 40℃ 미만인 고체

48 트리클로로실란(Trichlorosilane)의 위험성에 대한 설명으로 옳지 않은 것은?

① 산화성물질과 접촉하면 폭발적으로 반응한다.
② 물과 심하게 반응하여 부식성의 염산을 생성한다.
③ 연소범위가 넓고 인화점이 낮아 위험성이 높다.
④ 증기비중이 공기보다 작으므로 높은 곳에 체류해 폭발가능성이 높다.

정답 45. ②　46. ②　47. ③　48. ④

④ 증기비중이 공기보다 크므로 낮은 곳에 체류해 폭발가능성이 높다.

예 트리클로로실란(HSiCl₃)분자량 : 135.5, $\dfrac{135.5}{29} = 4.67$

49 위험물안전관리법령상 주유취급소에 캐노피를 설치하려고 할 때의 기준에 해당하지 않는 것은?

① 배관이 캐노피 내부를 통과할 경우에는 1개 이상의 점검구를 설치할 것
② 캐노피 외부의 점검이 곤란한 장소에 배관을 설치하는 경우에는 용접이음으로 할 것
③ 캐노피의 면적은 주유취급 바닥면적의 2분의 1 이하로 할 것
④ 캐노피 외부의 배관이 일광열의 영향을 받을 우려가 있는 경우에는 단열재로 피복할 것

해설

■ **주유취급소 캐노피 설치기준**
㉠ 배관이 캐노피 내부를 통과할 경우에는 1개 이상의 점검구를 설치할 것
㉡ 캐노피 외부의 점검이 곤란한 장소에는 용접이음으로 할 것
㉢ 캐노피 외부의 배관이 일광열의 영향을 받을 우려가 있는 경우에는 단열재로 피복할 것

50 위험물안전관리법령상 아세트알데히드 이동탱크저장소의 경우 이동저장탱크로부터 아세트알데히드를 꺼낼 때는 동시에 얼마 이하의 압력으로 불활성기체를 봉입하여야 하는가?

① 20kPa
② 24kPa
③ 100kPa
④ 200kPa

해설

■ **이동저장탱크에 불활성기체 봉입장치기준**
㉠ 알킬알루미늄 등을 저장하는 경우 : 20kPa 이하의 압력
㉡ 알킬알루미늄 등을 꺼낼 때 : 200kPa 이하의 압력
㉢ 아세트알데히드 등을 꺼낼 때 : 100kPa 이하의 압력

51 BaO_2에 대한 설명으로 옳지 않은 것은?

① 알칼리토금속의 과산화물 중 가장 불안정하다.
② 가열하면 산소를 분해 방출한다.
③ 환원제, 섬유와 혼합하면 발화의 위험이 있다.
④ 지정수량이 50kg이고 묽은 산에 녹는다.

해설

① 알칼리토금속의 과산화물 중 가장 안정한 물질이다.

정답 49. ③ 50. ③ 51. ①

52 위험물안전관리법령상 제3류 위험물의 종류에 따라 위험물을 수납한 용기에 부착하는 주의 사항의 내용에 해당 하지 않는 것은?

① 충격주의

② 화기엄금

③ 공기접촉엄금

④ 물기엄금

 해설

■ 위험물운반용기의 주의사항

위험물		주의사항	
제1류 위험물	알칼리금속의 과산화물	• 화기·충격주의 • 가연물접촉주의	• 물기엄금
	기 타	• 화기·충격주의	• 가연물접촉주의
제2류 위험물	철분·금속분·마그네슘	• 화기주의	• 물기엄금
	인화성고체	화기엄금	
	기 타	화기주의	
제3류 위험물	자연발화성물질	• 화기엄금	• 공기접촉엄금
	금수성물질	물기엄금	
제4류 위험물		화기엄금	
제5류 위험물		• 화기엄금	• 충격주의
제6류 위험물		가연물접촉주의	

53 프로판-공기의 혼합기체가 양론비로 반응하여 완전연소 된다고 할 때 혼합기체 중 프로판의 비율은 약 몇 vol%인가?(단, 공기 중 산소는 21vol%이다)

① 23.8

② 16.7

③ 4.03

④ 3.12

해설

$C_3H_8 + 5O_2 \rightarrow 3CO_2 + 4H_2O$

1L(5/0.21)L

혼합기체 중 프로판의 비율 $= \dfrac{1}{1+(5/0.21)} \times 100 = 4.03\%$

54 위험물안전관리법령상 옥내저장소에서 글리세린을 수납하는 용기만을 겹쳐 쌓는 경우에 높 이는 얼마를 초과할 수 없는가?

① 3m

② 4m

③ 5m

④ 6m

■ 옥내저장소
㉠ 기계에 의하여 하역하는 구조로 된 용기만을 겹쳐 쌓는 경우 : 6m
㉡ 제4류 위험물 중 제3석유류, 제4석유류 및 동·식물유류를 수납하는 용기만을 겹쳐 쌓는 경우 : 4m
㉢ 그 밖의 경우 : 3m

55 표준시간 설정 시 미리 정해진 표를 활용하여 작업자의 동작에 대해 시간을 산정하는 시간연구법에 해당 되는 것은?

① PTS법
② 스톱워치법
③ 워크샘플링법
④ 실적자료법

■ 표준시간 측정 방법
㉠ PTS법 : 표준시간 설정 시 미리 정해진 표를 활용하여 작업자의 동작에 대해 시간을 산정하는 시간연구법
㉡ 스톱워치법 : 잘 훈련된 자격을 갖춘 작업자가 정상적인 속도로 완료하는 특정한 작업 결과의 표본을 추출하여 이로부터 필요한 표준시간을 설정하는 기법으로 반복적이고 짧은 주기의 직업에 적합하다.
㉢ 워크샘플링법 : 통계적인 샘플링 방법을 이용하여 작업자의 행동, 기계의 활동, 물건의 시간적인 추이 등이 상황에서 관측시간 동안 차지하고 있는 관측비율(관측횟수/총관측횟수)을 각 항목별로 파악하는 작업측정의 한 방법
㉣ 실적자료법 : 어떤 기간 내의 작업에 대한 실적기록 자료를 이용하여 작업단위당 표준시간을 결정한다.
㉤ 표준자료법 : 정미시간 산출을 단지 경험에만 의존하는 것이 아니라 유사작업을 많이 관측하여 작업조건의 변경과 작업시간과의 관계를 찾아내어 공식화하고, 여기에 여유시간을 반영하여 표준시간을 결정한다.

56 다음 표는 어느 자동차 영업소의 월별 판매실적을 나타낸 것이다. 5개월 단순이동 평균법으로 6월의 수요를 예측하면 몇 대인가?

월	1월	2월	3월	4월	5월
판매량	100대	110대	120대	130대	140대

① 120대
② 130대
③ 140대
④ 150대

$$ED = \frac{\sum xi}{n} = \frac{100+110+120+130+140}{5} = 120대$$

57 다음 내용은 설비보전조직에 대한 설명이다. 어떤 조직의 형태에 대한 설명인가?

> 보전작업자는 조직상 각 제조부문의 감독자 밑에 둔다.
> • 단점 : 생산우선에 의한 보전작업 경시, 보전기술 향상의 곤란성
> • 장점 : 운전자와 일체감 및 현장감독의 용이성

① 집중보전   ② 지역보전

③ 부문보전   ④ 절충보전

해설

■ 설비보전조직의 형태 및 장·단점

㉠ 집중보전(Central Maintenance) : 조직상이나 배치상으로 보전요원을 한 관리자 밑에 두어 배치하는 형태
 • 장점 : 기동성, 인원배치의 유연성, 노동력의 유효한 이용
 • 단점 : 운전과의 일체감의 결합성, 현장감독의 곤란성, 연장왕복시간 증대

㉡ 지역보전(Area Maintenance) : 조직상으로는 집중적인 형태이나 배치상으로는 지역으로 분산되는 형태
 • 장점 : 운전과의 일체감, 현장감독의 용이성, 현장왕복시간 단축
 • 단점 : 노동력의 유효이용 곤란, 인원배치의 유연성 제약, 보전용 설비공구의 중복

㉢ 부문보전(Departmental Maintenance) : 보전작업자는 조직상 각 제조부문의 감독자 밑에 둔다.
 • 장점 : 운전과의 일체감 및 현장 감독의 용이성
 • 단점 : 생산우선에 의한 보전 작업경시, 보전기술 향상의 곤란성

㉣ 절충보전(Combination Maintenance)
 • 장점 : 집중그룹의 기동성, 지역그룹의 운전과의 일체감
 • 단점 : 집중그룹의 보행손실, 지역그룹의 노동효율

58 이항분포(Binomial Distribution)에서 매회 A가 일어나는 확률이 일정한 값 P일 때, n회의 독립시행 중 사상 A가 x회 일어날 확률 $P(x)$를 구하는 식은? (단, N은 로트의 크기, n은 시료의 크기, P는 로트의 모부적합품률이다)

① $P(x) = \dfrac{n!}{x!(n-x)!}$ ② $P(x) = e^{-x} \cdot \dfrac{(nP)^x}{x!}$

③ $P(x) = \dfrac{\binom{NP}{x}\binom{N-NP}{n-x}}{\binom{N}{n}}$ ④ $P(x) = \binom{n}{x}P^x(1-P)^{n-x}$

해설

이항분포가 일어날 확률 : $P(x) = \binom{n}{x}P^x(1-P)^{n-x}$

59 샘플링에 관한 설명으로 틀린 것은?

① 취락샘플링에서는 취락 간의 차는 작게, 취락 내의 차는 크게 한다.
② 제조공정의 품질특성에 주기적인 변동이 있는 경우 계통 샘플링을 적용하는 것이 좋다.
③ 시간적 또는 공간적으로 일정 간격을 두고 샘플링하는 방법을 계통샘플링이라고 한다.
④ 모집단을 몇 개의 층으로 나누어 각 층마다 랜덤하게 시료를 추출하는 것을 층별샘플링이라고 한다.

> **해설**
>
> ② 제조공정의 품질특성에 주기적인 변동이 있는 경우 계통샘플링을 적용하면 추출되는 시료가 거의 같은 습성의 것만 나올 우려가 있어 적합하지 않으며, 지그재그샘플링을 적용하는 것이 좋다.

60 다음은 관리도의 사용 절차를 나타낸 것이다. 관리도의 사용절차를 순서대로 나열한 것은?

> ㉠ 관리하여야 할 항목의 선정
> ㉡ 관리도의 선정
> ㉢ 관리하려는 제품이나 종류선정
> ㉣ 시료를 채취하고 측정하여 관리도를 작성

① ㉠ → ㉡ → ㉢ → ㉣
② ㉠ → ㉢ → ㉣ → ㉡
③ ㉢ → ㉠ → ㉡ → ㉣
④ ㉢ → ㉣ → ㉠ → ㉡

> **해설**
>
> ■ **관리도의 사용절차**
> 관리하려는 제품이나 종류 선정 → 관리하여야 할 항목의 선정 → 관리도의 선정 → 시료를 채취하고 측정하여 관리도를 작성

2017년 제61회 출제문제(3월 5일 시행)

01 고온에서 용융된 유황과 수소가 반응하였을 때의 현상으로 옳은 것은?

① 발열하면서 H_2S가 생성된다.
② 흡열하면서 H_2S가 생성된다.
③ 발열은 하지만 생성물은 없다.
④ 흡열은 하지만 생성물은 없다.

해설

고온에서 용융된 유황은 다음 물질과 반응하여 격렬히 발열한다.
$H_2 + S \rightarrow H_2S \uparrow + 발열$

02 위험물안전관리자의 선임신고를 허위로 한 자에게 부과하는 과태료의 금액은?

① 100만 원   ② 150만 원
③ 200만 원   ④ 300만 원

해설

- **과태료 200만 원 이하**
  ㉠ 임시저장에 관한 승인을 받지 은 자
  ㉡ 위험물의 저장 또는 취급에 관한 세부기준을 위반한 자
  ㉢ 품명 등의 변경신고를 기간 이내에 하지 않거나 허위로 한 자
  ㉣ 지위승계신고를 기간 이내에 하지 않거나 허위로 한 자
  ㉤ 제조소 등의 폐지신고 또는 안전관리자의 선임신고를 기간 이내에 하지 않거나 허위로 한 자
  ㉥ 등록사항의 변경신고를 기간 이내에 하지않거나 허위로 한 자
  ㉦ 점검결과를 기록·보존하지 않은 자
  • 1차 위반 시 50만 원
  • 2차 위반 시 100만 원
  • 3차 위반 시 200만 원
  ㉧ 위험물의 운반에 관한 세부기준을 위반한 자
  ㉨ 위험물의 운송에 관한 기준을 따르지 않은 자

정답   01. ①   02. ③

03 위험물안전관리법령상 간이저장탱크에 설치하는 밸브 없는 통기관의 설치기준에 대한 설명으로 옳은 것은?

① 통기관의 지름은 20mm 이상으로 한다.
② 통기관은 옥내에 설치하고 선단의 높이는 지상 1.5m 이상으로 한다.
③ 가는 눈의 구리망 등으로 인화방지장치를 한다.
④ 통기관의 선단은 수평면에 대하여 아래로 35도 이상 구부려 빗물 등이 들어가지 않도록 한다.

> **해설**

① 통기관의 지름은 25mm 이상으로 한다.
② 통기관은 옥외에 설치하고 선단의 높이는 지상 1.5m 이상으로 한다.
④ 통기관의 선단은 수평면에 대하여 아래로 45도 이상 구부려 빗물 등이 들어가지 않도록 한다.

04 다음 제2류 위험물 중 지정수량이 나머지 셋과 다른 하나는?

① 철분
② 금속분
③ 마그네슘
④ 유황

> **해설**

■ 제2류 위험물의 품명과 지정수량

성 질	위험등급	품 명	지정수량
가연성고체	Ⅱ	1. 황화인 2. 적린 3. 유황	100kg 100kg 100kg
	Ⅲ	4. 철분 5. 금속분 6. 마그네슘	500kg 500kg 500kg
	Ⅱ~Ⅲ	7. 그 밖의 행정안전부령이 정하는 것 8. 1~7에 해당하는 어느 하나 이상을 함유한 것	100kg 또는 500kg
	Ⅲ	9. 인화성고체	1,000kg

05 순수한 과산화수소의 녹는점과 끓는점을 70wt% 농도의 과산화수소와 비교한 내용으로 옳은 것은?

① 순수한 과산화수소의 녹는점은 더 낮고, 끓는점은 더 높다.
② 순수한 과산화수소의 녹는점은 더 높고, 끓는점은 더 낮다.

③ 순수한 과산화수소의 녹는점과 끓는점이 모두 더 낮다.
④ 순수한 과산화수소의 녹는점과 끓는점이 모두 더 높다.

해설

순수한 과산화수소의 녹는점과 끓는점은 70wt% 농도의 과산화수소 보다 모두 더 높다.

06 인화알루미늄의 위험물안전관리법령상 지정수량과 인화알루미늄이 물과 반응하였을 때 발생하는 가스의 명칭을 옳게 나타낸 것은?

① 50kg, 포스핀　　　　　　　　　② 50kg, 포스겐
③ 300kg, 포스핀　　　　　　　　　④ 300kg, 포스겐

해설

㉠ 인화알루미늄(AlP) 지정수량 : 300kg
㉡ $AlP + 3H_2O \rightarrow Al(OH)_3 + PH_3 \uparrow$

07 다음은 위험물안전관리법령에서 정한 유황이 위험물로 취급되는 기준이다. (　　)에 알맞은 말을 차례대로 나타낸 것은?

> 유황은 순도가 (　　)중량퍼센트 이상인 것을 말한다. 이 경우 순도측정에 있어서 불순물은 활석 등 불연성물질과 (　　)에 한한다.

① 40, 가연성물질　　　　　　　　② 40, 수분
③ 60, 가연성물질　　　　　　　　④ 60, 수분

해설

유황은 순도가 60wt% 이상인 것을 말한다. 이 경우 순도측정에 있어서 불순물은 활석 등 불연성물질과 수분에 한한다.

08 다음 물질 중 증기비중이 가장 큰 것은?

① 이황화탄소　　　　　　　　　　② 시안화수소
③ 에탄올　　　　　　　　　　　　④ 벤젠

위험물 종류	증기비중
이황화탄소	2.64
시안화수소	0.94
에탄올	1.59
벤 젠	2.8

09 위험물안전관리법령상 이송취급소의 위치·구조 및 설비의 기준에서 배관을 지하에 매설하는 경우에는 배관은 그 외면으로부터 지하가 및 터널까지 몇 m 이상의 안전거리를 두어야 하는가?(단, 원칙적인 경우에 한함)

① 1.5m
② 10m
③ 150m
④ 300m

해설

■ **이송취급소의 배관을 지하에 매설 시 안전거리**
㉠ 건축물(지하가 내의 건축물은 제외한다) : 1.5m 이상
㉡ 지하가 및 터널 : 10m 이상
㉢ 수도법에 의한 수도시설(위험물의 유입 우려가 있는 것에 한함) : 300m 이상
㉣ 배관은 그 외면으로부터 다른 공작물에 대하여 0.3m 이상의 거리를 보유할 것
㉤ 배관의 외면과 지표면과의 거리는 산이나 들에 있어서는 0.9m 이상, 그 밖의 지역에 있어서는 1.2m 이상으로 한다.

10 위험물안전관리법령상 주유취급소의 주위에는 자동차 등이 출입하는 쪽 외의 부분에 높이 몇 m 이상의 담 또는 벽을 설치하여야 하는가?(단, 주유취급소의 인근에 연소의 우려가 있는 건축물이 없는 경우이다)

① 1
② 1.5
③ 2
④ 2.5

해설

■ **주유취급소의 담 또는 벽** : 주유취급소의 주위에는 자동차 등이 출입하는 쪽 외의 부분에 높이 2m 이상의 내화구조 또는 불연재료의 담 또는 벽을 설치하되, 주유취급소의 인근에 연소의 우려가 있는 건축물이 있는 경우에는 소방청장이 정하여 고시하는 바에 따라 방화상 유효한 높이로 하여야 한다.

정답 09. ② 10. ③

11 50%의 N_2와 50%의 Ar으로 구성된소화약제는?

① HFC−125

② IG−100

③ HFC−23

④ IG−55

해설

■ **불활성가스 청정소화약제**

소화약제	상품명	화학식
HFC−125	FE−25	CHF_2CF_3
IG−100	Nitrogen	N_2
HFC−23	FE−13	CHF_3
IG−55	Argonite	N_2 : 50%, Ar : 50%

12 분자량은 약 72.06이고, 증기비중이 약 2.48인 것은?

① 큐멘

② 아크릴산

③ 스타이렌

④ 히드라진

해설

② 아크릴산 : 분자량은 약 72.06, 증기비중 약 2.48

13 다음 중 위험물안전관리법의 적용 제외대상이 아닌 것은?

① 항공기로 위험물을 국외에서 국내로 운반하는 경우

② 철도로 위험물을 국내에서 국내로 운반하는 경우

③ 선박(기선)으로 위험물을 국내에서 국외로 운반하는 경우

④ 국제해상위험물규칙(IMDG Code)에 적합한 운반용기에 수납된 위험물을 자동차로 운반하는 경우

해설

■ **위험물안전관리법 적용 제외대상**

㉠ 항공기로 위험물을 국외에서 국내로 운반하는 경우

㉡ 철도로 위험물을 국내에서 국내로 운반하는 경우

㉢ 선박(기선)으로 위험물을 국내에서 국외로 운반하는 경우

정답 11. ④ 12. ② 13. ④

14 위험물안전관리법령상 간이탱크저장소의 설치기준으로 옳지 않은 것은?

① 하나의 간이탱크저장소에 설치하는 간이저장탱크의 수는 3 이하로 한다.
② 간이저장탱크의 용량은 600L 이하로 한다.
③ 간이저장탱크는 두께 2.3mm 이상의 강판으로 제작한다.
④ 간이저장탱크에는 통기관을 설치하여야 한다.

해설

간이저장탱크는 두께 3.2mm 이상의 강판으로 제작한다.

15 소금물을 전기분해하여 표준상태에서 염소가스 22.4L를 얻으려면 소금 몇 g이 이론적으로 필요한가?(단, 나트륨의 원자량은 23이고, 염소의 원자량은 35.5이다)

① 18g   ② 36g
③ 58.5g   ④ 117g

해설

$$\underset{2\times23+35.5g}{2NaCl+2H_2O} \xrightarrow{\text{전기분해}} 2NaOH+H_2+\underset{22.4L}{Cl_2}$$

16 아염소산나트륨을 저장하는 곳에 화재가 발생하였다. 위험물안전관리법령상 소화설비로 적응성이 있는 것은?

① 포소화설비
② 불활성가스소화설비
③ 할로겐화합물소화설비
④ 탄산수소염류분말소화설비

해설

■ 소화설비의 적응성

소화설비의 구분			건축물·그 밖의 공작물	전기설비	제1류 위험물 알칼리금속과산화물 등	제1류 위험물 그 밖의 것	제2류 위험물 철분·금속분·마그네슘 등	제2류 위험물 인화성고체	제2류 위험물 그 밖의 것	제3류 위험물 금수성물품	제3류 위험물 그 밖의 것	제4류 위험물	제5류 위험물	제6류 위험물
옥내소화전 또는 옥외소화전설비			○			○		○	○		○		○	○
스프링클러설비			○			○		○	○		○	△	○	○
물분무 등 소화 설비	물분무소화설비		○	○		○		○	○		○	○	○	○
	포소화설비		○			○		○	○		○	○	○	○
	불활성가스소화설비			○				○				○		
	할로겐화합물소화설비			○				○				○		
	분말 소화 설비	인산염류 등	○	○		○		○	○			○		○
		탄산수소염류 등		○	○		○	○		○		○		
		그 밖의 것			○		○			○				

※ 아염소산나트륨은 제1류 위험물 중 그 밖의 것에 해당된다.

17 과염소산과 질산의 공통 성질로 옳은 것은?

① 환원성물질로서 증기는 유독하다.
② 다른 가연물의 연소를 돕는 가연성물질이다.
③ 강산이고 물과 접촉하면 발열한다.
④ 부식성은 적으나 다른 물질과 혼촉발화 가능성이 높다.

해설

① 산화성물질로서 증기는 유독하다.
② 다른 가연물의 연소를 돕는 지연성물질이다.
④ 부식성은 크고 다른 물질과 혼촉발화 가능성이 높다.

정답 17. ③

18 다음 중 NH_4NO_3에 대한 설명으로 옳지 않은 것은?

① 조해성이 있기 때문에 수분이 포함되지 않도록 포장한다.
② 단독으로도 급격한 가열로 분해하여 다량의 가스를 발생할 수 있다.
③ 무취의 결정으로 알코올에 녹는다.
④ 물에 녹을 때 발열반응을 일으키므로 주의한다.

> **해설**
>
> ④ 물에 녹을 때 흡열반응을 일으키므로 주의한다.

19 위험물안전관리법령상 위험등급 Ⅰ인 위험물은?

① 과요오드산칼륨
② 아조화합물
③ 니트로화합물
④ 질산에스테르류

> **해설**
>
> ① 위험등급 Ⅱ, ② 위험등급 Ⅱ, ③ 위험등급 Ⅱ, ④ 위험등급 Ⅰ

20 물과 반응하였을 때 생성되는 탄화수소가스의 종류가 나머지 셋과 다른 하나는?

① Be_2C ② Mn_3C
③ MgC_2 ④ Al_4C_3

> **해설**
>
> ① $Be_2C + 4H_2O \longrightarrow 2Be(OH)_2 + CH_4 \uparrow$
> ② $Mn_3C + 6H_2O \longrightarrow 3Mn(OH)_2 + CH_4 \uparrow + H_2 \uparrow$
> ③ $MgC_2 + 2H_2O \longrightarrow Mg(OH)_2 + C_2H_2 \uparrow$
> ④ $Al_4C_3 + 12H_2O \longrightarrow 4Al(OH)_3 + 3CH_4 \uparrow$

21 이동탱크저장소에 의한 위험물의 장거리운송 시 2명 이상이 운전하여야 하나 다음 중 그렇게 하지 않아도 되는 위험물은?

① 탄화알루미늄   ② 과산화수소
③ 황린   ④ 인화칼슘

정답 18. ④   19. ④   20. ③   21. ①

해설

위험물운송자는 장거리(고속국도에 있어서는 340km 이상, 그 밖의 도로에 있어서는 200km 이상을 말함)에 걸치는 운송을 하는 때에는 2명 이상의 운전자로 할 것. 다만, 다음의 어느 하나에 해당하는 경우에는 그러하지 아니하다.
㉠ 운송책임자를 동승시킨 경우
㉡ 위험물이 제2류 위험물·제3류 위험물(칼슘 또는 알루미늄의 탄화물과 이것만을 함유한 것에 한함) 또는 제4류 위험물(특수인화물을 제외)인 경우
㉢ 운송 도중에 2시간 이내마다 20분 이상씩 휴식하는 경우

22 위험물안전관리법령상 스프링클러 헤드의 설치 기준으로 틀린 것은?

① 개방형 스프링클러 헤드는 헤드 반사판으로부터 수평방향으로 30cm의 공간을 보유하여야 한다.
② 폐쇄형 스프링클러 헤드의 반사판과 헤드의 부착면과의 거리는 30cm 이하로 한다.
③ 폐쇄형 스프링클러 헤드 부착장소의 평상시 최고 주위온도가 28℃ 미만인 경우 58℃ 미만의 표시온도를 갖는 헤드를 사용한다.
④ 개구부에 설치하는 폐쇄형 스프링클러 헤드는 해당 개구부의 상단으로부터 높이 30cm이내의 벽면에 설치한다.

해설

④ 개구부에 설치하는 폐쇄형 스프링클러 헤드는 해당 개구부의 상단으로부터 높이 0.15m 이내의 벽면에 설치한다.

23 액체위험물의 옥외저장탱크에는 위험물의 양을 자동적으로 표시할 수 있는 계량장치를 설치하여야 한다. 그 종류로서 적당하지 않은 것은 어느 것인가?

① 기밀부유식 계량장치
② 증기가 비산하는 구조의 부유식 계량장치
③ 전기압력자동방식에 의한 자동계량장치
④ 방사성 동위원소를 이용한 방식에 의한 자동계량장치

해설

■ **액체위험물 옥외저장탱크 계량장치**
㉠ 기밀부유식 계량장치(위험물의 양을 자동적으로 표시하는 장치)
㉡ 부유식 계량장치(증기가 비산하지 아니하는 구조)
㉢ 전기압력방식, 방사성 동위원소를 이용한 자동계량장치
㉣ 유리게이지

정답 22. ④ 23. ②

24 다음 중 가연성물질로만 나열된 것은?

① 질산칼륨, 황린, 니트로글리세린
② 니트로글리세린, 과염소산, 탄화알루미늄
③ 과염소산, 탄화알루미늄, 아닐린
④ 탄화알루미늄, 아닐린, 포름산메틸

> **해설**

① 질산칼륨 : 지연성(조연성)물질
  황린, 니트로글리세린 : 가연성물질
② 니트로글리세린 : 가연성물질
  과염소산 : 지연성(조연성)물질
  탄화알루미늄 : 가연성물질
③ 과염소산 : 지연성(조연성)물질
  탄화알루미늄, 아닐린 : 가연성물질

25 위험물안전관리법령상 알코올류와 지정수량이 같은 것은?

① 제1석유류(비수용성)   ② 제1석유류(수용성)
③ 제2석유류(비수용성)   ④ 제2석유류(수용성)

> **해설**

■ 제4류 위험물의 품명과 지정수량

성 질	위험등급	품 명		지정수량
인화성액체	Ⅰ	특수인화물류		50L
	Ⅱ	제1석유류	비수용성	200L
			수용성	400L
		알코올류		400L
	Ⅲ	제2석유류	비수용성	1,000L
			수용성	2,000L
		제3석유류	비수용성	2,000L
			수용성	4,000L
		제4석유류		6,000L
		동·식물유류		10,000L

26 다음 제1류 위험물 중 융점이 가장 높은 것은?

① 과염소산칼륨
② 과염소산나트륨
③ 염소산나트륨
④ 염소산칼륨

해설

위험물의 종류	융 점
과염소산칼륨	610℃
과염소산나트륨	482℃
염소산나트륨	240℃
염소산칼륨	368℃

27 위험물안전관리법령상 자동화재탐지설비의 하나의 경계구역의 면적은 해당 건축물, 그 밖의 공작물의 주요한 출입구에서 그 내부의 전체를 볼 수 있는 경우에 있어서는 그 면적을 몇 m^2 이하로 할 수 있는가?

① 500
② 600
③ 1,000
④ 2,000

해설

■ **자동화재탐지설비 설치기준** : 하나의 경계구역의 면적은 600m^2 이하로 하고 그 한 변의 길이는 50m(광전식 분리형감지기를 설치할 경우에는 100mL) 이하로 한다. 다만, 해당 건축물, 그 밖의 공작물의 주요한 출입 구에서 그 내부의 전체를 볼 수 있는 경우에 있어서는 그 면적을 1,000m^2 이하로 한다.

28 위험물제조소 등의 안전거리를 단축하기 위하여 설치하는 방화상 유효한 담의 높이는 $H > pD^2 + a$인 경우 $h = H - p(D^2 - d^2)$에 의하여 산정한 높이 이상으로 한다. 여기서 d 가 의미하는 것은?

① 제조소 등과 인접 건축물과의 거리(m)
② 제조소 등과 방화상 유효한 담과의 거리(m)
③ 제조소 등과 방화상 유효한 지붕과의 거리(m)
④ 제조소 등과 인접 건축물 경계선과의 거리(m)

정답 26. ① 27. ③ 28. ②

해설

■ 방화상 유효한 담의 높이

$H > pD^2 + a$인 경우 $h = H - p(D^2 - d^2)$

여기서, D : 제조소 등과 인근 건축물 또는 공작물과의 거리(m)

$\quad\quad H$: 인근 건축물 또는 공작물의 높이(m)

$\quad\quad a$: 제조소 등의 외벽의 높이(m)

$\quad\quad d$: 제조소 등과 방화상 유효한 담과의 거리(m)

$\quad\quad h$: 방화상 유효한 담의 높이(m)

$\quad\quad p$: 상수

29 위험물안전관리법령상 염소산칼륨을 금속제 내장용기에 수납하여 운반하고자 할 때 이 용기의 최대용적은?

① 10L
② 20L
③ 30L
④ 40L

해설

■ 고체위험물

운반용기				수납위험물의 종류									
내장용기		외장용기		제1류			제2류		제3류			제5류	
용기의 종류	최대용적 또는 중량	용기의 종류	최대용적 또는 중량	I	II	III	II	III	I	II	III	I	II
유리용기 또는 플라스틱 용기	10ℓ	나무상자 또는 플라스틱상자(필요에 따라 불활성의 완충재를 채울 것)	125kg	O	O	O	O	O	O	O	O	O	O
			225kg		O	O		O		O	O		O
		파이버판상자(필요에 따라 불활성의 완충재를 채울 것)	40kg	O	O	O	O	O	O	O	O	O	O
			55kg		O	O		O		O	O		O
금속제 용기	30ℓ	나무상자 또는 플라스틱상자	125kg	O	O	O	O	O	O	O	O	O	O
			225kg		O	O		O		O	O		O
		파이버판상자	40kg	O	O	O	O	O	O	O	O	O	O
			55kg		O	O		O		O	O		O

운반용기				수납위험물의 종류									
내장용기		외장용기			제1류			제2류		제3류			제5류	
용기의 종류	최대용적 또는 중량	용기의 종류	최대용적 또는 중량	I	II	III	II	III	I	II	III	I	II
플라스틱필름포대 또는 종이포대	5kg	나무상자 또는 플라스틱상자	50kg	○	○	○	○	○		○	○	○	○
	50kg		50kg	○	○	○	○	○					○
	125kg		125kg		○	○	○	○					
	225kg		225kg			○		○					
	5kg	파이버판상자	40kg	○	○	○	○	○					○
	40kg		40kg		○	○	○	○					○
	55kg		55kg			○		○					
		금속제용기(드럼 제외)	60ℓ	○	○	○	○	○	○	○	○		○
		플라스틱용기(드럼 제외)	10ℓ		○	○	○	○		○	○		○
			30ℓ			○		○					○
		금속제드럼	250ℓ	○	○	○	○	○	○	○	○	○	○
		플라스틱드럼 또는 파이버드럼(방수성이 있는 것)	60ℓ	○	○	○	○	○	○	○	○	○	○
			250ℓ		○	○		○		○			○
		합성수지포대(방수성이 있는 것), 플라스틱필름포대, 섬유포대(방수성이 있는 것) 또는 종이포대(여러겹으로서 방수성이 있는 것)	50kg		○	○	○	○		○	○		○

비고) 1. "○"표시는 수납위험물의 종류별 각란에 정한 위험물에 대하여 당해 각란에 정한 운반용기가 적응성이 있음을 표시한다.
2. 내장용기는 외장용기에 수납하여야 하는 용기로서 위험물을 직접수납하기 위한 것을 말한다.
3. 내장용기의 용기의 종류란이 공란인 것은 외장용기에 위험물을 직접수납하거나 유리용기, 플라스틱용기, 금속제용기, 폴리에틸렌포대 또는 종이포대를 내장용기로 할 수 있음을 표시한다.

30 다음 위험물을 저장할 때 안정성을 높이기 위해 사용할 수 있는 물질의 종류가 나머지 셋과 다른 하나는?

① 나트륨
② 이황화탄소
③ 황린
④ 니트로셀룰로오스

해설

위험물의 종류	안정성을 높이기 위해 사용할 수 있는 물질
나트륨	석유(등유)
이황화탄소, 황린, 니트로셀룰로오스	물 속

정답 30. ①

31 다음 중 나머지 셋과 위험물의 유별 구분이 다른 것은?

① 니트로글리세린   ② 니트로셀룰로오스
③ 셀룰로이드   ④ 니트로벤젠

> **해설**

위험물 종류	위험물의 유별
니트로글리세린	제5류 위험물
니트로셀룰로오스	제5류 위험물
셀룰로이드	제5류 위험물
니트로벤젠	제4류 위험물

32 NH_4ClO_3에 대한 설명으로 틀린 것은?

① 산화력이 강한 물질이다.
② 조해성이 있다.
③ 충격이나 화재에 의해 폭발할 위험이 있다.
④ 폭발 시 CO_2, HCl, NO_2 가스를 주로 발생한다.

> **해설**

염소산암모늄은 폭발 시에는 다량의 기체를 발생한다.

$$2NH_4ClO_3 \xrightarrow{\triangle} N_2\uparrow + Cl_2 + O_2\uparrow + 4H_2O\uparrow$$

다량의 가스

33 물분무소화에 사용된 20℃의 물 2g이 완전히 기화되어 100℃의 수증기가 되었다면 흡수된 열량과 수증기 발생량은 약 얼마인가?(단, 1기압을 기준으로 한다)

① 1,238cal, 2,400mL   ② 1,238cal, 3,400mL
③ 2,476cal, 2,400mL   ④ 2,476cal, 3,400mL

> **해설**

• $H_2O(L) \rightarrow H_2O(g)$ 과정에서 물 20℃ → 100℃ → 수증기로 되는 과정을 포함하므로 흡수된 열량은 두 과정의 합으로 계산하여야 한다.

$Q = mc\Delta t +$ 기화되는 데 필요한 열량

$= 2g \times 1cal/g℃ \times (100-20) + (539cal/g \times 2g) = 1,238cal$

• $2gH_2O \times \dfrac{22.4SLH_2O}{18gH_2O} \times \dfrac{373L}{273SL} \times \dfrac{10^3mL}{1L} = 3,400mL$

정답 31. ④ 32. ④ 33. ②

34 위험물안전관리법령상 불활성가스소화설비가 적응성을 가지는 위험물은?

① 마그네슘
② 알칼리금속
③ 금수성물질
④ 인화성고체

해설

■ 소화설비의 적응성

소화설비의 구분			건축물·그 밖의 공작물	전기설비	제1류 위험물		제2류 위험물			제3류 위험물		제4류 위험물	제5류 위험물	제6류 위험물
					알칼리금속과산화물 등	그 밖의 것	철분·금속분·마그네슘 등	인화성고체	그 밖의 것	금수성물품	그 밖의 것			
옥내소화전 또는 옥외소화전설비			○			○		○	○		○		○	○
스프링클러설비			○			○		○	○		○	△	○	○
물분무 등 소화 설비	물분무소화설비		○	○		○		○	○		○	○	○	○
	포소화설비		○			○		○	○		○	○	○	○
	불활성가스소화설비			○				○			○			
	할로겐화합물소화설비			○				○			○			
	분말소화설비	인산염류 등	○	○		○		○	○		○			○
		탄산수소염류 등		○	○		○		○	○		○		
		그 밖의 것			○		○			○				

※ "○"표시는 당해 소방대상물 및 위험물에 대하여 소화설비가 적응성이 있음을 표시하고, "△"표시는 제4류 위험물을 저장 또는 취급하는 장소의 살수기준면적에 따라 스프링클러설비의 살수밀도가 다음 표에 정하는 기준 이상인 경우에는 당해 스프링클러설비가 제4류 위험물에 대하여 적응성이 있음을, 제6류 위험물을 저장 또는 취급하는 장소로서 폭발의 위험이 없는 장소에 한하여 이산화탄소소화기가 제6류 위험물에 대하여 적응성이 있음을 각각 표시한다.

35 니트로글리세린에 대한 설명으로 옳지 않은 것은?

① 순수한 것은 상온에서 푸른색을 띤다.
② 충격마찰에 매우 민감하므로 운반 시 다공성물질에 흡수시킨다.
③ 겨울철에는 동결할 수 있다.
④ 비중은 약 1.6으로 물보다 무겁다.

해설

① 순수한 것은 무색투명한 무거운 기름상의 액체이며, 시판공업용 제품은 담황색이다.

정답 34. ④ 35. ①

36 디에틸에테르(diethyl ether)의 화학식으로 옳은 것은?

① $C_2H_5C_2H_5$

② $C_2H_5OC_2H_5$

③ $C_2H_5COC_2H_5$

④ $C_2H_5COOC_2H_5$

37 다음 중 에틸알코올의 산화로부터 얻을 수 있는 것은?

① 아세트알데히드

② 포름알데히드

③ 디에틸에테르

④ 포름산

> **해설**

$$C_2H_5OH \xrightarrow{\text{산화}} CH_3CHO \xrightarrow{\text{산화}} CH_3COOH$$

38 아연분이 NaOH 수용액과 반응하였을 때 발생하는 물질은?

① H_2

② O_2

③ Na_2O_2

④ NaZn

> **해설**

아연은 알칼리와 반응하여 수소를 발생한다.

$$Zn + 2NaOH \rightarrow Na_2ZnO_2 + H_2\uparrow$$

39 금속칼륨을 등유 속에 넣어 보관하는 이유로 가장 적합한 것은?

① 산소의 발생을 막기 위해

② 마찰 시 충격을 방지하려고

③ 제4류 위험물과의 혼재가 가능하기 때문에

④ 습기 및 공기와의 접촉을 방지하려고

> **해설**

■ **금속칼륨을 등유 속에 넣어 보관하는 이유** : 습기 및 공기와의 접촉을 방지하려고

40 다음 중 Mn의 산화수가 +2인 것은?

① $KMnO_4$

② MnO_2

③ $MnSO_4$

④ K_2MnO_4

정답 36. ② 37. ① 38. ① 39. ④ 40. ③

해설

① $KMnO_4 = 1 + x + 4 \times (-2) = 0$ $\therefore x = +7$

② $MnO_2 = x + 2 \times (-2) = 0$ $\therefore x = +4$

③ $MnSO_4 = x + 6 + 4 \times (-2) = 0$ $\therefore x = +2$

④ $K_2MnO_4 = 2 \times (+1) + x + 4 \times (-2) = 0$ $\therefore x = +6$

41 다음 위험물 중 동일 질량에 대해 지정수량의 배수가 가장 큰 것은?

① 부틸리튬   ② 마그네슘
③ 인화칼슘   ④ 황린

해설

① $\dfrac{64\text{kg}}{10\text{kg}} = 6.4$배   ② $\dfrac{24\text{kg}}{500\text{kg}} = 0.048$배

③ $\dfrac{162\text{kg}}{300\text{kg}} = 0.54$배   ④ $\dfrac{124\text{kg}}{20\text{kg}} = 6.2$배

42 다음 물질 중 조연성가스에 해당하는 것은 어느 것인가?

① 수소   ② 산소
③ 아세틸렌   ④ 질소

해설

① 수소 : 가연성가스   ② 산소 : 조연성가스
③ 아세틸렌 : 용해가스   ④ 질소 : 불연성가스

43 직경이 500mm인 관과 300mm인 관이 연결되어 있다. 직경 500mm인 관에서의 유속이 3m/s라면 300mm인 관에서의 유속은 약 몇 m/s인가?

① 8.33   ② 6.33
③ 5.56   ④ 4.56

해설

$Q = A_1 V_1 = A_2 V_2$

$\therefore V_2 = V_1 \left(\dfrac{A_1}{A_2} \right) = V_1 \left(\dfrac{d_2}{d_1} \right)^2 = 3 \left(\dfrac{500}{300} \right)^2 = 8.33\text{m/s}$

정답   41. ①   42. ②   43. ①

44 탄화알루미늄이 물과 반응하였을 때 발생하는 가스는?

① CH_4 ② C_2H_2

③ C_2H_6 ④ CH_3

> **해설**

탄화알루미늄은 물과 반응하여 가연성인 메탄을 발생하므로 인화의 위험이 있다.
$$Al_4C_3 + 12H_2O \rightarrow 4Al(OH)_3 + 3CH_4 \uparrow$$

45 어떤 화합물을 분석한 결과 질량비가 탄소 54.55%, 수소 9.10%, 산소 36.35%이고, 이 화합물 1g은 표준상태에서 0.17L라면 이 화합물의 분자식은?

① $C_2H_4O_2$ ② $C_4H_8O_4$

③ $C_4H_8O_2$ ④ $C_6H_{12}O_3$

> **해설**

질량비가 C : 54.55%, H : 9.1%, O : 36.35%이므로, 몰수비로 바꾸어 보면

$$\frac{54.55}{12} : \frac{9.1}{1} : \frac{36.35}{16} = 4.546 : 9.1 : 2.27$$이다.

간단한 정수 비로 나타내면 2 : 4 : 1이고, 따라서 구조식은$(C_2H_4O)_n$이다.

여기서 $PV = n\left(\dfrac{\overline{R}}{M}\right)T$

$M = \dfrac{n\overline{R}T}{PV}$ $M = \dfrac{1 \times 0.082 \times 273}{1 \times 0.17} = 131.7g$이다.

따라서 $(C_2H_4O)_n$에서 $n = 3$이므로 $C_6H_{12}O_3$이다.

46 위험물안전관리법령상 물분무소화설비가 적응성이 있는 대상물이 아닌 것은?

① 전기설비   ② 철분

③ 인화성고체   ④ 제4류 위험물

해설

■ 소화설비의 적응성

소화설비의 구분		대상물 구분										
		건축물·그 밖의 공작물	전기설비	제1류 위험물		제2류 위험물			제3류 위험물		제4류 위험물	제5류 위험물	제6류 위험물
				알칼리금속과산화물 등	그 밖의 것	철분·금속분·마그네슘 등	인화성고체	그 밖의 것	금수성물품	그 밖의 것			
옥내소화전 또는 옥외소화전설비		O			O		O	O		O		O	O
스프링클러설비		O			O		O	O		O	△	O	O
물분무 등 소화 설비	물분무소화설비	O	O		O		O	O		O	O	O	O
	포소화설비	O			O		O	O		O	O	O	O
	불활성가스소화설비		O				O			O			
	할로겐화합물소화설비		O				O			O			
	분말 소화 설비	인산염류 등	O	O		O		O	O		O		O
		탄산수소염류 등		O	O		O	O		O		O	
		그 밖의 것			O		O			O			

※ "O"표시는 당해 소방대상물 및 위험물에 대하여 소화설비가 적응성이 있음을 표시하고, "△"표시는 제4류 위험물을 저장 또는 취급하는 장소의 살수기준면적에 따라 스프링클러설비의 살수밀도가 다음 표에 정하는 기준 이상인 경우에는 당해 스프링클러설비가 제4류 위험물에 대하여 적응성이 있음을, 제6류 위험물을 저장 또는 취급하는 장소로서 폭발의 위험이 없는 장소에 한하여 이산화탄소소화기가 제6류 위험물에 대하여 적응성이 있음을 각각 표시한다.

47 벽·기둥 및 바닥이 내화구조로 된 옥내저장소의 건축물에서 저장 또는 취급하는 위험물의 최대수량이 지정수량의 15배일 때 보유공지 너비기준으로 옳은 것은?

① 0.5m 이상
② 1m 이상
③ 2m 이상
④ 3m 이상

정답 47. ③

■ 옥내저장소 보유공지

저장 또는 취급하는 위험물의 최대수량	공지의 너비	
	벽, 기둥 및 바닥이 내화구조로 된 건축물	그 밖의 건축물
지정수량의 5배 이하	-	0.5m 이상
지정수량의 5배 초과 10배 이하	1m 이상	1.5m 이상
지정수량의 10배 초과 20배 이하	2m 이상	3m 이상
지정수량의 20배 초과 50배 이하	3m 이상	5m 이상
지정수량의 50배 초과 200배 이하	5m 이상	10m 이상
지정수량의 200배 초과	10m 이상	15m 이상

단, 지정수량의 20배를 초과하는 옥내저장소와 동일한 부지 내에 있는 다른 옥내저장소와의 사이에는 공지 너비의 1/3(해당 수치가 3m 미만인 경우는 3m)의 공지를 보유할 수 있다.

48 포름산(formic acid)의 증기비중은 약 얼마인가?

① 1.59
② 2.45
③ 2.78
④ 3.54

포름산의 증기비중 : 1.59

49 위험물안전관리법령상 수납하는 위험물에 따라 운반용기의 외부에 표시하는 주의사항을 모두 나타낸 것으로 옳지 않은 것은?

① 제3류 위험물 중 금수성물질 : 물기엄금
② 제3류 위험물 중 자연발화성물질 : 화기엄금 및 공기접촉엄금
③ 제4류 위험물 : 화기엄금
④ 제5류 위험물 : 화기주의 및 충격주의

해설

■ 위험물운반용기의 주의사항

위험물		주의사항	
제1류 위험물	알칼리금속의 과산화물	• 화기 · 충격주의 • 가연물접촉주의	• 물기엄금
	기 타	• 화기 · 충격주의	• 가연물접촉주의
제2류 위험물	철분 · 금속분 · 마그네슘	• 화기주의	• 물기엄금
	인화성고체	화기엄금	
	기타	화기주의	
제3류 위험물	자연발화성물질	• 화기엄금	• 공기접촉엄금
	금수성물질	물기엄금	
제4류 위험물		화기엄금	
제5류 위험물		• 화기엄금	• 충격주의
제6류 위험물		가연물접촉주의	

50 다음은 위험물안전관리법령에 따른 인화점측정시험 방법을 나타낸 것이다. 어떤 인화점측정기에 의한 인화점측정시험인가?

> • 시험장소는 1기압, 무풍의 장소로 할 것
> • 시료컵의 온도를 1분간 설정온도로 유지할 것
> • 시험불꽃을 점화하고, 화염의 크기를 직경 4mm가 되도록 조정할 것
> • 1분 경과 후 개폐기를 작동하여 시험불꽃을 시료컵에 2.5초간 노출시키고 닫을 것. 이 경우 시험불꽃을 급격히 상하로 움직이지 아니하여야 한다.

① 태그밀폐식 인화점측정기   ② 신속평형법 인화점측정기

③ 클리브랜드 개방컵 인화점측정기   ④ 침강평형법 인화점측정기

해설

(1) 태그밀폐식 인화점측정기

1. 시험장소는 1기압, 무풍의 장소로 할 것
2. 「원유 및 석유제품 인화점 시험방법 – 태그밀폐식 시험방법」(KS M 2010)에 의한 인화점 측정기의 시료컵에 시험물품 50cm³를 넣고 시험물품 표면의 기포를 제거한 후 뚜껑을 덮을 것
3. 시험불꽃을 점화하고 화염의 크기를 직경 4mm가 되도록 조정할 것
4. 시험물품의 온도가 60초간 1℃의 비율로 상승하도록 수조를 가열하고 시험물품의 온도가 설정온도보다 5℃ 낮은 온도에 도달하면 개폐기를 작동하여 시험불꽃을 시료컵에 1초간 노출시키고 닫을 것. 이 경우 시험불꽃을 급격히 상하로 움직이지 아니하여야 한다.

5. 제4호의 방법에 의하여 인화하지 않는 경우에는 시험물품의 온도가 0.5℃ 상승할 때마다 개폐기를 작동하여 시험불꽃을 시료컵에 1초간 노출시키고 닫는 조작을 인화할 때까지 반복할 것

6. 제5호의 방법에 의하여 인화한 온도가 60℃ 미만의 온도이고 설정온도와의 차가 2℃를 초과하지 않는 경우에는 당해 온도를 인화점으로 할 것

7. 제4호의 방법에 의하여 인화한 경우 및 제5호의 방법에 의하여 인화한 온도와 설정온도와의 차가 2℃를 초과하는 경우에는 제2호 내지 제5호에 의한 방법으로 반복하여 실시할 것

8. 제5호의 방법 및 제7호의 방법에 의하여 인화한 온도가 60℃ 이상의 온도인 경우에는 제9호 내지 제13호의 순서에 의하여 실시할 것

9. 제2호 및 제3호와 같은 순서로 실시할 것

10. 시험물품의 온도가 60초간 3℃의 비율로 상승하도록 수조를 가열하고 시험물품의 온도가 설정온도보다 5℃ 낮은 온도에 도달하면 개폐기를 작동하여 시험불꽃을 시료컵에 1초간 노출시키고 닫을 것. 이 경우 시험불꽃을 급격히 상하로 움직이지 아니하여야 한다.

11. 제10호의 방법에 의하여 인화 하지 않는 경우에는 시험물품의 온도가 1℃ 상승마다 개폐기를 작동하여 시험불꽃을 시료컵에 1초간 노출시키고 닫는 조작을 인화할 때까지 반복할 것

12. 제11호의 방법에 의하여 인화한 온도와 설정온도와의 차가 2℃를 초과하지 않는 경우에는 당해 온도를 인화점으로 할 것

13. 제10호의 방법에 의하여 인화한 경우 및 제11호의 방법에 의하여 인화한 온도와 설정온도와의 차가 2℃를 초과하는 경우에는 제9호 내지 제11호와 같은 순서로 반복하여 실시할 것

(2) 신속평형법 인화점측정기

1. 시험장소는 1기압, 무풍의 장소로 할 것

2. 신속평형법 인화점측정기의 시료컵을 설정온도까지 가열 또는 냉각하여 시험물품(설정온도가 상온보다 낮은 온도인 경우에는 설정온도까지 냉각한 것) 2mL를 시료컵에 넣고 즉시 뚜껑 및 개폐기를 닫을 것

3. 시료컵의 온도를 1분간 설정온도로 유지할 것

4. 시험불꽃을 점화하고 화염의 크기를 직경 4mm가 되도록 조정할 것

5. 1분 경과 후 개폐기를 작동하여 시험불꽃을 시료컵에 2.5초간 노출시키고 닫을 것. 이 경우 시험불꽃을 급격히 상하로 움직이지 아니하여야 한다.

6. 제5호의 방법에 의하여 인화한 경우에는 인화하지 않을 때까지 설정온도를 낮추고, 인화하지 않는 경우에는 인화할 때까지 설정온도를 높여 제2호 내지 제5호의 조작을 반복하여 인화점을 측정할 것

(3) 클리브랜드 개방컵 인화점 측정기

1. 시험장소는 1기압, 무풍의 장소로 할 것

2. 「인화점 및 연소점 시험방법 – 클리브랜드 개방컵 시험방법」(KS M ISO 2592)에 의한 인화점 측정기의 시료컵의 표선(標線)까지 시험물품을 채우고 시험물품의 표면의 기포를 제거할 것

3. 시험불꽃을 점화하고 화염의 크기를 직경 4mm가 되도록 조정할 것

4. 시험물품의 온도가 60초간 14℃의 비율로 상승하도록 가열하고 설정온도보다 55℃ 낮은 온도에 달하면 가열을 조절하여 설정온도보다 28℃ 낮은 온도에서 60초간 5.5℃의 비율로 온도가 상승하도록 할 것

5. 시험물품의 온도가 설정온도보다 28℃ 낮은 온도에 달하면 시험불꽃을 시료컵의 중심을 횡단하여 일직선으로 1초간 통과시킬 것. 이 경우 시험불꽃의 중심을 시료컵 위쪽 가장자리의 상방 2mm 이하에서 수평으로 움직여야 한다.

6. 제5호의 방법에 의하여 인화하지 않는 경우에는 시험물품의 온도가 2℃ 상승할 때마다 시험불꽃을 시료컵의 중심을 횡단하여 일직선으로 1초간 통과시키는 조작을 인화할 때까지 반복할 것

7. 제6호의 방법에 의하여 인화한 온도와 설정온도와의 차가 4℃를 초과하지 않는 경우에는 당해 온도를 인화점으로 할 것

8. 제5호의 방법에 의하여 인화한 경우 및 제6호의 방법에 의하여 인화한 온도와 설정온도와의 차가 4℃ 를 초과하는 경우에는 제2호 내지 제6호와 같은 순서로 반복하여 실시할 것

(4) 침강평형법(인화점측정시험이 아님)

초원심분리기에 의한 침강측정법의 하나로, 용질의 침강과 확산의 평형 시 농도분포로부터 그 분자량을 측정하는 방법

51 다음은 위험물안전관리법령에서 규정하고 있는 사항이다. 규정내용과 상이한 것은?

① 위험물탱크 충수·수압시험은 탱크의 제작이 완성된 상태여야 하고, 배관 등의 접속이나 내·외부 도장작업은 실시하지 아니한 단계에서 물을 탱크최대사용높이 이상까지 가득 채워서 실시한다.

② 암반탱크의 내벽을 정비하는 것은 이 위험물저장소에 대한 변경허가를 신청할 때 기술검토를 받지 아니하여도 되는 부분적 변경에 해당한다.

③ 탱크안전성능시험은 탱크 내부의 중요부분에 대한 구조, 불량접합사항까지 검사하는 것이 필요하므로 탱크를 제작하는 현장에서 실시하는 것을 원칙으로 한다.

④ 용량 1,000kL인 원통종형탱크의 충수시험은 물을 채운 상태에서 24시간이 경과한 후 지반침하가 없어야 하고, 또한 탱크의 수평도와 수직도를 측정하여 이 수치가 법정기준을 충족하여야 한다.

해설

③ 탱크안전성능시험은 탱크의 설치현장에서 실시하는 것을 원칙으로 한다. 다만, 부득이하게 제작현장에서 시험을 실시하는 경우 설치자는 운반 중에 손상이 발생하지 않도록 하는 조치를 하여야 한다.

52 위험물안전관리법령상 제조소 등 별로 설치하여야 하는 경보설비의 종류 중 자동화재탐지설비에 해당하는 표의 일부이다. ( )에 알맞은 수치를 차례대로 나타낸 것은?

제조소 등의 구분	제조소 등의 규모, 저장 또는 취급하는 위험물의 종류 및 최대수량	경보설비
제조소 및 일반취급소	• 연면적 ( )m² 이상인 것 • 옥내에서 지정수량의 ( )배 이상을 취급하는 것(고인화점 위험물만을 ( )℃ 미만의 온도에서 취급하는 것을 제외)	자동화재 탐지설비

① 150, 100, 100　　② 500, 100, 100
③ 150, 10, 100　　④ 500, 10, 70

■ 제조소 등 별로 설치하여야 하는 경보설비의 종류

제조소 등의 구분	제조소 등의 규모, 저장 또는 취급하는 위험물의 종류 및 최대수량 등	경보설비
제조소 및 일반취급소	• 연면적 500m^2 이상인 것 • 옥내에서 지정수량의 100배 이상을 취급하는 것(고인화점 위험물만을 100℃ 미만의 온도에서 취급하는 것을 제외한다) • 일반취급소로 사용되는 부분 외의 부분이 있는 건축물에 설치된 일반취급소(일반취급소와 일반취급소 외의 부분이 내화구조의 바닥 또는 벽으로 개구부 없이 구획된 것을 제외한다)	자동화재 탐지설비

53 각 위험물의 지정수량을 합하면 가장 큰 값을 나타내는 것은?

① 중크롬산칼륨＋아염소산나트륨
② 중크롬산나트륨＋아질산칼륨
③ 과망간산나트륨＋염소산칼륨
④ 요오드산칼륨＋아질산칼륨

① 1,000kg＋50kg＝1,050kg

② 1,000kg＋300kg＝1,300kg

③ 1,000kg＋50kg＝1,050kg

④ 300kg＋300kg＝600kg

54 1몰의 트리에틸알루미늄의 충분한 양의 물과 반응하였을 때 발생하는 가연성가스는 표준상태를 기준으로 몇 L인가?

① 11.2
② 22.4
③ 44.8
④ 67.2

$(C_2H_5)_3Al + 3H_2O \longrightarrow Al(OH)_3 + 3C_2H_6$

  114g $3 \times 22.4L$

∴ $3 \times 22.4L = 67.2L$

55 3σ법의 $\bar{X}$ 관리도에서 공정이 관리상태에 있는 데도 불구하고 관리상태가 아니라고 판정하는 제1종 과오는 약 몇 %인가?

① 0.27
② 0.54
③ 1.0
④ 1.2

해설

■ 3σ법

평균치의 상하에 표준편차 3배의 폭을 잡은 한계에서 관리상태를 판단하는 방법. 수식±3σ의 범위에 정규분포의 경우에는 99.73%가 들어가고, 벗어나는 것은 0.27% 밖에 안 된다. 일반적으로 사용되는 관리도는 관리한계로 LCL=수식+3σ, UCL=수식−3σ를 사용하므로 이를 3시그마법이라고 한다.

시그마레벨	1	2	3	4	5	6
오차율(ppm)	317,400	45,600	2,700	63	0.57	0.002
오차율(%)	31.74	4.56	0.27	0.0063	0.000057	0.0000002

56 설비보전조직 중 지역보전(Area Maintenance)의 장·단점에 해당하지 않는 것은?

① 현장 왕복시간이 증가한다.
② 조업요원과 지역보전요원과의 관계가 밀접해진다.
③ 보전요원이 현장에 있으므로 생산본위가 되며 생산의욕을 가진다.
④ 같은 사람이 같은 설비를 담당하므로 설비를 잘 알며 충분한 서비스를 할 수 있다.

해설

■ 설비보전조직 중 지역보전의 장·단점

장 점	단 점
• 조업요원과 지역보전요원과의 관계가 밀접해진다. • 보전요원이 현장에 있으므로 생산본위가 되며 생산의욕을 가진다. • 같은 사람이 같은 설비를 담당하므로 설비를 잘 알며, 충분한 서비스를 할 수 있다. • 작업일정 조정이 용이하다. • 현장 왕복시간이 단축된다.	• 노동력의 유효이용 곤란 • 인원배치의 유연성 제약 • 보전용 설비공구의 중복

57 부적합품률이 20%인 공정에서 생산되는 제품을 매시간 10개씩 샘플링검사하여 공정을 관리하려고 한다. 이때 측정되는 시료의 부적합품수에 대한 기댓값과 분산은 약 얼마인가?

① 기댓값 : 1.6, 분산 : 1.3
② 기댓값 : 1.6, 분산 : 1.6
③ 기댓값 : 2.0, 분산 : 1.3
④ 기댓값 : 2.0, 분산 : 1.6

해설

X는 N개를 추출하였을 때의 불량품의 개수를 나타내는 변수
여기서, p : 불량일 확률
　　　　q : 정상일 확률
　　　　n : 추출개수
• 기댓값 : $E(X) = np = 10(0.2) = 2.0$
• 분산 : $V(X) = npq = (0.2)(0.8)(10) = 1.6$

58 워크샘플링에 관한 설명 중 틀린 것은?

① 워크샘플링은 일명 스냅리딩(Snap Reading)이라 불린다.
② 워크샘플링은 스톱워치를 사용하여 관측대상을 순간적으로 관측하는 것이다.
③ 워크샘플링은 영국의 통계학자 L.H.C. Tippet가 가동률 조사를 위해 창안한 것이다.
④ 워크샘플링은 사람의 상태나 기계의 가동상태 및 작업의 종류 등을 순간적으로 관측하는 것이다.

해설

② 워크샘플링은 여러 사람의 관측자가 여러 사람 또는 여러 대의 기계를 측정하는 방법이다.

59 설비배치 및 개선의 목적을 설명한 내용으로 가장 관계가 먼 것은?

① 제공품의 증가   ② 설비투자 최소화
③ 이동거리의 감소   ④ 작업자 부하 평준화

해설

■ **설비배치 및 개선의 목적**
설비투자 최소화, 이동거리의 감소, 작업자 부하 평준화

60 검사의 종류 중 검사공정에 의한 분류에 해당되지 않는 것은?

① 수입검사   ② 출하검사
③ 출장검사   ④ 공정검사

해설

■ **검사의 분류**
㉠ 검사공정 : 수입검사(구입검사), 공정검사(중간검사), 최종검사(완성검사), 출하검사(출고검사)
㉡ 검사장소 : 정위치검사, 순회검사, 출장검사(입회검사)
㉢ 검사성질 : 파괴검사, 비파괴검사, 관능검사
㉣ 검사방법(판정대상) : 전수검사, Lot별샘플링검사, 관리샘플링검사, 무검사

정답 58. ② 59. ① 60. ③

01 위험물안전관리법령에 의하여 다수의 제조소 등을 설치한 자가 1인의 안전관리자를 중복하여 선임할 수 있는 경우가 아닌 것은 어느 것인가?(단, 동일구 내에 있는 저장소로서 동일인이 설치한 경우이다)

① 15개의 옥내저장소
② 30개의 옥외탱크저장소
③ 10개의 옥외저장소
④ 10개의 암반탱크저장소

해설

■ 1인의 안전관리자를 중복하여 선임할 수 있는 경우

㉠ 보일러·버너 또는 이와 비슷한 것으로서 위험물을 소비하는 장치로 이루어진 7개 이하의 일반취급소와 그 일반취급소에 공급하기 위한 위험물을 저장하는 저장소[일반취급소 및 저장소가 모두 동일 구내(같은 건물 안 또는 같은 울 안을 말함)에 있는 경우에 한함]를 동일인이 설치한 경우

㉡ 위험물을 차량에 고정된 탱크 또는 운반용기에 옮겨 담기 위한 5개 이하의 일반취급소 [일반취급소 간의 거리(보행거리를 말함)가 300m 이내인 경우에 한함]와 그 일반취급소에 공급하기 위한 위험물을 저장하는 저장소를 동일인이 설치한 경우

㉢ 동일구 내에 있거나 상호 100m 이내의 거리에 있는 저장소로서 저장소의 규모, 저장하는 위험물의 종류 등을 고려하여 행정안전부령이 정하는 저장소를 동일인이 설치한 경우

> ※ 행정안전부령이 정하는 저장소
> • 10개 이하의 옥내저장소, 옥외저장소, 암반탱크저장소
> • 30개 이하의 옥외탱크저장소
> • 옥내탱크저장소, 지하탱크저장소, 간이탱크저장소

02 다음은 위험물안전관리법령상 위험물의 성질에 따른 제조소의 특례에 관한 내용이다.
(   )에 해당하는 위험물은?

> (   )을(를) 취급하는 설비는 은·수은·동·마그네슘 또는 이들을 성분으로 하는 합금으로 만들지 아니할 것

① 에테르
② 콜로디온
③ 아세트알데히드
④ 알킬알루미늄

정답 01. ① 02. ③

■ **아세트알데히드 취급 시 사용금지 물질 :** 은, 수은, 동, 마그네슘

03 다음에서 설명하는 탱크는 위험물안전관리법령상 무엇이라고 하는가?

> 저부가 지반면 아래에 있고 상부가 지반면 이상에 있으며 탱크 내 위험물의 최고액면이
> 지반면 아래에 있는 원통종형식의 위험물탱크를 말한다.

① 반지하탱크   ② 지반탱크
③ 지중탱크   ④ 특정옥외탱크

해설

■ **옥외탱크 중 설치위치에 따라**
㉠ 지중탱크
㉡ 해상탱크 : 해상의 동일 장소에 정치되어 육상에 설치된 설비와 배관 등에 의하여 접속된 위험물탱크
㉢ 특정옥외탱크 : 저장·취급하는 액체위험물의 최대수량이 100만L 이상인 것

04 다음과 같은 성질을 가지는 물질은?

> • 가장 간단한 구조의 카르복시산이다.
> • 알데히드기와 카르복시기를 모두 가지고 있다.
> • CH_3OH와 에스테르화 반응을 한다.

① CH_3COOH ② $HCOOH$
③ CH_3CHO ④ CH_3COCH_3

해설

의산($HCOOH$)에 관한 설명이다.

05 황화인 중에서 융점이 약 173℃이며 황색 결정이고 물에는 불용성인 것은?

① P_2S_5 ② P_2S_3
③ P_4S_3 ④ P_4S_7

해설

삼황화인(P_4S_3)에 관한 설명이다.

정답   03. ③   04. ②   05. ③

06 이동탱크저장소의 측면틀의 기준에 있어서 탱크 뒷부분의 입면도에서 측면틀의 최외측과 탱크의 최외측을 연결하는 직선의 수평면에 대한 내각은 얼마 이상이 되도록 하여야 하는가?

① 35° ② 65°
③ 75° ④ 90°

해설

■ **이동탱크저장소의 측면틀**
최외측선의 내각은 75°(탱크 중량의 중심점과는 35°) 이상일 것

07 다음 위험물안전관리법령상 $C_6H_5CH=CH_2$를 70,000L 저장하는 옥외탱크저장소에는 능력단위 3단위 소화기를 최소 몇 개 설치하여야 하는가?(단, 다른 조건은 고려하지 않는다)

① 1 ② 3
③ 3 ④ 4

해설

㉠ 소요단위 $=\dfrac{70,000}{1,000\times10}=7$단위

㉡ 소화난이도등급 Ⅰ의 옥외탱크저장소 부분

옥외탱크저장소	액표면적이 40m² 이상인 것(제6류 위험물을 저장하는 것 및 고인화점 위험물만을 100℃ 미만의 온도에서 저장하는 것은 제외)
	지반면으로부터 탱크 옆판의 상단까지 높이가 6m 이상인 것(제6류 위험물을 저장하는 것 및 고인화점 위험물만을 100℃ 미만의 온도에서 저장하는 것은 제외)
	지중탱크 또는 해상탱크로서 지정수량의 100배 이상인 것(제6류 위험물을 저장하는 것 및 고인화점 위험물만을 100℃ 미만의 온도에서 저장하는 것은 제외)
	고체위험물을 저장하는 것으로서 지정수량의 100배 이상인 것

㉢ 소화난이도등급 Ⅱ의 옥외탱크저장소 부분

옥외탱크저장소 옥내탱크저장소	소화난이도등급Ⅰ의 제조소 등 외의 것(고인화점 위험물만을 100℃ 미만의 온도로 저장하는 것 및 제6류 위험물만을 저장하는 것은 제외)

㉣ 소화난이도등급 Ⅲ의 제조소 등

제조소, 일반취급소, 옥내저장소, 지하탱크저장소, 간이탱크저장소, 이동탱크저장소, 옥외저장소, 주유취급소, 제1종 판매취급소

• 일반적으로 스티렌 자체는 위험등급 Ⅲ으로 분류하는데, 이것은 "위험물의 운반에 관한 기준"으로서 위험등급과 소화난이도등급은 다르다.
• 소화난이도등급 Ⅰ, Ⅱ에 해당이 없으므로 소화난이도 등급 Ⅲ으로 보고 "7소요단위/3단위＝2.33이므로 절상하면 3개"이다.

08 제4류 위험물 중 지정수량이 옳지 않은 것은?

① n-헵탄 : 200L   ② 벤즈알데히드 : 2,000L

③ n-펜탄 : 50L   ④ 에틸렌글리콜 : 4,000L

해설

① n-헵탄 : 200L(제1석유류 비수용성)

② 벤즈알데히드($(C_6H_5)CHO$) : 1,000L(제2석유류 비수용성)

③ n-펜탄 : 50L(특수인화물)

④ 에틸렌글리콜($C_2H_4(OH)_2$) : 4,000L(제3석유류 수용성)

09 어떤 물질 1kg에 의해 파괴되는 오존량을 기준물질인 CFC-11, 1kg에 의해 파괴되는 오존량으로 나눈 상대적인 비율로 오존파괴능력을 나타내는 지표는?

① CFC   ② ODP

③ GWP   ④ HCFC

해설

㉠ 오존파괴지수(ODP; Ozone Depletion Potential)

$$ODP = \frac{\text{어떠한 물질 1kg에 의해서 파괴되는 오존량}}{\text{CFC} - \text{Ⅱ 물질 1kg에 의해서 파괴되는 오존량}}$$

㉡ 지구온난화지수(GWP; Global Warming Potential)

$$GWP = \frac{\text{어떠한 물질 1kg에 의한 지구의 온난화 정도}}{\text{CFC} - \text{Ⅱ 물질 1kg에 의한 지구의 온난화 정도}}$$

10 탄화칼슘이 물과 반응하였을 때 발생하는 가스는?

① 메탄   ② 에탄

③ 수소   ④ 아세틸렌

해설

$CaC_2 + 2H_2O \rightarrow Ca(OH)_2 + C_2H_2 \uparrow$

11 세슘(Cs)에 대한 설명으로 틀린 것은?

① 알칼리토금속이다.
② 암모니아와 반응하여 수소를 발생한다.
③ 비중이 1보다 크므로 물보다 무겁다.
④ 사염화탄소와 접촉 시 위험성이 증가한다.

해설

① 알칼리금속이다.

12 위험물안전관리법령상 위험물의 유별 구분이 나머지 셋과 다른 하나는?

① 사에틸납(tetraethyl lead) ② 백금분
③ 주석분 ④ 고형알코올

해설

- ① : 제3류 위험물 유기금속화합물류
- ②, ③, ④ : 제2류 위험물

13 벤젠핵에 메틸기 1개와 하이드록실기 1개가 결합된 구조를 가진 액체로서 독특한 냄새를 가지는 물질은?

① 크레솔(cresol) ② 아닐린(aniline)
③ 큐멘(cumene) ④ 니트로벤젠(nitrobenzene)

해설

① 크레솔 : $CH_3C_6H_4OH$

14 위험물 옥외탱크저장소의 방유제 외측에 설치하는 보조포소화전의 상호간의 거리는?

① 보행거리 40m 이하 ② 수평거리 40m 이하
③ 보행거리 75m 이하 ④ 수평거리 75m 이하

해설

- 옥외탱크저장소의 방유제 외측에 설치하는 보조포소화전의 상호간 거리 : 보행거리 75m 이하

정답 11. ① 12. ① 13. ① 14. ③

15 탱크안전성능검사에 관한 설명으로 옳은 것은?

① 검사자로는 소방서장, 한국소방산업기술원 또는 탱크안전성능시험자가 있다.
② 이중벽탱크에 대한 수압검사는 탱크의 제작지를 관할하는 소방서장도 할 수 있다.
③ 탱크의 종류에 따라 기초・지반검사, 충수・수압검사, 용접부검사 또는 암반탱크검사 중에서 어느 하나의 검사를 실시한다.
④ 한국소방산업기술원은 엔지니어링사업자, 탱크안전성능시험자 등이 실시하는 시험의 과정 및 결과를 확인하는 방법으로도 검사를 할 수 있다.

> **해설**
> ① 검사자로서는 시・도지사가 한다.
> ② 기술원은 이중벽탱크에 대하여 수압검사를 탱크안전성능시험자가 실시하는 수압시험의 과정 및 결과를 확인하는 방법으로 할 수 있다
> ③ 탱크의 종류에 따라 기호・지반검사, 충수・수압검사, 용접부검사 또는 암반탱크검사 중에서 암반탱크 외에는 3가지 모두 받아야 한다.

16 위험물안전관리법령상 충전하는 일반취급소의 특례기준을 적용받을 수 있는 일반취급소에서 취급 할 수 없는 위험물을 모두 기술한 것은?

① 알킬알루미늄 등, 아세트알데히드 등 및 히드록실아민 등
② 알킬알루미늄 등 및 아세트알데히드 등
③ 알킬알루미늄 등 및 히드록실아민 등
④ 아세트알데히드 등 및 히드록실아민 등

> **해설**
> ■ **충전하는 일반취급소의 특례기준을 적용받을 수 있는 일반취급소에서 취급할 수 없는 위험물**
> 알킬알루미늄 등, 아세트알데히드 등 및 히드록실아민 등

17 다음은 위험물안전관리법령에서 정한 인화성액체위험물(이황화탄소는 제외)의 옥외탱크저장소 탱크 주위에 설치하는 방유제 기준에 관한 내용이다. (   ) 안에 알맞은 수치는?

> 방유제는 옥외저장탱크의 지름에 따라 그 탱크의 옆판으로부터 다음에 정하는 거리를 유지할 것. 다만, 인화점이 200℃ 이상인 위험물을 저장 또는 취급하는 것에 있어서는 그러하지 아니하다.
> • 지름이 (ⓐ)m 미만인 경우에는 탱크높이의 (ⓑ) 이상
> • 지름이 (ⓐ)m 이상인 경우에는 탱크높이의 (ⓒ) 이상

① ⓐ 12, ⓑ $\frac{1}{3}$, ⓒ $\frac{1}{2}$ ② ⓐ 12, ⓑ $\frac{1}{3}$, ⓒ $\frac{2}{3}$

③ ⓐ 12, ⓑ $\frac{1}{3}$, ⓒ $\frac{1}{2}$ ④ ⓐ 12, ⓑ $\frac{1}{3}$, ⓒ $\frac{2}{3}$

> **해설**
>
> ■ 옥외탱크저장소의 방유제와 탱크 측면의 이격거리

탱크지름	이격거리
15m 미만	탱크높이의 $\frac{1}{3}$ 이상
15m 이상	탱크높이의 $\frac{1}{2}$ 이상

18 질산암모늄에 대한 설명 중 틀린 것은?

① 강력한 산화제이다.
② 물에 녹을 때는 흡열반응을 나타낸다.
③ 조해성이 있다.
④ 흑색화약의 재료로 쓰인다.

> **해설**
>
> ④ 화약, 폭약의 산소공급제, AN-FO 폭약, 질소비료 등

19 다음의 위험물을 저장할 경우 총 저장량이 지정수량 이상에 해당하는 것은?

① 브롬산칼륨 80kg, 염소산칼륨 40kg
② 질산 100kg, 알루미늄분 200kg
③ 질산칼륨 120kg, 중크롬산나트륨 500kg
④ 브롬산칼륨 150kg, 기어유 2,000L

> **해설**
>
> ① $\frac{80\text{kg}}{300\text{kg}} + \frac{40\text{kg}}{50\text{kg}} = 0.27 + 0.8 = 1.07$배
>
> ② $\frac{100\text{kg}}{300\text{kg}} + \frac{200\text{kg}}{500\text{kg}} = 0.33 + 0.4 = 0.73$배
>
> ③ $\frac{120\text{kg}}{300\text{kg}} + \frac{500\text{kg}}{1,000\text{kg}} = 0.4 + 0.5 = 0.9$배
>
> ④ $\frac{150\text{kg}}{300\text{kg}} + \frac{2,000\text{L}}{6,000\text{L}} = 0.5 + 0.33 = 0.83$배

정답 18. ④ 19. ①

20 위험물안전관리법령상 $n-C_4H_9OH$의 지정수량은?

① 200L

② 400L

③ 1,000L

④ 2,000L

$n-C_4H_9OH$: 1,000L(제2석유류, 비수용성)

21 산소 32g과 메탄 32g을 20℃에서 30L의 용기에 혼합하였을 때 이 혼합기체가 나타내는 압력은 약 몇 atm인가?(단, R = 0.082atm · L/mol · K이며, 이상기체로 가정한다)

① 1.8

② 2.4

③ 3.2

④ 4.0

• 산소의 몰수 $= \dfrac{32g}{32g} = 1$몰

• 메탄의 몰수 $= \dfrac{32g}{16g} = 2$몰

• 혼합기체의 몰수 : 1몰 + 2몰 = 3몰

$$\therefore P = \frac{nRT}{V} = \frac{3 \times 0082 \times (20 + 273)}{30} = 2.4\text{atm}$$

22 옥외저장소에 저장하는 위험물 중에서 위험물을 적당한 온도로 유지하기 위한 살수설비를 설치하여야 하는 위험물이 아닌 것은?

① 인화성고체(인화점 20℃)

② 경유

③ 톨루엔

④ 메탄올

■ 옥외저장소에 저장하는 위험물 중 살수설비를 설치하여야 하는 위험물

① 인화성고체(인화점 20℃), ② 제1석유류(톨루엔), ④ 알코올류(메탄올)

23 물과 심하게 반응하여 독성의 포스핀을 발생시키는 위험물은?

① 인화칼슘

② 부틸리튬

③ 수소화나트륨

④ 탄화알루미늄

정답 20. ③ 21. ② 22. ② 23. ①

① $Ca_3P_2 + 6H_2O \rightarrow 3CaCl_2 + 2PH_3 \uparrow$

　　　　　　　　　　　포스핀(독성 gas)

② $C_4H_9Li + H_2O \rightarrow C_4H_9OH + LiH \uparrow$

③ $NaH + H_2O \rightarrow NaOH + H_2 \uparrow$

④ $Al_4C_3 + 12H_2O \rightarrow 4Al(OH)_3 + 3CH_4 \uparrow$

24 위험물제조소로부터 30m 이상의 안전거리를 유지하여야 하는 건축물 또는 공작물은?

① 문화재보호법에 따른 지정문화재
② 고압가스안전관리법에 따라 신고하여야 하는 고압가스저장시설
③ 사용전압이 75,000V인 특고압가공전선
④ 고등교육법에서 정하는 학교

해설

① 50m 이상
② 20m 이상
③ 5m 이상

25 삼산화크롬에 대한 설명으로 틀린 것은?

① 독성이 있다.
② 고온으로 가열하면 산소를 방출한다.
③ 알코올에 잘 녹는다.
④ 물과 반응하여 산소를 발생한다.

해설

④ 물과 반응하여 격렬하게 발열하고, 따라서 가연물과 혼합하고 있을 때 물이 침투되면 발화위험이 있다.

26 위험물안전관리법령상 불활성가스소화설비 기준에서 저장용기설치기준으로 틀린 것은?

① 저장용기에는 안전장치(용기밸브에 설치되어 있는 것에 한한다)를 설치할 것
② 온도가 40℃ 이하이고 온도변화가 적은 장소에 설치할 것
③ 방호구역 외의 장소에 설치할 것
④ 저장용기의 외면에소화약제의 종류와 양, 제조년도 및 제조자를 표시할 것

정답　24. ④　25. ④　26. ①

■ 불활성가스소화설비 저장용기 설치기준

㉠ 방호구역 외의 장소에 설치할 것

㉡ 온도가 40℃ 이하이고, 온도변화가 적은 장소에 설치할 것

㉢ 직사일광 및 빗물이 침투할 우려가 적은 장소에 설치할 것

㉣ 저장용기에는 안전장치(용기밸브에 설치되어 있는 것 포함)를 설치할 것

㉤ 저장용기의 외면에소화약제의 종류와 양, 제조년도 및 제조자를 표시할 것

27 위험물안전관리법령상 제1류 위험물을 운송하는 이동탱크저장소의 외부도장 색상은?

① 회색

② 적색

③ 청색

④ 황색

■ 위험물 이동저장탱크의 외부 도장 색상

유 별	외부도장 색상	비 고
제1류	회 색	탱크의 앞면과 뒷면을 제외한 면적의 40% 이내의 면적은 다른 유별의 색상 외의 색상으로 도장하는 것이 가능하다.
제2류	적 색	
제3류	청 색	
제4류	도장에 색상 제한은 없으나 적색을 권장한다.	
제5류	황 색	
제6류	청 색	

28 다음 위험물 중 지정수량의 표기가 틀린 것은?

① $CO(NH_2)_2 \cdot H_2O_2$ – 10kg

② K_2CrO_7 – 1,000kg

③ KNO_2 – 300kg

④ $Na_2S_2O_8$ – 1,000kg

④ $Na_2S_2O_8$ – 300kg

29 다음의 연소반응식에서 트리에틸알루미늄 114kg이 산소와 반응하여 연소할 때 약 몇 kcal의 열을 방출하겠는가?(단, Al의 원자량은 27이다)

$$2(C_2H_5)_3Al + 21O_2 \longrightarrow 12CO_2 + Al_2O_3 + 15H_2O + 1,470kcal$$

① 375

② 735

③ 1,470

④ 2,940

해설

$$2(C_2H_5)_3Al + 21O_2 \rightarrow 12CO_2 + Al_2O_3 + 15H_2O + 1,470kcal$$

$2 \times 114g$ $1,470kcal$

$114g$ $x(kcal)$

$$\therefore\ x = \frac{114 \times 1,470}{2 \times 114} = 735Kcal$$

30 1기압에서 인화점이 200℃인 것은 제 몇 석유류인가? (단, 도료류, 그 밖의 물품은 가연성액체량이 40중량퍼센트 이하인 물품은 제외)

① 제1석유류

② 제2석유류

③ 제3석유류

④ 제4석유류

해설

① 제1석유류 : 1기압에서 인화점이 21℃ 미만인 것

② 제2석유류 : 1기압에서 인화점이 21℃ 이상 70℃ 미만인 것(단, 도료류, 그 밖에 물품에 있어서 가연성액체량이 40wt% 이하이면서 인화점이 40℃ 이상인 동시에 연소점이 60℃ 이상인 것은 제외)

③ 제3석유류 : 1기압에서 인화점이 70℃ 이상 200℃ 미만인 것(단, 도료류, 그 밖의 물품은 가연성액체량이 40wt% 이하인 것은 제외)

④ 제4석유류 : 1기압에서 인화점이 200℃ 이상 250℃ 미만인 것(단, 도료류, 그 밖의 물품은 가연성액체량이 40wt% 이하인 것은 제외)

31 미지의 액체 시료가 있는 시험관에 불에 달군 구리줄을 넣을 때 자극적인 냄새가 나며, 붉은색 침전물이 생기는 것을 확인하였다. 이 액체 시료는 무엇인가?

① 등유

② 아마인유

③ 메탄올

④ 글리세린

해설

메탄올에 관한 설명이다.

32 이황화탄소를 저장하는 실의 온도가 −20℃이고, 저장실 내 이황화탄소의 공기 중 증기농도가 2vol%라고 가정할 때 다음 설명 중 옳은 것은?

① 점화원이 있으면 연소된다.
② 점화원이 있더라도 연소되지 않는다.
③ 점화원이 없어도 발화된다.
④ 어떠한 방법으로도 연소되지 않는다.

> **해설**
>
> 이황화탄소는 인화점이 −30℃, 연소범위는 1.2~44%이므로 −20℃는 인화점 이상이고, 증기농도 2vol%는 연소범위 내에 있으므로 점화원이 있으면 연소된다.

33 273℃에서 기체의 부피가 4L이다. 같은 압력에서 25℃일 때의 부피는 약 몇 L인가?

① 0.32
② 2.2
③ 3.2
④ 4

> **해설**
>
> **■ 샤를의 법칙**
>
> $$\frac{V}{T} = \frac{V'}{T'} \text{에서} \quad \frac{4}{273+273} = \frac{V'}{25+273}$$
>
> $$\therefore \ V' = \frac{4 \times (25+273)}{(273+273)} = 2.2L$$

34 제1류 위험물 중 무기과산화물과 제5류 위험물 중 유기과산화물의 소화방법으로 옳은 것은?

① 무기과산화물 : CO_2에 의한 질식소화
  유기화산화물 : CO_2에 의한 냉각소화
② 무기과산화물 : 건조사에 의한 피복소화
  유기과산화물 : 분말에 의한 질식소화
③ 무기과산화물 : 포에 의한 질식소화
  유기과산화물 : 분말에 의한 질식소화
④ 무기과산화물 : 건조사에 의한 피복소화
  유기과산화물 : 물에 의한 냉각소화

> **해설**
>
> **■ 소화방법**
> ㉠ 제1류 위험물 중 무기과산화물 : 건조사에 의한 피복소화
> ㉡ 제5류 위험물 중 유기과산화물 : 물에 의한 냉각소화

정답 32. ① 33. ② 34. ④

35 옥내저장소에 위험물을 수납한 용기를 겹쳐 쌓는 경우 높이의 상한에 관한 설명 중 틀린 것은?

① 기계에 의하여 하역하는 구조로 된 용기만 겹쳐 쌓는 경우는 6미터
② 제3석유류를 수납한 소형 용기만 겹쳐 쌓는 경우는 4미터
③ 제2석유류를 수납한 소형 용기만 겹쳐 쌓는 경우는 4미터
④ 제1석유류를 수납한 소형 용기는 겹쳐 쌓는 경우는 3미터

해설

■ 옥내저장소에 위험물을 수납한 용기를 겹쳐 쌓는 경우 높이의 상한
㉠ 기계에 의하여 하역하는 구조로 된 용기만을 겹쳐쌓는 경우 : 6m
㉡ 제4류 위험물 중 제3석유류, 제4석유류 및 동·식물유류를 수납하는 용기만을 겹쳐 쌓는 경우 : 4m
㉢ 그 밖의 경우(제2석유류를 수납한 용기만 겹쳐 쌓는 경우) : 3m

36 위험물안전관리법령상 이산화탄소소화기가 적응성이 있는 위험물은?

① 제1류 위험물   ② 제3류 위험물
③ 제4류 위험물   ④ 제5류 위험물

해설

■ 소화설비의 적응성

소화설비의 구분			건축물·그 밖의 공작물	전기설비	제1류 위험물		제2류 위험물			제3류 위험물		제4류 위험물	제5류 위험물	제6류 위험물
					알칼리금속과산화물 등	그 밖의 것	철분·금속분·마그네슘 등	인화성고체	그 밖의 것	금수성물품	그 밖의 것			
옥내소화전 또는 옥외소화전설비			○			○		○	○		○		○	○
스프링클러설비			○			○		○	○		○	△	○	○
물분무등소화설비	물분무소화설비		○	○		○		○	○		○	○	○	○
	포소화설비		○			○		○	○		○	○	○	○
	불활성가스소화설비			○				○			○			
	할로겐화합물소화설비			○				○			○			
	분말소화설비	인산염류 등	○	○		○		○	○		○			○
		탄산수소염류 등		○	○		○	○		○		○			
		그 밖의 것			○			○		○					

소화설비의 구분		대상물 구분											
		건축물·그 밖의 공작물	전기설비	제1류 위험물		제2류 위험물			제3류 위험물		제4류 위험물	제5류 위험물	제6류 위험물
				알칼리금속과산화물 등	그 밖의 것	철분·금속분·마그네슘 등	인화성고체	그 밖의 것	금수성물품	그 밖의 것			
대형·소형 수동식 소화기	봉상수(棒狀水)소화기	○			○		○	○		○		○	○
	무상수(霧狀水)소화기	○	○		○		○	○		○		○	○
	봉상강화액소화기	○			○		○	○		○		○	○
	무상강화액소화기	○	○		○		○	○		○	○	○	○
	포소화기	○			○		○	○		○	○	○	○
	이산화탄소소화기		○				○				○		△
	할로겐화합물소화기		○				○				○		
분말소화기	인산염류소화기	○	○		○		○	○			○		○
	탄산수소염류소화기		○	○		○	○		○		○		
	그 밖의 것			○		○			○				

비고

1. "○"표시는 당해 소방대상물 및 위험물에 대하여 소화설비가 적응성이 있음을 표시하고, "△"표시는 제4류 위험물을 저장 또는 취급하는 장소의 살수기준면적에 따라 스프링클러설비의 살수밀도가 다음 표에 정하는 기준 이상인 경우에는 당해 스프링클러설비가 제4류 위험물에 대하여 적응성이 있음을, 제6류 위험물을 저장 또는 취급하는 장소로서 폭발의 위험이 없는 장소에 한하여 이산화탄소소화기가 제6류 위험물에 대하여 적응성이 있음을 각각 표시한다.

37 위험물안전관리법령에 따른 제1류 위험물의 운반 및 위험물제조소 등에서 저장·취급에 관한 기준으로 옳은 것은?(단, 지정수량의 10배인 경우이다)

① 제6류 위험물과는 운반 시 혼재할 수 있으며, 적절한 조치를 취하면 같은 옥내저장소에 저장할 수 있다.

② 제6류 위험물과는 운반 시 혼재할 수 있으나, 같은 옥내저장소에 저장할 수는 없다.

③ 제6류 위험물과는 운반 시 혼재할 수 없으나, 적절한 조치를 취하면 같은 옥내저장소에 저장할 수 있다.

④ 제6류 위험물과는 운반 시 혼재할 수 없으며, 같은 옥내저장소에 저장할 수도 없다.

해설

제1류 위험물은 제6류 위험물과 운반 시 혼재할 수 있으며, 적절한 조치를 취하면 같은 옥내저장소에 저장할 수 있다.

정답 37. ①

38 이동탱크저장소에 의한 위험물 운송 시 위험물운송자가 휴대하여야 하는 위험물안전카드의 작성대상에 관한 설명으로 옳은 것은?

① 모든 위험물에 대하여 위험물안전카드를 작성하여 휴대하여야 한다.

② 제1류, 제3류 또는 제4류 위험물을 운송하는 경우에 위험물안전카드를 작성하여 휴대하여야 한다.

③ 위험등급 Ⅰ 또는 위험등급 Ⅱ에 해당하는 위험물을 운송하는 경우에 위험물안전카드를 작성하여 휴대하여야 한다.

④ 제1류, 제2류, 제3류, 제4류(특수인화물 및 제1석유류에 한함), 제5류 또는 제6류 위험물을 운송하는 경우에 위험물안전카드를 작성하여 휴대하여야 한다.

> **해설**
>
> ■ **위험물안전카드** : 제1류, 제2류, 제3류, 제4류(특수인화물 및 제1석유류에 한함), 제5류 또는 제6류 위험물을 운송하는 경우 위험물안전카드를 작성하여 휴대한다.

39 분말소화설비를 설치할 때 소화약제 50kg의 축압용가스로 질소를 사용하는 경우 필요한 질소가스의 양은 35℃, 0MPa의 상태로 환산하여 몇 L 이상으로 하여야 하는가? (단, 배관의 청소에 필요한 양은 제외)

① 500   ② 1,000

③ 1,500   ④ 2,000

> **해설**
>
> 축압용가스에 질소가스를 사용하는 것의 질소가스는 소화약제 1kg에 대하여 10L(35℃에서 1기압의 압력상태로 환산한 것) 이상, 이산화탄소를 사용하는 것의 이산화탄소는 소화약제 1kg에 대하여 20g에 배관의 청소에 필요한 양을 가산한 양 이상으로 한다. 즉, 1기압(atm)=0.101325MPa이므로 0MPa은 상태방정식으로 계산하면 약간의 차이가 있겠지만, 곧 1기압을 말한다. 또 이산화탄소는 축압용가스로 이산화탄소를 사용할 경우를 말하므로 관계없고, kg당 10L이면 50kg에서는 500L가 필요하다.

40 과산화나트륨의 저장창고에 화재가 발생하였을 때 주수소화를 할 수 없는 이유로 가장 타당한 것은?

① 물과 반응하여 과산화수소와 수소를 발생하기 때문에

② 물과 반응하여 산소와 수소를 발생하기 때문에

③ 물과 반응하여 과산화수소와 열을 발생하기 때문에

④ 물과 반응하여 산소와 열을 발생하기 때문에

> **해설**
>
> $2Na_2O_2 + 2H_2O \rightarrow 4NaOH + O_2 \uparrow$

정답   38. ④   39. ①   40. ④

41 다음의 위험물을 저장하는 옥내저장소의 저장창고가 벽·기둥 및 바닥이 내화구조로 된 건축물일 때, 위험물안전관리법령에서 규정하는 보유공지를 확보하지 않아도 되는 경우는?

① 아세트산 30,000L
② 아세톤 5,000L
③ 클로로벤젠 10,000L
④ 글리세린 15,000L

해설

■ 옥내저장소의 보유공지

저장 또는 취급하는 위험물의 최대수량	공지의 너비	
	벽·기둥 및 바닥이 내화구조로 된 건축물	그 밖의 건축물
지정수량의 5배 이하	–	0.5m 이상
지정수량의 5배 초과 10배 이하	1m 이상	1.5m 이상
지정수량의 10배 초과 20배 이하	2m 이상	3m 이상
지정수량의 20배 초과 50배 이하	3m 이상	5m 이상
지정수량의 50배 초과 200배 이하	5m 이상	10m 이상
지정수량의 200배 초과	10m 이상	15m 이상

① 아세트산－제2석유류－수용성－지정수량 2,000L
  30,000/2,000＝15배
② 아세톤－제1석유류－수용성－지정수량 400L
  5,000/400＝12.5배
③ 클로로벤젠－제2석유류－비수용성－지정수량 1,000L
  10,000/1,000＝10배
④ 글리세린－제3석유류－수용성－지정수량 4,000L
  15,000/4,000＝3.75배
∴ 5배 이하인 것은 글리세린이다.

42 Halon 1301과 Halon 2402에 공통적으로 포함된 원소가 아닌 것은?

① Br
② Cl
③ F
④ C

해설

■ Halon 번호
첫째 – 탄소수, 둘째 – 불소수, 셋째 – 염소수, 넷째 – 브롬수
㉠ Halon 1301: CF_3Br
㉡ Halon 2402 : $C_2F_4Br_2$
∴ 공통적으로 포함된 원소가 아닌 것은 : Cl

43 위험물안전관리법령상 제6류 위험물에 대한 설명으로 틀린 것은?

① "산화성액체"라 함은 액체로서 산화력의 잠재적인 위험성을 판단하기 위하여 고시로 정하는 시험에서 고시로 정하는 성질과 상태를 나타내는 것을 말한다.
② 산화성액체 성상이 있는 질산은 비중이 1.49 이상인 것이 제6류 위험물에 해당한다.
③ 산화성액체 성상이 있는 과염소산은 비중과 상관없이 제6류 위험물에 해당한다.
④ 산화성액체 성상이 있는 과산화수소는 농도가 36부피퍼센트 이상인 것이 제6류 위험물에 해당한다.

> **해설**
>
> ④ 산화성액체 성상이 있는 과산화수소는 농도가 36wt%(비중 약 1.13) 이상인 것이 제6류 위험물에 해당된다.

44 Al이 속하는 금속은 주기율표상 무슨 족 계열인가?

① 철족
② 알칼리금속족
③ 붕소족
④ 알칼리토금속족

45 위험물안전관리법령에 명시된 예방규정 작성 시 포함되어야 하는 사항이 아닌 것은?

① 위험물시설의 운전 또는 조작에 관한 사항
② 위험물취급작업의 기준에 관한 사항
③ 위험물의 안전에 관한 기록에 관한 사항
④ 소방관서의 출입검사 지원에 관한 사항

> **해설**
>
> ■ **예방규정 작성 시 포함되어야 하는 사항**
> ㉠ 위험물의 안전관리 업무를 담당하는 사람의 직무 및 조직에 관한 사항
> ㉡ 위험물안전관리자가 그 직무를 수행할 수 없는 경우 그 직무를 대행하는 사람에 관한 사항
> ㉢ 자체소방대의 편성 및 화학소방자동차의 배치에 관한 사항
> ㉣ 위험물안전에 관계된 작업에 종사하는 사람에 대한 안전교육에 관한 사항
> ㉤ 위험물시설 및 사업장에 대한 안전순찰에 관한 사항
> ㉥ 제조소 등의 시설과 관련 시설에 대한 점검 및 정비에 관한 사항
> ㉦ 제조소 등의 시설의 운전 또는 조작에 관한 사항
> ㉧ 위험물취급작업의 기준에 관한 사항
> ㉨ 이송취급소에 있어서는 배관공사 시의 안전확보에 관한 사항
> ㉩ 재난, 그 밖의 비상시의 경우에 취하여야 하는 조치에 관한 사항
> ㉪ 위험물의 안전에 관한 기록에 관한 사항

정답 43. ④ 44. ③ 45. ④

ⓔ 제조소 등의 위치·구조 및 설비를 명시한 서류와 도면의 정비에 관한 사항

ⓕ 그 밖에 위험물의 안전관리에 관하여 필요한 사항

46 다음에서 설명하는 위험물에 해당하는 것은?

- 불연성이고 무기화합물이다.
- 비중은 약 2.8이며, 융점은 460℃이다.
- 살균제, 소독제, 표백제, 산화제로 사용된다.

① Na_2O_2

② P_4S_3

③ CaC_2

④ H_2O_2

해설

과산화나트륨(Na_2O_2)의 설명이다.

47 인화성고체 2,500kg, 피크린산 900kg, 금속분 2,000kg 각각의 위험물지정수량 배수의 총합은 얼마인가?

① 7배

② 9배

③ 10배

④ 11배

해설

$$\frac{2,500\text{kg}}{1,000\text{kg}} + \frac{900\text{kg}}{200\text{kg}} + \frac{2,000\text{kg}}{500\text{kg}} = 2.5 + 4.5 + 4 = 11\text{배}$$

48 위험물안전관리법령상 옥외저장탱크에 부착되는 부속설비 중 기술원 또는 소방청장이 정하여 고시하는 국내·외 공인시험기관에서 시험 또는 인증 받은 제품을 사용하여야 하는 제품이 아닌 것은?

① 교반기

② 밸브

③ 폼챔버

④ 온도계

해설

■ 옥외저장탱크에 부착되는 부속설비 중 기술원 또는 소방청장이 정하여 고시하는 국내·외 공인시험기관에서 시험 또는 인증받는 제품을 사용하여야 하는 제품 : 교반기, 밸브, 폼챔버

49 그림과 같은 위험물 옥외탱크저장소를 설치하고자 한다. 톨루엔을 저장하고자 할 때 허가할 수 있는 최대수량은 지정수량의 약 몇 배인가? (단, $r=5m$, $l=10m$이다)

① 2

② 4

③ 1,963

④ 3,730

해설

탱크의 공간용적은 탱크의 내용적의 100분의 5 이상 100분의 10 이하의 용적으로,

㉠ 내용적(V) $=\pi\times5^2\times10=785.4m^3$

㉡ 탱크의 용량$=785.4\times0.09\sim785.4\times0.95=707\sim746m^3$

㉢ 톨루엔 : 제1석유류 – 비수용성 – 지정수량 200L$=0.2m^3$

㉣ $707m^3/0.2\sim746m^3/0.2=3,535\sim3,730$배

따라서 최대수량은 3,730배이다.

50 위험물안전관리법령상 위험물의 운반에 관한 기준에 의한 차광성과 방수성이 모두 있는 피복으로 가려야 하는 위험물은?

① 과산화칼륨

② 철분

③ 황린

④ 특수인화물

해설

㉠ 차광성이 있는 피복 조치

유 별	적용대상
제1류 위험물	전부(과산화칼륨)
제3류 위험물	자연발화성 물품
제4류 위험물	특수인화물
제5류 위험물	전 부
제6류 위험물	

㉡ 방수성이 있는 피복 조치

유 별	적용대상
제1류 위험물	알칼리금속의 과산화물 (과산화칼륨)
제2류 위험물	철분 금속분 마그네슘
제3류 위험물	금수성물질

정답 49. ④ 50. ①

51 위험물안전관리법령상 정기점검대상인 제조소 등에 해당하지 않는 것은?

① 경유를 20,000L 취급하며 차량에 고정된 탱크에 주입하는 일반취급소
② 등유를 3,000L 저장하는 지하탱크저장소
③ 알코올류를 5,000L 취급하는 제조소
④ 경유를 220,000L 저장하는 옥외탱크저장소

해설

■ 정기점검대상인 제조소 등
① 지정수량의 10배 이상의 위험물을 취급하는 제조소
② 지정수량의 100배 이상의 위험물을 저장하는 옥외저장소
③ 지정수량의 150배 이상의 위험물을 저장하는 옥내저장소
④ 지정수량의 200배 이상의 위험물을 저장하는 옥외탱크저장소
⑤ 암반탱크저장소
⑥ 이송취급소
⑦ 지정수량의 10배 이상의 위험물을 취급하는 일반취급소. 다만, 제4류 위험물(특수인화물을 제외)만을 지정수량의 50배 이하로 취급하는 일반취급소(제1석유류·알코올류의 취급량이 지정수량의 10배 이하의 경우에 한함)로서 다음의 어느 하나에 해당하는 것을 제외한다.
   ㉠ 보일러·버너 또는 이와 비슷한 것으로서 위험물을 소비하는 장치로 이루어진 일반취급소
   ㉡ 위험물을 용기에 다시 채워 넣거나 차량에 고정된 탱크에 주입하는 일반취급소
⑧ 지하탱크저장소
⑨ 이동탱크저장소
⑩ 위험물을 취급하는 탱크로서 지하에 매설된 탱크가 있는 제조소·주유취급소 또는 일반취급소

   ㉠ 등유 : $\dfrac{3,000L}{1,000L} = 3$배

   ㉡ 알코올류 : $\dfrac{5,000L}{400L} = 12.5$배

   ㉢ 경유 : $\dfrac{220,000L}{1,000L} = 220$배

52 물과 반응하여 메탄가스를 발생하는 위험물은?

① CaC_2 ② Al_4C_3
③ Na_2O_2 ④ LiH

해설

① $CaC_2 + 2H_2O \rightarrow Ca(OH)_2 + C_2H_2$

② $Al_4C_3 + 12H_2O \rightarrow 4Al(OH)_3 + 3CH_4$

③ $Na_2O_2 + H_2O \rightarrow 2NaOH + \dfrac{1}{2}O_2$

④ $LiH + H_2O \rightarrow LiOH + H_2$

정답 51. ① 52. ②

53 2몰의 메탄을 완전히 연소시키는 데 필요한 산소의 이론적인 몰수는?

① 1몰
② 2몰
③ 3몰
④ 4몰

해설

$2CH_4 + 4O_2 \rightarrow 2CO_2 + 4H_2O$

54 성능이 동일한 n대의 펌프를 서로 병렬로 연결하고 원래와 같은 양정에서 작동시킬 때 유체의 토출량은?

① $\frac{1}{n}$로 감소한다.
② n배로 증가한다.
③ 원래와 동일하다.
④ $\frac{1}{2n}$로 감소한다.

해설

동일한 성능의 펌프 n대를 병렬운전 시 토출량이 n배로 증가하고, 동일한 성능의 펌프 n대를 직렬운전 시 양정이 n배로 증가한다. 다만, 병렬운전 시 분기 이전의 흡입관의 크기 및 합류 이후의 토출관의 크기 등에 따라 많은 손실이 생길 수 있으며, 직렬운전 시에도 마찰손실이 n의 크기(대수)에 따라 가파른 상승곡선을 그리게 되어 현실에서는 절대로 같은 결과가 나올 수 없다.

55 다음 데이터로부터 통계량을 계산한 것 중 틀린 것은?

21.5, 23.7, 24.3, 27.2, 29.1

① 범위(R)=7.6
② 제곱합(S)=7.59
③ 중앙값(Me)=24.3
④ 시료분산(s^2)=8.988

해설

① 범위 : 변량의 최대값−최소값=29.1−21.5=7.6
  평균 : 21.5−25.16=−3.66
       23.7−25.16=−1.46
       24.3−25.16=−0.86
       27.2−25.16=2.04
       29.1−25.16=3.94
② 제곱합 : 각 변량의 편차(변량−평균)의 제곱의 합
  $=3.66^2+1.46^2+0.86^2+2.04^2+3.94^2=35.952$

정답 53. ④ 54. ② 55. ②

③ 중앙값 : 각 변량을 최솟값부터 최댓값까지 크기의 순서대로 나열했을 때 중앙에 위치한 값(변량의 수 n이 홀수이면 중앙의 값, 짝수이면 중앙 2개의 평균값) 24.3

④ 시료분산 : 제곱합/$(n-1)$＝35.952/(5-1)＝8.988

여기서, 분산은 보통 제곱합/n으로 계산하는데, 이를 모분산(σ^2, 시그마제곱)이라 한다. 그런데 처리해야 할 데이터의 양이 너무 방대하거나 현실적으로 그 모든 값을 파악하기 어려울 때 파악 가능한 또는 다룰 수 있는 만큼의 표본을 추출하여 제곱합/$(n-1)$로 구한 것을 표본분산(s^2)이라 한다.

n이 아니라 $n-1$로 나누는 이유는 추출한 표본들의 값의 크기가 어느 한쪽으로 치우치는 것을 보정해 주기 위함이다.

56 검사특성곡선(OC Curve)에 관한 설명으로 틀린 것은? (단, N : 로트의 크기, n : 시료의 크기, c : 합격판정개수)

① N, n이 일정할 때 c가 커지면 나쁜 로트의 합격률은 높아진다.

② N, c가 일정할 때 n이 커지면 좋은 로트의 합격률은 낮아진다.

③ $N/n/c$의 비율이 일정하게 증가하거나 감소하는 퍼센트샘플링검사 시 좋은 로트의 합격률은 영향이 없다.

④ 일반적으로 로트의 크기 N이 시료 n에 비해 10배 이상 크다면 로트의 크기를 증가시켜도 나쁜 로트의 합격률은 크게 변화하지 않는다.

해설 ▶

■ 검사특성곡선

㉠ 곡선이 가파를수록 오차가 작아진다.

㉡ n이 클수록 보다 정확한 검사가 되어 이상적인 OC곡선에 가깝게 된다. 그러나 n값을 크게 하면 검사 비용이 증가한다.

㉢ n, c가 같고, N이 작아지는 경우 곡선이 가팔라진다.

㉣ c가 같고, n이 커지는 경우 곡선이 가팔라진다.

㉤ n이 같고, c가 작아지는 경우 곡선이 가팔라진다.

㉥ N, c가 같고 n이 커지는 경우 곡선이 가팔라진다.

• 같은 표본 수에서 많이 합격시킬수록 당연히 나쁜 로트의 합격률은 높아진다.

• n이 커지면 곡선이 가팔라지고 보다 정확한 검사가 된다. 좋은 로트의 합격률이 낮아지면 나쁜 로트의 합격률은 더욱 낮아진다.

• 수치만 달라질 뿐 검사특성곡선의 모양은 일치한다.

• 예를 들어, 100만 개 중에 100개를 추출하여 검사하나 200개를 검사하나 큰 차이가 없을 것이다.

57 표준시간을 내경법으로 구하는 수식으로 맞는 것은?

① 표준시간＝정미시간＋여유시간

② 표준시간＝정미시간×(1＋여유율)

③ 표준시간＝정미시간×$\left(\dfrac{1}{1-여유율}\right)$

④ 표준시간＝정미시간×$\left(\dfrac{1}{1+여유율}\right)$

해설

표준시간＝정미시간×$\left(\dfrac{1}{1-여유율}\right)$

58 품질특성에서 X 관리도로 관리하기에 가장 거리가 먼 것은?

① 볼펜의 길이
② 알코올 농도
③ 1일 전력소비량
④ 나사길이의 부적합품 수

해설

X 관리도의 관리종목
① 볼펜의 길이, ② 알코올 농도, ③ 1일 전력소비량

59 다음 그림의 AOA(Activity-On-Arc) 네트워크에서 E작업을 시작하려면 어떤 작업들이 완료되어야 하는가?

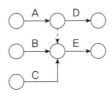

① B
② A, B
③ B, C
④ A, B, C

해설

활동들의 수행 순서를 네트워크로 나타낸 것으로서

활동 D는 활동 A 완료 이후에 시작할 수 있고, 활동 E는 활동 B, C가 완료될 뿐 아니라 A도 완료되어야 시작될 수 있다.

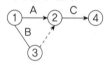

활동 A가 끝나더라도 활동 B 또한 완료되어야 활동 C를 수행할 수 있다.
여기서 첫 번째 그림에서 활동 D는 활동 A의 결과물을 가지고, 활동 E는 활동 B, C의 결과물을 가지고 수행하지만, 활동 E의 시작시기가 활동 A 완료 후라는 의미이다.
활동 D의 시작시기는 활동 B, C와 관계없다.

60 브레인스토밍(Brainstorming)과 가장 관계가 깊은 것은?

① 특성요인도 ② 파레토도
③ 히스토그램 ④ 회귀분석

해설

브레인스토밍(Brainstorming)은 잠재의식을 일깨워 자유로이 아이디어를 개발하자는 토의식 아이디어 개발기법으로 특성요인도와 가장 관계가 깊으며, 특성요인도는 특성과 요인관계를 도표로 하여 어골상으로 세분화한다.

01 질산암모늄 80g이 완전 분해하여 O_2, H_2O, N_2가 생성되었다면, 이때 생성물의 총량은 모두 몇 몰인가?

① 2

② 3.5

③ 4

④ 7

> **해설**

■ 질산암모늄(초안, NH_4NO_3, 제1류, 질산염류, 분자량 80) 분해반응식

$2NH_4NO_3 \rightarrow 2N_2\uparrow + O_2\uparrow + 4H_2O\uparrow$

  $2 \times 80g$ 2mol   1mol   4mol

∴ NH_4NO_3, 80g의 경우 생성물의 총 몰수=1+0.5+2=3.5mol

02 비중 0.8인 유체의 밀도는 몇 kg/m^3인가?

① 800

② 80

③ 8

④ 0.8

> **해설**

비중 0.8=밀도 $800kg/m^3$

03 다음 중 1mol에 포함된 산소의 수가 가장 많은 것은?

① 염소산

② 과산화나트륨

③ 과염소산

④ 차아염소산

> **해설**

① 염소산($HClO_3$) : 3개

② 과산화나트륨(Na_2O_2) : 2개

③ 과염소산($HClO_4$) : 4개

④ 차아염소산($HClO$) : 1개

04 어떤 유체의 비중이 S, 비중량이 γ이다. 4℃ 물의 밀도가 ρ_w, 중력가속도가 g일 때 다음 중 옳은 것은?

① $\gamma = S\rho_w$

② $\gamma = g\rho_w / S$

③ $\gamma = S\rho_w / g$

④ $\gamma = Sg\rho_w$

해설

$\gamma = Sg\rho_w$

[γ : 비중량, S : 유체의 비중, g : 중력가속도, ρ_w : 4℃ 물의 밀도]

05 아세틸렌 1몰이 완전연소하는 데 필요한 이론 공기량은 약 몇 몰인가?

① 2.5

② 5

③ 11.9

④ 22.4

해설

$C_2H_2 + 2.5O_2 \rightarrow 2CO_2 + H_2O$

$\therefore 2.5 \times \dfrac{100}{21} = 11.9몰$

06 측정하는 유체의 압력에 의해 생기는 금속의 탄성변형을 기계식으로 확대 지시하여 압력을 측정하는 것은?

① 마노미터

② 시차액주계

③ 부르동관 압력계

④ 로터미터

해설

① 마노미터(Manometer) : 1차 압력계로서 U자관 압력계, 단관식 압력계, 경사관식 압력계가 있다.

② 시차액주계 : 관을 말하며, 관내 유속 또는 유량을 결정하기 위해 설치되고 시차액주계가 목 부분과 일반 단면 부분에 설치되어 압력차이를 측정한다.

③ 부르동관 압력계 : 측정하는 유체의 압력에 의해 생기는 금속의 탄성변형을 기계식으로 확대 지시하여 압력을 측정하는 것이다.

④ 로터미터(Rota Meter) : 면적식 유량계로서 수직으로 놓인 경사 간 완만한 원추모양의 유리관 안에 상하 운동을 할 수 있는 부자가 있고 유체는 관의 하부에서 도입되며 부자는 그 부력과 중력이 균형 잡히는 위치에 서게 되므로 그 위치의 눈금을 읽고 이것을 유량으로 알 수 있다.

07 3.65kg의 염화수소 중에는 HCl 분자가 몇 개 있는가?

① 6.02×10^{23}
② 6.02×10^{24}
③ 6.02×10^{25}
④ 6.02×10^{26}

 해설

- HCl의 분자량은 36.5g이다.
- 1mol 속에는 6.02×10^{23}개의 분자가 존재한다.
- HCl 3.65kg의 몰 수는 $\dfrac{3.65 \times 10^3 \text{g}}{36.5 \text{g}} = 100 \text{mol}$ 이다.
- $1 \text{mol} : 6.02 \times 10^{23} = 100 \text{mol} : x$
∴ $x = 6.02 \times 10^{23} \times 100 = 6.02 \times 10^{25}$개

08 과산화나트륨과 묽은아세트산이 반응하여 생성되는 것은?

① NaOH
② H_2O
③ Na_2O
④ H_2O_2

해설

$Na_2O_2 + 2CH_3COOH \rightarrow 2CH_3COONa + H_2O_2$

09 위험물안전관리법령상 제6류 위험물 중 "그 밖에 행정안전부령이 정하는 것"에 해당하는 물질은 어느 것인가?

① 아지화합물
② 과요오드산화합물
③ 염소화규소화합물
④ 할로겐간화합물

해설

① 제5류 위험물, ② 제1류 위험물, ③ 제3류 위험물

10 줄-톰슨(Joule-Thomson) 효과와 가장 관계있는 소화기는?

① 할론 1301 소화기
② 이산화탄소소화기
③ HCFC-124 소화기
④ 할론 1211 소화기

■ **줄-톰슨(Joule-Thomson) 효과**

단열을 한 관의 도중에 작은 구멍을 내고 이 관에 압력이 있는 기체 또는 액체를 흐르게 하여 작은 구멍을 통할 때 유체의 압력이 하강함과 동시에 온도가 급강하(약 −78℃)가 되어 고체로 되는 현상이다. 이산화탄소 소화기는 가스 방출 시 줄-톰슨 효과에 의해 기화열의 흡수로 인하여 소화를 한다.

11 CH_3COCH_3에 대한 설명으로 틀린 것은?

① 무색 액체이며, 독특한 냄새가 있다.
② 물에 잘 녹고, 유기물을 잘 녹인다.
③ 요오드포름 반응을 한다.
④ 비점이 물보다 높지만 휘발성이 강하다.

④ 비점(56.6℃)이 물(100℃)보다 낮고, 휘발성이 강하다.

12 제4류 위험물인 C_6H_5Cl의 지정수량으로 맞는 것은?

① 200L   ② 400L
③ 1,000L   ④ 2,000L

■ **제4류 위험물의 품명과 지정수량**

성 질	위험등급	품 명		지정수량
인화성액체	I	특수인화물류		50L
	II	제1석유류	비수용성	200L
			수용성	400L
		알코올류		400L
	III	제2석유류	비수용성(C_6H_5Cl)	1,000L
			수용성	2,000L
		제3석유류	비수용성	2,000L
			수용성	4,000L
		제4석유류		6,000L
		동·식물유류		10,000L

13 96g의 메탄올이 완전연소되면 몇 g의 H_2O가 생성되는가?

① 54

② 27

③ 216

④ 108

해설

$$CH_3OH + 1.5O_2 \rightarrow CO_2 + 2H_2O$$

32g ⟍ 36g

96g ⟋ x(g)

$x = \dfrac{96 \times 36}{32}$, $x = 108$g

14 다음 중 $C_6H_5CH_3$에 대한 설명으로 틀린 것은 어느 것인가?

① 끓는점은 약 211℃이다.

② 증기는 공기보다 무거워 낮은 곳에 체류한다.

③ 인화점은 약 4℃이다.

④ 액의 비중은 약 0.87이다.

해설

① 끓는점은 약 111℃이다.

15 제5류 위험물에 대한 설명 중 틀린 것은 어느 것인가?

① 디아조화합물은 디아조기(−N=N−)를 가진 무기화합물이다.

② 유기과산화물은 산소를 포함하고 있어서 대량으로 연소할 경우 소화에 어려움이 있다.

③ 히드라진은 제4류 위험물이지만 히드라진유도체는 제5류 위험물이다.

④ 고체인 물질도 있고, 액체인 물질도 있다.

해설

① 디아조화합물은 디아조기(−N=N−)가 탄화수소의 탄소원자와 결합되어 있는 화합물이다.

16 차아염소산칼슘에 대한 설명으로 옳지 않은 것은?

① 살균제, 표백제로 사용된다.

② 화학식은 $Ca(ClO)_2$이다.

③ 자극성이며, 강한 환원력이 있다.

④ 지정수량은 50kg이다.

정답 13. ④ 14. ① 15. ① 16. ③

③ 자극성이며, 강한 산화력이 있다.

17 KMnO₄에 대한 설명으로 옳은 것은?

① 글리세린에 저장하여야 한다.
② 묽은질산과 반응하면 유독한 Cl_2가 생성된다.
③ 황산과 반응할 때는 산소와 열을 발생한다.
④ 물에 녹으면 투명한 무색을 나타낸다.

해설

① 일광을 차단하고, 냉암소에 저장한다.
② 고농도의 과산화수소와 접촉할 때는 폭발하며, 염산과 반응하면 유독성의 염소가스를 발생한다.
④ 물에 녹으면 진한 보라색을 나타낸다.

18 위험물의 지정수량이 적은 것부터 큰 순서대로 나열한 것은?

① 알킬리튬 – 디메틸아연 – 탄화칼슘
② 디메틸아연 – 탄화칼슘 – 알킬리튬
③ 탄화칼슘 – 알킬리튬 – 디메틸아연
④ 알킬리튬 – 탄화칼슘 – 디메틸아연

해설

위험물	지정수량
알킬리튬	10kg
디메틸아연	50kg
탄화칼슘	300kg

19 탄화칼슘과 질소가 약 700℃ 이상의 고온에서 반응하여 생성되는 물질은?

① 아세틸렌 ② 석회질소
③ 암모니아 ④ 수산화칼슘

해설

$CaC_2 + N_2 \rightarrow CaCN_2(석회질소) + C$

20 정전기방전에 관한 다음 식에서 사용된 인자의 내용이 틀린 것은?

$$E = \frac{1}{2} CV^2 = \frac{1}{2} QV$$

① E : 정전기에너지(J) ② C : 정전용량(F)

③ V : 전압(V) ④ Q : 전류(A)

> **해설**

④ Q : 전기량(C)

21 제5류 위험물인 테트릴에 대한 설명으로 틀린 것은?

① 물, 아세톤 등에 잘 녹는다.
② 담황색의 결정형 고체이다.
③ 비중은 1보다 크므로 물보다 무겁다.
④ 폭발력이 커서 폭약의 원료로 사용된다.

> **해설**

테트릴은 물에 녹지 않고 알코올, 벤젠, 아세톤 등에 잘 녹는다. 또한 흡습성이 없으며 공기 중 자연분해 하지 않는다.

22 위험물안전관리법령상 유황은 순도가 일정 wt% 이상인 경우 위험물에 해당한다. 이 경우 순도측정에 있어서 불순물에 대한 설명으로 옳은 것은?

① 불순물은 활석 등 불연성물질에 한한다.
② 불순물은 수분에 한한다.
③ 불순물은 활석 등 불연성물질과 수분에 한한다.
④ 불순물은 유황을 제외한 모든 물질을 말한다.

> **해설**

③ 순도측정에 있어서 불순물은 활석 등 불연성물질과 수분에 한한다.

23 다음 중 지정수량이 같은 것으로 연결된 것은?

① 알코올류 - 제1석유류(비수용성)
② 제1석유류(수용성) - 제2석유류(비수용성)
③ 제2석유류(수용성) - 제3석유류(비수용성)
④ 제3석유류(수용성) - 제4석유류

해설

■ 제4류 위험물의 품명과 지정수량

성 질	위험등급	품 명		지정수량
인화성액체	I	특수인화물류		50L
	II	제1석유류	비수용성	200L
			수용성	400L
		알코올류		400L
	III	제2석유류	비수용성	1,000L
			수용성	2,000L
		제3석유류	비수용성	2,000L
			수용성	4,000L
		제4석유류		6,000L
		동·식물유류		10,000L

24 제4류 위험물인 아세트알데히드의 화학식으로 옳은 것은?

① C_2H_5CHO
② C_2H_5COOH
③ CH_3CHO
④ CH_3COOH

해설

명 칭	화학식
아세트알데히드	CH_3CHO

25 공기를 차단한 상태에서 황린을 약 260℃로 가열하면 생성되는 물질은 제 몇 류 위험물인가?

① 제1류 위험물
② 제2류 위험물
③ 제5류 위험물
④ 제6류 위험물

해설

■ **적린(제2류 위험물)** : 공기를 차단한 상태에서 황린을 약 260℃로 가열하면 생성되는 물질

정답 23. ③ 24. ③ 25. ②

26 다음 금속원소 중 비점이 가장 높은 것은?

① 리튬   ② 나트륨

③ 칼륨   ④ 루비듐

해설

위험물	비 점
리 튬	1,350℃
나트륨	880℃
칼 륨	774℃
루비듐	688℃

27 금속나트륨이 에탄올과 반응하였을 때 가연성가스가 발생한다. 이때 발생하는 가스와 동일한 가스가 발생되는 경우는?

① 나트륨이 액체암모니아와 반응하였을 때

② 나트륨이 산소와 반응하였을 때

③ 나트륨이 사염화탄소와 반응하였을 때

④ 나트륨이 이산화탄소와 반응하였을 때

해설

- $2Na + 2C_2H_5OH \rightarrow 2C_2H_5ONa + H_2$

① $2Na + 2NH_3 \rightarrow 2NaNH_2 + H_2$

② $4Na + O_2 \rightarrow 2Na_2O$

③ $4Na + CCl_4 \rightarrow 4NaCl + C$

④ $4Na + 3CO_2 \rightarrow 2NaCO_3 + C$

28 위험물안전관리법령상 불활성가스소화설비의 기준에서소화약제 "IG-541"의 성분으로 용량비가 가장 큰 것은?

① 이산화탄소   ② 아르곤

③ 질소   ④ 불소

해설

소화약제	화학식
IG-541	N_2 : 52%, Ar : 40%, CO_2 : 80%

정답   26. ①   27. ①   28. ③

29 위험물안전관리법령상 150마이크로미터의 체를 통과하는 것이 50중량퍼센트 이상일 경우 위험물에 해당하는 것은?

① 철분
② 구리분
③ 아연분
④ 니켈분

해설

- **금속분** : 알칼리금속, 알칼리토금속, 철, 마그네슘 이외의 금속분을 말하며, 구리·니켈분과 150마이크로미터(μm)의 체를 통과하는 것이 50중량퍼센트(wt%) 미만인 것은 제외한다.

30 다음 중 위험물안전관리법상 알코올류가 위험물이 되기 위하여 갖추어야 할 조건이 아닌 것은?

① 한분자 내에 탄소원자수가 1개부터 3개까지일 것
② 포화1가 알코올일 것
③ 수액일 경우 위험물안전관리법령에서 정의한 알코올 함유량이 60중량퍼센트이상일 것
④ 인화점 및 연소점이 에틸알코올 60wt% 수용액의 인화점 및 연소점을 초과하는 것

해설

- **알코올류**

한 분자 내의 탄소원자수가 3개까지인 포화1가의 알코올로서 변성알코올을 포함하며, 알코올 함유량이 60wt% 이상인 것을 말한다.

31 벤조일퍼옥사이드의 용해성에 대한 설명으로 옳은 것은?

① 물과 대부분 유기용제에 모두 잘 녹는다.
② 물과 대부분 유기용제에 모두 녹지 않는다.
③ 물에는 녹으나 대부분 유기용제에는 녹지 않는다.
④ 물에 녹지 않으나 대부분 유기용제에 녹는다.

해설

벤조일퍼옥사이드는 물에는 잘 녹지 않으나 알코올•식용유에 약간 녹으며, 유기용제에 녹는다.

32 위험물의 연소특성에 대한 설명으로 옳지 않은 것은?

① 황린은 연소 시 오산화인의 흰 연기가 발생한다.
② 황은 연소 시 푸른 불꽃을 내며 이산화질소를 발생한다.
③ 마그네슘은 연소 시 섬광을 내며 발열한다.
④ 트리에틸알루미늄은 공기와 접촉하면 백연을 발생하며 연소한다.

> **해설**
> ② 황은 연소 시 푸른 불꽃을 내며 아황산가스(SO_2)를 발생한다.

33 제4류 위험물에 해당하는 에어졸의 내장용기 등으로서 용기의 외부에 '위험물의 품명·위험 등급·화학명 및 수용성'에 대한 표시를 하지 않을 수 있는 최대용적은?

① 300mL
② 500ml
③ 150mL
④ 1,000mL

> **해설**
> ■ 에어졸의 내장용기 등으로서 용기의 외부에 '위험물의 품명·위험등급·화학명 및 수용성'에 대한 표시를 하지 않을 수 있는 **최대용적** : 300mL 이하

34 위험물안전관리법령에 따른 위험물의 운반에 관한 적재방법에 대한 기준으로 틀린 것은?

① 제1류 위험물, 제2류 위험물 및 제4류 위험물 중 제1석유류, 제5류 위험물은 차광성이 있는 피복으로 가릴 것
② 제1류 위험물 중 알칼리금속의 과산화물 또는 이를 함유한 것, 제2류 위험물 중 철분·금속 분·마그네슘 또는 이들 중 어느 하나 이상을 함유한 것 또는 제3류 위험물 중 금수성물질 은 방수성이 있는 피복으로 덮을 것
③ 제5류 위험물 55℃ 이하의 온도에서 분해될 우려가 있는 것은 보냉 컨테이너에 수납하는 등 적정한 온도관리를 할 것
④ 위험물을 수납한 운반용기를 겹쳐 쌓는 경우에는 그 높이를 3m 이하로 하고, 용기의 상부 에 걸리는 하중은 당해 용기 위에 당해 용기와 동종의 용기를 겹쳐 쌓아 3m의 높이로 하였 을 때에 걸리는 하중 이하로 할 것

> **해설**
> ㉠ 차광성이 있는 피복 조치
>
> | 유 형 | 제1류 위험물 | 제3류 위험물 | 제4류 위험물 | 제5류 위험물 | 제6류 위험물 |
> |---|---|---|---|---|---|
> | 적용 대상 | 전부(과산화칼륨) | 자연발화성 물품 | 특수인화물 | 전 부 | |

ⓛ 방수성이 있는 피복 조치

유 형	제1류 위험물	제2류 위험물	제3류 위험물
적용 대상	알칼리금속의 과산화물 (과산화칼륨)	• 철분 • 금속분 • 마그네슘	금수성물질

35 위험물안전관리법령상 제조소 등에 있어서 위험물의 취급에 관한 설명으로 옳은 것은?

① 위험물의 취급에 관한 자격이 있는 자라 할지라도 안전관리자로 선임되지 않은 자는 위험물을 단독으로 취급할 수 없다.

② 위험물의 취급에 관한 자격이 있는 자가 안전관리자로 선임되지 않았어도 그 자가 참여한 상태에서 누구든지 위험물취급작업을 할 수 있다.

③ 위험물안전관리자의 대리자가 참여한 상태에서는 누구든지 위험물취급작업을 할 수 있다.

④ 위험물운송자는 위험물을 이동탱크저장소에 출하하는 충전하는 일반취급소에서 안전관리자 또는 대리자의 참여 없이 위험물출하작업을 할 수 있다.

해설

① 위험물의 취급에 관한 자격이 있는 자라 할지라도 안전관리자로 선임되지 않은 자는 위험물을 단독으로 취급할 수 있다.

② 위험물의 취급에 관한 자격이 있는 자가 안전관리자로 선임되지 않았어도 그 자가 참여한 상태에서 누구든지 위험물 취급을 할 수 없다.

④ 위험물운송자는 위험물을 이동탱크저장소에 출하하는 충전하는 일반취급소에서 안전관리자 또는 대리자의 참여 없이 위험물 출하작업을 할 수 없다.

36 탱크시험자가 다른 자에게 등록증을 빌려준 경우의 1차 행정처분기준으로 옳은 것은 어느 것인가?

① 등록취소   ② 업무정지 30일
③ 업무정지 90일   ④ 경고

해설

■ 탱크시험자가 다른 자에게 등록증을 빌려준 경우의 1차 행정처분 기준 : 등록취소

37 제4류 위험물 중 경유를 판매하는 제2종 판매취급소를 허가받아 운영하고자 한다. 취급할 수 있는 최대수량은?

① 20,000L

② 40,000L

③ 80,000L

④ 160,000L

해설

경유(지정수량 1,000L) : 1,000L×40배＝40,000L

■ **판매취급소**

㉠ 제1종 판매취급소 : 지정수량의 20배 이하

㉡ 제2종 판매취급소 : 지정수량의 40배 이하

38 위험물제조소 등의 옥내소화전설비의 설치기준으로 틀린 것은?

① 수원의 수량은 옥내소화전이 가장 많이 설치된 층의 옥내소화전 설치개수(설치개수가 5개 이상인 경우는 5개)에 2.4m³를 곱한 양 이상이 되도록 설치할 것

② 옥내소화전은 제조소 등의 건축물의 층마다 당해 층의 각 부분에서 하나의 호스접속구까지의 수평거리가 25m 이하가 되도록 설치할 것

③ 옥내소화전설비는 각 층을 기준으로 하여 당해 층의 모든 옥내소화전(설치개수가 5개 이상인 경우는 5개의 옥내소화전)을 동시에 사용할 경우에 각 노즐선단의 방수압력이 350kPa 이상이고 방수량이 1분당 260L 이상의 성능이 되도록 할 것

④ 옥내소화전설비에는 비상전원을 설치할 것

해설

① 수원의 수량은 옥내소화전이 가장 많이 설치된 층의 옥내소화전 설치개수(설치개수가 5개 이상인 경우는 5개)에 7.8m³를 곱한 양 이상이 되도록 설치할 것

39 다음은 위험물안전관리법령에 따른 소화설비의 설치기준 중 전기설비의 소화설비 기준에 관한 내용이다. ( )에 알맞은 수치를 차례대로 나타낸 것은?

> 제조소 등에 전기설비(전기배선, 조명기구 등은 제외)가 설치된 경우에는 당해 장소의 면적 ( )m²마다 소형수동식소화기를 ( )개 이상 설치할 것

① 100, 1

② 100, 0.5

③ 200, 1

④ 200, 0.5

정답 37. ② 38. ① 39. ①

제조소 등에 전기설비(전기배선, 조명기구 등은 제외)가 설치된 경우에는 당해 장소의 면적 100m²마다 소형 수동식소화기를 1개 이상 설치할 것

40 위험물안전관리법령상 옥내탱크저장소에 대한 소화난이도등급 Ⅰ의 기준에 해당하지 않는 것은?

① 액표면적이 40m² 이상인 것(제6류 위험물을 저장하는 것 및 고인화점위험물만을 100℃ 미만의 온도에서 저장하는 것은 제외)

② 바닥면으로부터 탱크 옆판의 상단까지 높이가 6m 이상인 것(제6류 위험물을 저장하는 것 및 고인화점 위험물만을 100℃ 미만의 온도에서 저장하는 것은 제외)

③ 액체위험물을 저장하는 탱크로서 용량이 지정수량의 100배 이상인 것

④ 탱크전용실이 단층건물 외의 건축물에 있는 것으로서 인화점 38℃ 이상 70℃ 미만의 위험물을 지정수량의 5배 이상 저장하는 것(내화구조로 개구부 없이 구획된 것은 제외)

해설

제조소 등의 구분	제조소등의 규모, 저장 또는 취급하는 위험물의 품명 및 최대수량 등
옥내탱크 저장소	액표면적이 40m² 이상인 것(제6류 위험물을 저장하는 것 및 고인화점위험물만을 100℃ 미만의 온도에서 저장하는 것은 제외)
	바닥면으로부터 탱크 옆판의 상단까지 높이가 6m 이상인 것(제6류 위험물을 저장하는 것 및 고인화점위험물만을 100℃ 미만의 온도에서 저장하는 것은 제외)
	탱크전용실이 단층건물 외의 건축물에 있는 것으로서 인화점 38℃ 이상 70℃ 미만의 위험물을 지정수량의 5배 이상 저장하는 것(내화구조로 개구부 없이 구획된 것은 제외)

41 다음 중 위험물판매취급소의 배합실에서 배합하여서는 안 되는 위험물은?

① 도료류
② 염소산칼륨
③ 과산화수소
④ 유황

해설

■ **판매취급소의 배합실에서 배합하는 위험물** : 도료류, 제1류 위험물 중 염소산염류, 유황

42 위험물안전관리법령상의 간이탱크저장소의 위치·구조 및 설비의 기준이 아닌 것은 어느 것인가?

① 전용실 안에 설치하는 간이저장탱크의 경우 전용실 주위에는 1m 이상의 공지를 두어야 한다.
② 동일한 품질의 위험물의 간이저장탱크를 2 이상 설치하지 아니하여야 한다.
③ 간이저장탱크는 옥외에 설치하여야 하지만, 규정에서 정한 기준에 적합한 전용실 안에 설치하는 경우에는 옥내에 설치할 수 있다.
④ 간이저장탱크는 70kPa의 압력으로 10분간의 수압시험을 실시하여 새거나 변형되지 아니하여야 한다.

해설

① 옥외에 설치하는 경우 탱크 주위에 너비 1m 이상의 공지를 두어야 한다.

43 다음 중 옥내저장소에서 위험물용기를 겹쳐 쌓는 경우 그 최대높이로 옳지 않은 것은 어느 것인가?

① 기계에 의해 하역하는 구조로 된 용기 : 6m
② 제4류 위험물 중 제4석유류 수납용기 : 4m
③ 제4류 위험물 중 제1석유류 수납용기 : 3m
④ 제4류 위험물 중 동·식물유류 수납용기 : 6m

해설

▪ **옥내저장소에서 위험물 용기를 겹쳐 쌓는 경우 그 최대높이**
㉠ 기계에 의하여 하역하는 구조로 된 용기만을 겹쳐 쌓는 경우 : 6m
㉡ 제4류 위험물 중 제3석유류, 제4석유류 및 동·식물유류를 수납하는 용기만을 겹쳐 쌓는 경우 : 4m
㉢ 그 밖의 경우 : 3m

44 위험물안전관리법령상 알킬알루미늄을 저장 또는 취급하는 이동탱크저장소에 비치하지 않아도 되는 것은?

① 응급조치에 관하여 필요한 사항을 기재한 서류
② 염기성중화제
③ 고무장갑
④ 휴대용 확성기

정답 42. ① 43. ④ 44. ②

- **알킬알루미늄을 저장 또는 취급하는 이동탱크저장소에 비치하는 것**
  - ㉠ 응급조치에 관하여 필요한 사항을 기재한 서류
  - ㉡ 고무장갑
  - ㉢ 휴대용 확성기

45 옥외탱크저장소에서 제4석유류를 저장하는 경우, 방유제 내에 설치할 수 있는 옥외저장탱크의 수는 몇 개 이하이어야 하는가?

① 10

② 20

③ 30

④ 제한이 없음

- **방유제 내에 설치할 수 있는 옥외저장탱크의 수**
  - ㉠ 제1석유류, 제2석유류 : 10기 이하
  - ㉡ 제3석유류(인화점이 70℃ 이상 200℃ 미만) : 20기 이하
  - ㉢ 제4석유류(인화점이 200℃ 이상) : 제한이 없음

46 위험물안전관리법령에 명시된 위험물운반용기의 재질이 아닌 것은?

① 강판, 알루미늄판

② 양철판, 유리

③ 비닐, 스티로폼

④ 금속판, 종이

- **위험물운반용기의 재질**

강관, 알루미늄판, 양철판, 유리, 금속판, 종이, 플라스틱, 섬유판, 고무류, 합성섬유, 삼, 짚, 나무

47 위험물안전관리법령에 따라 제조소 등의 변경허가를 받아야 하는 경우에 속하는 것은?

① 일반취급소에서 계단을 신설하는 경우

② 제조소에서 펌프설비를 증설하는 경우

③ 옥외탱크저장소에서 자동화재탐지설비를 신설하는 경우

④ 판매취급소의 배출설비를 신설하는 경우

- **제조소 등의 변경허가를 받아야 하는 경우**

옥외탱크저장소에서 자동화재탐지설비를 신설하는 경우

정답 45. ④ 46. ③ 47. ③

48 소화설비의 설치기준에서 저장소의 건축물은 외벽이 내화구조인 것은 연면적 몇 m²를 1소요단위로 하고, 외벽이 내화구조가 아닌 것은 연면적 몇 m²를 1소요단위로 하는가?

① 100, 75

② 150, 75

③ 200, 100

④ 250, 150

해설

■ 소요단위

소화설비 설치대상이 되는 건축물, 그 밖의 공작물 규모 또는 위험물의 양의 기준 단위

구 분	위험물	제조소 · 취급소건축물		저장소건축물	
		외벽, 내화구조	내화구조	외벽, 내화구조	내화구조
1소요단위	지정수량의 10배	연면적 100m²	연면적 50m²	연면적 150m²	연면적 75m²

49 위험물제조소 등에 설치되어 있는 스프링클러소화설비를 정기점검 할 경우 일반점검표에서 헤드의 점검내용에 해당하지 않는 것은?

① 압력계의 지시사항

② 변형 · 손상의 유무

③ 기능의 적부

④ 부착각도의 적부

해설

■ **위험물제조소 등에 스프링클러소화설비 일반점검표 헤드의 점검내용** : 변형 · 손상의 유무, 기능의 적부, 부착각도의 적부

50 위험물안전관리법령상 화학소방자동차에 갖추어야 하는 소화능력 및 설비의 기준으로 옳지 않은 것은?

① 포수용액의 방사능력이 매분 2,000리터 이상인 포수용액방사차

② 분말의 방사능력이 매초 35kg 이상인 분말방사차

③ 할로겐화합물의 방사능력이 매초 40kg 이상인 할로겐화합물방사차

④ 가성소다 및 규조토를 각각 100kg 이상 비치한 제독차

해설

④ 가성소다 및 규조토를 각각 50kg 이상 비치한 제독차

정답 48. ② 49. ① 50. ④

51 위험물안전관리법령상 차량운반 시 제4류 위험물과 혼재가 가능한 위험물의 유별을 모두 나타낸 것은?(단, 각각의 위험물은 지정수량의 10배이다)

① 제2류 위험물, 제3류 위험물
② 제3류 위험물, 제5류 위험물
③ 제1류 위험물, 제2류 위험물, 제3류 위험물
④ 제2류 위험물, 제3류 위험물, 제5류 위험물

해설

위험물의 구분	제1류	제2류	제3류	제4류	제5류	제6류
제1류		×	×	×	×	○
제2류	×		×	○	○	×
제3류	×	×		○	×	×
제4류	×	○	○		○	×
제5류	×	○	×	○		×
제6류	○	×	×	×	×	

52 위험물제조소 등의 집유설비에 유분리장치를 설치해야 하는 장소는?

① 액상의 위험물을 저장하는 옥내저장소에 설치하는 집유설비
② 휘발유를 저장하는 옥내탱크저장소의 탱크전용실 바닥에 설치하는 집유설비
③ 휘발유를 저장하는 간이탱크저장소의 옥외설비 바닥에 설치하는 집유설비
④ 경유를 저장하는 옥외탱크저장소의 옥외펌프설비에 설치하는 집유설비

해설

■ **집유설비에서 유분리장치를 설치해야 하는 장소**
경유를 저장하는 옥외탱크저장소의 옥외 펌프설비에 설치하는 집유설비

53 위험물안전관리법령상 위험물 옥외탱크 저장소의 방유제 지하매설 깊이는 몇 m 이상으로 하여야 하는가?(단, 원칙적인 경우에 한함)

① 0.2
② 0.3
③ 0.5
④ 1.0

해설

■ **옥외탱크저장소의 방유제**
지하매설 깊이는 1m 이상으로 한다.

정답 51. ④ 52. ④ 53. ④

54 바닥면적이 120m^{2}인 제조소인 경우에 환기설비인 급기구의 최소설치개수와 최소크기는?

① 1개, 800cm^2

② 1개, 600cm^2

③ 2개, 800cm^2

④ 2개, 600cm^2

> **해설**
>
> 급기구는 해당 급기구가 설치된 실의 바닥면적 150m^{2}마다 1개 이상으로 하되, 급기구의 크기는 800cm^2 이상으로 한다. 다만, 바닥면적이 150m^2 미만인 경우에는 다음의 크기로 하여야 한다.
>
> | 바닥면적 | 급기구의 면적 |
> |---|---|
> | 60m^2 미만 | 150cm^2 이상 |
> | 60m^2 이상 90m^2 미만 | 300cm^2 이상 |
> | 90m^2 이상 120m^2 미만 | 450cm^2 이상 |
> | 120m^2 이상 150m^2 미만 | 600cm^2 이상 |

55 어떤 회사의 매출액이 80,000원, 고정비가 15,000원, 변동비가 40,000원일 때 손익분기점 매출액은 얼마인가?

① 25,000원

② 30,000원

③ 40,000원

④ 55,000원

> **해설**
>
> $$손익분기점\ 매출액 = \frac{고정비}{1 - \dfrac{변동비}{매출액}} = \frac{15,000}{1 - \dfrac{40,000}{80,000}} = 30,000원$$

56 직물, 금속, 유리 등의 일정단위 중 나타나는 흠의 수, 핀홀 수 등 부적합수에 관한 관리도를 작성하려면 가장 적합한 관리도는?

① c 관리도

② np 관리도

③ p 관리도

④ $\bar{x} - R$ 관리도

① c 관리도 : M타입의 자동차 또는 LCD TV를 조립, 완성한 후 부적합수(결점수)를 점검 한 데이터에, 또는 미리 정해진 일정단위 중에 포함된 결점수를 취급할 때 사용한다.
  예 어느 일정단위 중에 나타나는 흠의 수, 라디오 한 대 중에 납땜 불량개수 또는 직물, 금속, 유리 등의 일정단위 중 나타나는 흠의 수, 핀홀 수 등

② np 관리도 : 공정을 불량개수 np에 의해 관리할 경우에 사용하며, 이 경우에 시료의 크기는 일정하지 않으면 안 된다.
  예 전구꼭지의 불량개수, 나사길이의 불량, 전화기의 겉보기 불량 등

③ p 관리도 : 공정을 불량률 p에 의거 관리할 경우에 사용하며 작성방법은 np 관리도와 같다. 다만, 관리한계의 계산식이 약간 다르며 시료의 크기가 다를 때는 n에 따라서 한계의 폭이 변한다.
  예 전구꼭지의 불량률, 2급품률, 작은 나사의 길이 불량률, 규격 외품의 비율 등

④ $\bar{x}-R$ 관리도 : 공정에서 채취한 시료의 길이, 무게, 시간, 강도, 성분, 수확률 등의 계량치 데이터에 대해서 공정을 관리하는 관리도
  예 축의 완성된 지름, 철사의 인장강도, 아스피린의 순도, 바이트의 소입온도, 전구의 소비전력 등

57 전수검사와 샘플링검사에 관한 설명으로 맞는 것은?

① 파괴검사의 경우에는 전수검사를 적용한다.
② 검사항목이 많을 경우 전수검사보다 샘플링검사가 유리하다.
③ 샘플링검사는 부적합품이 섞여 들어가서는 안 되는 경우에 적용한다.
④ 생산자에게 품질향상의 자극을 주고 싶을 경우 전수검사가 샘플링검사보다 더 효과적이다.

① 파괴검사의 경우에는 샘플링검사를 적용한다.
③ 전수검사는 부적합품이 섞여 들어가서는 안 되는 경우에 적용한다.
④ 생산자에게 품질향상의 자극을 주고 싶을 경우 샘플링검사가 전수검사보다 더 효과적이다.

58 국제표준화의 의의를 지적한 설명 중 직접적인 효과로 보기 어려운 것은?

① 국제 간 규격통일로 상호 이익도모
② KS표시품 수출 시 상대국에서 품질인증
③ 개발도상국에 대한 기술개발의 촉진을 유도
④ 국가 간의 규격상이로 인한 무역장벽의 제거

② 국제 간의 산업기술에 관한 지식의 교류 및 경제거래의 활발화를 촉진

정답 57. ② 58. ②

59 Ralph M. Barnes 교수가 제시한 동작경제의 원칙 중 작업장 배치에 관한 원칙(Arrangement of the workplace)에 해당되지 않는 것은?

① 가급적이면 낙하식 운반방법을 이용한다.
② 모든 공구나 재료는 지정된 위치에 있도록 한다.
③ 적절한 조명을 하여 작업자가 잘 보면서 작업할 수 있도록 한다.
④ 가급적 용이하고 자연스런 리듬을 타고 일할 수 있도록 작업을 구성하여야 한다.

> **해설**
>
> ■ 동작경제의 원칙(Ralph M. Barnes 교수)
> ㉠ 신체사용의 원칙 → ④에 해당
> ㉡ 작업장배치의 원칙 → ①, ②, ③에 해당
> ㉢ 공구류 및 설비의 설계원칙

60 다음 데이터의 제곱합(Sum of Squares)은 약 얼마인가?

[데이터]
18.8 19.1 18.8 18.2 18.4
18.3 19.0 18.6 19.2

① 0.129
② 0.338
③ 0.359
④ 1.029

> **해설**
>
> • 평균 $\bar{x} = (18.8+19.1+18.8+18.2+18.4+18.3+19.0+18.6+19.2) \div 9 = 18.71$
> • 데이터의 제곱합 $= (18.8-18.71)^2 + (19.1-18.71)^2 + (18.8-18.71)^2 + (18.2-18.71)^2$
> $+ (18.4-18.71)^2 + (18.3-18.71)^2 + (19.0-18.71)^2 + (18.6-18.71)^2$
> $+ (19.2-18.71)^2 = 1.029$

정답 59. ④ 60. ④

2018년 제64회 CBT 복원문제(7월 14일 시행)

01 다음 반응에서 과산화수소가 산화제로 작용한 것은?

> ⓐ $2HI + H_2O_2 \rightarrow I_2 + 2H_2O$
>
> ⓑ $MnO_2 + H_2O_2 + H_2SO_4 \rightarrow MnSO_4 + 2H_2O + O_2$
>
> ⓒ $PbS + 4H_2O_2 \rightarrow PbSO_4 + 4H_2O$

① ⓐ, ⓑ

② ⓐ, ⓒ

③ ⓑ, ⓒ

④ ⓐ, ⓑ, ⓒ

해설

과산화수소는 산화제로도 작용하지만 환원제로도 작용한다.

㉠ 산화제
- $2HI + H_2O_2 \rightarrow I_2 + 2H_2O$
- $PbS + 4H_2O_2 \rightarrow PbSO_4 + 4H_2O$

㉡ 환원제 : $MnO_2 + H_2O_2 + H_2SO_4 \rightarrow MnSO_4 + 2H_2O + O_2$

02 위험물안전관리법령상 위험물의 운송 시 혼재할 수 없는 위험물은?(단, 지정수량의 $\frac{1}{10}$ 초과의 위험물이다)

① 적린과 경유

② 칼륨과 등유

③ 아세톤과 니트로셀룰로오스

④ 과산화칼륨과 크실렌

해설

① 적린(제2류 위험물), 경유(제4류 위험물)

② 칼륨(제3류 위험물), 등유(제4류 위험물)

③ 아세톤(제4류 위험물), 니트로셀룰로오스(제5류 위험물)

④ 과산화칼륨(제1류 위험물), 크실렌(제4류 위험물)

■ 유별을 달리하는 위험물의 혼재기준

위험물의 구분	제1류	제2류	제3류	제4류	제5류	제6류
제1류		×	×	×	×	○
제2류	×		×	○	○	×
제3류	×	×		○	×	×
제4류	×	○	○		○	×
제5류	×	○	×	○		×
제6류	○	×	×	×	×	

03 위험물안전관리법령에서 정한 위험물을 수납하는 경우의 운반용기에 관한 기준으로 옳은 것은?

① 고체위험물은 운반용기 내용적의 98% 이하로 수납한다.
② 액체위험물은 운반용기 내용적의 95% 이하로 수납한다.
③ 고체위험물의 내용적은 25℃를 기준으로 한다.
④ 액체위험물은 55℃에서 누설되지 않도록 공간용적을 유지하여야 한다.

> **해설**

■ **위험물의 운반에 관한 기준**
㉠ 고체위험물은 운반용기 내용적의 95% 이하의 수납률로 수납한다.
㉡ 액체위험물은 운반용기 내용적의 98% 이하의 수납률로 수납하되, 55℃의 온도에서 누설되지 않도록 충분한 공간용적을 유지하도록 한다.
㉢ 알킬알루미늄 등은 운반용기 내용적의 90% 이하의 수납률로 수납한다(50℃에서 5% 이상 공간용적 유지).

04 비중이 1.15인 소금물이 무한히 큰 탱크의 밑면에서 내경 3cm인 관을 통하여 유출된다. 유출구 끝이 탱크 수면으로부터 3.2m 하부에 있다면 유출속도는 얼마인가?(단, 배출 시의 마찰손실은 무시)

① 2.92m/s ② 5.92m/s
③ 7.92m/s ④ 12.92m/s

> **해설**

$V = \sqrt{2gh} = \sqrt{2 \times 9.8 \times 3.2} = 7.92 \text{m/s}$
[V : 유속(m/s), g : 중력가속도(9.8m/s2), h : 높이(m)]

정답 03. ④ 04. ③

05 과염소산의 취급·저장 시 주의사항으로 틀린 것은?

① 가열하면 폭발할 위험이 있으므로 주의한다.
② 종이, 나뭇조각 등과 접촉을 피하여야 한다.
③ 구멍이 뚫린 코르크마개를 사용하여 통풍이 잘 되는 곳에 저장한다.
④ 물과 접촉하면 심하게 반응하므로 접촉을 금지한다.

> **해설**

③ 유리나 도자기 등의 밀폐용기에 넣어 저장하고 저온에서 통풍이 잘 되는 곳에 저장한다.

06 단백질 검출반응과 관련이 있는 위험물은?

① HNO_3 ② $HClO_3$
③ $HClO_2$ ④ H_2O_2

> **해설**

■ **크산토프로테인(xantho protein) 반응**

$$（단백질\ 검출）:\ 단백질\ 용액\ \xrightarrow[가열]{HNO_3}\ 노란색$$

07 위험물의 저장 또는 취급하는 방법을 설명한 것 중 틀린 것은?

① 산화프로필렌 : 저장 시 은으로 제작된 용기에 질소가스와 같은 불연성가스를 충전하여 보관한다.
② 이황화탄소 : 용기나 탱크에 저장 시 물로 덮어서 보관한다.
③ 알킬알루미늄 : 용기는 완전 밀봉하고 질소 등 불활성가스를 충전한다.
④ 아세트알데히드 : 냉암소에 저장한다.

> **해설**

■ **산화프로필렌** : 저장 시 은, 수은, 구리, 마그네슘 및 합금성분으로 된 것은 아세틸라이트의 폭발물을 생성하므로 피한다.

08 산소 16g과 수소 4g이 반응할 때 몇 g의 물을 얻을 수 있는가?

① 9g   ② 16g
③ 18g   ④ 36g

해설

$$2H_2 \quad + \quad O_2 \quad \rightarrow \quad 2H_2O$$

$$\begin{array}{ccc} 4g & 32g & 36g \\ 4g & 16g & x\,g \end{array}$$

$$x = \frac{16 \times 36}{32} \qquad x = 18g$$

09 하나의 특정한 사고원인의 관계를 논리게이트를 이용하여 도해적으로 분석하여 연역적·정량적 기법으로 해석해 가면서 위험성을 평가하는 방법은?

① FTA(결함수분석기법)
② PHA(예비위험분석기법)
③ ETA(사건수분석기법)
④ FMECA(이상위험도분석기법)

해설

① FTA(Fault Tree Analysis) : 결함수법, 결함관련 수법, 고장의 목분석법 등으로 불리는 FTA는 기계, 설비 또는 Man-Machine 시스템의 고장이나 재해의 발생요인을 논리적으로 도표에 의하여 분석하는 기법으로 일정의 약속된 기호에 의하여 논리적 순서에 따라 논리의 한계까지 전개하여 재해발생요인을 분석하는 것이다. 그러나 재해발생 후의 원인규명보다 재해예방을 위한 예측기법으로서의 활용가치가 더 높다.
② PHA(Preliminary Hazards Analysis) : 시스템 안전 프로그램에 있어서 최초개발단계의 분석으로 위험요소가 얼마나 위험한 상태인가를 정성적으로 평가함으로써 설계변경 등을 하지 않고 효과적이고 경제적인 시스템의 안전성을 확보할 수 있는 것이며 분석방법에는 점검카드의 사용, 경험에 따른 방법, 기술적 판단에 의한 방법이 있다.
③ ETA(Event Tree Analysis) : 미국에서 개발된 DT(Decision Tree)에서 변천해 온 것으로 설비의 설계, 심사, 제작, 검사, 보전, 운전, 안전대책의 과정에서 그 대응조치가 성공인가 실패인가를 확대해 가는 과정을 검토한다. 귀납적 해석방법으로서 일반적으로 성공하는 것이 보통이고, 실패가 드물게 일어나므로 실패의 확률만으로 계산하면 되게끔 되어 있다. 실패가 거듭될수록 피해가 커지는 것으로서 그 발생확률을 최소로 줄이기 위해서는 어디에 중점을 둘 것인가를 읽어낼 수 있어야 한다.
④ FMECA(Failure Modes Effect and Criticality Analysis) : 전형적인 정성적, 귀납적 분석방법으로서 시스템에 영향을 미칠 것으로 생각되는 전체 요소의 고장을 형별로 분석해서 그 영향을 검토하는 것이며 각 요소의 한 형식 고장이 시스템의 한 영향에 대응한다.

10 제4류 위험물 중 점도가 높고 비휘발성인 제3석유류 또는 제4석유류의 주된 연소형태는?

① 증발연소
② 표면연소
③ 분해연소
④ 불꽃연소

해설

■ **분해연소** : 중유(세3석유류), 윤활유(제4식유류)

11 다음 중 위험물안전관리법령에서 정한 위험물의 지정수량이 가장 작은 것은?

① 브롬산염류
② 금속의 인화물
③ 니트로소화합물
④ 과염소산

> **해설**

① 브롬산염류 : 300kg
② 금속의 인화물 : 300kg
③ 니트로소화합물 : 200kg
④ 과염소산 : 300kg

12 정전기와 관련해서 유체 또는 고체에 의해 한 표면에서 다른 표면으로 전자가 전달될 때 발생하는 전기의 흐름을 무엇이라고 하는가?

① 유도전류
② 전도전류
③ 유동전류
④ 변위전류

> **해설**

① 유도전류 : 전자기 유도법칙에 따른 유도기전력에 의해 회로에 흐르는 전류
② 전도전류 : 전자나 이온과 같은 하전입자들이 전계에 의해서 쿨롱력을 받음으로써 가속되어 음전하는 전계의 반대방향, 양전하는 전계방향으로 유동하는 현상으로, 전도전류는 주로 도체나 반도체에서 형성된다.
③ 유동전류 : 유체 또는 고체에 의해 한 표면에서 다른 표면으로 전자가 전달될 때 발생하는 전기의 흐름
④ 변위전류 : 원자의 변위에 의해서 생기는 전류

13 에탄올과 진한황산을 섞고 170℃로 가열하여 얻어지는 기체 탄화수소(A)에 브롬을 작용 시켜 20℃에서 액체 화합물(B)을 얻었다. 화합물 A와 B의 화학식은?

① A : C_2H_2, B : CH_3-CHBr_2
② A : C_2H_4, B : CH_2Br-CH_2Br
③ A : $C_2H_5OC_2H_5$, B : $C_2H_4BrOC_2H_4Br$
④ A : C_2H_6, B : $CHBr=CHBr$

> **해설**

㉠ 에틸렌(C_2H_4)의 제법 : 에탄올과 진한황산을 섞고 170℃로 가열하여 얻어지는 기체탄화수소

$$C_2H_5OH \xrightarrow[170℃]{C-H_2SO_4} C_2H_4+H_2O$$

㉡ CH_2Br-CH_2Br : 에틸렌(C_2H_4)에 브롬을 작용시켜 20℃에서 액체화합물을 얻는다.

$$C_2H_4+Br_2 \rightarrow CH_2Br-CHBBr$$

14 위험물안전관리법령상 할로겐화물소화설비의 기준에서 용적식 국소방출방식에 대한 저장소화약제의 양은 다음 식을 이용하여 산출한다. 할론 1211의 경우에 해당하는 X와 Y의 값으로 옳은 것은?[단, Q는 단위체적당소화약제의 양(kg/m^3), a는 방호대상물 주위에 실제로 설치된 고정벽의 면적 합계(m^2), A는 방호공간 전체 둘레의 면적(m^2)이다]

$$Q = X - Y\frac{a}{A}$$

① $X : 5.2,\ Y : 3.9$ ② $X : 4.4,\ Y : 3.3$
③ $X : 4.0,\ Y : 3.0$ ④ $X : 3.2,\ Y : 2.7$

해설

소화약제의 종별	X의 수치	Y의 수치
할론 2402	5.2	3.9
할론 1211	4.4	3.3
할론 1301	4.0	3.0

15 제2종 분말소화약제가 열분해할 때 생성되는 물질로 4℃ 부근에서 최대밀도를 가지며, 분자 내 104.5°의 결합각을 갖는 것은?

① CO_2 ② H_2O
③ H_3PO_4 ④ K_2CO_3

해설

H_2O : 4℃ 부근에서 최대밀도를 가지며, 분자 내 104.5°의 결합각을 갖는다.

$$2KHCO_3 \xrightarrow{\triangle} K_2CO_3 + CO_2 + H_2O$$

16 임계온도에 대한 설명으로 옳은 것은?

① 임계온도 보다 낮은 온도에서 기체는 압력을 가하면 액체로 변화할 수 있다.
② 임계온도 보다 높은 온도에서 기체는 압력을 가하면 액체로 변화할 수 있다.
③ 이산화탄소의 임계온도는 약 −119℃이다.
④ 물질의 종류에 상관없이 동일부피, 동일압력에서는 같은 임계온도를 갖는다.

정답 14. ② 15. ② 16. ①

해설

㉠ 임계온도(Critical Temperature) : 기체상과 액체상, 고체상의 상전이 현상에서 나타나는 특이점인 임계점의 온도를 말하며, 임계온도보다 낮은 온도에서 기체는 압력을 가하면 액체로 변화할 수 있다.

㉡ 임계압력(Critical Pressure) : 임계온도에서 기체를 액화시키는 데 필요한 가장 낮은 압력이다. 액체와 기체로 나눌 수 없는 상태로 증기압력곡선은 이 지점까지만 그릴 수 있다.

17 다음 중 물보다 무거운 물질은?

① 디에틸에테르 ② 칼륨
③ 산화프로필렌 ④ 탄화알루미늄

해설

① 비중 0.71, ② 비중 0.83, ③ 비중 0.86, ④ 비중 2.36

18 공기 중 약 34.℃에서 자연발화의 위험이 있기 때문에 물속에 보관해야 하는 위험물은?

① 황화인 ② 이황화탄소
③ 황린 ④ 탄화알루미늄

해설

■ **황린**(Yellow Phosphorus, P_4) : 발화점 34.℃, 자연발화의 위험이 있으므로 물속에 보관한다.

19 다음 중 은백색의 금속으로 가장 가볍고, 물과 반응 시 수소가스를 발생시키는 것은?

① Al ② Na
③ Li ④ Si

해설

리튬(Li)은 물과는 상온에서 천천히, 고온에서는 격렬하게 반응하여 수소를 발생한다.
$2Li + 2H_2O \rightarrow 2LiOH + H_2 \uparrow$

20 다음 중 요오드값이 가장 높은 것은?

① 참기름 ② 채종유
③ 동유 ④ 땅콩기름

해설

① 참기름 104~118
② 채종유 97~107
③ 동유 145~176
④ 땅콩기름 82~109

21 NH₄NO₃에 대한 설명으로 옳은 것은?

① 물에 녹을 때는 발열반응을 일으킨다.
② 트리니트로페놀과 혼합하여 안포폭약을 제조하는 데 사용된다.
③ 가열하면 수소, 발생기산소 등 다량의 가스를 발생한다.
④ 비중이 물보다 크고, 흡습성과 조해성이 있다.

해설

① 물에 녹을 때는 다량의 물을 흡수하여 흡열반응을 일으킨다.
② ANFO 폭약은 NH₄NO₃ : 경유를 94wt% : 6wt% 비율로 혼합시키면 폭약이 된다.
③ 가열하면 250~260℃에서 분해가 급격히 일어나 폭발한다.

$$2NH_4NO_3 \rightarrow 2N_2\uparrow + 4H_2O\uparrow + O_2\uparrow$$

(다량의 가스)

④ 비중이 물보다 크고(비중 1.75), 흡습성과 조해성이 있다.

22 위험물안전관리법령상 제조소 등의 관계인은 그 제조소 등의 용도를 폐지한 때에는 폐지한 날로부터 며칠 이내에 신고하여야 하는가?

① 7일   ② 14일
③ 30일   ④ 90일

해설

■ 제조소 등의 승계 및 용도 폐지

제조소 등의 승계	제조소 등의 용도 폐지
• 신고처 : 시·도지사 • 신고기간 : 30일 이내	• 신고처 : 시·도지사 • 신고기간 : 14일 이내

정답 21. ④ 22. ②

23 다음 중 황화인에 대한 설명으로 틀린 것은 어느 것인가?

① P_4S_3, P_2S_5, P_4S_7은 동소체이다.
② 지정수량은 100kg이다.
③ 삼황화인의 연소생성물에는 이산화황이 포함된다.
④ 오황화인은 물 또는 알칼리에 분해하여 이황화탄소와 황산이 된다.

> **해설**
>
> ④ 오황화인은 물 또는 알칼리에 분해하여 가연성가스인 황화수소와 인산이 된다.
> $P_2S_5 + 8H_2O \rightarrow 5H_2S + 2H_3PO_4$

24 위험물의 반응에 대한 설명 중 틀린 것은?

① 트리에틸알루미늄은 물과 반응하여 수소가스를 발생한다.
② 황린의 연소생성물은 P_2O_5이다.
③ 리튬은 물과 반응하여 수소가스를 발생한다.
④ 아세트알데히드의 연소생성물은 CO_2와 H_2O이다.

> **해설**
>
> ① 트리에틸알루미늄은 물과 접촉하면 폭발적으로 반응하여 에탄을 생성하고, 이때 발열폭발에 이른다. 이 C_2H_6은 순간적으로 발생하고 반응열에 의해 연소한다.
> $(C_2H_5)_3Al + 3H_2O \rightarrow Al(OH)_3 + 3C_2H_6 \uparrow + 발열$

25 위험물안전관리법령에 따른 위험물의 저장·취급에 관한 설명으로 옳은 것은?

① 군부대가 군사목적으로 지정수량 이상의 위험물을 제조소 등이 아닌 장소에서 저장·취급하는 경우는 90일 이내의 기간 동안 임시로 저장·취급 할 수 있다.
② 옥외저장소에서 위험물과 위험물이 아닌 물품을 함께 저장하는 경우는 물품 간 별도의 이격거리 기준이 없다.
③ 유별을 달리하는 위험물을 동일한 저장소에 저장할 수 없는 것이 원칙이지만, 옥내저장소에 제1류 위험물과 황린을 상호 1m 이상의 간격을 유지하며 저장하는 것은 가능하다.
④ 옥내저장소에 제4류 위험물 중 제3석유류 및 제4석유류를 수납하는 용기만을 겹쳐 쌓는 경우에는 6m를 초과하지 않아야 한다.

> **해설**
>
> ① 군부대가 군사목적으로 지정수량 이상의 위험물을 제조소 등이 아닌 장소에서 저장·취급하는 경우는 시·도의 조례로 정한다.
> ② 각각 모아서 저장하고 상호간 1m 이상 이격한다.

정답 23. ④ 24. ① 25. ③

④ 옥내저장소에 제4류 위험물 중 제3석유류 및 제4석유류를 수납하는 용기만을 겹쳐 쌓는 경우에는 4m를 초과하지 않아야 한다.

26 과산화수소에 대한 설명으로 옳은 것은?

① 대부분 강력한 환원제로 작용한다.
② 물과 심하게 흡열반응한다.
③ 습기와 접촉해도 위험하지 않다.
④ 상온에서 물과 반응하여 수소를 생성한다.

> **해설**

① 대부분 강력한 산화제로 작용한다.
② 물과 심하게 발열반응한다.
④ 물과는 임의로 혼합하며 수용액 상태는 비교적 안정하다.

27 니트로셀룰로오스의 화재발생 시 가장 적합한소화약제는?

① 물소화약제
② 분말소화약제
③ 이산화탄소소화약제
④ 할로겐화합물소화약제

> **해설**

니트로셀룰로오스의 화재발생 시는 물소화약제가 가장 적합하다.

28 메탄올과 에탄올을 비교하였을 때 다음의 식이 적용되는 값은?

메탄올 > 에탄올

① 발화점
② 분자량
③ 증기비중
④ 비점

> **해설**

위험물 종류	발화점	분자량	증기비중	비 점
메탄올	464℃	32	1.1	64℃
에탄올	363℃	46.1	1.6	78℃

29 공기를 차단하고 황린을 가열하면 적린이 만들어지는데 이 때 필요한 최소온도는 약 몇 ℃ 정도인가?

① 60

② 120

③ 260

④ 400

> **해설**
>
> 공기를 차단하고 황린을 260℃로 가열하면 적린이 만들어진다.

30 주유취급소 담 또는 벽의 일부분에 유리를 부착하는 경우에 대한 기준으로 틀린 것은?

① 유리를 부착하는 범위는 전체의 담 또는 벽의 길이의 10분의 1을 초과하지 아니할 것

② 하나의 유리판의 가로의 길이는 2m 이내일 것

③ 유리판의 테두리를 금속제의 구조물에 견고하게 고정할 것

④ 유리의 구조는 접합유리로 할 것

> **해설**
>
> 유리를 부착하는 범위는 전체의 담 또는 벽의 길이의 10분의 2를 초과하지 아니할 것

31 위험물안전관리법령상 주유취급소에서 용량 몇 리터 이하의 이동저장탱크에 위험물을 주입할 수 있는가?

① 3,000

② 4,000

③ 5,000

④ 10,000

> **해설**
>
> ■ **주유취급소** : 주유설비에 의하여 자동차·항공기 또는 선박 등의 연료탱크에 직접 주유하기 위하여 위험물을 취급하는 장소(위험물을 옮겨 담거나 차량에 고정된 3,000L 이하의 탱크에 주입하기 위하여 고정된 급유설비를 병설한 장소를 포함)

32 제4류 위험물을 지정수량의 30만 배를 취급하는 일반취급소에 위험물안전관리법령에 의한 최소한 갖추어야 하는 자체소방대의 화학소방차 대수와 자체소방대원의 수는?

① 2대, 15인

② 2대, 20인

③ 3대, 15인

④ 3대, 20인

■ 자체소방대란 다량의 위험물을 저장·취급하는 제조소에 설치하는 소방대이다.

사업소의 구분	화학소방 자동차 대수	자체소방 대원의 수
제4류 위험물 최대수량의 합이 지정수량의 12만 배 미만	1대	5인
제4류 위험물 최대수량의 합이 지정수량의 12만 배 이상 24만 배 미만	2대	10인
제4류 위험물 최대수량의 합이 지정수량의 24만 배 이상 48만 배 미만	3대	15인
제4류 위험물 최대수량의 합이 지정수량의 48만 배 이상	4대	20인

33 과염소산은 무엇과 접촉할 경우 고체수화물을 생성시키는가?

① 물
② 과산화나트륨
③ 암모니아
④ 벤젠

해설

과염소산을 물과 접촉할 경우 고체수화물을 생성한다.

34 과망간산칼륨과 묽은황산이 반응하였을 때 생성물이 아닌 것은?

① MnO_4
② K_2SO_4
③ $MnSO_4$
④ H_2O

해설

■ 과망간산칼륨과 묽은황산의 반응 : $4KMnO_4 + 6H_2SO_4 \rightarrow 2K_2SO_4 + 4MnSO_4 + 6H_2O + 5O_2 \uparrow$

35 다음 중 요오드값(아이오딘값)이 가장 큰 것은?

① 야자유
② 피마자유
③ 올리브유
④ 정어리기름

해설

① 야자유 7~16, ② 피마자유 81~91, ③ 올리브유 75~90, ④ 정어리기름 123~147

정답 33. ① 34. ① 35. ④

36 다음 반응식에서 (   )에 알맞은 것을 차례대로 나열한 것은?

$$CaC_2 + 2(\quad) \rightarrow Ca(OH)_2 + (\quad)$$

① H_2O, C_2H_2　　　　　　② H_2O, CH_4

③ O_2, C_2H_2　　　　　　④ O_2, CH_4

> **해설**

탄화칼슘은 물과 심하게 반응하여 수산화칼슘과 아세틸렌을 생성한다.
$CaC_2 + 2H_2O \rightarrow Ca(OH)_2 + C_2H_2$

37 다음 중 1mol에 포함된 산소의 수가 가장 많은 것은?

① 염소산　　　　　　　　② 과산화나트륨

③ 과염소산　　　　　　　④ 차아염소산

> **해설**

■ **1mol에 포함된 산소의 수**
① $HClO_3$: 3개
② Na_2O_2 : 2개
③ $HClO_4$: 4개
④ $HClO$: 1개

38 위험물안전관리법령에서 정한 위험물안전관리자의 책무가 아닌 것은?

① 화재 등의 재난이 발생한 경우 응급조치 및 소방관서 등에 대한 연락업무
② 화재 등의 재해의 방지에 관하여 인접한 제조소 등과 그 밖의 관련 시설의 관계자와 협조체제 유지
③ 위험물의 취급에 관한 일지의 작성 · 기록
④ 안전관리 대행기관에 대하여 필요한 지도 · 감독

> **해설**

■ **위험물안전관리자의 책무**
㉠ 위험물의 취급작업에 참여하여 해당 작업이 저장 또는 취급에 관한 기술기준과 예방규정에 적합하도록 해당 작업자에 대하여 지시 및 감독하는 업무
㉡ 화재 등의 재난이 발생한 경우 응급조치 및 소방관서에 대한 연락업무
㉢ 위험물시설의 안전을 담당하는 자를 따로 두는 제조소 등의 경우에는 그 담당자에게 규정에 의한 업무의 지시, 그 밖의 제조소 등의 업무

ⓓ 화재 등의 재해의 방지에 관하여 인접하는 제조소 등과 그 밖의 관련 시설의 관계자와 협조체제 유지

ⓜ 위험물의 취급에 관한 일지 작성 · 기록

ⓗ 그 밖에 위험물을 수납한 용기를 차량에 적재하는 작업, 위험물 설비를 보수하는 작업 등 위험물의 취급과 관련된 작업의 안전에 관하여 필요한 감독의 수행

39 다음 중 고형알코올에 대한 설명으로 옳은 것은?

① 지정수량은 500kg이다.

② 불활성가스소화설비에 의해 소화된다.

③ 제4류 위험물에 해당한다.

④ 운반용기 외부에 "화기주의"라고 표시하여야 한다.

> **해설**
>
> ① 지정수량은 1,000kg이다.
>
> ③ 제2류 위험물에 해당한다.
>
> ④ 운반용기 외부에 "화기엄금"라고 표시하여야 한다.

40 흐름 단면적이 감소하면서 속도두가 증가하고 압력두가 감소하여 생기는 압력차를 측정하여 유량을 구하는 기구로서 제작이 용이하고 비용이 저렴한 장점이 있으나 마찰손실이 커서 유체 수송을 위한 소요동력이 증가하는 단점이 있는 것은 어느 것인가?

① 로터미터   ② 피토튜브

③ 벤투리미터   ④ 오리피스미터

> **해설**
>
> ① 로터미터 : 부자형에 속하는 면적가변형 유량계의 일종으로 대소에 의하여 교축면적을 바꾸고 항상 차압을 일정하게 유지 하면서 면적 변화에 의해 유량을 아는 것으로 중유와 같은 고점도 유체나 오리피스에서 측정하기가 불가능한 소용량의 측정에 적합하다.
>
> ② 피토튜브 : 관로에 피토관을 삽입하고 전압과 정압의 차인 동압을 측정하여 유속을 구한다.
>
> ③ 벤투리미터 : 오리피스와 같이 관의 지름을 변화시켜 전후의 압력을 측정하여 속도를 구하는 것으로서 테퍼형의 관을 사용하므로 오리피스보다 압력손실이 적다. 그러나 설비비가 비싸고 장소를 많이 차지하는 것이 결점이다.

41 디에틸에테르의 공기 중 위험도(H)값에 가장 가까운 것은?

① 2.7   ② 8.6

③ 15.2   ④ 24.3

디에틸에테르($C_2H_5OC_2H_5$)의 연소범위가 1.9~48%이므로

$$H = \frac{48 - 1.9}{1.9} = 24.3$$

42 다음 중 산화성액체위험물에 대한 설명으로 틀린 것은?

① 과산화수소는 물과 접촉하면 심하게 발열하고 증기는 유독하다.
② 질산은 불연성이지만 강한 산화력을 가지고 있는 강산화성 물질이다.
③ 질산은 물과 접촉하면 발열하므로 주의하여야 한다.
④ 과염소산은 강산이고 불안정하여 열에 의해 분해가 용이하다.

① 과산화수소는 물과 접촉하면 임의로 혼합하며 수용액 상태는 비교적 안정하다.

43 다음의 위험물을 각각의 옥내저장소에서 저장 또는 취급할 때 위험물안전관리법령상 안전거리의 기준이 나머지 셋과 다르게 적용되는 것은?

① 질산 1,000kg
② 아닐린 50,000L
③ 기어유 100,000L
④ 아마인유 100,000L

• 제6류 위험물 저장 · 취급장소

① $\dfrac{1,000kg}{300kg} = 3.33$배

② $\dfrac{50,000L}{2,000L} = 25$배

③ $\dfrac{100,000L}{6,000L} = 16.67$배

④ $\dfrac{100,000L}{10,000L} = 10$배

∴ 질산(제6류 위험물), 기어유와 아마인유는 지정수량의 20배 미만이므로 안전거리를 두지 않아도 되고, 아닐린은 제3석유류이므로 지정수량의 배수가 1배가 넘으면 안전거리를 둔다.

※ **안전거리를 두지 않아도 되는 조건**
지정수량 20배 미만의 제4석유류와 동 · 식물유류 저장 · 취급장소

정답 42. ① 43. ②

44 다음 중 위험물안전관리법에 따라 허가를 받아야 하는 대상이 아닌 것은?

① 농예용으로 사용하기 위한 건조시설로서 지정수량 20배를 취급하는 위험물취급소
② 수산용으로 필요한 건조시설로서 지정수량 20배를 저장하는 위험물저장소
③ 공동주택의 중앙난방시설로 사용하기 위한 지정수량 20배를 저장하는 위험물저장소
④ 축산용으로 사용하기 위한 난방시설로서 지정수량 30배를 저장하는 위험물저장소

해설

■ **허가를 받아야 하는 대상이 아닌 것**
㉠ 주택의 난방시설(공동주택의 중앙난방시설 제외)을 위한 저장소 또는 취급소
㉡ 농예용·축산용 또는 수산용으로 필요한 난방시설 또는 건조시설을 위한 지정수량 20배 이하의 저장소

45 암적색의 분말인 비금속물질로 비중이 약 2.2, 발화점이 약 260℃이고, 물에 불용성인 위험물은?

① 적린　　　　　　　　　　② 황린
③ 삼황화인　　　　　　　　④ 유황

46 지하저장탱크의 주위에 액체위험물의 누설을 검사하기 위한 관을 설치하는 경우 그 기준으로 옳지 않은 것은?

① 관은 탱크전용실의 바닥에 닿지 않게 할 것
② 이중관으로 할 것
③ 관의 밑부분으로부터 탱크의 중심 높이까지의 부분에는 소공이 뚫려 있을 것
④ 상부는 물이 침투하지 아니하는 구조로 하고, 뚜껑은 검사 시에 쉽게 열 수 있도록 할 것

해설

지하저장탱크의 주위에는 해당 탱크로부터 액체위험물의 누설을 검사하기 위한 관을 다음의 기준에 따라 4개소 이상 적당한 위치에 설치하여야 한다.
㉠ 이중관으로 할 것. 다만, 소공이 없는 상부는 단관으로 할 수 있다.
㉡ 재료는 금속관 또는 경질합성수지관으로 할 것
㉢ 관은 탱크실 또는 탱크의 기초 위에 닿게 할 것
㉣ 관의 밑부분으로부터 탱크의 중심 높이까지의 부분에는 소공이 뚫려 있을 것. 다만, 지하수위가 높은 장소에 있어서는 지하수위 높이까지의 부분에 소공이 뚫려 있어야 한다.
㉤ 상부는 물이 침투하지 아니하는 구조로 하고, 뚜껑은 검사 시에 쉽게 열 수 있도록 할 것

정답 44. ②　45. ①　46. ①

47 불활성가스소화설비의 장·단점에 대한 설명으로 틀린 것은?

① 전역방출방식의 경우 심부화재에도 효과가 있다.
② 밀폐공간에서 질식과 같은 인명피해를 입을 수도 있다.
③ 전기절연성이 높아 전기화재에도 적합하다.
④ 배관 및 관 부속이 저압이므로 시공이 간편하다.

해설

④ 이산화탄소는 고압이므로 시공이 어렵다.

48 다음 중 비중이 가장 작은 것은?

① 염소산칼륨   ② 염소산나트륨
③ 과염소산나트륨   ④ 과염소산암모늄

해설

① 2.33, ② 2.5, ③ 2.5, ④ 1.87

49 다음 중 BTX에 해당하는 물질로서 가장 인화점이 낮은 것은?

① 이황화탄소   ② 산화프로필렌
③ 벤젠   ④ 자일렌

해설

■ BTX : 벤젠(C_6H_6), 톨루엔($C_6H_5CH_3$), 크실렌(자일렌, $C_6H_4(CH_3)_2$)

종류	C_6H_6	$C_6H_5CH_3$	$C_6H_4(CH_3)_2$
인화점	−11.1℃	45℃	17.2℃

50 위험물탱크안전성능시험자가 기술능력, 시설 및 장비 중 중요 변경사항이 있는 때에는 변경한 날부터 며칠 이내에 변경 신고를 하여야 하는가?

① 5일 이내   ② 15일 이내
③ 25일 이내   ④ 30일 이내

해설

■ **위험물탱크안전성능시험자 변경신고** : 변경한 날부터 30일 이내에 변경신고

51 질산칼륨 101kg이 열분해될 때 발생되는 산소는 표준상태에서 몇 m^3인가?(단, 원자량은 K : 39, O : 16, N : 14이다)

① 5.6 ② 11.2
③ 22.4 ④ 44.8

해설

$2KNO_3 \longrightarrow 2KNO_2 + O_2 \uparrow$

$2 \times 101kg \qquad 22.4m^3$

$101kg \qquad x(m^3)$

$x = \dfrac{101 \times 22.4}{2 \times 101}$, $x = 11.2m^3$

52 포소화약제의 일반적인 물성에 관한 설명 중 틀린 것은?

① 발포배율이 커지면 환원시간(Drainage Time)은 짧아진다.
② 환원시간이 길면 내열성이 우수하다.
③ 유동성이 좋으면 내열성도 우수하다.
④ 발포배율이 커지면 유동성이 좋아진다.

해설

③ 수성막포는 유동성이 좋고, 단백포와 불화단백포는 내열성이 우수하다.

53 알코올류의 탄소수가 증가함에 따른 일반적인 특징으로 옳은 것은?

① 인화점이 낮아진다.
② 연소범위가 넓어진다.
③ 증기비중이 증가한다.
④ 비중이 증가한다.

해설

■ 탄소수가 증가할수록 변화되는 현상
㉠ 인화점이 낮아진다.
㉡ 연소범위가 좁아진다.
㉢ 액체비중, 증기비중이 커진다.
㉣ 발화점이 낮아진다.
㉤ 수용성이 감소된다.

정답 51. ② 52. ③ 53. ③

54 벤조일퍼옥사이드(과산화벤조일)에 대한 설명으로 틀린 것은?

① 백색 또는 무색 결정성분말이다.
② 불활성 용매 등의 희석제를 첨가하면 폭발성이 줄어든다.
③ 진한황산, 진한질산, 금속분 등과 혼합하면 분해를 일으켜 폭발한다.
④ 알코올에는 녹지 않고, 물에 잘 용해한다.

해설

④ 알코올에는 약간 녹고, 물에 잘 녹지 않는다.

55 방폭구조결정을 위한 폭발위험장소를 옳게 분류한 것은?

① 0종 장소, 1종 장소
② 0종 장소, 1종 장소, 2종 장소
③ 1종 장소, 2종 장소, 3종 장소
④ 0종 장소, 1종 장소, 2종 장소, 3종 장소

해설

■ **폭발위험장소의 분류** : 0종 장소, 1종 장소, 2종 장소

56 정규분포에 관한 설명 중 틀린 것은?

① 일반적으로 평균치가 중앙값보다 크다.
② 평균을 중심으로 좌우대칭의 분포이다.
③ 대체로 표준편차가 클수록 산포가 나쁘다고 본다.
④ 평균치가 0이고 표준편차가 1인 정규분포를 표준정규분포라 한다.

해설

① 일반적으로 평균치가 중앙값보다 작다.

57 계수규준형 샘플링검사의 OC곡선에서 좋은 로트를 합격시키는 확률을 뜻하는 것은?(단, α 는 제1종 과오, β는 제2종 과오이다)

① α ② β
③ $1-\alpha$ ④ $1-\beta$

해설

① α : 제1종 과오(Error Type Ⅰ) 참을 참이 아니라고(거짓이라고) 판정하는 과오

② β : 제2종 과오(Error Type Ⅱ) 참이 아닌 거짓을 참이라고 판정하는 과오

③ $1-\alpha$: (신뢰율) 좋은 로트를 합격시키는 확률

④ $1-\beta$: (검출력) 거짓을 거짓이라고 판정하는 확률

58 이항분포(Binomial Distribution)에서 매회 A가 일어나는 확률이 일정한 값 P일 때, n회의 독립시행 중 사상 A가 x회 일어날 확률 $P(x)$를 구하는 식은?(단, N은 로트의 크기, n은 시료의 크기, P는 로트의 모부적합품률)

① $P(x) = \dfrac{n!}{x!(n-x)!}$

② $P(x) = e^{-x} \cdot \dfrac{(nP)^x}{x!}$

③ $P(x) = \dfrac{\binom{NP}{x}\binom{N-NP}{n-x}}{\binom{N}{n}}$

④ $P(x) = \binom{n}{x} P^x (1-P)^{n-x}$

해설

■ 이항분포가 일어날 확률

$$P(x) = \binom{n}{x} P^x (1-P)^{n-x}$$

59 워크샘플링에 관한 설명 중 틀린 것은?

① 워크샘플링은 일명 스냅리딩(Snap Reading)이라 불린다.

② 워크샘플링은 스톱워치를 사용하여 관측대상을 순간적으로 관측하는 것이다.

③ 워크샘플링은 영국의 통계학자 L.H.C. Tippet가 가동률 조사를 위해 창안한 것이다.

④ 워크샘플링은 사람의 상태나 기계의 가동상태 및 작업의 종류 등을 순간적으로 관측하는 것이다.

해설

② 워크샘플링은 여러 사람의 관측자가 여러 사람 또는 여러 대의 기계를 측정하는 방법이다.

정답 58. ④ 59. ②

60 설비배치 및 개선의 목적을 설명한 내용으로 가장 관계가 먼 것은?

① 제공품의 증가
② 설비투자 최소화
③ 이동거리의 감소
④ 작업자 부하 평준화

> **해설**
>
> ■ **설비 배치 및 개선의 목적**
> ② 설비투자 최소화, ③ 이동거리의 감소, ④ 작업자 부하 평준화

2019년 제65회 출제문제(3월 9일 시행)

01 다음 중 산화성고체 위험물이 아닌 것은?

① $NaClO_3$
② $AgNO_3$
③ $KBrO_3$
④ $HClO_4$

> **해설**
>
> $HClO_4$는 산화성액체로, 제6류 위험물이다.

02 위험물 운반용기의 외부에 표시하는 주의사항으로 틀린 것은?

① 마그네슘 – 화기주의 및 물기엄금
② 황린 – 화기주의 및 공기접촉주의
③ 탄화칼슘 – 물기엄금
④ 과염소산 – 가연물 접촉주의

> **해설**
>
> ■ 위험물 운반용기의 주의사항

위험물		주의사항
제1류 위험물	알칼리금속의 과산화물	• 화기 · 충격주의 • 물기엄금 • 가연물접촉주의
	기 타	• 화기 · 충격주의 • 가연물접촉주의
제2류 위험물	철분 · 금속분 · 마그네슘	• 화기주의 • 물기엄금
	인화성고체	화기엄금
	기 타	화기주의
제3류 위험물	자연발화성물질	• 화기엄금 • 공기접촉엄금
	금수성물질	물기엄금
제4류 위험물		화기엄금
제5류 위험물		• 화기엄금 • 충격주의
제6류 위험물		가연물접촉주의

정답 01. ④ 02. ②

03 포소화설비의 기준에서 고가수조를 이용하는 가압송수장치를 설치할 때 고가수조에 반드시 설치하지 않아도 되는 것은?

① 배수관   ② 압력계

③ 맨홀   ④ 수위계

> 해설

■ 포소화설비의 기준에서 고가수조를 이용하는 가압송수장치를 설치할 때 고가수조에 반드시 설치하는 것
배수관, 맨홀, 수위계, 오버플로용 배수관, 보급수관

04 다음 중 제4류 위험물에 속하는 물질을 보호액으로 사용하는 것은?

① 벤젠   ② 황

③ 칼륨   ④ 질산에틸

> 해설

위험물	보호액
K, Na, 적린	등유(석유), 경유, 유동파라핀, 벤젠
황린, CS_2	물속(수조)

05 적린과 유황의 공통적인 성질이 아닌 것은?

① 가연성 물질이다.   ② 고체이다.

③ 물에 잘 녹는다.   ④ 비중은 1보다 크다.

> 해설

적린과 유황은 물에 녹지 않는다.

06 소방수조에 물을 채워 직경 4cm의 파이프를 통해 8m/s의 유속으로 흘려 직경 1cm의 노즐을 통해 소화할 때 노즐 끝에서의 유속은 몇 m/s인가?

① 16   ② 32

③ 64   ④ 128

> 해설

$Q = AV$이므로 $A_1 V_1 = A_2 V_2$에서
$$V_2 = V_1\left(\frac{A_1}{A_2}\right) = V_1\left(\frac{d_1}{d_2}\right)^2 = 8 \times \left(\frac{4}{1}\right)^2 = 128\text{m/s}$$

07 요오드포름 반응을 이용하여 검출할 수 있는 위험물이 아닌 것은?

① 아세트알데히드　　　　　　　　② 에탄올
③ 아세톤　　　　　　　　　　　　④ 벤젠

> **해설**
>
> 요오드포름 반응을 이용하여 검출할 수 있는 위험물 : 아세트알데히드, 에탄올, 아세톤

08 다음 중 옥외저장소에 저장할 수 없는 위험물은?(단, IMDG code에 적합한 용기에 수납한 경우를 제외한다)

① 제2류 위험물 중 유황　　　　　　② 제3류 위험물 중 금수성물질
③ 제4류 위험물 중 제2석유류　　　　④ 제6류 위험물

> **해설**
>
> ■ **옥외저장소에 저장 또는 취급할 수 있는 위험물의 종류**
> ① 제2류 위험물 중 유황 또는 인화성고체(인화점이 0℃ 이상인 것에 한함)
> ② 제4류 위험물 중 제1석유류(인화점이 ℃ 이상인 것에 한함), 알코올류, 제2석유류, 제3석유류, 제4석유류 및 동·식물유류
> ③ 제6류 위험물

09 옥외저장소에 선반을 설치하는 경우에 선반의 높이는 몇 m를 초과하지 않아야 하는가?

① 3　　　　　　　　　　　　　　② 4
③ 5　　　　　　　　　　　　　　④ 6

> **해설**
>
> 옥외저장소에 선반을 설치하는 경우 선반의 높이는 6m를 초과하지 않는다.

10 동일한 사업소에서 제조소의 취급량의 합이 지정수량의 몇 배 이상일 때 자체소방대를 설치해야 하는가?(단, 제4류 위험물을 취급하는 경우이다)

① 3,000　　　　　　　　　　　　② 4,000
③ 5,000　　　　　　　　　　　　④ 6,000

> **해설**
>
> 자체소방대는 동일한 사업소에서 제조소의 취급량의 합이 지정수량의 3,000배 이상일 때 설치한다.
> 단, 제4류 위험물을 취급하는 경우이다.

정답 07. ④　08. ②　09. ④　10. ①

11 니트로벤젠과 수소를 반응시키면 얻어지는 물질은?

① 페놀   ② 톨루엔

③ 아닐린   ④ 크실렌

> **해설**
>
> $$C_6H_5NH_2 + 6H \xrightarrow[\text{환원}]{\text{Fe, Sn+HCL}} C_6H_5NH_2 + 2H_2O$$

12 제2류 위험물과 제4류 위험물의 공통적 성질로 옳은 것은?

① 물에 의한 소화가 최적이다.

② 산소 원소를 포함하고 있다.

③ 물보다 가볍다.

④ 가연성물질이다.

> **해설**
>
> 제2류 위험물(가연성고체)과 제4류 위험물(인화성액체)은 가연성물질이다.

13 메틸트리클로로실란에 대한 설명으로 틀린 것은?

① 제1석유류이다.

② 물보다 무겁다.

③ 지정수량은 200L이다.

④ 증기는 공기보다 가볍다.

> **해설**
>
> 메틸트리클로로실란은 제4류 위험물, 제1석유류(비수용성)이며, 증기는 공기보다 무겁다.

14 다음 중 소화난이도 등급 I의 옥외탱크저장소로서 인화점이 70℃ 이상의 제4류 위험물만을 저장하는 탱크에 설치하여야 하는 소화설비는?(단, 지중탱크 및 해상탱크는 제외한다)

① 물분무소화설비 또는 고정식포소화설비

② 옥외소화전설비

③ 스프링클러설비

④ 이동식포소화설비

해설

■ 소화난이도 등급 I에 해당하는 제조소 등의 소화설비

구 분	소화설비
제조소 및 일반취급소	• 옥내소화전설비 • 옥외소화전설비 • 스프링클러설비 • 물분무등소화설비
옥내저장소(처마높이 6m 이상인 단층건물)	• 스프링클러설비 • 이동식 외의 물분무등소화설비
옥외탱크저장소(유황만을 저장 · 취급)	물분무소화설비
옥내탱크저장소(인화점 70℃ 이상의 제4류 위험물만을 저장 · 취급)	• 물분무소화설비 • 고정식포소화설비
옥외탱크저장소(지중탱크)	• 고정식포소화설비 • 이동식 이외의 불활성가스소화설비 • 이동식 이외의 할로겐화합물소화설비
옥외저장소 및 이송취급소	• 옥내소화전설비 • 옥외소화전설비 • 스프링클러설비 • 물분무등소화설비

15 알칼리금속에 대한 설명으로 옳은 것은?

① 알칼리금속의 산화물은 물과 반응하여 강산이 된다.

② 산소와 쉽게 반응하기 때문에 물속에 보관하는 것이 안전하다.

③ 소화에는 물을 이용한 냉각소화가 좋다.

④ 칼륨, 루비듐, 세슘 등은 알칼리금속에 속한다.

해설

① 알칼리금속의 산화물은 물과 반응하여 염기성이 된다.

② 산소와 쉽게 반응하기 때문에 용기는 밀전 · 밀봉한다.

③ 소화는 건조사로 한다.

16 동 · 식물유류에 대한 설명 중 틀린 것은?

① 요오드값이 100 이하인 것을 건성유라 한다.

② 아마인유는 건성유이다.

③ 요오드값은 기름 100g이 흡수하는 요오드의 g수를 나타낸다.

④ 요오드값이 크면 이중결합을 많이 포함한 불포화지방산을 많이 가진다.

해설

요오드값이 100 이하인 것은 불건성유라 한다.

정답 15. ④ 16. ①

17 $C_6H_5CH_3$에 대한 설명으로 틀린 것은?

① 끓는점은 약 211℃이다.　　② 녹는점은 약 −95℃이다.
③ 인화점은 약 4℃이다.　　④ 비중은 약 0.87이다.

> 해설

끓는점(비점)은 111℃이다.

18 다음 중 자기반응성 위험물에 대한 설명으로 틀린 것은?

① 과산화벤조일은 분말 또는 결정형태로 발화점이 약 125℃이다.
② 메틸에틸케톤퍼옥사이드는 기름상의 액체이다.
③ 니트로글리세린은 기름상의 액체이며, 공업용은 담황색이다.
④ 니트로셀룰로오스는 적갈색의 액체이며, 화약의 원료로 사용된다.

> 해설

니트로셀룰로오스$[C_6H_7O_2(ONO_2)_3]_n$는 무색 또는 백색의 고체이며, 다이너마이트 원료, 무연화약의 원료 등으로 사용한다.

19 다음 중 나머지 셋과 위험물의 유별 구분이 다른 것은?

① 니트로글리세린　　　　　② 니트로셀룰로오스
③ 셀룰로이드　　　　　　　④ 니트로벤젠

> 해설

① 니트로글리세린$[C_3H_5(ONO_2)_3]$: 제5류 위험물 질산에스테르류
② 니트로셀룰로오스$[C_6H_7O_2(ONO_2)_3]_n$: 제5류 위험물 질산에스테르류
③ 셀룰로이드(celluloid) : 제5류 위험물
④ 니트로벤젠$(C_6H_5NO_2)$: 제4류 위험물

20 제1류 위험물로서 무색의 투명한 결정이고 비중은 약 4.85, 녹는점은 약 212℃이며, 사진감광제 등에 사용되는 것은?

① $AgNO_3$　　　　　　　② NH_4NO_3
③ KNO_3　　　　　　　　④ $Cd(NO_3)_2$

> 해설

질산은$(AgNO_3)$의 설명이다.

정답 17. ① 18. ④ 19. ④ 20. ①

21 PVC 제품 등의 연소 시 발생하는 부식성이 강한 가스로서, 다음 중 노출기준(ppm)이 가장 낮은 것은?

① 암모니아

② 일산화탄소

③ 염화수소

④ 황화수소

> **해설**
>
> ① 암모니아 : 25ppm
> ② 일산화탄소 : 50ppm
> ③ 염화수소 : 5ppm
> ④ 황화수소 : 10ppm

22 과산화수소의 성질에 대한 설명 중 틀린 것은?

① 알코올, 에테르에는 녹지만 벤젠, 석유에는 녹지 않는다.

② 농도가 66% 이상인 것은 충격 등에 의해서 폭발할 가능성이 있다.

③ 분해 시 발생한 분자상의 산소(O_2)는 발생기 산소(O)보다 산화력이 강하다.

④ 히드라진과 접촉 시 분해폭발한다.

> **해설**
>
> ③ 강력한 산화제로서 분해하여 발생한 발생기 산소(O)는 분자상의 O_2가 산화시키지 못한 물질로 산화시킨다.
>
> $$H_2O_2 \xrightarrow{\Delta} H_2O + [O]$$

23 지정 과산화물을 옥내에 저장하는 저장창고 외벽의 기준으로 옳은 것은?

① 두께 20cm 이상의 무근콘크리트조

② 두께 30cm 이상의 무근콘크리트조

③ 두께 20cm 이상의 보강콘크리트블록조

④ 두께 30cm 이상의 보강콘크리트블록조

> **해설**
>
> ■ **옥내저장소 지정 유기과산화물 외벽의 기준**
> ① 두께 20cm 이상의 철근콘크리조, 철골철근콘크리트조
> ② 두께 30cm 이상의 보강시멘트블록조

24 전역방출방식 분말소화설비의 기준에서 제1종 분말소화약제의 저장용기 충전비의 범위를 옳게 나타낸 것은?

① 0.85 이상 1.05 이하　　　② 0.85 이상 1.45 이하
③ 1.05 이상 1.45 이하　　　④ 1.05 이상 1.75 이하

 해설

① 분말소화설비 : 분말소화약제 저장탱크에 저장된 소화분말을 질소나 탄산가스의 압력에 의해 설계된 배관 및 설비에 따라 화재 발생 시 분말과 함께 방호대상물에 방사하여 소화하는 설비
② 전역방출방식 또는 국소방출방식의 저장용기 충전비

소화약제의 종별	충전비의 범위
1종	0.85 이상~1.45 이하
2종, 3종	1.05 이상~1.75 이하
4종	1.50 이상~2.50 이하

25 물과 접촉하면 수산화나트륨과 산소를 발생시키는 물질인?

① 질산나트륨　　　② 염소산나트륨
③ 과산화나트륨　　　④ 과염소산나트륨

해설

$Na_2O_2 + H_2O \rightarrow 2NaOH + 1/2O_2$

26 인화성 위험물질 600L를 하나의 간이탱크저장소에 저장하려고 할 때 필요한 최소 탱크 수는?

① 4개　　　② 3개
③ 2개　　　④ 1개

해설

간이탱크저장소란 간이탱크에 위험물을 저장하는 저장소를 말한다. 간이탱크는 작은 탱크를 말하며, 용량은 600L 이하이다.

27 산·알칼리 소화기의 화학반응식으로 옳은 것은?

① $2NaHCO_3 + H_2SO_4 \rightarrow Na_2SO_4 + 2CO_2 + 2H_2O$

② $6NaHCO_3 + Al_2(SO_4)_3 + 18H_2O \rightarrow 3Na_2SO_4 + 2Al(OH)_3 + 6CO_2 + 18H_2O$

③ $2NaHCO_3 \rightarrow Na_2CO_3 + CO_2 + H_2O$

④ $2KHCO_3 \rightarrow K_2CO_3 + CO_2 + H_2O$

> 해설

산·알칼리 소화약제의 산성 소화약제로는 진한 황산이 사용되고, 알칼리성 소화약재로는 탄산수소나트륨이 사용된다. 내통에 충전되는 황산수용액은 진한 황산 70%와 물 30%의 비율로 혼합되어 있으며, 외통에 충전되는 탄산수소나트륨 수용액은 물 93%와 탄산수소나트륨 7%의 비율로 혼합되어 있다.
$2NaHCO_3 + H_2SO_4 \rightarrow Na_2SO_4 + 2CO_2 + 2H_2O$

28 이황화탄소의 성질 또는 취급방법에 대한 설명 중 틀린 것은?

① 물보다 가볍다.
② 증기가 공기보다 가볍다.
③ 물을 채운 수조에 저장한다.
④ 연소 시 유독한 가스가 발생한다.

> 해설

증기는 공기보다 무겁다(증기비중 : 2.6).

29 상온에서 물에 넣었을 때 용해되어 염기성을 나타내면서 산소를 방출하는 물질은?

① Na_2O_2　　　　　　　　　② $KClO_3$

③ H_2O_2　　　　　　　　　④ $NaNO_3$

> 해설

■ **과산화나트륨**

① 상온에서 물과 접촉 시 격렬히 반응하여 부식성이 강한 수산화나트륨을 만들고, 상온에서 적당한 물과 반응한 경우 O_2를 발생한다.
　$2Na_2O_2 + 4H_2O \rightarrow 4NaOH + 2H_2O + O_2 \uparrow$

② 온도가 높은 소량의 물과 반응한 경우 발열하고 O_2를 발생한다.
　$2Na_2O_2 + 2H_2O \rightarrow 4NaOH + O_2 \uparrow + 2 \times 34.9kcal$

③ 따라서 역으로 산소에 의해 발화하며, Na_2O_2가 습기를 가진 가연물과 혼합하면 자연발화한다.

정답 27. ① 28. ② 29. ①

30 다음 중 아닐린의 연소범위 하한값에 가장 가까운 것은?

① 1.3vol%

② 7.6vol%

③ 9.8vol%

④ 15.5vol%

해설

아닐린(Aniline, $C_6H_5NH_2$,)의 연소범위 : 1.3~11%

31 다음 위험물 중 상온에서 액체인 것은?

① 질산에틸

② 니트로셀룰로오스

③ 피크린산

④ 트리니트로톨루엔

해설

① 질산에틸 : 무색투명한 액체
② 니트로셀룰로오스 : 무색 또는 백색의 고체
③ 피크린산 : 순수한 것은 무색이지만, 보통 공업용은 휘황색의 침상결정
④ 트리니트로톨루엔 : 순수한 것은 무색 결정이지만, 담황색의 결정

32 물과 반응하여 심하게 발열하면서 위험성이 증가하는 물질은?

① 염소산나트륨

② 과산화칼륨

③ 질산나트륨

④ 질산암모늄

해설

과산화칼륨(K_2O_2)은 자신은 불연성이지만 물과 급격히 반응하여 발열하고 산소를 방출한다.
$2K_2O_2 + 2H_2O \rightarrow 4KOH + O_2\uparrow$

33 자기반응성물질의 화재에 적응성이 있는 소화설비는?

① 분말소화설비

② 이산화탄소소화설비

③ 할로겐화합물소화설비

④ 물분무소화설비

해설

자기반응성물질은 일반적으로 다량의 주수에 의한 냉각소화가 양호하므로, 물분무소화설비가 적응성이 있다.

34 황화린에 대한 설명으로 틀린 것은?

① 삼황화린의 분자량은 약 348이다.

② 삼황화린은 물에 녹지 않는다.

③ 오황화린은 습한 공기 중 분해하여 유독성 기체를 발생한다.

④ 삼황화린은 공기 중 약 100℃에서 발화한다.

> **해설**
>
> 삼황화린(P_4S_3)의 분자량은 220이다.

35 알칼리토금속의 일반적인 성질로 옳은 것은?

① 음이온 2가의 금속이다.

② 루비듐, 라돈 등이 해당된다.

③ 같은 주기의 알칼리금속보다 융점이 높다.

④ 비중이 1보다 작다.

> **해설**
>
> ① 양이온 2가의 금속이다.
>
> ② Be, Mg, Ca, Sr, Ba, Ra이 해당된다.
>
> ④ 비중이 1보다 크다.

36 다음 위험물에 대한 설명으로 옳은 것은?

① $C_6H_5NH_2$는 담황색 고체로 에테르에 녹지 않는다.

② $C_3H_5(ONO_2)_3$는 벤젠에 이산화질소를 반응시켜 만든다.

③ Na_2O_2의 인화점과 발화점은 100℃보다 낮다.

④ $(CH_3)_3Al$은 25℃에서 액체이다.

> **해설**
>
> ① $C_6H_5NH_2$는 무색 또는 담황색의 특이한 아민 같은 냄새가 있는 기름상의 액체로서 물에 약간 녹으며 에탄올, 벤젠, 에테르와 임의로 혼합한다.
>
> ② $C_3H_5(ONO_2)_3$는 질산과 황산의 혼산 중에 글리세린을 반응시켜 만든다.
>
> $$\begin{array}{l} CH_2OH \\ | \\ CHOH + 3HNO_3 \xrightarrow{C-H_2SO_4} \\ | \\ CH_2OH \\ glycerine \end{array} \quad \begin{array}{l} CH_2ONO_2 \\ | \\ CHONO_2 + 3H_2O \\ | \\ CH_2ONO_2 \\ nitroglycerine \end{array}$$
>
> ③ Na_2O_2는 흡습성이 강하고 조해성이 있다.

정답 34. ① 35. ③ 36. ④

37 덩어리 상태의 유황을 저장하는 옥외저장소가 경계표시 내부의 면적(2 이상의 경계표시가 있는 경우에는 각 경계표시의 내부의 면적을 합한 면적)이 얼마일 때 소화난이도 등급 Ⅰ에 해당하는가?

① 100m² 이하

② 100m² 이상

③ 1,000m² 이하

④ 1,000m² 이상

해설

■ 소화난이도 등급 Ⅰ의 제조소 등 및 소화설비(소화난이도 등급 Ⅰ에 해당하는 제조소 등)

제조소 등의 구분	제조소 등의 규모, 저장 또는 취급하는 위험물의 품명 및 최대수량 등
제조소 일반취급소	연면적 1000m² 이상일 것
	지정수량의 100배 이상인 것(고인화점 위험물만을 100℃ 미만의 온도에서 취급하는 것 및 제48조의 위험물을 취급하는 것은 제외)
	지반면으로부터 6m 이상의 높이에 위험물 취급설비가 있는 것(고인화점 위험물만을 100℃ 미만의 온도에서 취급하는 것은 제외)
	일반취급소로 사용되는 부분 외의 부분을 갖는 건축물에 설치된 것(내화구조로 개구부 없이 구획된 것 및 고인화점 위험물만을 100℃ 미만의 온도에서 취급하는 것은 제외)
옥내저장소	지정수량 150배 이상인 것(고인화점 위험물만을 저장하는 것 및 제48조의 위험물을 저장하는 것은 제외)
	연면적 150m²를 초과하는 것(150m² 이내마다 불연재료로 개구부 없이 구획된 것 및 인화성고체 외의 제2류 위험물 또는 인화점 70℃ 이상의 제4류 위험물만을 저장하는 것은 제외)
	처마높이가 6m 이상인 단층건물인 것
	옥내저장소로 사용되는 부분 외의 부분이 있는 건축물에 설치된 것(내화구조로 개구부 없이 구획된 것 및 인화성고체 외의 제2류 위험물 또는 인화점 70℃ 이상의 제4류 위험물만을 저장하는 것은 제외)
옥외탱크저장소	액표면적이 40m² 이상인 것(제6류 위험물을 저장하는 것 및 고인화점 위험물만을 100℃ 미만의 온도에서 저장하는 것은 제외)
	지반면으로부터 탱크 옆판의 상단까지 높이가 6m 이상인 것(제6류 위험물을 저장하는 것 및 고인화점 위험물만을 100℃ 미만의 온도에서 저장하는 것은 제외)
	지중탱크 또는 해상탱크로서 지정수량의 100배 이상인 것(제6류 위험물을 저장하는 것 및 고인화점 위험물만을 100℃ 미만의 온도에서 저장하는 것은 제외)
	고체위험물을 저장하는 것으로서 지정수량의 100배 이상인 것
옥내탱크저장소	액표면적이 40m² 이상인 것(제6류 위험물을 저장하는 것 및 고인화점 위험물만을 100℃ 미만의 온도에서 저장하는 것은 제외)
	바닥면으로부터 탱크 옆판의 상단까지 높이가 6m 이상인 것(제6류 위험물을 저장하는 것 및 고인화점 위험물만을 100℃ 미만의 온도에서 저장하는 것은 제외)
	탱크전용실이 있는 단층건축물에 있는 것으로서 인화점 40℃ 이상 70℃ 미만의 위험물을 지정수량의 5배 이상 저장하는 것(내화구조로 개구부 없이 구획된 것은 제외
옥외저장소	덩어리 상태의 유황을 저장하는 것으로서 경계표시 내부의 면적(2 이상의 경계표시가 있는 경우에는 각 경계표시의 내부의 면적을 합한 면적)이 100m² 이상인 것
	제2류 위험물 중 또는 제4류 위험물 중 제1석유류 또는 알코올류의 위험물을 저장하는 것으로서 지정수량의 100배 이상인 것
암반탱크저장소	액표면적이 40m² 이상인 것(제6류 위험물을 저장하는 것 및 고인화점 위험물만을 100℃ 미만의 온도에서 저장하는 것은 제외)
	고체위험물을 저장하는 것으로서 지정수량의 100배 이상인 것
이송취급소	모든 대상

38 염소산나트륨이 산과 반응하여 주로 발생되는 유독한 가스는?

① 이산화탄소　　　　　　② 일산화탄소

③ 이산화탄소　　　　　　④ 일산화염소

 해설

염소산나트륨(NaClO$_3$)은 산과 반응하면 유독하고, 폭발성·유독성의 ClO$_2$를 발생한다.

39 제1류 위험물 중 알칼리금속의 과산화물을 수납한 운반용기 외부에 표시하여야 하는 주의사항을 모두 옳게 나타낸 것은?

① 물기주의, 가연물접촉주의, 충격주의

② 가연물접촉주의, 물기엄금, 화기엄금 및 공기노출금지

③ 화기·충격주의, 물기엄금, 가연물접촉주의

④ 충격주의, 화기엄금 및 공기접촉엄금, 물기엄금

해설

▪ 위험물 운반용기의 주의사항

위험물		주의사항
제1류 위험물	알칼리금속의 과산화물	• 화기·충격주의 • 물기엄금 • 가연물접촉주의
	기 타	• 화기·충격주의 • 가연물접촉주의
제2류 위험물	철분·금속분·마그네슘	• 화기주의 • 물기엄금
	인화성고체	화기엄금
	기 타	화기주의
제3류 위험물	자연발화성물질	• 화기엄금 • 공기접촉엄금
	금수성물질	물기엄금
제4류 위험물		화기엄금
제5류 위험물		• 화기엄금 • 충격주의
제6류 위험물		가연물접촉주의

40 Cs에 대한 설명으로 틀린 것은?

① 알칼리토금속이다.

② 융점이 30℃보다 낮다.

③ 비중은 약 1.9이다.

④ 할로겐과 반응하여 할로겐화합물을 만든다.

① 알칼리금속 원소이다.

41 불소계 계면활성제를 기제로 하여 안정제 등을 첨가한 소화약제로서 보존성, 내약품성이 우수하지만, 수용성 위험물의 화재 시에는 효과가 떨어지는 것은?

① 알코올형포   ② 단백포
③ 수성막포   ④ 합성 계면활성제포

① 알코올형포(수용성 용제 포소화약제, Alcohol Resistant Foam, AR) : 물과 친화력이 있는 알코올과 같은 수용성 용매(극성 용매)의 화재에 보통의 포소화약제를 사용하면 수용성 용매가 포 속의 물을 탈취하여 포가 파괴되기 때문에 효과를 잃게 된다. 이와 같은 현상은 온도가 높아지면 더욱 뚜렷이 나타나는데, 이 같은 단점을 보완하기 위하여 단백질의 가수분해물에 금속비누를 계면활성제로 사용하여 유화·분산시킨 포소화약제

② 단백포(Protein Foam, P) : 동·식물성 단백질(동물의 뿔, 발톱 등)의 가수분해 생성물을 기제로 하고, 포 안정제로서 제1철염, 부동액(에틸렌글리콜, 프로필렌글리콜) 등을 첨가하여 만든 소화약제

④ 합성 계면활성제포(Synthetic Surface Active Foam, S) : 계면활성제를 기제로 하여 안정제 등을 첨가하여 만든 소화약제로 저팽창(3%, 6%) 및 고팽창(1%, 1.5%, 2%)으로 사용하는 소화약제

42 오황화인이 물과 반응하여 발생하는 가스가 연소하였을 때 주로 생성되는 것은?

① P_2O_5 ② SO_3
③ SO_2 ④ H_2S

① $P_2S_5 + 8H_2O \rightarrow 5H_2S\uparrow + 2H_3PO_4$

② $2H_2S + 3O_2 \rightarrow 2H_2O\uparrow + 2SO_2\uparrow$

물과 접촉하여 가수분해하거나 습한 공기 중에서 분해하여 황화수소를 발생하며, 발생된 황화수소는 가연성, 유독성 기체로 공기와 혼합 시 인화폭발성 혼합기를 형성하므로 위험하다.

43 펌프와 발포기의 중간에 설치된 벤투리관의 벤투리 작용과 펌프 가압수의 포소화약제 저장 탱크에 대한 압력에 의하여 포소화약제를 흡입·혼합하는 방식은?

① 펌프 프로포셔너 방식
② 프레셔 프로포셔너 방식
③ 라인 프로포셔너 방식
④ 프레셔 사이드 프로포셔너 방식

해설

■ **포소화약제의 혼합장치**

① 펌프 프로포셔너 방식(Pump Proportioner) : 펌프혼합방식이라고 하며, 펌프의 토출관과 흡입관 사이의 배관 도중에 설치한 흡입기에 펌프에서 토출된 물의 일부를 보내고, 농도조정밸브에서 조정된 포소화약제의 필요량을 포소화약제 탱크에서 펌프 흡입측으로 보내어 이를 혼합하는 방식

② 프레셔 프로포셔너 방식(Pressure Proportioner) : 차압혼합방식이라고 하며, 펌프와 발포기의 배관 도중에 벤투리(Venturi)관을 설치하여 벤투리 작용에 의하여 포소화약제를 혼합하는 방식

③ 라인 프로포셔너 방식(Line Proportioner) : 관로혼합방식이라고 하며, 급수관의 배관 도중에 포소화약제 혼합기를 설치하여 그 흡입관에서 포소화약제의 소화약제를 혼입하여 혼합하는 방식

④ 프레셔 사이드 프로포셔너 방식(Pressure Side Proportioner) : 압입혼합방식이라고 하며, 펌프의 토출관에 압입기를 설치하여 포소화약제 압입용 펌프로 포소화약제를 압입시켜 혼합하는 방식

44 위험물안전관리법령에서 정한 위험물 안전관리자의 책무에 해당하지 않는 것은?

① 제조소 등의 구조 또는 설비의 이상을 발견한 경우 관계자에 대한 연락 및 응급조치
② 재조소 등의 계측장치·제어장치 및 안전장치 등의 적정한 유지·관리
③ 안전관리자가 일시적으로 지구를 수행할 수 없는 경우에 대리자 지정
④ 위험물의 취급에 관한 일지의 작성·기록

해설

■ **위험물 안전관리자의 책무**

1. 위험물의 취급 작업에 참여하여 당해 작업이 규정에 의한 저장 또는 취급에 관한 기술기준과 예방규정에 적합하도록 해당 작업자에 대하여 지시 및 감독하는 업무

2. 화재 등의 재난이 발생한 경우 응급조치 및 소방관서 등에 대한 연락 업무

3. 위험물 시설의 안전을 담당하는 자를 따로 두는 제조소 등의 경우에는 그 담당자에게 규정에 의한 업무의 지시, 그 밖의 제조소 등의 경우에는 다음 각 목의 규정에 의한 업무

   ① 제조소 등의 위치·구조 및 설비를 기술기준에 적합하도록 유지하기 위한 점검과 점검상황의 기록·보존
   ② 제조소 등의 구조 또는 설비의 이상을 발견한 경우 관계자에 대한 연락 및 응급조치
   ③ 화재가 발생하거나 화재발생의 위험성이 현저한 경우 소방관서 등에 대한 연락 및 응급조치
   ④ 제조소 등의 계측장치·제어장치 및 안전장치 등의 적정한 유지·관리
   ⑤ 제조소 등의 위치·구조 및 설비에 관한 설계도서 등의 정비·보존 및 제조소 등의 구조 및 설비의 안전에 관한 사무의 관리

4. 화재 등의 재해의 방지와 응급조치에 관하여 인접하는 제조소 등과 그 밖의 관련되는 시설의 관계자와 협조체제의 유지

정답 43. ② 44. ③

5. 위험물의 취급에 관한 일지의 작성·기록
6. 그 밖에 위험물을 수납한 용기를 차량에 적재하는 작업, 위험물 설비를 보수하는 작업 등 위험물의 취급과 관련된 작업의 안전에 관하여 필요한 감독의 수행

45 제2류 위험물에 대한 설명 중 틀린 것은?

① 모두 가연성물질이다.
② 모두 고체이다.
③ 모두 주수소화가 가능하다.
④ 지정수량의 단위는 모두 kg이다.

> 해설

주수에 의한 냉각소화 및 질식소화를 실시하며, 금속분의 화재에는 건조사 등에 의한 피복소화를 실시한다.

46 다음 소화약제 중 비할로겐 계열로서 화학적 소화보다는 물리적 소화에 의해 화재를 진압하는 소화약제는?

① HFC-227ea(FM-200)
② IG-541(Inergen)
③ HCFC Blend A(NAF S-Ⅲ)
④ HFC-23(FE-13)

> 해설

① HFC-227ea[$CH_3(HFCF_3)$] : 미국의 Great Lakes Chemical사가 'FM-200'이라는 상품명으로 개발하여 판매하고 있는 Halon 대체 물질로, 오존파괴지수(ODP)가 0이며 비점이 영하 16.4℃로 전역방출방식의 소화설비용 소화약제에 적합하다.
② IG-541 : 미국의 Ansul사가 'Ingergen'이라는 상품명으로 제조하여 판매하고 있는 것으로 질소(N_2) 52%, 아르곤(Ar) 40% 및 이산화탄소(CO_2) 8%의 조성으로 혼합된 대체 소화약제이다. 특히 n-헵탄(C_7H_{16}) 불꽃에 대한 소화농도는 29.1%로, 오존파괴지수(ODP)가 0이며 LOAEL이 52%로 낮아 사람이 있는 장소에서의 소화설비용 대체 소화약제이다.
③ HCFC Blend A(NAF S-Ⅲ) : 캐나다의 North American Fire Guardian사가 개발하여 이탈리아의 Safety Hitech사에서 'NAF-S-Ⅲ'라는 상품명으로 제조·판매되고 있으며, Halon 대체 물질로서 오존파괴지수(ODP)가 0.044로 대기 중에서의 수명이 7년 정도 된다. 또한 비점은 -38.3℃이며, 밀도는 1.20g/mL이다.
④ HFC-23(FE-13)(CHF_3) : 미국의 듀폰(Du Pont)사가 'FE/3'이라는 상품명으로 개발하여 판매하고 있는 것으로 전역방출방식의 소화설비용 대체 소화약제로, 개발 초기에는 냉매·화학 중간 원료·충전제 등으로 사용되어 왔다. 또한 HFC-23 물질은 4시간 동안 실험용 쥐의 50%가 사망하는 농도인 LC_{50}은 65% 이상이며, NOAEL도 50%이어서 독성은 낮은 편이다.

47 다음 위험물을 완전연소시켰을 때 나머지 셋의 위험물의 연소생성물에 공통적으로 포함된 가스를 발생하지 않는 것은?

① 황
② 황린
③ 삼황화인
④ 이황화탄소

해설

① $S + O_2 \rightarrow SO_2$
② $4P + 5O_2 \rightarrow 2P_2O_5$
③ $P_4S_3 + 8O_2 \rightarrow 2P_2O_5 + 3SO_2$
④ $CS_2 + 3O_2 \rightarrow CO_2 + 2SO_2$

48 가솔린 저장탱크로부터 위험물이 누설되어 직경 2m인 상태에서 풀(Pool) 화재가 발생되었다. 이때 위험물의 단위면적당 발생되는 에너지 방출속도는 몇 kW인가?(단, 가솔린의 연소열은 43.7kJ/g이며, 질량유속은 55g/m² · s이다)

① 1,887
② 2,453
③ 3,775
④ 7,551

해설

■ 에너지방출속도(kW)

가솔린의 연소열 × 질량유속 × 면적(A) $= 43.7 \text{kJ/g} \times 55 \text{g/m}^2 \cdot \sec \times \dfrac{\pi}{4} \times 2^2$

$$= 7,551 \text{kJ/sec[kW]}$$

49 다음 중 서로 혼합하였을 경우 위험성이 가장 낮은 것은?

① 황화인과 알루미늄분
② 과산화나트륨과 마그네슘분
③ 염소산나트륨과 황
④ 니트로셀룰로오스와 에탄올

해설

니트로셀룰로오스($[C_6H_7O_2(ONO_2)_3]_n$)는 물과 혼합할수록 위험성이 감소되므로 운반 시는 물(20%), 용제 또는 알코올(30%)을 첨가 · 습윤시킨다.

50 전역방출방식 불활성가스소화설비에서 저장용기 설치기준이 틀린 것은?

① 온도가 40℃ 이하이고 온도변화가 적은 장소에 설치할 것
② 방호구역 내의 장소에 설치할 것
③ 직사일광 및 빗물이 침투할 우려가 적은 장소에 설치할 것
④ 저장용기에는 안전장치를 설치할 것

해설

1. 전역방출방식 : 고정식 이산화탄소 공급장치에 배관 및 분사헤드를 고정 설치하며, 밀폐방호구역 내에 이산화탄소를 방출하는 설비이다.
2. 저장용기 설치기준
   ① 방호구역 외의 장소에 설치한다.
   ② 온도가 40℃ 이하이고 온도변화가 적은 곳에 설치한다.
   ③ 직사광선 및 빗물이 침투할 우려가 없는 곳에 설치한다.
   ④ 저장용기에는 안전장치(용기밸브에 설치되어 있는 것 포함)를 설치한다.
   ⑤ 저장용기의 외면에 소화약제의 종류와 양, 제조년도 및 제조사를 표시한다.

51 다음 위험물의 화재 시 알코올포소화약제가 아닌 보통의 포소화약제를 사용하였을 때 가장 효과가 있는 것은?

① 아세트산   ② 에틸알코올
③ 아세톤   ④ 경유

해설

① 알코올포소화약제는 수용성 위험물(아세트산, 에틸알코올, 아세톤)에 효과가 있다.
② 보통의 포소화약제는 불용성 위험물(경유)에 효과가 있다.

52 이동탱크저장소에 의한 위험물의 운송에 대한 설명으로 옳지 않은 것은?

① 이동탱크저장소의 운전자와 알킬알루미늄 등의 운송책임자의 자격은 다르다.
② 알킬알루미늄 등의 운송은 운송책임자의 감독 또는 지원을 받아서 하여야 한다.
③ 운송은 위험물 취급에 관한 국가기술자격자 또는 위험물운송자 교육을 받은 자가 하여야 한다.
④ 위험물운송자가 이동탱크저장소로 위험물을 운송할 때 해당 운송자격증을 휴대하지 않으면 벌금에 처해진다.

해설

위험물운송자가 이동탱크저장소로 위험물을 운송할 때 해당 운송자격증을 휴대하여야 한다.

정답 50. ② 51. ④ 52. ④

53 $Sr(NO_3)_2$의 지정수량은?

① 50kg

② 100kg

③ 300kg

④ 1,000kg

> **해설**
>
> 질산스트론튬[$Sr(NO_3)_2$]은 제1류 위험물 중 질산염류에 속하므로 지정수량이 300kg이다.

54 다음 위험물 중 혼재가 가능한 것은?(단, 지정수량의 10배를 취급하는 경우이다)

① $KClO_4$와 Al_4C_3

② Mg와 Na

③ P_4와 CH_3CN

④ HNO_3와 $(C_2H_5)_3Al$

> **해설**
>
> ① $KClO_4$(1류)와 Al_4C_3(3류)
>
> ② Mg(2류)와 Na(3류)
>
> ③ P_4(3류)와 CH_3CN(4류)
>
> ④ HNO_3(6류)와 $(C_2H_5)_3Al$(3류)

55 $\bar{x}$ 관리도에서 관리상한이 22.15, 관리하한이 6.85, $\bar{R}=7.5$일 때 시료군의 크기(n)는 얼마인가? (단, $n=2$일 때 $A_2=1.88$, $n=3$일 때 $A_2=1.02$, $n=4$일 때 $A_2=0.73$, $n=5$일 때 $A_2=0.58$)

① 2

② 3

③ 4

④ 5

> **해설**
>
> $\bar{x}$ 관리도 : UCL$=22.15$
>
> LCL$=6.85$
>
> $\bar{R}=7.5$
>
> $$-\begin{vmatrix} \text{ULC}=\bar{\bar{x}}+A_2\bar{R} \\ \text{LCL}=\bar{\bar{x}}-A_2\bar{R} \end{vmatrix}$$
>
> $$\overline{\text{LCL}-\text{LCL}=2A_2\bar{R}}$$
>
> $$\therefore A_2=\frac{\text{ULC}-\text{LCL}}{2\bar{R}}=\frac{22.15-6.85}{2\times7.5}=1.02 \sim n=3$$

정답 53. ③ 54. ③ 55. ②

56 200개들이 상자가 15개 있다. 각 상자로부터 제품을 랜덤하게 10개씩 샘플링할 경우, 이러한 샘플링 방법을 무엇이라 하는가?

① 계통샘플링　　　　　　　　　② 취락샘플링

③ 층별샘플링　　　　　　　　　④ 2단계샘플링

① 계통샘플링(Systematic Sampling) : n개의 물품이 일련의 배열로 되었을 때 첫 R개의 샘플링 단위 중 1개를 뽑고, 그로부터 매 R번째를 선택하여 n개의 시료를 추출하는 샘플링 방법

② 취락샘플링(Cluster Sampling) : 모집단을 몇 개의 층으로 나누어 그 층 중에서 시료(n) 수에 알맞게 몇 개의 층을 랜덤 샘플링하여 그것을 취한 층 안의 모든 것을 측정·조사하는 방법

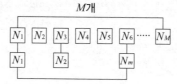

④ 2단계 샘플링(Two-stage Sampling) : 모집단(Lot)이 N_i개씩의 제품이 들어 있는 M상자로 나누어져 있을 때, 랜덤하게 m개 상자를 취하고, 각각의 상자로부터 n_i개의 제품을 랜덤하게 채취하는 샘플링 방법으로, 샘플링 실시가 용이하다는 장점이 있다.

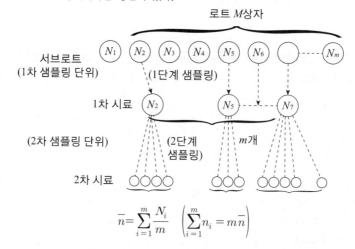

$$\bar{n} = \sum_{i=1}^{m} \frac{N_i}{m} \quad \left(\sum_{i=1}^{m} n_i = m\bar{n} \right)$$

57 어떤 측정법으로 동일 시료를 무한횟수 측정하였을 때 데이터 분포의 평균치와 모집단 참값과의 차를 무엇이라 하는가?

① 편차　　　　　　　　　　　　② 신뢰성

③ 정확성　　　　　　　　　　　④ 정밀도

해설

① 편차(Deviation) : 확률변수에서 확률변수의 중심값을 뺀 값으로 확률변수들 간의 거리를 나타내는 척도, 그러나 확률변수로부터 개개의 편차를 구해 편차의 평균을 구하면 0이 된다는 것을 알 수 있는데, 이는 음의 값이 형성되는 편차가 있기 때문이다.

② 신뢰성(Reliability) : 데이터를 신뢰할 수 있는가의 문제로 샘플링을 작업표준에서 지시한대로 하였는가, 분석방법에 잘못이 있지 않았는가, 또는 계기에 잘못이 있지 않았는가, 하는 등의 문제이다. $R(t)$로 표시하며, 정밀도의 신뢰성과 정확성의 신뢰성으로 구분할 수 있다.

④ 정밀성(Precision) : 어떤 일정한 측정법으로 동일 시료를 무한히 반복측정하면 그 데이터는 반드시 어떤 산포를 하게 된다. 이 산포의 크기를 정밀도라 한다.

58 다음 중 신제품에 대한 수요예측방법으로 가장 적절한 것은?

① 시장조사법
② 이동평균법
③ 지수평활법
④ 최소자승법

해설

■ **수요예측(Demand Forecasting)**

기업의 산출물인 제품이나 서비스에 대하여 미래의 시장수요를 추정하는 방법으로 생산의 제 활동을 계획하는 데 가장 근본이 되는 과정이라고 할 수 있다.

② 이동평균법 : 전기수요법을 발전시킨 형태로, 과거 일정기간의 실적을 평균해서 수요의 계절 변동을 예측하는 방법으로 추세변동을 고려하는 경우 가중이동평균법을 사용한다.

③ 지수평활법(Exponential Smoothing Method) : 과거의 자료에 따라 예측을 행할 경우 현시점에 가장 가까운 자료에 가장 비중을 많이 주고, 과거로 거슬러 올라갈수록 그 비중을 지수적으로 감소해나가는 지수형의 가중 이동평균법으로 단기예측법으로 가장 많이 사용하고 있다. 불규칙 변동이 있는 경우 최근 데이터로 예측가능하다는 장점이 있다.

④ 최소자승법(추세분석법) : 상승 또는 하강 경향이 있는 수요계열에 쓰이며, 관측치와 경향치의 편차 제곱의 총합계가 최소가 되도록 동적평균적(회귀직선)을 구하고 회귀직선을 연장해서 수요의 추세변동은 예측하는 방법이다. 최소자승법은 시계열 도중에 경향이 변화할 때 민감하게 대응할 수 없으나 이동평균법은 시계열상의 최근 데이터를 중심으로 고려하여 점차 경향을 갱신해가는 방법이다.

59 ASME(American Society of Mechanical Engineers)에서 정의하고 있는 제품공정분석표에 사용되는 기호 중 '저장(Storage)'을 표현한 것은?

① ◯
② ◗
③ ▢
④ ▽

① 제품공정분석(Product Process Chart) : 소재가 제품화되는 과정을 분석·기록하기 위한 제품화 과정에서 일어나는 공정 내용을 공정도시기호를 사용하여 표시하며, 설비계획·일정계획·운반계획·인원계획·재고계획 등의 기초 자료로 활용되는 분석기법이다.

② 공정도에 사용되는 기호

KS 원용 기호				설 명
ASME식		길브레스식		
기 호	명 칭	기 호	명 칭	
◯	작 업	◯	가 공	원재료·부품 또는 제품이 변형·변질·조립·분해를 받는 상태 또는 다음 공정을 위해서 준비되는 상태이다.
→	운 반	◯	운 반	원재료·부품 또는 제품이 어떤 위치에서 다른 위치로 이동해 가는 상태이다(운반 ◯의 크기는 작업 ◯의 1/2~1/3 정도).
▽	저 장	△	원재료의 저장	원재료·부품 또는 제품이 가공·검사 되는 일이 없이 저장되고 있는 상태. △은 원재료 창고 내의 저장, ▽은 제품창고 내의 저장, 일반적으로는 △에서 시작해서 ▽로 끝난다.
		▽	제품의 저장	
D	정 체	✡	(일시적) 정체	원재료·부품 또는 제품이 가공·검사 되는 일이 없이 정체되고 있는 상태이다. ✡는 로트 중 일부가 가공되고, 나머지는 정지되고 있는 상태이다. ▽는 로트 전부가 정체하고 있는 상태이다.
		▽	(로트) 대기	
보조 도시 기호		∿	관리구분	관리구분·책임구분 또는 공정구분을 나타낸다.
		┼	담당구분	담당자 또는 작업자의 책임구분을 나타낸다.
		╤	생 략	공정계열의 일부를 생략함을 나타낸다.
		⊁	폐 기	원재료·부품 또는 제품의 일부를 폐기할 경우를 나타낸다.

60 다음 중 사내표준을 작성할 때 갖추어야 할 요건으로 옳지 않은 것은?

① 내용이 구체적이고 주관적일 것
② 장기적 방침 및 체계 하에서 추진할 것
③ 작업표준에는 수단 및 행동을 직접 제시할 것
④ 당사자에게 의견을 말하는 기회를 부여하는 절차로 정할 것

① 내용이 구체적이고 객관적이어야 한다.

※ 사내표준화 : KS에서 정하고 있는 바와 같이 사내에서 물체, 성능, 능력, 배치 등에 대해서 규정을 설정하고 이것을 문장, 그림, 표 등을 사용하여 구체적으로 표현하고 조직적 행위로서 활용하는 것이다.

정답 60. ①

과년도 출제문제

2019년 제66회 출제문제(7월 13일 시행)

01 유체의 점성계수 대한 설명 중 틀린 것은?

① 동점성계수는 점성계수를 밀도로 나눈 값이다.
② 전단응력이 속도구배에 비례하는 유체를 뉴턴유체라 한다.
③ 동점성계수의 단위는 cm^2/s이며, 이를 Stokes라고 한다.
④ Pseudo 소성유체, Dilatant 유체는 뉴턴유체이다.

 해설

Pseudo 소성유체(Plastic Fluid)와 Dilatant Fluid는 비뉴턴유체(Non-Newtonian Fluid)이다.

02 1차 이온화 에너지가 작은 금속에 대한 설명으로 틀린 것은?

① 전자를 잃기 쉽다.
② 산화되기 쉽다.
③ 환원력이 작다.
④ 양이온이 되기 쉽다.

해설

① 이온화 에너지 : 중성인 원자로부터 전자 1개를 제거하는 데 필요한 에너지를 말한다.
② 이온화 에너지가 작은 금속은 환원력이 크다.

03 다음 중 발화온도가 가장 낮은 것은?

① 아세톤
② 벤젠
③ 메틸알코올
④ 경유

해설

① 538℃
② 498℃
③ 464℃
④ 257℃

정답 01. ④ 02. ③ 03. ④

04 다음 중 산화하면 포름알데히드가 되고 다시 한 번 산화하면 포름산이 되는 것은?

① 에틸알코올
② 메틸알코올
③ 아세트알데히드
④ 아세트산

> 해설

① 메틸알코올(CH_3OH) $\xrightarrow{\text{산화}}$ 포름알데히드($HCHO$) $\xrightarrow{\text{산화}}$ 포름산($HCOOH$)
② 에틸알코올(C_2H_5OH) $\xrightarrow{\text{산화}}$ 아세트알데히드(CH_3CHO) $\xrightarrow{\text{산화}}$ 초산(CH_3COOH)

05 다음 중 제3석유류가 아닌 것은?

① 글리세린
② 니트로톨루엔
③ 아닐린
④ 벤즈알데히드

> 해설

벤즈알데히드 : 제2석유류

06 아세톤 옥외저장탱크 중 압력탱크 외의 탱크에 설치하는 대기밸브 부착 통기관은 몇 kPa 이하의 압력 차이로 작동할 수 있어야 하는가?

① 5
② 7
③ 9
④ 10

> 해설

아세톤 옥외저장탱크 주 압력탱크 외의 탱크에 설치하는 대기밸브 부착 통기관은 5kPa 이하의 압력 차이로 작동할 수 있어야 한다.

07 지정수량의 몇 배 이상의 위험물을 저장 또는 취급하는 제조소 등에서는 화재발생 시 이를 알릴 수 있는 경보설비를 설치하여야 하는가?(단, 이동탱크저장소는 제외한다)

① 5배
② 10배
③ 50배
④ 100배

> 해설

경보설비는 지정수량의 10배 이상의 위험물을 저장 또는 취급하는 제조소 등에 설치한다(이동탱크저장소는 제외한다).

정답 04. ② 05. ④ 06. ① 07. ②

08 주성분이 철, 크롬, 니켈로 구성되어 있는 강관으로서 내식성이 요구되는 화학공장 등에서 사용되는 것은?

① 주철관   ② 탄소강강관

③ 알루미늄관   ④ 스테인리스강관

> 해설

스테인리스강관 : 주성분이 철, 크롬, 니켈로 구성되어 있는 강관으로 내식성이 요구되는 화학공장 등에서 사용된다.

09 다음 중 할로겐화합물 소화기가 적응성이 있는 것은?

① 나트륨   ② 철분

③ 아세톤   ④ 질산에틸

> 해설

① 나트륨 : 건조사
② 철분 : 건조사
③ 아세톤 : 할로겐화합물 소화기
④ 질산에틸 : 다량의 물

10 질산에 대한 설명 중 틀린 것은?

① 녹는점은 약 −43℃이다.   ② 분자량은 약 63이다.

③ 지정수량은 300kg이다.   ④ 비점은 약 178℃이다.

> 해설

④ 비점은 약 86℃이다.

11 가열 용융시킨 유황과 황린을 서서히 반응시킨 후 증류 냉각하여 얻는 제2류 위험물로서 발화점이 약 100℃, 융점이 약 173℃, 비중이 약 2.03인 물질은?

① P_2S_5 ② P_4S_3

③ P_4S_7 ④ P

> 해설

P_4S_3(삼황화인)의 설명이다.

정답   08. ④   09. ③   10. ④   11. ②

12 유황과 지정수량이 같은 것은?

① 금속분

② 히드록실아민

③ 인화성고체

④ 염소산염류

- **유황(지정수량 : 100kg)**
① 금속분 : 500kg
② 히드록실아민 : 100kg
③ 인화성고체 : 1,000kg
④ 염소산염류 : 50kg

13 위험물의 성질과 위험성에 대한 설명으로 틀린 것은?

① 부틸리튬은 알킬리튬의 종류에 해당된다.

② 황린은 물과 반응하지 않는다.

③ 탄화알루미늄은 물과 반응하면 가연성의 메탄가스를 발생하므로 위험하다.

④ 인화칼슘은 물과 반응하면 유독성의 포스겐가스를 발생하므로 위험하다.

인화칼슘은 물과 반응하면 유독하고 가연성인 인화수소(PH_3, 포스핀)를 발생한다.
$$Ca_3P_2 + 6H_2O \rightarrow 3Ca(OH)_2 + 2PH_3$$

14 273℃에서 기체의 부피가 2L이다. 같은 압력에서 0℃일 때의 부피는 몇 L인가?

① 1

② 2

③ 4

④ 8

- **샤를의 법칙**
① 조건 : 압력이 일정할 때
② 정의 : 기체의 부피는 절대온도에 비례한다.
$$\frac{V}{T} = \frac{V_1}{T_1} , \quad \frac{2}{273+273} = \frac{V_1}{0+273}$$
$$V_1 = \frac{2 \times (0+273)}{273+273}$$
$$\therefore \quad V_1 = 1L$$

12. ② 13. ④ 14. ①

15 위험물에 대한 적응성 있는 소화설비의 연결이 틀린 것은?

① 질산나트륨 – 포소화설비
② 칼륨 – 인산염류 분말소화설비
③ 경유 – 인산염류 분말소화설비
④ 아세트알데히드 – 포소화설비

해설

■ 소화설비의 적응성

소화설비의 구분		건축물·그 밖의 공작물	전기설비	제1류 위험물 알칼리금속과산화물 등	제1류 위험물 그 밖의 것	제2류 위험물 철분·금속분·마그네슘 등	제2류 위험물 인화성고체	제2류 위험물 그 밖의 것	제3류 위험물 금수성물품	제3류 위험물 그 밖의 것	제4류 위험물	제5류 위험물	제6류 위험물
옥내소화전 또는 옥외소화전설비		O			O		O	O		O		O	O
스프링클러설비		O			O		O	O		O	△	O	O
물분무등소화설비	물분무소화설비	O	O		O		O	O		O	O	O	O
	포소화설비	O			O		O	O		O	O	O	O
	불활성가스소화설비		O				O				O		
	할로겐화합물소화설비		O				O				O		
	분말소화설비 인산염류 등	O	O		O		O	O			O		O
	분말소화설비 탄산수소염류 등		O	O		O	O		O		O		
	분말소화설비 그 밖의 것			O		O			O				
대형·소형수동식소화기	봉상수(棒狀水)소화기	O			O		O	O		O		O	O
	무상수(霧狀水)소화기	O	O		O		O	O		O		O	O
	봉상강화액소화기	O			O		O	O		O		O	O
	무상강화액소화기	O	O		O		O	O		O	O	O	O
	포소화기	O			O		O	O		O	O	O	O
	이산화탄소소화기		O				O				O		△
	할로겐화합물소화기		O				O				O		
	분말소화기 인산염류소화기	O	O		O		O	O			O		O
	분말소화기 탄산수소염류소화기		O	O		O	O		O		O		
	분말소화기 그 밖의 것			O		O			O				

정답 15. ②

16 다음 위험물의 화재 시 소화방법으로 잘못된 것은?

① 마그네슘 : 마른모래를 사용한다.
② 인화칼슘 : 다량의 물을 사용한다.
③ 니트로글리세린 : 다량의 물을 사용한다.
④ 알코올 : 내알코올포소화약제를 사용한다.

해설

인화칼슘 : 건조사 등으로 질식소화한다.

17 질산암모늄에 대한 설명 중 틀린 것은?

① 강력한 산화제이다.
② 물에 녹을 때는 발열반응을 나타낸다.
③ 조해성이 있다.
④ 혼합화약의 재료로 쓰인다.

해설

물에 녹을 때는 흡열반응을 한다.

18 자기반응성물질의 위험성에 대한 설명으로 틀린 것은?

① 트리니트로톨루엔은 테트릴에 비해 충격, 마찰에 둔감하다.
② 트리니트로톨루엔은 물을 넣어 운반하면 안전하다.
③ 니트로글리세린을 점화하면 연소하여 다량의 가스를 발생한다.
④ 니트로글리세린은 영하에서도 액체상이어서 폭발의 위험성이 높다.

해설

니트로글리세린[$C_3H_5(ONO_2)_3$]은 상온에서는 액체이지만, 겨울철에는 동결한다. 순수한 것은 동결온도가 8~10℃이며 얼게 되면 백색의 결정으로 변하는데, 이때 체적이 수축하고 밀도가 커진다. 밀폐 상태에서 착화되면 폭발하고 동결되어 있는 것은 액체보다 둔감하지만, 외력에 대해 국부적으로 영향을 미칠 수 있어 위험성이 존재한다.

19 다음 품명 중 나머지 셋과 다른 것은?

① 트리니트로페놀   ② 니트로글리콜
③ 질산에틸   ④ 니트로글리세린

해설

1. 질산에스테르류(R-ONO$_2$, 지정수량 10kg)
   ① 니트로글리콜[(CH$_2$ONO$_2$)$_2$]
   ② 질산에틸(C$_2$H$_5$ONO$_2$)
   ③ 니트로글리세린[C$_3$H$_5$(ONO$_2$)$_3$]
2. 니트로 화합물(R-NO$_2$, 지정수량 200kg)
   ① 트리니트로페놀[(C$_6$H$_2$(NO$_2$)$_3$OH]
   ② 트리니트로톨루엔[(C$_6$H$_2$CH$_3$(NO$_2$)$_3$]

20 탄화칼슘이 물과 반응하였을 때 발생되는 가스는?

① 포스겐
② 메탄
③ 아세틸렌
④ 포스핀

해설

$CaC_2 + 2H_2O \rightarrow Ca(OH)_2 + C_2H_2 \uparrow + 32kcal$

21 다음에서 설명하는 위험물은?

• 백색이다. • 조해성이 크고, 물에 녹기 쉽다. • 분자량은 약 223이다. • 지정수량은 50kg이다.

① 염소산칼륨
② 과염소산마그네슘
③ 과산화나트륨
④ 과산화수소

해설

과염소산마그네슘[Mg(ClO$_4$)$_2$]의 설명이다.

22 2몰의 메탄을 완전히 연소시키는 데 필요한 산소의 몰수는?

① 1몰
② 2몰
③ 3몰
④ 4몰

해설

$2CH_4 + 4O_2 \rightarrow 2CO_2 + 4H_2O$

정답 20. ③ 21. ② 22. ④

23 알루미늄 제조공장에서 용접작업 시 알루미늄분에 착화가 되어 소화를 목적으로 뜨거운 물을 뿌렸더니 수초 후 폭발사고로 이어졌다. 이 폭발의 주원인에 가장 가까운 것은?

① 알루미늄분과 물의 화학반응으로 수소가스를 발생하여 폭발하였다.
② 알루미늄분이 날려 분진폭발이 발생하였다.
③ 알루미늄분과 물의 화학반응으로 메탄가스를 발생하여 폭발하였다.
④ 알루미늄분과 물의 급격한 화학반응으로 열이 흡수되어 알루미늄분 자체가 폭발하였다.

해설

$2Al + 6H_2O \longrightarrow 2Al(OH)_3 \rightarrow 3H_2 \uparrow$

24 다음에서 설명하고 있는 법칙은?

> 압력이 일정할 때 일정량의 기체의 부피는 절대온도에 비례한다.

① 일정성분비의 법칙   ② 보일의 법칙
③ 샤를의 법칙   ④ 보일-샤를의 법칙

해설

① 일정성분비의 법칙(정비례의 법칙) : 순수한 화합물에서 성분원소의 중량비는 항상 일정하다. 즉, 한 가지 화합물을 구성하는 각 성분원소의 질량비는 항상 일정하다.
② 보일의 법칙 : 일정한 온도에서 기체가 차지하는 부피는 압력에 반비례한다.
③ 샤를의 법칙 : 압력이 일정할 때 일정량의 기체의 부피는 절대온도에 비례한다.
④ 보일-샤를의 법칙 : 일정량의 기체가 차지하는 부피는 압력에 반비례하고, 절대온도에 비례한다.

25 1기압에서 인화점이 200℃인 것은 제 몇 석유류인가?(단, 도료류, 그 밖의 가연성액체량이 40중량퍼센트 이하인 물품은 제외한다)

① 제1석유류   ② 제2석유류
③ 제3석유류   ④ 제4석유류

해설

① 제1석유류 : 인화점 21℃ 미만
② 제2석유류 : 인화점 21℃ 이상 70℃ 미만
③ 제3석유류 : 인화점 70℃ 이상 200℃ 미만
④ 제4석유류 : 인화점 200℃ 이상 250℃ 미만

정답 23. ① 24. ③ 25. ④

26 그림과 같은 위험물 탱크의 내용적은 약 몇 m³인가?

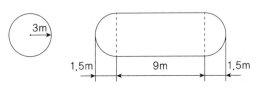

① 258.3   ② 282.6

③ 312.1   ④ 375.3

> 해설

$$V = \pi r^2 \left(l + \frac{l_1 + l_2}{3} \right) = 3.14 \times 3^2 \left(9 + \frac{1.5 + 1.5}{3} \right) = 282.6 \text{m}^3$$

27 120g의 산소와 8g의 수소를 혼합하여 반응시켰을 때 몇 g의 물이 생성되는가?

① 18   ② 36

③ 72   ④ 128

> 해설

일정성분비의 법칙에 따르면 순수한 화합물에서 성분원소의 중량비는 항상 일정하다. 즉, $2H_2 + O_2 \rightarrow 2H_2O$ 에서 물의 수소와 산소의 결합비율은 1 : 8이므로 수소 8g에 대한 산소의 양은 64g이 되어 산소의 양은 남게 된다. 따라서 산소 64g을 기준으로 하여 생성된 물의 양을 계산한다.

$2H_2 + O_2 \rightarrow 2H_2O$

 4g   32g   36g

 8g   64g xg

$$\therefore \ x = \frac{64 \times 36}{32} = 72 \text{g}$$

28 다음에서 설명하는 제4류 위험물은 무엇인가?

• 무색무취의 끈끈한 액체이다.

• 분자량은 약 62이고, 2가 알코올이다.

• 지정수량은 4,000L이다.

---

① 글리세린   ② 에틸렌글리콜

③ 아닐린   ④ 에틸알코올

> 해설

에틸렌글리콜$C_2H_4(OH)_2$의 설명이다.

정답   26. ②   27. ③   28. ②

29 위험물 안전관리자의 선임신고를 허위로 한 자에게 부과하는 과태료의 금액은?

① 50만원   ② 100만원

③ 200만원   ④ 300만원

> 해설
>
> ① 위험물 안전관리자의 재선임 : 30일 이내
> ② 위험물 안전관리자의 직무대행 : 30일 이내
> ③ 위험물 안전관리자의 선임신고 : 14일 이내
> ④ 위험물 안전관리자의 선임신고를 허위로 한 자의 과태료 : 200만원

30 벤젠핵에 메틸기 한 개가 결합된 구조를 가진 무색투명한 액체로서 방향성의 독특한 냄새를 가지는 물질은?

① 톨루엔   ② 질산메틸

③ 메틸알코올   ④ 디니트로톨루엔

> 해설
>
> 톨루엔($C_6H_5CH_3$, 〔CH_3 구조〕)의 설명이다.

31 Halon 1011의 화학식을 옳게 나타낸 것은?

① CH_2FBr ② CH_2ClBr

③ $CBrCl$ ④ $CFCl$

> 해설
>
> ■ Halon
> 첫째 – 탄소의 수
> 둘째 – 불소의 수
> 셋째 – 염소의 수
> 넷째 – 브롬의 수

32 다음 중 지정수량이 나머지 셋과 다른 하나는?

① $HClO_4$ ② NH_4NO_3

③ $NaBrO_3$ ④ $(NH_4)_2Cr_2O_7$

정답   29. ③   30. ①   31. ②   32. ④

해설

지정수량 : 제조소 등의 설치허가 등에 있어서 최저의 기준이 되는 수량

① 300kg

② 300kg

③ 300kg

④ 1000kg

33 산화프로필렌에 대한 설명 중 틀린 것은?

① 무색의 휘발성 액체이다.

② 증기의 비중은 공기보다 작다.

③ 인화점이 약 −37℃이다.

④ 비점은 약 34℃이다.

해설

증기의 비중은 공기보다 무겁다(증기비중 2.0).

34 다음 중 원자의 개념으로 설명되는 법칙이 아닌 것은?

① 아보가드로의 법칙   ② 일정성분비의 법칙

③ 질량보존의 법칙   ④ 배수비례의 법칙

해설

1. 원자의 개념으로 설명되는 법칙
   ① 질량불변의 법칙(질량보존의 법칙) : 화학변화에서 그 변화의 전후에서 반응에 참여한 물질의 질량 총합은 일정불변이다. 즉, 화학반응에서 반응물질의 질량 총합과 생성된 물질의 총합은 같다.
   ② 일정성분비의 법칙(정비례의 법칙) : 순수한 화합물에서 성분원소의 중량비는 항상 일정하다. 즉, 한 가지 화합물을 구성하는 각 성분원소의 질량비는 항상 일정하다.
   ③ 배수비례의 법칙 : 두 가지 원소가 두 가지 이상의 화합물을 만들 때, 한 원소의 일정 중량에 대하여 결합하는 다른 원소의 중량 간에는 항상 간단한 정수비가 성립된다.
2. 분자의 개념으로 설명되는 법칙
   ① 기체반응의 법칙 : 화학반응을 하는 물질이 기체일 때 반응물질과 생성물질의 부피 사이에는 간단한 정수비가 성립된다.
   ② 아보가드로의 법칙 : 온도와 압력이 일정하면 모든 기체는 같은 부피 속에 같은 수의 분자가 들어 있다. 즉, 모든 기체 1mole이 차지하는 부피는 표준상태(0℃, 1기압)에서 22.4L이며, 그 속에는 6.02×10^{23}개의 분자가 들어 있다.

정답   33. ②   34. ①

35 헨리의 법칙에 대한 설명으로 옳은 것은?

① 물에 대한 용해도가 클수록 잘 적용된다.
② 비극성 물질은 극성 물질에 잘 녹을 것으로 설명된다.
③ NH_3, HCl, CO 등의 기체에 잘 적용된다.
④ 압력을 올리면 용해도는 올라가나 녹아있는 기체의 부피는 일정하다.

해설

① 물에 대한 용해도가 작을수록 잘 적용된다.
　예 CH_4, CO_2, H_2, O_2, N_2 등
② 극성물질은 극성용매에 잘 녹고, 비극성물질은 비극성용매에 잘 녹는다.
③ NH_3, HCl, CO 등의 기체에 잘 적용되지 않는다.

36 피크린산에 대한 설명으로 틀린 것은?

① 단독으로는 충격, 마찰에 비교적 둔감하다.
② 운반 시 물에 젖게 하는 것이 안전하다.
③ 알코올, 에테르, 벤젠 등에 녹지 않는다.
④ 자연분해의 위험이 적어서 장기간 저장할 수 있다.

해설

트리니트로페놀(피크린산)은 강한 쓴맛이 있고 유독하며, 더운물, 알코올, 에테르, 아세톤, 벤젠 등에 녹는다.

37 NH_4ClO_2에 대한 설명으로 틀린 것은?

① 금속 부식성이 있다.
② 조해성이 있다.
③ 폭발성의 산화제이다.
④ 폭발 시 CO_2, HCl, NO_2 가스를 주로 발생한다.

해설

염소산암모늄(NH_4ClO_3)은 폭발성이 암모늄기(NH_4)와 산화성기인 염소산기(ClO_3)가 결합하고 있어 폭발이 용이하다. 100℃에서 폭발하고 폭발 시에는 다량의 기체를 발생한다. 따라서 화약의 원료로 이용된다.

$$2NH_4ClO_3 \xrightarrow{\Delta} \underbrace{N_2\uparrow + Cl_2 + O_2\uparrow + 4H_2O\uparrow}_{\text{다량의 가스}}$$

38 위험물의 유별 구분이 나머지 셋과 다른 하나는?

① 니트로벤젠   ② 과산화벤조일

③ 펜트리트   ④ 테트릴

▶ 해설

① 니트로벤젠($C_6H_5NO_2$) : 제4류 위험물 중 제3석유류

② 과산화벤조일[($C_6H_5CO_2)O_2$,] : 제5류 위험물 중 유기과산화물

③ 펜트리트[페틴, $(CH_2NO_3)_4$] : 제5류 위험물 중 질산에스테르류

④ 테트릴[트리니트로페놀니트로아민, $(NO_2)_3$, $C_6H_2N(CH_3)$] : 제5류 위험물 중 니트로화합물류

39 다음 중 요오드값이 가장 높은 것은?

① 참기름   ② 채종유

③ 동유   ④ 땅콩기름

▶ 해설

① 104~118, ② 97~107, ③ 145~176, ④ 82~109

40 산화성 액체 위험물의 일반적인 성질로 옳은 것은?

① 비중이 1보다 작다.   ② 낮은 온도에서 인화한다.

③ 물에 녹기 어렵다.   ④ 자신은 불연성이다.

▶ 해설

① 비중이 1보다 크다.

② 조해성이 없다

③ 물에 녹기 쉽다.

41 황린 124g을 공기를 차단한 상태에서 260℃로 가열하여 모두 반응하였을 때 생성되는 적린은 몇 g인가?

① 31   ② 62

③ 124   ④ 496

▶ 해설

황린과 적린은 동소체이므로 P_4(적린)의 분자량 124g은 변하지 않는다.

정답   38. ①   39. ③   40. ④   41. ③

42 위험물제조소 건축물의 구조에 대한 설명 중 옳은 것은?

① 지하층은 1개 층까지만 만들 수 있다.
② 벽·기둥·바닥·보 등은 불연재료로 한다.
③ 지붕은 폭발 시 대기 중으로 날아갈 수 있도록 가벼운 목재 등으로 덮는다.
④ 바닥에 적당한 경사가 있어서 위험물이 외부로 흘러갈 수 있는 구조라면 집유설비를 설치하지 않아도 된다.

> 해설

① 지하층이 없도록 하여야 한다.
② 지붕은 폭발력이 위로 방출될 정도의 가벼운 불연재료로 덮어야 한다.
③ 액체의 위험물을 취급하는 건축물의 바닥은 위험물이 스며들지 못하는 재료를 사용하고, 적당한 경사를 두어 그 최저부에 집유설비를 하여야 한다.

43 에틸알코올 23g을 완전 연소하기 위해 표준상태에서 필요한 공기량(L)은?

① 33.6
② 67.2
③ 106
④ 320

> 해설

$$C_2H_5OH + 2O_2 \longrightarrow 2CO_2 + 3H_2O$$

$$\begin{array}{cc} 46g & 2 \times 22.4L \\ & \times \\ 23g & x(L) \end{array}$$

$$x = \frac{23 \times 2 \times 22.4}{46} = \frac{1030.4}{46} = 22.4L$$

$$\therefore 22.4 \times \frac{100}{21} = 106L$$

44 전자기기의 과도한 온도상승, 아크 또는 스파크 발생의 위험을 방지하기 위해 추가적인 안전조치를 통한 안전도를 증가시킨 방폭구조는?

① 안전증방폭구조
② 특수방폭구조
③ 유입방폭구조
④ 본질안전방폭구조

> 해설

■ **전기방폭구조의 종류**
① 내압방폭구조 : 용기 내부에 폭발성가스의 폭발이 일어나는 경우에 용기가 폭발압력에 견디고, 또한 접합면 개구부를 통하여 외부의 폭발성 분위기에 착화되지 않도록 한 구조

② 유입방폭구조 : 전기불꽃을 발생하는 부분을 기름 속에 잠기게 함으로써 기름 면 위 또는 용기 외부에 존재하는 폭발성 분위기에 착화할 우려가 없도록 한 구조
③ 압력방폭구조 : 점화원이 될 우려가 있는 부분을 용기 안에 넣고 신선한 공기나 불활성기체를 용기 안으로 넣어 폭발성가스가 침입하는 것을 방지하는 구조
④ 안전증방폭구조 : 전기기기의 과도한 온도상승, 아크 또는 스파크 발생의 위험을 방지하기 위해 추가적인 안전조치를 통한 안전도를 증가시킨 구조
⑤ 본질안전 방폭구조 : 정상설계 및 단선, 단락, 지락 등 이상 상태에서 전기회로에 발생한 전기불꽃이 규정된 시험조건에서 소정의 시험가스에 점화하지 않고, 또한 고온에 의한 폭발성 분위기에 점화할 염려가 없게 한 구조
⑥ 특수방폭구조 : 모래를 삽입한 사입방폭구조와 밀폐방폭구조가 있으며, 폭발성가스의 인화를 방지할 수 있는 특수한 구조로써 폭발성가스의 인화를 방지할 수 있는 것이 시험에 의하여 확인된 구조

45 압력의 차원을 질량 M, 길이 L, 시간 T로 표시하면?

① ML^{-2}
② $ML^{-2}T^2$
③ $ML^{-1}T^{-2}$
④ $ML^{-2}T^{-2}$

해설

$$P = \frac{W}{A}[\text{kgf/m}^2]$$
$$= FL^{-2} = [MLT^{-2}]L^{-2} = ML^{-1}T^{-2}$$

46 흐름 단면적이 감소하면서 속도두가 증가하고 압력두가 감소하여 생기는 압력차를 측정하여 유량을 구하는 기구로, 제작이 용이하고 비용이 저렴한 장점이 있으나 유체 수송을 위한 소요동력이 증가하는 단점이 있는 것은?

① 로터미터
② 피토튜브
③ 벤투리미터
④ 오리피스미터

해설

① 로터미터(Rota Meter) : 면적식 유량계로, 수직으로 놓인 경사 간 완만한 원추모양의 유리관 안에 상하운동을 할 수 있는 부자가 있고 유체는 관의 하부에서 도입되며 부자는 그 부력과 중력이 균형 잡히는 위치에 서게 되므로 그 위치의 눈금을 읽고 이것을 유량으로 알 수 있다.
② 피토튜브(Pitot Tube) : 관로에 피토관을 삽입하고 전압과 정압의 차인 동압을 측정하여 유속을 구한다.
③ 벤투리미터(Venturi Meter) : 관의 지름을 변화시켜 전후의 압력차를 측정하여 속도를 구하는 것으로, 테이퍼형의 관을 사용하므로 오리피스보다 압력손실이 적다. 그러나 설비비가 비싸고 장소를 많이 차지하는 것이 결점이다.

정답 45. ③ 46. ④

47 탄화칼슘과 물이 반응하여 500g의 가연성가스가 발생하였다. 약 몇 g의 탄화칼슘이 반응하였는가?(단, 칼슘의 원자량은 40이고 물의 양은 충분하였다)

① 928

② 1,231

③ 1,632

④ 1,921

 해설

$$CaC_2 + 2H_2O \longrightarrow Ca(OH)_2 + C_2H_2$$

$$64g \qquad\qquad 26g$$
$$x(g) \qquad\qquad 500g$$

$$x = \frac{64 \times 500}{26} \quad \therefore \quad x = 1,231g$$

48 주기율표상 O족의 불활성 물질이 아닌 것은?

① Ar

② Xe

③ Kr

④ Br

해설

① 비활성 기체(O족) : He, Ne, Ar, Kr, Xe, Rn
② 할로겐족 원소(7B족) : F, Cl, Br, I, At

49 $(C_2H_5)_3Al$은 운반용기의 내용적의 몇 % 이하의 수납률로 수납하여야 하는가?

① 85%

② 90%

③ 95%

④ 98%

해설

■ 운반용기의 수납률

위험물	수납률
알킬알루미늄	90% 이하(50℃에서 5% 이상 공간용적유지)
고체위험물	95% 이하
액체위험물	98% 이하(55℃에서 누설되지 않을 것)

50 이동탱크저장소 일반점검표에서 정한 점검항목 중 가연성증기의 회수설비 점검내용이 아닌 것은?

① 가연성증기 경보장치의 작동상황의 적부
② 회수구의 변형·손상의 유무
③ 호스결합장치의 균열·손상의 유무
④ 완충이음 등의 균열·변형·손상의 유무

해설

■ 가연성증기 회수설비의 점검내용
① 회수구의 변형·손상의 유무
② 호스결합장치의 균열·손상의 유무
③ 완충이음 등의 균열·변형·손상의 유무

51 $(CH_3CO)_2O_2$에 대한 설명으로 틀린 것은?

① 가연성물질이다.
② 지정수량은 10kg이다.
③ 녹는점이 약 –10℃인 액체상이다.
④ 화재 시 다량의 물로 냉각소화한다.

해설

아세틸퍼옥사이드[$(CH_3CO)_2O_2$]는 가연성고체로 가열 시 폭발하며, 충격·마찰에 의해서 분해된다.

52 자동화재탐지설비를 설치하여야 하는 옥내저장소가 아닌 것은?

① 처마높이가 7m인 단층 옥내저장소
② 저장창고의 연면적이 100m²인 옥내저장소
③ 에탄올 5만L를 취급하는 옥내저장소
④ 벤젠 5만L를 취급하는 옥내저장소

해설

■ 자동화재탐지설비를 설치하여야하는 옥내저장소
① 지정수량의 100배 이상을 저장 또는 취급하는 것(고인화점 위험물만을 저장 또는 취급하는 것을 제외한다)
② 저장창고의 연면적이 150m²를 초과하는 것[해당 저장창고가 연면적 150m² 이내마다 불연재료의 격벽으로 개구부 없이 완전히 구획된 것과 제2류 또는 제4류 위험물(인화성고체 및 인화점이 70℃ 미만인 제4류 위험물을 제외)만을 저장 또는 취급하는 것에 있어서는 저장창고의 연면적이 500m² 이상의 것에 한한다]
③ 처마높이가 6m 이상인 단층건물의 것
④ 옥내저장소로 사용되는 부분 외의 부분이 있는 건축물에 설치된 옥내저장소[옥내저장소와 옥내저장소 외의 부분이 내화구조의 바닥 또는 벽으로 개구부 없이 구획된 것과 제2류 또는 제4류의 위험물(인화성고체 및 인화점이 70℃ 미만인 제4류 위험물을 제외)만을 저장 또는 취급하는 것을 제외한다]

정답 50. ① 51. ③ 52. ②

53 위험물제조소의 옥내에 3기의 위험물 취급탱크가 하나의 방유턱 안에 설치되어 있고 탱크별로 실제로 수납하는 위험물의 양은 다음과 같다. 설치하는 방유턱의 용량은 최소 몇 L 이상이어야 하는가?(단, 취급하는 위험물의 지정수량은 50L이다)

- A탱크 : 100L
- B탱크 : 50L
- C탱크 : 50L

① 50

② 100

③ 110

④ 200

해설

■ **위험물제조소의 옥내에 있는 위험물 취급탱크 방유턱의 용량**

① 1기일 때 : 탱크용량 이상

② 2기 이상 : 최대탱크용량 이상

즉, 옥내에 있는 위험물 취급탱크가 2기 이상일 때에는 방유턱의 용량은 최대탱크용량 이상이므로 100L이다.

54 알킬알루미늄 등을 저장 또는 취급하는 이동탱크저장소에 관한 기준으로 옳은 것은?

① 탱크 외면은 적색으로 도장을 하고 백색 문자로 동판의 양측면 및 경판에 '화기주의'라는 주의사항을 표시한다.

② 알킬알루미늄 등을 저장하는 경우 20kPa 이하의 압력으로 불활성기체를 봉입해 두어야 한다.

③ 이동저장탱크의 맨홀 및 주입구의 뚜껑은 10mm 이상의 강판으로 제작하고, 용량은 2,000리터 미만이어야 한다.

④ 이동저장탱크는 두께 10mm 이상의 강판으로 제작하고 3MPa 이상의 압력으로 10분간 실시하는 수압시험에서 새거나 변형되지 않아야 한다.

해설

① 탱크 외면은 적색으로 도장을 하고 백색 문자로 동판의 양측면 및 경판에 '물기엄금 및 화기엄금'이라는 주의사항을 표시한다.

③ 이동저장탱크의 맨홀 및 주입구의 뚜껑은 10mm 이상의 강판으로 제작하고, 용량은 1,900리터 미만이어야 한다.

④ 이동저장탱크는 두께 10mm 이상의 강판으로 제작하고 1MPa 이상의 압력으로 10분간 실시하는 수압시험에서 새거나 변형되지 않아야 한다.

55 다음 표는 A자동차 영업소의 월별 판매실적을 나타낸 것이다. 5개월 단순이동평균법으로 6월의 수요를 예측하면 몇 대인가?

(단위 : 대)

월	1	2	3	4	5
판매량	100	110	120	130	140

① 120

② 130

③ 140

④ 150

해설

$$ED = \frac{\sum x \, i}{n} = \frac{100 + 110 + 120 + 130 + 140}{5} = 120$$

56 부적합품률이 1%인 모집단에서 5개의 시료를 랜덤하게 샘플링할 때, 부적합품수가 1개일 확률은 약 얼마인가?(단, 이항분포를 이용하여 계산한다)

① 0.048

② 0.058

③ 0.48

④ 0.58

해설

$$p(x = 1) = {}_n C_x p^x q^{n-1} = {}_5 C_1 0.01^1 \times (1 - 0.01)^{5-1} = 5 \times 0.01 \times 0.99^4 = 0.0480$$

57 품질관리 기능의 사이클을 표현한 것으로 옳은 것은?

① 품질개선 – 품질설계 – 품질보증 – 공정관리

② 품질설계 – 공정관리 – 품질보증 – 품질개선

③ 품질개선 – 품질보증 – 품질설계 – 공정관리

④ 품질설계 – 품질개선 – 공정관리 – 품질보증

해설

■ **품질관리 기능의 사이클**
품질설계 – 공정관리 – 품질보증 – 품질개선

정답 55. ① 56. ① 57. ②

58 다음 중 계수치 관리도가 아닌 것은?

① c 관리도   ② p 관리도

③ u 관리도   ④ x 관리도

> **해설**
>
> ① np 관리도 : 부적합품수 관리도
> ② p 관리도 : 부적합품률 관리도
> ③ c 관리도 : 부적합수 관리도
> ④ u 관리도 : 단위당 부적합수 관리도

59 다음 검사의 종류 중 검사공정에 의한 분류에 해당되지 않는 것은?

① 수입검사   ② 출하검사

③ 출장검사   ④ 공정검사

> **해설**
>
> ■ **검사(Inspection)의 정의**
> ① KSA : 물품을 어떠한 방법으로 측정한 결과를 판정기준과 비교하여 개개의 제품에 대해서는 적합, 부적합품을 lot에 대해서는 합격, 불합격의 판정을 내리는 것
> ② MIL-STD-105D : 측정, 점검, 시험 또는 게이지에 맞추어 보는 것과 같이 제품의 단위를 요구조건과 비교하는 것
> ③ Juran : 제품이 계속되는 다음의 공정에 적합한 것인가, 또는 최종 제품의 경우에 구매자에 대해서 발송하여도 좋은가를 결정하는 활동
> ■ **검사공정에 의한 분류**
> ① 수입검사(구입검사) : 재료, 반제품, 제품을 받아들이는 경우 행하는 검사
> ② 공정검사(중간검사) : 공정 간 검사방식이라 하며, 앞의 제조공정이 끝나서 다음 제조공정으로 이동하는 사이에 행하는 검사
> ③ 최종검사(완성검사) : 완제품검사라 하며, 완성된 제품에 대해서 행하는 검사
> ④ 출하검사(출고검사) : 제품을 출하할 때 행하는 검사

60 다음 중 반즈(Ralph M. Barnes)가 제시한 동작경제의 원칙에 해당되지 않는 것은?

① 표준작업의 원칙   ② 신체의 사용에 관한 원칙

③ 작업장의 배치에 관한 원칙   ④ 공구 및 설비의 디자인에 관한 원칙

> **해설**
>
> ■ **반즈(Ralph M. Barnes)의 동작경제의 원칙**
> ① 신체의 사용에 관한 원칙
> ② 작업장의 배치에 관한 원칙
> ③ 공구 및 설비의 디자인에 관한 원칙

정답 58. ④ 59. ③ 60. ①

2020년 제67회 출제문제(4월 5일 시행)

01 고온에서 용융된 유황과 수소가 반응하였을 때의 현상으로 옳은 것은?

① 발열하면서 H_2S가 생성된다.   ② 흡열하면서 H_2S가 생성된다.

③ 발열은 하지만 생성물은 없다.   ④ 흡열은 하지만 생성물은 없다.

 해설

고온에서 용융된 유황은 다음 물질과 반응하여 격렬히 발열한다.

$H_2 + S \rightarrow H_2S\uparrow + $발열

02 위험물안전관리법령상 간이저장탱크에 설치하는 밸브 없는 통기관의 설치기준에 대한 설명으로 옳은 것은?

① 통기관의 지름은 20mm 이상으로 한다.

② 통기관은 옥내에 설치하고 선단의 높이는 지상 1.5m 이상으로 한다.

③ 가는 눈의 구리망 등으로 인화방지장치를 한다.

④ 통기관의 선단은 수평면에 대하여 아래로 35도 이상 구부려 빗물 등이 들어가지 않도록 한다.

해설

① 통기관의 지름은 25mm 이상으로 한다.

② 통기관은 옥외에 설치하고 선단의 높이는 지상 1.5m 이상으로 한다.

④ 통기관의 선단은 수평면에 대하여 아래로 45도 이상 구부려 빗물 등이 들어가지 않도록 한다.

03 순수한 과산화수소의 녹는점과 끓는점을 70wt% 농도의 과산화수소와 비교한 내용으로 옳은 것은?

① 순수한 과산화수소의 녹는점은 더 낮고, 끓는점은 더 높다.

② 순수한 과산화수소의 녹는점은 더 높고, 끓는점은 더 낮다.

③ 순수한 과산화수소의 녹는점과 끓는점이 모두 더 낮다.

④ 순수한 과산화수소의 녹는점과 끓는점이 모두 더 높다.

해설

순수한 과산화수소의 녹는점과 끓는점은 70wt% 농도의 과산화수소보다 모두 더 높다.

정답   01. ①   02. ③   03. ④

04 다음은 위험물안전관리법령에서 정한 유황이 위험물로 취급되는 기준이다. (   )에 알맞은 말을 차례대로 나타낸 것은?

> 유황은 순도가 (   )중량퍼센트 이상인 것을 말한다. 이 경우 순도측정에 있어서 불순물은 활석 등 불연성물질과 (   )에 한한다.

① 40, 가연성물질 　　　　　　　　② 40, 수분
③ 60, 가연성물질 　　　　　　　　④ 60, 수분

해설

유황은 순도가 60wt% 이상인 것을 말한다. 이 경우 순도측정에 있어서 불순물은 활석 등 불연성물질과 수분에 한한다.

05 위험물안전관리법령상 이송취급소의 위치.구조 및 설비의 기준에서 배관을 지하에 매설하는 경우에는 배관은 그 외면으로부터 지하가 및 터널까지 몇 m 이상의 안전거리를 두어야 하는가?(단, 원칙적인 경우에 한함) ②

① 1.5m 　　　　　　　　　　　　② 10m
③ 150m 　　　　　　　　　　　　④ 300m

해설

■ **이송취급소의 배관을 지하에 매설 시 안전거리**
㉠ 건축물(지하가 내의 건축물은 제외한다) : 1.5m 이상
㉡ 지하가 및 터널 : 10m 이상
㉢ 수도법에 의한 수도시설(위험물의 유입 우려가 있는 것에 한함) : 300m 이상
㉣ 배관은 그 외면으로부터 다른 공작물에 대하여 0.3m 이상의 거리를 보유할 것
㉤ 배관의 외면과 지표면과의 거리는 산이나 들에 있어서는 0.9m 이상, 그 밖의 지역에 있어서는 1.2m 이상으로 한다.

06 50%의 N_2와 50%의 Ar으로 구성된 소화약제는?

① HFC-125 　　　　　　　　　　② IG-100
③ HFC-23 　　　　　　　　　　　④ IG-55

■ 불활성가스 청정소화약제

소화약제	상품명	화학식
HFC-125	FE-25	CHF_2CF_3
IG-100	Nitrogen	N_2
HFC-23	FE-13	CHF_3
IG-55	Argonite	N_2 : 50%, Ar : 50%

07 다음 중 위험물안전관리법의 적용 제외대상이 아닌 것은?

① 항공기로 위험물을 국외에서 국내로 운반하는 경우

② 철도로 위험물을 국내에서 국내로 운반하는 경우

③ 선박(기선)으로 위험물을 국내에서 국외로 운반하는 경우

④ 국제해상위험물규칙(IMDG Code)에 적합한 운반용기에 수납된 위험물을 자동차로 운반하는 경우

해설 ▶

■ 위험물안전관리법 적용 제외대상

㉠ 항공기로 위험물을 국외에서 국내로 운반하는 경우

㉡ 철도로 위험물을 국내에서 국내로 운반하는 경우

㉢ 선박(기선)으로 위험물을 국내에서 국외로 운반하는 경우

08 소금물을 전기분해하여 표준상태에서 염소가스 22.4L를 얻으려면 소금 몇 g이 이론적으로 필요한가?(단, 나트륨의 원자량은 23이고, 염소의 원자량은 35.5이다) ④

① 18g
② 36g
③ 58.5g
④ 117g

해설 ▶

$$\underset{2 \times 23 + 35.5g}{2NaCl} + 2H_2O \xrightarrow{\text{전기분해}} 2NaOH + H_2 + \underset{22.4L}{Cl_2}$$

09 과염소산과 질산의 공통 성질로 옳은 것은?

① 환원성물질로서 증기는 유독하다.
② 다른 가연물의 연소를 돕는 가연성물질이다.
③ 강산이고 물과 접촉하면 발열한다.
④ 부식성은 적으나 다른 물질과 혼촉발화 가능성이 높다.

> **해설**
>
> ① 산화성물질로서 증기는 유독하다.
> ② 다른 가연물의 연소를 돕는 지연성물질이다.
> ④ 부식성은 크고 다른 물질과 혼촉발화 가능성이 높다.

10 위험물안전관리법령상 위험등급 Ⅰ인 위험물은?

① 과요오드산칼륨　　　　　　　② 아조화합물
③ 니트로화합물　　　　　　　　④ 질산에스테르류

> **해설**
>
> ① 위험등급 Ⅱ, ② 위험등급 Ⅱ, ③ 위험등급 Ⅱ, ④ 위험등급 Ⅰ

11 이동탱크저장소에 의한 위험물의 장거리운송 시 2명 이상이 운전하여야 하나 다음 중 그렇게 하지 않아도 되는 위험물은?

① 탄화알루미늄　　　　　　　　② 과산화수소
③ 황린　　　　　　　　　　　　④ 인화칼슘

> **해설**
>
> 위험물운송자는 장거리(고속국도에 있어서는 340km 이상, 그 밖의 도로에 있어서는 200km 이상을 말함)에 걸치는 운송을 하는 때에는 2명 이상의 운전자로 할 것. 다만, 다음의 어느 하나에 해당하는 경우에는 그러하지 아니하다.
> ㉠ 운송책임자를 동승시킨 경우
> ㉡ 위험물이 제2류 위험물.제3류 위험물(칼슘 또는 알루미늄의 탄화물과 이것만을 함유한 것에 한함) 또는 제4류 위험물(특수인화물을 제외)인 경우
> ㉢ 운송 도중에 2시간 이내마다 20분 이상씩 휴식하는 경우

12 액체위험물의 옥외저장탱크에는 위험물의 양을 자동적으로 표시할 수 있는 계량장치를 설치하여야 한다. 그 종류로서 적당하지 않은 것은 어느 것인가?

① 기밀부유식 계량장치
② 증기가 비산하는 구조의 부유식 계량장치
③ 전기압력자동방식에 의한 자동계량장치
④ 방사성 동위원소를 이용한 방식에 의한 자동계량장치

해설

■ **액체위험물 옥외저장탱크 계량장치**
㉠ 기밀부유식 계량장치(위험물의 양을 자동적으로 표시하는 장치)
㉡ 부유식 계량장치(증기가 비산하지 아니하는 구조)
㉢ 전기압력방식, 방사성 동위원소를 이용한 자동계량장치
㉣ 유리게이지

13 위험물안전관리법령상 알코올류와 지정수량이 같은 것은?

① 제1석유류(비수용성)   ② 제1석유류(수용성)
③ 제2석유류(비수용성)   ④ 제2석유류(수용성)

해설

■ **제4류 위험물의 품명과 지정수량**

성 질	위험등급	품 명		지정수량
인화성액체	I	특수인화물류		50L
	II	제1석유류	비수용성	200L
			수용성	400L
		알코올류		400L
	III	제2석유류	비수용성	1,000L
			수용성	2,000L
		제3석유류	비수용성	2,000L
			수용성	4,000L
		제4석유류		6,000L
		동.식물유류		10,000L

정답 12. ② 13. ②

14 위험물안전관리법령상 자동화재탐지설비의 하나의 경계구역의 면적은 해당 건축물, 그 밖의 공작물의 주요한 출입구에서 그 내부의 전체를 볼 수 있는 경우에 있어서는 그 면적을 몇 m² 이하로 할 수 있는가?

① 500

② 600

③ 1,000

④ 2,000

■ **자동화재탐지설비 설치기준**

하나의 경계구역의 면적은 600m² 이하로 하고 그 한 변의 길이는 50m(광전식 분리형감지기를 설치할 경우에는 100mL) 이하로 한다. 다만, 해당 건축물, 그 밖의 공작물의 주요한 출입구에서 그 내부의 전체를 볼 수 있는 경우에 있어서는 그 면적을 1,000m² 이하로 한다.

15 위험물안전관리법령상 염소산칼륨을 금속제 내장용기에 수납하여 운반하고자 할 때 이 용기의 최대용적은?

① 10L

② 20L

③ 30L

④ 40L

운반용기					수납 위험물의 종류								
내장 용기		외장 용기			제1류			제2류		제3류			제5류	
용기의 종류	최대용적 또는 중량	용기의 종류		최대용적 또는 중량	I	II	III	II	III	I	II	III	I	II
유리용기 또는 플라스틱용기	10ℓ	나무상자 또는 플라스틱상자(필요에 따라 불활성의 완충재를 채울 것)		125kg	○	○	○	○	○	○	○	○	○	○
				225kg		○	○		○		○	○		○
		파이버판상자(필요에 따라 불활성의 완충재를 채울 것)		40kg	○	○	○	○	○	○	○	○	○	○
				55kg		○	○		○		○	○		○
금속제용기	30ℓ	나무상자 또는 플라스틱상자		125kg	○	○	○	○	○	○	○	○	○	○
				225kg		○	○		○		○	○		○
		파이버판상자		40kg	○	○	○	○	○	○	○	○	○	○
				55kg		○	○		○		○	○		○
플라스틱 필름포대 또는 종이포대	5kg	나무상자 또는 플라스틱상자		50kg	○	○	○	○	○	○	○	○	○	○
	50kg			50kg	○	○	○		○					○
	125kg			125kg	○	○	○		○					
	225kg			225kg		○	○							
	5kg	파이버판상자		40kg	○	○	○	○	○	○	○	○	○	○
	40kg			40kg	○	○	○		○					○
	55kg			55kg		○	○							

금속제용기(드럼 제외)	60 ℓ	○	○	○	○	○	○	○	○	○	○	○
플라스틱용기(드럼 제외)	10 ℓ		○	○	○	○		○	○			○
	30 ℓ			○		○						○
금속제드럼	250 ℓ	○	○	○	○	○	○	○	○	○	○	○
플라스틱드럼 또는 파이버드럼 (방수성이 있는 것)	60 ℓ	○	○	○	○	○	○	○	○			○
	250 ℓ		○	○	○			○	○			○
합성수지포대(방수성이 있는 것), 플라스틱필름포대, 섬유포대 (방수성이 있는 것) 또는 종이포대 (여러 겹으로서 방수성이 있는 것)	50 kg		○	○	○	○		○	○			○

비고) 1. "○" 표시는 수납위험물의 종류별 각 란에 정한 위험물에 대하여 당해 각란에 정한 운반용기가 적응성이 있음을 표시한다.
2. 내장용기는 외장용기에 수납하여야 하는 용기로서 위험물을 직접 수납하기 위한 것을 말한다.
3. 내장용기의 용기의 종류란이 공란인 것은 외장용기에 위험물을 직접 수납하거나 유리용기, 플라스틱용기, 금속제용기, 폴리에틸렌포대 또는 종이포대를 내장용기로 할 수 있음을 표시한다.

16 다음 중 나머지 셋과 위험물의 유별 구분이 다른 것은?

① 니트로글리세린
② 니트로셀룰로오스
③ 셀룰로이드
④ 니트로벤젠

해설

위험물의 종류	위험물의 유별
니트로글리세린	제5류 위험물
니트로셀룰로오스	제5류 위험물
셀룰로이드	제5류 위험물
니트로벤젠	제4류 위험물

17 물분무소화에 사용된 20℃의 물 2g이 완전히 기화되어 100℃의 수증기가 되었다면 흡수된 열량과 수증기 발생량은 약 얼마인가?(단, 1기압을 기준으로 한다) ②

① 1,238cal, 2,400mL
② 1,238cal, 3,400mL
③ 2,476cal, 2,400mL
④ 2,476cal, 3,400mL

해설

• $H_2O(L) \rightarrow H_2O(g)$ 과정에서 물 20℃ → 100℃ → 수증기로 되는 과정을 포함하므로 흡수된 열량은 두 과정의 합으로 계산하여야 한다.
$Q = mc\Delta t$ + 기화되는 데 필요한 열량 $= 2g \times 1cal/g℃ \times (100 - 20) + (539cal/g \times 2g) = 1,238cal$

• $2gH_2O \times \dfrac{22.4SLH_2O}{18gH_2O} \times \dfrac{373L}{273SL} \times \dfrac{10^3mL}{1L} = 3,400mL$

정답 16. ④ 17. ②

18 니트로글리세린에 대한 설명으로 옳지 않은 것은?

① 순수한 것은 상온에서 푸른색을 띤다.
② 충격마찰에 매우 민감하므로 운반 시 다공성물질에 흡수시킨다.
③ 겨울철에는 동결할 수 있다.
④ 비중은 약 1.6으로 물보다 무겁다.

> **해설**
>
> ① 순수한 것은 무색투명한 무거운 기름상의 액체이며, 시판공업용 제품은 담황색이다.

19 다음 중 에틸알코올의 산화로부터 얻을 수 있는 것은?

① 아세트알데히드   ② 포름알데히드
③ 디에틸에테르   ④ 포름산

> **해설**
>
> $$C_2H_5OH \xrightarrow{\text{산화}} CH_3CHO \xrightarrow{\text{산화}} CH_3COOH$$

20 금속칼륨을 등유 속에 넣어 보관하는 이유로 가장 적합한 것은?

① 산소의 발생을 막기 위해
② 마찰 시 충격을 방지하려고
③ 제4류 위험물과의 혼재가 가능하기 때문에
④ 습기 및 공기와의 접촉을 방지하려고

> **해설**
>
> ■ **금속칼륨을 등유 속에 넣어 보관하는 이유**
> 습기 및 공기와의 접촉을 방지하려고

21 다음 위험물 중 동일 질량에 대해 지정수량의 배수가 가장 큰 것은?

① 부틸리튬   ② 마그네슘
③ 인화칼슘   ④ 황린

> **해설**
>
> ① $\dfrac{64\text{kg}}{10\text{kg}}=6.4$배 ② $\dfrac{24\text{kg}}{500\text{kg}}=0.048$배 ③ $\dfrac{162\text{kg}}{300\text{kg}}=0.54$배 ④ $\dfrac{124\text{kg}}{20\text{kg}}=6.2$배

정답 18. ① 19. ① 20. ④ 21. ①

22 직경이 500mm인 관과 300mm인 관이 연결되어 있다. 직경 500mm인 관에서의 유속이 3m/s라면 300mm인 관에서의 유속은 약 몇 m/s인가?

① 8.33 ② 6.33
③ 5.56 ④ 4.56

해설

$$Q = A_1 V_1 = A_2 V_2$$
$$\therefore V_2 = V_1 \left(\frac{A_1}{A_2}\right) = V_1 \left(\frac{d_2}{d_1}\right)^2 = 3 \left(\frac{500}{300}\right)^2 = 8.33 \text{m/s}$$

23 어떤 화합물을 분석한 결과 질량비가 탄소 54.55%, 수소 9.10%, 산소 36.35%이고, 이 화합물 1g은 표준상태에서 0.17L라면, 이 화합물의 분자식은?

① $C_2H_4O_2$ ② $C_4H_8O_4$
③ $C_4H_8O_2$ ④ $C_6H_{12}O_3$

해설

질량비가 C : 54.55%, H : 9.1%, O : 36.35%이므로, 몰수비로 바꾸어 보면

$$\frac{54.55}{12} : \frac{9.1}{1} : \frac{36.35}{16} = 4.546 : 9.1 : 2.27$$이다.

간단한 정수비로 나타내면 2 : 4 : 1이고, 따라서 구조식은$(C_2H_4O)_n$이다.

여기서 $PV = n\left(\frac{\overline{R}}{M}\right)T$

$$M = \frac{n\overline{R}T}{PV} \qquad M = \frac{1 \times 0.082 \times 273}{1 \times 0.17} = 131.7\text{g}$$이다.

따라서 $(C_2H_4O)_n$에서 $n = 3$이므로 $C_6H_{12}O_3$이다.

24 벽 · 기둥 및 바닥이 내화구조로 된 옥내저장소의 건축물에서 저장 또는 취급하는 위험물의 최대수량이 지정수량의 15배일 때 보유공지 너비기준으로 옳은 것은?

① 0.5m 이상
② 1m 이상
③ 2m 이상
④ 3m 이상

■ 옥내저장소 보유공지

저장 또는 취급하는 위험물의 최대수량	공지의 너비	
	벽, 기둥 및 바닥이 내화구조로 된 건축물	그 밖의 건축물
지정수량의 5배 이하	–	0.5m 이상
지정수량의 5배 초과 10배 이하	1m 이상	1.5m 이상
지정수량의 10배 초과 20배 이하	2m 이상	3m 이상
지정수량의 20배 초과 50배 이하	3m 이상	5m 이상
지정수량의 50배 초과 200배 이하	5m 이상	10m 이상
지정수량의 200배 초과	10m 이상	15m 이상

단, 지정수량의 20배를 초과하는 옥내저장소와 동일한 부지 내에 있는 다른 옥내저장소와의 사이에는 공지 너비의 1/3(해당 수치가 3m 미만인 경우는 3m)의 공지를 보유할 수 있다.

25 위험물안전관리법령상 수납하는 위험물에 따라 운반용기의 외부에 표시하는 주의사항을 모두 나타낸 것으로 옳지 않은 것은?

① 제3류 위험물 중 금수성물질 : 물기엄금
② 제3류 위험물 중 자연발화성물질 : 화기엄금 및 공기접촉엄금
③ 제4류 위험물 : 화기엄금
④ 제5류 위험물 : 화기주의 및 충격주의

■ 위험물운반용기의 주의사항

위험물		주의사항	
제1류 위험물	알칼리금속의 과산화물	• 화기 · 충격주의 • 가연물접촉주의	• 물기엄금
	기 타	• 화기 · 충격주의	• 가연물접촉주의
제2류 위험물	철분 · 금속분 · 마그네슘	• 화기주의	• 물기엄금
	인화성고체	화기엄금	
	기 타	화기주의	
제3류 위험물	자연발화성물질	• 화기엄금	• 공기접촉엄금
	금수성물질	물기엄금	
제4류 위험물		화기엄금	
제5류 위험물		• 화기엄금	• 충격주의
제6류 위험물		가연물접촉주의	

26 다음은 위험물안전관리법령에서 규정하고 있는 사항이다. 규정내용과 상이한 것은?

① 위험물탱크 충수·수압시험은 탱크의 제작이 완성된 상태여야 하고, 배관 등의 접속이나 내·외부 도장작업은 실시하지 아니한 단계에서 물을 탱크최대사용높이 이상까지 가득 채워서 실시한다.

② 암반탱크의 내벽을 정비하는 것은 이 위험물저장소에 대한 변경허가를 신청할 때 기술검토를 받지 아니하여도 되는 부분적 변경에 해당한다.

③ 탱크안전성능시험은 탱크 내부의 중요부분에 대한 구조, 불량접합사항까지 검사하는 것이 필요하므로 탱크를 제작하는 현장에서 실시하는 것을 원칙으로 한다.

④ 용량 1,000kL인 원통종형탱크의 충수시험은 물을 채운 상태에서 24시간이 경과한 후 지반침하가 없어야 하고, 또한 탱크의 수평도와 수직도를 측정하여 이 수치가 법정기준을 충족하여야 한다.

해설

③ 탱크안전성능시험은 탱크의 설치현장에서 실시하는 것을 원칙으로 한다. 다만, 부득이하게 제작현장에서 시험을 실시하는 경우 설치자는 운반 중에 손상이 발생하지 않도록 하는 조치를 하여야 한다.

27 각 위험물의 지정수량을 합하면 가장 큰 값을 나타내는 것은?

① 중크롬산칼륨+아염소산나트륨 ② 중크롬산나트륨+아질산칼륨
③ 과망간산나트륨+염소산칼륨 ④ 요오드산칼륨+아질산칼륨

해설

① 1,000kg+50kg=1,050kg ② 1,000kg+300kg=1,300kg
③ 1,000kg+50kg=1,050kg ④ 300kg+300kg=600kg

28 3σ법의 $\overline{X}$ 관리도에서 공정이 관리상태에 있는데도 불구하고 관리상태가 아니라고 판정하는 제1종 과오는 약 몇 %인가?

① 0.27 ② 0.54
③ 1.0 ④ 1.2

해설

■ 3σ법

평균치의 상하에 표준편차 3배의 폭을 잡은 한계에서 관리상태를 판단하는 방법. 수식±3σ의 범위에 정규분포의 경우에는 99.73%가 들어가고, 벗어나는 것은 0.27% 밖에 안 된다. 일반적으로 사용되는 관리도는 관리한계로 LCL=수식+3σ, UCL=수식−3σ를 사용하므로 이를 3시그마법이라고 한다.

시그마레벨	1	2	3	4	5	6
오차율(ppm)	317,400	45,600	2,700	63	0.57	0.002
오차율(%)	31.74	4.56	0.27	0.0063	0.000057	0.0000002

정답 26. ③ 27. ② 28. ①

29 부적합품률이 20%인 공정에서 생산되는 제품을 매시간 10개씩 샘플링검사하여 공정을 관리하려고 한다. 이때 측정되는 시료의 부적합품수에 대한 기댓값과 분산은 약 얼마인가?

① 기댓값 : 1.6, 분산 : 1.3
② 기댓값 : 1.6, 분산 : 1.6
③ 기댓값 : 2.0, 분산 : 1.3
④ 기댓값 : 2.0, 분산 : 1.6

해설

X는 N개를 추출하였을 때의 불량품의 개수를 나타내는 변수
여기서, p : 불량일 확률 q : 정상일 확률 n : 추출개수
• 기댓값 : $E(X) = np = 10(0.2) = 2.0$
• 분산 : $V(X) = npq = (0.2)(0.8)(10) = 1.6$

30 설비배치 및 개선의 목적을 설명한 내용으로 가장 관계가 먼 것은?

① 제공품의 증가
② 설비투자 최소화
③ 이동거리의 감소
④ 작업자 부하 평준화

해설

■ 설비배치 및 개선의 목적
설비투자 최소화, 이동거리의 감소, 작업자 부하 평준화

31 위험물안전관리법령에 의하여 다수의 제조소 등을 설치한 자가 1인의 안전관리자를 중복하여 선임할 수 있는 경우가 아닌 것은 어느 것인가?(단, 동일구 내에 있는 저장소로서 동일인이 설치한 경우이다) ①

① 15개의 옥내저장소
② 30개의 옥외탱크저장소
③ 10개의 옥외저장소
④ 10개의 암반탱크저장소

해설

■ 1인의 안전관리자를 중복하여 선임할 수 있는 경우
㉠ 보일러.버너 또는 이와 비슷한 것으로서 위험물을 소비하는 장치로 이루어진 7개 이하의 일반취급소와 그 일반취급소에 공급하기 위한 위험물을 저장하는 저장소[일반취급소 및 저장소가 모두 동일 구내(같은 건물 안 또는 같은 울 안을 말함)에 있는 경우에 한함]를 동일인이 설치한 경우
㉡ 위험물을 차량에 고정된 탱크 또는 운반용기에 옮겨 담기 위한 5개 이하의 일반취급소 [일반취급소 간의 거리(보행거리를 말함)가 300m 이내인 경우에 한함]와 그 일반취급소에 공급하기 위한 위험물을 저장하는 저장소를 동일인이 설치한 경우
㉢ 동일구 내에 있거나 상호 100m 이내의 거리에 있는 저장소로서 저장소의 규모, 저장하는 위험물의 종류 등을 고려하여 행정안전부령이 정하는 저장소를 동일인이 설치한 경우
※ 행정안전부령이 정하는 저장소 : 10개 이하의 옥내저장소, 옥외저장소, 암반탱크저장소. 30개 이하의 옥외탱크저장소. 옥내탱크저장소, 지하탱크저장소, 간이탱크저장소

정답 29. ④ 30. ① 31. ①

32 다음에서 설명하는 탱크는 위험물안전관리법령상 무엇이라고 하는가?

> 저부가 지반면 아래에 있고 상부가 지반면 이상에 있으며 탱크 내 위험물의 최고액면이 지반면 아래에 있는 원통종형식의 위험물탱크를 말한다.

① 반지하탱크   ② 지반탱크
③ 지중탱크   ④ 특정옥외탱크

해설

■ 옥외탱크 중 설치위치에 따라

㉠ 지중탱크
㉡ 해상탱크 : 해상의 동일 장소에 정치되어 육상에 설치된 설비와 배관 등에 의하여 접속된 위험물탱크
㉢ 특정옥외탱크 : 저장.취급하는 액체위험물의 최대수량이 100만L 이상인 것

33 황화인 중에서 융점이 약 173℃이며, 황색 결정이고 물에는 불용성인 것은?

① P_2S_5 ② P_2S_3
③ P_4S_3 ④ P_4S_7

해설

삼황화인(P_4S_3)에 관한 설명이다.

34 다음 위험물안전관리법령상 $C_6H_5CH = CH_2$를 70,000L 저장하는 옥외탱크저장소에는 능력 단위 3단위 소화기를 최소 몇 개 설치하여야 하는가?(단, 다른 조건은 고려하지 않는다) ③

① 1   ② 3
③ 3   ④ 4

해설

㉠ 소요단위 $= \dfrac{70,000}{1,000 \times 10} = 7$단위

㉡ 소화난이도등급 Ⅰ의 옥외탱크저장소 부분

옥외탱크 저장소	액표면적이 40m² 이상인 것(제6류 위험물을 저장하는 것 및 고인화점 위험물만을 100℃ 미만의 온도에서 저장하는 것은 제외)
	지반면으로부터 탱크 옆판의 상단까지 높이가 6m 이상인 것(제6류 위험물을 저장하는 것 및 고인화점 위험물만을 100℃ 미만의 온도에서 저장하는 것은 제외)
	지중탱크 또는 해상탱크로서 지정수량의 100배 이상인 것(제6류 위험물을 저장하는 것 및 고인화점 위험물만을 100℃ 미만의 온도에서 저장하는 것은 제외)
	고체위험물을 저장하는 것으로서 지정수량의 100배 이상인 것

정답 32. ③   33. ③   34. ③

ⓒ 소화난이도등급 Ⅱ의 옥외탱크저장소 부분

옥외탱크저장소 옥내탱크저장소	소화난이도등급 Ⅰ의 제조소 등 외의 것(고인화점 위험물만을 100℃ 미만의 온도로 저장하는 것 및 제6류 위험물만을 저장하는 것은 제외)

ⓔ 소화난이도등급 Ⅲ의 제조소 등

제조소, 일반취급소, 옥내저장소, 지하탱크저장소, 간이탱크저장소, 이동탱크저장소, 옥외저장소, 주유취급소, 제1종 판매취급소

- 일반적으로 스티렌 자체는 위험등급 Ⅲ으로 분류하는데, 이것은 "위험물의 운반에 관한 기준"으로서 위험등급과 소화난이도등급은 다르다.
- 소화난이도등급 Ⅰ, Ⅱ에 해당이 없으므로 소화난이도 등급 Ⅲ으로 보고 "7소요단위/3단위 = 2.33이므로 절상하면 3개"이다.

35 어떤 물질 1kg에 의해 파괴되는 오존량을 기준물질인 CFC-11, 1kg에 의해 파괴되는 오존량으로 나눈 상대적인 비율로 오존파괴능력을 나타내는 지표는?

① CFC
② ODP
③ GWP
④ HCFC

> 해설

ⓐ 오존파괴지수(ODP; Ozone Depletion Potential)

$$ODP = \frac{\text{어떠한 물질 1kg에 의해서 파괴되는 오존량}}{\text{CFC-Ⅱ 물질 1kg에 의해서 파괴되는 오존량}}$$

ⓑ 지구온난화지수(GWP; Global Warming Potential)

$$GWP = \frac{\text{어떠한 물질 1kg에 의해서 지구의 온난화 정도}}{\text{CFC-Ⅱ 물질 1kg에 의해서 지구의 온난화 정도}}$$

36 세슘(Cs)에 대한 설명으로 틀린 것은?

① 알칼리토금속이다.
② 암모니아와 반응하여 수소를 발생한다.
③ 비중이 1보다 크므로 물보다 무겁다.
④ 사염화탄소와 접촉 시 위험성이 증가한다.

> 해설

① 알칼리금속이다.

37 벤젠핵에 메틸기 1개와 하이드록실기 1개가 결합된 구조를 가진 액체로서 독특한 냄새를 가지는 물질은?

① 크레솔(cresol)

② 아닐린(aniline)

③ 큐멘(cumene)

④ 니트로벤젠(nitrobenzene)

해설

① 크레솔 : $CH_3C_6H_4OH$

38 탱크안전성능검사에 관한 설명으로 옳은 것은?

① 검사자로는 소방서장, 한국소방산업기술원 또는 탱크안전성능시험자가 있다.

② 이중벽탱크에 대한 수압검사는 탱크의 제작지를 관할하는 소방서장도 할 수 있다.

③ 탱크의 종류에 따라 기초·지반검사, 충수·수압검사, 용접부검사 또는 암반탱크검사 중에서 어느 하나의 검사를 실시한다.

④ 한국소방산업기술원은 엔지니어링사업자, 탱크안전성능시험자 등이 실시하는 시험의 과정 및 결과를 확인하는 방법으로도 검사를 할 수 있다.

해설

① 검사자로서는 시·도지사가 한다.

② 기술원은 이중벽탱크에 대하여 수압검사를 탱크안전성능시험자가 실시하는 수압시험의 과정 및 결과를 확인하는 방법으로 할 수 있다.

③ 탱크의 종류에 따라 기호·지반검사, 충수·수압검사, 용접부검사 또는 암반탱크검사 중에서 암반탱크 외에는 3가지 모두 받아야 한다.

39 다음은 위험물안전관리법령에서 정한 인화성액체위험물(이황화탄소는 제외)의 옥외탱크저장소 탱크 주위에 설치하는 방유제 기준에 관한 내용이다. ( ) 안에 알맞은 수치는?

방유제는 옥외저장탱크의 지름에 따라 그 탱크의 옆판으로부터 다음에 정하는 거리를 유지할 것. 다만, 인화점이 200℃ 이상인 위험물을 저장 또는 취급하는 것에 있어서는 그러하지 아니하다.
- 지름이 (ⓐ)m 미만인 경우에는 탱크높이의 (ⓑ) 이상
- 지름이 (ⓐ)m 이상인 경우에는 탱크높이의 (ⓒ) 이상

① ⓐ 12, ⓑ $\frac{1}{3}$, ⓒ $\frac{2}{3}$

② ⓐ 12, ⓑ $\frac{1}{3}$, ⓒ $\frac{1}{2}$

③ ⓐ 12, ⓑ $\frac{1}{3}$, ⓒ $\frac{1}{2}$

④ ⓐ 12, ⓑ $\frac{1}{3}$, ⓒ $\frac{2}{3}$

정답 37. ① 38. ④ 39. ③

- 옥외탱크저장소의 방유제와 탱크 측면의 이격거리

탱크지름	이격거리
15m 미만	탱크높이의 $\frac{1}{3}$ 이상
15m 이상	탱크높이의 $\frac{1}{2}$ 이상

40 다음의 위험물을 저장할 경우 총 저장량이 지정수량 이상에 해당하는 것은?

① 브롬산칼륨 80kg, 염소산칼륨 40kg

② 질산 100kg, 알루미늄분 200kg

③ 질산칼륨 120kg, 중크롬산나트륨 500kg

④ 브롬산칼륨 150kg, 기어유 2,000L

해설

① $\dfrac{80kg}{300kg} + \dfrac{40kg}{50kg} = 0.27 + 0.8 = 1.07$배

② $\dfrac{100kg}{300kg} + \dfrac{200kg}{500kg} = 0.33 + 0.4 = 0.73$배

③ $\dfrac{120kg}{300kg} + \dfrac{500kg}{1,000kg} = 0.4 + 0.5 = 0.9$배

④ $\dfrac{150kg}{300kg} + \dfrac{2,000kg}{6,000kg} = 0.5 + 0.33 = 0.83$배

41 산소 32g과 메탄 32g을 20℃에서 30L의 용기에 혼합하였을 때 이 혼합기체가 나타내는 압력은 약 몇 atm인가?(단, R = 0.082atm · L/mol · K이며, 이상기체로 가정한다) ②

① 1.8

② 2.4

③ 3.2

④ 4.0

해설

• 산소의 몰수 $= \dfrac{32kg}{32kg} = 1$몰

• 메탄의 몰수 $= \dfrac{32kg}{16kg} = 2$몰

• 혼합기체의 몰수 : 1몰 + 2몰 = 3몰

∴ $P = \dfrac{nRT}{V} = \dfrac{3 \times 0082 \times (20+273)}{30} = 2.4$atm

42 물과 심하게 반응하여 독성의 포스핀을 발생시키는 위험물은?

① 인화칼슘   ② 부틸리튬

③ 수소화나트륨   ④ 탄화알루미늄

> **해설**

① $Ca_3P_2 + 6H_2O \rightarrow 3CaCl_2 + 2PH_3 \uparrow$
                                      포스핀(독성 gas)

② $C_4H_9Li + H_2O \rightarrow C_4H_9OH + LiH \uparrow$

③ $NaH + H_2O \rightarrow NaOH + H_2 \uparrow$

④ $Al_4C_3 + 12H_2O \rightarrow 4Al(OH)_3 + 3CH_4 \uparrow$

43 삼산화크롬에 대한 설명으로 틀린 것은?

① 독성이 있다.

② 고온으로 가열하면 산소를 방출한다.

③ 알코올에 잘 녹는다.

④ 물과 반응하여 산소를 발생한다.

> **해설**

④ 물과 반응하여 격렬하게 발열하고, 따라서 가연물과 혼합하고 있을 때 물이 침투되면 발화위험이 있다.

44 위험물안전관리법령상 제1류 위험물을 운송하는 이동탱크저장소의 외부도장 색상은?

① 회색   ② 적색

③ 청색   ④ 황색

> **해설**

위험물 이동저장탱크의 외부 도장 색상

유 별	외부도장 색상	비 고
제1류	회 색	
제2류	적 색	
제3류	청 색	탱크의 앞면과 뒷면을 제외한 면적의 40% 이내의 면적은 다른 유별의 색상 외의 색상으로 도장하는 것이 가능하다.
제4류	도장에 색상 제한은 없으나 적색을 권장한다.	
제5류	황 색	
제6류	청 색	

정답 42. ①   43. ④   44. ①

45 다음의 연소반응식에서 트리에틸알루미늄 114kg이 산소와 반응하여 연소할 때 약 몇 kcal 의 열을 방출하겠는가?(단, Al의 원자량은 27이다) ②

$$2(C_2H_5)_3Al + 21O_2 \rightarrow 12CO_2 + Al_2O_2 + 15H_2O + 1,470kcal$$

① 375　　　　　　　　　　　　② 735

③ 1,470　　　　　　　　　　　④ 2,940

> **해설**

$2(C_2H_5)_3Al + 21O_2 \rightarrow 12CO_2 + Al_2O_2 + 15H_2O + 1,470kcal$

　2×114g　　　　　　　　　　　1,470kcal

　114g　　　　　　　　　　　　x(kcal)

$\therefore x = \dfrac{114 \times 1,470}{2 \times 114} = 735 Kcal$

46 미지의 액체 시료가 있는 시험관에 불에 달군 구리줄을 넣을 때 자극적인 냄새가 나며, 붉 은색 침전물이 생기는 것을 확인하였다. 이 액체 시료는 무엇인가?

① 등유　　　　　　　　　　　② 아마인유

③ 메탄올　　　　　　　　　　④ 글리세린

> **해설**

메탄올에 관한 설명이다.

47 273℃에서 기체의 부피가 4L이다. 같은 압력에서 25℃일 때의 부피는 약 몇 L인가?

① 0.32　　　　　　　　　　　② 2.2

③ 3.2　　　　　　　　　　　　④ 4

> **해설**

샤를의 법칙

$\therefore \dfrac{V}{T} = \dfrac{V'}{T'}$ 에서　$\dfrac{4}{273+273} = \dfrac{V'}{25+273}$

$\therefore V' = \dfrac{4 \times (25+273)}{(273+273)} = 2.2L$

48 옥내저장소에 위험물을 수납한 용기를 겹쳐 쌓는 경우 높이의 상한에 관한 설명 중 틀린 것은?

① 기계에 의하여 하역하는 구조로 된 용기만 겹쳐 쌓는 경우는 6미터
② 제3석유류를 수납한 소형 용기만 겹쳐 쌓는 경우는 4미터
③ 제2석유류를 수납한 소형 용기만 겹쳐 쌓는 경우는 4미터
④ 제1석유류를 수납한 소형 용기는 겹쳐 쌓는 경우는 3미터

> **해설**
>
> ■ 옥내저장소에 위험물을 수납한 용기를 겹쳐 쌓는 경우 높이의 상한
> ㉠ 기계에 의하여 하역하는 구조로 된 용기만을 겹쳐쌓는 경우 : 6m
> ㉡ 제4류 위험물 중 제3석유류, 제4석유류 및 동·식물유류를 수납하는 용기만을 겹쳐 쌓는 경우 : 4m
> ㉢ 그 밖의 경우(제2석유류를 수납한 용기만 겹쳐 쌓는 경우) : 3m

49 위험물안전관리법령에 따른 제1류 위험물의 운반 및 위험물제조소 등에서 저장·취급에 관한 기준으로 옳은 것은?(단, 지정수량의 10배인 경우이다) ①

① 제6류 위험물과는 운반 시 혼재할 수 있으며, 적절한 조치를 취하면 같은 옥내저장소에 저장할 수 있다.
② 제6류 위험물과는 운반 시 혼재할 수 있으나, 같은 옥내저장소에 저장할 수는 없다.
③ 제6류 위험물과는 운반 시 혼재할 수 없으나, 적절한 조치를 취하면 같은 옥내저장소에 저장할 수 있다.
④ 제6류 위험물과는 운반 시 혼재할 수 없으며, 같은 옥내저장소에 저장할 수도 없다.

> **해설**
>
> 제1류 위험물은 제6류 위험물과 운반 시 혼재할 수 있으며, 적절한 조치를 취하면 같은 옥내저장소에 저장할 수 있다.

50 분말소화설비를 설치할 때 소화약제 50kg의 축압용 가스로 질소를 사용하는 경우 필요한 질소가스의 양은 35℃, 0MPa의 상태로 환산하여 몇 L 이상으로 하여야 하는가?(단, 배관의 청소에 필요한 양은 제외) ①

① 500   ② 1,000
③ 1,500   ④ 2,000

> **해설**
>
> 축압용 가스에 질소가스를 사용하는 것의 질소가스는 소화약제 1kg에 대하여 10L(35℃에서 1기압의 압력상태로 환산한 것) 이상, 이산화탄소를 사용하는 것의 이산화탄소는 소화약제 1kg에 대하여 20g에 배관의 청소에 필요한 양을 가산한 양 이상으로 한다. 즉, 1기압(atm) = 0.101325MPa이므로 0MPa은 상태방정식으로 계산하면 약간의 차이가 있겠지만, 곧 1기압을 말한다. 또 이산화탄소는 축압용 가스로 이산화탄소를 사용할 경우를 말하므로 관계없고, kg당 10L이면 50kg에서는 500L가 필요하다.

정답 48. ③ 49. ① 50. ①

51 다음의 위험물을 저장하는 옥내저장소의 저장창고가 벽·기둥 및 바닥이 내화구조로 된 건축물일 때, 위험물안전관리법령에서 규정하는 보유공지를 확보하지 않아도 되는 경우는?

① 아세트산 30,000L

② 아세톤 5,000L

③ 클로로벤젠 10,000L

④ 글리세린 15,000L

해설

■ 옥내저장소의 보유공지

저장 또는 취급하는 위험물의 최대수량	공지의 너비	
	벽, 기둥 및 바닥이 내화구조로 된 건축물	그 밖의 건축물
지정수량의 5배 이하	–	0.5m 이상
지정수량의 5배 초과 10배 이하	1m 이상	1.5m 이상
지정수량의 10배 초과 20배 이하	2m 이상	3m 이상
지정수량의 20배 초과 50배 이하	3m 이상	5m 이상
지정수량의 50배 초과 200배 이하	5m 이상	10m 이상
지정수량의 200배 초과	10m 이상	15m 이상

① 아세트산 – 제2석유류 – 수용성 – 지정수량 2,000L
 30,000/2,000 = 15배
② 아세톤 – 제1석유류 – 수용성 – 지정수량 400L
 5,000/400 = 12.5배
③ 클로로벤젠 – 제2석유류 – 비수용성 – 지정수량 1,000L
 10,000/1,000 = 10배
④ 글리세린 – 제3석유류 – 수용성 – 지정수량 4,000L
 15,000/4,000 = 3.75배
∴ 5배 이하인 것은 글리세린이다.

52 위험물안전관리법령상 제6류 위험물에 대한 설명으로 틀린 것은?

① "산화성액체"라 함은 액체로서 산화력의 잠재적인 위험성을 판단하기 위하여 고시로 정하는 시험에서 고시로 정하는 성질과 상태를 나타내는 것을 말한다.
② 산화성액체 성상이 있는 질산은 비중이 1.49 이상인 것이 제6류 위험물에 해당한다.
③ 산화성액체 성상이 있는 과염소산은 비중과 상관없이 제6류 위험물에 해당한다.
④ 산화성액체 성상이 있는 과산화수소는 농도가 36부피퍼센트 이상인 것이 제6류 위험물에 해당한다.

해설

④ 산화성액체 성상이 있는 과산화수소는 농도가 36wt%(비중 약 1.13) 이상인 것이 제6류 위험물에 해당된다.

정답 51. ④ 52. ④

53 위험물안전관리법령에 명시된 예방규정 작성 시 포함되어야 하는 사항이 아닌 것은?

① 위험물시설의 운전 또는 조작에 관한 사항
② 위험물취급작업의 기준에 관한 사항
③ 위험물의 안전에 관한 기록에 관한 사항
④ 소방관서의 출입검사 지원에 관한 사항

해설

■ **예방규정 작성 시 포함되어야 하는 사항**
㉠ 위험물의 안전관리 업무를 담당하는 사람의 직무 및 조직에 관한 사항
㉡ 위험물안전관리자가 그 직무를 수행할 수 없는 경우 그 직무를 대행하는 사람에 관한 사항
㉢ 자체소방대의 편성 및 화학소방자동차의 배치에 관한 사항
㉣ 위험물안전에 관계된 작업에 종사하는 사람에 대한 안전교육에 관한 사항
㉤ 위험물시설 및 사업장에 대한 안전순찰에 관한 사항
㉥ 제조소 등의 시설과 관련 시설에 대한 점검 및 정비에 관한 사항
㉦ 제조소 등의 시설의 운전 또는 조작에 관한 사항
㉧ 위험물취급 작업의 기준에 관한 사항
㉨ 이송취급소에 있어서는 배관공사 시의 안전 확보에 관한 사항
㉩ 재난, 그 밖의 비상시의 경우에 취하여야 하는 조치에 관한 사항
㉪ 위험물의 안전에 관한 기록에 관한 사항
㉫ 제조소 등의 위치·구조 및 설비를 명시한 서류와 도면의 정비에 관한 사항
㉬ 그 밖에 위험물의 안전관리에 관하여 필요한 사항

54 인화성고체 2,500kg, 피크린산 900kg, 금속분 2,000kg 각각의 위험물지정수량 배수의 총합은 얼마인가?

① 7배   ② 9배
③ 10배   ④ 11배

해설

$$\frac{2,500\text{kg}}{1,000\text{kg}} + \frac{900\text{kg}}{200\text{kg}} + \frac{2,000\text{kg}}{500\text{kg}} = 2.5 + 4.5 + 4 = 11배$$

55 그림과 같은 위험물 옥외탱크저장소를 설치하고자 한다. 톨루엔을 저장하고자 할 때 허가할 수 있는 최대수량은 지정수량의 약 몇 배인가? (단, r = 5m, l = 10m이다) ④

① 2
② 4
③ 1,963
④ 3,730

탱크의 공간용적은 탱크의 내용적의 100분의 5 이상 100분의 10 이하의 용적으로
㉠ 내용적 = ×5²×10 = 785.4m³
㉡ 탱크의 용량 = 785.4×0.09~785.4×0.95 = 707~746m³
㉢ 톨루엔 : 제1석유류 - 비수용성 - 지정수량 200L = 0.2m³
㉣ 707m³/0.2~746m³/0.2 = 3,535~3,730배
따라서 최대수량은 3,730배이다.

56 위험물안전관리법령상 정기점검대상인 제조소 등에 해당하지 않는 것은?

① 경유를 20,000L 취급하며 차량에 고정된 탱크에 주입하는 일반취급소
② 등유를 3,000L 저장하는 지하탱크저장소
③ 알코올류를 5,000L 취급하는 제조소
④ 경유를 220,000L 저장하는 옥외탱크저장소

해설

■ 정기점검대상인 제조소 등
① 지정수량의 10배 이상의 위험물을 취급하는 제조소
② 지정수량의 100배 이상의 위험물을 저장하는 옥외저장소
③ 지정수량의 150배 이상의 위험물을 저장하는 옥내저장소
④ 지정수량의 200배 이상의 위험물을 저장하는 옥외탱크저장소
⑤ 암반탱크저장소
⑥ 이송취급소
⑦ 지정수량의 10배 이상의 위험물을 취급하는 일반취급소. 다만, 제4류 위험물(특수인화물을 제외)만을 지정수량의 50배 이하로 취급하는 일반취급소(제1석유류·알코올류의 취급량이 지정수량의 10배 이하의 경우에 한함)로서 다음의 어느 하나에 해당하는 것을 제외한다.
  ㉠ 보일러·버너 또는 이와 비슷한 것으로서 위험물을 소비하는 장치로 이루어진 일반취급소
  ㉡ 위험물을 용기에 다시 채워 넣거나 차량에 고정된 탱크에 주입하는 일반취급소
⑧ 지하탱크저장소
⑨ 이동탱크저장소
⑩ 위험물을 취급하는 탱크로서 지하에 매설된 탱크가 있는 제조소·주유취급소 또는 일반취급소

  ㉠ 등유 : $\dfrac{3,000L}{1,000L}$ = 3배

  ㉡ 알코올류 : $\dfrac{5,000L}{400L}$ = 12.5배

  ㉢ 경유 : $\dfrac{220,000L}{1,000L}$ = 220배

57 2몰의 메탄을 완전히 연소시키는 데 필요한 산소의 이론적인 몰수는?

① 1몰   ② 2몰

③ 3몰   ④ 4몰

해설

$2CH_4 + 4O_2 \rightarrow 2CO_2 + 4H_2O$

58 다음 데이터로부터 통계량을 계산한 것 중 틀린 것은?

21.5, 23.7, 24.3, 27.2, 29.1

① 범위(R) = 7.6

② 제곱합(S) = 7.59

③ 중앙값(Me) = 24.3

④ 시료분산(s^2) = 8.988

해설

① 범위 : 변량의 최댓값 − 최솟값 = 29.1 − 21.5 = 7.6

    평균 : 21.5 − 25.16 = −3.66

           23.7 − 25.16 = −1.46

           24.3 − 25.16 = −0.86

           27.2 − 25.16 = 2.04

           29.1 − 25.16 = 3.94

② 제곱합 : 각 변량의 편차(변량 − 평균)의 제곱의 합 = $3.66^2 + 1.46^2 + 0.86^2 + 2.04^2 + 3.94^2 = 35.952$

③ 중앙값 : 각 변량을 최솟값부터 최댓값까지 크기의 순서대로 나열했을 때 중앙에 위치한 값(변량의 수 n 이 홀수이면 중앙의 값, 짝수이면 중앙 2개의 평균값) 24.3

④ 시료분산 : 제곱합/$(n-1)$ = 35.952/(5−1) = 8.988

    여기서, 분산은 보통 제곱합/n으로 계산하는데, 이를 모분산(σ^2, 시그마제곱)이라 한다. 그런데 처리해야 할 데이터의 양이 너무 방대하거나 현실적으로 그 모든 값을 파악하기 어려울 때 파악 가능한 또는 다룰 수 있는 만큼의 표본을 추출하여 제곱합/$(n-1)$로 구한 것을 표본분산(s^2)이라 한다.

    n이 아니라 $n-1$로 나누는 이유는 추출한 표본들의 값의 크기가 어느 한쪽으로 치우치는 것을 보정해주기 위함이다.

정답   57. ④   58. ②

59 표준시간을 내경법으로 구하는 수식으로 맞는 것은?

① 표준시간 = 정미시간 + 여유시간
② 표준시간 = 정미시간 × (1 + 여유율)
③ 표준시간 = 정미시간 × ($\frac{1}{1-여유율}$)
④ 표준시간 = 정미시간 × ($\frac{1}{1-여유율}$)

해설

표준시간 = 정미시간 × ($\frac{1}{1-여유율}$)

60 브레인스토밍(Brainstorming)과 가장 관계가 깊은 것은?

① 특성요인도
② 파레토도
③ 히스토그램
④ 회귀분석

해설

브레인스토밍(Brainstorming)은 잠재의식을 일깨워 자유로이 아이디어를 개발하자는 토의식 아이디어 개발기법으로 특성요인도와 가장 관계가 깊으며, 특성요인도는 특성과 요인관계를 도표로 하여 어골상으로 세분화한다.

01 위험물안전관리자의 선임신고를 허위로 한 자에게 부과하는 과태료의 금액은?

① 100만 원　　　　　　　　　　② 150만 원
③ 200만 원　　　　　　　　　　④ 300만 원

해설

■ **과태료 200만 원 이하**
㉠ 임시저장에 관한 승인을 받지 않은 자
㉡ 위험물의 저장 또는 취급에 관한 세부기준을 위반한 자
㉢ 품명 등의 변경신고를 기간 이내에 하지 않거나 허위로 한 자
㉣ 지위승계신고를 기간 이내에 하지 않거나 허위로 한 자
㉤ 제조소 등의 폐지신고 또는 안전관리자의 선임신고를 기간 이내에 하지 않거나 허위로 한 자
㉥ 등록사항의 변경신고를 기간 이내에 하지 않거나 허위로 한 자
㉦ 점검결과를 기록·보존하지 않은 자
　• 1차 위반 시 50만 원
　• 2차 위반 시 100만 원
　• 3차 위반 시 200만 원
㉧ 위험물의 운반에 관한 세부기준을 위반한 자
㉨ 위험물의 운송에 관한 기준을 따르지 않은 자

02 다음 제2류 위험물 중 지정수량이 나머지 셋과 다른 하나는?

① 철분　　　　　　　　　　　　② 금속분
③ 마그네슘　　　　　　　　　　④ 유황

해설

■ **제2류 위험물의 품명과 지정수량**

성 질	위험등급	품 명	지정수량
가연성고체	Ⅱ	1. 황화인	100kg
		2. 적린	100kg
		3. 유황	100kg
	Ⅲ	4. 철분	500kg
		5. 금속분	500kg
		6. 마그네슘	500kg
	Ⅱ~Ⅲ	7. 그 밖의 행정안전부령이 정하는 것	100kg 또는
		8. 1~7에 해당하는 어느 하나 이상을 함유한 것	500kg
	Ⅲ	9. 인화성고체	1,000kg

정답 01. ③　02. ④

03 인화알루미늄의 위험물안전관리법령상 지정수량과 인화알루미늄이 물과 반응하였을 때 발생하는 가스의 명칭을 옳게 나타낸 것은?

① 50kg, 포스핀
② 50kg, 포스겐
③ 300kg, 포스핀
④ 300kg, 포스겐

해설

㉠ 인화알루미늄(AlP) 지정수량 : 300kg ㉡ $AlP + 3H_2O \rightarrow Al(OH)_3 + PH_3 \uparrow$

04 다음 물질 중 증기비중이 가장 큰 것은?

① 이황화탄소
② 시안화수소
③ 에탄올
④ 벤젠

해설

위험물 종류	증기비중
이황화탄소	2.64
시안화수소	0.94
에탄올	1.59
벤 젠	2.8

05 위험물안전관리법령상 주유취급소의 주위에는 자동차 등이 출입하는 쪽 외의 부분에 높이 몇 m 이상의 담 또는 벽을 설치하여야 하는가?(단, 주유취급소의 인근에 연소의 우려가 있는 건축물이 없는 경우이다) ③

① 1
② 1.5
③ 2
④ 2.5

해설

■ **주유취급소의 담 또는 벽**
주유취급소의 주위에는 자동차 등이 출입하는 쪽 외의 부분에 높이 2m 이상의 내화구조 또는 불연재료의 담 또는 벽을 설치하되, 주유취급소의 인근에 연소의 우려가 있는 건축물이 있는 경우에는 소방청장이 정하여 고시하는 바에 따라 방화상 유효한 높이로 하여야 한다.

06 분자량은 약 72.06이고, 증기비중이 약 2.48인 것은?

① 큐멘
② 아크릴산
③ 스타이렌
④ 히드라진

해설

② 아크릴산 : 분자량은 약 72.06, 증기비중 약 2.48

정답 03. ③ 04. ④ 05. ③ 06. ②

07 위험물안전관리법령상 간이탱크저장소의 설치기준으로 옳지 않은 것은?

① 하나의 간이탱크저장소에 설치하는 간이저장탱크의 수는 3 이하로 한다.
② 간이저장탱크의 용량은 600L 이하로 한다.
③ 간이저장탱크는 두께 2.3mm 이상의 강판으로 제작한다.
④ 간이저장탱크에는 통기관을 설치하여야 한다.

> **해설**

간이저장탱크는 두께 3.2mm 이상의 강판으로 제작한다.

08 아염소산나트륨을 저장하는 곳에 화재가 발생하였다. 위험물안전관리법령상 소화설비로 적응성이 있는 것은?

① 포소화설비   ② 불활성가스소화설비
③ 할로겐화합물소화설비   ④ 탄산수소염류분말소화설비

> **해설**

■ 소화설비의 적응성

소화설비의 구분			대상물 구분									
			건축물 · 그 밖의 공작물	전기설비	제1류 위험물		제2류 위험물			제3류 위험물		제4류 위험물	제5류 위험물	제6류 위험물
					알칼리금속과산화물 등	그 밖의 것	철분 · 금속분 · 마그네슘 등	인화성고체	그 밖의 것	금수성물품	그 밖의 것			
옥내소화전 또는 옥외소화전설비			○			○		○	○		○		○	○
스프링클러설비			○			○		○	○		○	△	○	○
물분무등 소화설비	물분무소화설비		○	○		○		○	○		○	○	○	○
	포소화설비		○			○		○	○		○	○	○	○
	불활성가스소화설비			○				○			○			
	할로겐화합물소화설비			○				○			○			
	분말소화설비	인산염류 등	○	○		○		○	○			○		○
		탄산수소염류 등		○	○		○		○	○		○		
		그 밖의 것			○		○			○				

※ 아염소산나트륨은 제1류 위험물 중 그 밖의 것에 해당된다.

09 다음 중 NH_4NO_3에 대한 설명으로 옳지 않은 것은?

① 조해성이 있기 때문에 수분이 포함되지 않도록 포장한다.
② 단독으로도 급격한 가열로 분해하여 다량의 가스를 발생할 수 있다.
③ 무취의 결정으로 알코올에 녹는다.
④ 물에 녹을 때 발열반응을 일으키므로 주의한다.

> **해설**
>
> ④ 물에 녹을 때 흡열반응을 일으키므로 주의한다.

10 물과 반응하였을 때 생성되는 탄화수소가스의 종류가 나머지 셋과 다른 하나는?

① Be_2C　　　　　　　　　　　② Mn_3C
③ MgC_2　　　　　　　　　　　④ Al_4C_3

> **해설**
>
> ① $Be_2C + 4H_2O \rightarrow 2Be(OH)_2 + CH_4 \uparrow$
> ② $Mn_3C + 6H_2O \rightarrow 3Mn(OH)_2 + CH_4 \uparrow + H_2 \uparrow$
> ③ $MgC_2 + 2H_2O \rightarrow Mg(OH)_2 + C_2H_2 \uparrow$
> ④ $Al_4C_3 + 12H_2O \rightarrow 4Al(OH)_3 + 3CH_4 \uparrow$

11 위험물안전관리법령상 스프링클러 헤드의 설치 기준으로 틀린 것은?

① 개방형 스프링클러 헤드는 헤드 반사판으로부터 수평방향으로 30cm의 공간을 보유하여야 한다.
② 폐쇄형 스프링클러 헤드의 반사판과 헤드의 부착면과의 거리는 30cm 이하로 한다.
③ 폐쇄형 스프링클러 헤드 부착장소의 평상시 최고 주위온도가 28℃ 미만인 경우 58℃ 미만의 표시온도를 갖는 헤드를 사용한다.
④ 개구부에 설치하는 폐쇄형 스프링클러 헤드는 해당 개구부의 상단으로부터 높이 30cm 이내의 벽면에 설치한다.

> **해설**
>
> ④ 개구부에 설치하는 폐쇄형 스프링클러 헤드는 해당 개구부의 상단으로부터 높이 0.15m 이내의 벽면에 설치한다.

12 다음 중 가연성물질로만 나열된 것은?

① 질산칼륨, 황린, 니트로글리세린
② 니트로글리세린, 과염소산, 탄화알루미늄
③ 과염소산, 탄화알루미늄, 아닐린
④ 탄화알루미늄, 아닐린, 포름산메틸

해설

① 질산칼륨 : 지연성(조연성)물질
　황린, 니트로글리세린 : 가연성물질
② 니트로글리세린 : 가연성물질
　과염소산 : 지연성(조연성)물질
　탄화알루미늄 : 가연성물질
③ 과염소산 : 지연성(조연성)물질
　탄화알루미늄, 아닐린 : 가연성물질

13 다음 제1류 위험물 중 융점이 가장 높은 것은?

① 과염소산칼륨　　　　　② 과염소산나트륨
③ 염소산나트륨　　　　　④ 염소산칼륨

해설

위험물의 종류	융 점
과염소산칼륨	610℃
과염소산나트륨	482℃
염소산나트륨	240℃
염소산칼륨	368℃

14 위험물제조소 등의 안전거리를 단축하기 위하여 설치하는 방화상 유효한 담의 높이는 $H \rangle pD+a$인 경우 $h=H-p(D^2-d^2)$에 의하여 산정한 높이 이상으로 한다. 여기서 d가 의미하는 것은?

① 제조소 등과 인접 건축물과의 거리(m)
② 제조소 등과 방화상 유효한 담과의 거리(m)
③ 제조소 등과 방화상 유효한 지붕과의 거리(m)
④ 제조소 등과 인접 건축물 경계선과의 거리(m)

■ 방화상 유효한 담의 높이

$H > pD^2 + a$인 경우 $h = H - p(D^2 - d^2)$

여기서, D : 제조소 등과 인근 건축물 또는 공작물과의 거리(m)

  H : 인근 건축물 또는 공작물의 높이(m)

  a : 제조소 등의 외벽의 높이(m)

  d : 제조소 등과 방화상 유효한 담과의 거리(m)

  h : 방화상 유효한 담

  p : 상수

15 다음 위험물을 저장할 때 안정성을 높이기 위해 사용할 수 있는 물질의 종류가 나머지 셋과 다른 하나는?

① 나트륨 ② 이황화탄소

③ 황린 ④ 니트로셀룰로오스

해설

위험물의 종류	안정성을 높이기 위해 사용할 수 있는 물질
나트륨	석유(등유)
이황화탄소, 황린, 니트로셀룰로오스	물속

16 NH_4ClO_3에 대한 설명으로 틀린 것은?

① 산화력이 강한 물질이다.

② 조해성이 있다.

③ 충격이나 화재에 의해 폭발할 위험이 있다.

④ 폭발 시 CO_2, HCl, NO_2 가스를 주로 발생한다.

해설

염소산암모늄은 폭발 시에는 다량의 기체를 발생한다.

$2NH_4ClO_3O \xrightarrow{\Delta} \underbrace{N_2 \uparrow + Cl_2 + O_2 \uparrow + 4H_2O \uparrow}_{\text{다량의 가스}}$

17 위험물안전관리법령상 불활성가스소화설비가 적응성을 가지는 위험물은?

① 마그네슘 ② 알칼리금속

③ 금수성물질 ④ 인화성고체

정답 15. ① 16. ④ 17. ④

해설

■ 소화설비의 적응성

소화설비의 구분			건축물·그 밖의 공작물	전기설비	제1류 위험물		제2류 위험물			제3류 위험물		제4류 위험물	제5류 위험물	제6류 위험물
					알칼리금속과산화물 등	그 밖의 것	철분·금속분·마그네슘 등	인화성고체	그 밖의 것	금수성물품	그 밖의 것			
옥내소화전 또는 옥외소화전설비			○			○		○	○		○		○	○
스프링클러설비			○			○		○	○		○	△	○	○
물분무등 소화설비	물분무소화설비		○	○		○		○	○		○	○	○	○
	포소화설비		○			○		○	○		○	○	○	○
	불활성가스소화설비			○				○				○		
	할로겐화합물소화설비			○				○				○		
	분말소화설비	인산염류 등	○	○		○		○	○			○		○
		탄산수소염류 등		○	○		○	○		○		○		
		그 밖의 것			○		○			○				

※ "○"표시는 당해 소방대상물 및 위험물에 대하여 소화설비가 적응성이 있음을 표시하고, "△"표시는 제4류 위험물을 저장 또는 취급하는 장소의 살수기준면적에 따라 스프링클러설비의 살수밀도가 다음 표에 정하는 기준 이상인 경우에는 당해 스프링클러설비가 제4류 위험물에 대하여 적응성이 있음을, 제6류 위험물을 저장 또는 취급하는 장소로서 폭발의 위험이 없는 장소에 한하여 이산화탄소소화기가 제6류 위험물에 대하여 적응성이 있음을 각각 표시한다.

18 디에틸에테르(diethyl ether)의 화학식으로 옳은 것은?

① $C_2H_5C_2H_5$

② $C_2H_5OC_2H_5$

③ $C_2H_5COC_2H_5$

④ $C_2H_5COOC_2H_5$

해설

디에틸에테르 : $C_2H_5OC_2H_5$

정답 18. ②

19 아연분이 NaOH 수용액과 반응하였을 때 발생하는 물질은?

① H_2 ② O_2
③ Na_2O_2 ④ NaZn

> **해설**
>
> 아연은 알칼리와 반응하여 수소를 발생한다.
> $Zn + 2NaOH \rightarrow Na_2ZnO_2 + H_2 \uparrow$

20 다음 중 Mn의 산화수가 +2인 것은?

① $KMnO_4$ ② MnO_2
③ $MnSO_4$ ④ K_2MnO_4

> **해설**
>
> ① $KMnO_4 = 1 + x + 4 \times (-2) = 0$ $\therefore x = +7$
> ② $MnO_2 = x + 2 \times (-2) = 0$ $\therefore x = +4$
> ③ $MnSO_4 = x + 6 + 4 \times (-2) = 0$ $\therefore x = +2$
> ④ $K_2MnO_4 = 2 \times (+1) + x + 4 \times (-2) = 0$ $\therefore x = +6$

21 다음 물질 중 조연성가스에 해당하는 것은 어느 것인가?

① 수소   ② 산소
③ 아세틸렌   ④ 질소

> **해설**
>
> ① 수소 : 가연성가스
> ② 산소 : 조연성가스
> ③ 아세틸렌 : 용해가스
> ④ 질소 : 불연성가스

22 탄화알루미늄이 물과 반응하였을 때 발생하는 가스는?

① CH_4 ② C_2H_2
③ C_2H_6 ④ CH_3

> **해설**
>
> 탄화알루미늄은 물과 반응하여 가연성인 메탄을 발생하므로 인화의 위험이 있다.
> $Al_4C_3 + 12H_2O \rightarrow 4Al(OH)_3 + 3CH_4 \uparrow$

23 위험물안전관리법령상 물분무소화설비가 적응성이 있는 대상물이 아닌 것은?

① 전기설비　　　　　　　　② 철분
③ 인화성고체　　　　　　　④ 제4류 위험물

해설

■ 소화설비의 적응성

소화설비의 구분			대상물 구분										
			건축물·그 밖의 공작물	전기설비	제1류 위험물		제2류 위험물			제3류 위험물		제4류 위험물	제5류 위험물	제6류 위험물
					알칼리금속과산화물 등	그 밖의 것	철분·금속분·마그네슘 등	인화성고체	그 밖의 것	금수성물품	그 밖의 것			
옥내소화전 또는 옥외소화전설비			○			○		○	○		○		○	○
스프링클러설비			○			○		○	○		○	△	○	○
물분무등 소화설비	물분무소화설비		○	○		○		○	○		○	○	○	○
	포소화설비		○			○		○	○		○	○	○	○
	불활성가스소화설비			○				○			○			
	할로겐화합물소화설비			○				○			○			
	분말소화 설비	인산염류 등	○	○		○		○	○		○			○
		탄산수소염류 등		○	○		○			○		○		
		그 밖의 것			○		○			○				

※ "○"표시는 당해 소방대상물 및 위험물에 대하여 소화설비가 적응성이 있음을 표시하고, "△"표시는 제4류 위험물을 저장 또는 취급하는 장소의 살수기준면적에 따라 스프링클러설비의 살수밀도가 다음 표에 정하는 기준 이상인 경우에는 당해 스프링클러설비가 제4류 위험물에 대하여 적응성이 있음을, 제6류 위험물을 저장 또는 취급하는 장소로서 폭발의 위험이 없는 장소에 한하여 이산화탄소소화기가 제6류 위험물에 대하여 적응성이 있음을 각각 표시한다.

정답 23. ②

24 포름산(formic acid)의 증기비중은 약 얼마인가?

① 1.59

② 2.45

③ 2.78

④ 3.54

> **해설**

포름산의 증기비중 : 1.59

25 다음은 위험물안전관리법령에 따른 인화점측정시험 방법을 나타낸 것이다. 어떤 인화점측정기에 의한 인화점측정시험인가?

- 시험장소는 1기압, 무풍의 장소로 할 것
- 시료컵의 온도를 1분간 설정온도로 유지할 것
- 시험불꽃을 점화하고, 화염의 크기를 직경 4mm가 되도록 조정할 것
- 1분 경과 후 개폐기를 작동하여 시험불꽃을 시료컵에 2.5초간 노출시키고 닫을 것. 이 경우 시험불꽃을 급격히 상하로 움직이지 아니하여야 한다.

---

① 태그밀폐식 인화점측정기

② 신속평형법 인화점측정기

③ 클리브랜드 개방컵 인화점측정기

④ 침강평형법 인화점측정기

> **해설**

(1) 태그밀폐식 인화점측정기

1. 시험장소는 1기압, 무풍의 장소로 할 것
2. 「원유 및 석유제품 인화점 시험방법 - 태그밀폐식 시험방법(KS M 2010)」에 의한 인화점 측정기의 시료컵에 시험물품 50cm³를 넣고 시험물품 표면의 기포를 제거한 후 뚜껑을 덮을 것
3. 시험불꽃을 점화하고 화염의 크기를 직경 4mm가 되도록 조정할 것
4. 시험물품의 온도가 60초간 1℃의 비율로 상승하도록 수조를 가열하고 시험물품의 온도가 설정온도보다 5℃ 낮은 온도에 도달하면 개폐기를 작동하여 시험불꽃을 시료컵에 1초간 노출시키고 닫을 것. 이 경우 시험불꽃을 급격히 상하로 움직이지 아니하여야 한다.
5. 제4호의 방법에 의하여 인화하지 않는 경우에는 시험물품의 온도가 0.5℃ 상승할 때마다 개폐기를 작동하여 시험불꽃을 시료컵에 1초간 노출시키고 닫는 조작을 인화할 때까지 반복할 것
6. 제5호의 방법에 의하여 인화한 온도가 60℃ 미만의 온도이고 설정온도와의 차가 2℃를 초과하지 않는 경우에는 당해 온도를 인화점으로 할 것
7. 제4호의 방법에 의하여 인화한 경우 및 제5호의 방법에 의하여 인화한 온도와 설정온도와의 차가 2℃를 초과하는 경우에는 제2호 내지 제5호에 의한 방법으로 반복하여 실시할 것
8. 제5호의 방법 및 제7호의 방법에 의하여 인화한 온도가 60℃ 이상의 온도인 경우에는 제9호 내지 제13호의 순서에 의하여 실시할 것
9. 제2호 및 제3호와 같은 순서로 실시할 것

10. 시험물품의 온도가 60초간 3℃의 비율로 상승하도록 수조를 가열하고 시험물품의 온도가 설정온도보다 5℃ 낮은 온도에 도달하면 개폐기를 작동하여 시험불꽃을 시료컵에 1초간 노출시키고 닫을 것. 이 경우 시험불꽃을 급격히 상하로 움직이지 아니하여야 한다.

11. 제10호의 방법에 의하여 인화 하지 않는 경우에는 시험물품의 온도가 1℃ 상승마다 개폐기를 작동하여 시험불꽃을 시료컵에 1초간 노출시키고 닫는 조작을 인화할 때까지 반복할 것

12. 제11호의 방법에 의하여 인화한 온도와 설정온도와의 차가 2℃를 초과하지 않는 경우에는 당해 온도를 인화점으로 할 것

13. 제10호의 방법에 의하여 인화한 경우 및 제11호의 방법에 의하여 인화한 온도와 설정온도와의 차가 2℃를 초과하는 경우에는 제9호 내지 제11호와 같은 순서로 반복하여 실시할 것

(2) 신속평형법 인화점측정기

1. 시험장소는 1기압, 무풍의 장소로 할 것
2. 신속평형법 인화점측정기의 시료컵을 설정온도까지 가열 또는 냉각하여 시험물품(설정온도가 상온보다 낮은 온도인 경우에는 설정온도까지 냉각한 것) 2mL를 시료컵에 넣고 즉시 뚜껑 및 개폐기를 닫을 것
3. 시료컵의 온도를 1분간 설정온도로 유지할 것
4. 시험불꽃을 점화하고 화염의 크기를 직경 4mm가 되도록 조정할 것
5. 1분 경과 후 개폐기를 작동하여 시험불꽃을 시료컵에 2.5초간 노출시키고 닫을 것. 이 경우 시험불꽃을 급격히 상하로 움직이지 아니하여야 한다.
6. 제5호의 방법에 의하여 인화한 경우에는 인화하지 않을 때까지 설정온도를 낮추고, 인화하지 않는 경우에는 인화할 때까지 설정온도를 높여 제2호 내지 제5호의 조작을 반복하여 인화점을 측정할 것

(3) 클리브랜드 개방컵 인화점 측정기

1. 시험장소는 1기압, 무풍의 장소로 할 것
2. 「인화점 및 연소점 시험방법 – 클리브랜드 개방컵 시험방법(KS M ISO 2592)」에 의한 인화점 측정기의 시료컵의 표선(標線)까지 시험물품을 채우고 시험물품의 표면의 기포를 제거할 것
3. 시험불꽃을 점화하고 화염의 크기를 직경 4mm가 되도록 조정할 것
4. 시험물품의 온도가 60초간 14℃의 비율로 상승하도록 가열하고 설정온도보다 55℃ 낮은 온도에 달하면 가열을 조절하여 설정온도보다 28℃ 낮은 온도에서 60초간 5.5℃의 비율로 온도가 상승하도록 할 것
5. 시험물품의 온도가 설정온도보다 28℃ 낮은 온도에 달하면 시험불꽃을 시료컵의 중심을 횡단하여 일직선으로 1초간 통과시킬 것. 이 경우 시험불꽃의 중심을 시료컵 위쪽 가장자리의 상방 2mm 이하에서 수평으로 움직여야 한다.
6. 제5호의 방법에 의하여 인화하지 않는 경우에는 시험물품의 온도가 2℃ 상승할 때마다 시험불꽃을 시료컵의 중심을 횡단하여 일직선으로 1초간 통과시키는 조작을 인화할 때까지 반복할 것
7. 제6호의 방법에 의하여 인화한 온도와 설정온도와의 차가 4℃를 초과하지 않는 경우에는 당해 온도를 인화점으로 할 것
8. 제5호의 방법에 의하여 인화한 경우 및 제6호의 방법에 의하여 인화한 온도와 설정온도와의 차가 4℃를 초과하는 경우에는 제2호 내지 제6호와 같은 순서로 반복하여 실시할 것

(4) 침강평형법(인화점측정시험이 아님)

초원심분리기에 의한 침강측정법의 하나로, 용질의 침강과 확산의 평형 시 농도분포로부터 그 분자량을 측정하는 방법

정답

26 위험물안전관리법령상 제조소 등 별로 설치하여야 하는 경보설비의 종류 중 자동화재탐지설비에 해당하는 표의 일부이다. (   )에 알맞은 수치를 차례대로 나타낸 것은?

제조소 등의 구분	제조소 등의 규모, 저장 또는 취급하는 위험물의 종류 및 최대수량	경보설비
제조소 및 일반취급소	• 연면적 ( )m² 이상인 것 • 옥내에서 지정수량의 ( )배 이상을 취급하는 것(고인화점 위험물만을 ( )℃ 미만의 온도에서 취급하는 것을 제외)	자동화재탐지설비

① 150, 100, 100
② 500, 100, 100
③ 150, 10, 100
④ 500, 10, 70

> **해설**

■ 제조소 등 별로 설치하여야 하는 경보설비의 종류

제조소 등의 구분	제조소 등의 규모, 저장 또는 취급하는 위험물의 종류 및 최대수량	경보설비
제조소 및 일반취급소	• 연면적 500m² 이상인 것 • 옥내에서 지정수량의 100배 이상을 취급하는 것(고인화점 위험물만을 100℃ 미만의 온도에서 취급하는 것을 제외한다) • 일반취급소로 사용되는 부분 외의 부분이 있는 건축물에 설치된 일반취급소(일반취급소와 일반취급소 외의 부분이 내화구조의 바닥 또는 벽으로 개구부 없이 구획된 것을 제외한다)	자동화재탐지설비

27 1몰의 트리에틸알루미늄의 충분한 양의 물과 반응하였을 때 발생하는 가연성가스는 표준상태를 기준으로 몇 L인가?

① 11.2
② 22.4
③ 44.8
④ 67.2

> **해설**

$(C_2H_5)_3Al + 3H_2O \rightarrow Al(OH)_3 + 3C_2H_6$
　114g 　　　　　　　　$3 \times 22.4L$
∴ $3 \times 22.4L = 67.2L$

28 설비보전조직 중 지역보전(Area Maintenance)의 장·단점에 해당하지 않는 것은?

① 현장 왕복시간이 증가한다.
② 조업요원과 지역보전요원과의 관계가 밀접해진다.
③ 보전요원이 현장에 있으므로 생산본위가 되며 생산의욕을 가진다.
④ 같은 사람이 같은 설비를 담당하므로 설비를 잘 알며 충분한 서비스를 할 수 있다.

■ 설비보전조직 중 지역보전의 장.단점

장 점	단 점
• 조업요원과 지역보전요원과의 관계가 밀접해진다. • 보전요원이 현장에 있으므로 생산본위가 되며 생산의욕을 가진다. • 같은 사람이 같은 설비를 담당하므로 설비를 잘 알며, 충분한 서비스를 할 수 있다. • 작업일정 조정이 용이하다. • 현장 왕복시간이 단축된다.	• 노동력의 유효이용 곤란 • 인원배치의 유연성 제약 • 보전용 설비공구의 중복

29 워크샘플링에 관한 설명 중 틀린 것은?

① 워크샘플링은 일명 스냅리딩(Snap Reading)이라 불린다.
② 워크샘플링은 스톱워치를 사용하여 관측대상을 순간적으로 관측하는 것이다.
③ 워크샘플링은 영국의 통계학자 L.H.C. Tippet가 가동률 조사를 위해 창안한 것이다.
④ 워크샘플링은 사람의 상태나 기계의 가동상태 및 작업의 종류 등을 순간적으로 관측하는 것이다.

해설

② 워크샘플링은 여러 사람의 관측자가 여러 사람 또는 여러 대의 기계를 측정하는 방법이다.

30 검사의 종류 중 검사공정에 의한 분류에 해당되지 않는 것은?

① 수입검사   ② 출하검사
③ 출장검사   ④ 공정검사

해설

■ **검사의 분류**
㉠ 검사공정 : 수입검사(구입검사), 공정검사(중간검사), 최종검사(완성검사), 출하검사(출고검사)
㉡ 검사장소 : 정위치검사, 순회검사, 출장검사(입회검사)
㉢ 검사성질 : 파괴검사, 비파괴검사, 관능검사
㉣ 검사방법(판정대상) : 전수검사, Lot별 샘플링검사, 관리샘플링검사, 무검사

정답 29. ② 30. ③

31 다음은 위험물안전관리법령상 위험물의 성질에 따른 제조소의 특례에 관한 내용이다. (   )에 해당하는 위험물은?

> (   )을(를) 취급하는 설비는 은·수은·동·마그네슘 또는 이들을 성분으로 하는 합금으로 만들지 아니할 것

① 에테르   ② 콜로디온
③ 아세트알데히드   ④ 알킬알루미늄

해설

■ 아세트알데히드 취급 시 사용금지 물질
은, 수은, 동, 마그네슘

32 다음과 같은 성질을 가지는 물질은?

> • 가장 간단한 구조의 카르복시산이다.
> • 알데히드기와 카르복시기를 모두 가지고 있다.
> • CH_3OH와 에스테르화 반응을 한다.

① CH_3COOH ② $HCOOH$
③ CH_3CHO ④ CH_3COCH_3

해설

의산($HCOOH$)에 관한 설명이다.

33 이동탱크저장소의 측면틀의 기준에 있어서 탱크 뒷부분의 입면도에서 측면틀의 최외측과 탱크의 최외측을 연결하는 직선의 수평면에 대한 내각은 얼마 이상이 되도록 하여야 하는가?

① $35°$ ② $65°$
③ $75°$ ④ $90°$

해설

■ 이동탱크저장소의 측면틀
최외측선의 내각은 $75°$(탱크 중량의 중심점과는 $35°$) 이상일 것

정답   31. ③   32. ②   33. ②

34 제4류 위험물 중 지정수량이 옳지 않은 것은?

① n-헵탄 : 200L
② 벤즈알데히드 : 2,000L
③ n-펜탄 : 50L
④ 에틸렌글리콜 : 4,000L

> **해설**

① n-헵탄 : 200L(제1석유류 비수용성)
② 벤즈알데히드[(C₆H₅)CHO] : 1,000L(제2석유류 비수용성)
③ n-펜탄 : 50L(특수인화물)
④ 에틸렌글리콜[C₂H₄(OH)₂] : 4,000L(제3석유류 수용성)

35 탄화칼슘이 물과 반응하였을 때 발생하는 가스는?

① 메탄   ② 에탄
③ 수소   ④ 아세틸렌

> **해설**

$CaC_2 + 2H_2O \rightarrow Ca(OH)_2 + C_2H_2 \uparrow$

36 위험물안전관리법령상 위험물의 유별 구분이 나머지 셋과 다른 하나는?

① 사에틸납(tetraethyl lead)   ② 백금분
③ 주석분   ④ 고형알코올

> **해설**

① : 제3류 위험물 유기금속화합물류
②, ③, ④ : 제2류 위험물

37 위험물 옥외탱크저장소의 방유제 외측에 설치하는 보조포소화전의 상호간의 거리는?

① 보행거리 40m 이하   ② 수평거리 40m 이하
③ 보행거리 75m 이하   ④ 수평거리 75m 이하

> **해설**

■ 옥외탱크저장소의 방유제 외측에 설치하는 보조포소화전의 상호간 거리 : 보행거리 75m 이하

정답 34. ② 35. ④ 36. ① 37. ③

38 위험물안전관리법령상 충전하는 일반취급소의 특례기준을 적용받을 수 있는 일반취급소에서 취급 할 수 없는 위험물을 모두 기술한 것은?

① 알킬알루미늄 등, 아세트알데히드 등 및 히드록실아민 등
② 알킬알루미늄 등 및 아세트알데히드 등
③ 알킬알루미늄 등 및 히드록실아민 등
④ 아세트알데히드 등 및 히드록실아민 등

> **해설**

■ 충전하는 일반취급소의 특례기준을 적용받을 수 있는 일반취급소에서 취급할 수 없는 위험물

알킬알루미늄 등, 아세트알데히드 등 및 히드록실아민 등

39 질산암모늄에 대한 설명 중 틀린 것은?

① 강력한 산화제이다.
② 물에 녹을 때는 흡열반응을 나타낸다.
③ 조해성이 있다.
④ 흑색화약의 재료로 쓰인다.

> **해설**

④ 화약, 폭약의 산소공급제, AN-FO 폭약, 질소비료 등

40 위험물안전관리법령상 $n-C_4H_9OH$의 지정수량은?

① 200L
② 400L
③ 1,000L
④ 2,000L

> **해설**

$n-C_4H_9OH$: 1,000L(제2석유류, 비수용성)

41 옥외저장소에 저장하는 위험물 중에서 위험물을 적당한 온도로 유지하기 위한 살수설비를 설치하여야 하는 위험물이 아닌 것은?

① 인화성고체(인화점 20℃)
② 경유
③ 톨루엔
④ 메탄올

> **해설**

■ 옥외저장소에 저장하는 위험물 중 살수설비를 설치하여야 하는 위험물
① 인화성고체(인화점 20℃), ② 제1석유류(톨루엔), ④ 알코올류(메탄올)

---

42 위험물제조소로부터 30m 이상의 안전거리를 유지하여야 하는 건축물 또는 공작물은?

① 문화재보호법에 따른 지정문화재
② 고압가스안전관리법에 따라 신고하여야 하는 고압가스저장시설
③ 사용전압이 75,000V인 특고압가공전선
④ 고등교육법에서 정하는 학교

해설

① 50m 이상
② 20m 이상
③ 5m 이상

43 위험물안전관리법령상 불활성가스소화설비 기준에서 저장용기설치기준으로 틀린 것은?

① 저장용기에는 안전장치(용기밸브에 설치되어 있는 것에 한한다)를 설치할 것
② 온도가 40℃ 이하이고 온도변화가 적은 장소에 설치할 것
③ 방호구역 외의 장소에 설치할 것
④ 저장용기의 외면에 소화약제의 종류와 양, 제조년도 및 제조자를 표시할 것

해설

■ **불활성가스소화설비 저장용기 설치기준**
㉠ 방호구역 외의 장소에 설치할 것
㉡ 온도가 40℃ 이하이고, 온도변화가 적은 장소에 설치할 것
㉢ 직사일광 및 빗물이 침투할 우려가 적은 장소에 설치할 것
㉣ 저장용기에는 안전장치(용기밸브에 설치되어 있는 것 포함)를 설치할 것
㉤ 저장용기의 외면에 소화약제의 종류와 양, 제조년도 및 제조자를 표시할 것

44 다음 위험물 중 지정수량의 표기가 틀린 것은?

① $CO(NH_2)_2 \cdot H_2O_2$ – 10kg
② K_2CrO_7 – 1,000kg
③ KNO_2 – 300kg
④ $Na_2S_2O_8$ – 1,000kg

해설

④ $Na_2S_2O_8$ – 300kg

45 1기압에서 인화점이 200℃인 것은 제 몇 석유류인가? (단, 도료류, 그 밖의 물품은 가연성 액체량이 40중량퍼센트 이하인 물품은 제외) ④

① 제1석유류   ② 제2석유류
③ 제3석유류   ④ 제4석유류

> **해설**

① 제1석유류 : 1기압에서 인화점이 21℃ 미만인 것
② 제2석유류 : 1기압에서 인화점이 21℃ 이상 70℃ 미만인 것(단, 도료류, 그 밖에 물품에 있어서 가연성 액체량이 40wt% 이하이면서 인화점이 40℃ 이상인 동시에 연소점이 60℃ 이상인 것은 제외)
③ 제3석유류 : 1기압에서 인화점이 70℃ 이상 200℃ 미만인 것(단, 도료류, 그 밖의 물품은 가연성액체량이 40wt% 이하인 것은 제외)
④ 제4석유류 : 1기압에서 인화점이 200℃ 이상 250℃ 미만인 것(단, 도료류, 그 밖의 물품은 가연성액체량이 40wt% 이하인 것은 제외)

46 이황화탄소를 저장하는 실의 온도가 -20℃이고, 저장실 내 이황화탄소의 공기 중 증기농도가 2vol%라고 가정할 때 다음 설명 중 옳은 것은?

① 점화원이 있으면 연소된다.
② 점화원이 있더라도 연소되지 않는다.
③ 점화원이 없어도 발화된다.
④ 어떠한 방법으로도 연소되지 않는다.

> **해설**

이황화탄소는 인화점이 -30℃, 연소범위는 1.2~44%이므로 -20℃는 인화점 이상이고, 증기농도 2vol%는 연소범위 내에 있으므로 점화원이 있으면 연소된다.

47 제1류 위험물 중 무기과산화물과 제5류 위험물 중 유기과산화물의 소화방법으로 옳은 것은?

① 무기과산화물 : CO_2에 의한 질식소화
　유기화산화물 : CO_2에 의한 냉각소화
② 무기과산화물 : 건조사에 의한 피복소화
　유기과산화물 : 분말에 의한 질식소화
③ 무기과산화물 : 포에 의한 질식소화
　유기과산화물 : 분말에 의한 질식소화
④ 무기과산화물 : 건조사에 의한 피복소화
　유기과산화물 : 물에 의한 냉각소화

해설

- **소화방법**
㉠ 제1류 위험물 중 무기과산화물 : 건조사에 의한 피복소화
㉡ 제5류 위험물 중 유기과산화물 : 물에 의한 냉각소화

48 위험물안전관리법령상 이산화탄소소화기가 적응성이 있는 위험물은?

① 제1류 위험물 　　② 제3류 위험물
③ 제4류 위험물 　　④ 제5류 위험물

해설

- **소화설비의 적응성**

소화설비의 구분			대상물 구분										
			건축물·그 밖의 공작물	전기설비	제1류 위험물		제2류 위험물			제3류 위험물		제4류 위험물	제5류 위험물	제6류 위험물
					알칼리금속과산화물 등	그 밖의 것	철분·금속분·마그네슘 등	인화성고체	그 밖의 것	금수성물품	그 밖의 것			
옥내소화전 또는 옥외소화전설비			○			○		○	○		○		○	○
스프링클러설비			○			○		○	○		○	△	○	○
물분무등소화설비	물분무소화설비		○	○		○		○	○		○	○	○	○
	포소화설비		○			○		○	○		○	○	○	○
	불활성가스소화설비			○				○				○		
	할로겐화합물소화설비			○				○				○		
	분말소화설비	인산염류 등	○	○		○		○	○			○		○
		탄산수소염류 등		○	○		○	○		○		○		
		그 밖의 것			○		○			○				

※ "○"표시는 당해 소방대상물 및 위험물에 대하여 소화설비가 적응성이 있음을 표시하고, "△"표시는 제4류 위험물을 저장 또는 취급하는 장소의 살수기준면적에 따라 스프링클러설비의 살수밀도가 다음 표에 정하는 기준 이상인 경우에는 당해 스프링클러설비가 제4류 위험물에 대하여 적응성이 있음을, 제6류 위험물을 저장 또는 취급하는 장소로서 폭발의 위험이 없는 장소에 한하여 이산화탄소소화기가 제6류 위험물에 대하여 적응성이 있음을 각각 표시한다.

정답 48. ③

49 이동탱크저장소에 의한 위험물 운송 시 위험물운송자가 휴대하여야 하는 위험물안전카드의 작성대상에 관한 설명으로 옳은 것은?

① 모든 위험물에 대하여 위험물안전카드를 작성하여 휴대하여야 한다.

② 제1류, 제3류 또는 제4류 위험물을 운송하는 경우에 위험물안전카드를 작성하여 휴대하여야 한다.

③ 위험등급 Ⅰ 또는 위험등급 Ⅱ에 해당하는 위험물을 운송하는 경우에 위험물안전카드를 작성하여 휴대하여야 한다.

④ 제1류, 제2류, 제3류, 제4류(특수인화물 및 제1석유류에 한함), 제5류 또는 제6류 위험물을 운송하는 경우에 위험물안전카드를 작성하여 휴대하여야 한다.

> **해설**
>
> ■ 위험물안전카드
> 제1류, 제2류, 제3류, 제4류(특수인화물 및 제1석유류에 한함), 제5류 또는 제6류 위험물을 운송하는 경우 위험물안전카드를 작성하여 휴대한다.

50 과산화나트륨의 저장창고에 화재가 발생하였을 때 주수소화를 할 수 없는 이유로 가장 타당한 것은?

① 물과 반응하여 과산화수소와 수소를 발생하기 때문에

② 물과 반응하여 산소와 수소를 발생하기 때문에

③ 물과 반응하여 과산화수소와 열을 발생하기 때문에

④ 물과 반응하여 산소와 열을 발생하기 때문에

> **해설**
>
> $2Na_2O_2 + 2H_2O \rightarrow 4NaOH + O_2 \uparrow$

51 Halon 1301과 Halon 2402에 공통적으로 포함된 원소가 아닌 것은?

① Br

② Cl

③ F

④ C

> **해설**
>
> ■ Halon 번호
> 첫째 – 탄소수, 둘째 – 불소수, 셋째 – 염소수, 넷째 – 브롬수
> ㉠ Halon 1301 : CF_3Br
> ㉡ Halon 2402 : $C_2F_4Br_2$
> ∴ 공통적으로 포함된 원소가 아닌 것은 : Cl

52 Al이 속하는 금속은 주기율표상 무슨 족 계열인가?

① 철족

② 알칼리금속족

③ 붕소족

④ 알칼리토금속족

해설

Al : 붕소족 계열

53 다음에서 설명하는 위험물에 해당하는 것은?

- 불연성이고 무기화합물이다.
- 비중은 약 2.8이며, 융점은 460℃이다.
- 살균제, 소독제, 표백제, 산화제로 사용된다.

① Na_2O_2

② P_4S_3

③ CaC_2

④ H_2O_2

해설

과산화나트륨(Na_2O_2)의 설명이다.

54 위험물안전관리법령상 옥외저장탱크에 부착되는 부속설비 중 기술원 또는 소방청장이 정하여 고시하는 국내·외 공인시험기관에서 시험 또는 인증받은 제품을 사용하여야 하는 제품이 아닌 것은?

① 교반기

② 밸브

③ 폼챔버

④ 온도계

해설

■ 옥외저장탱크에 부착되는 부속설비 중 기술원 또는 소방청장이 정하여 고시하는 국내·외 공인시험기관에서 시험 또는 인증받는 제품을 사용하여야 하는 제품

교반기, 밸브, 폼챔버

55 위험물안전관리법령상 위험물의 운반에 관한 기준에 의한 차광성과 방수성이 모두 있는 피복으로 가려야 하는 위험물은?

① 과산화칼륨

② 철분

③ 황린

④ 특수인화물

해설

㉠ 차광성이 있는 피복 조치

유 별	적용대상
제1류 위험물	전부(과산화칼륨)
제3류 위험물	자연발화성 물품
제4류 위험물	특수인화물
제5류 위험물	전 부
제6류 위험물	

㉡ 방수성이 있는 피복 조치

유 별	적용대상
제1류 위험물	알칼리금속의 과산화물(과산화칼륨)
제2류 위험물	철분 금속분 마그네슘
제3류 위험물	금수성물질

56 물과 반응하여 메탄가스를 발생하는 위험물은?

① CaC_2

② Al_4C_3

③ Na_2O_2

④ LiH

해설

① $CaC_2 + 2H_2O \rightarrow Ca(OH)_2 + C2H_2$

② $Al_4C_3 + 12H_2O \rightarrow 4Al(OH)_3 + 3CH_4$

③ $Na_2O_2 + H_2O \rightarrow 2NaOH + O_2$

④ $LiH + H_2O \rightarrow LiOH + H_2$

57 성능이 동일한 n대의 펌프를 서로 병렬로 연결하고 원래와 같은 양정에서 작동시킬 때 유체의 토출량은?

① $\frac{1}{n}$로 감소한다.

② n배로 증가한다.

③ 원래와 동일하다.

④ $\frac{1}{2n}$로 감소한다.

해설

동일한 성능의 펌프 n대를 병렬운전 시 토출량이 배로 증가하고, 동일한 성능의 펌프 n대를 직렬운전 시 양정이 n배로 증가한다. 다만, 병렬운전 시 분기 이전의 흡입관의 크기 및 합류 이후의 토출관의 크기 등에 따라 많은 손실이 생길 수 있으며, 직렬운전 시에도 마찰손실이 n의 크기(대수)에 따라 가파른 상승곡선을 그리게 되어 현실에서는 절대로 같은 결과가 나올 수 없다.

정답 56. ② 57. ②

58 검사특성곡선(OC Curve)에 관한 설명으로 틀린 것은?(단, N : 로트의 크기, n : 시료의 크기, c : 합격판정개수) ③

① N, n이 일정할 때 c가 커지면 나쁜 로트의 합격률은 높아진다.

② N, c가 일정할 때 n이 커지면 좋은 로트의 합격률은 낮아진다.

③ $N/n/c$의 비율이 일정하게 증가하거나 감소하는 퍼센트샘플링검사 시 좋은 로트의 합격률은 영향이 없다.

④ 일반적으로 로트의 크기 N이 시료 n에 비해 10배 이상 크다면 로트의 크기를 증가시켜도 나쁜 로트의 합격률은 크게 변화하지 않는다.

해설

■ **검사특성곡선**

㉠ 곡선이 가파를수록 오차가 작아진다.

㉡ n이 클수록 보다 정확한 검사가 되어 이상적인 OC곡선에 가깝게 된다. 그러나 n값을 크게 하면 검사비용이 증가한다.

㉢ n, c가 같고, N이 작아지는 경우 곡선이 가팔라진다.

㉣ c가 같고, n이 커지는 경우 곡선이 가팔라진다.

㉤ n이 같고, c가 작아지는 경우 곡선이 가팔라진다.

㉥ N, c가 같고 n이 커지는 경우 곡선이 가팔라진다.

• 같은 표본 수에서 많이 합격시킬수록 당연히 나쁜 로트의 합격률은 높아진다.

• n이 커지면 곡선이 가팔라지고 보다 정확한 검사가 된다. 좋은 로트의 합격률이 낮아지면 나쁜 로트의 합격률은 더욱 낮아진다.

• 수치만 달라질 뿐 검사특성곡선의 모양은 일치한다.

• 예를 들어, 100만 개 중에 100개를 추출하여 검사하나 200개를 검사하나 큰 차이가 없을 것이다.

59 품질특성에서 관리도로 관리하기에 가장 거리가 먼 것은?

① 볼펜의 길이

② 알코올 농도

③ 1일 전력소비량

④ 나사길이의 부적합품 수

해설

■ **관리도의 관리종목**

① 볼펜의 길이, ② 알코올 농도, ③ 1일 전력소비량

60 그림의 AOA(Activity-On-Arc) 네트워크에서 E작업을 시작하려면 어떤 작업들이 완료되어야 하는가?

① B
② A, B
③ B, C
④ A, B, C

> **해설** ▶

활동들의 수행 순서를 네트워크로 나타낸 것으로서

활동 D는 활동 A 완료 이후에 시작할 수 있고, 활동 E는 활동 B, C가 완료될 뿐 아니라 A도 완료되어야 시작될 수 있다.

활동 A가 끝나더라도 활동 B 또한 완료되어야 활동 C를 수행할 수 있다.
여기서 첫 번째 그림에서 활동 D는 활동 A의 결과물을 가지고, 활동 E는 활동 B, C의 결과물을 가지고 수행하지만, 활동 E의 시작시기가 활동 A 완료 후라는 의미이다.
활동 D의 시작 시기는 활동 B, C와 관계없다.

위험물기능장
필기시험문제

발 행 일 2021년 5월 5일 개정2판 1쇄 인쇄
2021년 5월 10일 개정2판 1쇄 발행

저 자 김재호

발 행 처   크라운출판사
http://www.crownbook.com

발 행 인 이상원

신고번호 제 300-2007-143호

주 소 서울시 종로구 율곡로13길 21

공 급 처 (02) 765-4787, 1566-5937, (080) 850~5937

전 화 (02) 745-0311~3

팩 스 (02) 743-2688, 02) 741-3231

홈페이지 www.crownbook.co.kr

I S B N 978-89-406-4412-6 / 13570

특별판매정가 38,000원